AF495543

HISTOIRE DE LA LÈPRE EN FRANCE

★

LÉPREUX ET CAGOTS

DU SUD-OUEST

NOTES HISTORIQUES, MÉDICALES, PHILOLOGIQUES SUIVIES DE DOCUMENTS

PAR LE

Dr H.-M. FAY

AVEC UNE PRÉFACE DU PROFESSEUR GILBERT BALLET

AVEC VINGT-TROIS GRAVURES, DONT 20 HORS TEXTE

PARIS

LIBRAIRIE ANCIENNE HONORÉ CHAMPION, ÉDITEUR

5, QUAI MALAQUAIS, 5

1910

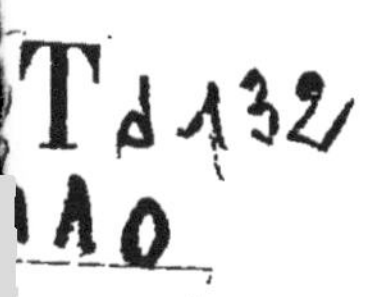

LÉPREUX ET CAGOTS

DU SUD-OUEST

COULOMMIERS
Imprimerie Paul BRODARD.

HISTOIRE DE LA LÈPRE EN FRANCE

★

LÉPREUX ET CAGOTS DU SUD-OUEST

NOTES HISTORIQUES, MÉDICALES, PHILOLOGIQUES SUIVIES DE DOCUMENTS

PAR LE

Dr H. M. FAY

AVEC UNE PRÉFACE DU PROFESSEUR GILBERT BALLET

AVEC VINGT-TROIS GRAVURES, DONT 20 HORS TEXTE

PARIS
LIBRAIRIE ANCIENNE HONORÉ CHAMPION, ÉDITEUR
5, QUAI MALAQUAIS, 5

1910

PRÉFACE

Depuis quelques années on voit s'affirmer un louable réveil du goût pour les études de pathologie rétrospective. On s'est mis de divers côtés à rechercher, dans les tableaux des musées et des églises et sur les sculptures appendues aux portiques ou aux piliers des cathédrales, les anomalies, les difformités, les contorsions nerveuses qui témoignent du souci qu'ont eu beaucoup d'artistes des siècles passés de prendre la nature sur le vif et de la représenter avec exactitude, même sous ses aspects les moins séduisants. Si bien que l'examen attentif des œuvres d'art, fait du point de vue médical, a permis de recueillir un ensemble de documents, non seulement curieux mais quelquefois très instructifs touchant l'histoire de certaines affections.

Toutefois de cette mine précieuse on ne pouvait s'attendre, en la scrutant avec toute la perspicacité et le souci de l'observation du détail qu'on y peut mettre, qu'à extraire des renseignements partiels, souvent un peu sujets à caution si l'on fait la part de la légitime fantaisie de l'artiste.

Les documents écrits conservés dans les bibliothèques publiques, les archives départementales, communales ou de famille restent la source vraiment féconde où peuvent puiser ceux qui s'intéressent au passé en général, et notamment au passé de la médecine. Mais c'est toujours une œuvre pénible et laborieuse que de fouiller les dépôts de livres et de documents, de déchiffrer des manuscrits dont la lecture n'est pas toujours commode et demande même souvent une certaine initiation.

M. Fay n'a pas reculé devant ce labeur. Dans divers travaux il avait déjà affirmé son goût pour les études historiques, le goût sans lequel on ne fait rien de bon, et aussi ses aptitudes spéciales pour ce genre d'études qui se concilient rarement, comme chez l'auteur, avec la tournure d'esprit et les tendances habituelles du pathologiste et du clinicien.

L'ouvrage qu'il publie aujourd'hui, se distingue par un ensemble de qualités qu'il est rare de trouver réunies, et dont cependant l'association est indispensable pour mener à bien un travail de la nature de celui que M. Fay me fait l'honneur de me demander de présenter au lecteur. Pour l'écrire, il fallait non seulement y consacrer beaucoup de patience et de temps, il fallait être à la fois et à quelque degré philologue pour juger sainement de la signification et de la parenté réciproque de termes d'apparence souvent disparate, qu'on allait rencontrer; historien émérite, ayant une expérience suffisante de la course aux documents, sachant peser leur authenticité et leur valeur, pour apporter au débat les pièces utiles et n'y apporter que des pièces dignes d'y figurer; clinicien perspicace pour établir sans faillir les analogies de nature entre certaines formes frustes de la lèpre actuelle et les formes à physionomie plus expressive de la lèpre d'un autre âge. Toutes ces qualités, on en pourra aisément juger, se retrouvent dans l'ouvrage de M. Fay.

L'histoire des maladies éteintes, atténuées ou transformées est toujours captivante. Elle l'est surtout quand la maladie dont il s'agit, par l'horreur et la terreur qu'elle a inspirées aux populations, à certaines époques, leur a suggéré des mesures de prophylaxie et de défense qui ont fait partie des règlements et des institutions du passé. L'histoire de l'affection n'est plus alors un simple chapitre de l'histoire de la pathologie, elle devient un chapitre de l'histoire des mœurs, des règlements et des coutumes. Ç'a été le cas pour la lèpre.

Cet ouvrage ne s'occupe que de l'histoire de la lèpre dans une partie du sud-ouest de la France. Les archivistes, les juristes, les historiens, les médecins qui pourtant ont tant écrit sur les lépreux des autres régions de la France, l'avaient jusqu'ici délaissée. La cause de cette omission se trouve dans ce fait, aujourd'hui mis en lumière par M. Fay, que la majorité des lépreux y jouissaient d'une condition très spéciale, et y portaient un nom dont le sens et l'origine sont demeurés incertains jusqu'au jour où l'auteur, par ses patientes recherches, a pu dégager du chaos et de l'obscurité où ils étaient plongés, des documents en grand nombre et des traditions, dont l'origine ne pouvait se manifester sans de longues études faites sur les lieux mêmes et dans les très riches archives de nos départements pyrénéens.

On doit se féliciter que M. Fay ait eu le temps de recueillir ses documents, avant le désastre irréparable qui fit récemment se perdre dans les flammes la plus grande partie des archives des Basses-Pyrénées. On peut dire que maintenant l'histoire des Cagots de ce département n'est presque plus possible à refaire. L'opportunité de cet ouvrage en est accrue, puisque outre qu'il met au jour un des points les plus méconnus de notre histoire, il sauve de l'oubli des documents précieux qu'il ne sera plus donné aux savants de consulter ailleurs.

A lire très attentivement les chapitres de ce livre, on reste étonné des fluctuations, des variations de l'esprit humain en face des cagots. Les causes de ces variations nous sont connues grâce à l'abondante littérature que le sujet a de tous temps inspirée. Cette littérature peut se diviser par époques qui soulignent, s'il se peut encore, ce que les faits puisés dans les archives ont si nettement mis en lumière.

Une première période, toute médicale, s'ouvre avec Guy de Chauliac qui définit le cagot comme lépreux, en 1383; cette même définition se retrouve dans une lettre de Charles VI, du 7 mars 1407, et dans une autre datée du 10 juillet 1439 que signait le futur Louis XI. Laurent Joubert commentateur de Chauliac, puis Ambroise Paré, fort inspiré de Joubert, puis enfin Guillaume des Innocents montrent que la conviction des médecins n'a pas varié avant la fin du XVIe siècle. Lorsque s'ouvre le XVIIe la lèpre cagote s'était tant atténuée, les méthodes surannées étaient si imparfaites, que trois examens médicaux faits par ordre de l'autorité judiciaire ou des municipalités, donnèrent des résultats négatifs. Quoique de rares médecins, dont Guillaume Ader, ne fussent point ébranlés dans leur conviction, il n'est pas moins manifeste que dès cette époque, un revirement se fit dans l'opinion des savants. Tous hésitèrent à soutenir plus longtemps une thèse que la science d'illustres médecins avait rendue contestable, et s'ils se décidèrent à parler incidemment des cagots, ce fut pour accentuer le doute et l'hésitation que Guillaume Bouchet, leur précurseur, avait exprimé dès 1598.

Pourtant les cagots existaient, c'étaient des parias, ils

étaient soumis à des lois d'exception. Le problème de l'origine de cet ostracisme, et de ce nom, fournit aux amateurs d'hypothèses, qui écrivirent entre 1600 et 1640, une source abondante à considérations fantaisistes. Ces bavardages sans méthode furent interrompus par l'apparition d'une œuvre magistrale, *l'Histoire de Béarn*, signée par l'illustre archevêque Pierre de Marca. Ses belles recherches parues en 1640, aboutirent à cette conclusion, que les cagots étaient d'origine sarrasine, et que c'est pour ce motif qu'on les soupçonnait d'être lépreux; quant au nom de cagot on le supposa né de ce fait que les Sarrasins vainqueurs des Espagnols « mettaient entre leurs qualités, celle de vainqueur des Goths » c'est-à-dire *caas-goths*, chiens ou chasseurs de Goths.

L'opinion de P. de Marca, fut acceptée sans conteste par la plupart des auteurs du XVIIe et du début du XVIIIe siècle. A peine quelques voix discordantes, vinrent-elles d'abord du côté de l'Espagne, ce sont celles de D. Juan de Parocheguy (1674) et du P. Joseph de Moret (1766) qui voyaient dans les cagots des descendants des Goths.

En France, la période qui s'étend de 1640 à 1789 est par excellence une période ethnogénique; on ne se préoccupe plus que de savoir de quel peuple descendaient nos parias. Le Duchat, le commentateur de Rabelais, défendait dès 1741 l'origine gothe; Vanque-Bellecourt vers la même époque soutint l'origine sarrasine; Venuti en fit les descendants des premiers chrétiens de la région, qui revinrent des croisades avec la lèpre; Bullet (1771) reconnut que leur nom était celtique, mais supposait qu'ils étaient fils des Albigeois; Court de Gebelin (1778) enfin voulut y voir les restes d'une ancienne peuplade gauloise vaincue et asservie. Malgré tant de vues si diverses, c'est à l'opinion de P. de Marca que la majorité se ralliait à la fin du XVIIIe siècle, derrière Baurein et Sanadon.

Lorsque arriva 1789, un souffle révolutionnaire modifia profondément les opinions reçues : Ramond de Carbonnières venait de publier ses *Observations faites dans les Pyrénées*, où cagots et crétins sont présentés comme ne faisant qu'un. Voilà donc une seconde période médicale qui s'ouvre avec fracas; et qui du premier coup implante des convictions si vives que malgré l'insuffisance de l'observation, et l'ignorance de l'histoire dont fait preuve Ramond, elle laissera une trace profonde, dont la survivance est à peine effacée complètement de nos jours. Esquirol et Foderé sont de ces noms illustres qui contribuèrent à fortifier les idées de Ramond jusqu'en 1830.

Une très abondante littérature, d'une confusion extrême, où toutes les idées sont défendues tour à tour, sans méthode, sans preuves, caractérise par ailleurs cette époque qui devait prendre fin en 1847.

Les méthodes scientifiques qui caractérisent la critique historique avaient à peine pris naissance, quand un illustre savant, dont les mérites ne sont plus à démontrer, Francisque Michel, écrivit son *Histoire des Races maudites de la France et de l'Espagne*. Cet ouvrage d'une documentation étonnante, et d'une probité scientifique remarquable, arrêta en les décourageant tous ceux qui avaient osé poursuivre des recherches sur le sujet. Toute l'histoire des cagots était refaite; mais Michel n'avait pas pu tout extraire des archives, plusieurs questions restaient obscures, et il se laissa comme malgré lui tenter par l'érudition un peu indigeste de ses contemporains quand il entreprit de faire de l'ethnologie et surtout de la philologie. Il passa à côté des questions médicales, et négligea un peu trop les questions de droit. Malgré ses lacunes son ouvrage, dont les conclusions sont inadmissibles, reste une œuvre documentaire de premier ordre où l'on trouve des faits innombrables. M. Fay a d'ailleurs rendu hommage à ce savant chercheur, en sachant puiser souvent dans l'œuvre, de celui qui a décrit les derniers cagots de tant de villages pyrénéens.

Trente ans plus tard, le Dr V. de Rochas, fit succéder à cette période historique, une troisième période médicale, celle-ci se décompose en trois périodes secondaires. La première, médico-historique commence avec de Rochas; la seconde, anthropologique, caractérise les années 1892 et 1893; la troisième s'ouvre avec les belles recherches de Zambaco-Pacha sur la survivance de la lèpre chez les cagots.

La fin du XIXe siècle et le début du XXe ont vu enfin paraître de nombreux petits travaux, des documents inédits, quelques vues d'ensemble très succinctes, qui sont comme des pierres que chacun apporte pour la construction d'un édifice.

M. Fay s'est appliqué à élever cet édifice. Son travail est divisé en deux livres.

Dans le premier livre sont examinées avec soin toutes les questions médicales qui ont tour à tour été défendues au sujet des cagots.

La période médicale ancienne, celle qui s'arrête définitivement en 1640, est divisée par l'auteur en deux sous-périodes, l'une s'étendant du XIe siècle à 1535 est caractérisée par la pauvreté des renseignements médicaux; un seul nom y prend une place considérable, c'est celui de Guy de Chauliac; la seconde qui s'étend de 1535 à 1640, est très riche en renseignements de second ordre transmis par une vingtaine d'auteurs de valeur inégale. Partant des données fournies par ces auteurs, M. Fay se demande si les cliniciens anciens étaient en droit de conclure à l'existence de la lèpre chez les cagots. Pour cela il prend un à un les signes de la lèpre donnés par Guy de Chauliac, et montre par des citations d'auteurs, des fragments de chansons, ou de légendes anciennes, à l'aide de quelques documents archéologiques, et de pièces d'archives, que chacun de ces symptômes a été noté chez les cagots.

Puis par une étude des rapports et examens médicaux faits dès 1439, il établit que c'est à partir de 1600 que les médecins cessèrent de diagnostiquer la lèpre chez les descendants de nos parias.

De ces premières constatations on est amené à se demander quelle était la forme de lèpre la plus courante chez les cagots. C'était incontestablement la lèpre blanche, dont la description est aujourd'hui tombée dans l'oubli, et dont on trouve dans ce volume une étude historique fort documentée.

Le traitement de la cagoterie, et les cagots médecins fournissent encore le sujet de deux curieux paragraphes.

La médecine moderne, par l'observation des derniers descendants de la race des cagots, peut-elle arriver à conclure à la lèpre de leurs ancêtres? Oui, car cette maladie s'est transmise par hérédité jusqu'à nos jours sous une forme tout à fait atténuée, dont la symptomatologie tracée avec soin se termine par des considérations sur la syringomyélie lépreuse.

Enfin l'auteur reprend d'une façon condensée les théories ethnogéniques et anthropologiques nées depuis le XVIIe siècle, et conclut qu'aucune d'elles ne peut être retenue, et que si les invasions gothe et sarrasine ont joué un rôle dans l'histoire des cagots, c'est seulement en important et en répandant la lèpre sur leur passage. Puis il fait une étude critique des opinions de Ramond de

Carbonnières sur le crétinisme, le goître et la cagoterie.

Cette partie médicale prend sa place normale au début de l'ouvage; comment en effet comprendre la véritable portée des faits qui sont étudiés ensuite, si l'on ignore ce qu'était un cagot, et les causes de la haine qui le poursuivait depuis le XIIIe et peut-être même dès le Xe siècle?

La seconde partie du livre est destinée à nous faire connaître l'histoire des cagots, au point de vue de la succession des faits, et de la raison d'être des lois, règlements, ordonnances et arrêts qui tantôt les frappaient, tantôt au contraire les défendaient. Les fluctuations de l'opinion du monde éclairé, quant à l'origine de nos parias, se fait sentir très nettement dans cette partie où l'auteur envisage successivement les aspects divers de son sujet dans les ressorts des trois grands parlements du Sud-Ouest, ceux de Bordeaux, de Navarre, et de Toulouse.

Si cette partie est moins riche en faits nouveaux que la première, elle n'en reste pas moins d'une utilité incontestable pour aider le lecteur à saisir toute l'importance de l'étude juridique qui la suit. La condition des cagots est demeurée autant dire ignorée jusqu'à ce jour; elle ne pouvait être décrite que par quelqu'un qui aurait réuni une documentation aussi complète et étendue que possible. Cette documentation figure ici, et c'est pourquoi l'auteur était en mesure d'aborder ce chapitre de droit civil, qui l'a conduit sans effort à des conclusions assez éloignées de l'idée qu'on se fait trop généralement des lépreux libres. Ils étaient isolés, tant par l'habitation, que par la famille, ils ne pouvaient fréquenter le peuple en aucune occasion, même à l'église. La cause de cet isolement ne peut être expliquée que par la lèpre; les usages mis en vigueur pour éviter le contact réputé infectant des lépreux, se retrouvent en effet trait pour trait dans ceux concernant les cagots.

Il n'en est pas de même quand il s'agit d'établir les caractères de la condition de ces derniers. On y voit bien un reflet atténué de ce que fut la condition des lépreux, mais ce n'est qu'une ombre, qui du XIIIe au XVIIIe siècle ira en s'atténuant progressivement. Dès l'origine, la distinction est manifeste si l'on se rapporte aux textes des conciles qui à plusieurs reprises reviennent sur le sujet des lépreux libres. La protection réelle que l'Église accordait à ces malheureux devait aboutir à leur concéder le privilège de juridiction, *privilegium fori*. Cet avantage fut d'ailleurs très tôt abandonné en particulier en Béarn. Il en resta cependant une trace dans ce fait que les cagots étaient toujours hommes libres. Cette liberté aboutit fatalement à leur accorder le droit de bourgeoisie, mais ce droit existait pour eux, bien plus en théorie qu'en fait, puisqu'ils ne pouvaient, de par les coutumes, jouir des avantages qui y étaient attachés; en revanche ils étaient soumis à certaines obligations, telles que le service dans la milice bourgeoise, et leur qualité de vassaux les soumettait à l'impôt et au service militaire. Ces obligations d'ailleurs furent très atténuées par suite de leur incompatibilité partielle avec les coutumes inspirées par l'origine lépreuse des cagots.

Il est curieux de constater que les cagots se virent longtemps fermer les professions autres que celles où se travaillait le bois; c'est encore à la notion de la lèpre qu'il faut se rapporter pour comprendre cette anomalie. Enfin la lèpre seule est susceptible d'expliquer pourquoi plusieurs cagots jouissaient du droit de quête.

Les cagots possédaient toutes sortes de tenures, vendaient, achetaient, louaient, donnaient ou transmettaient toutes sortes de biens. Comment comprendre qu'ils aient joui des avantages du droit commun en ce qui concerne les biens et les contrats s'ils n'étaient libres, si leur condition n'était très approchante de celle de tous les hommes libres?

Chez les cagots devaient parfois se développer des cas de lèpre bien caractérisée; les bonnes conditions d'isolement où vivait cette classe honnie mettaient ces grands lépreux dans la possibilité d'échapper aux regards et dès lors à l'internement dans les léproseries; c'est ce qui explique pourquoi ces établissements n'avaient que peu l'occasion de trouver des pensionnaires et dès lors restèrent toujours en très petit nombre dans la région du Sud-Ouest. L'histoire de ces léproseries est très pauvre en faits; M. Fay a su les réunir, et nous amener à conclure que le nombre des lépreux libres est seul propre à nous faire comprendre le nombre restreint des lépreux reclus.

Restait à expliquer l'origine des dénominations très nombreuses qui servirent à caractériser les cagots. Cette partie de l'ouvrage est le développement d'un très grand nombre de travaux que depuis trois ans l'auteur a fait paraître dans diverses revues spéciales. Les méthodes si précises de la philologie, cette science vraiment moderne, lui ont permis d'arriver à des conclusions qui à elles seules auraient pu suffire à défendre toute la thèse de l'origine des cagots. On peut dire qu'avec cette partie de l'ouvrage toutes les obscurités de ce vaste sujet disparaissent.

Le travail dans son ensemble n'a point les caractères d'une œuvre imaginative, et c'est ce que met en évidence la seconde partie de l'ouvrage. Plus de quatre cents pages de documents en grand nombre inédits, sont là pour le prouver. Ces documents, sont classés en deux parties, l'une est composée de pièces justificatives, l'autre est un dictionnaire topographique où l'on a assemblé après le nom de près de 600 localités, les indications, les documents et les légendes qui prouvent qu'à une époque déterminée les cagots y trouvèrent un abri.

On peut juger par ce que nous venons d'en dire, de l'importance de l'ouvrage de M. Fay. La lecture en est instructive et quelquefois passionnante, d'autant plus que ce livre est, dans toute l'acception du mot un « ouvrage de bonne foy ».

Paris, mai 1909.

GILBERT BALLET.

AVANT-PROPOS

> « L'Histoire est devenue une œuvre collective, à laquelle collaborent une foule de travailleurs... qui de loin s'entr'aident, apportant chacun leur pierre à l'édifice commun. » (Paul Viollet.)

L'histoire des Cagots a été dite avec tant de science par Francisque Michel et Victor de Rochas, que nous aurions hésité à écrire le présent ouvrage, si nous n'avions pensé apporter une somme importante d'idées et de documents nouveaux dans l'étude du passé et du présent même de ces malheureux. Leur histoire n'est qu'un chapitre de celle de la lèpre en France, mais un chapitre d'une importance extrême, car il modifie profondément les idées généralement admises en ce qui concerne les lépreux.

Une partie des idées nouvelles que nous exposons ici, nous a inspiré divers travaux parus au cours de ces quatre dernières années, travaux qui nous ont valu des marques d'approbation et des encouragements, auxquels nous aurions cru manquer, en ne donnant pas un ouvrage d'ensemble, et en ne publiant pas nos recherches et les résultats auxquels elles nous ont mené.

Les lépreux du Sud-Ouest, c'est-à-dire ceux de la Soule, du Labourd, de la Navarre, du Béarn et de la Bigorre, de l'Armagnac, d'une partie de la Guyenne, de la Gascogne et du Languedoc[1], sont ceux dont l'histoire a été le plus négligée. Il y a à cela plusieurs causes : la principale tient à cette opinion fort ancienne qui voulait voir dans les cagots les restes de quelque peuple envahisseur, opinion que le nom seul de ces malheureux semblait défendre. Une autre cause de cette négligence réside dans le très petit nombre de léproseries qui existèrent dans la région. Sur les deux mille léproseries françaises du temps de saint Louis, on en compte quatre seulement en Béarn; cette même proportion s'observe dans tout le Sud-Ouest.

Ce petit nombre d'établissements est en désaccord avec ce fait que la lèpre était extrêmement répandue dans le Midi et en particulier du côté des Pyrénées où les Sarrasins avaient amené une recrudescence terrible d'un mal qui depuis eux n'a jamais disparu de certaines provinces espagnoles. Que devenaient donc les lépreux dans nos provinces pyrénéennes? Ils jouissaient d'une condition assez peu différente du commun des mortels; ils constituaient la classe des lépreux libres, classe beaucoup moins nombreuse dans nos autres provinces françaises, et dont l'existence a été généralement méconnue jusqu'à nos jours. Il y a pourtant là un fait de grande importance pour l'étude des épidémies, car s'il est permis de dire, en

1. Notre ouvrage se borne à étudier la région qui s'étend sur la rive gauche de la Gironde et de l'Ariège, c'est-à-dire un peu plus de la moitié des territoires classés économiquement sous le nom de Sud-Ouest et région Pyrénéenne.

se basant sur le nombre des léproseries, qu'il y avait au XIIIe siècle, de quinze à vingt mille lépreux enfermés, il est cependant vraisemblable qu'à la même époque vivaient plus de cent mille lépreux. Ainsi en Béarn, on compte quatre léproseries en 1385, et plus de quatre-vingt-dix familles de lépreux libres ou cagots. Chaque léproserie ne pouvant guère abriter plus de sept à dix malades, et chaque famille étant composée au minimum de cinq membres, on trouve une proportion d'environ sept lépreux enfermés pour cent libres. Ces derniers dont le nombre était, comme on le voit, considérable, portaient en Béarn, Navarre, Languedoc, Guyenne, Bretagne, Poitou, etc., le nom de *cagots*, *cacous* ou *gahets*.

La connaissance au moins superficielle de la condition des lépreux en France est utile pour bien comprendre le présent ouvrage. Quoique dans les pages qui suivent nous nous attachions à pénétrer très avant dans la connaissance de cette condition, quoiqu'une partie tout entière de cet ouvrage nous fasse scruter jusque dans le moindre détail la vie des cagots, nous croyons qu'on nous sera reconnaissant de tracer, dès maintenant, à grands traits, un tableau de la situation sociale des anciens lépreux.

Le troisième concile de Latran (1179), celui de Morcenx (1326) et celui de Lavaur (1368), avaient réglé tous les points importants concernant la vie des lépreux. A cela quoi d'étonnant? Les lépreux appartenaient primitivement à la juridiction ecclésiastique.

Les grands lépreux, ceux que le médecin n'hésitait pas à reconnaître, tant les signes univoques de l'affection abondaient, étaient reçus dans des léproseries, sortes d'hospices plus ou moins grands, où un nombreux personnel les entourait de soins. Ce personnel était composé de religieux dont la règle était de soigner ces malades; il y avait en outre des serviteurs des deux sexes. L'entrée dans la léproserie était quelquefois solennelle, et rappelait la prise de voile dans les ordres cloîtrés; mais ce rite n'était pas pratiqué partout, et si dans certaines maladreries les lépreux étaient assimilés à des frères moines et tenus à des vœux, il n'en était pas ainsi partout. Le vêtement du ladre était spécial; il différait selon chaque région. Ici la cagoule et la garnache, là une robe de bure grise, ailleurs un fragment d'étoffe bleue sur la tête ou la poitrine, autre part encore un morceau de drap rouge sur la poitrine était le signal usité [1]. Mais comme presque tous ces lépreux reclus étaient « fort ulcérés et affreux à voir », ils sortaient très peu; les moins abîmés quêtaient de jour aux portes des villes ou des églises; parfois on déléguait un pauvre bien portant pour quêter au nom des lépreux.

A côté de ces maladreries, vrais hospices, où régnait un règlement bien observé, se trouvaient des établissements où un aumônier seul représentait l'autorité ecclésiastique. Ces établissements affectaient de préférence l'aspect de petits hameaux enclos de murs le plus souvent et possédant une chapelle; contrairement aux précédents, ils abritaient des ménages et des familles

1. « *Signaque in vestibus deferant, per quæ a sanis patente differentia cognoscantur.* » Concile de Lavaur, 1368. « *Signum portent consuetum in veste superiori.* » Concile de Nogaret, 1290. Les cagots portaient une marque rouge sur la poitrine, au moins dans l'étendue de la juridiction des parlements de Bordeaux et de Navarre.

entières. La pauvreté y régnait rarement, et les quêtes fructueuses ne tardèrent pas à y attirer nombre de contrefaits, de faux mendiants et de voleurs, qui paresseusement trompaient la charité publique. C'étaient encore des lépreux reclus qui habitaient ces maladreries, mais leur réclusion était bien douce. Dès le XVIIe siècle cette classe de malades tendait à se confondre avec les lépreux libres ou cagots[1].

Ces derniers habitaient des quartiers isolés, des villages, des hameaux, quelquefois des maisons un peu séparées de celles du commun. Ils vivaient en famille, étaient libres chez eux, et semblent avoir été, peut-être dès le XIIIe siècle pour quelques provinces, soumis à la juridiction civile et non ecclésiastique. Les lois qui les concernent en propre (on en lit dans les Fors de Béarn et de Navarre) sont, du moins pour les XIIIe et XIVe siècles, inspirées par les règles que les conciles avaient édictées au sujet des lépreux reclus. Aussi, voyons-nous interdire aux cagots, en ce qui concerne leurs rapports avec le commun peuple, tout ce qui était défendu aux lépreux. Ce qui les distinguait surtout des lépreux hospitalisés, c'était leur liberté relative, puisqu'ils exerçaient des métiers, possédaient des biens, en achetaient, en vendaient, ou pouvaient en hériter; toutes choses que les lépreux ne faisaient habituellement pas.

*
* *

L'ouvrage que nous présentons aujourd'hui représente le tome second d'une *Histoire de la Lèpre en France*. Le

1. On voit encore en Grèce et en Turquie grand nombre de hameaux de lépreux rappelant le type que nous indiquons ici.

premier tome dès maintenant sous presse, comprend une étude d'ensemble des léproseries de France d'après des documents jusqu'ici inédits. Nous étudierons ensuite la lèpre dans nos diverses provinces à commencer par la Bretagne.

Nous avons entrepris ce livre à Pau. Nous nous occupions depuis quelque temps déjà de l'histoire de la lèpre, quand notre excellent confrère et ami le docteur Diriart (de Pau) nous signala l'intérêt qu'il y aurait pour nous à refaire complètement l'histoire des cagots, dont le passé était plutôt obscur, et sur lesquels nous aurions quelque chance de découvrir des documents curieux et ignorés. Les sentiers non encore battus étaient nombreux. Nous nous mîmes aussitôt au travail; les difficultés de l'entreprise ne firent que nous rendre la tâche plus captivante.

Pour assurer la scrupuleuse exactitude de notre documentation nous avons toujours tenu à vérifier par nous-même nos sources et à recourir aux titres originaux toutes les fois où il nous a été loisible de le faire. En même temps, nous avons parcouru presque toute l'étendue du département des Basses-Pyrénées, une partie des Landes et des Hautes-Pyrénées, et avons été heureux de rencontrer un peu partout des hommes dont la science, l'érudition, et la bienveillance nous ont facilité des recherches ou des enquêtes dans les régions que nous n'avons pas pu visiter par nous-même. En première ligne il nous convient de remercier M. l'abbé Foix, curé de Laurède, dont nous tenons la plupart de nos documents landais, MM. Gardère et Lavergne, qui nous ont beaucoup appris sur le Gers, M. Batcave qui nous a facilité certaines recherches dans les Basses-Pyrénées et surtout nous a donné de précieuses indications bibliographiques, le regretté M. Lanore et M. Lorbert, à Pau, MM. Pasquier et Moudenc, à Toulouse, et tant d'autres que nous remercierons au cours de ce volume.

Au cours de nos recherches, pendant même la composition de cet ouvrage, nous avons sans cesse trouvé dans la personne de notre frère un aide sur lequel nous pouvions compter à toute heure, et qui ne nous a jamais quitté pendant les voyages entrepris, ni au milieu des recherches parfois pénibles et fastidieuses que nécessitaient la préparation de ce livre. Nous l'en remercions très vivement.

*
* *

Nous avons pensé qu'il serait intéressant, pour le lecteur, de savoir la méthode que nous avons adoptée dans nos recherches : c'est un peu celle des sciences expérimentales, en ceci, que faisant table rase des opinions antérieurement émises, nous avons accumulé des documents sur lesquels nous avons basé nos conclusions. D'abord nous avons cherché à trancher le problème philologique que soulèvent les mots *cagot*, *gahet*, *cassot*; partisan des hypothèses simples nous nous sommes de suite demandé s'il n'y avait pas entre ces mots un lien. Le seul tableau des formes, jadis usitées, de ces mots, nous fit acquérir la certitude de l'existence de ce lien philologique; l'impossibilité de relier ces mots à d'autres mots appartenant aux dialectes romans, nous poussa à examiner l'hypothèse d'une origine celtique, que le *Kakod* des Bas-Bretons semblait favoriser. On sait que c'est à cette solution que nous nous sommes arrêté.

Les recherches de Zambaco-Pacha, le contenu des documents médicaux antérieurs au XVIe siècle, nous firent ensuite diriger nos regards vers la lèpre qui paraissait avoir été la maladie des cagots. Là encore nos recherches furent fructueuses. Tournant ensuite les yeux vers la vie intime des cagots, et leur vie sociale, nous avons trouvé abondante matière, quoique cette partie de notre étude fût moins riche en faits nouveaux que les autres.

Enfin nous avons pensé qu'une étude topographique ou à côté de l'énumération des antiques cagoteries, on trouverait les histoires locales de ces malheureux, ainsi que des documents archéologiques, serait un complément nécessaire à un travail qui voudrait être complet. Pour établir ce chapitre, nous avons fait ce que Michel et V. de Rochas avaient entrepris, nous avons voyagé. Mais, tandis que Michel avait surtout vu la Navarre espagnole [1], et de Rochas visité les vallées de la Nive et du Gave d'Oloron, nous avons parcouru en entier toute la vallée du Gave de Pau, celle du Gave d'Oloron, celle de la Nive, la totalité de la région des Basses-Pyrénées qui s'étend au nord de Pau, une grande partie de la région montagneuse qui s'étale au sud-ouest de cette ville, toute la région qui sépare la Nive du littoral, et une grande partie de l'arrondissement de Dax dans les Landes.

1. Au cours de nos voyages nous avons eu entre les mains plusieurs des lettres que Fr. Michel avait envoyées à presque tous les instituteurs des Basses-Pyrénées, ainsi que la copie de quelques réponses. Elles nous ont permis de nous assurer entre autres choses que l'illustre savant n'a pas parcouru, comme plusieurs l'ont cru, la région qui s'étend entre la Nive et le golfe de Gascogne. La façon dont sont cités ou reproduits certains documents nous permettent de croire qu'il n'a certainement pas été à Biarritz et probablement pas à Pau. Nous reproduisons à titre de curiosité, dans l'appendice aux pièces justificatives, une des lettres de Michel; plusieurs n'étaient ni écrites ni signées de sa main, toutes sont copiées sur le même modèle.

C'est en parcourant ainsi les lieux où vécurent les cagots, en compulsant par nous-mêmes les archives, tant départementales que communales, en lisant autant que possible tout ce qui a été écrit sur le sujet, en vérifiant l'exactitude de tout ce qui a été publié, en interrogeant les hommes les plus compétents, que nous avons composé ce livre qui certes n'a pas la prétention d'être définitif, mais qui, nous l'espérons, présentera assez d'intérêt scientifique et de faits nouveaux pour justifier de sa publication. Nous croyons donc pouvoir dire après Pierre Franco : « *Je prie tout homme docte, que si ce présent Traité ne luy est en rien agréable : qu'il prenne envie d'en faire davantage, et alors je m'estimeray avoir receu grand fruit de mon labeur, quand quelque personnage sera incité par mon exemple, à en escrire plus amplement et en meilleur ordre et méthode que je n'ay fait*[1]. »

*
* *

Nous avons divisé cet ouvrage en deux livres; le premier étant le commentaire du second, ce dernier est uniquement constitué par la documentation.

Le premier livre est divisé en cinq parties :

I. *Étude médicale des cagots.* — Nous avons jugé qu'il était utile de définir dès le début ce qu'étaient les cagots et quelle était leur maladie, car l'histoire de ces malheureux resterait obscure sans cette définition.

II. *Histoire des cagots.* — Nous avons donné peu d'ampleur à cette partie, car elle n'est que l'exposé des

1. *Traité de Chirurgie* (1561) *de Pierre Franco.* Éd. E. Nicaise, 1895, p. 8.

faits considérés au point de vue de leur succession historique. Les faits nouveaux y sont donc peu nombreux, et quantité de points n'y sont qu'indiqués, car nous avons préféré les développer ailleurs, en particulier dans la IIIe partie.

III. *Étude juridique.* — Comme la partie médicale, la partie juridique de cet ouvrage est entièrement neuve. Nous y étudions avant tout la condition des cagots.

IV. *Les léproseries du Sud-Ouest.*

V. *Philologie.*

Le second livre est divisé en deux parties.

I. *Pièces justificatives.*

II. *Topographie.*

A la fin de l'ouvrage on trouvera une table des noms des cagots, une table analytique aussi explicite que possible, enfin une bibliographie par ordre alphabétique.

LIVRE PREMIER

TÊTE DE CAGOT
Église de Monein.

Fay. — P. xvi-xvii.

LA LÈPRE
DANS LE SUD-OUEST DE LA FRANCE

PREMIÈRE PARTIE

ÉTUDE MÉDICALE DES CAGOTS

Dès le xive siècle les médecins qui se sont occupés des cagots les présentèrent comme des malades. Quoiqu'ils ne soient pas très nombreux, les vieux cliniciens qui ont consacré à ces malheureux quelques lignes, il faut reconnaître la concordance parfaite des idées qu'ils expriment à leur sujet. Si à leur témoignage on joint les nombreux documents d'ordre médical que nous avons réunis ici, il apparaît manifestement que les cagots ont été de tous temps regardés comme lépreux.

Guy de Chauliac (1383), dans sa *Grande Chirurgie* (Traité VI, Doctrine I, chap. II, *De Ladrerie*), écrit :

Et s'il (le médecin) trouue, que auec la disposition à ladrerie, il (le malade) ait quelques signes équiuoques diminuez, il le faut commander familierement et secrettement, qu'il se tienne en bon regime, et ait le conseil des Medecins : autrement il deuiendra ladre.

Mais s'il a plusieurs signes équiuoques et peu d'vniuoques, il est vulgairement appellé Cassot ou Capot. Et tels doiuent estre aigrement menacez, qu'ils tiennent bon regime, et ayent bon conseil des Medecins, et qu'ils demeurent en leurs bories et metairies, et maisons, et que ne s'ingerent fort auec le peuple, car ils entrent en ladrerie.

Et s'ils ont plusieurs signes equiuoques et plusieurs vniuoques, auec bonnes paroles, et consolatoires, ils doiuent estre sequestrez du peuple, et conduits à la maladrerie.

Mais s'ils sont sains doiuent estre absous, et auec lettres des Medecins enuoyez aux Recteurs [1].

L'intérêt de ce passage de Guy de Chauliac ne réside pas uniquement dans la définition des cagots; on y voit en effet une classification qui corrobore ce que nous avons dit dans notre Avant-propos touchant la condition sociale des lépreux au moyen âge. Ces malades, ou mieux ceux qui étaient soupçonnés de ladrerie, étaient classés en quatre groupes :

1° *Ceux qui n'ont rien* : il convient de les envoyer avec des lettres de certificat auprès du représentant de l'autorité ecclésiastique dont dépendent les lépreux.

2° *Ceux qui n'ont que des signes équivoques atténués* : il convient de les mettre en observation.

3° *Ceux qui ont beaucoup de signes équivoques et peu d'univoques* : ce sont les *Cagots*. On leur enjoint de vivre à l'écart et de ne point se mêler au peuple.

4° *Les ladres confirmés*. Ils doivent entrer dans les ladreries.

La cagoterie était, si l'on veut, la petite lèpre, ou lèpre blanche, par opposition à la grande lèpre rouge [2]. Pour nous renseigner à ce sujet, Guy de Chauliac était mieux placé que tout autre, car il vivait à Montpellier, sur les confins d'un pays où ces malheureux pullulaient assez librement de son temps [3].

1. E. Nicaise, *La Grande Chirurgie de Guy de Chauliac*, Paris, Alcan, 1890, gr. in-8, p. 406.

2. Cette distinction est attestée par ce couplet satirique cité par Du Cange en son *Glossarium* au mot MEZELLARIA et qui se rapporte probablement à Toulouse :

> Homs qui ne set bien discerner
> Entre santé et maladie,
> Entre la grant mezellerie,
> Entre la moyenne et la menre (moindre).

3. Ce n'est qu'à partir des dernières années du xve siècle et surtout aux xvie et xviie que les cagots furent traités en parias. Les registres des notaires béarnais, en particulier, montrent qu'au xive et pendant plus de la moitié du xve siècle, cette sorte de lépreux vivait, au point de vue social, dans de meilleures conditions que pendant les siècles qui suivirent.

Les conditions de son observation, et la valeur du clinicien font que nous n'hésitons pas à croire avec lui que les Cagots avaient, de la lèpre, plus de signes équivoques qu'ils n'en présentaient d'univoques; « les gahets, écrivait plus tard Jean Darnal (1629), sont une espèce de ladre non de tout formez, mais desquels la conversation n'est pas bonne ».

C'est en nous inspirant des idées de Guy de Chauliac que nous allons entreprendre l'étude médicale des Cagots. Cette étude comporte deux parties : l'une sera conçue dans l'esprit des médecins d'autrefois, l'autre sera moderne. Cette double conception s'impose, car le problème est de savoir si les Cagots étaient lépreux. La médecine ancienne répond-elle oui? La cagoterie entre-t-elle vraiment dans le cadre de la lèpre que décrivaient nos pères? Ce sera le sujet d'un premier chapitre. Nous verrons ensuite si les acquisitions modernes, en ce qui concerne la lèpre, permettent de maintenir le diagnostic.

CHAPITRE PREMIER

LA MÉDECINE ANCIENNE CONSIDÉRAIT LES CAGOTS COMME LÉPREUX

I. — DU XIe AU XVe SIÈCLE

Dès le commencement du XIe siècle, on mentionne en Béarn *les Crestiaas* (ce fut le nom des Cagots jusqu'au XVe siècle). Des recherches philologiques, que l'on trouvera exposées dans la cinquième partie de cet ouvrage, il ressort que les noms que portaient primitivement les Cagots, c'est-à-dire *Kakod*, *Gaffot*, établissent non seulement que ceux-ci étaient lépreux, mais encore que l'épidémie lépreuse qui sévit si longtemps en Béarn, Navarre, Espagne et Bretagne avait éclos, ou tout au moins s'était beaucoup développée lors de l'invasion germanique du VIe siècle; c'est à cette époque que furent créées les premières léproseries. C'est aux dialectes du Nord que nous devons les mots que nous venons d'indiquer. Il est possible que les Phéniciens aient antérieurement porté la lèpre dans nos ports et sur nos côtes, mais il nous paraît certain que la grande invasion qui saccagea les Gaules, le nord de l'Espagne et de l'Italie, joua dans la propagation du mal un rôle plus grand que le commerce des Phéniciens [1]. Quand vint le Xe siècle, les langues celtiques avaient définitivement disparu même dans les campagnes les plus isolées; le latin l'emportait depuis le temps de l'extension du catholicisme, et une langue nouvelle, romane, se fixait. C'est de

1. Il convient de remarquer que depuis l'époque phénicienne, la lèpre n'avait jamais complètement disparu des Gaules, où les historiens des premiers siècles de notre ère la signalent; elle ne reprit les allures d'une épidémie qu'à partir du VIe et surtout du IXe siècle.

cette époque pleine de foi et de charité que date le mot *chrétien* appliqué aux lépreux. Ce mot, c'est la psychologie du moyen âge. Qui n'a goûté toute la saveur mystique et la délicatesse prime-sautière des vertus de cette civilisation naissante (elle avait le cœur des enfants) ne peut comprendre tout ce qu'il y a de beau dans ce mot appliqué à ces êtres.

La condition sociale des lépreux ne sera nettement réglée qu'en 1179. Le 3e concile de Latran établira définitivement deux classes de lépreux, les uns seront reclus, et tenus à la continence; les autres pourront se marier : « *Leprosi autem si se continere noluerint et aliquam, quæ sibi nubere velit, inveniant, liberum est eis ad matrimonium convolare* ». Cette distinction allait donner naissance à la classe des lépreux libres, vraie famille de lépreux héréditaires. La lèpre continua donc à sévir; mais comme ne trouvaient souvent à se marier que des lépreux peu atteints, leur lignée était en grande partie faite de lépreux « plus riches en signes équivoques qu'univoques ». C'est de là que commence la distinction des grands lépreux d'avec ceux à qui l'on devait donner un jour le nom de Cagots. Ceci explique pourquoi, dans les titres antérieurs au XIVe siècle, il est souvent impossible de saisir la différence entre les crestiaas et les lépreux; au XIVe siècle, la distinction s'établit; au XVe, elle est tout à fait manifeste.

Le plus ancien titre que nous connaissions, où se trouve cité un lépreux sous le nom de *christianus*, remonte aux environs de l'an mil. C'est un acte de donation consigné dans le cartulaire de l'abbaye de Lucq en Béarn[1].

Temporibus Lupi Anerii, vice comitis Oloronensis fuit quidam miles Garsias Galinus nomine, qui dedit Sancto Vencentio terram quam possidebat, id est duas villas una qua[e] appellatur Bordez, altra qua[e] vocatur Aoso cum uxore sua et filio suo Sanchio Galino et filia sua Benedicta nomine, qui ob remedio animarum suarum obtulerunt se dño et S[to] Vincentio *cum omni honore suo et omnibus appendiciis* suis et postea perpetualiter *confirmaverunt.* Postea ipsa

1. De ce cartulaire qui est perdu, De Rochas a retrouvé une copie authentique à la Bibliothèque nationale (Collection Baluze, n° 74, f° 59). Cette copie, datée de 1626, est sur papier, et dans un parfait état de conservation. La reproduction qu'en donne De Rochas (*Les Parias de France et d'Espagne*), n'est pas rigoureusement correcte.

Benedicta volens accipere maritum in *Prexaco*, *cum consensu* abbatis et seniorum S[ti] Vincentii, *dedit unam nassam in Prexaco* et unum christianum qui vocatur Auriolus donatus [1].

Il nous paraît évident, quoi qu'en ait écrit Marca, que ce *christianus* n'était pas un serf. D'ailleurs on ne connaît pas d'exemple où ce mot ait été employé dans ce sens; le vocabulaire du moyen âge avait bien assez d'expressions pour désigner les serfs (*servi*, *pagenses*, *appendici*). De plus la discussion ne doit pas tenir en présence d'un document, jusqu'ici inédit, qui nous renseigne sur la condition sociale d'Auriol Donat.

In diebus Anerij Lupi vice comitis fuit quidam miles Garsias donatus nomine, frater Aurioli donati Ogenensis, qui obtulit se dño et S[to] Vincentio de Sylva bona [2] cum terra quam possidebat de Aldeos [3] et dedit illam dño et S[to] Vincentio cum ecclesia et omnibus appendiciis suis [4].....

Auriolus Donat était d'Ogenne, son frère avait une situation dans l'armée et une certaine fortune en terres; il n'était donc certainement pas serf, mais il est probable en revanche qu'il était lépreux. Dans plusieurs cartulaires du XIIe siècle on rencontre des contrats semblables, à peu de chose près, à celui que nous avons cité en premier lieu, où l'on présente des *christiani donati* comme des malheureux qu'une épreuve physique faisait se retirer du monde et se donner corps et biens à des monastères. Le plus grand nombre de ces donats étaient lépreux. Ainsi Raymond fils de Loup de Beaulieu, atteint de lèpre, livra sa terre à l'abbaye de Saint-Pierre en 1090 et accepta de recevoir en aumône sa nourriture de l'abbaye. Si le lépreux qui se donnait ainsi n'avait rien, était serf, ou ouvrait de quelque métier, il conservait dans l'abbaye une situation équivalente à son état antérieur.

1. Il est vraisemblable que Donatus doive s'écrire avec un D majuscule, quoique sur le manuscrit ce mot porte une minuscule, ainsi qu'il arrive le plus souvent pour les noms propres dans les documents anciens.
2. Sylva bona, en béarnais Seüve bone, ancien nom de Lucq.
3. Aldeos, aujourd'hui Audaus.
4. Cartulaire de l'abbaye de Lucq en Béarn.

Tels étaient les pauvres du Christ, *pauperes christiani* ou *Christi*. Les riches étaient *frères*, *fratres donati*, *christiani donati*.

Auriol Donat était de ces derniers.

Les vieilles coutumes de Sobrarbe et de Navarre (x^e^ ou xie siècle) parlaient sans doute des *caffos*. Elles servirent de base et d'inspiration aux Fors de Navarre (1155) [1]. Dans ces Fors, le paragraphe qui parle des *gafos* [2] vise, sans l'ombre d'un doute, les lépreux libres, au sujet desquels il édicte des règles de prophylaxie. D'ailleurs le mot *gafo* se rencontre dans le Romancero du Cid, où il signifie lépreux. Ce mot est depuis resté aux langues espagnole et portugaise.

En 1187, G. de Castelgelos fit don aux Frères hospitaliers de Saint-Jean de Jérusalem d'une terre qu'il possédait au quartier Saint-Léon, à Bayonne. Ces religieux y installèrent un hôpital. C'est auprès de cet hôpital que se trouvait la Fontaine Saint-Lazare, devenue depuis Fontaine des Agots. C'est au quartier Saint-Léon qu'habitaient les *crestians*, que mentionne le Livre d'Or de la cathédrale de Bayonne (1266).

L'assimilation des chrestiaas aux lépreux est absolue dans un document daté de 1291, où l'on voit le Frère Raymond de Tremblade donnant tous les droits de l'hôpital de Serregrand sur la « christiania sive leprosia » de la Bastide d'Estelle de Barran, en faveur d'Arnaud, christian d'Auch, et de sa femme. Parmi les témoins figurent Bernard d'en Dorre, « leprosus de Auxio [3] ». Cette pièce tendrait à montrer qu'à Auch les lépreux jouissaient d'une certaine liberté, puisqu'ils pouvaient posséder des biens, se marier, et témoigner. Leur situation sociale paraît être déjà celle dont jouiront les cagots au xive siècle.

Nous pourrions citer encore bien des faits remontant à la même époque, tous affirment que les chrestiaas sont lépreux; mais, à part cela, l'intérêt médical qui s'y peut attacher reste

1. Le For de Navarre remonterait, pour P. de Marca, à 1074; pour Yanguas y Miranda vers 1104-1134; pour l'Académie d'histoire de Madrid, à 1155. Il fut imprimé pour la première fois en 1686.
2. *Caffos* et *gafos* sont synonymes de *cagots*.
3. Pièces justificatives, N° 3.

médiocre; et c'est pourquoi nous réservons à une autre partie de cet ouvrage le soin de leur étude.

Au XIVe siècle, à Bayonne, la police eut maille à partir avec des gens que des règlements de 1315 et 1319 appellent *arcabotz* et *ischaureilhatz*, qui étaient sans profession et qu'il fallait chasser de la ville. Il y a lieu d'admettre qu'il s'agissait des cagots. Le mot *arcabot* dérivant de *caffot*[1], et le mot *ischaureilhat* ou *ésaurillé* se rapportant peut-être à la résorption du lobule de l'oreille, et au ratatinement de l'organe tout entier, signes de la lèpre.

En 1320 les lépreux furent accusés d'avoir, de concert avec les Juifs, empoisonné les sources. Les cagots eurent à souffrir des représailles. Ce supposé empoisonnement était dû à une tentative criminelle et non à la contagiosité du mal.

Il faut arriver en 1383, date d'achèvement de la *Grande Chirurgie*, pour apprendre quelque chose de plus en ce qui concerne la cagoterie; Guy de Chauliac nous apprend en son ouvrage, que cette maladie est caractérisée par la présence de plusieurs signes équivoques et peu d'univoques de lèpre. La symptomatologie de la lèpre est donc celle de la cagoterie; seul l'aspect clinique du malade, le groupement des signes, qui tous sont inconstants, a de l'importance pour le diagnostic. Ce qu'écrivait Guy de Chauliac était le fruit de l'observation; c'est par lui que nous apprenons à connaître la lèpre légère des cagots, qui n'empêchait pas de vivre en famille, de travailler, d'avoir droit à quelque considération, mais qui en revanche nécessitait un certain isolement. C'est à partir de cette fin du XIVe siècle que l'on va commencer à dire, en parlant des cagots, qu'ils sont atteints *d'une espèce* de lèpre. Inutile d'ajouter qu'on la disait fort contagieuse.

Une lettre du roi Charles VI, datée du 7 mars 1407, montre à merveille ce qu'on en pensait au début du XVe siècle. Cette lettre, adressée aux sénéchaux de Toulouse, Carcassonne, Beaucaire, Rouergue, Bigorre et Quercy, ainsi qu'au gouver-

1. Voir P. J. Nos 11 et 12 et à la partie : PHILOLOGIE le paragraphe intitulé *Gabot, Gabet.*

neur de la province, dit que les capitouls de Toulouse et les principaux du duché de Guyenne,

(Lui) ont fait exposer en eulx grievement complaignant, que comme ezdites Senechaussies et Duchié, ait pluseurs personnes malades d'une maladie, laquelle est une espece de lepre ou meselerie, et les entachiés d'icelle maladie sont appelles en aucunes contrées, *Capots*, et en autres contrées, Casots, et ont acoustumé de toute ancieneté et doivent porter certaine enseigne pour estre connus des saines personnes, et aussi doivent demourer et vivre separement des saines personnes, a ce que les sains n'en soyent entachies ou corrompus; neanmoins depuis, comme on dit, il y a ezdites Senechaussies et Païs pluseurs personnes malades et entachiés de ladite maladie, mais soubs umbre de ce que les pluseurs d'iceulx ont de grans et puissans amis, et par le moyen de leursdiz amis ou autrement on[t] pluseurs ports et faveurs avecques nos Gens et Officiers, et avec les autres Officiers et Gens de Justice dudit païs, ou autrement contre raison, vont, viennent et repairent entre les saines personnes, sans porter aucune enseigne de cognoissance de ladite maladie, et par ce deffault, lesdits malades boivent et mangent bien souvent avecques les saines personnes d'icelui païs,.... si briesment n'y estoit pourvu de remede convenable..... etc...... mandons et enjoignons................ que d'oresnavant lesditz *Capots* ou *Cassots*, ou malades de ladite maladie, ne aucun d'eulx ne soient si osés ni si hardis qu'ils aillent et viennent ne reperent aucunement entre les saines personnes sans porter ladite enseigne d'ancienté acoustumée, aparament et en maniere qu'un chascun la puisse voir, [1].........

Peu d'années plus tard, le dauphin Louis, se trouvant à Toulouse, nomma le 10 juillet 1439 des commissaires pour visiter plusieurs personnes, hommes, femmes et enfants, qui s'étaient répandus dans la ville et la sénéchaussée de Toulouse, « et qui estoient malades ou entichiés d'une très horrible et griève maladie, appelée la maladie de lèpre et de capoterie », pour empêcher qu'ils ne se mêlent avec les habitants du pays[2].

Pendant les années qui suivirent on s'occupa plus de prophylaxie que de tout autre chose; les deux derniers faits

1. *Ordonnances des Rois de la troisième Race*, t. IX, p. 298.
2. D. Vaissette *Histoire générale de Languedoc*, édit. in-f°, t. IV, p. 492.

que nous avons cités se rapportent d'ailleurs à cela. Nous n'insisterons donc pas davantage, et renvoyons le lecteur aux chapitres de la partie juridique de cet ouvrage ou cette question est développée à propos de la condition des cagots.

II. — DE 1535 A 1640

De 1535 à 1640, toute une théorie d'historiens, de médecins et de savants consacrèrent quelques lignes aux cagots. Toujours maigres en renseignements médicaux précis, mais riches en descriptions de la situation sociale, et en hypothèses tant philosophiques qu'ethnologiques ou autres, la contribution que leurs œuvres apportent à cette partie de nos recherches reste minime. Bien plus, elle la complique grandement, car ces auteurs n'ont presque jamais vu les cagots, et, s'ils les ont vus, ils restent en peine quand il s'agit d'expliquer pourquoi on considérait comme lépreux des gens qui ne l'étaient plus guère. La lèpre avait en effet presque disparu dans les dernières années du xvie siècle.

Nous nous contenterons de relever ici parmi les lignes consacrées à nos parias, celles qui ont le plus d'intérêt médical. Nous verrons que, dans leur ensemble, ces œuvres tendent à établir la notion de la *lèpre blanche*, que longtemps on a cru être celle qui frappait seule les cagots.

Voici par ordre chronologique les auteurs dont nous parlerons ici : Rabelais (1535), Laurent Joubert (1563), Ambroise Paré (1568), François de Belle-Forest (1575), Guillaume des Innocents (1595), Guillaume Bouchet (1598), Botero Benèse (1599), Paul Merula (1605), Florimond de Rœmond (1607), Just Zinzerling (1616), les Lettres de la Compagnie de Jésus (1619), Jean Darnal (1620), Guillaume Ader (1621), Dom Martin de Bizcaye (1621), André du Chesne (1629), François Bosquet (1635), Arnauld Oihenart (1638), Pierre de Marca (1640).

Rabelais, ce père de l'esprit français, ne devait pas manquer de parler des cagots. Le plus souvent il emploie ce mot au sens d'hypocrite, probablement par analogie, parce que la lèpre cagote était peu apparente et cachée. C'est bien le sens employé dans ces vers :

> Haires, cagots, caffars empantoufflez,
> Gueux mitouflez, frappars escorniflez[1].

Dans sa *Pantagrueline Prognostication*, au chapitre des « *Maladies de ceste année* » il fait probablement allusion aux cagots quand il dit : « Les aureilles seront courtes et rares en Guascongne plus que de coutume. »

Laurent Joubert semble avoir assez bien connu les cagots. En a-t-il examiné? cela est possible. Il est vraisemblable que ces malheureux l'ont intéressé quelque peu puisqu'il leur consacre presque une page entière. Grand admirateur et traducteur de Guy de Chauliac, il est le premier médecin, après son maître, qui ait traité des cagots[2]; ce fut dans une de ses leçons sur les maladies cutanées, en 1563. Sa description est correcte et nous y attachons une grande valeur, car la lèpre commençait à s'éteindre et Laurent Joubert est peut-être le dernier auteur qui ait vu la lèpre des cagots. L'auteur commente d'abord Galien et surtout Celse au sujet de la leucé, du mélas et du vitiligo, puis il ajoute :

Porro etsi ejusmodi vitia, cutis defœdationes potius quam morbi esse videantur, et certas corporis particulas, non corpus universum, afficere dicantur, attamen in quibusdam hominibus leuce universalis apparet, ut iis quos vulgo *Capotos* et *Ladros albos* nominant. Non enim vera et proprio dicta elephantiasi laborant, quæ totius corporis cancer definitur et ex atrabile solum (quibuscumque humoribus adustis) provenit, quemadmodum et lepra Græcis vocata (solius cutis affectio) et Melas vitiliginis species. Capotiam vero illam ex pituita ortum ducere, indicio est color planè albus ad niveum vergens, nullus pruritus, æqualis et plana corporis superficies, faciesquè subtumida. A perfecta vero sanitate solo anhelitus fœtore creduntur discedere, qui accidit ex pituita facile putrescente. Vitium hoc in vicinos ex mutuo convictu non serpit, uti elephantiasis : imo neque ex coïtu contagiosus putatur. Sed tantum hereditarius est, ut in natos abeat. Nam qui ex parentibus capotis genitus est, vel ambotus, vel alterutro, is

1. Rabelais, t. I, p. 195. Voir aussi t. I, p. 194; II, p. 496; III, p. 189, etc. Ce mot est usité par Clément Marot, La Fontaine, etc. dans le même sens.
2. Nous savons que Rabelais fut médecin, mais il ne traite pas des cagots en médecin, puisqu'il se contente de citer leur nom sans commentaire.

duntaxat capotus deprehenditur, id est leuce naturali atque universali laborare, ut ipsi conjicimus. Sic virides lacerti virides edunt partus, et albi polypi albos. Proindè meritò interdicuntur a cœterorum connubiis, ne malum id latius diffundatur, quod in gente quadam pertinacissime est continuatum [1].....

Les taches achromatiques, le gonflement de la face, la fétidité de l'haleine et l'hérédité font la base de cette description. C'est peu, semble-t-il; en réalité c'est déjà beaucoup pour une description médicale du xvie siècle. Ambroise Paré n'ajoutera guère à ce qu'enseignait Laurent Joubert. Il nous dit bien qu'on observe chez les cagots peu de signes extérieurs de lèpre, mais il n'insiste que sur un point secondaire : la chaleur étrange qui leur sort du corps, dont l'interprétation n'est pas très aisée. Voici d'ailleurs ce qu'il écrit en 1568 :

Outre plus il faut estimer, que lorsque les signes (de la lèpre) apparoissent au dehors, le commencement est longtemps auparavant au dedans, à raison qu'elle se fait tousjours plustost aux parties intérieures qu'extérieures : toutesfois aucuns ont la face belle, et le cuir poly et lissé, ne donnant aucun indice de Lepre par dehors, comme sont les ladres blancs, appellez cachots, que l'on trouue en Bretagne, et plusieurs autres lieux, qui m'est une chose indicible [2]. Es visages desquels bien que peu ou point des signes sus alleguez apparoissent, si est-ce que telle ardeur et chaleur estrange leur sort du corps, ce que par experience j'ay veu : quelquefois l'un d'iceux tenant en sa main l'espace d'une heure une pomme fresche, icelle après apparoissoit aussi aride et ridée, que si elle eust été l'espace de huict jours au soleil. Or tels ladres sont blancs et beaux, quasi comme le reste des hommes [3].....

Malgré les additions apportées aux autres éditions de ses œuvres on peut affirmer que Paré n'avait pas observé les cagots du Sud-Ouest; il en parlait par ouï-dire.

Il n'en est pas de même de François de Belleforest, histo-

1. Laurenti Jouberti Opera, *Lugduni, apud Stephanum Michælem*, 1582. In Galeni libros de facultatibus naturalibus annotationes, discipulis suis dictatæ, anno Domini M.DL.XIII, I, caput xi, p. 21.

2. L'édition de 1607, *Paris, Barthélemy Macé*, porte : « ... comme sont les ladres blancs appelés cachots, cagots et capots, que l'on trouve en basse Bretagne, et en Guyenne vers Bordeaux, où ils les appellent Gabets : es visages desquels... ».

3. *Œuvres d'Ambroise Paré*, édition 1568.

rien et savant distingué, qui en sa *Cosmographie* parle assez longuement de ces malheureux, pour montrer comment ils sont isolés des autres hommes, mais surtout pour donner de longs développements à des hypothèses tendant à expliquer d'où vient l'imputation de ladrerie qui les frappe. Nous ne retiendrons ici que les passages présentant un intérêt médical.

Je ne veux oublier, dit le chroniqueur comingeois, qu'ès pays de Bearn, et de Bigorre, et par presque toute la Gascoigne il y a une sorte d'hommes, que ceux du pays appellent les uns Capots, les autres Gahets, mais que touts detestent en general, et fuyent leur accointance pour les avoir en opinion qu'ils sont ladres.......... Ils sont tous charpentiers et tonneliers, et n'en trouverez pas un qui face autre mestier, beaux hommes, laborieux, fort méchaniques : et au reste portans en leur face et actions quelque cas qui les rend dignes de cette détestation, en laquelle on les a ainsi par tout : outre ce tant beaux soyent-ils, ny eux ny leurs femmes, si ont ils tous l'haleine puante, et les approchant vous sentez je ne sçay quel mal plaisante odeur sortir de leur chair, comme si quelque malediction de pere en fils, tomboit sur ceste race miserable d'hommes[1].....

Il nous paraît certain que la rhinite chronique lépreuse était la cause de cette puanteur, un document archéologique que l'on verra plus loin souligne cette opinion. La fétidité de l'haleine inspirait quelques années plus tard (1595) à Guillaume des Innocents un passage où il insiste sur ce symptôme qu'il croit caractéristique de la capoterie. Mais cet auteur ne pense pas qu'il s'agisse de vrais ladres : il semble d'ailleurs ne pas avoir étudié sur les lieux ces parias.

Cette feteur d'haleine, dit-il à propos des signes univoques de la lèpre, est aussi familière aux Cappots, comme estant la seule des marques qui les rend differens d'avec les sains, laquelle procède de la pituite, qui est abondante en eux, qui se pourrit et s'altere facilement : d'où procede l'haleine de ces ladres (improprement) blancs, selon maistre Joubert[2].

1. *La Cosmographie universelle de tout le monde... à Paris, chez Nicolas Chesneau,* M.D.LXXIV, p. 377.

2. *Examen des Éléphantiques ou Lepreux... A Lyon, Thomas Soubron,* M.D.XCV, in-8, p. 85-86.

Dans un autre passage, le même auteur s'efforce de démontrer que les cagots sont atteints de vitiligo, et combat le sens que Joubert attachait aux mots, *lèpre blanche* :

Arnobius, écrit-il, fort ancien autheur (qui estoit du temps de l'Emperieur Diocletian) dict, que la lepre de l'ancien Testament, et mesme aussi celle que nostre Seigneur Jesus-Christ guérit en conversant auec les hommes, n'estoit que la pure *vitiligo* blanche (que les Juifs appeloient lepre, *Barrat* ou *Albarrat*), les Grecs la nommoyent λεύκη, les Arabes *Guada* ou *Alguada*, d'où, à mon aduis, est procèdée l'erreur de quelques-vns, qui veulent que les personnes saisies de ceste lepre blanche (qu'aucuns estiment estre la vraye Cappoterie) descrite en ces lieux du vieil Testament, soyent appellez ladres blancs, Cappotz, Cagots, ou Cangots. Toutesfois ils sont fort deceus, comme il leur sera facile à juger quand ils auront leu et bien obserué entre autres liures, et passages, ce que monsieur Augier Ferrier (médecin en ceste ville, et grand Alpheste) en a escrit en sa républiquc [1].

Guillaume Bouchet, en son *Livre des Sérées*, sorte de chronique de voyage, est beaucoup plus intéressant parce qu'il a semblé avoir vu et vécu les scènes et les faits qu'il rapporte; mais, s'il est permis de retenir ce qui en ses lignes touche au Poitou, il est en revanche juste de remarquer que Bouchet a lu Ambroise Paré et qu'il s'est contenté de reprendre pour son compte ce qu'avait déjà exprimé l'illustre chirurgien. Il dit au sujet de la lèpre :

Et fust trouvé que notre Poictou n'en estoit guère taché (de lèpre) à cause de la region qui est tempérée : que s'il y en avoit, c'estoient ladres blancs appelés cachots, caquots, capots et cabots, qui ont la face belle; que s'ils sont ladres, ils le sont au dedans le corps, le commencement de ladrerie estant longtemps auparavant au dedans avant que paroistre, à raison que la lepre se fait toujours plus tôt aux parties intérieures qu'aux extérieures [2].

Il ajoute plus loin que l'on rejetait des maladreries les lépreux « qui n'avaient de la maladie que deux ou trois grains », c'est-à-dire les cagots. Plus loin encore on lit :

1. *Examen des Éléphantiques ou Lépreux*, p. 17.
2. *Troisième Livre des Sérées de Guillaume Bouchet...* A Paris, chez Adrian Perier, M.D.XCVIII, petit in-12, p. 485.

Sur la fin de la Serée, laissans la lepre particulière, ils se mirent à disputer si les Capots de Gascogne estoyent vrayement ladres : mais n'en étant rien conclud, je ne mis rien en ma memoire [1].

Ainsi donc à la fin du XVIe siècle, comme nous l'avons déjà répété souvent, la lèpre disparaissait chez les cagots au point que l'on ne pouvait rien conclure de certain sur une question aussi grave que délicate.

Botero Benése se contente de constater la présence des cagots dans la région pyrénéenne (1599). Puis Mérula (1605), dans une cosmographie, copie sans rien y ajouter, ce que Belleforest avait écrit avant lui. Il se contente de voiler son plagiat derrière une traduction latine. Vers la même époque devait paraître une œuvre assez importante de Florimond de Rœmond, l'*Antichrist*, où cet auteur s'inquiète avant tout de la démonstration de la thèse suivante : les cagots sont fils des Goths ariens, des hérétiques, des *ladres de l'âme*, qui doivent être séparés de l'Église, comme les ladres du corps le sont du monde. Cette opinion gâte son exposé de la condition des cagots, car il néglige d'examiner ce qui peut invalider son hypothèse; aussi écrit-il qu'en les voyant séparés des autres à l'église, on les croit infects, et « se persuade qu'ils ont l'alaine et la sueur puante (le mesme dit-on des Juifs) et tient pour certain qu'ils sont tachez de quelque espèce de ladrerie. C'est pourquoi on les contraint en quelques lieux, comme en ceste ville de Bordeaux, de porter un morceau de drap rouge sur l'espaule pour les recognoistre [2] ».

On s'étonnera sans doute que De Rœmond, conseiller au Parlement de Bordeaux, ait eu si mauvaise opinion de la perspicacité des hommes qui vécurent avant lui. Il nous est permis d'ailleurs de tenir peu compte d'une opinion qu'il ne défend que fort mal.

En 1613 deux Jésuites écrivaient quelques lignes sans

1. *Troisième Livre des Serées de Guillaume Bouchet...*, p. 521.
2. *L'Anti-Christ et l'Anti-papesse*, par Florimond de Rœmond, conseiller du Roy en sa Cour de Parlement de Bordeaux, *Édition troisième, reueüe, corrigée et de beaucoup augmentée par l'autheur*. A Paris, chez Abel l'Angelier, M.DC.VII, p. 855. Nous ignorons la date de la première édition.

intérêt médical sur les cagots qu'ils avaient vus en Béarn[1]. Just Zinzerling (1616) se contente de copier P. Merula, et d'ajouter qu'il a ouï parler d'un examen médical fait à Toulouse, où l'on a reconnu que les cagots étaient sains[2].

Plus tard, Jean Darnal, faisant la chronique de Bordeaux, en 1620, parlait des Gahets contre lesquels un règlement municipal avait été édicté en 1555; il estime que « c'est une espèce de ladres non du tout formez, mais dont la conversation n'est pas bonne[3] ».

Ce n'est qu'en 1621 qu'un médecin vint à parler de nouveau, après Joubert, Paré, et des Innocents, de cette race malheureuse d'hommes qu'il considère, avec ses maîtres en l'art de guérir, comme ladres blancs. Son œuvre, qui semble être passée inaperçue de tous ceux qui avant nous ont parlé des cagots, ajoute à peine aux notions que nous avons acquises par la lecture des médecins du xvie siècle[4]. Il s'agit de Guillaume Ader.

De iis qui vulgo dicuntur capots, ladres blancs. — Fœtor anhelitus, totiusque corporis malesapida aura est quintum signum (lepræ). In Elephantico enim putredinis summa sunt omnia, articuli suis excidunt acetabulis, partes a compagine semotæ sideratæ decidunt. Sunt quibus alioqui probe constitutis et corpore valentibus fœtidus sudor emanat, vulgo dicuntur *capots*, ladres blancs. In quibus putrescens et fœtens pituita toto corporis habitu fœtoris seminarium est. Hi etiam suspecti sunt ob fœtorem, nec iniuira; *olet enim benè qui nihil olet, malè qui multum olet*[5].

En cette même année 1621, un Basque, Dom Martin, savant et érudit, consacrait de longues pages aux cagots dont

1. *Litteræ Societatis Jesus annorum duorum*, cIↃ iↃc xiii, et cIↃ iↃc xiv, etc. *Lugduni, apud Claudium Caynes*, cIↃ iↃc xix, in-8; p. 518-519.

2. Jodeci Sinceri, *Itinerarium Galliæ*... Appendix Itinerarii, p. 113-114, *Lugduni, apud Jacobum du Creux*, CIↃIↃC XVI.

3. *Supplément des Chroniques de la noble ville de Bourdeaus... A Bourdeaus, par J. Millanges*... M.DC.XX, in-4, f° 4.

4. Nous remercions vivement M. A. Lavergne, de Castillon-de-Batz (érudit distingué qui a publié sur les cagots un document fort important daté de la fin du xiiie siècle, et que nous avons cité plus haut), qui nous a signalé l'œuvre de G. Ader, dont il possède un exemplaire.

5. Guillelmi Ader medici, *enarrationes de ægrotis et morbis in Euangelio*.... *Tolosæ Apud. Dominicum et Petrum Bosc*, M.DC.XXI, p. 290.

il rattache l'origine aux Goths[1]. Ce qu'il raconte, il l'a vu et entendu dire; aussi en dehors des hypothèses qu'il émet, trouvons-nous chez lui, au point de vue de la condition sociale des cagots, bien des renseignements fort précis, mais aussi parfois l'écho de légendes inacceptables. La manière dont ils étaient séparés des autres hommes lui fait dire : « En Bearne, Navarre, y Aragon hay un linage de gentes separada del toto de los ostros avitacion, comercio, y trato como si fuessen *leprosos*[2]. » Il rapporte longuement tout le détail de leur séparation, et dit entre autres choses : « Beber en copa tocada de sus labias, seria como beber toxico[3]. » Enfin il dit plus loin, qu'on prétend qu'ils ont tous l'haleine empestée, qu'ils n'éprouvent pas le besoin de se moucher, qu'ils sont sujets à un flux de sang et de semence continuels, etc.[4].

André du Chesne en 1629 ne fait que confirmer ce que les auteurs antérieurs avaient écrit. Il a certainement lu De Rœmond dont il rapporte en passant la théorie, sans se prononcer sur sa valeur :

Je ne veux oublier... qu'en ce pays, comme en celuy de Bearn, et en plusieurs endroicts de Gascongne, habite une sorte d'hommes appelés vulgairement capots et gahets, qu'un chacun fuit et déteste comme ladres, et qui ont l'haleine fort puante, tous charpentiers et tonneliers, vrays restes de la race de Giezi, ou comme tiennent quelques-uns, des Albigeois hérétiques. Quoy que ce soit, séparez du commun, et de domicile pendant leur vie, et de cimetière après leur mort[5].

Dans des annotations aux lettres du pape Innocent III, François Bosquet n'émet au sujet des cagots qu'une opinion philologique inacceptable (1635)[6].

1. *Drecho de Naturaleza...* por Dom Martin de Vizcay, presbytero, *En Zaragoza. Por Juan de Lanaja y Quartenet.* Año 1621, in-4, p. 123-146.
2. *Id.*, p. 116. « En Béarn, Navarre, et Aragon il y a une race d'hommes séparée de tous les autres, quant à l'habitation, les rapports, et qui sont traités comme s'ils étaient lépreux. »
3. *Id.*, p. 119. « Ce serait comme boire du poison, que de boire dans une tasse que leurs lèvres auraient touchée. »
4. Ce dernier point contredit l'hypothèse de quelques auteurs qui veulent voir dans les cagots des individus châtrés ou impuissants.
5. *Les antiquitez et recherches des villes*, M.DC.XXIX, in-8, liv. II, chap. XXXV, notes, p. 35-36.
6. *Innocentii Tertii P. M. Epistolarum Libri quatuor...* Notis illustrat Fr. Bosquetus, *Toulouse*, M.DC.XXXV; notæ, p. 35-36.

Enfin Oihenart en 1638, après avoir rappelé la vie des cagots, donne un renseignement nouveau. « Ipsi (cagoti) vicissim nostros (Aquitanos) *pellutos,* hoc est pilosos vel comatos vocant. »

Avec lui se termine la série des auteurs qui parlèrent des maudits avant 1640, époque à laquelle Marca les résume tous, ajoute beaucoup du sien, et ouvre décidément une ère nouvelle que les écrivains du début du XVIIe siècle avaient préparée, et qui est caractérisée par la négation de la lèpre chez les cagots.

En résumé les auteurs du XVIe siècle, presque tous médecins, parlent de lèpre cagote et la décrivent tant bien que mal. Les auteurs du XVIIe la révoquent en doute : La cause en est : 1° dans la diminution de lèpre; 2° dans les examens médicaux pratiqués autour de 1600.

Cependant, des écrits des auteurs que nous avons cités, surgit un fait nouveau, qui va troubler jusqu'en 1876 les médecins : c'est la conception de la lèpre blanche. Un autre fait naît avec le XVIIe siècle : les théories ethnogéniques qui jusqu'en 1893 auront leur écho.

III. — SYMPTOMATOLOGIE DE LA CAGOTERIE SELON L'ESPRIT DU MOYEN ÂGE

Les descriptions que nous avons rapportées au paragraphe précédent, si incomplètes qu'elles puissent paraître, offrent cependant tous les éléments nécessaires à une étude clinique assez satisfaisante. Nous allons tâcher de la faire en nous aidant de documents glanés tant dans les auteurs anciens, chroniqueurs ou historiens, que dans les traditions. L'ordre suivi s'inspirera de la description des signes de la lèpre donnée par Guy de Chauliac[1]; c'est dire que notre étude sera faite

1. Voici l'exposé des signes de la lèpre par Guy de Chauliac (*Grande Chirurgie*, éd. E. Nicaise, p. 404) : « On appelle Vniuoques, ceux qui signifient tousiours ladrerie, et l'ensuiuent, soit intenses, soit foibles, et sont six : la rondeur des yeux et des oreilles, depilation et grossesse ou tubérosité des sourcils, dilatation et torsure des narilles par dehors, auec estroitesse inte-

avec un esprit médiéval et que les conclusions de ce chapitre seront celles qu'eût tirées un médecin de cette époque.

A. — SIGNES UNIVOQUES

La rondeur des yeux et des oreilles.

L'aspect des yeux arrondis, et ouverts, les paupières épaisses, appartiennent au facies léonin qui fit donner à la lèpre le nom de léontiase. Brassac[1] dit à ce sujet : « Les paupières se gonflent, s'épaississent et perdent en partie leurs cils; leur ouverture se déforme probablement par suite d'adhérences avec la sclérotique; la paupière inférieure se renverse quelquefois, les cils se dévient, irritant la conjonctive. » L'étrange fixité du regard, qui était considérée comme le sixième signe univoque dans le Guidon[2], provenait sans doute en partie de la rondeur des yeux. Les cagots avaient ce regard, qui imprimait à leur face ce quelque chose qui inspirait la méfiance et la crainte : « *Facie... quiddam paret, quod eos contemptui detestationique reddit obnoxios.* » (Mérula.)

rieure, laideur de lèures, voix rauque, comme s'il parloit du nez, puanteur d'haleine, et de toute la personne, regard fixe et horrible, en manière de la beste Saton... : le nez devient camus, les lèures grosses, et les oreilles apparoissent aiguisées.....

« On appelle Equiuoques, ceux qui, auec ce qu'ils sont trouuez en lepre, se rouuent en autres maladies et partant ne signifient tousiours lepre. Ils sont seize. Le premier est durté et tubérosité de la chair, specialement des ioinlures et extremitez. Le second est couleur de morphée et ténébreuse. Le troisiesme est, cheute de cheueux et renaissance de subtils. Le quatriesme, consomption de muscles, et principalement du poulce. Cinquiesme, insensibilité et stupeur, et grampe des extremitez. Sixiesme, rongne, et dertes, couperose, et vlcérations au corps. Le septiesme, est grains sous la langue, sous les paupieres, et derrière les oreilles. Huictiesme, ardeur et sentiment de piqueure d'aiguilles au corps. Neufiesme, crespeure de leur peau exposée à l'air, à mode d'oye plumée. Dixiesme, quand on iette de l'eau sur eux, ils semblent oingts. Vnziesme, ils n'ont gueres souuent fiéure. Douziesme, ils sont fins et trompeurs, furieux, et se veulent trop ingerer sur le peuple. Treiziesme, ils ont des songes pesants et griefs. Quatorziesme, ils ont le pouls debile. Quinziesme, ils ont le sang noir, plombin et tenebreux, cendreux, graueleux et grumeleux. Seiziesme, ils ont les vrines liuides, blanches, subtiles, et cendreuses. »

1. Brassac, *Dict. encycl.*, p. 426.

2. *Guidon.* C'est le terme qui désignait jadis l'œuvre de Guy de Chauliac (*Guidonis* de Cauliaco).

Mais il nous faut ajouter que tel signe fut très rare chez les cagots, car il n'est jamais indiqué d'une façon tout à fait explicite. L'épaississement des sourcils était lié soit à l'infiltration des téguments de la face, soit au développement des tubercules.

Quant à la rondeur des oreilles, elle est due à l'infiltration des tissus par des tubercules. On sait que cette infiltration se fait surtout dans les régions riches en capillaires sanguins : telles sont les oreilles. L'organe atteint s'épaissit, se ramasse, le lobule paraît se résorber, et l'oreille prend une forme arrondie en même temps qu'elle s'infiltre. L'absence du lobule de l'oreille n'est donc ici qu'un phénomène pathologique, et non pas un caractère physique héréditaire. Que plus tard, par suite de la consanguinité des mariages chez les cagots, certains stigmates de dégénérescence, tels que l'absence de lobule, se soient présentés, rien d'étonnant à cela. Nous n'en restons pas moins convaincu que la tradition, encore vivante dans tout le Béarn, le pays Basque, les Landes, et ailleurs, qui veut que l'absence de lobule soit un signe caractéristique des cagots, a pris naissance dans ce fait que l'oreille lépreuse était arrondie et sans lobe. Guillaume des Innocents donne une bonne description de ce signe[1] : « ... s'ensuyt la figure ronde obseruée aux oreilles, desquelles la rondeur procède d'vne mesme cause, à celle qui rondit les yeux aux ladres, sçauoir est de la seicheresse deprauée du nourrissement, à la deffence toutesfois des hectiques, tabides, et marasmés, ausquels la nourriture defaut és membres. Or bien que les oreilles soyent naturellement rondes ou oblongues, si est-ce que ces petits bouts, et extrémités d'icelles (es lesquelles l'on fiche les bagues et ioyaux, mesmement les femmes d'Afrique pour vn plus grand fast et sumptuosité) estant desseichées, retirées ou consommées, rendent leur rondeur mieux formée et plus remarquable. D'autant que ce qui les fait plus longues aux vns qu'aux autres naturellement, c'est ceste pinne de chair qui est la partie plus mollette de toute l'oreille. » On ne pourrait décrire avec plus de prolixité l'absence pathologique du lobule. Nous étudierons son

1. Guillaume des Innocents, *loc cit.*, p. 82-83.

absence congénitale en même temps que les signes physiques de la dégénérescence présentés par les cagots.

La rondeur et l'épaississement des oreilles est remarquablement figurée sur la tête sculptée du cagot de Monein.

Dépilation et grossesse ou tubérosité des sourcils.

Les auteurs ne parlent pas de ces symptômes chez les cagots. Cependant la dépilation des sourcils accompagnait toujours ou presque toujours la dépilation du cuir chevelu. Ce dernier symptôme en revanche est souvent signalé chez les cagots.

La dépilation et l'épaississement des sourcils se distingue sur la tête du cagot de l'église de Monein.

Dilatation et torsure des narilles par dehors,
auec estroitesse interieure.

Ces lésions nasales, comme les ulcérations buccales, ne sont pas signalées chez les cagots anciens, elles étaient la cause principale de la fétidité de l'haleine, souvent indiquée en revanche. Il faut penser que si les auteurs ne se sont pas arrêtés à ces signes c'est par suite de la brièveté de leurs descriptions médicales des cagots; mais tout porte à croire qu'ils existaient souvent. En effet, Zambaco-Pacha, qui a examiné de près un grand nombre de cagots modernes, a signalé très souvent chez eux des rhinites chroniques, signe précieux de lèpre.

Dom Martin de Biscaye nous fait penser à l'oblitération des voies nasales quand il écrit des cagots qu' « ils n'éprouvent pas le besoin de se moucher ». Enfin Guy de Chauliac écrit quelque part [1] à propos de la lèpre :

« Elle est ditte *lepre*, de « a Lepore nasi [2] », d'autant que là apparoissent ses principaux et plus certains signes. Ou elle est dite de *loup*, d'autant que comme vn loup, deuore tous les membres [3]. »

1. Guy de Chauliac, *Grande Chirurgie*; éd. E. Nicaise, p. 402.

2. Voici comment ce mot est exprimé dans différents manuscrits et éditions de la *Grande Chirurgie*.

« A Lepore nasi. » Ms. de la Bibl. nat. Latin 6966. Datée de 1461.

« Lepre de lepore du nes. » Ms. de Montpellier, xve siècle, papier.

« Est dite a *lepore* qui est une partie du nez. » Éd. Canappe, 1538.

« De lepus, partie du nez. » Éd. L. Joubert, 1579.

3. Voir plus loin le paragraphe intitulé : *le nez devient camus.*

Or la maladie des cagots s'est précisément appelée *mal du loup*, au moins à Navailles (canton de Theze, B.-P.). Là, raconte Fr. Michel, les cagots « entraient à l'église par une petite porte maintenant remplacée par un mur, au milieu duquel se voit l'image de saint Loup, entourée d'une branche de chêne supportée par deux oiseaux de la grosseur d'un pigeon. Les habitants de la commune atteints d'un mal qu'ils appellent *mal du loup*, vont passer un mouchoir sur l'image du saint, et le portent ensuite à leur tête, dans l'espoir d'être ainsi débarrassés de leur infirmité. On ignore à quelle époque naquit cette folle superstition; mais tout porte à croire qu'elle était pratiquée par les anciens cagots, réputés lépreux[1] ».

On ne voit plus l'image de saint Loup fixée dans le mur. Nous avons retrouvé la pierre qui porte la face de ce saint, toute verdie par les algues, reléguée par terre dans un coin de l'église de Navailles. Le caractère de la sculpture la ferait attribuer à la fin de la période romane.

Laideur des lèvres. Voix rauque comme s'il parlait du nez.

Les troubles de la voix semblent dus aux lésions du nez et du pharynx nasal, ainsi qu'à des lésions laryngées. Ils s'associaient souvent à la fétidité de l'haleine. Cette voix rauque et nasonnée était un des caractères des femmes de Chubitoa. A Saint-Jean-Pied-de-Port, des personnes distinguées par leur haute culture nous ont dit, qu'il y a moins de trente ans, on se gardait encore de prendre comme nourrices les femmes de Chubitoa, parce que l'on craignait que la raucité de leur voix ne fût due à une affection contagieuse, la lèpre.

Les lèvres étaient affreuses à voir, et ulcérées. G. des Innocents décrivant la lèpre dit : « Joint que la plus part d'eux, sont ulcerez en la bouche, au gozier, et au nez : dont l'air qui en procède demeure infect : et la voix s'en fait enrouée et difficile. C'est pourquoi l'escole des médecins (à mon aduis) a inuenté un tel expedient, pour remedier à l'interest de la

1. Michel, *loc. cit.*, t. I, p. 109.

SAINT LOUP.

Ce saint était invoqué par les cagots, en vue d'obtenir leur guérison. Cette sculpture se trouvait autrefois au-dessus de la porte des Cagots, à l'église de Navailles (B.-P.).

FAY. — P. 22-23.

chose publique, en empeschant la conversation des ladres, auec le demeurant du peuple sain et net. » Passant aux cagots, nous retrouvons tout cela. Gauthier de Coincy (1177-1236) dit des cagots, qu'il appelle caffres :

Tant par est lais qu'il est hom vis
N'en doie avoir poor et hide
Tout ses pechiez, for l'omecide
A relevez et decouvers
Li caffre pourris et cuivers
Dont Diex la dame a si vengiè,
Que vers li ont la char mangié
Et les leffres dusques es dens[1].

Voilà bien cette affreuse ulcération que G. des Innocens décrit en ces termes : « Joinct que la plus part d'eux sont ulcerez en la bouche, au gozier, et au nez. »

Ces lèvres rongées, cette bouche malade, n'étaient-elles point propres à propager la maladie par le contact avec les récipients destinés aux liquides de boisson? Certes oui. « Beber en copa tocada de sus labias, sera como beber toxico », dit Dom Martin, répétant en cela ce règlement édicté par un notaire de Moumour en 1471 contre les cagots :

« *Que quant anassen obrar per biele, se portassen en que beure, affin que no mettosen en proe a negun, ni begossen en los autres besiis de Momor beuen* [2]. »

Leurs crachats aussi étaient considérés comme virulents. Il y a soixante ans encore les habitants de Rébénacq (canton d'Arudy) se tenaient à distance des cagots, dans la crainte, dit-on, de toucher du pied leurs crachats. Cette crainte de la contagion par la salive faisait que partout les cagots avaient leur source ou leur fontaine, où nul n'allait puiser.

Leur haleine était contaminée; aussi devaient-ils faire face au vent quand ils parlaient à des personnes saines. Le même motif leur faisait interdire les cabarets ou tavernes, et

1. Cité par Roquefort, *Gloss. de la langue romane*, t. I, p. 201.
2. « Quand ils iront travailler en ville, qu'ils portent avec eux de quoi boire, afin qu'ils n'exposent personne au contage, et qu'ils n'aillent pas boire chez les autres voisins de Momor. »

tous lieux publics. Enfin la conversation familière avec les sains leur était formellement proscrite, dès 1551, par le 4e article du For de Béarn (Rubrique *De la qualité des Personnes*).

Puanteur d'haleine et de toute la personne.

Tout le monde reconnaissait ces deux signes de la capoterie. Ils étaient si importants que G. des Innocents les indique comme caractéristiques de la capoterie, ce qui est vrai; mais il ajoute que c'est le seul signe qui les distingue des sains, ce qui est notoirement inexact.

Nous citons le passage en entier[1].

Le 5e signe (de la lèpre) est tiré de la puanteur de l'haleine, et generalement de tout le corps, pour monstrer l'insigne corruption d'humeurs, qui est dedans le corps ou au centre d'iceluy, et a ses circonferances. Or auons-nous demonstré cy dessus, qu'il n'y a entraille en tout le corps (horsmis le cœur, qui resiste tant qu'il peut à telle infection, et auquel suruient finalement la lesion pour donner vne dernière fin à l'animal) qui ne soit attainte et entachée de cest horrible vice. Si que la chaleureuse vapeur qui procéde d'eux, rapporte le tesmoignage de leur passion, par la feteur qui s'exalte et euapore hors, tout ainsi que l'odeur plaisante et douce (telle qu'on dict auoir esté en la flagrance d'Alexandre) signifie la bonne habitude et constitution du corps, et la symmetrie ou commoderation des humeurs, et autres vapeurs subtiles et espesses, selon leurs qualités lesquelles viennent suauls et flairantes, comme l'humeur est doux, bien tempéré, et sanguin. Au contraire violantes, aigres ou fortes (que l'on dict) ingrates, puantes et insupportables, quand il y a une tresgrande infection aux humeurs, et en toute l'habitude du corps. Ceste feteur d'haleine est aussi familière aux Cappots, comme estant la seule des marques qui les rend differents d'auec les sains, laquelle procède de la pituite, qui est abondante en eux, qui se pourrit et s'altere facilement : d'où procède l'haleine puante de ces ladres (improprement) blancs, selon maistre Joubert.

C'est en copiant mal Joubert, que des Innocents s'était imaginé que le seul symptôme pathognomonique de la cagoterie était la puanteur de l'haleine. Joubert avait écrit : *A perfecta vero sanitate, solo anhœlitus fœtore creduntur discedere,*

1. *Loc. cit.*, p. 85-86.

qui accedit ex pituite facile putrescente. Il nous semble qu'il faille lire, que c'était d'une opinion courante que la fétidité du corps et de l'haleine fût le seul signe de capoterie; mais Laurent Joubert n'admettait pas cette façon de voir, car il n'aurait jamais consenti à classer les capots parmi les ladres blancs sur un seul signe; en outre, il connaissait trop l'œuvre de Guy de Chauliac[1] pour conclure sur un signe univoque, sans aucun signe équivoque.

Belleforest en 1575 répète encore qu' « ils ont tous l'haleine puante[2] ». Le Duchat, le commentateur de Rabelais, dit qu'ils sont « aussi puants que peu orthodoxes[3] ». Du Chesne ajoute « que chacun fuit (les capots) comme des ladres, et qui ont l'haleine fort puante[4] ». Ce symptôme appartient réellement à la lèpre. Il semble lié à des lésions des muqueuses des voies respiratoires.

Venuti, commentant Marca, vient à parler de la puanteur du corps de ces malheureux. L'auteur de l'*Histoire de Béarn* avait « recherché l'origine de l'imputation de Ladrerie, et de la puanteur des gézitains ou Cagots, dans la race des Sarrazins[5] »; mais à Venuti il « paraît que la mauvaise odeur dont on accuse les Sarrazins, n'est pas une preuve qu'ils fussent attaqués de lèpre, dont les symptômes doivent être plus décidés[6] ». C'est que la théorie de Marca déplaît au chroniqueur de Bordeaux qui croit que les capots ont pris leur lèpre en Terre Sainte.

Des Innocents croyait que l'odeur venait de ce que le sang était corrompu. Sanadon nous dit que la tradition et les règlements prouvent que le sang des capots était gâté[7].

Belleforest en parle longuement. Ils ont tous, dit-il, « l'haleine puante, et les approchant vous sentez je ne sçay

1. Nous devons à L. Joubert plusieurs éditions de Chauliac.
2. Belleforest, *loc. cit.*, p. 377.
3. *Œuvres de Me Fr. Rabelais...* par Le Duchat. Amsterdam, M.DCC.XLI, t. I, p. 285, note 82.
4. Du Chesnes, *Les antiquités et recherches des villes...*, p. 732.
5. De Marca, *Hist. de Béarn*, chap. XVI, § 5.
6. Venuti (l'abbé), *Dissertation sur les anciens monuments de la ville de Bordeaux. Sur les Gahets...* Bordeaux, Chappuis, M.DCC.LIV.
7. Sanadon, *Essai sur la noblesse des basques....* Pau, Vignancourt, M.DCCC. LXXXV, in-8, p. 163.

quel malplaisante odeur sortir de leur chair comme si quelque malédiction, de père en fils, tomboit sur cette race misérable d'hommes... ».

Florimond de Rœmond pense que les capots, étant descendants des Goths Ariens, on s'était toujours méfié de la sincérité de leur conversion, et que pour cette raison on les mettait à part dans l'église : « le peuple saisi de ceste opinion,... se persuade qu'ils ont l'aleine et la sueur puante (le mesme dit-on des Juifs) et tient pour certain qu'ils sont tachez de quelque espèce de ladrerie[1] ». Souvenons-nous que cet auteur vivait à une époque où la lèpre était presque éteinte; son opinion s'en ressent naturellement.

La mauvaise odeur du lépreux est bien connue de nos jours. Sans vouloir discuter ses causes, remarquons que les auteurs anciens ont été jusqu'à nous donner des détails assez précis sur elle. Ils auraient noté entre autres que c'était une odeur spéciale, que Guillaume Ader définit en ces termes : *In quibus (les capots) putrescens et fœtens pituita toto corporis habitu fœtoris seminarium est. Hi etiam suspecti sunt ob fœtorem*[2].....

N'est-ce point pour cette raison que Dom Martin de Viscay dit que le peuple les soupçonne atteints d'une spermatorrhée continuelle?

Plusieurs crurent que c'était la transpiration des capots qui était fétide. L'hyperhydrose appartient en effet à la lèpre.

Regard fixe et horrible.

Ce symptôme n'a pas été, que nous sachions, indiqué d'une façon spéciale chez les cagots. Les auteurs modernes le signalent dans les poussées congestives qui accompagnent le début de la lèpre.

Le nez devient camus, les lèvres grosses.

Rien dans les documents recueillis ne nous avait permis de

1. Florimond de Rœmond, *L'Antichrist*, p. 567.
2. G. Ader, *Enarrationes de ægrotis et morbis in Euangelio*, p. 290.

dire que ce signe ait existé chez les cagots, quand nos recherches nous conduisirent à Monein (B.-P.). Dans la vieille église de ce chef-lieu de canton, on voit le bénitier des cagots, au pied d'une colonne, sur laquelle est sculptée une tête de cagot. Cette effigie, qui est l'unique document de cette espèce que nous connaissions, présente précisément un tableau remarquable des symptômes de la maladie. Les oreilles sont rondes et grosses, les sourcils gros et proéminents, mais surtout le visage est déformé par un nez camus, et des lèvres grosses. La déformation du nez est due à l'effondrement de la cloison; c'est une lésion qui récemment a été décrite de nouveau par M. Castex sous le nom de nez en lorgnette dans la rhinite lépreuse. La ressemblance avec le nez en lorgnette de la syphilis héréditaire est remarquable, si bien que l'on pourrait douter du diagnostic rétrospectif, si la tête n'était couverte du bonnet des lépreux, et si la face bouffie et les autres signes accumulés comme à plaisir sur l'effigie n'étaient caractéristiques de la maladie figurée. Les graves lésions nasales expliquent assez la puanteur qui devait infecter l'haleine de ces malheureux.

Les lèvres grosses n'ont pas ici de caractère bien spécial. On note en outre que la lèvre inférieure et le menton sont d'un prognate; c'est là signe de dégénérescence, attribuable aisément à la lourde hérédité du cagot, dont le sang était affaibli par une série de mariages consanguins, et la misère physiologique de ses ascendants.

B. — SIGNES ÉQUIVOQUES

On a remarqué que les signes univoques de la lèpre que donne Guy de Chauliac, ont presque tous été constatés surabondamment chez les cagots : si bien que si nous arrêtions ici cette description, nos maîtres cliniciens médiévaux déclareraient sans doute leur conviction parfaitement établie; cette conviction trouvera un appui nouveau dans les signes équivoques. Malheureusement sur les seize signes qu'énumère Guy de Chauliac, il y en a plusieurs, tels que ceux tirés de l'examen des urines ou du sang, qu'aucun document antérieur à 1600 ne nous permet de constater dans la cagoterie. En 1600, un rapport médical fait à Toulouse parle bien du sang des cagots, mais, ainsi que nous l'avons déjà dit, au XVIIe siècle il n'y avait plus guère de lèpre, ce document ne peut donc servir à nous éclairer dans le présent paragraphe.

On appelle Équivoques les signes qui, avec ce qu'ils sont trouvés en lèpre, se trouvent en autres maladies et partant ne signifient toujours lèpre. Ils sont seize. Le premier est durté et tuberosité de la chair, spécialement des jointures et extrémités.

Il y a ici deux choses bien dissemblables : 1° la dureté des téguments qui fait penser à la sclérodermie lépreuse et à l'infiltration; 2° les tubercules lépreux. Si chez les cagots, nous n'avons rien trouvé de précis en ce qui concerne le premier, il n'en est pas de même du second de ces signes.

Le tubercule lépreux a été longtemps confondu par le peuple avec les grains de ladrerie de la race porcine. Guillaume Bouchet parlant des ladres blancs ou cagots, les assimile aux malades qui « n'ont de lèpre que deux ou trois grains ». Nous avons déjà vu que très probablement c'était aux tubercules qu'il fallait souvent attribuer la déformation des oreilles. Veut-on nous forcer à un rapprochement, dans l'expression *porc gaffet* qui est employée dans les *Coutumes de Marmande*? Peut-être.

Il est certain que l'allusion aux tubercules existe dans cette tradition rapportée par Fr. Michel[1] au sujet des Cagots de la vallée d'Argelès : on croit encore, dit cet auteur, qu'ils avaient les oreilles sans lobe et l'haleine puante. On croit encore qu'ils avaient sous la peau de petits grains semblables à ceux des cochons ladres. Il n'est pas rare de voir de vieilles femmes, lorsqu'elles se querellent avec quelqu'un réputé cagot, lui montrer la langue ou le derrière de l'oreille où l'on croyait que les grains de la ladrerie étaient apparents.

1. Michel, t. I, p. 80-81.

Le tubercule est nettement affirmé encore chez ce caqueux dont parle une chanson bretonne du XVe siècle :

Il ne savait pas, pauvre jeune homme,
Qu'il était caqueux, qu'il était lépreux!
Mais comme il retournait chez lui,
De grosses bouffies comme des pois,
S'élevèrent sur sa peau.....

Ne ouie ket, den iaouank paour,
E oa Kakouz, et oa klanvour!
Hogen pa zeuaz war he giz,
Klogorennou kement a piz,
War he grec' hen a oa savet[1].....

Le second est de couleur morphée et ténébreuse.

Jamais on n'a fait une allusion à ce signe chez les cagots, pour cette bonne raison qu'ils étaient atteints de lèpre blanche. Cependant comme il s'agit ici des taches dyschromiques de la lèpre, nous croyons utile de rappeler que l'achromie est constamment signalée chez les cagots. Achromie généralisée ou partielle? nous demandera-t-on. Partielle le plus souvent, sinon toujours. Comme nous devons plus loin traiter longuement de la lèpre blanche, nous renvoyons le lecteur aux pages consacrées à ce sujet.

Le troisième est chute des cheveux, et renaissance de subtils.

Oihenard traitant des cagots écrit : « Ipsi (cagoti) vicissim nostros *pellutos*, hoc est pilosos vel comatos vocant. »

Laurent Joubert de son côté dit : « Quod si in parte pilis obsita nascatur, eam non deglabrat, ut solent ἀλφοὶ et μέλανες (nisi quæ prorsus incurabilis est) sed canos omnino facit et pilos lanugini similes. Hæc quem occupavit non facile dimittit, illa vero curationem non difficilimam recipiunt....... Leuce vero vix unquam sanescit, ut annotat Celsus........

1. Hersart de la Villemarqué, *Barzaz-Breiz*, chants populaires de la Bretagne.

Porro etsi ejusmodi vitia cutis defœdationes, potius quam morbi esse videantur et certas corporis particulas, non corpus universum, afficere dicantur, attamen in quibusdam hominibus leuce universalis apparet, ut iis quos vulgo capotos... nominant. »

Avant de commenter ces deux passages relatifs aux cagots, nous croyons utile de citer de courts passages de Guy de Chauliac et de Paré.

« Le troisième (signe équivoque de lèpre) est, cheute de cheveux et renaissance de subtils [1]. »

« Les passions des cheveux, selon Galen au premier du *Miamir*, sont la totale perte, et le changement de couleur, comme il se fait en lèpre et en allopécie [2]. »

« Or les signes qui démontrent la préparation ou disposition à la lèpre, sont, mutation de couleur naturelle en la face, comme goutterose, saphirs, chute de poil [3]..... »

Le témoignage d'Oihenard que nous avons cité plus haut, est intéressant, car il montre les cagots affligés de leur alopécie se venger sur les personnes saines en les traitant de velues. De nos jours, à Saint-Étienne-de-Baïgorry, M. Etcheverry-Ainchard nous disait que l'on indique les gens de la ville sous le nom de *pellutac* quand on veut les opposer aux cagots; mais il nous faut ajouter, pour être véridique, que notre interlocuteur expliquait : « Ce mot dans notre pensée signifie, qui a la peau saine, car on sait que les cagots sont affligés de dartres et d'autres maladies de peau, peut-être encore la lèpre. »

Fr. Michel écrit (I, p. 20 en note) : « *Peloutac*, s'il faut en croire M. Larregorry, instituteur à Larceveau, est le nom que donnent les *agotac* au reste de la population ». « *Ellos* (m'écrivait D. Jose Matias Elizalde, ancien supérieur des Prémontrés d'Urdax, à propos des Agots) *llaman perlutas á los que no son de su raza.* » Une autre personne native de la vallée de Bastan, et à laquelle le texte d'Oihenard était inconnu, me disait que dans sa jeunesse, toutes les fois qu'elle

1. *Grande Chirurgie*, éd. E. Nicaise, p. 404.
2. *Id.*, p. 445.
3. A. Paré, *Œuvres*, éd. Rigaud, Lyon, 1652, p. 477.

rencontrait un Agot, elle lui criait : *Agote, Agote!* A quoi celui-ci répondait : *Perlute, Perlute!*

Quoi qu'il en soit, les recherches des médecins contemporains, ainsi que les constatations que nous avons faites nous-même, concordent à affirmer que l'alopécie lépreuse est un des signes que l'on rencontre encore de nos jours chez les descendants des cagots. Nous en reparlerons plus loin (p. 75).

Le quatrième, consomption des muscles, et principalement du pouce.

Il s'agit de l'atrophie musculaire qui simule parfois l'atrophie musculaire progressive. On la rencontre parfois chez les cagots modernes.

Cinquième, insensibilité et stupeur, et crampes des extrémités.

Par crampe des extrémités il faut entendre sans doute la main en griffe, quoiqu'il y ait dans la lèpre de véritables crampes. On a pensé qu'elle avait été constatée chez les cagots, mais nous ne pouvons pas l'affirmer, car cette opinion est née, au XIXe siècle, d'une fausse hypothèse philologique, qui voudrait que *gaffet* dérivât de *gaf*, *gafet*, crochet, en langue romane; toutefois il est très probable que ce signe coexista souvent, comme de nos jours, avec les destructions phalangiennes.

Quant à l'anesthésie, on comprend assez bien que vu la nature des documents sur lesquels nous nous appuyons, elle n'ait point été signalée.

Sixième, rongne, et dartres, couperose, et ulcérations au corps.

Cette phrase soulève un grand nombre de questions. Et d'abord on sait que les lépreux sont sujets, indépendamment des manifestations cutanées de leur maladie, à de nombreuses dermatoses. Les dartres sont de ce nombre. Nous avons vu plusieurs cagots atteints d'affections cutanées, dartres, eczémas, etc. Les anciens avaient observé la même chose; mais cela n'a pas un bien grand intérêt, à côté de la gale, affection dont certaines manifestations, disent les dermatologistes, peuvent simuler la lèpre. Est-ce cette ressemblance qui fit assimiler les gaffets de Bordeaux aux galeux? Oui, si nous en croyons Fr. Michel, qui cherche à démontrer que *gahet* signifiait aussi galeux. Il se base sur ce fait que l'archiprêtré de Cernes, Sarnesii en latin, était celui dont dépendait Saint-Nicolas-des-Gahets. Or *sarna* signifient gale; et même lèpre, ainsi que le dit Covarruvias en son Trésor de la langue castillane : « Sarna : una especie de lepra. » Sarna était la lèpre écailleuse, celle qui donna son nom aux casc-arotes [1].

L'aspect écailleux de la peau des lépreux au niveau des taches dyschromiques est bien connu. Il est signalé de nos jours chez les cagots de Saint-Pierre et de Saint-Jean-de-Lier.

« Leur peau, dit Michel, écaillée comme le dos d'une carpe, sans ou presque sans poil, blanchâtre et farineuse parfois devenait fort rouge, surtout aux phases de la lune. Pour l'adoucir ils se servaient de lierre qu'ils faisaient bouillir et l'appliquaient sur le mal. Une vieille femme encore existante en emploie plus d'une charretée par an [2]. »

Cet auteur y voit une espèce de lèpre. Il rapporte à ce sujet le couplet suivant :

A Lié, qu'es ue grand parropi
D'ayères ets que n'an manquat.
Tout dret aü bos de Laürède
Sen soun anats ha un rap;
Qu'en hen bouri à caütères,
Encouère mey à caüterous;
Et toustem aquets misérables
Don soun lous mêmes *leprous* [3].

1. Voir : Philologie.
2. Fr. Michel, *loc. cit.*, t. II, p. 138.
3. *Id.*, p. 140. « A Lier, cette grande paroisse — de lierre ils n'ont pas manqué. — Tout droit au bois de Laurède — ils s'en sont allés faire un vol. — Ils en (du lierre) font bouillir à chaudières — encore plus à chaudrons; — et toujours ces misérables — restent les mêmes *lépreux*. »

Rappelons que la décoction de feuille de lierre est employée parfois contre les ulcères sanieux et la gale.

Les ulcères, dont parle Guy de Chauliac, se rapportent à deux ordres de lésions distincts : les ulcères proprement dits, et les destructions des extrémités, dont la première étape a plus d'une analogie avec le panaris analgésique du Morvan.

Les cagots avaient des ulcères, ainsi qu'il appert de ce fragment :

Lous Cagots qu'i a dachat,
Pouyren leba ue armade
Et batés à tout coustat ;
En dachan lous pleins d'ulcères
Grand nombre en pouyren trouba[1].

Quant au panaris analgésique, nous ne nous étonnons guère de ne pas le voir signalé par Chauliac, puisque Paré lui-même ne le laisse qu'à peine soupçonner. Les premières bonnes descriptions sont de la fin du XVIIe siècle. C'est sous le nom vague d'ulcération que figure ce gros symptôme, certainement connu dès la plus haute antiquité. Nous croyons d'ailleurs, que s'il était défendu aux lépreux comme aux cagots de marcher pieds nus par les rues, c'était à cause de ces lésions; de même que l'usage d'un bénitier spécial dans les églises ne relève d'aucune autre cause. Peut-être faut-il voir une discrète allusion à ce symptôme dans quelques chansons populaires : dans l'une d'elles, un paysan indique comment reconnaître les cagots, et dit qu'ils se distinguent « jusque au bout du doigt »; dans une autre on les dit « chargés de lèpre à pleines mains ».

Le septième, est grains sous la langue, sous les paupières et derrière les oreilles.

Nous en avons parlé à propos des tubercules lépreux.

1. Fr. Michel, *loc. cit.*, t. II, p. 139. « Les cagots qu'il a laissés, — pourraient lever une armée — et se battre de tous côtés; — en laissant ceux qui sont pleins d'ulcères, — un grand nombre on en pourrait trouver. »

Huictième, ardeur et sentiment de piqueure d'aiguilles au corps.

Cette ardeur étrange, comme dit Paré dans sa description du cagot, est bien un symptôme de lèpre. Négligé depuis bien longtemps, il a été décrit à nouveau en 1902 par H. de Brun.

Voici ce qu'il écrit à propos d'une lépreuse à forme de syringomyélie.

« Un signe plus important que notre malade nous a signalé c'est une sensation de chaleur, « de brûlure, de feu ardent », — ce sont ses expressions, — dans tout le corps, sensations qui l'obligeaient à se découvrir, et se transformaient alors en un froid vif, très intense et très désagréable. Bien que ce symptôme n'ait pas été noté par les léprologues, je le considère comme ayant une valeur réelle. Je l'ai retrouvé dans un grand nombre de cas de lèpre nerveuse, et je me souviens encore en particulier d'un malade atteint de lèpre anesthésique type... qui, pendant les quelques jours qu'il passa dans mon service, se plaignit presque exclusivement de ces sensations de chaleur d'autant plus singulières qu'il était atteint de thermo-anesthésie absolue[1]. »

Ce symptôme est nettement signalé chez les cagots. C'est ainsi que, dans une vieille chanson béarnaise, un couplet fait dire à des jeunes filles qui ne veulent pas épouser un cagot :

L'hiber qu'es ret, diseneres;
Nous bens bolem apriga,
E ue soulete couberture
A bous aütés que-bs hey trembla[2].

A ce sujet voici ce qu'écrivait Ambroise Paré : « Une ardeur et chaleur estrange leur sort du corps ce que par expérience j'ay veu : quelquefois l'un d'iceux tenant en sa

1. H. de Brun, *Presse médicale*, 9 avril 1902, p. 340, col. 1.

2. « L'hiver est dur, disent-elles, — nous voulons bien nous abriter, — et une seule couverture, — vous autres, vous fait trembler ». *Chanson du XVe siècle*, citée par Fr. Michel, t. II, p. 141.

main l'espace d'une heure une pomme fresche, icelle après apparoissoit aussi aride et ridée, que si elle eut été l'espace de huict jours au Soleil. »

Le fait est étrange, d'autant plus qu'il remonte à bien des années avant Paré. Caxart-Arnaud, huissier au conseil royal de Navarre (1517), dit qu'une pomme ou tout autre fruit se pourrit immédiatement dans la main de l'agot[1]. Une telle opinion est encore vivante en certains points de Bretagne où il s'agit des cacous. Enfin Cordier au siècle dernier recueillait le même récit de la bouche d'un vieillard. Le voici :

« Un jeune homme aimait une jeune fille qui le payait de retour. Elle était belle, elle avait de la vertu ; il la priait sans cesse de consentir à l'épouser. La jeune fille s'y refusait disant : « Ah ! si vous saviez..... vous ne me feriez « plus aucune instance. » Enfin il la pressa tant, qu'un jour elle lui dit : « Voici une pomme, divisons-la en deux, « prenez-en une moitié, et gardez-la sous votre aisselle durant « la nuit. Je ferai de même pour l'autre moitié : je vous por« terai la mienne demain, et vous me porterez la vôtre. » Le jour suivant le jeune garçon porta sa demi-pomme qui était parfaitement saine. La jeune fille lui montra tristement la moitié qu'elle avait prise et retenue sous son bras ; elle était entièrement corrompue..... la pauvre enfant était cagote[2]. »

Quoique nous réservions notre opinion quant à l'interprétation de l'anecdote, nous ne pouvons pas faire autrement que de remarquer la diffusion de cette opinion en Espagne, Béarn, et Bretagne, et sa persistance jusqu'à nos jours.

Neufiesme, crespure de leur peau exposée à l'air, à la mode d'oye plumée.

Dixième, quand on iette de l'eau sur eux ils semblent oingts.

Vnzième ils n'ont guère souuent fièure.

Ces signes ne sont pas signalés chez les cagots.

1. Ce plaidoyer fait partie d'un ensemble de pièces concernant les cagots de Navarre. Voir Pièces Justificatives, N° 160.
2. Cordier, *Bulletin de la Société Ramond.*

Douzième, ils sont fins et trompeurs, furieux, et se veulent trop ingérer sur le peuple.

On s'étonne de voir, dans la symptomatologie des lépreux, figurer un tel point. Le caractère, que leur prête Chauliac, est sans doute non point inhérent à leur maladie, mais bien secondaire; il semble être l'expression d'un état mental lié à la condition sociale qu'on leur imposait. Tout le monde regardait le lépreux comme dangereux, on le fuyait, on l'accablait de traitements durs et cruels pour un homme dont toute la faute consistait à être malade. Ajoutez à cela l'irritabilité qu'engendre la souffrance, le désir du lépreux de vivre un peu moins à l'écart, ses efforts pour pénétrer auprès de ses contemporains pour leur inspirer la pitié et provoquer leur charité; comparez à cela l'attitude de la foule méfiante qui sous les haillons de ce mendiant soupçonne une lèpre cachée[1], qui sous la cagoule, ou la garnache devine le fléau hypocritement voilé, qui s'indigne de voir ces pauvres hères venir dans leurs rues, sur leurs places, parler, mendier, et vous comprendrez comment est née cette double mentalité, celle du malade et celle du sain, qui faisait dire au second que le premier était fin, trompeur, et voulait s'ingérer par trop dans les affaires du peuple.

Qu'eût donc écrit Guy de Chauliac s'il avait vécu au XVIIe siècle? C'est alors qu'il aurait vu les cagots forts de leur apparente santé, s'insurgeant contre les usages anciens et les lois, faire des efforts inouïs pour arriver à la considération publique, s'arroger des droits réservés à la noblesse, et ne rentrant en eux-mêmes que frappés par des arrêts et des règlements dont la sévérité ne trouve d'excuse que dans la peur, et de raison d'être que dans la haine.

Sans doute, la mentalité des cagots ne fut pas toujours normale, mais peut-on étendre à l'universalité de ces malheureux des signes que quelques-uns seuls ont présentés? Nous

1. Il est vraisemblable que la lèpre cachée et peu manifeste des cagots, ait fait considérer la cagoterie comme une maladie hypocrite, et ait été pour quelque chose dans l'acception la plus connue du mot cagot, que Rabelais indique déjà, à savoir : Cagot = hypocrite. Voir plus haut, p. 10.

parlons ici de ce qu'on a appelé la cagoutille, sorte de raptus ou de fugue, signalée par quelques auteurs et qui ressemble étrangement aux fugues épileptiques.

Les quatre derniers signes indiqués par Chauliac concernent les songes, le pouls, le sang et les urines; rien n'est signalé sur ce sujet chez les cagots. Seul l'examen fait à Toulouse, en 1600, de cagots de Saint-Clar et de Lectoure, dit que les examens du sang et des urines furent négatifs.

Il faut ajouter à la nomenclature de Guy de Chauliac quelques autres signes équivoques que cet auteur ne cite pas.

La Boufissure de la face.

Celle-ci est une des manifestations de la lèpre tuberculeuse. Il s'agit d'une sorte de faux œdème qui contribue à la formation du masque léonin. Laurent Joubert en parle quand il dit : « capotiam vero illam ex pituita ortum ducere, indicio est color plane albus........... faciesque subtumida ». On distingue ce symptôme sur la tête de cagot de Monein.

Les Christailles.

Qu'était-ce que les christailles? Ce mot, qui rappelle étrangement le mot christianus que portaient les cagots, vient soit de *christian*, soit peut-être de saint Christau que l'on invoquait pour la guérison de la lèpre. Nous ne saurions, pour le moment, décider avec certitude de l'origine de cette expression.

Les christailles étaient des bourgeons qui venaient à la figure, des croûtes, une affection cutanée caractérisée par des écailles, en un mot quelque chose qui pourrait bien être de la lèpre. Cette affection ne portait ce nom que dans le Gers aux environs d'Auch. C'est là que s'élevait le château de Saint-Christau et la chapelle de Saint-Christau ou Christophe. Voici d'ailleurs les quelques textes que nous avons pu recueillir sur ce sujet encore fort obscur[1]. M. Cazauran parle,

1. Ces textes nous ont été signalés ou communiqués par M. A. Lavergne de Castillon de Batz, et M. l'abbé Lalague, archiviste du grand séminaire d'Auch. Nous les en remercions bien vivement.

sur la foi de Mongaillard, du sanctuaire de Saint-Christau, qui, dit-il, est signalé « à ceux qui sont atteints d'un genre de lèpre appelé christailles[1] ». Voici d'ailleurs le texte de Mongaillard : « Sunt.... in hâc eadem diœcesi (Auscis), varia loca, ut variæ sunt scabiosorum species : Boulauci, quod est monalium monasterium ; ad S. Mennæ reliquias incolumitatem recipiunt alii qui ab illâ diversa scabie scatent. A Christallis, quæ est iterum distincta et fœda scabiosorum lues, curantur, qui ad fanum Christophori, quod 4 parte leucæ Auscis non est dissitum, adeunt[2]. »

Dom Brugeles dit que la chapelle domestique du château de Saint-Christau est dédiée à ce saint martyr, auquel on recommande les enfants qui ont la gale et la teigne de quoi on a souvent vu des effets favorables[3]. — Enfin F. Lafforgue dit que cette chapelle était fort fréquentée « par les personnes qui avaient sur la figure des bourgeons qu'on appelle en patois christailles[4] ».

A l'heure actuelle, on ne voit plus guère à Saint-Christau, que des mères qui amènent leurs enfants atteints de croûtes de lait, et invoquent le saint selon un rite d'allure païenne.

Sans aller jusqu'à certifier que les christailles étaient la lèpre, nous sommes pourtant enclin à le croire, surtout après avoir lu les lignes qu'écrivait Mongaillard.

Stigmates de dégénérescence.

« Il est probable, a dit le professeur Roger, que la lèpre exerce une influence dystrophique. » Cette influence, jointe aux mauvaises conditions hygiéniques où vivaient les cagots, explique la présence chez ces malheureux de nombreux signes de dégénérescence. En dehors de la scrofule (petitesse de la taille, jambes torses, grosse tête) qui est signalée parfois, on doit donner une attention spéciale à un signe, *l'absence du*

1. Cazauran, Saint Christophe, son culte dans le diocèse d'Auch, et particulièrement au château de Saint-Christau, in : *La Semaine religieuse du diocèse d'Auch*, XXIIIe année, 1894-1895, p. 234-238.

2. Mongaillard, *Hommes illustres*, Manuscrit de la Bibliothèque du grand séminaire d'Auch, f° 1059.

3. Dom Brugeles, *Chroniques de la ville d'Auch*.

4. P. Lafforgue, *Histoires de la ville d'Auch*, 1851, t. II, p. 169,

lobule de l'oreille, qui est considéré comme caractérisant les cagots. Nous ne nions pas la fréquence de ce signe chez nos parias d'autrefois, mais nous devons reconnaître que les statistiques publiées par De Rochas [1], et nos observations personnelles, sont fort peu favorables à l'opinion qui veut que de nos jours l'absence du lobule soit encore un signe propre aux cagots. Quoi qu'il en soit, nous reconnaissons que les faits historiques montrent que ce qui était observé jadis était différent de ce qui se voit aujourd'hui sur ce point.

En 1315 et 1319 on appelait à Bayonne, les cagots, *ésaurillés*; à Montrejeau (Haute-Garonne) on appelle encore les cagots, *courte-oreille*; à Arcangues on nous a dit que pour insulter les agots on imitait le bêlement parce qu'on avait coutume de couper les oreilles aux brebis.

Voici quelques fragments de chansons où ces faits sont rappelés.

Eh! ne t'y trompis pas, touts qué t'recounechem
Aü pénou de l'aüillere, né l'as pas en pénen [2].

Ou encore :

Qué tas-tu heit dé l'aüreillou
Jean-Pierre, lou mey amigou?
L'as-tu dat a l'enchère
Tan tira hère, hère?
Ou bien l'a dat dé grat a grat,
Ta poudé presti lou miüssat [3].

Voici enfin une chanson basque, où ce signe concourt à l'asymétrie faciale.

Soyçu nuntic eçagutien dien çoin den Agota :
Lehen soua eguiten çayo harri beharriala;
Bata handiago diçu, eta aldiz bestia?
Biribil eta orotaric bilhoz unguratia.

Ce symptôme s'accompagnait souvent au dire de Brous-

1. *Maladies infectieuses*, 1902, p. 1238.
2. « Eh! ne t'y trompe pas, tous nous te reconnaissons, — au pendant de l'oreille, tu ne l'as pas suspendu. » Michel, *loc. cit.*, t. II, p. 144.
3. Michel, *loc. cit.* T. II, p. 148.
4. « Voici par où l'on reconnait celui qui est cagot : — on lui jette le premier regard sur l'oreille; — il en a une plus grande, comment est l'autre? — Plus ronde et de tout côté couverte d'un long duvet. » Michel, *loc. cit.*, t. II, p. 151-152.

sonet, de troubles de l'intelligence (crétinisme) et de scrofule (écrouelles).

C'est par l'inspection du lobe de l'oreille que l'on reconnaît les individus qui appartiennent aux familles des *Crétins*. Ces malheureux désignés aussi sous le nom de *Cagots*, habitent le pied de Hautes-Pyrénées : et lorsqu'un peu plus d'intelligence ou des manières plus humaines, les font échapper aux regards des étrangers, leurs compatriotes les reconnaissent au lobe de l'oreille, qui est à peine sensible : le mépris et l'horreur accompagnent cette race infortunée. Depuis que l'on me présenta cette remarque à faire, pendant mon séjour aux Pyrénées, je me suis aperçu que presque tous les individus qui étaient affectés d'écrouelles, présentaient cette même petitesse du lobe auriculaire, plus ou moins bien marquée[1].

La même raison poussait Esquirol à classer les cagots parmi les dégénérés.

Ajoutons que le prognatisme, autre signe physique de la dégénérescence est très visible dans le masque du cagot de Monein dont nous avons déjà parlé à plusieurs reprises.

IV. — RAPPORTS ET EXAMENS MÉDICAUX

Les rapports médico-légaux, ou les examens médicaux de cagots, faits à l'occasion d'une ordonnance ou d'un arrêt, sont fort rares. Bien plus, nous ne connaissons la plupart des rapports que par ce qu'en disent les historiens, les pièces originales étant pour le moment introuvables. — Il ressort des faits que nous avons réunis, que la lèpre des cagots, encore fréquente et grave dans le Languedoc au XVe siècle, était plus bénigne en Béarn à la même époque. A la fin du XVIe elle tendait à quitter le Béarn et la Navarre ; enfin au XVIIe siècle elle paraît être éteinte presque entièrement dans tout le Sud-Ouest.

Les premiers rapports sur les cagots que nous connaissions remontent à 1439. Le 10 juillet de cette année, le dauphin Louis, fils de Charles VII, fit examiner les capots, afin que l'on chassa de la ville ces gens « malades ou entichés d'une très horrible et griève maladie appelée la maladie de

1. Broussonet (J.-L.-V.), *Tableau élémentaire de Séméiotique ou de la connaissance des signes de la Maladie*. A Montpellier. Tournel père et fils. An VI.

la lèpre ou capoterie ». Ce furent des commissaires qui se chargèrent de la mission. Il n'est pas douteux que cette ordonnance fut exécutée avec la même faiblesse que les ordres contenus dans la lettre royale du 7 mars 1407 que nous avons déjà citée. Les Toulousains étaient très indulgents pour les lépreux. En effet le 12 novembre 1499 on dut payer un garde de la porte Saint-Étienne pour veiller à ce que les lépreux n'entrassent point dans la ville[1]; vers la même époque Philippe VI ordonnait que, conformément à la coutume, le sénéchal ferait examiner les personnes suspectes et veillerait à leur isolement[2]. Cela n'empêcha pas que Guillaume Gourdin, huissier au parlement, atteint de lèpre, fut condamné à l'isolement en 1456; l'arrêté resté sans effet, fut renouvelé en 1457 (19 déc.) et deux ans plus tard, 1459 (9 fév.). Le 17 avril 1459 seulement on prit contre le malade récalcitrant des mesures de force[3].

Il est possible que le comte Gaston de Béarn, prince de Navarre (1460) et que la Reyne Jeanne de Navarre (1562), aient fait faire des examens sur la prière des États de ce pays, mais ce n'est là qu'une hypothèse bien peu vraisemblable. Quoique ces princes n'aient point défendu, comme on les en priait, « aux cagots de marcher pieds nuds, ou permis, en cas de contravention, de leur percer les pieds avec un fer », nous ne croyons pas pouvoir en déduire qu'ils estimassent, après examen, que ces malheureux fussent indemnes de lèpre, ainsi que le pense Marca[4]. Nous croyons bien plutôt à l'humanité de ces souverains, qui peut-être, en outre, croyaient la lèpre des cagots non contagieuse. N'était-ce point l'avis de L. Joubert en 1563. Cela n'empêcha d'ailleurs pas toutes les mesures de prophylaxie d'être rigoureusement appliquées en Navarre comme en Béarn, ainsi qu'il appert d'une décision notariale datée de 1471[5].

Le 12 novembre 1480, le sénéchal de Périgord ordonna

1. Archives du Donjon, citées par Cuguillère, *Les lépreux et léproseries de Toulouse*, thèse de doctorat en médecine de Toulouse, 1892, p. 36.
2. *Id.*, *id.*
3. *Archives du Parlement*, in Cuguillère, p. 37-38.
4. De Marca, *Histoire du Béarn.*
5. Archives des Basses-Pyrénées, E. 1768, f° 228.

l'examen des lépreux. Quoique le mot gahet ne soit pas prononcé dans le document (P. J., n° 29) on ne peut douter que ces malheureux y sont indiqués quand il y est dit que selon la qualité des personnes les malades seront envoyés aux leproseries publiques ou dans les *autres* maisons séparées des gens sains. La commission médicale était formée de deux médecins et de deux chirurgiens, disposition que nous retrouvons, dans la commission de 1600.

Plus tard les cagots, qui venaient d'obtenir en Espagne des jugements favorables (1519), s'agitèrent en Béarn, si bien qu'ils obtenaient en 1562 des lettres patentes du Roy « qui leur accordèrent d'être traités comme les autres subjects, pourvu qu'ils fussent trouvés sains de leur personne[1] ». La lèpre commençait, on le voit, à disparaître chez les cagots. Malheureusement les examens médicaux qu'on était en droit d'attendre après ces lettres royaux ne furent point faits et les lettres ne furent pas enregistrées.

Vers 1600, alors que la lèpre commençait à disparaître, une grave affaire surgit à Toulouse. Divers charpentiers de Saint-Clar et de Lectoure ayant été traités de descendants de capots et gésitains, firent un procès tendant à les laver de ce qu'ils considéraient comme une injure. La preuve pouvait se faire par examen médical. C'est ce qui fut ordonné par arrêt du 21 avril 1600. Le rapport médical fut rédigé le 15 juin 1600. Sur quoi fut plaidé le 9 août 1602, puis, par arrêt du 20 décembre 1602, on ordonna que dans le mois fut faite la preuve que les charpentiers étaient descendants des capots.

L'affaire ne devait se terminer que le 27 août 1627, par un arrêt qui déclara que lesdits charpentiers sont exempts de toute espèce de lèpre, ladrerie, et autres semblables maladies contagieuses, et défendait aux habitants de les traiter de capots et de gésites.

Les pièces se rapportant à cette affaire sont encore inédites, sauf le rapport médical qu'a publié Palassou; aussi vu leur importance nous croyons bien faire de les publier ici en entier[2].

1. Mémoire de Du Bois de Baillet.

2. Nous devons la copie de ces arrêts à M. Moudenc qui a bien voulu, sur notre prière, les rechercher dans les *Archives de Toulouse*.

ARRÊT DU 21 AVRIL 1600

(*Archives du Parlement de Toulouse, B 179, fol° 188.*)

Vendredry, vingt uniesme avril mil six cens, en la Grand Chambre, présans Messieurs Dufaur et de Lestang, présidents, Calmelz, Vedelly, Rudelle, St Félix, Ouvrier, Laporte.

Entre Barthélemy Barens, scindic des M[es] charpentiers des villes de Lectoure et Saint Cla, appelans du seneschal d'Armaignac ou son lieutenant, siège dud. Lectoure, et autrement deffendeur, d'une part; et le scindic des consuls desd. villes de Lectore et Saint Cla, Guilhaume et Jean Belins, frères, appellés et autrement requérans l'inthérinement de certaines lettres royaulx, pour estre comme appelans dud. seneschal et autres fins y contenues, d'autre. Et entre led. Barens au nom que procède, requérant l'inthérinement d'autres lettres royaulx du 29e janvier dernier passé sur les fins y contenues suppliant et demandeur en réparation d'attemtatz et autrement deffendeur, d'une part, et Madame, sœur unique du roy, comtesse d'Armaignac, prenant la cause pour ses procureurs et fermiers aud. comté, deffenderesse et autrement suppliante et demanderesse en condempnation du droit d'amparance, d'autre;

Veu le procès playdes des XIIe juilliet mil cinq cens quatre vingt dix neuf et XXVIIIe febvrier dernier sentence et appelant dud. seneschal, desquelz a esté appellé des VIIIe aoust et dixiesme décembre mil cinq cens soixante dix neuf, dire par escript et autres productions des parties; ensemble le dire et conclusions du procureur général du roy.

Il sera dict que la Court, sans avoir esgard auxd. lettres du scindic desd. villes de Lectore et St Cla, a mis et mect l'appellation dud. Barens au néant, et a ordonné et ordonne que ce dont a esté appellé sortira effect, et pour aucunes causes et considérations a ce la mouvans, a évocqué et retenu, évocque et retient la cognoissance de la cause et instance principale, en laquelle a ordonné et ordonne que dans le moys sera procédé à la visite ordonnée par lesd. sentence et appellant par deux médecins et deux cirurgiens, desquels lesd. parties accordées pardevant le commissaire que a ce sera depputé, autrement seront par luy prins d'office, suivant et comme est porté par icelle sentence et appellant; dans lequel délay lesd. parties seront plus amplement ouyes sur les requestes et lettres dud. Barens et requeste de lad. dame sœur du Roy en condempnation dud. droit d'amparance, diront et produiront ce que bon leur semblera pour après, et la relation desd. médecins et cirurgiens rapportée et joincte, et le tout communiqué aud. procureur général du roy, estant fait droit auxd. parties comme il appartiendra sans despens de l'appel et lettres jugés, les autres réservés en fin de cause.

Signés : DUFAUR, DE RUDELLE.

Examen médical des Cagots.

Le texte que nous publions est celui donné par Palassou (*Mémoires pour servir à l'Histoire naturelle des Pyrénées*, p. 377-379). Cet examen fut pratiqué en juin 1600 et le rapport daté du 15 de ce mois. Le texte est extrait d'une pièce datée du 24 avril 1606; ce n'est sans doute qu'un fragment.

François Vedally fut député commissaire, et faute par les parties d'avoir accordé des médecins et chirurgiens, à l'effet de la vérification et visite, le commissaire ayant pris d'office Emmauel d'Albarrus et Antoine Dumay, docteurs en faculté de médecine de l'université de Toulouse; Raymond Valladier et François [1], maîtres-chirurgiens de ladite ville, que par la relation du 15 juin 1600 attesterent avoir visité vingt-deux personnes dont un enfant de quatre mois, tous charpentiers ou ménuisiers, soi-disant cagots, et après avoir palpé, regardé exactement chacun à part, en tous les endroits de leur corps par plusieurs et divers jours, et fait saignér du bras droit, sauf l'enfant à cause de son bas âge, non plus que sa mère, parce qu'elle était nourrice, lui ayant fait neanmoins tirer du sang par ventouses appliquées sur les épaules, observé et coulé le sang d'un chacun d'eux, et avoir fait les preuves accoutumées, examiné les urines et discouru diligemment sur tous les signes de ladite maladie, le tout suivant les regles de l'art de médecine et chirurgie, sans avoir omis aucune chose nécessaire pour porter un bon et solide jugement en fait de si grande importance; et pour voir si les soupçonnés ou quelques-uns d'eux étoient atteints de ladrerie ou de quelqu'autre maladie qui y eut quelque affinité, et qui par communication put préjudicier au public ou au particulier; examiné aussi si les accusés avoient quelque disposition ou inclination à ladite maladie; le tout mûrement considéré par lesdits medecins et chirurgiens, ils rapportèrent d'un commun accord que leur relation, qu'ils déclaroient avoir trouvé les vingt-deux personnes dont il s'agit, toutes bien saines et nettes de leurs corps, exemptes de toutes maladies contagieuses, et sans aucune disposition à des maladies qui dût les séparer de la compagnie des autres hommes et personnes saines; qu'il leur devoit, au contraire, être permis de hanter, commercer et fréquenter toutes sortes de gens, tant en

1. Il s'agit de François Perpan.

public qu'en particulier, et former tous actes de société permis par les lois, sans crainte d'aucun danger d'infection, comme étant tous bien disposés et sains de leurs personnes.

ARRÊT DU 20 DÉCEMBRE 1602

(*Archives du Parlement de Toulouse, B 206, fol° 426*).

Vendredy, vingtiesme décembre mil six cens deux, en la Grand Chambre, présans Mrs de Verdun, premier président, de Paulo, président, Calvet, Vedelly, Asséjat, Sabatier, Filère, G. Sabatier, Laporte, Papus, Le Conte, Mansencal, Borrel, Mélet et Rudelle.

Entre les scindicz et consulz des villes de Lectoure et Saint Clar, supplians et demandeurs, d'une part, et Barthélemy Barens, scindic des Mes Charpentiers desd. villes de Lectoure et Saint Clar, deffendeurs, d'autre; et entre Oddet de Caumont, dud. Saint-Clar, demandeur en excès, d'une part Guilhaume et Jehan Belin, deffendeurs, d'autre; et entre led. Jehan Belin, demandeur aussy en excès contre led. Barens, d'autre; et entre Madame, sœur unique du Roy, comtesse d'Armaignac et de Rodez, prenant la cause pour ses procureurs et fermiers aud. Comté d'Armaignac, suppliant et demanderesse en condempnation du droit d'amparance et autrement deffenderesse, d'une part, et led. Barens scindic, deffendeur et autrement impétrant et requérant l'inthérinement de certaines lettres royaux du vingt-neufvième janvier mil six cens, tendans en cassation de la transaction du dix-septiesme may mil cinq cens soixante y mentionnée et autres fins y contenues, d'autre.

Veu le procès, playdès du neufviesme d'aoust mil six cens deux, arrest du vingt-uniesme d'apvril mil six cens, rellation faicte suyvant l'arrest de la court par les Médecins et Sirurgiens à ce depputés du quinziesme juing mil six cens, dires par escript, requestes, remontrances, desd. parties; ensemble le dire et conclusions du procureur général du roy, et autres productions desd. parties.

Il sera dict que la Court, avant dire droit sur les conclusions desd. parties, a Ordonné et ordonne que lesd. scindicz de Lectoure et Saint Clar preuveront et vériffieront dans le moys, led. scindic desd. Mes Charpentiers et ses adhérans estre descendeus des vulgairement nommez capotz et jésites, et led. scindic desd. charpentiers, au contraire, sy bon luy semble, pour les enquestes faictes et rapportés, estre dict droict auxd. parties ainsin qu'il appartiendra, toutz despans réservez.

Signés : DE VERDUN, DE RUDELLE.

Prononcé le 23 décembre 1602.

ARRÊT DU 27 AOUT 1627

Archives du Parlement, B 477, folio 628.

Du Vendredy XXVIIe aoust 1627, de Camynade, président. Entre le Sindic des M^s charpentiers des villes de Lectoure et Saint Clar impétrant et requérant l'inthérinement de troys lettres royaux des XIIe et XVe mars 1614 et XXe febvrier dernier passé, pour estre receu à porsuivre et continuer l'instance pendante en la Cour y mentionnée et ce faizant à ce que les conclusions par luy prinzes en icelles luy soint adjugées, et en appel de la procédure aussy y mentionnée faite par Messire Giles Le Mazuyer, premier président en lad. Cour et Commissaire depputé par le Roy à l'exécution du bail de son ancien domayne, et autres fins portées par lesd. lettres, d'une part; et le procureur g^al du roy et les consuls desd. villes de Lectoure et Saint Clar et Me Guilhaume Lafont, cy devant fermier du domaine d'Armaignac, deffandeurs, d'aultre.

Veu le procès, arrests donnés en lad. instance les 21 apvril 1600 et 23 décembre 1602, le premier donné sur l'appel rellepvé de la sentence y mentionnée par le Seneschal d'Armaignac ou son lieutenant, par laquelle et certain appoinctement dud. Seneschal auroit esté ordonné que les y comprins et nommés dit et soutenus estre capots et de mauvais sang, seroint vizittés par deux médecins et deux Sirurgiens; Led. arrest contenant entre autres choses qu'il seroit procédé à lad. vizitte suivant lesd. sentence et app^ant, rellation faite par M^s Emanuel Albarus, Anthoine Dumay, docteurs régens en Médecine en l'Université de Tolose, Raymond Valladier et François Perpan, Mes Sirurgiens dud. Tolose sur la vizitte ordonnée par led. arrest des comprins et nommés en icelle du quinziesme juing aud. an mil six cens. Et par l'autre arrest, lesd. consuls de Lectoure et Saint Clar, sont receuz à preuver et verifier que led. sindic des charpentiers estoint dessendeus des vulgairement nommés capots et gésites et autres adhérans; et led. sindic des charpentiers, au contraire, dans le moys plaider sur lesd. lettres du 18e Juing dernier passé, requestes de forclusion et autres productions faites par les parties, dire et conclusions du procureur général du roy.

Il sera dit que la Cour, faizant droit sur lesd. lettres et autres fins et conclusions desd. parties, a déclairé et déclairé lesd. sindic charpentiers sindicqués et adhérens, leurs femmes et enfans, estre exemptz de toute espèce de lèpre, ladrerie et autres semblables maladies contagieuses et, ce faizant, n'entendre empêcher qu'ils ne puissent hanter, fréquanter et converser avec toute sorte de personnes et en tous lieux, tant particuliers que publics, nommés et pourveus de toutes charges indiféramment comme les autres habitans desd. villes de Lectoure et Saint Clar; et a fait inhibitions et deffenses auxd. consuls et habitans de en ce leur donner aulcung trouble n'y empêchement, les injurier ny les appeller Capots et gésites, à peyne de cinq cens livres et autre arbitrayre, sy a rellaxé et rellaxe lesd. charpentiers du droit d'emparance à eux demandé, et par mesme moyen a mis et met led. Lafont hors de procès et instance, et a condempné et condempne lesd. consuls aux despans de lad. rellation envers lesd. charpentiers, et sans autres despans et pour cauze.

Signé : CAMYNADE.

Prononcé le dernier d'aoust 1627.

En 1616 Just Zinzerling parle dans son *Itinéraire de la Gaule* d'un examen médical fait récemment à Toulouse. Il s'agit vraisemblablement de celui de juin 1600. Voici en quels termes il en parle : « Cum Tolosam transiremus, incidimus in virum iuvenem, doctissimum, humanissimum, quem laudaui in itenerario; ab illo habui, quod gens hæc (les cagots) nuper petierit, vt liceret sibi cum quibus vellet se matrimonio iungere, demonstrarintque; apertis venis et sanguine ducto, nihil impuritatis sibi in sanguine consistere : id quod de ipsis iactatur. »

Vers là même époque sans doute, la Jurade de Bordeaux ordonna aux médecins assermentés d'aller s'assurer si les *cayets* étaient lépreux. Le document où figure cette ordonnance est signalé par Bouchard (de Bordeaux)[1] comme ayant appartenu à M. Pery, alors bibliothécaire à la Faculté de Bordeaux. Les recherches que nous avons fait faire tant dans la bibliothèque de ce savant, qu'à la Faculté, aux archives municipales et départementales pour retrouver ce document encore inédit, sont restées absolument infructueuses.

Un peu plus tard ce fut en Béarn que l'on constata que les cagots n'étaient plus lépreux. L'examen fut fait par de Nogués, médecin du pays de Béarn, et par Perrey, qui dressèrent un rapport en exécution d'une ordonnance du Sieur de la Force[2]. La date de cet événement est environ 1611. P. de Marca (1640) en parle dans les termes suivants : « Car à vrai

1. Bouchard, *Congrès scientifique de Pau*, 1892.
2. *Mémoire* de Du Bois Baillet.

dire, ces pauvres gens ne sont point tachés de lèpre, comme les Médecins plus scavans attestent, et entr'autres le sieur de Nogués médecin du Roi et du païs de Bearn, très recommandable par sa doctrine et pour les autres bonnes qualités qui sont en lui; lequel après avoir examiné leur sang qu'il a trouvé bon et louable, et considéré la constitution de leurs corps, qui est ordinairement forte, vigoureuse et pleine de santé, leur a accordé son certificat; afin qu'ils se pourveussent par devant le Roi, pour estre deschargés de la tache de leur infamie, puis que c'estoit la seule maladie qui les pouvoit rendre justement odieux au peuple. »

Il est possible que Fl. de Rœmond (1613) fasse allusion à cette affaire quand il écrit : « Les médecins ne sont pas d'accord que ces hommes soient touchez d'aucun mal contagieux. Ils en ont fait preuve par la saignée, n'ayant peu recognaistre aucune chaleur extraordinaire en leur sang, qui eust fondu tout aussi tost le sel s'il eust esté entasché de lèpre [1]. »

Quoique partout, dès les premières années du XVIIe siècle, les cagots fussent reconnus exempts de la lèpre de leurs pères, le préjugé populaire était si fort que les règlements vexatoires abondèrent pendant bien des années encore. Enfin, le Roy conseillé par Colbert devait affranchir les cagots, en 1683, moyennant finance. Du Bois de Baillet, alors intendant de Béarn, chercha à faire aboutir l'affaire.

Mais ce fut surtout dans les premières années du XVIIe siècle que les décisions des Parlements devaient enfin faire disparaître officiellement du moins toute distinction injurieuse entre les cagots et le peuple. Les esprits se calmèrent peu à peu. Lorsque vint la Révolution, quelques auteurs plus soucieux d'obtenir les faveurs du pouvoir nouveau que de défendre la vérité historique, voulurent mettre sur le compte de la République les actes d'humanité que Louis XIV avait à son actif. Il faut avouer que les préjugés populaires vivants avant 1793 le furent tout autant depuis, puisque après plus de cent ans de lois égalitaires, on désigne en plus d'un endroit les cagots, et que ce n'est que depuis fort peu d'années

1. *Loc. cit.*, p. 567.

que se rencontrent des unions avec ces parias. La facilité des transports, le souci de l'information scientifique, l'arrivée annuelle de touristes, soucieux de confort, ont amené un mouvement commercial et intellectuel qui a beaucoup plus fait pendant ces dernières années pour l'affranchissement des cagots, que toutes les lois.

V. — LA LÈPRE BLANCHE

Il est permis de se demander, quand il s'agit de décrire la capoterie, si entre l'éléphantiasis et la lèpre vulgaire, « il y a une autre forme morbide sans laquelle l'histoire de la lèpre au moyen-âge n'est pas complète » ? Dezeimeris le croit quand il dit : « C'est la lèpre blanche dont il faut joindre l'histoire à l'éléphantiasis pour avoir complète celle de la lèpre du moyen-âge[1]. »

Quoiqu'il nous paraisse certain que la prédominance de la leucodermie ait caractérisé la lèpre de la plupart des cagots, nous n'avons pas de raisons suffisantes pour maintenir une forme de cette affection qui doit rentrer dans la lèpre anesthésique.

Les cliniciens modernes s'accordent à décrire deux formes de lèpre : 1° La lèpre tuberculeuse, caractérisée par les taches érythémateuses, la chute des sourcils et des poils, les lépromes, les tubercules, les nappes d'infiltration dermiques, des lésions muqueuses, la fétidité de l'haleine, et les adénopathies; 2° La lèpre anesthésique ou tropho-nerveuse, à laquelle appartiennent le pemphigus lépreux, les taches pigmentaires et apigmentaires, les névrites, les anesthésies, l'atrophie musculaire, le panaris analgésique, la sclérodermie, etc.

Les cagots ont beaucoup plus pris à la seconde forme qu'à la première; la plupart d'entre eux étaient des trophoneurotiques; mais il n'en est pas moins certain que la lèpre tuberculeuse se rencontrait chez eux, ainsi que les formes mixtes de l'affection.

De quelques-unes des descriptions anciennes de la lèpre

1. *Dictionnaire de Médecine*, en 30 vol., t. XI, art. ÉLÉPHANTIASIS.

blanche, il semble ressortir que la totalité du tégument externe était blanc comme neige. Il s'agit manifestement là d'une de ces exagérations, dont on rencontre de fréquents exemples chez nos anciens. Ainsi : les taches érythémateuses de la lèpre tuberculeuse, quand elles sont récentes, sont d'un rose vif, ordinairement planes, brillantes, *huileuses* au toucher et ne desquament pas; ces taches ont des dimensions variables à l'infini (Jeanselme); leur aspect huileux paraît dû à une hypersécrétion des glandes sébacées. Un seul passage de Guy de Chauliac s'y rapporte. Cet auteur dit, en généralisant, que « quand on iette de l'eau sur eux (les lépreux), ils semblent oints ». Autre exemple du même genre : les taches pigmentaires et apigmentaires de la lèpre anesthésique sont brillantes, légèrement grenues, donnant au doigt la sensation rugueuse de la chair de poule (Jeanselme). Chauliac dit que chez les lépreux on note « crepure de leur peau exposée à l'air, à mode d'oye plumée ». Cet auteur prend évidemment le tout pour la partie; jamais il ne parle de taches. Aussi croyons-nous l'interpréter correctement en disant que « la couleur uniformément blanche et presque de neige » qu'il attribue aux cagots, se doit entendre seulement des *taches* apigmentaires. Cette interprétation ne force pas le sens de cette phrase, qu'on lit dans l'*Histoire de la Toison d'or*, ou les taches achromatiques sont décrites comme symptôme dominant de la lèpre : « Quant la chair de l'homme se monstre toute blanche, sans mixture de sang, et reluisant comme neige, c'est..... signe infaillible de mesellerie[1]. »

Ainsi comprise, la lèpre blanche n'a vraiment plus sa raison d'être en tant que forme spéciale. Si les anciens l'ont voulu classer à part, c'est sous l'influence des Grecs et des Latins. Laurent Joubert ne trouve-t-il pas moyen de parler cagoterie en interprétant le passage suivant, tiré de la *Médecine* de Celse.

Vitiligo quoque, quamvis per se nullum periculum affert, tamen et fœda est et ex malo corporis habitu fit. Ejus tres species sunt : alphos vocatur ubi color albus est fere subasper et non continuus,

1. *Histoire de la Toison d'or*, II, fol. 82.

ut quœdam quasi guttæ dispersæ videantur; interdum etiam latius et cum quibusdam intermissionibus serpit. Melas colore ab hoc differt quia niger est et umbræ similis: cœtera eadem sunt. Leuce habet quiddam simile alpho sed magis albida est et altius descendit[1]; in eaque albi pili sunt et lanugini similes. Omnia hæc serpunt : sed in aliis celerius, in aliis tardius. Alphos et melas in quibusdam temporibus et oriuntur et desinunt. Leuce quem occupavit non facile dimittit. Priora curationem non dificillimam recipiunt : ultimum vix unquam sanescit; ac si quid ei vitio demptum est, tamen non ex toto sanus color redditur[2].

De nos jours, nous voyons dans l'*Alphos*, le psoriasis; dans la *Leucé*, les taches dépigmentées du vitiligo et de la lèpre; dans la *Morphée*, une des formes de la lèpre maculeuse.

La Leucé seule nous intéresse ici. L'auteur du Prorrhétique (II, 43) classe cette affection parmi les plus graves, comme aussi la *maladie phénicienne* (φοινὶκηίη). Et Galien n'hésite pas à reconnaître que c'est là l'*éléphantiasis*, maladie très connue dans l'Anatolie, ou Levant. Hérodote écrit qu'en Perse, « si quelque citoyen vient à être affecté de lèpre ou de leucé, il ne lui est pas permis de rester dans la ville, ni d'avoir de relations avec les autres Perses » (I, 138).

On admet généralement qu'Hérodote avait vu en Asie la *Tsarâhat* de Moïse, ou éléphantiasis.

La Leucé, dont la notion fut à peine précisée par Galien et Celse, n'est en vérité que la lèpre de Moïse, ou lèpre à manifestations cutanées. Elle devait être connue en Égypte avant l'Exode; « et la preuve, c'est que l'Éternel intimant l'ordre à Moïse de persuader Pharaon de permettre à son peuple d'aller prier dans le désert, en faisant des miracles devant lui, dit à son Prophète : *Mettez votre main dans votre sein. Sortez-la. Et la main était couverte de lèpre blanche*[3]. Or Pharaon devait connaître la lèpre blanche, pour être en état de constater le miracle[4] ».

1. Dans l'*Alphos* les taches blanches ne sont pas confluentes, mais dispersées comme des gouttes; dans la *Leucé* il y a confluence, c'est-à-dire des plaques blanches.

2. *Medicina*, lib. V.

3. Exode, IV, 6.

4. Zambaco-Pacha, *Bulletin de l'Académie de Médecine de Paris*, 1892, t. XXVIII, p. 630.

L'Ancien Testament parle souvent de la lèpre. Nous renvoyons le lecteur à quelqu'une des nombreuses concordances bibliques, s'il veut connaître les textes qui concernent le sujet[1]. Nous n'en citerons que trois. Au livre des Nombres (XII, 10) un verset cite la lèpre blanche : « *Maria apparuit candens lepra quasi nix.* » Dans Job il y a une belle description de la maladie, mais elle est disséminée par tout le livre. J'en rapporte les fragments principaux à dessein d'en montrer les particularités les plus intéressantes.

« *Induta est caro mea putredine et sordibus pulveris, cutis mea aruit et contracta est* » (VII, 5).

Il faut voir, dans cette *sale poussière*, les squames furfuracées, farineuses et, dans la peau *sèche et rétractée*, la sclérodermie lépreuse.

« *Terrebis me per somnia, et per visiones horrore concuties* » (VII, 14).

Les rêves terrifiants sont déjà signalés par Guy de Chauliac. Nous les avons recherchés avec succès chez plusieurs lépreux, chez lesquels tout soupçon d'alcoolisme était écarté.

« *Halitum meum exhorruit uxor mea* » (XIX, 17).

C'est un des signes le plus souvent indiqués chez les cagots.

« *Pelli meæ, consumptis carnibus, adhæsit os meum et derelicta sunt tantummodo labia circa dentes meas* » (XIX, 20).

L'atrophie musculaire est ici reconnaissable. On peut aussi se demander si le second fragment du verset n'est pas comparable à la description que donne Gauthier de Coinci du *caffre*, et que nous avons citée plus haut.

« *Nocte os meum perforatur doloribus* » (XXX, 17).

N'est-ce point là l'*ardeur* qui faisait souffrir les cagots la nuit?

Enfin nous rappellerons que l'histoire du Giezi qui fut frappé de lèpre blanche en punition de son avarice, et qui donna son nom aux Gezitains ou cagots, est contenue au Quatrième Livre des Rois (ch. v).

1. On trouvera les prescriptions de Moïse concernant la lèpre dans le *Lévitique*. Il y emploie le même mot Tsarâhat pour désigner la lèpre des hommes (XIII, 9), celle des habits (XIII, 47), et celle des maisons (XIV, 34).

« *Sed et lepra Naaman adhærebit tibi. Et egressus est ab eo leprosus quasi nix* [1] », avait dit le prophète ; et depuis la race de Giézi fut lépreuse et les Gezitains sont ses enfants, disent de vieux auteurs.

Au moyen âge la lèpre blanche fut appelée à cause des textes de l'Ancien Testament, *lèpre des Hébreux*. C'est pourquoi nous ne nous étonnons pas de lire dans Ph. Ouselius (*Dissertatio philologico-medica de lepra cutis hebræorum*) : « cumque varia cuti accidere passint vitia;... Interim definitio illa, qua λέπρα dicitur ἡ ἐν τοῖς σώμασι παρὰ φύσιν λευκόνης *præternaturalis corporum albedo*, non longe recedit ab illa *Maimonidis* laudata si vero omnia cutis externæ examinemus vitia, proxime ad hanc Hebrœorum Lepram accedere videtur illa vitiliginis species, quam ἄλφον et λευκὴν grœci appellant ».

La question de la lèpre blanche resta stationnaire longtemps. Lèpre cutanée, peu affreuse, ressemblant au vitiligo et aux plaques de sclérodermie[2], elle fut étiquetée par Joubert comme lèpre des cagots ; on répéta cette opinion après lui, et on exagéra l'importance de la leucodermie.

Avec Spengel, la question de la lèpre blanche devait entrer dans une phase spéciale. En son *Histoire de la Médecine*, il écrit : « La lèpre blanche ou celle dont parle Moïse, fut également rencontrée dans les temps modernes par Voigt, Vidal et Heusler. Elle est fréquente sous les tropiques, où l'on donne le nom d'*Albinos* ou de Kakerlaks à ceux qui en sont affectés. Drapper est le premier qui fasse mention de cette prétendue variété d'hommes : il rapporte déjà l'opinion bien fondée du célèbre Vossius qui pensait que les nègres blancs sont vraisemblablement des lépreux. Lionnel Wafer[3] décrivit le premier cette lèpre avec beaucoup d'exactitude dans son ouvrage sur la péninsule du Darien, située entre les deux Amériques, et où les Albinos sont plus communs que partout

1. IV. Rois, V, 27. Il faut remarquer que l'expression *leprosus quasi nix* est celle-là même qui se lit dans les passages cités plus haut : Nombres, XII, 10, et Ex., IV, 6, où on lit : *leprosa sicut nix*, dans la Vulgate. Les termes hébreux sont identiques dans les trois citations : *metsôrahat caśâleg*.

2. Zambaco-Pacha, *Semaine méd.*, 1893, n° 37.

3. Wafer (Lionel), *New voyage and description of the Isthmus of America*, Londres, 1704 ; traduit dans *les Voyages du capitaine Dampierre*.

ailleurs; François de Valentyn la vit à Amboine et Blumenbach dans la Savoie[1]. »

L'albinisme fut d'ailleurs considéré par plusieurs auteurs comme une forme de lèpre. Blumenbach[2], Winterbottom, Otto avec Spengel voulaient y voir une cachexie, l'expression d'une dyscrasie, dont la lèpre héréditaire serait le point de départ. Sans doute il est exact de dire que les albinos portent souvent l'empreinte d'un état dyscrasique; Esquirol les étudie avec les idiots; et l'on sait que nos asiles d'aliénés en comptent assez souvent parmi leurs pensionnaires; on sait aussi que leur santé physique est habituellement faible; mais de là à dire que l'albinisme est une maladie, une lèpre, il y a un grand pas que l'état actuel de la science ne permet pas de franchir.

L'albinisme est une anomalie congénitale de la peau : il peut être partiel ou généralisé. Cette anomalie trouve des causes prédisposantes dans tout ce qui est propre à débiliter l'organisme des parents; ces causes peuvent d'ailleurs se manifester par d'autres vices de conformation, et une prédisposition spéciale aux maladies mentales.

La lèpre ne ressemble pas à l'albinisme. Cependant un passage de Forster, où sont décrits des albinos, est intéressant à citer, car on y voit la description d'une maladie ressemblant à la lèpre blanche. « Il y a une autre maladie, dit cet auteur, plus universelle dans ces îles (de l'Océanie), qui a différents degrés et qui semble être une espèce de lèpre lorsqu'elle est la plus invétérée. Dans l'état le moins alarmant, c'est une sorte d'exfoliation écaillée de la peau de couleur blanchâtre, ou souvent blanche, quelquefois tout le corps en est couvert. Quand la maladie est plus grave, j'ai remarqué dans les taches blanches des ulcères qui semblaient s'étendre par-dessous la peau et qui avaient des orifices entourés de chair rouge, fongueuse[3]..... »

1. *Medizinische*, etc..., *Bibliothèque de Médecine*, t. II, p. 358, traduction Jourdan (Cité d'après De Rochas, *loc. cit.*, p. 199-200).

2. Blumenbach (J.-Fr.), *De oculis Leucæthiopium et iridis motu commentatio*, in *Soc. Roy. des Sc. de Göttingue*, t. VII, 1784; — et *De l'unité du genre humain et de ses variétés*, 1795, traduit par Chardel, Paris, 1804.

3. Forster, *Observations sur l'espèce humaine*, faites pendant le deuxième voyage de Cook, dans l'hémisphère austral, par Forster, père, traduit de l'anglais, Paris, 1778, t. V, p. 399.

Cette description se rapporte peut-être à la lèpre. Il faut en rapprocher cette autre, donnée par De Rochas[1], des Kakerlaks d'Océanie. Il ont, dit cet auteur, « les cheveux et la barbe d'un blond de lin, et non pas blanc; l'iris bleu et la pupille noire..... Ils ont la peau de couleur blafarde, c'est-à-dire d'un blanc terne, l'épiderme sec, rugueux, plus ou moins écailleux, et chez quelques-uns parsemé de croûtes brunes et infectes dues à une exsudation séreuse du derme crevassé ou dénudé par la chute des écailles épidermiques. L'état écailleux et croûteux de la surface cutanée n'est pas absolument inhérent à cette forme d'albinisme, car quelques-uns ne l'ont point. Il en est qui paraissent forts et bien portants, mais la plupart sont malsains et puants, porteurs de ganglions engorgés, de croûtes ou d'ulcères ». L'auteur a remarqué aussi la tendance aux suffusions séreuses.

Ces deux descriptions, il faut l'avouer, rappellent beaucoup celles que les médecins anciens faisaient de la cagoterie à la fin du XVIe siècle. Cette blancheur de la peau, contrastant avec une santé relativement bonne, la squamosité des téguments, les cheveux lanugineux, la puanteur du corps, tout cela a été désigné comme propre aux cagots. Mais tandis que pour ces derniers, nous savons avec certitude que leur maladie était la léprose, pour les Kakerlaks nous sommes réduits, faute d'un examen médical complet, à dire que leur affection ressemble à la lèpre blanche, et c'est tout.

Pour terminer cette dissertation sur la lèpre blanche, qu'il nous soit permis d'indiquer sommairement les bases du diagnostic différentiel de cette affection. Rappelons que les taches achromatiques *seules* ne sont jamais suffisantes pour faire le diagnostic, qui toujours s'établira sur la coexistence d'autres signes : plaques ou zones d'anesthésie, rétractions tendineuses, épaississement et nodosités du nerf cubital, etc.

L'*achromie congénitale* partielle ou généralisée, n'ayant aucune tendance à évoluer, s'appelle albinisme; elle est en

1. De Rochas, *Maladies des Néo-Calédoniens* (*Bull. de la Soc. d'Anthropologie*, t. I, p. 236).

dehors des ressources de la thérapeutique, et ne peut en aucune manière être assimilée à la lèpre, dont les plaques achromiques évoluent, sont souvent cernées de rouge, reposent sur une région infiltrée, ont tendance à s'ulcérer et sont anesthésiques.

La *leucodermie vraie* est caractérisée par une simple décoloration de la peau, sans augmentation périphérique de la pigmentation normale (Brocq). Fort rare, elle est toujours symptomatique. Elle se rencontre : 1° dans l'atrophie de la peau dite xérodermie de Kaposi dans laquelle « les téguments sont blancs, tendus sur les parties sous-jacentes, amincis, fort sensibles, recouverts d'un épiderme terne, ridé, en desquamation[1] ». Cette maladie par son évolution et son aspect diffère absolument de la lèpre ; 2° dans l'atrophie partielle idiopathique de la peau, où elle se développe par petites plaques qui foncent à mesure qu'elles sont plus anciennes ; à leur niveau la peau est flasque et se plisse aisément ; 3° dans la sclérodermie qui pour Zambaco est une manifestation de la léprose ; 4° dans la lèpre ; 5° dans la syphilis. Les autres signes de cette maladie, et son évolution suffisent souvent à la faire reconnaître. Parfois le diagnostic est presque impossible.

Le *vitiligo*, que les anciens avaient tendance à confondre avec la lèpre, est caractérisé par le développement graduel, en divers points de la peau, de taches d'un blanc mat, à limites nettes, entourées d'une zone d'hyperpigmentation qui se confond insensiblement avec la peau saine. Il y a déplacement du pigment ; c'est une dyschromie (Brocq). Ces plaques ont une sensibilité normale, et ne sont jamais squameuses ; de plus la peau conserve sa souplesse et son épaisseur normales.

VI. — LE TRAITEMENT DE LA CAGOTERIE

On ignore presque tout du traitement de la cagoterie. On sait toutefois, ainsi qu'on a pu le voir plus haut, qu'à Saint-

1. *Traitement des maladies de la peau*, par le Dr L. Brocq, Paris, Doin, 1890.

Pierre-de-Lier les capots appliquaient sur leurs ulcères et leur peau une décoction de feuilles de lierre; le lierre aurait une certaine action, action faible sans doute, sur les ulcères atones. Ce traitement tirait probablement la plus grande part de ses bienfaits de la stérilisation de l'eau employée pour les lavages et les pansements.

Le seul traitement important et un peu efficace fut la balnéothérapie. Celle-ci fut fort utilisée par les lépreux ; elle l'est encore de nos jours en Grèce et en Turquie. En France, les lépreux et les cagots recouraient surtout aux sources thermales, dont on utilise encore les propriétés curatives contre les affections de la peau. Tel est le cas de Plombières dans les Vosges [1]. Là où il n'y avait pas de source thermale on se baignait dans des cuves ou des « mares » réservées aux lépreux [2].

En ce qui concerne les cagots, nous savons qu'ils fréquentaient diverses stations. A Cauterets, dès le XVe siècle, un cagot médecin était propriétaire d'une des sources. Le 10 mai 1472, la cabane située sous les bains de Cauterets fut donnée à Jean de Mailhoc, médecin-chirurgien. La cabane fut plus tard propriété collective de Guillaume de Bouix, gezitain (c'est-à-dire cagot) de Lourdes, et de Bernard Mailhoc-Debat, gezitain de la paroisse de Saint-Savin, un des descendants de Jean de Mailhoc. Ceux-ci la vendirent le 28 décembre 1665 à Bertomide et Jean de Canarie, cagots d'Argelès. Quelques années plus tôt un document daté du 9 mai 1647 nous apprend que les habitants de la cabane des capots s'étaient arrogé le droit de se dire maîtres du petit bain, et de s'y baigner quand bon leur semblait. Dom Calmel, religieux réformé et vicaire général de l'abbaye de Saint-Savin, pour mettre ordre à cet abus, leur enjoignit, d'accord avec les consuls de Saint-Savin, de Nestalas, de

1. *Les lépreux à Plombières*, par le Dr H.-M. Fay, *Bulletin de la Société française d'Histoire de la médecine*, 1906, et *France médicale*, 1906.

2. Un exemple : Frédéric Pluquet, en son *Essai historique sur la ville de Bayeux*, dit à propos des maladreries de cette ville : « Je ne crois pas que dans ces hospices on administrât de médicaments, cependant on peut présumer qu'on y faisait usage de bains; « jouxte la marre aux lépreux à Nilhaut », dit une charte de 1301. »

Lau et d'Uz, de ne se baigner qu'après les autres personnes.
Voici cet important document :

Du 9 may 1647. — Ordonnance contre les Capots.

L'an mil six cens quarante sept et le neufvième jour du mois de may, dans le monastère de Saint-Savin, ordre de Saint-Benoist, en Lavedan, par devant moy notaire royal soussigné, et presents les témoins bas-nommés, de matin se sont constitués en leurs personnes, le Révérend père Dom Hugues Calmel, religieux réformé et vicaire général dans ledit monastère de Saint-Savin, assisté de Guilhem Lavigne, Pierre Lamousse, consuls dud. lieu de Saint-Savin, Michel Caze Dailheau, consul de Nestalas; Jean Pène, consul de Lau, et Jean Pouey, consul d'Uz, lesquels consuls promettent faire ratifier le présent acte aux autres consuls des lieux restants de ladite rivière de Saint-Savin. Ledit sieur vicaire et consuls étant assemblés dans led. monastère ou l'on a accoutumé tenir le man commun de lad. rivière, ce faisant lesd. consuls pour les manants et habitans de lad. rivière qui sont de présent et seront à l'avenir, de leur gré et volonté, ont porté l'ordonnance qui suit sur les plaintes qui sont été faites aud. Révérend père, vicaire général et auxd. consuls de lad. rivière, sur les mauvais déportements et insolences que diverses sortes de capots ou gésitains rendent aux bains de Cautarès dans la cabane appelée des Capots, située au-dessus du petit bain de bas, pour se baigner, s'étant licentiés depuis quelques années de se dire maîtres au petit bain et de se baigner quand bon leur semble, tant de nuit que de jour, croyant y avoir quelques droit, ce qu'il n'est pas, et pour les désabuser de ce et leur faire voir qu'ils se trompent et qu'il ne leur est permis par une pure charité, ils le prennent autrement a leur grand avantage, et désavantage tant desd. manants habitants de ladite Rivière qu'aux autres gens du pays, et pour mettre ordre aux abus et mauvais déportements desd. capots et gésitaints, tant pour le présent que pour tout jamais, de quel pays et contrée que ce soit, ont ordonné et par vertu de ce présent acte ordonnent lesd. vicaire général et consuls susdits de lad. rivière de Saint-Savin, tant pour eux qui sont de présent et seront à l'avenir, que d'ors en avant lesd. capots ne se baigneront dans ledit bain de bas dud. Cautarès, soit-il de nuit ou de jour, que après que les autres seront baignés, à peine de payer un écu petit pour une seule fois qu'ils contreviendront, un écu petit soit de jour ou de nuit, led. écu applicable, la moitié au profit dud. vicaire-général, et l'autre moitié aux consuls de ladite rivière de Saint-Savin; que lesdits consuls dudit lieu de Cautarès seront tenus et obligés de tenir la main sur eux et de faire garder et observer le contenu du présent acte de point en point, sans aucune contradiction ni considération quelconques, à peine de payer tous dépens, dommages intérêts, et d'être pignorés par le reste des autres consuls de ladite rivière, en cas il se trouvera qu'ils ne fassent observer le présent acte, et de pignorer d'un écu petit aux dits Capots ou autres, à la moindre insolence qu'ils fairont ou rebellion à l'observation de cette présente ordonnance; et même seront punis, saisis pour être mis aux septs de la maison de ville dudit Cauterès, illec étant être ordonné par ledit sieur vicaire et consuls de ladite rivière comme ils verront être de droit et de raison; et la présente ordonnance leur sera intimée, afin qu'ils n'en prétendent cause d'ignorance. De plus a été arrêté entre lesdits révérend père et les susdits consuls qu'ils ne pourront prendre les pignorations qui se fairont par cy-après, ains qu'elles seront baillées aux consuls des lieux où icelles se fairont jour, après être distribués, la moitié aud. révérend père vicaire général, et l'autre moitié auxdits consuls de la rivière; et le consul qui recevra icelles sera tenu d'en rendre compte audit sieur vicaire et consuls. Et de tout ce dessus lesdits révérend père vicaire général et susdits consuls ont requis à moy notaire leur retenir le présent acte et ordonnance : ce que leur ay accordé faire, présents Jean Lamarque, praticien, d'Arrens, et Jean d'Auga, natif de Saint-Lezer en Bigorre, à présent habitant à Saint-Savin, soussignés, avec led. révérend père et Lavigne consul (les autres ont dit ne savoir), et moy Cometz, notaire royal, ainsi signé sur l'original; duquel le présent extrait a été tiré par moy Jean Dupont, notaire royal du lieu de Saint-Savin, détenteur d'icellui, mot à mot sans y avoir rien changé, augmenté ni diminué, et duement collationné, au requis de Dom Gotty, sindic de l'abbaye de Saint-Savin, et à la présence du sieur Dupau, sindic de la vallée de la Rivière, comme appert du verbal par moy dressé cejourd'huy. En foy ay expédié le présent à Saint-Savin, le vingt-unième juillet mil sept cent cinquante cinq. Signé Dupont, notaire[1].

Il est probable que les eaux d'Argelès étaient fréquentées par les cagots qui étaient particulièrement nombreux dans la région, puisque sur un rayon de 4 kilomètres à peine autour d'Argelès on compte huit villages de cagots.

Dans le Gers on doit citer Saint-Christau près Auch où les lépreux allaient prier à la chapelle de Saint-Chris-

1. Cet acte a été antérieurement publié par Fr. Michel, *Histoire des Races maudites*, t. II, p. 243, et par Duhourcau, *Les cagots aux eaux de Cauterets*, Toulouse, Privat, 1892; il est extrait des Archives des Basses-Pyrénées, H, 68.

tophe et probablement aussi se baigner à la source voisine.

Mongaillard signale Sainte-Dode et Saint-Mennée à Boulau, comme stations thermales pour les lépreux.

Saint-Christau près Lurbe (Basses-Pyrénées) fut aussi un centre important de cure. Le D^r^ Ém. Tillot rapporte un récit légendaire à ce sujet : « En l'an 1300, écrit-il, un berger qui était lépreux avait l'habitude de laver de temps en temps ses mains et sa figure à une source placée au pied de la montagne, et quelle ne fut pas sa surprise de voir disparaître peu à peu la lèpre qui le rendait hideux et méconnaissable? Depuis ce temps d'autres lépreux allèrent se laver à la source, furent guéris, et la fontaine prit le nom de source des Dartres [1]. »

Citons encore Ax dans le pays de Foix, où une piscine était réservée aux lépreux. Il est certain que cette liste pourrait être allongée, mais les indications propres à nous guider utilement dans leur recherches manquent absolument.

Peut-on classer au nombre des traitements, celui qui se faisait dans les léproseries? Oui, sans doute, mais nous ignorons ce que l'on faisait, médicalement parlant, dans ces établissements. A part l'isolement, les soins d'hygiène et de propreté (fort précaires, semble-t-il), il est vraisemblable qu'on n'y faisait rien du tout.

Il n'est pas étonnant, qu'en présence des pauvres moyens que la thérapeutique mettait à la disposition des lépreux et des cagots, ceux-ci se soient retournés, par un élan bien naturel, vers le ciel dont ils espéraient en dernier ressort une guérison à leurs maux. Avons-nous besoin de dire qu'à saint Lazare, sainte Madeleine et même sainte Marthe s'adressaient le plus souvent leurs prières. A ce sujet, il est curieux de remarquer que la confusion établie entre Lazare, le lépreux de l'Évangile, et saint Lazare, l'ami du Christ, devait faire que les deux sœurs de ce dernier, Marthe et Marie-Madeleine, devinrent patronnes des lépreux.

On n'oubliait pas non plus saint Nicolas. C'était à lui qu'étaient consacrés les gahets ou cagots de Bordeaux et les

1. Tillot, *De l'action des eaux ferro-cuivreuses de Saint-Christau* (Basses-Pyrénées) *dans quelques affections cutanées*, Paris, Coccoz, 1864, p. 14.

cagots de Bayonne. Ce saint n'est autre que l'évêque de Myre, qui ressuscita les trois enfants mis au saloir, et dont la fête est populaire. Nous avons vu sa statue dans les chapelles de plu sieurs Madeleines en Bretagne et dans les Vosges. Nous croyons que le culte de ce saint chez les lépreux est dû à saint Nicolas de Tolentino, qui fonda au XIIIe siècle l'ordre des Augustins, adonnés au soin des lépreux; de là vient sans doute que plusieurs maladreries se sont appelées de saint Nicolas. Le fondateur de l'ordre avait-il institué un culte spécial en l'honneur de son patron, ou bien les Augustins vénéraient-ils sous son nom leur fondateur, que le peuple confondit avec le saint évêque de Myre? C'est ce que nous ignorons.

Est-il besoin de rappeler le culte de saint Loup qui se remarquait surtout à Navailles, et dont nous avons déjà parlé plus haut.

Sainte Quitterie, bien connue dans le Gers et les Landes, semble avoir été spécialement invoquée par les cagots. C'est un fait qui jusqu'ici n'a jamais été signalé, croyons-nous[1].

Très honorée en Gascogne, cette sainte donna son nom à la basilique du Mas d'Aire, ainsi qu'à quelques villes qui sont : Sainte-Quitterie de Ribaute, aujourd'hui Plaisance du Gers; Sainte-Quitterie de Loumné, aujourd'hui Larée; elle est la patronne de Tachousin et de Castelnau de Barbarens. Dans cette dernière ville, dit Dom Brugèles, elle était invoquée contre la rage.

En ce qui concerne la lèpre, il faut noter qu'entre Lannemaignan et Tachousin, sur le flanc de la colline, s'élève une fontaine réputée miraculeuse et dédiée à sainte Quitterie; de même à Sainte-Quitterie de Loumné (Larée) il y avait une piscine miraculeuse située à 200 mètres de l'église, et où tous les malades, et spécialement les lépreux, venaient se plonger. La chapelle du quartier des Cagots à Vic-Fezensac était dédiée

1. Sainte-Quitterie serait née dans une petite capitale nommée Belcagie, que gouvernait son père Catilius, païen, époux de Calsia. Élevée en secret dans la religion chrétienne, elle refusa de s'unir au mari que lui avait choisi son père; elle s'enfuit, mais bientôt rattrapée elle eut la tête tranchée. La sainte prit alors sa tête et la porta à Aire, où ses restes furent conservés. (IIIe ou IVe siècle.) Sa fête se célèbre le 22 mai.

à la sainte; elle s'élevait à l'endroit où se voit la croix dite des Capucins (J.-J. Moulezun). Ce quartier des capots est à quatre cents mètres au couchant de la ville; il s'y voit une fontaine jadis réservée aux seuls lépreux. Enfin à Demu le cimetière des cagots s'appelait de Sainte-Quitterie [1].

Enfin rappelons que les cagots invoquaient saint Christophe, en sa chapelle sise à Saint-Christau près d'Auch [2].

VII. — LES CAGOTS MÉDECINS

On ne rencontre guère de cagots médecins qu'aux XIVe et XVe siècles. Nous n'en connaissons que quatre qui figurent dans des titres déjà publiés avant nous. En 1374 Maître P[ierre], crestia de Lac, médecin, est appelé pour examiner des plaies [3]; en 1384, Berduc de Cazenave promet par-devant notaire à Johan, chestiaa de Meritein de lui payer 23 florins d'or pour cure de plaie de tête [4]; en 1434 maître Berdot, médecin et chrestia d'Oloron, accepte un arrangement pour le paiement des honoraires que lui doivent deux habitants d'Aramitz [5]; enfin en 1472 c'est encore un médecin cagot que Jean de Mailhoc qui reçut la cabane de Cauterets [6].

Il faut admettre que ces cagots devaient être assez bien portants pour pouvoir exercer la médecine. Le droit pour eux d'exercer une profession libérale s'explique par la condition libre où ils vivaient et le peu de surveillance dont on les entourait; on ne leur eût pas laissé cette licence au XIIe siècle et encore moins peut-être au XVIe.

Au sujet des cagots médecins, M. Sansot a dit avec beaucoup de justesse, que s'il y avait eu en France des écoles de médecine, on n'y aurait pas reçu les cagots, et qu'il est plus probable qu'ils aient appris leur art en Espagne, où l'on

1. Nous devons ces deux derniers renseignements à M. Adrien Lavergne, de Castillon de Batz, qui a eu l'extrême obligeance de souvent nous aider dans nos recherches sur les cagots du Gers.

2. On l'invoquait pour la guérison des christailles. On trouvera à ce sujet de plus amples détails, p. 37.

3. Archives des Basses-Pyrénées. E 1918, fol. 57, publié par Raymond, *Congrès scientifique de France*, 39e session, Pau, 1873, vol. I, p. 285-287.

4. Arch. B.-P. E 1922, fol. 37, publié par Raymond, *loc. cit.*

5. Arch. B.-P. E 17-67, fol. 22, id., id.

6. Duhourcau, *loc. cit.*

trouvait des médecins juifs et arabes[1]. L'observation serait tout à fait justifiée s'il était prouvé que nos cagots avaient appris leur art dans quelque université, et qu'ils n'étaient point de ces médecins non officiels qui abondaient jusqu'au xve siècle, et contre lesquels on fit plus d'une ordonnance[2].

De même que dans les léproseries, certains lépreux faisaient office de médecin, de même devait-il en être chez les cagots. Serait-ce là l'origine de cette opinion populaire qui vit en eux parfois des sorciers.

On sait qu'en Poitou, les devins étaient uniquement recrutés parmi les charpentiers et bûcherons de père en fils. Ces métiers étaient précisément les seuls qu'exerçaient les cagots (ils ne travaillaient que le bois). Il est probable que cette réputation de sorcellerie attachée aux familles de bûcherons marque la persistance d'une coutume, celle des cagots médecins ou sorciers. Divers petits faits relevés par Fr. Michel tendraient à confirmer cette opinion : quand on met le pain à l'envers sur la table, dans certains villages, les cagots ont le droit d'entrer et de prendre ce pain ; de même qu'un cagot a droit à la charge que porte une bête de somme si elle n'est pas bien empaquetée : ce sont bien là des droits comparables à ceux des sorciers. Mazure reconnaît cette assimilation, mais il en tire des conclusions inadmissibles, à savoir que c'est à la sorcellerie qu'il faut imputer la proscription des cagots. Il écrit : « Le Parlement de Bordeaux, vers la fin du règne de Henri IV, sévit avec une extrême rigueur contre les sorciers et contre les cagoths qu'il semble réunir pour la même cause dans la même proscription, les accusant à-la-fois de ladrerie et d'œuvres noires[3]. »

Une chanson originaire de *Mugron* (Landes) prouve clairement que l'on croyait les cagots sorciers :

Gabot, gabot, gabère
Couan a bis ta may *sourcière*
Et toun pay *loup-garous*
Gros Patapouf.

1. *De l'origine des cagots* (*Bulletin de la Société Ramond*, IIIe trimestre, 1908.)
2. Une de ces ordonnances se lit à la fin de l'ordonnance du sénéchal du Périgord du 12 novembre 1480 qui est reproduite aux *Pièces justificatives*, n° 29.
3. Mazure, *Histoire du Béarn et du Pays Basque*. Pau, 1839, p. 413.

A *Perquie* (Landes), on croyait que les caresses et même les regards des cagots communiquaient les plus graves maladies ou des infirmités incurables aux enfants.

Rappelons qu'à la fin du XVIIe siècle et surtout au XVIIIe, un grand nombre de cagotes, dans la Chalosse, étaient sages-femmes.

CHAPITRE II

LA MÉDECINE MODERNE RECONNAIT CHEZ LES CAGOTS DES TRACES DE LEUR LÈPRE HÉRÉDITAIRE

I. — LA LÈPRE LARVÉE

La Lèpre, dans les foyers mêmes où on la rencontre en pleine activité, se présente parfois sous des formes très légères, la maladie s'arrêtant définitivement après avoir parcouru seulement une courte partie de son évolution; quelquefois, après une longue période d'attente, elle reprendra pour poursuivre sa marche normale. De même que lors d'épidémies, de scarlatine, ou de typhoïde par exemple, il suffit de quelques légers signes pour établir le diagnostic, de même pour ces formes de lèpre larvée, la connaissance de l'endémie permet au clinicien de reconnaître l'affection. Ce qui existe, lors des épidémies et des endémies, existe aussi en dehors d'elles. Pour ce qui concerne la lèpre, il est certain qu'il y a des formes larvées, et il est non moins certain qu'elles sont souvent méconnues dans les pays où on admet l'endémie éteinte.

Les mauvaises conditions hygiéniques qui se rencontrent encore dans nos campagnes, seraient pour beaucoup dans l'étiologie de l'affection. Zambaco-Pacha, un des plus compétents léprologues qui soient, n'allait-il pas jusqu'à dire : « La lèpre est, selon moi, une maladie dyscrasique, par laquelle le sang est vicié par suite d'une existence anti-hygiénique et surtout d'une nourriture composée d'aliments de mauvaise nature et en décomposition, et cela au même titre que pour la pellagre et le béribéri..... On peut donc définir la lèpre : *Une affection nerveuse, consécutive à une dyscrasie du sang*[1]. » Pour que cet éminent médecin (qui n'a jamais négligé de rechercher le bacille de Hansen, et sait qu'il est introuvable parfois dans les formes les mieux caractérisées de la maladie) ait soutenu une telle opinion, il faut croire qu'en vérité le facteur *mauvaise hygiène* a une importance considérable. Mais ce facteur, si important soit-il, ne suffit pas. Le bacille et la prédisposition héréditaire sont des causes plus nécessaires. C'est en considérant l'hérédité, que M. Roger a dit : « Il est probable que la lèpre exerce une influence dystrophique et peut-être faut-il considérer que les cagots sont des victimes de la paralèprose[2]. » Chez les cagots, on rencontre l'hérédité lépreuse et souvent la misère, c'est-à-dire tout ce qui est nécessaire pour faire se développer la maladie, non plus sous sa forme ancienne, grave, mais presque uniquement sous des formes larvées, ou mieux atténuées. Ces formes de la maladie sont aussi celles qu'on rencontre le plus souvent en Bretagne. Ces manifestations atténuées sont à la lèpre, dans le même rapport que la tuberculose d'une part, et la scrofule et le lupus d'autre part, L'absence presque constante du bacille de Hansen dans les syringomyélies et les myélites lépreuses, et en général dans toutes les manifestations larvées de la maladie, ne fait-elle pas penser à l'absence du bacille de Koch dans le lupus? Ici, sans doute, le cobaye, ce réactif vivant si sensible, a fait juger la question; mais pour la lèpre, nous ne possédons point d'animal aisément inoculable. Est-ce à dire que le bacille de Hansen n'ait rien à voir dans la question? Non certes. Aussi devons-nous nous cantonner pour le moment dans le domaine de l'observation clinique, et nous y laisser guider par ceux dont la compétence est indiscutable; partout en effet nous possédons, selon le mot de Verneuil, « l'immense et impérissable laboratoire de l'observation clinique qui, à

1. *Voyage chez les Lépreux*, par le Dr Zambaco-Pacha, Paris, Masson, 1891, p. 50-51.
2. Roger, *Maladies infectieuses*, 1902, p. 1238.

défaut d'autres, peut suffire aux vrais et sincères travailleurs[1] ».

C'est dans ce *laboratoire* que peu à peu on s'est aperçu que les cagots étaient affligés de lésions diverses, de troubles trophiques; que leurs lésions ressemblaient à celles de la lèpre atténuée; enfin que quelques-uns d'entre eux étaient atteints de la lèpre la mieux caractérisée. Ces constatations amenèrent des recherches spéciales sur la syringomyélie, d'abord mal accueillies, mais qui peu à peu prirent une importance si grande, que maintenant beaucoup de cliniciens reconnaissent l'existence d'une syringomyélie lépreuse ou pseudo-syringomyélie. Ce que l'on observe le plus souvent chez les cagots ce sont des lésions trophiques des ongles, de la peau, des cheveux, des plaques d'analgésie avec différenciation des sensibilités, l'absence congénitale de plusieurs dents, la rhinite chronique, le pemphigus, les mutilations de doigts, enfin la main en griffe. Nous allons étudier brièvement les plus importantes et les plus caractéristiques de ces lésions, en nous reposant uniquement sur des faits d'observation. Puis nous signalerons les cas de lèpre type autochtones, qui ont été observés dans le Sud-Ouest.

Troubles trophiques des ongles.

Les altérations des ongles des cagots ont été beaucoup étudiées par Magitot, Lajard et Regnault, et Zambaco-Pacha. Ces auteurs, et particulièrement le dernier, ont apporté une somme assez considérable de documents. Aidé des faits que nous avons observés nous-même nous pouvons dire que chez les cagots on observe deux principales variétés de lésions unguéales :

1° Les onychatrophies, caractérisées par l'*arrêt de la croissance* de l'ongle et son *atrophie* :

2° Les dysonychoses, caractérisées par l'*arrêt de la croissance* de l'ongle avec *épaississement* et *déformation* totale ou partielle.

1. *Gaz. méd.*, 13 février 1885.

Onychatrophie. — Les onychatrophies des cagots sont des troubles trophiques dus probablement à des lésions nerveuses soit périphériques, soit centrales, et s'accompagnant le plus souvent de troubles trophiques des autres tissus, ou de plaques d'anesthésie ou d'hypoesthésie : ce sont des lésions fréquemment observées dans la lèpre. De même que l'onyxis psoriasique, les onychatrophies lépreuses peuvent être la première manifestation de la maladie, qui, comme nous l'avons dit, est susceptible, dans ses formes frustes, de se borner à ces lésions. On observe chez les cagots deux formes différentes de l'affection : l'amincissement et l'arrêt de la croissance de l'ongle qui est caractéristique des troubles trophiques, et l'incurvation de l'ongle avec décollement partiel qui s'accompagne souvent d'onyxis et de perionyxis.

L'*atrophie unguéale* est un symptôme de la lèpre trophonerveuse; elle se manifeste par l'amincissement de l'ongle qui devient petit et plat, et même quelquefois vient à disparaître, d'autres fois il ne laisse après lui qu'un vestige informe. Elle coexiste, le plus souvent, soit avec la résorption osseuse des phalanges, soit avec le panaris mutilant, ou les plaques analgésiques. Cette lésion a été quelquefois observée chez des cagots. C'est ainsi qu'une jeune fille de treize ans, originaire de Salies, et de famille cagote, présentait cette lésion à ses deux auriculaires, et aux cinquièmes orteils, tandis que ses autres ongles étaient atteints d'une autre lésion connue vulgairement sous le nom d'ongles de *carcoïls* dont il sera parlé plus loin. Cette malade présentait des plaques d'anesthésie à la piqûre, à droite à l'avant-bras près du poignet, au dos de la main et des doigts et à la joue droite; thermo-anesthésie, au tiers inférieur de l'avant-bras, à la paume de la main et à la face palmaire des doigts du côté droit. En outre elle avait une absence presque complète de sourcils, les cheveux clairsemés, pâles et fins, le corps glabre[1]. Plusieurs membres de sa famille présentaient des signes de léprose atténuée.

L'*ongle de carcoïl* est une déformation de l'ongle qui

1. Zambaco-Pacha, *Bull. de l'Acad. de méd.*, 1893, t. XXIX, p. 12-513.

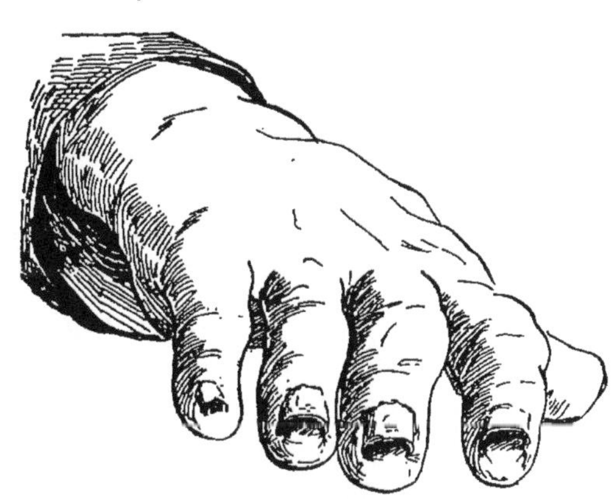

ONGLES DE CARCOÏLS.

Cagot de Salies.

semble propre aux cagots[1], qui est héréditaire, et qui s'accompagne souvent de divers symptômes caractéristiques de la lèpre. La lésion frappe habituellement tous les doigts.

Cette lésion est caractérisée par un arrêt de la croissance de l'ongle qui, d'apparence normale dans sa moitié supérieure, est au contraire bombé transversalement à la façon de l'arche d'un pont, dans sa moitié inférieure. En ce dernier point, l'ongle est décollé sur la ligne médiane, tandis que sur les bords il demeure adhérent. Son extrémité libre est épaisse, et décrit de droite à gauche un arc. Sous cet arc, entre l'ongle et le doigt se trouve une cavité remplie de débris épithéliaux et de poussières habituellement noires, quelquefois fétides et imprégnées d'un suintement purulent. Cette cavité atteint en moyenne de 3 à 4 millimètres de longueur sur 2 de large. L'ongle, ne poussant guère, n'a pas besoin d'être coupé, il s'use ou se casse ou s'effrite à son extrémité; dans son ensemble il paraît plutôt petit et court. Il repose sur un doigt généralement gros, épais, dur, dont la pulpe est souvent analgésique et insensible à la chaleur. Chez certains malades, cette lésion s'accompagne d'onyxis; chez d'autres, on observe des panaris analgésiques, des résorptions osseuses, ou autres lésions qui en se développant compromettent la vitalité de l'ongle et amènent sa chute ou sa disparition partielle. L'ongle en carcoïl, ou en colimaçon, est parfois bombé longitudinalement[2].

Cette lésion rappelle de loin les dystrophies unguéales qui accompagnent les états dyscrasiques et les infections. Si bien qu'il est permis de se demander si ce trouble trophique est lié à une lésion nerveuse périphérique ou centrale, ou à l'état dyscrasique individuel ou héréditaire que crée la lèpre, si atténuée soit-elle. Il nous a souvent été donné d'observer dans la psychose maniaque-dépressive, en particulier dans les formes à prédominance dépressive, au cours d'un long accès

1. Nous avons observé à Paris un homme atteint de lésions tout à fait comparables. Mais l'examen le plus approfondi et l'étude des antécédents ne nous ont fourni aucun renseignement propre à éclairer l'étiologie de ce cas.

2. Dans la lèpre on rencontre cette altération. On pourra la voir reproduite au musée de l'hôpital Saint-Louis (Auriculaire de la pièce 1186, vitrine 24).

mélancolique, des dystrophies unguéales, caractérisées par l'arrêt presque absolu de la croissance de l'ongle, qui se bombe et devient cassant; cette lésion rappelle l'ongle hippocratique[1]. Or, si dans ce cas, le trouble trophique paraît bien dû à une auto-intoxication, il est juste de se demander si dans la lèpre atténuée héréditaire, dans laquelle les ongles présentent une lésion presque semblable, il ne faut pas incriminer, comme cause principale, la viciation de la masse sanguine par des toxines, que celles-ci soient endogènes ou microbiennes. D'ailleurs, la lésion qui nous occupe diffère de celles qui sont liées aux névrites ou aux altérations médullaires, ces dernières étant caractérisées par l'atrophie unguéale telle que celle que nous avons décrite plus haut.

Magitot, Lajard et Regnault, qui n'avaient observé l'ongle de carcoïl qu'à Salies, croyaient qu'il était dû à l'usage des salaisons. (L'influence des salaisons dans l'étiologie de la lèpre a été souvent défendue.) Il est certain que les salaisons plus ou moins avariées font souvent partie des aliments dont usent les lépreux, mais ces substances ne doivent entrer dans l'étiologie de l'affection que comme facteurs propres à débiliter l'organisme, ils préparent le terrain déjà infecté, qu'une bonne hygiène eût suffi à mettre à l'abri. Mais cette altération des ongles n'est pas propre à Salies, ainsi que l'a démontré Zambaco, qui l'a rencontrée dans un grand nombre d'autres localités.

Nous résumerons ici quelques-unes des observations qui concernent les ongles de carcoïls; on verra que toujours il s'agit d'une affection héréditaire, souvent accompagnée d'autres signes de lèpre.

A Salies. — Voir à la page suivante le tableau des familles B... et L..., dont l'observation est fournie par Lajard et Regnault et complétée par Zambaco.

A Escos, Zambaco a vu une femme dont tous les ongles sont en carcoïl, avec suintement purulent et exulcérations péri-unguéales. De ses quatre enfants un seul est normal.

1. L'ongle prend parfois dans la lèpre l'aspect dit hippocratique. Voir musée de Saint-Louis, n° 2372, vitrine 24.

Les autres ont la même lésion et de plus sa fille aînée, âgée de quinze ans, a peu de cheveux, et pas de sourcils.

A *Jurançon*, près de Pau, à *Oloron*, *Lescun*, *Charre*, *Baigt*, etc., on a signalé d'autres cas.

D'ailleurs nous ne pouvons mieux faire que de renvoyer le lecteur aux travaux où nous puisons ces renseignements : il y trouvera plusieurs autres observations détaillées [1].

TABLEAU DES FAMILLES B... ET L...

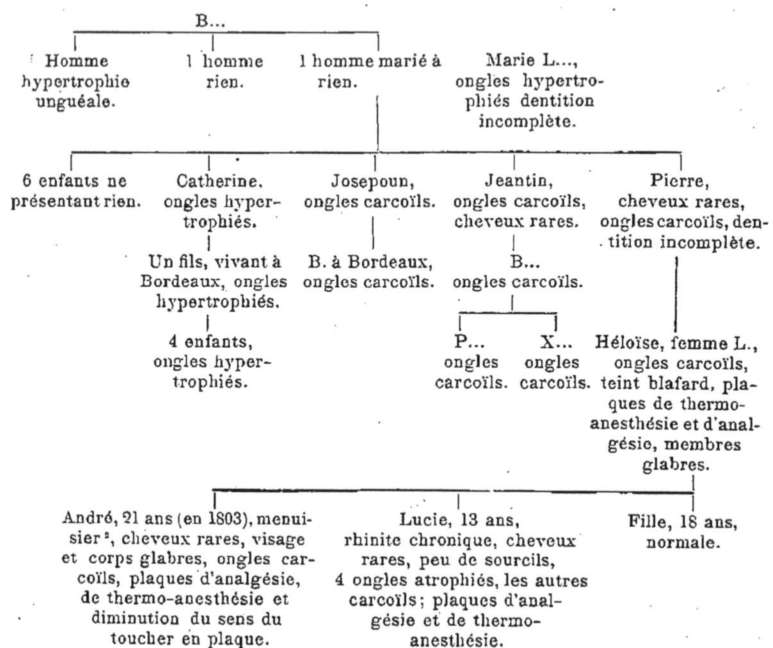

1. Lajard et Regnault, *De l'existence de la lèpre atténuée chez les cagots des Pyrénées. Progrès médical*, 1892, 2e S., p. 406-466 et 484-497.

Lajard, *Société de biologie*, 15 oct. 1892 et 22 oct. 1892; *Société anatomique de Paris*, 21 oct. 1892, t. LXVII, p. 649-652.

Magitot, *Sur une variété des cagots des Pyrénées, Congrès de Pau*, 1892, t. II, p. 659-649; *Bull. de l'Acad. de méd. de Paris*, 3e s., t. XXVIII, p. 596-600; *Bulletin de la Société anthropolgique de Paris*, 4e s., p. 553-572.

Zambaco-Pacha, Les cagots des Pyrénées, *Bull. de l'Acad. de méd. de Paris*, t. XXIX, p. 504-563; 1893.

2. Nous possédons, grâce à l'obligeance de notre excellent confrère, le Dr Pierre Lafont, aîné, de Salies, trois excellentes photographies, d'André L., menuisier, prises en 1900. Nous reproduisons ici deux d'entre elles, ou l'alopécie d'une part, les déformations unguéales de l'autre sont des plus manifestes. Le corps de cet homme est absolument glabre même aux régions axillaires et pubienne.

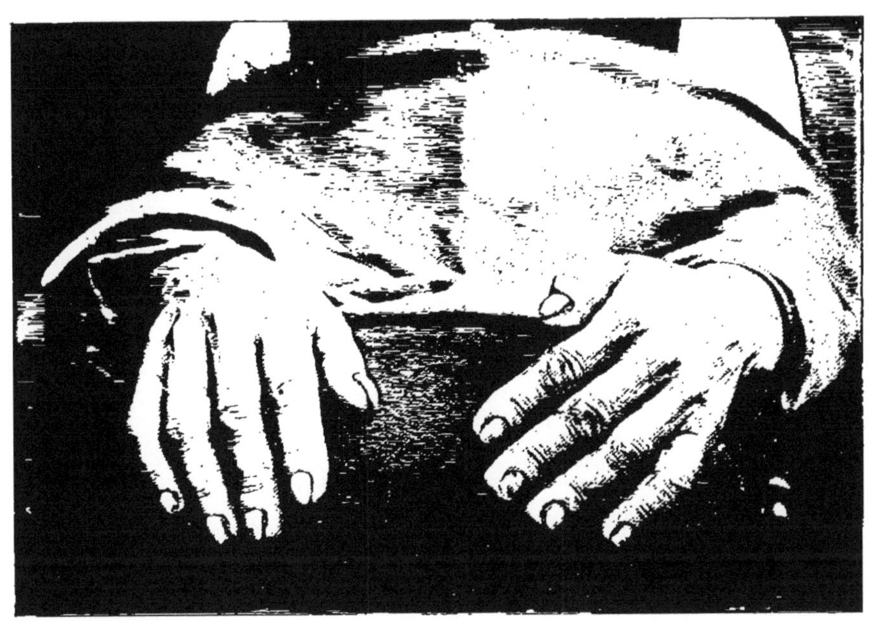

LES MAINS D'UN CAGOT DE SALIES.

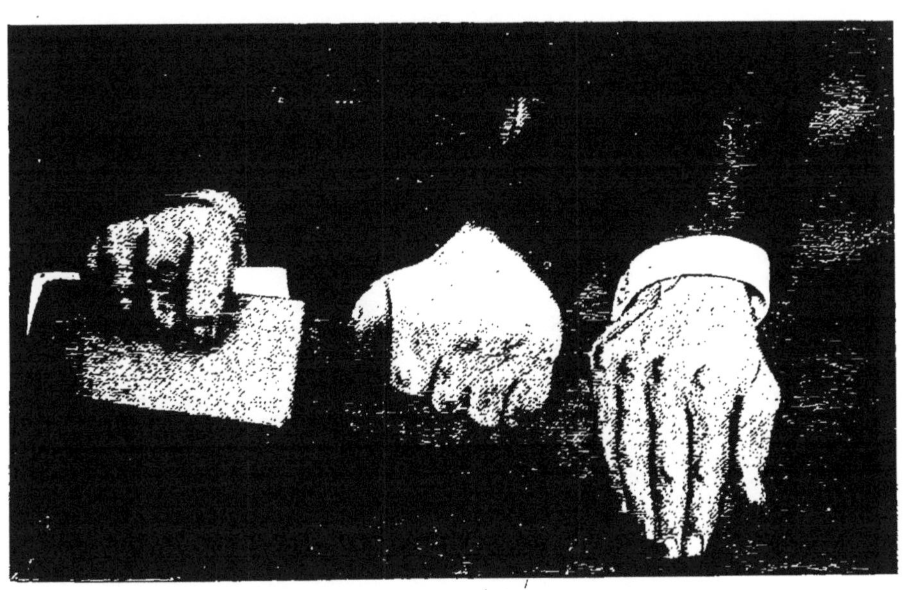

LES MAINS MUTILÉES D'UN AGOT DE VILLEFRANQUE.

A droite une main normale dans la demi-flexion. Les doigts de l'agot sont ici dans le maximum d'extension que nous ayons pu obtenir.

Hypertrophies unguéales. — L'hypertrophie des ongles est assez fréquente chez les cagots ; elle se présente sous deux aspects.

α) *Hypertrophie partielle de l'ongle.* — Chez quelques individus, les ongles sont « épais, lisses, luisants, normaux à leurs trois quarts supérieurs ; tandis que leur quart inférieur est comme décortiqué, terne, inégal à sa surface, rugueux, brun et plus haut de niveau ». Ils peuvent atteindre à leur extrémité libre une épaisseur de un centimètre. Il y a parfois concomitamment de l'onyxis, avec cercle suppuratif et ulcéré, où se développent des petits bourgeons charnus. Cette forme d'hypertrophie a été observée en particulier par Zambaco-Pacha chez une famille cagote de Lasclaverie (près Morlaas, Basses-Pyrénées) dont plusieurs membres présentaient héréditairement ces lésions accompagnées de divers autres symptômes plus franchement lépreux, tels que pemphigus lépreux, rhinite chronique, plaques d'analgésie, etc.

β) *Hypertrophie totale de l'ongle.* — L'ongle est partout rugueux, épais, opaque, strié transversalement, les couches kératinisées se superposent formant de véritables cornes que seules la lime ou le couteau peuvent râper pour permettre le port des chaussures. Cette lésion, quelquefois vue chez les cagots, n'a pas une grande valeur par elle-même, car elle se rencontre bien ailleurs que dans la lèpre. Nous l'avons observée très souvent dans la population des asiles, en particulier chez les vieillards, déments et cachectiques. Elle n'a que la valeur d'un trouble trophique, sans préjuger de la nature de ce trouble. Elle se présente chez les cagots concomitamment avec l'ongle de carcoïl, et revêt parfois l'aspect de l'onychogrypose.

Hyperkératoses.

Les hyperkératoses dont il s'agit en l'espèce, sont héréditaires, et s'accompagnent d'autres lésions d'apparence lépreuse. Elles ont été observées à Jurançon et à Lasclaverie.

Précédées de bulles pemphygoïdes, elles peuvent de ce fait laisser soupçonner leur origine. La description qui suit, et qui se rapporte à un malade de Lasclaverie, montre l'évolution et l'aspect de la lésion.

« A 2 centimètres environ du pli du poignet, la main droite présente une callosité grande comme une pièce de cinq francs en argent, proéminente de 1 centimètre, avec une crevasse profonde en son milieu. Plusieurs autres excroissances, plus petites, sont placées tout autour; d'autres sont étagées sur chaque doigt; et une volumineuse, avec une déhiscence à son milieu, siège entre le pouce et l'index. Les pulpes des doigts sont d'une dureté extrême quoique sans verrues. On dirait qu'elles sont enduites d'un enduit épais, jusqu'au milieu de la phalangette (le malade présente une dysonychose à tous les ongles des mains)..... Aux pieds un épaississement de l'épiderme, de plus de 1 centimètre 1/2, remonte tout autour du talon jusqu'à 3 centimètres, comme le derrière d'une sandale, et y forme bourrelet. Cette grosse callosité se continue sous le talon, jusqu'à la voûte plantaire, et ressemble à une semelle de gros cuir surajoutée, comme celle que l'on cloue aux chaussures des chasseurs. Au delà de la voûte du pied, qui est normale et qui ressemble à un vallon entre deux monticules, il existe un autre épaississement en masse de toute la peau faisant encore comme une semelle ajoutée, antérieurement. Ces *hyperkératoses* sont jaunes, irrégulières à leur surface, sectionnées par des crevasses d'où il suinte un pus infect. La semelle antérieure est stratifiée en schiste comme l'ardoise. Ces épaississements épidermiques atteignent, quand ils sont abandonnés à eux-mêmes, une hauteur de quatre et de cinq travers de doigt, et rendent la marche très douloureuse..... Ces callosités se détachent parfois spontanément, surtout au printemps, et laissent à nu une surface exulcérée, douloureuse, qui se couvre ensuite d'un épiderme qui s'épaissit progressivement[1]. »

Ces lésions se développaient vers le sixième mois après la naissance. Elles étaient précédées d'une poussée de grosses

1. Zambaco-Pacha, *Bull. de l'Acad. de méd. de Paris*, 1893, t. XXIX, p. 518.

phlyctènes, de la grosseur d'une pièce de 50 centimes environ. A ces phlyctènes succédaient des ulcérations, puis la peau s'épaississait. Cette évolution durait deux mois environ. L'hyperkératose n'est donc pas fonctionnelle, mais pathologique. Chez l'un des membres de cette famille il y avait des plaques d'analgésie. Les trois enfants étaient atteints de rhinite chronique, et leur père était mort couvert de grands ulcères, ayant des mutilations digitales et la main gauche en griffe. Cette famille serait désignée dans les environs sous le nom de cagote et de lépreuse. Des lésions analogues auraient été vues à Jurançon près de Pau.

Alopécie.

L'alopécie lépreuse se présente sous deux formes. Tantôt, le corps entier est glabre; tantôt les sourcils seuls manquent ainsi que la barbe et la moustache; tantôt enfin les cheveux sont rares ou fins et lanugineux.

Voici la description que donnent Lajard et Regnault de ce symptôme chez les cagots :

« La couleur des cheveux qui restent chez les alopéciques est particulière. Elle a un aspect blond filasse. Nous avons remarqué le fait suivant dans la famille B... Le père qui est sain, la mère cagote sont bruns. La fille cadette, saine, est brune et a un teint fraîchement coloré. Les deux autres enfants sont alopéciques, leurs cils sont très rares, leurs sourcils manquent complètement, leur teint est blafard, et les cheveux qui restent sont d'un blond très clair. Cette couleur peut tromper les savants qui s'occupent exclusivement d'anthropologie et leur faire croire qu'il s'agit d'une race blonde, ce qui ne semble pas être si on considère les yeux de la fillette qui sont bruns.

« Examinés à la loupe ou plutôt au microscope à un faible grossissement, ces cheveux se présentent avec un faible diamètre ; ils ne se distinguent guère sous ce rapport des poils du corps. Ils ne sont couverts d'aucune striation particulière, leur surface n'est pas raboteuse. Ils sont courts, très fins; la peau se voit partout à travers. Ils continuent à s'éclaircir de plus en plus avec l'âge, et ils ne repoussent pas[1]. » Ce que Lajard et Regnault rapportent dans cette page pour l'avoir vu à Salies, a aussi été observé par nous aussi bien à Salies qu'en Bretagne chez des cacous. Fr. Michel l'avait aussi vu dans les Landes puisqu'il dit que la peau des cagots de Saint-Jean et de Saint-Pierre-de-Lier était *sans ou presque sans poils*, écaillée, blanchâtre et farineuse[2]. Dans le tableau que nous avons inséré plus haut on remarquera que plusieurs personnes sont glabres, ou sans sourcils, ou porteurs de cheveux pâles et clairsemés.

De même dans la famille Esp..., cagote de Salies, un enfant de douze ans a les cheveux blond clair, rares, et peu de sourcils, en même temps que des déformations unguéales, des plaques d'analgésie; un autre plus jeune présente les mêmes symptômes plus accentués. Zambaco en cite quelques autres exemples.

Teint blafard.

La coloration terne, blafarde, blanche, de la peau est signalée quelquefois chez les cagots, en particulier à Salies. Elle s'accompagne toujours de lésions unguéales.

Nous ne pouvons pas donner à ce symptôme une grande importance, connaissant sa rareté et ne l'ayant jamais observé par nous-mêmes. Rappelons toutefois que Guy de Chauliac le définit : « une certaine couleur vilaine qui saute aux yeux, la morphée ou teinte blafarde de la peau », et que Laurent Joubert, Paré, Ader, etc., la signalent chez les cagots.

Maladie de Morvan. — Lèpre.

La main en griffe avec mutilations des doigts et analgésie est une des manifestations les plus fréquentes de la lèpre.

1. Lajard et Regnauld, *loc. cit. De l'existence de la lèpre atténuée chez les cagots des Pyrénées* : Publications du *Progrès médical*, Paris, Lecrosnier et Babé, 1893, p. 24-25.

2. Fr. Michel, t. II, p. 138.

Le Dr Alcocq aurait vu récemment un lépreux tuberculeux à face léonine à Saint-Jean-de-Lier.

Grâce à ces lésions, et même en l'absence d'analgésie on peut encore, comme dans le cas de Thiercelin et Lesage, diagnostiquer la lèpre. Accompagnées ou non d'autres signes de lèpre, elles ont été très souvent rencontrées chez les cagots des Pyrénées.

Nous en avons observé un cas typique chez un cagot de Villefranque, près Ustaritz, dans le pays Basque. A Villefranque il y avait une colonie d'agots habitant jadis un quartier isolé que l'on voit encore; ils avaient constitué une confrérie qui tenait des réunions très secrètes. L'évêque de Bayonne au cours d'une de ses visites pastorales eut à s'en occuper, au XVIIe siècle, parce que les confréries du village refusaient de les admettre dans leur sein.

L'agot que nous avons vu est âgé d'environ quarante ans; presque toujours assis à cause de la faiblesse de ses jambes, il présente des mutilations multiples des doigts. Ses mains sont grosses, ses doigts épais, durs, comme infiltrés. Il présente des deux côtés, la main en griffe, avec atrophie des interosseux et des éminences thénars. La photographie que nous publions représente ses mains dans le maximum d'extension que nous ayons pu obtenir artificiellement à dessein de faire voir les extrémités digitales. Une main normale dans la demi-flexion a été placée à côté pour que l'on puisse mieux saisir le raccourcissement extrême des doigts. Le pouce des deux côtés est très court (3 centimètres depuis le pli interdigital), il se termine par un ongle bombé. A droite le petit doigt est tordu, boudiné et court, le médius est bosselé de cicatrices; on sent les deux dernières phalanges irrégulières, comme rongées et adhérentes par places au derme. L'index est légèrement difforme. A gauche l'index présente une cicatrice d'amputation chirurgicale; il ne reste que la première phalange; le médius ne conserve aussi qu'une phalange partiellement résorbée, et au bout une petite production cornée représente l'ongle. L'annulaire est encore plus déformé et sans ongle. Enfin le petit doigt a aussi été partiellement détruit; ce qui en reste est un moignon conique où l'on sent des fragments osseux ankylosés; le doigt est fortement en adduction et en flexion; il est surmonté d'un tout petit ongle raboteux et irrégulier. L'analgésie est complète au niveau de ces doigts. Les mutilations ont évolué lentement et successivement. Les conditions dans lesquelles nous avons vu ce malade ne nous ont pas permis d'en faire un examen plus détaillé.

Cette observation concorde d'ailleurs avec un grand nombre d'autres rapportées par les auteurs que nous avons déjà maintes fois cités. Nous relèverons dans le travail de Zambaco quelques faits caractéristiques. Le Dr Dupourqué cité par ce savant a vu à Salies de nombreux panaris, ou mieux des dactilites à longue durée aboutissant à la perte de l'extrémité du doigt. Catherine la Manchote d'Andrein près Salies, que Lajard et Regnault ont signalée, et chez laquelle M. Reclus a diagnostiqué la maladie de Morvan[1], est cagote; elle présente de l'hypoalgésie du bras et de l'avant-bras, ainsi que des jambes, des pieds et des orteils, et un placard analgésique au dos de la main et de l'avant-bras; l'ongle des cinquièmes orteils manque aux deux pieds; panaris indolore du pouce droit suivi de perte de la phalangette et déformation de l'ongle; mains en griffe, atrophie des interosseux, ulcère lent au poignet.

A Castagnède, à Saint-Palais, à Pau, à Jurançon, à Lourdes, à Estaing, à Oloron, etc., on a signalé plusieurs cas semblables.

A Castagnède il y avait récemment un lépreux autochtone; à Lasclaverie une famille cagote est désignée sous le nom de la famille des lépreux; un de ses membres paraît être mort de lèpre, ses enfants dont nous avons parlé plus haut ont des manifestations atténuées de cette maladie; à Argelès, à Gerde, on a signalé des cas de lèpre. Et si nous passons à Toulouse, à Montpellier, à Bordeaux, nous trouvons là encore de nombreux cas. M. Pitres[2] a dressé pour cette dernière ville et ses environs une statistique où figurent 33 cas, recueillis dans ces vingt dernières années, et qui se répartissent ainsi :

1. Reclus, De l'existence de la lèpre atténuée chez les cagots des Pyrénées, *Progrès médical*, 12 nov., 3, 10 et 17 déc. 1892.

2. Pitres, La lèpre en Gironde à notre époque, *Soc. méd. et chir. de Bordeaux*, 19 déc. 1902. *Gazette hebd. des sciences méd. de B.*, 28 déc. 1902 et 4 et 11 janv. 1903.

Cas publiés avant Pitres, 8 ;
Cas personnels à cet auteur (dont un autochtone), 8 ;
Autres cas inédits, 14 ;
Cas signalés dans le département, 3.

Le fait que certains troubles trophiques n'ayant pas de caractère contradictoire avec ce qui se voit dans la lèpre, se rencontrent presque uniquement chez les cagots, fils de lépreux, est propre à imposer un rapprochement et à faire soupçonner la nature lépreuse des lésions diverses que nous venons d'examiner.

Zambaco-Pacha faisant une communication à l'Académie de médecine, sur les lépreux de Bretagne, faisait naître, uniquement à l'aide d'observations cliniques, la question des rapports de la lèpre et de la syringomyélie. Il soutint entre autres choses la nature lépreuse de la maladie de Morvan, dont la fréquence en Bretagne est bien connue, et que les observateurs modernes font entrer dans la syringomyélie. Dom Sauton embrassa à peu près les idées de Zambaco et dans un paragraphe de son beau livre sur la léprose[1], mit la sclérodermie, la maladie de Morvan et celle de Maurice Reynaud au nombre des paraléproses.

Mais nous estimons que ce mot de paraléprose est incorrect, aussi lui substituons-nous celui de manifestations atténuées de la lèpre, qui diffère un peu de l'expression lèpre larvée de Zambaco.

La syringomyélie à type Morvan appartient tout entière à la lèpre, affirme Zambaco (à l'appui de son dire il appelle la clinique, et des observations); les autres formes de syringomyélie au contraire ne lui appartiennent pas. Et en effet, les mutilations de doigts, les plaques d'anesthésie, les troubles névritiques, la main en griffe, le pemphigus, le mal perforant, l'hérédité même sont décrits dans l'une et l'autre affection, sous le même aspect.

Depuis 1892 le nombre des travaux tendant à éclaircir cet obscur sujet fut considérable, les uns s'élevant, au nom de la

1. Dom Sauton, *La Léprose*, 1897.

clinique et de l'anatomie pathologique, contre ces nouvelles idées, les autres au contraire apportant des faits nouveaux toujours importants.

En ce qui concerne le panaris analgésique, on peut dire qu'il ne diffère en rien de la lèpre[1], en particulier quand (et le fait est presque constant) il s'accompagne de main en griffe, et surtout quand le nerf cubital est gros, et affecté de renflements fusiformes. Ce dernier symptôme est maintenant regardé comme caractéristique de la lèpre. Cela n'a point empêché qu'en 1893, M. Déjerine[2], soutenu par M. Rendu, n'osait pas porter d'une façon ferme le diagnostic chez un individu ayant eu 9 panaris indolores, dont la main droite amyotrophiée avait tendance à se mettre en griffe et qui présentait en outre des plaques d'analgésie et de thermo-anesthésie, enfin des renflements fusiformes sur le cubital. En 1889 Hanot avait présenté un cas analogue[3].

En 1898 Cardamatis (d'Athènes) montre un cas de lèpre, type intermédiaire entre la syringomyélie et la maladie de Morvan[4].

Kalindero et Marinesco, cherchant à faire un diagnostic différentiel, décrivent dans la lèpre trois types de lésions de la main : 1° type syringomyélique (atrophie musculaire Aran-Duchenne et troubles sensitifs); 2° type Morvan; 3° type patte d'ours de Leloir[5]. Depuis, Marinesco a présenté un cas de lèpre simulant la maladie de Morvan (1904)[6].

Un cas de lèpre mutilante autochtone fut présenté par M. Bérillon au Congrès de Nancy (1896). Le malade avait

1. Le panaris analgésique a depuis longtemps été décrit comme signe de lèpre; à preuve ce passage de Barthelemi :

« Imprimis digitos manuum hac lue (lepra) affertos sœpe videmus; nascuntur scilicet sub unguibus vesiculæ, apices digitorum crassescunt, et sensum amittunt; serpit malum de prima in alteram phalangem, nullum omnino dolorem excitans; conduntur aliquando sub tumore progrediente digitorum apices, jamque oscicula sine dolore et levi opere eximi possunt, vel etiam sponte delabuntur. Observari interdum in uno tantum digito hujusmodi corruptionem diu extitisse, antequam in alium transierit » (p. 15).

2. Déjerine, Maladie de Morvan ou lèpre. *Soc. méd. des hôp.*, 28 juillet 1898.

3. Hanot, *Archives générales de médecine*, 1889.

4. *Progrès médical*, 13 et 20 août 1898.

5. *Soc. méd. des hôp.*, 16 juillet 1897.

6. *Bulletin de la Soc. méd. de Bucarest*, n° 1, 1904.

été antérieurement décrit comme maladie de Reynaud, puis syringomyélie type Morvan ; Zambaco l'avait reconnu lépreux en 1893[1].

Rappelons encore la belle observation de Lesage et Thiercelin[2], qui concerne un malade présentant seulement : 1° une série de panaris ayant provoqué la chute de plusieurs doigts ; 2° une anesthésie totale aux membres remontant au-dessus des coudes et des genoux. A l'autopsie on constata des lésions de névrite périphérique correspondant aux zones anesthésiques, la dégénérescence du cordon de Goll, des faisceaux en virgule, et des triangles cornu-marginaux dans la moelle cervicale. Nulle part on ne vit de bacille de Hansen. Le diagnostic de lèpre se trouvait confirmé par les lésions médullaires, conformes à celles décrites par Jeanselme et Marie.

Nous pourrions multiplier les citations, mais nous pensons qu'il est préférable de renvoyer le lecteur aux auteurs qui ont publié les observations qui sont indiquées dans un chapitre de bibliographie, spécialement consacré à ce sujet, que l'on trouvera à la fin du volume.

L'anatomie pathologique apporte, elle aussi, des observations très importantes. Il faut se rappeler que souvent dans la lèpre nerveuse, on n'a pas pu à l'autopsie découvrir de bacilles, en particulier dans la moelle, où les lésions se fixent de préférence sur les cordons postérieurs. Sangui l'expliquait en disant que la dégénérescence des cordons de Goll était secondaire à la dégénérescence ascendante des nerfs qui présentaient une infiltration microbienne à leur extrémité périphérique[3]. Mais Jeanselme et Pierre Marie[4] ont trouvé des lésions médullaires qu'ils pensent endogènes, sans bacilles, et Soudakewisch, Chasiati, Babès, ont trouvé des bacilles dans la moelle. Il est possible que les toxines lépreuses soient, comme on l'a dit, suffisantes à provoquer les lésions.

Le diagnostic différentiel de la lèpre anesthésique et de la

1. *Association Française pour l'avancement des sciences.* Section des sciences méd. Session de Besançon, 9 août 1893.

2. *Société neurologique*, 3 mai 1900, et *Revue neurologique*, 1900, p. 650.

3. Sangui, Un cas de lèpre anesthésique avec autopsie, *Deutsche med. Wochenschrift*, 27 juillet 1898.

4. *Revue neurologique*, 1898.

syringomyélie de Morvan devient encore plus délicat quand on examine la question des cavités syringomyéliques. On a décrit dans la lèpre des cavités médullaires dans la région des cornes et des cordons postérieurs. Bien plus, Souza-Martins et L. de Camara-Pestana ont vu une cavité médullaire contenant un grand nombre de bacilles de Hansen[1].

Avant de conclure de ces faits et de tant d'autres, en ce qui concerne la syringomyélie, il est bon de se souvenir qu'il y a des observations contradictoires ; aussi, croyons-nous qu'il y a une syringomyélie type Morvan et une lèpre à type syringomyélique de Morvan. Car l'asphyxie locale, l'amyotrophie, le panaris analgésique, les plaques d'anesthésie, sont des syndromes médullaires, pouvant ressortir de causes diverses. La lèpre est une de ces causes. Qu'il faille faire entrer la lèpre dans l'étiologie de la syringomyélie, ou non, c'est une simple question de doctrine. Si avec Schulze, Roth et Baümler on limite les lésions de la syringomyélie à la gliomatose médullaire, il faut classer à part sous le nom de fausses syringomyélies (Déjerine et Thomas) celles qui sont de nature inflammatoire. Mais si l'on veut voir dans certains cas une épendymite chronique progressive (syringomyélie primitive de Marinesco) il est permis de rechercher dans les affections microbiennes la cause de cette épendymite. Alors le champ de la discussion se déplace, et l'on est en droit de dire que le bacille de Hansen et la lèpre, quoique frappant de préférence les cordons postérieurs de la moelle, sont susceptibles de se localiser ailleurs et de produire les lésions de la syringomyélie comme certaines observations l'ont prouvé. Dès lors la lèpre a droit de cité dans l'étiologie de la syringomyélie inflammatoire.

Sans doute l'avenir nous apprendra à mieux juger ces faits. Mais nous ne pouvons nous empêcher de remarquer que la clinique, qui a beaucoup fait pour la théorie que nous défendons, ne perd pas aisément ses droits. L'anatomie pathologique vient donner plus de poids aux résultats que la clinique a découverts, mais elle n'invente rien. La clinique

1. Souza-Martins, *Congrès médical international de Rome*, 1894.

avait vu le panaris mutilant de la lèpre et celui de la syringomyélie; elle avait vu la syringomyélie et la lèpre qui la simulait; l'anatomie pathologique affirme qu'elle ne se trompe pas, montrant pour le panaris, ici des lésions lépreuses, là des lésions épendymaires, elle a même montré qu'il existe une épendymite lépreuse.

N'empêche que la reconnaissance au lit du malade de la nature de l'affection qui le dévore reste difficile, et la preuve en est dans la multitude des signes différentiels que les auteurs ont tour à tour mis en lumière. Mais l'anesthésie segmentaire, la scoliose, les arthropathies, les contractures, qui ont été considérées comme typique de la syringomyélie, existent parfois dans la lèpre, et dans cette dernière les épaississements du nerf cubital, la paralysie faciale, la parésie de l'orbiculaire des paupières peuvent manquer. La recherche du bacille de Hansen sera en réalité la pierre angulaire. Mais tous les moyens proposés sont infidèles. Qu'on le cherche dans le sang avec Flügge, Ferré ou Boinet; dans le contenu du pemphigus avec Muller; dans la sérosité d'un vésicatoire avec Kalindero ou Bodin; dans les doigts mutilés et amputés (Straus et Nocard), on risque à l'exemple de Pitres et Sabrazès de ne le point trouver. Aussi avec ces derniers faudra-t-il (encore que le moyen soit infidèle) exciser un fragment de nerf et le plus souvent le bacille s'y rencontrera. Devant un examen négatif on ne pourra pas conclure avec certitude. L'avenir nous apprendra peut-être, par une meilleure connaissance de la cytologie, l'étude des toxines répandues dans le sang, la réaction de l'organisme en présence de certaines lymphes lépreuses[1] ou quelque réaction agglutinante, à mieux distinguer ce que l'insuffisance des connaissances cliniques de beaucoup, en ce qui concerne la lèpre, ne permet pas à tous de reconnaître.

1. La découverte récente de la *léproline* et les expériences faites avec ce produit, permettent d'espérer qu'elle rendra à la pathologie les mêmes services que la *tuberculine*, en facilitant le diagnostic de la lèpre même atténuée.

II. — ANTHROPOLOGIE. — ETHNOLOGIE

Depuis que les cagots ont intéressé les historiens et les savants, on a discuté pour savoir si ces individus appartenaient à une race spéciale. Marca consacra plusieurs pages à la discussion de ce point, et depuis chacun, imitant son exemple, a voulu faire comme lui. Gustave Lagneau dans son bel article (CAGOT) du *Dictionnaire encyclopédique* Dechambre, a résumé en maître tout ce qui avait été dit avant lui. Depuis, la Société d'anthropologie a étudié la question. Mais les contradictions sont si nombreuses qu'elles prouvent à elles seules que c'est faire fausse route que de demander à cette science de solutionner une question, qui n'est d'ailleurs pas de sa compétence. Quoique les résultats d'une enquête anthropologique soient négatifs, le débat a trop d'intérêt, et les théories soulevées trop de partisans, même de nos jours, pour que nous puissions nous dispenser de les étudier, avec un soin scrupuleux. Nous emprunterons beaucoup à Lagneau dans l'exposé d'une question, qu'il a su faire avec tant de science, qu'il reste peu à ajouter aux pages qu'il écrivait en 1870.

Nous diviserons cette étude ethnologique en 5 parties :

A. Les Cagots sont-ils originaires de peuplades ayant habité anciennement la Gaule, ou l'ayant envahie (Ligures et Celtes, etc.)?

B. Sont-ils Goths?

C. Sont-ils d'origine sémitique? La race des Cascarots;

D. Sont-ils d'origine espagnole?

E. N'y a-t-il aucune différence ethnogénique entre les Cagots et les autres habitants des pays où ils vivent?

A. — LES CAGOTS SONT-ILS DESCENDANTS DES ANCIENNES PEUPLADES DE LA GAULE?

Court de Gébelin pensait que les cagots étaient « les restes d'un ancien peuple qui habitait ces contrées (Pyrénées, Guyenne, Bretagne) avant que les Bretons et les Cantabres fussent venus habiter la Bretagne et le Béarn ». Il les considérait comme de malheureux vaincus. Cette hypothèse ne repose que sur une interprétation d'ordre philologique. « Cette opinion, dit Lagneau, qui aurait l'avantage de s'appliquer aussi bien aux Caeths du pays de Galles qu'aux Caqueux de Bretagne et qu'aux Cagots des Pyrénées, est cependant difficilement acceptable. En effet quel serait ce peuple vaincu, auquel les Celtes auraient donné ces dénominations injurieuses, et qui serait antérieur aux Cantabres? Festus Avenius nous parle bien des Celtes vainqueurs des Ligures (*Oræ Maritimæ*, vers 129 à 136), mais ces Ligures sont généralement rattachés à la race ibérienne ainsi que les Cantabres eux-mêmes. D'ailleurs, d'après MM. Nicolucci et Pruner-Bey, les Ligures à la stature peu élevée, au crâne brachycéphale ne présenteraient nullement les caractères anthropologiques offerts actuellement par les Cagots. »

Nous estimons que c'est une erreur que de mettre les Caeths du pays de Galles à côté des cagots, car la philologie montre que ces deux mots n'ont qu'une analogie lointaine, et d'autre part, qui aura lu l'étude qu'Aurélien de Courson place en tête de son édition du Cartulaire de Redon, s'apercevra qu'il n'y a rien de comparable dans la condition sociale de ces deux ordres d'individus. Quant au reste, nous nous rallions à l'opinion de Lagneau, et puisque les Ligures ne peuvent être retenus, avec lui nous posons la question de savoir si les ossements préhistoriques de la vallée de la Vézère appartiennent aux ancêtres des cagots..... Passons au déluge, pourrait-on dire. Il suffit de poser de telles questions pour les résoudre, car à côté de l'invraisemblance d'une telle théorie, on peut affirmer que la fusion n'aurait pas manqué de se faire avec les peuples envahisseurs, et même que César ou à son défaut, les plus anciens historiens des Gaules n'auraient pas manqué de signaler l'étrange situation d'une race vivant au milieu d'une autre sans s'y fondre. Rappelons-le, la distinction des cagots date du xe ou xie siècle.

Faut-il, avec Hasselt, voir chez les cagots les derniers représentants des Celtes? Ce serait étrangement méconnaître la gloire et la considération dont jouirent ces peuples illustres parmi les Gaulois (Strabon, *Géographie*, liv. IV, chap. I), qui participèrent à la plupart des droits des Romains et que l'histoire s'oppose à nous faire considérer comme étant tombés dans l'état de dégradation que suppose l'auteur allemand.

B. — LES CAGOTS DESCENDENT-ILS DES GOTHS?

Les invasions germaniques avaient sollicité l'attention de Littré [1] pour des raisons d'ordre philologique. Mais nous ne saurions suivre cet auteur. Si nous admettons que cette invasion a provoqué en Gaule une recrudescence de la lèpre, si nous croyons que le mot *Gaffot* est originaire de Germanie et a été importé par ses peuples, nous ne pouvons par contre, car rien ne nous y autorise, dire que les Cagots sont les descendants des restes des armées germaniques.

L'invasion des peuples de la Gothie et de la Lombardie ne tire son intérêt, que de l'analogie des mots Cagot et Goth, analogie qui a fait naître une hypothèse ethnogénique à laquelle la majorité des auteurs s'est ralliée. Cette hypothèse n'est guère soutenable cependant, comme nous allons le démontrer. Quoique le mot *Cagot* n'ait été employé en Béarn qu'à partir du XVIe siècle, on croyait déjà au temps de Marca que ce nom venait de *Caas Goths*, c'est-à-dire Chiens Gots. L'illustre prélat béarnais s'élevait dès 1640 contre une théorie qui avait déjà été combattue dans la *Cosmographie* de Fr. de Belleforest, et à laquelle il ne trouvait d'autre fondement que la consonance des mots. D'ailleurs les faits historiques suffisent à y contredire. Augustin Thierry [2] a exposé avec trop de science l'histoire des Goths pour que nous osions la refaire. Sans doute l'envahissement n'avait pu se faire sans combat, mais elle s'était accomplie avec moins de violence que la conquête franque. A leur entrée en Gaule, les Goths étaient chrétiens, mais ariens, leur tolérance fut d'ailleurs remarquable. La cour de Toulouse où régnaient les successeurs d'Alaric resta longtemps le centre

1. Littré, *Dictionnaire de la langue française*, au mot CAPOT, 1863.
2. Aug. Thierry, *Dix ans d'études historiques*, chap. XIII, p. 270.

de la politique et de la civilisation occidentale, et inspirait l'admiration de Sidoine Apollinaire. Bienveillant envers les catholiques qu'il protège, Alaric II alla jusqu'à constituer un code inspiré de l'ancien droit romain, et ne l'appliqua qu'après l'avoir soumis à l'approbation des évêques et des nobles[1]. Code admirable qui devait plus tard inspirer les Fors pyrénéens.

Lorsque les Francs envahirent le royaume des Goths, ceux-ci après avoir essuyé la défaite de Vouillé perdaient l'Aquitaine et se retranchaient dans la région Narbonaise. Le nord de l'Espagne comptait encore des Wisigoths qui furent le noyau du royaume Ibérique. Si la condition des Goths restés en Novempopulanie avait, sous les Francs, été misérable, on ne comprend pas pourquoi ces Goths n'auraient pas fui chez leurs frères dans la Septimanie ou dans la péninsule Ibérique.

François de Belleforest écrit à ce sujet : « D'autres dient que ce sont les restes des Goths demourés en Gascoigne, mais c'est fort mal parlé, car la plupart des maisons d'Aquitaine et d'Espaigne, voire les plus grandes, sont issues des Goths. »

On a parfois pensé que l'arianisme des Goths avait été la raison pour laquelle on avait mis à part leurs descendants. C'est oublier qu'au concile de Tolède (589) cette nation avait abjuré son erreur. Il n'existe d'ailleurs pas de titre qui montre le nom des Goths comme entaché de flétrissure; bien au contraire, « l'histoire de Pelage et de ses héroïques compagnons témoigne assez de l'auréole glorieuse qui a toujours entouré le nom des Wisigoths dans la Péninsule Ibérique », et faut-il rappeler, après De Rochas, que l'origine gothique était en honneur chez nous au XIIIe siècle, puisque Rigord, religieux de Saint-Denys, dont parle Dom Vaissette en son histoire du Languedoc, et qui fut une gloire de sa province, se réclamait de cette race.

Nous faut-il rejeter de suite une hypothèse qui ne paraît

1. Cf. Abbé Fleury, *Histoire ecclésiastique*, t. VII; Reinaud, *Invasion des Sarrasins en France*, p. 81.

avoir aucun fondement dans l'histoire, ni dans la philologie, et qui n'apporte aucun texte pour s'y appuyer? Non, car Serres et Corcellet, qui adoptaient les opinions de Ramond sur le crétinisme, soutiennent que cette maladie ne s'est montrée dans les Pyrénées que depuis la défaite des Goths. Refoulés au fond des Pyrénées, l'organisme de ces vaincus n'aurait pu s'accommoder aux conditions climatériques des gorges qu'ils habitèrent. Cette théorie, en supposant qu'elle fût démontrée, ne permet pas de confondre cagots et crétins, mais prouverait seulement la survivance des Goths dans les Pyrénées. La question de l'origine des cagots n'en est pas éclaircie pour cela, puisque les cacous de Bretagne et de Guyenne ne sont pas expliqués de ce chef.

L'anthropologie a repris la question avec Guyon (1842), qui a étudié l'absence du lobule de l'oreille chez les cagots. Ce signe partout mentionné serait d'après cet auteur plus particulièrement propre aux Goths et aux Vandales (qui sont de même origine ethnique). Les Vandales, selon Marcus [1], après avoir franchi le Rhin et s'être emparé de la partie orientale des Gaules en 406, auraient franchi les Pyrénées en 409. La persistance de leur race serait notée à Nancy, où Godron [2] aurait observé l'absence complète de lobule chez quelques habitants, et considérait ce signe comme stigmatisant la race vandale. En serait-il de même dans les Pyrénées?

Guyon a constaté cette disposition de l'oreille chez les grands et blonds Chaouias des monts Aurès, en Algérie. Cette chaîne aurait été le dernier refuge des Vandales vaincus en 534 par Bélisaire.

L'hypothèse est séduisante, mais insuffisante. En effet, s'il est indubitable que de nombreux observateurs décrivent les cagots comme de grands blonds aux yeux bleus, il n'en est pas moins certain que d'autres ont vu des petits cagots à cheveux bruns, et qu'en particulier les cacous de Bretagne s'éloignent franchement des caractères que l'on suppose aux Vandales.

1. Marcus, *Histoire des Vandales*, liv. II.

2. Godron, *Étude ethnologique sur les populations lorraines*, Nancy, 1862, p. 30.

D'autre part, et notre observation confirme celle de tant d'autres observateurs, nous avons toujours constaté que les cagots basques présentaient le type basque, les béarnais le type béarnais, les bretons le plus pur type breton. Ajoutons que l'absence du lobule de l'oreille est un stigmate de dégénérescence et qu'il n'y a rien d'étonnant à le voir souvent dans des familles où les mariages sont même de nos jours presque toujours consanguins. Nous avons vu beaucoup de cagots et de cacous, et *rarement nous avons constaté chez eux l'absence de lobule*, qui est loin d'être exceptionnelle dans la population béarnaise. Ce stigmate ne peut avoir la valeur d'un signe en anthropologie.

Que reste-t-il donc pour appuyer l'hypothèse de l'origine gothe des cagots? Nous pouvons répondre qu'il ne reste rien de sérieux. Cependant, la question a été récemment reprise par Th. Roussel et H. Racine. Ces auteurs n'ont pas apporté d'argument nouveau en faveur de leur thèse.

C. — LES CAGOTS SONT-ILS D'ORIGINE SÉMITIQUE? JUIFS OU SARRASINS?

Les hypothèses qui tendent à faire descendre les cagots des races sémitiques sont peu en vogue de nos jours, mais en revanche ont connu jadis un très grand nombre d'illustres partisans. Le grand intérêt historique, qui s'attache à ce point d'ethnologie, suffit à expliquer pourquoi nous nous y arrêtons longuement.

Dans les Pyrénées, à Bordeaux, en Bretagne, le peuple a souvent confondu cagots et juifs. Était-ce pour cette raison qu'ils furent appelés Gezitains? C'était l'opinion de Caxar-Arnaud (1517), huissier au conseil royal de Navarre, qui combattit la requête que les cagots venaient d'adresser au pape Léon X; après avoir raconté l'histoire de Giézi, serviteur de Nahaman, qui à cause de son avarice avait été maudit et frappé de lèpre par Élisée, lui et tous ses descendants, il disait en effet : « Les cagots qui sont ses descendants et non de la compagnie du comte Raymond, souffrent encore les effets de cette malédiction, car ils sont lépreux et corrompus en dedans autant que maudits. » Cette opinion remonte, nous semble-t-il, au commencement du XIVe siècle. — C'était en 1320. Les lépreux de concert avec les juifs sont accusés d'empoisonner les fontaines et les sources. Lépreux, juifs et gahets sont aussitôt poursuivis et exécutés en grand nombre dans les années qui suivirent. Pourquoi cette alliance? Il était naturel qu'on y soupçonnât l'effet d'une communauté de race. Un statut de Raoul, évêque de Tréguier, de 1436, allait confirmer ce soupçon : « Quia cognovimus, dit-il, in dicta civitate (Trecorensis) et diocesi plures homines utriusque sexus qui dicuntur esse de lege et in vulgari verbo Cacosi nominantur[1]..... » Du Cange, qui en son Glossaire expliquait cette phrase, fait suivre les mots *esse de lege* de (*id est Judæi*). C'est l'opinion à laquelle tout le monde se rallia. Mais, comme le fait justement remarquer De Rochas, « il est plus naturel d'entendre (dans les mots *de lege*) la loi canonique dont il (l'Évêque) est le gardien naturel, calquée du reste sur la loi judaïque en ce qui concerne les lépreux[2] ».

La discussion a lieu d'être reprise quand de Bretagne on passe à Bordeaux. Là, les juifs portugais faisaient grand commerce, et même étaient venus s'établir en nombre. Leurs intérêts les avaient poussés à se convertir au catholicisme, mais cette conversion fut toujours soupçonnée d'être peu sincère. On les appelait *Nouveaux Chrétiens*. La confusion de ceux-ci avec les cagots appelés aussi *Chrétiens* ne devait pas manquer de se faire[3]. Elle est manifeste dans une ordonnance de police rendue en 1555 par la Jurade de Bordeaux qui commence ainsi d'après Bernardau : « Aucun de ceux que l'on nomme *Nouveaux Chrétiens* ou *gahets* ne pourront sortir hors de leur maison ni entrer dans la ville sinon qu'ils portent une enseigne de drap rouge[4]..... » — Cette ordonnance reparut en 1573 sous une forme nouvelle : « Item est estably et ordonné que doresnavant nul Chretien ne Chretienne appelés

1. *Mémoires pour servir de preuve à l'histoire de Bretagne*, par Dom H. Morice, t. II, p. 1277.
2. De Rochas, *loc. cit.*, p. 81.
3. Cf. Gasnos, *État des Juifs...*, Thèse de doct. en droit, de Rennes, 1897. Imp. à Angers.
4. Bernardau. Tableau de Bordeaux, 1810, p. 65. V. P. J. N° 44.

gahectz..... » — Une rédaction un peu postérieure porte : « ... Ceux que l'on nomme Chrestiens et Chrestiennes, ou autrement gahets..... » Il est très possible que la confusion soit née au XVIe siècle non seulement de la similitude des noms, mais encore de ce fait que les Juifs portugais étaient en grand nombre lépreux[1].

Mais y a-t-il, parmi les faits que nous rapportons, un seul qui permette de dire avec certitude que les cagots du XIe et du XIIe siècle fussent juifs? Évidemment non. D'ailleurs, si les quelques arguments invoqués visent à la même fin, ils sont trop dissemblables pour pouvoir former un corps. En particulier en ce qui concerne Bordeaux, les Chrestiens Cagots y étaient connus deux siècles avant l'arrivée des juifs portugais, et l'explication n'est pas applicable à la Bretagne. L'affaire d'empoisonnement de 1320 unit juifs et lépreux également détestés ; et l'interprétation philologique de Caxar-Arnaud n'est qu'un amusement d'avocat sans fondement. Que le mot Gezitain vienne de Giezi, soit; mais de là à dire qu'ils sont les enfants de sa race, il y a un fossé, et l'huissier du conseil de Navarre n'avait rien qui l'autorisât à tirer argument de ce qui aurait pu passer s'il en avait fait seulement une figure. D'ailleurs nous avons une preuve que juifs et cagots étaient bien distincts. Les juifs portaient sur leur vêtement une marque d'étoffe jaune[2], et les cagots un morceau de drap rouge. (Les lépreux se reconnaissaient selon les régions à l'étoffe rouge ou bleue.)

Les cagots sont-ils Sarrasins? Marca et beaucoup après lui, l'ont cru. — « Je pense, écrivait l'auteur de l'*Histoire de Béarn*, qu'ils sont descendus des Sarrasins qui restèrent en Gascogne après que Charles Martel eut deffait Abdirama, qui en son passage avoit occupé les avenuës des Monts Pyrénées,

1. De Rochas, *loc. cit.*, p. 81.
2. « Quoniam volumus, quod Judœi a Christianis discerni valeant et cognosci, vobis mandamus, quatenus imponatis omnibus et singulis Judœis utriusque sexus signa, videlicet unam rotam de filtro, seu panno croceo in superiori veste consutam ante pectus, et retro ad eorumdem cognitionem : cujus tota latitudo sit in circonferentia IV digitorum ; concavitas autem contineat unam palmam..... » *Charta Alphonsi, comitis Pictavensis*, anno 1269 (Du Cange, *Glossarium*..., t. III, col. 1566).

et toute la Province d'Aux..... On leur donna la vie en faveur de leur conversion à la Religion Chrestienne, d'où ils tirèrent le nom de chrestiens; et néantmoins on conserva toute entière en leur persone, la haine de la nation Sarasinesque; d'où vient le surnom de Gezitains, la persuasion qu'ils sont ladres, et la marque du pied d'oye. » Et il explique que la lèpre est fréquente en Syrie et en Judée, que les Sarrasins en sont soupçonnés à cause de la mauvaise odeur qui « accompagnait ordinairement leur race », et que les mahométans ont coutume de se baigner souvent, d'où la marque du pied d'oie « qui est un animal qui se plaist à nager ordinairement dans les eaux ». L'opinion de P. Marca fut acceptée presque unanimement. Le Duchat en 1741, Vanque-Bellecourt quelques années plus tard, soutinrent le système par des arguments nouveaux. Beaucoup d'auteurs suivirent ces traces, et Palassou en 1815 apporta des considérations nouvelles, d'une importance très grande, qui l'amenèrent à conclure qu' « il n'est pas douteux que de grandes probabilités autorisent à penser, avec M. de Marca, que les cagots descendent des Sarrasins défaits par Charles Martel, à la mémorable bataille de Tours ».

A l'heure actuelle, sous l'impulsion de Zambaco-Pacha, la question se représente sous un jour nouveau. Cet auteur, qui admet l'origine phénicienne de la lèpre en France, pense que la maladie subit une recrudescence énorme lors de l'invasion des Sarrasins. Ce peuple infesté de lèpre apporta sa maladie en Espagne, puis en France. Dans notre pays on en rencontre diverses traces. Près de Dax les ruines d'un castel sarrasin se voient encore près de quelques hameaux riches en cagots, dont le type ethnique est franchement sarrasin. Il en est de même dans la vallée d'Argelès, dont les habitants conservent le type arabe; cette vallée est riche en cagots, et la lèpre est encore désignée dans la région sous le nom de *mal arabe*.

Ces faits contribueraient à prouver le rôle énorme que joua l'invasion sarrasine dans l'épidémie lépreuse des VIIIe et IXe siècles. Mais de là à dire que tous les cagots sont Sarrasins, qu'ils sont descendants de ces peuples, et que la cause de leur éloignement tient à leur origine, il y a un pas qui ne peut être franchi et que Zambaco d'ailleurs ne cherche pas à sauter.

Nous croyons donc que l'hypothèse de l'origine sarrasine des cagots est la plus soutenable de toutes celles que l'anthropologie et l'ethnologie puissent fournir, mais cependant elle est inacceptable sans la restriction considérable que nous venons de faire, à savoir : que l'invasion sarrasine amena en France une recrudescence de la lèpre, et que s'il est possible que quelques sarrasins lépreux restèrent isolés dans les Pyrénées, cela ne peut être qu'un fait exceptionnel. Tous les cagots ne sont certainement pas d'origine sarrasine, mais il est admissible qu'un très petit nombre d'entre eux (en particulier dans la vallée d'Argelès), descendent de cette race, dont une faible partie de la population pyrénéenne paraît d'ailleurs être issue.

En Espagne les Sarrasins laissèrent aussi la lèpre. Les juifs espagnols sont les héritiers de ce mal qui sévit encore terriblement chez eux. Il est possible qu'ils aient importé à Bordeaux le fléau à une époque plus rapprochée de la nôtre, et que les Nouveaux Chrestiens portugais dont nous avons parlé plus haut aient été des malades.

A l'heure actuelle, les juifs espagnols répandent encore leur mal en Algérie, comme ils l'ont fait jadis en Turquie, où presque tous les lépreux sont descendants d'Espagnols depuis longtemps émigrés.

La Race des Cascarots.

Si l'on parcourt le pays Basque, à la recherche des Cascarots, on ne tarde pas à apprendre que cette race ne se rencontre qu'à Saint-Jean-de-Luz et à Ciboure. On dit bien qu'il y en a quelques représentants à Biarritz, et aux environs de Saint-Jean-de-Luz, mais la chose est contestée, et contestable. Ce n'est que dans les deux premières localités que nous citions que l'on trouve cette race, nettement individualisée.

A Ciboure, les cascarots habitent le quartier de Bordegain; leurs maisons sont toutes situées dans l'ancienne rue

Agorreta, aujourd'hui rue Evariste-Baignol, au-dessus de la Croix Rouge qui s'élève sur une petite place. Quartier pauvre s'il en fut. A Saint-Jean-de-Luz ils habitaient des masures jadis formant quartier à l'endroit même où s'élèvent aujourd'hui l'hôtel d'Angleterre et le Casino. Expropriés, ils se réfugièrent dans une grande maison, ancien hôtel Mazarin, situé derrière la maison de l'Infante, et mieux connue aujourd'hui sous le nom de la *maison aux volets verts*, ou maison des Cascarots.

Race franchement distincte du peuple basque, les cascarots présentent manifestement le type bohémien. De taille moyenne, aux formes belles et arrondies, à la peau mate et légèrement brune, ils ont les yeux noirs et vifs, les cheveux noirs et quelque peu crépus. Les femmes, d'une précoce beauté, laissent deviner sous le débraillé et la sordidité de leur tenue, la perfection de leur corps; belles trop tôt, elles vieillissent et se fanent presque aussitôt que les Algériennes. Les hommes sont aussi d'une beauté plastique remarquable. Mais ces perfections sont gâtées par la nonchalance, la saleté, et les vices que cultivent chez eux l'hérédité et la paresse.

Ils sont presque tous mariniers (c'est le métier des fainéants, dit-on, là-bas); les femmes vendent le poisson le matin, et l'après-midi jasent et se reposent sur les bancs de la place publique : c'est là qu'on peut les observer le mieux et le plus souvent. Le cascarot est voleur, hâbleur, orgueilleux; dormir, boire et danser sont ses occupations favorites. La femme, dès qu'elle le peut, se livre à la prostitution plus par goût que par amour de l'argent; elle se mariera cependant assez jeune avec quelqu'un de sa race, et de ce jour-là il n'y aura plus rien à dire sur ses mœurs. Les enfants pullulent chez eux; ils naissent on ne sait où, et souvent ne figurent pas sur les registres de l'état civil; ils meurent on ne sait quand, et la mairie ne connaît souvent ni le lieu du trépas, ni celui de la sépulture. Ils échappent sans cesse au service militaire. Le maire d'une des communes voisines de Saint-Jean-de-Luz, homme érudit, et très au fait de ces questions, nous a rapporté plus d'un exemple de ce que nous avançons. Mais s'ils méprisent l'autorité civile, les cascarots professent en revanche le plus grand respect envers l'Église. Leur foi est vive, quoique très mitigée de superstitions. Ils sont tous baptisés; le prêtre est toujours appelé auprès des moribonds; mais pour le reste ils pratiquent une religion un peu à leur manière.

Tout le monde les regarde comme Bohémiens, les déteste et les craint. On n'aime pas à épouser leurs filles (quoique des exceptions marquantes se soient produites depuis quelques années). Le peuple ne veut pas encore admettre les enfants cascarots au nombre des enfants de chœur, malgré les efforts du Doyen (c'est-à-dire du curé) qui veut abolir cette distinction.

De Rochas, traitant des Bohémiens au pays Basque, a publié la plupart des faits qui marquent l'histoire des cascarots. Les longues recherches auxquelles nous nous sommes livré sur les lieux mêmes, les faits que nous a révélés la philologie, nous permirent un jour de penser que les cascarots avaient un lien avec les cagots. C'est pourquoi nous avons jugé utile de donner de cette race (car les cascarots constituent une race) une étude un peu détaillée. Nous ne rapporterons ici que des faits encore peu connus.

A Ciboure, les cascarots sont mieux individualisés peut-être qu'à Saint-Jean-de-Luz; d'abord ils y furent toujours plus nombreux. Leur quartier est assez vaste, et ils jouissaient peut-être jadis d'une chapelle, aujourd'hui en ruines, la chapelle de Bordegain, que nous avons entendu désigner sous le nom de chapelle des Cascarots [1].

Ils sont installés dans le pays depuis au moins le commencement du XVIIe siècle [2]. Le premier document qui semble les désigner remonte à 1642; c'est un acte de baptême :

« Anno ut supra (1642) die 13 octobr. ego Joannes de Haristeguy rector hujus ecclesiæ baptizavj infantem natum ex Joannem et Catarina Egiptianis coniugibus cuj impositum est nomen Joannis patrini fuerunt Joannis de Haraneder et Maria Sorhainder [3]. »

1. Nous donnons cette information sous toutes réserves, d'autant qu'elle est en contradiction avec un certain nombre de témoignages que nous avons recueillis de la bouche de personnes autorisées.

2. Rappelons toutefois que les *arcabots* signalés au début du XIVe siècle, à Bayonne, pourraient bien être les ancêtres des cascarots.

3. Archives de la mairie de Ciboure.

M. l'abbé Haristoy, qui avant nous avait lu cet acte, pensait qu'il s'agissait de cascarots. Nous hésitons à l'admettre d'autant que c'est le seul titre de ce genre où le mot *ægiptianus* figure, et que n'y figure pas de nom de famille, alors que tous les Cascarots en portaient.

En 1705, une ordonnance du maréchal de Montrevel chassait tous les Bohémiens, peuple nomade, qui désolait le pays.

Coppie de l'ordonnance de Monseigneur le marêchal de Montrevel.

Le marêchal de Montrevel, chevallier des ordres du Roy, lieutenant general pour sa majesté de la province de bourgogne, gouverneur de monroyal, Commandant general en guienne et autres pays voisins.

Sur ce qui nous a été Représenté quil y a dans Cette province quantité de bohemes qui commettent des dèsordres tres grands, et Volent Impunément par tout, aquoy Voulant Remedier, et Empecher de pareilles Suittes : Nous ordonnons à tous Vicenechaux, Maires, Jurats, Consuls, Scindicqs et Collecteurs des lieux de les faire arrestés et de les Conduire bien seurement dans les prisons plus prochaines afin de leur faire subir la peine portée par les ordonnances du Roy, mesmes les gens qui se trouveront melés avec Eux et qui les aydent dans leurs Entreprises[1] faisants tres expresse deffences a toutes Sortes des personnes de leur donner aucune sorte de Retraite, aux mesmes peines et pour que personne ne l'ignore la presente ordonnance sera publiée et affichée par tout ou besoin sera a la diligence des dits Maires, Jurats, Consulz, Sindicqs et Collecteurs, fait a Bordeaux le premier octobre 1705. — Signé a l'original le Marechal de Montrevel, et plus bas par Monseigneur gromal.

L'original de la presente ordonnance a esté Leue, publiée, et affichée En La manière Accoutumée le 9e Octobre 1705[2].

Le Maire, au reçu de cette pièce, répondit :

Monseigneur,

Nous avons Receu l'ordonnance qu'il a pleu à V. Exce de nous faire l'honneur de nous envoyer au sujet des Bohemes que nous n'avons pas manqué de la faire publier et afficher, nous prenons la

1. Ces gens qui aidaient les Bohèmes étaient peut-être les cagots.
2. Archives de la mairie de Saint-Jean-de-Luz, F F 12.

liberté de Representer a Votre Exelence qu'il n'est pas en nostre pouvoir de chasser cette triste nation qui ne fait que desoler nostre Campagne en y tuant toute sorte de betail et s'ils sont aujourd'huy dans nos terres huit jours apres ils sont dans d'autres parroisses et ils font trambler nos paissanes qui n'osent pas mesme se plaindre. Sy Vostre Exellance donnoit Un ordre au Scindicq et au prevot il est seur que nous n'en aurions pas, leur deroute dependant Uniquement de leurs soins tous les pajs seroit tres oblige a Vostre Exellance et particulierement nous qui sommes avec tout le Respect possible [1].

A Saint Jean de Luz le 10e octobre 1705.

Nous ne doutons point que l'ordonnance du Maréchal ne fut exécutée quelques jours plus tard.

Une ordonnance de l'Intendant, dont dépendait le Pays de Labourd, fut faite vingt-deux ans plus tard sur le même sujet. Les maire et jurats de Saint-Jean-de-Luz, firent remarquer à son sujet qu'il fallait distinguer les bohèmes vagabonds de ceux qui ne l'étaient pas, et que l'ordonnance ne pouvait s'appliquer aux seconds. De Lespés de Hureaux leur répondit en ces termes :

A Bayonne, 11 aout 1727.

Je reçois Messieurs dans ce moment la lettre que vous m'aviés fait l'honneur de m'écrire, si les particulliers dont vous me parlés ne sont pas de la profession des Bohèmes, ie veux dire qu'ils ne soient points errants, mais au contraire domicilliés et ayants quelque mestiers, que d'ailleurs ils ne retirent point dans leurs maisons d'autres Bohémiens ou Bohémiennes, il est certain qu'ils ne sont plus dans le cas de l'ordce de M. l'Intendant qui m'écrit vous avoir envoyé cet ordce, la naissance n'est pas rigoureusement ce qui fait le Boheïm, mais bien la profession vagabonde, c'est donc a vous Messieurs a examiner si ceux pour qui vous m'écrivés sont dans le cas, d'estre domiciliés et establis sans soupçon de mauvaise vie. J'ay l'honneur d'estre très parfaitement Messieurs vostre très humble et très obéissant serviteur.

Signé : De Lespés de Hureaux [2].

C'était reconnaître en autres termes l'existence du groupe des Bohèmes-Cascarots. Mais l'on s'étonnera qu'une modifi-

1. Archives de la mairie de Saint-Jean-de-Luz. F F 12.
2. *Id.*

cation si profonde dans le régime de cette race habituellement vagabonde ait été si vite adoptée. Notons pourtant que l'ordonnance de 1705 ne paraît pas avoir été appliquée aux cascarots qui habitaient Ciboure dès 1707 et y exerçaient pour la plupart le métier de mariniers.

Le nom de cascarot semble ne pouvoir s'appliquer qu'à des descendants de lépreux, à des cagots[1]. Nous croyons même pouvoir affirmer que, vers la fin du XVIIe siècle, les Agotac et les Bohémiens, tous deux traités en parias, se virent en quelque sorte obligés de vivre dans les mêmes lieux écartés des villages. La similitude de leur condition, à cette époque, fit-elle que des unions s'accomplirent entre eux? C'est probable. Les Agotac donnèrent ainsi à leur nouvelle famille les quelques avantages dont ils jouissaient, tandis que leur race dégénérée trouvait chez les Bohèmes un sang nouveau, vigoureux, qui devait imprimer à leurs descendants des caractères physiques nouveaux; l'absence du lobule de l'oreille très fréquente chez les cascarots serait un des stygmates que les Agotac leur transmirent. Cette hypothèse est vérifiée par plusieurs faits. La disparition complète des Agotac pur sang à Ciboure, est l'un d'entre eux. Autrefois la porte du fond de l'église de cette paroisse, que l'on voit sur la façade principale, mais qui fut restaurée il n'y a pas bien longtemps, était réservée aux agots. C'est par là que pendant longtemps passaient les cascarots, mais on ne sait pas bien de quand date cet usage. Leur bénitier se voyait encore scellé au mur il y a environ soixante ans. Comme les cagots, les cascarots avaient leur coin de cimetière à Ciboure.

L'union des Agots et des Bohèmes dut aussi se faire près de Saint-Jean-le-Vieux. Le hameau dit de La Madeleine avait attiré notre attention par son exiguïté, son nom, sa chapelle, son cimetière, sa situation, qui rappelaient étrangement certains hameaux de lépreux. Nous apprîmes que ses habitants étaient traités de Bohémiens.

Dans une requête des agots au pape Léon X (1514),

1. Il faut le rapprocher des mots *arcabot* (Bayonne, 1309) et *cagarot* (Toulouse) qui servaient à désigner les cagots. Voir à la Ve partie de ce volume ce que nous disons du mot *cascarot*.

nous avons appris qu'à Saint-Jean-de-la-Madeleine il y avait des agots; ne s'agirait-il pas de la Madeleine de Saint-Jean-le-Vieux?

L'assimilation des cascarots à des cagots mitigés de Bohèmes est confirmée par la lecture des registres paroissiaux de Saint-Jean-de-Luz et de Ciboure. Il y figure des noms de meuniers et de charpentiers qui nous sont connus, comme ayant été portés par des Agots dans la région : c'est ainsi que nous avons relevé le nom de Miguellenna, qui montre que son porteur était originaire de Michelenia, hameau d'agots près de Saint-Étienne-de-Baigorry. Des agots, surtout à Saint-Jean-de-Luz, figurent sans cesse comme parrains ou témoins, ou conjoints dans des actes où figurent des Bohémiens; les noms mêmes de ces Bohémiens sont souvent ceux de cagots notoirement connus dans les environs. C'est ainsi que nous relevons : harosteguy agot d'Arcangue, et harosteguy bohème de la Madeleine; Iturbide agot et Iturbide cascarot; D'Aguerre agot d'Arbonne et D'Aguerre cascarot; Carricaburu agot et Carricaburu cascarot; Erguy agot de Michelenia et Erguy, bohème de la Madeleine, etc. D'autres portaient des noms de villes, qui étaient aussi noms de cagots, mais n'ont jamais été des centres de bohémiens. Tels sont D'Uhart, De Sara (ou Sare), De Gelos, Momas, Bidart, D'Olette, Saint-Pée, etc.

Enfin chez les cascarots il y a des noms bohémiens, tels que Meharra (de Meharren, quartier général de Bohémiens), Maignhar, Navorça.

La lecture des registres paroissiaux rend ces faits saisissants, mais, pour tirer de leur étude tout le fruit, il est nécessaire de bien connaître les familles agotes de la région; cette science permet de les distinguer dans les registres où le qualificatif charpentier les caractérise insuffisamment, tous les charpentiers n'étant points agots.

En ce qui concerne la Madeleine près Saint-Jean-le-Vieux, on peut répéter ce qui vient d'être dit de Saint-Jean-de-Luz et de Ciboure. On y trouve en effet des noms de cagots et de cascarots, ce sont : Arosteguy, Uhalde, Hirigoien, Ithuralde, Erguy, Irribaren, Aguerre, etc.

En résumé, nous croyons que les cascarots et les habitants de la Madeleine de Saint-Jean constituent une race mitigée de Basques (cagots) et de Bohèmes. Cette race prit aux cagots son nom, et les quelques avantages de leur condition; elle représente la descendance des agots.

D. — LES CAGOTS SONT-ILS D'ORIGINE ESPAGNOLE?

Francisque Michel, qui a beaucoup approfondi au point de vue historique les théories ethnologiques que nous venons d'exposer et de combattre, s'était aperçu de leur insuffisance; mais ne connaissant pas encore tous les documents décisifs que nous possédons, il ne supposait pas qu'on pût trouver ailleurs que dans les derniers représentants d'une race étrangère l'explication de l'ostracisme qui frappait les cagots. Il imagina donc une théorie nouvelle basée sur quelques documents, et sur beaucoup d'hypothèses. Cet illustre savant dit, en effet, que lorsque Charlemagne eut levé le siège de Saragosse, des chrétiens espagnols suivirent l'empereur pour se réfugier en Gaule devant l'invasion sarrasine; leur postérité, ainsi que l'atteste une charte de l'an 812, vécut longtemps en Gaule dans un état assez misérable; pour y remédier, Charlemagne, puis Louis le Débonnaire leur donnèrent une constitution et des privilèges. Mais cette constitution était mauvaise, et les Espagnols, qu'elle tendait à favoriser, s'en plaignirent bientôt; aussi fut-elle modifiée. A ces faits historiquement vrais, Michel a le tort d'ajouter une suite d'hypothèses où il insinue *sans preuves* que la jalousie régna entre les Francs et les Espagnols; ces derniers auraient été mis à l'index et confondus avec les Goths ariens qui passaient pour lépreux.

De toutes les hypothèses ethnologiques émises pour expliquer l'origine des cagots, celle de Michel reste, comme l'a dit De Rochas, la moins probable.

E. — N'Y A-T-IL AUCUNE DIFFÉRENCE ETHNOGÉNIQUE ENTRE LES CAGOTS ET LES HABITANTS DES PAYS OU ILS VIVENT?

La question de la race des Cagots, reprise avec une certaine autorité par Th. Roussel[1], puis par Racine[2], en 1892, mérite d'être examinée de près. Quoique l'argument historique s'élève fortement contre toute théorie qui veut voir dans les cagots les reliques d'une race jadis envahissante puis repoussée, il ne s'ensuit pas fatalement que la question soit définitivement jugée. De très nombreux observateurs affirment que nos parias sont de grands blonds, à yeux bleus, à peau blanche, et apportent divers arguments pour arriver à conclure qu'ils appartiennent à la race des Goths.

L'enquête doit être poussée dans toutes les régions à cagots; on conclura ensuite.

Au cours de cette enquête, le premier point qui frappe, c'est que l'oreille à lobule adhérent, que Guyon considérait et que les populations disent encore être un signe de cagoterie, est en réalité assez rare chez les cagots. Nous ne l'avons guère plus observé chez eux que dans le reste de la population. C'est un signe physique de dégénérescence; il est aussi souvent unilatéral que bilatéral; dans le premier cas il concourt à l'asymétrie faciale.

Dans le pays Basque français, que nous avons visité presque en entier, la majorité des cagots, comme des Cascarotes, présente le type bohémien, cheveux bruns, peau brune, tête ronde; le reste est manifestement basque.

Dans les Landes, près de Dax, on observe dans la population deux types non autochtones. Les uns sont d'aspect arabe, les autres sont au contraire blonds, à yeux bleus, et appartiennent aux races du Nord. Les hameaux qu'ils habitent sont isolés, et les habitants tiennent à conserver leurs caractères par des mariages non croisés. Les cagots de ces hameaux ont, comme la population ambiante, les uns le type arabe, les autres le type du Nord.

1. Th. Roussel, *Bull. de l'Acad. de méd. de Paris*, 1892.
2. Racine, *Luchon-Thermal*, 1892.

La grande majorité des cagots béarnais sont béarnais de race. Cependant il y en a de blonds et de bruns, des dolychocéphales et des brachycéphales; c'est un mélange de races multiples. Leurs ancêtres lépreux mis à part, n'ayant pas eu le temps ni la possibilité d'uniformiser leur type, ont pour ce motif conservé les caractères de telle ou telle race, à laquelle appartenaient leurs pères. La Vallée d'Aspe, qui pendant longtemps fut le refuge des Sarrasins, a conservé le type de la race sarrasine, ainsi que certaines habitudes ou coutumes de cachet oriental; les cagots indigènes y sont de vrais Sarrasins, leur lèpre s'appela *mal arabe*, et un hôpital qui fut fondé à Somport par Gaston IV et reçut des dotations des rois de Hongrie et de Bohême, ouvrait ses portes aux lépreux.

Ces faits et tant d'autres sont propres à faire comprendre que les cagots n'ont pas de type ethnique spécial, mais bien présentent une grande variété de types comme la population au milieu de laquelle ils vivent. C'est la lèpre, et non une question de race qui amena la séparation des cagots.

La lèpre fut introduite dans les Pyrénées dès la plus haute antiquité. De ce que les Phéniciens, ainsi que les Grecs, semblent avoir visité la région des Gaves, il ne s'ensuit pas fatalement qu'ils y aient importé le fléau. La chose est seulement possible. Ce qui est certain, et c'est ce qu'il convient de retenir, c'est que les invasions gothique et sarrazine, apportèrent dans le Sud-Ouest à la fois des types ethniques nouveaux, et une recrudescence énorme de la lèpre. Que les lépreux, plus ou moins isolés dès le début, aient conservé, plus que la population ambiante, les types des peuples envahisseurs et contaminés, il n'y a pas là de quoi nous étonner; mais nous ne saurions trop nous élever contre des théories qui veulent faire de la question des cagots, une question purement ethnologique.

III. — FAUT-IL CONFONDRE LES CAGOTS AVEC LES CRÉTINS ET LES GOITREUX.

Une opinion assez répandue encore est celle qui consiste à croire que les cagots doivent être confondus avec les crétins.

Cette erreur, qui a pris naissance à la fin du XVIIIe siècle, fut mise en lumière par Ramond de Carbonnières.

Cette fâcheuse habitude des gens de peu d'esprit, qui consiste à copier ce que les autres ont dit, sans se donner la peine de vérifier le bien fondé de leurs dires, a fait que l'erreur scientifique d'un homme fut répétée et embellie par dix autres. Et voilà comment beaucoup s'imaginèrent que les cagots sont des crétins.

L'idée fit des progrès depuis Palassau, qui en 1781 fit paraître dans un fort intéressant *Essai sur la Minéralogie des Monts-Pyrénées* les quelques lignes qu'on va lire, sur les crétins ou goitreux : « Si l'observateur a lieu d'être satisfait des points de vue que présentent Barèges et ses environs, le plaisir qu'il éprouve cède bien vite au sentiment de compassion que les habitants inspirent : c'est un spectacle affligeant pour une âme sensible de voir la plupart de ces malheureux, sujets aux goitres. Cette maladie donne à ceux qui en sont attaqués un air de stupidité, d'autant plus remarquable, qu'à cette difformité se joint une articulation peu distincte; ils prononcent difficilement les mots. La couleur de leur peau, livide et basanée, fait encore présumer que la nature a été avare pour eux du bien précieux de la santé, qu'elle prodigue ordinairement aux montagnards..... Ils sont faiblement animés au travail, et paraissent n'avoir d'aptitude que pour le repos..... On observe que l'espèce humaine semble tomber dans l'engourdissement, à proportion que le pays qu'elle habite se trouve situé à une plus grande distance de la mer, et par conséquent dans les endroits les plus élevés. » Les Basques sont agiles, les Béarnais moins lestes.

« En passant dans les vallées de Bigorre, on apperçoit que le peuple commence à s'appesantir, et enfin l'extrémité de la vallée de Luchon offre des êtres tout à fait engourdis, relativement aux peuples précédents; ils semblent qu'ils se sentent de l'antiquité de leur sol..... Les habitants de la vallée d'Aran, et surtout du village de Bosaste, ont une grande ressemblance avec ceux des environs de Bagnères [1]. »

1. *Essai sur la minéralogie des Monts-Pyrénées* par l'A. P., Paris, Stoupe, imp. M.DCC.LXXI, p. 230-231.

Quelques années plus tard, Ramond de Carbonnières[1] disait au sujet des lignes qu'on vient de lire : « Décrire ces malheureux, c'est décrire des Crétins »; et il ajoute : « Ce n'est pas seulement dans la vallée de Luchon, où la mendicité plus commune, offre davantage en spectacle cette misérable portion de l'humanité, c'est encore dans la vallée d'Aure, dans celle de Barèges, dans le Béarn et la Navarre, que, plus écartés des regards, ces Crétins présentent, dans des lieux rarement fréquentés, l'affligeant exemple d'une dégradation, d'un assoupissement, d'une stupidité, que l'imbécillité des Cretins du Valais même ne surpasse point[2]. » L'auteur ne veut se rallier, pour expliquer le crétinisme pyrénéen, à aucune des opinions émises de son temps, car, dit-il, « mon commerce habituel avec le peuple changea pour moi la nature de la question, en m'apprenant que *c'étoit dans la race infortunée des Cagots*, que je trouvois les Crétins de la Vallée de Luchon ».

« Ce fut avec une pudeur dont il me fut difficile de triompher que les habitants de cette contrée m'avouèrent que leurs vallées renfermoient un certain nombre de familles qui de temps immémorial étoient considérées comme faisant partie d'une race infâme et maudite; qu'on n'avoit jamais compté au nombre des citoyens ceux qui les composent; que par tout ils étoient désarmés; et que nulle profession ne leur étoit permise, hormis celle de bûcheron ou de charpentier, qui en est devenue ignoble comme eux, et dont ils tirèrent un de leurs noms, réputé injurieux parce qu'ils le portent, à l'égal de celui de *Cagots*, qui les a toujours désigné[3]. » Ce rapprochement, Ramond cherche à le justifier par quelques faits; mais il n'apporte rien de net, rien de précis, dans ses preuves, qui n'en sont pas. C'est surtout dans Marca qu'il puise le fond des pages où il trace l'histoire des cagots; puis il constate que « les conjectures des uns, les fables des autres, ont eu longtemps cela de commun, de remonter aux

1. Ramond de Carbonnières, *Observations faites dans les Pyrénées, Insérées, dans une traduction....* Paris, Belin. M.DCC.LXXLII, in-8, p. 204 à 224 et p. 425.
2. *Id.*, p. 205.
3. *Id.*, p. 208.

époques les plus obscures de notre histoire, et de faire intervenir les ravages de la lèpre[1] ». Mais, « on ne croira plus que ces malheureux doivent l'existence à des lépreux bannis de la société des hommes sains : on a chassé et enfermé les lépreux, mais on ne les a ni vendus, ni légués, ni donnés[2]. » Voilà le gros argument! Il se ressent de l'esprit de cette fin du xviiie siècle, trop pressé de condamner tout ce qui avait été pensé dans les siècles précédents. Quand donc a-t-on vendu, légué, donné, des lépreux? Nous ne connaissons sur ce point que l'opinion de Marca concernant Auriol Donat, cagot, qui est cité dans le Cartulaire de Luc; encore est-ce une erreur de traduction et une erreur d'interprétation qui ont fait croire à l'état de servitude de ce malheureux[3]. Vraiment c'est peu de chose. Pour expliquer le crétinisme des cagots, Ramond pense qu'ils descendent des Goths, qui étaient Ariens : « C'est sous des traits avilis par douze cents ans de misères, que les derniers restes de la fierté gothique sont ensevelis. Un teint livide, des difformités, les stigmates de ces maladies que produit l'altération héréditaire des humeurs; voilà ce qui, seul, distingue la postérité d'un peuple de conquérants; voilà ce qui a tout effacé, hormis, peut-être, quelques traces d'une structure étrangère que la dégradation de l'espèce n'a pu entièrement détruire..... » Mais il ne nous dit pas quelle est cette structure, ces « traits caractéristiques qui ne cèdent qu'au mélange des races, et non à leur infortune ».

On comprend mal comment une théorie, si incomplètement défendue et exposée, ait pu avoir un succès considérable. La renommée de l'homme qui la lançait était grande sans doute, mais ne sont-ce pas plutôt sa grande éloquence et ses tendances philosophiques qui plurent aux esprits de son temps.

1. Cela n'a point empêché Ramond de dire que la lèpre avait fait dégénérer la lymphe des cagots, et que de cette dégénération est né le critinisme. Fodéré ne put s'empêcher plus tard de plaisanter cette « métamorphose singulière ».

2. Ramond, *loc. cit.*, p. 212.

3. Voir plus haut. Nous avons déjà longuement parlé du document visé par cet auteur, p. 6 et 7. Voir aussi divers passages de notre chapitre juridique, en particulier p. 218.

Nous pensons toutefois que l'idée que Ramond défend, commençait alors à se développer dans les Pyrénées, nous ne savons sous quelle impulsion ; car il est curieux de noter qu'en cette même année 1789 un anonyme, que Fr. Michel croit se nommer Picquet[1], défendit la même théorie, mais avec quelle ignorance ! Dans son livre cet auteur paraît bien plus préoccupé de faire profession de foi révolutionnaire qu'œuvre de savant et de critique. Travail sans intérêt qui mérite à peine d'être cité.

En 1794 Dusaulx[2] présente l'opinion de Ramond comme le dernier mot de la Science.

Puis Fodéré[3], dans son important travail sur le goître et le crétinisme, montre que les idées de Ramond ont trouvé quelque crédit auprès de lui, car parlant des cagots il dit :

« L'habitude qu'ont ces familles de ne s'allier qu'entre elles, a contribué puissamment à perpétuer cette maladie » (le crétinisme). Pour lui, la cause de cette affection se trouve dans l'atmosphère chaude et humide des vallées pyrénéennes. « Quant aux maladies de la peau, elles accompagnent dans beaucoup de vallées le goître et le crétinisme, parce qu'ils sont nourris par la même cause. »

Une opinion qui a pris comme un feu de paille, ne s'éteint pas toujours facilement, et quoique dès 1810 Grégoire, ancien évêque de Blois, ait réfuté avec soin Ramond[4], des hommes d'une autorité incontestée, tout en ne disant plus que les

1. *Voyage aux Pyrénées françaises*, etc., par J.-P.-P. On jugera de l'auteur à cette phrase : « L'archevêque Marca, né à Gand en Béarn, auteur d'une histoire insignifiante de son pays, a donné une grande preuve d'ignorance en faisant descendre les crétins, gegistains de l'hébreu Giezi, serviteur d'Élisée et frappé « de la lèpre ». Suit une tirade anticléricale dans le goût de l'époque.

2. Dusaulx, *Voyage à Barèges et dans les Hautes-Pyrénées, fait en 1788*, Paris, Didot jeune. M.DCC.XCVI, 2 vol. in-8, t. II, p. 11-12.

3. Fodéré, *Traité du goître et du crétinisme précédé d'un discours sur l'influence de l'air humide sur l'entendement humain*, Paris, Bernard. Germinal an VIII, in-8, p. 195-196.

4. Grégoire (Henri), *Recherches sur les Oiseliers, les Coliberts, les Cagous, les Gahets, les Cagots, etc.* Mémoire lu à l'Institut en 1810 (inédit). Le manuscrit, en la possession de la famille Carnot, a été traduit en allemand par Lindenau, et résumé par Ginguené, in : Extrait des travaux de la classe d'histoire et de littérature ancienne de l'Institut, *Magasin encyclopédique*, t. IV, août, 1810, p. 251-257.

cagots sont des crétins, donnent cependant dans leurs écrits l'impression qu'ils ne désapprouvent pas de front cette théorie. Ce sont Gérard-Marchant (le père) et Esquirol.

Gérard-Marchant[1] n'a guère fait dans sa thèse de 1842 que répéter les documents concernant les crétins qu'il avait recueillis pour Esquirol. Ce dernier avait fait paraître en 1838 un article sur l'idiotie qui se termine par des considérations sur les cagots[2]. Il les regarde un peu comme crétins et voit en eux « une preuve des déplorables effets de la misère, du mépris, et de l'ignorance sur l'intelligence humaine ». Du reste il s'inspire presque uniquement de l'œuvre de Ramond.

Depuis la vigoureuse réfutation du Dr Auzouy[3], cette théorie a perdu ses derniers partisans, et quoiqu'on en rencontre parfois de loin en loin, et même dans les Pyrénées, on peut dire qu'aujourd'hui les idées de Ramond ont cessé de vivre.

1. Gérard-Marchant, *Observations faites dans les Pyrénées pour servir à l'étude du crétinisme.* Thèse de doctorat en médecine de Paris, Paris, Rignoux, 1842.

2. Esquirol, *Des maladies mentales, considérées sous les rapports médical-hygiénique et médico-légal*, Paris, Baillière, 1838, t. II, p. 370-373.

3. Auzouy, Les Crétins et les Cagots, *Annales médico-psychologiques*, 4e s., t. IX, janvier, 1867, p. 1-31.

DEUXIÈME PARTIE

HISTOIRE DES CAGOTS

Nous exposerons ici l'histoire des cagots en nous basant presque exclusivement sur les documents figurant dans nos Pièces justificatives; ne donnant, pour ainsi dire, aucun développement aux questions de droit civil, mais en nous attachant avant tout à la succession historique des faits. Cette partie aura donc quelque ressemblance avec ce qui a été écrit avant nous par les historiens des cagots. Nous suivrons pour l'exposition des faits l'ordre très rationnel qu'avait adopté V. de Rochas, ordre qui d'ailleurs nous a guidé dans la classification de nos documents. Nous diviserons le sujet en trois chapitres :

I. *Les Gahets de Bordeaux et du Ressort du Parlement de Bordeaux;*

II. *Les Cagots de Béarn et Navarre;*

III. *Les Cagots du Languedoc.*

Nous n'étudierons pas les Agots de la Navarre espagnole, car leur histoire n'entre pas dans le cadre que nous nous sommes proposé. Cependant pour permettre au lecteur de juger un peu la situation des agots espagnols, nous avons transcrit ou résumé aux pièces justificatives les documents les plus intéressants les concernant. Pour le reste nous ne pouvons que renvoyer aux pages que F. Michel leur a consacrées.

CHAPITRE I

LES GAHETS DE BORDEAUX ET DU RESSORT DU PARLEMENT DE BORDEAUX

I. — AVANT 1462

On sait qu'en 1462 fut créé le Parlement de Bordeaux. Cette cour devait étendre son ressort à un certain nombre de provinces et de villes qui jusqu'alors jouissaient de leur autonomie. C'est pourquoi nous étudierons individuellement ces villes et ces provinces, avant la création du Parlement.

Bordeaux[1]. — Dès le XIIIe siècle, Bordeaux, l'une des villes les plus importantes de l'ancienne France, avait ses *gahets*. La première mention qu'on en trouve remonte au 14 novembre 1287. A cette date, dans le testament de noble dame Rose de Bourg, dame de Vayres, veuve d'Ayquem Wilhem, seigneur de Lesparre, figure un legs de vingt sous aux *gaffets* de Bordeaux. Quelques années plus tard, les « *gahedz de Bordeu* » bénéficiaient d'un legs de cinquante sous, fait par Pierre Amanieu, captal de Buch, le 7 mai 1300. Puis le 13 mai 1309, Assahilde de Bordeaux faisait un testament laissant soixante sous à la communauté de gaffets de Bordeaux. Ce testament ne fut pas exécuté, puisque dix-neuf ans plus tard (3 avril 1328), la même dame rédigeait un nouveau testament, où les *guafetz* de Bordeaux figurent pour dix livres, et ceux des honneurs de Benauge, Castillon et Castelnau de Médoc, pour la même somme.

1. Voir Pièces justificatives, N°s 31 à 38.

Il faut retenir du testament de 1309, qu'à Bordeaux les *gahets* vivaient en commun [1]. Il est possible d'assimiler leur résidence à ces villages-léproseries, assez répandus en France, comprenant une chapelle (Saint-Nicolas-de-Graves) et peut être aussi un hôpital [2]. Le terme « enclos des Gahets » employé par Baurein, au sujet de la fondation de cette léproserie (XIIIe siècle), confirme d'ailleurs notre opinion.

En 1328 encore, il y eut de grandes exécutions de gahets, si nous en croyons le *Livre des coutumes de Bordeaux*. Il est possible que ces exécutions aient un rapport avec la grave affaire d'empoisonnement des sources qui avait éclaté en 1320. Cependant la justice étant assez expéditive au moyen âge, un doute peut rester dans l'esprit quant à l'interprétation du fait que nous signalons.

Il est presque certain que les gahets étaient chassés de la ville, et n'avaient qu'exceptionnellement le droit d'y entrer pour faire des quêtes. Enfin on sait que le *hameau des Gahets* s'étendait dès le XIIIe siècle autour de l'église Saint-Nicolas-de-Graves, dans l'archiprêtré de Cernes, et que les terres sur lesquelles il s'élevait, dépendaient du chapitre de Saint-André de Bordeaux, auquel les gahets versait un cens de IV deniers. En 1427 la redevance des « lépreux de Bordeaux », pour l'église Saint-Nicolas et les vignes qui l'entouraient, s'élevait à 16 sous.

Quoiqu'il n'y ait pas eu à Bordeaux, avant 1462, de règlements spéciaux concernant les gahets, il est probable qu'ils vivaient soumis aux mêmes coutumes que celles que nous trouvons en usage dans d'autres villes de la région, tels le Mas-d'Agenais et Marmande.

Le Mas-d'Agenais [3]. — Les coutumes de cette ville (1388) sont intéressantes, en ce qui concerne les gahets, parce qu'elles visent deux points qui ont peu préoccupé les autres villes de Guyenne et de Gascogne. Elles furent rédigées avec

1. « *Au commun deux gaffets* » (1309), « *A tot lo communal dels Guafetz de Bordeu* » (1328).
2. Dans les plus anciens plans de Bordeaux on voit au quartier des gahets, figuré le bâtiment ou hôpital des gahets.
3. P. J. N° 9.

cette préoccupation, que c'est par les aliments que se transmet la lèpre; aussi défendent-elles d'acheter bestiaux et volailles aux gaffets, et de louer ceux-ci pour les vendanges, le tout sous peine d'amendes.

Ces règlements contiennent implicitement la défense aux gahets d'être bouchers; pareille chose ne doit pas nous étonner, car ce métier était partout interdit aux lépreux, et en plusieurs lieux on interdisait même la vente d'animaux nourris chez les lépreux. Ainsi dans les règlements donnés, en 1362, aux bouchers de la montagne Sainte-Geneviève à Paris cette dernière défense était spécifiée.

L'article 34 de la coutume du Mas, dit qu'on n'est pas tenu de rendre au gaffet ceux de ses animaux, que l'on trouve errant sur les terres voisines.

Condom[1]. — La coutume du Condom, applicable à tout le Condommois, ne contient qu'un article sur les *gafedz*, article curieux en ceci qu'il éclaire le sens d'autres coutumes locales telles que celles de Mont-de-Marsan ou de Saint-Sever.

« Tout boucher qui vend, en la ville de Condom, de la viande de boucherie provenant de bêtes mortes naturellement, ou de la truie pour du porc, de la brebis ou de la chèvre au lieu de mouton, ou d'autres viandes mauvaises, au su du seigneur ou des consuls, paiera 30 sous de bons morlaas ou peine arbitraire, et la viande sera donnée aux gafedz. » Si nous parcourons la coutume de Mont-de-Marsan, par exemple, nous lisons que pareilles viandes « seront données à Dieu », ces deux textes s'éclairent. On serait tenté de voir dans la coutume de Condom un signe de mépris pour les gafets; alors qu'en réalité il n'y faut voir qu'une aumône forcée. Les lépreux étant considérés comme appartenant à l'Église, et dès lors choses pies, nous pouvons voir un sens tout à fait identique dans ces deux locutions : « seront données à Dieu », et « sera donnée aux gafedz ». L'usage de donner des viandes saisies ou de mauvaise qualité aux pauvres et aux malades pourrait répugner à notre sensibilité, et pourtant c'est une règle souvent observée même de nos jours. Ainsi, en Espagne,

1. P. J. N° 7.

les taureaux sont débités aux pauvres et aux hôpitaux; en France même, malgré les lois protectrices de l'hygiène, il serait aisé de trouver des exemples analogues.

Marmande[1]. — Il est permis de croire qu'avant 1396, date de la rédaction des coutumes de cette ville, les gaffets avaient eu de nombreux démêlés avec les autorités de Marmande; les coutumes anciennes, en effet, répondaient presque toujours à des besoins locaux; c'est ce qui explique la rédaction des articles si spéciaux de certains coutumiers, contrastant avec l'absence de règlements ayant une portée plus générale, mais dont la rédaction paraissait inutile du moment où ils n'avaient pas à régler de différend sur des points unanimement adoptés par l'usage. A cet égard les coutumes de Condom, du Mas-d'Agenais, et les constitutions de Dax offrent des exemples caractéristiques.

A Marmande, nous connaissons le tableau de la vie du gaffet; ses traits principaux sont ceux-là mêmes que nous retrouverons en Béarn. Les gaffets étaient chassés hors la ville (ainsi en était-il à Bordeaux, Bayonne, Toulouse, et en général dans toutes les villes enceintes de murs); ils n'y pouvaient pénétrer que munis d'un signal de drap rouge visiblement fixé sur la poitrine; le stationnement dans la ville était interdit, sauf les jours de fête et le lundi matin, ou devant l'église des Frères mineurs, là on leur permettait, suivant un vieil usage, de quêter assis sur le bord du mur d'enclos; ils devaient aller les pieds chaussés, car le contact de leurs téguments pouvait souiller les routes, et lorsque quelqu'un les croisait, ils devaient s'écarter jusqu'après le passage de l'étranger. Ce dernier usage était observé un peu partout, nous avons même lu qu'en certains lieux le lépreux devait être ganté pour s'appuyer contre les maisons et faire la place aux passants dans les rues étroites.

La vie commune, la conversation des hommes leur étaient interdites puisqu'ils ne pouvaient entrer dans les tavernes pour vendre, acheter, ou boire du vin. Comme au Mas-d'Agenais le métier de boucher leur était fermé. Enfin, ils ne pouvaient

1. P. J. N° 8.

faire de l'huile de noix, ni boire aux fontaines publiques. Personne ne pouvait les toucher. Toutes ces défenses étaient sanctionnées par des peines, soit amendes, soit confiscations.

Dax[1]. — A Dax et le pays de Maremne, les lépreux paraissent avoir été assez longtemps soumis à la seule juridiction de l'Évêque; c'est du moins ce qu'on peut déduire des documents antérieurs à 1462 que nous possédons sur ce pays.

En 1321, le duc d'Albret ayant fait condamner des lépreux, probablement à propos de l'affaire d'empoisonnement des sources, l'Évêque de Dax manifesta de son mécontentement, jugeant qu'il y avait là atteinte à ses droits. Aussi, pour prouver jusqu'où allait son autorité, ce dernier fit-il arrêter tous les lépreux de Maremne. On ignore quelle fut la sentence arbitrale qui clôt cette affaire, mais on peut admettre qu'elle fut calquée sur les usages reçus au sujet des clercs, c'est-à-dire que l'Évêque ne garda pas les droits exclusifs de justicier dans toute affaire où figurait un lépreux. Le *Livre des Coutumes du Dax* (XIVe siècle) est favorable à cette thèse, car, réglant la question des saisies mobiliaires, il reconnaît au cagot le droit de saisir un laïc, conformément au for du seigneur, auquel le cagot n'appartenait pourtant pas.

Ces coutumes définissent en outre le mot *lépreux* comme terme injurieux, passible d'amende. C'est là un fait très commun. Les mots *cagot*, *cassot*, *gafo*, étaient considérés de même, ainsi que de nombreux documents le prouvent. De même qu'à Marmande, à Dax le lépreux ne pouvait vendre ni acheter de vin.

Enfin les constitutions de 1401 règlent la question des successions des *cagots*. Ce point sera étudié dans la troisième partie de cet ouvrage.

Saint-Sever. — Quelques documents antérieurs à 1462 nous apprennent qu'en 1430 de nombreuses familles de cagots habitaient sur les terres de l'abbaye de Saint-Sever, à laquelle ils payaient une redevance minime. Leurs noms sont Maître Pes, Maître Bertran, les héritiers de Jean. Des documents de

1. P. J. N°s 13, 14 et 181.

1430 et 1446 montrent l'hérédité et le partage des biens [1] des cagots, dont pourtant la propriété appartenait à une abbaye, dont ils dépendaient comme fermiers, avec des beaux uniment emphytéotes.

Bayonne. — En 1266 les cagots figurent parmi les censitaires de Sainte-Marie, et habitent un quartier situé hors la ville, le quartier Saint-Léon. Ils ne pouvaient rester dans Bayonne, ainsi que le prouvent deux règlements de police, de 1315 et 1319, où ils figurent sous le nom d'*arcabots* et peut-être aussi d'*ischaureilhatz*. Ces règlements eurent leur pendant à Bordeaux en 1555, ainsi qu'à Mont-de-Marsan, dont le coutumier porte : « Est permis ausditz Maire et Jurats, pour la conservation de la santé de la dite ville, ou pour le repos et tranquillité d'icelle, expeller *gens contagieux*, vagabonds, etc. »

II. — DE 1462 AU DÉBUT DU XVIIe SIÈCLE PÉRIODE TRADITIONNELLE

C'est à Louis XI que nous devons la création du Parlement de Bordeaux. Cette cour s'est plus que toute autre occupée des cagots, parce que sur toute l'étendue de son ressort ces malheureux étaient en grand nombre, et certainement aussi parce que la condition des cagots n'était réglée pour la plus grande partie de ce ressort que par des usages anciens, transmis le plus souvent par la seule tradition, et non par des lois ou des règlements; Marmande et Dax étaient seuls à avoir rédigé des coutumes un peu explicites sur le sujet qui nous intéresse. Il convient aussi de remarquer que Bordeaux d'une part, la Soule et le Labourd d'autre, sont presque seuls à figurer dans les contestations ou les procès dont nous nous occuperons ici.

Le premier document que nous ayons à signaler est une ordonnance du sénéchal de Périgord [2], dont l'importance est

1. Les pièces en question figurent à la Topographie, au mot *Saint-Sever*.
2. P. J. N° 29.

considérable vu les nombreux faits qui y sont révélés (12 nov. 1480). On avait exposé à Loys Sorbier, sénéchal, qu'il y avait en Périgord de nombreux lépreux et qu'il serait utile de leur donner la chasse et de les faire examiner par des médecins experts, sur le rapport desquels on séparerait ces malades d'avec les sains. Une commission médicale fut donc nommée composée de deux médecins, André Roulx et Pierre de Porteria, et de deux chirurgiens, Jean Rougier et Jean Martin, assistés d'un notaire. Cette commission fut chargée de « donner regard et visitation sur toutes personnes infectées de ladrerie ou suspecte d'icelle maladie..... et *de les faire séparer de la consorte et conversation des sains*, et de les faire aller et mectre et colloquer ès ladreries publicques *ou autres maisons séparées des gens saines, selon la qualité et condition des personnes*, comme verront au cas appartenir ». On voit nettement ici la distinction entre les gahets et les lépreux dont la condition était différente; le gahet, lépreux héréditaire, jouissait d'une condition définie par l'usage, dont la présente ordonnance indique deux caractères, à savoir qu'ils sont séparés du consortium et de la conversation des personnes saines, et qu'ils doivent vivre dans des maisons séparées qui ne sont pas des léproseries, ces derniers établissements étant réservés aux gens ayant une autre condition. Ces détails sont conformes à tout ce que l'on sait des cagots dans les autres provinces.

Quoique le Périgord dépendît du Parlement de Bordeaux, nous ne traiterons plus ici de cette province, qui sort du cadre départemental que nous nous sommes fixé. Nous avons cependant voulu citer ce document qui présente un certain intérêt pour notre sujet.

La grande immigration des juifs portugais marque le début de la période que nous étudions maintenant. Elle se produisit dès la promulgation de l'édit de Louis XI (fév. 1474) permettant aux étrangers, exception faite pour les Anglais, de s'installer à Bordeaux afin d'en accroître la population. Les grandes persécutions contre les israélites avaient délivré la France de cette race au XIVe siècle. Les Templiers dans les derniers temps étaient envahis par les juifs qui accaparaient les fortunes; la dissolution de l'Ordre et les massacres de 1320 et 1321 avaient fait fuir Israël; mais la France, pays riche et commerçant, restait enviée et enviable à ceux qui s'étaient réfugiés de l'autre côté des Pyrénées. En Portugal, la vie leur étant devenue difficile, les juifs revinrent en France par Bayonne et Bordeaux dont le commerce était florissant. Sous les dehors d'une conversion intéressée, on pouvait se faire ouvrir les portes de ces villes; c'est ce qui arriva.

Bordeaux d'abord, puis Bayonne connurent les *Nouveaux Chrétiens*, nom qui stigmatisa de suite ces juifs portugais, qui si habilement avaient tourné la loi. Il est possible qu'ils apportèrent avec eux un nouveau contingent de lèpre; il est possible aussi que l'affaire de 1320 n'était pas oubliée et que le peuple citait sans cesse, côte à côte, juifs et lépreux; peut-être enfin les anciens usages, qui voulaient que ces deux classes de parias portassent un signal, étaient-ils encore dans toutes les mémoires; toujours est-il qu'une confusion s'établit, facilitée par la similitude des noms de *nouveaux chrétiens* donné aux juifs et de *chrétiens* porté par les gahets. En 1552 ou mieux en 1555, si nous en croyons Darnal et Bernardau, un règlement de police, dont le texte nous est fourni par ce dernier auteur[1], affirme cette confusion en disant qu' « aucun de ceux qu'on nomme *Nouveaux Chrétiens* ou *gahets* ne pourra sortir hors de leurs maisons, ni entrer dans la ville sinon qu'ils portent une enseigne de drap rouge cousue au devant de leur poitrine et qu'ils n'aient les pieds chaussés..... » Ce règlement ne visait certainement pas les juifs, ainsi que le prouvent la note que J. Darnal lui consacre et la rédaction nouvelle qui en fut faite en 1573[2]; il formule seulement des usages qui étaient habituellement reçus dans toute la France, et que d'ailleurs nous avons déjà vus exprimés dans les coutumes de Marmande.

Vers la même époque, en 1577, les ordonnances pour

1. Nous croyons utile d'avertir le lecteur que le texte cité par Bernardau ne présente pas toutes les garanties d'authenticité, cet auteur ayant négligé d'indiquer sa source, et ses écrits ne faisant pas autorité. Nous admettons cependant que la rédaction qu'il indique est probablement correcte, quoique l'orthographe employée ne soit pas celle d'une pièce du milieu du XVIe siècle. — P. J. N° 44.
2. P. J. N° 46.

« *l'État des Pâtissiers* » à Bordeaux, définissent que ne pourront être pâtissiers ou rôtisseurs, les *lépreux*, *gahets*, ou malades de quelque autre maladie contagieuse[1]. Les pâtissiers et boulangers étaient habituellement en bons termes avec les léproseries auxquelles, comme à Paris, ils donnaient beaucoup. Dans la capitale on recevait aisément les boulangers lépreux dans les maladreries, si bien qu'on n'a cessé de considérer comme un fait exceptionnel les difficultés qui intervinrent en 1390 et amenèrent une sentence du prévôt, datée du 15 mai, condamnant le prieur de Saint-Lazare à recevoir un boulanger malade. Pareille difficulté ne se présenta pas à Bordeaux, quand en 1520 un certain Jacquenau, pâtissier, fut arrêté comme lépreux, et conduit à Agouillis, après examen fait par médecins et barbiers[2].

Jusqu'ici le Parlement de Bordeaux n'avait pas eu à se prononcer sur les gahets. C'est le 5 mai 1578 que sur la requête de Jacques Laligne, habitant de Casteljaloux, le Parlement eut à décider, pour la première fois, si les *cagots* ou *gahets* devaient continuer à porter en leur poitrine le signe du pied de guid qui permettait de les reconnaître et « d'obvier à la contagion ». Les règlements de Bordeaux influèrent sans doute sur l'arrêt, car il fut conforme à la prière du requérant. La Cour ordonna, à peine de mille escus, aux officiers et consuls de Casteljaloux de policer *ladres* et *gahets* de leur ville et juridiction; puis, allant plus loin que ne le demandait la requête, elle fit une distinction que nécessitait la condition des personnes, spécifiant qu'on fera porter aux *cagots* et *gahets* la marque traditionnelle, et aux *ladres* les cliquettes, à peine du fouet. L'arrêt était applicable à tout le ressort, ainsi que le fait entendre une note des Statuts de Bordeaux. Il en fut de même de l'arrêt du 12 août 1581, concernant spécialement Capbreton.

Les *Statuts* imprimés à Bordeaux en 1593, mais réunis dès 1592, confirmèrent les dispositions des précédents arrêts[3].

A Capbreton, il y avait des cagots dès 1506. Ils habitaient

1. P. J. N° 45.
2. P. J. N°s 40 et 41.
3. P. J. N° 47.

presque tous à la Pointe des Gahets, sorte de cap limité par un bras de mer, aujourd'hui représenté par l'étang de la Pointe et le ruisseau de Boudigan d'une part, et par la rivière de Bouret, d'autre. Un grand procès eut lieu en 1574 contre les agots de cette localité, tendant à leur interdire le port des armes et le padouensage commun, c'est-à-dire, le droit de pacage sur les territoires communaux. Les jurats firent acte portant charge de poursuivre le procès. Alors une requête fut adressée au sénéchal de Guyenne par les agots, pour demander une enquête sur le démolissement du bâtiment des agots, bel édifice sans doute, dont la haine populaire n'avait pu supporter l'existence[1]. Comment l'affaire se termina-t-elle? Certainement au désavantage des agots.

Les esprits étaient encore aigris par le procès quand on eut connaissance de l'arrêt de 1578. Étienne de Laudoir, habitant de Capbreton, ne tarda pas à se prévaloir de cet arrêt pour réclamer une sentence analogue pour sa ville, et demander en outre l'interdiction pour les gahets de toucher aux vivres exposés dans les marchés. L'arrêt prononcé en réponse à cette requête, et daté du 12 août 1581, ordonna aux officiers et jurats de Capbreton, sous peine de mille écus et privation de leurs états, de policer les cagots et gahets de la Punte et de la juridiction de Capbreton, leurs femmes et leurs enfants, de leur faire porter le signe du pied d'oie et de leur permettre de ne toucher qu'aux vivres qu'ils voudraient acheter; le tout à peine du fouet ou autres peines que de droit. L'arrêt fut signifié plusieurs mois plus tard, en 1582. La pièce qui justifie de cette signification nous fait connaître les noms des cagots de Capbreton : Saubat Menjon, autre Menjon, Bertranon, Mingot Colas et autre Colas, Saubat Biroucq de Saint-Jehan, Arnault Guilhem, Menjon Peyraton, Pierre et Jhanon Dongius, Jehan Desbarry dit l'Homme, Jehan Desbarry dit Pachon, Estienne Saubaton, et Arnaulton Ducasso[2].

1. Pour les pièces concernant ces différents points, voir à la partie topographique : *Capbreton* (Landes).

2. Ces noms sont précieux à connaître, car ils fixent à quatorze le nombre des familles de *gahets* de la Punte. Les Menjon ou Menjou sont fort connus dans les Basses-Pyrénées, c'est une famille de cagots très répandue. Les Biroucq de Saint-Jehan descendent des Saint-Jehan qui constituaient

Dix ans plus tard [1], c'est Espelette qui eut recours au Parlement, auquel une requête fut adressée par les abbé (maire) et jurats de la ville. Cette requête, visiblement inspirée des arrêts de 1578 et 1581, ne se contenta plus de réclamer ce que Capbreton avait obtenu, elle ajouta qu'il fallait défendre aux cagots de la paroisse et des environs d'aller à l'offrande avec les autres paroissiens. Cette pièce fut présentée le 9 décembre 1592 au Parlement, ainsi que deux requêtes réclamant l'intérinement des précédents arrêts. Il y fut répondu deux jours plus tard par un arrêt, donnant satisfaction aux requérants et menaçant les cagots de peines graves au cas de contravention, c'est-à-dire du fouet, de l'exil, et d'interdiction de séjour dans la juridiction d'Espelette. Cet arrêt était applicable à tout le ressort de la Cour.

Cela n'empêcha pas, quelques mois plus tard, Saubat Darmoise, notaire et syndic de Labourd, d'adresser une nouvelle requête au Parlement. Non seulement il y demandait que les cagots de Labourd portassent le signal rouge, qu'on leur interdît de toucher aux viandes et autres vivres exposés en vente, et d'aller à l'offrande, mais encore il voulait que ces malheureux ne touchassent plus à l'eau bénite, à peine du fouet et d'être exilés et chassés du bailliage. L'arrêt du 20 mai 1593 donna satisfaction à la requête en termes qui méritent de nous arrêter :

« Les cagots et gahets résidants au bailiage de Labourd, et lieux circonvoisins, leurs femmes et enfants, prendront sur leurs accoutrements et poitrines un signal rouge en forme de pied de guid, *pour être discernés, distincts, et séparés du reste du peuple*; et la Cour leur défend de toucher dorénavant aucuns vivres, qui se débitent aux marchés et places publiques, *sauf ceux qui leur seront baillés*, et *délivrés* par ceux qui les

deux foyers en 1506 à Capbreton et à la Punte; cette famille est assez connue, on la trouve vers la même époque à Aybar. Les Ducasso sont aussi fort répandus parmi les cagots. P. J. N°s 50 et 51.

1. C'est vers cette époque (1589) que survinrent, à Cazères, des troubles graves au sujet d'un cagot condamné sur le soupçon où on le tenait d'avoir jeté un sort sur un habitant de la race pure. Cette curieuse affaire n'a qu'un intérêt secondaire; on la trouvera à la TOPOGRAPHIE, au mot *Cazères-sur-l'Adour* (Landes).

débitent; quant aux ladres, *s'il y en a encore*, ils porteront les cliquettes. La Cour défend en outre auxdits cagots et lépreux d'aller à l'offrande avec les autres habitants aux églises, et de toucher de leurs mains l'eau bénite, *au lieu où les habitans ont coutume de la prendre*[1]. »

Remarquons tout d'abord que c'est la seconde fois où, à une requête visant les cagots, le Parlement répond par un arrêt où l'on distingue *cagots* et *ladres*; ici il va jusqu'à laisser entendre qu'il pense que les cagots sont les seuls lépreux du Labourd, car parlant des ladres il dit : « *si avans en y a* », « s'il y en a encore ». Bien plus, il nous donne à penser que les ladres ne sont pas reclus puisqu'il les considère entrant à l'église commune[2]. Le *signe du pied d'oie* servait, est-il dit encore, à reconnaître et à séparer les cagots; ils vivaient donc séparés. Enfin, en ce qui concerne l'eau bénite, le Parlement spécifie que cagots et lépreux ne la prendront plus dans le bénitier commun. C'est alors seulement que dans les églises apparurent les bénitiers de cagots et certainement aussi les portes auxquelles ces bénitiers étaient annexés. Ce qui tendrait à le prouver, ce sont les rares dates qui figurent encore sur ces portes, et leur caractère architectural. Il est vrai, que certains bénitiers sont fort antérieurs au XVIIe siècle, que certaines portes étaient ornées de sculptures du XIIe et du XIIIe, mais est-on bien certain que les uns et les autres aient dès l'origine servi à l'unique usage des cagots? Certes non. Il suffit de voir les églises où figurent ces portes pour s'en convaincre. Au contraire, dans les monuments les plus anciens, ou aucune porte ne pouvait être détournée de son utilisation primitive, la petite porte des cagots est une pièce ajoutée[3].

Le procès-verbal d'exécution de l'arrêt du 20 mai 1593 est

1. P. J., N° 53.

2. Il n'y avait à cette époque aucune léproserie dans le Labourd. Celle de Saint-Jean-de-Luz citée dans l'*Etat des Maladreries*, dressé par ordre de Louvois, ne paraît être en réalité qu'un quartier de cagots.

3. Le fameux bénitier de Saint-Savin paraît contredire notre opinion. Il n'en est rien. Ce bénitier appartenait primitivement à l'abbaye, dont la chapelle n'a fait qu'assez tard office d'église paroissiale. Nous ne voyons d'ailleurs dans les deux personnages qui l'ornent absolument aucun indice de la qualité de cagot qu'on a cru y distinguer depuis. Enfin la tradition qui se rapporte à ce bénitier ne nous paraît pas tout à fait solide, d'autant que Bascle de Lagréze dans sa *Monographie de Saint-Savin*, n'en parle pas.

daté du 1er juillet de la même année. Mais il y fut fait appel, si bien que le 20 mai 1594 intervint un arrêt de contrariette, auquel les demandeurs répondirent par une requête, qui provoqua une enquête auprès des défendeurs. Après divers actes de procédure, un nouvel arrêt (22 juin 1595) mit à néant l'appel. Les défendeurs furent assignés, et le 8 avril 1596 un arrêt intervint disant que les parties produiront et contrediront ce que bon leur semblera à la prochaine session juridique. Le syndic de Labourd présenta alors une requête tenant conclusions sur le second chef d'arrêt, retenu le 22 juin 1595, qui était d'ailleurs en tout conforme aux termes de l'arrêt du 20 mai 1593. Sur cette requête fut enfin rendu, le 5 septembre 1596, un dernier arrêt visant spécialement la femme Lagarette, capote de Saint-Pée en Labourd, et les siens, dans lequel il convient de relever deux dispositions nouvelles ajoutées à celles que l'on connaît déjà :

1° Il est défendu aux cagots de se mêler au peuple soit aux églises, marchés, et autres lieux publics;

2° Ils ne pourront prendre à l'église aucune autre place que celle qu'eux et leurs prédécesseurs *avaient coutume* d'occuper, à savoir, pour l'église de Saint-Pée : les hommes sur les degrés de l'échelle qui mène aux tribunes, et les femmes contre celle-ci.

Nous remarquerons encore qu'il est écrit, dans cet arrêt, que les cagots ne pourront toucher ni manier, aux marchés, d'autres vivres « *que ceulx qui leur seront baillés et délivrés pour leur entretenement* ». Cette phrase pourrait signifier que les capots recevaient en don ou aumône les aliments nécessaires à leur entretien; mais cette interprétation doit être écartée d'autant que l'arrêt de 12 août 1581 établit qu'ils ne pourront toucher qu'aux vivres qu'ils voudront acheter.

Enfin l'existence en Labourd de lépreux autres que les cagots, paraît contestée par ces mots : « pour le regard des ladres, sy aulcungs en y a, porteront les cliquettes[1] ».

Quelques années plus tard, à la requête de Gregaray, syndic du Tiers-État de Soule, le Parlement de Bordeaux

1. P. J., N° 50.

rendait un arrêt identique à celui ci-dessus, mais concernant le pays de Soule (3 juillet 1604). Les dispositions de cet arrêt furent aggravées le 29 juin 1606 par une ordonnance des États de ce pays, rendue à la requête de Bernard d'Ichard, défendant aux cagots de faire l'office de meunier, de toucher à la farine du commun peuple et de se mêler aux danses publiques.

En l'espace de vingt-six ans (1578-1604) le Parlement de Bordeaux avait donc défini par des arrêts successifs, dictés par les circonstances, tous les usages, depuis longtemps plus ou moins bien observés dans l'étendue de son ressort. Ces usages avaient antérieurement été définis en Béarn et en Navarre.

Les quelques traits qui manquent au tableau fourni par les pièces jusqu'ici citées, sont fournis par Fl. de Rœmond, conseiller au Parlement de Bordeaux. Traitant de la séparation des ladres, il écrit : « Nous voyons en notre Guyenne, cela avoir été pratiqué à l'endroit de ceux qu'on nomme *Cangots* ou *Capots*, race, quoique chrétienne et catholique, qui n'a pourtant aucun commerce, ni ne peut prendre alliance avec les autres chrestiens, moins habiter aux villes, leur estant mesme défendu de se mettre à la table sacrée avec les autres catholiques et ayant lieu séparé à l'église. »

De tous ces usages aucun n'est propre aux cagots, tous sont communs aux lépreux libres de la France entière.

III. — FIN DU XVIIe ET XVIIIe SIÈCLE
L'AFFRANCHISSEMENT DES CAGOTS

On sait qu'aux environs de l'an 1600, des examens médicaux de cagots avaient été faits, soit à Toulouse, soit en Béarn, soit même à Bordeaux. Les résultats négatifs obtenus, l'état d'esprit de la plupart des penseurs et des historiens du temps ne furent pas d'un poids suffisant pour atténuer aussitôt l'effet des arrêts prononcés coup sur coup par le Parlement. L'affranchissement des malheureux cagots se fit progressivement grâce surtout au mauvais vouloir qu'ils mettaient à rester asservis à des mesures que leur état de santé actuel ne justifiait plus. Nous tenons pour certain que cette libération progressive se fit un peu partout à la fois; elle ne trouva de sérieux obstacles qu'à Biarritz, à Condom et à Rivière. A Biarritz surtout, l'opposition intense des habitants donna lieu à de nombreux procès, dont nous avons pu réunir toutes les pièces et dont la succession est des plus instructives.

En 1680 des agots de Biarritz ayant été, contrairement à l'usage, enterrés dans le cimetière commun, un procès fut entrepris. P. Dalbarade, jurat, adressa une requête au bailliage de Labourd, et prit consultation de l'avocat Bruix. Cette curieuse consultation roule sur des questions de juridiction. Elle ne permet pas, contrairement à l'impression première qu'on tire de sa lecture, de conclure à ce fait que les cagots dépendaient du tribunal de l'Évêque. Dans le cas dont il s'agit, c'est le cimetière qui est considéré comme relevant de l'Évêque. C'est pourquoi voulant s'assurer des juges temporels, on décida de commencer l'affaire comme procès criminel; c'est pourquoi faudra-t-il, dit l'avocat, « prendre dans la suite la chose comme une voie de fait et un trouble à la possession; on pourra aussi parler de l'eau bénite et de l'offrande », parce que ces sujets sont touchés par l'arrêt de 1593. Cependant, le conseil jugeait utile de prévenir l'évêque, *pour qu'il ne se formalisât point*; enfin il pensait qu'il conviendrait d'exécuter promptement le jugement pour éviter que son exécution ne fût retardée par un appel.

Ces dispositions amenèrent la marche rapide du procès qui fut à la satisfaction des demandeurs, ainsi qu'on en peut juger par l'exposé des frais qui figurent dans les comptes de la communauté de Biarritz. Ce fut le dernier triomphe des oppresseurs.

L'état des choses à cette époque est parfaitement résumé dans un document concernant Arbonne. Les cagots, y est-il dit, se mettent à l'église dans un coin à part, ils viennent recevoir la paix après les autres fidèles et baisent le bas de l'étole, au lieu de la croix d'argent[1].

Une ordonnance de M. de Besons, commissaire de parti en la généralité de la Guyenne, du 29 avril 1697, marque le

1. On lira ce document à la TOPOGRAPHIE, au mot *Arbonne* (Basses-Pyrénées).

début de la libération des cagots, amorcée en Béarn, en 1683, par Du Bois de Baillet. Par cette ordonnance les cagots de Biarritz et d'Arcangues devaient être admis dans les assemblées générales et particulières de la commune, et reçus à participer aux charges municipales et honneurs de l'église, comme les autres habitants. L'exclusion de ces assemblées et charges avait toujours été appliquée aux lépreux, mais puisqu'on avait reconnu que les cagots n'étaient plus touchés de la maladie de leurs ancêtres, il était naturel que ces usages prissent fin. Un arrêt du Parlement daté du 12 mai 1699, et rendu à la requête des cagots, vint d'ailleurs corroborer les décisions de l'ordonnance.

Les habitants de Biarritz et d'Arcangues, représentés par le syndic général du Labourd, Pierre Du Halde de Iribarren, ne pouvant souffrir ces mesures nouvelles, firent une requête au Parlement pour s'opposer à l'ordonnance de M. de Besons, et, faisant valoir les arrêts de 1578, 1581, 1592, 1593 et 1596, espérèrent amener le retrait de l'arrêt nouveau *surpris*, disent-ils, par les cagots, arrêt que ces derniers voulaient à toute force faire exécuter. L'opposition avait été décidée dans l'assemblée capitulaire du 31 mai 1699, et dans le bilçar du 21 juillet 1699, où l'on avait en outre pris des mesures au sujet du procès entrepris par les cagots pour l'exécution du récent arrêt et de l'ordonnance. On fit appel à l'ordonnance. Louis XIV accorda, en décembre 1699, des lettres dans ce sens, qui ne furent signifiées que le 16 décembre 1700, soit un an plus tard. La signification en fut faite à Jean d'Oyhamboure, charpentier habitant Biarritz, et François d'Oyhamboure, charpentier à Arcangues, pour eux et leurs semblables; elle convoquait ces cagots à comparaître dans les deux mois, afin qu'on pût procéder sur l'appel fait par les maires et juratz de leurs paroisses à l'ordonnance de M. de Besons.

Fidèle à sa précédente décision, le Parlement de Bordeaux termina l'affaire par l'arrêt du 12 mai 1701 confirmant celui de 1699 ainsi que l'ordonnance de 1697[1].

Jean Dalbarade, jurat de Biarritz, qui s'était chargé du

1. P. J., N°s 62 à 69.

procès, et vouait aux cagots une haine féroce, mit sans doute tout le mauvais vouloir possible à exécuter l'arrêt, et tout son soin à ennuyer ses ennemis. Aussi poursuivit-il François d'Oyhamboure, demandant qu'il fît la preuve de ce que lui, Dalbarade, s'opposait à l'exécution de l'arrêt de Cour. On ignore comment se termina ce dernier procès. Mais l'animosité n'en fut qu'accrue, les enfants eux-mêmes épousaient les querelles des parents, si bien qu'en 1710, l'évêque de Bayonne dut intervenir, au cours de sa visite pastorale, pour faire cesser les insultes que les enfants de sang pur adressaient aux jeunes cagots[1].

Quelques années plus tard, Condom, prenant exemple sur Biarritz, commençait à s'agiter à son tour. C'était en 1706 : un certain Laurent Arboucan et sa femme Jeanne Cazenave, cagots, étant venu à perdre leur fille Marie, voulurent la faire enterrer au cimetière commun. Les habitants en s'y opposant amenèrent une bagarre. Aussi Arboucan poursuivit-il, devant le juge-bailli de Condom, seize habitants. Plusieurs arrestations eurent lieu, on commença l'instruction, et l'affaire, portée devant la Cour du Parlement, se termina par un arrêt du 31 janvier 1710, sur la réquisition du procureur général au sénéchal de Condom, faisant défenses expresses aux habitants du diocèse de s'opposer à l'enterrement des *charpentiers* au cimetière commun.

Sur ces entrefaites Arboucan mourut, e fut enterré à Lialores, selon les décisions du Parlement et la coutume nouvelle. Mais des troubles nouveaux éclatèrent à ce sujet, car les habitants ne pouvaient consentir à ce que leurs tombes fussent contiguës à celles des *Capots, autrement Ladres*, et voulaient que ces derniers eussent des cimetières différents. C'est pourquoi ils s'assemblèrent en tumulte pour « empêcher, par force et violence et à main armée, que le corps dudit Arboucan ne fût enterré dans le cimetière commun, ayant menacé de tuer ceux qui voudraient exécuter ledit arrêt, et enlevèrent au sonneur de cloche la bêche dont il se servait » pour creuser la tombe. Le corps fut gardé en la sacristie et

1. P. J., N° 70, et TOPOGRAPHIE au mot *Biarritz*.

le procureur général informa et décréta à ce sujet. Puis, après l'arrestation d'un des coupables, une instruction fut ouverte, et l'affaire portée devant le Parlement, puisqu'il s'agissait d'une contravention à un arrêt de cette Cour. Un arrêt s'ensuivit (28 mai 1710), qui fit remettre les procédures, en raison de voies de fait, au lieutenant criminel de Condom, et ordonna l'exécution des décrets du procureur général. Le 4 juin 1710, Louis XIV ratifia ces décisions par lettres patentes; et le tout fut signifié aux intéressés dans le mois qui suivit[1].

Dans les Landes, à Rivière-Saas, une grave affaire éclata en 1718[2]. Arnaud Moscardès, son valet, Jean et Pierre Tardits, et huit autres gézitains ou cagots de Rivière, ayant voulu aller à l'offrande le jour de Pentecôte, quelques habitants les en empêchèrent par la force et les coups. Le sang ayant été répandu, les offices furent suspendus de la Pentecôte à la Saint-Jean. Le dimanche 24 juillet, la même scène se renouvela, et Darrieulat, théologal et vicaire général, régla que dorénavant, ainsi que l'usage le voulait depuis quarante ans, les habitants de race pure, ou *premiers fidèles*, iraient à l'offrande avant les gézitains. Ce règlement fut renouvelé par Me Destrac, avocat. Mais les gézitains portèrent plainte au sénéchal criminel de Dax, qui le 8 octobre 1718 condamna les sieurs Duboué, Marbat et Lamoliatte, coupables d'avoir provoqué les désordres, à une « réparation publique, à 200 livres de domages, 50 livres d'amende au Roy, 100 livres d'aumones, et les dépends ».

Simultanément, et malgré les décisions successives du Parlement de Bordeaux, la haine des habitants de Biarritz pour les cagots faisait naître un nouveau conflit. En 1718, un certain Arnaut, jadis meunier, devenu cagot par suite de son mariage avec l'héritière d'Erreteguy, se plaça dans les galeries de l'église et demanda l'entrée aux charges municipales et locales, sur la présentation d'un décret d'ajournement personnel. Les habitants s'en émurent, et la question ayant été posée devant l'assemblée capitulaire du 8 mai 1718,

1. P. J., N° 74.
2. Les pièces concernant ces procès figurent aux Pièces justificatives, N°s 75, 76 et 77.

celle-ci chargea Jean Petit-Labat, second juré, d'entreprendre un procès pour faire cesser cet état de choses. A la suite d'une instance en date du 25 juin, Étienne Arnaut obtint une sentence au bailliage de Labourd, signifiée le 5 juillet, qui lui donnait satisfaction. C'est pourquoi dans l'assemblée capitulaire du 10 juillet 1718, Petit-Labat lut un appel à cette sentence, qui avait été interjeté le 6 juillet par son avocat Jacques de Lalande. L'affaire n'eut pas de suites.

Nous ne sommes pas éloignés de penser que Pierre Dalbarade ait été pour quelque chose dans l'affaire de 1718. Il avait joué et devait encore jouer un rôle important dans tous les procès intentés contre les cagots. L'échec subi en 1718 l'avait aigri. En 1721, il insultait, de concert avec Lartigue et Paillet, le cagot Legaret. Mais tandis que ses complices furent emprisonnés, il sut conserver sa liberté, sans doute en raison de son titre de syndic des habitants de Biarritz; il n'en fut pas moins condamné, avec ses deux amis, à faire réparation publique à la porte de l'église, à genoux, à l'issue de la grand'-messe, et cela par sentence du lieutenant criminel d'Ustaritz du 6 mars 1722. Pour diverses raisons de procédure appel fut interjeté à cette sentence; à lire la consultation de l'avocat Rochet, qui est un document remarquable, on devine que les appelants cherchèrent à déplacer la discussion, ainsi que la chose eut lieu à Toulouse vers la même époque. Mais l'appel fut mis à néant et le Parlement de Bordeaux, le 9 juillet 1723, rendit aux anciens cagots tous leurs droits civils, défendant même l'usage d'un nom devenu injurieux et injustifié.

Les cagots triomphaient; au droit leurs ennemis opposèrent la force. Lorsqu'en effet le substitut au procureur général eut envoyé, à toutes les paroisses du pays de Labourd, une copie de l'arrêt (26 août 1723), Legaret, en la faveur duquel cet arrêt était rendu, réclama que dès le lendemain il fut signifié aux jurats de Biarritz. Saint-Martin, sergent royal, assisté de deux archers vint donc à Biarritz pour lire et afficher l'arrêt devant la porte de l'église du lieu; mais une foule considérable d'hommes et surtout de femmes se précipitèrent sur lui avec menaces et insultes, si bien que le sergent se retira sans avoir rien fait, et dressa un rapport des événements (29 août). Après enquête, l'affaire revint devant le Parlement, alors présidé par Montesquieu; et la Cour rendit un arrêt en date du 19 janvier 1724, confirmant celui du 4 juillet 1723, ordonnant la publication de ce dernier et demandant qu'on informa contre les contrevenants.

Les cagots ne firent cette fois aucune démarche pour obliger la communauté à se soumettre, mais les jurats, qui leur étaient hostiles, écrivirent le 12 février 1724 à Lartigues qu'ils ne pouvaient exécuter l'arrêt, car le soulèvement de la population saine serait inévitable, même dans les paroisses voisines, au cas où l'on insisterait. La Cour ne céda pas. Quatre ans plus tard, P. Dalbarade ne tentait plus de se révolter; il avait dépensé beaucoup d'argent pour la cause, et la communauté de Biarritz, lui gardant rancune de ses échecs, ne songeait pas à le dédommager. Il plaida donc sa bonne foi devant le conseiller du Roy, lui demandant d'obliger la commune à lui rembourser ses frais. Il obtint, sur ce point, pleine satisfaction (1729)[1].

Biarritz resta depuis lors dans le calme.

Le 22 novembre 1735, le Parlement de Bordeaux rendit un nouvel arrêt confirmatif des deux précédents, à la suite d'une affaire survenue à Orx.

En 1736 quelques troubles survinrent encore à Rivière-Saas, à propos des places occupées par les cagots à l'église. Ces troubles n'eurent pas de suites[2].

A partir de cette époque on n'entendit plus parler des *cagots* ou *gahets* de Guyenne, Gascogne et Labourd. Quand survint la Révolution et l'Empire, les quelques distinctions, qui avaient survécu, tendirent à disparaître rapidement, d'autant que beaucoup de jeunes cagots fatigués de ne pouvoir trouver femme ailleurs que chez leurs congénères, ou vexés de la sourde méfiance qui survivait encore en quelques lieux à leur égard, profitèreut du service militaire obligatoire pour quitter un pays où la vie leur était ingrate.

De nos jours les cagots ont presque disparu du Sud-Ouest

1. P. J. Nos 87 à 94.
2. Voir à la Topographie le mot *Rivière* (Landes).

c'est à grand'peine que nous avons pu en retrouver quelques-uns dans le Labourd et les Landes. On peut présager que, dans cinquante ans à peine, ces derniers survivants des lépreux seront oubliés par les paysans et villageois, si bien que les médecins auront quelque peine à s'assurer de l'origine cagote des quelques cas de paraléprose que le hasard leur fera rencontrer.

CHAPITRE II

LES CAGOTS DE BÉARN ET NAVARRE

I. — AVANT LA RÉDACTION DU FOR DE HENRI II

L'histoire des cagots de Béarn et de Navarre commence avec le XIe siècle. Les quelques faits appartenant aux périodes antérieures ont surtout un intérêt juridique, c'est pourquoi les avons-nous exposés dans le chapitre préliminaire de la partie juridique du présent ouvrage (p. 162). Quand s'ouvre le XIe siècle, les lépreux ne sont pas nettement classés en catégories; ils le seront seulement deux siècles et demi plus tard. C'est pour cette raison qu'Auriol Donat, dont il est parlé dans le cartulaire de Lucq (an 1000), ne peut être, malgré son qualificatif de *christianus*, classé au nombre des cagots ou lépreux libres et héréditaires. Il en est de même des *gafos* dont parlent les Fors de Navarre (1155). On lit en effet dans ces Fors que lorsqu'un homme *devient gafo*, il faut le séparer de la vie commune et le conduire dans une cabane solitaire située hors de la ville, cabane que les voisins construiront pour lui. Ces dispositions sont conformes à un usage que rapporte le troisième concile de Latran, quand il parle des lépreux vivants *extra civitates* et *villas*, et transférés *ad loca solitaria*. Ces lépreux ne tardèrent pas à constituer de petits groupements en certains lieux; alors ils eurent une chapelle et un cimetière ainsi que le réclame le concile de Latran : « *Leprosi sibimetipsis privatam habeant ecclesiam et cœmeterium* ». Ce fut là le noyau des cagoteries et des villages-léproseries.

Les premières cagoteries du Sud-Ouest ne remontent pas

au delà de la fin du XIIe siècle, on en connaît fort peu au XIIIe siècle, encore celles-ci ressemblaient-elles, à cette époque lointaine, aux villages-léproseries qui couvraient le sol de la France, et où les malades ne jouissaient pas des grandes libertés que nous trouverons plus tard chez les cagots.

On sait qu'en Béarn, il y avait à Oloron, en 1080, la maison des Mesegs, qui fut plus tard une léproserie.

Ce ne fut qu'en 1288 que l'on commença à parler des cagots, et ce fut dans les Fors de Béarn. On y lit que, dans les témoignages en cas de délit et de meurtre, la voix des cagots ne valait pas celle des autres hommes : il fallait de quatre à cinq de ces malheureux pour suppléer un seul témoin ordinaire.

« Art. 65. Item. Fut établi et octroyé que, si par aventure, lesdits jurés ne peuvent point avoir une véritable connaissance de celui qui aura commis le délit, celui contre lequel on aura mauvais soupçon pourra se justifier grâce au témoignage de sept témoins ordinaires ou de trente cagots.

« Art. 170. Item. Si d'aventure quelqu'un est accusé de meurtre qui ait été commis sans cris ni appel à main forte, l'accusé pourra établir son innocence par le témoignage de six personnes, et s'il n'y en a pas, de trente cagots. »

Nous discuterons ailleurs ces articles, ici nous nous contenterons de remarquer qu'ils impliquent une distinction entre les cagots et les lépreux reclus qui paraissent avoir toujours été considérés comme impropres à témoigner en justice. Nous ne pensons pas que les articles du For de Béarn cités plus haut constituent une exception juridique, car les lépreux, dans les autres provinces, étaient selon leur état d'internement ou de liberté, aptes ou non à témoigner. Il est certain aussi que dès cette année 1288, les cagots étaient nombreux en Béarn. Deux ans plus tard, par testament, Gaston VIII léguait cent sous aux lépreux de Béarn que les exécuteurs testamentaires choisiraient. Ce testament rédigé en latin porte le mot *leprosus* ; il vise vraisemblablement les cagots. Il n'en est pas de même du testament de Gaston IX, qui, en 1315, léguait *omnibus hospitalibus leprosorum* cent

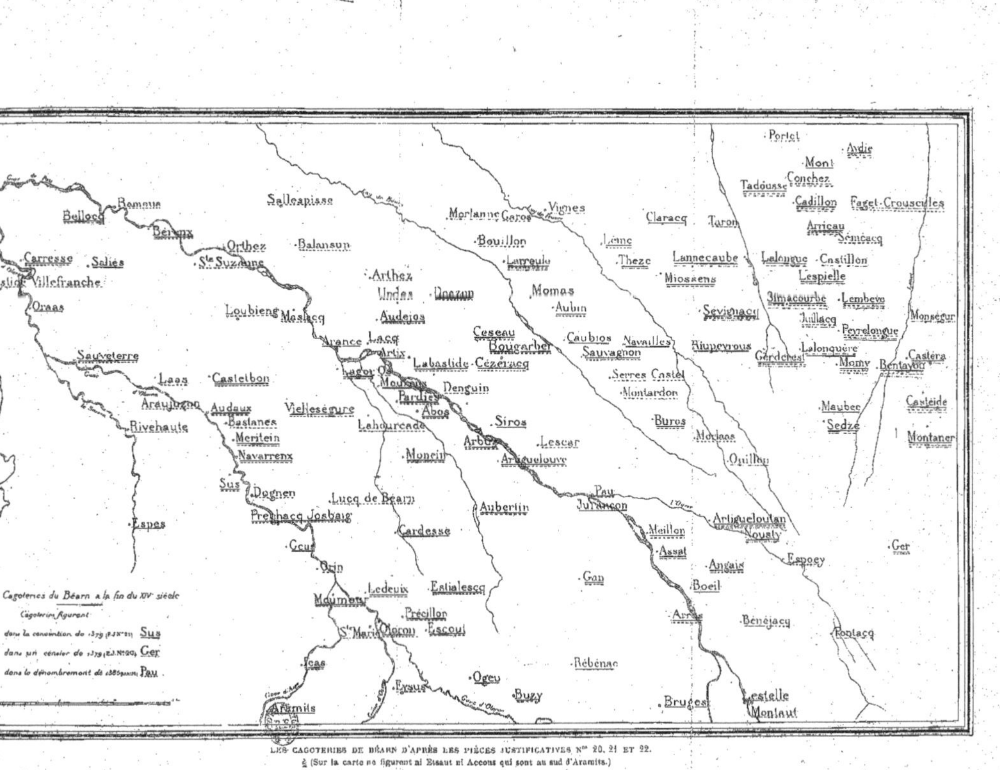

LES CAGOTERIES DE BÉARN D'APRÈS LES PIÈCES JUSTIFICATIVES N° 20, 21 ET 22.
(Sur la carte ne figurent ni Esaaut ni Accous qui sont au sud d'Aramits.)

…AY. — P. 132-133.

livres tournoises, pour être divisées entre ces établissements. La même clause est plus nettement encore spécifiée dans le testament de Marguerite de Béarn. Cette princesse léguait *à tous les lépreux de Béarn et Marsan, c'est-à-dire aux hospices où sont élevées leurs maisons*, dix sous morlaas. Par ces mots on voit que les léproseries de Béarn affectaient le type des villages-maladreries, du genre de ceux de Bordeaux ou de Bayonne; il s'agit ici des léproseries d'Orthez, Lescar, Oloron, Morlaas, qui existaient vraisemblablement dès cette époque, et certainement pas des cagoteries qui n'avaient rien de commun avec l'administration des hospices.

On connaît bien les cagoteries du Béarn au XIVe siècle, et pourtant leur dénombrement n'est guère possible, car les documents qui les citent ne donnent pas des listes absolument superposables. On en connaît cinquante-sept, avant 1365, quatre-vingt-huit en 1379, quatre-vingt-seize en 1385. Si l'on complète, à l'aide du dénombrement de 1385, les listes fournies par les deux documents de 1383, on remarque qu'il existait, pendant ces sept années, cent trente-sept cagoteries en Béarn; chacune d'elles abritant au moins une famille de cinq individus, on arrive à estimer à peu près à six cents le nombre des cagots béarnais, à une époque où seulement quatre léproseries hospitalisaient chacune au plus dix malades.

La progression du nombre des cagots, déjà sensible au cours des dernières années du XIVe siècle, devait se continuer. Nous avons retrouvé un censier du XVIe siècle, pour une partie du Vicbilh; on y voit figurer quarante-sept cagoteries, sur un territoire où de 1379 à 1385 on n'en signale que vingt. En supposant la proportion gardée pour le reste du Béarn, on arriverait à plus de deux cent quatre-vingts catégories, ou près de 1 400 cagots au XVIe siècle.

En eux-mêmes les censiers, hommages, dénombrement du XIVe siècle ont un autre intérêt encore. C'est ainsi qu'un censier (N° 15 des Pièces justificatives) indique les cagots des vallées du Gave de Pau et de l'Ourse son affluent; celui de 1360 concerne les mêmes vallées et de plus celle du Luy de France; celui de 1365 seulement celle du Lées, c'est-à-dire le futur pays de Vicbilh; le rôle des feux pour 1379 ne signale que les cagots du nord-est du Béarn; enfin la convention de 1379 et le dénombrement de 1385 regardent tout le pays.

Les rôles pour les années 1360 et 1365 nous apprennent que les cagots payaient des redevances pour leurs terres ou fiefs, ainsi que des taxes sur le revenu de celles-ci. Le 6 décembre 1379 les cagots passèrent un traité avec Gaston Phœbus par lequel ils s'engageaient à exécuter toute la charpente du château de Montaner, ainsi que les ferrures nécessaires, le tout à leurs frais; en revanche le prince leur accordait la remise de deux francs sur l'imposition de chaque feu, les dispensait de la taille, et leur permettait de prendre le bois dans ses forêts[1]. Les exemptions d'impôts dont il est ici question ne regardaient que les cagoteries existantes en 1379, et non celles à venir, ainsi qu'il est spécifié dans le For de 1551. Ce privilège ne fut aboli qu'en 1707. On ignore si les cagoteries anciennes qui avaient été abandonnées en 1385 (Aydie, Montardon, Lagor, Laas) jouirent des bénéfices du traité de 1379, lorsque plus tard elles furent à nouveau occupées par les parias. Plusieurs des cagots qui figurent dans le dénombrement de 1385 semblent n'avoir pas eu à payer le droit de feu.

La reconnaissance des cagots envers Gaston Phœbus s'était manifestée deux ans plus tôt (1383) par un hommage au souverain, hommage où figurent quatre-vingt-dix-huit d'entre eux[2].

1. P. J. N° 21. Ce document prouve surabondamment que les cagots n'étaient point serfs. Il est intéressant de remarquer que le contrat dont il s'agit fut passé de gré à gré entre les deux parties, dans l'église de Pau, en présence de témoins, et par-devant notaire. F. Michel croit en pouvoir conclure que les cagots n'étaient pas tenus à cette époque pour infâmes et lépreux. Nous ne pouvons pas adhérer à de telles conclusions. Ainsi que nous le montrons, en traitant de la condition des cagots, ceux-ci jouissaient et ont toujours joui d'une liberté à laquelle ne pouvaient prétendre les lépreux enfermés. Il est en outre certain que les cagots souffrant de lésions graves de lèpre, étaient impropres aux travaux que pouvaient accomplir les membres de leur famille chez lesquels la lèpre héréditaire ne s'était que peu manifestée. D'ailleurs le métier de charpentier était réservé aux lépreux par suite d'un préjugé qui voulait que le bois fût impropre à transmettre la maladie.

Ajoutons qu'au XIVe siècle, la lèpre n'était pas une cause d'infamie, et que si plus tard les cagots furent honnis, ce fut par suite d'une erreur populaire concernant leur origine, et peut-être aussi à cause de la crainte stupide du peuple ignorant de la pathologie presque autant que de nos jours.

2. P. J. N°s 23 et 24. Quatre d'entre les cagots s'engageaient, solidairement

La Rénovation de Cour-Mayour (1398) consacra définitivement la générosité de Gaston Phœbus à l'égard des cagots. L'article 9[1] de ce code assimile les cagots aux lépreux, d'autant qu'il est inspiré manifestement, autant dans sa forme que dans son fond, du texte d'un article analogue des conciles de Morcenx (1326) et de Paris (1346), où les prêtres et les hôpitaux sont cités à côté des léproseries. De Maria commentant cet article émet une opinion que nous ne pouvons accepter. Tandis que cet auteur reconnaît que prêtres et hospitaliers furent dispensés de la taille « par le privilège qu'on doit aux choses pies », il croit que les cagots ne bénéficièrent du même avantage qu'en raison du mépris qu'ils inspiraient et « afin qu'ils n'aient rien de commun avec les autres gens de la province[2] ». La rédaction seule de l'article contredit cette opinion, car il est invraisemblable qu'on ait mis côte à côte, sans commentaire, des privilégiés d'espèces si opposées. Les cagots figurent ici comme « choses pies », comme lépreux; d'ailleurs ils n'étaient pas encore en butte au mépris public; ce sentiment à leur égard ne naquit que plus tard, lorsque la lèpre qui les rendait sacrés au XIVe siècle aura presque disparu, ne laissant après elle que des coutumes qui persisteront incomprises parce que injustifiées. Alors le peuple, se refusant d'être illogique, cherchera à expliquer ses usages par une légende peu soutenable (l'origine gothe), que les historiens les plus graves contribueront à faire vivre.

Quoique jouissant de grandes libertés, les cagots n'en étaient pas moins lépreux; comme tels ils avaient à se soumettre à quelques mesures que réclamaient les préoccupations prophylactiques de leur époque. C'est ainsi qu'ils portaient sur leurs habits une marque d'étoffe rouge en forme de patte d'oie, étaient contraints d'aller par les routes munis de chaussures, habitaient dans une maison ou un quartier isolé, etc. En 1460, plusieurs d'entre eux s'étaient déjà libérés

et par corps, à payer, à Gaston, comte de Foix, la somme de 64 florins d'or à peine du double si cette somme n'était pas versée dans les huit jours.

1. Art. 9. — *Idem.* Fut établi et ordonné que les prêtres, hospitaliers, et cagots n'auront pas à payer la taille ni à contribuer aux dons faits au Seigneur, pour le sol des églises, hôpitaux, ou cagoteries.

2. *Commentaires sur le For.* Voir : P. J. N° 183.

de quelques-unes de ces obligations, ce qui poussa les États de Béarn à demander à Gaston de Béarn un règlement par lequel, entre autres choses, il défendrait aux cagots, sous peine de se voir percer les pieds d'un fer rouge, d'aller par les chemins autrement que chaussés; ce règlement ressusciterait en outre la marque du pied d'oie un peu trop oublié. Le prince trouvant sans doute ces prétentions exagérées ne statua pas sur la requête, mais n'en laissa pas moins persister les autres usages que peu d'années plus tard un notaire d'Oloron devait rédiger. Cet intéressant document, daté du 4 août 1471[1], est comparable par son contenu à tous les usages ou règlements auxquels étaient soumis les lépreux dans les autres régions de la France; c'est à peine si quelques fragments ont une couleur plus spécialement locale. Ce règlement fait pour les cagots de Moumour prescrit ce qui suit :

Il est défendu aux cagots d'élever du bétail, ou d'être laboureurs; ils peuvent, selon l'usage, n'être que charpentiers;

Il leur est défendu de se promener déchaussés au milieu des gens de la ville;

Ils ne peuvent entrer au moulin pour moudre le blé, mais doivent déposer leur sac à la porte du moulin;

Ils peuvent demander l'aumône et faire la quête accoutumée de maison en maison, vu leur état de cagoterie (lèpre);

Quand ils iront travailler à la ville ils emporteront leur tasse, afin de ne contaminer personne, et n'entreront boire en aucun lieu de la ville;

Ils sont tenus de travailler pour les habitants de Moumour avant les autres, et à un prix raisonnable;

Ils ne peuvent laver aux fontaines publiques ni autres lavoirs;

Ils ne peuvent aller danser avec les habitants de la ville.

Les dispositions de ce règlement sont toutes inspirées par les mêmes préoccupations qui dictèrent les statuts des léproseries de nos autres provinces; elles n'en diffèrent que par ceci, qu'elles s'adressent à des lépreux libres, tandis que les statuts de léproseries concernent les lépreux reclus qui vivaient

1. P. J. N° 30.

sous l'autorité d'un maître ou prieur, à l'obéissance duquel ils étaient tenus[1].

II. — DE 1551 A 1682

Le For de Henri II (1551) rappelait brièvement tout ce que les documents précédemment indiqués avaient déjà fixé, il n'y ajoutait que deux points nouveaux, l'un concernant les cagots, l'autre les lépreux reclus. Le tout constitue quatre articles.

Le premier traite de l'exemption de la taille, exemption uniquement applicable aux anciennes cagoteries, et dont ne pourront bénéficier les biens ruraux dont les cagots feront acquisition.

L'article IV de la rubrique 55 interdit aux cagots la « conversation familière » avec les personnes saines, c'est-à-dire la vie commune dans toutes ses manifestations : mariage, présence aux réunions, confréries, bals, tavernes, etc. ; le For spécifie à ce sujet que leurs maisons doivent être séparées, et qu'à l'église et aux processions ils seront isolés derrière les autres personnes, le tout sous peine d'une loi majeure.

Ces dispositions leur sont communes avec tous les lépreux qui nulle part en France ne pouvaient jouir de la vie com-

1. Voici quelques articles extraits de statuts de léproseries où figurent des dispositions analogues à celles qu'on a lues dans le règlement contre les cagots de Moumour.

« *Leprosi non possunt nec debent manducare in civitatem Lexoviensis, nec bibere in taberna....* » (*Lisieux*).

Aux *Andelys*, ils ne peuvent « *repairer à l'eau de Vergon* ».

« *Nec extra domum comedant, bibant...* » (*G^d Beaulieu de Chartres*).

« *Li frère malade ne doivent approcher... à la grange là où l'on bat le blé et l'avoine* » (*Saint-Lazare d'Amiens*).

... Les lépreux ne peuvent avoir qu'un coq et une poule, et un porc pour leur usage personnel, selon les statuts de *Lisieux*; ils ne peuvent donc faire élevage de bétail.

A *Saint-Lazare de Meaux* le lépreux qui va « *par les villes et tavernes* » est considéré comme rebelle et désobéissant.

A *Saint-Lazare de Noyon* les lépreux sortent avec « *solers à deux noyaux*[1] » et ne peuvent se mêler aux réunions des personnes saines : « *que nulz malades ne se mesche en congrégation de sains* ».

Ils ne pouvaient laver aux fontaines publiques; à *Meaux* ils possédaient chacun pour cet usage, un « *cuvier à lessive*[2] ».

1. Souliers à deux boucles.

2. On trouvera les statuts dont il s'agit ici dans : *Statuts d'Hôtels-Dieu et de léproseries...* par Louis le Grand. *Paris-Picard*. 1901.

mune, et qui dans les églises occupaient le fond de l'édifice, dans cette partie qui est située sous les cloches[1], ainsi qu'il avait été déjà spécifié dans les conciles des premiers siècles. Lorsque la population cagote ou lépreuse était nombreuse, elle possédait une chapelle privée, ainsi que de très nombreux exemples en font foi, et cela selon les prescriptions du IIIe concile de Latran.

L'article V de la même rubrique interdit aux cagots « de porter autres armes que celles dont ils ont besoin pour leur métier de charpentier ». Qu'on ne s'étonne point de cette règle, elle est conforme à divers statuts de léproseries; nous nous contenterons de citer ceux de Saint-Lazare d'Amiens où on lit : « *Nous deffendons que frères malades ne porte, ne ait sur lui, ne entour son lit, ne en son huchel, ne ailleurs, coutel à pointe*[2], *ne hache, ne fanguet, ne espée, ne broque de fer ne d'acher*[3]..... »

L'article V prendra par la suite une importance considérable, car les cagots se reposeront sur lui pour refuser d'aller à la guerre, et les gens sains pour leur interdire l'entrée de carrières autres que celle de menuisier.

L'article VI se rapporte aux lépreux reclus, ainsi qu'on en peut juger par le mot *ladres* dont il est fait ici usage, et par les termes qui leur interdisent d'aller vivre ailleurs que dans les *maisons à eux destinées*, « *qui los son depputadas per los domicilîis* ». Il ajoute que quoique dans chaque maison ne peut demeurer qu'un ladre et sa famille, ceux qui seront de passage pourront venir y loger seulement deux jours. Une disposition analogue se trouve dans les statuts des léproseries de Lisieux : « *non debent recipere hospites leprosos extraneos nisi semel in quindena* », et dans ceux de Châteaudun : « *ignotos autem leprosos per locum illum trasitum facientes recipiet frater leprosus, una nocte* ».

Le For de Henri II sera pendant plus d'un siècle l'unique

1. On constate cette même disposition, en ce qui concerne les cagots, en particulier aux églises d'Argelos, Bescat, Saint-Pé de Bigorre, etc., où l'on connaît avec certitude la place qu'occupaient ces malheureux.

2. Nous verrons que plus tard le couteau pointu et l'épée furent spécialement interdits aux cagots.

3. Art. 17.

texte sur lequel on discutera, c'est lui qui fera la base des persécutions dirigées contre les cagots, persécutions qui ne seront combattues qu'à partir de 1683.

Le For, rédigé en 1551, fut imprimé et répandu en 1552. Peu d'années plus tard, les États de Béarn réunis à Sauveterre, en 1562, renouvelaient, après délibération, une requête, qu'en 1460 ils avaient vainement présentée à Gaston XI; elle fut remise à Jeanne d'Albret. Cette reine trouvant que l'obligation du port de la *patte d'oie* par les cagots, et la transfixion des pieds au fer rouge réclamée contre ceux de leur espèce qui iraient déchaussés, étaient choses cruelles et sans doute inutiles vu les usages déjà en rigueur, « admonesta l'assemblée sur son manque de charité », et refusa de statuer sur ce sujet. L'attitude de l'illustre reine lui était dictée sans doute aussi par le souvenir du feu roi, Antoine de Bourbon, mort cette année même au siège de Rouen, et qui peu de mois plus tôt avait montré quelque bienveillance à l'égard des cagots, en leur accordant des lettres patentes, sur leur demande; par ces lettres, qui ne furent pas enregistrées, « *les cagots devaient être traités comme les autres sujets ruraux, pourvu qu'ils fussent trouvés sains de leurs personnes*[1] ».

Il est regrettable qu'on ne possède pas ces lettres, dont l'existence n'est révélée que par un mémoire de Du Bois de Baillet (1683); le peu qu'on en sait prouve que les cagots étaient des malades héréditaires, et que dès cette année 1562 la lèpre s'atténuait chez eux au point même de disparaître apparemment chez quelques-uns. Quarante ans plus tard la lèpre commencera à être mise en doute chez les cagots.

Un rôle d'impôts pour le pays de Vic-Bilh, fait au XVIe siècle, montre que dans cette petite partie du Béarn on comptait alors 47 maisons de cagots; il y en avait souvent 2 et même 3 par village; chaque cagot payait douze deniers d'impôts; un censier de 1597 indique seulement 7 cagots, pour 3 villages, payant un cens[2].

Ce fut en 1604 que commencèrent les conflits entre les États de Béarn, attachés aux vieilles coutumes, et les cagots, qui, forts des récents examens médicaux à eux favorables,

1 et 2. P. J. Nos 101 et 102.

faits à Toulouse et peut-être aussi à Bordeaux, cherchaient peu à peu à jouir de la condition des autres hommes.

Le 15 juin 1604, et les jours suivants, à la requête des jurats de Nay, les États décidèrent de demander qu'il fût interdit aux cagots de faire du commerce, ou de mettre en vente aucune sorte de fruit ou autres comestibles, et qu'on taxât le salaire dû aux cagots pour leurs travaux. Sur le vote unanime de l'assemblée, une requête fut adressée à Monseigneur de La Force, lieutenant général représentant le seigneur souverain de Béarn, dans laquelle, prenant texte du IVe article de la 55e Rubrique du For, les États se plaignirent de ce que depuis peu « les cagots se permettaient de fréquenter familièrement le reste du peuple, achetant et vendant des denrées et marchandises comme les autres gens, en particulier à Nay, où ils jetaient le trouble parmi bourgeois et marchands, en achetant à plus haut prix et vendant meilleur marché que les autres; de même ils débitaient en public des comestibles, faisaient le trafic du vin, et exposaient leurs marchandises dans les tavernes; ainsi ils violaient le For, car il n'y a pas de meilleurs moyens pour se mêler au peuple que celui dont ils usaient. Le peuple non seulement avait, disait-on, à souffrir de cet état de choses, mais encore de ce que les cagots acceptaient d'exécuter d'autres travaux que ceux auxquels ils avaient droit en tant que charpentiers et menuisiers, et qu'ils allaient jusqu'à refuser d'exercer ces derniers métiers auxquels ils étaient pourtant obligés par le Ve article du For; de plus ils ne voulaient travailler qu'à double salaire, et pendant une seule partie du jour : en conséquence les États demandaient qu'il fût interdit aux cagots de faire toute espèce de commerce, et qu'il leur fût ordonné de servir les habitants de leur métier de charpentier soit à la journée, soit à prix fixe, et de demander aux Jurats en quel lieu ils devraient habiter ». La Force répondit par un règlement ordonnant l'exacte observance des IVe et V^e^ articles du For visés par la requête [1].

On remarquera qu'ici il n'est fait aucune allusion à la lèpre, dont on aurait pu tirer parti pour légitimer le mécon-

1. P. J. N°s 104, 105 et 106.

tentement du peuple. C'est probablement que la lèpre des cagots était déjà fort atténuée ou rare, et qu'à l'invoquer les États risquaient fort de perdre leur cause. Ils la firent triompher grâce au For, dont les articles demeuraient inviolables, quoique les motifs qui les avait dictés eussent perdu peu à peu de leur valeur. L'argument que les cagots auraient pu tirer de cette considération ne sera pas utilisé non plus par eux, avant plusieurs années, sans doute parce qu'ils jouissaient de certains avantages qu'ils craignaient de perdre par leurs réclamations.

Malgré le règlement de 1604, les cagots ne se plièrent pas partout aux exigences des États : c'est ainsi qu'à Garos, en 1607, ils refusèrent de fabriquer les cercueils. Une ordonnance des jurats et députés de cette ville, du 1er octobre de la même année, les obligea alors à faire les cercueils à toute réquisition, et ce moyennant un salaire fixe, payable par les maîtres de la maison où le décès avait eu lieu, et sous peine, à toute contravention, d'une amende majeure divisée par tiers entre les pauvres, la garde et le bayle[1].

Trois ans plus tard, les États de Béarn délibéraient de nouveau sur des questions presque identiques (25 et 27 juin 1610), et adressaient aussitôt au gouverneur La Force une requête dans laquelle ils rappelaient les dispositions du For, et disaient que « néanmoins les Cagots depuis peu se permettent de faire trafic de vins, graines, et autres marchandises, et de les vendre en gros et au détail, en outre ils exercent depuis quelque temps le métier de marchands de laine, et louent à leur service des experts en la matière et autres habitants francs[2], ont valets et serviteurs en leurs maisons, portent comme tout le monde des armes quand ils vont par le pays, ainsi qu'il appert plus amplement de la requête des maîtres experts laneficiers d'Oloron, Sainte-Marie, Monein, Luc, Moumour, Gurmenson, Arros et Anhos ». En conséquence les États demandèrent non seulement de défendre aux cagots de

1. P. J. N° 108.
2. On ne peut conclure de ce mot à l'état de servage des cagots; le *franc* nous apparait ici être celui qui jouit de tous ses droits civils, et qui à juste titre peut être opposé aux cagots dont les droits sont limités par le For.

se livrer aux commerces ci-dessus indiqués[1], mais de leur ordonner de n'ouvrer que de leur métier de charpentier, sous peine d'amende, et de leur faire porter, pour qu'on les reconnût, une marque apparente laissée au choix du gouverneur[2]. Le gouverneur répondit par un arrêt ordonnant l'exacte observance du For, sous telles peines que celui-ci portait[3]. Il est vraisemblable que ces deux arrêts du gouverneur général furent observés. Ceux-ci prennent à nos yeux une importance d'autant plus grande qu'ils furent vraisemblablement promulgués peu de temps avant que fût fait en Béarn un examen médical de cagots suivi d'un rapport. Ce rapport, fait en exécution d'une ordonnance du marquis de La Force, concluait à la parfaite santé des malheureux parias[4]. Il est curieux de remarquer que ce document n'eut d'autre conséquence que de persuader à tous que la lèpre n'était pas la vraie cause de la séparation des cagots, et que dès lors les règlements récents ou anciens n'avaient rien à perdre de leur autorité. Ce fut peut-être l'avis des cagots qui préféraient, par amour-propre, être considérés comme descendants d'une race, si honnie fût-elle, que comme fils de lépreux. Rien ne pourrait, en effet, en dehors de ces considérations, expliquer le silence des documents béarnais qui reste complet jusqu'en 1640.

A cette date fut portée une plainte par les jurats d'Oloron contre Jean de Nay, cagot d'Oloron, et Jean de Capdeville, cagot de Mont, qui s'étaient arrogé certains droits dont la noblesse aurait pu prendre ombrage. La nature des faits reprochés est exposée dans la requête des États ; ce document contient en outre des détails si complets sur la situation des cagots que nous jugeons devoir en donner ici la traduction, qui mieux que toutes les descriptions faites par les historiens anciens satisfera la curiosité du lecteur.

1. On tolérerait cependant la vente en gros des fruits poussés sur leurs terres.

2. Les délibérations d'où sortit cette requête sont curieuses à lire, elles avaient conclu tout d'abord à autoriser les cagots à vendre seulement en gros les vins de leurs crus.

En ce qui concerne la marque distinctive, le député de Pau en demanda la suppression ; celui de Salies réclama un bonnet vert ; celui de Rivièregabe voulut un brassard.

3. P. J. Nos 109, 110 et 111.

4. Voir p. 47 ce que nous disons au sujet de ce rapport.

Du 13 décembre 1640. — « Par les quatrième et cinquième articles du For, rubrique *De la qualité des personnes*, il est interdit aux Cagots de se mêler aux autres hommes pour la conversation familière, et de porter autres armes que celles dont ils ont besoin pour l'exercice de leur profession de charpentier; et pour montrer que telles gens sont exclus de tous les avantages et privilèges dont jouissent les autres personnes, les dits articles ajoutent que les dits cagots doivent habiter séparés des autres hommes, et en effet leurs cimetières sont à part, et de même leurs places sont isolées au fond des églises; et cependant les Etats ont reçu une plainte disant qu'au préjudice des règlements, certains cagots d'Oloron ont bâti des colombiers sur leurs maisons, possèdent et élèvent des colombes (pigeons) qui vont se nourrir sur les terres des autres habitants de la ville; et qu'un autre cagot, habitant à Mont, porte l'épée au côté, manteau, bottes et éperons, et de plus se permet de chasser avec des armes à feu et des chiens[1]. Comme ces choses sont en contradiction avec l'état d'avilissement où ils sont nés, et montrent visiblement qu'ils cherchent à vivre dans une condition égale à celle des autres hommes, et que par ce moyen ils violent le For et les statuts municipaux, les Etats supplient le gouverneur d'ordonner la démolition et la suppression du colombier du cagot d'Oloron, et de lui défendre ainsi qu'à tous autres d'en dresser aucun; et de défendre aussi au cagot de Mont de porter manteau, bottes, épée, armes à feu, ou autres instruments en fer ou armes que ceux que nécessite son métier de charpentier, selon le For, et de ne s'habiller autrement qu'il convient à sa condition[2]. »

Par règlement du 30 décembre 1640, le gouverneur, comte de Gramont, donna pleine satisfaction aux États.

Les cagots, quoique péniblement frappés dans leur orgeuil, cherchèrent alors dans les Fors mêmes le moyen d'adoucir leur situation. Ce fut encore de la vallée du Gave d'Oloron que partit la révolte. Cette fois ce furent les cagots de Castetner, Sauvelade, Loubieng et Maslacq qui envoyèrent une requête au gouverneur le suppliant que, conformément au For, qui leur défendait de porter des armes et d'être mêlés au reste du peuple, ils ne fussent pas appelés à être soldats; ils accepteraient toutefois, sur l'appel de leur souverain, d'aller à la guerre pour servir de leur métier en cas de siège, ou

1. La plainte des Jurats portait en outre que ce cagot se mêlait dans le temple aux autres fidèles.

2. Le texte béarnais se lit aux P. J. N° 122.

autres occasions; ils rappelaient en outre qu'ils n'étaient point taillables pour les anciennes cagoteries du pays.

Les États examinèrent la requête; quoique les avis fussent très partagés, les cagots eurent pour eux la majorité, et Monseigneur de Poyanne, lieutenant général, fit un règlement du 8 juin 1642 conforme à la requête, en ce qui concernait le service dans les armées; ce fut le comte de Gramont qui renouvela par règlement l'exemption de la taille conformément aux termes mêmes du 23e article de la première Rubrique du For.

L'interdiction du port des armes et l'exemption relative du service militaire n'empêchaient pas les cagots de faire partie des milices bourgeoises. Ce n'est qu'en 1663, par délibération du Corps de la ville de Pau, du 19 juin, et sur la requête du premier sergent, que « les cagots qui se devaient fournir dans la compagnie lorsque la bourgeoisie prenait les armes par ordre de messieurs les Jurats », purent être renvoyés au cas où ils viendraient encore à se présenter. Les motifs invoqués étaient : que quoique séparés des bourgeois « en toutes rencontres, néanmoins en celle-ci ils étaient leurs compagnons », et de là arrivait que les chefs de famille ne voulaient point se présenter à la milice et envoyaient à leur place leurs valets et « souvent de la canaille[1] ».

Les cagots du royaume de Navarre avaient, comme ceux de Béarn, fait parler d'eux dès le XVIe siècle. Depuis les guerres de Navarre, et la création du petit royaume de Navarre, ils avaient perdu les quelques avantages que le pape Léon X leur avait fait accorder, quelques années auparavant. Plus remuants sans doute que les Béarnais, ce sont eux qui commencèrent les conflits, dictant à leurs voisins la règle de conduite qu'ils devaient suivre.

En 1579, Saint-Geniès président aux États de Navarre ordonna, sur la requête desdits États, le prélèvement d'un impôt sur le revenu du travail des cagots; il leur défendit en outre le port d'armes autres que l'épée[2].

En 1581, à la suite de quelque tentative d'émancipation,

1. On lira ce document à la TOPOGRAPHIE, au mot *Pau*.
2. P. J. N° 113.

le même seigneur de Saint-Geniès, octroyait, aux États de Navarre assemblés à Saint-Palais, un règlement par lequel il interdisait aux cagots de se marier avec des personnes de race pure, et à peine de mort de se joindre à elles par adultère ou autrement; de plus il leur enjoignait de se tenir séparément dans les églises et d'habiter à part. Ce règlement fut confirmé en 1608.

En 1606, dans le pays de Soule[1], conformément à ce que nous avons déjà vu dans un document béarnais de 1471, on interdit aux cagots, sous peine du fouet, de faire office de meunier ou de toucher à la farine du commun peuple[2].

Ces règlements successifs restèrent-ils sans effet? Il est permis de le croire, car, dès 1609, les trois États de Navarre demandaient au marquis de La Force, lieutenant général du royaume, d'ordonner l'exacte observance des règlements antérieurs. Ce qui fut fait.

Les cagots eurent dès lors à souffrir de la sévérité des magistrats. Aussi en 1611 demandaient-ils, mais en vain, aux États leur libération.

Après une période de calme, qui coïncide avec celle que nous avons observée en Béarn, une nouvelle tentative d'émancipation se dessina, vivement réprimée par un règlement des États, sous la présidence du comte de Gramont, daté de La Bastide-Clairence, le 21 octobre 1628, ordonnant aux magistrats, peut-être trop complaisants, d'informer contre les contrevenants aux règlements de 1581 et 1608. Trente-deux ans plus tard seulement (1660), on introduisit en Navarre un règlement analogue à celui octroyé en Béarn en 1640, et dont une des clauses contredit ce qui avait été décidé en 1579, à savoir, qu'il était dorénavant interdit aux cagots de porter des armes à feu, poignards, bâtons ferrés, *et même des épées*; on leur défendait en outre de tenir des cabarets.

En 1672, les députés du pays de Cise présentèrent une requête aux États de Navarre, car une fois de plus les anciens

1. Nous rappelons que le pays de Soule dépendait à cette date du Parlement de Bordeaux; il n'en fut séparé qu'en 1620.

2. Il est possible que pareil usage ait été observé dans le Labourd à cette époque, mais il est bon de remarquer qu'au XVIIIe siècle il n'en était plus ainsi dans ce pays, du moins à Biarritz.

règlements étaient insuffisants à maintenir les cagots dans les limites étroites antérieurement fixées. On ne s'étonnera point du mauvais vouloir de ces malheureux chez lesquels la lèpre avait disparu complètement, et qui acceptaient mal leur condition, qu'une légende ethnologique, certainement fausse à leurs yeux, était insuffisante à justifier. C'est pourquoi les coups réitérés des États de Navarre et du gouverneur, qui renouvelaient sans cesse les mêmes défenses, le 8 juillet 1672, le 15 octobre 1678, le 23 août 1680, le 7 octobre 1682, restèrent-ils insuffisants à calmer cette soif de liberté qui ne tarda plus longtemps à être assouvie.

III. — DE 1683 A NOS JOURS

Ce fut dans la personne d'un contrôleur des finances, M. Du Bois de Baillet, et dans l'esprit de justice du Parlement de Navarre, que se rencontrèrent les premiers défenseurs des cagots.

Sans doute le Parlement avait rendu récemment un arrêt[1] interdisant le mariage des cagots avec les gens de race pure, mais faut-il lui en tenir rigueur quand on songe à la pression que durent exercer sur l'esprit de cette assemblée, les décisions récentes et répétées des États de Navarre, et les idées intransigeantes du comte de Gramont ?

On peut estimer que Du Bois de Baillet montra par son initiative quelque courage, et aussi quelque habileté. Colbert venait en effet de transformer profondément l'organisation financière du pays ; les intendants auxquels il avait donné une haute autorité dans leurs provinces, s'occupaient activement aussi à fournir au Trésor les sommes que réclamait la gloire de Louis XIV. En Béarn, il était peut-être malaisé de trouver dans les impôts des ressources nouvelles, aussi Du Bois de Baillet s'avisa-t-il de demander aux cagots de payer leur affranchissement. Colbert accepta la proposition à la condition qu'elle pût rapporter trente ou trente-cinq mille livres ;

1. Il est intéressant de remarquer que, quoique le royaume de Navarre et le Béarn aient été réunis en 1620, le parlement de Navarre, que Louis XIII avait créé pour harmoniser l'organisation judiciaire de la nouvelle province, ne s'occupa pour la première fois des cagots que vers 1680.

elle en rapporta près de cinquante. L'intendant avait en effet convenu de faire payer aux cagots, pour jouir de la déclaration royale d'affranchissement, à chacun, deux louis d'or; il dit à ce sujet : « quoyque la somme soit peu considérable, neantmoins j'ay creu que c'estoit assez à cause de la pauvreté de ces gens là, et le grand nombre qui s'en rencontre dans ces provinces fera monter cette contribution à la somme de quarante-cinq ou cinquante mil livres[1]..... »

Le geste un peu trop pratique de l'intendant nous paraît manquer totalement de dignité, d'autant que si nous admirons l'idée humanitaire et un peu le courage de celui qui n'hésitait pas à rompre avec les vieux usages, nous ne pouvons que blâmer l'hypocrisie qu'il manifeste dans son projet de déclaration royale, où, gardant le silence sur le marché qu'il a convenu, il fait dire au roi qu'il « désire traiter les cagots avec bonté, effacer les marques de l'esclavage qui peuvent persister encore, entretenir l'égalité de tous et lever les distinctions qui n'étaient établies que sur une erreur populaire, ne servant qu'à troubler la concorde entre les sujets ». S'il avait réellement dans l'esprit de si nobles pensées, il n'avait pas besoin de réclamer du roi la libération des cagots au cas seulement où ils paieraient[2].

Le projet de lettre patente présente un certain intérêt historique, en ce qu'on y trouve exposés d'une façon nette tous les usages jusqu'alors acceptés au sujet des cagots. Il y est écrit en effet qu'afin que les cagots jouissent dorénavant des mêmes privilèges et avantages que les autres sujets du royaume,

« Nous abolissons les dits noms de Christians, Cagots, Agots et Capots.....

« Voulons qu'ils soient admis aux ordres sacrés et reçus dans les monastères, qu'ils soient placés dans les paroisses

1. P. J. N° 137. On voit par les lettres de Du Bois de Baillet que les cagots étaient alors en Béarn au nombre de deux mille cinq cents environ (le louis d'or valait 10 livres), et que leur situation financière était peu enviable.

2. S'il s'était agi d'un véritable affranchissement, si les cagots avaient été serfs, on comprendrait mieux qu'ils eussent eu à payer un droit de franchise; mais il n'en était pas ainsi.

de leur demeure indifféremment avec autres habitants, qu'ils puissent aller à l'offrande, prendre et rendre le pain bénit, chacun à leur tour, et que les séparations qui sont dans les églises des places qu'ils occupent seront abattues, et les portes de leur entrée bouchées.....

« Permettons à nos sujets affranchis de choisir leurs habitations où bon leur semblera, même dans les villes,

« Voulons qu'ils puissent être choisis pour toutes les charges des communautés, dans lesquelles ils feront leur demeure, tant honorables qu'onéreuses, qu'ils soient appelés aux assemblées des communautés dont ils font partie,

« Levons les défenses qui leur sont faites... de contracter mariage avec nos autres sujets,

« Laissons liberté de choisir telle profession qu'il leur plaira... et y être reçus maîtres,

« Permettons porter... les armes permises par nos ordonnances. »

Mais ces privilèges n'étaient accordés, et les cagots ne pouvaient en jouir qu'en « payant les sommes auxquelles ils seraient taxés ».

Les usages auxquels le roi mettait fin par ces lettres, adressées au ressort des Parlements de Navarre, Bordeaux et Toulouse, remontaient certainement au XIVe siècle ; plusieurs de ceux-ci avaient toujours été admis sans conteste, d'autres avaient été combattus par les cagots (ce sont ceux à propos desquels intervinrent soit les articles du For de Henri II, soit des règlements ultérieurs) ; d'autres étaient tombés en désuétude, la lettre n'en fait pas mention, ce sont le port de la marque rouge et l'usage obligatoire des chaussures ; un autre enfin persistait (c'était un privilège), l'exemption de la taille pour les anciennes cagoteries.

Le roi signa-t-il la déclaration rédigée par l'intendant de Béarn, ou bien s'arrêta-t-il à une formule où l'indemnité ne figurait pas; c'est ce que nous ne saurions décider. Il est toutefois certain, qu'il le fit vers 1684; on lit en effet dans le *Mémoire sur le Béarn* de l'intendant Lebret, écrit en 1703 : « Ce n'est que depuis environ quinze ou vingt ans qu'ils (les cagots) ne sont plus distingués des autres habitants de Béarn par toutes ces marques d'ignominies défendues par une déclaration du roi[1]. »

Le Parlement de Navarre se conforma aussitôt à la volonté royale. Le 4 décembre 1688 il défendit aux Jurats d'Aubertin de distinguer sous prétexte de cagoterie un certain Pédezert, des autres habitants. C'était une nouveauté juridique. Elle suscita un *tolle* général si l'on en juge par la délibération et la requête des États de Navarre du 29 juin 1690. Rien n'est curieux comme ce document; tout y est mis en œuvre contre la décision du Parlement; on y cite les règlements des États accordés par de Saint-Geniès, et de Gramont, on y flatte le roi en lui montrant la grandeur et la noblesse des Navarrais qui perdraient de leur prestige à la libération des cagots méprisés; le danger est d'autant plus grand qu'à la suite des récents arrêts qui rendaient les cagots de certaines villes capables de tous offices et bénéfices, les cagots se sont syndiqués pour faire déclarer, communs à tous, les arrêts rendus, et qu'ils viennent de faire assigner à cette fin leur syndic au Parlement[2].

La requête des États resta lettre morte.

Deux ans plus tard (9 juillet 1692), le Parlement de Navarre intervenait en faveur de Bernard de Capdepont et tous les autres charpentiers et tisserands des paroisses Sainte-Croix et Saint-Pierre d'Oloron, qui demandaient d'être reçus à présenter le pain bénit, à leur tour, dans l'église. Non seulement la Cour donna satisfaction aux demandeurs, mais encore défendit, sous peine de 500 livres d'amende, de distinguer, en quoi que ce fût, les anciens cagots. On remarquera que dans cet arrêt la qualité de cagot n'est pas donnée à B. de Capdepont, et que pour la première fois on dit *les charpentiers* et *tisserands*, au lieu du nom que la Cour voulait rayer du vocabulaire[3].

1. *Mémoires des intendants Pinon, Lebret et de Bezons, sur le Béarn.....* [publiés par M. Soulice], Pau, Vve L. Ribaut, 1906.
2. P. J. N° 139.
3. P. J. N° 140. Nous ne connaissons pas de titre antérieur à celui-ci où il soit dit que les cagots étaient tisserands. Dans la suite un grand nombre embrasseront cette profession, autant dans la vallée du Gave d'Oloron que dans celle de la Nive. A Chubitoa, et à Michelenia en particulier, tous les tisserands sont d'origine cagote, même de nos jours.

En 1695, les cagots de Nay, de Pau, de Mont, de Bruges, « et autres en nombre considérable », s'adressèrent à M. Pinon, maître des requêtes, intendant de justice, police et finances en Béarn, Navarre, Bigorre et Soule, demandant qu'on fît observer les récents arrêts de Parlement, d'autant qu'on continuait à les injurier, les appelant *Ladres*, cagots et capots, qu'on leur interdisait de participer aux votes ou même d'être présents aux assemblées publiques, et qu'on les séparait encore dans les églises, allant jusqu'à leur faire refuser par les curés la bénédiction du pain qu'ils présentaient. A cause de cela, les suppliants avaient eu recours au roi qui envoya des ordres à l'intendant[1].

Ces ordres adressés par Louis XIV à Pinon, le 5 octobre 1695, enjoignaient de veiller à l'exécution des récents arrêts du Parlement selon leur forme et teneur. Dès ce jour auraient dû cesser toutes les contestations, toutes les tracasseries dont étaient victimes les cagots. Mais telle était la force des préjugés, que le peuple fit longtemps encore opposition aux idées nouvelles, car tout en cédant à la loi il conserva à l'égard des anciens parias une attitude hostile et méprisante.

L'intendant de Béarn sur le vu de ces lettres et des arrêts de 1688 et 1692, rendit, à la requête des cagots, une ordonnance datée du 8 mars 1696, enjoignant à tous les juges royaux, maires et jurats de faire respecter les décisions récentes[2].

Force resta à la loi.

Les anciens cagots jouirent alors d'une condition après laquelle ils soupiraient depuis longtemps. Bien plus, ils gardèrent vis-à-vis du peuple un avantage, celui de ne pas payer la taille pour les cagoteries anciennes. Le maintien de ce privilège était contraire aux décisions qui voulaient faire disparaître toute distinction entre les cagots et le reste du peuple. C'est ce que comprirent les maire et jurats de Monein qui, malgré les réclamations de Pierre de Crestiaa de Cardesse, obtinrent, le 19 février 1707, l'abrogation du privilège créée en 1379 par Gaston Phœbus[3].

1. P. J. N°s 141 et 142.
2. P. J. N° 143.
3. P. J. N° 144.

Ici devrait se terminer l'histoire des cagots de Béarn et de Navarre. En fait, aucun événement nouveau ne modifia l'état des choses établi dès lors. Mais le peuple, chez qui les préjugés ne se laissent pas déraciner aisément, provoqua encore plusieurs arrêts du Parlement de Navarre, qui ne firent que répéter et confirmer les décisions antérieures de cette Cour.

Le 20 septembre 1721, Pierre Lostalot de Lembeye, le 21 avril 1722, les ci-devant cagots de Pau, Nay, Igon et Bruges, obtenaient des arrêts propres à donner toutes satisfactions à leurs plaintes dirigées contre les jurats et le peuple récalcitrants. A Lurbe et Asasp l'hostilité publique contre les cagots alla jusqu'à provoquer des émeutes auxquelles mit fin un arrêt du 28 novembre 1730.

Enfin un arrêt du 28 septembre 1763 condamna un habitant de Gurs qui avait eu l'imprudence de traiter de cagots les membres de la famille Lacaze.

Depuis, le silence des documents laisse penser que les cagots vécurent en paix. Mais alors même qu'on leur concédait partout la jouissance des droits communs, on n'en continua pas moins à les distinguer, évitant de leur parler, de les épouser, de les fréquenter, si bien que deux siècles se sont écoulés depuis 1707, sans que la race des cagots ait pu se faire complètement oublier.

CHAPITRE III

LES CAPOTS DU LANGUEDOC

Quand, quittant la Gascogne et la Navarre, on pénètre dans le Languedoc, on s'étonne de ne plus guère trouver trace des cagots. C'est que ceux-ci ne constituaient pas en Languedoc une classe nettement individualisée. Ici, ils étaient intimement confondus avec les autres lépreux, et c'est par exception qu'on trouve quelques individus nommés cagots ou capots dans la partie la plus occidentale de la province, partie qui seule entre dans le cadre du présent ouvrage, et qui est limitée à l'est par la Garonne et l'Ariège.

Quoique Toulouse soit sur la rive droite de la Garonne, il est utile que nous en parlions ici, car elle joue un rôle prépondérant dans l'histoire de la lèpre et de la capoterie en Languedoc.

Toulouse tient en effet une place à part parmi les villes du Sud-Ouest, par le nombre considérable d'établissements hospitaliers qui s'y élevaient. Catel, en ses mémoires, en cite vingt-neuf, comme ayant jadis existé dans la capitale du Languedoc. Faut-il voir là une manifestation spontanée de la charité publique, ou croire au contraire que la pitié fut sollicitée par l'abondance extrême de malades? C'est à cette seconde hypothèse que nous nous arrêtons de préférence, car tout nous fait penser que les hôpitaux et maladreries de Toulouse étaient ouverts aux malades de toute la région avoisinante. Pourrait-on comprendre sans cela que cette ville ait compté, fait exceptionnel, sept léproseries au XIVe siècle, et trois encore au XVIIe siècle [1]?

1. Voir plus loin, p. 272-273.

C'est pourquoi il ne faut point s'étonner que nous cherchions à Toulouse les éléments de l'histoire des lépreux du Languedoc.

Dès la première moitié du XIVe siècle, les Coutumes de Toulouse interdisaient aux lépreux la fréquentation journalière avec les autres hommes, et faisaient examiner les suspects afin qu'il fût aussitôt pourvu à leur isolement. Cet isolement se faisait dans les léproseries alors si nombreuses en la ville. On ne peut douter que ces sages mesures fussent propres à éviter l'expansion du mal et surtout sa propension par voie héréditaire. C'est en conformité avec la coutume, que Philippe VI ordonnait au sénéchal de Toulouse de veiller à l'isolement des lépreux qui contrairement à leurs droits se mêlaient au peuple.

En 1404, Charles VI interdisait aux lépreux de toute la France d'habiter, ni entrer dans les maisons ou lieux de réunion, ni converser avec les personnes saines. Cet ordre était applicable à Toulouse.

Pareilles défenses furent renouvelées, le 7 mars 1407, par le même prince, qui avait appris qu'en Guyenne et dans les sénéchaussées de Toulouse, Carcassone, Beaucaire, Rouergue, Bigorre et Quercy se trouvaient certaines gens frappés d'une espèce de lèpre, appelés capots ou casots, qui de toute ancienneté vivaient séparés des personnes saines, et étaient distingués par une marque *afin que les sains ne fussent point contagionnés* par eux. Ces malades, grâce à de grands et puissants amis, étaient arrivés à jouir de certaines faveurs, vivaient librement parmi les autres, buvant, mangeant et habitant au milieu de tous. Le roi, devant le danger que de tels abus faisaient courir à la santé publique, ordonna que, comme l'usage ancien le voulait, les cagots portassent dorénavant le signal accoutumé.

Peu après, Toulouse eut encore maille à partir avec les lépreux ou capots qui s'étaient répandus dans la ville et la sénéchaussée. Le dauphin Louis, de passage dans la ville, nomma le 10 juillet 1439 des commissaires chargés de visiter plusieurs personnes qui étaient « malades et entichées d'une très horrible et griève maladie, appelée la maladie de lèpre et capoterie », pour qu'on pût les séparer d'avec les sains.

Il est vraisemblable que les capots de Toulouse ne furent pas mis dans des capoteries comparables à celles du Béarn, mais dans des léproseries. Le régime de quelques-unes des léproseries de Toulouse convenait en effet à leur situation. Parmi celles-ci on sait en effet que plusieurs n'avaient rien de commun avec les maladreries-hôpitaux, mais revêtaient bien plutôt l'aspect des cagoteries béarnaises, où la famille entière vivait en commun, sans être soumise à la direction d'un supérieur ecclésiastique.

Mais des lépreux récalcitrants rendaient la tâche difficile à la municipalité, ainsi qu'au Parlement. On lit en effet dans les archives du Parlement, qu'un huissier à cette Cour, Guillaume Gourdin, ayant été reconnu lépreux, se vit interdire, le 18 décembre 1456, l'entrée du marché et de l'église, si ce n'est de bon matin avant qu'il n'y vînt d'autres personnes. Cet homme peu soucieux sans doute de la santé publique, n'en continua pas moins à agir à sa guise, si bien qu'un ordre vint le toucher le 19 décembre suivant, lui imposant de quitter sa maison et « d'aller vivre en quelque hostel loing des gens bien au large et aéré ». Ordre inutile. Le 9 février 1459 on lui défendit à nouveau de rester en son domicile à peine de perdre son office, et le 17 avril suivant on l'emmenait de force.

Qu'on ne s'étonne point que, de la sorte, Toulouse ait été un véritable foyer de maladie. La municipalité s'efforça cependant d'améliorer l'hygiène de la ville, car on sait, par les archives du Donjon, que le 12 novembre 1499 on payait un garde, à la porte Saint-Étienne, « pour empêcher d'entrer en ville les mesels et les roigneux et autres gens infectés[1] ».

Jusqu'à la fin du xve siècle, dans le Languedoc, lépreux et cagots semblent avoir été soumis aux mêmes règlements; s'il existait une différence entre eux, elle ne devait tenir qu'à leur condition de vie, les uns vivant dans des léproseries sous la tutelle d'un maître, les autres vivant en famille dans les

1. Nous avons puisé plusieurs de ces renseignements dans la thèse du Dr Cuguillères : *Les Léproseries de Toulouse.*

cagoteries. Tous avaient interdiction d'aller dans la ville, de se mêler au peuple dans les maisons, assemblées et églises, enfin ils signalaient leur présence par leur vêtement ou une marque spéciale.

On ignore si les capots jouissaient en Languedoc des mêmes avantages qu'en Béarn. La chose est probable. On sait en effet qu'au XVIe siècle ils avaient le droit de signer certains actes. C'est ainsi que, le 17 mai 1560, les capots de Saint-Clar et Lectoure (Gers. Juridiction du Parlement de Toulouse) passaient une transaction avec les procureurs ou fermiers du comté d'Armagnac, moyennant laquelle, il est vraisemblable qu'ils renonçaient à certains droits et gagnaient certaines libertés. La question de leur origine lépreuse entrait certainement en ligne de compte dans cet acte, car du jour où les capots comprirent qu'ils pourraient arriver à faire laver la tache de leur origine par un arrêt du Parlement, ils demandèrent au roi des lettres tendant à la cassation de leur transaction (29 janvier 1600).

Vers le milieu de la seconde moitié du XVIe siècle éclataient à Saint-Clar et à Lectoure des conflits entre les cagots et le peuple. Les premiers voulaient se mêler aux seconds en toutes circonstances. De là des scènes de violence et des injures, qui amenèrent un procès terminé par sentences du sénéchal d'Armagnac, auxquelles il fut fait appel (1579). Une nouvelle affaire du même genre réunissait les plaideurs en 1599 et 1600. Le Parlement avant de juger si les charpentiers de Lectoure et Saint-Clar étaient en droit de se plaindre d'avoir été injuriés du nom de *capots*, ordonna qu'il fût procédé à un examen médical. Le 15 juin 1600, les médecins reconnurent que les capots en question étaient absolument sains de leur personne. Ce n'est qu'en 1627 que les anciens parias obtinrent du Parlement entière satisfaction, et la jouissance de tous les privilèges qui jusqu'alors leur étaient refusés [1].

Cet arrêt de 1627 eut sans doute un retentissement considérable, car il n'y a aucune trace de procès nouveaux avant la fin du XVIIe siècle.

1. P. J. Nos 150 à 153.

En 1664 un différend éclata entre les dominicains de Bagnères-de-Bigorre et l'archiprêtre, les premiers voulant autoriser la sépulture d'une femme cagote en leur couvent, le second s'y opposant. L'assemblée municipale de la ville se réunit à ce sujet (19 septembre) et décida qu'elle s'opposerait à cet enterrement si contraire « aux bonnes et anciennes coutumes ». Les cagots intervinrent alors par une instance portée devant l'Official de Tarbes, mais le corps municipal se hâta à son tour de représenter à ce tribunal ses prétentions. Tandis que cette instance était encore pendante, un cagot fit enterrer son enfant chez les dominicains. Il est probable que l'Official permit aux cagots de faire ensevelir les leurs aussi bien chez les dominicains qu'à la chapelle Saint-Blaise[1]. Cependant, par suite d'une requête des consuls de Bagnères, l'affaire fut portée devant le Parlement de Toulouse. Nous croyons que cette requête resta sans effet, et que la Cour évita de statuer à son sujet, puisque le Parlement désirait rester fidèle à ses décisions de 1627[2].

Cependant les préjugés n'étaient point vaincus; ils se manifestèrent, tout à coup, au début du xviiie siècle. Déjà en 1699, le vicaire général d'Auch avait dû rendre des ordonnances en faveur des cagots de Montbert, quand, sur une requête des charpentiers d'Averon, de Sabazan, de Sainte-Christie, de Bascous, de Lanne-Soubiran et de Betous, le Parlement interdit à peine de 500 livres d'amende « à toute sorte de personne, de quelle qualité que ce soit, de les injurier de Ladres, Cagots, Capots et Gahiz, ni même de refuser leurs suffrages dans toutes les assemblées où ils se trouveront »; il ordonnait en outre qu'ils fussent admis aux mêmes charges et droits honorifiques que les autres habitants (30 juillet 1700)[3].

En 1703 les capots de Mombert[4], n'ayant pas obtenu toutes les satisfactions que le vicaire général d'Auch avait décidées, en ce qui concernait leurs rapports avec le curé du lieu, firent au Parlement une requête pour obtenir l'exhuma-

1. C'était le nom de la chapelle des cagots.
2. P. J. N°s 154 à 157.
3. P. J. N°s 158 et 159.
4. Mombert était en Armagnac.

tion d'une jeune fille de leur caste et la translation du corps dans le cimetière commun. Le Parlement par arrêt du 20 août leur accorda ce qu'ils demandaient et ordonna que dorénavant ils fussent traités, comme le reste du peuple, à l'église, aussi bien de leur vivant qu'après leur mort; il renouvelait en outre les déclarations de l'arrêt du 30 juillet 1700 [1].

Cet arrêt fut confirmé en 1745 et 1746. Depuis, le Parlement de Toulouse n'eut plus à s'occuper des descendants des capots.

1. P. J. N° 159.

TROISIÈME PARTIE

HISTOIRE JURIDIQUE DES CAGOTS

Jusqu'ici les juristes, à de très rares exceptions près[1], ont complètement négligé l'étude de la condition des cagots; c'est qu'ils ont estimé sans doute que ce sujet était d'un intérêt médiocre. Il mériterait en effet fort peu qu'on s'y arrêtât, si les cagots n'étaient que des serfs comme l'avait pensé Marca. Il n'en est pas de même du moment où on les considère comme appartenant à une classe spéciale de lépreux. C'est pourquoi nous avons cru utile de bien montrer dès le début de cet ouvrage que les cagots étaient lépreux.

Lorsqu'on parcourt les nombreuses monographies où sont publiés des documents, concernant des lépreux libres d'une région quelconque de la France, on voit que les auteurs s'étonnent toujours lorsqu'ils constatent que ces malheureux jouissaient d'une condition très spéciale, n'ayant que des rapports éloignés avec ce que l'on sait de la condition des lépreux enfermés. Nous avons acquis la conviction que les faits ainsi mis en lumière ne constituent pas des exceptions, mais des cas particuliers d'une règle générale, dont les cagots fournissent l'exemple le plus intéressant.

Le grand nombre de documents que nous avons recueillis sur le sujet, nous permet aujourd'hui d'aborder l'histoire juridique des cagots. On remarquera que certaines des questions que nous étudions restent encore bien obscures, que

1. De Maria et Bascle de Lagrèze ont consacré deux et trois pages à la condition des cagots.

d'autres ne peuvent être tranchées par des règles générales, et que les faits d'exception prennent en certains cas une place importante. La plupart des difficultés qui se présentent tiennent à la nouveauté du sujet qui ne recevra une lumière complète que lorsque nous aurons, dans un avenir que nous souhaitons prochain, réuni les éléments nécessaires pour écrire l'histoire des lépreux libres de la France entière. Encore restera-t-il toujours des questions difficiles à trancher puisqu'il nous faudra sans cesse reposer sur les lois et usages du moyen âge, dont la complexité et la multiplicité sont peu propres à rendre notre tâche aisée.

Nous n'avons certes point la présomption de penser que nous écrivons, d'une façon définitive, ce chapitre jusqu'ici négligé de l'histoire du droit, mais nous espérons, grâce à l'abondance de nos documents, établir des bases sur lesquelles d'autres, plus savants ou plus heureux que nous, pourront s'appuyer pour construire mieux ou compléter les pages que l'état actuel de nos recherches ne nous aura pas permis d'écrire.

DIVISION DU SUJET

La condition des lépreux reclus est assez connue par un grand nombre de documents publiés de-ci de-là; celle des lépreux libres est presque ignorée; c'est elle pourtant qui rappelle le plus ce que nous pouvons observer aujourd'hui en Turquie, et que Zambaco-Pacha a décrit si merveilleusement, dans ses *Voyages aux pays des Lépreux*. La condition du lépreux turc ne nous émeut et ne nous étonne guère; c'est, avec un peu de civilisation en moins, celle de nos tuberculeux dans les sanatoria; et nous ne sommes pas éloigné de croire qu'au moyen âge le peuple n'était souvent pas plus féroce pour les cagots, que ne sont nos paysans modernes à l'égard des malheureux phtisiques [1].

1. Un médecin de nos amis, dont la bonne foi ne peut être suspectée, nous a dit, après avoir fait un séjour de quelques mois dans un sanatorium du centre de la France, que les habitants des villages ou hameaux voisins évitaient de parler aux pensionnaires de l'établissement, que les enfants leur jetaient couramment des pierres, et que même on allait jusqu'à les traiter de lépreux et pestiférés. Aussi les malades évitaient-ils d'aller du côté des

Dans les départements du Sud-Ouest, il y avait très peu de lépreux reclus; les quelques léproseries, sur lesquelles nous avons pu recueillir des notes, restent encore à peine connues; on ne sait même rien de leurs règlements ou statuts. Aussi nous bornerons-nous ici à étudier les lépreux libres ou cagots au point de vue du droit civil, certain d'apporter des vues nouvelles dans une question que l'abondance des matériaux accumulés nous permet d'étudier dans ses détails.

Nous diviserons le sujet en trois chapitres, que nous ferons précéder d'un chapitre historique et ferons suivre d'un appendice sur le droit pénal.

Dans les deux premiers chapitres nous étudierons *la condition des cagots*, en nous basant sur le texte du For de Henry II, dont la rubrique 55e, *De qualitatz de personnes*, comporte trois articles qui nous intéressent, et dont le contenu peut se diviser ainsi :

(Art. IV.) — 1° Les cagots ne doivent pas se mêler aux autres hommes pour la conversation familière;

2° Ils doivent habiter séparés des autres hommes;

3° A l'église, ils doivent se mettre derrière les personnes saines.

(Art. V.) — 4° Les cagots ne peuvent porter d'autres armes que celles nécessaires à leur profession de menuisier.

Nous subdiviserons les deux premiers chapitres de la façon suivante :

Ch. I. Séparation des *cagots*.

1. Pourquoi séparer les lépreux?
2. Qui est lépreux?
3. Les moyens employés pour reconnaître les lépreux.
4. Séparation des cagots. Leur demeure;
5. Séparation des cagots. Leur famille;
6. Séparation des cagots dans les rapports sociaux;
7. Séparation des cagots à l'église.

Ch. II. Privilèges et Incapacité. Obligations des cagots.

lieux habités. Ces mœurs regrettables ne sont heureusement pas encore trop répandues. La nécessité d'une prophylaxie ne doit pas exclure la pitié, ni surtout la charité. L'Église l'avait compris au moyen âge en prenant sous sa sauvegarde les lépreux.

1. Privilèges de juridiction ;
2. Cagots et colliberts; cagots affranchis et vassaux;
3. Les cagots et le droit de bourgeoisie;
4. Privilège de la taille;
5. Obligations professionnelles;
6. Service militaire et interdiction du port des armes;
7. Le droit de quête.

Le troisième chapitre aura trait aux biens et contrats et se divisera en quatre paragraphes :

1. Tenures féodales et censives;
2. Ventes, cessions et baux;
3. Contrats de mariages;
4. Testaments et héritages;
5. Contrats professionnels;
6. Confréries, corporations.

Enfin, dans un appendice, nous traiterons de quelques points se rattachant au droit pénal et à la procédure.

CHAPITRE PRÉLIMINAIRE

HISTORIQUE

L'histoire des lépreux, dans les départements du Sud-Ouest de la France commence sans doute avec l'établissement des Phéniciens en Aquitaine. C'est un fait depuis longtemps établi que les Phéniciens « ont porté partout avec eux le *morbus Phœnicus*, c'est-à-dire la lèpre qu'ils avaient contractée en Égypte, comme les Hébreux, et qu'ils ont semée partout où ils ont établi leurs nombreux comptoirs commerciaux[1] ». Ceci remonte au XVe siècle avant notre ère. Nous ne pouvons nous empêcher de croire que la maladie, si grave put-elle être à cette époque, s'atténua peu à peu et finalement disparut presque totalement de notre territoire. En effet il faut attendre plus de vingt siècles pour entendre à nouveau parler du fléau. C'est vers le VIe siècle, époque des invasions germaniques, que la lèpre reparaît chez nous comme un fléau. Dès 570, une léproserie existait dans le Jura, à Saint-Claude, et en 583 le concile de Lyon s'occupait du sort des lépreux, et en décrétant que les évêques devraient s'occuper de fournir à ces malades la nourriture et le vêtement, afin de leur ôter tout motif d'aller d'une cité à une autre transporter leur mal, sous le prétexte de chercher du travail ou des aumônes qui leur permettraient de pourvoir à leur subsistance[2]. Ce concile

1. Zambaco-Pacha, *Bull. de l'Acad. de méd. de Paris*. Séance du 31 octobre 1893, t. XXVIII, p. 630.

2. *Concilium Lugdunense III*. — « ... Placuit etiam universo concilio, ut unuscujusque civitatis ipsius aut nascuntur, aut videntur consistere, ab episcopo ecclesiæ ipsius sufficientia alimenta, et necessaria vestimenta accipiant, ut illis per alias civitates vagandi licentia denegetur. »

Acta Conciliorum et epistolæ decretales ad constitutiones summorum pontificum. Ab anno DLI ad annum DCCLXXXVII. — Parisiensis ex typographia Regia MDCCXIV. — T. III, col. 456.

inaugurait du même coup cet état de choses qui devait faire que les lépreux pendant plusieurs siècles ne relevèrent que du pouvoir ecclésiastique.

L'origine germanique de la lèpre en France a trouvé de nombreux partisans. Le Danemark et la péninsule Scandinave étaient et sont encore (cette dernière du moins) des foyers où la lèpre sévissait terriblement d'une façon endémique. Les races anglo-saxonnes devaient dès lors être frappées et transporter partout derrière elles ce mal qu'elles répandirent par toute la Germanie, le nord et l'est de la France, enfin dans les Iles Britanniques, où la plus ancienne législation, celle de Howel le Grand, fait souvent mention de la maladie. C'est par cette voie que la Bretagne vit réapparaître le fléau; c'est par la grande invasion qui visita les Pyrénées, l'Espagne, les Alpes, puis l'Italie, que le mal s'établit pour longtemps dans ces régions. L'hypothèse est rendue d'autant plus vraisemblable que les mots *Kakod* et *Caffo*, formes les plus anciennes de la racine d'où devait dériver le mot *cagot* (lépreux), se rencontrent en Bretagne, dans les Pyrénées, l'Espagne, les Hautes-Alpes, et l'Italie, et que ces mots, manifestement germaniques d'origine, ne peuvent avoir été introduits dans ces régions que par l'invasion qui avait importé la lèpre et aussi les termes qui devaient servir à nommer ses victimes. Si la maladie avait été bien connue antérieurement, il y aurait eu toutes les chances pour qu'on n'ait pas emprunté à l'envahisseur un mot qui eût fait double emploi.

Quand avec les premières années du VIIIe siècle, les Sarrasins apparurent en Espagne, puis en France, ils firent éclore de nouveau l'épidémie qui commençait à s'éteindre. Pépin le Bref décréta alors que la lèpre était cause suffisante pour l'annulation du mariage; puis Charlemagne en ses Capitulaires d'Aix-la-Chapelle (789) répéta cette décision[1]. Mais l'empereur, qui avait su repousser les Sarrasins, ne put pas chasser l'épidémie, que quelques familles arabes entretinrent pendant plusieurs siècles au fond des vallées

1. Capitulaire d'Aix-la-Chapelle. — Titre : « *Item, alia capitula de diversis rebus, partim ecclesiasticis, partim politicis.* § XX. De leprosis, ut se non intermisceant alii populo. » (Une autre version porte : christiano populo.) *Acta conciliorum...*, t. IV, col. 846.

pyrénéennes. La vallée d'Argelès, celle de l'Aspe, celle de la Nive, et certains coins des Landes, non seulement ont conservé jusqu'à nos jours le souvenir du *mal arabe*, mais encore leurs populations a gardé le type ethnique de ses ancêtres les Sarrasins. L'Espagne, où le Musulman vécut plusieurs siècles, a plus encore souffert de la lèpre que la France, car non seulement elle nourrit aujourd'hui encore, en certaines de ses provinces, l'endémie, mais encore elle est depuis longtemps le centre d'où la maladie est partie pour envahir la Turquie, la Grèce et l'Algérie. Lorsque vinrent les croisades, avec le retour des preux, la lèpre qui depuis le VIe siècle sévissait en France prit tout à coup une importance et une extension considérables. La foi, particulièrement vive chez nous, faisait s'élever dès le XIe siècle, sur notre sol, des fondations pieuses, des monastères, des églises, et aussi des hôpitaux. L'exemple de saint Louis, dont les regards étaient constamment tournés vers ceux qui souffraient, allait accentuer les tendances philanthropiques, si bien que le sol français fut couvert, sous le règne de ce roi, de près de 2000 léproseries.

Il nous paraît difficile d'établir, d'une façon précise, quelle pouvait être la condition des lépreux avant le IIIe concile de Latran (1179). Il est probable que rien de très net n'avait été institué, et que l'arbitraire régnait en maître. Tous étaient soumis à la juridiction ecclésiastique; pour cette raison il est probable que la plupart des malades vivaient hospitalisés, obéissant en cela à l'autorité des prêtres ou des religieux, qui veillaient de leur mieux à la santé publique; mais si l'hospitalisation était pratiquée pour les grands malades, il est vraisemblable que ceux qui étaient moins atteints pouvaient vivre en famille, aller par les villes, quêter, et même travailler. Tous les règlements en vigueur se résumaient d'ailleurs à peu de chose : les sources où ils sont consignés sont les textes conciliaires. Il n'y a évidemment dans ces textes rien qui soit propre à la région limitée qui nous occupe; cependant, nous croyons utile d'insister un peu sur des règles qui plus tard auront une influence très marquée sur la législation béarnaise et qui contiennent déjà l'ébauche de ce qui plus tard caractérisera le lépreux libre et le lépreux reclus.

En 314 le concile d'Ancyre décida que les lépreux se tiendraient à l'église, au même lieu que les énergumènes, et cela afin de ne pas transmettre leur maladie aux autres fidèles[1]. Le lieu dont il s'agit n'est autre que le vestibule, ou encore cette partie de l'église qui se trouve sous les cloches. Plus loin, nous verrons que les cagots même au XIXe siècle étaient encore relégués en Béarn, en cet endroit.

Nous avons vu comment, en 583, le IIIe concile de Lyon avait chargé les évêques de pourvoir à l'entretien des lépreux. En 726, quelques difficultés s'étant élevées dans l'église à propos de la participation des lépreux aux sacrements et aux agapes, le pape Grégoire II écrivit une lettre à l'évêque Boniface pour lui dire que, tandis qu'il fallait interdire les repas en commun, il fallait au contraire ne pas refuser la communion aux lépreux[2].

Il faut encore citer les actes de Clotaire (630), les Capitulaires de Pépin (757) et de Charlemagne (789), et l'on aura une vue d'ensemble de l'état de la question, telle qu'elle se trouvait encore au début du XIe siècle, c'est-à-dire à l'époque où furent redigés les premiers titres qui composent le cartulaire de l'abbaye de Lucq en Béarn (1000). Nous avons déjà suffisamment insisté sur ce document pour n'avoir pas à y revenir[3]; rappelons seulement que le mot *christianus* désignait déjà à cette époque les lépreux, et que ceux-ci n'ont jamais été soumis au servage, comme plusieurs auteurs le répètent à tort sur la foi de cette unique pièce qui jusqu'ici n'avait pas été interprétée correctement.

A part la fondation de quelques léproseries ou hôpitaux,

1. Concilium Ancyranum. « Hos eosdem sane non solum leprosos crimine hujusmodi factos, sed et alios isto suo morbo replentes, placuit inter eos orare, qui tempestate jactantur, qui a nobis energumeni apellantur. » (*Versio Isidori, ch. XVII.*) — « Eos qui irrationabiliter vixerint et lepra inusti criminis alios polluerint, præcepit sancta synodis inter eos orare, qui spiritu periclitantur immondo. » (*Versio Dionysii exigui, ch. XVI.*), *Acta conciliorum...*, t. I, p. 278.

2. Gregori II Papæ epistolæ II. Ad Bonifacium episcopum. — § X. « Leprosi autem, si fideles Christiani fuerint, dominici corporis et sanguinis participatio tribuatur : cum sanis autem convivia celebrare prohibeantur. » *Acta Conciliorum*, t. III, col. 1860.

Le concile de Worms répète les termes de cette lettre, en 868; le texte ne diffère que par les derniers mots, qui sont « ... celebrare non permittantur ».

3. Voir à la Table des Documents (n° 1) les pages où est étudié ce titre.

rien ne vient plus éclairer l'histoire de la lèpre dans le Sud-Ouest, jusqu'au IIIe concile de Latran (1179), qui aura une influence considérable sur les faits qui occuperont les XIIIe et XIVe siècles. Voici un des chapitres les plus intéressants de ce concile.

XXIII. — *Leprosi sibimetipsis privatam habeant ecclesiam et cœmeterium.* Cum dicat Apostolus, abundantiorem honorem membris infirmioribus deferendum : ecclesiastici quidam quæ sua sunt, non Jesu Christi, quœrentes, leprosis, qui cum sanis habitare non possunt, et ab (*ad*) ecclesiam cum aliis convenire, ecclesias et cœmeteria non permittunt habere, nec proprii juvari ministerio sacerdotis. Quod quia procul a pietate Christiana esse dinoscitur, de benegnitate apostolica constituimus : ut ubicumque tot simul sub communi vita fuerint congregati qui (*quot*) ecclesiam cum cœmeterio constituere, et proprio gaudere valeant presbytero, sine contradictione aliqua permittantur habere. Caveant autem, ut incuriosi veteribus ecclesiis de iure parochiali nequaquam existant. Quod namque eis pro pietate conceditur, ad aliorum injuriam nolumus redundare. Statuimus etiam ut de hortis et nutrimentis animalium suorum decimas tribuere non cogantur [1].

Le concile en s'élevant contre les prêtres qui ne permettaient pas aux lépreux d'avoir église ni cimetière, ni aumônier qui leur fût attaché, nous dit que les lépreux ne pouvaient se mêler au peuple dans les églises, ni reposer dans le cimetière commun. Il laisse aussi entendre qu'il ne veut pas laisser ces malheureux dans l'impossibilité d'assister aux offices ni d'être ensevelis en terre sainte. Il y a là comme un souvenir du concile d'Ancyre, qui réservait une place dans l'église pour les lépreux. Cependant, comme dans certaines paroisses le nombre des malades était assez considérable, on décréta que, là où la chose serait jugée utile, on créerait une église entourée de son cimetière, et réservée à ces seuls malades. C'est ce qui se fit à Bordeaux et à Bayonne en particulier. En outre, la condition des lépreux dont il s'agit diffère manifestement de celle des lépreux reclus, qui possédaient depuis longtemps chapelle et aumônier dans les maladreries ; le concile de Latran vise donc les lépreux libres.

La libération de l'impôt décimal est une innovation impor-

1. *Sacrosancta Concilia, ad regiam editionem exacta*, etc... *Lutetiæ parisiorum*, t. X (paru en 1671); Concilium Latranense III, col. 1520, ch. XXIII.

tante. Il convient de remarquer que le cens et la taille ne sont point visés, quoique les prescriptions de l'Église donnassent à entendre aux seigneurs qu'il était meilleur d'exonérer de tout impôt ces malheureux. L'exonération de la taille se fit, en Béarn, pour les cagots en 1379, et ne tarda pas à passer dans le For sous une forme manifestement inspirée du texte des conciles de Morcenx (1326), et de Paris (1346) qui menaçaient d'excommunication ceux qui feraient payer la taille aux *maladreries*.

Quant au cens, il fut toujours perçu. C'est ainsi que le Livre d'Or de la cathédrale de Bayonne (1266) mentionne un groupe de *crestians*, c'est-à-dire de lépreux, censitaires de Sainte-Marie pour la somme annuelle de 6 deniers.

Avant le concile de Morcenx, la taille elle aussi était perçue chez les lépreux, du moins est-il permis de le croire, puisque le For de Morlaas (1220) dit que *seuls les domangers* (*dominici*), qui n'avaient pas coutume de payer la taille, continueront à jouir de ce privilège.

Deux autres passages, contenus en la XXXVIIe partie de l'Appendice du IIIe concile de Latran, nous intéressent encore.

CH. II. *Idem*. Pervenit ad nos, quod cum hi, qui lepræ morbum incurrunt, de consuetudine generali a communione omnium separentur, et extra civitates et villas, ad loca solitaria transferentur, nec uxores suas taliter ægrotantes sequantur, sed sine ipsis manere præsumant. Quoniam igitur, cum vir et uxor una caro sint, nec debeat alter sine altero diutius esse : fraternitati tuæ, etc. ; quatenus, si qui sint in provincia tua viri vel mulieres qui lepræ morbum incurrunt, uxores ut viros, viri ut uxores suas sequantur, et eis conjugali affectione ministrent, sollicitis exhortationibus indicere laboretis. Si vero ad hoc induci non potuerunt, eis arctius injungatis, ut uterque altero vivente continentiam servet : et si qui contra mandatum nostrum venire præsumpserit, eos contradictione et appellatione cessante vinculo anathematis adstringas.

Sed hoc, ubi de locis habitatis expelluntur ad solitaria : illud, ubi non Vel hoc, quando tanta apparet macula, quod ex tactu timetur infectio : illud. quando non tanta.

CH. III. *Idem. Bathoniensi episcopo.* — Quoniam ex multis auctoribus et præcipue ex evangelica veritate apparet[1], nemini licere uxorem

1. Math., V, 22.

suam, excepta causa fornicationis, dimittere : constat quod sive mulier lepra percussa fuerit, sive gravi aliqua infirmitate detenta, non est propterea a viro suo separanda. Leprosi autem, si se continere noluerint et aliquam quæ sibi nubere velit inveniant, liberum est eis ad matrimonium convolare. Quod si virum sine uxore divino udicio leprosum fieri contigerit et infirmus a sana carnale debitum exigat, generali precepto Apostoli [1], quod exigerit, est solvendum, cujus præcepti nullam in hac causa invenimus exceptionem.

Ces deux chapitres, qui règlent la question du mariage chez les lépreux, définissent la condition des lépreux. Les uns sont séparés du commerce des hommes, et relégués *ad loca solitaria*, ce sont les lépreux reclus, qui pourront vivre auprès de leur femme mais en observant la continence; les autres, les lépreux libres, pourront, s'ils trouvent un conjoint qui les agrée, vivre en famille et faire souche.

Toutes ces règles édictées par le seul pouvoir ecclésiastique montrent que les lépreux étaient soumis à la juridiction de l'Église, ils perdirent peu à peu ce privilège, ou plutôt l'autorité civile s'arrogea progressivement des droits qu'elle ne possédait pas tout d'abord. Il convient cependant de remarquer qu'aux XIIe et XIIIe siècles et même plus tard, les princes prirent soin de faciliter à l'Église sa tâche, en édictant des règlements ou des lois absolument conformes aux usages que celle-ci avait établis, bien longtemps avant que les conciles eussent parlé; ces derniers n'avaient, dans les cas qui nous occupent, qu'à régler des différends, ou établir une règle de conduite pour quelqu'un de ses serviteurs hésitants. Rien n'est en effet plus frappant que la conformité d'idées qui existe entre les Fors de Navarre (1155) et les prescriptions conciliaires. Ces Fors, composés sur les mêmes bases que ceux de Sobrarbe et Navarre (X^e^ ou XIe siècle), consacrent un chapitre aux gafos.

Où doit vivre et mourir celui qui devient gafo. — Si un noble ou un vilain devient gafo, il ne doit pas être avec les autres voisins dans l'église ou dans l'intérieur de la ville mais aller aux autres Leprose-

1. I Cor., 7.

ries, et si le gafo dit : je puis vivre dans mon heritage sans aller en d'autres terres, et qu'il soit de la ville, que les voisins de la ville lui construisent une cabane hors des murs de la ville, au lieu que les voisins jugeront bon (convenable). Quand au gafo misereux qui ne poura s'aider du sien, qu'il aille demander l'aumone par la ville, et qu'il la demande hors des portes au son de ses cliquettes, et qu'il n'aie pas de conversation familière avec les petits enfants et les jeunes gens quand il ira par la ville en demandant l'aumône, et que les voisins de la ville défendent aux leurs d'aller à sa cabane pour avoir conversation avec lui. Et si lui (le gafo) ne se permettant aucune familiarité, il arrive du mal a quelqu'un, le gafo n'aura pas tort[1].

Il est ici, comme on le voit, plutôt question de lépreux libres, et la loi ne s'occupe que de prophylaxie. C'est d'ailleurs ce qui caractérise la plupart des lois et règlements que nous rapportons dans cet ouvrage.

Dès maintenant, nous pouvons dire que nous connaissons le fond de l'histoire des lépreux libres. Tout ce qui était mis en vigueur à la fin du XIIe siècle, le sera encore au XVIIe et même au XVIIIe, malgré les efforts de quelques philanthropes qui chercheront, à coup de lettres patentes et d'arrêts, à supprimer l'effet des anciennes coutumes. La cause de la triste condition des cagots, au XVIIIe siècle, renfermée dans les sages lois du XIIe siècle, car ces lois, respectant la famille des malades, tout autant que la santé publique, avaient établi une barrière entre les lépreux qui allaient se passer la maladie de père en fils, et les gens sains qui refuseront toujours de mêler leur sang à celui de la race maudite. Et ce fut vraiment une race que celle de ces lépreux héréditaires, qui fixés dans leurs vallées, allaient, par de continuels mariages consanguins, affaiblir leur descendance, et lui passer, avec leurs caractères ethniques, les stigmates de la dégénérescence physique aussi bien que mentale.

Ce n'est qu'à la fin du XIIIe siècle, que se précise l'histoire juridique des cagots. Ce n'est qu'à partir de cette époque que ces malades furent considérés par les législateurs comme possédant une qualité propre attachée à leur personne. Cette qualité a quelque analogie avec celle des clercs. Les cagots

1. Voir le texte espagnol aux P. J., N° 112.

diffèrent cependant des clercs par ceci que certains de leurs privilèges ou incapacités, quoique comparables dans leur espèce, diffèrent par leur raison d'être. La fin du XVIe et le commencement du XVIIe siècle marquent une transition remarquable dans l'histoire juridique des cagots; leur lèpre était à cette époque si atténuée ou même oubliée, qu'un à un tous les usages les concernant vont disparaître; mais le législateur, qui présida à cette transition, eut à combattre et à détruire les souvenirs populaires, et les légendes enracinées depuis de longs siècles. Ni Louis XIV, ni ses successeurs ne purent effacer entièrement les préjugés. La Révolution elle-même ne put hâter l'oubli de ce passé, que Minvielle (d'Accous) appelait alors « le préjugé vaincu ». Michel en 1847, De Rochas en 1876, nous-même en 1906 et 1907 avons retrouvé des traces encore vivantes de coutumes, qu'un travail de trois siècles n'a pas suffi à effacer. On peut cependant affirmer que, lorsque les vieux seront partis, les cagots seront oubliés, car il est peu d'hommes de trente ans qui connaissent de la race maudite autre chose que son nom.

CHAPITRE I

DE LA QUALITÉ DES CAGOTS. LA SÉPARATION DES LÉPREUX LIBRES OU CAGOTS

I. — POURQUOI SÉPARER LES LÉPREUX?

Pourquoi séparait-on les lépreux? Parce qu'on croyait leur maladie contagieuse. C'est donc un peu faire de l'hygiène que d'étudier la question que nous allons aborder. Tout, dans les pages qui suivent, s'inspire de l'idée de prophylaxie; aussi pensons-nous qu'il n'est point déplacé d'étudier brièvement la question de la transmission de la lèpre, avant d'aborder le cœur même du sujet; le lecteur puisera dans ce préliminaire des notions qui lui permettront de juger avec plus d'exactitude les faits et de tirer des conclusions où sa philosophie aura plaisir à s'exercer.

L'introduction du bacille pathogène dans l'organisme ne paraît être, en ce qui concerne la lèpre, qu'une étape, qu'un fait ayant seulement une valeur relative; car, ainsi qu'observait le professeur Cornil, à propos de cette affection, « le parasitisme n'implique nullement l'idée de contagion nécessaire, et ce serait une erreur que de croire que toute maladie parasitaire bactérienne soit transmissible d'un individu à ceux qui vivent en contact avec lui ». Ce qui fera éclore la maladie chez l'individu porteur du bacille, sera la disposition soit acquise, soit héréditaire. Si cette disposition fait défaut, il n'y a pas de raison suffisante pour expliquer l'éclosion du mal. Il est vraisemblable que la virulence du bacille, ou mieux certaines conditions spéciales, tenant à l'état physiologique soit de l'agent pathogène, soit des individus, expliquent les modifications que l'histoire nous permet de constater dans la contagiosité de certaines maladies. C'est ainsi qu'il semble que la lèpre ait été très contagieuse au moyen âge, alors qu'il est certain qu'elle ne l'est que fort peu de nos jours.

Comment devenait-on lépreux au moyen âge? L'examen de cette question est d'autant moins déplacé ici, que, si nous en croyons Ambroise Paré, la lèpre était surtout fréquente en Guyenne et Languedoc.

La réponse nous sera fournie par trois auteurs autorisés : Chauliac, Mondeville et Paré [1].

Tous trois admettent la *contagion par l'air et le contact*, le rôle de la *disposition mauvaise*, et enfin l'importance de l'*hérédité*.

La *contagion* se fait, dit Chauliac, par corruption d'air et attouchement de ladres; Mondeville dit à son tour qu'on devient lépreux par un air pestilentiel et infecté, ou par le coït avec une lépreuse ou une femme « avec laquelle un lépreux a récemment coïté, son sperme étant encore dans la matrice ». Paré répète cette dernière assertion, et ajoute qu'on peut prendre la maladie à « communiquer et fréquenter avec les ladres, et coucher avec eux », ou à boire dans leurs verres, à cause de la vénénosité de leur salive; il incrimine encore leur haleine et les exhalaisons de leur corps.

La *disposition* à la maladie est caractérisée pour Chauliac par ce que les « humeurs sont disposées à bruslure et à estre converties en malancholie ». Mondeville spécifie le rôle néfaste d'une mauvaise alimentation [2] et Paré développe ces données en insistant sur les conditions climatériques, les pays trop chauds ou trop froids, sur le mauvais régime alimentaire ou médicamenteux « qui engendre sang cacochyme et mélancholique », sur le « grand travail assiduel, soing et sollicitude, vie misérable », enfin sur la rétention des superfluités. Tout ceci se caractérise d'un mot, *ce sont les causes de la misère physiologique*.

Le rôle de l'*hérédité* ne fait de doute pour aucun de ces auteurs; le premier parle de « tache de génération »; le

1. *Chirurgie de Me Henri de Mondeville* (1306-1320). Édit. Nicaise. Paris, Alcan, 1893.

2. « Un usage prolongé d'aliments mélancholiques. »

second dit que la lèpre se déclare avant la naissance quand un des parents est lépreux; enfin Paré écrit qu'il y a lèpre quand on « a esté faict de la semence d'un père ou mère lépreux, et partant on la peut asseurement dire estre une maladie héréditaire ».

L'examen des documents que nous avons recueillis, nous permet de dire que, dans les départements du Sud-Ouest de la France, la lèpre fut avant tout héréditaire. Il est possible qu'il y ait eu des cas de contagion, mais ils sont si rares que, dans les quelques centaines de documents que nous avons vus, et dont la plupart sont publiés ici, nous n'avons trouvé signalés que de rares cas de contagion, l'un à Bordeaux en 1520[1], l'autre à Toulouse (1456), encore ce second cas fut-il suivi de guérison assez rapide[2], un troisième se rapporte à un chanoine fondateur de la léproserie de Lescar; enfin aux archives des Basses-Pyrénées nous avons vu deux indications peu explicites concernant des individus devenus lépreux. Il est certain qu'il y a eu d'autres cas de contagion que ceux que nous mentionnons, mais il ne reste pas moins évident qu'ils sont exceptionnels dès le XIIIe siècle.

Un coup d'œil jeté sur les lépreux modernes nous force aux mêmes conclusions. Zambaco-Pacha qui a vu tant de lépreux n'hésite pas à écrire, même sur un certificat, que le mal n'est pas contagieux de nos jours. Nous adhérons à ces conclusions en les éclairant des vues données en tête de ce chapitre; nous ne pouvons pas en effet dire qu'il s'agit de contagion quand la maladie éclate deux, cinq, dix, vingt ou trente ans après le contact supposé infectant; une aussi longue et variable incubation n'est plus une incubation; chez de tels sujets nous admettons que le bacille de Hansen *a vécu en parasite inoffensif jusqu'à l'apparition de conditions propices ou dispositions*, comme le fait le bacille de Koch qui infeste l'air de nos grandes villes, vit en parasite chez chacun de nous, mais ne provoque la maladie que quand il a trouvé des conditions de milieu ou de défense défectueuses, lui permettant de prendre l'offensive.

1. P. J. N°s 40 et 41.
2. Voir Cuguillères, *Les Léproseries de Toulouse*, p. 37, 38 et 64.

L'hérédité, en revanche, apporte et le microbe et la disposition. Combattez par une bonne hygiène la disposition, le microbe restera inoffensif. Ce principe, qui eût dû faire la base de toute prophylaxie, a été malheureusement négligé à une époque où l'idée d'une contagion possible était seule propre à émouvoir. Que dis-je? N'est-ce pas encore la tendance de notre époque? Laënnec, Andral, Chomel, Trousseau, ne se sont-ils pas élevés contre la contagion de la tuberculose pour montrer le rôle prépondérant de l'hérédité? Est-ce que l'inoculation (Villemin) ou l'insufflation forcée (Cornet) de produits ou de cultures tuberculeux sont des preuves de la contagion de la maladie? Non; Kelsch a bien fait d'écrire que ce sont là des conditions d'infection bien éloignées de celles que l'on rencontre dans la vie courante. L'ingestion de bacille de Koch produit parfois la tuberculose, mais la chose est rare, et la démonstration de cette théorie par des faits est plus rare encore[1]. Comme jadis nous sommes sidérés par la pensée de la contagion possible, si rare soit-elle, au lieu de diriger nos seuls efforts sur l'amélioration de l'hygiène de ceux qui sont, de par l'hérédité, en puissance de tuberculose. Ceci reste vrai quand il s'agit de lèpre.

N'a-t-on pas vu en 1906 les étrangers déserter tout à coup certains cantons de la Suisse, en apprenant qu'il y avait par là un petit hameau de lépreux? Ces lépreux héréditaires y vivaient depuis plusieurs siècles. Y a-t-il à Marseille des épidémies de lèpre? Pourtant Vitrolles compte des lépreux. N'avons-nous pas vu en Bretagne et dans les Pyrénées des lépreux? N'en voit-on pas une dizaine dans les salles communes de l'hôpital Saint-Louis à Paris? Pitres n'en a-t-il pas vu à Bordeaux? Tous ces malades ne sont pourtant pas l'objet d'un isolement spécial, ils vont et viennent, et n'infectent pas ceux qu'ils approchent[2].

1. Lire à ce sujet le travail très documenté de P. Jousset sur *La Prophylaxie de la Tuberculose.* Paris, Baillière, 1907.

2. J'ai connu un jeune médecin brésilien, très au fait de la lèpre qu'il avait beaucoup étudiée. Il m'assurait avoir souvent vu, dans un restaurant très fréquenté de Paris, un lépreux tuberculeux.

On lit dans l'éloge de D'Abbadie (Acad. des Sciences, 2 déc. 1907) que l'il-

La lutte contre la lèpre devrait se limiter à l'hygiène du lépreux, et c'est la seule chose dont on ne se soit presque pas occupé. Pourtant Chauliac avait recommandé à ceux qui commençaient à être malades, de *suivre bon régime*, et dans une ordonnance toulousaine on recommandait à un lépreux d'aller à la campagne *en un lieu bien aéré*. En vérité l'hygiène d'autrefois était détestable; certaines coutumes communales ne disent-elles pas de donner aux lépreux les viandes de mauvaise qualité, qui auront été saisies? Cette mauvaise pratique de l'hygiène devait faire avorter les excellentes tendances de nos illustres précurseurs.

Il a fallu que les progrès insensibles de l'hygiène vinssent pénétrer les campagnes pour faire diminuer peu à peu la fréquence de la lèpre; il a fallu la lente suppression des mariages consanguins et la disparition des lois de prophylaxie pour enrayer le mal que ces lois, pleines de bonnes intentions mais mauvaises en pratique, avaient en quelque sorte entretenu.

II. — QUI EST LÉPREUX?

En droit[1] *est lépreux celui qui a été reconnu tel par les médecins ou tels experts qui ont été désignés à cet effet; est lépreux aussi celui qui est fils de lépreux.*

Dans la région qui fait l'objet de nos recherches, il était exceptionnel qu'on eût à reconnaître un lépreux qui avait acquis la maladie, cependant il est vraisemblable que la chose se présenta parfois; dans ces cas l'isolement complet était une mesure nécessaire, car pour avoir provoqué une dénonciation, il fallait que le malade fût fortement atteint; aussi le mettait-on dans une léproserie-hôpital, et rarement lui permettait-on de se retirer dans une maison isolée. Guy de Chauliac nous indique la marche suivie à son époque pour

lustre savant, pendant son séjour en Éthiopie, avait par mégarde couché une nuit dans la chemise de son serviteur qui était lépreux. Il eut grand'peur quand le matin il s'aperçut de l'erreur, mais il n'en souffrit aucun tort, pas plus que de son contact journalier avec ce malade.

1. Nous parlons naturellement du Droit ancien.

le placement des lépreux : les uns ont plusieurs signes équivoques et peu d'univoques, ce sont les cagots; il convient « qu'ils demeurent en leurs bories et métairies, et maisons, et ne s'ingèrent fort avec le peuple »; les autres, qui ont une lèpre plus accentuée, « doivent estre sequestres du peuple et conduits en maladreries ». Si le malade examiné était indemne, on l'envoyait avec une lettre de certificat au curé dont il était paroissien, évidemment afin de l'informer que la lèpre, qu'on lui soupçonnait, n'existant pas, il ne devait pas être considéré comme appartenant à la juridiction de l'église dont le curé était le représentant paroissial.

Il est certain que souvent l'examen du malade et son isolement gardaient un caractère purement médical, et que le changement de condition de la personne ne nécessitait aucune formalité juridique. Le médecin se contentait de fournir un certificat dont le modèle est bien connu, puisque tout le monde a pu le lire dans Ambroise Paré. Mais parfois les choses nécessitaient un jugement, ainsi qu'on peut s'en rendre compte dans une pièce fort curieuse, que M. Guigue a publiée récemment[1]: dans ce cas le tribunal était mixte. D'autres fois c'était un arrêté qui notifiait au malade la conduite qu'il devait tenir, quand par exemple il ne tenait pas compte des avis à lui donnés en vue d'un isolement. Un exemple curieux est fourni par les archives du Parlement de Toulouse, où en 1456, 1457 et 1459 on lit des arrêtés concernant un huissier au tribunal qui quoique lépreux ne consentait pas à s'isoler[2].

A côté des lépreux acquis, il convient de placer les lépreux héréditaires. Ceux-ci sont surtout connus dans le Sud-Ouest sous le nom de *Cagots*. Tous les cagots n'étaient probablement pas lépreux, mais le seul fait d'être de la race des lépreux suffisait pour qu'ils fussent assimilés à ces malades. Les conséquences de ce fait ont une grande importance, car la naissance créait une qualité à la personne qui par ailleurs pouvait n'être pas justifiée.

1. Arch. du Rhône, feuillet détaché d'un registre de la chancellerie de Forez, à réintégrer aux Arch. de la Loire. *Biblioth. de l'Ecole des Chartes*, 1907, p. 430-432 : *La Lèpre en Justice*.

2. Publiés par Cuguillère, *Léproseries de Toulouse*, p. 37.

Aussi peut-on dire qu'en droit est lépreux celui qui descend d'une souche lépreuse.

Ce court exposé permet déjà d'entrevoir que les lépreux n'étaient pas tous de même condition, puisque les uns, moins atteints, devaient éviter de se mêler au peuple et vivre dans leurs maisons ou métairies, tandis que les autres, plus gravements frappés, étaient séquestrés dans des maladreries. Les premiers n'étaient pas morts au monde, les seconds au contraire étaient définitivement séparés de la société.

Cette distinction si simple explique un nombre considérable d'actes de toute nature, qui, aux yeux des auteurs insuffisamment informés, passent pour être contradictoires. Il nous est fréquemment arrivé de lire des travaux concernant les lépreux de telle ou telle région, où l'auteur croyait avoir fait une découverte rare, quand il publiait un acte passé avec des lépreux, tel que vente, achat, contrat de mariage, testament, etc. Il n'y a pourtant là rien que de normal quand il s'agit du lépreux libre, peu malade ou simplement héréditaire[1]. Comment expliquer, si ces lépreux ne pouvaient rien posséder, les termes du concile de Lavaur défendant de prélever des dîmes sur les terres ou l'alimentation des animaux appartenant aux lépreux; ou ceux de la bulle d'Urbain III adressée sans doute aux principales agglomérations de lépreux (1186) et confirmant le texte des conciles[2]?

Nous n'avons pas encore acquis la certitude que la condition de lépreux libres fut le propre des seuls malades habitant des villages ou hameaux uniquement affectés à leur usage; la chose est pourtant probable, car on conçoit mal la possibilité de la cohabitation de conjoints dans un bâtiment d'hôpital. Pour acquérir cette certitude il faudrait avoir une connaissance approfondie de la disposition des centaines de léproseries connues. Jusqu'ici l'enquête assez complète que nous

1. Rien n'est plus instructif que la lecture d'un admirable travail de M. Drouault sur les lépreux de Nontron, Millac, etc., où sont décrits des lépreux libres héréditaires, et intitulé : *Comment finirent les lépreux.*

2. Cette bulle adressée aux lépreux de Pontfrault se lit dans le fonds de cette léproserie conservé aux archives de l'Yonne et a été publiée par Molard : De la capacité civile des Lépreux, *Bull. Soc. des Sc. Hist. et Nat. de l'Yonne*, 1888, p. 322. A Pontfrault ces malades vivaient en commun (*commumem vitam ducentibus*) et non dans un établissement soumis à une règle quasi monastique.

avons menée en Bretagne, dans la région pyrénéenne, la Gascogne et la Guyenne, et des recherches plus superficielles faites en Lorraine, Ile-de-France, Normandie, Dauphiné, etc., n'ont point encore contredit l'hypothèse qui nous fait limiter le champ des lépreux morts au monde, aux seules léproseries-hôpitaux soumises à une règle monastique, si large fût-elle.

III. — COMMENT RECONNAISSAIT-ON LES LÉPREUX?

C'est dans le vêtement que de tous temps on a trouvé le moyen pratique de reconnaître certaines classes de personnes.

Les juifs, les filles publiques, les lépreux, les galériens, avaient leurs signes distinctifs, je devrais dire leur uniforme. Cette nécessité du signe visible, dont l'uniforme est là l'expression la plus parfaite, se retrouve partout, même chez ceux qui trouvent avilissante toute espèce de livrée.

Les lépreux avaient leur livrée; elle variait un peu selon les provinces. Dans tout le Sud-Ouest la couleur rouge fut adoptée; les grands lépreux portaient la robe rouge, les lépreux libres un fragment de drap rouge sur la poitrine que la tradition assure avoir présenté la forme d'un pied d'oie. Le lépreux devait toujours être chaussé, les lépreux reclus étaient même gantés et signalaient leur présence par les cliquettes. Enfin il semble que tous portaient un serre-tête de forme spéciale.

Toute la méthode prophylactique employée contre les cagots peut se résumer en ces mots : prévenir tout contact du malade.

Pour cela on fit porter aux cagots un signe qui permît de les reconnaître, on leur défendit de se mêler au peuple, enfin on chercha à éviter le contact des choses qu'ils avaient touchées.

Le signe du pied d'oie.

Le signal des cagots consistait en un morceau de drap rouge porté sur la poitrine; ce signe affectait habituellement la forme d'une patte d'oie. Le cagot ne portait ni cliquettes, ni vêtement spécial, du moins rien ne nous autorise à le penser.

De quand date le signal de drap? Nous l'ignorons; cependant nous pouvons penser qu'il remonte à la fin du XIIe ou au commencement du XIIIe siècle. La première allusion qui y soit faite à notre connaissance se trouve dans les actes du concile de Nogaret (1290). On y lit : *Item, quod leprosi eundo ad villas, et per villas, et ad castra, signum portent consuetum in veste superiori.* Dans ce texte il n'est point parlé des cliquettes, qui sont moins anciennes et que les lépreux ne portaient pas toujours; en revanche on parle du signal porté comme d'une chose connue et habituelle. En 1368, le concile de Lavaur parle de l'importance du signal en étoffe : *signaque in vestibus deferant per quæ a sanis patenti differentia cognoscantur.* En 1396, la coutume de Marmande nous renseigne clairement sur les dimensions et la couleur du signal des gahets : « Le conseil établit qu'aucun lépreux[1] n'entrera dans la ville sans un signal de drap vermeil de I tournois de long sur III de large, fixé sur la robe supérieure et à découvert, à peine de 5 sols d'amende. »

Dès le début du XVe siècle l'usage du signal tendit à se perdre. Le 7 mars 1407, Charles VI recommanda de sévir contre ces cagots qui « vont, viennent et repairent entre les saines personnes, sans porter aucune enseigne de cognoissance de leur maladie ». Ce qui se passait dans le royaume de France, se remarquait quelques années plus tard en Béarn. Si l'on en croit Marca, en 1460 les états de Béarn demandèrent au prince Gaston de faire porter de nouveau aux cagots la marque du pied d'oie, à laquelle jadis ils étaient accoutumés. Ce fait nous permet de dire que la marque en *forme de pied d'oie* est antérieure au XVe siècle. Le prince ne répondit pas à la requête, et la conséquence en fut la perte de l'usage du signal en Béarn. En effet dans un règlement édicté, contre un cagot de Moumour, par un notaire d'Oloron, en 1471, il n'est point parlé de ce signal.

Il faut passer à Bordeaux pour le retrouver en plein

1. Le texte porte qu'aucun « gaffet ni gaffère, etranger ou non, *grand ou petit...* » Il s'agit évidemment de la distinction entre la grande et la petite lèpre.

xvie siècle. Un document du 10 septembre 1520 (*P. J., n° 41*) nous apprend que les lépreux, enfermés, portaient la robe rouge, les cliquettes et les gants. Il n'en était pas ainsi des lépreux libres ou *gahets*, car en 1555 un règlement de police leur ordonnait de porter « une enseigne de drap rouge cousue au devant de la poitrine ». En 1573 une ordonnance de police spécifiait que cette marque devait être de la grandeur d'un grand blanc[1] et en lieu apparent et découvert.

On remarquera que la couleur rouge adoptée était celle-là même que l'on avait adoptée pour le vêtement des lépreux reclus. La forme en pied d'oie n'est indiquée dans aucun des documents concernant Bordeaux.

Pendant ce temps, en Béarn, une requête était vainement adressée à Jeanne d'Albret (1562) pour réclamer le port de la marque distinctive par les cagots. En 1610, les États de Béarn revinrent sur le même sujet. Il est vraisemblable que les cagots à cette époque négligeaient toujours de porter un signe quelconque, puisqu'on discuta des moyens à employer pour les empêcher d'exercer d'autres métiers que celui de charpentier, et qu'on proposa à cette fin de « les distinguer par *certaine marque* ». Un des députés au Tiers-État, celui de Pau, ne fut point de cet avis; celui de Salies proposa l'adoption d'un bonnet vert, et celui de Rivière-Gave demanda un brassart. Finalement la requête des États au Gouverneur réclama l'adoption de *certaine marque* que les cagots porteraient en lieu apparent. Le gouverneur se contenta d'ordonner l'exacte observance des règlements anciens, qui ne contenaient aucune disposition relative au signal.

En résumé, les cagots de Béarn semblent n'avoir porté un signe distinctif que jusqu'a la fin du xve siècle, ou les premières années du xvie.

Il n'en fut point de même dans le ressort du Parlement de Bordeaux, où la *marque*, après être tombée un peu en désuétude, redevint obligatoire à partir du 14 mai 1578. A cette date, un arrêt du Parlement ordonnait « aux capots et gahets

1. *Grand blanc*, pièce de monnaie valant 10 deniers. Ce texte, de même que celui des coutumes de Marmande cité plus haut, montre que le signal en question était à peine grand comme les cocardes usitées encore de nos jours.

de Casteljaloux et autres lieux de prendre promptement la marque et signal, en leur poitrine, en forme de pied de guid[1], qu'ils ont accoutumé de tout temps porter, et aux ladres les cliquettes ».

Le 12 août 1581, un arrêt, concernant Capbreton et le Labourd tout entier, renouvelait la même prescription, en spécifiant que le signal était rouge. Le 11 décembre 1592, le 20 mai 1593, le 5 septembre 1596, le Parlement répétait encore sa décision. Enfin le 3 juillet 1604, à la prière du Tiers-État de Soule, le Parlement insistait sur le même point[2].

Comprendrait-on qu'il ait fallu des arrêts aussi fréquemment répétés, si l'on n'admettait que les cagots cherchaient à ne pas les exécuter? Leur opposition incessante finit d'ailleurs par triompher, ici comme partout ailleurs[3].

D'où venait la *forme de pied d'oie* donnée à la marque des cagots? Nous sommes bien embarrassé pour le dire. Nous n'avons pour tout guide en la matière que les auteurs anciens, et ceux-ci sont fort divers dans leurs conjectures. Marca, qui croyait les cagots d'origine sarrasine, dit que les mahométans ont coutume de se laver souvent et qu'on ne pouvait trouver pour les désigner de « charactère plus exprès, que le pied d'oye, qui est un animal qui se plaist à nager ordinairement dans les eaux ». Venuti discutant cette opinion écrit : « Il est évident que M. de Marca a forcé son imagination en faveur de sa thèse. De pareilles marques distinctives dépendent de la volonté des magistrats, qui n'y cherchent d'ailleurs aucune allusion[4] »; il constate en passant qu'on serait fort embarrassé de dire pourquoi les juifs

1. *Pied de guid*, c'est-à-dire pied d'oie et non de canard, comme on l'a parfois écrit. Le mot *guid* signifie étymologiquement *oie*, ainsi qu'on peut s'en rendre compte à la vue des mots suivants dont la parenté n'est pas douteuse : *Gwydd* (gall.); *geadh* (gaël. éc.); *guid* (vieux fr.); *gwaz*, *gaaz*, *goay*, *oay* (br.); *oye*, *oie* (fr.); *goose* (angl.).

L'oie mâle se disait *ganwa* (gaël. éc.), d'où *gander* (angl.).

2. Palassou, qui cite cet arrêt, en le transcrivant en langage moderne, parle de la « marque rouge en forme de *patte* de *canard* ». C'est, nous le disons dans la note ci-dessus une erreur de traduction.

3. Une ordonnance du juge de Rions, datée du 6 juillet 1656 ordonne, conformément aux arrêts du Parlement de Bordeaux, que les capots porteront « la cuire rouge comme les Gieseste ont acoustumé de fère ». Cette ordonnance a un intérêt purement local.

4. Venuti, *loc. cit.*, p. 126.

portaient une marque d'étoffe jaune. Cependant nous ne pouvons pas admettre que ces coutumes soient purement arbitraires. Que la couleur adoptée ait été prise sans motif suffisamment défini, soit encore[1], mais peut-il en être de même de la forme *en pied d'oie* qui est trop étrange pour être née sans raison! Nous goûtons assez l'opinion qui rattache ce signe à l'histoire de la reine Pédauque. Cette princesse, dont le surnom est parlant, n'était autre que la malheureuse Austris, reine wisigothe que la tradition de Toulouse[2] nous montre cachant la lèpre qui la dévorait dans son humide palais de Peyrelade, et y usant de la balnéothérapie, d'où son nom symbolique de Pédaücha[3]. Les lépreux portèrent à cause d'elle cette marque du pied d'oie qui rappelait sa maladie.

Bullet conjecture que depuis qu'on eut représenté la reine Berthe avec un pied d'oie, pour faire connaître la peine que le mépris des censures ecclésiastiques lui avait attiré, on contraignit les Albigeois et les Vaudois, qui étaient hérétiques, à porter le signe qui rappelait le châtiment de la reine[4]. Il paraît en effet exact que les hérétiques vaudois aient porté le pied d'oie; et il est possible qu'il faille y voir une allusion à l'enfant de la reine hérétique qui naquit avec un pied d'oie, ou tout au moins avec un pied difforme. Il semble dès lors que le nom de Pédauque donné à la mère qui malgré les censures ecclésiastiques avait épousé l'un de ses proches, tient à la malformation de l'enfant. Il reste toutefois un point obscur en cette histoire. Comment se fait-il que la statue d'une reine hérétique ait figuré si souvent sur les portails d'églises fameuses, telles que Saint-Pourçain en Auvergne, l'abbaye Saint-Bénigne à Dijon, Sainte-Marie de Nesle au diocèse de Troyes, et Saint-Pierre de Nevers? On sait que Rabelais traite de canards ou cagnards de Savoie,

1. Nous devons cependant dire, que nous pensons que le rouge a été choisi pour les lépreux comme emblème de leurs ulcérations; la robe grise qu'ils portaient en certaines provinces de France était une couleur monacale. Le jaune s'attache à l'idée d'infidélité, sans que la raison nous en apparaisse; c'est sans doute pour cela que les Juifs portèrent cette couleur.

2. Voir : Coyla, *Histoire de Toulouse*, p. 82-83.

3. *Histoire de Cazères*.

4. Bullet, *Dissertations sur la mythologie française*, p. 62-63.

les Vaudois; faut-il, comme on l'a écrit, y voir une allusion au pied de canard? Nous ne le croyons pas, pour cette raison que cagnard n'a jamais signifié canard, mais chien, ce mot dérivant sans contredit de *canis*[1].

En ce qui concerne les lépreux, nous pensons qu'il est plus vraisemblable de retenir la légende d'Austris qui appartient à notre région du Sud-Ouest, et de conjecturer que si les hérétiques ont porté cette marque c'est parce qu'on les estimait atteints de lèpre morale. Cette assimilation des hérétiques aux lépreux ne saurait être niée.

Quelques auteurs ont pensé que les cagots étaient descendants d'hérétiques. Pour les uns, et Fl. de Rœmond est du nombre, ils seraient issus des Goths ariens; pour d'autres, ils seraient fils d'Albigeois. Ces deux opinions tirent quelque vraisemblance de certains documents, mais en revanche sont formellement contredites par d'autres.

En 1514 les Agots de Navarre adressaient au pape Léon X une requête, dans laquelle ils attribuaient leur état de rélégation à ce qu'ils descendaient des anciens partisans de Raymond de Toulouse qui avait fait profession d'Albigeois[2]; ils ajoutaient d'ailleurs que depuis plus de cent ans ils étaient tous fidèles au catholicisme, et réclamaient le droit de jouir des avantages divers accordés aux autres hommes, à savoir de participer avec les autres aux sacrements, à l'offrande, à la paix, et aux diverses charges publiques.

Sans doute, la question ainsi présentée ne laisse point d'être troublante, d'autant que le IVe concile de Latran (1215) déclarait les hérétiques infâmes, incapables de témoigner, d'ester en justice, et d'exercer les fonctions publiques; mais la prétention des cagots quant à leur origine n'en est pas moins fantaisiste, car il a toujours été contraire à l'esprit de l'Eglise catholique de faire supporter à des hommes des peines que leurs ancêtres avaient seuls encourues. Nous ajouterons que l'argument historique détruit l'hypothèse de l'origine albigeoise, puisque les documents les

1. Les textes anciens sont formels sur ce point.

Nous citerons en passant un exemple de la survivance du mot. Les *Cagnards de l'Hôtel-Dieu,* jadis situés sous les piles du pont d'Arcole et dont Georges Cain (*Promenades dans Paris*, 1er vol.) donne une bonne reproduction, étaient des niches obscures, qui tiraient leur nom de la similitude qu'elles présentaient avec des niches à chien.

2. P. 119. « A las reliquias disipadas de aquel Exercito de los Albigenes sospechan algunos se debe atribuir el nombre aborracido de los que llaman Agótes, de los quales algunas Familias derrotadas, y fugitivas de su Suelo ocupado por las Armas Catholicas, aportaron, derrama das como en borrasca, á varias Regiones de la Frontera del Pyrenéo..... »

plus anciens que nous possédions, documents qui remontent aux derniers temps de cette hérésie, montrent avec évidence que les cagots étaient considérés comme lépreux, ne disent rien qui puisse donner un appui même lointain à l'hypothèse contraire, et enfin, point décisif, amènent à conclure qu'en quelques lieux ils étaient soumis à l'évêque en matière de juridiction, ce qui serait incompréhensible s'il s'agissait d'hérétiques. Cela n'empêcha pas le P. Joseph de Moret, dans ses *Annales de Navarre*, de soutenir que les Agots étaient fils d'Albigeois (1766)[1].

Pouvons-nous laisser ignorer que la tradition s'élevait dès le XVIe siècle contre une telle hypothèse. Caxarnaut, huissier au conseil royal de Navarre, s'y référa certainement quand il combattit les Agots devant les Etats de Navarre :

« ... *La causa porque (los Agotes) fueron séparados de la conversacion de los christianos, no fué por el conde Don Remon de Tolosa, ni ser cismaticos, como ellos attentan dezir.* » Pour lui la cause de leur malédiction remonte au temps du prophète Elizée, et à Giezi qui fut frappé de lèpre en punition de son avarice, « *la quoal maldicion fasta siempre les ha durado y les dura, porque por las partes interiores quedaron lepros y damnyados...* »

Florimond de Rœmond reprit plus tard l'hypothèse de l'origine hérétique sous une forme plus plausible, mais qui ne prenait d'appui que sur des vues de l'esprit. Pour lui, les cagots descendaient des Goths, qui étaient Ariens et par conséquent d'hérétiques.

Malheureusement pour cette hypothèse, les cagots n'étaient point fils des Goths, et la haine des Goths est elle-même une fable qui a trouvé plus d'un contradicteur[2].

Le port de la chaussure.

Les cagots étaient primitivement obligés de ne sortir que les pieds chaussés. Il n'y a évidemment rien là qui puisse être considéré comme un moyen propre à reconnaître ces malades; d'autres hommes qu'eux portaient des chaussures, mais aucun en dehors d'eux n'y était obligé. La chaussure faisant, comme le signal rouge, partie du vêtement, nous

1. « ... Sub eo prætextu quod dudum majores et progenitores oratorum adhœserunt cuidam comiti Rœmundo de Toledo (*leg.* Tolosa), qui alias quamdam rebellionem fecisse dicitur Ecclesiæ Romanæ, per tunc Romanum pontificem a gremio sanctæ matris ecclesiæ segregati dicebantur ad beneplacitum. »

2. Voir plus haut le paragraphe intitulé : Les Cagots sont-ils descendants des Goths ?

avons cru ne pas devoir distraire ce sujet de celui qui constitue la plus grande partie du présent paragraphe.

On sait combien au moyen âge ou craignait la contagion de la lèpre par contact même médiat. Cette préoccupation fit adopter partout l'usage de la chaussure, et parfois même des gants par les lépreux.

Lorsque, avec la fin du XVIe siècle, on ne craindra plus la lèpre des cagots, pour cette bonne raison qu'elle n'existait plus guère chez eux, le vieil usage tombera de lui même en désuétude. Les cagots avaient pourtant depuis longtemps déjà cherché à réagir contre une coutume qui était onéreuse pour la plupart d'entre eux dont l'extrême misère était la compagne ordinaire.

Les lépreux reclus portaient des chaussures; cette pièce de vêtement figure dans leur trousseau. Nous rappellerons à ce sujet les statuts de la léproserie Saint-Lazare de Noyon, où il est écrit que les lépreux ne pouvaient sortir qu'avec des souliers à deux boucles.

Pour les cagots voici ce que l'on sait sur ce sujet.

Les coutumes de Marmande (1396) en parlent au paragraphe 115 en ces termes : « *Les gaffets ne peuvent aller pieds nus.* — De plus les consuls ont établi que les gaffets ne peuvent aller pieds nus par la ville, et quand ils rencontreront sur leur chemin un homme ou une femme, ils s'écarteront sur le côté du chemin, et resteront ainsi tant que la personne sera passée, à peine de cinq sols d'amende. »

En Béarn on agissait de même. En 1471, il fut interdit à Ramon, cagot de Moumour, de se promener déchaussé au milieu de la population de cette ville. Ce règlement n'a, nous l'avançons, qu'un intérêt purement local, puisqu'il semble certain qu'en 1460, un grand nombre de cagots Béarnais ne portaient point chaussure; la chose était si flagrante qu'en cette année les États prièrent Gaston XI de Béarn de défendre aux parias « de marcher pieds nuds par les rües de peur de l'infection, et qu'il fust permis en cas de constrevention, de leur percer les pieds avec un fer ». Le prince ne répondit pas plus à cette requête, que Jeanne d'Albret ne le fit en 1562 à une prière toute semblable. Pendant ce temps, cet usage continuait à être observé à Bordeaux, car le règlement, concernant les gaffets de cette ville, fait en 1555, spécifiait que ces malheureux ne pouvaient avoir les pieds nus à peine de fouet et amende arbitraire. Ce règlement fut renouvelé en 1573 et en 1592. A partir de cette époque le vieil usage sombra dans l'oubli.

IV. — SÉPARATION DES CAGOTS. — LEUR DEMEURE

Les cagots vivaient en des maisons séparées de celles des autres hommes, afin de n'être point mêlés au reste du peuple, *ut se non intermisceant alio populo*[1].

Quand on veut protéger une ville d'une épidémie ou d'une maladie réputée contagieuse, on isole les malades de préférence hors de la ville. Ce qui se fait de nos jours était mis en pratique au moyen âge. Toutes les léproseries anciennes étaient hors les murs; ainsi à Oloron, à Bordeaux, à Bayonne, à Lescar, à Morlaas les vieilles léproseries des XIe, XIIe, et XIIIe siècles étaient dans ce cas; de même les cagoteries, ainsi qu'en font foi les plus anciens documents.

Le For de Navarre (1155) s'étend d'une façon spéciale sur ce sujet, car il déclare que les habitants de la ville où quelqu'un devient *gafo*, doivent construire pour ce malade une habitation hors de la ville, et que celui-ci ira y demeurer.

Les Fors de Béarn (1551), s'inspirant d'anciens usages, déclaraient de même que les cagots « *deben habitar separatz deux autres personages* ».

Dès la fin du XVIe siècle, la loi était encore tout aussi formelle, puisque dans le *Règlement pour le royaume de Navarre*[2] on lit qu'il est enjoint aux cagots « de se tenir et habiter séparément ».

La coutume de Marmande (1396) n'est pas moins formelle quand elle dit que les gaffets ne pourront entrer dans la ville que le lundi; c'est donc qu'ils habitaient au dehors.

A Bordeaux, dès le XIIIe siècle, les gaffets habitaient assez loin hors la ville, ainsi qu'on peut aisément s'en convaincre

1. Capitulaires d'Aix-la-Chapelle (789).
2. P. J. N° 120.

FAY — P. 186 187.

MICHELENIA.

Hameau des agots de Saint-Étienne-de-Baïgorry. On voit à droite la maison appelée encore Agot-Etchea.

LA « COSTE DEÜS CAGOTS » A LONS.

LA FONTAINE DES CAGOTS A ARTHEZ.

FAY. — P. 186-187.

en consultant les plans anciens de la capitale de la Gascogne.

A Bayonne, en 1266, les crestians habitaient à Saint-Léon, quartier suburbain.

Ces constatations aisées quand il s'agit de grandes villes, sont beaucoup moins faciles à faire quand on étudie les villages. Cependant nous avons acquis la certitude que même dans les moindres villages la maison des cagots était isolée. Le texte du projet de lettre patente de 1683[1] est particulièrement utile pour nous guider : « Permettons à nos sujets affranchis de choisir leurs habitations où bon leur semblera, même dans les villes. » Les cagots n'étaient donc pas libres de choisir l'emplacement de leurs maisons, et habitaient hors des villes. Les Fors de Navarre nous ont montré clairement qu'il en était ainsi au XIIe siècle. Il est possible qu'il en fut de même jusqu'au XVIIe. Cependant les nombreux actes d'achat ou de vente de terres et maisons, où figurent les cagots, font admettre que, dès le XIIIe siècle, on leur laissait une certaine latitude dans le choix de l'emplacement de leur habitation, à condition toutefois que l'usage reçu fût respecté dans ses grandes lignes. C'est ainsi que très tôt les communes et les seigneurs cessèrent d'imposer au cagot un lieu pour son habitation, se contentant de limiter dans une certaine mesure leur choix.

Comment conclure autrement, quand on lit dans Belleforest (1575) qu' « il ne leur est permis de se tenir dedans les villes, ains ès faux bourgs, et là encore escartez de tous les autres ». Oihenard (1638) atténue un peu son affirmation sur ce point quand il dit : « In *pleribus* municipiis semota a vulgo domicilia [sunt] », tandis que Dom Martin écrit en 1621 qu'en Béarn, Navarre et Aragon les cagots sont séparés *de los otros en avitacion.*

Les cagots avaient tout avantage à ne pas se disséminer, mais à se réunir en hameaux où se créait une vie comparable à celle des villages et propre à leur donner l'illusion de la jouissance d'une liberté entière. En pratique, c'est ce qui se passa un peu partout où les cagots étaient nombreux. Quel-

1. P. J. N° 137.

ques-unes de ces agglomérations étaient considérables, et subsistent encore de nos jours. Parmi celles-ci, il en est qui ont conservé leur caractère primitif, leur isolement matériel et moral, si bien qu'en les visitant il est aisé de se représenter ce qu'elles pouvaient être il y a quelques siècles.

Au nombre des plus typiques, des moins modernisées, nous avons visité avec intérêt Terrenère près Aucun, Mailhoc près de Saint-Savin, les Cagots près Lons, Michelenia près Saint-Étienne-de-Baigorry, Portaleburu à Saint-Jean-Pied-de-Port, etc.

La plupart des hameaux de cagots se sont peu à peu fondus avec le village voisin, ou bien ont disparu ne laissant qu'une ou deux maisons anciennes, ou bien encore des traces insuffisantes pour qu'il soit possible de les reconnaître.

Les grandes cagoteries étaient susceptibles de posséder une chapelle à l'usage de leurs habitants, et ceci en vertu d'une décision du troisième concile de Latran (1179). Elles profitèrent rarement de ce droit. Quelques cagoteries cependant nous en fournissent des exemples : ainsi la Gleysiote de Balère à Sévignac, et la chapelle des cagots d'Arengosse.

Souvent le cimetière des cagots était attenant à leur hameau.

Une particularité de ces agglomérations consiste en leur isolement du village voisin. Tantôt c'est une rivière qui les sépare, une route, des champs, tantôt en quittant le village on doit faire un et deux kilomètres avant de toucher aux maisons des cagots. Ici c'est une côte qu'il faut gravir ou descendre; là, il faut s'enfoncer dans un bois épais, avant de trouver les masures désolées et ruineuses qui représentent les derniers vestiges de la cagoterie.

De trop grandes cagoteries auraient constitué aux temps où l'on craignait tant la lèpre, un véritable danger; aussi cherchait-on un peu à éviter leur formation. C'est ce qu'il est permis de déduire de nos documents; nous ne trouvons en effet pas trace de cagoteries béarnaises de plus de deux maisons, en 1385. Au XVIe siècle il y en avait plusieurs de trois maisons, en Vicbilh; bien peu étaient plus étendues, soit en Navarre, soit en Labourd. Les cagoteries ne semblent avoir pris leur maximum d'extension qu'après le début du

XVIIe siècle, car à cette époque la crainte de la lèpre des cagots était oubliée.

La législation béarnaise explique aussi pourquoi, tandis que dans tout le Sud-Ouest les cagots cherchaient à s'agglomérer, au contraire en Béarn ils restèrent très disséminés. Le For de Henry II (1551) accordait en effet l'exonération de la taille aux cagoteries anciennes, et non aux nouvelles ni aux terres et maisons dont l'acquisition se joindrait aux propriétés cagotes primitives. Il est naturel que dans ces conditions on regardait à quitter des terres auxquelles s'attachait un privilège si précieux. D'autre part la population saine évitait de construire dans le voisinage de la maison des cagots, si bien que celle-ci resta longtemps isolée au milieu des quelques terres dont le malheureux paria tirait une partie de sa subsistance.

Plus rarement les cagots habitaient une rue dans un des quartiers écartés du village, comme à Orleix, à Pardies, à Sainte-Marie. Il est possible que ces rues aient été jadis tout à fait indépendantes des villes dont elles font aujourd'hui partie.

En ce qui concerne l'architecture des maisons des cagots, nous ne savons presque rien. Les plus anciennes de ces maisons qui subsistent encore ont un aspect pauvre et délabré, tenant sans doute à leur vétusté et à la comparaison inévitable avec les demeures plus modernes qui les environnent. A part les cabanes en planches (la profession de menuisier de leurs habitants les explique aisément), il est probable que les maisons des cagots étaient faites de bois et de terre battue, et ne comportaient un étage que si elles s'élevaient à flanc de coteau. Ce mode de construction présentait une réelle solidité, car nous avons vu beaucoup de très vieilles masures de ce genre, tant dans les cagoteries qu'ailleurs. La pierre intervenait dans la construction quand le sol offrait généreusement cette matière. Le galet était plus usité que la pierre taillée. Près des grandes villes, les constructions étaient mieux soignées. On sait par exemple qu'à Jurançon (près de Pau) les maisons cagotes étaient partiellement faites de pierre, et qu'elles portaient, en signe de reconnaissance, une tête sculptée; nous avons remarqué parfois ce détail dans les cacouseries bretonnes.

Les règlements formels qui interdisaient aux cagots de boire ou de laver aux fontaines publiques, expliquent pourquoi on rencontre à proximité des cagoteries des sources et des fontaines dont quelques-unes gardent encore le nom de leurs anciens clients. Ces fontaines étaient souvent situées de telle façon que les habitants du village n'avaient aucune occasion de les rencontrer sur leur route, et par cela même nulle tentation d'y puiser. Celle de Lons et celle d'Arthez, par exemple, se voient encore dans des chemins creux menant à la cagoterie, chemins peu praticables et jamais fréquentés par d'autres que les cagots. Par analogie avec ce qui se voit encore en Bretagne, on peut penser que presque toutes les petites cagoteries avaient immédiatement attenants à la maison une source, un puits, ou une fontaine pour l'usage privé de leurs habitants. Les coutumes de Marmande (1396) spécifient la chose quand elles disent que les *gaffets* ne peuvent boire ni puiser aux fontaines de la ville, mais seulement en la leur propre, et ceci à peine de cinq sous d'amende.

V. — SÉPARATION DES CAGOTS. — LEUR FAMILLE

L'isolement physique du cagot et de sa famille était aggravé par l'isolement moral. Personne ne frayait avec lui. On disait que la lèpre était contagieuse de mille manières, mais on savait que le commerce charnel était particulièrement propre à transmettre la maladie. Sans doute (les textes des conciles étaient précis sur ce point), chacun était libre d'épouser un lépreux, mais l'amour n'est pas si aveugle d'ordinaire, qu'il ne retienne ses victimes à la pensée d'une maladie imminente. En fait les cagots ne trouvaient à se marier qu'entre eux. Dès le XVIe siècle, un léger relâchement des usages se manifesta. Alors plusieurs s'émurent, et quelques règlements ou lois firent leur apparition. Le For de Henri II, en interdisant aux cagots la « conversation familière » avec les personnes saines, entendait interdire autant les rapports quotidiens que le mariage des sains avec les cagots. Un règlement de 1581 octroyé aux États de Navarre est plus formel quand il interdit aux cagots de se marier avec des personnes pures, et les menace de la peine de mort s'ils se joignent à elles par adultère ou autrement. Ce règlement fut confirmé en 1608 et en 1628.

Cette crainte de la contagion qui retenait les amoureux, a donné naissance à bien des anecdotes, dont nous ne voulons rappeler que les plus connues. C'est d'abord l'histoire du jeune homme amoureux d'une cagote, qui consentit à garder sous l'aisselle une demi-pomme; la jeune fille plaça l'autre moitié sous son bras. Après quelques heures le fruit qu'avait conservé la cagote était desséché, et l'amoureux se retirait, car cette épreuve lui avait découvert l'origine de son amie. Ce conte remonte vraisemblablement à la fin du xve siècle [1].

L'amour poussa à l'héroïsme une cagote de Cazères-sur-l'Adour, qui fit évader Hustaillon, son fiancé, condamné à mort par la jurade de cette ville sous prétexte de sorcellerie [2].

Enfin, si le peuple avait crainte de la contagion, les gens éclairés (aveuglés peut-être par leur passion) n'en avaient cure; tel le Vert-galant qui, à une jeune paysanne qui le repoussait disant qu'elle était cagote, répondit : « Et moi aussi, j'en suis [3]..... »

Il est certain que les mariages entre cagots et sains étaient chose rare; mais ils se présentaient parfois. On en connaît quelques exemples. Une chanson béarnaise dit à ce sujet :

> Tous Cagots enta s marida,
> Dé granes difficultats rencountraben;
> Arrés qué nou boulen s'allia
> Dab acquére canaille;
> Més cependen
> A force d'aryen
> La bleütat qué s countentabe
> Dé l'aüreille retroussade,
> Et lou Cagot qué s'emplégabe [4].

1. Voir p. 34-35 ce que nous avons déjà dit au sujet de cette légende.
2. Voir à la partie TOPOGRAPHIE le mot *Cazères-sur-l'Adour* (Landes).
3. Voir TOPOGRAPHIE au mot *Billères* (B.-P.).
4. Les Cagots pour se marier, — Rencontraient de grandes difficultés; — Personne ne voulait s'allier — Avec cette canaille; — Mais cependant, — A force d'argent, — La beauté se contentait — De l'oreille retroussée, — Et le Cagot s'employait.

On pourrait supposer que, comme pour les lépreux, le mariage faisait entrer la partie saine dans la condition du conjoint cagot. En effet certains documents le font entendre, tel ce compte rendu de l'assemblée capitulaire de Biarritz, du 8 mai 1718, où l'on décida de veiller à défendre l'accès des galeries de l'église à un étranger qui venait d'épouser une cagote. En pratique cet usage, si répandu qu'il ait pu être, n'était pas absolu, puisqu'un proverbe béarnais dit que « le mari décagotise sa femme [1] ».

Qu'on ne s'imagine pas que les vieux usages, en ce qui concerne le mariage des cagots, soient complètement perdus. Michel rapporte l'histoire d'un certain nombre d'unions qui ne furent pas réalisées à cause de la cagoterie de l'un des promis, et cela à la fin du XVIIIe siècle et au début du XIXe siècle. Quoique de nos jours les anciens préjugés soient presque effacés, dans les Pyrénées comme en Bretagne, les cagots ne trouvent aisément encore à se marier qu'entre eux.

Quand on célébrait un mariage cagot, les congénères des époux étaient seuls invités. Ce n'est qu'au XVIIIe siècle que cette coutume disparut. Voici, à ce sujet, un usage que signale F. Michel : « Une vieille femme a rapporté à M. le docteur Laffore qu'assistant, il y a plus de soixante ans, vers 1780, à la noce de deux cagots, à Sainte-Marie-d'Oloron, et qu'ayant remarqué sur la table servie pour le repas, que devant certaine place il y avait des pains ronds posés sur leur face supérieure convexe, au lieu de l'être comme d'habitude sur leur face inférieure plane, elle témoigna son étonnement de cette distinction établie entre les convives, car les petits pains ronds des autres étaient posés sur leur face inférieure. La personne à qui elle s'était adressée lui dit de se taire, et lui apprit que les pains posés sur la surface supérieure convexe désignaient les places de ceux qui étaient cagots [2]. »

Les cagots ne trouvant femme que chez les cagots, il s'ensuivit que presque tous ces parias étaient parents à quelque degré. C'est ce qui explique le sobriquet de *cousins* qu'on leur donnait parfois en signe de leur consanguinité. Cette consan-

1. TOPOGRAPHIE, au mot *Séméacq* (B.-P.).
2. Michel, *loc. cit.*, t. I, p. 106, note.

guinité est suffisante à faire comprendre la pauvreté du sang des cagots, et l'existence chez presque tous de quelque signe physique de la dégénérescence.

On s'inquiétait généralement peu des mariages des cagots; cependant si les conjoints étaient riches, si leurs relations ou leur famille étaient étendues, la malignité publique ne manquait pas l'occasion de chansonner ses ennemis : c'est ainsi qu'on chantait :

A Bedous, lou bon bilatge,
A Bedous, Cagots soun touts.
Lou Cagot qu'ey de Sarrance,
La Cagote dé Bédous.
Que ly an baillat per maridatge
Cent escuts et dus jambons.

Il faut rappeler à ce sujet la très curieuse chanson composée sur le mariage de Marguerite de Gourrigues, cagote. Cette chanson, fort longue, dont Michel a donné trois rédactions, mérite d'être lue, car elle cite les noms d'un grand nombre de cagots et remonte au XVIIe siècle. On peut fixer la date de sa composition vers 1640-1645; le style, les usages et les noms des cagots que l'on retrouve dans d'autres documents permettent de faire cette détermination. C'est une violente satire contre les cagots que l'on représente venus de tous côtés au mariage [1].

Quand le mariage était célébré, les époux cagots restaient ordinairement dans la ville où habitait le mari; au Pays Basque ils demeuraient même dans la maison paternelle si le mari était l'héritier, c'est-à-dire l'aîné. L'héritier gardait, après la mort du père, la maison et les biens de celui-ci, et prenait, comme d'ailleurs l'usage le veut dans ce pays, le nom de « maître de la maison de N... ». On sait en effet que l'héritier prenait le nom de la maison, les autres enfants le nom de la famille.

Le nom des familles cagotes ne provenait pas, comme presque tous les noms de famille, d'une profession, d'un sobriquet ou quelque cause obscure. Les premiers cagots, jusqu'au XIVe ou XVe siècle, ne portaient qu'un prénom, le nom de Crestiaa suffisait par ailleurs à les distinguer; quelques familles gardèrent ce nom, ou ceux de Cagot ou Capot;

1. Fr. Michel, *loc. cit.*, t. II, p. 124-133.

d'autres, c'est le plus grand nombre, prirent le nom de leur ville ou village d'origine, qu'ils faisaient précéder ou non d'une particule ; d'autres fois la maison seule leur transmettait son nom, c'est ce qui se voit surtout en Labourd et en Navarre ; enfin un petit nombre de noms sont d'origines diverses.

De même que le mariage entre cagots et personnes saines était interdit, l'adultère dans les mêmes conditions était sévèrement condamné par les lois anciennes. Ceci est surtout vrai pour le Béarn. Dans aucun document antérieur au XVIe siècle il n'est parlé d'adultère commis par des cagots. Au XVIIe siècle et au XVIIIe on connaît plusieurs actes de baptême de bâtards. Les plus curieux sont ceux de Bonnut, qu'a signalés M. Gardère. Aucune de ces unions irrégulières ne semble avoir donné lieu à des poursuites. Ce qui les caractérise, c'est la recherche et la déclaration de la paternité. En voici quelques exemples :

Le 26 février 1615, baptême de Charles de Leytou, « fils bastard d'Henry de Leytou et de Marie de Fourcade, gesitains ».

Le 1er mars 1617 : baptême de Charles de Molia « fils bastard de mons. de Molia, seigneur de Sarporenx et de Jeanne du Bourg » gésitaine.

Le 30 décembre 1635 : baptême de Catherine d'Araignés « fille bastarde d'Estienne d'Araignés, jésuitain comme a esté déclaré en justice par Catherine de Sosleix dite Cabin, mère du dit enfant et qui n'est point jésuitaine... » (*Registres de Bonnut.*)

A Laurède, en 1730, Marie de Larrieu d'origine cagote poursuivit Bertrand de Bastiat des œuvres duquel elle se disait enceinte. Celui-ci, tout en niant le bien fondé de l'accusation et disant que « cela n'est pas un fait proposable qu'il lui ait promis le mariage et singulièrement *à une personne de sa qualité* », d'autant plus qu'elle était réputée de mœurs légères, consentit néanmoins pour éviter le scandale, à prendre à sa charge la nourriture de l'enfant dès sa naissance.

Ces quelques exemples ne peuvent suffire à dire que les cagots étaient de mauvaises mœurs ; ils montrent seulement qu'à partir du XVIIe siècle, on ne punissait pas l'adultère commis par sains et cagots, comme les ordonnances récentes le réclamaient.

1. J. Gardère, *Les cagots dans la région d'Orthez au XVIIe siècle.*

D'ailleurs les règlements contre les cagots ne furent-ils pas tous appliqués avec mollesse, au XVIIe siècle?

VI. — SÉPARATION DES CAGOTS DANS LES RAPPORTS SOCIAUX

Lorsque, quittant sa demeure isolée, le cagot allait à la ville, il sentait plus vivement encore la haine craintive des hommes. Pourtant le cagot béarnais n'avait point trop à se plaindre : il pouvait entrer dans la ville quand il lui plaisait, pendant le jour[1], tandis qu'à Marmande il lui était loisible de franchir les portes, le lundi seulement.

S'il allait ainsi à la ville, affrontant les regards hostiles, c'était pour faire la quête accoutumée, signe de cagoterie. Cet usage longtemps observé était commun à tous les lépreux de France[2]. Tantôt la quête se faisait aux portes de la ville ou des églises, tantôt dans les rues, ou de maison en maison[3]. Elle était sans doute fructueuse, puisque malgré la concurrence des léproseries et des mendiants, le droit de quête, en certaines villes, était mis en vente et trouvait acquéreur.

Ce n'était pas seulement pour quêter que le cagot quittait sa demeure, c'était aussi pour vendre, pour acheter au marché, c'était enfin pour tenter de se mêler au peuple; et sait-on quelle âpre jouissance il éprouvait, quand, trompant la foule, il trouvait à s'attabler aux tavernes, et à se faufiler dans les fêtes publiques.

Pourtant, des lois draconiennes protégeaient la société de son contact impur. Sa présence devait être signalée par le signe du pied d'oie, mais nous savons quel cas le cagot en faisait. On craignait la contagion par les aliments; aussi défense de louer les cagots pour faire les vendanges (Mas-d'Agenais, 1388), défense au cagot de vendre son vin, ses porcs, ses moutons, ses volailles (Marmande, 1396); il ne pouvait même pas faire d'élevage (Monsegur, 1296; Oloron,

1. Après la nuit tombée, le cagot ne pouvait plus pénétrer dans la ville.

2. « ..... Les voisins, assistans, ou autres, qui ouyrait celà (les cliquettes), soient avertis de s'écarter, et se tenir loin du chemin, de l'air, ou souffle de ces pauvres gens là, en leur faisant place, et l'aumosne quand et quand. » *G. des Innocents.*

3. Voir P. J. N° 30.

1471); si l'on consentait à moudre son blé, c'était à condition qu'il ne pénétrât pas au moulin, et ne touchât pas à la farine du commun peuple[1].

Au marché, c'était autre chose. De même que tous les lépreux, le cagot pouvait choisir sans les toucher les vivres à sa convenance, tout au plus pouvait-il les indiquer avec une baguette. Ceci fut spécifié par plusieurs arrêts, dont le premier, émané du Parlement de Bordeaux, remonte à 1581 ; il fut confirmé par ceux de la même Cour du 11 décembre 1592 et 20 mai 1593.

En Béarn, dès 1471 les mêmes défenses sont contenues dans un règlement d'un notaire d'Oloron. Elles sont aussi implicitement contenues dans le For de Henri II, qui déclare que les cagots ne doivent pas se mêler aux autres hommes. En effet, en 1604, c'est sur le texte du For que les États de Béarn s'appuyèrent pour demander qu'on empêchât les cagots de fréquenter familièrement le peuple, d'autant qu'ils se permettaient de vendre et d'acheter toutes sortes de marchandises, comestibles et vins, et cela même dans les tavernes. Le règlement de 1604 fut, il faut l'avouer, inefficace, car en 1610 les cagots vendaient toujours vins, grains et laines, au grand scandale des États qui obtinrent contre eux un second règlement.

Si le commerce des denrées leur était interdit, en revanche l'office de charpentier leur était imposé avec rigueur[2].

Leur séparation de la société ne se bornait pas là. A l'église, aux processions, ainsi que nous le verrons, ils étaient éloignés de tous; les confréries leur fermaient leurs portes; les assemblées capitulaires du pays basque n'étaient point faites pour eux. Partout où ils pouvaient coudoyer le peuple on les repoussait. Bien plus, la haine populaire les poursuivait de ses sarcasmes et de ses chansons[3].

1. Règlement d'un notaire d'Oloron du 4 août 1471 (P. J. N° 30) et ordonnance des États de Soule du 29 juin 1606 (P. J. N° 59).

2. Ce point sera traité dans le paragraphe consacré aux professions des cagots.

3. Les sarcasmes et les injures étaient faciles, le seul mot de cagot étant injurieux. Il en était de même du mot *mesel* (P. J. N° 13), du mot *cassot* (P. J. N° 27), et du mot *lépreux*, ainsi que le dit Scaliger : *In Aquitania, tantum est convicium appellare aliquem leprosum ut mulierem adulteram*, Les mots *agot*, *cagot*, *gahet* et *ladre* furent formellement interdits comme

Quand le souvenir de la lèpre fut éteint, il fallut bien trouver à la haine une excuse. On soupçonna les cagots de sorcellerie.

Qu'on ne s'imagine pas que ce noir tableau des rapports des cagots avec le peuple, soit absolument conforme à la réalité. Si les cagots avaient la vie dure, très dure même, en certaines villes, il est probable qu'en d'autres ils étaient plus heureux. Les règlements si vexatoires, que l'on sait, réformaient bien plus des abus flagrants, que de petites licences, et on ne peut s'empêcher d'admettre, que si en 1604, par exemple, les États délibérèrent sur la requête des jurats de Nay, c'est que ceux-ci avaient été poussés à agir par les plaintes de marchands, dont le commerce avait à souffrir de la concurrence des cagots, offrant à meilleur prix et conditions leurs marchandises.

A Pau et à Capbreton, dont les cagots nous sont plus spécialement connus, ceux-ci participaient pour une part assez importante à la vie municipale, et si en 1663, par exemple, on décida qu'à Pau ils cesseraient de servir dans la milice bourgeoise, il n'en reste pas moins patent qu'avant cette date ils y servaient. Il est probable que le peuple coudoyait les cagots, comme il l'eût fait d'une classe d'hommes inférieurs, un peu comme certains seigneurs de l'ancien régime auraient coudoyé les manants. S'il en avait été autrement, eût-il été possible au cagot de Mont de faire fortune, et de jouer au grand seigneur, de même que son congénère d'Oloron, en plein milieu du XVIIe siècle?

VII. — SÉPARATION DES CAGOTS A L'ÉGLISE

La séparation des cagots à l'église est l'un des points les mieux connus de leur histoire; elle est calquée sur la sépara-

injurieux, en 1738 (N° 96) et même jusqu'en 1763 (N° 148). Citons encore quelques exemples. Dans un compte des amendes perçues par Charles le Mauvais, en sa seigneurie de Montpellier (1374) on lit : « Benoit Bernard, 2 fr. (d'or) pour avoir appelé mezel son voisin le sabotier Godin de Lestreye. » En 1384, Guillaume Araux fut appelé en justice pour avoir traité Gaillard de Casaux de « care de ladre » (A. B.-P., E 522). L'ancienne loi navarraise punissait celui qui traitait son prochain de *gafo*. (*Nuevo recopilation... Ley 2, T. 10, L. 8.*)

tion des lépreux à l'église. Nous diviserons l'étude de ce sujet en plusieurs paragraphes : la place des cagots ; leur porte et leur bénitier; leur baptême; instruction religieuse; la paix et l'offrande; les processions; leur mariage; leur enterrement; leur participation aux sacrements; leur admission aux charges et honneurs de l'église.

La place des cagots. — Elle était connue de tous, la place des cagots. Elle était au fond de l'église, bien séparée, bien isolée, le plus souvent sous la tour des cloches; c'est ainsi qu'en avait décidé le concile d'Ancyre, en 314, quand il avait dit que les lépreux se tiendraient à l'église au même lieu que les énergumènes, c'est-à-dire dans le vestibule, ou mieux sous le clocher. Cette partie de l'édifice était toujours suffisamment isolée, et répondait pleinement aux desiderata de l'hygiène, qui voulait mettre la société des fidèles à l'abri de la contagion de la lèpre.

On ignore si, dans les églises, la place des cagots était parfois limitée par des barrières. Peut-être y en avait-il dans quelques paroisses béarnaises, mais les traditions que nous avons recueillies à ce sujet sont incertaines. Cependant il ne faut pas négliger cette phrase de Du Bois de Baillet qui ne semble pas être au figuré : « Nous voulons... que les séparations, qui sont dans les églises, des places qu'ils occupent, soient abattues..... »

Quoi qu'il en soit, il est certain qu'en plusieurs paroisses les cagots se tenaient en un point quelconque de l'église, le plus souvent au fond, mais quelquefois sur le côté; leurs places étaient d'ordinaire groupées près de leur porte et de leur bénitier. Il y a pourtant quelques exceptions à cette règle. Cette ainsi qu'à Saint-Étienne de Baigorry les cagots occupaient le banc de bois, qu'on voit encore au fond de l'église, assez loin de leur porte. Dans quelques églises, comme à Navailles, et à Saint-Pée-sur-Nivelle, les hommes cagots se tenaient sur les marches qui mènent aux tribunes, et les femmes au bas de ces marches; dans presque tout le pays basque, les hommes se tenaient dans les tribunes sous les orgues.

En quelques églises, les cagots se tenaient dans une chapelle latérale : c'est ainsi qu'à Aucun ils occupaient la chapelle Saint-Blaise située du côté de l'épître du maître-autel; à Mouhous, leur chapelle était du côté de l'évangile; il en était de même à Baleix; ailleurs ils avaient un oratoire privé proche de leurs maisons, comme à Bagnères-de-Bigorre, à Sévignac ou à Arengosse.

Ainsi que nous l'avons dit plus haut, cette séparation était d'un usage fort ancien; les lépreux ne songèrent à s'en libérer qu'au début du XVIe siècle, époque à laquelle remonte le jugement du prieur de la cathédrale de Pampelune (1519) interdisant toute distinction de ce genre. Charles-Quint renouvela ces défenses en 1548, disant que dorénavant « les cagots s'assoiront avec les autres hommes devant les femmes, et les cagotes avec les femmes, chacun dans la place qui lui plaira, quand ils iront entendre les offices divins; ils ne prendront toutefois pas les places habituellement occupées par certains fidèles. » Cette ordonnance resta pratiquement lettre morte.

En Béarn, le For de Henri II interdisait aux cagots de se tenir devant les autres hommes à l'église. Des trois articles de ce For concernant les cagots, c'est le seul qui fut impeccablement observé jusqu'en 1683.

En Labourd, par suite de difficultés survenues à Saint-Pée, le Parlement de Bordeaux avait interdit, le 5 septembre 1596, aux cagots « de se mêler parmi le peuple aux églises »; de même, le 3 juillet 1604, il ordonnait aux cagots de Soule « de ne prendre dans les églises que les mêmes places que leurs prédécesseurs et ancêtres ». A partir de 1697, la procédure du Parlement changea; elle réclamait la libération des cagots. Cela n'empêcha pas que, même au cours de la première moitié du XVIIIe siècle, de nombreux conflits, et même des rixes sanglantes survinrent en diverses paroisses où les cagots bravant la haine publique avaient voulu quitter leurs places traditionnelles. A l'assemblée capitulaire de Biarritz, du 8 mai 1718, n'alla-t-on pas jusqu'à décider de combattre les prétentions d'un cagot qui disait pouvoir se placer dans les galeries de l'église? N'est-ce pas le 6 mars 1722 que furent condamnés trois bourgeois de Biarritz qui avaient forcé le cagot Legarret de se tenir à l'église séparé des autres paroissiens, ce qui avait amené une bagarre?

Portes et bénitiers. — Presque toutes les églises du Sud-Ouest avaient un bénitier pour les cagots, un grand nombre possédaient en outre une porte à leur usage. La présence d'un bénitier spécial pour les lépreux n'a rien d'étonnant, c'est un vieil usage qui devait être déjà observé presque partout au XVe siècle. Il semble cependant qu'il faille attendre la fin du XVIe siècle, et les arrêts du Parlement de Bordeaux, de 1593 et 1596, pour voir non seulement l'établissement des bénitiers privés, mais aussi le percement des portes réservées aux cagots. Si parfois ces portes sont manifestement antérieures au XVIe siècle, nous croyons pouvoir admettre qu'elles ne furent réservées aux cagots que secondairement.

Rien dans leurs bénitiers n'était remarquable [1]. C'étaient le plus souvent des mortiers de pierre, de petite taille, insérés dans le mur soit auprès de la porte des cagots, soit auprès de la porte commune quand il n'y en avait pas d'autre. On en peut voir encore un très grand nombre, tous sont inutilisés de nos jours. Quand il n'y avait pas de bénitier pour les cagots, on leur offrait l'eau bénite avec un goupillon, comme à Arudy, par exemple. Les portes, au contraire, se distinguaient par leur exiguïté. La plupart sont si basses qu'il faut se courber pour les franchir. On en a de remarquables exemples à Sauveterre, à Saint-Étienne de Baigorry et à Brassempouy.

Baptême. — J. Trevedy écrit à propos des cacous de Bretagne : « Les baptêmes de leurs enfants étaient célébrés à l'église paroissiale, mais en un lieu à part, c'est-à-dire non aux fonts, mais probablement, comme ailleurs, à la piscine de la sacristie [2]. » Cet usage était conforme aux rituels de Saint-Brieuc (1605) et de Paris (1697) [3]. Il est tout à fait vraisemblable que dans le sud-ouest de la France on baptisait aussi les enfants des cagots ailleurs qu'aux fonts baptismaux, mais

1. Il faut citer, parmi les curieux bénitiers des cagots, ceux de Saint-Savin, de Monein, de Rebenacq. On en a signalé quelques-uns portant un C ou une patte d'oie.

2. Caquins de Bretagne, *Bull. de la Soc. Polymathique du Morbihan*, 1903, fasc. 2, p. 202.

3. Cf. *Anciens Évêchés de Bretagne*, par MM. Geslin de Bourgogne et de Barthélemy. T. I, p. 104.

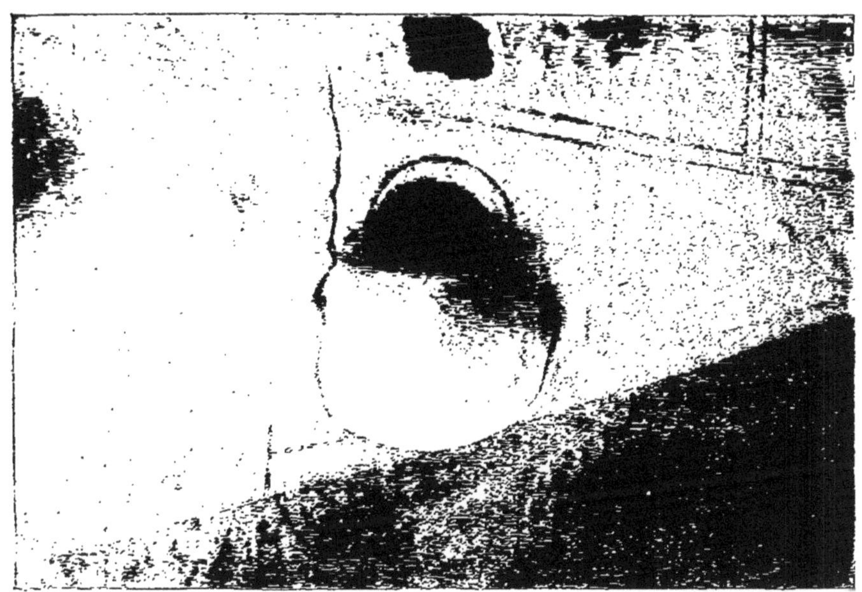

LE BÉNITIER DES CAGOTS A L'ÉGLISE D'AUCUN (HAUTES-PYRÉNÉES).

LE BÉNITIER DES CAGOTS A L'ÉGLISE DE DOGNEN (BASSES-PYRÉNÉES).

FAY. — P. 200-201.

nous n'avons rencontré jusqu'ici aucune indication précise à ce sujet. Cependant, nous basant sur ce fait que les usages du pays de Navarre, étaient presque toujours identiques à ceux qu'on observait en Labourd et en Béarn, nous croyons pouvoir, sans témérité, chercher quelque lumière dans le texte d'une provision royale du 20 août 1548, due à Charles-Quint, et relative aux agots de Navarre. Ce prince, s'adressant en particulier aux habitants des vallées de Baztan et de Maya, ordonne que dorénavant les cagots « se bautizen sus creaturas en las fuentes bautismales à donde y de la manera que se bautizaren las creaturas de los otros christanos [1] ».

Une tradition rapporte qu'on jetait l'eau qui avait servi au baptême d'un cagot. Ajoutons qu'en Béarn, le baptême des enfants cagots ne se faisait guère qu'à la nuit tombante, et sans être annoncé à son de cloche.

Le parrain et la marraine des petits cagots étaient presque toujours cagots eux-mêmes; mais comme jamais dans la région Basque et Béarnaise personne ne refuse l'offre d'être parrain, on ne s'étonnera point de trouver des exceptions; on connaît en effet un certain nombre d'actes de baptême, où les parrains et marraines étaient choisis même dans des familles nobles : dans ce cas, il leur arrivait parfois de ne pas être présents au baptême, mais de s'y faire représenter. Inversement, on a quelques rares exemples où des personnes de familles considérées choisissaient les parrains parmi les cagots; pieux sentiment qui facilitait l'union entre les classes [2]. Au baptême de deux jumeaux cagots, habituellement l'un des enfants était tenu sur les fonts baptismaux par des nobles [3].

Rappelons enfin qu'après la cérémonie les cagots ne distribuaient pas de dragées ou de menue monnaie; on ne les eût d'ailleurs sans doute pas acceptées; leur pauvreté et l'heure

1. P. J. N° 172.

2. « Le bon père que Dieu me donna, a dit Montaigne,... me donna à tenir sur les fonts à des personnes de la plus abjecte fortune, pour m'y obliger et attacher. » Montesquieu fut tenu sur les fonts par un mendiant « à cette fin, dit un papier du temps, cité par P. Viollet (*Histoire du droit civil*, p. 456), que son parrain lui rappelle, toute sa vie, que les pauvres sont ses frères ». Il s'en souvint, en effet, en signant les arrêts que l'on sait, en faveur des pauvres cagots.

3. Voir en particulier l'acte de naissance de Marguerite de Peyrehourade, à Mugron (Landes).

tardive de la cérémonie expliquent suffisamment qu'ils aient agi de la sorte. Le souvenir de ce fait nous est resté à Nay, en particulier où les enfants accablent de railleries et du refrain :

Payri cagot
Esquilhot bouharot,

le parrain qui tarde trop à satisfaire leur gourmandise.

Instruction religieuse. — Les enfants des cagots ne recevaient qu'une rudimentaire instruction religieuse, car on s'opposait presque partout à ce qu'ils fréquentassent, avec les autres enfants, l'église aux heures où les prêtres enseignaient le catéchisme. Si les malheureux enfants y venaient, ils étaient injuriés par les autres. Ce n'est qu'au XVIIIe siècle que les évêques veillèrent à interdire ces manifestations si peu charitables. Le 22 mars 1710, l'évêque de Bayonne, au cours de sa visite pastorale, remarqua cet usage à Biarritz, et écrivit à ce sujet : « Les gots s'étant plaints à nous, que leurs enfants étaient quelquefois insultés au catéchisme par les enfants des autres paroissiens, nous avons enjoint au vicaire ou prêtre qui fait le catéchisme d'empêcher ces sortes d'insultes, d'en avertir les parents et de traiter les enfants des gots, sans distinction, comme ceux des autres[1]. »

En 1723, le Parlement de Bordeaux à son tour s'occupa de cette question, ordonnant que les enfants des cagots « seront reçus dans les écoles et collèges des villes, bourgs, et villages, et seront admis dans toutes les instructions chrétiennes indistinctement ». Cette décision fut renouvelée en 1724.

La paix et l'offrande. — Autrefois, les jours de fête, au cours de la célébration de la sainte Messe, les fidèles allaient recevoir la paix, c'est-à-dire embrasser soit la patène, soit plus exactement une croix d'argent que présentait le prêtre; ils faisaient ensuite une offrande et recevaient le pain bénit.

La crainte de la contamination fit que, pendant très longtemps, non seulement on s'opposa à ce que les cagots allassent à l'offrande en même temps que les autres, mais encore qu'ils donnassent le baiser de paix à la croix qui était présentée aux autres fidèles.

1. Voir : TOPOGRAPHIE, au mot *Biarritz*.

A Arbonne, un document du 22 janvier 1693, nous apprend que les cagots ne recevaient la paix « que lorsqu'ils avaient quelque honneur funèbre de leur nation gote, et qu'alors ils venaient au lieu que les autres gens sont accoutumés de venir à l'offrande, après que tous les autres ont offert, et on leur donnait la paix avec la croix qui est au bout de l'étole, au lieu qu'aux autres on la donnait avec une croix d'argent[1] ».

Cet usage, qui ne disparut qu'au XVIIIe siècle était fort ancien; il remonte certainement aussi loin que les cagots eux-mêmes.

Il fut interdit dès 1519, par un jugement du prieur de la cathédrale de Pampelune[2], prononcé à la suite d'une enquête faite à la prière du pape Léon X; il le fut à nouveau par Charles-Quint le 20 août 1548. Ces défenses restèrent inefficaces en Navarre. Elles paraissent avoir été ignorées de notre côté des Pyrénées. En effet, le 11 décembre 1592, le Parlement de Bordeaux, sur la requête des jurats d'Espelette, ordonna et enjoignit aux cagots de cette paroisse et des environs, de ne point aller à l'offrande avec les autres paroissiens. La même Cour renouvela ces défenses pour les cagots de Labourd, le 20 mai 1593 et le 5 septembre 1596.

Il est certain qu'en Béarn, les cagots allaient à l'offrande après les autres fidèles, puisque chacun s'y rendait en gardant le rang qu'il occupait à l'église, et que les cagots, d'après le For de 1551, se tenaient derrière les autres personnes à l'église et aux processions. D'ailleurs n'est-il pas spécifié dans le projet de lettre patente fait en 1683, que le roi voulait que les cagots pussent « aller à l'offrande, prendre et rendre le pain bénit chacun à leur tour » : c'est donc qu'à cette date ils n'étaient pas encore reçus à le faire. Le 9 juillet 1692, le Parlement de Navarre rendit un arrêt en faveur des cagots de Sainte-Croix d'Oloron, dans lequel il n'est parlé que de l'offrande.

Quoique, dès la fin du XVIIe siècle, l'usage en question tom-

1. Voir : TOPOGRAPHIE, au mot *Arbonne*.
2. « Mandamus ut omnes dictos Agotos... in offertorio seu oblationibus, ac pace danda et recipienda... caritative recipiant et admittant ». P. J. N° 168.

bât en désuétude, il n'en persista pas moins dans certaines paroisses, à Rivière, par exemple, où de graves conflits s'élevèrent en 1718, parce que certains cagots s'étaient mêlés à la foule des fidèles pour aller à l'offrande.

Rappelons enfin qu'en quelques lieux, on présentait, comme à Lucarré, le pain bénit aux cagots au bout d'une fourche en bois. C'était ainsi qu'on avait coutume de faire avec les lépreux, en plusieurs régions de la France et particulièrement en Lorraine.

Les processions. — Ce que nous avons dit de l'offrande pourrait être répété au sujet des processions. Les cagots pouvaient y figurer, mais derrière les autres paroissiens. Nous croyons inutile de redire ici les arrêts et règlements qui traitèrent de ce point, ce sont ceux-là mêmes que nous avons indiqués à propos de l'offrande.

Les mariages. — Les cagots ne pouvaient se marier avec les personnes saines. La coutume appuyée par des arrêts imposa cette règle, dans tout le Sud-Ouest. En ce qui concerne le mariage à l'église, il est certain que les prêtres ne s'occupaient pas de la qualité des conjoints, car les conciles, en particulier le troisième de Latran, avaient nettement spécifié que les lépreux étaient libres d'épouser qui leur plaisait. On se contentait le plus souvent de signaler dans l'acte de mariage la qualité cagote des conjoints et des témoins s'il y avait lieu. La publication des bancs se faisait comme pour les autres fidèles. Quant à la cérémonie du mariage, aucune tradition ne laisse entendre qu'elle se distinguait en quoi que ce soit.

Sacrements. — Le *baptême* était administré d'une façon spéciale aux cagots ; nous avons vu qu'il n'en était pas de même du *mariage*. L'*Extrême-Onction* leur était donnée ainsi qu'il ressort d'un grand nombre d'actes de sépulture où il est dit que : un tel, cagot, est mort muni de tous les sacrements. En était-il de même de la *Confirmation*? Aucun document ne nous renseigne à ce sujet. Le Sacrement de l'*Ordre* leur était refusé, car la lèpre était un empêchement canonique. Enfin, en ce qui concerne la *Pénitence* et l'*Eucharistie*, les conciles voulaient que les lépreux pussent y recourir; cela n'empêcha pas certains prêtres de les leur refuser. Le pape Léon X s'éleva contre eux, en faveur des cagots de Navarre. L'usage prévalut pourtant que les cagots reçussent la commun.on après les autres fidèles, ainsi qu'il en était de la paix et de l'offrande. En quelques églises ils avaient même un banc de communion au fond de l'édifice. Fl. de Rœmond écrit au sujet de ce sacrement qu'il leur était « mesme défendu de se mettre à la Table sacrée avec les autres catholiques ». Cette coutume fut abolie à la fin du xviie siècle.

Enterrements. — Quand le cagot venait à mourir on célébrait à l'église un office funèbre. En certaines paroisses, à Arbonne par exemple, on ne donnait la paix aux cagots que les jours « où ils avaient quelque honneur funèbre de leur nation gote[1] »; encore ne la leur donnait-on qu'après les autres fidèles et avec la croix de l'étole.

Après la cérémonie on portait le corps au cimetière. Dans le cortège funèbre ne figuraient guère que les cagots. Il est utile de rappeler qu'ordinairement les membres d'une même corporation assistaient à l'enterrement d'un des leurs; dans le corps des charpentiers il est certain que cet usage n'était pas aussi bien observé qu'ailleurs, car les charpentiers de race pure devaient se refuser à suivre le cortège d'un cagot; on sait aussi que les charpentiers sains ne désiraient point que les cagots fussent admis à leur service; c'est du moins ce qui arriva à Dax, en 1660, car, dans son testament, Jean de Lacoutheure, maître charpentier à Dax, spécifia qu'il voulait être enseveli dans les cloîtres de l'église et ne voulait pas que *les maudits* fussent présents à son enterrement.

L'inhumation se faisait dans un cimetière spécial, ou dans une partie distincte du cimetière commun. C'était un vieil usage. Jamais, depuis les temps les plus reculés, le corps des lépreux n'avait été enterré avec ceux des autres hommes.

Quoique, de nos jours, nous ne trouvions plus une excuse

1. Parmi les honneurs funèbres, il faut faire figurer les messes dites à l'intention d'un mort. Les cagots en faisaient dire, aussi bien que les autres individus. C'est ainsi qu'à Mugron, Guillaume Daraignès fit célébrer en 1675 une messe chantée pour le repos de l'âme de son cousin.

suffisante à cet usage, il faut reconnaître que les anciens ne pensaient pas comme nous sur ce point; à preuve cette phrase que nous extrayons d'un arrêt du Parlement de Bretagne[1] du 20 mars 1681 : « Oui, Messieurs, ils (les morts) y sont sensibles (au mélange de leurs tombes avec celles d'hommes d'une condition inférieure), et si Achille[2] se plaint parmy les ombres de cette injuste égalité qui en fait un meslange confus, Mausolle, chez Lucien[3], se souvient de son tombeau magnifique et il se fait de cette magniffisense une glorieuse destination. Tant il est vrai que les morts ayment leurs tombeaux et qu'ils ne peuvent souffrir le meslange injurieux de certains corps. »

Nous ne dirons point ici, comment était situé ou disposé le cimetière des cagots : le lecteur trouvera, à la partie topographique de cet ouvrage, tous les renseignements qu'il peut désirer sur ce sujet. Nous dirons seulement qu'un grand nombre de ces cimetières étaient hors des villes[4], près des cagoteries, et que quelques-uns d'entre eux devinrent par la suite le cimetière des protestants ou des étrangers; d'autres furent abandonnés et sont restés depuis des terres incultes portant un nom qui rappelle leur ancienne destination[5].

Quand les cagots possédaient une chapelle pour leur usage privé, ils pouvaient y demander la sépulture; c'est ainsi, qu'à Bagnères-de-Bigorre on les enterrait dans la chapelle Saint-Blaise, et qu'à Sévignac leur corps reposait autour de la chapelle de Balère.

Lorsque à la fin du XVIIe et surtout au XVIIIe siècle, les anciens usages, concernant la séparation des cagots, furent presque partout effacés, ces malheureux continuèrent à être ensevelis dans leurs cimetières privés, malgré les arrêts ou ordonnances.

C'est ainsi qu'à Condom il y eut des bagarres, en 1706, parce qu'un cagot voulait faire enterrer sa fille au cimetière

1. Cet arrêt se lit dans les *Registres d'audience publique de la Grand'Chambre*. C'est un arrêt sur remontrances. Il a été publié par Trevedy, *Caquins de Bretagne*, p. 225-236.

2. Lucien : *Dialogue entre Achille et Antiloque*.

3. Lucien : *Dialogue de Mausole et Diogène*.

4. Les cimetières du commun peuple étaient autour de l'église. Parfois on enterrait même dans l'église.

5. Ce nom est généralement en Béarn « *Cam deous cagots* ».

commun; le Parlement de Bordeaux dut même intervenir en faveur des cagots, le 31 janvier 1710. A Biarritz en 1680 survint une affaire du même genre. Cette affaire aurait pu amener un conflit entre l'évêque de Bayonne et les juges temporels, si nous en croyons la consultation que rédigea l'avocat Bruix à ce sujet, la ville de Biarritz voulant faire déterrer un cagot qui venait d'être enseveli au cimetière commun; les poursuites engagées devaient être portées devant le Tribunal de l'évêque, mais pour éviter d'agir de la sorte on prit la chose comme voie de fait et trouble à la possession, choses qui relevaient du juge temporel, et on eut soin de faire auprès de l'évêque des démarches respectueuses propres à éviter son intervention[1].

En 1664 commença à Bagnères-de-Bigorre une affaire concernant la sépulture d'un certain cagot qui venait d'être faite chez les Dominicains; le procès fut poursuivi devant l'official de Tarbes. C'est encore sur un sujet identique que se prononça le Parlement de Toulouse le 20 août 1703.

Admission aux charges, honneurs et ordres de l'Église. — La lèpre rendant impossible tout ministère, l'admission aux ordres sacrés fut interdite aux lépreux. C'est pour cette raison que jamais les cagots ne furent admis à recevoir le sacrement de l'ordre. Ce n'est qu'au cours de la seconde moitié du XVIIIe siècle que l'on commença à déroger à cette règle. Monseigneur de Romagne, évêque de Tarbes, mort en 1768, fut le premier, dit-on, à conférer la prêtrise à un cagot.

Les confréries religieuses leur furent fermées jusqu'au XVIIIe siècle; l'évêque de Bayonne s'éleva d'ailleurs contre les habitants de Villefranque qui refusaient aux cagots l'entrée dans leurs confréries. En plusieurs paroisses il y avait en revanche des confréries pour les seuls cagots. Quoiqu'un arrêt du Parlement de Navarre, du 21 avril 1722, eût enjoint de « les admettre aux confréries et autres assemblées pieuses », on sait qu'en 1756, la confrérie des Pénitents blancs de Pau ne consentit à recevoir un riche cagot, qu'après mûre délibération, et moyennant le paiement d'un droit très élevé.

1. Le lecteur trouvera grand intérêt à la lecture de ce document publié sous le N° 60.

Quant aux divers honneurs et charges de l'Église ils ne furent ouverts aux cagots qu'à partir du XVIIe siècle, par une ordonnance du commissaire de parti en la généralité de Guyenne, du 29 avril 1697, des arrêts du Parlement de Bordeaux des 12 mai 1699, 9 juillet 1723, 19 janvier 1724, 27 mars 1738; d'autres arrêts du Parlement de Navarre s'échelonnant depuis le 4 décembre 1688 continrent implicitement les mêmes prescriptions, de même les arrêts du Parlement de Toulouse des 20 août 1703 et 11 août 1745[1].

1. On retrouve encore une trace des vieux préjugés, en particulier à Saint-Jean-de-Luz, où le peuple s'oppose toujours à ce que les enfants de chœur soient pris chez les cascarots.

CHAPITRE II

DE LA QUALITÉ DES CAGOTS
LEURS PRIVILÈGES ET LEURS INCAPACITÉS

I. — LE PRIVILÈGE DE JURIDICTION

A l'époque où les lépreux commencèrent à être nombreux en France, on s'inquiéta de prendre des mesures propres à enrayer l'extension du mal; pour ce faire, les hygiénistes du VIe siècle ne connaissaient qu'un seul moyen : empêcher les malades de se déplacer. Les quelques léproseries fondées à cette époque étaient insuffisantes à isoler les victimes du mal. Il était naturel que l'Église, toujours prête à secourir les malheureux, et que les religieux, à qui seuls incombait le soin des malades, s'occupassent des lépreux. C'est à cette époque, que le troisième concile de Lyon (583), prenant une mesure que les autorités civiles avaient négligée, mit les lépreux de chaque diocèse sous la garde de l'évêque; celui-ci, en leur assurant le nécessaire, leur enlevait tout motif de mener une vie errante[1]. C'est ainsi que l'Église mit en pratique ce qui se faisait sous la loi mosaïque, et que non seulement elle prit entre ses mains les intérêts des lépreux, mais encore leurs causes. A partir du concile de Nogaret (1291), les lépreux semblent en effet être uniquement soumis à la juridiction ecclésiastique, puisque ce concile décrétait que le

1. « *Placuit etiam universo concilio, ut unuscujusque civitatis leprosi, qui intra territorium civitatis ipsius aut nascuntur, aut videntur consistere, ab episcopo ecclesiæ ipsius sufficientia alimenta, et necessaria vestimenta accipiant, ut illis per alias civitates vagandi licentia denegetur.* »

lépreux n'avait pas à répondre à la convocation du juge séculier, en ce qui concernait ses actes [1].

Cette situation juridique était propre à amener des conflits dans les procès où l'une des parties relevait du bras séculier. En réalité la difficulté était minime, car il semble qu'on appliqua en ce cas, aux lépreux, la même règle qu'aux clercs.

Après l'invasion sarrasine, surtout après les croisades, la lèpre avait pris une si grande extension, que le sol de France se couvrit de léproseries. Ces léproseries étaient pour la plupart administrées par l'ordre des Hospitaliers de Saint-Lazare; d'autres appartenaient à des chapitres, à des ordres religieux, à des évêques. Ces léproseries étaient, en fin de compte, toutes à l'Église. Qu'elles présentassent l'aspect d'un hôpital ou d'un village, les lépreux qui y habitaient étaient vassaux ou même serfs de l'Église, et relevaient de ce fait du tribunal de leur seigneur, l'évêque. Mais tous les lépreux n'étaient pas enfermés dans des léproseries. Ceux qui vivaient librement avaient conservé leur capacité civile, chacun selon la classe de la société qu'il occupait.

Devenus lépreux les seigneurs et les nobles trouvaient à se soigner chez eux, et parfois se donnaient à l'Église; les serfs étaient donnés aux églises ou aux monastères où ils trouvaient l'affranchissement et devenaient colliberts. Pour les hommes libres, la situation était bien différente. Dans le sud-ouest de la France, la règle généralement adoptée est celle qui se lit aux Fors de Navarre : on conduisait le malade hors de la ville et là on lui donnait une maison ou une cabane, la femme du malheureux pouvait le suivre dans sa retraite. Ainsi isolé, le lépreux restait soumis à certaines coutumes, qu'avaient dictées les idées de prophylaxie en cours au moyen âge, et que l'Église avait publiées en ses conciles. Ces lépreux ne sont autres que les agots ou cagots. En Béarn, il est possible qu'ils soient demeurés sujets du seigneur dont ils avaient reçu

1. « *Item, quod leprosis super actionibus personalibus non conveniantur coram judicibus sæcularibus, et si conventi fuerint, non teneantur respondere coram ipsis, et ad interese teneantur eisdem, qui eos sic procuraverint conveniri : et nihilominus judices sæculares compellantur per censuram ecclesiasticam, ne ipsos super talibus actionibus respondere compellant.* » Concilium Nogaroliense. *Acta conciliorum*, VII, col. 1161, chap. V.

leur terre; en Navarre, ils appartenaient à l'Église du jour même de leur séparation. Il semble à première vue qu'il n'y ait pas de règle générale en ce qui concerne le privilège de juridiction, chez les cagots.

Nous avions espéré, en étudiant les cacouseries de Bretagne (qui à tant d'égards sont identiques aux cagoteries du Sud-Ouest), trouver une solution à une question que la rareté des documents rendait difficile à résoudre. Les documents bretons sont en effet d'une grande précision. On y voit qu'au xviie siècle tous les cacous se reconnaissaient vassaux et sujets de l'évêque dans les diverses diocèses. Le Parlement de Bretagne ne s'occupa pour la première fois des cacous, que pour ordonner une enquête destinée à faire savoir si réellement ils étaient lépreux. Nous avons sous les yeux les rapports faits sur ces enquêtes; ces documents encore inédits concluent à la disparition de la lèpre. N'empêche que l'évêque de Vannes, en particulier, comptait encore, au xviiie siècle, les cacous parmi ses sujets. Rosensweig[1], et depuis M. Trevedy[2], ont dit que les cacous du diocèse de Vannes se trouvaient, au xviiie siècle, au temporel comme au spirituel, sous la juridiction de l'évêque, sauf pourtant les caquineries faisant partie du domaine royal[3]. L'exception que signalent ces auteurs n'est pas justifiée, les documents encore inédits que nous avons entre les mains, la contredisent de la façon la plus formelle.

Ainsi, les cacous de Bretagne, si comparables aux cagots, jouissaient du privilège de juridiction. Il est à présumer que les cagots du Sud-Ouest étaient dans la même situation. Nous verrons jusqu'à quel point cette présomption est justifiée.

1. Rosensweig, Les Cacous de Bretagne (*Bull. de la Soc. Polymathique du Morbihan*, 1871, deuxième semestre, p. 154).

2. Trevedy, Caquins de Bretagne (*Bull. Soc. Polym. du Morbihan*, 1903, fasc. 2, p. 209).

3. Nous regrettons que M. Rosensweig n'ait pas indiqué sur quel document il s'appuie pour faire cette affirmation, d'autant qu'un document daté de 1777 nous montre que les aveux de vassalité à l'évêque de Vannes faits par les cacous de Saint-Caradec d'Hennebont, le 12 septembre 1673, par ceux d'Ambon, le 17 novembre 1697, et ceux de Plumeret, le 15 août 1672 étaient encore pris en considération à cette date (1777). Ces trois cacouseries étaient en domaines royaux. Nous nous réservons de publier plus tard ces documents encore inédits.

A plus d'un égard, les lépreux, et en particulier les lépreux libres ou cagots, peuvent être mis en parallèle avec les clercs; comme eux ils pouvaient se marier; comme eux ils jouissaient de certains privilèges. Non seulement l'Église réclamait toute juridiction sur les lépreux, parce qu'ils étaient choses pies, mais encore elle avait décidé, comme pour les clercs, qu'ils seraient exempts des charges personnelles, et peut-être aussi du service militaire.

Le privilège de juridiction était si important, et il était si propre à amener des conflits, que peu à peu il se perdit sous l'effort des princes. La seule chose qu'on pouvait invoquer efficacement pour le maintenir chez les cagots, était la constatation de la lèpre. Du jour où la lèpre fut révoquée en doute, la juridiction civile se reconnut d'office le droit de connaître de toutes les affaires des familles jadis réputées lépreuses. Exception cependant pouvait exister, dans certains pays, quand les familles en question tenaient leurs terres des évêques, qui de ce fait restaient leurs souverains. C'est ce qui eut lieu en Bretagne.

Dans la région qui fait le sujet de cet ouvrage, les lépreux relevaient aussi, au moins pendant le moyen âge, des tribunaux ecclésiastiques. Seuls, à cette époque, les cagots de Béarn semblent avoir fait exception.

L'évêque était à la juridiction ecclésiastique ce que le seigneur souverain ou le roi étaient à la juridiction civile. Son tribunal ou Officialité était présidé par l'Ordinaire, c'est-à-dire l'évêque lui-même, ou encore par son représentant, l'archidiacre. Il convient de distinguer ce tribunal d'autres tribunaux que présidaient des dignitaires de l'Église, et qui s'étendaient sur des justices temporelles dépendant de biens ecclésiastiques composant leurs bénéfices; quoique les titulaires de ces justices fussent ecclésiastiques, celles-ci ne différaient pas des justices appartenant à des seigneurs séculiers; c'est pourquoi la procédure qui y était suivie était celle des cours féodales, le droit y était appliqué selon la coutume locale, et les appels étaient portés devant les seigneurs féodaux[1].

1. Voir Esmein, *Histoire du Droit français*, p. 286.

Il est nécessaire de rappeler cette distinction quand il s'agit de traiter des cagots, car s'il est certain que plusieurs d'entre eux appartinrent pendant longtemps au For de l'Église, il n'en est pas moins vrai que souvent on en trouve appartenant à des justices temporelles dont les titulaires étaient ecclésiastiques. La distinction est facile à faire dans quelques cas, dans d'autres au contraire l'insuffisance des preuves ne permet que de faire des conjectures.

Il est certain, par exemple, qu'à Dax aux XIVe et XVe siècles les cagots jouissaient du privilège du For. C'était l'avis de l'évêque de Dax, en 1320. On sait en effet (P. J. N° 181) qu'à cette époque un certain Dominique, lépreux libre de la paroisse de Saint-Georges des Sables, sur le territoire appartenant à Amanieu d'Albret, seigneur de Maremne, avait été, pour certain crime, arrêté, jugé et condamné à mort par le Tribunal civil, puis enfin exécuté sur le bûcher. L'évêque de Dax s'éleva contre ce jugement, disant qu'il avait toute juridiction non seulement sur les lépreux de Maremne mais encore sur ceux de tout le diocèse de Dax, et que par conséquent c'était un attentat à sa juridiction que d'avoir procédé sans lui à une telle condamnation. L'évêque, pour certains motifs inconnus, fit alors arrêter tous les lépreux du diocèse. Les sujets du roi et duc soutinrent aussitôt que les lépreux étaient soumis à la juridiction civile, en particulier dans les affaires criminelles, que le grand justicier en ces affaires était le roi, et que, par conséquent, l'évêque avait agi préjudiciellement à l'autorité du souverain. L'évêque de Dax précisa alors, disant que les lépreux relevaient de son autorité tant en matières civiles que criminelles.

Un accord intervint entre les parties, remettant à des arbitres le soin de trancher le différend. On ignore quelle fut la sentence, mais il est fort probable, ainsi qu'il en était d'usage pour les clercs, que ce fut au bras séculier que furent remis les lépreux criminels, mais que le juge civil ne devait pas procéder *extra conscientiam pontificis*.

Cette solution fut vraisemblablement adoptée dans tout le Sud-Ouest, en ce qui concerne les affaires criminelles ; pour les matières civiles, il semble au contraire que les cagots plaidaient devant le tribunal ecclésiastique. La chose est formellement indiquée dans les coutumes de Dax[1]. Cependant si un cagot poursuivait un homme sain, il devait, en vertu du principe universellement adopté, s'adresser au tribunal laïque dont relevait l'accusé[2].

Il est possible toutefois que très tôt il fut permis aux cagots de plaider dans les affaires civiles devant les tribunaux civils, l'évêque étant prévenu, et pouvant s'y faire représenter par un avoué (*advocatus*).

Si nous passons en Navarre, il est plus évident encore que les cagots étaient sujets de l'Église, puisque, désireux d'être affranchis de leur condition, ils adressèrent leur requête au pape. Si, devant les lenteurs de l'enquête, ils se tournèrent vers les cortès de Navarre, ce fut pour que ceux-ci demandassent au prieur et à l'archidiacre de Sancta Gema de prendre leur requête en considération; c'est d'ailleurs ce qui arriva. Si le jugement rendu le 30 avril 1519 n'avait traité que des questions religieuses, on pourrait hésiter à admettre que les agots relevaient du tribunal de l'évêque, mais on y trouve précisément des dispositions d'un ordre plus général telles que celle-ci : « Nous ordonnons... que les agots n'auront à souffrir d'aucune différence, distinction, séparation, isolement, opprobre, ignominie, injure ou infamie... dans les assemblées qui ont lieu dans les églises ou dans d'autres lieux. » Ce jugement ordonnait en outre aux fidèles d'admettre les agots dans leur conversation et de les laisser participer librement à la vie commune.

Ce jugement reconnaissait les agots indemnes de toute maladie ou tare; il leur enlevait donc le seul motif qui leur permît de se réclamer de la juridiction de l'évêque. De fait, depuis cette époque, les documents montrent clairement qu'en Labourd et Navarre, les agots relevaient du pouvoir civil.

En 1589, à Cazères sur l'Adour, dans une affaire criminelle où un cagot est compromis, c'est l'archiprêtre que la légende fait intervenir comme haut justicier.

1. « *Dat que lo crestian sie deu for de la glisie.* »

2. Dans les coutumes de Dax on lit, en effet, à propos des saisies mobilières, que le cagot pouvait saisir une personne laïque, quoique le cagot fût du for de l'Église, et le laïc de celui du seigneur. Pour cela il devait s'adresser au tribunal du seigneur, car « l'actor deu seguir lo for deu reu ».

A Condom et à Marmande, au XIVe siècle, les cagots étaient si comparables aux lépreux que nous croyons pouvoir admettre que jusqu'à cette époque au moins ils jouissaient du privilège du For.

Quand il s'agit de cagots censitaires d'abbayes ou de chapitres, un doute peut s'élever dans l'esprit. On sait qu'à Bordeaux ils payaient un cens au chapitre de Saint-André, au XVe siècle. A la même époque, les cagots de Saint-Sever, Sainte-Eulalie, Soustras, Montaut, etc., étaient censitaires de l'abbaye de Saint-Sever. Au XVIIIe siècle, les cagots de Saint-Laurent et de Mont-de-Marsan payaient le cens au couvent de Sainte-Claire de cette ville. A Bayonne comme à Saint-Sever les cagots étaient censitaires d'abbayes; de même à Peylas dans le pays de Foix et ailleurs encore.

Nous croyons qu'au moins une partie de ces cagots quoique sujets d'ecclésiastiques appartenaient à la juridictiou laïque. La chose est certaine, en particulier, pour les cagots de Peylas.

On ne peut, dans cette étude, tenir compte des jugements et décisions prises par les tribunaux ecclésiastiques, les évêques ou les vicaires généraux dans les affaires survenues à Bagnères-de-Bigorre (1664-1667), à Mombert (1699), ou à Biarritz (1680), car ces affaires se rapportent à des questions de cimetière. Des cagots ayant été enterrés ailleurs que dans leur cimetière, des troubles survinrent que l'autorité ecclésiastique avait droit de réprimer parce que le cimetière était terre d'Église. Les tribunaux civils ne pouvaient connaître de ces affaires que s'ils étaient saisis par des plaintes pour voies de fait ou troubles à la possession; c'est ce qui arriva à Biarritz, en 1680, où on se contenta de s'assurer du silence de l'évêque par une démarche respectueuse.

Au XVIIe siècle, de rares évêques avaient conservé des droits sur quelques cagots, qui par ailleurs étaient leurs vassaux. C'est à peine si l'on trouve encore des restes du privilège de juridiction à Tarbes, à Salies[1], et dans le diocèse d'Auch[2].

1. Les cagots de Salies ne pouvaient fournir de mémoires, qu'accompagnés d'une attestation du curé ou d'un vicaire.

2. Nous avons tout lieu de croire, que jusque dans les premières années du XVIIIe siècle, les cagots du diocèse d'Auch furent sujets de l'évêque; malheureusement nos recherches ne nous ont jusqu'ici apporté que des

Encore ces cagots n'étaient-ils qu'en très petit nombre, presque tous étant, dès le XVIIe siècle, vassaux d'un seigneur.

En Béarn, contrairement à ce qui a été dit pour les pays voisins, les cagots semblent avoir relevé uniquement de la juridiction du Souverain, dès le XIVe siècle. Il est possible qu'il en était ainsi du consentement des évêques de Lescar et d'Oloron. Ce qui est certain, c'est que les cagots de Béarn étaient vassaux du seigneur souverain, à qui ils payaient francau et taille, à qui ils rendaient l'hommage, et de qui ils reçurent en 1379 le privilège d'être exemptés de la taille. Il est à remarquer, dans le même sens, que les Fors de Béarn sont les seules lois anciennes qui définissent la qualité des cagots.

Rappelons que certains cagots jouissaient d'alleux; sur ceux-ci, seul le seigneur souverain avait des droits en tant que justicier. Ajoutons enfin que nous n'avons pas rencontré dans nos documents béarnais un seul cagot censitaire d'une abbaye ou d'une église, ni aucun document qui pût faire soupçonner qu'un cagot quelconque ait appartenu en Béarn à la juridiction ecclésiastique.

Nous pouvons donc conclure, sur la foi de nos documents, que les cagots de Guyenne, de Gascogne, de Soule et de Labourd jouirent longtemps du privilège de juridiction; que ceux de Navarre perdirent ce privilège en 1519; enfin qu'en Béarn ils semblent n'en avoir point joui au moins à partir du XIVe siècle; peut-être qu'en ce pays la présence de l'évêque de Lescar, ou de quelqu'un de ses *advocati* à la Cour, suffisait à sauvegarder les droits que l'église eût pu réclamer.

Il est certain, par contre, qu'en Béarn, les lépreux reclus relevaient du tribunal de l'évêque.

II. — DES CAGOTS ET DES COLLIBERTS. — LES CAGOTS AFFRANCHIS, ET VASSAUX

Le lecteur a déjà remarqué sans doute que les cagots semblent avoir appartenu à une classe de personnes intermé-

renseignements trop incomplets pour que nous puissions aller jusqu'à affirmer ce qui, dans l'état actuel de nos connaissances, ne nous paraît devoir être qu'une hypothèse très probable.

diaire entre les hommes libres et les esclaves. Cherchant à déterminer à laquelle de ces classes intermédiaires appartenaient les cagots, on ne peut qu'éliminer *colons* et *lites* pour s'arrêter aux *colliberts*. Il y a, en effet, entre les cagots et les colliberts de grandes analogies, mais aussi des différences essentielles.

Tous les *colliberts* étaient descendants d'affranchis; les *cagots*, s'ils étaient parfois descendants d'affranchis, étaient toujours fils de lépreux. L'un rentrait dans le *collibertas* par l'affranchissement, l'autre dans un état comparable par la lèpre. C'est là que réside la différence essentielle entre ces deux états.

Les *colliberts*, ou *cuverts*, sont, avons-nous dit, des descendants d'affranchis. On les connaissait à l'époque romaine, et on en traitait dans les lois lombardes. Ils n'étaient pas tout à fait libres. Au moyen âge, leur condition paraît n'avoir pas été très nettement définie; dès le XIe siècle, époque à laquelle commence l'histoire des cagots, la position intermédiaire des *colliberts* arrêta quelques curieux; l'un d'eux nous transmit une définition particulièrement claire :

« Qu'est-ce que le collibert? C'est celui qui était esclave et que son maître dans un sentiment de piété a donné à un évêque ou à une église pour la rémission de ses péchés. Il l'a donné, il l'a remis à la *Libertas ecclesiastica*, non pas pour qu'il soit désormais entièrement libre ou affranchi, mais afin qu'il vive sous la domination de sa nouvelle famille religieuse, à certaines conditions qu'il ne pourra transgresser. Exemple : j'ai un esclave, *servus* : il est mon esclave : il n'est ni affranchi (*libertus*), ni collibert. Mais, pour le salut de mon âme, je le donne à une église devant l'autel de cette église, à la charge par lui de payer chaque année à cette église une redevance, un cens fixé par moi ou de s'acquitter d'une prestation personnelle. Dès lors, il ne sera plus mon esclave; mais il sera devenu collibert[1]. »

1. Définition résumée par P. Viollet (*Histoire du droit civil français*, 1905, p. 337 [307]), d'après un texte du XIe siècle publié par Lamprecht, *Beitraege zur Geschichte des franz. Wirthschaftslebens im elften Jahrhundert*, Leipzig, 1878, p. 151.

On est frappé dès l'abord par les termes de cette définition dont chaque partie trouve un exemple dans nos documents. C'est ainsi que Bénédicte, fille de Garsias Galinus, donna un cagot à l'abbaye de Lucq, en même temps que des terres, et ceci pour la remplacer, car elle s'était donnée *ob remedio animæ suæ*. On pourrait croire qu'il s'agit ici d'un cagot affranchi; cependant, vu la situation et la fortune du frère d'Auriol Donat (c'était le nom du cagot en question) il est évident que celui-ci était un homme libre. Sa donation à l'abbaye ne doit nous étonner qu'à moitié, car il était lépreux, de date récente sans doute et de ce fait destiné à entrer dans une léproserie; il gagna, à être donné à l'Église, de jouir d'une situation plus libre. Pareille donation d'un homme libre ne doit pas choquer, car beaucoup de seigneurs se croyaient maîtres de la personne de leurs vassaux, et les exemples ne sont pas rares de donation et même de vente d'hommes libres[1].

Contrairement aux auteurs qui ont commenté ce document, nous pensons donc qu'il ne peut être utile pour éclairer la question dont nous traitons ici. Il n'en est pas de même de certains rôles des fiefs de Béarn pour les années 1360 et 1365[2]. Ces rôles nous représentent des cagots payants le *francau*.

Le *francau* était un droit que payaient les questaux (ou serfs) affranchis. Il est remarquable qu'en aucun document ne figurent de cagots serfs ou questaux; il n'existe point de trace de leur servitude; aucun d'entre eux n'est cité dans le registre des serfs du quartier de Sauveterre pour 1388[3]. Comment alors expliquer qu'ils aient payé le francau? Deux théories peuvent être défendues.

C'est à la première, la plus simple, que nous donnons la préférence. Un serf, comme tout homme, pouvait être frappé de lèpre. Le fait d'être lépreux le mettait dans une condition nouvelle puisqu'il pouvait aussitôt entrer dans une léproserie, et devenir ainsi sujet de l'Église; dès lors il per-

1. [Perreciot] : *De l'état civil des personnes et de la condition des terres dans les Gaules...* En Suisse, aux dépens de la Société, M.DCC.LXXXVI, t. I, p. 363-365,) en donne plusieurs exemples.
2. P. J. N°s 16, 18 et 19.
3. De Rochas, *loc. cit.*, p. 35.

dait la servitude et devenait libre. En Béarn, cependant, où il semble que les cagots n'aient point appartenu d'une façon aussi réelle qu'ailleurs à l'Église, les princes, estimant la personne du lépreux comme sacrée, lui accordaient les mêmes privilèges que l'Église lui eût donnés, et dès lors l'affranchissaient en lui imposant, comme il était de règle pour les affranchis, une redevance fixe; cette redevance était appelée *francau*[1]. Les cagots libres de naissance ne payaient pas cette redevance. Enfin ceux qui effectivement devenaient sujets d'une abbaye ou d'une église, payaient à celle-ci un cens, soit qu'ils fussent serfs antérieurement, soit que cette redevance leur accordât une liberté relative dont ils n'auraient pas pu jouir si on les avait mis dans une léproserie; ceux-ci achetaient pour ainsi dire leur liberté.

On pourrait soutenir, et c'est une seconde théorie, qu'il suffisait d'acquérir des biens ayant appartenu à des serfs ou à des affranchis pour avoir à payer le droit de *francau*, droit attaché à la terre et indirectement à son propriétaire; c'est ce que Mourot[2], qui fait autorité en la matière, a exprimé quand il écrivait : « Quoique cette servitude (le *francau*) fût personnelle sous certains rapports elle était aussi réelle, puisqu'elle était imprimée aux biens, et que de là elle se communiquait aux personnes libres ou affranchies qui acquéraient cette qualité par la possession des biens de cette nature. » Il est possible que les terres jadis serviles ne rencontrassent que peu d'acquéreurs à cause d'une certaine ignominie qui les frappait[3]. Les cagots, mal considérés eux aussi, trouvaient aisément à acquérir ces terres. Il est toutefois improbable que cette circonstance se fût présentée aussi souvent que les documents que nous avons cités le feraient croire et, d'autre part, il est probable que les terres appartenant aux plus anciens cagots leur avaient été concédées *ob misericordiam*, moyennant certaines obligations.

1. Le *francau* pouvait être remplacé par une corvée; c'est ainsi que le cagot de Begloc remplaçait, au XIVe siècle, sa redevance par une journée de faucheur.

2. Mourot : *Mémoire inédit* cité par Bascle de Lagrèze, *Histoire du droit dans les Pyrénées*, p. 46.

3. On sait en effet que le francau pouvait être payé en porcs : c'était, croit-on, pour stigmatiser l'état antérieurement servile du propriétaire.

Le rôle des fiefs pour 1360 a un autre intérêt. Il signale uniquement les *francaus* de Béarn. Or les cagots ne représentent qu'un petit nombre des sujets qui y figurent; donc si parmi les affranchis on signale des individus comme cagots, c'est qu'ils ont à la fois la qualité d'*affranchis* et celle de *cagots* ou *lépreux*. Il n'y a pas synonymie entre ces deux termes, et ce n'est que dans un nombre de cas très limité que les cagots ont pu être assimilés aux affranchis ou à leurs descendants.

Il est vraisemblable cependant que, vu la grande ressemblance entre la condition de certains cagots et celle des colliberts, il survint que parfois ces deux termes furent indifféremment employés. C'est ainsi que dans Gauthier de Coincy on lit : *Li caffre pourris et cuivers*, c'est-à-dire le cagot pourri et collibert[1].

Comme les colliberts, un grand nombre de cagots appartenaient à la juridiction de l'Église; mais tandis que pour les premiers cette soumission dérivait immédiatement de l'affranchissement par don à l'Église, pour les seconds elle naissait du fait de la lèpre; en d'autres termes, on devenait collibert par la volonté du prince, et cagot par la volonté de Dieu.

Le collibert était plus libre qu'un serf, et moins libre qu'un franc; il en était ainsi du cagot dont les droits civils étaient limités. Cette constatation fait dire à Bascle de Lagrèze que les cagots appartenaient à une classe intermédiaire. Si en fait, ou, pour employer des expressions médicales qui marquent mieux notre pensée, si symptomatiquement cette affirmation est justifiée, elle est fausse étiologiquement.

En Béarn, les cagots étaient tous affranchis ou hommes libres, ils possédaient des biens qu'ils tenaient du seigneur dont ils étaient les vassaux[2]. Cependant leurs droits n'étaient pas aussi étendus que ceux des autres vassaux, en ceci qu'ils étaient limités d'une part par des obligations et des

1. On ne peut tirer argument du texte de Dufour (*De l'ancien Poitou et de sa capitale*... 1826, in-8 (p. 117), où on lit que dans les marais du Bas-Poitou il y a des gens appelés *colliberts* ou *cagots*, cette assertion n'étant fondée sur aucun document.

2. Les cagots vassaux sont étudiés plus loin, au chapitre des Biens et Contrats.

incapacités, et que d'autre part ils jouissaient de privilèges. Nous allons étudier, dans les paragraphes suivants, les uns et les autres.

III. — EXCLUSION DU DROIT DE BOURGEOISIE OU VÉSINAGE

La communauté (*bésiau* ou *vésiau*) était constituée par la réunion des habitants (*bésis*); elle se réunissait pour délibérer sur les intérêts communs. Tous les bésis ou voisins étaient tenus à être présents aux assemblées de la commune. Autrefois, le droit de vésinage n'était pas facilement accordé, ce droit ayant pour but d'exclure les étrangers. Les lépreux, l'usage en était observé par toute la France, ne pouvaient pas prétendre au droit de bourgeoisie ou voisinage[1]. En était-il de même pour les cagots?

Nous ne connaissons point de document où il soit dit explicitement que les cagots ne pouvaient être bourgeois; cependant, dans tout le Sud-Ouest, la coutume s'accorde à leur interdire de contribuer aux charges onéreuses de la communauté, d'occuper un poste administratif, et de venir aux assemblées générales ou particulières, qui étaient les seuls privilèges et obligations des bourgeois ou voisins. C'est pourquoi nous croyons pouvoir avancer que les cagots étaient exclus du droit de voisinage (sauf en Béarn, ainsi que nous le dirons plus bas). Ce n'est que le 29 avril 1697 qu'une ordonnance voulut, qu'en particulier les cagots de Biarritz et d'Arcangues fussent admis aux assemblées de la commune, et fussent reçus à participer aux charges municipales. Les jurats de Biarritz s'y opposèrent. Une sentence au bailliage de Labourd, du 5 juillet 1718, fut encore inspirée par le même esprit que l'ordonnance de 1697; mais il faut attendre les arrêts de 1723 et 1724 pour voir enfin les cagots jouir des droits de la bourgeoisie...

Nous pensons qu'en Béarn l'exclusion des cagots du droit

1. Nous citerons en particulier les *Usances particulières de Calais*, qui disent que les membres d'une famille où il y a eu des individus lépreux sont exclus du droit de bourgeoisie.

de voisinage n'était pas aussi sévère qu'ailleurs. Il nous paraît même que bon nombre de cagots furent voisins dans leur commune, mais il est certain qu'ils ne jouissaient pas de tous les droits ou privilèges attachés à cette qualité.

Un document de 1524 nous donne la preuve de la première partie de notre opinion, en nous présentant un cagot portant le titre de bourgeois, *besii*. Nous reproduisons ici ce titre dont l'intérêt n'échappera à personne.

30 juin 1524. Vente d'un terrain sis à Castagnède faite par Ramonet, cagot dudit lieu, à Bertrand de Forcade, seigneur de Mur. — (Archives des Basses-Pyrénées, E 1193, fol° 84 v°.)

Notum sit que Ramonet, crestiaa, *besii et havitant* deu loc de Castanheda, no costret, etc., a vendut, etc., per are et per totz temps, segond los fors et las costumes de Morlaas, in alo et in francq alo, a Bertran de Forcade, senhor de l'ostau aperat de Bags de Mur, aquistan, present, instipulant et recebent, et a Jehan de Forcade, son fray german, absent, et a lor hereter may legitimi participador de queste present pacte, es assaver : tot aquet tros de terre louradisse contienen ung jornau et miey de terre o environ qui es scituat en lo terratori et riviere jusan aperade deu Meyon, deu loc de Castanheda qui confronte de l'un costat ab terre qui lo ferma (?) deu cort de Carressa, thienen de l'autre costat ab terre qui a l'ostau de Fedembag de Carressa, thienen de l'un cap ab terre de Mauborde et de l'autre cap ab terre de...[1] ab totes las intrades et salhides qui y son, etc., et aqueste vente es stade feyte per la somme de dotze floris condans nau sos jacques per florii, etc., que lo medix Ramonet crestiaa reconego et autreya que los have agutz, prees et recebutz de las mans deusditz Bertran et Jehan de Forcade, en bons diners d'aur et d'argent condans, de maniere que per ben content et pagat s'en tengo, lo jorn et hore que aqueste present carte fo retengude, en renuntian a la exception de no numerade peccunie, etc. ; et per sincq jacques de fiu que lodit Bertran, per nom de sy medixs et deudit Jehan et de lors heirs et successors ne prometo et autreya far et pagar totz antz annualement et per cascune feste de Nadau audit Ramonet, crestiaa, o a son hereter, despulha, etc , investi, etc., livra terre et fust, etc., prometo, etc., obliga, etc., sosmeto, etc., renuntia, etc., jura, etc., autreya, etc., ut in forma, etc.

Actuma Castanheda lo darrer jorn de april, l'an mil sincq centz et vingt et quoate.

Testimonis son desso : Arnaud de la Ren, jurat, Arnauton de Bonamaison, faur, besiis deudit loc de Castanheda, et maeste Pees de Lasalla, coadjutor de my, Laurentz de Piis, notari, etc.

1. Lacune dans le texte.

On pourrait supposer que le cagot bourgeois de Castagnède est une exception, qui n'infirme point la règle. Mais ce document n'est pas le seul où nous ayons vu pareille mention. D'ailleurs, comment expliquerait-on pourquoi, en 1663, les cagots de Pau faisaient partie de la milice bourgeoise, si l'on n'admettait qu'ils étaient bourgeois eux-mêmes? Comment comprendre que Jean Lalanne ait été nommé, le 13 février 1687, au poste de trésorier de l'hôpital de Nay, s'il n'avait été bourgeois de cette ville? Il est vrai que cette nominatiou fut cassée deux jours plus tard, mais, dans l'exposé du motif de cette décision, on ne dit pas que Jean Lalanne était exclu du droit de bourgeoisie, mais bien qu'il ne pouvait se mêler aux autres hommes en raison de son origine; c'était en autres termes lui refuser la jouissance des privilèges attachés à la bourgeoisie. Est-ce à dire pour cela que ce cagot ne participait pas aux obligations qu'entraînait la qualité de bourgeois? Non sans doute. A Pau, les cagots prenaient bien leur part aux obligations des bourgeois[1]; si on les exempta, le 19 juin 1663, de servir dans la milice bourgeoise, c'est uniquement parce qu'il était désagréable à quelques habitants de les coudoyer.

L'arrêt de 4 septembre 1688 ouvrit définitivement les charges publiques aux cagots; les États tentèrent vainement de s'opposer à cet arrêt (29 juin 1690), qui fut renouvelé le 9 juillet 1692. Une ordonnance du 8 mars 1696 étendit à tout le Béarn, la Navarre, la Soule et la Bigorre, les décisions du Parlement auxquelles beaucoup de communes faisaient une continuelle opposition. Longtemps encore on dut sévir, car de petites révoltes se manifestaient sans cesse. Les arrêts des 20 septembre 1721, 21 avril 1722, et 28 novembre 1730 furent les derniers à confirmer, que dorénavant les cagots seraient admis aux assemblées et autres occasions publiques, et déclarés capables de toutes charges et emplois onéreux et honorables dans le corps des communautés des villes et villages du ressort.

1. Les cagots de Pau « se devoient fournir dans la compagnie *lorsque la bourgeoisie prenoit les armes* par ordre de MM. les Jurats ».

IV. — PRIVILÈGE DE L'EXEMPTION DE LA TAILLE

Il était de règle presque générale, au XIVe siècle, que les cagots, comme les lépreux fussent sujets de l'Église. Aussi, lorsque le concile de Morcenx, en 1326, interdit d'imposer la taille[1] aux biens des lépreux reclus, l'Église et la plupart des seigneurs étendirent-ils peu à peu aux lépreux libres une faveur que la piété, autant que la pitié, avait su dicter.

En Béarn, où les cagots étaient sujets du souverain, l'exemption de la taille ne leur fut définitivement accordée que fort tard, et non pas à titre de privilège dû à leur état, mais bien sous forme de concession pour service rendu. C'était en 1379. Gaston Phœbus, dans un acte où les cagots s'engageaient à exécuter tous les travaux de bois pour le château de Montaner, accorda à ceux-ci, « en raison des travaux en question, grâce et quittance de deux francs de fouage[2] par feu ; de plus il les exemptait de toute contribution aux tailles communales dans les lieux qu'ils habitaient ». Ce dernier privilège avait pour but de favoriser définitivement les cagots qui en quelques lieux payaient encore la taille, quoiqu'en d'autres cet impôt eût cessé d'être perçu.

Nous croyons, contrairement à ce qui a toujours été écrit, que les cagots n'étaient pas exemptés de la totalité, du fouage, en 1385.

Nous savons bien que l'impression que l'on retire de la lecture du dénombrement fait en Béarn, à cette époque, paraît au

1. *Concile provincial de Morcenx.*

« *L. III.* — De eis qui talliant clericos, religiosos, reclusos leprosos.

« Excomunicamus, et excomunicatos denunciari publice præcipimus comites, barones, consules, bajules, et alios quoscumque, qui clericos. religiosos, reclusos leprosos, ratione personarum, vel patrimonii ipsorum, ausi fuerint talliare, vel aliquid pro tallia exigere ab eisdem : nisi sic exacta, infra quindecim dies plene restituerint, requisit » (*Sacrosancta concilia... etc... T. XI, pars II, col. 1767*). — Le concile de Lavaur avait antérieurement interdit de prélever la dîme sur les lépreux. Le concile de Paris répéta, en 1346, les dispositions du concile de Morcenx.

« IX. Xenodochia, leprosariæ et elemosynarii.

« Et insuper quod antiquæ constitutiones et novæ canoniæ, tam in antiquis decretalibus quam in Clementinis, in titulo de religionis domibus elemosynariis facientes, inviolabiliter et integre observentur. » (*Sacrosancta concilia... T. XI, pars II, col. 1913*).

2. Le fouage était une espèce de taille frappant les feux.

premier abord être défavorable à notre thèse. Cependant si l'on tient compte de la mention qui spécifie qu'en tel lieu les cagots n'ont rien payé pour leur feu, on remarquera que cette mention ne figure pas partout. Il est tout à fait probable que ne sont signalés comme ne payant pas le fouage, que les cagots qui étaient taxés pour moins de deux francs, et qui, vu les dispositions de la charte de 1379, bénéficiaient d'une exonération totale. Notre hypothèse est d'autant plus probable que nous lisons, dans ce même dénombrement, que le cagot de Serres-Castet (*Serres de Sent Esxeutz*) paya le fouage; ce qui serait inadmissible si l'exemption avait été complète et générale.

En 1398, dans la *Rénovation de Cour Mayour*, une modification importante vint changer les privilèges des cagots de Béarn. L'article 9 de la *Rénovation* est manifestement inspiré du concile de Morcenx, dont il emprunte le style même. Cet article établit que les cagots, ne paieront pas la taille pour leurs maisons, comme d'ailleurs les prêtres et les hôpitaux [1], et ne contribueront plus aux dons faits au seigneur. On remarquera qu'il n'est plus parlé du fouage, vraisemblablement rétabli. D'autre part, l'exemption du don marque que les cagots faisaient antérieurement un don, ce qui d'ailleurs est vérifié par des documents datés de 1383 [2]. Ce fait établit que les cagots étaient toujours vassaux du seigneur de Béarn, auquel ils rendaient l'hommage; ils continuèrent à le lui rendre, après 1398, mais cessèrent à partir de cette date de lui remettre le don que l'usage réclamait.

Ces prescriptions nouvelles furent observées jusqu'au milieu du XVIe siècle. Lorsqu'en 1551 Henri II fit rédiger les Fors et Coutumes de Béarn, le privilège des cagots fut amoindri. L'article 35 du For dit en effet que les cagots ne paieront pas la taille pour leurs cagoteries, mais ceux qui acquerront de nouveaux biens, paieront cet impôt, si ces biens sont ruraux.

1. Le rapprochement des mots prêtres, hospitaliers, cagots, n'est pas fortuit, il montre que tous trois sont exemptés pour un motif analogue, parce qu'ils sont choses pies.
2. P. J. N°s 23 et 24.

En lisant cet article du For, on ne peut s'empêcher de reporter son esprit vers les cacous de Bretagne. On sait en effet que ces derniers jouissaient aussi de l'exemption de la taille (ou plus exactement du fouage); mais ceux-ci ayant acquis des biens, affermé des héritages pour y faire du labourage et vendre les produits de ces terres, s'étaient enrichis au point que le fermier de fouages se voyait avec peine privé de recettes pourtant désirables. Pierre II fit donc taxer les cacous; mais ceux-ci refusèrent de payer. C'est pourquoi ce prince, par une ordonnance du 18 décembre 1456[1], leur interdit d'acheter des biens ou d'affermer des héritages. Il est certain que Henri II de Béarn n'ignorait pas ces faits; il ne voulut pas priver les cagots d'un ancien et respectable privilège, et se refusa de même à prendre la décision si peu charitable, à laquelle s'était arrêté le duc de Bretagne; et cependant il voyait avec ennui lui échapper les redevances attachées à ces terres. Il eut l'habileté de trouver et d'appliquer la solution que l'on sait, laissant aux cagoteries anciennes les privilèges dont elles jouissaient, mais se refusant à reconnaître, aux acquisitions rurales nouvelles des cagots, les mêmes avantages.

Dès lors il devenait facile de taxer les cagots. On leur faisait verser le cens, le fouage, et un tribut vraisemblablement analogue au francau[2].

Encore, les cagots de Béarn n'avaient-ils pas trop à se plaindre. Leurs frères de Navarre, rentrés officiellement dans le droit commun dès la première moitié du XVIe siècle, eurent de ce jour, sans doute, à payer la taille. Dans le pays de Cize, qui faisait partie de la Navarre, on les chargea plus encore, car en 1579, les États de ce pays demandèrent qu'il fût prélevé un impôt sur le salaire des journées de travail des cagots. Sous la présidence de Saint-Geniès, les États se contentèrent de fixer à un réal de Castille la contribution que les cagots devraient verser en l'année courante, laissant aux magistrats

1. Ms. Bibl. nat., fr. 22 321, f°s 597, 599.
L'article concernant les cagots a été publié un grand nombre de fois.

2. A moins que ce ne fût le francau lui-même, ainsi que nous sommes porté à le croire en présence du Rôle des impôts pour le Vicbilh, fait au XVIe siècle. P. J. N° 103.

le soin d'en déterminer plus tard le chiffre pour les années à venir, selon les circonstances et les nécessités du moment[1].

Revenons au Béarn. Près d'un siècle s'était écoulé sans que le privilège de la taille ne fût modifié, lorsqu'en 1642, les cagots de Castetner, Sauvelade, Loubieng et Maslacq, demandèrent que l'exonération de la taille ne fût pas seulement limitée aux cagoteries anciennes, mais qu'elle s'étendît sur la totalité de leurs maisons. C'était un retour aux vieux usages du xive siècle. Le comte de Gramont ne voulut pas y consentir et rappela les dispositions du for de Henri II[2], laissant le privilège aux seules cagoteries anciennes. Il ne dit pas que la taille ne frapperait que les nouvelles acquisitions rurales; ce règlement aggravait donc un peu le For[3].

Ce règlement modifiait en effet un peu le For, tout en l'expliquant, car il figure dans la *Compilation des Privilèges et Règlements de Béarn*, parue en 1676. Louis XIV jura à son avènement de respecter ces règlements et ces privilèges. On sait que, pour le plus grand bien de nos parias, il ne les respecta pas. Lorsque, sous l'impulsion de Du Bois de Baillet, les cagots furent définitivement affranchis, aux yeux du pouvoir et de la loi, des distinctions injurieuses qui pesaient sur eux, ils essayèrent de conserver le privilège qui adoucit pendant tant de siècles leur triste condition. Il est permis de croire que partout on rétablissait la taille sur les cagoteries, mais avec lenteur. En 1707, Pierre de Crestiaa, cagot de Cardesse, demanda d'être déchargé des tailles et cotises qu'on prétendait lui faire payer. L'affaire vint devant le Parlement, et le privilège fut aboli, car la Cour ordonna le 19 février 1707 que « les maisons et terres des anciennes cagoteries seraient imposées dans le regallement des tailles et autres charges de la communauté ».

On dira peut-être que nous n'avons parlé ici que des

1. P. J. N° 113.

2. Règlement de 1642. « Conformément à l'article 23, de la première Rubrique du For, les cagots ne pourront être taillés pour le sol des anciennes cagoteries établies en leur faveur dans le pays, mais ils le seront seulement pour les autres biens et maisons qu'ils auront acquis. » P. J. N° 128.

3. A vrai dire, cette aggravation était plus théorique que pratique, puisque les cagots ne trouvaient pas à acquérir de biens dans les villes.

cagots de Béarn. C'est vrai. Nous n'avons en effet rien à dire des autres. Il est vraisemblable que, dans le reste du Sud-Ouest, les cagots jouirent de l'exemption de la taille, tant qu'ils furent sujets des églises. Ils ne payaient alors qu'un cens. Du jour où ils appartinrent à la juridiction laïque ils perdirent ce privilège. C'est là une hypothèse, que l'absence de tout document sur la question de la taille nous permet d'avancer.

V. — OBLIGATION D'EXERCER LA PROFESSION DE CHARPENTIER

On a dit maintes fois que les cagots étaient tous charpentiers, menuisiers, ou bûcherons. On peut dire d'une façon plus générale que les œuvres du bois étaient habituellement leur apanage. On considérait le bois comme mauvais conducteur des infections, en particulier de la lèpre; partout les lépreux travaillaient le bois, les cagots n'ont pas fait exception.

Comme charpentiers ils furent très connus, si connus même que, lorsque vers 1675 on renonça à inscrire sur les registres paroissiaux la qualité de *cagot* ou *gesitain*, après le nom des intéressés, on écrivit le mot *charpentier*. Plusieurs quartiers de capots portent jusqu'à nos jours le nom de *Charpentier*; dans le Gers surtout où les mots *chrestia* et *capot* ont peu pénétré, de nombreuses maisons de lépreux portent encore ce nom.

Leur métier fit collaborer les lépreux de Béarn à la construction ou à la réparation d'un très grand nombre d'édifices. Sous la direction de Sicard de Lordas et de vingt-cinq maîtres maçons, les cagots construisirent le château de Pau [1]; en 1379 ils avaient exécuté les travaux de bois du château de Montaner [2]; au XVIe siècle ils travaillèrent aux abattoirs et au temple protestant de Pau; le 13 mars 1396, Berdot de Candau et Arnaud de Salafranque, sous la direction du chef des cagots de Lucq, Peyrolet, exécutèrent les réparations de l'église d'Ogenne [3]; le 14 mars 1404 et le 22 février 1414, on les

1. Madaune, *Henri IV*, p. 71.
2. Voir à la partie : Topographie les pièces qui se rapportent au château de Montaner, aux mots *Montaner*, *Lucq* et *Oloron*.
3. A. B.-P., E 1405, f° 73. Voir Topographie, *Lucq*.

trouve réparant le moulin de Navarrenx, sous la direction de Berduquet de Caresuran, architecte de valeur[1]. On pourrait citer bien d'autres travaux encore, à Morlaas[2], à Loubieng[3], à Arzacq[4] et ailleurs.

Les règlements les plus anciens ne spécifient pas toujours que les cagots ne peuvent être que charpentiers, mais en revanche ils leur interdisent plusieurs autres professions, en particulier celles qui ont trait à l'alimentation. C'est ainsi que la coutume de Marmande (1396) défend aux gaffets de vendre du vin ou de faire du commerce dans les tavernes; ils ne pouvaient pas non plus vendre du porc, du mouton, ou autres animaux comestibles; il leur était interdit en outre d'extraire l'huile de noix. La coutume du Mas d'Agenais (1388) défendait de louer les gaffets pour les vendanges. En 1471, un règlement fait par un notaire d'Oloron spécifiait que les cagots devaient vivre de leur métier de charpentier ainsi qu'ils y étaient obligés par un usage ancien, de plus il leur interdisait les autres professions. Pour éviter que les prix de leurs travaux ne fussent majorés par suite de l'espèce de monopole dont ils jouissaient, le même règlement prenait soin de dire que le cagot de Moumour (pour lequel ce document avait été rédigé) serait dans l'obligation de fournir avant tout les commandes faites par les habitants de son village, moyennant un salaire raisonnable.

La plupart des cagots faisaient honnêtement et bien leur travail; Jean Darnal parlant du règlement de Police fait pour Bordeaux en 1555, disait en effet, à leur sujet, qu'ils étaient charpentiers et bons travailleurs; plusieurs historiens leur firent le même éloge.

Le For de Henri II consacre, pour le Béarn, l'usage qui voulait que les cagots fussent tous charpentiers; il ne le dit pas explicitement, mais la pensée du législateur est tellement évidente que toutes les requêtes qui furent faites par la suite contre les cagots exerçant d'autres professions, s'appuient sur l'unique texte de l'article V de la 55e Rubrique, ainsi

1. A. B.-P., E 1598, f° 66, et E 1601, f°s 4 et 5.
2. A. B.-P., E 1237.
3. A. B.-P., E 1402.
4. *Archives d'Arzacq*, C C 5.

conçu : *Et il est défendu à tous les cagots de porter d'autres armes que celles dont ils ont besoin pour leur métier, à peine d'une loi majeure à chaque fois qu'ils agiront autrement. Et les jurats auront la faculté de se saisir de leurs armes, et de les convertir au profit du seigneur du lieu, et de la chose publique, en deux parts égales.*

Lorsqu'en 1604, les cagots de Nay, en particulier, se mêlèrent de vouloir vendre toutes sortes de marchandises, les États de Béarn firent remarquer que le peuple avait à souffrir de ce que les cagots embrassaient d'autres professions « que celle à laquelle ils étaient destinés, abandonnaient le métier de charpentier et de menuisier qui leur était propre, et refusaient de travailler où d'exercer cesdits métiers auxquels pourtant ils étaient assujettis par le For, ainsi qu'on en peut conclure du cinquième article de la 55e Rubrique, dont le sens est nécessairement qu'ils sont destinés à l'office de charpentier; d'où l'on peut tirer une conséquence manifeste, à savoir qu'il leur est interdit de s'adonner à aucun art mécanique et moins encore à la vente de marchandises ». Bien plus. Les cagots refusaient de travailler pour les pauvres qui payaient forcément mal, et ne consentaient à travailler pour les riches que moyennant double salaire, encore qu'ils ne restassent à l'ouvrage que la moitié du jour. C'est pourquoi les États demandèrent qu'on forçât les cagots à travailler soit à la journée, soit à prix fait par-devant expert, et cela pour les pauvres comme pour les riches.

Peu d'années plus tard (1607), à Garos, se présentèrent des difficultés d'un genre analogue. Ici les cagots s'étaient refusés à faire les cercueils et les tréteaux pour les supporter; aussi les jurats et députés de la ville firent-ils une ordonnance par laquelle ils obligeaient les prévenus à exécuter ces funèbres travaux, à toute sommation, et cela moyennant un salaire fixe, que paierait le maître de la maison où se serait produit le décès. Les récalcitrants étaient passibles d'une loi majeure.

Rien ne put empêcher les cagots de chercher à quitter un corps de métier qui déplaisait fort à quelques-uns d'entre eux. Les députés des villes du Béarn s'entêtaient en revanche à les contraindre. Lorsqu'en juin 1610 se réunirent les États de Béarn, la question vint en discussion, et quoique quelques voix eussent jugé inutile de requérir encore, la majorité se rallia à l'avis du président de l'assemblée, demandant un règlement nouveau pour interdire aux parias de se livrer à d'autres professions que celle de charpentier. De La Force répondit à la requête par un arrêt ordonnant l'exacte observance des articles du For.

Les cagots n'eurent la liberté de choisir la profession qui leur plaisait qu'à partir du jour où le Parlement ordonna leur affranchissement. Cependant, il est juste de dire, que nos parias avaient aussi souvent que possible embrassé des professions qui leur étaient officiellement interdites, et que même quelques-uns avaient osé au moyen âge exercer des professions libérales. Il n'en reste pas moins vrai qu'ils avaient l'obligation d'être charpentiers. Cette obligation en entraînait d'autres, et d'abord celle de servir ceux qui réclamaient leurs offices, ainsi que nous l'avons dit plus haut; en outre, ils devaient, aux termes d'un règlement du 8 juin 1642, servir de leur métier à la guerre en cas de siège; ils étaient aussi tenus de se rendre en tant que charpentiers aux incendies, à dresser les bois de justice et dès lors à assister aux exécutions [1]; ils devinrent ainsi exécuteurs des hautes œuvres, tel Peyrol, cagot de Pau. Les cacous de Bretagne eux aussi étaient bourreaux, ils le devinrent en tant que cordiers, et présidaient aux pendaisons.

Pour tout ce qui concernait les travaux de charpente ou de menuiserie, les communes étaient obligées de s'adresser aux cagots, c'est pourquoi, dans les archives communales, voit-on figurer des dépenses dont le montant avait été versé à des cagots [2]; on lit aussi dans les registres des notaires un certain nombre de conventions passées, soit comme à Loubieng entre le trésorier communal et un cagot pour la réparation du toit du temple (1576), soit entre le seigneur d'un lieu, comme à Denguin [3], et un de nos parias.

1. Archives municipales de Pau, B B 11.

2. Voir en particulier les archives municipales de Pau, et les extraits que nous en donnons à la TOPOGRAPHIE.

3. Pour des travaux à faire au moulin de Denguin ; convention passée avec Guillemet, cagot de Lagos.

Voici quelques éclaircissements concernant les métiers que les cagots exercèrent. On remarquera qu'au mépris des usages ils surent embrasser bien d'autres professions que celle de charpentier.

Charpentiers. — Parmi les travaux les plus importants qu'exécutèrent les cagots il faut citer la charpente des châteaux de Montaner et de Pau, et les halles de Pau.

La construction du château de Montaner marque une date si importante dans l'histoire des cagots de Béarn, que nous ne saurions trop y revenir. Voici, en ce qui concerne la partie professionnelle, les dispositions du traité passé entre Gaston Phœbus et quatre-vingt-huit cagots de sa vicomté : « Les cagots ci-dessous... promettent et s'engagent envers monseigneur le comte... de faire tous les travaux de bois qui seront nécessaires au château de Montaner : à savoir que, d'ici la fête de Saint-Martin prochaine, ils auront coupé, travaillé et transporté sur les lieux toutes les pièces de bois grandes et petites qui seront nécessaires, et n'auront plus qu'à les mettre en place; ensuite ils les placeront selon les indications de leur art, et y fixeront toutes les ferrures que cet art demande; ces travaux de bois seront à leurs frais et dépens sauf pour les ardoises qu'ils fixeront selon leur profession et que Monseigneur le comte achetera et fera transporter sur place à ses frais..... En outre le comte leur a donné le droit de prendre le bois nécessaire dans ses forêts. »

Les travaux furent exécutés sous la direction de Peyrolet, cagot de Lucq. C'est entre ses mains, et parce qu'il était procurateur des cagots [1], que tous ses congénères jurèrent d'accomplir les travaux; c'est lui qui s'occupa de toutes les questions économiques dans cette affaire.

Peyrolet peut à juste titre être considéré comme un des meilleurs architectes, ou mieux entrepreneurs de son époque. Il avait la confiance de Gaston Phœbus, qui non seulement lui donna la direction des travaux de Montaner, mais encore lui confia divers travaux à exécuter à Morlaas, à Ogenne où il répara l'église (1395-1396), et ailleurs.

Peyrolet était fils d'Arnaud-Guilhem qui en 1368 était maître de la cagoterie de Lucq. Il possédait une fortune assez respectable; en 1367 on le trouve passant un bail à cheptel avec Fortic de Laborde. Sa carrière comme entrepreneur est connue de 1379 à 1396; il fut comblé d'honneurs et se donnait une importance d'autant plus grande que sa fortune était enviable; il se faisait appeler « seigneur

1. Berdolet, cagot d'Oloron, était procurateur des cagots de l'évêché d'Oloron pour les mêmes travaux. Il est vraisemblable qu'il y avait en outre un procurateur pour l'évêché de Lescar. Peyrolet les remplaça-t-il en 1391 (avril-mai) ou bien les avait-il sous ses ordres dès 1379 pour accomplir la fonction de procurateur, c'est ce que nous ne saurions décider.

de la chrestiantat de Lucq », il ne tolérait pas que d'autres que lui prissent la responsabilité des travaux importants : c'est ainsi que lorsque Berdot de Candau et Arnaud et Salafranque, qui n'étaient point cagots, s'engagèrent en 1396 à réparer l'église d'Ogenne, Peyrolet voulut qu'un nouvel acte fût passé où l'on reconnût que c'était bien en son nom à lui Peyrolet qu'ils avaient traité. Voilà donc un cagot ayant sous ses ordres des ouvriers de race pure. Le contraire se présenta quelques années plus tard.

Dans les premières années du XVe siècle, Berduquet de Caserusan, était l'architecte le plus réputé du Béarn, il portait le titre de chef des travaux du comte de Foix. Il avait donc succédé à Peyrolet. A plusieurs reprises il eut affaire aux cagots, qu'il employait pour les travaux de charpente; on sait entre autres choses que par deux fois il leur confia la réparation du moulin de Navarrenx, et ordonnança le paiement de ce qui leur était dû (1404 et 1414), comme le faisait auparavant Peyrolet.

Les cagots charpentiers formèrent une véritable corporation où l'on pouvait passer *maître*. Dans un grand nombre de nos documents on voit des cagots porter ce titre. Les *maîtres* enseignaient leur art à des apprentis, ils s'engageaient même par contrat à leur apprendre le métier [1].

Le travail du bois, auquel étaient astreints les cagots, leur permettait d'être non seulement charpentiers mais menuisiers [2], bûcherons [3], tourneurs [4], tonneliers [5], baratiers, cordiers [6], vanniers [7], etc.

Ramoneurs. — Au milieu de la seconde moitié du XVIe siècle, la municipalité de Pau traita avec divers cagots pour l'entreprise du ramonage des cheminées de la ville et des faubourgs; la ville fournissait les cordes nécessaires, et gardait le droit de conclure avec un autre ramoneur au cas où elle serait mécontente des services rendus. En 1581, le cagot de Mazères, Johan de Pucheu, eut l'entreprise moyennant, croyons-nous, trente-neuf francs payables en trois fois; en 1584, Jacques de Puxeu, cagot de Lezons, le remplaçait moyennant trente-six francs par an, payables en trois fois [8].

Tisserands. — Cette profession ne fut guère adoptée par les cagots qu'au XVIIe siècle. On en trouve mention à Osserain en 1696; de même à Claracq; elle semble avoir été généralement adoptée par

1. Voir au chapitre *Des biens et Contrats.*
2. C'est le cas de la plupart des cagots de Pau au XVIIe siècle.
3. Des cagots étaient bûcherons en 1379, puisqu'ils prirent dans les forêts de Gaston Phœbus le bois nécessaire à la construction du château de Montaner. On peut encore citer les cagots de Capbreton, de Pardies, etc.
4. A Argelès, par exemple.
5. En particulier à Crouzeilles.
6. Ces métiers étaient surtout exercés par les cacous de Bretagne.
7. Il y en eut beaucoup dans les Landes.
8. Nous avons entendu dire que les cagots de Jurançon furent longtemps employés à Pau pour remplir les mêmes offices.

tous les cagots de Chubitoa, Michelenia, et leurs environs. Aujourd'hui encore tous les descendants de nos parias sont tisserands autour de Saint-Étienne-de-Baigorry, Anhaux, et Saint-Jean-Pied-de-Port.

Fossoyeurs. — Ce métier peu enviable fut quelquefois laissé aux cagots. On sait qu'à Lescun il en était toujours ainsi.

Gardiens des sables, cantonniers. — Ces métiers ne furent guère adoptés par les cagots qu'à Capbreton, Biarritz, et Bayonne. De nombreux documents des XVIe et XVIIe siècles en font foi.

Gens de labeur. — Profession parfois adoptée par les cagots, qui acceptaient toute espèce de travail, garde de bétail, commissions, curage de rivière, etc. On trouve mention de cette profession dans plusieurs documents landais.

A côté des professions imposées ou simplement tolérées, il y en avait d'autres qui furent interdites aux cagots. Ce sont celles dont nous allons traiter maintenant.

Toutes les professions ayant un rapport à l'alimentation étaient formellement interdites aux lépreux, il en fut de même des cagots.

L'élevage et la vente des animaux comestibles ne pouvaient être faits par nos parias [1]. En 1296, on lit dans le livre de l'Esclapot, que les lépreux libres formèrent une convention avec les habitants de Monségur en Bazadais, par laquelle les premiers s'engageaient à ne pas élever d'animaux comestibles en nombre suffisant pour en pouvoir faire la vente. Les animaux des cagots n'avaient d'ailleurs que peu de chances de trouver acquéreur, on s'en méfiait presque autant que de leur maître; la coutume du Mas d'Agenais (1388) alla jusqu'à tenir quittes de tout débours ou dédommagement, ceux qui mettraient à mort les bêtes appartenant aux cagots qu'ils auraient surprises dans le champ d'autrui. La crainte de la contamination des prés par les malheureux animaux explique pourquoi le pacage, sur les terrains communaux, fut refusé, en 1574, aux cagots de Capbreton. En Béarn on alla jusqu'à leur interdire la vente de la laine, en 1610.

En 1471, le règlement fait contre un cagot de Moumour

1. Il en était de même pour les lépreux; on pourra en juger en lisant les règlements pour les bouchers de la montagne Sainte-Geneviève.

spécifiait qu'il ne pouvait élever de bétail. Cette défense ne fut pas renouvelée depuis. Les cagots semblent en effet avoir eu le droit de posséder du bétail, à la condition de ne point le vendre. Comment expliquer sans cela que Peyrolet, cagot de Lucq, ait pu passer un bail à cheptel, en 1367, qu'en 1600, un cagot de Capbreton fut employé à garder du bétail, et surtout qu'on défendit la vente des animaux comestibles aux cagots, si ceux-ci n'en possédaient pas?

La profession de *meunier*, qui généralement était fermée aux lépreux, le fut aux cagots, mais d'une façon peu sévère. Un règlement de notaire de 1471 défendant à un cagot d'entrer au moulin et l'obligeant à déposer son sac de blé à la porte, un autre règlement pour le Pays de Soule (1606) interdisant la profession de meunier, sont les seuls documents que nous puissions citer. Ils n'empêchèrent point les cagots de posséder des moulins et même d'en louer. (Voir *Baccarau* et *Biarritz*.)

Les professions de *vigneron* et *tavernier* leur furent interdites avec une rigueur infiniment plus grande. Les coutumes de Marmande, du Mas d'Agenais, les constitutions de Dax sont formelles à cet égard. Au Mas on allait jusqu'à interdire de louer les cagots pour faire les vendanges [1]. Au XVIe siècle, l'entrée dans les tavernes et lieux publics leur était interdite. Au XVIIe siècle, un certain relâchement s'étant produit, les États de Béarn et ceux de Navarre réclamèrent de nouveaux règlements. Ce fut en Béarn que commença la répression. Dans une requête faite en 1604 les États de ce pays se plaignirent de ce que les cagots exerçaient le métier de marchand, et faisaient une concurrence redoutable aux autres; il convient de remarquer que dans cette requête il est spécialement signalé que les cagots débitent en public toutes sortes de comestibles, vendent du vin, et exposent ces denrées dans les tavernes. Il fallait y voir une violation du For. La requête des États fut favorablement reçue et provoqua le règlement le 1604.

1. S'il était interdit aux cagots de vendre du vin, ou de vendanger chez les autres, il leur était néanmoins autorisé de posséder des vignes et de les cultiver pour leur usage. Un très grand nombre de documents montre des cagots possesseurs de vignes.

En 1610, les États discutèrent à nouveau sur le même sujet. Le député de Navailles proposa à l'assemblée d'interdire aux cagots la vente des vins en gros et au détail, ne faisant d'exception que pour la vente en gros des vins provenant de leurs crus. Cette proposition fut adoptée [1] et donna le texte de la requête de 1610, sur laquelle La Force rendit son arrêt.

A lire quelques vieilles chansons béarnaises, on croirait que, vers 1645, quelques cagots avaient ouvert de nouvelles tavernes. Le cabaret jouissait déjà d'une suffisante popularité pour que, même tenu par un paria, il eût quelque chance d'attirer la clientèle. En Béarn, les jurats fermèrent les yeux. Il n'en fut pas de même en Navarre, où, le 2 juillet 1660, les États interdirent aux cagots de tenir cabaret.

Le 23 août 1680 un règlement accordé aux mêmes États par De Gramont, gouverneur de Navarre, réitéra la défense de « tenir cabaret et taverne pour vendre le vin à pot et pinte », et y ajouta une peine de cent livres d'amende pour chaque contravention. Les règlements antérieurs ne portaient pas de sanction. Remarquons toutefois que celui-ci portait cette clause restrictive, que dans les communes où seuls habitaient des cagots, ceux-ci pouvaient, s'il leur plaisait, en user autrement.

Quelques années plus tard, les cagots récupéraient définitivement tous les privilèges du commun peuple.

Médecins. Sages-femmes. — Nous avons déjà traité des cagots médecins. Si cette profession fut parfois adoptée par quelques-uns de nos parias, cela n'a été qu'à titre d'exception; il est en effet certain que les professions libérales leur étaient fermées d'ordinaire, car elles les auraient mis à même de fréquenter assidûment le commun peuple, ce qui était interdit par les Fors.

A partir de la fin du XVIIe siècle, quelques cagotes des Landes et de la région d'Orthez firent des études en vue de devenir sages-femmes. Au XVIIIe siècle, on en comptait un grand nombre parmi les familles cagotes. M. l'abbé Foix en

1. « Vous playt inhivir et deffender aux caguotz... (de) traffiquar de vins, grainadges et autres marchandises en gros ou au menut si no en gros sollement deus frutz excrescutz en lors terres. »

a donné quelques exemples que nous transcrivons ici : Catherine Larrieu, sage-femme de Laurède, en 1753; Catherine Salis, sage-femme du même lieu, en 1755; Catherine Daraignès, même profession, à Mugron, en 1754; il en est de même de Catherine Labenne, de Mugron, en 1699, d'Anne Fabas, de Nerbis, en 1702, de Catherine Gardère, de Lourquen, en 1741; toutes étaient gézitaines et sont mentionnées dans les registres de Mugron, Nerbis et Laurède. Jeanne Daraignes sage-femme de Bonnut est encore citée dans un acte de baptême fait à Bonnut le 31 octobre 1644[1].

VI. — LES CAGOTS ÉTAIENT-ILS EXEMPTS DU SERVICE MILITAIRE? INTERDICTION DE PORTER DES ARMES

Pourquoi les lépreux ne pouvaient-ils point porter d'armes tranchantes ou piquantes? Était-ce que l'on craignît qu'ils inoculassent à d'autres leur maladie, par piqûres? Non; pareille opinion ne cadre pas avec les idées de nos médecins anciens. Ne serait-ce pas plutôt parce qu'on les disait sujets à des accès de fureur, pendant lesquels les armes entre leurs mains auraient pu être particulièrement dangereuses? Nous adoptons cette explication, à défaut d'autre plus satisfaisante.

L'article V de la 55ᵉ Rubrique du For de 1551 dit, qu'il « est défendu à tous les cagots de porter des armes autres que celles dont ils ont besoin pour leur métier, sous peine d'une loi majeure, à chaque contravention; et les jurats auront le droit de saisir leurs armes, et de les convertir au profit du seigneur du lieu, et du pays à parties égales ». Quoique aucun document antérieur à cette date ne fasse mention d'un pareil usage chez les cagots, nous n'en sommes pas moins convaincu que le port des armes était depuis longtemps interdit aux lépreux libres du Sud-Ouest. Le For de Béarn ne fait en effet que confirmer un vieil usage respecté par tous les lépreux de France, usage dont nous retrouvons la formule,

1. Cité par J. Gardère, *Les Cagots dans la région d'Orthez.*

en particulier dans les statuts de la léproserie Saint-Lazare d'Amiens, que nous avons cités plus haut[1]. Il était observé dans tout le Sud-Ouest; nous en avons la preuve dans un procès que firent les gézitains de Capbreton en 1574, qui réclamaient le droit de porter des armes; on sait aussi que pour se conformer à la coutume, les États de Navarre firent en 1579 un règlement dans lequel on lit qu'il est défendu « très expressement aux cagots de porter des armes, exception soit faite pour l'épée, à peine de privation desdites armes et autre peine arbitraire, à moins que le roi ou autres qui auraient reçu le pouvoir de Sa Majesté n'ordonnent le contraire ». Un autre règlement, élaboré par les États de Navarre, devait un siècle plus tard, le 2 juillet 1660, aggraver cette interdiction, en l'étendant aux armes à feu, épées, poignards et bâtons ferrés.

Rien n'avait troublé, en Béarn, l'exacte observance du For, des règlements, ni des usages, jusqu'au début du XVIIe siècle. En 1610 un léger relâchement s'étant produit, les États demandèrent un règlement qui semble n'avoir rien changé. Il n'en fut pas de même lorsqu'en 1640, le cagot de Mont, dont la richesse était considérable, se permit de porter l'épée au côté, manteau, bottes et éperons; il poussa même l'impudence jusqu'à aller à la chasse avec des armes à feu et des chiens. L'émotion des jurats en présence de ces faits fournit le sujet d'une plainte aux États et d'une délibération, d'où sortit un règlement (30 décembre 1640) interdisant aux cagots le port de l'épée et des armes à feu; on consentit seulement à leur tolérer les outils de fer nécessaires à l'exercice du métier de charpentier, que prescrivait le For.

Profondément atteints par cette décision, les cagots, en la personne de leurs congénères de Loubieng, Castetner, Maslacq et Sauvelade, cherchèrent à tirer avantage d'un règlement si sévère, en exposant aux États, qu'aux termes du For, ils ne pouvaient porter aucune arme, et par conséquent ne pouvaient être contraints d'aller à la guerre. On leur accorda en effet, le 8 juin 1642, qu'ils ne feraient pas fonc-

1. P. 138.

tion de soldats, mais qu'ils n'en resteraient pas moins tenus de répondre aux convocations qui leur seraient faites en temps de guerre, et serviraient comme charpentiers en cas de siège.

Les cagots étaient-ils donc, avant 1642, obligés de servir comme soldats? Il est vraisemblable qu'au moyen âge ils jouissaient de l'exemption du service militaire que beaucoup de motifs imposaient : c'était des malades; il leur était interdit de fréquenter le peuple; ils ne pouvaient pas porter d'armes; enfin un grand nombre étaient sujets des églises. Mais il nous paraît certain en revanche que du moment où les cagots devinrent vassaux d'un seigneur (c'était le cas pour le Béarn dès le XIVe siècle), ils furent tenus à aller à la guerre comme tous les vassaux. Dans les régions où les cagots étaient sujets de l'Église ils jouissaient au contraire de l'exemption.

Comment expliquer autrement, pourquoi au XVIIe siècle les cagots de Pau étaient reçus dans la milice bourgeoise? N'était-ce point une violation du règlement de 1642? Non, car ce règlement accordait aux cagots de ne pas aller *à la guerre en tant que soldats*; la milice bourgeoise ne leur était donc pas fermée. Elle ne le leur fut qu'à partir de 1663, sur la plainte de quelques bourgeois à qui il déplaisait de coudoyer des gens de cette espèce.

En 1672, les cagots s'étaient mis de nouveau à porter armes à feu et autres armes tranchantes avec pointe; les députés de Cize s'en plaignirent aux États et obtinrent un règlement, du 8 juillet 1672, interdisant encore le port de ces armes. Peine inutile, puisque six ans plus tard les États, devant l'inefficacité de leurs défenses antérieures, durent obtenir un règlement nouveau, où il est dit que si les cagots contrevenaient chaque jour aux règlements précédemment accordés aux États, c'était que les défenses y contenues n'étaient point accompagnées de sanction; c'est pourquoi, à partir du 15 octobre 1678, chaque contravention fut-elle taxée à cent livres d'amende au profit du roi.

Quelques années plus tard, ce règlement sévère était, comme tant d'autres, condamné par les décisions mieux éclairées du Parlement.

VII. — LE DROIT DE QUÊTE

Le droit de quête resta toujours incontesté aux lépreux. Partout ils en jouissaient. C'était un droit si profondément établi qu'en plusieurs lieux les mots mendiant et lépreux devinrent synonymes [1].

Dans les léproseries du Sud-Ouest, comme ailleurs, un malade, ou à son défaut une personne quelconque, était chargé de quêter à la porte des villes et des églises. Quand c'était un lépreux qui sortait, il devait se munir des cliquettes, signe certain qu'il était atteint de lèpre rouge. Il ne pouvait pénétrer dans les villes qu'à certains jours. Une ordonnance de police pour Bordeaux (1495-1496) voulait qu'on jetât hors de la ville les ladres, sauf aux jours accoutumés; et la coutume ne laissait pénétrer les gaffets à Marmande (1396) que le lundi, encore ne pouvaient-ils s'y asseoir, ni y demeurer; on faisait exception les lundis et jours de fête, où ils pouvaient s'asseoir pour mendier devant l'église des Frères Mineurs [2].

Pour les léproseries, avons-nous dit, la quête était faite par un lépreux ou par un homme sain chargé de ce soin. En Béarn, on sait que ce droit de quête pouvait être vendu; voici à ce sujet ce que nous apprend un document du 6 avril 1620 [3], au sujet de Guillaume Burel, lépreux de la maladrerie de Lescar, qui vendit ce droit *par acte public*, en son nom et en celui des lépreux de la maladrerie d'Orthez; par cet acte Bertrand Dabeilhon, habitant de Baliros, acquit droit

1. Dans tous les actes publics, les lépreux libres de Lussac prirent à partir de 1680* la qualité de mendiant, ceux mêmes qui se livraient à une occupation quelconque joignaient cette qualité à l'énoncé de leur profession. Quoique propriétaires, riches, ou exerçant les fonctions de collecteur des impôts, ils gardèrent leur titre de mendiants jusqu'à la seconde moitié du XVIIIe siècle. (D'après Roger Drouault, Comment finirent les lépreux, *Bull. hist. et philologique*, 1902.)

2. Cet article des coutumes de Marmande est l'exacte reproduction d'usages auxquels étaient soumis les lépreux rouges en France. Cependant il est certain que les gaffets de Marmande étaient seulement ladres blancs, car sans cela ils eussent dû porter les cliquettes.

3. P. J. N° 182.

* En 1599, ils étaient encore assimilés aux ladres rouges, et devaient se munir de cliquettes quand ils allaient mendier. (*Mémoires manuscrits* de Nadaud, t. I, p. 41.)

et faculté de quêter dans les diocèses de Dax, dans le parsan de Réau, Larbaig, à Monein, Cardesse, Lucq, Artiguelouve, Saint-Faust, Larreule, Aubertin, Lasseube, Gan, Lasseubetat et Bosdarros, pour la somme de cent dix-huit francs par an, quatre serviettes et deux nappes, payables en deux fois. L'acte ne suffisait pas à lui seul; Dabeilhon pour quêter devait être muni de certains documents : « *las mandamentz deu Sieur evesque d'Ax et toutz autres papers nersecarys per poder far la dite queste* ». Burel s'engagea à les lui verser en mains propres; mais, abusant de l'ignorance de Dabeilhon, le peu scrupuleux lépreux de Lescar lui remit des papiers « surannés et inutilisables », sans y joindre l'autorisation de l'Évêque, et quoiqu'il se fût engagé à empêcher quiconque de quêter en son nom dans les lieux susdits pendant trois ans, il y envoya des quêteurs, et accepta de sa victime une avance de paiement.

Dabeilhon partit toutefois le 29 ou le 30 janvier 1620 et voyagea sept jours, au bout desquels il s'aperçut de la mystification, quand on refusa de le laisser quêter au pays de Réau. Il avait à ce moment déjà recueilli cent francs dans les vallées d'Aspe et d'Oloron. L'année précédente, le même Dabeilhon avait déjà quêté et reçu une centaine de francs aux diocèses de Tarbes et d'Aspe, peut-être deux cents francs au diocèse de Bayonne, et une somme inconnue dans le diocèse de Bazas. Voyant qu'il était victime d'un homme peu scrupuleux, il poursuivit Burel le lépreux réclamant des dommages et intérêts; mais Burel fit une demande en reconvention; l'affaire se termina par une sentence arbitraire où la balance fut établie entre les demandes des deux parties.

Ce document nous renseigne pleinement sur le droit de quête chez les lépreux reclus, les conditions de son exercice, la façon dont il était vendu, et les bénéfices qu'il rapportait.

Chez les cagots le droit de quête existait aussi, dans des conditions qui nous paraissent identiques. Il était accordé en signe de la cagoterie; le règlement de 1471 le dit formellement : « *Item que agossen a demandar l'aumoyne et queste acostuma de cascun hostau en reconexence de lor chrestianetat et separation.* »

Au XVIe siècle, ce droit existait dans tout le Sud-Ouest. Il est attesté en particulier en Navarre espagnole par l'existence des mots *Chistrones* et *Sistrones* employés synonymiquement avec ce mot agotes, en 1548[1]. Ces mots sont certainement analogues au mot *quistoun*, indiqué par Roquefort en son *Glossaire de la langue romane*, avec le sens de mendiant, quêteur.

On retrouve aussi le droit de quête dans le pays de Dax.

Ce droit était transmissible, ainsi qu'en fait foi l'acte suivant, daté du 25 novembre 1552 : « Ci devant Campagnet de Landrieu et Jehan de Bassin frère et fils de Jehanete de Menjuc, habitants de Saint-Vincent de Xaintes de divers mariages, partagent leurs biens « et droit d'aulmosnes qu'ilz « ont accoutumé comme gésitaires prandre et lever en la « parroisse de Saint Vincent de Xaintes ». Aujourd'hui, Jehan de Bassin, habitant Saint Étienne d'Orthe, donne sa part a Jehan Chinoy de Landrieu son neveu et fils dud. Compagnet, pour l'aider à vivre. » (*Registres de Dumora, notaire. Archives du presbytère de Dax.*)

Enfin, en Béarn, le droit de quête se vendait aussi aisément que dans les léproseries, témoins ces actes recueillis dans les registres des notaires de Castagnède et Mur, où on trouve, dans la première moitié du XVIe siècle, les cagots de Lucq propriétaires du droit de quêter à Mur, et vendant « toute l'aumone et quête qui appartiennent au vendeur dans le lieu et paroisse de Mur, et diocèse d'Oloron, et tous et chaque bénéfices joints et appartenant à ladite quête, tantôt à Arnaud du Culagut, cagot de Castagnède, tantôt à Arnaud de Mongay, cagot et bourgeois de ce même Castagnède.

Ces actes, ainsi que celui concernant le cagot de Saint-Étienne d'Orthe, font penser que tous les cagots ne jouissaient pas également au XVIe siècle du droit de quête, mais que ce droit n'appartenait qu'à quelques-uns d'entre eux, et ne pouvait être exercé qu'en certains lieux. Nous ignorons la raison de ces particularités.

Au XVIIe siècle, aucun document ne mentionne plus ce droit, qui paraît être aboli, en tant que privilège.

1. Provisions royales du 20 août 1548 et du 12 septembre 1548 (P.-J. nos 172 et 173).

CHAPITRE III

DES BIENS ET DES CONTRATS

En dehors des biens meubles que possédaient les cagots, biens qu'ils achetaient, vendaient, léguaient ou donnaient, biens dont il n'y a aucun intérêt à s'occuper ici, il faut placer les biens que rien de tangible ne distingue entre eux et sur lesquels les cagots avaient des droits réels. Ces droits étaient acquis par des contrats, conférant au tenancier une quasi-propriété, le plus souvent fixe et perpétuelle. Ces biens sont connus sous le terme général de *tenures*. Les cagots jouissaient pour la plupart de tenures, aussi consacrerons-nous un premier paragraphe à leur étude.

D'autres contrats pouvaient aussi conférer aux cagots, pour un court terme, la jouissance de biens de même nature, ce sont les baux à court terme, que nous considérerons après les tenures.

Nous y joindrons une étude des ventes et achats de terres par les cagots.

Enfin nous examinerons une série d'autres contrats dans lesquels figurent par cagots, et qui d'une façon ou d'une autre intéressent les biens : contrats de mariage, obligations, accords, conventions, etc.

Nous terminerons par quelques mots concernant les confréries, corporations et sociétés dans lesquelles les cagots jouèrent un rôle.

De cette étude on retirera la conviction que les cagots ou lépreux libres jouissaient en ce qui concerne les biens et les contrats, de la même liberté d'action que tous les hommes libres. Ce fait qui jusqu'ici a fait naître l'étonnement, chez tous ceux qui ont eu entre les mains des documents concernant les lépreux libres, n'a rien qui doive surprendre du moment ou l'on sait qu'entre ceux-ci et les lépreux enfermés il y a des différences fondamentales sur lesquelles on n'a point songé encore à s'appesantir.

I, — LES TENURES

Les lépreux libres possédaient des biens. En étaient-ils propriétaires ou tenanciers?

Cette importante question ne peut être tranchée par une réponse unique.

Rappelons tout d'abord brièvement quelques notions générales, qui faciliteront au lecteur non spécialiste la lecture de ce qui suivra.

On sait que de nos jours, en France il n'y a guère que deux moyens de jouir d'une terre; on en est propriétaire ou bien locataire ou fermier. Autrefois, on en pouvait jouir en tant que tenancier. Le tenancier était, dans son dernier état, intermédiaire au propriétaire et au locataire, en ceci que le bien possédé appartenait à un autre et qu'en même temps le tenancier en avait la jouissance perpétuelle et fixe, bénéficiait seul des améliorations qu'il apportait à son bien, et payait malgré ces améliorations une redevance fixe au propriétaire réel. Le tenancier avait en outre la faculté de vendre son bien, et de le transmettre par voie d'héritage. A la base de toute tenure il y avait forcément un contrat.

Fiefs. — Le fief est la plus typique des tenures perpétuelles. Quoique le nom de fief ait été généralement attaché aux concessions faites par un seigneur à un de ces compagnons d'armes (c'était le fief noble), il n'en reste pas moins certain qu'il s'appliquait aussi à tous les bénéfices qu'un seigneur concédait, que ce bénéfice fut accompagné ou non d'obligations.

Est *vassal* celui qui possède un fief[1]. L'acte par lequel on

1. Le vassal n'avait pas forcément un fief terrien, le seigneur pouvait se l'attacher par une rente perpétuelle. (*Cf.* P. Viollet, *Hist. du Droit civil*, p. 640.)

se reconnaissait le vassal, l'homme de quelqu'un, est *la foi et l'hommage*; la foi étant la promesse solennelle de fidélité, et l'hommage étant plutôt le cérémonial qui accompagnait la foi (P. Viollet).

Nous rappelons qu'il existait des *fiefs roturiers*, concessions intéressées faites à un cultivateur, et des *fiefs de bienfaisance* concédés *pro misericordia*. En ce qui concerne *le fief noble*, *franc-fief*, sur lequel ne pesait aucune redevance, nous retiendrons qu'il pouvait être acquis par un roturier, qui primitivement acquérait en même temps la noblesse; assez tôt on préleva un droit sur le vilain, acquéreur du fief noble et on lui enleva la possibilité de s'anoblir du fait de son acquisition.

Les cagots possédaient-ils des fiefs, et quelle était l'espèce de ces fiefs?

On peut se demander s'il n'arriva pas un jour qu'un cagot achetât un fief noble. Pour notre part nous ne sommes pas éloigné de penser que, vers 1640, Joan de Nay, cagot d'Oloron en avait acquis un, et que voulant jouir des prérogatives de la noblesse, qu'il croyait peut-être avoir acquises avec son fief, construisit un colombier, qu'un règlement, fait sur la requête des États de Béarn, fit aussitôt démolir[1]. Peut-être le riche cagot de Mont, Juan de Capdevielle, avait-il à la même époque acquis un fief de même espèce.

Dans un régistre intitulé : *Hommages rendus au comte Phœbus*, on lit à la date de 1383, divers actes de recommandation solennelle faits par les cagots à ce prince. Les cagots se reconnaissaient donc vassaux de Gaston Phœbus. Les hommages en question se rendirent en l'église de Pau; voici les termes de l'un d'entre eux : « Les crestiàas ci-dessous promettent et s'engagent chacun pour tous et l'un pour l'autre, sur le corps sacré de Dieu, et veulent être sujets, soumis et obligés au Comte, de même que les autres crestiàas qui sont en la charte contenue en ce registre.... Fait en

1. La possession d'un colombier était marque et prérogative des fiefs et terres nobles; on n'en trouvait pas en terre roturière. (Voir en particulier : *Les coutumes générales des Pays et Duché de Bretagne*, par P. Belordeau, 5e éd., Rennes, M.DC.LV, et *Coutumes de Barrois*, art. 21, Titre des Juges et Juridictions.) V. P. J. Nos 121-122 et 123.

l'église de Pau, le 12e jour de janvier 1383 ». Les mêmes s'engageaient « à payer à Monseigneur le Comte 63 florins d'or », dans les huit jours, et juraient sur le corps sacré de Dieu de faire ce don dans le délai fixé, sous peine de payer le double et de perdre leur corps et leurs biens.

On remarquera que dans ces documents[1], il n'est fait mention que de l'acte de recommandation, de la promesse solennelle, ou *foi*, mais on ne dit rien de l'*hommage* ou cérémonial. Il nous paraît d'ailleurs certain que les cagots, du fait de leur lèpre, ne pouvaient prêter que la foi, car l'hommage nécessitait la paumée, ou toute autre manifestation analogue[2], que la crainte de la contagion rendait impossible. Si l'on se souvient que la foi seule n'entraînait pas toutes les conséquences de la vassalité[3], si l'on remarque que le serment de fidélité fut prêté en l'église de Pau et non au château, on peut penser que ce n'est pas uniquement par crainte de la contagion que le cérémonial de l'hommage avait été supprimé quand il s'agissait des cagots, mais bien plutôt en reconnaissance de leur qualité de lépreux qui établissait, entre eux et l'église, des liens qui, quoique nuls en pratique[4], n'en existaient pas moins en théorie.

La vassalité des cagots était de celles qui étaient attachées aux fiefs roturiers. On s'étonnera peut-être que de tels vassaux, contrairement aux usages généraux, vinssent prêter le serment de fidélité, que seuls les nobles avaient coutume de prêter. Ce n'était pourtant pas là un acte anormal, car la coutume dans la région pyrénéenne était ainsi faite que tous les habitants des vallées y étaient indistinctement admis « *De vallibus vero tam milites quam pedites accipere* », cet usage, a dit Béchar (*Droit municipal au moyen âge*, t. II, p. 107), est dû à ce que dans ces hautes montagnes, couvertes de vastes

1. P. J. Nos 23 et 24.

2. « La bouche et les mains font l'hommage, et le serment de fidélité est la foi. » Laurière, *Texte des coutumes de la prévôté et vicomté de Paris*, t. I, p. 13.

3. Les évêques pouvaient rendre la foi, et ne relevaient pas pour cela du tribunal du seigneur.

4. Ceci n'est applicable qu'au Béarn. Voir à ce sujet ce que nous disons du privilège de juridiction chez les cagots béarnais (p. 216).

pâturages mélangés avec des prairies, l'air de la liberté était plus vif que dans les plaines[1].

Une autre particularité se remarque dans les actes que nous étudions, c'est le versement d'un *don*; c'est là une preuve de l'exemption des charges personnelles dont jouissaient les cagots. Ce *don*, dont le quantum était théoriquement arrêté par la volonté de chacun, mais qui en pratique était fixé et imposé, avait pour but de compenser en partie la perte que subissait le trésor par suite de l'exemption. Les clercs comme les cagots y étaient tenus.

On a une preuve nouvelle de la vassalité des cagots, dans le dénombrement de 1385. On appelle *dénombrement* la description détaillée de tout ce qui compose le fief servant (P. Viollet), c'était, en d'autres termes, la description des biens tenus en bénéfice par les vassaux. Les cagots figurent en grand nombre dans ce dénombrement.

Au XVIe siècle, ce n'est pas en Béarn seulement que l'on trouve des cagots vassaux, mais un peu partout, ainsi qu'en font foi de nombreux documents.

Nous n'en citerons que quelques exemples. Le 21 octobre 1552, Me Jehan de Baffoigne, notaire et marchand, habitant Dax, « laissa à fief et rente annuelle de prim-fief à Estebenon de Casterar, gésitain, habitant Narrosse (Landes) la pièce de terre des Teulères en Larc, en Narrose, confrontant, du midy à terre de Me Audet Dartiguelongue appelée au Crestian-Bielh[2] ». Ce document laisse entendre que les cagots pouvaient aussi acquérir ou recevoir des arrière-fiefs; on est de plus en droit de se demander si le prim-fief dont il est question n'était pas un fief franc. — En 1591, les héritiers de feu Laurent Besaudun, gésitain, habitant Gabarret figurent parmi les feudataires de Françoise de Marsan, dame de Lacaze. De même les cagots de Saint-Abit, habitant la maison de Sempseus, étaient feudataires d'Antoine de Peyré, seigneur de Saint-Abit.

Malgré leur situation privilégiée, on peut dire que les cagots possédaient des fiefs roturiers, c'est-à-dire avec rede-

1. Voir : Bascle de Lagrèze, *Histoire du droit dans les Pyrénées*, p. 10.
2. Archives de la Mairie de Mugron.

vance. C'était certainement là l'espèce primitive de leur fief; plus tard, ils furent exemptés de la plupart des obligations ou redevances y attachées, mais ils le furent pour des motifs qui n'avaient aucun rapport avec la concession primitive de leur bénéfice. C'est ainsi que leurs charges personnelles furent remplacées par le don, qui lui-même disparut; qu'ils furent exemptés de la taille, et pendant quelque temps aussi du fouage.

Emphytéoses. — L'emphytéose, ou bail à long terme, a de grandes ressemblances avec le fief roturier; elle en diffère pourtant essentiellement par l'inexistence de la cérémonie de la foi et de l'hommage. Elle diffère aussi du bail à cens parce qu'elle était un bail non perpétuel mais seulement à longue durée; elle était généralement consentie par les Églises. Il semble que les cagots qui figurent dans le Livre de l'abbaye de Saint-Sever (XVe siècle) aient passé des baux emphytéotiques avec les bénédictins de cette ville.

Bail à cens. — S'il est exact que primitivement les cagots jouissaient de fiefs roturiers, d'emphytéoses, peut-être aussi de colonies, tous biens qui entraînaient le paiement de redevances, il n'en est pas moins certain que ces situations très voisines, dont les redevances se confondaient sous le nom de *census*, tendirent à s'unifier jusqu'au jour où on ne les considéra plus en certains lieux, que sous le nom de *tenures censives*. Cette unification ne faisait que fortifier les droits réels du tenancier, car il devenait propriétaire, ayant l'entière liberté de vendre sa terre censuelle.

Un coup d'œil jeté sur nos documents confirme largement ces vues. Dès le XVe siècle les cagots figurent sur des censiers. On les trouve, en 1486, payant un cens au chapitre de Dax; la redevance payée ou chapitre de Saint-André de Bordeaux, en 1437, par les gahets de cette ville, est un cens. Au XVIe siècle, on voit quelques cagots figurer sur un censier de Béarn pour 1597; de même dans le censier du chapitre de Dax, 1542, etc.

C'est encore un cens que payaient au roi les cagots d'Armagnac, en 1583 et 1584, car l'emparance qu'ils versaient n'est autre qu'un cens [1].

1. On appelait *emparance*, ou *amparance*, la protection accordée par un seigneur; ce terme s'étendit jusqu'au droit perçu de ce fait; c'est ce que dit

Est-il utile d'ajouter que tous les fiefs des cagots ne se transformèrent pas en tenures censives.

Capcasal. — Par capcasal on entendait « une étendue de terrain, que le seigneur accordait à son emphytéote pour y bâtir sa maison, à la charge de certaines redevances en argent, en grain et en volaille[1] ». Les statuts de Saint-Vincent de Xaintes autorisaient la vente du capcasal à un étranger, mais après qu'on en avait fait l'offre aux habitants de la ville. Ainsi le capcasal a des attaches certaines avec l'emphytéose.

Les cagots furent parfois possesseurs de capcasaux. C'est ainsi que le 4 septembre 1723 on trouve à Saint-Vincent de Xaintes, Jacques de Salis, gezitain de famille, « propriétaire et possédant capcasal dans ladite parroice tout ainsy que les autres habitans ».

Alleux et franche aumône. — A côté de la propriété telle que nous venons de la voir, se placent d'autres propriétés essentiellement libres, l'alleu et la franche aumône, dont parfois les cagots ont joui.

Les cagots pouvaient posséder des terres en alleu et franc-alleu. Cette constatation, à laquelle nous force la précision de quelques documents, est d'une importance extrême car elle éloigne définitivement l'hypothèse de la servitude des cagots, et en même temps montre assez nettement l'indépendance de quelques-uns d'entre eux au moins, en ce qui concerne la juridiction ecclésiastique.

Le caractère de l'alleu était la propriété pleine et entière, la jouissance libre de toute redevance; cependant comme l'exemption de toute charge amenait l'isolement du propriétaire, celui-ci ne tardait pas soit à s'agrandir pour constituer un domaine dont il était le justicier, soit à se mettre sous la protection d'un seigneur dont il réclamait l'appui en particulier dans les questions juridiques. C'est cette seconde condition qui paraît avoir été celle des cagots propriétaires

Du Cange quand il écrit : « *Amparantia non tuitionem ipsam, sed census quemdam, ob tuitionem, clientelamve exsolvendum, videtur indicare.* »

Voir, pour la justification, les documents qui figurent à la TOPOGRAPHIE, aux mots *Vic-Fezensac*, *Roquebrune*, *Lavardenx*, *Lannepax* (*Gers*).

1. Bascle de Lagrèze, *Hist. du droit dans les Pyrénées.*

libérées de la taille, on ne peut pas les comparer à des francs-alleux, car l'hommage auquel étaient tenus les cagots possesseurs de ces biens, et la persistance de certaines redevances suffisent à écarter cette hypothèse.

Nous connaissons, en ce qui concerne l'alleu, un acte doublement intéressant par ce qu'il nous montre un cagot jouissant du droit de voisinage ou bourgeoisie, vendant une terre en alleu et franc-alleu. Ce cagot était « Ramonet crestiáa, besii et havitant deu loc de Castanheda ». L'acte auquel nous faisons allusion est reproduit page 222.

Dans cet acte il s'agit évidemment d'un alleu roturier, puisqu'en aucun cas les cagots n'avaient droit de justice, ni censives ni fiefs en dépendances.

En ce qui concerne la franche aumône, nous ne connaissons qu'un acte qui prouve que des cagots aient pu en posséder. Cet acte est une donation datée du 2 octobre 1291 [1].

Aux termes de cette donation, Raymond de Tremblade, prieur de l'hôpital de Serregrand, donnait librement à Arnaud cagot d'Auch et à Guillemine sa femme, *pietatis intuitu et helemosine*, c'est-à-dire par piété et en aumône, tous ses droits sur la léproserie de la Bastide d'Estelle de Barran, les tenant quittes et les libérant des droits et obligations y attachés. Ce don était perpétuel. Le prieur reçut cependant cent vingt sous morlans en rémunération pour sa donation, moyennant quoi Arnaud put prendre possession des biens corporels de la cagoterie; le prieur s'enlevait en outre le droit de réclamer l'exception de dol, et la restitution du bénéfice.

Il s'agit certainement ici d'une aumône, nous croyons pouvoir même dire d'une franche aumône, car la donation contient les termes nécessaires à l'indentification; la cagoterie de Barran y est donnée en aumône (*helemosine*), à perpétuité (*in perpetuum*), libre de toute redevance (*dedit quidquid juris habebat et habere debebat*), enfin le donateur ne fait d'alleux. En ce qui concerne les anciennes cagoteries, aucune réserve en sa faveur (*renuncians expresse exceptioni doli*). Il n'en reste pas moins que cet acte est une exception, dont il n'existe, à notre connaissance, aucun autre exemple.

1. On lira cet acte aux Pièces justificatives, N° 3.

II. — LES VENTES, LES CESSIONS ET LES BAUX

Ventes. — Tout possesseur d'un fief roturier pouvait vendre son fief; il en est de même de toute espèce de tenancier ou propriétaire. Ce droit est une preuve de la condition franche du tenancier. Il est donc intéressant de noter que les cagots achetaient, vendaient, ou donnaient leurs biens. Les actes que nous avons sous les yeux montrent que non seulement les ventes ou achats pouvaient se faire de cagot à cagot, mais encore de cagot à l'homme sain; ce dernier point laisse entendre que les tenures de nos parias n'étaient pas entachées de la même ignominie que leur possesseur.

Une question reste incomplètement éclaircie. L'exonération partielle dont bénéficiaient les anciennes cagoteries était-elle attachée à la terre ou au cagot qui y habitait? Nous croyons, l'hypothèse est conforme aux règles du droit ancien, que les exonérations auxquelles nous faisons allusion, visant toujours les biens fonciers, restaient inséparables de ces biens, même après leur vente à des personnes saines; le privilège ne pouvait tomber que si le seigneur qui avait concédé le fief roturier à un cagot, en faisait le retrait.

C'est ainsi qu'on expliquerait pourquoi la terre de Massetzbielhs, à Gabarret était franche et quite de fouage au moment de sa vente faite le 24 septembre 1445, vente passée entre deux bourgeois de la ville; le premier l'avait sans doute acquise d'un lépreux. Le For de Henri II prouverait aussi que ce n'est par le cagot mais la terre qui jouissait du privilège de la taille, car il spécifiait que ce privilège n'était attaché qu'aux anciennes cagoteries, et non aux acquisitions nouvelles des cagots. L'importance du privilège de la taille pour cette population pauvre, explique assez que nous ne possédions pas d'acte de vente de cagoterie béarnaise à une personne saine.

Quelques exemples compléteront ce que nous venons de dire sur les actes de vente passés par des cagots.

Le 20 janvier 1489, Arnaud de Labadie, habitant de Cescau,

vendit à Johanet de Lacoma, gésitain du même lieu, une pièce de terre, pour seize florins, moyennant quoi ledit Lacoma acquit sur ce bien le droit « de possession, de donation, vente et aliénation, mais avec réserve des droits et devoirs dus au seigneur d'Andoins, et l'obligation de 6 deniers morlaas et de fouage, que le dit Johanet promet de payer chaque année une fois » (*A. B.-P. E 1932, f° 56, v°*).

Le 31 août 1467, Arnaud Guilhem de Taxoere, voisin et habitant de La Bastide-Villefranche, vendait ses biens à Maître Jean d'Estibaux, cagot, habitant en la maison du crestian de Caresse (*A. B.-P. E 1191, f° 107*). Cet acte tire son importance de ce fait que celui qui vendait ses biens était voisin de Villefranche ; or le droit de voisinage était un droit réel inséparable de la maison, malgré les réserves que le vendeur aurait pu faire pour lui. Le cagot de Caresse aurait donc acquis en même temps que des biens, le droit de bourgeoisie.

Le 12 mars 1530, Jehan d'Estrem de Tersac, vendait pour 13 florins et demi une terre labourable en la « campagne de Bag d'Arbus » à Amaric, cagot d'Arbus (*A. B.-P. E 1474, f° 139, v°*).

Voici maintenant des actes de vente où l'acheteur n'est point cagot.

Le 30 avril 1524, Ramonet, cagot et voisin de Castagnéde, vend à Bertrand de Forcade, seigneur de Mur, une terre allodiale (*A. B.-P. E 1193, f° 84, v°*)[1]. De même, Ramonet, cagot de La Bastide-Villefranche vendit une terre en alleu et franc-alleu a Johan de Salies, le 12 février 1545 (*E 1195, f° 142*).

En 1407 Peyroton de Saboge, cagot de La Bastide-Villefranche, vend selon les fors et coutumes de Morlaas à François de Béarn, qui habitait Saint-Dos, un terrain évalué à 8 florins 27 (*A. B.-P. E 1409*).

Ces derniers actes ne présentent on le voit aucune particularité. Il en est de même des actes de vente entre cagots, que nous possédons en très grand nombre. Si parfois cependant ces derniers se singularisent, ce n'est que par des dispo-

1. Ce document est reproduit en entier p. 222.

sitions spéciales n'ayant rien à voir avec la vente proprement dite.

Remarquons en passant que dans plusieurs actes de vente, le mari et la femme cagots, vendeurs ou acheteurs, figurent simultanément; ce fait pourrait s'expliquer par la disposition d'un contrat de mariage établissant communauté de biens[1].

A côté de ces actes il convient de placer les *donations* et les *cessions*. L'analogie qui existe entre ces actes et les ventes provient de ce que souvent la donation et la cession se faisaient sous forme de vente afin d'être plus stables et d'être à l'abri des réclamations des héritiers. C'est probablement ce qui se fit pour cet acte de vente de terre passé entre Peyrot de Lacoma, cagot de Cescau, et Arnaud de Héaas, cagot de Denguin. Ce dernier devait épouser la fille du premier; celui-ci promit une dot du XII florins au fiancé et la représenta en lui vendant sa terre pour le prix de XII florins, et en lui restituant immédiatement la somme sous forme de dot; en réalité cette vente n'était qu'une donation déguisée[2].

La donation pouvait se faire, et se faisait souvent entre parents, et même entre conjoints, c'est ainsi que Peyroton de Savoie, cagot de Saint-Dos, fit donation et cession de ses biens à sa femme le 2 février 1551. (*A. B.-P. E 1197, f° 42, v°*).

Baux à court terme. — Les cagots concluaient toutes espèces de baux; ceux-ci ne présentent aucune particularité, ayant trait à notre sujet, sinon que les cagots y sont toujours signalés comme tels.

Nous nous contenterons d'indiquer les différentes espèces de baux que nous avons rencontré. Voici d'abord un bail de neuf ans où propriétaire et locataire s'engagent réciproquement à certaines obligations.

19 janvier 1575. — Notum sit que Bernado, cagot de Lucq, etc., reconego, etc. Tier en rendament et cologui de Bernat de Guirauto, de Lucq, present, etc., ung tros de terre laudarisse scituade au terrador de Lucq, qui confronte ab terre de plantarosse, ab terre

1. Voir plus loin.
2. A. B.-P. E 1940, f° 43. Ce document est reproduit en entier à la Topographie au mot *Cescau* (Basses-Pyrénées).

de Massiguoya, ab lo cami qui tira de cappella a Bernet et autres confrontatas, intradas, etc., per lo termi et espassi de nau antz proche venants a comtar deu jorn de Totz Sanctz proche passatz finissentz en semblable jorn losditz nau antz acabutz et rebolutz, etc.; prometo bien laurar, fermeiar et semenar en tempts et degut et de sasso, et fenit lodit termi, lo lexar la possession francqua et expedida et per lo profieyt, etc.; prometo pagar primera aneya tres francxs au jorn de Totz Santz; proche venantz et per las autres aneyes duran lodit termi que prometo et que promet pagar en chacun jorn de Totz Sanctz sieys francxs, pacte expres que lodit de Guirauton sera tengut lo balhar autenta de fens cum en ladite pessa estressa annalement, etc., prometo thier bon, etc.; constitui, etc., renuncian, etc., juran, et.. Actum a Lucq lo detz et nau de Jener MV^{c} LXXV. Testimonis : meste Pieres de Laborde, Bernard de Noges, Jehan de Guoarderes de Lucq, etc.

(*Archives des Basses-Pyrénées E 1427, f° 10 v°.*)

Le *bail à cheptel*, dont nous avons trouvé un exemple chez les cagots, s'appelait encore *gazaille*. C'était, dit Noguès, un traité de société qui se contractait entre deux personnes, dont l'une donnait à l'autre un certain nombre de bestiaux pour en avoir soin, les nourrir et héberger en bon père de famille, et les rendre au bailleur à la fin de la société, à condition que le croît ou produit fût partagé également entre le preneur et le bailleur. C'était si l'on veut un contrat de société ou une des parties engageait un capital en nature pour en tirer des rentes; le capital restant intact et devant être restitué en son état. En 1367, on trouve un bail à cheptel passé entre Peyrolet, fils d'Arnaud Guilhem, chef de la cagoterie de Lucq, et Fortic de Laborde (*A. B.-P. E 1401*).

En dehors des ventes, baux, et dons, il faut mentionner une autre espèce de contrat, beaucoup moins important que les précédents, c'est l'*échange*. Nous citerons un exemple à l'appui : en 1383 Guillemet, cagot d'Estiron, et Arnaut Guilhem, cagot de Lagor, passèrent par-devant notaire, acte d'échange réciproque de leurs maisons (*A. B.-P. E 1920, f° 47*).

III. — CONTRATS DE MARIAGE

Le contrat de mariage était généralement dressé avec solennité, par-devant notaire. La solennité était d'autant plus pompeuse, et le contrat d'autant plus allongé d'un préambule, où l'érudition du notaire pouvait se donner libre carrière, que la condition des conjoints était plus marquante. On conçoit dès lors que les cagots n'aient jamais eu de contrats de mariage bien pompeux.

Le point essentiel de ces actes consistait en la fixation de la dot. Celle-ci était généralement assez mince, et n'avait pour but que de faciliter l'entrée en ménage, et supporter les premières charges. Si l'un des conjoints était l'héritier ou l'héritière, on ne faisait presque jamais mention de la dot, le titre d'héritier suffisait.

Le régime adopté était d'ordinaire la communauté ; cependant dans quelques cas on peut croire que le régime dotal fut choisi, c'est ainsi qu'on expliquerait pourquoi une femme mariée pouvait vendre des biens lui appartenant, sans l'intervention de son mari, telle Isabé Christiane, gésitaine de Boulin, femme de Jehan Christian, qui le 7 février 1387, vendit à Mondine de Trabay de Saint-Sever, un lopin de terre au Plassot, moyennant un écu sol (*Archives des Landes, H 65, f° 357*).

D'autre part c'est la communauté des biens qui explique pourquoi Peyroton de Saboge, cagot de La Bastide, et sa femme Agnette figurent tous deux dans un acte de vente de terrain fait à François de Béarn, de Saint-Dos, le 27 octobre 1407[1], et pourquoi Jean de Salies et Mondessine sa femme, cagots de la Bastide, figurent tous deux dans l'acte d'achat qu'ils font d'une terre appartenant à Ramonet, le 12 février 1545[2].

Voici quelques documents se rapportant au contrat de mariage ou à la dot des cagots :

Dans le contrat de mariage de Marie de Benquet et de Nicolas de Larrieu, cagots de Baigts, du 10 juillet 1695, se lit le détail de la dot de la jeune fille. Cette dot était de 30 livres, payables en deux fois, soit 15 livres la veille des noces, et 15 livres deux ans plus tard. Le père de Marie de Benquet promettait de payer des habits neufs aux futurs, et

1. A. B.-P. E 1409, f° 146, v°
2. A. B.-P. E 1195, f° 142.

donnait à sa fille « une robe de cadis double, et un cotillon de sinture aussy de cadis double garnis et fassonés; plus un littier d'aricque, deux coytes et un couchin de drap de lin garnis de plume honestement, un tour de lit à deux courtines de drap de lin, six linceuls les deux de lin et les autres de l'entermêlé, six serviettes de lin et six d'estoupe, un coffre et un coffret de coral avecq leurs serrures et clef » (*Étude de Mugron, Lamolie, notaire*).

C'est un contrat analogue à celui-ci qui fut passé le 7 août 1532, et par lequel Goalhard, cagot de Saucède, s'engageait, concurremment avec son fils Jehan, à donner en dot à sa fille Rangoline, une somme de 19 florins 22 liards et a fourniture de divers vêtements, pour le mariage de la susdite avec Peyrot, cagot de Caubios (*A. B.-P. E 1474, f° 228*). Ce contrat montre que le père ne pouvait s'engager sans le consentement de son fils aîné, héritier de ses biens.

Si la dot était représentée par des biens, pour éviter toute contestation possible, le père pouvait faire à son futur gendre vente du bien en question, et lui restituer le prix de la vente sous forme de dot; c'est ce qui arriva, en 1518, à Arnaud de Héaas dont nous avons parlé plus haut (p. 253).

Enfin lorsque la dot était versée par acomptes successifs, la justification du versement se faisait souvent par quittances signées par-devant notaire. C'est ainsi que le 12 décembre 1552 est signée quittance de Miqueu de Berraute, cagot de La Bastide-Villefranche à Ramonet, maître de la cagoterie du même lieu, de 22 francs, monnaie de Bordeaux, sur les 30 francs promis par ledit Ramonet pour la dot de sa fille (*A. B.-P. E 1197, f° 129*).

IV. — TESTAMENTS. — HÉRITAGES

Les lépreux reclus pouvaient-ils transmettre par héritage quelques biens? Non, car ils avaient renoncé lors de leur entrée dans la léproserie, à toute espèce de possession; tout au plus avaient-ils la jouissance personnelle de leurs hardes et de quelques menus objets. Ils ne pouvaient pas non plus recevoir par testament ou don un bien quelconque. C'est pourquoi les nombreux testaments où figure un don à ces malheureux, ne visent pas personnellement un lépreux, mais bien une léproserie, ce qui est fort différent. A Condom on pouvait cependant laisser aux lépreux des dons, mais à la condition que le seigneur y fût consentant : « Que... a lebros, no pod leixar ni dar sos bees no mobles ses voluntat deu senhor deu qual aquets bees seran tenguts en fius. » Il est possible d'ailleurs qu'il s'agisse ici des lépreux libres. Les lépreux libres ou cagots, en effet, conservaient intact le droit de léguer leurs biens. Nous avons rencontré plus d'un testament de lépreux libre de diverses régions de la France. En ce qui concerne les cagots du Sud-Ouest les exemples sont très nombreux.

Voici, du 24 avril 1583, le testament de Peyroton de Boxet, cagot de Borce, qui lègue à sa femme ses maisons de Carriot et du Planhy[1]; en 1368, nous trouvons Arnaud Guilhem, maître de la catégorie de Lucq, léguant la moitié de cette cagoterie, meubles et immeubles à sa femme, sous réserve qu'elle ne pourra les aliéner et que ses enfants hériteront après elle[2]. Est-il rien de plus curieux que le testament de Jean de Lier, cagot de Saint-Pierre de Lier, du 15 janvier 1722, dans lequel il réclame d'être enterré à l'église et laisse 45 livres pour messes, à 10 sol la messe, 15 livres à la confrérie du Saint-Esprit dont il est membre, 300 livres à Marguerite veuve de son fils aîné, 300 livres à Catherine sa fille aînée plus sa maison de Guirant à Saint-Pierre de Lier. (*Étude de Poyanne, Dufau notaire.*)

Nous pourrions multiplier les exemples; mais ces preuves n'apporteraient aucun élément nouveau, elles ne feraient que souligner encore ce que nous avançons.

V. — CONTRATS PROFESSIONNELS

Nous appelons ainsi certains contrats ayant un rapport immédiat avec la profession des cagots. On peut les diviser en deux groupes : les uns sont des engagements passés en

1. A. B.-P. E 1099, f° 25 v°.
2. Id. E 1401, f° 44.

vue de la construction ou de la réparation de bâtiments, les autres sont des contrats d'apprentissage.

Les engagements pour construction étaient toujours bilatéraux, en ceci qu'un cagot promettait un travail et que le client s'engageait à le rétribuer d'une façon ou d'une autre. Les contrats de ce genre sont trop nombreux et trop peu intéressants pour nous arrêter. Seul celui passé en 1379, entre Gaston Phœbus et les cagots de Béarn, présente un intérêt considérable, mais nous avons suffisamment insisté sur ses dispositions pour n'avoir plus à y revenir.

Dans les travaux à exécuter, un cagot ou un entrepreneur quelconque était souvent nommé procurateur, c'était lui personnellement qui s'engageait alors par les contrats, et c'est lui qui signait ou recevait les quittances selon les circonstances.

Les contrats d'apprentissage de cagots ne différaient pas de ceux qui étaient passés dans les autres corps de métier. Un maître s'engageait à apprendre à l'apprenti son métier et à lui donner un salaire. Nous nous contenterons, de donner ici un exemple de ces contrats.

Notum sit que Johanot deu Berdot deu crestiaa de Abos, etc., se es metut per aprenedis ab meste Peyrot de Lastalot, crestiaa de Moneinh, per lo termi de sieys antz, so es : dus per aprender de laborar et quoate [per] aprender l'officy de fuster, etc., prometo bien serbir et lodit meste mustrar, etc. ; et per la servitat qui fera lodit meste Peyrot, prometo valhar et pagar audit Johanot la some de nau scutz condans XVIII sols per chacun scut, et ung camisot pagadors pendant lodit termi tant que ne aura besonh per se bestir; et acaas lodit Johanot lo valha degun dampnadge et lo sen per tas res part son conget que prometer ac render et reparar per ung diner dus, et per ung jorn dus, etc., et que es acostumat; et per aixi ac ac thenir que lo intrafermance, meste G^{m} de Berdot crestiaa de Abos, fray deudy Johanot et principal tengut, etc. Obligan, renuncian, etc., juran, etc. Actum a Moneinh lo XXX de may mil V cent XLVI. Testimonis : monsenhor Arnaud de Goralet Jehan de Clavaria, de Moneinh et jo [notari].

(*Archives des Basses-Pyrénées, E 1478, f° 163.*)

VI. — CONFRÉRIES. — CORPORATIONS

Le besoin de se rapprocher, de s'unir pour sauvegarder des intérêts communs, poussèrent très tôt les artisans, et les ouvriers à constituer des confréries. Ces confréries sous le patronage d'un saint, étaient à proprement parler des sociétés de secours mutuel. Les cagots étaient exclus des confréries; c'est à peine si nous avons trouvé quelques exceptions à cette règle, qui était conforme d'ailleurs aux Fors, qui leur défendait de fréquenter le peuple sain.

C'est pour cette raison qu'en quelques lieux les cagots fondèrent des confréries où seuls ils pouvaient être admis; c'est ainsi qu'à Villefranque dans le Labourd, la tradition assure que les cagots formèrent une confrérie, dont les réunions étaient secrètes et excitaient la curiosité et la crainte superstitieuse des habitants.

Ce n'est qu'au XVIIIe siècle que peu à peu les confréries ouvrirent leurs portes aux cagots, à la suite de la décision de l'évêque de Bayonne (1710) concernant Villefranque, et de divers arrêts des Parlements. Ce n'est qu'en 1722 que la confrérie des Pénitents de Pau accepta un cagot; à la même époque Jean de Lier, cagot de Saint-Pierre de Lier, était confrère du Saint-Esprit. C'est en 1723 que Jacques de Salis cagot et bourgeois de Saint-Vincent de Xaintes réclama d'entrer dans la confrérie de sa paroisse.

A côté des confréries, il y avait les corporations. La corporation des charpentiers et menuisiers était forcément ouverte aux cagots qui avaient leur syndic, mais il est juste de noter que cette corporation était en quelques lieux divisée en deux partis assez ennemis parfois pour que comme à Dax, en 1660 le parti des cagots se vit refuser le droit de suivre l'enterrement d'un charpentier de race pure.

Dans la corporation quelques membres pouvaient devenir maîtres. On était promu à la maîtrise selon son mérite et son savoir. On a remarqué sans doute qu'un grand nombre de cagots étaient maîtres[1] charpentiers, nous n'avons pas besoin d'en donner ici de nouveaux exemples.

1. Il ne faut pas confondre les cagots *maîtres charpentiers*, et les cagots *maîtres d'une maison*, ce second titre étant attaché à la branche héritiere de la maison. Quand aux *maîtres d'une cagoterie*, il est possible qu'il faille les considérer un peu comme des administrateurs chargés des intérêts de la cagoterie, et comparables aux maîtres de léproseries.

APPENDICE

I. — TROIS QUESTIONS DE PROCÉDURE

Les cagots témoins. — Bascle de Lagréze écrivait en son histoire du droit dans les Pyrénées : « Nous n'avons rien trouvé de remarquable sur les qualités exigées pour être témoin [1]. » Cette affirmation n'est plus justifiée du moment où l'on connaît les Fors de Béarn de 1288. L'article 65e de la XXXIIe rubrique dit en effet, que si par aventure les jurats ne pouvaient arriver à faire la lumière dans une affaire de malveillance, l'accusé pourra se laver de tout soupçon par le témoignage à décharge de sept témoins ou de trente cagots; l'article 170 de la LIe rubrique, dit aussi que celui qui sera accusé de meurtre, sans que sa victime ait poussé de cris ni pu se défendre, pourra établir son innocence par le témoignage de six personnes ou de trente cagots.

Ainsi le témoignage d'un cagot valait environ 4 ou 5 fois moins que celui d'un témoin ordinaire, en Béarn [2]. Cette très étrange situation s'explique difficilement, car les motifs que l'on peut invoquer contre la validité du témoignage d'un cagot, aboutissent tous à lui nier toute valeur. Nous allons tâcher de donner une explication de cette anomalie, qui ne figure que dans le For ancien du Béarn, et a complètement disparu au XVIe siècle; elle ne figure dans aucun des autres Fors ou Coutumes du Sud-Ouest.

Si le cagot était personne vile, s'il avait été en Béarn l'homme et sujet de l'Église, il eût été certainement inapte

1. P. 253.
2. Un proverbe béarnais dit encore : « Sept cagots que balen un chrétien. »

à témoigner. Si d'autre part il n'avait point été homme libre, on n'aurait point songé à l'appeler à la barre. Le fait que le témoignage d'un cagot, si amoindri fut-il, était reçu, est propre à lui faire refuser les qualités susdites qui ne pouvaient que le mettre dans l'incapacité de paraître. Mais si l'on considère que quoique libre, quoique vassal du seigneur, le cagot béarnais n'en jouissait pas moins de droits limités par des incapacités, que d'autre part il paraît certain qu'au XIIIe siècle les cagots des pays limitrophes ne pouvaient pas témoigner, on ne s'étonnera pas qu'en Béarn on ait songé à amoindrir un droit que d'autre part on ne pouvait honnêtement refuser complètement.

La saisie. — La saisie était l'acte par lequel le créancier s'emparait des biens de son débiteur, selon les formes légales, pour obtenir paiement de sa créance. En Béarn où les cagots appartenaient au même For que leur créancier ou que leur débiteurs, la question des saisies n'offrait aucune difficulté. Il n'en était pas de même dans le pays de Dax, c'est pourquoi les constitutions de Dax s'en occupent disant que si le débiteur était sujet du roi, les cagots quoique relevant de la juridiction ecclésiastique devaient le faire saisir par l'autorité civile.

Quand le débiteur reconnaissait sa dette, ses biens en répondaient, et le créancier pouvait les vendre quand la créance n'était pas payée au jour fixé. C'est pourquoi trouve-t-on un grand nombre de reconnaissances écrites faites par-devant notaire. Dans ces reconnaissances figurent souvent des cagots. On les appelait encore *obligations*, quand une des parties s'engageait au payement d'une somme, ou d'une rente, sans que cette somme représentât le montant d'une créance.

Les ventes par autorité de justice des biens des cagots, sont exceptionnelles. On en connaît un exemple, à Benesse-les-Dax, le 11 juillet 1632, ou Michel de Larrieu, et Sarrançon de Peyruchat perdirent ainsi leur maison et leurs biens. De même le 10 juin 1614, à Laurède où le sergent royal fit saisir les biens du Chrestian.

L'arbitrage. — Nous n'aurions pas parlé de l'arbitrage, si communément employé jadis, dans la région Pyrénéenne, dans toutes les contestations, si nous n'avions à signaler un cas peu commun où l'arbitrage fut prononcé par des cagots. Le 12 avril 1389, en effet, Berdolo, cagot de Bougarber, et autres, prononcèrent un arbitrage au sujet d'une discussion survenue entre le commandeur de Lespiau et les frères dudit hôpital, au sujet de travaux exécutés sur les terres de la commanderie[1].

II. — QUELQUES QUESTIONS DE DROIT PÉNAL

Meurtres, coups et blessures. — En Béarn, les meurtriers étaient généralement condamnés à une peine pécuniaire ; *las calonies*, c'est-à-dire le prix du sang, était accordé aux héritiers du mort. Un jugement ne devait pas toujours intervenir et il n'était point rare qu'une convention fût passée entre le meurtrier et les héritiers de sa victime. Cette convention rappelle de fort près la *composition* de l'ancien droit germanique. Cependant pareille convention n'était d'usage que si le meurtre avait été commis par accident. Le For de Morlaas est particulièrement explicite à ce sujet quand il dit : « Si par aventure un homme de la ville en tue un autre, non de gré ou par colère, mais par accident, comme souvent il arrive, et que le fait puisse se prouver par bons voisins, qu'on ne donne, pour homicide ainsi fait, aucune amende au seigneur ; mais pour tel homicide il faut s'arranger avec les parents du mort par l'entremise de deux prud'hommes de la ville. » Nous avons trouvé un arrangement de cette sorte, passé entre cagots d'Artix et de Monein le 23 juin 1383.

[Notum sit] Que cum contrast e manpagament fosse e sperasse ac ester segon que dixon enter Bernat, crestiaa d'Artitz, d'une part, e Berdot de Sales, abitant a Monin, crestiaa deudit loc, d'autre part, per rasson de la mort que dixon que fo feite en la personne d'Arnauto, filh deudit Bernat, per lodit Berdot, e per rasson de quere mort se sie sercade patz enter lasdites parthides segon que dixon, e lodit Berdot agosse prometut et autreyat de far autreyar totz sos parentz enter cosorii en ladite patz segon que dixon que tot asso apere en carte feite e retengude per lo notari de Riberegaver, saber so es assaber Domengoo de Momas crestiaa d'Artigalobe

1. A. B.-P. E 1922, f° 45, v°.

cosorii deudit Arnauto lauda, aboa conferma ladite patz aixiie per la forme e maniere que lodit Bernat, pay deudit Arnauto, la autreyade e en las medixes penes corporaus e pernigaus [1] que en la carte de ladite patz est contengut aixii obligan cos et causes, etc., juran que contra, etc., actum ut supra (a Bezingran, XXV dies en Julh, MCCCLXXXII). Testimonis Ar[naut] Guilhem aperat Amoloo, Ramon de Navalhes de Monin, Pes d'Arribere d'Abos.

(*A. B.-P. E 1919, f° 9.*)

En général, dans les compositions la somme perçue par les parents du mort était fixe; c'est ainsi qu'en Bigorre elle était de 900 sous payables en trois termes. En Béarn il est possible qu'il n'en fut pas de même, et que la somme était établie soit à l'amiable soit par arbitrage.

Dans les questions de meurtre volontaire la peine était fixée par le juge, en Béarn, tandis qu'en Navarre et en Soule, on prononçait la condamnation à mort.

On ne connaît guère qu'une sentence de condamnation à la peine capitale, où le coupable était cagot; elle fut prononcée en Nebouzan, en 1596, contre Jean Bauliès, cagot de Cieutat. Nous nous contenterons de rappeler ici les principales dispositions de la sentence. Jean Bauliès ayant été convaincu de meurtre, assassinat et incendie, de la personne et des biens et maison de noble Arnauld de Mauléon, et de vols, sorcellerie et empoisonnements faits sur la personne de Marie Claverie, fut condamné à mort. Pour ce il devait être livré entre les mains de l'exécuteur, Peyrot de Luye, maître des hautes œuvres de la ville de Pau, et mis sur un tombereau ou charrette, la hart au cou et conduit en la place publique de Cieutat où était dressée la potence où il devait être pendu et étranglé. Ses biens furent confisqués par le roi, vicomte de Nebouzan, on n'en retint qu'une partie pour couvrir les frais de justice, et un tiers fut conservé pour sa femme et ses enfants. Avant l'exécution le condamné fut soumis à la question pour qu'on pût apprendre de sa bouche le nom de ses complices. Après le supplice le corps fut transporté pour être exposé aux potences « dressées sur le grand chemin

1. Le sens de ce mot est obscur.

tirant dudit lieu de Cieutat en la vile de Bagnères, lieu éminant, pour y servir d'exemple[1] ».

Des dispositions analogues à celles-ci se trouvent dans des sentences concernant des meurtriers en pays de Bigorre, jusqu'à la fin du XVIIe siècle[2]. Les cagots meurtriers étaient condamnés aux mêmes peines que les assassins de race pure.

L'adultère. — L'adultère était puni dans la région Pyrénéenne. Généralement les coupables étaient condamnés à courir par les rues en état de nudité complète ou vêtus seulement d'une chemise. Nous n'avons pas à insister sur les détails de cette peine ignominieuse dont on pouvait il est vrai se racheter par de l'argent, et qui fut réduite bientôt à une simple amende.

En Navarre, l'adultère commis entre cagots et sains tombait sous le coup d'une loi d'exception qui condamnait à mort le cagot coupable (1581); en Béarn il semble qu'on ne le condamnait qu'à une loi majeure (1551)[3].

1. On lira ce document en entier à la TOPOGRAPHIE au mot *Cieutat* (H.-P.).

2. On lit le texte d'une condamnation à mort prononcée par les consuls de Vic, le 12 septembre 1675, dans l'*Histoire du Droit dans les Pyrénées*, par Bascle de Lagrèze, p. 286. Ce texte est très comparable à celui que nous signalons.

3. Voir P. J. N°s 100 et 114.

QUATRIÈME PARTIE

LES LÉPROSERIES DU SUD-OUEST

On connaît très mal et très insuffisamment les léproseries de la région de la France qui s'étend sur la rive gauche de la Gironde, de la Garonne et de l'Ariège. Cette région qui était à proprement parler le pays de cagots, fut très pauvre en léproseries; la raison en est dans l'abondance des lépreux libres, dont la condition était loin d'être mauvaise. Nous regrettons que la division territoriale que nous imposait les pages qui précèdent, ne soit pas justifiée quand il s'agit de traiter des léproseries. C'est pour ce motif que nous avons voulu ici nous arrêter surtout aux léproseries des Landes, de l'Armagnac, du Béarn, du Labourd et de la Navarre, nous contentant de mentionner les quelques léproseries de Guyenne, Gascogne et Languedoc qui correspondent au Sud-Ouest tel que nous l'avons défini. Ces dernières léproseries seront étudiées plus en détail dans un autre ouvrage. En ce qui concerne les autres, nous devons faire remarquer qu'à part quelques indications précises, nous n'avons guère pu recueillir que des données parfois très insuffisantes et que souvent même nous ne pouvons utiliser qu'avec circonspection.

Léproserie de Lescar[1]. — On ignore l'époque de la fonda-

1. On doit à M. Barthety une étude très documentée sur les léproseries de Lescar*.

* H. Barthety, L'Hôpital et la Maladrerie de Lescar (*Bull. de la Société des lettres, sciences et arts de Pau*; 2e série, t. IX, 1879-1880, p. 17). L'étude attentive de la ques-

tion de la léproserie de Lescar; il est toutefois probable qu'elle remonte au XIIe siècle, et doit se confondre avec la fondation de l'hôpital de Lescar, faite par Gaston IV, vicomte de Béarn, après son retour de Terre-Sainte, en 1100[1]. Il est possible que primitivement la léproserie et l'hôpital n'étaient qu'un seul et même bâtiment, mais ce n'est pas certain; dans tous les cas il est évident que l'hôpital ne fut pas dès le début consacré au soin des lépreux, car cette destination rendrait inexplicable une des clauses d'acquisition de l'alleu d'Ardous, clause d'après laquelle le vendeur, Raymond Guillaume, devait trouver, dans l'hôpital, le logement, lorsqu'il voudrait s'y retirer. Nous avançons donc cette hypothèse, que la léproserie fut, dès l'origine, distincte de l'hôpital. Elle est appelée « l'ostaü deus malaüs de Sent Laze », dans le dénombrement de 1385; « l'espitau de Sent Laze », dans un rôle des fiefs du XIVe siècle; « l'hôpital de Saint Lazare », dans un arrêt du parlement de Navarre, du 16 juin 1628.

La léproserie était située dans le bas de la ville, entre le quartier Saint-Julien et le Gave, sur le bord d'un petit ruisseau, au point précis où la voie ferrée et la route de Pau à Orthez rencontrent le chemin qui vient de Saint-Julien. Lorsque fut construite la route nationale, à la fin du XVIIIe siècle, on dut abattre une partie des petites constructions de la léproserie. Aujourd'hui on distingue encore quelques maisons en cet endroit, que l'on désigne parfois sous le nom de *hameau des lépreux*. La léproserie affectait donc l'aspect d'un hameau, ou les malades pouvaient vivre avec leur femme; quelques-uns, célibataires occupaient seulement une chambre. L'administration de l'établissement était confiée à un *maître*, choisi parmi les malades; au maître appartenait la jouissance des biens de la maladrerie; la maîtrise semble avoir été un droit exclusif des hommes et non des femmes; en effet, après la mort de Guillaume Burel, sa veuve, Marie

1. Marca, *Histoire de Béarn*.

tion ne nous permet point d'adopter les conclusions auxquelles aboutit cet auteur; cependant nous croyons devoir recommander au lecteur de parcourir ce travail très intéressant; il pourra ainsi apprécier les motifs qui peuvent être invoqués pour conclure à l'existence de deux léproseries à Lescar, ainsi que ceux qui portent l'auteur à placer ces léproseries en des lieux inverses de ceux que nous indiquons.

Burel, qui avait tenté de conserver les droits de son défunt mari, fut condamnée par arrêt du Parlement de Navarre, du 16 juin 1628[1], à laisser et quitter la possession et la jouissance des biens et rentes de la maladrerie en faveur de Pierre Martin, lépreux de Lescar; Marie Burel était toutefois dispensée de restituer les grains et fruits qu'elle avait perçus jusqu'alors.

La subsistance des malades était assurée en partie par le sol, en partie par des rentes, en partie enfin par la charité publique. Cette dernière s'exploitait au moyen des quêtes auxquelles avaient droit les lépreux; le droit de quête que nous avons étudié plus haut, était commun à tous les lépreux de la léproserie, mais ils chargeaient d'ordinaire le maître de s'occuper sur ce point de leurs intérêts; c'est lui qui possédait les papiers justificatifs et qui, au besoin, vendait le droit pour quelques années, soit à un cagot, soit à un homme sain. On sait que Guillaume Burel, maître de la léproserie de Lescar, vendit le droit de quête des lépreux de sa paroisse et de ceux d'Orthez, en 1619 ou 1620; cette vente ayant été entachée d'abus de confiance donna lieu, le 16 avril 1620, à un arbitrage que nous commentons longuement ailleurs[2].

Dans le For de Béarn, il n'y a qu'un seul article concernant les lépreux enfermés, il eut l'occasion d'être appliqué à Lescar. En effet, en 1600, François Burel, lépreux de Morlaas, étant venu loger dans la chambre de Jean Boës, lépreux de Lescar, ne put y séjourner plus de deux jours, en vertu de l'article VIe du For[3].

La léproserie de Lescar fut unie à l'ordre de Saint-Lazare, par Louvois.

Existait-il une seconde léproserie à Lescar? M. Barthety le soutient et fixe sa fondation au XVIe siècle. Nous ne partageons pas son opinion sur ce point. On sait qu'en 1385 la capitale ecclésiastique du Béarn avait une cagoterie « *l'ostaü deu crestiaa* ». Celle-ci était croyons-nous située auprès

1. Archives de Lescar, FF 1.
2. On lira ce curieux document aux Pièces justificatives sous le N° 182; il est commenté p. 241.
3. Archives de Lescar, FF 1, 15 décembre 1600.

de l'église Saint-Julien, dans un quartier qui depuis s'est trouvé englobé dans la ville. Le texte de Jean de Bordenave, concernant la fondation d'une léproserie, ne semble pas pouvoir se rapporter à la cagoterie ni à la chapelle Sainte-Catherine qui y était annexée[1]. Cette chapelle construite vers l'époque de la Renaissance, subsiste encore en partie au moins, elle est encore désignée par les habitants sous son nom primitif. On la voit au bout de la petite rue Maubec. Les quelques documents qui la mentionnent ne laissent point de doute sur sa destination, elle était uniquement à l'usage des cagots; un arrêt du 7 août 1561 l'appelle Temple de la cagoterie Sainte-Catherine[2], ainsi qu'un arrêt du Parlement, du 15 décembre 1600[3].

Léproserie de Morlaas. — Cette léproserie était située au bas de la ville, près du pont appelé Pont des Ladres. Elle avait été fondée, croyons-nous, au XIIe siècle. Vers 1180, dit Menjoulet, « pendant que le vicomte Pierre vivait encore, Arnaud d'Yzeste et les moines de Cluny avaient bâti sur sa demande et celle de Guiscarde, une chapelle attenant à la maison des ladres de Morlaas ». Cette maladrerie est signalée dans le dénombrement de 1385. On sait aussi qu'en 1600, François Burel, lépreux, y vivait[4]. Cette léproserie cessa d'exister peu d'années plus tard; elle ne figure pas dans l'État dressé par ordre de Louvois.

Léproserie d'Orthez. — Cette maladrerie était de fondation

1. Rien n'est moins précis que ce texte : « ... car il peut arriver, qu'une personne sera frappée de lèpre; ce qui l'obligera d'estre séparée des autres : comme il s'est veu en l'Esglise cathédrale de Lascar, où un chanoine fut atteint de la spore et de lèpre, à raison de laquelle il se retira hors la ville, et fit bastir la léproserie ou maladrerie et hospital des ladres avec la chapelle contiguë, ainsi que porte la tradition locale ». (*L'Estat des églises, cathédrales et collegiales...* par Jean de Bordenave, chanoine de Lascar.... à Paris chez la Vve Mathurin du Puys; M.DC.XLIII.) Qui était ce chanoine, à quelle époque vivait-il? C'est ce qu'on ignore. Aurait-il fondé cette léproserie que la tradition dit avoir été détruite par Mongomery en 1569? C'est peu probable, car le texte de Bordenave laisse croire que la léproserie existait encore lorsqu'il écrivait en 1643. Nous tendons à penser que la léproserie Saint-Lazare, ne fut que réédifiée par le chanoine de Lescar, et que malgré la destruction qu'elle eut à subir peu de temps après, elle fut reconstruite encore pour ou par ceux-là mêmes que nous y retrouvons en 1600.

2. Archives de Lescar, FF 1.

3. *Id.*, folio 12, v°.

4. Voir : Léproserie de Lescar.

seigneuriale ; elle figure dans le dénombrement de 1385 sous le titre curieux de *l'espitau deus crestiaas*. Elle existait encore en 1620, puisque Guillaume Burel lépreux de Lescar vendit à cette époque le droit de quête aussi bien pour sa léproserie que pour celle d'Orthez. Elle figure dans l'État des maladreries conservé à la Bibliothèque nationale.

Sauveterre et *Pontacq* auraient aussi possédé des léproseries, de fondation seigneuriale; elles seraient postérieures au XIVe siècle, et figurent seulement dans l'État des Léproseries de la Bibliothèque nationale.

La maladrerie de Nay est signalée uniquement dans les papiers que le grand maître de l'ordre de Saint-Lazare avait réunis. Les papiers qui devraient se rapporter à cet établissement ne concernent en réalité que la commanderie de l'ordre sise en cette ville[1].

Maladrerie de Pau. — De fondation seigneuriale, elle n'est citée à notre connaissance que dans l'état des Léproseries de la Bibliothèque nationale[2]. Elle a donné son nom au hameau de la Madeleine, situé près de Pau, dans les landes de Pont-Long, et cité dès 1582[3].

Léproserie d'Oloron. — De fondation seigneuriale (B. N.). Elle existait en 1080, car dans le For d'Oloron rédigé en cette année il est fait mention de la « Mayson deus Mezegs[4] ».

Léproserie de Navarrenx. — De fondation seigneuriale (B. N.).

Léproserie de Bayonne. — On sait très peu de chose de cette léproserie. Guillaume de Castelgelos, en 1187, avait donné aux hospitaliers de Saint-Jean de Jérusalem une terre située au quartier de Saint-Léon, sur laquelle cet ordre éleva un hôpital et une chapelle où furent soignés semble-t-il les lépreux. Nous n'en croyons pas moins que dès 1266, les grands lépreux étaient rares à Bayonne, et que les cagots, qui vivaient précisément à Saint-Léon, étaient les seuls lépreux de la ville qui peut-être recevaient des soins des Hospitaliers de Saint-Jean, ou des frères de Saint-Lazare.

1. Archives nationales.
2. Nous signalerons dorénavant ce document par l'abréviation (B. N.), et l'État conservé aux Archives nationales par les lettres (A. N.).
3. A B.-P. Reform. de Béarn, B 2566.
4. P. J. N° 2.

La léproserie de Bayonne devrait en réalité être confondue avec la cagoterie.

Léproserie de Saint-Jean-de-Luz. — Il s'agit vraisemblablement de la cagoterie de ce lieu.

Dans le Gers nous ne trouvons que peu de Léproseries, ce qui nous confirme dans la pensée que les cagots devaient y être nombreux.

Léproserie de Condom. — Rien ne paraît plus douteux que l'existence d'une léproserie à Condom, quoiqu'on la trouve signalée dans l'État de la Bibliothèque nationale. Aucun document n'établit son existence, si bien que nous sommes convaincu qu'ici encore il s'agit d'une cagoterie. Rappelons en passant que Condom comptait jusqu'à trois établissements de cagots au XIVe siècle « ceux du Pradau, ceux de la Bouquerie et ceux de Sainte Eulalie; le cardinal de Teste signale ces derniers dans son testament qui est le seul document ou ils figurent. Le cardinal fait des legs aux trois établissements, il les appelle *leprosis* (aux lépreux) [1] ». A partir de cette époque on ne trouve plus que de rares indications concernant les cagoteries du Pradau et de la Bouquerie.

Léproserie de Lectoure. — De fondation commune (B. N.) fut unie à l'ordre de Saint-Lazare (A. N.)

Léproserie de Bajonette. — Elle était de fondation commune (B. N.).

Léproserie d'Auch, est surtout connue par le dossier des Archives nationales (S 4 817³), il en est de même de celle de *Beaumarchais* (Gers) (S 4 817⁷).

On a cité dans le département des Landes les *léproseries de Roquefort*, *Mont-de-Marsan*, *Dax*, *Tartas*, qui, en réalité, doivent se confondre avec les cagoteries de ces mêmes lieux.

Les léproseries du département de la Gironde furent assez nombreuses, malheureusement on ne sait presque rien à leur sujet. Il est certain qu'entre les léproseries et les cagoteries de cette partie de la Guyenne, la différence est difficile sinon impossible à établir; la cause en est qu'en Guyenne, la condition des gahets fut longtemps, et peut-être toujours, en

1. Lettre du distingué archiviste de Condom, M. J. Gardère.

certains lieux, absolument identique à celle des lépreux. Ce qui distinguait ces malades, c'était l'intensité différente de leur affection. Les gahets de Bordeaux étaient au dire de Jean Darnal, « des ladres non du tout formés ». Il nous paraît d'ailleurs certain que ladres et gahets habitaient aux mêmes lieux.

Léproserie de Bordeaux. — Elle était située au quartier de Graves, appelé de préférence des Gahets. Les habitations des lépreux et des gahets s'élevaient autour de l'église Saint-Nicolas, peut-être y avait-il là un hospice pour les plus malades d'entre eux. Ils cultivaient des terres contiguës à l'église, pour lesquelles ils payaient un cens au chapitre de Saint-André. L'enclos des Gahets fut fondé au XIIIe siècle. On connaît différents legs faits aux gahets de Bordeaux, par testaments du 14 novembre 1287, 7 mai 1300, 13 mai 1309, et 3 avril 1328 [1]. L'enclos des Gahets ne disparut qu'en 1830.

Léproserie de Castelnau de Médoc. — Elle est citée comme abritant des Gahets, dans le testament d'Assalhilde de Bordeaux, du 3 avril 1328 ; il en est de même de la *léproserie de Castillon* de fondation communale, située sur la rive droite de la Gironde et mentionnée dans le manuscrit de la Bibliothèque nationale.

Voici les noms d'autres léproseries qui ne nous sont connues que par les deux États dressés au XVIIe siècle.

Maladrerie de Lesparre, de fondation commune (A. N. et B. N).

Maladrerie de Podensac, de fondation commune (B. N.).

Maladrerie de Moulins, de fondation commune (B. N.).

Maladrerie de Villandraut, de fondation seigneuriale (B. N).

Maladrerie de Bazas (A. N.).

Maladrerie de Cabanac (A. N.).

Nous citerons pour mémoire les léproseries du département qui s'élevaient sur la rive droite de la Gironde, ce sont celles de La Réole, Castillon, Libourne, Fronsac, Sainte-Foy, Gensac, Bourg, Carbon-Blanc, Blaye, Mortaigne près Blaye,

1. Voir P. J. Nos 31 à 48.
Le quartier des Gahets est figuré sur tous les anciens plans de Bordeaux et ses faubourgs.

Royan, Caumont, Montrevel, Montignac, Puynormand, et Villenave.

En Lot-et-Garonne, une faible étendue du territoire nous intéresse; nous y relevons cependant plusieurs noms.

Le Mas d'Agenais, semble n'avoir eu que des Gahets, mais il est probable que comme à Bordeaux leur condition était fort assimilable à celle des lépreux.

Léproserie de Nérac. — On sait qu'elle fut unie à l'ordre de Saint-Lazare par Louvois (A. N.).

Maladrerie de Castelmoron.

Maladrerie d'Agen unie à l'ordre de Saint-Lazare au XVIIe siècle (A. N.).

Maladrerie de Marmande (A. N.).

Maladrerie d'Astaffort (B. N.). Elle était de fondation commune.

En Haute-Garonne, on connaît surtout bien les léproseries de Toulouse. Quoique celles-ci s'élevaient sur la rive droite de la Garonne, nous nous y arrêterons un peu, pour cette raison que Toulouse est aux confins mêmes de la région qui nous intéresse, et qu'ayant été siège d'un Parlement, cette ville a joué un certain rôle dans l'histoire des cagots, du fait de cette Cour.

Toulouse tient une place à part parmi les villes du Sud-Ouest, par le nombre considérable d'établissements hospitaliers qui s'y élevaient. Catel, dans ses mémoires, en cite vingt-neuf comme ayant existé jadis en la capitale de Languedoc. Faut-il voir là une manifestation exceptionnelle de la charité publique; faut-il au contraire croire que Toulouse regorgeait de malades? Nous nous arrêtons de préférence à cette seconde hypothèse, et ajoutons que tout fait penser que les hôpitaux de Toulouse étaient ouverts aux malades de toute la région avoisinante. Pourrait-on sans cela comprendre comment une ville telle que Toulouse ait pu compter (fait unique) sept léproseries au XIVe siècle[1]?

La Maladrerie de la Porte Narbonaise, existait en 1245.

1. Le Dr Cuguillère dans sa thèse : *Les lépreux et les léproseries de Toulouse*, donne une intéressante étude de ces léproseries; malheureusement les références y sont rares ou incomplètes.

Les lépreux en avaient la propriété franche de tous droits. Ils en firent don à Raymond comte de Toulouse, au château duquel elle était attenante, le 13 septembre 1245. Cette léproserie figure encore dans un cadastre de 1478; elle portait au XVIIe siècle le nom de Saint-Michel.

Le Maladrerie de Sainte-Radegonde ou de la Meynadière, fondée en 1184 [1], d'abord hôpital, devint léproserie vers 1400. Le prieur de Sainte-Radegonde en fit, en 1474 (11 sept.), la cession à l'ordre de Saint-Lazare [2].

La Maladrerie d'Arnaud-Bernard, des Minimes ou de Saint-Roch, fondée avant 1362, unie à l'hôpital des Incurables en 1696.

La Maladrerie Saint-Cyprien.

La Maladrerie de la Porte Matabiou, fondée avant 1306.

La Maladrerie de la Porte Neuve, fondée avant 1216 [3].

La Mezellerie de Bertrand Baussan, citée dans un testament d'Armand Nona de 1233, et dans un autre du 15 octobre 1216.

Remarquons qu'un testament daté du 22 novembre 1316 (Jean de Médunea) et un autre de 1485 (Agmorès Caulet) font des legs aux sept Léproseries de Toulouse.

Ainsi, il est certain que les sept Léproseries de Toulouse existaient encore au XVe siècle. Elles avaient presque toutes disparues au XVIIe.

Un document du XVIe siècle, n'en cite déjà plus que cinq, en la forme suivante :

« État des revenus de la commanderie de Toulouse de l'ordre royal de Notre-Dame du Mont-Carmel de Saint-Lazare de Jérusalem diocèse de Toulouse :

« Maladrerie d'Arnaud-Bernard.

« Maladrerie de Saint-Cyprien.

« Maladrerie de Saint-Michel.

« Maladrerie de Sainte-Radegonde.

« Maladrerie de Castanet. »

1. La copie de cet acte de fondation se lit dans l'inventaire Cresty de 1749.

2. Archives de l'Hôtel-Dieu de Toulouse.

3. Cuguillère cite un acte de donation fait le 15 octobre 1216 à la Mezellaria extra portam Villæ-Novæ, ainsi que deux actes de 1268, et 1295, conservés aux archives de la Préfecture.

La léproserie d'Arnaud-Bernard est encore citée dans des lettres apostoliques du 23 octobre 1510 accordant 100 jours d'indulgence à tous ceux qui visiteront la chapelle des lépreux d'Arnaud-Bernard à certains jours fixés. (*Archives de l'Hôtel-Dieu. B 103, 6e liasse.*)

Dès 1628 il n'y avait plus que trois léproseries à Toulouse[1]; c'était, d'après l'État des Archives nationales, les maladreries dite d'Estoquète, anciennement de Saint-Cyprien, celle d'Arnaud-Bernard et celle dite de Saint-Michel, anciennement de la porte Narbonnaise. Les biens de ces trois établissements furent unis par le roi à l'hôpital des Incurables de Toulouse, en 1696. L'acte fut enregistré le 27 juillet 1696 (*Archives du Parlement*).

L'administration de toutes les léproseries de Toulouse était au début du XIVe siècle entre les mains d'un gouverneur civil, à qui ce poste était confié par la faveur du roi. Cependant les lépreux avaient leur syndic, et les capitouls de Toulouse conservaient quelques droits sur ces établissements. A partir du 20 juillet 1345, les capitouls gardèrent seuls l'administration des biens des léproseries.

La direction médicale en était confiée aux frères et sœurs de Saint-Lazare. Les lépreux n'y étaient pas soumis à un supérieur ecclésiastique[2].

Dans la Haute-Garonne on doit encore citer les *léproseries de Grenade*, *Sainte-Foy*, *Montesquieu*, *Saint-Félix*, et celle de *Noë* dont les biens furent unis à l'hôpital de Rieux en 1766[3]. Les autres léproseries du département, d'ailleurs nombreuses, sont sur la rive droite de la Garonne ou de l'Ariège.

Enfin signalons dans la partie du département de l'Ariège, qui nous intéresse, les *léproseries de Boussenac*, *de Foix* et de *Pamiers*[4].

Dans le petit territoire du Tarn-et-Garonne qui s'étend à gauche de la Garonne nous ne pouvons citer que la *léproserie de Beaumont*.

1. Annonce aux pauvres lépreux de trois maladreries de Toulouse (1628). — (Archives de la Haute-Garonne, C 2300).
2. Pour plus amples détails, *cf.* Cuguillères, *loc. cit.*.
3. Voir Archives de la Haute-Garonne, C 1921.
4. Nous ignorons sur quelle rive de la rivière se trouvaient ces deux dernières léproseries.

Ainsi, la vaste région du Sud-Ouest que nous avons définie, comptait 30 léproseries, dont 14 appartenaient à des villes assises sur les limites de la région, et qui très vraisemblablement même s'élevaient sur la rive droite de l'Ariège ou de la Garonne.

Si nous nous bornons aux régions qui furent jadis les plus riches en lépreux libres, nous arrivons à établir les chiffres suivants :

Les Basses-Pyrénées (Béarn, Navarre, Soule, Labourd) comptaient 11 léproseries.

Les Landes (Pays d'Albret et Chalosse) en possédaient 3 fort contestables.

Le Gers (Armagnac, etc.) avait seulement 5 léproseries.

La partie de la Haute-Garonne qui représente le Nebouzan en comptait 3.

La Gironde (Médoc et partie de Graves) en comptait 8.

Soit en tout 29 léproseries, là où plus de 2 000 lépreux libres ou cagots paraissent avoir vécu. Il était intéressant de rapprocher ces chiffres.

CINQUIÈME PARTIE

PHILOLOGIE

Pourquoi les lépreux des départemends du Sud-Ouest de la France ont-ils été désignés sous les noms de *chrétiens*, *cagots*, *gafots*, *gaffets*, *capots*, *gezitains*, etc.?

Avant d'aborder cette question il est bon de fixer quelques points; et d'abord, ces noms sont-ils propres au Sud-Ouest? Nous répondrons par la négative, car nous les avons rencontrés en Bretagne, Angoumois, Berry, Bourgogne, Saintonge, Poitou, Périgord, Guyenne, Gascogne, Navarre, Quercy, Rouergue, Armagnac, Bigorre, Dauphiné, Provence et Espagne. On ne doit donc pas s'étonner que dans les pages qui suivent, nous tirions parfois des conclusions, ou appuyons certains raisonnements, sur des faits ou des documents pris ailleurs que dans les départements dont il est traité dans cet ouvrage. Le second point à noter c'est que la condition sociale des lépreux du Sud-Ouest était, en général, très différente de celle des lépreux de nos autres provinces; or le nom de *cagot* ayant été surtout employé pour désigner les premiers, il s'en est suivi rapidement une confusion qui a fait donner le nom de *cagots* aux seuls lépreux libres. Nous avons habituellement respecté cet usage pour la commodité du discours. Rappelons encore que les invasions du VIe siècle furent le signal d'un recrudescence violente de l'épidémie lépreuse, et que nous ne devons point nous étonner de voir donner à la maladie le nom même sous lequel l'envahisseur la désignait. Disons enfin que la multiplicité étonnante des mutations et des graphies des mots que nous étudierons ici est un caractère assez propre aux mots populaires anciens, et qu'*a priori* l'hypothèse d'une origine celtique vient à l'esprit, d'autant que, pour toute une série des mots étudiés ici, l'origine latine ou grecque paraît insoutenable.

Comment désignait-on les lépreux au moyen âge? Il y a sept séries principales de mots dont les formes typiques sont: *leprosus*, *mesel*, *ladre*, *cacot*, *malade*, *chrestian*, *gezitain*, auxquels il faut ajouter deux séries moins importantes dont les types sont *cassot* et *disject*. Dans les départements du Sud-Ouest, les formes : *lépreux*, *mesel*, *ladre*, *malade*, sont rares, aussi réservons-nous leur étude pour plus tard, nous contentant d'examiner ici, aussi minutieusement que possible, les autres mots.

CHAPITRE I

LES CAGOTS

Les cagots ont été désignés dans presque chaque province par un nom particulier qui a varié de siècle en siècle. Outre les noms qui dérivent de la même racine que le mot *cagot* (*cacot*, *gaffot*, *gahet*, *capot*, *gabacho*, *cascarot*), on employait encore, en Guyenne, Gascogne, Béarn et Navarre, les mots *chrestia*, *gezitain*, *esaurillé*, *chistrone*, etc. Tous ont eu plusieurs graphies et se sont plus ou moins transformés selon les temps et les lieux, si bien qu'il nous a été possible de relever plus de 150 mots dérivant de la racine CAC ou KHAKH, intimement apparentés au mot *cagot*.

Quand on parcourt les travaux qu'ont inspirés les cagots, et qu'on lit les définitions et les étymologies, que les dictionnaires et les auteurs donnent des noms qui servaient à les désigner, on s'étonne de voir combien peu l'accord s'est fait sur la question philologique.

On pouvait espérer que les recherches ethnographiques apporteraient des lumières dont la philologie aurait profité. Mais, quoique les plus savants anthropologistes aient produit sur le sujet des œuvres d'un grand intérêt, leurs conclusions ne s'accordent pas plus entre elles qu'avec les nombreux documents que nous possédons. Depuis trente ans, les théories ethnologiques ont perdu beaucoup de terrain; leur critique a été faite par des savants autorisés, à l'opinion desquels nous ne pouvons rien ajouter[1]. Ces théories n'ont

1. Quoique nous ayons groupé et commenté ces théories dans la Première Partie de ce volume, le lecteur pourra relire avec intérêt dans Francisque

plus guère qu'un intérêt historique, depuis surtout que l'on voit dans les cagots des lépreux. Par contre, la philologie ne demande qu'à donner des enseignements; et nous nous étonnons que les chercheurs ne lui aient pas encore réclamé un peu de la lumière qu'elle est prête à dispenser.

Quoique les formes du mot *cagot* n'aient pas paru dans les écrits antérieurs au xe siècle, il nous paraît certain qu'elles étaient employées bien avant cette époque. Outre que cela s'explique par ce fait que ces mots ont longtemps été populaires et uniquement employés par le vulgaire, c'est une impression qui se dégage de la lecture des plus anciens auteurs qui se sont occupés de la question. Marca écrivait : « Je fus obligé d'examiner en cet endroit l'opinion de plusieurs, et qui mesme a été publiée par Belleforest, touchant cette condition de personnes qui sont habituées en Béarn, et en plusieurs endroits de Gascogne sous le nom de cagots et capots; à sçavoir qu'*ils sont descendus des Vvisigots*[1].... » Oihenart (1638) écrit aussi : « ... a nonnulis non inepte conjicitur, eos (cagotos) Gothorum, qui olim Aquitaniam habuere, reliquias esse[2] ». C'est aussi la pensée de Dom Martin de Vizcay (1621).

Cette opinion nous fait remonter au vi^e^ siècle.

La même impression d'ancienneté se dégage de la lettre de Charles VI, datée du 7 mars 1407, où il est dit que les capots et casots « sont accoustumés *de toute ancienneté* et doivent porter certaine enseigne pour estre connus des personnes saines ». Ce mot enfin était purement populaire si nous en croyons Guy de Chauliac qui écrivait : « *Vulgariter* cassatus vocatur » (1363), et Raoul, évêque de Tréguier, dans ses statuts datés de 1436, qui disait : « in vulgari verbo Cacosi nominantur ».

Si l'on se souvient combien peu le latin, et moins encore le grec, se sont infiltrés dans la langue populaire de Bretagne, quand on considère le très petit nombre d'auteurs qui timidement ont proprosé depuis le xviie siècle, pour l'une ou l'autre

Michel, la réfutation des théories antérieures à 1847, et dans De Rochas la réfutation de celle de F. Michel.

1. Marca, *Histoire du Béarn*, liv. I, chap. xvi, p. 71.
2. *Notitia utriusque Vasconiæ*..... p. 414-415.

forme du mot *cagot*, une étymologie latine ou grecque, quand enfin on étudie le mot *gaffot*, couramment employé au xe siècle dans les régions avoisinant la moitié occidentale des Pyrénées et que l'on voit le lien qui unit ce mot au *cacou* bas-breton, ainsi que l'impossibilité de lui trouver une origine même dans le latin populaire, on comprend qu'il faille demander ailleurs une solution.

Cette solution au problème se trouve dans les dialectes celtiques. De très rares auteurs ont pensé à cette origine, nous ne relevons même que cinq noms qui méritent ici une mention.

Hasselt[1] émit une théorie ethnologique (il la publia en 1825), où, comme beaucoup, il voulut voir dans les cagots une race distincte; il la supposait venue directement des Celtes. Son œuvre renferme bien des erreurs, comme d'ailleurs celle de Dieffenbach[2] qui l'a combattue. Ces travaux sont de médiocre intérêt.

Les théories philologiques les avaient de beaucoup précédés. Ce fut d'abord Venuti[3], qui n'apporte aucune preuve à son dire dont d'ailleurs il ne paraît pas très persuadé. Court de Gébelin[4] est plus positif; il assure, sans plus, que les noms donnés aux Cagots sont « le mot celtique Caeh, Cakod, Caffo, qui signifie puant, sale, ladre ». Il émet en outre une théorie ethnologique comparable à celle de Hasselt. Ramond[5] penche vers l'opinion de Gébelin. Enfin De Rochas écrit : « Quant à l'étymologie de *cagot*, elle ne paraîtra pas douteuse à qui suivra les transformations du mot celto-breton *cacous* ou *caquous* (ladre), dont le radical est *cacod* et dont le français du xve siècle a fait *cagous*[6]. »

Tout cela manque de preuves; cette lacune mérite d'être comblée.

1. Hasselt, *Allgemeine Encyklopädie der Wissenschaften und Künste... Theil XIV*. Leipzig, 1825, in-4, p. 76.
2. Dieffenbach, *Celtica*, t. 1, p. 86, 1839.
3. Venuti, *Dissertations sur les anciens monuments de la ville de Bordeaux, sur les Gahets...* 1754.
4. Court de Gebelin, *Dict. Celto-Breton* (Mémoires sur la langue celtique 1759, t. II).
5. Ramond, *Observations faites dans les Pyrénées*. 1789.
6. De Rochas, p. 193.

L'étude raisonnée des mutations des mots *gaffot* et *kakod*, termes les plus anciens qui aient servi à désigner les cagots, ne saurait être faite si l'on n'examine avec soin les dates et les lieux où ces mutations se sont produites.

Il semble que les cagots aient été très nombreux en France vers la fin du XVIe siècle. On peut même dire qu'il y en avait presque partout, puisqu'on en découvre les traces nombreuses sur tout notre territoire, exception faite pourtant pour la Normandie, l'Orléanais, une partie de la Bourgogne, la Franche-Comté, et les provinces situées au nord-est de celles-ci. Peu nombreux dans certaines régions, ils ont au contraire afflué de tout temps en Bretagne, en Béarn et Navarre, ainsi qu'en Gascogne.

Ils semblent avoir rayonné, depuis le Xe siècle, autour de quatre points principaux, qui sont : les Alpes (Hautes-Alpes), le Béarn, Bordeaux et la Bretagne.

On ne sait presque rien sur les *cagots* des Alpes, sinon qu'ils étaient autrefois appelé *caffos*, et plus tard *cagots* et *gavots*. En Navarre, on les appelait *caffos* ou *gaffos* vers le Xe siècle. A Bordeaux on disait *gaffet*. Ces termes n'étaient pas ignorés dans la langue d'oïl, où l'on disait *caffre*. En Bretagne *kakod* était seul usité à la même époque. En Espagne on disait *gafo*.

Il paraît donc certain que deux seuls mots existaient à l'origine : *gaffo* ou *caffo*, et *kakod*. Le premier n'est certainement pas d'origine latine, le second est celto-breton à n'en pas douter.

Au XIIIe siècle, le mot *chrestiaà* fit fortune dans le midi de la France, à un tel point que les très rares documents qui n'emploient pas ce mot sont presque insuffisants à nous éclairer sur le sort du mot *gaffo*. Cependant, nous pouvons affirmer qu'au XIVe siècle on disait encore *gaffet* à Marmande. au Mas d'Agenais, à Condom, c'est-à-dire en Gascogne, tandis qu'en Guyenne *gahet* et *cahet* remplaçaient *gaffet*.

La région des Gaves et de l'Adour vit aussi naître *gavot*, *gavet* et *gavacho*, puis *gabot* et *cabot* (*arcabot*). Tandis qu'à Toulouse, à Montpellier, dans les pays de langue romane apparaissent *cassot*, *casot*, *cassol*.

C'est dans les premières années du XVe siècle qu'apparut

capot dans le Languedoc. A la fin du même siècle, *cagot* se disait un peu en Navarre, et peut-être aussi en Anjou.

A la fin du XVIe siècle, bien des choses ont changé. Les mots *cagot* et *capot* sont connus à Paris, et sont dès cet instant employés presque partout en France. La Bretagne, l'Anjou, le Poitou, la Touraine, le Berry, le Limousin, le Quercy, le Rouergue, le Velay, le Languedoc, la Navarre, le Béarn, et peut-être aussi la Provence et le Charolais, ont leurs *capots* et leurs *cagots*. Les termes plus anciens ne sont plus employés que dans des régions très restreintes. *Gavot* s'éteint déjà dans les Hautes-Alpes, *gabot* et *gabet* se disent à Bordeaux, *cascabot* tend à devenir *cascarot* dans le pays basque, *gahet* continue à être usité. La Bretagne dit *cacou*. Puis *cagot* donne en Espagne *agote*; *gavacho* donne *gabacho*, qui est encore employé, quoique peu, de nos jours.

Au XVIIIe siècle et au XIXe les derniers *cagots* occupent une région restreinte. La Bretagne a toujours ses *cacous*, le pays basque ses *cascarots*, l'Espagne ses *agotes*, le Béarn et la Bigorre ses *cagots*. Une langue de terre limite au nord la région des *cagots*, c'est celle des *capots* qui occupe la pointe sud de la Haute-Garonne (arrondissement de Saint-Gaudens); un coin des Hautes-Pyrénées (canton de Castelnau-Magnoac); dans les Basses-Pyrénées une grande partie de l'arrondissement de Pau; les deux tiers sud du Gers, et dans les Landes une partie des arrondissements de Mont-de-Marsan, Saint-Sever et Dax; en Lot-et-Garonne une partie des arrondissements de Casteljaloux et de Nérac. *Gahet* se disait alors en Gironde, dans la majeure partie des Landes, sur les confins est de Lot-et-Garonne et dans une petite partie de l'arrondissement de Condom.

A lui seul ce bref exposé éclaire bien des points, car il fait apercevoir l'origine et le sort de plusieurs des mots qui nous intéressent. Seul le mot *cagot* lui-même a une origine plus obscure, par ce fait qu'il semble être apparu à la fois en Bretagne, en Navarre et en Languedoc : encore croyons-nous que les arguments qui vont suivre éclairciront ce point.

Un petit fait plaide contre les théories qui supposent aux mots *cacou*, *cagot*, *capot*, *cassot*, *cahet*, *gahet*, etc., des origines différentes, c'est que ces mots ont été usités à la même époque, dans un sens identique.

*
* *

Le mot cagot et ses synonymes dérivent de la racine indo-européenne CAC dont la prononciation est à la fois rude et aspirée (*khakh*) ; elle a été exprimée par les orthographes les plus différentes (*caq*, *cak*, *cach*, *kak*, *kah*) et possède un sens péjoratif.

Ce radical, employé seul, signifie *mauvais*, *grossier*, *malade*, *haïssable*, *excrément*, *individu qui rejette*, *crache ou vomit*; uni à un autre mot, ou une autre racine, il lui imprime un sens défavorable [1].

Si cette racine a souvent conservé sa prononciation primitive dans certaines formes du mot *cagot*, elle a aussi gardé son sens primitif, puisque *cagot* signifiait lépreux, ou plus exactement homme malade, haïssable et dangereux.

*
* *

Cacot. — La racine CAC est conservée intacte dans plusieurs mots portant le sens de lépreux. Ces mots se retrouvent surtout en Bretagne.

Kak-od ou *cac-od* est le terme celtique qui veut dire ladre. Bullet, dans son Dictionnaire celto-breton [2], écrit : « *Cacodd*, ladre, anciennement en breton. » Grégoire de Rosterem [3] donne aussi *cacodd* comme synonyme de ladre.

C'hakouz et *Kakouz* sont employés dans une ballade bretonne recueillie par Hersart de la Villemarqué [4] qui la suppose dater du xve siècle.

1. Ex. : *χακκη* (gr.), cac-a (lat.), cack (breton), excrément.
το κακον, ce qui nuit. Κακῶς, dans un mauvais état de santé.
Cacot (Berrichon), très malade.
Cac-andre, lâche.
Kak-hiel (Holl.), engelure au talon.

2. Bullet, *Mémoires sur la langue celtique* (1759), t. II.

3. G. de Rosterem, *Dict. François-Breton* (1732).

4. Hersart de la Villemarqué, *Barraz-Breiz*. Paris, *Charpentier*, 1839, 2 vol. in-8, t. II, p. 254.

Biskoaz n'am bœ was kalonad,
Vid ober *Kakouz* deus va zad.

Ar *C'hakouz* paour war aun douar
N'en deveuz na mignon na kar [1].

On écrivait *caqueux* dans la classe instruite; cette orthographe se trouve en effet dans une ordonnance du duc François II de Bretagne, datant de 1475 : « De la part de nos pauvres sujets et misérables les Caqueux et malades, manans et habitants en l'Evesché de S. Malo, nous a esté exposé [2]... ».

Cacosus était la traduction latine de ce mot; elle a été employée dans un statut de l'Évêque de Tréguier, Raoul Rolland, le 31 mai 1436 : « Radulphus, Dei gratiâ et sanctæ sedis apostolicæ clementiâ Trecorensis episcopus : Quia cognovimus in dictâ civitate et diocesi plures homines utriusque sexus qui dicuntur esse de lege, et in vulgari verbo Cacosi nominantur [3]... ».

Le mot *caquin* se trouve dans un aveu rendu à Henri II, en 1554, par Bohier, évêque de Saint-Malo [4]. De nos jours, on dit encore *cacous* en Bretagne et quelquefois au pluriel *cacousien* et *cacousyen*, ainsi que *qacous*, d'où vient *qacousery*, corderie [5].

Cachot (prononcez : cakot) est cité par Ambroise Paré et par Guillaume Bouchet qui écrivent aussi *Caquot* (1598) : « Et fut trouvé que nostre Poictou n'en étoit guères taché (de lèpre), à cause de la région qui est tempérée; que s'il y en avoit c'estoyent ladres blancs appelés cachots, caquots, capots et gabotz qui ont la face belle [6]... ».

Cacot est employé dans le centre de la France, dans l'Indre, où l'on dit aussi *cagot*; ce mot y est actuellement encore

1. *Ar Gakouzez* : « Jamais je n'eus si grand crève-cœur — Qu'en entendant traiter mon père de caqueux. » Strophe 8.
« Le pauvre Caqueux sur la terre — N'a plus ni ami, ni parent. » Str. 14.

2. Cette ordonnance a été publiée entre autres par Fr. Michel, *Hist. des Races maudites*, t. II, p. 208. Le mot caqueux se trouve encore dans l'Extrait d'un registre de la Chancellerie de Bretagne, pour les années 1474 et 1475. (Lobineau, *Hist. de Bretagne*, t. II, col. 1350.)

3. Publié par D.-H. Morice, *Mémoires pour servir de preuves à l'Hist. de Bretagne*, t. II, col. 1277.

4. Manet, *Hist. de la Petite-Bretagne*, t. II (1834).

5. G. de Rosterem, *loc. cit.*, au mot *corderie*.

6. *Le Troisième Livre de Sérées*, par Guillaume Bouchet. Paris, 1598, petit in-12, p. 485.

employé dans le sens de malade, très malade. Il s'employait aussi en Bretagne.

Cacoux, d'après Cambry, se disait en Bretagne à la fin du XVIIIe siècle[1].

Cacouan s'employait récemment encore.

Les multiples théories que les auteurs ont imaginées pour expliquer l'origine du mot, méritent si peu d'attention que nous nous contenterons d'en indiquer les principales en note[2].

*
* *

Caffot, Gaffot. — La mutation du *C* en *F* est une de celles qui nous doit retenir le plus, car c'est celle qui a donné naissance aux mots *Caffo* et *Gafo*, qui étaient employés indifféremment dès le Xe ou le XIe siècle, dans la Navarre. Il est certain qu'elle ne s'est pas faite par l'intermédiaire du *G* qui aurait donné le digamma ou *F*. Mais on peut affirmer que, comme l'*H* ou l'*S*, la lettre *F* s'est employée indifféremment pour le *C* ou le *G* dans les langues indo-européennes, comme modulation adoucie d'un son dur et aspiré[3].

Ce genre de mutation est fréquent dans les dialectes gallois, il explique la dérivation de *caf* de la racine CAC.

Si *Gaffo*, employé dans les Pyrénées, n'est pas forcément dérivé de *Kakod*, usité en Bretagne, ces deux mots ont du moins une origine commune.

1. Cambry, *Voyage dans le Finistère*. Paris, an VIII, in-8, t. III, p. 146-147.

2. Jault fait venir ce mot du latin *cacatus*.

Venuti est persuadé qu'il fut tiré du grec par quelque médecin.

Dom Lobineau invoque aussi le grec : κακῶσις, maladie.

Fr. Michel fait dériver *cacot* de *cagot*, mais croit que l'altération de ce mot en Bretagne a été aidée par le mot κακος qui, en Italie, était entré dans la formation du mot *cacasomium*, léproserie.

L'avocat Primaigner, en 1681, disait que le mot caquin venait du grec κακος, méchant, depuis que ces malades de concert avec les juifs avaient empoisonné les fontaines de France. Il s'agit des faits qui s'étaient passés en 1321. (*Factums et Mémoires*, vol. XI, fos 593 et suiv. *Bibliothèque publique de Rennes*.)

D. Louis Le Pelletier croit ce mot venu de *caque*, qui en français signifie petit tonneau, les cacous étant parfois tonneliers.

3. Ex. : Υἱος et filius; conniql et connift (gallois), lapin; hay et fay (gallois), hêtre; houn et foun, fontaine; hougère et fougère.

L'un et l'autre sont comme des chefs de famille d'où descendent toute une génération dont les degrés se retrouvent aisément et dont la reconstitution est facilitée par les considérations de dates et de lieu faites plus haut.

Comme nous l'avons déjà dit, les titres anciens nous montrent les mots *gaffo* et *caffo* employés dès le xe siècle. Laboulinière et Dralet disent que *caffot* s'employait dans les Alpes, mais il est impossible de vérifier suffisamment cette assertion.

Ce qui paraît certain, c'est que *caffo* et *gaffo* se disaient indifféremment en Navarre au xie siècle. C'est ainsi que Zamacola[1], dans son Histoire du pays basque, dit que les cagots sont nommés *caffos* dans l'ancien For de Navarre, et *hagotes* dans celui de Biscaye. Ce mot est aussi employé par Ramond de Carbonnière et Dralet. *Caffi*, si nous en croyons Menjoulet, aurait été usité comme synonyme de cagot.

On disait *caffre* dans le Nord de la France[2].

Les mots *gafo*, *gaffo*, *gaffet*, qui faisaient au féminin *gaffère* et *gaffète*, sont aussi de haute antiquité et portaient nettement le sens de lépreux. C'est ainsi que dans le romancero du Cid, composé au xie siècle, figure en plusieurs endroits le mot *gafo*[3]. Yanguas y Miranda dit que les *gafos* vivaient dans la région montagneuse de la Navarre sous le règne de Philippe V (1316-1322). Ce mot est aussi employé dans les manuscrits et l'édition espagnole (1686) des Fors de Navarre[4].

1. *Historia de las Naciones Bascas....* etc. *Escrita en español por D. J. A. de Zamacola*. En Auch, *en la imprenta de la viuda de Duprat*, 1818, 3 vol. in-8, t. I, p. 248, note III, et t. III, p. 213-216.

2. Ce mot est employé par Gauthier de Coincy, dans un vers que nous commentons plus loin.

3. Le Cid allant en pèlerinage vers l'apôtre saint Jacques rencontre un gafo (un gafo le aparecia) embarrassé dans un bourbier, il le sauve, l'emmène à l'auberge, et le couche en son propre lit. Mais dans la nuit le gafo s'évanouit comme un fantôme et à sa place apparait un homme tout resplendissant qui lui dit : « Je suis saint Lazare, Rodrigue, je suis le lépreux à qui tu as rendu un si grand service pour l'amour de Dieu.... etc. » (*Romancero espagnol*, t. II, p. 30, traduit par Damas Hinard.)

4. Les meilleurs et plus anciens manuscrits du For de Navarre sont : celui de l'Escurial, celui de la Bibl. de l'Académie d'histoire de Madrid (xive s.), et celui de M. Barthety à Lescar (xive s.). D'après l'Académie d'histoire le For de Navarre daterait de 1155.

Dans la coutume de Marmande (Lot-et-Garonne) (1390) on lit :

« § 114. *Contra los gaffet que intran en la vila sens senhal.*

« E an plus establit, los deyt cosselhs, que gaffet ni gaffera, estranh ni privat, petit ni grans, no intre dens la vila de Marmanda sens senhal de drap vermelh..., etc.

« § 118. *Cum los gaffetz no deven intrar en la vila sino-lodilus*[1]... », etc.

Le mot *gaffet* est aussi synonyme de ladre, puisque le paragraphe 44 de la même coutume, traitant des porcs ladres, qui ne doivent pas être vendus par les bouchers, les appelle « *porcs gaffets* ».

Dans la coutume de Condom, on trouve l'orthographe *gafed*.

« *Que la carn sia dada alz gafedz*[2]. »

Le mot *gaffet* était très usité dans la région de Bordeaux. On écrivait au pluriel *gaffets*, *gaffetz*, *gafets*, ou *guafetz*. Les plus anciens titres où ces mots se rencontrent sont datés de 1287, 1309 et 1388. Ils concernent tous des donations.

L'orthographe *guafet* se lit dans un testament de 1328[3].

En espagnol, *gafedad*, *gafez*, *gafi*, s'employaient récemment encore au sens de lèpre[4].

La lettre *F* de gaffo et caffo devait bientôt se transformer ; elle donna un *H* dans certaines régions, un *V* dans d'autres.

Notons ici un fait d'une importance primordiale. Tandis que dans les Pyrénées *caff* était le radical d'un mot signifiant lépreux, au pays de Galles, au xe siècle, lépreux se disait *claff* et *clavr*. La parenté de ces mots est évidente, car l'apparition

1. « § 114. *Contre les gaffets qui entrent dans la ville sans signal.* Et ont de plus établi, les dits conseils, que gaffet ni gaffere, étranger ni indigène, petit ni grand, ne peuvent entrer dans la ville de Marmande sans signal de drap rouge..., etc.

« § 118. *Que les gaffets ne doivent entrer dans la ville que le lundi.* »

Les paragraphes 114, 115, 116, 117 et 118 de la coutume de Marmande se rapportent aux gaffets. *Arch. historique de la Gironde*, t. I, p. 239-242.

2. Il s'agit des viandes qui, vu leur mauvaise qualité, ne pouvaient être vendues. Voir Pièces Justif. N° 7.

3. P. J. N° 35.

4. Dans la Romagne et à Naples, on appelle du nom de *Caffoni* les gens de la campagne les moins civilisés et les plus grossiers. Laboulinière, *Itinéraire descriptif et pittoresque des Hautes-Pyrénées*, 1825, II, p. 79.

successive des liquides *l* et *r* en deux points du mot n'a pas ic une importance suffisante pour masquer la racine, qui est évidemment *caf* ou *cac*. *Clavr* est passé en breton où il est représenté par *clanvoûr*. — Ce fait nous sollicite à voir à *gaffot* une origine anglo-saxonne[1].

*
* *

Gavot, Gavet. — La mutation de l'*F* en *V* est d'ordre trop courant pour que nous croyions en devoir donner des exemples. C'est par elle que *gaffot* et *gaffet* donnèrent *gavot* et *gavet*, termes de transition évidents entre *gaffot* et *gabot* d'une part, entre *gaffot* et *gaouot* d'autre part. Cependant nous avons toujours été étonné de ne point trouver un seul exemple de ces mots ayant nettement le sens de lépreux. La difficulté qui s'ensuit n'est cependant pas insurmontable, si l'on se souvient que la distance qui sépare le *B* du *V* est si petite que sur les titres anciens il est souvent impossible de les distinguer dans l'écriture, et que dans le parler la distinction n'existe souvent pas, en particulier dans la région béarnaise[2]. *Gavot* cependant a existé, mais surtout dans les hautes Alpes, où il prit le sens de montagnard (*cagot* et *capot* ont aussi été pris dans cette acception). Ainsi : en 1560, défense fut faite dans le canton de Vaud d'importer du vin *gavot*, c'est-à-dire provenant du Chablais (Bridel). Dans le traité de paix conclu

1. Roquefort, qui ne fait que citer Barbazan sur ce point, croit que *caffot* « signifie un bouc; de caper par changement fort ordinaire du p en ff ».

Pour Fr. Michel (t. I, p. 345), le mot gaffo n'est autre chose que la contraction de gavacho.

Pour De Rochas : « Le mot *gafet* dérive du roman *gaf*, croc, crochet, dont nous avons fait *gaffe* et les Espagnols *gafa*, mots qui ont le même sens. En langue d'oc, *gaf* signifiait croc, *gafet* crochet et *en gafet* en croc ou crochu. L'espagnol a *gafete*, crochet, agrafe, et *gafo*, pour désigner celui qui a les mains croches par suite de la contracture ou rétraction des muscles fléchisseurs des doigts. Or, nous savons que c'est là un des principaux symptômes de la lèpre anaisthétique » (p. 61-62). Il n'y a là qu'un intéressant rapprochement de mots.

Covarruvias pense que *gafo* vient de l'hébreu *Cafaf*, incurver.

Pour les autres théories concernant le mot gaffet, voir plus loin, au mot *Gahet*.

2. Ceci nous fait souvenir de cette jolie boutade de Scaliger, qui parlant des Béarnais et de leur prononciation écrivait : « Beati populi quibus vivere est bibere! »

en 1583, entre le duc de Savoie et les Valaisiens, on lit : « Évian et son territoire appelé *pays de gavot* sont rendus au Duc de Savoie [1] ». Huet écrivait : « Et ces Martegalles, et Madrigaux, ont pris leur nom des Martegaux, peuples montagnards de Provence : de même que les Gavots, peuples montagnards du pays de Gap, ont donné le nom à cette danse que nous appelons gavotte [2]. » Le fond de cette citation est peut-être discutable (quoique beaucoup de cagots aient été ménestrels). Dans le Lyonnais et le Beaujolais on disait *gavet* et *gavot* [3].

S'il était démontré que dans la Savoie il y a eu des *cagots* la difficulté que soulèvent ces textes serait effacée. Précisément il y a des indices de valeur qui tendent à le prouver :

Il est infiniment probable que l'invasion germanique ait semé la lèpre dans le Lyonnais, le Beaujolais et les Alpes. Ici ils ont laissé comme dans les Pyrénées le mot *caffot* qui évolua peu à peu vers des formes nouvelles. Bien plus, on retrouve dans les Hautes-Alpes des mots dont l'usage paraissait être propre au Sud-Ouest :

C'est d'abord près de Briançon *Font-Christiane*, hameau qui tire son nom sans doute des lépreux qui y habitaient, et y avaient leur fontaine [4]; puis *Le Cagot*, ferme (commune de Jarjayes) ; *Les Cassots*, ferme (commune de Sigoyer). Le mot *cayot*, qu'il faut rapprocher de *cayet* employé à Bordeaux, est encore connu à Briançon, mais le sens en est tout à fait obscur; c'est de Savoie que venait Peyroton de Savoie, cagot de Bideren (B.-P.) ; Mistral enfin dans son Dictionnaire provençal définit *Gavot* : Homme grossier, rustre, *ladre*;... compagnon menuisier ou charpentier *qui n'appartient pas* à la « Société du Devoir ». Littré écrit *Gaveau* dans ce même sens.

1. Ces deux citations sont empruntées à Aimé Constantin, *Étymologie des mots Huguenot et Gavot*, p. 19.

2. *Traité de l'origine des romans*, par M. Huet, chez Mariette, M.DCC.XI, in-12; p. 159-160.

3. Fr. Michel, II, p. 352.

Les *gavots* des Hautes-Alpes tirent-ils leur nom de la ville de Gap? L'hypothèse est séduisante; mais je crois qu'il ne faut voir là qu'un rapprochement de mots. Il est pourtant possible qu'il ait existé dans la région deux mots *gavot* ayant un sens primitivement distinct, et qui se confondirent par la suite.

4. Font-Christiane est mentionné aux Archives de l'Isère sous la forme *Domos Christianos*, 1379, et *Fons Christiana*, 1385 (B. 3701). Dans un document du Puy-Saint-André, de 1487, on mentionne le hameau de Fonte χρistiana.

Ainsi donc nous savons qu'il y avait en Savoie des *gavots*, *caffots*, *chrestians*, *cagots* et *cassots*; que les *gavots* étaient menuisiers; qu'ils n'appartenaient pas à la corporation ou société du Devoir; que leur nom signifiait ladre; qu'il y a eu une famille cagote originaire de Savoie. N'est-ce pas assez pour affirmer qu'il y a une synonymie, une parenté même entre les mots *gavot* et *cagot*? Cette parenté s'accuse du fait de la place naturelle que les mots *gavot* et *gavet* doivent prendre dans la série des mutations entre *gaffot* et *gaffet* d'une part, *gabot* et *gabet* d'autre.

*
* *

Gabot, Gabet. — Ces mots dérivent naturellement de *gaffot* et *gaffet* par l'intermédiaire de *gavot* et *gavet*. Ils furent probablement employés seulement en Guyenne et Gascogne et dans les Landes. On lit le premier dans G. Bouchet (1598), le second dans Ambroise Paré (1607); ces auteurs disaient ces mots usités dans la région de Bordeaux.

On donne encore le nom de *gabots* aux cagots riverains de l'Adour, habitant principalement les communes de Gouts et Souprosse (canton de Tartas, Landes). Plusieurs dictons renferment ce mot. On dit par exemple à Mugron (Landes) :

Gabot, gabot, gabère
Couan a bis ta may sourcière
Et toun pay loup-garous,
Gros patapouf [1].

Dans un autre morceau se lit le mot *gabiù*, dont nous ne connaissons pas d'autre exemple; il s'agit encore d'un couplet originaire de Mugron :

Gabot, gabère, gabiu,
Qu'as miñyat un asou biù
A péla é a escourya
Per le faute d'un coutèt
Qu'as miñyat cachaùs é pét

1. Gabot, gabot, gabère
Quand il a vu ta mère sorcière
Et ton père loup-garou
Gros patapouf.

Encouère n'ères pas prou sadout
Qu'as miñyat lous péùs dou loup
Encouère n'eren pas prou salats
Qu'as miñyat lous péùs dou gat [1]

On chante encore à Laurède (Landes) :

Hoù *gabot* de delà l'aygue
Qu'a yetat soun pay deñ l'aygue,
Sa may eñ un lagot,
A diù praùbe *gabot* [2].

On remarque, dans deux de ces pièces, le féminin *gabère*, comparable aux féminins *gahère* et *gafère* de *gahet* et *gafet*.

Cabot, dont l'origine est la même, serait, si nous en croyons Mistral, le sobriquet des habitants d'Anse (Basses-Pyrénées), c'est-à-dire peut-être des cagots. Il a donné naissance aux mots *arcabod* et *arcabot* (1315 et 1319), composés de *ar* qui est dérivé de *ab* ou *ac* (diminutif de *cac*), soit de *ar* qui signifie *homme*, comme il arrive parfois en composition basque, et de *cabot*. Ces mots se trouvent dans des ordonnances de police conservées dans les archives de Bayonne. (P. J. N°s 11 et 12.)

Le mot *cascabot* fut employé dans le pays basque. Nous le discuterons en étudiant le mot *cascarot* qui en dérive.

Caouot, Caouet. — Ces mots ne sont qu'une variante phonique des mots *gavet* et *gavot*. Quoique nous ne connaissions guère de documents écrits où ils figurent, nous avons un grand nombre de preuves de leur existence. Ces mots ont surtout existé dans la région du Gers, des Hautes-Pyrénées, et un peu dans les départements adjacents, avec le sens de mauvais plutôt que celui de lépreux.

Gaoué appartient au Bigourdin où il signifie malade, goitreux (on se souviendra à ce sujet que les lépreux sont

1. Gabot, gabère, gabiù
Tu as mangé un âne en vie
A peler et à écorcher;
Faute de couteau
Tu as mangé les grosses dents et la peau;
Tu n'étais pas encore rassasié,
Tu as mangé les poils du loup;
Encore n'étaient-ils pas assez salés,
Tu as mangé les poils du chat.

2. Nous devons la connaissance de ces trois poésies à l'obligeance de M. l'abbé V. Foix, curé de Laurède.

parfois goitreux, et que les cagots ont été confondus avec les goitreux). Ce mot fait au féminin *gaouère*, nom que porte une ferme à 6 km. au sud-ouest d'Auch, et que le poète d'Astros a employé dans un sens resté obscur[1]. *Gaouahs* est un nom de lieu de la commune de Roquepine (Gers). Ce sont encore des noms de maisons que *Caouot* (commune de Saint-Martin, Gers), *Caouo* (communes de Manciet et de Lannepax, Gers), *Caouet* (commune de Saint-Mont, Gers), *Caouoit* (commune de Panjas, Gers), *Caouet* (commune de Bourzon, Gers). Il est certain que ce n'est pas le hasard seul qui a accumulé tous ces noms et plusieurs autres dans le département du Gers, ils ne peuvent que se rapporter aux mêmes individus qui s'appelaient *capots*, *capets*, *gabots*, *gavouets*, *gavouats*, etc.

Ils marquent la transition qui mène aux mots que nous allons étudier maintenant, et qu'une documentation plus abondante permet de mieux connaître.

*
* *

Caouech, Gavach, Gavache. — Ce groupe nouveau, que nous avons étudié longuement dans un travail antérieur[2], se caractérise par la finale *ach* ou *ech* qui souligne le sens malveillant, ou dépréciatif. Il dérive à la fois des trois groupements précédents puisqu'il possède les types suivants : *gavach*, *gabach* et *gaouach*. Il conduit au mot *Gavache*, qui est le plus connu et qui servira de pivot à nos recherches.

On sait que le mot *Gavache* est une injure, un terme de mépris; mais jusqu'ici on n'a jamais su en découvrir l'origine; seul, peut-être, Fr. Michel l'a vaguement entrevue, mais il n'avait pas les matériaux suffisants pour tirer des conclusions satisfaisantes.

Plusieurs auteurs ont pensé que ce mot ne s'adressait qu'aux habitants de quelques communes situées près de La Réole. Ces communes, dévastées par la peste, auraient été repeuplées par les soins de Henri d'Albret, roi de Navarre,

1. « De *gaouères* dauri las plaignas..... »
2. Dr H.-M. Fay, Les gavaches (*Revue de philologie française et de littérature*. T. XXII, 3e trimestre 1908. — Paris, H. Champion).

de colons venus du Poitou et de l'Angoumois qui y importèrent leur dialecte[1]. Mais on ne voit pas pourquoi l'étrangeté de cette langue aurait incité les habitants voisins à traiter les nouveaux venus de *Gavaches*. Du reste ce serait une erreur de croire que seules ces communes abritaient des *Gavaches*. Ce nom est très répandu ailleurs.

En Vieille-Castille on appelait *Gavaches* les Navarrais; en Navarre et Aragon c'étaient les Béarnais et les Gascons qui étaient visés par ce mot; pour les Gascons étaient *Gavaches* (*Gabaï* en patois) les gens de langue d'oïl qui étaient en contact territorial avec eux[2]. Dans le Gers, *Gabachou* se dit d'un mauvais Gascon; Cavarruvias dit que les *Gavachos* habitent une région qui confine à la province de Narbonne[3]. Ce mot se dit encore de nos jours, en Espagne, des habitants de certains villages pyrénéens. Enfin, on le connaissait en Poitou, où il portait le sens de lâche, sale, gueux, témoins ces vers tirés de la *Rolea de la gente Poitevin'rie* (p. 55) :

Quious *Gavaches*
Sont trop lasches
Pre teni fort[4].

Nous pouvons préciser avec quelque détail les points de notre territoire qui servirent d'asile aux *Gavaches*. Ils se trouvent tous dans le bassin de la Gironde et de l'Adour.

« On distingue en Gascogne, dit Drouyn, la petite et la grande Gabacherie : la première est une enclave saintongeoise en pays d'*oc*, elle est située au sud-ouest de Bordeaux (dans l'Entre-Deux-Mers);... la seconde est une bande de

1. M. du Caila, Notice sur quelques monuments, usages et traditions antiques du département de la Gironde (*Mémoires de l'Académie celtique*, t. IV, 1809, p. 269-270).

2. La Coussière, *Intermédiaire des Chercheurs et des Curieux*, 20 novembre 1896, t. XXXIV, col. 650.

3. « Gavachos, ay unos pueblos en Francia que confinan con la provincia de Narbona..... A estos llama Belleforestio Gavachus, y nos ostros Gavachos..... Esta tierra deve ser misera, porque muchos destos Gavachos se vienen a España y se ocupan en servicios baxos y viles, y se afrentan quando los llaman Gavachos. » *Tesoro de la Lengua castellana o española. Compuesto por el licenciado Don Sebastian de Cobarruvias,...* En Madrid, por Luis Sanchez.... M.DC.XI. — In-f°, p. 432, col. 2.

4. Cité par L. Favre, *Glossaire du Poitou, de la Saintonge, et de l'Aunis*, Niort; Robin et L. Favre, 1867.

terrain côtoyant le domaine de langue d'oc, entre la Gironde et Coutras. Les paysans gascons appellent Gabaïs tous ceux qu'en Provence et en Languedoc on appellerait *Francimans*, c'est-à-dire qui parlent un patois d'*oïl*. Le gabaï n'est pas du reste un langage uniforme[1]. » C'était même un langage peu compréhensible[2].

La petite Gabacherie résulterait du dépeuplement de la grande, après la guerre de Cent ans.

Il y avait encore des *Gavaches* qui habitaient des communes situées sur les rives du Dron qui se jette dans la Garonne au-dessous de La Réole (d'après Caila). Ce territoire appelé la Gavacherie a pour capitale Castelmora[3].

Les Girondins, dit d'autre part Pavot, donnent le nom de *Gavaches* à la population d'une partie du Blayais, rive droite de la Gironde, et dans le Bas-Médoc le long du littoral et des marais salants[4].

Les noms de *Gavache*, *Gaouach*, *Gavach*, *Gabachot*, etc., sont encore portés par de nombreux villages, hameaux, fermes ou maisons isolées; on les trouve dans ces régions précises où aux XIVe et XVe siècles on appelait les lépreux du nom de *capot*, *casot*, *gavot*, *gavet*, etc. L'Ariège possède un village du nom de *Gabachou* (commune de Freychenet). En Haute-Garonne on connaît *Gabachou*, village, et *Gavachou*, ferme (commune de Bonrepos). Dans la Dordogne nous voyons *Les Gavachoux*, maison isolée, appelée *Les Guava-*

1. Drouyn, *Variétés girondines*, t. I, p. 167.
Voir aussi : *Étude sur la limite géographique de la langue d'oc et de la langue d'oïl*; par le C. de Tourtoulon et Bringuier. (Rapport — Extrait des *Missions scientifiques*. — Paris, 1866.)

2. E sos besios soun de péguos
Que se hen un salmigoundin,
D'estarágues ou de Moundin,
Deou Riberenc, ou deou Gabachou
Deou Lanusquet, ou d'aquet machòu,
Lengouo pedassat e hilluc
Que maherejo cado truc.

Lou Trimfe de la Lengouo Gascouo.... Par J. G. d'Astros de Sent-Cla de Loumaigno. *A Toulouse chez Antoino Birosse.* M.DCC.LXII, in-12, p. VI. Voir aussi édition *Tailhade*, 1867, p. IV.

3. T. Pavot, *Intermédiaire des Chercheurs et des Curieux*, 20 novembre 1896, t. XXXIV, col. 652.

4. Fr. Michel, *loc. cit.*, t. I, p. 344.

choux en 1738 (commune de Montelar); *Le Gavachou*, hameau (commune de Sainte-Radegonde). En Tarn-et-Garonne citons, entre autres, *Gabachoux* (commune de Bourret); en Gironde, *Gabache* (commune de Gensac); en Lot-et-Garonne il y a trois hameaux du nom de *Gabachou*, et dans le Gers nous renonçons à compter tous les *Gavach*, *Caouech*, *Gavache*, *Gabache* ou *Gabachous* que l'on rencontre[1].

La simple topographie laisse soupçonner qu'il doit exister un lien entre les *capots* et les *gavaches*; la philologie confirme le fait, ainsi que le montre le tableau ci-dessous où ne figurent que des mots dont l'existence a été vérifiée, et où l'on saisit sur le vif les mutations.

Gavot. Gavot. Gavet.	Gabot. Gabet. Gabère.	Gaouot. Gaoué Gaouère.	Caouot. Caoué. Caouet.	Capot. Cabot. Capet.
Gavoua. Gavouat. Gavouet.	Gabaï. Gabax.	Gaouahs.	Caouoit.	
Gavacth. Gavach. Aux Gavachs	Gabatchs. Gabach.	Gauach. Gaouach. Gaouèch.	Caoueh. Caouèque. Caouech.	
Gavache. Gavoche. Guavache.	Gabache.	Gaouache.		
Gavachou. Gavacho. Gavachon. Les Guavachoux.	Gabachot. Gabachou. Gabacha. Gabachoa.			Cabacho.
Gavachus. Gavachis. Gavachie.	Gabachie.			
	Gamache. Gamachie. Gabacharra.			

1. On les trouvera indiqués à la partie topographique, département du Gers.

Parmi les noms qui figurent sur ce tableau, Honorat[1] en indique sept comme synonymes, ce sont : *gavot*, *gavouet*, *gabach*, *gavach*, *gavoua*, *gavouat*, *gavachou*; Littré cite *gavache* comme un terme d'injure, homme misérable, mal vêtu, lâche, sans honneur; Mistral indique *gavach*, goinfre, rustre, *gavachas*, *gavacherie*, comme les équivalents languedociens de *gavot*, *gavoto*, *gavoutaio* (provençaux) et *gabaï* (bordelais); Godefroy donne comme identiques, avec un sens défavorable, les mots *guavache*, *gavache*, *gavoche*, et Laramendi fait de même pour *gabacho*, *gabachoa*, *gabacharra*, *gabache*.

La concordance de tels témoignages fournit un solide appui à notre opinion. Tous ces mots figurent dans notre tableau, que nous avons complété avec des noms de hameaux, de maisons, de familles, appartenant aux départements du Sud-Ouest; nous y avons joint des mots dont l'usage persiste encore (tel *caouèque*, mauvais sujet, dans le Toulousain et le Bas-Quercy).

La terminaison *ach* qui caractérise les mots *gavach*, *gabach*, leur imprime un accent péjoratif; nous estimons cependant que cette terminaison n'a pas la valeur d'un suffixe, mais simplement d'une mutation qui s'est produite par degrés et dont nous possédons la formule de transition :

gavat, *gavacth*, *gavach*;
gavot, [*gavocth*], *gavoche*;
gab[*a*]*t*, *gabatch*, *gabache*.

C'est de la même façon que *gahech* dérive de *gahet*.

Nous avons aussi dans notre tableau un bel exemple de la mutation du *b* en *m*, chose assez peu fréquente au moyen âge :

gavache, *gabache*, *gamache*;
gavachis, *gabachie*, *gamachie*.

Quelques citations d'auteurs vont nous aider à préciser le sens du mot *gavache*.

Souvenons-nous à ce sujet que *gavot*, comme d'ailleurs *cacot*, *gaffot*, etc., ont dans l'usage souvent conservé leur sens

1. *Dictionnaire de la Langue d'Oc.*

primitif de mauvais, méchant, lâche, sale; c'est le sens qui est le plus net pour les mots étudiés dans ce paragraphe.

M. Gardère, le distingué archiviste de Condom, nous écrit: « On dit ici : espèce de *gouach*, comme l'on dirait pour blesser quelqu'un : espèce de crétin. » « *Caouèque*, nous dit un médecin originaire de Toulouse, est un mot que j'ai souvent entendu dire dans les faubourgs de ma ville natale, comme d'ailleurs en Bas-Quercy; il a un sens approchant de mauvais sujet. » A *gavache* [1] se rattache le sens de lâche, d'après Fabre [2] et Littré.

Les *Cagots* ont été soupçonnés d'hérésie, ils se donnaient eux-mêmes comme descendants d'hérétiques dans une requête adressée par eux au pape Léon X en 1514; c'était là leur principale maladie, croyait-on au XVIIe siècle : c'était une lèpre morale. Il en était de même des *Gavaches* : « Louteranos, Gavachos, y Bourrachos Franceses », disait-on en 1643 [3].

Lépreux, les *Gavaches* n'avaient pas à craindre d'être contagionnés. Cholières le dit d'ailleurs : « Et ne voudrions estre de ces gavoches, qui boiront après un ladre [4]. » Boire après un ladre; qui l'eût osé! N'était-ce pas s'exposer à une contagion certaine? Aussi voyons-nous partout ou presque ces malheureux posséder leurs fontaines, auxquelles s'attachent parfois leur nom. C'est le cas de la fontaine des *Gavats* ou *Gavachs* (commune de Cadouin, Dordogne).

Lorsque, avec le XVIe siècle, la lèpre commença à disparaître, les lépreux et les cagots se livraient outre au métier de mendiant, à des professions que les besoins locaux leur

1. On est en droit de se demander si la formation du mot gavache n'a pas été sollicitée un peu par l'existence d'un mot qui était son contemporain; nous voulons dire ganache ou garnache. Souvent au moyen âge on rencontre de ces rapprochements. Nous ne citerons que cagot (lépreux) et cagoule (vêtement que portaient les lépreux et qui permettait de dissimuler la face : d'où cagot, hypocrite). Si nous citons le fait, c'est que la ganache était une pièce de vêtement propre aux lépreux, et que diverses maladreries ont porté ce nom. Nous sommes d'autant plus porté à croire que ces deux mots ont été parfois confondus que, dans le langage populaire moderne, ganache et gavache signifient tous deux un mauvais garnement.

2. Voir plus haut la citation faite par cet auteur.

3. Les voyages et observations du sieur de la Boullaye-le-Gouz, *Paris, Fr. Clousier*, M.DC.LVIII, p. 640.

4. Cholières, *Les Neuf matinées...*, éd. Lacroix, p. 232.

suggéraient. Presque tous étaient charpentiers[1], d'autres étaient tonneliers[2], vanniers, cordiers, laboureurs; il y eut même des meuniers. A Capbreton ils travaillaient aux sables et étaient commissionnaires. Ce dernier métier semble avoir été celui du *gavach* cité dans un compte de Jehan de Larrugan, jurat et receveur des deniers communs de Capbreton en l'an 1600 (conservé aux archives de cette ville)[3].

Item, le 27 dudict mois ay baillé au *Gavachz* pour porter une lettre au sieur Miqueau de Pontelz, afin de la fere tenir à M. de la Courtiade notre procureur, dix soulz pour ce. . . . . 10 s.

Item, le premier juin ay payé au Gavach pour porter une jarre d'ausitonnes, ou bien olives, à Saint-Jours, afin de la fere tenir à M. Ravel, cinq soulz pour ce. . . . . 5 s.

Un fait encore : on sait que les *cagots* devaient être chaussés pour traverser les villages; cet usage a donné, croyons-nous, naissance par analogie à la dénomination de *gabacho*, indiquant en Espagne les pigeons chaussés quand ils le sont plus qu'à l'ordinaire.

Gamachie enfin est le nom d'un cagot fameux, dont l'existence a été souvent mise en doute, mais qui en vérité a existé, ainsi qu'on le peut voir dans notre chapitre topographique où nous avons consacré quelques pages à ce sujet (au mot *Sainte-Suzanne*. B.-P.). Son nom est certainement la marque de son origine, il est équivalent à ces noms de famille, Chrestiaa, Capot, qui ne sont point rares chez les cagots; aussi ne croyons-nous pas très nécessaire de chercher un hameau auquel le cagot de Sainte-Suzanne aurait emprunté son nom[4].

1. C'était le seul métier que pouvaient jadis exercer les lépreux.

2. A Crouzeilles, par exemple, qui est un lieu où on fait grand commerce de vins (canton de Lambeye, Basses-Pyrénées).

3. Cité sur l'original par Fr. Michel, *Histoire des Races maudites*, t. I, p. 346. Le lecteur lira dans cet ouvrage quelques pages admirablement documentées desquelles nous avons emprunté plusieurs citations. Fr. Michel soupçonnait aussi que *gaffets* et *gavaches* étaient comparables, mais il nous est absolument impossible de le suivre dans ses idées philologiques et ethnologiques.

4. Nous croyons cependant devoir rappeler qu'il existe plusieurs lieux dans les Basses-Pyrénées et le Gers qui portent ce nom ou d'autres très approchants.

*
* *

Capot. — Le *B* de *cabot* donna un *P* dès la fin du XIVe siècle. Guillaume des Innocents[1] (1595), Paré[2], Bouchet, Botero-Benese[3] (1599), emploient tous *capot* et *cappot*. Avant eux, Charles VI, dans une lettre patente du 7 mars 1407[4], avait écrit *capot*, et dans une lettre de rémission de 1461 citée par Du Cange, on lit : « In dicto conflitu et rixa, unus castranus seu *capotus* dicti de Fontaralhac, volens interficere Johannem spurium de Andouins cum quadam gibelina..... » Le mot *capin* ne fut guère employé que dans des régions très limitées de la Bigorre.

On disait *cappöterie* pour lèpre[5].

Le mot *capot* se rencontre très fréquemment dans les documents.

Au milieu du XIXe siècle, Fr. Michel[6], en parcourant la région pyrénéenne, dit qu'il a retrouvé ces mots en quelques lieux. Nous voulons les indiquer ici. Pour plus de clarté nous citerons les arrondissements et les cantons où ils existaient au moins à l'état de souvenir en 1847.

Haute-Garonne.	Arrondissement de Saint-Gaudens (sauf cantons de Saint-Gaudens et d'Aurignac, où l'on dit *capins*).
Hautes-Pyrénées. . . .	Canton de Castelnau-Magnoac.
Basses-Pyrénées. . . .	Arrondissement de Pau.
Gers.	Arrondissement de Condom. Cantons d'Aignan et Plaisance. Arrondissement d'Auch, sauf cantons de Gimont et Saramon. Canton de Fleurance.
Lot-et-Garonne.	Cantons de Castéljaloux, Lavardac et Nérac.

1. G. des Innocents, *Examen des éléphantiques ou lépreux*, chap. VII, p. 17, et chap. XI, p. 85-86.
2. A. Paré, éd. de Paris, 1607, p. 744.
3. Le *Relationi universali...*, pars I, p. 21.
4. Ordonnances des rois de la 3e race.
5. En 1439, ce mot fut employé dans une ordonnance du Dauphin de passage à Toulouse. Citée par Vaissette, *Hist. du Languedoc*, t. IV, p. 492.
6. Michel, t. I, chap. I.

Landes.	Cantons de Roquefort, Villeneuve, Mont-de-Marsan, Grenade-sur-l'Adour, Saint-Sever et Dax[1].

* * *

Cafard. — Le mot *cafard* ne dérive pas, comme on pourrait le croire au premier abord, de *caffo*. Ce mot date du xve siècle, et a porté dès le début le sens d'hypocrite en matière de religion; c'était à l'époque même où le mot *cagot* commençait à porter ce sens.

Beaucoup d'auteurs ont pensé que *cagot* (faux dévot) venait du vêtement ou cagoule que portaient les pénitents. Mais cela tient à un simple rapprochement de mots que Rabelais et surtout son commentateur Le Duchat se sont plu à faire[2]. Il suffira de se souvenir que ce mot exprimait la haine, le mépris

1. Fr. Bosquet (*Innocentii Tertii Pont. Max. Notæ ad Epist. L.*, p. 35-36) croit que *capot* vient du latin *capus*, épervier, à cause des vols qu'ils commettaient. — Pechon de Ruby (*Le Jargon ou le langage de l'argot réformé*, Paris, 1628, p. 75) décrit les *capons* comme des voleurs.

Bullet y voit un dérivé du mot celtique *cap*, « qui a dû probablement exister avec le sens de couper ».

Raoul Rosières ferait dériver *capot* de *capas*, grosse tête (*Dict. Lang. fr. de l'abbé Sauvages*).

Ce mot, dit Fl. de Rœmond, est une altération de *Cagot* qui vient de *caas-goths*. — Le Duchat, comme pour le mot *cagot* soutient l'origine latine *capes*. C'est à cette opinion que semble se ranger De Rochas : ce mot, dit-il, « ne viendrait-il pas plutôt du nom de la casaque ou capuchon qu'on donnait aux lépreux et qu'on appelait cape ou capat? »

Plusieurs auteurs y voient le mot *capon* ou *châtré*, en particulier Fr. Michel qui en donne l'explication suivante : « Ils (les Cagots) furent originairement nommés *Crestals, crétés*, mot qui mal compris se changea de bonne heure en *Crestias*, dans le Béarn et la Guienne. Il parait que dans le Languedoc, une partie du pays basque et dans les Landes, il se maintint plus longtemps sous sa forme première, bien que le sens en fût perdu. Ce sens naturellement était fort restreint, et ne s'appliquait guère qu'aux Cagots. Il dut nécessairement se perdre, surtout à l'époque où les règlements rendus contre ces malheureux tombèrent pour la première fois en désuétude. Le mot néanmoins resta et quand on voulut rendre compte de sa valeur on ne trouva que *châtré*, qui dès le xive siècle se disait *crestat* en gascon. C'est, à n'en pas douter, à cette interprétation que la tradition qui fait descendre les Cagots des Juifs doit son origine. »

Cette opinion n'est basée sur aucune preuve de valeur (Michel, p. 285, t. I).

2. Œuvre de Me F. Rabelais. Ed. 1741, par Le Duchat, in-4, t. I, p. 3, et t. II, p. 10, note 40; et *Dictionnaire étym. de la langue françoise*, par Le Duchat, 1750.

et la méfiance pour comprendre qu'il fut appliqué aux hommes d'une religiosité affectée. Le mot *cafard* avait le même sens. C'est ainsi que les Genevois, qui étaient des Réformés, l'employaient pour dénigrer l'honneur de la prêtrise (Garasse).

Ce mot dérive probablement de *capot* par aspiration du *P* qui donna *PH*, puis *F*. C'est ainsi que Rabelais emploie l'orthographe *caphard*, et Garasse (*Recherches des Rech.*, p. 78) écrit *caphart*. Marot, dans son glossaire, met *caffard*.

Cette sorte de mutation est assez peu fréquente en français. En gallois elle se rencontrait souvent. C'est ainsi que : Fenestre est venu de Penestre, Fin de Pin = Fontaine[1].

*
* *

Gahet, cahet. — Partout où l'on employait *gaffet*, on dit à partir du XVIe siècle *cahet* et *gahet*; ces deux mots dérivent du premier. De même *gaffet*, gaffe, donna le verbe *gahar*, accrocher. Cette transformation de l'*F* en *H* est assez fréquente dans l'ancienne langue béarnaise (hoeht pour foeht, de focus, foyer; hijo de filius, fils). Elle est plus fréquente encore en espagnol (harina pour farina, etc.).

On pourrait objecter que *cahet* vient du celto-breton, car : 1° *Caeh* s'employait dans la Cornouaille; 2° la mutation du *G* en *H* n'est pas rare dans les langues indo-européennes et romanes en particulier; 3° le *G* et le *C*, entre deux voyelles, ont souvent donné un *Y* ou un *I*. *Cayet* viendrait ainsi de *cagot* et *cahet* de *cayet*. Mais ces arguments n'ont aucune valeur, car ils ne tiennent pas compte des faits acquis par la connaissance de

1. Les étymologistes ont au sujet de ce mot émis les opinions les plus diverses. Nicod (*Thresor de la langue françoyse*. A Paris, chez David Douceur, M.DC.VI, in-f°, p. 100, col. 2) croit qu'il vient de l'hébreu *caphat*, couvrir; Borel, de κακαφαρα, *malatexere*, ou du turc *cafar*, renégat.

Le Duchat, comme pour le mot cagot, le dérive de *cape*, manteau avec capuchon. Ménage, en son *Dictionnaire de Trévoux*, le rapporte à l'arabe *cafare*, et au turc *cafar*. Fr. Michel, défendant à ce sujet la thèse qui lui est chère, croit que, descendants d'hérétiques, les cagots allaient à l'église par manière d'acquit et se livraient en public aux pratiques du catholicisme le plus orthodoxe. Voilà pourquoi, dit-il, les mots cagots et cafards ont été pris dans le sens d'hypocrite et de faux dévot. Puis cet auteur rappelle qu'il croit ces mots dérivés de *can*, *ca*, chien, et de *goth*. Cette opinion n'est pas admissible, elle a été d'ailleurs combattue savamment par De Rochas.

l'histoire. En effet, l'unique titre, où le mot *cayet* est employé, émane de Bordeaux, et parle de la communauté des *cayets*, connue depuis longtemps sous le nom de *cahets* ou *gahets*. L'*Y* viendrait ici de la prononciation mouillée de *H*.

Plusieurs lieux s'appelaient les *gaffets* ou les *gahets*. Les *gaffets* de Bordeaux devinrent les *gahets* de Bordeaux, même dès le début du XIVe siècle.

Enfin, un autre fait montre, d'une façon certaine, que *gahet* vient de *gaffet* : on disait jadis *gaffet* et *gaffot*, probablement aussi *caffet* et *caffot*, d'où sont dérivés *gavet* et *gavot*, *gabet* et *gabot* ; on disait de même *cahet* et *cahot*, *gahet* et même *gahot*.

Le mot *cahot* semble avoir été fort peu dit au début du XVIIe siècle. Il est cité par Just Zinzerlind (1616) : « Nec abludit valde nomen cahets, cahots ». Il existe aussi dans quelques éditions d'Ambroise Paré.

Cahet a été plus fréquemment employé, il se lit dans un grand nombre de documents.

Le mot *cahue*, qui paraît avoir même origine que *cahet*, est indiqué par Yanguas y Miranda [1]. Ce terme aurait été usité en Haute-Navarre au XVe siècle [2].

Caeh, lépreux, appartenait au dialecte Cornique.

Le terme *gahet* fut employé en Guyenne et en Gascogne. Il existait avec l'orthographe *gahed* en 1300, date où nous le trouvons dans le testament de Pierre Amanieu [3]. Jean Darnal [4] écrit *gahet* comme existant en 1555. Ce nom resta à plusieurs localités [5]. Il fut très usité dans toute la région bordelaise; il n'a pas tout à fait disparu de nos jours.

1. *Addiciones al diccionario de Antiquidades de Navarra.*

2. *Cahue* serait venu de *caffet* ou *cafe* (cette dernière orthographe est à *caffet* ce que *gafo* est à *gaffot*). Cela ne doit pas nous étonner, d'autant plus que nous retrouvons un fait semblable chez nous. Par suite d'une prononciation locale, on disait, en certaines régions de France, le *cahué* pour le *café*, la boisson si estimée. En 1634, Du Loir écrivait en effet : « Il nous fit boire du cahué ». Cf. art. *Cahué* du *Dictionnaire de Trévoux*.

3. P. J. N° 33.

4. *Supplément des Chroniques de la noble Ville et Cité de Bourdeaus. Bourdeaus. J. Milanges*, M.DC.XX., in-4, f° 40.

5. Baurein dans ses *Variétés Bordeloises* (1784) nous apprend que dans les anciens titres concernant l'hôpital de Saint-Jean de Grayan, il est fait mention d'un ténement appelé *aux Gahets*. Il cite, parmi les principaux villages de la paroisse de Saint-Pierre de Vansac, le village appelé *les Gahets*;

Le mot *gahet*, outre qu'il signifiait lépreux [1], portait aussi le sens de galeux [2].

Gaheth se trouve dans G. Bouchet.

Le mot *gachet* est probablement venu de gahet; il fut à peine usité [3].

Gahect, au pluriel *gahectz*, se rencontre dans une ordonnance des jurats de Bordeaux (1573) : « Item, est estably et ordonné que doresnavant nul chestien ne chrestienne appelez gahectz [4]. »

On disait *gaheigts* à Bugnen, canton de Navarrenx [5].

« *Lous Gahécs de Laurède* » est le surnom que les habitants des lieux voisins ont donné aux cagots de Laurède, peut-être même aux habitants de Laurède, car il y avait dans ce village beaucoup de cagots. M. Foix, curé de Laurède, qui nous rapportait ce mot, nous dit aussi avoir recueilli, d'une vieille femme, la tradition suivante : « A Laurède y a pa qu'un cartié de *gahécs*, lou de Labenne : qu'abéñ un bénitié à part. »

Gaheïg se lit dans une chanson landaise que Fr. Michel a publiée [6].

Gahiz, accolé aux mots *ladres* et *capots*, est par deux fois employé dans un arrêt du Parlement de Toulouse du 30 juillet 1700.

Lou Gaheraou est le nom d'un village de *gahets* dans le canton de Lignan.

Quelques lieux s'appellent *Le Gaët* [7].

Le mot *gahot* a-t-il existé en France? Peut-être, mais nous

suivant un titre du 11 novembre 1562, il existait un lieu, dans Mérignac, appelé *au Gahet*; idem pour la paroisse de Saint-Vincent de Canejan, d'après un titre du 14 mars 1488.

1. On disait, par exemple, indifféremment, Saint-Nicolas des Gahets, ou des Lépreux.

2. *Galeux* était, à vrai dire, un synonyme de puant, sale et ladre, comme le mot *gafo*. La gale et la lèpre furent longtemps confondues, ainsi d'ailleurs que plusieurs maladies de peau, et la syphilis.

3. Ce mot est peut-être venu de *Gakou*; mais cette hypothèse est, il faut l'avouer, peu probable.

4. Registres de la jurade de Bordeaux, conservés à l'Hôtel de Ville. Collection 1573, fol. 6.

5. Fr. Michel (*loc. cit.*), t. II, p. 134.

6. Fr. Michel, t. I, p. 138.

7. Le feu du *Gaët*. Le chenal du *Gaët*, petit bassin en aval de Pauillac. On disait autrefois le chenal du *Gahet*.

n'en connaissons pas d'exemple. En revanche, il s'employait en Espagne dès le XIIIe siècle, au sens de lépreux.

« Paroseme en el sendero la *gaha* roin heda[1]. »

Les opinions des auteurs, quant à l'étymologie du mot gahet, sont tout particulièrement faibles[2].

* * *

Cagot. — L'origine du mot *cagot* est assez délicate à établir. Ce mot vient-il de *caffot* ou de *cacod*? S'il était né en Bretagne, ainsi qu'il semble à prime abord, comment se fait-il qu'il se rencontre presque exclusivement dans les Pyrénées?

Un passage de Yanguas y Miranda, où les mots *cahues* et *cagues* sont rapprochés, fait penser à la mutation de l'*H* très aspiré en *G*. Ce même passage assigne au mot *cagues* une origine au XVe siècle.

Les autres documents qui nous permettent d'établir ou de contrôler l'époque d'apparition du mot *cagot* ne laissent pas supposer un seul moment que ce mot ait pu venir de *cahet*. *Cagues* et *cagot* sont parents éloignés.

En réalité *cagot* vient du *cacot* breton. En effet, avant l'apparition du mot *cagot*, nous trouvons quelques termes qui ont avec lui des ressemblances frappantes, ce sont : *cageois* et *cagou*, connus dans le Midi comme dans le Nord de la France, et qui dérivent indubitablement de *cacoux*. Nous connaissons

1. *Poesias del Archipreste de Hita*, copla 935 (*Tollecci ou de Poesias castellanas anteriores al siglo XV*,... par D. T. A. Sanchez... T. IV. Madrid : Ant. de Sancha. M.DCC.XC, in-8, p. 151).

2. Fl. de Rœmond croit qu'il s'agit d'une secte d'hérétiques qui vivait au VIe siècle : « On les appelle aussi Gahets : peut-être sont-ce de ceste race d'hérétiques dont parle nostre Empereur Justinian, au tiltre de *hereticis*, qu'il appelle Gazaros. » (L'*Antichrist*, chap. XLI, p. 569.)

Venuti fait appel à l'allemand (?) ou au celte.

Baurein veut que *Gahet* vienne de *Gahar* (Gascogne), qui signifie s'attraper, s'accrocher, sans doute parce que les *Gahets* étaient atteints d'une maladie qui se communiquait aisément. (*Variétés Bordeloises*, t. I, p. 258, et t. IV, p. 16.)

Fr. Michel voit dans *Gaffo, Gaffet* et *Gahet*, une « contraction de Gavacho, terme d'injure dont on se sert en Espagne à l'égard des Français » ; c'est « évidemment une altération du *Gabali*, peuple de montagnards dont une ville portait du temps de Savara le nom de Ghave ».

Cet auteur va même jusqu'à croire que le mot espagnol gafo, qui veut dire lépreux, vient de ce mot Gavacho (*loc. cit.*, t. I, p. 347).

aussi une léproserie de l'Indre qui s'est successivement appelée *Les Cagots* et *Les Cacots*. Remarquons encore que le mot *cagot* n'était pas populaire en Béarn aux XVIe et XVIIe siècles, et qu'à l'époque où il apparut dans le Midi, c'est-à-dire au XVIe siècle, il n'était employé que dans les pièces officielles émanées de la Cour de Paris (sénéchaussée de Toulouse), ou de celle de Béarn, en rapports constants avec Paris et la Bretagne. Notons encore qu'aux XVIe et XVIIe siècles, tandis que les mots dérivés de *gaffet* n'étaient guère en usage que dans le Sud-Ouest, *cagot* se disait en Bretagne, Anjou, Poitou, Berry, aussi bien qu'en Languedoc. Tous ces faits sont propres à faire penser que le mot *cagot* ne vient pas de *gaffot*. Si au contraire il venait de *cacot*, son introduction en Béarn par l'intermédiaire de la classe dirigeante, alors en rapports étroits avec la Bretagne, et dans tous les cas bien à même d'importer un mot assez usité partout ailleurs, n'a rien qui paraisse invraisemblable. Ceci expliquerait encore le mode de diffusion du mot qui se répandit en Béarn autour des capitales, et se trouva en fin de compte entouré d'une zone ininterrompue où les dénominations dérivées de *gaffot* se sont conservées jusqu'à nos jours.

On pourrait nous objecter ceci : Les mots *capot* et *cagot* furent simultanément employés en Poitou au dire de G. Bouchet, ainsi qu'en Languedoc; ces deux mots, cités côte à côte par plusieurs auteurs, ne dériveraient-ils point l'un de l'autre? Non. *Capot* est certainement originaire du bassin de la Gironde. Il a pu s'étaler un peu au nord de cette région, mais il ne l'a fait que très incidemment et n'a laissé aucune trace en dehors des pays immédiatement voisins de ceux où il se rencontrait encore il y a moins d'un siècle. Il n'en est pas de même du mot *cagot*. D'ailleurs il est difficile de faire dériver un *G* d'un *P* au XVIe siècle. La similitude de consonance de ces deux mots explique assez le rapprochement que les auteurs ont fait, mais les considérations ci-dessus doivent suffire à nous interdire de les imiter.

Cagot est-il donc venu de *cacot*? A cela pas d'objection philologique possible. La transformation du *C* en *G* est des plus fréquentes non seulement en France mais encore dans presque toutes les langues; elle se comprend d'autant mieux quand on se souvient que les Romains ignoraient la lettre *G* avant la première guerre punique, et que c'est à Carvilius, au dire de Terentius Scaurius, que l'on doit la distinction de ces deux lettres. Dans nos vieux patois, les exemples de cette mutation abondent, autant que dans le peu que l'on sait des dialectes populaires de l'ancienne France.

Cac a donc pu donner *cag*, *gac* et *gag*.

Cette proposition est entièrement vérifiée avec les mots que nous étudions ici, car *cacot* dans le sens de lépreux a donné *cagot*, *gakou* et *gagot*.

Cagot, dès la fin du XVe siècle, est connu dans la région pyrénéenne; il n'est presque pas d'actes, surtout en Béarn, où ce mot ne fût, à l'exclusion de tous autres, usité à partir du XVIe siècle.

On écrivit aussi *Caguot* dans un censier de 1569 [1], ainsi que dans une requête des villes de Sainte-Marie d'Oloron, de Monein et autres qui fut présentée aux États de Béarn (1610) : « Que, combien que per los quoate et cincq artigles deu For, rub. De Quallitaz de Persones, sie deffendut aus Caguotz de conversar, etc. ». Il en est de même dans un extrait de procédure concernant les fiefs dus au roi (29 août 1621) « ... Marie de Puxeu, Caguotte, a déclaré que sa maison est bâtie en la terre de l'abbé de Lesons..... »

L'orthographe *Quagotz* se trouve dans les registres de la commune de Biarritz : il s'agit d'une plainte en justice datée de 1718. « Le sieur Labat, jurat, leur a présenté que le nommé Estienne Arnaud, munier, de la rase des *Gotz*, *Quagotz*..... »

Quaguot se rencontre dans un titre de l'an 1538 [2]. C'est avec le censier de 1597 la pièce la plus ancienne où ce mot ait été employé.

L'orthographe *cagot* se rencontre pour la première fois dans une ordonnance pour le pays de Cize datée de 1579 [3].

Le mot d'argot *cagoux* qui désignait des voleurs est à ratta-

1. P. J. N° 104.
2. Arch. des Basses-Pyr. B 658, f° 349.
3. P. J. N° 113.

cher aux précédents. Il en est de même de *cagou*, avare[1]. D'ailleurs l'avare qui ne veut hanter personne et se cache, n'a-t-il pas été appelé *ladre*, donnant ainsi une preuve de plus de l'assimilation qu'il faut faire des cagots aux ladres.

Le mot *cagues* s'employait, au dire de Yanguas y Miranda, avant l'an 1421, dans les montagnes de la Haute-Navarre. Il paraît être dérivé de *cahues*, donc de *caffot*. *Cagoto* en langue romane désignait des peuplades des montagnes de Béarn (Mistral)[2]; il y a lieu de croire qu'il s'agit des cagots. *Cagoutin* est un diminutif que l'on rencontre dans des chansons populaires de Béarn; en béarnais on dit *cagoutou*. On disait encore la *cagoutaille*, la *cagoutille* pour désigner les cagots.

Cangot est une orthographe vicieuse employée par Guillaume des Innocents (1595)[3]. Elle est l'expression d'une prononciation locale, ou la traduction d'une opinion populaire qui voyait dans le cagot un chien de Goth, *canis gothus*. Il en est de même du mot *cassigothi*, traduction latine faite par G. Botero-Benese[4] et inspirée par une fausse étymologie.

Mahé (1825), dans ses *Essais sur les antiquités du Morbihan*, parle des *cagous*. Enfin *cagouen* en Provence signifiait lépreux; il faisait au féminin, *cagouina*.

Le mot *gakou* est employé au féminin : *Ar gakouzez*, comme titre à la chanson bretonne du XVe siècle, publiée par Hersart de la Villemarqué, que nous avons citée plus haut.

Enfin le mot *gagotes* n'a guère été employé que par Zamacola dans son *Historia de las Naciones Bascas* (1818)[5].

1. On a souvent voulu rapprocher de *cagou*, le mot *cagnard*. Ce dernier vient certainement de *canis*, chien; il n'a donc rien à voir dans la question.

2. *Dictionnaire provençal*.

3. G. des Innocents, *Examen des éléphantiques ou lépreux*. Lyon, *Soubron*, M.D.XCV, in-8.

4. Le *Relationi universali*. Venise, *G. Angelieri*, M.D.XCIX, in-4°, pars I, p. 21.

5. Voici les théories diverses émises sur l'origine du mot *cagot*. On peut les diviser en cinq groupes :

1° Ce mot dérive du mot Goth; 2° du latin; 3° du grec; 4° du celte; 5° origines diverses plus ou moins fantaisistes.

1° L'opinion qui a eu le plus de partisans est celle que Marca avait donnée : « Je n'ai rien de plus vraisemblable à proposer, sinon qu'on leur (aux Cagots) faisoit ce reproche, pour se moquer de la vanité des Sarasins, qui ayans surmonté les Espagnes, mettoient entre leurs qualités, celle de vainqueur des Goths, comme faisoit Alboacen le Roi More du Conimbre petit fils de Tarif en son Édit, qui est au Monastère de Lorban en Portugal,

Agot. — Ce mot dérive de cagot, par chute de la consonne initiale, accident fréquent dans toutes les langues. La racine *khakh* ou *cac* a donné par ce moyen un certain nombre de mots,

lequel Édit Sandoval a produit en ses Notes sur Sampyrus. On pretendoit donc leur donner le tiltre de leur vanterie, en les qualifiant Chiens ou Chasseurs des Goths par une signification active. » Il s'agirait donc de la contraction des mots Caas-Goths. C'est aussi l'opinion de Scaliger qui fait venir Cagoth de Canis Gothus [1], c'est celle de Millin, Deville, Du Mège, et Durrieu.

Fr. Michel voyait dans les cagots des émigrés espagnols, descendant des Goths établis jadis en Septimanie, et que l'on appela, parce qu'ils étaient détestés et avaient trempé dans des hérésies, des chiens Goths, Caas Goths. C'était l'opinion contre laquelle P. de Marca s'élevait dès le XVIIe siècle. Ce fut celle de Fl. de Rœmond (1613).

2° Peu d'auteurs ont pensé au latin. Il n'y a guère que Jault qui croit *cagot* venu de *cacatus*, et Ducat [2] qui fait dériver ce mot de *capes* = capuchon, manteau.

3° Le grec compte aussi peu de partisans.

Le dictionnaire de Ménage [3] croit que ce mot vient de κάγαθος ou de caasgoths.

Th. Nodier écrit : « Je ne suis pas trop porté à chercher des étymologies grecques aux mots qui paraissent anciennement naturalisés dans notre langue; mais je conçois qu'à une époque plus voisine, on ait substitué au nom de caste de ces malheureux un nom grec qui consonnait peut-être avec lui. Κακος signifie malus, improbus, ignobilis. »

4° Le celte. Nous avons exposé, au commencement de ce chapitre, les théories qui entrent dans ce groupe.

5° Voici des opinions étranges que nous ne citerons que pour mémoire. Mistral [4] croit que *cagot* vient de *cap-corb*, qui courbe la tête. Zamacola [5] pense au mot basque *Ganhotes*, montagnard. D. L. le Pelletier croit que ce nom est venu de *cac* (breton), petit tonneau, tandis que Venuti hésite entre une origine celte ou allemande. Laboulinière dit : « Le plus probable est que cette dénomination de Cagots est une altération des anciennes et qu'elle n'a été employée, comme elles, qu'en signe de mépris. Dans la Romagne et à Naples on appelle du nom de Caffoni les gens de la campagne les moins civilisés et les plus grossiers [6]. » Le Duchat dit que c'est un mot métis qui vient de l'allemand *Gott*, Dieu, « et d'un mot tiré de quelqu'autre langue. Ainsi on peut s'imaginer que ca dans Cagot vient de cano, je chante, les Cagots chantant Dieu, c'est-à-dire louant Dieu ou affectant de le louer à tout moment [7] ». Le même auteur dit ailleurs que Cagot vient de Cahuet, sorte de cage qui avait été le modèle du capuchon des Cagots.

Pour le mot *Cagous*, D. le Pelletier pense qu'il vient de *gueuser*, demander l'aumône.

Teulet [8] ainsi que Michelet [9] ne trouvent pas d'étymologie à leur goût.

1. *Prima Scaligerana, nusquam antehac edita cum prefatione.* — *T. Fabri... Groningæ, apud Petrum Smithæum*, M.DC.LXIX, in-12, p. 4.
2. *Ducatiana*, p. 124-125.
3. *Dict. Etymol. de la langue française*, par Ménage. — MDCCL.
4. *Dict. provençal.*
5. *Historia de las naciones Bascas*, t. III, p. 213-214.
6. *Itinéraire*, t. I, p. 79.
7. Œuvre de Me P. Rabelais, ancien prologue du IVe livre, t. II, p. XII, note 41.
8. *Revue de Paris*, t. LVII, p. 45-55.
9. *Histoire de France*, 1833, p. 495-499.

dont l'intérêt pour nous est assez grand en ceci que le sens mauvais, sale, malade, s'y retrouve constamment. Citons par exemple : *Ach* (breton), terme enfantin qui désigne tout ce qui est sale; *Ach-ut* (basque), terme de mépris; *Ac-otolar* (catalan), oppresser; *Ac-otir* pour *cacotir* (Berry), débiliter en parlant de maladie; *Ache* (anglais), mal, souffrance, maladie; *Bour-acha* (l. d'oc), bourrache (mauvaise bourre); *Brav-ache*, faux brave[1].

La première syllabe d'un mot à réduplication comme *ca-got* peut tomber aussi tout entière. C'est ainsi que *cacotir* (berrichon), être débilité par la maladie, a donné *acotir* et *cotir*, avec le même sens. De même *cagot* a donné *agot* et *got*[2]. Cette opinion cependant n'a pas été admise par tout le monde, puisque Zamacola croit que *agot* est venu de *cagot* par aspiration du *C*, car il écrit que le mot *hagotes* se rencontre dans les Fors de Biscaye; malheureusement rien n'est moins prouvé, et plus improbable.

Le mot *agotes*, qui est le pluriel espagnol du mot *agot*, fut employé pour la première fois dans une requête présentée par ces malheureux au pape Léon X en 1514 : « Ces agots ou chrestiens (car c'est ainsi qu'ils se nomment dans cette Requête) disent que leurs ayeux avaient fait profession de l'Hérésie des Albigeois..... » (Venuti, p. 128-129).

Les Basques, chez qui l'article se met après le mot, à la façon d'un suffixe (langue agglutinante), disent *agota*, le cagot; *agotac*, les cagots.

Aguotz est l'orthographe la plus usitée à Capbreton, au XVIe siècle. Enfin quelques auteurs, dominés par des considérations historiques fausses, écrivaient *agoth*. Les mots *got*,

1. Dans diverses langues, *ac* ou *ach* a pu donner par mutation ou mieux équivalence *ag*. Il est ainsi vraisemblable, et cet avis a déjà été émis par divers auteurs, que *æger* (latin) viendrait d'un mot plus ancien *æcher* ou *acher*, qui est certainement dérivé du même radical péjoratif, qui devait donner aux Grecs κακος et aux Celtes *kakod* et *gaffet*. Il y aurait donc ainsi une parenté très éloignée entre *ægrotes* et *agotes* dont la forme est si comparable.

2. Il est possible toutefois que même dans les cas où l'orthographe *got* a été usitée, le mot n'ait été pris que par suite d'une opinion erronée qui voulait voir dans les cagots des descendants des Goths.

goth, *gothi*, viennent de ce qu'au XVIIe siècle on les croyait descendants des Goths[1].

*
* *

Cascarot. — Les *cascarotes* ou *cascarots*, que l'on a voulu à tort confondre avec les gitanes, sont aussi des *cagots*. Leur identité se peut établir par les titres d'archives, aussi bien que par la discussion philologique.

Les deux termes qui ont précédé le mot *cascarot* sont *cascabota* et *arcabot*.

La permutation des consonnes en basque semble, dans l'état actuel de la science, être soumise à l'arbitraire, et ne point s'expliquer comme pour la plupart des autres langues[2]. C'est le cas des mots que nous étudions, où un *r* a remplacé un *b*, chose indéniable quand on rapproche l'un de l'autre ces mots.

Outre cela *cascarot* est un mot composé. Faut-il le lire *cas-carot* ou *casc-arot*? La seconde lecture est la bonne, car seule elle satisfait pleinement l'esprit, et de plus elle permet de comprendre cette autre, donnée par Guilbeau, *cast'arota*. Le sens du premier membre, *casc*, est évident; dans toutes les langues, il signifie toujours écaille, écorce, gousse. Ici, nous avons toutes raisons de lui donner le sens d'écaille, et de voir dans le mot casc-arot, la lèpre écailleuse, maladie qui atteignait les gahets dits Sarnesii (de *Sarna* que Covarruvias définit : « una especies de lepra... est... cutis summæ asperitas cum furfureis scamulis »). *Arot* viendrait de *abota*, sans doute par suite d'une rudesse spéciale de la prononciation. Le mot *agota* influa-t-il sur cette permutation? Peut-être. Ces deux mots s'employaient indifféremment au pays basque, comme le laisse entendre Abel Hugo : « On trouve dans le pays basque une race d'hommes que les habitants considèrent comme descendants des Sarrasins, et qu'ils désignent sous le nom d'Agotac ou Cascarotac[3]. » Le mot *arota*

1. Michel voit, dans *agot*, le mot Goth précédé d'un *a* euphonique.
2. Voir *La Langue basque*, par Arturo Campion, p. 413, in *La Tradition au pays basque*. Paris, 1899.
3. *France pittoresque*, t. III (1835).

est resté pour désigner les charpentiers, qui étaient presque tous cagots. On dit maintenant *Arotz*[1].

MOTS RAREMENT EMPLOYÉS ET DÉRIVANT PAR FAUSSE INTERPRÉTATION DE CAGOT. — Nous avons parfois rencontré les mots suivants que par curiosité nous croyons devoir citer. Ce sont d'abord *gog* et *magog* appliqués aux cagots dans une chanson béarnaise rapportée par Michel; il est probable qu'il y a là une allusion à l'hérésie que l'on croyait exister chez les ancêtres de la race maudite, puisque *Gog* et *Magog* sont dans l'Ancien Testament les prototypes des ennemis de l'Église. *Magot* est encore employé dans un règlement des pêcheurs de Biarritz au XVIIIe siècle (1725).

L'opinion où l'on tenait les cagots pour descendants des Goths les a fait appeler *Bisigots* (*Wisigoths*), et *Bigots*[2], qui n'est que la contraction du précédent. Il en est de même de *Astragot* (pour *Ostrogoth*)[3].

Le mot *cadot* est employé dans un arrêt du Parlement de Toulouse du 30 juillet 1700. Peut-être est-ce une erreur graphique. Si ce mot a réellement existé, il faut le rapporter soit à cagot, soit à une fausse opinion sur son origine (cadere, tomber).

*
* *

Cassot. — Cassot signifie lépreux. Ce mot est rigoureusement synonyme de *cagot*, en ceci qu'il s'applique aux lépreux libres, atteints de lèpre blanche, et héréditaire. On les opposait aux lépreux rouges avec lesquels on ne les confondait certainement pas, ainsi que le prouve un règlement pour la léproserie d'Outre-Pont à Cahors (1261). C'est un mot fort ancien, usité dès le XIIIe siècle et peut-être même plus tôt. On le connaissait dans les pays de langue d'oïl, au dire de Roquefort; mais il semble être resté d'un usage res-

1. Hatan indique *Kastagots*, caste des Gots, comme origine de *cascarot*; il donne aussi par opposition *A bagots*, non Goth, mot dont nous ne connaissons pas d'exemple.
2. Bigot, mot appliqué concurremment à Cagot par la noblesse protestante de Béarn et Navarre aux lépreux et aux faux dévots (Larenaudière).
3. Bisigotz, Astragotz, gotz (pièce du 10 juillet 1718 concernant Biarritz).

treint, comme d'ailleurs le mot *caffre*. Nous ne connaissons que de rares exemples de ce mot. C'est d'abord dans le règlement du 4 février 1261, pour la maison d'Outre-Pont où on lit : « *Les mais costitutios e establimens en la dicha mayo de la malaudaria que* cassot, *ni* cassota, *ni negus hom que sia sas, ni neguna fenna sana, non deu estar en la dicha mayo, ni perseverar per Comandador, ni per frayre ni seror, si non era feritz de la malaudia de S. Lazer, en neguna maniera, sinon o fazia per messatgue o per sirventa que lor agues mestiers*[1]..... »

Ce mot se retrouve dans Guy de Chauliac (1383) qui, décrivant la lèpre du cagot, dit de celui-ci : vulgariter *cassatus* vocatur. Cette orthographe *cassatus* est la plus employée dans les éditions ou copies de la *Grande Chirurgie*; cependant il convient de noter qu'un parchemin du XVe siècle dit *cassotus*[2]; un papier manuscrit du XVe[3], *cassatus*; Laurent Joubert traduisait *cassot* ou *cagot*; une édition de Lyon 1572, *cassatus*; l'édition de Claude Michel à Tournon, *cassot* ou *cagot*; et l'édition de Lyon 1595, *cassotus*.

Nous retrouvons les mots *cassot* et *casot* en 1407[4] et en 1411[5], sous la plume du roi Charles VI, avec le sens de lépreux, et considérés comme injure grave. Au dire de Roquefort[6], on employait *cassot* et *cassol* en langue d'oïl. Enfin Godefroy dans son Dictionnaire écrit : *Vil cassot qui vault autant dire comme Mezel et venu de lignée Mezelle ou ladre.*

1. Archives municipales de Cahors, JJ 1 *bis*.
Ce document a été récemment publié par Ed. Albe, *Les Lépreux en Quercy*. Paris, Champion, 1908, p. 29.
Par ce règlement la vie et l'entrée dans la maladrerie d'Outre-Pont était interdite aux cassots. Ceci s'explique parce qu'ils n'étaient point à proprement parler atteints de la maladie de Saint-Lazare ou lèpre rouge, mais bien de lèpre blanche. La condition des cassots, qui vivaient en famille, était de plus très différente de celle des lépreux de la maladrerie en question, puisque ceux-ci étaient tenus à la continence.
2. Manuscrit Biblioth. nat. de Paris, n° 7132, latin, 131 feuillets, parchemin, lettres gothiques, f° 80, v°.
3. Manuscrit Biblioth. nat. de Paris, n° 7133, latin, papier XVIe siècle, f° 114, v°.
4. Lettre de Charles VI du 7 mars 1407. (P. J. N° 26.)
5. Lettre de rémission d'un registre de la chancellerie de France. (P. J. N° 27.)
6. J.-B. Roquefort, *Glossaire de la langue romane*.

L'origine du mot *cassot* nous paraît obscure, car nous ne possédons presque rien qui nous permette d'y arriver avec certitude. Il était naturel de penser à une origine celtique, d'autant qu'entre *cassot* et *cacot* la distance est bien minime, et les exemples d'équivalence du *C* et du *S* sont légion dans les langues indo-européennes. Cependant il existe entre *cassot* et *cacot* une nuance de sens qui nous fait penser que, à supposer que ces deux mots fussent équivalents, leur identité linguistique n'est reconnaissable que très primitivement. En effet, tandis que *cacot* porte le sens de malade, qui est répugnant, *cassot* est lié plus spécialement à l'idée de rejet. Il est vrai qu'à tout prendre il n'y a là que des nuances[1].

Quoi qu'il en soit, et bien que le mot *cassot* semble à première vue être apparenté immédiatement à *cacot*, nous ne croyons pas pouvoir défendre une théorie qui reposerait sur des bases peu solides. Nous avons plutôt tendance à croire que ce mot *cassot* dérive du latin *cassatus*; et telle paraît avoir été l'opinion générale au XIVe siècle. Ne lit-on pas en effet dans une traduction anglaise de Guy de Chauliac, faite vraisemblablement du vivant même de cet auteur :

« If he have forso the many even voycede tokenes and fewe vnvoycede tokenes, he is comunely cleped fordone or destroyed[2] »; littéralement : « S'il a vraiment plusieurs signes

1. Ainsi que nous l'avons déja vu, l'idée jointe au radical Khakh est celle de craquement, d'ouverture d'un corps qui craque et crache ou expulse n'importe quoi. Cette idée est manifestement à l'origine du mythe de Cacus qui, comme volcan, comme monstre, vomissait nombre de choses désagréables à ceux de son temps; il est haïssable, car il crache à en voiler la clarté du jour. Rapprochons de ces idées le mot *Kotzen* (all.), vomir, qui se dit encore *bracken* (faire brèche); nous y voyons un mot ayant une racine *kotz*, ou *coss*, qui présente le sens précis de la racine *Khakh*. Le mot *cassot* allierait l'idée de mauvais à celle de brèche, brisure, ce qui est assez en rapport avec un autre mot, latin celui-ci, *cassus*, qui signifie ridé, rugueux, dont l'équivalent Tupi-guarani est *cha-cha*, ridé, lépreux, qui, lui, dérive clairement de la racine Khakh. Rapprochons encore les mots suivants qui paraissent de même origine : *Cas* (Welch), haïssable; *cassad* (W.), odieux, haïssable; *casbeth*; *cas-peth* (W.), une chose haïssable; *cast up* (angl.), vomir, rejeter; *cass* (l. d'oc), rompre, casser. Il est évident qu'entre ces mots et plusieurs autres la parenté est si éloignée qu'on ne peut parler ici (dans un sens hypothétique) que d'une commnnauté d'origine primitive, et non d'une dérivation immédiate.

2. Vulgariter cassatus vocatur.

équivoques et peu de signes univoques, il est vulgairement nommé annulé ou détruit. »

L'idée de destruction, d'annulation n'a rien qui doive nous étonner quand il s'agit de lépreux, car ces malheureux se sont appelés *disjects*, c'est-à-dire *disjecti*, ceux qui sont rejetés; les mots *cassatus* et *cassot* en sont les synonymes, d'autant plus probablement, que ces termes sont tous de la même époque. On lit en effet : « L'an M.CCC.XXVIII foren ars los digetz et gafetz [1] », et dans les archives municipales de Périgueux (CC 42) on lit, à la date de 1321, plusieurs pièces portant le mot *disgiets* au sens de lépreux. A *cassatus* et *disjectus* on peut ajouter un troisième synonyme latin, *expulsus*, qui fut appliqué aux cagots, et dont on ne connaît qu'un exemple : « pues los tratan de Agotes, expulsos y otros nombres de injuria [2] ».

Nous avons donc tendance à nous rallier à l'opinion de Rochas qui dit : « L'étymologie de *cassot* qui se disait en latin *cassatus* n'est pas difficile à trouver, puisque *cassare* en basse latinité signifie séparer. Les *cassati* ou *cassots* étaient les séparés du monde [3]. »

Michel, tout en admettant l'origine latine du mot, l'interprète d'une façon peu soutenable : pour connaître la vérité, dit-il, « il faut recourir à une autre acception de cassare, dont nous n'avons pas parlé. C'est celle d'annuler, de rendre inutile, de priver, de châtier, que Du Cange lui reconnaît, d'après Papias et d'autres lexicographes. Cassatus n'était donc que la correspondance latine de Capot [4]..... » Il faut rappeler que cet auteur voyait en *capot* le sens de chapon, châtré, et dans *chrestiaa*, une mauvaise orthographe du mot *crestat*, châtré [5]. Cette explication est inadmissible.

Enfin nous croyons utile de faire un rapprochement qui peut-être éclairera une partie de la question. On donnait, dès le IXe siècle et jusqu'au XIe au moins, le nom de *cassati* aux

1. P. J. N° 36.
2. Factum pour les Agots de Baztan, cité par Michel (*loc. cit.*), t. I, p. 291, note 1.
3. P. 193.
4. T. I, p. 355.
5. Nous renvoyons à ce que nous disons aux mots *Capot* et *Chrestiaa*.

vassaux de l'Église et des Évêques qui habitaient dans une terre (Belleforest, *Annales*, t. I, p. 425). Ce mot pourrait venir du latin *casa*. Le nom de *cassatus*, *cassata*, était aussi donné à la terre où habitait le *cassatus*, et que Du Cange définit : « Habitaculum cum certa terræ quantitate idonea, ad unam familiam alendam. » Cette terre payait une dîme à l'Église : « unaquaque *casata*, XII denarii, ad Ecclesiam[1] ». Cette condition de vassaux de l'Église, l'obligation de payer une dîme, au moins jusqu'au XIVe siècle, la vie dans une petite maison entourée de jardins où ils cherchaient de quoi subsister, sont autant de caractères applicables aux lépreux, et leur nom *cassatus* pourrait s'expliquer de la sorte. Si on se souvient de la tendance, surtout marquée au moyen âge, de faire des rapprochements, des jeux de mots, d'où sont sortis des termes où se fusionnent parfois plusieurs origines, on peut se demander, en fin de compte, si le mot *cassot* n'a pas eu une fortune semblable, et si la similitude d'un mot populaire (d'origine celtique, *cassou*), d'un mot latin (*cassatus*) et d'un mot passé dans la langue française depuis le XIIIe siècle (*cassotus*), tous trois applicables aux lépreux, n'a pas donné au peuple le mot *cassot*, qui cumule les trois sens, et devait satisfaire complètement ceux qui en faisaient usage.

*
* *

Si nous voulions résumer les notes qui composent ce chapitre nous pourrions dire que les mots qui y figurent dérivent de deux types primitifs : *kakod* et *gaffot*, qui l'un et l'autre sont antérieurs au Xe siècle. Ces deux mots semblent issus d'une racine commune, ont porté le même sens péjoratif, et ne peuvent venir du latin, d'autant que *kakod* est bas-breton, et que *gaffot* ou *caffot* n'a pas d'analogue roman. Cherchons donc si les dialectes gallois ou celtiques les expliquent. Les malades et les lépreux s'appelaient en anglo-saxon et en welsch : *claff*, malade; *clavr*, lèpre, en bas-breton ; *klanv*, malade; *klanvour*, malade, lépreux;

1. *Capitula Caroli Calvi.* Tit. 23, cap. 7 (Epist. Episc. Ann. 858).

clanvoûr, lépreux. L'analogie qui existe entre *claff* et *caff* est frappante, elle souligne une communauté d'origine qui est d'autant moins inattendue que nous avons déjà noté la parenté de *kakod* et de *gaffot*.

Le fait n'est d'ailleurs pas en contradiction avec ce que l'on sait des anciennes populations de la Gaule, et des invasions du VIe siècle, dont nous avons indiqué le rôle dans la question.

Il nous a paru intéressant de remonter à l'aide des dialectes du Nord et de la Germanie vers l'origine probable de la racine péjorative *khakh*, ou *cac*, à laquelle se rattachent les mots ci-dessus étudiés. L'hypothèse jouant le rôle principal dans cette recherche, nous ne donnons le fruit de nos investigations sur ce point qu'avec réserve, encore que nous estimions qu'une hypothèse est d'autant plus respectable qu'elle s'appuie davantage sur l'observation et qu'elle permet d'expliquer des faits qui sans elle resteraient obscurs.

La racine *khakh* paraît dériver de la racine *hôh*, qui est l'expression onomatopique de la toux.

Par extension, *hôh* (*hôc*) a servi à exprimer tout ce qui se manifeste par la toux ou le grognement sourd, tels que la moquerie (*hôh*, *hôcor*), l'ironie (*hucs*), la réprobation, la honte (*hux lic*, *hussa*); d'autre part la toux, et la raucité de la voix (*kuss*, *kussis*, *cough*, *tough*), les animaux qui coassent, le mugil, poisson (*hacod*, qui en provençal s'appelle *cagot*); la toux étant comme un craquement suivi d'expectoration, la même racine s'est appliquée à des analogues, tels que vomissement, défécation, etc. [1].

1. Ce mode d'origine et de développement des racines des mots n'est pas admis dans toutes ses parties par tous les linguistes, ou tout au moins, si cette hypothèse leur paraît applicable dans certains cas, elle ne le paraît pas dans certains autres; la cause en est, pensons-nous, dans l'obscurité ou sont encore plongées bien des choses de la philologie. L'extension du sens d'une racine à d'autres sens est bien connue. Nous nous contentons d'en donner deux exemples. *El* est un radical qui signifie Dieu; sa raison d'être nous paraît obscure. Lorsque l'idée d'un Dieu unique et maître s'est fixée, on en chercha une image dans la nature, et l'on prit comme emblème le soleil, qui est l'unique, la lumière, celui qui fait vivre. Le soleil s'appela *Elion*, *Ilion*, comme Dieu s'appelait *Elohim*, *Ilion*. De là il passa à la ville lumière de l'antiquité, *Ilios*; à l'article qui marque l'homme image de Dieu, *ille*, *il*, *le*. Tel fut aussi le sort de *dies*, jour, dont le radical est visible dans Δεος, Θεος, *Deus*, Ζευς, dans *divis*, riche, dans *devin*, *deviner*, etc. Il en fut de même de *hôh* qui par extension progressive de sa signification première devait un jour donner le mot *cagot*, lépreux.

Ces quelques exemples montrent déjà la souplesse des mutations de la racine primitive. Si nous nous bornons au sens de *toux*, *ceux qui toussent*, nous ne tarderons pas à voir que la même racine, le même mot, si l'on veut, s'appliquera à ceux qui sont malades, qui toussent, qui crachent, etc., la toux étant l'un des symptômes les plus grossiers de la maladie; de là on passe au sens mauvais, méchant, malpropre, fourbe, lâche, ordure et même ridé, cassé (par la maladie). Ces derniers stades se rencontrent dans toutes les langues indo-européennes; citons quelques exemples typiques : *ache* (angl.), malade; *hac* (gal.), *hach* (angl.), coupure; *caç* (gall.), *kach*, *kezour* (breton), *cac* (gaél., éc.), ordure; *cac* (gaél. ir.), mal, qui par mutation du *c* en *g*, puis en *f* et adoucissement, ont donné *gwall* (gall.), mauvais, *gwall*, *fall* (br.), vil, méchant; *fei* (gall.), *faé* (br.), *fi* (gaél. ir.), mauvais; *claff*, *clanv*, lépreux.

Et, par réduplication, κακος, méchant; *kakod* (br.), lépreux; *papi* (sanscr.) méchant; *ga-ha*, puis *gavrat* (slave), malpropre; *ga(f)oue* (bigourdin), goitreux; *caffot* (Navarre), lépreux, lâche; *gafo* (esp.), puant, sale, ladre; *cacach* (gall. ir.), sale; *cha-cha* (tupi-guarani) ridé, lépreux.

Toutes les mutations qui figurent dans ces exemples, se retrouvent quand il s'agit des transformations de *kakod* et de *caffot*. Le passage du *C* au *G* est caractéristique dans *kakod*, *cagot*, *gakou*, *gagot*; le passage du *Gh*, *Ch*, *Kh* en *F* n'est pas plus étonnant quand on se souvient que Quintilien nous apprend que *F* se prononce comme un souffle (flatus) extrêmement dur, comme *Th*, *Kh*, *Gh*; c'est ainsi que *hôh* avait donné *cough* (angl) qui se prononce coff, et ainsi que de *cak* vint *caff* et *caffot*.

Toutes les autres mutations observées dans les paragraphes précédents ont une parenté trop claire pour que nous ayons besoin d'y revenir.

La recherche du sens primitif des mots *kakod* et *caffot* établit aussi la parenté de ces mots signifiant lépreux avec les dérivés de la racine *khakh* signifiant mauvais.

A la fin du XIIe siècle, Gauthier de Coinci donne le mot *caffre* en langue d'oïl, dans les vers suivants :

Tant par est lais qu'il est hom vis
N'en doie avoir poor et hide.
Tous ses pechiez, fors l'omecide,
A relevez et decouvers
Li *caffre* pourris et cuivers
Dont Diex la dame a si vengié
Que vers li ont la char mengié
Et les leffres dusques ès dens.

Ces vers, cités par Roquefort, ne laissent point de doute sûr la cause de la hideur qu'inspirait le caffre : c'était un lépreux. Le même lexicographe dit que la langue d'oïl possédait aussi *cassol* et *cassot* au sens de lépreux, sujet à la lèpre, de race sujette à la lèpre.

La langue d'oc possédait aussi *cassot*. Au xe siècle on disait *gafo* en Espagne; au xie, *gaffos* en Navarre, ainsi que *caffos*.

En Espagne, *gafo* signifiait tout d'abord *sale*, *puant*, puis *lépreux*, sens qu'il conserva depuis. Ce dernier sens est donné comme unique et définitif par Covarruvias (1611), quand il écrit : « Advierte, que leproso, y gafo es todo une misma cosa. »

Le mot *gahet* signifiait aussi galeux. « L'archiprêtré dont le chef-lieu, qui était d'abord à Saint-Nicolas-de-Graves, fut transféré ensuite à Saint-Pierre-de-Gradignan, est appelé dans les anciens pouillés du diocèse *archiprêtré de Cernès*, *archypresbyteratus Sarnesii*, ou *de Sarnesio*, ou simplement *Sarnesium*. Ce terme, dont le sens paraissait inexplicable, n'était que la traduction littérale du mot *gahet* ou *galeux*, puisque dans l'idiome basque *sarna* signifie la gale, et *sarnotsua* galeux, mot qui est passé dans la langue espagnole. » (Michel, I, p. 167.) Ce fait que *gahet* se soit traduit un jour galeux, ne peut étonner quand on se souvient que la gale entrait dans ce grand complexus appelé lèpre au moyen âge. La trace en est demeurée encore au pays basque, où l'on traduit parfois *cascarota* par *danse des gueux* ou *galeux*. Ceci est corroboré par Covarruvias (*Tesoro de la Leng. Castel.*) qui écrit : « SARNA : una especies de lepra..... » Le mot *gahet*, dans la Gironde, portait le sens de galeux, comme le prouvent les deux traductions latines de ce mot, à savoir : *leprosus* et *sarnesium*; *sarna* était la lèpre écailleuse[1], maladie qui plus tard donna son nom aux *cascarots*.

Rappelons que *gaffet* et *lebros* sont employés indifféremment dans la coutume de Marmande; qu'enfin en bas-breton les mots *cacodd* et *cacou* signifiaient primitivement : puant, sale, et plus tard, ladre[2].

En un mot les termes les plus anciens qui aient été synonymes de *cagot* ont signifié puant, sale, et puis lépreux.

Il convient de remarquer que si nous employons ici le mot lépreux, c'est que nous sommes bien embarrassé d'en employer un autre, quoique ce terme n'exprime que très imparfaitement notre pensée. Nous n'avons pas à discuter de nouveau la nature de la maladie des cagots, nous devons cependant rappeler que la pathologie au moyen âge, et surtout avant cette époque, n'abondait pas précisément en descriptions nosographiques, et que fort souvent, sous un même nom, un très grand nombre d'affections diverses étaient classées. Nous ne serions même pas étonné, si dans le populaire (à une époque où l'influence de la médecine arabe n'avait pas encore donné de cliniciens à la France), la plupart des états nosologiques constituaient un groupe à peine dissocié et que l'on appelait du nom générique de maladie, ou état mauvais. Plus tard, ce nom générique n'aurait plus désigné (toujours dans le peuple) que le groupe des affections plus ou moins graves, réputées contagieuses, dans lequel rentraient toutes sortes de maladies cutanées ou éruptives, les éléphantiasis, le crétinisme, la pellagre, la syphilis, la lèpre enfin. Un jour le nom de lèpre et ses synonymes s'attacha à l'état de maladie par excellence. Ceci trouve un appui dans les faits suivants. Le mot κακον, qui signifie en grec l'état de maladie, signifiait aussi lèpre, du moins au moyen âge, où les religieux du mot Cassin en firent *cacosomium* qui signifiait léproserie[3]. Le mot *malus*,

1. Voir Covarruvias.

2. Cagoux et cageois, qui sont des dérivés de cagot, signifiaient récemment encore un *villageois grossier*.

3. « Cacosomium, Domus leprosorum. *Epitome Chronici Casin*, apud Murator, t. II, p. 353, col. 2. *Cum Ecclesiis*, *villis*, *xenodochiis*, *castris*, *plochotrophiis, cacosomiis, brephotrophis.* Vox, ducta a κακος, malus, et σωμα,

d'où vient mal, signifie aussi lèpre, en particulier en Béarn et en Bretagne. Je n'en veux que deux preuves.

L'une est tirée de ce proverbe béarnais :

A Saint-Christau
Pet mude lou malau.

« A Saint-Christau, le lépreux change de peau. »

En Bretagne, tous les lexiques bas-breton donnent les mots *lor* et *malor* comme synonymes de lépreux.

Enfin les léproseries se sont appelées par toute la France maladreries, malautieres, malets; elles renfermaient tous les malades classés sous le nom de lépreux, c'est-à-dire beaucoup de monde, comme on peut s'en convaincre à la seule vue de 2 000 léproseries que comptait la France au moyen âge. Encore n'y enfermait-on pas tous les lépreux. Ceux qui ne présentaient pas assez de signes positifs étaient libres de demeurer chez eux, mais loin de la ville, en un endroit bien aéré.

Les lépreux s'appelaient maladres, malaus, malors; on disait encore les mesiaux, miseles. On les appelait enfin les dangereux ou mauvais, cacosi. De même que le mot malau, cagot, avant de signifier lépreux, avait dû porter le sens de malade : c'est du moins ce que l'on remarque dans le centre de la France, où cacot et cagot signifient très malades.

Tout ceci nous montre quel devait être le sens primitif du radical *cac*, à savoir *malade* et mauvais (malus). C'est le sens que nous retrouvons primitivement dans le mot *gaf*.

Est-il besoin, après ce que nous avons dit, de chercher à justifier davantage une théorie à laquelle nos longues recherches sur les cagots nous ont obligé d'aboutir? Seule elle est susceptible d'expliquer la communauté d'origine de tant de mots si semblables; seule elle donne entière satisfaction pour l'interprétation du sens de ces mots; seule enfin elle n'oblige pas l'esprit à se torturer pour trouver une explication qu'elle fournit sans effort.

corpus. *Gloss. ad Ser. med. et inf. Lat.*, t. II, col. 18. On disait habituellement leprosomium, dans le même sens.

CHAPITRE II

LES CRESTIAAS

Le mot *Chrestiaa*, ou *Chrétien*, a été donné aux lépreux du Sud-Ouest. Il fut même employé presque exclusivement pour les désigner du XIIIe au XVIe siècle.

La synonymie de ce mot avec les mots ladre, mezel, gahet, agot, etc., n'a pas besoin d'être établie pour qui aura parcouru les pièces justificatives de cet ouvrage. Cependant nous croyons qu'il y a intérêt à fournir quelques preuves particulièrement évidentes.

En 1573 les jurats de Bordeaux firent publier un arrêt qui figure dans les statuts de la ville, et qui s'exprime en ces termes : « Est statué, que aucun de ceux que l'on nomme Chrestiens et Chrestiennes, ou autrement Gahets, de quelques lieux qu'ils soyent, ne pourront sortir hors leurs maisons ou habitations ne entrer en la présent ville, pour aller par les rues, sinon qu'ils portent une enseigne de drap rouge de la grandeur d'un grand blanc cousue et bien attachée au-deuant de leur poictrine, et en lieu découvert et apparent, et qu'ils ayent les pieds chaussés [1], etc. »

Le sens du mot *chrestiens* employé dans ce titre nous est d'ailleurs confirmé par la note suivante que De Lurbe ajoute au paragraphe cité : « Semblable règlement pour lesdits gahets est contenu es arrests contenus au précédent chapitre [2] »; or le précédent chapitre est intitulé « Des Ladres et Mezeaux ».

1. Cet arrêt est la réédition d'un règlement de police de 1555.
2. P. J. N° 47.

Chrétiens et Gahets sont donc bien les mêmes, et gahets signifiait lépreux, de l'aveu de tous les auteurs [1].

Les mots Christiani et Agotes [2] sont accolés dans les onze pièces qui constituent le procès que les agots de Navarre poursuivirent devant le pape Léon X et l'empereur Charles-Quint (1514 à 1524).

Chrétiens et *Lépreux* sont confondus dans l'acte de donation par le frère Raymond de Tremblade, prieur de l'hôpital de Serregrand, de tous ses droits sur la *chrétiennerie* ou *léproserie* de la Bastide de l'Estelle de Barran, en faveur d'Arnaud, *christian* d'Auch, et de sa femme. « Dedit et concessit in perpetuum... quidquid juris habebat et habere debebat in dicta christiana sive leprosia bastide stelle de Barrano... (2 octobre 1291) [3]. »

Enfin il convient de citer quelques vers de Godefroy de Paris, poète contemporain de Philippe le Long, où ce mot Chrestien paraît s'adresser aux lépreux d'une façon générale. Ils sont tirés d'une poésie intitulée *Un songe* [4] :

Ami, sais-tu nulles nouvelles?
Ouil, assès, et quelles? — Celles
Qui courent au monde orendrois.
. . . .
Lors chaçoit de mainte guise
Et mainte grant beste y fut prise :
Iuifs, Templiers et Chrestiens,
Furent pris et mis en liens
Et chaciés de païs en autre.

« Il est clair que le mot Chrestien est ici pris dans une acception spéciale et qu'accolé aux Juifs et aux Templiers il ne

1. Nous en prendrons au hasard une preuve. Les Chrestiens ou Gahets de Bordeaux vivaient autour de l'église Saint-Nicolas, fondée au IIe siècle, ainsi que l'*enclos des Gahets* qui l'entourait. On appelait cette église indifféremment Saint-Nicolas de Graves, des Gahets ou des Lépreux. Les Gahets payaient, au chapitre de Saint-André de Bordeaux, un cens pour leur église; or, dans un censier de 1437 vu par Fr. Michel, on lit : « *Leprosi* burdigalenses pro ecclesia sancti Nicolaï et pro vincis quæ sunt circa ecclesiam. XVI solidi. »

2. Les Agotes étaient lépreux.

3. Archives départementales du Gers, G. 20, f°s XIX-XX.

4. Cité par De Rochas, *Les Parias de France et d'Espagne*. *Paris, Hachette*, 1875, p. 65.

peut désigner qu'une certaine catégorie de Chrétiens. Serait-ce forcer le sens du texte, que d'y voir les lépreux chassés de leurs asiles par ordre de Philippe-le-Long et qui furent précisément, avec les Juifs et les Templiers, les victimes de Philippe le Bel et de son fils?[1] »

En 1320, la *Chrestiennerie* de Sauveterre fut incendiée, comme le prouve la constatation qui se lit à nos Pièces justificatives sous le n° 10. L'incendie était dû aux Pastoureaux, qui ensanglantèrent la Guyenne en faisant main basse sur les juifs et les lépreux accusés d'avoir empoisonné les fontaines.

Voyons maintenant quelles sont les régions où le mot *chrestiaa* a été employé pour désigner les lépreux. Les documents que nous avons recueillis nous permettent de répondre que ce fut dans la portion occidentale du bassin de la Gironde et dans celui de l'Adour, c'est-à-dire dans la région de nos départements actuels de la Gironde, des Landes, des Basses et Hautes-Pyrénées, du Gers, et une partie du Lot-et-Garonne. C'est précisément là que s'employait encore au XIe siècle le mot *gaffet*; et il est intéressant de noter la coexistence, dans la même région, de ces deux synonymes, l'un d'origine celtique et l'autre d'origine gréco-latine.

Il est presque inutile de se poser la question de savoir si le mot *Chrestiaa*, appliqué aux lépreux, est bien le même que *Christianus* que portent les disciples du Christ. Cependant Fr. Michel, dont les opinions méritent toujours grande attention, n'hésite pas à dire que « tous les auteurs, P. de Marca en tête », ont été « trompés par la ressemblance de ce mot avec celui qui en gascon signifiait *chrétiens* ». Il ajoute que dès le XIVe siècle la confusion était établie, puisqu'on écrivait à cette époque *chrestiaa* au lieu de *crestats* ou *crestia*, Et pourquoi? Parce que « du moment où les Cagots, soup-

1. De Rochas, *loc. cit.*, p. 65.
On se souvient que l'ordre des Templiers avait peu à peu été envahi par des Juifs qui, sous de faux semblants, avaient pu non seulement forcer les portes de cette association, mais encore accaparer une énorme partie de la fortune du pays. Le mécontentement du peuple, des seigneurs et du roi devait amener dès premières années du XIVe siècle leur chute mémorable. Sept ans plus tard (1320) la lutte contre les Juifs gagne en extension quand on les accusa d'avoir, de concert avec les lépreux, empoisonné les fontaines. C'est à ces événements que la pièce citée fait allusion.

çonnés de lèpre, reçurent l'ordre de porter sur leurs habits une pièce de drap rouge de la grandeur d'une pièce de monnaie, et sans aucun doute dentelée », le peuple n'eut pas de peine à « y voir une crête, appelée en langue du Midi *cresta*, comme autrefois en latin *crista*[1] ». La confusion avec le mot chrestiaa ne tarda pas à se faire. Le mot, néanmoins, resta, et, quand on voulut se rendre compte de sa valeur, on ne trouva que *châtré*, qui, dès le XIVe siècle, se disait *crestat* en gascon. « C'est à n'en pas douter à cette interprétation que la tradition qui fait descendre les Cagots des Juifs, doit son origine. Ceux-ci étaient appelés *châtrés*, *chapons*, en raison de la circoncision[2]..... »

Cette hypothèse toute gratuite ne repose, il faut l'avouer, sur absolument rien. On ne sait même pas l'origine du signal rouge, en forme *de pied d'oie* et non *de crête*, qui ne paraît pas antérieur au XIIIe ou XIVe siècle. Si le mot *cresta* avait été primitivement employé, il y aurait quelque chance pour que cette orthographe se rencontrât à peu près intacte dans les pièces les plus anciennes. Précisément il n'en est rien, l'orthographe *crestia* est moins ancienne que les autres. On trouve en effet :

Le mot *Christianus* en l'an 1000. — Dans le Cartulaire de l'Abbaye de Luc en Béarn (f° 59)[3].

Crestians en l'an 1226. — Livre d'Or de la Cathédrale de Bayonne (Arch. des Basses-Pyr.)[4].

Xpistiaas en l'an 1288. — For de Béarn. Rubr. 31, art. 65[5].

Christiaas en l'an 1288. — For de Béarn. Rubr. 51, art. 170[6].

Christianus en l'an 1291. — Donation du Frère Raymond de Tremblade (Arch. du Gers, G 20)[7].

1. Fr. Michel, *Histoire des Races maudites de France et d'Espagne*. Paris, Franck, 1847, t. I, p. 367.
2. *Loc. cit.*, p. 368-369.
3. Pièces justif. N° 1.
4. Id. N° 4.
5. Id. N° 97.
6. Id. N° 97.
7. Id. N° 3.

Chrestianaria en l'an 1320. — Constatation de l'Incendie de la Chrestiennerie de Sauveterre[1].

Crestiaa en 1360. — Rôle des fiefs de Béarn[2]. Cette orthographe est celle qui se rencontre dans tous les censiers du XIVe siècle.

Chrestiandad en l'an 1369. — (Arch. Basses-Pyrénées, E 1401, f° 44).

Crestiaa en l'an 1385. — Dénombrement général des maisons du vicomté de Béarn[3].

Crestias en l'an 1398. — Rénovation de Cour Mayour, art. 9[4].

Rappelons que l'on écrivait, dès le XIIe siècle, *crestian* et *cristian*, aussi bien que *chrestien*, *chrestiaa*, ou *christiaa*, dans le sens de *chrétien*.

Avant d'aller plus loin, il faut que l'on sache les différentes orthographes et formes du mot *Chrestiaa* au sens de *Cagot*.

Ce sont : *Christianus*, *Christiàa*, *Cristiàa*, *Xριstiàa*, *Christia*, *Chrestiàa*, *Crestiàa*, *Crestia*, *Crestien*, *Crestian*, *Christane*, *Christian*, *Chrétien*, auxquels il faut ajouter *Créeté* et *Cresté*[5], enfin *Crétin*[6]. On disait, au féminin, *Crestiane*, *Chrestienne*, *Chrestiane*.

Il y avait en outre un diminutif qui est devenu le nom d'un hameau : *Les Crestianotes* (commune de Casteïde-Cami). Enfin la chrétiennerie où vivaient les cagots est indiquée sous les noms *christiana* (1291), *crestiantat* (1396), *crestianaria* (1320), *chrestiandad* (1369).

L'origine de tous ces mots n'est pas difficile à trouver, comme on peut s'en assurer par l'examen de ce qui précède; ils sont dérivés de chrétien, christianus. Cependant si Michel n'a pas admis cette origine, c'est qu'il songeait à « l'impossi-

1. P. J. Id. N° 10.
2. Id. N° 16.
3. Id. N° 22.
4. Id. N° 98.
5. Nous croyons pouvoir classer parmi les lépreux les *Créetés* ou *Crestés* de l'Angoumois, d'autant plus qu'ils s'appelaient aussi *Cailluauds* et *Cailhevots*, mots peut-être apparentés à *Cagot*.
6. Ce mot, qui date à peine de la fin du XVIIe siècle, a toujours été considéré comme dérivé du mot chrétien. Nous le classons ici parce que nous soupçonnons qu'il vient de *chrétien (cagot)*. On a confondu, d'ailleurs à tort, depuis cette époque *crétins* et *cagots*.

bilité qu'il y aurait eu au moyen âge à imposer de propos délibéré le nom de chrestiens à des malheureux qu'on voulait flétrir ».

Et, en effet, pourquoi les appeler chrétiens? Walkenaer chercha à établir tout un système pour l'expliquer; il voulut démontrer que les Cagots étaient les descendants des anciens Chrétiens de la Novempopulanie [1].

Oihenard supposa que les Gascons, ennemis des Goths qui étaient chrétiens, laissèrent ce nom aux descendants de cette race. « Christianorum etiam appellationem, ab eadem gente (les Gascons) nondum Christiana religione imbuta, Gothis impositum, in hac Gothorum veluti fœce, ad nostram memoriam integram remansisse [2]. »

D'autres disent que l'on soupçonnait les Sarrasins convertis de n'avoir jamais été très fervents et que s'ils s'étaient convertis c'était pour échapper à leurs vainqueurs.

Fl. de Rœmond dans l'Anti-Christ (Paris, 1807, p. 855-858) développe à ce sujet une autre hypothèse. « J'ai remarqué, dit-il, qu'en plusieurs lieux on les (les Cagots) appelle chrétiens, ce qui est advenu à mon advis de tant comme ont toujours fait les hérétiques, ainsi que remarque saint Hiérosme des Lucifériens et saint Augustin des Donatistes, s'étant les vrais chrétiens contentés du grand et victorieux nom de catholiques. »

Fr. Bosquet dit des Cagots : « Quos et vicini eorum Tarbelli, Christianos vocant vel per irrisionem, vel eo modo, quo Judeos Christianos dictos scimus [3]. »

1. *Nouvelles Annales des voyages*, 1833, 2e série, t. XXVII, p. 320-336. Lettre Ire sur les Vaudois, les Cagots, et les Chrétiens primitifs; par M. C. A. W.

2. Oihenartus, *Notitia utriusque Vasconiæ*, etc., p. 414-415.

3. On a longtemps confondu Juifs et Cagots ou lépreux, en particulier en Bretagne, à Bordeaux et dans les Pyrénées. Juifs et lépreux s'étaient associés pour empoisonner les fontaines publiques, disait une accusation populaire, à propos de laquelle Philippe V ordonna de sévir contre ces malheureux; les chrestias furent poursuivis à cette époque, même en Haute-Navarre, si nous en croyons Yanguas y Miranda. La confusion était née de ce que l'on admettait que les Juifs avaient importé en Europe cette lèpre dont ils avaient été frappés autrefois en la personne de Giezi. (C'est de là que vient le mot *gezitain*, sous lequel on désignait parfois les cagots.)

A Bordeaux, le terme *Nouveaux Chrétiens* s'adressait primitivement aux Juifs portugais convertis par intérêt au catholicisme. — Cf. Gasnos, *État des Juifs*... Th. doct. en droit de Rennes, 1897, imp. à Angers. La confusion de

Venuti croyait qu'il s'agissait des chrétiens qui étaient de retour de la Palestine et avaient rapporté avec eux une épidémie de lèpre : « Voilà, disait-on, des gens qui se croient plus chrétiens que les autres, parce qu'ils ont fait le grand pelerinage. Ou si vous l'aimez mieux (on les appelait chrestiens), en terme de pitié, comme on appelle encore en Italie *Cristianello* et *Cristianella*, un pauvre malheureux à qui il est arrivé quelque fâcheux accident[1]. »

Cette dernière interprétation rappelle un peu celle de Perquin de Gembloux qui décrit les chrestiaas : « ceux à qui le ciel appartient, les pauvres d'esprit, les personnes tutélaires des familles, les chrétiens par excellence[2] ». Enfin Asfeld rappelle que les lépreux se sont appelés *pauperes christiani*.

Certes toutes ces interprétations touchent à la vérité, mais est-il possible d'affirmer quelle est la meilleure? Ce qui reste de certain, c'est que le lépreux méritait à plus d'un titre ce nom de chrétien, car dénué de tout, affligé de souffrances morales et physiques, il ne pouvait trouver de vraie consolation que dans sa foi; chrétien parce que pauvre et souffrant, il l'était encore parce qu'il vivait de la charité publique, il l'était enfin, parce que, primitivement du moins, il relevait du pouvoir de l'évêque.

ceux-ci avec les Cagots appelés *Chrétiens* ne devait pas manquer de se faire. Elle est manifeste dans une ordonnance de police rendue en 1555 par la jurade de Bordeaux, dans laquelle sont employés indifféremment les mots : *nouveaux chrétiens* et *gahets*. La seconde rédaction du même article datant de 1573 porte : « Il est ordonné que nul *Chrétien* ou *Chrétienne* appelez *Gahectz...* » Une rédaction un peu postérieure dit : « ... Ceux que l'on nomme *Chrestiens* et *Chrestiennes*, ou autrement *gahets.* » Voir ce que nous avons dit sur ce sujet p. 89-91.

1. Venuti : *Dissertation sur les anciens monuments de la ville de Bordeaux*, p. 140.

2. Perquin de Gembloux, *Histoire littéraire.... des patois*, p 124.

CHAPITRE III

LES GÉZITAINS

Le mot *Gézitain* ou *Gésitain* se trouve assez fréquemment dans les titres landais que nous avons sous les yeux. La mention la plus ancienne qu'on en trouve remonte au XIVe siècle [1]. Ce mot s'est employé jusqu'à la fin du XVIIIe siècle.

Le mot *Gézitain* est synonyme de *cagot* et de *lépreux*, son étymologie est facile à établir, et ne laisse aucun doute.

Il existe de ce mot un grand nombre de graphies dont voici les principales :

Giesitarum (giesita au nominatif. XIVe siècle : Dax) [1].
Jesita (Cescau, 1489).
Gesitain (Cauterets, 1647; Landes, XVIIe siècle).
Gesiten (Capbreton, XVIe siècle).
Gezitin (*Dict. de Trévoux*).
Geziatin (Encyc. Diderot) [2].
Gezite (cité par Venuti, 1754).
Gezit et *Gesit* (cités par Marca; usité en Haute-Chalosse au XIXe siècle).
Gieseste (Rions, XVIIe siècle).
Gesistain (cité par J. P. P. en 1789).
Jessisten et *Jessiten* (Cauterets, 1665).
Jesuitain (Bonnut, registres paroissiaux, *passim*).
Cezitas et *Gezetain* (cités par Teulet).

On disait encore :

La race de Giezi, la race de Ziezi, de Zihezi, etc.

1. Constitution de Dax. P. J. N° 14.
2. Il n'existe aucun titre portant cette orthographe.

Pourquoi ce nom? Tous les auteurs, sauf un seul[1], à notre connaissance, donnent la même origine à ce mot. Nous citerons tout d'abord *Venuti*, qui l'explique le plus clairement.

« Après les croisades, la lèpre devint populaire chez nous. C'est cette maladie qui fit sans doute appeler les Gahets du nom de *Gesites* ou *Gesitains*, sobriquet tiré de l'histoire sainte, où le prophète Élisée prédit que la lèpre de Naaman s'attacherait à *Giesi* et à sa postérité pour toujours. Mais comment le peuple qui ne lisait guère la Bible a-t-il pu connaître Giesi aujourd'hui inconnu du vulgaire? C'est que la lèpre de *Giesi* entrait dans toutes les formules par lesquelles on scellait tous les contrats des princes et des particuliers, comme celle-ci : « Si vero non hæc omnia ita servavero, recipiam hic et in futuro sœculo, in terribili judicio magni domini Dei et Salvatoris nostri J.-C. et habeam partem cum Juda et *leprà Giezi* et tremore Caïn. » Il y a là une foule d'exemples de pareils jugements dans les chartes, depuis Charles le Chauve, jusqu'au XIVe siècle[2]. »

Nous croyons qu'il n'y a aucun intérêt à citer ici les très nombreux auteurs qui donnent la même étymologie, sans rien ajouter à la très bonne formule de Venuti. Presque tous se contentent de dire, comme par exemple le *Dictionnaire raisonné des sciences* (Diderot) : « On les appelle *Géziatins*, de Giezi, serviteur d'Élysée, qui fut frappé de lèpre » (t. II, p. 530). Cette étymologie est très vraisemblable, car outre que presque tous les auteurs y recourent, elle est implicitement indiquée dans plusieurs titres anciens concernant les *Cagots*. Par exemple : le Parlement de Bordeaux fit le 9 juillet 1723 défendre « d'injurier aucuns particuliers, *comme prétendus descendants de la race de Giezi et de les traiter de Cagots, Gahets ni Ladres....* » Un arrêt identique était émané de la cour de Toulouse en 1627[3].

En Espagne l'histoire *de Giezi* vient aussi dans un titre

1. Vanque-Bellecourt.
2. Venuti, *Dissertation sur les anciens monuments de la ville de Bordeaux, sur les gahets.....*
3. *Palassou,* p. 385.

de 1517 où Caxarnaut, huissier du conseil Royal de Navarre, cherche à faire repousser une pétition des Agots de Navarre demandant à n'être plus distingués des autres chrétiens « ... los adichos Agotes dezienden del dicho Zihezi maldicho[1]..... »

On connaissait aussi *Giezi* en Bretagne, car dans un procès qui se termina en appel devant la cour de Rennes, le 20 mars 1681, il est parlé, à propos des caqueux, du *malheur du valet du prophète Naaman*[2].

Il n'y a pas que les cagots à avoir été traités de descendants de Giezi, tous les lépreux indistinctement bénéficiaient de cette dénomination. C'est ainsi qu'en 1599, les lépreux libres de Masblanquet, près Limoges, d'Aixe et de Saint-Léonard exposèrent dans une requête qu'ils vivaient séquestrés *comme appartenant à la lignée de Giesi*, et qu'on les traitait comme ladres rouges ; ils s'élevaient contre cette assimilation qui leur imposait certains désagréments. Henri IV leur accorda des lettres patentes qui sont analysées dans Nadaud (Mémoires manuscrits, t. I, p. 41).

L'origine du mot *Gézitain* était fort bien connue dans le peuple, comme le prouve une chanson que Michel croit pouvoir dater de la fin du XVe siècle, et dit être un monument de la poésie populaire[3].

... Que t'asséguri	... Je t'assure
Qu'eüs an baillat lous noms *Chrestiaas.*	Qu'on leur a donné le nom de Chrestiaas
Dens la Haüte-Chalosse,	Dans la Haute-Chalosse,
Qu'eüs apéren *Gezitains*;	On les appelle Gezitains.
. . . .	. . . .
Que soun entachats d'ue lèpre	Ils sont entachés d'une lèpre
Que jamey n'en gouariran pas.	Dont jamais ils ne guériront.
. . . .	. . . .
Benadad, rey de Syrie,	Benadad, roi de Syrie,
Per général abé Naaman.	Avait pour général Naaman.
Et bé s'en ba en Samarie	Il s'en alla en Samarie
Cerca remedi en taü soun maü.	Chercher remède pour son mal.
Élisée ben l'apére;	Elisée l'appelle;
Aüsta leü et qu'aübedi,	Et aussitôt il (Naaman) obéit,
Et la soue aubedissence	Et son obéissance

1. Cette pièce est citée en entier par Michel, t. II, p. 211.

2. Sommaire du Plaidoyer de Primaignier, avocat. *In* : *Factums et Mémoires* (vol. XI, f°s 593 et suiv. — *Manuscrit* de la Bibliothèque de Rennes). Le manuscrit porte par erreur *Nathan*, au lieu de *Naaman*.

3. Il en a recueilli quelques variantes, que le lecteur pourra retrouver en même temps que la totalité du poème dont nous ne citons ici qu'un fragment, dans son *Histoire des races maudites*, t. II, p. 133-143.

De la lépre eü hey gouary.
Soumetut aü saint prophéte,
Dens lou Jourdain que s'ba laba;
Et aprés sept cops qui s'labo,
Exempt de lépre que s'trouba.
Naaman, countent deü saint hommi,
B'eü boulou recompensa;
Més countent deü beïn qu'i propaga
Dits per pagament arré nou ca.
Giezi quere soun domestique;
Ingrats, coum soun touts fort souben,
A courre dehet et que s'boute,
S'en ba apéra lou Syrien,
Lou disen : « Que quaü qu'en baillis
En taü mein meste lous présens;
En t'aü paga la sou peine,
Baille m'toun or et toun argen.
Arré de fachou nou t'announci;
Lou mein meste que s'porte biey :
Tourne-t'en dap la tou cohorte,
Deche-m'a you un chic de beïn. »
La tentation qu'ere fort horte :
Giezi non pot y resista;
Pren l'aryen qui lous embiats eü porten,
D'entre las maans de Galgala.
« D'oun bins, Giézi? dits Elysée;
Malhirous! qu'as-tu anat ha?
En bet agin d'aquèré sorte,
Diü qu'es certain que t'punira.
Presen qu'eri à tas desmarches,
En esprit, despuch lou moumen
Qui l'avarice qui t'domine
T'a sucgerat aquet moyen.
Lous présens que tu as cachat
Pour deousraba à ma counechence,
Be t'causeran de grands malheurs
Et aüs de la descendence.
« Per te puni, dits lou Seignou,
« La lépre de Naaman que t'dechi;
« Aüs tous mainatyes passera
« Lou maü hountous qui t'bau dacha. »
Giezi que ploure et que sanglote,
Tout qu'es fort inutilement.

De sa lèpre le fait guérir.
Soumis au saint prophète,
Il va se laver dans le Jourdain
Et après sept bains
Il se trouva exempt de lèpre.
Naaman, content du saint homme
Le voulut récompenser;
Mais content du bien qu'il répand
Il dit que pour paiement il ne faut rien.
Giezi était son domestique;
Ingrat, comme sont tous fort souvent,
Il se met à courir et vite
S'en va appeler le Syrien
Lui disant : « Il faut que tu me bailles
Pour mon maître des présents;
Afin de payer sa peine,
Baille-moi ton or et ton argent.
Je ne t'annonce rien de fâcheux;
Mon maître se porte bien :
Retourne-t'en avec ta cohorte,
Donne-moi ce peu de bien. »
La tentation était trop forte
Giezi n'y put résister;
Il prend l'argent que les envoyés lui portent
D'entre les mains de Galgala.
« D'où viens-tu Giezi? dit Elysée;
Malheureux! Qu'es-tu allé faire?
En agissant de la sorte,
Il est certain que Dieu te punira.
J'étais présent à tes démarches
En esprit, depuis le moment
Où l'avarice qui te domine
T'a suggéré ce moyen.
Les présents que tu as cachés
Pour les dérober à ma connaissance
Te causeront de grands malheurs
Ainsi qu'à ta descendance.
« Pour te punir, dit le Seigneur,
« Je te donne la lèpre de Naaman.
« A tes enfants tu passeras
« Le mal honteux dont tu hérites. »
Giezi pleure et sanglote
Et le tout fort inutilement.

L'opinion de Marca diffère des précédentes quant à la raison qui fit passer le nom de *Giezi* parmi les dénominations des *Cagots*. Après avoir cherché à établir que les Syriens étaient lépreux, il dit : « C'est pourquoi les anciens Gascons, encore qu'ils donnassent la vie aux Sarrazins qui embrassaient la religion chrétienne, conservent néanmoins cette opinion qu'ils étoient ladres, comme estans du Païs de Syrie qui est sujet à cette infection et pour justifier leur sentiment, animé de haine publique, employoient la lèpre de *Giezi*, d'où vient la dénomination de *gezits* et *gezitains*[1]. »

1. L'origine du mot gézitain a été contesté par Vanque-Bellecourt, qui dans un factum contre les cagots de Montbert écrit : « On lit dans l'*Histoire uni-*

La synonymie des mots *Gézitain* et *Cagot* n'a plus besoin d'être démontrée, car elle est affirmée par les auteurs qui comme Marca vécurent dans le pays de ces parias, et de plus elle ressort des titres anciens où ces mots sont employés indifféremment. C'est ainsi qu'on lit : « *omnia jura et deberia leprosorum sive giesitarum* » dans la constitution de Dax (1401). On sait aussi par Marca qu'en 1460 dans les cahiers des États on traite les cagots de *chretiaas* et *gésitains*; rappelons encore, qu'en 1489, Johanet de Lacoma est appelé « *jesita* » de Cescau, et que son fils Peyrot, en 1518, est dit *chrestia* du même lieu [1]. Nous pourrions ajouter bien d'autres familles indiquées indifféremment sous les deux noms. Cette synonymie n'a d'ailleurs toujours été admise sans conteste.

Il suffit de parcourir les notes qui constituent notre chapitre topographique pour s'assurer qu'elles concordent avec les affirmations des auteurs qui représentent le mot *gezitain* comme usité surtout en Chalosse et Haute-Chalosse, c'est-à-dire dans la partie méridionale des Landes.

Dans la Haûte Chalosse
Qu'eüs apéren Gezitains

Ce mot paraît à peine usité ailleurs; il était toutefois connu un peu partout, Bretagne, Navarre, Guyenne, Languedoc, Bigorre, Limousin, et même dans la Bresse [2].

*
* *

Est-il besoin maintenant d'insister encore sur le précieux témoignage que la philologie apporte à une thèse qui n'avait plus besoin d'être défendue tant les vieux textes la défendent?

verselle de Charron, que le valeureux Yezith ou Gizit avait rempli toute la terre de son nom glorieux par la brillante défaite de Hocmen, fils d'Ali, gendre et neveu de Mahomet. Voilà tout le mystère que renferme le mot Yesite dévoilé, et qui ne permet plus de douter que les cagots ne descendent des Sarrasins..... » (Cité par Venuti, *loc. cit.*, p. 136.) En réalité ceci ne prouve rien, sinon que l'auteur de ce factum était fort mal renseigné sur l'histoire locale.

1. Voir Topographie, au mot *Cescau*.

2. De Marchangy (*Tristan le voyageur*, p. 516), parle des gézitains de la Bresse.

Non. Mais il nous a paru curieux de montrer que l'étude seule des mots qui ont servi à désigner les *cagots* aurait pu suffire à établir qu'ils étaient lépreux; car *kakod*, *gaffot*, *cagot*, signifient lépreux, *crestiaa* s'accommode à merveille de ce sens, et *gézitain* ajoute un témoignage historique à ceux de la philologie pure et de l'histoire de la charité.

LIVRE SECOND

BÉNITIER DES CAGOTS A SAINT-SAVIN.

FAY. — P. 336-337.

PIÈCES JUSTIFICATIVES

Sous cette rubrique, nous avons réuni les principaux documents qui nous ont servi à composer le présent volume. Nous avons pensé qu'il était très utile de les grouper et de les classer, afin que le lecteur pût aisément les consulter. Les auteurs, qui avant nous ont traité des cagots, ont presque toujours inséré la plupart des documents qu'ils possédaient dans le texte ou les notes de leurs travaux; ils ont souvent négligé les références d'origine, ou les indications bibliographiques, si bien qu'il est parfois très difficile de vérifier l'exactitude de leurs informations [1].

Nous avons pris le parti de publier de nouveau et in extenso *quelques documents déjà connus, pour éviter au lecteur des recherches souvent longues et difficiles; mais nous avons toujours eu soin de vérifier et au besoin de corriger ces documents sur les originaux. Nous y avons ajouté un très grand nombre de documents inédits.*

Le lecteur désireux de trouver le commentaire des documents qui figurent ici, se reportera à la Table des Pièces Justificatives, *où figurent toutes indications qui lui permettront de se reporter à telles parties du corps de l'ouvrage où se lisent ces commentaires.*

1. Fr. Michel, dont l'*Histoire des Races Maudites* est si riche en documents, est lui-même difficile à vérifier, car les archives où il a puisé, ont entièrement modifié leur classement, et ne possèdent pas de tableau comparatif des anciennes et nouvelles cotes.

I. — PIÈCES DIVERSES. Xe AU XVe SIÈCLE

Nous faisons figurer ici des pièces de natures très différentes, mais toutes fort anciennes. Ce sont : 1° des coutumes et des lois : For d'Oloron (n° 2), For de Morlaas (n° 6), Constitutions et établissements de Dax (nos 13 et 14), Coutumes du Mas d'Agennais (n° 9), de Marmande (n° 8), et de Condom (n° 17); — 2° des extraits de cartulaires; — 3° des extraits de censiers; — 4° des donations, des contrats; — 5° des lettres, ordonnances et règlements.

Nous ne faisons pas figurer ici les extraits des registres des notaires de Béarn, où figurent des cagots; leur classement aurait pu se faire par ordre de date, ou par étude; nous avons préféré citer ces pièces, dans le chapitre de topographie où nous les signalons à propos des villes ou villages dont elles font connaître les cagots.

La nature et la date des documents ont également contribué à établir le classement que nous avons adopté.

N° 1. — Cartulaire de l'abbaye de Lucq en Béarn (an 1000).

Le passage ci-dessous a été cité incorrectement par Marca (*Histoire de Béarn*, chap. v, liv. IV, p. 271). Il est cité, ainsi que les diverses pièces contenues dans le cartulaire, par l'abbé Menjoulet (*Chronique du diocèse et du pays d'Oloron*, 2 vol. in-8, Oloron, Marque, 1864-1869). La copie authentique du manuscrit original, datée de 1626, se trouve à la Bibliothèque nationale; elle a été vue par De Rochas qui en a copié incorrectement un fragment.

Manuscrit. Collection Baluze, n° 74. Manuscrits de la Bibliothèque nationale. Cartulaire de l'abbaye de Luc en Béarn, f° 59.

Temporibus Lupi Anerii vice comitis Oloronensis fuit quidam miles Garsias Galinus nomine qui dedit Sancto Vincentio terram quam possidebat, id est duas villas, una qua appellatur berdez, altra qua vocatur Aoss cum uxore sua et filio suo sanctio Galino et filia sua benedicta nomine, qui ob remedio animarum suarum obtulerunt se domino et Sto Vincentio *cum omni honore suo et omnibus appendiciis* suis et postea perpetualiter *confirmaverunt*. Postea, ipsa benedicta volens accipere maritum *in Prexaco, cum consensu* abbatis et seniorum S^ti Vincentii, *dedit unam nassam in Prexaco* et unum Christianum qui vocatur Auriolus donatus [1].

N° 2. — For d'Oloron (1080).

On y voit citée la léproserie de cette ville (règne de Centule IV).
Ms. Archives des Basses-Pyrénées. C 677.
Publié par Mazure et Hatoulet. *Fors de Béarn, législation inédite*,... etc., p. 218.

Art. 25. — ... Sober asso stabli et done saubetat a d'aqueste ciutat, et tau convent que nulh homi strani no'y fassa a d'augun embadiment a negun homi dentz los termis de la saubetat; so es a saber, de la mayson deus Mesegs entro a Moudegorat,....

N° 3. — 2 octobre 1291. — Livre de Garrossio.

Donation par Frère Raymond de Tremblade, prieur de l'hôpital de Serregrand de tous les droits dudit hôpital sur la christiana ou léproserie de la bastide de l'Estéle de Barran, en faveur d'Arnaud, christian d'Auch et de sa femme. Parmi les témoins figure Bernard d'En-Dorre, lépreux d'Auch.

Ms. Archives départementales du Gers. G 20. Livre dit *De Garrossio* (fonds du chapitre de Sainte-Marie d'Auch), f° XIX-XX.
Publié par Adrien Lavergne. *Origine des Cagots, Capots, ou Christians.* Congrès scientifique de Dax, 1re session, mai 1882, p. 227-229. *Dax, Medan libraire*, 1883.

Noverint universi presentes pariter et futuri quod frater Raymundus de Tremoleda, prior hospitalis cellegrandis, presentibus et concedentibus fratre Guilhelmo Raymundo de Priano, milite, fratre Petro Arroy, fratre Bernardo de Lafita et fratre Petro Sabaterii, hospitaleriis dicti hospitalis, pro se et nomine tocius alius conventus dicti hospitalis, non vi vel metu compulsus nec aliqua fraude seu falsa sugges-

1. Les mots soulignés paraissent l'avoir été d'une autre main.

tione seductus vel etiam circumventus, sed libere et consulte et gratuita ac spontanea voluntate ad hoc inductus, dedit et concessit in perpetuum, pro se et omnibus suis successoribus, Arnaldo, christiano de Auxio, et Guilhelme, uxori ipsius Arnaldi, presentibus et recipientibus pro se suoque ordinio, pietatis intuitu et helemosine, quidquid juris habebat et habere debebat in christiania sive leprosia bastide stelle de Barrano, et totum jus et deberium quod dictus prior habebat vel habere debebat in dicta christiana sive leprosia, pro se et nomine quo supra, de assensu et voluntate prenominatorum fratrum presentium, idem prior predictis Arnaldo et Guillelme, uxori ipsius, absolvit, gurpivit, liberavit penitus et quitavit, et ipsos conjuges de juribus et deberiis dicte christianie, quantum ad dictum hospitale et domum Cellegrandis spectabant et spectare poterant, in processionem vel quasi misit et induxit cum hac presenti carta in perpetuum valitura; et pro CXX^{ti} solidis molanorum, quos dictus prior una cum prenominatis fratribus recognovit se a dictis conjugibus habuisse et recepisse in bona pecunia numerata, in remuneratione donationis jurium predictorum; dans et concedens dictis conjugibus, quantum ad domum hospitalis et ad domum cellegrandis spectabat, quod possint pro se et auctoritate propria nancisci et aprehendere corporalem pocessionem dicte christianie et jurium et deveriorum spectantium et spectare debentium ad christianiam predictam. Promisit insuper dictus prior, nomine que supra et de assensu et voluntate pronominatorum fratrum, contra dictam donationem et quitationem de jure non venire nec de facto, per se vel per aliquam personam interpositam, nec faciet seu procurabit aliquid per quod rumpi vallat vel modo quolibet infirmari. Renuncians expresse dictus prior exceptioni doli mali, pacti, conventi et conditioni sine causa vel ex nulla seu injusta causa, et beneficio restitutionis in integrum et omni alii auxilio et beneflicio juris canonici et civilis, quibus mediantibus contra premissa vel aliqua de premissis posset aliquid in contrarium attemptare.

Actum fuit hoc secundo die introytus octobris, anno Domini M.CC^{mo}XC primo, regnante Philippo, rege Franchorum; B° comite Armaniaci et Fezenciaci; Amaneuo archiepiscopo Auxitano. Hujus rey sunt testes : P. de Riscla, domicellus; P. de Castageto, clericus; Sancius Fabri; Bernardus d'en Dorro, leprosus de Auxio; et ego Bernardus de Gayhano, publicus stelle de Barrano notarius, qui hanc cartam scripsi et eam signo meo signavi ad instantiam partium consueto.

N° 4. — Livre d'Or de la cathédrale de Bayonne (1266).

Les cagots figurent parmi les censitaires de Sainte-Marie. Ils habitent le quartier de Saint-Léon.

Ms. Archives des Basses-Pyrénées. Livre d'Or, f° 85.

A Sen Leon. Terny à Nadau
Los crestians. . . . . VI d. pou cazaw.

N° 5. — L'Esclapot.

Traité passé, en présence de l'official de Bazas, entre les lépreux et les habitants de Monségur (10 nov. 1296).

Ms. Archives de la mairie de Monségur en Bazadais. Extrait du registre dit l'*Esclapot*, f° 35 v°, f° 38 r°.

Publié sur l'original par Fr. Michel. *Histoire des races maudites*, t. II, p. 194-197. Paris, A. Franck, 1847.

N° 6. — For de Morlaas (1220).

Ms. Archives des Basses-Pyrénées. C 677.

Art. 226. — Fo judyat que si ung homi bent porc mezeg et aqueg qui compra lo trouva mezeg, aqueg qui bendut l'aura redera l'argent.

N° 7. — Coutumes de Condom (29 juin 1312).

Ms. Bibliothèque nationale. Français. N° 11640; f° 25 r°, col. 2.

Item tot mazerer qui ben en la viela de condom carn mezera morta, o troia per porc, o aolha, o craba, en loc de creston, o autra carn corumpuda a coneguda dels senher, e dels cosselhs, que pague XXX. s. de bos morlaas per non de pena arbitraria, e que la carn sia dada als gafedz.....

N° 8. — Coutumes de Marmande (1396) [Extrait].

Ms. Appartient à G. Colombet, à Marmande (parchemin).

Publié in : *Archives Historiques de la Gironde*, t. V, p. 213, 239, 240. Le manuscrit commence par ces mots : *Asso son los establimens de la vila de Marmanda loscals an feyt far e escriure Jasme de Lacruizca e Grimon Pelicey, l'an M. e CCC.XC. VI.* Les rubriques qui précèdent les articles sont du 23 avril 1549 comme l'indique une table des rubriques.

§ 114. — *Contra los gaffet que intran en la vila sens senhal.*

E an plus establit, los deyt cosselhs, que gaffet ni gaffera, estranh ni privat, petit ni grans, no intre dens la vila de Marmanda sens senhal de drap vermelh loqual portia de lonc de I. torn. e de ample de III. ditz en la rauba sobirana e descubert davant, a part esquera, en pena de V. s. de gatge al senhor e a la vila, e la rauba sobirana encorssa.

§ 115. — *Cum no agan pes nut.*

E an establit plus que no angan pes nutz per la vila, e cant s'encontraran ab home o ab femna qu'es remangen a la una part del camin, tant fóra cum poyran, entro que hom ne sia passat, en pena de V. s. de gatge.

§ 116. — *Cum non deven vene vin ni comprar en taberna.*

E an plus establit que los desobre dit gaffet que si compren are que o mercadegen de lunh e que no vengan en taberna, ni pringan vin, ni pringan enap ni pichir; ni venden ni fassen vendre porc ni creston, ni altra bestia minjadoyra, ni nulha autra causa minjadoyra, en pena de LXV. s. de gatge e la causa encorssa.

§ 117. — *Cum no deven beve a las fons de la vila ny trayre loy de notz.*

E establiren plus, que los desobre ditz minhan[1] ni bevan en las fons de la vila, mas tant solament en la lor font propria

1. F. Michel écrit *no pusian* au lieu de *minhan*. N'ayant pu consulter le manuscrit, nous ignorons quelle est la véritable version.

en pena de V. s. de gatge, e que nulha persona de la vila no los tingua... en encoriment del deyt gatge.

§ 118. — *Cum los gaffetz no deven intrar en la vila si no lo dilus.*

Et plus, establiren que los dits..... lebros no demorian en la vila ni..... ni se asetien, en pena de V. s. de gatge, dels quels sia lo ters à la vila, e l'ters al senhor, e l'ters als crestias de la vila qui los penhorien. Exceptat que en las festas e al dilus de matin puscan estar e sezer davant la gleysa dels frays Menutz al los on anssianament an acostumat sezer devert lo fossat.

§ 44. — *De porc gaffet cum deu dise que gaffet ven.*

E establiren plus que los porcz e las truias guaffetz, e totas autras carns que no saran sanas, sian vendudas als bancs que son al cartey de Puch Gayraut, fora los murs de la vila e aqui on es acostumat tenir losdeytz bancz fora los deytz murs de la vila. E que los meseleys sien tenguts de diser ad aquel qui comprara o crompar n'e volra d'aqueles carns que son gafferas o milhargoses. E si no o fasia que paguia lo maserey que la carn vendra LXV. s. d'arns. de gatge, e la carn encorssa. E que tot borgues de la vila que sia dignes de fe sia cresut de les causes que metra sobre los masereys per son segramen, segon l'esgar dels cosselhs.

N° 9. — Coutumes de la ville du Mas-d'Agenais (1388).

Ms. Archives du Mas-d'Agenais (parchemin).
Publié par Fr. Michel (*loc. cit.*), t. II, p. 181-182, en note.

Art. 34. — *De malafeyta de bestiar.*

.... E si hom trobaba bestiar menut porc, truga, aolhia ni craba[1] do Gaffet en l'autrui malafeyta, e li aussi[2], non sia tengut de esmendar, e le gatge sera als cosselhs.

1. Aolhia ni craba = brebis ou chèvre.
2. Et le lui oxit.

Art. 54. — *Que nulha persona no compri bestiar per vendre ni nulha bolatura*[1] *de Gaffet ni de Gaffera.*

Item. Es establit que nulha persona non compria[2] porc, ni truga, ni aolha, ni crabas, ni autru bestiar, ni auzels[3] que hom mingia, ni autra mingeria ab giu[4], ni sens giu, de Gaffet ni de Gaffera, ni non prengua en comanda per vendre al Mas en nulha maniera. E si hec faze, seri encors lo cors, e l'aber al senhor e a la vila d'aquet qui o fari.

Art. 55. — *Que nulha persona no logui Gaffet ni Gaffera en verenhar*[5].

Item. Es establit que nulh Gaffet ni nulha Gaffera no se logui a verenhar, ni nulha persona no los sia tengut de logar a verenhar; car si hec fey, pagnera X. sols de gatge als cosselhs.

N° 10. — Constatation de l'incendie de la chrestiennerie de Sauveterre (13 juillet 1320).

Ms. Archives de M. d'Auzac de la Martinie (parchemin).
Publié : in *Archives historiques de la Gironde*, t. VI, p. 366-367.

Conoguda causa sia qu'en la presencia de mi, notari, et d'els testimonis dejus escriutz, Arnaut de Lugulhac, donzet, loctenent de prebost a Salvaterra, per en Ramon Willem de Bauders, donzet, adonc perbost del deyt loc per nostre senhor lo rey d'Anglaterra, duc de Guiayna, loquals era el camin del deyt nostre senhor lo Rey, debant la crestianaria de Salvaterra, me requerit que jo li fessi carta cum et abe deffendut al commun de Salvaterra, seguont que dis, que no argossen la cristianaria abandeyta n'y dossen damdnatge : jasia aysso que jo no agosi auzida la deffens ni vis que deguna persona de Salvaterra i metos fuc. Et aqui medis mastre Bernard Cogota, notari de Salvaterra, loquals dis que ac dize, per sin et per lodeyt commun, dis aldeyt loctenent

1. Volatile.
2. Achète.
3. Oiseaux.
4. De chasse.
5. Vendanger.

que si et anar prener per los pustorels qui arden ladeyta crestianaria o tota autra persona que dossen dampnatge, que et et tot la commun aqui pressens li eran prest et aparelhat de sseguir et de ajudar a prener a lor legal poder. De lasquals requestas et presentations et de totas et ssenglas las causas desus en aquesta present carta contengudas, lodeyt Arnaut et lodeyt mastre Bernard requiriren a mi notari carta; et jo, a lor requesta, lasdytas cartas metuy en publica forma.

Testes : mastre en Willem Pastorel, notari; Johan Sepets, Galhart Esdet, Bernard-Fort de Rabastenx, clers; Raols del Sorn, P. Morin Lo Magnan, P. Fasalh, Johan Alart, Bernart Costantin Lo Telier, Arnaut Coguta, William Salart, et Guiraut de Calbanars, notari de Salvaterra, qui d'aquesta tenor fitz doas cartas.

Actum XIIIª die Julii, anno Domini M°.CCC°.XX°. Regnantibus Philippo, rege Francie; Eddoardo, rege Anglie, duce Aquitanie; Guillelmo, episcopo Vasatensi.

Nᵒˢ 11 et 12. — Règlements de police concernant les ésaurillés et arcabots de Bayonne.

1° Règlement de 1315.

Ms. Archives de Bayonne. Livre en parchemin, p. 126.
Publié par Fr. Michel.

En l'an de Nostre Senhor M.CCC.XV. lo dissapte apres la feste de S. Per et de sen Pau apostos, en le mairetat dou seinher en Lop Bergoinh de Bordeu maire de Baione...

Fo establit que todz los tafars eus echaureilhadz eus arcabotz e todz los autres qui mestir no han, que isquen e boitien le biele de lor medis.

2° Règlement de 1319.

Ms. Archives de Bayonne, p. 145.

En l'an de Nostre-Senhor M.CCCeXIX, en la mairetat dou seinher en Laurens de Biele, maire de Baion...

Es etat ordenat dous arcabotz e dous ischaureilhatz qui son cridatz en la date sobre dyte e die, que ades buytassen le biele de lor medis selre peie de meter au fons de le tor; e que nulhe persone nous aubergui : car si affeze, passeri medisse peie.

N° 13. — Le Livre Noir (Établissements de la ville de Dax) (XIVe siècle).

Publié par Abadie (Fr.), *Le Livre Noir et les Établissements de Dax.* Bordeaux, Feret, 1902.

Les extraits que nous donnons sont tirés du travail de M. Abadie Les pages indiquées sont celles de son ouvrage.

LAS COSTUMES DE LA CIUTAT DACQS E DEU RESSORT DE QUERE.

De sagerar e de sagetz. — 378 — Note que ung crestiant pot sagerar [1] a la persone layque, dat que lo crestian sie deu for de la glisie, car lo layc es deu senhor temporau deu quoau es lo saget, e l'actor deu seguir lo for deu reu (p. 89).

Establit es que qui son besin aperera meset, ni poyrit, ni figur (?), ni arrocin, XX ss. se daunera per un acort (p. 515).

Establit es que nulhs de la vile ne crompi bin dou messet en nulh temps deu mon, ni laubergui en la vile; qui affera, XX ss. lo costera e lo bin que perdera (p. 516).

N° 14. — Constitution de Dax (1401).

L'original se trouve dans un volume imprimé en Espagne vers 1500 appartenant à M. l'abbé Couture, de Toulouse.

Publié par M. l'abbé A. Degert. *Constitutions synodales de l'ancien diocèse de Dax.* Dax, imp. H. Labèque, 1898.

Item statuimus quod omnia jura et deberia leprosorum sive giesitarum defunctorum duplicentur et solventur rectoribus eorumdem, attento et considerato quod predicti rectores nulla jura personalia ab eisdem recipiunt.

1. Saisir mobilièrement.

N° 15. — Censier de Béarn contenant l'indication des maisons du XIVe siècle (Extrait).

Ms. Archives des Basses-Pyrénées. E 307, f°s 1-45.
Inédit.

Balanssun	L'ostau deu crestiaa.
Borgarber	L'ostau deu crestiaa.
Biele [nave] (Arthez).	L'ostau deu crestiaa.
Oraus, Erms et Audeyos. . .	L'ostau deu crestiaa.
Urdes	L'ostau deu crestiaa.
Arance	L'ostau deu crestiaa.
Lac.	L'ostau deu crestiaa.
Lo bieler de Cessat.	L'ostau deu crestiaa.
Denguij et Binholes	L'ostau deu crestiaa.
Lescar.	L'ostau deu crestiaa.
	L'espitau de sent lase.
Melhau.	L'ostau deu crestiaa.
Assag	L'ostau deu crestiaa.
Benezac	L'ostau deu crestiaa.
Angays.	L'ostau deu crestiaa.
Artigueloptaa.	L'ostau deu crestiaa.
Espoey.	L'ostau deu crestiaa.
Bedloc	Lo crestiaa.. une dalhe[1].

N° 16. — Extrait d'un rôle des fiefs pour l'année 1360 (Béarn).

Ms. Archives des Basses-Pyrénées. E 307, f°s 49-70.
Inédit.

Estiroo francau	Au crestiaa XII. d.
Sessac francau	Au crestiaa XII. d.
Lac francau.	Au crestiaa XII. d.
Audeyos francau	Lo crestiaa XII. d.
Arbus francau.	Lo crestiaa XII. d.
Artiguelobe francau. . . .	Au crestiaa XII. d.

1. Il s'agit d'une redevance du cagot de Begloc. La dalhe était une journée de faucheur.

Auberty francau.	Lo crestiaa XII. d.
A sen Haust francau . . .	Au crestiaa XII. d.
Momaas francau.	Lo crestiaa XII. d.
Au by francau.	Lo crestiaa XII. d.
Caubios francau.	Lo crestiaa XII. d.
Saubanhoo francau	Lo crestiaa XII. d.
Seres castet francau. . . .	Au crestiaa XII. d.
A buros francau.	Lo crestiaa XII. d.[1]
Sevinhac (*Thèze*)	Lo crestiaa XII. d.[1]
Navalhe.	Lo crestiaa XII. d.[1]
A clarac.	Lo crestiaa XII. d.
Leme	Lo crestiaa XII. d.[1]
A lalonquette de ganastee francau	Lo crestiaa XII. d.
Escobee francau.	Lo crestiaa XII. d.
Ruipeyroos francau	Au crestiaa XII. d.
Barunco francau.	Lo crestiaa XII. d.
Sent Laurentz.	Lo crestiaa XII. d.[1]
Maubec francau.	Lo crestiaa XII. d.[1]
Espoey francau	Lo crestiaa XII. d.
Francau d'espoey.	Lo crestiaa XII. d.
Borcgarber	Au crestiaa XII. d. de francau.
A ostys fius questes francaus edevens.	Lo crestiaa XII. d.
Melhoo (Questes e francaus de Melhoo)	Lo crestiaa XII. d. de francau
Angays francau.	Au crestiaa XII. d.
Laguos francau	Lo crestiaa XII. d.
A beneyac francau	Lo crestiaa XII. d.[1]
Coarase francau	Au crestiaa XII. d.
Boelh francau.	Lo crestiaa XII. d.
Mirapeys francau	Lo crestiaa XII. d.
Aros francau	Au crestiaa XII. d.
Nercastet francau.	Lo crestiaa XII. d.[1]

1. Lo crestia figure seul dans ce village comme payant le francau.

N° 17. — Rôle indiquant le revenu, les dettes et la taxe imposée par le Seigneur de Béarn à chaque paroisse de sa terre. — XIVᵉ siècle.

Ms. Archives des Basses-Pyrénées. E 307, fᵒˢ 70-161.
Inédit.

Seguin se los fius deu loc de pau.
Fortic de crestiaa. . . . . III: d.
Aques quj se seguin son los fius de gant.
Peyrot crestia. . . . . . . II. s. II. d.
Seguin se los fius edevers de la bastide de montreyhau.
Lo crestia . . . . XII. d:

N° 18. — Rôle des feux de Béarn pour l'année 1365 (Extrait).

Ms. Archives des Basses-Pyrénées. E 317.
Inédit.

Peyrelonque.
Lo crestiaa de Peyrelonque. XXII de morlaas.
Seguinse los fius deu loc de Lambeye que s'paguen a Marteror.
Fortic crestiaa. . . . . . . IX d.
Los fius d'Estelhoo.
Domenjoo crestiaa . . . . II. s. I. d. morlaas.
Aques desug son los fius que lo senhor ha agthis es pagan per martheror.
Lo crestiaa . . . . I. d.
Aques son los fius que lo senhor ha a tadaose es pagan per martheror.
Johanot deu crestia. . . . III. s. VIII. d.
Peyrelonque fius.
Lo crestiaa . . . . III. s.
Aques fius sen los desug nominatz de moncaub au bayle de monpezat.
Bernat crestia. . . . . . . XII. d.
Bentayoo.
La crestiane. . . . . XII. d. de francau.

Montaner.

Lo crestiaa . . . . I. d.

Montaneres.

Bernat Lañ crestiaa. . . . II sols VI d. de fius e plus XII d. de francau.

N° 19. — Extrait du vieux rôle des feux de Béarn (vers 1365).

Ms. Archives des Basses-Pyrénées. E 309, f°s 1-43.
Inédit.

Peyrelonque.

Lo crestiaa de Peyrelonque. . . . . . . XII d. morlaas.

Seguin se los fius deu loc de Lambeye, quys paguen Marteror.

Fortic crestiaa. . . . . IX d.

Los fiüs d'estelhoo.

Domenjo crestiaa . . . . II s. j d. morlaas.

Aques dejus son los fiüs que lo senhor ha a conchies es paguen a marteror.

Lo crestiaa . . . . j d.

Aques son los fiüs que lo senhorha a tadaosse, es paguen per marteror.

Johanet deü crestia . . . . III s., VIII d.

Peyrelonque fius.

Lo crestiaa . . . . III s.

Aquets fius son los dejus nomiats de moncaub au bayle de monpezat.

Bernat crestiaa . . . . XII d.

Bentayho.

La crestiane. . . . . XII d. de francau.

N° 20. — Extrait d'un rôle des feux de Béarn fait par l'ordre de Gaston Phœbus en 1379.

Ms. Archives des Basses-Pyrénées. E 309, f°s 44-86.
Inédit.

Binhe foecs bius.		P. crestian.
Morlane foegs bius.		Johannot crestian.
Laareule foegs bius		Lo crestiaa.
Portet : los foecs bius com dejus se sec.		Lo crestiaa.
Concies	—	Lo crestiaa.
Tadahose	—	Lo crestiaa.
Simecorbe	—	Lo crestiaa.
Laspielhe	—	Lo crestiaa.
Lambeie	—	Lo crestiaa.
Castelhoo	—	Lo crestiaa.
Aricau	—	Lo crestiaa.
Cadelhoo	—	Lo crestiaa.
Aidie	—	Lo crestiaa.
Sevinac d'arrer	—	Lo crestiaa.
Faiet-Crozelhe	—	Lo crestiaa.
Peirelongue	—	Lo crestiaa.
Laalonquere	—	Lo crestiaa.
Julhac	—	Lo crestiaa.
Jerzerest	—	Lo crestiaa.
Laalonque	—	Lo crestiaa.
Lane caube	—	Lo crestiaa.
Taroo	—	Lo crestiaa.
Nostij	—	Lo crestiaa.
Artigelobtaa	—	Lo crestiaa.
Pontac	—	Lo crestiaa.
Geer	—	Lo crestiaa.
Montaner	—	Lo crestiaa.
Castalhede, (*Casteïde*)	—	Lo crestiaa.
Casteraa	—	Lo crestiaa.
Monsegur	—	Lo crestiaa.

Bentajoo	—	Lo crestiaa.
Momy	—	Lo crestiaa.
Sedze	—	Lo crestiaa.

Au folio 86, v°, on lit la liste suivante qui répète les indications fournies par l'ensemble du registre.

[dejus] son los crestiaas que mos[enher].....

Lo crestiaa de Bjnhe,	Lo de Julhac.
Lo crestiaa de Morlane.	Lo de Jerzerest.
Lo de Laareule.	Lo de Laalonque.
Lo de Teeze.	Lo de Lane caube.
Lo de Portet.	Lo de Taroo.
Lo de Conciès.	Lo de Ouillon[1].
Lo de Tadahosse.	Lo de Nostii.
Lo de Simecorbe.	Lo d'Artigelobtaa.
Lo de Laspielhe.	Lo de Pontac.
Lo de Lambeie.	Lo de Jeer.
Lo de Castelhoo.	Lo de Montaner.
Lo de Arjcau.	Lo de Castahede.
Lo de Cadelho.	Lo deu Casteraa.
Lo d'Aidie.	Lo de Monsegur.
Lo de Sevynac arrer.	Lo de Bentajoo.
Lo de Fajet-Crozelhe.	Lo de Momy.
Lo de Peirelong.	Lo de Setze.
Lo de Laalonquere.	

some XXXV S[s]

N° 21. — 6 décembre 1379. — Gaston Phœbus fait un traité avec les cagots de Béarn qui s'engagent à construire la charpente du château de Montaner; ce prince en retour les dispense de payer l'impôt.

Ms. Archives des Basses-Pyrénées. E 304, f° 9; registre intitulé : *Rolle deus homages renduts au comte Phœbus, de divers pays, et autres instruments considérables rettenguts de son temps en 1379 et seguiens.*

Publié par Fr. Michel (*loc. cit.*), t. II, p. 197-199.

1. On aurait dû écrire Hollon. Ce cagot ne figure pas parmi les habitants de ollon.

(Priviledges deus Cagots.)

Los Crestias dejuus nomiaz, per lor e per los autes crestiaas de bearn abscentz dixon, de grat e de boluntat l'un per l'aute e cascuns per lo tot, prometon e s'obligan à mossen lo comte abscent mi notari dejuus dyt per nom de luy stipulant [et re]cebent, far totes las obres de fustes qui seran necessaris au casteg de montaner : so es assaber, que d'assi à la feste de martheror prosmar bienent auran culhies e obrades e carreyades sus la place deudiit casteg totes las fustes quinh quessien, petites e granes que y seran necessaris, que no calhe sino pauser; e apres que las meteran en la obre ayxi cum mestier sera, ey meteran totes las ferredures que mestier seran e lasdites obres de fuste e lo tot afaran á lors propis despens e costadges, exceptat la loze que mestier y sera per crobir que mossen los deu aver sus la place crompade e carreyade á son despens. E otre aquero, lodyt mossen lo comte, per rasoo de las obres dessus dites, qu'eus a feit graci e quitance de quest fogadge de dus francx per foec. E si ree nan payat, que bol que aütant cum pagat nan los ne sie restituit. E no remenhs los a quitatz de no pagar ni contribuir á negunes talhes comunes deus locx on estan, si doncx saentx non aven costumat de pagar. E otre asso lodyt mossen lo comte qu'eüs a donat forestadge per totz soos boscx á culhir lasdites fustes. Asso fo autreyat per lodyt mossen lo comte en lo casteg de Paü, lo vi jorn de decembre l'an m.ccclxxix. Testimonis, Galhard de Nabalhes, Donzel Sceven, judge-notari deü Mont-de-Marsan. Item lo jorn et an que dessus, en la glisie de Paü fo aütreyat per losdytz Crestiaas. Testimonis, Guilhaume Arnaüd, senhor de Badeg de Monenh, Berdolo deü P., Esteven de Morlaas, Guilharnaüd deü Paschoaü d'Ortès.

Seguiense los nomis deüs Crestiaas.

Johanet, Crestiaa d'Atsaüt d'Aspe,
Peyrot, Crestiaa d'Acos,
Berdolet, Crestiaa d'Oloron,
Arnaüdet, Crestiaa de Prechac-Josbag,
Berdolan, Crestiaa de Yeüs,
Peyrolet, Crestiaa de Montmor,

Johan, Crestiaa de Leduxs,
Peyrot Crestiaa d'Estielest,
— Crestiaa de Pressilhoo,
— Crestiaa d'Escot,
— Crestiaa d'Oyeu,
Berdolet, Crestiaa de Feaas.
Guilhaüme, Crestiaa d'Aramitz,
Tolet, Crestiaa de Busi,
Perarnaüd, Crestiaa de Revenac,
Johanot, Crestiaa deü Leu,
Peyrot, Crestiaa de Saübaterre,
Arnaüldet, Crestiaa d'Audaus,
Bertran, Crestiaa de Castegboo,
R., Crestiaa de Navarrenx,
Ramonet, Crestiaa de Meratenh,
Johan, Crestiaa de Sus,
Arnaüld, Crestiaa de Lagor,
Domenjon, Crestiaa de Bielesegure,
Johan, Crestiaa de Morencx,
Peyrolet, Crestiaa de Pardies,
Peyrolet, Crestiaa de Monenh,
Berdoloo, Crestiaa de Cardesse,
Peyrot, Crestiaa d'Abos,
Ramonet, Crestiaa d'Arbus,
Domenjon, Crestiaa d'Artiguelobe,
Ramonet, Crestiaa d'Aüberty,
Johan, Crestiaa de Mont,
Arnaütoo, Crestiaa de Buros,
Johan, Crestiaa de Sevignhac,
Berdoloo, Crestiaa de Nabalhes,
Ramonet, Crestiaa de Miussencz,
Ayonet, Crestiaa de Leme,
Arnaütoo, Crestiaa de These,
Guilhaüme, Crestiaa de Riupeyroos,
P., Crestiaa de Clarac,
Peyrot, Crestiaa de Laspiele.
Berdolet, Crestiaa d'Arance,
Johanot, Crestiaa d'Aüdeyos,
Monico, Crestiaa de Sesquaü.
Berdoc, Crestiaa de Doasoo,
Berdolo, Crestiaa de Borgarber,
Johanot, Crestiaa d'Articz,
Johanet, Crestiaa de la Bastide,
Guilhaüme, Crestiaa de Siroo,
Johanet, Crestiaa d'Espies, crubolie,
P., Crestiaa de Saubanhoo,
Peyrot, Crestiaa de Melhoo,
Bertran, Crestiaa d'Artigueloptaa,
Guilhaüme, Crestiaa de Nostii,
Monicolo, Crestiaa de Montaner,
Ramolo, Crestiaa de Castaede,
Bidaü, Crestiaa deü Casterar,
Guilhaüme, Crestiaa de Bentayoo,
Berdolet, Crestiaa de Momii,
Peyrot, Crestiaa de Sedze,
Peyrot, Crestiaa de Salies,
Peyrot, Crestiaa de Berenx,
Monicoo, Crestiaa de Begloc,
Peyrucoo, Crestiaa de Carresse,
Peyrot, Crestiaa de Lembeye,
Johanet, Crestiaa de Peyrelonque,
Domenjon, Crestiaa de Lalonquere,
Antonio, Crestiaa de Maübec,
P., Crestiaa de Serserest,
Arnaüd, Crestiaa de Simecorbe,
Arnautoo, Crestiaa de Lalonque,
Berdot, Crestiaa de Lanecaube,
Arnaütoo, Crestiaa de Tadaosse,
Ramonet, Crestiaa de Aydie,
Berdolet, Crestiaa de Cadelhoo,
Guilhem, Crestiaa d'Arriquau,
Guilharnaüd, Crestiaa de Semuhagieg,
Ramonet, Crestiaa de Caübios,
Arnaüd, Crestiaa de Larreüle,
R., Crestiaa de Fayet-Aübi,
P., Crestiaa de Juransoo,
Johanet, Crestiaa de Gant.
Peyrot, Crestiaa d'Arros,
Berdolet, Crestiaa de Brudges,
Menjolet, Crestiaa de Boelh,
Guilhaüme, Crestiaa d'Angays,
Johanet, Crestiaa d'Assat.

Et jo B. de Luntz, notari d'Orthez et generaü deüdit mossen de Foïx, qui... retengu, etc.

N° 22. — Extrait du dénombrement général des maisons de la vicomté de Béarn (1385).

Ce dénombrement remplit un registre de 75 feuillets, sur papier (0m,42 × 0m,31) écrit en trois colonnes. Il fut dressé par ordre de Gaston Phœbus pour l'établissement de sa recette, et porte sur le droit de fouage qui frappait toutes les maisons habitées. Les seigneurs (*domengers*), les prêtres (*caperaas*) et les malades (*espitaus et crestiaas*) qui y figurent étaient exemptés de tout ou partie de cet impôt.

Ms. Archives des Basses-Pyrénées. E 306.

Publié par Paul Raymond à la fin du 6e volume de l'Inventaire sommaire des Archives des Basses-Pyrénées (1873).

Des extraits concernant les cagots ont été publiés par Fr. Michel et par De Rochas, mais ces extraits sont incomplets et présentent de nombreuses erreurs.

[*Bailiatge de Maslac*].
[*Maslac*] . . . . Lo crestiaa.
Bayliatge de Larbaig.
Lobienh, foecs vius; . . . Lo crestiaa.
Aranhoo, foecs vius; . . . Lo crestiaa.

Berducoo Deu Camii, Per-Arnaut de Laborde e Peyrot Deu Cerer d'Aranho, perportan que aben pagat lo foegatge per XII foecs, ab lo crestiaa.

Lo Bailiatge de Salies, foecs vius.
[*Salies*]; . . . . Lo crestiaa.
Lo Bailiatge d'Aribere Gave.
Begloc, foecs vius; . . . . Lo crestiaa.
Berencx, foecs vius; . . . . Lo crestiaa.
Llarte et Castanh, foecs vius; . . . . Lo crestiaa.
Aramos (Ramous), foecs vius; . . . . Lo crestiaa.

Lo Bailiatge de Saubaterre.
Carresse, foecs vius; . . . Lo crestiaa.

Guilhem-Arnaut de Labarrere, Guixarnaut de Lalane, Johan de Moregs, Arnaut-Guilhem de Pussac, Arnaut de Cairoo, Arnautoye de La Joye, Johan de Favas, Arnaut Deu Comte, juratz, Berdot

Desso e Guilhem Deu Vinhau, goarde, Vidau de Toloze, vezii de Caresse, apres segrement, dixon que an pagat entro assi lo foegatge per XXXII foecs, fore lo crestiaa.

Saubaterre, foecs vius; . . Lo crestiaa.

Guilhem de Feurer, Bernat de Lasserre, juratz, P. de Larric, Johannot de Moran, Guilhem de Somboeys, Berdolet Deu Prat, Peyroton d'Exas et Pes d'Estiroo, goardes deu diit loc de Saubaterre, apres segrement, dixon que aven pagat lo foegatge en lo diit loc entro assi per CLX foecs vius, fore l'ostau deu rector, e deu crestiaa.

Aribaute, foecs vius; . . . Lo crestia.

Bayliatge de Mur e de Viele Franque, foecs vius :

Lo Leu, foecs vius; . . . . Lo crestiaa.

P. de Paravis e Gassie de Laborde, deu diit loc deu Leu, juratz, apres segrement, dixon que aven pagat lo foegatge de qui assi per XXI foecs fore lo crestiaa, qui no es en lor conde, e fore l'ostau deu caperaa.

Viele Franque, foecs vius; Lo crestiaa.

Berdot de Bideren, Guilhem Arnaut de Favas, Guilhem-Arnaut de Lacrotz, Berdot d'Escos, juratz deu diit loc, apres segrement, dixon que aben pagat lo foegatge entro assi per XXI foecs, fore lo crestia que no es en lor Talh.

Lo bayliatge deu Loroo, foecs vius.

Oloroo; . . . . Lo crestiaa.

Esus, foecs vius; . . . . . Lo crestiaa.

Senta Marie deu Loro, foecs vius; . . . . L'espitau deus malaus, Lo crestiaa.

Monmor, foecs vius; . . . Lo crestia.

Pes de Beglauc, Berdolet de Boolauc, Peyrucoo de Carrere, juratz, Bertran d'Arthes, Pelegri d'Ororenh e Arnauton de Favas, deu diit loc de Monmor, apres segrement dixon que an pagat entro assi lo foegatge per XLVII foecs, fore lo casteg e lo crestiaa qui no son en lor conde.

Orii, foecs vius; . . . . . Lo crestiaa.

Prexac en Jeusbag, foecs vius; . . . . L'ostau deu crestiaa.

Feaas foecs vius; . . . . . Lo crestiaa.
Escot, foecs vius; . . . . . Lo crestiaa.
Precilhoo, foecs vius; . . . Lo crestiaa.

P. de Laborde, Peyrolet de Lasale, Bertran de Casaus e Berdot de Casau-Domec deu diit loc de Precilhoo, apres segrement, dixon que aven pagat lo foegatge de qui assi per XIX foecs, fore lo veguer e lo crestiaa.

Esquialest (Ledeuix), foecs vius; . . . . Lo crestiaa.

Goalhart de La Farguoe, Berduc de Carrere, Peyruc de Casebone, Pes de Soberbiele e Arnaut de La Sale, deu diit loc d'Esquialest, apres segrement, dixon que aven pagat lo foegatge de qui assi per XXXI foecs, condan l'ostau de Boneseube, fore lo crestiaa e l'ostau de Moss. Tristan.

Laduixs, foecs vius; . . . Lo crestiaa.
Lo bailiatge de Navarrenx.
Navarrenxs, foecs vius; . . Lo crestiaa.
Meritenh, foecs vius; . . . Lo crestiaa.

Arnaut Bernat de Bordenave, Monic de Maseres e Berdot de Bonefont, juratz de Meritenh, apres segrement, dixon que aven pagat lo foegatge entro assi per XXXVII foecs fore lo casteg, lo caperaa e lo crestiaa.

Casteg-Boo, foecs vius; . . Lo crestiaa.

Guilhem de Burgarone, Guilhem-Arnaut de Saraubii, Bernagassiot de Borde e Guilhermot de Soyees, apres segrement, dixon que aven pagat lo foegatge entro assi per LXVIII foecs fore lo crestiaa e lo caperaa.

Audaus, foecs vius; . . . . Lo crestiaa.
Laas. Seguien se los ostaus en que no s'es trobat foecs, ans fo diit que eren laus. Lo crestiaa.

P. de Casabielhe, Arnautuc de Saleranques, de Laas, apres segrement dixon que an pagat entro assi per XVII foecs e per lo crestiaa plus.

Donenh, foecs vius; . . . . Lo crestiaa.
Araus-Jusoo, foecs vius; . Lo crestiaa.

Guilhem-Aramon de Terssac, locthient de baile, Tucolo de Lembeye, Arnaut-Guilhem deu Gronh, P. de Siringoenh-Susoo, Peyroo de Forcade, juratz, e Guilhem-Arnaut de Saleranque, deu diit loc d'Araus-Jusoo, apres segrement, dixon que aven pagat entro assi lo foegatge por XLV foecs, fore lo crestiaa e domenger.

Sus, foecs vius ; . . . . . . Lo crestiaa.
Luc, foecs vius ; . . . . . Lo crestiaa.
Bastagnes, foecs vius ; . . . Lo crestiaa.

Lo Bayliatge de Lagor e de Pardies.

Lagor : Seguen se los ostaus en que no fon trobatz foecs ; . . . . Lo crestiaa (foq.).
Lo Casteg de Pardies (Lahourcade), foecs vius ; . . Lo crestiaa.
Oos, foecs vius ; . . . . Lo crestiaa.

Lo Plaa de Pardies (Pardies).

Menaut de La Vinhe, Gassie de Lafargoe, Pes de Casebone, Arnaut de Lafargoe, Arnaut-Guilhem deu Fau e Arnaut de Camps, deu diit Plaa, apres segrement, dixon que aven pagat lo foegatge de qui assi per XLIII foecs, fore domenges e crestiaa.

Abos, foecs vius ; . . . . . Lo crestiaa.
Viele-Segure, foecs vius ; . Lo crestiaa.

Lo Bailiatge de Monenh.

Lo Casteg, foecs vius ; . . L'ostau deu crestiaa Monenh.
L'ostau deu crestiaa Cardesse.
Orthez, foecs vius ; . . . . L'espitau deus crestiaas.

Lo Bayliatge de Pau.

Arthes, foecs vius ; . . . . L'ostau de Bertran, crestiaa.
L'ostau de Peyrot, crestiaa.

Andrevet de Goardere, Perauton de Lavedaa, P. de La Serre, Arnaut-Guilhem de La Coste, Bertran de Camfranc, Bertran de Morencx, juratz, e Guilhem-Arnaut d'Ablade, goarde deudiit loc d'Arthees, dixon que aven pagat lo foegatge do qui assi per CCXI foecs vius, fore los crestias e l'espitau de Caubii.

Balenssu, foecs vius ; . . . Lo crestiaa.
Arance, foecs vius ; . . . .

Goalhart de Maussac, e Arnautuc de Lop-Santz, d'Arance, dixon que aven pagat lo foegatge de qui assi per XXIIII. foecs vius fore lo crestiaa, condan en aquegs l'ostau deu caperaa.

Lac, foecs vius; . . . . . . Lo crestiaa.

Lo Vieler de Seserac (La Bastide Cëzéracq), foecs vius;

P. de Los, Berdolet de Paluu, Arnautolo de l'Abadie, Arnaut de Vinhau, P. de Davant, Guilhemo de Laborde, Berdolet d'Anglade, Guilhemet de Casenave, de Cesserac apres segrement, dixon que an pagat entro si lo foegatge per XXXVIII foecx, fore lo crestia e fore los domengers.

L'ostau deu crestiaa de Cesserac.

Danguii e Vinholes, L'ostau deu crestiaa.

Guilhem de Casebone e Guilhem de Mays, de Danguii e de Vinholes, apres segrement, dixon que an pagat lo fogatge entro si per XXXVII foecx, fore los domenges e lo crestiaa.

Lescar, foecs vius; . . . . L'ostau deus malaus de Sent Laze.

L'ostau deu crestiaa.

Borcgarber foecx vius; . . L'ostau deu crestiaa.

Sescau, foecs vius; . . . . Lo crestiaa.

Ramonet deu Baquer, P. de Niort, Galhard de La Garde, Arnaut deu Casterar, juratz de Sescau, apres sagrament, dixon que an pagat entro si lo fogatge per XXXI foec, fore lo crestiaa, pero son en lor conde los ostaus deu capera de Cescau qui are no y es, e l'ostau deu capera de Momaas qui are no y es ta pauc.

Orius, Herm e Audejos, foecs vius; . . . . L'ostau deu crestiaa.

Peyrot d'Ars, Bernat de Samadeg e Pes de Forcade, deu diit loc de Audeyos, apres segrement, dixon que egs, ensemps ab los d'Erm e d'Orius, an pagat entro si lo foegatge per XXXIII foecs, fore lo crestia e lo casteg.

Urdès, foecs vius; . . . . . Lo crestiaa.

Gaoalhardet d'Urdes, Guilhemo d'En Bonet, Montguilhet d'Ariu, deu diit loc, apres segrement [dixon] que aven pagat lo foégatge de qui assi per XX foecs, fore lo casteg e lo crestiaa.

Doasoo, foecs vius; . . . . Lo crestiaa.

P. deu Faur, Arnauton, de Labag e Pes de Davaut juratz, deu diit loc, apres segrement, dixon que aven pagat lo foegatge de qui assi per XXIIII foecs vius, fore lo casteg e lo crestiaa.

Serres de Sent Esxeutz (*Serres-Castet*);

Peyre de La Case, Bosomet de Lobe e Bosomet de Mondine deu diit loc De Serres, apres segrement, dixon que aven pagat lo foegatge de qui assi per XLI foecs vius, condan en aquegs l'ostau de Serres e lo crestiaa [1].

Mont-Ardon. Loex de tot laus;	L'ostau deu crestiaa.
Buros, foecs vius;	Lo crestiaa.

Doat de Lafiite, Arnauton de Nergassie e Guilhem de Nergassie, deu diit loc de Buros, apres segrement, dixon que aven pagat lo foegatge entro assi per XXI foecs despuixs Guilhemonet de Goarde, los serca, fore lo crestiaa.

Saubanhoo.	L'ostau deu crestiaa.
Aubii.	Lo crestiaa.
Momaas.	Lo crestiaa.
Melhoo.	L'ostau deu crestiaa.
Angays.	L'ostau deu crestiaa.
Beneyac.	Lo crestiaa.
Espoey.	L'ostau deu crestiaa.
Assag.	L'ostau deu crestiaa.
Pau	L'ostau deu crestiaa.
Artigueloptaa.	L'ostau deu crestiaa.
Artiguelobe	L'ostau deu crestiaa.
Arbus.	Lo crestiaa.
Lème.	L'ostau deu crestiaa.
Arros.	L'ostau deu crestiaa.
Sales-Pisses	L'ostau deu crestiaa.
Miusentz.	L'ostau deu crestiaa.
Sevinhac dArrer.	L'ostau deu crestiaa.
Aubertii.	L'ostau deu crestiaa.

1. Le dénombrement n'indique que 39 maisons habitées à Serres; en y ajoutant la maison du seigneur de Serres, et celle du cagot, qui ne figurent pas sur la liste des maisons on obtient le chiffre de 41. Le cagot aurait donc payé le fouage dans cette localité.

Lo bailiatge de Lembeye.

Ffayet (*Hayet*).	L'ostau deu crestiaa.
Aydie.	L'ostau qui fo diit que ere deu crestiaa.
	Aute ostau qui fo diit que ere deu crestiaa.
Peyrelonque	L'ostau de Monico, crestiaa.
Tedeosse (*Tadousse*). . . .	L'ostau deu crestiaa.
Gerserest, Monassut et Audirac	L'ostau deu crestiaa.
Lembeye.	L'ostau deu crestiaa.
Sevinhac (*Séméac*).	L'ostau deu crestiaa.
Sime-Corbe	L'ostau deu crestiaa.
Julhac	L'ostau deu crestia.
Cadalhoo.	L'ostau deu crestia.
Aricau.	L'ostau deu crestiaa.
Conches	L'ostau deu crestiaa.
Mantaner	L'ostau deu crestia.
Bentayoo.	L'ostau deu cresthiaa.
	L'ostau apres lo deu crestiaa.
	Lo crestia.
Castanhede (*Casteide*). . .	L'ostau deu cresthia.
Momii	[L'ostau deu crestiaa] (rayé).
Yeer.	L'ostau deu crestia.
Borc Nau (*Morlaas*)	L'ostau deu crestiaa.
	L'espitau deus malaus.

Lo bayliadge de Gayros.

La Reule.	Lo crestia.
Garos.	L'ostau deu crestiaa.
Bolhoo.	Lo crestia.

Lo Bayliatge de Nay.

Lestele	L'ostau deu crestia.
Montaut	L'ostau deu crestiaa.
Gant.	L'ostau deu crestia.

Vallée d'Ossau.

Busi.	L'ostau deu crestiaa.

N° 23. — **Extrait du registre intitulé : Hommages renduts au comte Phœbus, de divers pays, et autres instruments considérables retenguts de son temps en 1379 et seguiens.**

Ms. Archives des Basses-Pyrénées. E 304, f° 88.
Publié par Fr. Michel (*loc. cit.*), t. II, p. 204-207.

L'an mil III^{c} LXXXIII.

Item, los soberditz, crestiaas, totz ensemps e cascun [de lors prome] ton e s'obligan audit mossen lo comte, e juran avan desi [.....] jorns prosmars benentz, egs auran feyt obligar e ab carte [de bone] forme que dessus, los crestiaas dejuus nomiatz en auran a po[rtar] las cartes audit mossen lo comte, en pene de cade C. libres d'or e en pene de cors e de beys, etc. Testimonis et actum ut supra.

Seguinse los Crestias qui son mestier obligatz cum los aütres, e apres son obligats los crosatz.

+ Lo Crestiaa de Morencx.
+ Lo Crestia de Begloc.
+ Bertran d'Artès Esterlo.
+ Lo Crestiaa d'Audeyos.
+ Lo Crestiaa d'Urdes.
+ Lo Crestiaa de Doason.
+ Lo Crestiaa d'Aransse.
+ Lo Crestiaa de Sescaü.
+ Lo Crestiaa de Morlaas.
+ Lo Crestiaa de Brudges.
+ Lo Crestiaa de Gan.
+ Lo Crestiaa d'Angays.
+ Lo Crestiaa de Coarraze.
Lo Crestiaa de Lascar.
+ Lo Crestiaa d'Aramitz.
+ Lo Crestiaa d'Arete.
+ Lo Crestiaa de Navarrenx.
+ Lo Crestiaa de la Reüle.
Lo Crestiaa de Pau.
+ Lo Crestiaa de Juranson.
+ Lo Crestiaa d'Acos.
+ Lo Crestiaa de Santa Marie.
+ Lo Crestiaa de Bolhoo.
+ Lo Crestiaa d'Argiet.
+ Lo Crestiaa de Lagor.
Lo Crestiaa de Castegbon.

Los crestiaas qui dejuus se seguin, son obligatz cum los dessus. Testimonis..... de Pioque e Johanet de Latapi de Senta-Suzane, e sotz la medixa pene e sotz lo medixs segrament. Actum fentz la glisi de Paü, lo XVIII jorn de jener.

Lo crestiaa de Bolhoo.
Lo crestiaa d'Argiet.
Lo crestiaa de Lagor.
Lo crestiaa d'Acos.
Lo crestiaa d'Escot.
Lo crestiaa d'Oyeu.
Lo crestiaa de Revenag.
Lo crestiaa de Lembeye.

Lo crestiaa de Mon[ein].
Bertran d'Artès.
Lo crestiaa d'Aüde[yos].
Lo crestiaa d'Urd[ès].
Lo crestiaa de D[oason].
Lo crestiaa d'Ar[amitz][1].
Lo crestiaa de B[.....][2]
Lo crestiaa de [.....]
Lo crestiaa de [.....]
Lo crestiaa de Domi.
Lo crestiaa de Moumor.
Lo crestiaa de Feaas.
Sancholet, filh de Berdolet, crestiaa d'Ezus.
Lo crestiaa d'Ezus.
Lo crestiaa d'Oloron.
Lo crestiaa de Leducs.
Lo crestiaa de Percillon.
Lo crestiaa d'Estheles.
Lo crestiaa de Castelhoo de Bigbilh.
Lo crestiaa de Cadelhoo.
Lo crestiaa d'Aydie.
Lo crestiaa d'Arrosce.
Lo crestiaa de Seniahaguet.
Lo crestiaa de Simecorbe.
Lo crestiaa de Clarac.
Lo crestiaa de Gert.
Lo crestiaa de Castahede.
Lo crestiaa de Momi.
Lo crestia de Bentayo.
Lo crestia de Leme.
Lo crestiaa de Luc.
Lo crestiaa de Cardesse.
Lo crestiaa de Saübaterre.
Lo crestiaa de Montaner.
Lo crestiaa d'Abos.

N° 24. — **Autre Extrait du même registre.**

(Fol. 92, r°.)

Los crestiaas qui dejuus se seguin prometon e s'obligan cascun per lo tot e l'un per l'autre, suus lo cors de diu segrat e bolun esser aderitz, ajustatz e obligatz aixi cum los autes crestiaas son en la carte qui es en quest libe a VI foelhes condan au de arier. Testimonis..... moo de pioque, mossen Bosom, caperaa de pau, e jo mamy, coadjutor deu notari de P....., fentz la glisie de pau, lo XXII, jorns de jener, l'an M.CCC.LXXXIII.

Seguiense los crestiaas obligatz en la carte dessus dite :

Tolet, crestiaa de Busi.
Ramonet, crestiaa de Saübaterre.
Johanet, crestiaa de la Bastide.
Bernadoo, crestiaa de Navalhes.
Guilhamoet, crestiaa de Sevinhac.
Peyrot, crestiaa de Gergerest.
Berdolet, crestiaa de Montaner.
Arnaütoo, crestiaa de Buros.
Peyrot, crestiaa de Lespiele.
Bidaü, crestiaa de Casterar.
Johanet, crestiaa d'Aüsaüt.

1. Nous pensons qu'il faut rétablir : Ar[ansse].
2. Probablement : B[égloc].

Guilharnaüd, d'Arrinques, crestiaa.
Ramonet, crestiaa d'Arros.
Péyrot, crestiaa de Garos.
Peyrot, crestiaa de Nay.
Johanet, crestiaa de Taroo.
Peyrot, crestiaa de Sedze.
Berdolo, de Bogarber, crestiaa.

Los soberditz crestiaas ensemps ab lor Johanet crestiaa de lac, Johanet crestiaa de monenh, berdolet crestiaa, e peyrot crestiaa de narcastet, cascun per lo tot e l'un per l'aute prometon e s'obligan a mossen lo comte d'aver lo pagat LXIII. Floriis d'aur de la date de las presentes en VIII jorns; et aixi ac juran suus lo coors de Diu segrat, en pene deu doble obligan cors e bees. Testimonis ut supra.

Peyroton crestiaa de Parreule, e moniton crestian de begloc s'obligan per la medixe maneyre que los autes crestiaas son obligats en la carte a VI foelhs de quest libe; la present carte retengude e signade per la maa de maeste bernat de coterees coadjutor deü notari de lascar juus la date a lascar lo XX[au] jorn de jener l'an M. CCC. LXXXIII.

...... e de Sesquaü, s'obliga per la medixe maneyre que los soberdutz crestiaas sus la carte rectengude, feyte e signade per la maa de maeste forts sancz, juus la date a lac lo XXV jorn de jener l'an M. CCC. LXXXIII.

(Fol° 93, r°). La Marie, molher deu Crestiaa de Navarrenx, s'obliga per la medixe maneyré que los autes Crestiaas son obligats en la carte precedent, a VI. foelhs de quest libe, e retengude per Pees de Sent-P., coadjutor deü notari de Navarrenx, juus la date à Navarrenx lo XXVIII. jorn de jener l'an M. CCC. LXXXIII.

Guilhaume, Crestiaa d'Aramis, s'obliga per la medixe maneyre que dessus, ab carte retengude per maeste Bernar de Cosson, notari de Ste-Marie, juus la date à Ste-Marie lo XXIII jorns de jener, l'an que dessus.

Mariane, Crestiane de Rete, s'obliga per la medixe maneyre que dessus, ab carte retengude per la maa de maeste P. de Nanyet, notari d'Oleron, juus la date Aüloron lo XXVIII. jorns de jener, l'an que dessus.

Johan, Crestiaa de Morlas, s'obliga per la medixe maneyre que los aütes Crestiaas se son obligatz, e bolo esser aderit ab los aütes. Testimonis, Arnaut de Caciere, de Borderes, Johan deü Carras, de Borce, e jo Mamy coadjutor. A Pau, lo XX. jorns de jener, l'an que dessus.

N° 25. — 3 juin 1404. — Lettres du Roi Charles VI, ordonnant au prévôt de Paris de faire la visite des Maladreries.

Publié in : Ordonnances des Rois de la 3e Race, par Secousse et Vilevault. T. IX, p. 9.

On lit dans ces lettres les dispositions suivantes qui concernent la totalité du pays de France :

Fu par Nous ordonné que deffense fust faicte de par Nous a tous lepreux et lepreuses, de quelque pays, regions et contrées qu'ils fussent, ne habitassent, entrassent, ne conversassent avecques personnes saines.

N° 26. — 7 mars 1407. — Lettres du Roi Charles VI, ordonnant pour les provinces du midi de la France, l'exécution des anciennes coutumes concernant les cagots.

Publié in : Ordonnances des Rois de la 3e Race, par Secousse et Vilevault. T. IX, p. 298.

Les principaux passages de ces lettres sont publiés au cours du présent ouvrage.

N° 27. — Lettre de rémission d'un registre de la chancellerie de France, concernant un homme qui avait été traité de Cassot.

Ms. Archives nationales.
Publié par Fr. Michel (*loc. cit.*), t. I, p. 353.

Voici la seule phrase de cette lettre qui nous intéresse ; elle montre la synonymie des mots cassot et lépreux :

« ..... et entre les autres l'eust appelé très hors vil cassot, qui vaut autant à dire comme mezel et venu ou extrait de lignée mézelle ou ladre..... »

N° 28. — **1439 (10 juillet). — Le dauphin Louis, se trouvant à Toulouse, nomma des commissaires pour visiter plusieurs personnes, hommes, femmes et enfants qui s'étaient répandues dans la ville et la sénéchaussée de Toulouse, « et qui étaient malades et entichées d'une très horrible et griève maladie, appelée la maladie de lèpre et capoterie », pour empêcher qu'ils ne se mêlent aux habitants du pays.**

Cité par D. D. Vaissette et de Vic. *Histoire générale du Languedoc.* Éd. in-fol°, t. IV; p. 492.

Ces auteurs donnent en marge l'indication : « Domaine de Montp. Sén. de Toul. en génér. 7. contin. n° 5 ». — N'existe plus.

N° 29. — **1480 (12 novembre). — Ordonnance du sénéchal de Périgord, concernant la recherche et l'examen des lépreux.**

Ms. Archives des Basses-Pyrénées. E 656.
Publié in : Archives Historiques de la Gironde. T. X, p. 290.

Loys Sorbier, seigneur de Paray, conseilher et chambellan du Roy nostre sire, et son seneschal en Perigort et capitaine de Mont-de-Dôme et de Bragerac, de la partie du procureur dudit seigneur en ladite seneschaucée, nous a été expousé que en icelle seneschaucée a plusieurs gens infectz et tachés de la maladie de lepre dont est expédiant de donner la charge et commission a gens notables en ce et art de medecine, et sur ce bien expertz et cognaissans, pour trier et séparer les dictz entachez de ladicte maladie de la communication des sains, et pour ce confians a plain des sans, licterature, predommie et bonne expériance de venerables hommes et saiges maistres André Roulx, de Bragerac et Pierre de Porteria, habitant de Perigueux, maestres en médecine, à iceulx maistres Andre Roulx et Pierre de Porterie, appelez avecques eulx maistre Jehan Rougier et Jehan Martin, dit *du Dourat*, serurgiens, habitans de Perigueux et non autres serurgiens; et chacun d'eulx aussi ung notare non suspect, et autres que pour ce feront appeler, avons donné et donnons par ces présentes congié, auctorité et puissance de convoquer et adjourner, par sergens royaulx ou autres en chacune paroisse ou justice de nostre séneschaucée, les maires, consulz, justiciers ou autres ayans le gouvernement des places de nostredicte seneschaucée par devant eulx et de enquerre avecques eulx si notables gens, et donner regard et visitation sur toutes personnes infectés de ladrerie ou suspectés d'icelle maladie, laquelle est contagieuse et d'icelles personnes voir, visiter, et esprouver, et de les faire séparer de la consorte et conversation des sains, et de les faire aller et mectre et colloquer ès ladreries publicques ou en autres maisons séparées des gens saines, selon la qualité et condicion des personnes, comme verront ou cas appartenir, et ce à leur propres coustz et depens, et selon les tauxacions ordinaires sur ce faictes et notoirement gardées, qui sont sur chacune paroisse; icelle visiter, et en cas que ne se treuve en icelle aucuns malades la some de sinq solz tournois, à prandre sur lesditz consuls ou justicier d'icelle, avec les depens et ung marc d'argent sur chacun qui sera trouvé taiché et infect de ladicte maladie avec les autres, ses despens et de ceulx de sa dicte compaignie raisonables. Et avec se avons donné et donnons aussi ausditz maistres André Roulx et Pierre de Porteria, puissance et commission de soy enquérir et informer, par toute nostredicte seneschaucée, sur tous abuseurs que jaçoit ce que ne soyent instruitz ne enseignez en art et science de médecine, et n'ayent estés apprins en auchune université par quoy doiyent auchune science de médecine et de scavoir ce que ne scevent, dont plusieurs sont scandalizés en nostre dicte seneschaucée; de interdire auxditz abuseurs que ne soyent si hardis d'eulx mesler dudit art de medecine; et s'ilz treuvent que par leur faulte auchuns ayent esté en domatges, de les prande ou faire prande au corps, et pugnir par les justiciers de nostre dicte seneschaucée, auxquels la cognaissance en appartiendra. Si donnons en mandement, etc.

Donné a Perigueurs, soubs le scel de nostre dicte seneschaucée, le douzième jour de novembre l'an mil IIII^{c}. IIII^{xx}.

Signé en marge : Loys Sorbier. Par commandement de mondit seigneur le senechal : J. Capitis.

N° 30. — *4 août 1471.* — **Règlements édictés par un notaire d'Oloron contre maître Ramon chrestiaa de Moumour et les siens.**

Ms. Archives des Basses-Pyrénées. E 1768, f° 228 v°.
Publié par P. Raymond, *Mœurs béarnaises* (1335-1550), Pau, Ribaud, 1873, p. 44 (1re édition), et Bordeaux, Gounouilhou, 1873, p. 174 (2e édition).

Notum sit que personalment, en presenci de mi notari et deus testimonis juus scriutz, P. de Balauc, garde et cum a garde deu loc de Momor, requeri, manda et inhibi, tant que a luy ere premes, a maeste Ramon, chrestian deudit loc de Momor, que eg ni sa molher, gendre, filhe, ni autes de ssa familie, no agossen a tenir bestiars, ni far laboradgè, mes que agossen a bibre ab lor offici de charpanterie cum antiquementz auen acostumat et se deue far.

Item, que no agossen a danar descaus enter las gens deudit loc.

Item, que no agossen a entrar en lo molii per moler cum presuminen et attemptauen far, mes lo sag balhassen au molier a la porta de la mole per moler.

Item, que agossen a demandar l'aumoyne et queste acostuma de cascun hostau en reconexence de lor chrestianetat et separation.

Item, que quant anassen obrar per biele, se portassen en que beure, affin que no metossen en proe a negun, ni begossen en las autres besiis de Momor beuen.

Item, que agossen a servir et obrar de lors officis aus besiis deudit loc de Momor dauant totz autres, ab lor gornau rasonable cum far deuen et deu contrari s'esayauen far.

Item, que no anassen lauar a las fontz ni en autre lauader ont los besins deudit loc lauassen, ni tant pauc frequentar en lauan bugade o baxere ab las autres lauadores deudit loc.

Item, que no agossen a baiar ni dansar eg ni sa familie ab las autres besins ni besies deudit loc. Cum lo tot fasse cause juste et rasonable, segont dixo et antiquementz aixi sole esser feyt, usat et acostumat, autrement ladite garde protesta encontre lodit maeste Ramon et sadite familie de tot infesiment, dampnage, interesse, deshonor, et bergonhe que aus ditz de Momor o augun de lor s'en podore enseguir.

Et aixi ben se desencusa si no bolen seruar so dessus ausditz maeste Ramon ni sadite familie abie degun pec, dampnage o inconuenient. De qui ladite garde requeri carte, laqual deu balhar si es necessari a mi notari notade.

Actum a Momor, la IIII[te] jorn d'aost l'an mil IIII[c] LXXI. Testimonis : Berdolet deus Basquas, Berdolet de Sent-Jorge et Pey de La Rey, de Momor, et jo Pees, etc.

II. — DOCUMENTS CONCERNANT LES GAHETS DE BORDEAUX

Les documents qui sont réunis sous ce titre ont un intérêt purement municipal, aussi n'y avons-nous pas fait figurer les arrêts émanant du Parlement de Bordeaux; ces derniers se liront au paragraphe suivant.

***N° 31.* — XIIIe siècle. — Fondation de l'enclos des Gahets.**

L'acte de Fondation de l'enclos des Gahets de Bordeaux remonte au XIIIe siècle. Il a été vu par Baurein, mais cet auteur ne le publie pas.

***N° 32.* — 14 nov. 1287. — Testament de noble dame Rose de Bourg, dame de Vayres, fille de Guiraud de Bourg, chevalier, seigneur de Vertheuil, et veuve de noble homme Ayquem Wilhem, seigneur de Lesparre.**

Legs de 20 sous aux Gaffets de Bordeu.

Cet acte est signalé par Baurein, *Variétés bordelaises*, t. IV, p. 18-19. — Il s'en trouve plusieurs copies aux Archives des Basses-Pyrénées à Pau.

N° 33. — 7 mai 1300. — Testament de Pierre Amanieu, captal de Buch.

Ms. Archives des Basses-Pyrénées. E 20.

Cet acte, écrit sur une peau de parchemin, est daté du 7 may 1300. Baurein le signale avec la date du 20 mai 1300, mais ne cite pas le passage, que nous rapportons tel qu'il est sur l'original.

Inédit.

[E. de plus a le]issed aus gahedz de bordeu. L. ss.

N° 34. — 13 mai 1309. — Testament de « Nassalide, fille de Pierre de Bourdeaux » et son héritière universelle.

Ms. Archives des Basses-Pyrénées. Parchemin. E 20.

Ce manuscrit a été copié dans la collection Doat (t. XLII, f° 68) où il porte le titre de : Testament de dame Asahilde de Bordeaux... C'est cette même dame qui, dix-neuf ans plus tard, fit refaire son testament, dont une des dispositions se lit ici sous le N° 35.

Inédit.

E a dat et leissat a l'obra de la gleisia sent Andreu de bordeu quarante liures [,] aus espitaus sent Jacme sent Julian e sent Johan deu pont de bordeu a cascun. lx. soudz ops a meniar aus paubres deus medis espitaus[,] a la recluse se....... de bordeu ops de sas necessitat[z] saissante soudz[,] au commun deux gaffets deu bordeu saissante soudz[1].

N° 35. — 1328 (3 avril). — Testament de dame Asahilde de Bordeaux, et épouse du Baron Pierre, Seigneur de Grailly, Vicomte de Benauge et Castillon.

Extrait publié par Baurein. *Variétés bordelaises*, t. I, p. 267 et t. IV, p. 19, sans indication de source.

1. La copie qui figure dans la collection de Doat est écrite comme suit : « E a dat et laissat a l'obra de la gleisia Sent Andreu de Bordeu quarante Liuras, aus Espitaus Sent Jaeme Sent Julian et Sent Johan deu pont de Bordeu a cascun seissante soudz ops a meniar aus paubres deus medis Espitaus, a la recluse sent..... de Bordeu ops sas necessitatz saissante soudz, au commun des Gaffetz de Bordeu saissante soudz. »

Item, a leyssat la deita dona a tot lo communal dels Guafetz de Bordeu deitz libras una vetz pagaduyras.

Item, a leyssat a totas las maysons delz Guafetz de las honors de Benauges, de Castelhom et de Castelnau de Medolc, X libras.

N° 36. — 1328. — Exécution des gahets et des lépreux à Bordeaux.

Ms. Chroniques de Guyenne de 5199 av. J.-C. à 1442 ap. J.-C. Archives municipales de Bordeaux. E f° 1, v°.
Publié par Barkhausen. *Archives municipales de Bordeaux.* Livre des coutumes de Bordeaux. *Bordeaux-Gounouilhou,* 1890, p. 687.

L'an M[CCC]XXVIII foren ars los digetz[1] et gafetz.

N° 37. — Cartulaire des Archives de Saint-André de Bordeaux.

Ce document a été publié par M. Hierosme Lopes. *L'Église métropolitaine et primatiale de Sainct-André de Bordeaux. Bourdeaux, Lacourt,* 1668, réédité par l'abbé Calen. *Bordeaux, Feret et fils.* 2 vol. in-8, 1882, p. 260 et 264.

Dans l'archiprètré de Cernes. Saint-Nicolas de Graves.... IV. D.

Il s'agit du cens que versait au chapitre de Saint-André, Saint-Nicolas de Graves ou des Gahets.

N° 38. — 1437. — *Compota domini Arnaldi Constantini presbiteri, alias Senac, de anno Domini 1437.*

Redevance des gahets de Saint-Nicolas, au chapitre de Saint-André pour la jouissance de l'Église et des vignes qui l'entouraient.

Ms. ayant appartenu à M. Gustave Brunet (d'après Michel).
Extrait publié par Fr. Michel (*loc. cit.*), t. I, p. 166, note 2.
P. 10 du manuscrit.

1. Il faut se rappeler qu'en 1321 on brûla les disgiests, c'est-à-dire les lépreux, à Périgueux (Arch. municipales de Périgueux, CC 42). Ces exécutions paraissent avoir un rapport avec l'affaire d'empoisonnement des sources et fontaines de 1320.

Leprosi Burdegalenses pro écclesia Sancti Nicholay et pro vineis que sunt circa ecclesiam. . . . . XVJ. s.

N° 39. — 1495-1496. — Les Ladres sont chassés hors de la ville de Bordeaux.

Le coût de cette opération figure parmi les dépenses de police dans les comptes de Dubosq, trésorier.

Ms. Archives de la Mairie de Bordeaux.

Publié par Fr. Michel (*loc. cit.*), t. I, p. 204, note 1.

Compte de Dubosq, trésorier du second semestre commençant le 22e jour de février 1495, et finissant au..... du mois de..... après l'an révolu 1496.

Item, plus compte que a pagat a mestre Johan Batalhey la soma de vingt francs bord', et asso per sa pencion d'aquest segond mech an, per aver lo regard a far tenir las carreiras netas, far abidar los aygueys et retreytz qui no son en locqs convenables, far tenir la riveira desembargada, far gitar los ladres de la villa, reservat los jorns ordenats deu temps passat, ayssuned los belistres, coquins et gens vacabontz. Per so. . . . . XXV lib.

N° 40. — 1520 (30 août). — On ordonne l'arrestation d'un pâtissier soupçonné lépreux.

Ms. Archives municipales de Bordeaux. Registres de la Jurade, collection 1521, f° 9 r°.

Publié par Fr. Michel (*loc. cit.*), t. I, p. 277, note 1.

Ledict jour (30 août 1520), a été aussi arresté par medicts seigneurs que monseigneur prevost fera diligence de trouver ung Jaquenau, patissier, qu'on dit estre ladre; l'amener ceans, pour l'epprouver.

N° 41. — 1520 (10 sept.). — On conduit à Agoullis le pâtissier sus-cité, après qu'il a été reconnu ladre par les médecins et barbiers de la ville.

Ms. Archives municipales de Bordeaux. Registres de la Jurade, collection 1521, f° 12 r°.

Publié par Fr. Michel (*loc. cit.*), t. I, p. 277, note 1.

Au jour d'huy x^e jour de septembre mil V^c et XX, estans messeigneurs les soubz-maire prevost Valier, Ramon-Coibo, Jossait, Leisné, Henon et du Casse, assemblés en la maison de la ville, ont faict assembler messieurs les medecins et barbiers de la ville pour epprouver ung nommé Jaquenault, que l'on accusoit d'estre taiché de ladrerie. Lesquels epprouvemens faictz en tiel cas requis, mesdits seigneurs amprès la relation fete desdicts medecins et barbiers que ledict Jaquenault estoit ladre, mesdicts seigneurs luy ont dit présentement qu'il auroit ung manteau rouge avec les cliquetis et gant, et l'yroit conduire jusques Agoullis le Basque sergent de ceans, ou tiels malades ont accoustumé estre mis.

N° 42. — **XVIe siècle (?) — La Jurade ordonne l'examen médical des Gahets.**

« Dans un vieux document entre les mains de M. Pery, bibliothécaire de la Faculté de médecine [de Bordeaux]. La Jurade de Bordeaux ordonne au médecin assermenté d'aller s'assurer si les cayets sont lépreux. » (Bouchard. *Comptes rendus de la 21e session de l'Association pour l'avancement des Sciences.* A Pau, 1892. Paris, Masson, 1re partie, p. 243[1].)

N° 43. — **[1552. — « Les gahets placés hors la ville, au delà du prieuré Saint-Julien, reçurent un nouveau réglement de police. »]**

(Mémoire sur les accroissements progressifs de Bordeaux.......... sans nom d'auteur. *Bulletin polymatique du Muséum d'instruction publique de Bordeaux*, 1814, p. 228.)

Nous ignorons quel peut être ce nouveau règlement. Il est possible que l'auteur ait fait une erreur de date, mettant 1552 pour 1555.

N° 44. — **1555. — Règlement de Police concernant les gahets.**

Ce règlement signalé par Jean Darnal, a été publié par Bernardau; ce dernier auteur n'indique pas où il a vu l'original, que nous n'avons pas pu retrouver.

1. Les multiples recherches que nous avons fait faire à Bordeaux pour retrouver ce document, qui date vraisemblablement de la fin du XVIe siècle, sont restées infructueuses.

« 1555. — Messieurs les Jurats firent ordonnance, que les Gahets qui résident hors la Ville du costé de sainct Julien en uu petit Faux-bourg séparé, ne sortiroient sans porter sur eux en lieu apparent une marque de drap rouge. C'est une espèce de ladres non du tout formez, mais desquels la conversation n'est pas bonne, qui sont charpantiers et bons trauailleurs, qui gaignent leur vie en cest art dans la Ville et ailleurs. » (*Jean Darnal. Supplément des chroniques Bordeloises* [*1629*], *fol° 40.*)

« Aucun de ceux que l'on nomme *Nouveaux Chretiens* ou *Gahets*, ne pourra sortir hors de leurs maisons ni entrer dans la ville, sinon qu'ils portent une enseigne de drap rouge cousue au-devant de leur poitrine, et qu'ils n'aient les pieds chaussés sous peine du fouet et d'amende arbitraire; et ne pourront lesdits Gahets entrer es boucheries, tavernes, paneteries de la ville, et participer avec l'autre peuple aux dites peines ». (*Bernardau. Tableau de Bordeaux* [*1810*], *p. 65.*)

N° 45. — 1577[1]. — Ordonnance de l'État des Pâtissiers.

Ces statuts seraient de 1577 d'après les pâtissiers de 1718 (Voir Factum responsif pour Anne Bonnet, veuve de Pierre Duvignau, Maître Hôtellier et cabaretier de cette ville... contre les bayles des Maîtres Pâtissiers et Rôtisseurs de la présente ville de Bordeaux... p. 2).

Publié in : *Anciens et Nouveaux Statuts de la ville et cité de Bourdeaus.* Bordeaux, Millanges, 1612, p. 270.

Premièrement aven ordonnat et establit, que aucun nou pourra uzar d'assi en avant, en ladicte ciutat, ny territory d'aquera, deu mestey de Pasticey, ou Roustissour, sinon que sye homme de bona fama et renom, et honnesta conversation, et que sia net de son corps, et non sia ladre, gahet, ne malaud d'autre maladia contagiousa, ne dangerousa.

1. De Rochas (*Parias de France...*), p. 67, donne par erreur la date 1557.

N° 46. — 1573. — Ordonnances de Messieurs de la Ville (de Bordeaux) touchant la Police d'icelle.

Ms. Archives municipales de Bordeaux. Registres de la Jurade de Bordeaux, collection 1573, f° 6.

Publié par Fr. Michel (*loc. cit.*), t. I, p. 205.

Item est estably et ordonné que dorésnavant nul chrestien ne chretienne appelez Gahectz, de quelque lieu qu'ilz soient, [ne soient] si hardiz de saillir de leurs maisons ne entrer en la present ville pour aller par les ruhes, sinon qu'ils portent l'enseigne de drap rouge cousu sur la poictrine, de la grandeur d'un grand blanc et en lieu descouvert et apparant, et qu'ilz ayent les piedz chaussez; et ne soient si hardiz de entrer ez boucheries, ès taverne[s] ne en la mayson de la paneterie sur peine de soixante-cinq soulz d'amende par tant de foys qu'ils seront trouvez venant au contraire.

N° 47. — 1592. — Statuts concernant les Ladres, Mézeaux et Gahets.

In : Les Anciens Statuts de la ville et cité de Bourdeaus enrichis d'aucuns nouveaux statuts, de plusieurs règlements et annotations, par De Lurbe. *A Bourdeaus. Par S. Millanges. Impr. ordin. du Roy*, 1593.

Nous n'avons pu établir avec certitude la date des statuts qui suivent.

Des Ladres et Mezeaux.

Est deffendu a tous gens tachez de maladie de lèpre et mezellerie, estre si ozez, qu'entrer, aller, venir, conuerser, demeurer, ne habiter dans la ville et cité de Bourdeaus, pour quester, ne autrement, à peine d'estre puniz et emprisonnez au pain et à l'eau, pour tel temps que sera aduisé par lesdicts Seigneurs.

Par arrest du 14 may 1578 et 12 août 1581 est contenu, quelle marque lesdits ladres doivent porter pour estre recogneus, et comme ils se doivent comporter aux lieux ou ils sont residens [1].

1. Ces deux arrêts émanant du parlement de Bordeaux s'adressent aux capots ou gahets, on les lira plus loin (Voir n° 49 et n° 50).

Aussi est deffendu a toutes les gardes des portes d'icelle ville de souffrir entrer dans icelle aucuns desdicts ladres, mezeaux ou mezelles, sur peine d'amende arbitraire.

Mais les questes pour lesdicts ladres et mezeaux seront faictes es portes des Eglises de ladicte ville par gens à ce deputez et ordonnés.

Si aucun homme ou femme estoit suspect de ladrerie, sera tenu venir en sa personne en la maison commune de ladicte ville par-devant lesdicts Seigneurs, pour appeller les Medecins et Chirurgiens, l'espreuue estre faicte et eux ouyx en estre ordonné, comme il appartiendra.

Des Gahets.

Est statué que aucuns de ceux, que l'on nomme Chrestiens et Chrestienues, ou autrement Gahets, de quelques lieux qu'ils soient, ne pourront sortir hors leurs maisons ou habitations ne entrer en la present ville, pour aller par les ruës, sinon qu'ils portent une enseigne de drap rouge de la grandeur d'un grand blanc, cousue et bien attachée, au deuant leur poictrine, et en lieu découvert, et apparent, et qu'ils aient les pieds chaussés sur peine du fouët ou autre amende arbitraire.

Semblable règlement pour lesdits gahets est contenu es arrests contenus au précédent chapitre.

Et ne pourront entrer lesdits Gahets ez boucheries, tauernes, cabarets, paneteries de la presente ville et participer auec l'autre peuple a mesmes peines que dessus.

N° 48. — 1830. — Disparition de l'enclos des Gahets.

L'Hôpital Saint-Léonard, ou plutôt l'établissement qui le remplaça, a possédé jusqu'en 1830, un domaine qui portait le nom de Gahets, situé dans le faubourg Saint-Nicolas, à Bordeaux.

(Extrait d'un *Essai sur l'histoire de Cadillac-sur-Garonne*, par Delcros.)

III. — RESSORT DU PARLEMENT DE BORDEAUX

Le Parlement de Bordeaux fut créé en 1462 par Louis XI. Cette cour, qui avec celle du Parlement de Navarre s'est le plus occupée des cagots, eut une histoire très mouvementée en ceci qu'elle siégea successivement dans un grand nombre de villes de son ressort. La plupart des provinces qui en relevaient avaient été, antérieurement à la création de ce Parlement, sous la juridiction du Parlement de Toulouse. Son ressort comprenait : la Guyenne, les Landes, le Périgord, le Limousin, l'Agenois, le Condommois et l'Armagnac. Le Quercy lui appartint jusqu'en 1474, et la Soule jusqu'en 1620.

N° 49. — 14 mai 1578. — Arrêt du Parlement de Bordeaux.

Cet arrêt fut rendu sur une requête du 5 mai 1578 présentée par Jacques Laligne. Il ordonnait de faire porter aux ladres et gahets de Casteljaloux et autres lieux le signal accoutumé, en vue d'obvier à la contagion. Cet arrêt était applicable à tout le ressort du Parlement.

Ms. Archives de la Gironde. B 308.
Archives de la mairie de Biarritz. FF 3, N° 10.
Inédit.

Veu par la cour la requeste a vuë présentée le cinquième de ce mois par jacques laligne habitant de la ville de Casteljaloux, tendante affin pour les causes j conteneues ordonner commendements estre faits a paine de dix milles livres et du foüet aux Capots, et gahets dud: Casteljaloux, et autres lieux, de prendre promptement la marque et signal en leur poctrine en forme de pied de guid, qu'ils ont acoutumé de tout temps porter, et a mémes peines de dix mille livres enioindre aux officiers dud: Casteljaloux Consuls, et autres de faire prendre et porter lesd: marques auxd. Capôts et gahets, reponce faite a la signiffication d'icelle par le procureur general du Roy, qui Requiert Estre enjoint aux officiers et Conseuls dud: Casteljaloux de policer lesd. ladres et gahets, et en ce faisant leur faire porter marques par lesquelles ils puisent estre dicernés, affin d'obvier a contagion; et a jceux ladres et gahets à peine de prison d'y obéir, et portér lesd: marques, autre Requeste d'huy présentée a lad: Cour par led: de la ligne aux fins d'interiner la presédente, dit a esté interinant ladite Requeste quant a ce, et faisant droit sur le requis[i]toire du procureur general du Roy, QUE LA COUR A ORDONNÉ et enioint aux officiers et consuls dud: Casteljaloux et tous autres sur peine de mille escus de policer les ladres et gahets, estans en leur ville, et jurisdiction, et en ce faisant leur faire porter la marque et signal qu'ils ont acoutumé de tout temps portér sçavoir est aux dits ladres, et lepreux les clicquets et aux Capots et gahets un signal rouge à la poctrine en forme de pied de guit, et a memes peines et du foüêt aux dits lepreux, gahets et Capots d'y obeir et porter lesd: marques.

PRONONCÉ A BOURDEAUX en parlement le quatorzième de may mil cinq cens soixante dix huit collationné signé lombart, et a costé est escrit messieurs Benoist presidant, de Nort Raporteur, es pieces un escu sol :

Signiffié le dixième janvier mil sept cens a betbeder parlant a son clerc, signé, Geneste.

Veu et collationné a esté la coppie de l'arret de la Cour de parlement de Bourdeaux, et signiffication, cy dessus et autres parts escrite par nous notaires Rojaux, soubz[nés] sur une coppie ou expédition en forme escrit en parchemin signé de lombart et Geneste sans y avoir rien aumenté ni diminué, ce requerant sieur Jean Delabat second jurat de la parroisse de Biarriz auquel ces présentes a esté délivré, et la d. expédition en forme a resté au pouvoir de moy Jean de Planthion l'aisné l'un desd. notaires soussigné, fait a Arbonne le vingt-deuxième may mil sept cens dix huit par nous.

L. de Planthion, not. royal. J. Planthion, not. royal.

(*D'après la copie conservée aux Archives de Biarritz.*)

N° 50. — 12 août 1581. — Arrêt du Parlement de Bordeaux.

Cet arrêt fut rendu sur la requête présentée à la Cour par Étienne de Laudoir. Il ordonnait aux gahets de Capbreton de porter un signal rouge, et leur défendait de toucher aux vivres dans les marchés. Il était applicable à tout le Labourd.

Ms. Archives de Biarritz. FF 3, N° 9.

Inédit.

Extrait des registres du Parlement [*de Bordeaux*].

Sur la Requeste presentée à la Cour par Estienne de laudoir voisin et habitant du lieu et jurisdiction de Cabreton, tendant aux fins pour les causes y conteneües Veu l'arrét donné le quatorzième may mil cinq cens septante huit, sur la requéte présentée par jacques laligne habitant de la ville de Casteljaloux contre les Capots et Gahets du lieu appellé de la punte en lad: jurisdiction de Capbreton, et autres qui habitent en lad: jurisdiction dud: lieu de Capbreton, aporteront au devant leur poctrine un Signal Rouge en forme de pied de guid, affin que chacun les puisse connoistre, et se garder, et ce a peine du foüet, et autres telles, que de droit, et a même peines leur faire inhibitions et deffences toucher au marché, et au lieu de laditte jurisdiction, aucuns Vivres de quelques Especes, que se soit, autres que ceux qu'ils acheteront des vendeurs, et enjoindre aux officiers dud : lieu a peine de privation de leur êstat de faire executér l'arrêt, qui interviendra, et en certiffier lad: Cour, veu lad: Requeste du neufiesme du present, led: arrêt dud: iour quatorzième may mil cinq cens septante huit, avec la reponce du procureur general du Roy quy requiert estre enjoint aux officiers et jurats dud. Capbreton a peine de mil escus de policer lesd : gahets et Capots, et en ce faisant suivant les arréts de lad: Cour donnés en cas semblable, leur faire portér un signal rouge en la poctrine, en forme de pied de guid, et auxd: gahets et Capots d'y obéir, et porter led: signal a peine du foüêt, et autre amende arbitraire, autre Requeste a mesmes fins presentée, dit a esté en jnterinant lad: Requeste qu'an a ce que la Cour en consequence des arrets cy devant donnés en cas semblables, enioint aux officiers et jurats dud. Capbreton a peine de mil escus et de privation de leurs estats, de policer les Capots, et gahets estans aud. lieu de la punte, et juridiction dud: Capbreton et chacun d'eux ensemble a leurs femmes et enfens faire portér un Signal Rouge sur leurs acoutremens, et a l'endroit de leur poctrine, en forme de pied de guid, auquels Gahets et Capots, lad: Cour enioint d'obveir, et porter led. signal a peine du foüêt et autre plus grande peine, telle que de droit, par raison et a mesmes peines leur fait inhibition et deffences toucher au marché, ny autres lieus de lad : jurisdiction aucuns vivres, autres que ceux qu'ils voudront achepter, des vendeurs d'iceux, prononcé a Bourdaux en parlement le douze aout mil cinq cens huitante un. Collationné, signé lombart et a costé est escrit Messieurs Benoist président, de la Ferne rapporteur.

Signiffié le dixieme janvier mil sept cens a Betbeder parlant a son clercq, signé, Geneste.

Veu et collationné a esté la Coppie de l'arret de la Cour de parlement de bourdaux, et signiffication cy dessus ez autres parts escrite par nous Nôtaires Roiaux, soubz[nés] sur une Coppie ou expedition en forme escrit en parchemin signé de Lombart, et Geneste, sans j avoir rien augmenté, ni diminué, ce requerant sieur Jean Delabat second jurat de la parroisse de biarriz auquel ces presentes a esté delivré, et lad. expedition en forme a resté au pouvoir de moy Jean de Planthion l'aisné l'un desd. notaires soussigné, fait à Arbonne le vingt deuxiesme may mil sept cens dix huit.

L. de Planthion, notaire royal.

J. Planthion, notaire royal.

N° 51. — 12 [.....] 1582. — Signification de l'arrêt du 12 août 1581.

Dans cette pièce figurent les noms des gahets de la Punte de Capbreton.

Ms. Archives de Capbreton.

Publié par Fr. Michel (*loc. cit.*), t. I, p. 208, note 1.

Du douzième jour..... mil cinq cens quatre-vingtz-dux, par devant..... Perichon Debayle, Estienne Defouarqx, juratz, au parquet ordinaire de la cour.

Entre Me Estienne de Laudoar, le procureur du roy joinct à luy, contre Saubat Menjon et autre Menjon, Bertranon, Mingot Colas et autre, Saubat Biroucq de Sainct Jehan, Arnault Guilhen, Menjon, Peyroton, Pierre et Jhanon Dongius, Jehan Desbarry dict l'Homme, autre Jehan Desbarry dict Pachon, Estienne Saubaton et Arnaulton Ducasso, Gahetz du lieu de la Punte, assignés a dus hures après mydy de ce jourd'huy, comparant le procureur du roy en la presente juresdiction et de Laudoar, lesquelz parlant par ledict procureur, ont dict que par arrest de la cour de Parlement de Bourdeaulx donné le douxième d'aoust mil cinq cens quatre-vingtz-ung..... a esté enjoinct aux officiers et juratz de Capbreton..... de policer lesdictz Capotz et Gahetz estanz au lieu de la Punte.....; lequel arrest ilz ont fait signifier aux deseus nommés et autres qu'il appartient, en vertu de certaines. Appte default desdictz assignés, sauf s'ilz se presentent dans vendredy prochain, hure de matin, et leur sera signifié par le premier sergent royal ou ordinaire de la presente juresdiction sur ce requis; et a faulte de se presenter à la dicte hure, sera procedé comme de raison.

N° 52. — 11 décembre 1592. — Arrêt du Parlement de Bordeaux.

Cet arrêt fut rendu sur la requête présentée le 9 déc. 1592 à la Cour par les jurats et abbé d'Espelette. Il enjoignait aux capots et gahets de ce lieu et des environs de porter la marque rouge, de ne pas toucher aux vivres là où ils se vendaient, et de ne pas aller à l'offrande avec le peuple.

Mss. Archives de la Gironde. B 458.
Archives de Biarritz. FF 3, N° 8.
Cité partiellement par Fr. Michel (*loc. cit.*), t. I, p. 209.
Inédit.

Extrait des Registres du Parlement [*de Bordeaux*].

Veu par la cour la Requeste a vue présentée le neufièsme de ce mois par les abbé, et jurats du lieu et parroisse d'espellete, tendant aux fins pour les causes y conteneües, enjoindre aux gahets et Capots residans en lad: parroisse d'espelete, et ez environs, leurs femmes, et enfens de incontinant prendre sur leurs acoutremens a leurs poctrines le signal rouge en forme de pied de guid, et inhiber dors en avant plus toucher aucuns vivres aux marchés, et places publiques, ou ils se débitent, et vendent, ny aller plus a l'offrande avec les parroisiens de paine du foüet et d'estre exhillés et chassés de lad: jurisdiction d'espellete et aussy enjoindre aux officiers du lieu à peine de dix mil Escus de tenir la main, policer lesd: Capots, et gahets, et faire exécuter l'arrêt, qui interviendra sur la presente Requeste, Reponse du procureur general mise au pied de lad: Requeste, qui n'empeche l'interinement de lad: requeste conformement aux arrest des 14 may 1578 et 12e aoust 1581 lesdits arrest desd[s] 14e may et 12e aoust, austre Requeste huy presentée pour l'interinement de la precedante, dit a esté que la Cour En consequence desd: arrets a ordonné et enjoint auxd: capots, et gahets, résidans en lad: parroisse d'Espelete, et ez environs leurs femmes, et enfens, d'incontinnant prendre sur leur[s] acoutremens, et leurs poctrines le signal rouge en forme de pied de guid, et leur inhiber de plus toucher aucuns vivres quy se debitent aux marchés et places publiques sauf celles qui leur seront baillés et delivrés, et ce à peine du foüét et d'estre exhillés et chassés de la jurisdiction d'espelete; et a meme peines leur fait inhibitions, et deffences, d'aller à l'offrande avec les autres parroissiens de lad: parroisse d'Espelete, et enjoint aux ôfficiers dud: lieu à peine de cinq cens escus, de policer led: capots, et gahets suivant le precedant arrêt, et de tenir la main à l'execution d'icelluy, et autre arrets donnés en semblables causes, selon leur forme et teneur.

Prononcé a bourdaux en parlement le onzièsme de decembre mil cinq cens nonante deux collationné signe lombart et a costé est escrit messieurs d'assis président et damalby Raporteur, habeat un Veu.

Signiffié le dix jeanvier mil sept cens, a Betbeder parlant a son clercq, signé, Geneste.

Veu et collationné a ésté la Coppie de l'arret de la Cour du parlement de Bourdeaux..., etc., fait a Arbonne le vingt deuxièsme may mil sept cent dix huit.

L. de Planthion, notaire royal.
J. Planthion, notaire royal.

(D'après la copie conservée aux archives de Biarritz.)

N° 53. — 20 mai 1593. — Arrêt du Parlement de Bordeaux.

Cet arrêt fut rendu sur la requête de Saubat Darmoise. Il renouvelait contre les capots et gahets du Labourd les injonctions et défenses de l'arrêt du 11 décembre 1592.

Ms. Archives de Biarritz. FF 3, N° 7.

Cité partiellement par Fr. Michel (*loc. cit.*), t. I, p. 210.

Inédit.

Extrait des registres du Parlement [*de Bordeaux*].

Veu par la cour la Requeste a vue ce jour d'huy presentée par Saubaț d'armoise notaire Roial et Sindicq du baillage de labourt, tendante affin pour les causes j conteneues en consequence des arrests, j attachés enioindre aux Capots gahets et ladres[1] dud paies de labourt, leurs femmes et enfans de incontinant porter le signal rouge en forme de Pied de guid sur leur acoutrement, au dehors et en évidence, affin qu'ils soint côgneus, et leur inhiber de toucher aucunes viandes aux marches et places publiques, les vivres, qui sont en venthe, ni aller plus aux offrandes, et toucher à l'eau beniste avec les parroisiens, à paine du fouêt et d'estre exhillés et chassés dud. bailliage, et enjoindre aux officiers des lieux a peine de mil escus, de tenir la main, policer lesd. Capots, et faire executer entretenir lesd. arrets, et autres, qui interviendront, sur la presente requeste, lesd. arrets dattes des quatorzièsme may mil cinq cens soixante dix huit, douziesme d'aoust mil cinq cens quatre vingts un, et onzièsme déxembre mil cinq cens quatre vingts douze, dit a esté interinant la ditte Requeste quen a ce, que la cour a ordonné et ordonne suivant ses precedans arrets, que les capots, et gahets residans au bailiage de Labourt, et lieux circonvoisins leurs femmes, et enfens prendront sur leurs acoutremens et poctrines un signal rouge en forme de pied de guid, pour êstre dicernés distincs, et separés du reste du peuble, et leur inhiber de dorenavant toucher aucuns vivres, qui se débitent aux marchés et places

1. Plusieurs auteurs qui n'ont cité qu'un fragment de cet arrêt écrivent ici : « capots, garrhes et ladres ». Cette lecture est probablement conforme au texte d'un manuscrit que nous ne connaissons pas.

peubliques sauf celles qui leur seront baillés, et delivrés par ceux qui les debitent et ce à peine du foüêt, et d'estre êxhillés et chassés dud : baillage, et pour le regard des ladres si avans en y a, porteront les cliquets a mesme peines que dessus, et fait la cour inhibitions et deffences aux susd : Capots, et lepreux d'aller à l'offrande avec les autres habitans dud : bailliage es eglises d'icelluy bailliage ny toucher de leurs meins l'eau beniste, au lieu ou les dits habitans ont acoutumé la prendre, et enjoint au baillif dud : Labourt, et aux officiers de tenir la mein a l'execution du present arrêt, a peine de cinq escus et autres arbitraire, telle que de droit, et raison.

Prononcé a bourdeaux en parlement le vingtiesme de may mil cinq cens nonante trois,

Collationné signé Lombart à costé est escrit Messieurs Dassis, presidant, Damelby Raporteur, habeat un Escu.

Signiffié le dixièsme jeanvier mil sept cens a Betbeder, parlant a son clercq, signé geneste.

Veü et collationnée a Esté la coppie de l'arret de la cour de parlement de bourdeaux, et signiffication, cy dessus et autres parts escrite par nous notaires Roiaux, soulz[nés] sur une coppie ou expédition en forme escrite en parchemin signé delombart et geneste sans j avoir rien aumenté ni diminué, ce Requérant sieur Jean Delabat Second Jurat de la presente paroisse Debiarriz auquel ces presentes a esté délivré, et lad : espédition en forme a resté au pouvoir de moy Jean de planthion laisné l'un des d. notaires sous signé, fait à Arbonne le vingt deuxième may mil sept cens dix-huit, par nous.

L. De Planthion notaire royal.
J. De planthion.

N° 54. — [20 mai 1594. — Arrêt du Parlement de Bordeaux.]

Cet arrêt est cité parmi les pièces figurant au procès qui se termina par un arrêt en date du 5 septembre 1596. (V. N° 57).

N° 55. — [22 juin 1595. — Arrêt du Parlement de Bordeaux.]

Cet arrêt règle certains points de procédure dans une affaire survenue entre les cagots de Saint-Pé et le scindic du bailliage de

Labourd. Un résumé de cette pièce figure dans l'arrêt du 5 septembre 1596.

N° 56. — [8 avril 1596. — Arrêt du Parlement de Bordeaux.]

Arrêt par lequel il est ordonné que les cagots du Labourd et le scindic, qui sont en procès, « diront, produiront et contrediront tout ce que bon leur semblera dans le premier jour juridique après Quasimodo ».

Cité dans l'arrêt du 5 septembre 1596.

N° 57. — 5 septembre 1596. — Arrêt du Parlement de Bordeaux[1].

Ms. Archives de la Gironde. B 465.

Publié dans les Archives historiques de la Gironde, t. XIX, p. 271-275.

Cité dans la consultation donnée par l'avocat Rochet, le 5 décembre 1722.

Entre Sanbat Darmore, scindic du bailliage de Labourt, Martin de Chevery et Petry Damares, demandant l'execution de l'arrest du vingtiesme de may mil cinq cens quatre-vingt-treze et l'enterinement de certaine requete d'autre part;

Et Jehannette de Lagarrete, Couland de Lamarque, Estebers de Haresteguy, Laurens Darguinis et aultres, leurs consortz deffandeurs, d'autre;

Veu le procès;

Quatre arrestz donnés en faveur des sindicz de la ville de Castelgelloux, de Capbreton, d'Espellete et desdictz demandeurs dattés du quatorziesme may mil cinq cens soixante-dix-huict, douziesme jour d'aoust mil cinq cens quatre-vingtz-ung, unziesme de décembre mil cinq cens quatre-vingtz-douze et vingtiesme jour de may mil cinq cens quatre-vingtz-treze;

Procès-verbal faict sur l'exécution de l'arrest du premier juillet mil cinq cens quatre-vingtz-treze;

Sentence dont vient l'appel du dix-septiesme jour dudict moys de juillet audit an;

1. Nous publions ce document d'après les Archives historiques de la Gironde. C'est dire que nous ne garantissons pas l'absolue exactitude du texte, où malheureusement semblent figurer certaines erreurs; c'est ainsi qu'il faut lire aux premieres lignes : Saubat Darmoise... Martin d'Etchevery...

Lettres royaux de relief d'appel desdictz appelantz et exploitz faictz en vertu d'icelles des unziesme et vingt-cinquiesme jour d'aout audict an;

Arrest de contrariette du vingtiesme de may mil cinq cens quatre-vingtz-quatorze;

Requeste desdictz demandeurs;

Procès verbal faict sur la faction d'icelle du vingt-septiesme juillet mil cinq cens quatre-vingtz-quatorze;

Enquête de ladite [La] Guarete et procès verbal faict sur la faction d'icelles, des vingt-ungniesme de mars et huictiesme apvril dernier quatre-vingtz-quinze;

Nullités et objez desdites parties;

Salvations desdictz demandeurs avecque la requeste de reception;

Conclusions du procureur-général du Roy;

Autre arrest donné entre lesdictes parties le vingt-deuxiesme jour de juing mil cinq cens quatre-vingtz-quinze, par lequel entre aultres choses, sans avoir esgard à la fin de non-proceder proposée par ladicte [La] Garette; que la Cour a mis l'appel et ce dont a esté appellé au neant sans despans; et evoqué et retenu à elle le procès principal d'entre les parties et obmectant le premier chef d'arrest de querelle formé par icelle de Laguarette, ordonne que les parties procederoient sur le second chef, et joinct la presante instance à aultre instance d'execution d'arrezt poursuivye par le scindic de Labourt pour le règlement des cappos et gaetz, pour estre le tout jugé conjoinctement, separement et par ordre, ainsi qu'il appartiendra; et sur ce que les parties diroient et produiroient dans le moys;

Inventaire sommaire contenant communiquation de pièces faicte à Lagoire, procureur desdictz deffandeurs, du septiesme de mars mil cinq cens quatre-vingtz-quinze;

Lettres royaulx et exploictz d'assignation baillé à la requeste dudict scindic de Labourt ausdicz de Haresteguy, Couland de Lamarquade, Laurens Darquinnis, des vingt-deuxiesme de septembre et vingt-quatriesme octobre mil cinq cens quatre-vingtz-treze;

Arrest par lequel est ordonné que toutes parties diront,

produiront et contrediront tout ce que bon leur sembleroient dans le premier jour jurisdic après *Quasimodo*, datté du huictiesme d'apvril dernier;

Requeste presantée par ledict scindic de Labourt, du neufiesme jour du presant moys d'aoust, contenant conclusions sur le second chef d'arrest de querelle que sont : qu'il soict enjoinct comme autrefois à ladicte de Laguarete, son mary, leurs enfans et àultres cappos et gaiectz, residans au bailliage de Labourt et lieux circonvoysins, leurs femmes et enfans, à peyne de mil escus et du fouhet, de pourter, sur leurs accoustrementz et poytrennes, un signal rouge en forme de pied de guyt, qui soict descouvert et esminant, afin qu'ilz soyent dicernés, distin et séparés du reste du peuple; et inhibé et defendu ausditz gaietz et cappos de toucher aulcuns vivres qui se debitent aux marchés et places publicques a peyne du foyet et d'estre banys dudict bailliage; et aux ladres de porter les clicquettes, et leur faire inhibitions et defences d'aller à l'offrande avec les aultres habitans ez esglises dudict bailliage, ne toucher de leurs mains l'eau béniste; et enjoindre comme autrefois audict baillif et aultres officiers de faire mettre à execution ledict arrest et informer des contreventions à peyne de mil escus, suspention et privation de leurs estatz; à laquelle requeste a esté repondu : soict mise au sac et signiffiée sans retardement du jugement du procès;

Oultre pièces et production respectivement desdictz demandeurs et Laguarette avec l'appoinctement a droict;

Il sera dict, faisant droict diffinitivement des fins et conclusions des parties concernant ladicte Jehane de Laguarete, nommée en l'arrest, du vingt-deuxiesme juing mil cinq cens quatre-vingtz-quinze, Jehan Mascardes, son mary, et leurs enfants, et attendu les preuves et enquestes faictes respectivement par lesdictes parties suyvant l'arrest du vingtiesme de may mil cinq cens quatre-vingtz-quatorze, que la Cour interinant ladicte requeste dudict Saubat Darmore, sindic dudict baillage de Labourt, du neufviesme jour du present mois d'aoust, enjoinct à ladicte de Laguarrete, son dict mary et enfans, de porter à l'avenir sur leurs acoustremens et poytrine, un signal rouge en forme de pied de guit, aux fins qu'ilz soyent disernés et distingués du reste du peuple, suivant ce que a esté ordonné par l'arrest du vingtiesme may mil cinq cens quatre-vingtz-treze, leur faisant inhibition et défance, de se meler parmy le peuple, soit aux esglises, marchés et aultres lieux publictz, et d'aller à l'ofrande, dans l'esglise parrochelle de Sainct-Pé, avec les aultres habitans et paroissiens, ny mectre la main à l'eau bénite, ne pareilhement, prendre aulcune place en icelle esglize, que celle qu'eux et leurs prédecesseurs ont accoustumé avoir, scavoir : les hommes qui sont de ladicte qualité sur les degretz de l'eschelle par laquelle on monte en la galerie de ladicte esglize, et les fames, au baz desdictz degretz et joignant iceulx; et de ne toucher et manier, ausdictz marchés, aulcungs vivres, que ceulx qui leur seront baillés et délivres, pour leur entretenement, le tout a peyne du fouet et d'estre banis du bailliage de Labourt; enjoignant au balifz et aultres officiers dudict lieu, de tenir la main à l'exécution du presant arrest, a peyne de mil escuz, suspension et privation de leurs estatz; condamne ladicte Guarette envers lesdictz Decheverry et Dauciary abbés de la parroisse de Sainct Pé, ez despans faictz en ladicte cour, dès et puis ledict arrest du vingt-deuxiesme jung quatre-vingtz-quinze la taxation d'iceulx a ladicte cour reservée;

Et avant faire droict des aultres fins et conclusions dudict scindic de Labourt, concernant l'arrest general du vingtiesme may mil cinq cens quatre-vingtz-treze, ordonne, ladicte cour, que lesdictz Colau de Lamarcarde, Esteven de Haresteguy et Laurens Darguins, scindiz crez et accordez par Sanson Martin, aultre Martin et Esteven de Haresteguy, Mengon de Lassere, et aultres leurs consortz, nommez en ladicte procuration du quatorziesme de juillet mil cinq cens quatre-vingtz-treze, inserée au proces verbal du premier dudict mois de juilhet audict an, dudict procés; bailleront leur causes d'opposition dans la feste de Saint Martin d'iver prochainement venant, et sur ce, toutes parties diront, produyront, tout ce que bon leur semblera pour ce faict et devers la cour raporté, et le tout communiqué au procureur-général du Roy en estre ordonné ce qu'il apartiendra. Et cependant ordonne ladicte cour, que suyvant les arretz précedans, les capotz et gahetz, residans au baillaige de Labourt et lieux circonvoysins, prandront sur leurs accoustremens et poytrines ung pareil signal rouge en forme de pied de guyt, pour estre séparés du reste du peuple, leur inhibant doresnavant touscher aulcungs vivres qui se debitent au marché, sauf ceulx que leur seront délivrés par ceulx qui les vandront, a peyne du fouet et d'estre banis dudict baillaige. Et pour le regard des ladres, sy aulcungs en y a, porteront les cliquetes a mesmes paynes que dessus; faisant inhibitions ausdictz capotz et lepreux, aller à l'offrandre avec les aultres habitans dudict baillaige et de toucher l'eau bénite au lieu ou lesdictz habitans ont accoustumé de la prandre, ains se ranger chescung ez lieux acoustumés et qui sont destinés pour leur assemblée; aussi, a mesme peyne que dessus, le tout jusques à ce que aultrement par ladicte cour en soict ordonné; et en cas de contraventions ladicte cour enjoinct audict baillifz et aultres officiers dudict baillaige de Labourt d'informer contre les contrevenans pour lesdictes informations veues et devers la cour raportées, estre procédé ainsi qu'il apartiendra.

De Rœmound, Alesme.

N° 58. — [3 juillet 1604. — **Arrêt du Parlement de Bordeaux.**]

Cet arrêt fut rendu à la requête du sieur Gregaray syndic du Tiers État du pays de Soule.

Cité par Palassou (*loc. cit.*), p. 371, sans indication concernant le manuscrit.

« Il est ordonné en conséquence du précédent arrêt (celui du 5 sept. 1596), aux cagots et gahets de Soule, de porter ladite marque rouge en forme de patte de canard, et fait les mêmes défenses ci-dessus avec celles de ne prendre dans les églises que les mêmes places que leurs prédécesseurs et ancêtres du dit ordre des cagots, etc., etc. »

N° 59. — 29 juin 1606. — Ordonnance des 3 États du pays de Soule.

Cité par Palassou (*loc. cit.*), p. 371.

Ordonnance rendue sur la requête de Bernard d'Itchard, par laquelle « il fut défendu aux dits cagots, à peine du fouet de faire l'office de meunier, de toucher à la farine du commun peuple, ni de se mêler dans les danses publiques avec le peuple, sous peine corporelle ».

N° 60. — Novembre 1680. — Consultation d'avocat au sujet d'une affaire survenue à Biarritz, à propos d'un enterrement d'agot qu'on avait fait dans le cimetière commun.

Ms. Archives de Biarritz. FF 3, N° 1.
Inédit.

Le soussigné qui a ouï le sieur Dalbarade Jurat de la parroisse de Biarritz, à la requeste par lui présentée au bailliage de labour,

Est d'avis que comme on commance le procès criminellement et par forme de raintregrande c'est une necesitté d'agir devant le juge tanporel parceque les mattières criminelles contre les pays et le mattières posesoires appartienent aux juges temporels. C'est pourquoy dans les écritures et actes qui se feront dans la suitte il faudra prandre la chose pour une voye de fait et un troumble à la possession dans laquelle on dit d'avoir les sémittieres et les cors enterrés dans ceux de gots et dans le rayonnement on pourra parler de l'ofrande et de l'eau benitte et de l'arret de l'an mil cinq cent quatre-vingts-traize.

Que sy comme on dit l'esperer on obtient un jugement par lequel il sera permis de déterre[r] les corps, de le[s] porter dans l'endroit destigné pour les aguoter il faudroit dans le veritable ordre faire signifier le jugement à ladvocat et aux parties mesme demander une permission à monsieur l'evesque de faire le transport du corps attanden led. jugement,

Neantmoins il y a lieu de croire que si les choses estoint faites et exécutées en conséquance d'un jugement, led. Seigneur Evesque ne s'en formaliseroit pas autrement, non plus que messieurs les officiers Eclésiastiques particulièrement s'il n'y a pas pleinte devant luy,

Mais comme l'on dit que cella fait et fera du bruit dans la parroice, on estime qu'il n'y aura pas grand inconvenient de la part dud. Seigneur Evesque si on execute le jugement en lui venant faire dans le même temps faire ses civillités et alleguer lesd. raisons du désordre qu'on aprehent particulièrement sy cella est authorisé du Sieur Curé et sy luy ou son vicaire asiste aud. deterrement.

Il seroit mesme à propos s'il se pouvoit d'avoir un sergent qui feust commis pour faire executer le jugement de reintegrande et l'appelle[r] la partie pour se voir faire et pour evitter les empressements qui pourroient survenir il seroit bon de lever l'appointement avec empressement et le faire signifier et ensuite executer en sorte que la partie n'acrosse pas l'affaire par un appel car s'il y avoit une fois appel, l'execution en seroit difficille, parceque c'est une mattière importante et les juge[s] d'appel ne sont que trop jalous des attentas contre leur jurisdiction.

Signé : Bruix.

N° 61. — 1680. Extrait des comptes de la Communauté de Biarritz.

Ms. Archives de Biarritz. CC 7, page 183.
Inédit.

Frais faits contre les aguotz de la paroisse pour avoir enterré unne famme dans un simitière quy n'estoit pas le lieu ou l'on a praticque de tout temps de faire enterer lesd. aguotz et aguottes.

Premierement :

Led. Sieur premier Jurat est allé à bayonne prendre conseil de monsieur du Bruix, advocad, contre l'entreprinze desd. aguotz sur led. enterement : payé aud. Sieur du Bruix pour led. advis, apert en liasse, syle. . . . . L. 2 » 5 »

Plus pour unne requeste presantée led. jour a Ustaritz payé à M. Delissalde 1 » 10 » et au juge pour la signature 16 d., au greffier pour l'espedition 18 s. 6 d., et à Plantion pour avoir asigné 3 témoins 1 » 10 s., le tout. . . L 4 » 14 »

Plus pour l'audition de dix tesmoings 1 » 10 » Plus au greffier pour ses droitz 1 » 11 s. 6 d., pour le verbal au mesme 1 » 12 » 6 », pour la pièce du décret contre Sansco 1 » 12″T », pour les conclusions du procureur du Roi 1 » 10″, a Plantion pour la signification du descret 10 s., auxditz tesmoings pour la despanse et journée 1 » 10 », pour de la despanse ou journée dud. Sieur premier Jurat avecq son cheval en deux voyages 50 fr. pour quatre contre roles 20 s., le tout monté. L 13 » 6 » 6 »

Pour aultres deux tesmoings que nous avons fait oüyr payé au juge 20 s., au greffier tan pour le verbal que pour ses autres droitz 54 s. 6 d., pour les conclusions du procureur du roi que pour les autres droitz tant du juge que du greffier et l'espédition d'aultres decret[s] contre deus aguots 3″ 4″ et pour les journées ou despance desd. tesmoings de 20 s. et pour la despanse ou journée dud. Sieur premier Jurat qui est allé a Ustarit pour faire ouyr lesd. tesmoings et la pièce, led. décret, syle . . . . 9 » 13 » 6 »

AFFAIRES DE BIARRITZ (1697-1700).

N° 62. — [29 avril 1697. — Ordonnance de M. de Besons, commissaire de parti en la généralité de Guienne.]

Par cette ordonnance Saubat de Harosteguy, Martin Saubat, Pierre du Casse, Joannes et François d'Oyhamboure, tous Capotz, Gahetz, et Gôtz des paroisses de Biarritz et d'Arcangues, devaient être admis dans les assemblées générales et particulières, et reçus à participer aux charges municipales et honneurs de l'église comme les autres habitants de Biarritz et d'Arcangues.

Cité dans une lettre d'appel du Roy de décembre 1699 et dans la signification de cette lettre faite le 16 décembre 1700.

N° 63. — [12 mai 1699. — Arrêt du Parlement de Bordeaux.]

Cet arrêt fut rendu sur requête en faveur des agots de Biarritz et d'Arcangues.

Cité dans l'arrêt du 9 juillet 1723.

N° 64. — 31 mai 1699. — Procès-verbal de l'assemblée capitulaire de Biarritz.

Ms. Archives de Biarritz. FF 3, N° 2.
Inédit.

Le trente Uniesme du mois de may mil six cent quatre vingt dix neuf avant midj en la Parroisse de biarritz dans le lieu ou les assemblées ont accoutumé se tenir les sieurs Jurat Abbé et deputtez de lad[te] Parroisse et les habitans d'icelle étant assemblés capitulairement à la manière accoutumée pour traiter d'une affaires comunes, Sr Juan dalbarade Jurat a representé auxdits habitans qu'il est averty que les familles nommés gots de lad. parroisse auroint obtenu es la cour De parlement de guienne Un prétendu arrest sur requeste portant confirmation de certaine lettre de cachet obtenue par quelques familles nommés gots, Et sur ce il les a requis de déliberer ce qu'ils veulent qu'il en soit fait pour raison de ce surquoy les dits habitans ont déclaré qu'ils veulent et entendent que ledit S[r] dalbarade coniointement avec les autres sieurs Jurats de lad. parroisse après que ledit Arrest leur aura été signiffié fassent tous actes et toutes les poursuittes qui seront nécessaires contre lesd. nommés gots sur ledit pretendu arrest qu'ils pretendent avoir obtenu pour éviter qu'ils n'aient aucun droit sur ce qu'ils prétendent avoir obtenu par Iceluy,

Pour cest effet leur donnent tous pouvoir en tel cas requis Et Memes de retirer le revenu du prix de la pièce de terre appelée de proffit Et iceluy emplojer pour faire les dits actes et poursuittes quy seront nécessaires pour raison de ce contre les dites familles gotz. Jusques en fin de cause, et en cas que led. pris de lad. terre ne soit point suffizant pour faire lad. poursuitte lesditz habitans promettent de fournir auxditz Sieurs Juratz ce quy leur sera besoin jusques à la fin du procès, Promettant avoir pour agreable tout ce que par eux sera fait pour raison de ce dessus et ne les revoquant aucunement aime les en relever j'ordonne a la paine de tous les autres dommages-Interests.

De quoy par moy greffier Soug^{ne} a esté fait acte devant ledit Sr Jurat et Deputté quy scavent signer. Signés a l'original.

Larrendouette, greffier de la com^{té}.

N° 65. — **9 novembre 1699. — Procès-verbal de l'assemblée capitulaire de Biarritz.**

Ms. Archives de Biarritz. FF 3, N° 3.
Inédit.

Le neufieme du mois de novembre mil six cens quatre vingt dix-neuf apres midi en la paroisse de biarriz et dans le fort d'icelle sieur Jean de batavi second jurat de lad^{e} parroisse Estant avecq la plus grand partie des habitans djcelle assembles capitulairement pour traicter des affaires communes il a Représanté auxdits habitans que le jour d'hier après Midy il avoit Esté Auecq les sieurs Jean d'albarat et Jean dehiriart abbé et jurat et autres deputtes de lad^{e} parroisse ses Collegues pardev^{t} les sieurs abbé et jurat Darengous pour L'affaire des Nommes Gotz de Lad. Parroisse lesquels leur auroint dit qu'ilz estoint en Volonté d'envoyer à Bourd^{x} Me Jean Planthion notaire Royal pour depputté pour poursuivre ledit affaire contre lesdit nommés Gotz Et quilz luy vouloint donner douze louis d'or et quainsy qu'il estoit Important que ledit de Batavi et ses Collegues En fissent de mesme surquoy led^{t} sieur de Batavi a Requis auxditz habitans de deliberer sur cela lesquelz ont déclaré qu'il falloit Incessament led^{t} affaire contre les nommes Gots et que ledit sieur de Batavi et ses collegues empruntassent quelque somme ou fissent toutes les choses qu'ilz trouveroint et jugeroint a propos pour parvennir a l'Effet de ce quyl seroit necessaire pour faire lad. poursuitte contre susditz nommes Gotz promettant les susditz habitans avoir pour Agreable tout ce que ledit sieur de Batavi et ses collegues auroint pour Raison de ce et de les retenir indempne a painne de tous depans dommages et interetz Dequoye par moy greffier soubz^{ne} a este faict acte suivant led. sieur Batavi signé à l'original auecq les deputtes qui ont sceu signer et moy

Larrendouette, greffier de la commun^{té}.

N° 66. — 9 décembre 1699. Requête contre les cagots de Labourd pour s'opposer à l'ordonnance du 29 avril 1697. Signifiée le 10 décembre.

Ms. Archives de Biarritz. FF 3, N° 6.
Publié par Fr. Michel (*loc. cit.*), t. I, p. 234-235.
La copie de cet auteur étant assez incorrecte, nous reproduisons ici cette pièce d'après l'original.

A Nosseigneurs de parlement.

Suplie humblement pierre du halde d'iribarren, sieur dudit lieu scindicq general du pais de labourt Disant que sur l'avis donné aux habitans dudit pais que joannès et François d'oyamboure des parroisses de biarritz et d'arcangues et leurs consortz, quoy qu'ils soint des agotz Capotz et gahetz, et par consequen exclus d'estre admis aux honneurs des êglises et à toutes les charges publiques, ainzy qu'il a esté jugé par divers arretz de la cour contraditoires[1] Randeus en faveur dudit pais de labourt, Datés des 14 may 1578 : 12 aoust 1581 : xj dexembre 1592 : 20 may 1593 : et 7 septembre 1596 : neanmoins ilz ont surpris un arrêt sur resqueste qu'ilz veullent executer contre les habitans dud : pais de labourt et singulierement contre ceux desd : parr[oisses] de Biarriz et d'arcangues, par lequel la cour les a retablis et jugés habilles à participer auxd : honneurs et charges Publiques a Raison de quoy les habitans dud : païs de labourt assemblés en la manierre acoustumée par leur acte de bilçaer du 21 juillet dernier on[t] deliberé de faire oposition à l'execution dud : arrest sur Requeste par le ministerre dud : supliant et d : intervenir dans la cause pendante en la cour entre les d : doybembourre et consort et les habitans des dittes parr[oisses] de biarritz et d'arcangous qui on[t] formé osposition a l'execution dud : arrest sur Requeste, et Exécution le Supliant donné sa Requeste en oposition et Intervantion, et pour moiens il soutient que les arretz precedantz aiant jugé

1. Ce mot est écrit : *contradit* : On peut le rétablir : *contradit[oires]*, ou *contradit[oirement]*.

la question en faveur dud : païs de labourt, l'arret sur Requeste surpris par lesd. d'oyhamboure et consort ne peu[t] pas subsistér. Ce Consideré, Monseigneur, il vous plaise de vos graces ôctroyer acte au suppliant de son opposition et intervantion, et y faisant Droit Remetre les parties en l'estat qu'elles estoint avant l'arret sur Requeste, ordonnér que les precedantz arrets seront executés avec deffences aux-d : d'oyhamboure et leurs consortz capotz, gahetz et götz du-d : païs de labourt d'y contrevenir sous les peines y conteneues, et les condamnér aux dépens, a ces fins le supliant raporte l'acte du bilçar et la procuration des 21 juillet dernier et 5 du present mois de decembre l'acte signé dibarrart et la procuration du balde notaire Roial. Et Faires Bien. Signé Miremont. — Ayt acte, au surplus, face le supliant sa Requette en jugement.

Fait à Bourdaux en parlement le 9 decembre 1699.

Signiffié le 10 decembre 1699 a betbeder avant l'audiance parlant a luy qui apris Copie Ensemble de pièces y Enoncees, et a darche parlant a Son Clerc qui apris aussy coppie. Signé Mamart.

Veu et collationné sur une pareille grosse par nous nottaires Royeaux au present païs et Bailliage de labourt. Sens j avoir Rien adjouté ni diminué Ce Requerant sieur jean la Bât Second jurat De la parroisse de biarriz, lad : grosse informe aiant Resté au pouvoir de moy jean de Planthion laisné l'un desd : notaires soubz fait a Arbonne Le 20 may 1718.

Planthion notaire royal.
Planthion notaire royal.

N° 67. — [...] décembre 1699. — Lettre d'appel du Roy Louis XIV en réponse à la requête ci-dessus.

Ms. Archives de Biarritz. FF 3, N° 5.
Inédit.

Louis par la grace de Dieu Roy de France et de Navarre au premier nostre huissier ou sergent sur ce requier nos biens ames les maire et consuls des communautés de biarrits et d'arcangous nous ont fait exposer que nostre ame et feal sieur de Besons commisaire de parti en la generalite De guienne auroit rendû une ordonnance le vingt neufiesme avril mil six cens quatre vingt dix sept, par laquelle Saubat deharosteguy, Martin Saubat, pierre du Casse, joannes Guilharét, Joannes deharosteguy, Joannes, et françois dojambourg ont esté admis dans les assemblées generalles et particullieres, et Receus a participer aux charges municipalles et honneurs de l'églize comme les autres habitans quoyque par differants arrets rendeus au parlement de Bourdeaux ils en ayent esté excllus en Connois^ce^ de Cause par des Raisons d'jncapacité personnelle, ce quy oblige les exposants de se pourvoir contre Lad. ordonnance et de recourir a nostre authorité. Pour leur estre pourvueu de nos lettres d'appel sur ce necessaire, *a ces causes* de l'avis de nostre Conseil qui a veu les pieces justifficatives de ce que dessus ensemble la d^te^ ordonnance dud : jour vingt neuf auril mil six cens quatre vingt dix sept cy atachée Sous le Contre Sçel de nostre chancellerie, ouÿ Le Raport le sçeau tenant de nôstre amê et feal con^ce^ en nos conseils M^e^ des Requestes ord^re^ de nöstre hostel Le Sieur de la moignon, nous temandons qu'a la requeste des Exposants qui ont esleu leur domicile en la Personne de Me Jean Brossard auocat en Nos Conseils, tu assignés en nostred. con^el^ a Competant pour les d. Saubat deharosteguy Martin, Saubat, piêrre du Casse Joannés Guilharest, Joannés de harrosteguy Joannes Et François dojambourg, pour procéder sur led. appel et en outre comme de raison, sans preiudice toute fois de l'execution de lad : ordonnance, de ce faire te donnons pouvoir sans demander autre permission Car tel est Nostre plesir donné à Versailles le jour de decembre l'an de grace mil six cent quatre vingt dix neuf et de nostre regne le cinquante septième, signé par le Roy en son Conseil. — *Borderie.*

Collationné a esté la Copie des Letres d'apel Cy dessus et Ez autres parts escrite par moy notaire royal soubz^né^ sur une Expedition en forme desdites Lettres Escrite en parchemin signé bordrie. Et scelles de Cire jaune sans y avoir rien augmenté ny diminué Ce requerant sieur Jean de labat jurat de la parroisse de biarrits auquel le fait tant la dite expedition que Ces présentes ont esté remises et deliurez pour Luy servir et valloir en Tems et Lieu et a tous autres qu'il apartiendra ce que de raison. Fait à Saint-Jean de Luz le 21e may 1718. Et s'est cy signé aueq moÿ. Jean delabat.

Doyhenard n^re^ royal.

N° 68. — 16 déc. 1700. — Signification aux Agots de Biarritz des lettres d'Appel du Roi.

Ms. Archives de Biarritz. FF 3, N° 4.
Inédit.

Le seidzième Jour du mois de decembre mil sept cens Certiffie je pierre Deplanthion, sergent roial jmmatricullé au siege du Senechal de la ville dax residant et domicillié en la Parroisse de biarritz au Bailliage de labourt et maison appellée de Pinasse Soubz^{né} par verteu des lettres d'appel du conseil du mois de decembre mil six cens quatre vingt dix neuf par le Roy en son conseil Signés Borderie et scellés que j'avois en main contennant mon pouvoir et à la Requeste des maire et Conseulz autrement abbé et Jurat des Communautés de biarritz et Darcangues au present pais de labourt, le Maire autrement l'abbé dud : Biarritz nommé Martin de la fargüe marinier de Profesion domicillié en sa maison appellée de martin ou Sabatté et celluy dudit arcangue Nommé pierre de gaujoig masson de profession domicillié aussy en sa maison appellée adamerenea m'être expres Porté par devers les personnes et domicillies de joannés d'oyhamboure charpantier habitant de lad : parroisse de biarritz domicillié en sa maison appelée de Coulau et de françois d'oyhamboure aussy charpentier habitant de lad : parroisse d'Arcangues domicillié aussy en sa maison appellée d'oyhamboure behere auxquels a chacun en particulier tant pour eux que pour leurs adherans j'ay signiffié lesd: lettres d'appel aux fins y contenües et en consequence je leur ay baillé assignation a comparoir dans deux mois apres la datte du present exploit aud : Conseil pour proceder sur Led : appel fait par lesd : maire et consculz desd : communautés de biarriz et d'arcangous d'une ordonnance rendue par feu monsieur debesons le vingt neufiesme avril mil six cens quatre vingt dix sept pour lors commisaire de party en la generalité de guienne au proffit desd : doyamboure et autres leurs d : adherans et au prejudice desd : communautés de Biarritz d'arcangous et autres dud : pais Delabourt et voir infirmer lad : ordonnance autrement proceder comme de raison aquoy lesd : maire et Conseulz Concluent et aux depens leur ayant aussy declaré qu'ilz ont constitué pour leur advocat aud : conseil Me Jean Brossard : adat ez conseils du Roy aux fins j'ay a chascun dud : joannes et françois Doyhamboure baillé coppie tant desd : lettres D'appel que de mon present exploit en leurs d. domicilles parlant à la personne dud : joannes et a la femme dud : françois par moy d. qui ai cy signé de Planthion sergent Roial.

Contre Rollé en deux articles à baionne. Le 16 decembre 1700, signé :

BARVOILHET.

Veu et collationné sur une pareille grosse par nous notaires Roiaux au présent pais et Baillage de labourt sens j avoir rien adjouté ny diminué ce requerant Sieur Jean La Bat second jurat de la parroisse de biarriz. Lad : grosse en forme aiant resté au pouvoir de moy Jean de Planthion Laisné l'un desd : notaires soubznes. Fait a Arbonne. Le 20 mai 1718.

Planthion.
Planthion.

N° 69. — [12 mai 1701. — Arrêt du Parlement de Bordeaux.]

Cet arrêt, que nous avons vainement recherché, confirmait vraisemblablement celui de 1697, ainsi qu'il appert de la pièce cidessous.

N° 70. — Dalbarade fait demander à Oyamboure, cagot, de prouver qu'il a fait opposition à l'arrêt du 12 mai 1701.

Ms. Archives de Biarritz. FF 3, N° 13.
Inédit.

A la Requête du Sieur Jean d'Albarade Jurat de la parroisse de biarritz soit declaré à François d'oihamboure charpantier habitant du lieu d'arcangous, en la qualité qu'il prouve, que led. D'albarade s'oppose aud. nom a l'execution de l'arrest Rendu au parlement de guienne le 12e may ded. avec tout le Respect qu'il doit à la Cour offrant d'en deduire les moyens et proteste de l'inutillité de ce que led. Doihamboure a fait en consequence tant en son nom que pour ses autres adherans, mesme de se pourvoir devant quy il appartiendra, pour Raison de ce, et generallement de tout ce dont il peut et devroit protester. Dont acte. (*Sans date.*)

AFFAIRE DE CONDOM (1706-1710)

N° 71. — 1706. — Les cagots de Condom portent plainte contre les habitants de cette ville.

Laurent Arboucan et sa femme, demandent des poursuites contre seize habitants de Condom, qui ont provoqué une bagarre lors de l'enterrement de leur fille qu'ils voulaient faire au cimetière commun.

Cette affaire portée devant le juge-bailli de Condom, fut suivie de plusieurs arrestations, et de l'ouverture d'une instruction. Pour des raisons de procédure l'affaire fut portée devant le parlement.

N° 72. — [31 janvier 1710. — Arrêt du Parlement de Bordeaux.]

Cet arrêt fut rendu sur la réquisition du procureur général, au sénéchal de Condom ; il faisait expresse défense « a toutes sortes de personnes, tant de la paroisse de Lialores, Grasimis, Mezin et autres du diocèse de Condom, de s'opposer ni empêcher la sépulture des charpentiers, leurs femmes et enfants dans les cimetières ordinaires et accoutumés des paroisses où ils seront décédés, et au cas de contravention, il est enjoint aux officiers des lieux d'en informer, et au substitut du procureur général de tenir la main à l'exécution de l'arrêt..... »

Cité dans la pièce N° 74.

N° 73. — Les 14, 16, 24 février, 10 et 12 mars 1710. Informations et décrets du procureur général.

Le substitut du procureur général au sénéchal de Condom informe et décrète, à Lialores, au sujet de troubles survenus au sujet de l'enterrement du sieur Arboucan charpentier.

Cité dans la pièce N° 74.

N° 74. — Conclusions du Procureur général de Condom, suivies d'un Arrêt du Parlement de Bordeaux (28 mai 1710), de lettres-patentes du roi Louis XIV (4 juin 1710), et de la signification de l'arrêt de la cour (10 juillet 1710).

Publié in : Journal judiciaire ou Feuille d'annonces et avis divers de l'arrondissement de Condom (Gers).... N° 782, 23 avril 1839.

Ce jourd'huy est entré le procureur général du roi, qui a dit qu'ayant été averti que dans les paroisses du Lialores, de Grasimis et Mezin, plusieurs particuliers s'opposoient qu'on enterrât dans les cimetières de ces paroisses les corps de tous les charpentiers, leurs femmes et enfants, qu'ils appèlent *Capots*, autrement *Ladres*, et qu'ils vouloient qu'on les ensevelît dans les cimetières différents, quoique pendant la vie de ces charpentiers ils aient eu commerce axec eux, ce qui auroit donné lieu à l'arrêt du dernier de janvier 1710, rendu sur la réquisition du procureur général, par lequel il est fait défense à toute sorte de personnes, tant de la paroisse de Lialores, Grasimis, Mezin, et autres du diocèse de Condom, de s'opposer ni empêcher la sépulture des charpentiers, leurs femmes et enfants, dans les cimetières ordinaires et accoutumés des paroisses ou ils seront décidés, et au cas de contravention, il est enjoint aux officiers des lieux d'en informer, et au substitut du procureur général de tenir la main à l'exécution de l'arrêt, lequel seroit lu, publié et affiché où besoin seroit. Ce qu'ayant été fait sur les lieux, le nommé Arboucan, charpentier de la paroisse de Lialores, étant venu à décéder, grand nombre d'hommes et de femmes dudit lieu se seroient attroupés tumultairement, et empêché par force et violence et a main armée que le corps dudit Arboucan ne, fût enterré dans le cimetière commun, ayant menacé de tuer ceux qui voudroient exécuter ledit arrêt, et ils auroient enlevé au sonneur de cloches la bêche dont il se servoit pour faire la fosse destinée pour la sépulture dudit Arboucan : ce qui auroit obligé d'abandonner le corps et de le laisser dans la sacristie de l'église dudit lieu de Lialores. De laquelle contravention, attroupement et violence, le substitut du procureur général au sénéchal de Condom en auroit porté sa plainte, fait informer et décréter par le lieutenant criminel audit sénéchal de Condom, les quatorze, seize et vingt-quatre février, diz et douze mars derniers, et en conséquence il y eut quelque femme qui fût capturée et qui rendit son audition devant le lieutenant criminel du sénéchal dudit Condom; mais le substitut du procureur général au baillage royal de Condom et le procureur juridictionnel du lieu, la justice étant en paréage avec le roi, ayant prétendu que sur leur plainte et du nommé Laurent Arboucan, maître charpentier, et Jeanne Casenave, sa femme, avoit informé et décrété de prise de corps contre seize particuliers, en 1706, devant ledit juge-bailli de Condom pour raison de voie de fait, violence et attroupement, ayant empêché que le corps de la nommée Marie Arboucan, fille dudit Arboucan et de ladite Casenave, ne fût inhumé dans le cimetière ordinaire dudit lieu de Lialores; lesdits substitut et procureur juridictionnel dudit baillage de Condom auroient fait emprisonner, le douzième de mars dernier, un des décrétés en 1706, et en même temps obligé dix à douze particuliers de rendre leurs auditions sur le décret contre eux.

Nouvelle accusation portée devant le lieutenant criminel de Condom, lequel ayant informé et décrété, la cour restait seule compétente pour l'instruction et jugement, puisque c'étoit une contravention à l'exécution de son arrêt de règlement, lequel n'ayant donné d'autre pouvoir aux officiers des lieux que d'informer seulement, la cour s'étoit par conséquent réservé la connoissance et le jugement des contraventions dans une matière qui regardoit l'ordre public et la police generale, qui devoit être considérée comme une cause majeure dont la cour étoit seule compétente : s'agissant de maintenir les fidèles chrétiens dans le droit d'être ensevelis dans les cimetières communs, ou de punir les contrevenans : ce qui étoit d'autant plus nécessaire que, s'il en étoit autrement, le jugement de ces accusations et la décision traîneroient en longueur, et il se formeroit des conflits de juridiction entre ces premiers juges, pour savoir lequel devroit connoître des susdites accusations qui venoient d'une même source et d'une même cause, quoiqu'introduits dans des temps différens, ce qui étoit nécessaire de prévenir par l'autorité de la cour et de porter promptement le remède convenable en un mal pressant. Ainsi, le procureur général du roi a requis être ordonné que dans quinzaine les greffiers du lieutenant criminel de Condom et du juge-bailli dudit lieu porteront ou feront remettre au greffe de la cour les procédures qui ont été faites devant lesdits juges pour raison desdites violences, voies de fait et attroupement, à peine d'interdiction et de cinq cents livres d'amende, et les décrets décernés par le lieutenant criminel, le juge-bailli de Condom, être exécutés, si besoin est; et les décrétés conduits dans la conciergerie de la cour pour y ester et fournir à droit, et les parties intéressées et accusées être assignées en la cour pour y procéder sur lesdites accusations et instances criminelles, ainsi qu'il appartiendra.

Signé : Duvigier.

La cour, faisant droit des conclusions du procureur général du roi, ordonne que dans quinzaine les greffiers du lieutenant criminel de Condom et du juge-bailli dudit lieu remettront, ou feront remettre au greffe de la cour, les procédures faites à raison des violences, voies de fait et attroupemens en question, à peine d'interdiction et de cinq cens livres d'amende; au surplus, ordonne que lesdits décrets décernés tant par le lieutenant criminel que le juge-bailli seront exécutés, si besoin est, et les décrétés conduits sous bonne et sûre garde dans la conciergerie de la cour, pour y ester et fournir à droit, et que les parties intéressées et accusées seront assignées en ladite cour pour procéder sur lesdites accusations et instances criminelles, pour ce fait être ordonné ce qu'il appartiendra.

Fait à Bordeaux, en parlement le 28 de mai 1710. Monsieur Sabourin, président. Bigos, signé. Pro rege, collationné.

Louis par la grace de Dieu, roi de France et de Navarre, au premier notre huissier ou sergent royal sur ce requis, à la supplication et requête de notre amé le sieur Duvigier, notre procureur général, et en suivant l'arrêt de notre cour de parlement de Bordeaux, dont l'extrait est cy sous le contrescel de notre chancellerie attaché, te mandons ledit arrêt aux y dénommés et autres qu'il appartiendra et dont seras requis, aux fins qu'ils y obéissent : en conséquence, contrains par toutes voies dues et raisonnables les greffiers dénommés audit arrêt et conformément à icelui, et en outre fais tous exploits et exécution requises et nécessaires; de ce faire te donnons pouvoir. Car tel est notre plaisir.

Donné à Bordeaux, le quatrième juin l'an de grâce 1710 et de notre règne le LXVIII. Par la chambre, pro rege, Bigos. Pro rege, collationné, scellé et contrôlé.

L'an 1710 et le 10 juillet, avant midi, je, Simon Duilho, huissier en la cour, pourvu à Condom, reçu immatriculé en ladite cour, habitant de Condom, rue des Armuriers, paroisse St.-Pierre, soussigné. . . . . arrêt de la souveraine cour de Bordeaux. . . . . je me suis transporté au domicile de M. Jean Cugno, greffier de la cour ordinaire du baillage de Condom, y habitant, paroisse St.-Pierre, où étant auquel. . . . .

AFFAIRE DE RIVIÈRE (1718)

N° 75. — 6 août 1718. — Plainte pour faire procéder, de Jean et Pierre Tardits, gézitains de Rivière, contre quelques habitants de cette ville.

Ms. Archives du Tribunal de Dax (*non classées*).
Inédit.

A Monsieur Le Sennechal Deslannes ou Monsieur Vôtre lieutenant general criminel au siège dax.

Suplie humblement Jean et Pierre de Tardiz charpentiers habitans de la parroisse de Rivière Dizant que le jour de la fête de la pantecotte derniere les Supliants et autres particuliers assistant à la celebration de la messe qui se dizoit dans l'églize de lad. parroisse Ils se leverent pour aler à l'offrande et étant arrivés au milieu de l'églize Ils furent arrettes par les nommés Estienne et Pierre Duboué, Jean Marbat et Estienne Lamoliatte en dizant que les Supliants et ceux qui les suivoint étant gezitains, il ne leur étoit pas permis d'aler à l'offrande, les Supliants leur representerent que professant la même religion ils devoient y alér tout comme eux sans que personne fût en droit de s'y opozer, et au lieu par lesdits Duboué, Marmat et Lamoliatte de laisser remplir aux Supliants leur devoir tranquilement ils se jetterent sur eux et leur donnant des coups de baton desquels les Supliants et autres qui estoint aveq eux se trouverent fort meurtris entrautres led. Jean Tardis consupliant lequel en Reçeut un si violent sur la tete qu'il en sortit quantitté de sang qui fut repandu sur ses habits et dans lad. eglise pour raison de quoy le service divin ne s'y est point fait depuis led. jour de la pantecote jusques au jour de la St Jean, lesquels excès obligerent les Suplians a se retirer, leurs ennemis n'ont pas été contans de les avoir ainsy maltraittés, Car le 24 du mois de Juillet dernier jour de Dimanche Pierre Tardis un des Supliants entendant la Sainte messe et etant a genous lesd. Marbat et Lamouliatte luy sauterent dessus et le jetterent au fonds de l'eglize. Cette insulte lui fut encore repetée dimanche dernier par led. Marbat. Ces excés et ces jniures qui furent protférées contre les Supliants les obligent de porter leur plainte affin que CE CONSIDERE IL VOUS PLAIZE DE VOS [GRA]CES octroyer acte aux Supliants de leur plainte leur permettre d'informer [des] Faits Contenus en Icelle Circonstances et dependances, même de fulminer par Censures Ecclesiastiques sy besoin est et de faire assigner Bafoigne chirurgien pour rendre son raport, declarant qu'ils se rendent parties instigantes sous la jonction de Monsieur le Procureur du Roy. Constituent pour leur procureur Me Jean Darrigrand et n'ont signé pour ne sçavoir. Et faisez bien.

DARRIGRAND, *procureur des supliants en conséquence de ma procuration de ce jourd'huy, aprouvant le renvoye*[1].

Ayant les suppliants [acte de leur] plainte et de ce qu'ils se rendent parties [civilles], a eux permis d'informer du conteneu en jcelle Circonstance et depandances meme d'obtenir et faire publier monitoire en forme de droit au surplus enjoint a Baffoigne chirurgien de rendre son rapport dans trois jours pour ce fait et comuniqué au procureur du roy estre ordonné ce qu'il apartiendra.

A Dax ce 6e aoust 1718.

SAINT-GENER. *L. criminel*

DUCOT.

1. Il s'agit de la phrase « et de faire assigner Bafoigne chirurgien pour rendre son raport » qui est écrite en renvoi à la fin de la requête

N° *76*. — 29 août 1718. — Plainte de E. Duboué. J. Lamoliate et R. Danehil contre les gézitains de Rivière.

Ms. Archives du Tribunal de Dax (*non classées*).
Inédit.

A Monsieur le Sen[al] *Deslannes ou Monsieur son Lieutenant general Criminel au siege Dax.*

Supplient humblement Estienne Duboué, Jean Marbat, Estienne Lamoliatte et Bertrand Danehil laboureur habitants des parroisses de Sáá et Riviuerc Disant que sur une preseance des gezitains ont affecté de prendre aux entiens fidelles pour aller avant ces derniers prendre la paix a la messe parroissiale dud. Riviere Bien que depuis plus de 40 ans les gesitains ny aiant jamais ete qu'après les autres habitans s'étant emue quelque rixe avecq eux et dont les gezitains étoint les agresseurs par leur mauvaise maniere de proceder neanmoins les suppliants quy n'avoint en veüe qu'a Bien vivre auroint volontiers abandonné leurs jnterets sur l'ordre de cette preseance a Me Darriaulat Theologal et vicaire general au presant Dioceze quy apres la Reconsiliation de l'eglise par la fusion de sang qui y feut rependu a raison des Coups de baton que les gesitains donnerent ausd. Lamoliate et Danehil cosuppliants regla que les supplians et les autres habitans de leur espece precederoint les gezitains pour aller a l'offertoire.

Les suppliants ont vecû sous la foy de ce reglement quy meme a ete fait de nouveau entre les parties et de leur agrement par M[e] Antonin Destraic avocat en la Cour. Cependant les gezitains par une trahison criminelle ont porté une plainte en la cour Senne[c]hale Criminelle sur laquelle ils ont fait une information quy a été Decretée de prise de Corps tant contre lesdits Duboué, Marbat, Lamoliate que encore contre autre Pierre Duboué sans qu'ils puissent s'imaginer qu'il y ait des preuves suffisantes pour l'avoir laché ou que s'il y en a que ce ne peut etre que dans la bouche de quelque particulier quy peut avoir depose a leur devotion comme ils l'établiront lors qu'il en sera temps mais a presant que lesd.

Duboué, Marbat et Lamoliate contre quy le decret a eté laché ont interet d'etablir que leur procedé pour avoir voulu empecher que les gesitains de precedassent par les autres a l'offertoire n'est pas Blamable et qu'ils se sont comportés avecq toute la modestie que la presance du St Sacrement leur imposoit et qu'il n'y a que les gezitains dont la vanité est jusques dans le cœur quy ont par leur mauvaise maniere de procedé et par les divers coups de baton qu'ils ont donné soit aud. Lamoliate, soit aud. Danehilh cosuppliens donné lieu a un escandale et a une polusion de l'église et pour l'etablir par ordre led. (*sic*) suppliants sont obligez d'en porter plainte en la forme suivante.

Premierement on a depuis 40 ans regarde les habitants de ces deux parroisses sous deux partis. Le premier est composé de ceux qu'on appelle premiers fidelles et le second est composé de ce peu de gens qu'on a appellé dans tous les temps gezitains et qu'on distingoit entiennement par bien des manières et cet (*c'est*) dans cet ordre qu'ils aloint a l'offertoire les jours que l'église la presante dans les festes solemneles de l'année et les suppliants ont creu que cet ordre ne seroit jamais interompu; cependant le jour de la pantecote derniere et dans le temps que led. Estienne Duboué se retiroit de recevoir la paix et après que 15 ou 20 du premier party d'environ 60 chef[s] de famille qu'il y a dans ces deux parroises l'eurent precedé il apercut le nommé Arnaud de Moscardes dit Hilot quy se presentoit par un deseing premedité avecq le nommé Laurans son valet quy estoit armé d'un gros baton pour aler a l'orffertoire immediatement après led. Duboué et avant près de 40 quy etoint en droit de le precedér et a ceux de son espece ce quy obligea led. Duboué de representer aud. Moscardes par ce qu'il avoit cognu de l'affectation en luy pour prendre ce rang, qu'il intervertisoit l'ordre et l'usage quy etoit que les gens du premier party devoint aller a l'orffertoire avant luy et les gens de son espece et au lieu par [le]dit Mocardez de se relier et d'observer ce quy s'etoit pratiqué avant plus de 40 ans en pareil cas, il auroit au contraire pour excuter son dessing qu'il avoit sans [doute] proieté avecq les autres de son party de batre et d'us[er] de mauvais traitements contre tous ceux quy s'op-[poseroint] a leur marche aiant même fait suivre son va[let] pour mieux l'exculer de concert avecq les autres se seroint tous deux mis a dire qu'ils jroint a l'offertoire tout d'abord malgre luy et qu'il n'y auroit personne assez hardy pour les en empechér, et comme ils parloint d'un ton haut marquant de la colere sans deferance pour le lieu quy devoit leur inspirer du respect et de la devotion s'ils en avoint ete capables il arriva a leur secours les nomes Pierre Carere dit Caraté, Laurans de Lurgue, Jean Degert, Estienne de Carere dit Batz, autre Estienne de Mocardez, Jean et Pierre Tarditz, Pierre Labenne, Grastian Labenne, Pierre Ducase, un autre vallet dud. Arnaut Mocardez nome Nanon, le nommé Thinoy vallet de Jean Fabas, tous gezitains et du second party quy étoint au fond de l'église et se presenterent dans le milieu en foule et en colere disant d'une commune voix qu'ils etoient là pour aller a l'offrande avecq les autres et qu'il n'y avoit personne assez oze pour l'empecher, ce quy obliga lesd. Marbat et Lamoliate de s'avancer vers le lieu ou ces personnagez paroisoint dans des grands mouvemens et leur dirent avecq toute la douceur posible qu'ils n'étoint pas en droit d'aler a l'offrande avant ceux du premier party et qu'ils n'avoient qu'à prendre patiance qu'ils y jroint a leur tour comme de coutume et aprez que tous ceux du premier party en auroint passé. Cette representation quy devoit tranquiliser les gezitains les auroit tout au contraire plus fortement mis en colere parce qu'ils l'avoint deia resolu, en effet les nommez Jean Degere, Jean et Pierre Tarditz, Laurans de Laurgüe, les valets dud. Arnaut Moscardez, autre Estienne Moscardez, Estienne Carere, et Pierre Ducasou quy estoint armes de gros batons et qui n'avoint jamais paru dans l'eglise de la sorte, commancerent a lever leurs batons affin d'en frapér les supplians et tous ceux quy s'en aprocheroint en telle sorte que led. Jean Tarditz en donna un sy grand coup sur la teste aud. Lamiolate (*sic*) cosupliant qu'il en sortit une grande quantite de sang et il n'eut pas plustot receu ce coup que led. Nanon valet dud. Arnaut Moscardez l'auroit infailiblement tue d'un autre grand coup qu'il luy lachoit sy quelque particulier ne l'avoit empare et par la il escarta qu'il ne portat sur led. Lamoliate, et sur ce que les autres quy voioint led. Lamoliate, hor de deffence alloint donner sur led. Lamoliate, celuy cy pour se garantir feut dans l'obligation de lever son bâton pour écarter le grand nombre de coups qu'on luy lachoit a force de bras et ainsy le battirent et maltreterent ausy bien qu'aux dits Duboué et Marbat quy furent obliges n'aiant pas de baton de se prendre au corps afin de se garantir des coups de bâton, mais non pas qu'apres en avoir receu des grands coups par cette populace mutinée.

A l'égard dud. Danehih ausy cosuppliant et quy etoit fort pres apuie contre un pilier feut obligé de s'avancér pour garantir un autre coup de baton que led. Laurans valet dud. Moscardes aloit lacher sur quelque particulier du premier party et qu'il ne peut pas distinguer a cause du grand nombre de ces gens la et l'aiant sasy dans le temps qu'il lachoit le coup il fist effort de luy aracher son baton mais comme le valet ne voulut pas le relacher dans le temps qu'il se débatoint le bonet du dit Danehilh qu'il tenoit sous le bras etant tombé par terre Danehilh lacha prise au baton pour ramaser son bonet et dans ce meme temps led. Laurans valet quy avoit sans doute ete exite a bien faire son devoir pour en donner une marque certaine [a] donné un sy grand coup de son baton sur la teste dud. Danehilh qu'il luy ouvrit la teste et de la plaie il sortit beaucoup de sang quy coula sur son visage ses habits et dans l'église et ce coup feut si violant qu'il feut obligé de faire couper les cheveux a l'en[tour] de la plaie pour empecher un plus grand epenchement de sang, et les autres gezitains voiant Danehilh etourdi du coup luy couroint encorè dessus pour le charger et ce qu'ils auroint fait infailiblement s'ils n'avoint ete arretez par leur propres femmes et apres tous ce[s] coups baillez les suppliants s'etant derobés de la fureur des gesitains à la faveur du hola que le sieur vicaire imposa au lieu par ses gesitains de se tenir en tranquilité ils auroient au contraire pandant toute la Sainte messe et particulierement pandant l'e[le]vation du Corps et du Sang de Jesus-Chrit continue a etre dans un mouvement continuel jurant et blasphement le Saint nom de Dieu comme pour donnér a connoitre qu'il se repantoit de ne pas avoir mieux batu et a la fin de la mese tout aiant cesse parceque les supplians ne voulurent pas ecouter les injures qu'on leur disoit ils se retirent dans [un] trez bon ordre.

Et par l'efussion du sang rependû l'eglise aiant reste interdite la reconsiliation en aiant pourtant este faite dans la suite par led. Sr Darricault comme Vicaire general et depute du Seigneur Eveque il feut comme il a été desia dit par luy regle que les premiers fidelles precederoint les gezitains comme il se pratiquoit avant, et cella feut agréé de part et d'autre et cet (*c'est*) pour cella que led. Marbat jurat dit hautement un dimanche après la Saint-Jean qu'il avertisoit les gens du second party de se tenir en leur rang et ne pas s'avencer sy avant dans l'eglise comme il affectoint de faire pour se meler avecq ceux du premier ainsy qu'il avoit été reglé, alors Jean Fabas aiant demandé tout haut ou etoit donq leur place led. Marbat luy repondit qu'elle etoit ou elle estoit avant la querelle qu'ils faisoit mal a propose et alors tout comme le 31 juillet dernier led. Marbat aiant veu led. Pierre Tarditz affecter de se meler avecq eux le prit doucement pour l'obliger a se retirer du cotté des gens de son party et ne pas se meler aveq eux et lors les femmes des gezitains crierent et hurlant Grant Diable menge le et apres tu auras assez de place.

De tous lesquels mauvais traitements excez iniures et blasphemes les suppliants pour en obtenir la permition sont obligés d'en porter leur plainte afin que ce considere il vous plaise de vos graces octroier acte aux suppliants de leur plainte et des faits de laquelle circonstance et depandances il leur sera permis d'informer et pour en faciliter la preuve de fulminer par censures ecclesiastiqnes suivant la forme du droit sy besoint est declarant qu'ils se rendent parties instigantes et qu'ils constituent pour leur procureur M[e] Barthelemy Ducos, Et ferez bien.

LAMOLIATE, DUCOS, *procureur des suppliants*.

Ayent ~~les~~ supplians acte de leur plainte et de ce qu'ils se rendent parties civilles, a eux permis d'informer par devant nous d'obtenir et faire fulminer monitoire suivant la forme du droit.

A Dax ce 29 aoust 1718.

SAINT-GENER. *L. criminel.*

N° 77. — 31 août 1718. — Information faite par le Lieutenant Criminel à Dax au sujet des troubles survenus à Rivière.

Ms. Archives du Tribunal de Dax (*non classées*).
Inédit.

Du 31 aoust 1718. — Information secrette faite en la ville et citté dax et au palais royal de lad. ville par nous Jean-Joseph de Saint-Gener cons^r. du roy lieu^t gen^al Criminel au Siège de lad. Ville ecrivant le greffier comis ordinaire a Requête d'estienne duboué, Jean marbat, estienne lamoliatte et Bertrand Danehil, contre les Nommés.

Arnaud de Maisonnabe labourenr habitant de la parroisse d'Angoumé âgé de quarante ans ou environ des Enquis Temoin assigné par exploit du jour d'hier signé Labarthe huissier produit Receu et fait juré à Dieu de dire Vérité, Enquis sur les objets du droit et de l'ordonnance s'il est parent allié, serviteur ou domestique d'aucune des parties à dénié lesd. objets et sur le contenu et la Plainte dont lecture luy a esté faite par le comis greffier,

Dit et Deppose que le jour de la pantecotte Dernier estant à la messe à Rivière et lors qu'il fut questions d'allér a l'offrande et apres que quatorse ou quinze parroissiens nommés dans la plainte anciens fidelles, il aperceut le Nommé Hillot Degos dit Mouscardez et Laurans, son Valet, s'avancerent pour allér à l'offrande, ledit Laurans estant armé d'un Bâton, le Nommé Duboué (*p. 2*), se mit au Devant desd. Mouscardés et Laurans son Valét, et les fit retirér en arriere leur disant qu'ils estoient gezitains et qu'ils attendissent que tous les anciens fidelles eussent fini d'allér a l'offrande Et qu'ils iroient à leur tour suivant l'uzage accoutumé et ancien a quoy lesd. Mouscardès et Laurans son valét Repondirent qu'ils Vouloint y allér pelle et melle et sans distinction, alors le Nommé Pierre de Barrère Charron gezitein s'avança d'un autre cotté voyant que lesd. Mouscardès et Laurans son Valèt estoint Empéchez d'allér a l'offrande Dit qu'il vouloit y allér. Lequel fut de méme Repoussé Jusques au Benitier, par lesd. anciens fidelles ou le déposant Vit qn'ils se prirent en foulle et que le Nommé

Jean Degers dit Beamois, prit aux Cheveux le Nommé Lamoliatte Pleignant et aperceut aussy dans la foulle que le Nommé Jeannon de Mageste donna un Coup de Baton sur la tete aud. Lamoliatte, d'ou il sortit effusion de sang, le déposant Vit Encore dans la melēe que le Nommé Danehil un des pleignants ayant pris le baton dud. Laurans Valet dud. Mouscardez pour le luy ostér Laissa tombér son Bonnét à terre, et comme il voulut le ramasser Led. Laurans valét dud. Mouscardez luy en lacha un Coup sur la tete duquel Coup il en sortit aussy du sang qui coula sur les habits dud. Danehil. Le deposant Vit Encore que le Nommé Laurans Delurque poussoit de son Bâton les anciens fidelles qui se batoint en foulle contre les geziteins nommés Pierre Barrere, Jean Degert, Estienne de Carrere dit Bats (*p. 3*), autre Estienne de Mouscardes, Jean de Deivetarde Pierre Labenne, Gratian Delabene, le Nommé Nanon valét dud. Mouscardés, Pierre Ducassou, le Nommé Tinoy valét du Nommé Jean Favars Tous geziteins et du second Party, auquel desordre quy dura pendant près d'une heure le Sr Vicaire de Riviere auroit acourû pour les calmer, Ce qu'il fit avec Assez de peyne le Sr Curé ayant suspendû de cellebrér la messe depuis l'offrande pendant environ demi heure, Il la continüa pendant que le désorde duroit encore meme pendant L'elevassion du St Sachrement, aioute le deposant qu'il Vit pendant la melée que led. Jean Tardits estoit Blaissé à la Teste d'ou il luy Couloit du sang sur le Visage et sur les habits et a terre, et que du sang Rependeû dans l'Églize par Ce desordre, elle resta interditte Jusques à la St Jean d'été, qu'est tout, Ce qu'il a dit sçavoir veu et Repeté y a persisté et n'a signé pour Ne sçavoir Comme il a déclaré de ce faire par nous interpelé.

Saint-Gener.

Armand de Lastalot laboureur habitant de la Parroisse d'Angoumé age de vingt-deux ans ou environ Témoin assigné, par exploit dud. jour d'hier signé dud. Labarthe huisser produit receu Et fait jurér (*p. 4*) à Dieu de dire verité, Enquis sur les objets du droit, et de l'ordce s'il est parent allié serviteur ou domestique d'aucune des parties a dénié lesd. objets.

Dit et Deppose qu'estant a la messe a Rivière le jour de la pantecotte dernier et lors qu'il fut question d'aller à l'offrande les gezitains voulurent y aller avant que les anciens fidelles eussent finy desquels geziteins le nommé Hillot s'étant avancé les anciens fideles l'arreterent en luy disant d'attendre le dernier pour allér a l'offrande a leur tour suivant uzage acoutumé, alors les geziteins voulant s'avancér ils se prirent pelle et melle avec les anciens fidelles et se Batirent dans l'eglize dans lequel Combat le Nommé Bertrand Danehil demeurant a Larroque fut Blaissé a la tete près du temple de laquelle Blaissure il sortit du sang qu'il Essuya avec son mouchoir lequel Desordre dura environ Pres d'une heure que le Sr Vicaire de Riviere eut Beaucoup de peyne D'arretér, le Sr Curé ayant suspendû de dire la messe pendant quelque temps qu'il continua; que le desordre duroit encore jusques a ce que la messe fut finie par le tumulte, aioute le déposant que lad. Eglize de Rivière a resté interdite depuis led. jour de la pentecotte jusques au jour de la Saint-Jean d'ete, Dit de plus le deposant que lorsque les Anciens fidelles voulurent arretér les geziteins, lesd. geziteins feurent les premiers a levér (*p. 5*) Batons sans qu'il sache quy furent les premiers quy fraperent, qu'est tout ce qu'il a dit scavoir, leu et Repeté y a persisté et n'a signé pour ne scavoir Comme il a déclare de ce faire par nous interpelle.

SAINT-GENER.

Pierre de Flauges laboureur habitant de la paroisse d'Angoumé agé de trente-trois ans ou environ Temoin assigné par exploit dud. jour d'hier signé dud. Labarthe huissier produit receu et fait jurer a Dieu de dire vérité Enquis sur les objets Du droit et de l'ord^ce s'il est parent allié serviteur ou domestique d'aucune des parties a dénié lesd. objets.

Dit et Deppose que tant a la messe le jour de la pantecotte dernière Il Vit que le Nommé Hillot Degos et Laurent son Valèt geziteins Voulurent allér a l'offrande pelle et melle avec les anciens fidelles. Et que le Nommé Duboué de Poudape prit au justaucorps led. Hillot luy disant d'attendre que les anciens fidelles eussent devancé les geziteins a l'offrande et d'autres geziteins s'étant avancés les anciens fidelles les Repousserent au fonds de l'eglize ou Le Nommé Jean Mageste donna a travers la foulle un Coup sur la tête au Nommé Estienne Lamoliate copleignant duquel Coup Il coula effusion de sang sur le Visage dud. Lamoliatte quy se fit (*p. 6*) couppér les Cheveux et lavér la playe avecq du vin Chaut dans la maison du Treitin pres De l'eglise lequel Desordre Dura pendant la messe jusques ce qu'elle feut finie, qu'est tout Ce qu'il a dit sçavoir leu et Repeté y a persisté et n'a signé pour ne sçavoir Comme il a declaré de ce faire par nous interpellé.

SAINT-GENER.

Phedreiq Laborde Jardinier habitant de la parroisse d'Angoumé age de vingt cinq ans ou environ temoin assigné par exploit dud. jour d'hier signé dud. Labarthe huissier produit receu et fait jurer a Dieu dire de Verité, Enquis sur les objets du droit et de l'ord^ce s'il est parent allié serviteur ou domestique d'aucune des parties a denié lesd. objets.

Dit et Deppose qu'etant a la messe a Riviere un jour de dimanche après la Saint-Jean des geziteins s'etant avancés un peu au-dela du

Benitier et Etant a genoux le Nommé Jean Dutrulin dit Marbat fut les Repousér Dans le fonds de l'Eglize au deriére du Benitiér leur disant Doucement de se Ranger a leur place L'un desquels geziteins luy Repondit de leur Marquer ou estoit donc leur place Ce qui se passa pendant la messe et qui le Calma, Dit de plus le déposant qu'étant à la messe aud Riviere...

(*manquent les pages 7 à 14*).

... (*p. 15*) a sa place, alors la femme dud. Pierre Tardits Dit aud. Treitin « a Bougre de Crapaut si tu valiés guere tu ne fairiés pas ainsy », led. Duteitin luy repondit qu'il luy en fairoit auttant a elle, Dequoy elle repliqua, « Viens y Diable, viens y sy tu ose » qu'est tout Ce qu'elle adit sçavoir leu et Repeté elle y a persisté et n'a signé pour ne sçavoir Comme elle a déclaré de ce faire par nous interpellé.

SAINT-GENER.

Jeanne Darrieux fille D'état de labeur habitante de la parroisse de Sààs agée de Dix-huit ans ou environ, Temoin assigné par exploit dud. jour d'hier signé dud. Labarthe huissier produite receüe et faite jurér a Dieu de dire verité, Enquise sur les objéts du droit et de l'ord[ce] si elle est parente alliée servante ou domestique d'une des parties a dénié lesd. objets.

Dit et Deppoze qu'etant a la messe le jour de la pantecotte derniere dans l'eglize de Riviere, et après que les anciens fidelles eurent presque finy d'aller a l'offrande les nommés Hillot Degos, et Laurans son Valét Geziteins s'etant avances pour y aller Estienne Duboué de Poudapé, Et Lamoliatte les arreterent En leur disant d'attendre leur tour pour allér à l'offrande alors Jeanon de Mageste gezitein s'etant aussy Voulû avancér pour aller a l'offrande il trouva lesd. Hillot (*p. 16.*) Degos, et Laurans son Valét arretés par lesd. Duboué Et Lamoliatte auquél Lamoliatte led. Jeannon de Tardis dit Mageste Donna un Coup de baton sur la tete duquél Coup il sortit du sang qu'il eut soing d'essuyér léquel desordre fut augmanté par la foulle des anciens fidelles et des geziteins ainsy denommés dans La plainte quy dura le Reste de la messe, après lequél la deposante Vit que led. Jeannon Tardits gezitein avait une Blaisseure a la tete d'ou yl couloit effusion de sang, sans qu'elle sache par quy led. Coup fut Donne, qui est tout Ce qu'elle a dit sçavoir leu et Repeté elle y a persisté et n'a signé pour ne sçavoir comme elle a declaré de ce faire par nous interpellée.

SAINT-GENER.

Anne de Bellegarde femme d'etat de labeur habitante de la parroisse de Sààs agée de quarante sept ans ou environ Témoin assignée par exploit signé dudit jour d'hier signé dud. Labarthe huissier produite Receue et faite Jurée a Dieu de dire verité Enquize sur les objets du droit et de l'ord[ce] sy elle est parente, alliée, servante ou domestique d'aucune des parties a dénié lesd. objets.

Dit et Deppose qu'estant a la messe le jour de (p. 17) la pantecotte Derniere a Riviere, les Nommés Hillot Degos, et Laurans son Valét geziteins Voulurent allér a l'offrande avant que les anciens fidelles eussent finy a qu'oy les nommés Duboué et Lamoliatte s'opposerent en disant d'attendre leur tour, alors led. Hillot Degos se retira, et Laurans son Valét s'avança et Comme on Voulut L'arréter il Donna un Coup de Bâton au Nommé Bertrand Danehil dit Larroque sur la tete au dessus du temple d'où il coulla effusion de sang auquél desordre les geziteins denommés dans la plainte s'etant joints en foulle avec les anciens fidelles, il s'y fit un Combat quy dura pendant Le Reste de la messe, après Lequel Desordre La deposante aperceut aussy que led. Lamoliatte Etoit Blaissé a la tete d'ou jl Couloit du sang qu'est tout Ce qu'elle a dit sçavoir leu et Repeté elle y a persisté et n'a signé pour ne sçavoir Comme elle a declaré de ce faire par nous interpellée.

SAINT-GENER.

Ce requerant lesd. Temoins estre venus exprès leur avoir taxér sçavoir aud. Lacabanne Vingt cinq sols à Ceux de Sààs et d'Angoumé a Chacun Quinze sols, et a Ceux de Goeyre dix sols à Chacun.

SAINT-GENER.

(*p. 18*). Soit montré au procureur du roy à Dax.
Le 31 aout 1718.

SAINT-GENER, L[ieutenant] criminel.

Veü la plainte rendüe par les supplians ensemble les charges et informations.

Requerons que fesant droit de la requête en plainte et informations de Bertrand Dannehil, le nommé Laurens valet denommé esd. charges et informations soit decreté d'ajournement personel pour raison d'excès et voye de fait resultans desd. charges et informations.

Et avant fere droit sur la requête en plainte et informations faites a requête des nommés Lamoliatte, Marbat, et Duboué, il sera ordonné qu'ils se mettront dans l'état pour vetir le decret de prise de corps contre eux decerné dont ils font mention dans leur requête, pour ce faire, être requis ce qu'il appartiendra. A Dax le 31 aout 1718.

DEVERGÉS, procureur du roy.

Soit fait comme est requis par le (*p. 19*) procureur du roy. A Dax le 31e aout 1718.

SAINT-GENER, L. criminel.

L'affaire se termina le 8 octobre 1718 par la condamnation de Duboué, Marbat et Lamoliatte, à une réparation publique, à 200 livres de domages, 50 livres d'amende au Roi, 100 livres d'aumônes, et les dépens.

AFFAIRE DE BIARRITZ (1718-1720)

N° *78*. — Compte rendu de l'assemblée capitulaire du 8 mai 1718.

Ms. Archives de Biarritz [1].

Publié par Fr. Michel (*loc. cit.*), t. II, p. 247-248.

Le 8 mai 1718 en la paroisse de Biarritz, les habitants étant réunis en assemblée capitulaire, Jean Petit Labat second jurat, fait savoir qu'Arnaut jadis meunier, époux de l'héritière d'Erreteguy, gotte de Biarritz, prétend avoir obtenu un décret d'ajournement personnel lui permettant de se placer aux galeries de l'église et d'entrer aux charges municipales et locales. Les habitants autorisent de poursuivre une instance contre ces prétentions d'Arnaut, jusqu'à ce qu'on ait obtenu du Parlement de Bordeaux un arrêt définitif. Ils prient le sieur Labat de s'occuper de l'affaire et cherchent les moyens propres à couvrir ses frais de procédure et autres. On décide en outre de veiller à défendre l'accès des galeries de l'église à un étranger qui vient d'épouser la fille de la Tripière gotte.

N° *79*. — Compte rendu de l'assemblée capitulaire du 10 juillet 1718.

Ms. Archives de Biarritz [1].

Publié par Fr. Michel (*loc. cit.*), t. II, p. 249-250.

Le 10 juillet 1718, assemblée capitulaire. Le sieur Labat, jurat, annonce que Estienne Arnaut, meunier, de la race des *Gotz, Quagotz, Bisigotz, Astragotz et Gahetz* a obtenu une sentence au bailliage de Labourt contre la communauté de Biarritz, touchant une instance en date du 25 juin 1718, signifiée de 5 juillet 1718. Il lit l'appel interjeté par Jacques de Lalande avocat (du 6 juillet). L'assemblée approuve cet appel et charge Labat de l'affaire.

1. L'indication du manuscrit donnée par Michel est la suivante : *Extrait d'un registre de la commune de Biarritz, fol. 13 recto et verso* (pour le N° 78); *13 verso et 14* (pour le N° 79).

N° 80. — Frais du procès indiqué ci-dessus.

Ms. Archives de Biarritz. Registre des comptes pour l'année 1718, série CC, f°s 451-455.
Ce document n'a pas été publié.

AFFAIRE DE BIARRITZ (1721-1729)

N° 81. — État des dépens faits dans le procès contre Legaret, agot (1722 à 1740).

En 1721, probablement au mois d'octobre, Miguel Legaret avait été insulté par les sieurs Lartigue et Vaillet, auxquels se joignit Pierre Dalbarade, syndic des habitants de Biarritz; les deux premiers furent emprisonnés jusqu'au 9 avril 1722; ils furent condamnés lors de leur mise en liberté à faire avec Dalbarade amende honorable au cagot. La pièce qui suit concerne les frais de l'emprisonnement.
Ms. Archives de Biarritz. FF 3, N° 16.
Inédit.

État des depens faits par Sr Pierre Dalbarade mar^d procureur sindic des habitans de la parroisse de Biarritz, contre miguel Legarret agot habitant de lad. parroisse.

Comme aussy led. Dalbarade dit qu'il a payé au Sr Sescosse êt d'Aberta le premier sergent Royal, et le dernier geolier des prisons Royaux du present baillage la somme de quatre cens septante douze livres seise sols, sçavoir aud. s^r Sescosse celle de cent cinquante sept livres seise sols, et aud. d'Aberta celle de trois cens quinse livres, et ce pour la depense et nourriture par eux fournie à Joseph de Lartigue[1], et Guilhaume Veillet habitant de ced. lieu de Biarritz, deteneus prisonniers dans lesd. prisons au sujet de l'affaire contre lesd. gots, en ce compris les droits de gitte et geole dud. d'Aberta geolier, et ce jusques au neuviesme du present mois d'avril 1722 : suivant que dud. payement appert par quatre receus privés des

1. Sur d'autres pièces il est appelé Jean de Lartigue.

susnommés dattés des dixiéme octobre, dix neufieme decembre 1721 : vingt neuf septembre de la meme année, et neufiesme dud. mois d'avril 1722 qu'il demende luy être alloué cy. . . . . 472. #. 16. s.

On lit en marge :

Alloué deux cens quatre vingts dix sept livres pour autant de jours que lesd. Lartigue et Veillet ont resté deteneus dans les prisons a raison de vingt sols par jour chacun et ce jusques au neufiesme avril de la presente année 1722 a l'egard des droits de gite et geole dont les receus font mention renvoyé jusques a ce que quant a ce [que] nous ayons pris d'autres éclaircissements, cy. . . . . 297. #.

Le present compte a vue reglé par Srs Arnaud Bedont de la Croix m^e^ chirurgien, Jean de Hirigoien, Adam Manesca, et Bernard Manie cap^ne^ de navire habitans du lieu de Biarritz auditeurs nommés choisis et accordés par les habitans de la d. communauté, et le d. Sr Pierre Dalbarade rendant compte, suivant l'acte du vingt deuxiesme du mois d'avril 1723 Retenu par feu Jean de Planthion n^re^ Royal et greffier de lad. communauté.

D'Aberta a qui ce memoire a este communiqué dit n'avoir receu, que la somme de 100 # en plusieurs fois, et que les billets qu'on peut avoir de lui, ne preuvent qu' auxd. cens livres. Ainsy il est necessaire de faire recherche des quatre receus enoncés dans l'extrait du livre de la Communauté remis a M. Dehureaux. Il seroit cependant juste de lui donner quelques a bon compte, ce particulier estant dans l'indigence.

Fait à Bayonne le 7e avril 1739.

De Lespés de Hureaux.

Je soussigné declare avoir receu de la communauté de Biarritz par les mains de m^e^ Bertrand de Planthion no^re^ Royal et tresorier des revenus d'icelled. communauté, la somme de quatre vingt dix livres à compte de ce qui m'est d'heu par lad. communauté, fait a arcangues ce sessiesme avril 1739.

Daberta.

Je Jean D'Aberta Geolier des Prisons Royaux du Bailliage de Labourt soussigné declare avoir Reçu à la décharge de la Communauté de biarritz par les mains de Me Bertrand de Planthion Nore Royal et tresorier des Revenus de lad. Commte La somme de Cinquante sept livres, a compte de plus grande que la susd. Commté me doit, declare acquitter tant mond. Sr Planthion, que lad. communté desd. cinquante sept livres, sans prejudice du restant. En foy de quoy ay fait ecrire ces presentes par main Étrangère et signé de la mienne. A Ustaritz ce 24e mars mil sept cens quarante.

DABERTA.

Bon pour cinquante sept livres.

N° 82. — 6 mars 1722. — [Sentence rendue par le lieutenant criminel d'Ustaritz en faveur des agots.]

Sentence rendue par le lieutenant criminel d'Ustaritz entre Miquel Legaret, charpentier d'une part et les sieurs Jean Lartigue, Guillaume Vaillet, et Pierre Dalbarade. Ces derniers sont condamnés à une réparation publique à la porte de l'église et à genoux, à l'issue de la messe paroissiale pour avoir forcé Legaret, sous prétexte qu'il était capot, de se tenir à l'église séparé des autres paroissiens. Il s'en était suivi une bagarre.

Cité dans la consultation ci-dessous.

N° 83. — 5 décembre 1722. — Consultation de l'avocat Rochet.

Cet avocat défend les sieurs Lartigue, Baillet, et Dalbarade.

Ms. Archives de Biarritz. FF 3, N° 11.

Publié par Fr. Michel (*loc. cit.*), t. II, p. 250-251.

Le Conseil soubz signé qui a veu une Sentence Randüe le six mars 1722, par le lieutenant Criminél dustarits entre miquel Legaret charpantiér et Jean lartigue et guillaume Baillet et pierre dalbarade Second abbé et Jurat de la parroisse de Biarits avec d'autres pièces, Sur Les doutes proposés de la part desd. Lartigue, Baillet et dalbarade.

Estime qu'ils sont bien fondés dans L'appel qu'ils ont Interietté de Lad. Sentence dud. Jour six mars dernier parce que,

1° Ils ne paroist pas qu'il y aye eu Dereglement extraordinaire contre led. Dalbarade abbé et Jurat, et cepandant il a ésté condamné avec les autres a une Reparation publique a la porte de L'églize à genoux issue de messe paroissielle.

Il est certain suivant les arrestz de La Cour qu'on ne peut pas condamner une partie a une réparation publique sans un Reglement Extraordinaire prealable.

2° Le Sr. abbé et Jurats n'ont fait qu'executer l'arrest de la Cour du cinq sep[bre] 1596 qui deffend aux gots, capots et gahets de se meller avec les autres dans l'église et de se mettre ailleurs que dans les places qui leur sont destinées.

La question se reduit à savoir dans le fait si Legaret fils est un Descendant desd. gots capots et gahets et s'il s'estoit mis ailleurs que dans la place qui leur est marquée, auquel cas les Jurats estoint en droit de les tirer.

3° Lesd. Lartigue et baillet n'ont fait que obeyr a leurs abbés et Jurats En chose Licite, on ne pouvoit pas les condamner pour celà à une peine.

4° Les proposans doivent consentir à la demande de Legaret tendante à ce que la procedure faitte à la requeste des abbés et Jurats contre legaret soit Joincte à l'appel Interietté par les proposans de la sentence obtenue par Légaret.

Ces deux procédures sont faittes pour raison du mesme fait.

La procedure des Jurats establit qu'ils ont esté en droit d'oster Led. Legaret de la place dans laquelle il s'estoit mis, que led. Legaret commit des excès avec un couteau pointeu et un Baton.

Cette procédure fait voir que led. Legaret est le seul coupable et justifie les proposans. Ils ont interest que le proces se juge a la veue de toutes les pieces.

Déliberé a bordeaux le cincq X[bre] 1722.

ROCHET.

N° 84. — 9 juillet 1723. — Arrêt du Parlement de Bordeaux.

Cet arrêt défend de traiter aucunes gens des noms de Cagot, Gahet, ou Ladre, et admet ces derniers dans les assemblées, et aux charges et honneurs.

Ms. Archives départementales de la Gironde. B 1216. Il existe de cet arrêt un exemplaire imprimé dans un recueil factice conservé aux Archives de la Gironde, sous la cote C 3789 [1].

La copie que nous en donnons est faite sur un exemplaire imprimé conformément à une décision du Parlement de Bordeaux contenue dans un arrêt du 22 nov. 1735. L'exemplaire que nous avons sous les yeux appartient aux Archives du Tribunal de Dax (*non classées*) [2].

Publié dans les *Archives historiques de la Gironde*, t. XIX, p. 275-282 [3].

Cité en partie par Palassou (*loc. cit.*), p. 385.

Dans le manuscrit B 1216, on lit l'exposé des pièces que les magistrats avaient sous les yeux. Celles-ci en nombre considérable n'ont que peu d'intérêt et montrent surtout que la chicane était fort en honneur à Biarritz. Elles sont volontairement omises dans l'exemplaire imprimé que nous reproduisons.

(*Décret du 9 juillet 1723*).

Entre Pierre Dalbarade, dit Plantone, ancien Abbé et Jurat de la Paroisse de Biarrits, Païs de Labourt, et Sindic des Abbés et Jurats de la Communauté dud. Biarrits. Joseph Lartigue, dit Cachou : et Guillaume Vaillet, dit Orssolle, du même lieu de Biarrits, Appellans d'une Sentense renduë, par le Lieutenant Criminel du Baillage d'Ustarits le 6 mars 1722. d'une part. Et Miguel et autre Miguel Legarret Pere et Fils, Charpentiers dans lad. Paroisse de Biarrits, prétendus Agots, Cagots, et Gahets, Intimez, d'autre part. Et encore entre lesdits Abbez et Jurats dud. Biarrits, demandeurs l'enterinement de leur Requête du 15 Avril dernier, tendante à ce qu'il fut reglé extraordinairement contre led. Legarret fils, à raison de l'Information faite à leur Requête contre led. Legarret fils, d'une part. Et led. Miguel Legarret fils Defendeur, d'autre. Et encore entre lesdits Legarret pere et fils, Appellans, tant du Decret de prise de Corps decerné par le même Lieutenant Criminel d'Ustarits, contre led. Legarret fils [le] 22 août 1721. à la Requête lesd. Abbez et Jurats de Biarrits, que de toute

1. Une copie de cet arrêt aurait été, si nous en croyons Michel (II, p. 238, note 2), entre les mains de M. G. d'Olce, maire de Biarrotte (Landes). Les recherches que MM. d'Olce, les fils de ce distingué savant, ont bien voulu faire pour nous dans les Archives de leur père, n'ont pas abouti à y retrouver cette pièce.

2. Nous avons adopté ce texte, parce qu'il est de beaucoup moins connu que celui du manuscrit de Bordeaux.

3. Cette transcription porte de menues erreurs nombreuses, mais aucune d'elles ne constitue de différence grave.

la Procedure; ensemble incidemment Appellans aussi d'un chef de la même Sentense dud. Lieutenant Criminel d'Ustarits, dud. jour 6. Mars 1722. en qui concerne led. Dalbarade à ces fins Demandeurs l'enterinement de leur Requête du 19. dud. mois d'Avril dernier, tendente à ce que tant led. Decret de prise de corps, que toute la Procedure, fut le tout cassé; en consequence, que led. Miguel Legarret fils soit relaxé de la colomnieuse accusation contre luy intentée, avec tous dépens, dommages et interêts; au surplus que led. Dalbarade fût condamné personnellement en la somme de 1500. liv. pour leur tenir lieu de dommages et interêts pour raison des excès commis sur la pesonne dud. Legarret fils; et en outre que led. Dalbarade soit condamné aux mêmes peines portées par lad. Sentence, auxquelles lesdits Lartigue et Vaillet ont été condamnez par icelle et aux dépens, d'une part. Et lesd. Dalbarade, Lartigue et Vaillet, Intimez et défendeurs à lad. Requête, chacun en ce qui les concerne; autrement Demandeurs leur relaxance des Informations et conclusions desd. Legarret pere et fils, avec dépens dommages et interêts, d'autre part. Et lesd. Legarret pere et fils, Défendeurs à lad. relaxance, encore d'autre

Veu le Proces, etc.

Dit a été que la Cour a mis et met l'appel interjetté par led. Dalbarade aud. nom de Sindic, et par lesd. Lartigue et Vaillet de la Sentence du Lieutenant Criminel du Baillage d'Ustarits, dud. jour 6. Mars, 1722. et ce dont a été appellé au neant; et néanmoins, sans s'arrêter à la relaxance requise par lesd. Dalbarade, Lartigue et Vaillet, a condamné et condamne, tant led. Dalbarade que lesd. Lartigue et Vaillet en 20. liv. d'amende envers le Roy, et en la somme de 50. liv. solidairement, pour être lad. somme de 50. liv. employées à la Réparation de l'Eglise dudit Biarrits : moyenant ce, sur les excés pretendus par lesd. Legarret pere et fils, contre lesd. Lartigue et Vaillet, ensemble sur les dommages et interêts demandez par lesd. Dalbarade, Lartigue et Vaillet contre lesd. Legarret pere et fils, lad. Cour a mis et met les Parties hors de Cour et de Procès : Et faisant droit de l'appel interjetté par lesd. Legarret, tant du Decret de prise de Corps decerné par le même Lieutenant Criminel d'Ustaritz, contre led. Legarret fils, le 22. Août 1721, à la Requête desd. Abbez et Jurats dud. lieu de Biarrits, que de toute la Procédure, et de leur appel incident du chef de la susd. Sentence, en ce qui concerne led. Dalbarade, à mis et met lesd. appellations, et ce dont a esté appellé, au neant; en émandant, à cassé et casse led Decret, Procédure : en consequence, sans avoir égard à l'intervention et prise de fait et cause dud. Dalbarade pour lesd. Lartigue et Vaillet, dont lad. Cour l'a debouté et deboute, a relaxé et relaxe led. Legarret fils de l'accusation contre lui intentée par lesd. Abbez et Jurats; ce faisant, a condamné et condamne led. Dalbarade personnellement en la somme de cent livres envers led. Legarret fils, pour luy tenir lieu de dommages et interêts : Comme aussi condamne le méme Dalbarade en pareille somme de cent livres envers led. Legarret Pere, pour luy tenir lieu de dommages et interêts à raison des excès commis sur la personne de son Fils au payement desquelles sommes led. Dalbarade sera contraint par Corps. Et sur les plus amples dommages et interêts prétendus par lesd. Legarret Pere et Fils, et autres conclusions par eux prises contre led. Dalbarade, lad. Cour a pareillement mis et met les Parties hors de Cour et de Procès : Attant declare n'y avoir lieu de prononcer sur le Reglement extraordinaire demandé par lesd. Abbez et Jurats, contre led. Legarret Fils : Condamne lesd. condamne lesd.[1] Dalbarade, Lartigue et Vaillet en tous les dépens chacun les concernant, envers lesd. Legarret Pere et Fils. Au surplus, faisant Droit des Conclusions du Procureur General du Roy : et conformement aux Arrêts précedens, lad. Cour fait iteratives inhibitions et défenses à toutes sortes de Personnes du Païs de Labourt, et à toutes autres du Ressort de la Cour, d'injurier aucuns Particuliers comme prétendus descendans de la Race de Giezy, et de les traiter d'Agots, Cagots, gahets, ny ladres, à peine de cinq cens livres d'amende, méme de punition corporelle si le cas y écheoit, et de tous dépens, dommages et interêts. En

1. Cette répétition figure à l'original.

outre, lad. Cour Ordonne qu'ils seront admis dans les Assemblées generales et particulieres qui se feront par les Habitans et Communautez, aux Charges Municipales et honneurs de l'Eglise, méme pourront se placer aux Galeries et autres lieux de lad. Eglise, où ils seront traitez et reconnus comme les autres Habitants des lieux, sans aucune distinction. Comme auss. lad. Cour ordonne que leurs Enfans seront reçeus dans les Ecoles et Colleges des Villes, Bourgs et Villages, et seront admis dans toutes les Instructions Chrêtiennes indistinctement; et en cas de contravention, lad. Cour permet d'en informer devant le Juge Royal des lieux, à ces fins d'obtenir Monitoire, et de proceder par Censures et Fulminations Ecclesiastiques en forme de Droit pour les Informations faites au Procureur-General du Roy communiquées, et à la Cour rapportées, y être pourvû ainsy qu'il appartiendra : Cependant lad. Cour enjoint à tous Juges Royaux, Maires, Abbez et Jurats du Païs de Labourt, et autres lieux du Ressort de la Cour, de tenir la main à l'execution du present Arrêt, à peine d'en répondre en leur propre et privé nom; A ces fins lad. Cour ordonne que le present Arrêt sera lû, publié et affiché partout où besoin sera, à la diligence des Substituts du Procureur-Genéral du Roy, qui certifieront la Cour de leurs diligences dans le mois Pareillement lad. Cour enjoint au Substitut dud. Procureur-General aud. Bailliage d'Ustarits, de se transporter tout les mois et jour de Dimanche dans l'Eglise de Biarrits, pour tenir la main à l'execution du présent Arrêt, et d'en certifier la Cour. Fait et octroyé mainlevée des amandes consignées à raison desd. appellations, à la délivrance desquelles le Receveur sera contraint par Corps. Dit aux Parties, à Bordeaux en Parlement le neuvième juillet mil sept cens vingt-trois. *Signez*, Messieurs, Daugeard President. Devincens Rapporteur.

Collationné, Signé, Roger[1].

1. La copie publiée dans *Les Archives de la Gironde* se termine ainsi :
« Fait et octroye main levées des amandes consignées à raison desdites appellations à la deslivrance desquelles le receveur sera contraint par corps.
« Daugeard, Vincens. »

N° 85. — 26 août 1723. — Lettre d'Arcangues.

Cette lettre accompagnait l'envoi à toutes les paroisses du pays d'une copie de l'Arrêt du Parlement de Bordeaux du 9 juillet 1723.
Ms. Archives de Biarritz. FF 3, N° 12.
Inédit.

Messieurs,

Voicy un arret, qui contient un reglement non seulement pour votre communauté et pour le païs de Labourt : mais encore pour tout le ressort du parlement de Bordeaux; j'ay l'ay (*sic*) fait publier en notre siège suivant les ordres, qui me sont donnés, et je dois en envoyer un exemplaire à chaque parroisse du païs; afin qu'il soit publié dans l'assemblée des habitans et affiché aux portes des eglises, c'est donc, messieurs, pour que vous en fassiés faire la publication, dans votre assemblée que je vous envoye l'exemplaire cy joint, c'est d'ailleurs un moyen de le rendre notoire a ceux qui doivent y obeir, et d'eviter les contraventions, qui pourroint vous attirer de facheuses suites, puisque vous devés tenir la main la l'execution de cet arret à peine d'en repondre en votre propre et privé nom suivant la teneur, je ne doute pas, que vous n'agissies avec toute l'attention et la prudence, que vous devés avoir dans cette affaire pour eviter les sujets de plainte, qui pourront aller au parlement.

J'ay l'honneur d'etre tres parfaittement

Messieurs

votre tres humble et tres obeissant serviteur

Arcangues.

A Arcangues, le 26 Août 1723.

N° 86. — 19 janvier 1724. — Arrêt du Parlement de Bordeaux.

Cet arrêt confirme les dispositions de l'arrêt du 9 juillet 1723, et rapporte les désordres survenus à Biarritz à l'occasion de la publication de ce dernier.
Ms. Archives de la Gironde, B 1218.

Publié en entier dans les *Archives historiques de la Gironde*, t. XIX, p. 284-287; et en partie par De Rochas (*loc. cit.*), p. 96-97 en note[1].

Ce jour le procureur-général du Roy en la Cour est entré et a dit que par l'arrêt de la Cour, du 9 juillet dernier, rendu entre divers particuliers de la paroisse de Biarrits, au païs de Labourt, prétendus agots, cagots, et gahets, termes injurieux et deffendus par les arrêts, faisant droit des conclusions du procureur-général du Roy, il fut fait pareilles déffenses, par le susdit arrêt, à toutes sortes de personnes du païs de Labourt et à tous autres du ressort de la Cour, d'injurier aucuns particuliers comme prétendus descendants de la race de Giezi, et de les traiter d'agots, cagots, gahets, ny ladres, à peine de 500 livres d'amande, même de peine corporelle, si le cas y écheoit, et de tous dépens, dommages et intérêts; qu'ils seront admis dans les assemblées générales et particulières qui se fairont par les habitans et communautez; aux charges municipales et honneurs de l'église, même pourront se placer aux galeries et autres lieux de ladite église, où ils seront traités et reconnus comme les autres habitans des lieux, sans aucune distinction, et que leurs enfans seront reçus dans les écoles et collèges des villes bourgs et villages, et seront admis dans toutes les instructions chrétiennes indistinctement; et en cas de contravention, permet d'en informer devant le juge royal des lieux, à ces fins d'obtenir monitoire et de procéder par censures et fulminations ecclesiastiques en forme de droit, pour les informations faites, au procureur-général du Roy communiquées et à la Cour raportées, être pourveu ainsi qu'il apartiendra; cependant, la Cour enjoint à tous juges royaux, maires, abbés et jurats du païs de Labourt et autres lieux du ressort de la Cour de tenir la main à l'execution de l'arrêt, a peine d'en répondre en leur propre et privé nom; et il est ordonné que l'arrêt sera lu, publié et affiché partout où besoin sera, à la diligence des substituts du procureur-général du Roy.

Laquelle lecture, publication et enregistrement a été faite au siège royal ordinaire d'Ustarits, le 23 août dernier, et le-

1. La copie que donne De Rochas fourmille de fautes de transcription et d'omissions.

dit arrêt signiffié le 27 dudit mois à la requête de Miguel de Legarret, père et fils, charpentiers dudit lieu de Biarritz; à Bernard Beyret, premier jurat, tant pour lui que pour les autres abbés, jurats ses collègues; néammoins, le nommé Saint-Martin, sergent royal, s'étant transporté, audit Biarritz, assisté de deux archers de la maréchaussée de Lannes, le 29 du susdit mois d'aoust et étant devant la porte de l'église du lieu pour y faire la publication et l'affiche dudit arrêt, et à la distance de deux cens pas de laditte église, il auroit aperçu aux environs d'icelle une grande foule de peuple, tant hommes que femmes, qui faisoient de grands cris, criant : Alerte! alerte! parce qu'ils étoient prévenus de la publication dudit arrêt, qui devoit se faire, par ce sergent, à la requête du procureur-général du Roy, poursuite et diligence de son substitut audit siège de Labour à Ustarits; en sorte qu'étant, avec lesdits archers, sur une grande place, qui est contre le cimetière de ladite église et s'étant avancés vers la porte d'icelle, une grande troupe de femmes les auroit investis, criant à haute voix qu'ils ne fairoient rien là, s'étant voulu jetter sur le sergent, lequel ayant voulu faire la publication et affiche dudit arrêt, il en fut empeché par ces femmes, qui voulurent le luy enlever ce qui fut cause qu'il ne peut faire la dite publication et affiche. Lesdites femmes étant en très grand nombre usèrent de menaces contre le sergent et les archers; mais quelques secours qu'il demandat aux abbé et jurats du lieu, ils ne luy en donnèrent aucun, non plus qu'un grand nombre d'hommes qui étoient dans le cimetière et sur la place. Cependant les menaces, les insultes et les mouvements desdites femmes continuant toujours, la crainte et le danger où se trouvèrent le sergent et archers furent les raisons pour lesquelles ils se retirèrent sans faire cette publication et affiche.

Ce qu'étant une rebellion et assemblée illicite contraire aux ordonnances et à la disposition de l'arrêt de la Cour, ledit sergent en a dressé son procès-verbal dans lequel il remarque encore qu'il a été averty qu'à la pointe du susdit jour, lesdites femmes étoient assemblés, qu'elles tenoient des armes cachées et de la chaux vive, du sel, des cendres et de l'huile de baleine, pour accabler ceux qui se porteroient audit lieu, pour l'execution dudit arrêt, qui, resteroit sans effet et dans l'inexecution s'il n'y étoit promptement pourvu par l'autorité de la Cour. Pour contenir la fureur de ces femmes, qui doivent avoir été engagées de faire cette rebellion et assemblée illicite par des hommes qui ont paru aux environs de l'église de Biarritz, et il se peut même que cette assemblée mutine et tumultueuse étoit composée d'hommes travestis en femmes.

Ainsi, le procureur-général du Roy a requis, qu'à sa requête, poursuite et diligence de son substitut au sénéchal de Bayonne, par devant le lieutenant-criminel dudit sénéchal, il sera informé pour raison dudit procès-verbal de rébellion, circonstances et dependances contre les coupables d'icelle et qu'à ces fins copie dudit procès-verbal de rébellion sera envoyé audit commissaire, avec l'expédition de l'arrêt qui interviendra, et de celuy du 9 juillet, et il sera permis d'obtenir monitoire et de procéder par censures et fulminations ecclésiastiques en forme de droit pour avoir plus ample preuve, et ledit Saint-Martin, sergent royal, repeté et résumé et ses assistans, par la formation, dans le contenu de son procès-verbal de rébellion, par devant le même commissaire, pour ce fait, à la Cour raporté et communiqué au procureur-général du Roy estre ordonné ce qu'il appartiendra; et au surplus être ordonné que l'arrêt dudit jour 9 juillet dernier, sera executé suivant sa forme et teneur, et qu'il sera lu, publié et enregistré au greffe du siege senechal de Bayonne, ou ressortit par apel la juridiction du bailliage royal de Labourt, et ce, à la diligence du substitut du procureur-général du Roy, audit sénéchal, qui sera tenu d'en certiffier la Cour; et l'arrêt qui interviendra executé nonobstant opositions et apellations quelconques et sans préjudice d'icelles; et il sera en outre ordonné, que ledit commissaire se transportera audit lieu de Biarrits pour faire executer l'arrêt de la Cour, dudit jour 9 juillet dernier, à la diligence dudit substitut dudit senechal de Bayonne, et, ce faisant, de le faire lire, publier issue de grand'messe et afficher à la porte de l'église dudit Biarrits, et de faire pour raison de tous procès-verbaux nécessaires et informer des contraventions, si besoin est, pour ce fait à la Cour raporté et communiqué au procureur-général du Roy, y être pourvu ainsi que de raison; et au surplus estre enjoint au commendant, lieutenant du Roy de la ville et citadelle de Bayonne, de prêter main forte à l'execution de l'arest qui interviendra sur la requisition qui luy en sera faite par ledit commissaire.

Signé : Duvigier.

La Cour, faisant droit de la requisition du procureur-général du Roy, ordonne qu'à la requeste, poursuite et diligence de son substitut au séneschal de Bayonne et par-devant le lieutenant criminel dudit sénéschal, il sera informé du contenu au verbal dont est question, circonstances et dépandances, contre les complices de ladite rébellion; que Saint-Martin, sergent royal et ses acistans, seront rézumés et repetés, dans leur verbal pardevant ledit commisaire, permet audit procureur-général de se pourvoir par sensures et fulminations esclésiastiques, par forme de droit, au surplus ordonne : que l'arrest du neufiesme de juillet dernier, sera executé suivant sa forme et teneur, et qu'il sera leu, publié et enregistré audit séneschal de Bayonne à la dilligence du substitut dudit procureur-général et qu'il en certiffira la Cour dans quinzaine. A ces fins, que ledit commissaire se transportera, audit Biarrits, pour faire executer ledit arrest du neufiesme juillet dernier, ce faisant, de le faire lire, publier, issue de la grand'messe et afficher à la porte de l'esglise dudit Biarrits et de faire pour raison de ces les verbaux requis et necessaires et informer des contrevantions, sy besoin est; le tout faict et à la Cour raporté, estre ordonné ce qu'il appartiendra; au surplus, enjoint au lieutenant du Roy, de la citadelle de Bayonne, de prester main forte à l'exécution du présant arrest sur la réquisition quy luy en sera faite.

Fait à Bordeux, en parlement, le dix-neufiesme de janvier 1784.

Montesquieu.

N° 87. — 5 fév. 1724. — Lettre de Lartigues, aux maire et jurats de Biarritz.

Cette lettre constate que les Agots n'ont fait aucun mouvement pour exiger l'exécution de l'arrêt du 19 janvier 1724.
Ms. Archives de Biarritz. FF 3, N° 14.
Inédit.

Messieurs,

Je n'ay vu aucun mouvement de la part des agots pour obliger Votre Commu[té] a executer l'arret de la cour ny pour faire une autre chose, ainsi il m'etoit impossible de vous en donner avis. Je me suis même informé au sec[re] de M[r] le procur. gen[al], Et au greffier de la cour quy m'ont dit et assuré n'avoir rien vu. Et a moins qu'ils ne deguisent la verité (de quoy J'en suis grand garant). Il ne s'est rien passé.

(*Le reste de la lettre se rapporte à un autre sujet.*)

... etant tres parfaitement

Monsieur, votre tres humble et tres devoué serviteur.

LARTIGUES.

A Bordeaux ce 5 fev. 1724.

N° 88. — 12 fév. 1724. — Lettre des jurats de Biarritz, à Lartigues.

Les Jurats font savoir qu'ils ne peuvent parvenir à exécuter l'arrêt du Parlement du 19 janvier 1724.
Ms. Archives de Biarritz. FF 3, N° 15.
Inédit.

Monsieur.

M. de Hureaux lieutenant criminel au seneschal de Bayonne nous a fait part d'un arrest de la cour qui le commet pour l'execution de celluy du 9e juillet dernier, nous sommes, Monsieur, entierement disposés a contribuer de nostre mieux à cette execution, mais nous prevoyons des choses extraordinaires et capables de mettre le feu dans nostre parroisse : nous sommes menacés par toutes nos femmes qui sont en tres grand nombre que les galleries de nostre eglise seront abbatues, le sol dépavé, les ornements arrachés de nostre sacristie et nostre cure sans dixme et sans offrande, nous craignons mesme auec raison que ces uiolences s'estendent dans d'autres parroisses de Labourt; nous ne vous parlons pas des menaces qui nous sont faites en nostre particulier, nous vous supplions Monsieur auec les instances les plus respectueuses d'entrer dans nos représentations, et de faire ordonner à M. Dehureaux de suspendre cette execution, peut estre que le temps ramenera ces esprits en fureur, nous avons l'honneur d'estre avec un profond respect

Monsieur

Vostre humble

(illisible)

les Jurats de la parroisse de Biarritz en labourt.

N° 89. — 20 août 1725. — Sentence du lieutenant général concernant les pêcheurs de Biarritz.

Cette sentence ordonne qu'il sera procédé par les pêcheurs de Biarritz à la nomination d'un prudhomme, d'un patron et de deux claviers pour faire les fonctions prescrites par l'ordonnance de 1681 « comme aussi que les patrons et claviers appelleront doresnavant tous les pécheurs sans aucune distinctions dans toutes les assemblées qu'ils feront à peine de 50 livres d'amende, avec inhibitions de traiter à l'avenir certains maîtres de pinasse de gots et magots ».

Cité par Ch. Bernardon, in *Archives historiques de la Gironde*, t. XIX, p. 283.

N° 90. — [19 juillet] 1728. — Requête du sieur d'Albarade, à Monseigneur de Lesseville.

Dalbarade demande au conseiller du roi, que les frais que lui ont nécessités les démarches et le procès qu'il avait faits au nom de la communauté de Biarritz, lui soient remboursés sur les revenus de cette commune.

Ms. Archives de Biarritz FF 3, N° 17.
Inédit.

A Monseigneur de Lesseville, Conseiller du Roy en ses conseils, maître des requêtes ordinaires de son hôtel, intendant de justice, police et finances, ez generalités Dauch Navarre et de Bearn.

Supplie humblement pierre Dalbarade marchand S^r de la maison de Saraspe, habitant de la parroisse de Biarrits, disant qu'en l'année mil sept cens vingt un, il se forma de grandes constestations, entre la communauté de ce lieu, et quelques particuliers qualifiés du nom de gots, et quy y avoient touiours été distingués des autres habitans, soit par l'exclusion qui leur etoit donnée des honneurs, et des charges municipalles de la parroisse, soit par des places, particulieres qui leur étoient assignées de temps immemorial dans l'église.

Ces particuliers, *Monseigneur*, voulurent tout à coup détruire un usage affermy par des siècles, et quy auoit été confirmé par des arrets de réglement du parlement de Guienne. ils causoient journellement, et particulierement les dimanches et fêtes, du trouble, et du desordre dans l'eglise parroissialle durant la célebration du service diuin. ces contentions allumerent des procès au Civil, et au Criminel. La Communauté se trouva dans la necessité de les soutenir ; il etoit iuste d'arrêter le cours de ce mal, et d'en enlever la cause, c'est pour cella, *monseigneur*, que ladite Communauté s'étant assemblée ; elle delibera unannimement qu'on poursuivoit ce procès, et que par deux délibérations des mois de juin, et de iuillet de l'année, mil sept cens vingt un, le suppliant feut nommé pour procureur syndic, pour vaquér à la poursuite de cette affaire, et en soliciter la décision.

Ensuite de cete nomination, *Monseigneur*, le supliant garda toutes les formalités préscriptes en pareil cas, auant que d'agir. la Communauté auoit eü la précaution de se munir de avis de deux habilles consultans elle scavoit ce qui vous étoit deu ; et elle eüt recours *à votre* autorité, et vous authorisates la déliberation generalle des habitants par votre Ordonnance du 19e iuin 1721 mise au bas d'une requête qu'ils eurent l'honneur de vous presantér, et par votre létre du meme jour, qui l'accompagnoit; et vous leur permites de soutenir ce procès par le ministere d'un syndic.

C'est, *monseigneur*, en execution de vôtre authorisation que les poursuites ont été faites, et que le procès a pris fin, par un arret quy y a été rendu, et qui a jugé qu'il ny auroit plus d'acceptation, ny de distinction des personnes, pour les charges, ny pour les places de l'Église, et qui a renversé et aneanty les premiers et anciens arrets; le supliant, outre le temps qu'il a perdu dans la poursuite, ou le soutient de ce procès a fait des fraix te des auances, il a été obligé de payer et rembourser de ses deniers auxd. particuliers quy ont obtenu en cause les depans qu'ils auoint fait taxér, ces auances et ces depans ont été reconnus en partie au supliant et ils les sont fixé et moderé par l'acte du 19e juillet dernier, à la somme de huit cens soixante quatre liures, dont elle a consenty que le supliant feut payé en quatre termes, et qu'il feut couché annuellement sur les états de distribution, les abbé et jurats dud. lieu de Biarrits ayant eü l'honneur de vous ecrire à ce sujet, et vous ayant suplié de vouloir bien confirmer et autoriser cete dernière déliberation vous leur avez repondû, que ne leur ayant point permis d'entreprendre ce procès, vous ne pouviés en aprouvér la dépanse, et qu'elle deuoit etre suportée par les déliberants, c'est ce que contient votre letre du troisieme nouembre dernier.

C'est aussi, *monseigneur*, ce qui oblige le supliant de représanter *a votre grandeur*, qu'il n'y eüt jamais de dépanse plus legitime, ny qui interassat plus intimement toute la communauté, la cause étoit toute publique, elle interoissoit toutes les personnes de l'un et de l'autre sexe, les grands, les petits, temporel, la religition, et les hautels; ce procès n'a été soutenû que sur le fondement d'un usage constant immemorial et confirmé par des arrets; *vous aués eü la bonté monseigneur* d'authoriser la première deliberation par votre lètre et par votre ordonnance du 19e iuillet de l'année 1721. Le Supliant *espere de votre iustice* et de votre equité, que vous voudrés bien autorisér la seconde deliberation, et que vous ne permetrés pas que la permission que vous aués accordée de plaidér en connoissance de cause, deuienne inutille, *et sans effet*, et qu'elle soit a même temps préiudiciable et ruineuse au Supliant, qui à traité de bonne foy, sur l'autorité de votre ordonnance toute la communauté *jouit* a presant d'un heureux calme, et vit en paix.

A ces causes, monseigneur, et veu vôtre ordonnance et letre dud. jour 19e iuillet 1728 il plaira a votre grandeur, autoriser la dernière déliberation du 19e iuillet dernier. En consequence ordonnér que le supliant sera païé en quatre termes de la somme de huit cens soixante quatre liures, les rentes et reuenus de la Communauté, et qu'a cét effet il sera c uché annuellement pour deux cens seize liures sur les etats de distribution, et le suppliant priera le Ciel pour la santé et prosperité de vôtre grandeur.

DALBARADE.

N° 91. — 1729. — Note favorable de Mr de Lespés de Hureaux, lieutenant criminel auprès du sénéchal de Bayonne, à Mgr l'intendant au sujet de la lettre précédente.

Ms. Cette note est écrite en tête de la lettre requête Dalbarade (Archives de Biarritz. FF 3, N° 17).
— **Inédit.**

Monseigneur l'intendant avoit authorisé la deliberation de la Commté de Biarritz pr soutinir le procès criminel dont il s'agissoit, et le supt ayant été nommé Syndic, s'estoit transporté a Bordx ou il avoit fait des frais considérables dont le montant après un examen a été reglé a 864liv. La Commté desire que le Supt en soit payé sur les revenus comuns en quatre années, et par portions egalles. Il n'y a aucun inconvenient que Mgr L'intendant ord. qu'il sera employé sur les estatz de distribution, pendant les quatre premieres années à raison de 216liv chacune.

DE LESPÈS DE HUREAUX.

N° 92. — 17 février 1729. — Ordonnance de l'intendant à Bayonne, faite sur la lettre requête du sieur Dalbarade.

Ms. Fait suite à la lettre citée plus haut.
Inédit.

Veu la presente requeste, ensemble la deliberation desdits

habitans et communauté de Biarrits du 19 juillet 1728 et autres prières énoncées en lad. requeste.

Nous ordonnons que le supliant sera payé par lad. communauté de Biarrits de la somme de huit cent soixante quatre livres dont est question en quatre années consecutives à commencer en la presente mil sept cens vingt neuf et par egalles portions et ce sur les revenus communs de lad. communauté auquel effet sera fait employ du quart de lad. somme sur les étatz de distribution de chacune desd. années, et icelles remise au sup^ant^ par le tresorier en exercice d'jcelle, a quoy faire il sera contraint par toutes voyes dues et raisonnables.

Fait a Bayonne le dix septieme fevrier mil sept cent vingt neuf.

Signé. (*Illisible*) [DE LESSEVILLE].

N° 93. — Signification de l'ordonnance ci-dessus.

Ms. Se lit à la suite de l'ordonnance (Archives de Biarritz, FF 3, N° 17).
Inédit.

Le vingt troisième du mois de février mil sept cens vingt neuf, ce requerant led. Sieur d'Albarade, signiffié et copie de la Requeste, et ordonnance, ez autres parts a été baillée aux sieurs abbé jurats, et Communauté de Biarrits, en la personne de Sieur Clément Lamarque m^e^ chirurgien, et premier Jurat de lad. parroisse de Biarits, maître de la maison de Jean Dinal, y domicillié, pour les fins y contenues, et avec sommation de satisfaire à lad. ordonnance, dans les delays portés par jcelle, faute de ce faire, je leur ay declaré, que led. Sieur Dalbarade se pourvoira contr'eux, ainsy qu'il verra être à faire, et à m^e^ Jean Planthion no^re^ Royal, et Tresorier de lad. Cómmunauté de Biarrits, maître de la maison de piriane y domicillie, aussy pour les fins y contenues, et avec sommation de satisfaire à la susd. ordonnance, dans les delays portés par icelle, ce faisant de payér aud. Sieur Dalbarade, les sommes y contenues, faute de ce faire, je luy ay déclaré, qu'il y sera contraint, par les voyes portées par la même ordonnance, fait en la susd. parroisse de Biarrits, ou je me suis exprès transporté à cheval, puis de la ville de Bayonne, au domicille dud. Sieur Lamarque, parlant à sa personne, avec enjointion de le faire savoir auxd. Sieur abbé et Jurats, ses collègues, et à la susd. Communauté, et en celluy dud. Sieur Planthion, parlant a sa servante.

Par moy Laurent Sorhaitz huissier audiencier en la Cour sennechalle siege a lad. ville de Bayonne y habitant logé maison Galtier rue maiour.

Soussigné.

SORHAITZ, huissier.

Con^{te} à bayonne, 26 février 1729... hirigoyen.

N° 94. — Reçus de la somme de 216 livres, signés par Dalbarade.

Ces sommes furent versées à Dalbarade par la communauté de Biarritz, en exécution de l'ordonnance ci-dessus comme représentant les frais faits par lui au cours des procès contre les cagots.

Mss. Archives de Biarritz. FF 3, N°s 18, 19, 20, 21.
Inédits.

Je soubssigné pierre Dalbarade M^{e} de la maison de Saraspe déclare avoir resceu de la communauté de Biarritz la somme de deux cens seize livres a conte de celle de huit cens soixante quatre livres et ce par les mains de mons^{r} Planthion no^{te} Royal et trésorier de la ditte communauté pour autant que je suis été compris dans l'état de distribution de l'année 1730 sans préjudice de celle de 1729, 31 et 32. En foy de quoy j'acquitte la communautté et le dit trésorier de la ditte somme de 216 ll. Et ay signé le presant pour leur servir et valloir en tout que de raison. Fait à Biarritz le 5e février 1731.

DALBARADE.

(FF 3, n° 20).

Je soussigné déclare avoir resceu de la communauté de Biarrits par la main de m^{e} Bertrand de Planthion n^{re} Royal et tresorier des Revenus d'icelle communauté la somme de deux cent seize livres contenues dans l'ordonnance en l'autre part écrite datée du dix sept février mil sept cens vingt neuf signé de Monseigneur de Lesseuille, en foy de quoy j'acquite laditte communauté.

Fait à Biarrits le 12e Novembre 1731.

DALBARADE.

(*FF 3. N° 18*).

Je soussigné pierre Dalbarade S[r] de la maison de Saraspe, déclare avoir receu de la communauté de Biarritz, la somme de deux cens seize Livres a compte de celle de huit cens a soixante quatre livres, et ce par les mains de Me Jean Louis de Planthion no[re] Royal, et Trésorier des revenus de cette communauté, quy ont été ordonnés etre payées par ordonnance de Monseigneur de Lesseville Intendant, en datte du dix sept février mil sept cens vingt neuf, sans préjudice de l'année courante, et de celle de 1733 : en foy de quoy j'acquitte lad. communauté et lad. Tresorier de lad. somme de 216 L. Fait a Biarritz dix huit fevrier 1732.

DALBARADE.

(*FF 3, n° 21*).

J'ay resceu de méstre Jean de Planthion no[re] Royal et trésorier de la presante communauté, la somme de deux cens seize livres pour le troisième terme, de quoy je l'acquitte tant à luy que à la communauté sans préjudice du quatrième terme, en foy de quoy, j'ay signé le present, fait à Biarritz le 27e août de 1732.

DALBARADE.

(*FF 3, n° 19*).

AFFAIRE D'ORX (1735-1738)

N° 95. — 22 novembre 1735. — Arrêt du Parlement de Bordeaux.

Ms. Nous n'avons pu retrouver le texte manuscrit de cet arrêt. Le texte que nous publions est copié sur un imprimé daté de 1735, conservé aux Archives du Tribunal de Dax.

C'est un placard imprimé, destiné à l'affichage. Sur cette feuille de grand format, se lit d'abord l'arrêt du 9 juillet 1723, puis celui du 22 novembre 1735.

Inédit.

On lit au bas de l'arrêt :

Collationné, Solvit *3. liv. reçu desd. Vignalet et Ducamp la somme de 35. liv. pour le sol pour liv. de 700. liv. tant de dépens que de dommages et intérêts reglez et liquidez par la Transaction du 17 septembre dernier, enoncé au présent Arrêt à Bordeaux le 25 Novembre 1735.*

Signé : Chelan.

Controllé *le 25 Novembre 1735. receu 18. liv. 12. sols tant pour le Controlle de l'Arrêt, que de l'homologation de la Transaction y énoncée par composition et par ordre de M. Davignon Directeur, augmentation 2. liv. 3. sols. 42 deniers.*

Extrait des registres de Parlement.

Entre Jean Vignalet dit Maury, et Jean Ducamp dit Boscq, Laboureurs Demandeurs l'interinement de leurs Requêtes tendantes a ce qu'ils soient ampliez des Prisons Royaux Dax, ou ils sont detenus, et qu'il soit Enjoint au Geolier d'icelles de leur en ouvrir les Portes à quoy faire il sera tenu par Corps, et à ce que la Transaction passée entre les Parties soit homologuée d'une part, et Pierre Dartiguenave, et Laurans Dussez Deffendeurs d'autre. Ouis Bouquier, et Valcarcel Avocat et Procureur desd. Vignalet dit Maury, et Ducamp dit Boscq, Brochon et Bordenave Avocat et Procureur desd. Dartiguenave et Dussez, ensemble de Latreine pour le Procureur General du Roy. La Cour, faisant Droit de Conclusions du Procureur General du Roy a Ordonné et Ordonne que les Parties de Bouquier se rendront le premier Dimanche aprez la signification du present Arrêt, au devant de la Porte de l'Église Paroissiale d'Orx, à l'issuë de la Messe, les Paroissiens assemblez, et là étant ils declareront que malicieusement et temerairement, ils ont proferé plusieurs injures contre les Parties de Brochon, qu'ils leur en demandent pardon et excuse, qu'ils les reconnoissent pour Gens de bien et d'honneur, et qu'il n'y a pas de differerence d'eux, avec les Habitants de lad. Paroisse d'Orx, leur fait trez expresses inhibitions et Defenses de recidiver à l'avenir à telle peine que de Droit, et pour la façon de faire Laditte Cour, les à

Condamnez et Condamnent (*sic*) lesd. Parties de Bouquier a aumôner la Somme de trois Livres, applicable au Pain des Prisonniers, à la décharge du Roy, Ordonne en outre lad. Cour que la Transaction passée entre les Parties, le 17 Septembre dernier, quand aux peines pecunieres et dépens contenus dans la susd. Transaction sortira son plein et entier effet, et moyennant ce, declare n'y avoir lieu de prononcer sur le surplus de l'homologation de la susd. Transaction, et faisant Droit de la Requête des Parties de Bouquier, les a ampliées des Prisons Dax, ou ils sont detenus. Enjoint au Geolier, de leur en ouvrir les Portes, à quoy faire il sera contraint par Corps. Condamne lesd. Parties de Bouquier à la levée et expedition du present Arrêt et Commission, les autres dépens de l'homologation de la susd. Transaction demeurant compensez. Au surplus, lad. Cour Ordonne que l'Arrêt du 9. Juillet 1723. sortira son plein et entier effet. Permet au Procureur General du Roy de faire afficher tant le present Arrêt que celuy dud. Jour 9. Juillet 1723. par tout ou besoin sera. Fait à Bordeaux en Parlement, le 22. Novembre 1735. Monsieur Degascq Leoville, President.

Signé, Roger.

N° 96. — 27 mars 1738. — Arrêt du Parlement de Bordeaux.

Cet arrêt faisait inhibition et défenses d'injurier aucuns particuliers « prétendus descendans de la race de Giezi, et de les traiter d'Agots, Cagots, Gahets ni Ladres ». On y ordonnait l'exécution des arrêts de la Cour en date des 9 juillet 1723 et 22 novembre 1735, à peine de cinq cents livres d'amende : on voulait que les cagots fussent admis à toutes les assemblées générales et particulières faites par les habitants, et qu'ils fussent admis aux charges municipales, et aux honneurs de l'église, comme les autres.

L'*original* existe sous forme d'une plaquette imprimée (sans ni date) aux Archives du tribunal de Dax. Fr. Michel semble avo eu en sa possession un des exemplaires de cet arrêt.

Publié par Fr. Michel (*loc. cit.*), t. II, p. 255, 259.

Arrest de la Cour de Parlement.

Contre les nommés Catherine Niorte, Jean Ducamp dit Bosq, son mari, Bertrand Hargues, leur valet, et autres, et qui fait inhibitions et défenses à toutes sortes de personnes d'injurier aucuns particuliers prétendus descendant de la race de Giezi, et de les traiter d'Agots, Cagots, Gahets ni Ladres, etc., et ordonne l'exécution des arrêts de la Cour des 9 juillet 1723 et 22 novembre 1735.

Du 27 mars 1738.

Extrait des registres de Parlement.

Entre Pierre Dartiguenave et Laurens Dussez, laboureurs, habitants de la paroisse d'Orx, sénéchaussée de Tartas, demandeurs en crimes d'injures, scandales, et excès; à ces fins demandeurs l'entérinement d'une requête du 20 février 1738, en exécution de l'arrêt du 24 janvier dernier, et tendante à ce qu'attendu les preuves résultantes des informations et procédures, les parties ci-après nommées fussent condamnées en 3 000 liv. de dommages et intérêts solidairement envers lesdits Dartiguenave et Dussez, ensemble en tous les dépens et procédures, même en ceux réservés par ces arrêts précédents, pour leur tenir lieu de plus amples dommages et intérêts, et en telle réparation que la Cour jugera à propos, s'en remettant pour les peines corporelles que méritent les accusés, au zèle et à ce qu'il plaira à M. le Procureur général requérir pour raison de ce : Et au surplus qu'il fut ordonné que tant les arrêts de règlement de la Cour, que la transaction et arrêt d'homologation d'icelle, de l'année 1735, soient exécutés selon leur forme et teneur, et qu'inhibitions soient faites tant aux accusés qu'à tous autres d'y contrevenir, aux peines portées par lesdits arrêts, et à ce qu'il fût permis aux susdits Dartiguenave et Dussez de faire afficher tant dans la paroisse d'Orx qu'ailleurs, le présent arrêt, avec ceux des années 1723 et 1735, d'une part.

Et Catherine Niorte, Jean Ducamp dit Boscq, son mari, Bertrand Hargues, leur valet, Jean Vignalet dit Maury, et Jean Dartiguenave, meunier, accusés, défendeurs et demandeurs, savoir : ladite Niorte, ledit Ducamp son mari, et lesdits Vignalet et Dartiguenave, l'entérinement de leurs requêtes des 24 et 29 janvier 1737, aux fins de leur relaxance, d'autre;

Et lesdits Dartiguenave et Dussez, défendeurs, encore d'autre;

Et encore entre monsieur le Procureur général du Roi en la Cour, demandeur en contravention à l'arrêt de règlement fait par la Cour, le 9 juillet 1723, d'une part.

Et lesdits Jean Vignalet dit Maury, et Jean Dartiguenave, jurats de ladite paroisse d'Orx, l'année 1735, défendeurs et demandeurs en relaxance, suivant leur requête du même jour 24 janvier 1737, d'autre.

Et monsieur le Procureur général du Roi en la Cour, défendeur, encore d'autre.

Et encore entre ledit sieur Procureur général du Roi en la Cour, demandeur en excès commis sur la personne dudit Dartiguenave par les ci-après nommés, d'une part.

Et Pierre Lhertere, Bernard Lagarde, Martin Desparben et Vincent de Grand-Camp dit Chinoy, accusés, d'autre part.

Vu le Procès.

Dit a été que la Cour, sans s'arrêter à chose dite ou alléguée par ladite Niorte, ledit Ducamp dit Boscq, son mari, et lesdits Dehargues, Vignalet et Jean Dartiguenave, meunier, ni à la relaxance et autres conclusions prises par ladite Niorte, ledit Ducamp, son mari, et lesdits Vignalet dit Maury, et Dartiguenave, mûnier, dans leurs requêtes des 24 et 29 janvier 1737, attendu les preuves résultantes des procédures instruites contre ladite Niorte et lesdits Ducamp, Hargues, Vignalet et Dartiguenave, mûnier, à raison des excès par eux commis sur les personnes desdits Pierre Dartiguenave, laboureur, et Laurens Dussez, le 18 décembre 1735 et 19 février 1736, a ordonné et ordonne que tant ladite Catherine Niorte, que ledit Ducamp, son mari, et lesdits Hargues, Vignalet et Dartiguenave, mûnier, se rendront le premier dimanche après la signification du présent arrêt, faite à personne ou domicile, au-devant la principale porte de l'église paroissiale d'Orx, à l'issue de la messe paroissiale, les paroissiens assemblés; où étant, et en présence des juges et procureur d'office de la jurisdiction ordinaire de Gorce, ils déclareront chacun séparément que malicieusement, témérairement et mal à propos, ils ont excédé et fait excéder lesdits Dartiguenave et Dussez, et proféré contre eux plusieurs injures, dont ils leur demandent pardon et excuse ; qu'ils les reconnoissent pour gens de bien et d'honneur, et qu'il n'y a aucune différence d'eux avec les autres habitants de ladite paroisse d'Orx. Enjoint auxdits juges et procureur d'office de ladite jurisdiction de Gorce de tenir la main à l'exécution du présent arrêt, de dresser leur procès-verbal de l'exécution d'icelui, et de l'envoyer au greffe de la Cour, à telle peine que de droit. Fait inhibitions et défenses à ladite Niorte et aux susdits Ducamp, Hargues, Vignalet et Dartiguenave mûnier, de récidiver, ni faire récidiver à l'avenir, à peine de punition corporelle; et les condamne en outre à aumoner chacun la somme de douze livres, applicable au pain des prisonniers, à la décharge du roi, en la somme de 600 livres solidairement et par corps envers lesdits Dartiguenave et Dussez, pour leur tenir lieu de dommages et intérêts; les condamne aussi en tous les dépens chacun les concernant envers lesdits Dartiguenave et Dussez, même en ceux réservés par les précédents arrêts, et moyennant ce, sur les plus amples dommages et intérêts prétendus par lesdits Dartiguenave et Dussez, ladite Cour a mis et met les parties hors de Cour et de procès. Comme aussi, attendu la contravention commise à l'arrêt de la Cour, du 9 juillet 1723, par lesdits Dartiguenave mûnier, et Vignalet dit Maury, jurats de ladite paroisse d'Orx, l'année mil sept cent trente-cinq, en ce qu'ils n'ont pas tenu la main à son exécution, ainsi qu'il leur étoit enjoint par icelui, ladite Cour, sans avoir égard à chose par eux dite ou alléguée, ni à la relaxance par eux requise, les condamne à aumoner la somme de six livres chacun, pareillement applicable au pain des prisonniers, à la décharge du roi. Au surplus ladite Cour, pour les cas résultants de la procédure aussi instruite à la diligence du procureur général du roi, tant contre ladite Catherine Niorte, que contre lesdits Lhertere, Lagarde, Desparben et Grand-Camp dit Chinoy, pour raison des excès aussi par eux commis sur la personne dudit Dartiguenave laboureur, le dix-huitième mars de la même année mil sept cent trente-six a bani et banit ladite Niorte et lesdits Lhertere et Lagarde seulement, de la présente ville, banlieue d'icelle, et hors les sénéchaussées de Guienne et de Tartas, pendant le temps et espace de trois années; leur enjoint de garder leur ban à peine de la hart; et les condamne en outre, de même que lesdits Desparben et Grand Camp dit Chinoy, chacun à aumoner la somme de dix livres applicables aussi au pain des prisonniers, à la décharge du roi, et aux dépens aussi chacun les concernant envers ceux qui les ont faits. Et faisant droit des conclusions du procureur général du roi, ladite Cour ordonne que les arrêts de la Cour desdits jours 9 juillet 1723 et 22 novembre 1735, seront exécutés suivant leur forme et teneur : ce faisant et conformément à iceux fait itératives inhibitions et défenses à toutes sortes de personnes de ladite paroisse d'Orx, et à tous les autres du ressort de la Cour, d'injurier aucuns particuliers prétendus descendants de la race de Giézi, et de les traiter d'Agots, Cagots, Gahets, ni Ladres, ni de les injurier sous quelqu'autre terme que ce soit, à peine de cinq cents livres d'amende, même de punition corporelle, si le cas y échet, et de tous dépens, dommages intérêts. A ces fins ladite Cour ordonne qu'ils seront admis dans toutes les Assemblées générales et particulières qui se feront par les habitants, aux charges municipales et honneurs de l'église, où ils seront traités et reconnus comme les autres habitants, sans aucune distinction. Comme aussi ladite Cour ordonne que leurs enfants seront reçus dans les églises, écoles et collèges des villes, bourgs et villages et seront admis dans toutes les instructions chrétiennes indistinctement; et en cas de contravention, ladite Cour leur permet d'en informer devant le premier juge royal des lieux non suspects, même d'obtenir des monitoires, et de procéder par censures et fulminations ecclésiastiques, en forme de droit, pour les informations faites au procureur général du roi communiquées et à la Cour rapportées, y être pourvu ainsi qu'il appartiendra. Enjoint ladite Cour à tous juges royaux, maires, abbés et jurats des lieux, même aux juges et procureurs d'office de ladite jurisdiction de Gorse, et jurats dudit Orx, de tenir la main à l'exécution des susdits arrêts et du présent arrêt, à peine d'en répondre en leur propre et privé nom. Comme aussi ladite Cour ordonne que tant le présent arrêt, que ceux desdits jours 9 juillet 1723 et 22 novembre 1735, seront lus, publiés et affichés partout où besoin sera, même à la diligence des substituts dudit procureur général du roi, qui certifieront la Cour de leurs diligences dans le mois. Enjoint aussi laditte Cour au substitut du procureur général du roi audit sénéchal de Tartas, de se transporter tous les mois et jour de dimanche dans l'église d'Orx, pour tenir la main à l'exécution du présent arrêt, si besoin est, et d'en certifier la Cour. Dit aux parties, à Bordeaux, le 26 mars 1738.

Messieurs { Leberthon, premier président,
De Vincens, Rapporteur.

A Bordeaux, chez Jean-Baptiste Lacornée, imprimeur du Parlement, rue St-James.

IV. — BÉARN ET NAVARRE

Si nous réunissons sous une même rubrique, les règlements, arrêts, requêtes concernant les cagots de Béarn et de Navarre, c'est que l'histoire de ces deux pays se confond depuis 1620.

Le Béarn était primitivement une vicomté; l'autorité souveraine du pays appartenait au seul vicomte régnant, jusqu'en 1220, date de la charte de fondation de la Cour Majour. Celle-ci était destinée à contre-balancer l'autorité seigneuriale; c'était une grande concession faite au peuple, qui pouvait aisément recourir à l'impartialité et à l'équité proverbiale des douze juges qui composaient cette cour. Ces juges devinrent un jour les Barons du Béarn. Plus tard Henri II, roi de Navarre et souverain de Béarn, prince soucieux de l'organisation judiciaire et économique de son petit pays, remplaça la Cour Majour par un Conseil Souverain et une Cour des Comptes qui prirent leur siège à Pau.

Quant à la Navarre, elle avait primitivement son territoire divisé en six Merindades. Mais après l'envahissement du royaume par le duc d'Albe, il ne resta plus à la maison d'Albret que la merindade de Saint-Jean-Pied-de-Port ou Basse-Navarre. A partir de cette époque on vit, comme en Béarn, siéger une Cour Souveraine à Saint-Palais, appelée Cour de Chancellerie, dont l'autorité servait de contrepoids à celle de la Cour Royale. A la suite de difficultés survenues avec le roi Louis XIII, à propos du refus opposé par la Cour de Chancellerie à l'enregistrement de certains édits du roi, ce dernier ne craignit pas de venir à Pau soumettre ceux qui se révoltaient contre son autorité; c'est ainsi qu'en 1620, Louis XIII ordonnait l'union de la Navarre et du Béarn à la couronne de France, et créait pour harmoniser l'organisation judiciaire des deux pays un Parlement nouveau, le Parlement de Navarre, où s'opérait la fusion des Conseils Souverains de Pau et de Saint-Palais.

Le ressort de ce Parlement comprenait la Navarre, le Béarn, les comtés de Foix et de Bigorre, les Vallées d'Aure, les vicomtés de Lautrec et de Nebouzan, le duché d'Albret, l'Armagnac, et le pays de Soule.

Cet aperçu historique explique la division des documents qui vont suivre. On y verra :

1° Les documents Béarnais jusqu'en 1620;

Nous en avons distrait des rôles de feux, des censiers, et quelques autres pièces où figurent des listes de cagots du XIVe siècle. Ces pièces figurent au premier paragraphe des Pièces Justificatives.

2° Les documents concernant le Royaume de Navarre. Nous avons distrait de ce nombre les pièces relatives à la requête des Agots de Navarre adressée au pape Léon X en 1514, parce que les pièces qui complètent cette affaire sont espagnoles, et liées à l'histoire de la Navarre espagnole. Elles figureront dans un autre paragraphe. En revanche nous faisons figurer ici des règlements pour le royaume de Navarre postérieurs à 1620, parce qu'ils n'ont aucun rapport avec les décisions du Parlement de Navarre, et n'intéressent pas le Béarn.

3° Les documents Béarnais et Navarrais émanant de la Cour du Parlement, ou contemporains de cette Cour.

I. VICOMTÉ DE BÉARN

N° 97. — 1288. — Fors de Béarn.

Ces Fors ont été rédigés sous Gaston VII de Béarn, ils portent la date 1288[1], date qui est vérifiée par l'existence à cette époque de Sants, évêque de Lescar, qui y est cité. Marca croyait, par erreur, que ce For remontait à 1088, sous le règne de Gaston IV. Il aurait été inspiré par le vieux For de Béarn qui daterait du XIe siècle.

Ms. Archives des Basses-Pyrénées. C 677 (Manuscrit du XVe siècle).

Publié par A. Mazure et J. Hatoulet, Fors de Bearn, *Législation inédite du 11e au 13e siècle, avec traduction en regard, notes et introduction* (1845).

1. On lit au commencement du For :

Renovation deu For generau.

Art. 1. — Conegude cause sia, que Mossen Gaston, besconte de Bearn, en

RUBRIQUE XXXII.

De qui ne volere far per los Juratz.

Art. 65. — *Item.* Fo stablit et autreyat que, si per aventure, los dits Jurats no poden saber vertadere sabence qui aure feyt la mala-feyta, que aquets de qui hom aure male sospieyta, que se esdigne sa maa septabe d'espetits o ab trente xpistiaas [1].

RUBRIQUE LI.

De plaguas et colonis.

Art. 170. — *Item.* Si per aventure es aucun accusat de mort que no sie feyte ab criit et ab biaffora, l'accusat se esdisera ab VI despetits, o sino, los pot aver ab XXX christiaas.

N° 98. — 1398. — Rénovation de Cour Mayour.

Ms. Archives des Basses-Pyrénées. C 677.
Publié par Mazure et Hatoulet, *Fors de Béarn, législation inédite*... etc., p. 255.

Art. 9. — *Item.* Fo establit et ordenat que las caperaas hospitalees, ni crestias, deu sedent qui an per lors glisies hospitalaries, crestianaries, no paguin talhas ni contribuesquen a las donations deu Senhor. Actum a Morlaas, lo IIII[te] jorns de julh l'an M[L]III[C]XCVIII [2].

l'an de Nostre Senhor 1288, Sants, abesque de Lascaar, et En* Bernad abesque d'Oloron en plenere cort en lo casteg de Pau, devant tots los Baroos de Bearn, renobin las costumes per los ancestres establides.

1. Il faut lire χρistiaas. Cette orthographe est fréquente dans les manuscrits antérieurs au XVe siècle.

2. Les prescriptions contenues dans cet article se retrouvent dans le For de Henri II (1551) et dans les *Privilèges et Coutumes de Béarn* (1676). Elles manquent cependant dans l'édition des *Privilèges et Coutumes de Béarn* parue en 1633.

* *En* = Don.

N° 99. — 1460. — Requête des États de Béarn contre les cagots.

« Ce soupçon (de ladrerie où l'on tenait les cagots), estoit si fort en Bearn, en cette année 1460, que les Estats demanderent à Gaston de Bearn Prince de Navarre, qu'il leur fust defendu de marcher pieds nuds par les ruës, de peur de l'infection, et qu'il fust permis, en cas de contrevention, de leur percer les pieds avec un fer; et de plus, que pour les distinguer des autres hommes, il leur fust enjoint de porter sur leurs habits l'ancienne marque de pied d'oye, ou de canard, laquelle ils avoient abandonnée depuis quelque temps. » (*Marca, Histoire de Béarn. Ch. XVI, § II*)[1].

Le Prince ne répondit pas à cette requête.

N° 100. — 1551. — Fors et coutumes de Béarn.

Ms. Archives des Basses-Pyrénées. C 678. Le manuscrit est daté de 1551[2].

Ce recueil de Lois est encore appelé Fors de Henri II de Béarn. Il fut édité, pour la première fois, sous le règne de ce prince. L'édition que nous avons consultée est celle de 1602, parue sous le règne de Henri IV, roi de France et de Navarre.

Elle porte pour titre :

Los Fors et Costumas de Bearn — A Lesca — Per Louis Rabier, Imprimeur deu Roy — Ab Priviledge deudit Senhor — 1602.

Elle porte en seconde page le titre de la première édition dont elle est la reproduction fidèle.

Los Fors et Costumas de Bearn — Imprimadas a Pau per Johan de Vingles — Ab Privilegi deu Rey — MDLII.

1. D'après le même auteur les cagots seraient appelés Cristians et Gesitains dans cette pièce. Toutes les recherches faites par nous pour retrouver cet intéressant document sont restées infructueuses.

2. Le For de Henri II est parfois appelé For de 1552. C'est une erreur. Ce For est en effet daté de 1551; sa première édition imprimée est bien de 1552, mais il fut observé avant d'être sorti des presses de Johan de Vingles.

De Maria écrivit un livre inédit (vers 1760), qui est consacré à l'étude de ces Fors.

Il existe des Fors une autre édition, imprimée à Pau, par Jérôme Dupoux, en 1723.

Extraits.

Art. XXXIII.

Caperaâs, Espitaleês, ni Cagotz, no pagaran talhas deu sedent qui hán per lócs Glysias, Espitaus, ô Cagotarias : mes de fo qui acqueriran davantage, pagaran, si talz beês son rurals[1].

Rubrique 55. — De qualitatz de personnes.

Art. IIII.

Los Cagotz no so deben mescla ab los autres homis per familiara conversation : Auans deben habitar separatz deus autres personages : Et no se meteran davant los homis et femmas, à là Glisia, ni Processioôs : a là pena de une hey Major per cascuna vegada qui faran lò contrary.

Art. V.

Et es Prohibit a toutz Cagotz no portâ armas autres que equeras qui han besonh per lors officis : suûs pena de sengles heys majors, per cascuna vegada qui feran lô contrary. Et los juratz aueran facultat de se saysir de lors armas : lasquoaus seran convertidas au profieyt deu Senhor deu loc, et de la causa publica, per egoalas portioos.

Art. VI.

Los ladres no poden poblâ a pluus avant, ni en autre part, que à las maïsons qui los son depputadas per los dimiciliis. Et en cascuna Ladraria no deu demorâ que un Ladre solet ab sa familha : Mes los passantz et repassantz si y poderan retira, et demora tant solament per dus iorns.

1. « Les prêtres, hospitaliers, ni Cagots, ne paieront tailles pour l'emplacement de leurs églises, hôpitaux, et cagoteries : mais ceux qui acquereront davantage, paieront, si tous ces biens sont ruraux. »

N° 101. — [1562. — Lettres patentes du Roy, en faveur des cagots.]

« En 1562, ils (les cagots) obtinrent du Roy, des lettres patentes qui leur accordèrent d'être traités comme les autres sujects rureaux, pourvu qu'ils fussent trouvés sains de leurs personnes. Mais ces lettres ne furent point enregistrées. » (*Mémoire du Bois De Baillet, 7 oct. 1683. Voir n° 137.*)

N° 102. — [1562. — Requête des États de Béarn contre les cagots.]

« En 1562, les États de Bearn à Sauveterre, renouvellent une deliberafion de 1460 (concernant les cagots) que Gaston XI avait refusé de sanctionner.... Jeanne d'Albret, alors regnant, rejeta le decret et admonesta l'assemblée, dit un auteur, sur son manque decharité. » (*Asfeld, Chronique de Béarn, p. 286*).

L'auteur a négligé d'indiquer sa source, qui nous est totalement inconnue.

N° 103. — XVIe siècle. — Rôle des impôts prélevés sur le parsan de Vic-Bilh [1].

Ms. Archives des Basses-Pyrénées. B 805.
Inédit.

Role deus tributs reals que lo Seigner mayor a acostumat prener en lo parsan de Vic-Bilh.

A osses l'ostau deu crestiaa.
Seguiense los fius ostaus deus crestias.

lo crestia de lenbeye. XII. d.
lo crestia den coromaté [2]. . . . . . . XII. d.
lo crestia de bause (*Vauzé*) . . . . . . XII. d.
lo crestia de castelho XII. d.
lo crestia de faget (*Crouzeilhes*) . . . . XII. d.
lo crestia de bescat (*Betracq*) . . . . . . XII. d.
lo crestia de arosses. XII. d.
l'auter crestia de arosses . . . . . . XII. d.

1. Le manuscrit n'est pas daté. Il est du XVIe siècle.
2. Coromaté est aujourd'hui Couronmaté, ferme de la commune de Sansons-Lion.

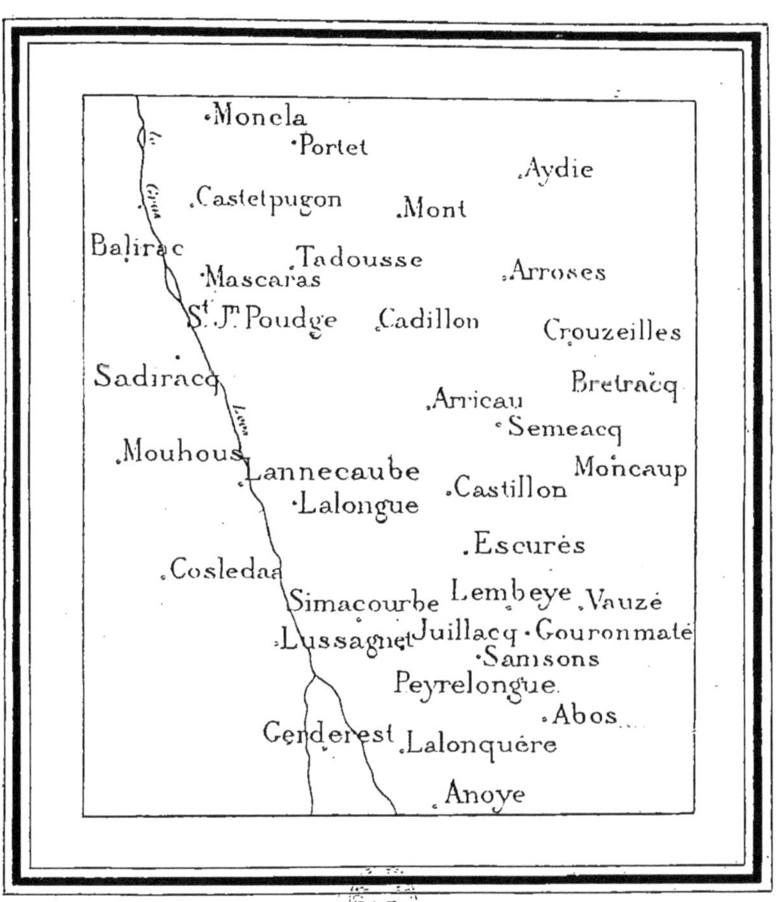

LES CAGOTERIES DE VIC-BILH AU XVIe SIÈCLE.

(D'après le document N° 103.)

lo crestia de aydie. . XII. d.
l'auter crestia d'aydie XII. d.
lo crestia de sent Johan podge. . . . XII. d.
l'auter crestia [1] de sent Johan podge. XII. d.
lo crestia de tadoze . XII. d.
lo crestia de aricau . XII. d.
lo crestia de cadelho. XII. d.
lo crestia de sebinbaque (*Seméac*). . . XII. d.
lo crestia de sansons. XII. d.
lo crestia de simacourba. . . . . . . XII. d.
lo crestia de lalongua. XII. d.
l'aute crestia de lalongua. . . . . . . XII. d.
lo crestia de gergerest XII. d.
l'auter crestia deg erderest (*sic*). . . . . XII. d.
Menyolet crestia [2] de gerderest . . . . . XII. d.
lo crestia de lalonqueria. . . . . . . XII. d.
l'auter crestia deudj loc . . . . XII. d.
lo crestia d'anoya. . XII. d.
lo crestia de lana cauba. . . . . . . XII. d.
lo crestia de sadirac. XII. d.
lo crestia de mohoos. XII. d.
lo crestia de mascaras. XII. d.
l'auter crestia deudj loc . . . . XII. d.
lo crestia deu mont. XII. d.
l'auter crestiaa deudj loc . . . . XII. d.
lo crestia de portet . XII. d.
lo crestia auter de portet. . . . . . . XII. d.
lo crestia de castet pugo . . . . XII. d.
lo crestia de moncla. XII. d.
lo crestia de balirac. XII. d.
lo crestia de. . . . . XII. d.
lo crestia de peyralonge . . . . XII. d.
lo crestia de aboos. . XII. d.
lo crestia de lusanher (*Lussagnet*). . . . . XII. d.
lo crestia de cosledaa. XII. d.
la crestia de julhac . XII. d.
l'auter crestia deudj loc. . . . . XII. d.
lo crestia de escures. XII. d.
peiroton de begons crestia [2] de moncaup. . . . . XII. d.

N° 104. — Censier de 1569 (Extrait).

Ms. Archives des Basses-Pyrénées B. 767.
Inédit.

Casteybon.	Bisontz caguot : II. s. IIII. arditz.
	Anthony caguot : III. d.
Auduux.	La maison dou caguot : I. s. I ard.
Los fius de Castetnau.	Peyrolo cagot : V. s. VII. d. mo. II. quo.
	Lo crestia : II. s. III. d. mo. II. quo.
	Peyruquet cagot : V. s. II. d. mo. I quo.
Bielanaba.	Lo crestia de bielanaba : I s. I. d. mo. III. quo.

1. Le mot crestia est ici écrit en abrégé : χρ'a. L'intérêt philologique de cette abréviation est assez grand si on la compare avec celle de la pièce N° 97. (Voir la note.)
2. χρ'a.

N° 105. — 15, 16 et 18 juin 1604. — Délibération des États de Béarn.

Ms. Archives des Basses-Pyrénées. C 702.
Inédit.

15 juin 1604. — Prumer estat.

(*Fol° 206.*) Cagotz. Requeste de Nay contre los caguotz.

Sur la requeste deus juratz de Nay toccant los caguotz.

Monsr de Navailles : que sie supplicat aus fins que sie inhibit ausdictz caguotz de trafficar en marchandisses ni expansar en bente augune sorte de frutte ni autres vivres commestibles, et mandar aus juratz tacxar lo selari degut ausdictz caguotz per lors tribalhs, ensemps à toutz artizans, manobrers et brassers, segun et au contengut deus reglamens qui en son estatz cy devant feitz à l'intercession deus Estatz.

Monsr de Domy, id.; M[r] d'Arros, id.; Mr de Lons, id.; Mr de Laas, id.; M[r] d'Incamps, id.; M[r] d'Arrozès, id.; Mr de Gueu, id.; Mr de Bauzer, id.; Mr de Corbères, id.; M[r] d'Esquiule, id.; Mr de Bretaigne, id.; Mr de Gurmenson, id.; Mr de Badet, id.; Mr de la Salle d'Assat, id.; M[r] l'abbat d'Orin, id.; Mr de Precilhon, id.; M[r] d'Ausue de Sunarte, id.; M[r] d'Esperbasque (?) de Salies, id.; Mr de Hiton, id.; Mr de Caubioos, id.; Mr de Burosse, id.; Mr de Baujac, id.; *Omnes*, id.

Restat seguien l'advys de Monsr le President.

(*Fol° 207.*) ... *Second estat.*

Sur le feit deus caguotz :

Mourlaas se conforme a l'arrest deus senhors de la noblesse.

Orthès, id.

Omnes, id.

Restat seguien l'advys de Morlaas, conforme au rest deus senhors de la noblesse.

... *Dimerxs, 16 de juin 1604, apres disnar.*

Suus los artigles dressatz fasen mention deus cagotz, salaris et taxes fazadores per los juratz... *Prumer estat* :

Monsr de Navailles : que los dictz artigles son bien feytz et dressatz et sien metutz au net per estar presentatz.

... Restat seguin l'advis de M^r lo President

(*Fol° 208.*) *Second estat.* — Suus los artigles dressatz et legitz en l'assemblade :

Morlaas : se conforme au rest deus s^rs de la noblesse, et que losd. artigles son bien feytes et sien metudes au net; Orthès, id..... Restat seguin l'abys de Morlaas, conforme au rest deus s^rs de la noblesse.

(*Fol° 224.*) *Dibees, 18 juin 1604, le matin.*

Estans legitz los appuntamens balhatz au cayer general :

Prumer estat. — Sus l'appuntament balhat contre los cagotz et taxe de las manufactures.

Monsr de Navailles, que l'om se contente deusdictz appuntamens; Mon^r de Lons, id.;.... Restat seguin l'abys de Mon^rs lo President....

Segont estat. — Suus l'appuntament balhat contre los cagotz :

Morlaas : se conforme au rest deus s^rs de la noblesse; Orthès, id.;... *Omnes*, id. — Restat seguien l'abys de Morlaas, conforme au rest deus s^rs de la noblesse.

(*Fol° 225.*) Suus la taxe de las manufactures :

Morlaas : que l'om se contente dudict appuntament;... *Omnes*, id.; — Restat seguien l'abys de Morlaas conforme, etc., los s^rs du p^r estat.

N° 106. — 1604. — Requête des États de Béarn contre les Cagots qui exercent divers métiers.

Ms. Archives des Basses-Pyrénées. C 687, f° 173.
Inédit.

Monsenhor de la Force Loctenent general Representan la personne deu Rey Senhor soviran de Bearn.

Monsenhor.

Tres humblement vous remonstren los generaus Estaz deu presens pais soviran de bearn, que per lo quoare article deu

For, Rubrica de qualitas de persones, los Cagotz no so deben mesclar ab los autes homes por familiara conversation, ab aus deben havitar separaz deus autes personadges. Neamenha despuix petit de temps se licentien de frequantare familiarament ab lo reste deu poble fasen ouverte profession de trafique et commerce crompan e venden indiferentament grand nombre danrée et autre espetie de marchandisse en la medixe forme que los autres habitans deu pais signautament en la bilh de Nay en laquoalhe senha [al]cune difficultat exercen lod. trafique, et son si temeraris que de troblar los borgees et marchans de quoe quand tracten et se convienen deu pretz de las marchandises offerin plus haut pretz et meilhore condition au venedor, Semblablement debiten en publicq toute sorte de vivres comestibles, trafiquen en vine, expausen aquets ventables en taberne so que redonde au prejudici deu public, car otre es que lo for es violat et que par tal moyen los se mesclan necessariment ab los autres homes a cause que la conversation et familiaritat no poden estar meilhor introdusites que par lod. commerce qui es lo vray lien de la soncietat. Encoeres lo poble ressent une autre incommoditat en tant que losd. Cagotz prenen autre vocation que aquere a laqoal son dedicatz et abandonan lor propry officy ab menusers et charpenters refusan de tribalhar ny exercir lod. officy auquoal toutesbetz son assubyettitz per lo for comme pot resultar per lo cinqual article en lad. Rubrique portant prohibition a toutz Cagotz de no portar armes autres que aqueres qui lui besonz per lors officis dont sens e[s]t que necessariment que lor son destinatz a far lod. officy de charpentiers, et de la es[t] tirade une consequence manifeste no los estar augunement permetut de s'adonar a augun autre art mecanicque et menhe au traficque de las marchandisse. Dabantadge refusen de tribalhar si los praubes losquoals menhe presen ordinariment ny mesme per los riches si no es en paguan doble salary et senhe tribalhar que une partide du jour. En que los habitantz dou pais son grandament incommodatz par que; Supp^an plus humblement vous plasie interdire ausditz Cagots lo commerce et traficque de toute espetie de marchandisse, los enioigne tres expressement de servir en lor officy los habitantz deu pais au journau ou a pretz feyt a l'arbitre dequetz qui lor emplegaran judisir entendre au praube cum au riche et mandar aus Juratz de las billes et locxs deud. pais ond habitaran. Los y constienhe par toutes vies de rigours juridicques et taxar lo salary qui los podra estar legitimament degut par rason de lord. tribalhe et baccacions, etc., resmenhe los inhibir et deffende de expansar en vente augunes vivres ny menudes danrees comestibles a pene de estar exactement punitz.

N° 107. — 1604. — Règlement contre les Cagots.

Archives des Basses-Pyrénées. C 687, f° 173, se lit en marge de la pièce précédente.
Inédit.

Lodit Seignor gouverneur et Loctenant general fe[it] tres expres commandement aux cagotz de bearn de goarder et observar los quart et cinqual artigles deu for rubrique de qualitatz de personnes et aux jurats ab las villas et locs contrary de tenir la main et lor y contragner.

N° 108. — 1er oct. 1607. — Ordonnance des Jurats de Garos contre les Cagots qui refusent de fabriquer les cercueils.

Ms. Archives communales de Garos. FF 1. Ces Archives sont conservées aux Archives de la préfecture à Pau.
Inédit.

Ordonnances deus jurats et deputatz feytes contre los cagotz deu present loc, suus et tocquant los croffes[1] et arquetz deus mortz deu present loc.

De las partz deus juratz et deputatz deu loc de Guaros, et audide la plainte per auguns deus havitantz deudict loc feyte contre los caguotz, de no vouler anar far los coffres et arquetz aus mortz, es feyt comandement à totz los caguotz havitantz audict present loc anar far los coffres et arquetz aus mortz et mortes deudict medixs [loc] à toute somation, per rason de que losdictz juratz et deputatz an taxatz ausdictz caguotz per arque detz arditz, et sieys arditz per arquet, paguadors per los maestes de las maison ont tal cas adviendra et lo so

1. Lisez : coffres.

contre losdictz caguotz rebelles [soubz] la pene d'une ley maior applicador la terce part aus praubes, l'autre terce part à la guoarde, l'autre terce part au baile, ausquoaus es mandat tenir l'œilh à guoarder la present ordonnance, laquoalle, aus fins no y pretenden ignorance, sera publicade per los locqs acostumatz deu present loc.

Dades a Guaros lo primer octobre mil sieys centz et sept.

(Signatures des jurats.)

N° 109. — **25 et 27 juin 1610. — (Extraits des délibérations des États de Béarn relatives aux cagots.)**

Ms. Archives des Basses-Pyrénées. C 705.
Inédit.

(*Fol° 31*, *r°*) [1]. Lo vingt et cincq de juing.

(*Fol° 36*, *v°*). Sus la plainty contre cagots afin [que] no se mellin deu lanefici ny autre que de lors officys ny porter autres armes que etc...

Monsr de Navailles [est d'avis] que sie intercedit afin [que] sie inhibit aus caguots far autre officy que de charpentiers, ny bender bins en gros o au menut sinon en gros quand en auran de lor crue, traffiquar ab los autres ny exerçar per familiere conversation, ny portar autres armes que las deservientes a lors officis, e a talles fins sien distinguits per certane merque quy sera advisat tant lor que lors families.

Monsr d'Arros, idem; Mr de Gabaston, id.; Mr de Lons, id.; Mr de Laas, id.; M[r] d'Abere d'Asson, id.; Mr de Momas, id.

(*Fol° 37*). M[r] de S[t] Saudeing, no y a log de supplicar;

M[r] de S[t] Abit, abbat d'Arros, id. cum M[r] lo president; M[r] de Marcilhon, id.; Mr de Osenxs, id.

Mr de Pardies que sien reglatz seguien lo for senhs lor bailhar nouvelle pene.

Mr de Cassagne id. cum M[r] lo president; Mr de Blechon, id.; Mr de Precilhon, id.; M. de Camo de Sallies, id.; Mr de Domecq d'Asasp, id.; Mr de Capdepont de Geup, id.; M[r] de

1. Délibération du grand corps, clergé et noblesse.

Oroinhen, id.; Mr de Gere, id. cum Mr de Pardies; Mr de Capdevielle de Geup, id. cum M^r lo president; M^r l'abat de Claracq, id.; Mr de Doat, id.; M^r l'abat de Lane no a opinat; Mr de Boeilh, id. cum M^r le president; M^r de St Pée de Saillies, id.; M^r lo domenger d'Esparabasco, id.

Omnes idem.

Restat seguin l'advis de M^r lo president.

(*Fol° 42, r°*) [1]. — CAGUOTS. — *Sur les caguots.*

Morlaas se conforme au rest pres per los senhors de la noblesse. Orthes, id.; Oloron, id.; Sauveterre, id.; Las montagnes, id.; Lembeye, id.; Nay, id.; Pau, id., sauf ne es advis sien distinguitz per augune merque. Navarrenx, id. cum Pau; Moneing, id. cum Morlas; Sallies, id. et que la merque sie un bonner ber (*vert*). Gan, id. cum Morlaas; Lescar, id. sauf no sie inhibit de traffiquar; Luc, id. cum Morlas; Pontac, id.; Belloc, id.; Brudges, id.; Garos, id.; Jurançon, id.; Lagor et Pardies, id.; Maslac, id.; These, absent; Garlin, id. cum Morlaas; Conches, id.; La Bastide Villafranca, id.; Castegner, id.; Riviergabe, id. et que la merque sie d'une destrau; Bielle, id. cum Morlas; Ger, id.; Lobieng, id. cum Morlas; Sauvelade, id.; Gurs, id.

Omnes, idem.

Restat seguin l'advis de Morlaas.

(*Fol° 49, v°*). Lo dimenche XXVII de juing...

(*Fol° 51, v°*). CAGUOTS. — *Sur les Caguots.*

Monsr de Navailles que l'affere sie remetut per estar persegut aus prochains Estats.

Mr de Gabaston, id.; M^r d'Arros, id.; Mr de Lons, id.; Mr de Laas, id.; M^r d'Abere d'Asson, id.

Omnes, idem.

Restat seguin l'advis de M^r lo President.

(*Fol° 56, v°*). CAGUOTS. — *Sur les Caguots.*

Morlaas se conforme au rest pres per los senhors de la noblesse.

Orthes, idem;

Oloron, no so d'acord;

1. Délibération du Tiers-État.

Sauveterre, que sie resupplicat atendut y a d'autres afferes. Las montagnes id. cum Morlas; Lembeye, id. cum Sauvaterre; Nay id. cum Morlas; Pau, id.; Navarrenx, id.; Moneing, id. cum Sauveterre; Sallies, id.; Gand, id.; Lescar, id. cum Morlas; Luc, absent; Pontac, absent; Belloc, absent; Brudges, absent; Garos, id. cum Morlas; Jurançon, id. cum Sauvaterre; Lagor et Pardies, id.; Maslac, id. cum Morlas; Tese, absent; Garlin, id. cum Morlas; Conches, id.; Labastide Villafranc, id. cum Sauvaterre; Castegner, id.; Rivieregabe, id.; Bielle, id.; Montaner, id.; Ger, id. cum Morlas; Lobieng, id.; Sauvalade, absent; Gurs, id. cum Sauvaterre; Castetys, absent; Josbaig, id. cum Sauvaterre; Beuste, absent; Mur et Castagnede, id. cum Sauvaterre; La Reul, id. cum Morlas; Usan, id.; Maseroles, id. cum Sauveterre; Labastide-Monreyau absent; Aubii, absent; Montagut, id. cum Sauvaterre; Asson, absent.

Restat seguin l'advis de Sauvaterre.

(Fol° 63, r°), Sur l'affere deus juratz de Sallies et cagots.

Monsr de Navailles, que sie resupplicat per los juratz de Sallies per request et deputat sie; per los cagots persister au rest pres per los senhors de la noblesse cum sin remetuts au for per l'appuntament.

Mr de Gabaston, id.; M^r^ d'Arros, id.; Mr de Lons, id.

Mr de Laas, persister en tots los caps au rest pres per los senhors de la noblesse.

M^r^ d'Abere d'Asson, id. cum M^r^ le President; Mr de Mornas, id. cum Mr de Laas; Mr St Saudeing, id.; Mr de Saubamea, id.; Mr de Bretagne, id. cum M^r^ lo Président; M^r^ de S^t^ Pé de Sallies, id.; Mr de Caubios, id. cum Mr de Laas; Mr de Mondebat, id.; Mr de Brassalay, id. cum M^r^ lo President, Mr de Figuer, id. cum Mr de Laas; M^r^ d'Incamps, id. cum M^r^ lo President; M^r^ deu casteg de Sallies, id. cum Mr de Laas; Mr de Blechon, id.; Mr de Gurmenson, id. cum M^r^ lo President; Mr de Saubajunte, id.; Mr de la Salle d'Arramos, id.; M^r^ lo domenger de Burgarone, id. cum Mr de Laas; Mr de Vinhau de Castetarbe, id. cum Mr de Laas; M^r^ de St Martin de Garanhon, id. cum M^r^ lo President; M^r^ lo domenger d'Esperabasco, id.; Mr de Biax de la ville, id.; M^r^ d'Arribahaute pres Orin, id.; Mr de Chiverse d'Espiute, id.; M^r l'abat d'Orion, id. cum. Mr de Laas; Mr de Domecq de Donhen, id. cum M^r lo President; M^r lo domenger de Geronce, id.; Mr de Gendron, id.; Mr de Camptort, id. cum M^r lo President; Mr de Capdepont de Geup, id.; M^r deus Mondraus, id. cum Mr de Laas; Mr de Precilhon, id. cum M^r lo President; Mr de Parenties, id.

Restat seguien l'advis de M^r lo President.

(*Fol° 65, v°*). — Caguots. — *Sur los caguotz.*

Morlas se conforme au rest pres per los senhors de la noblesse.

Orthes, id.; Oloron, id.; Sauvaterre, id.; Las montagnes, id.; Lembeye que sie resupplicat; Nay, id. cum Morlas; Pau, id.; Navarenx, id.; Sallies, id.; Gan, id.

Omnes, id.

Restat seguin l'advis de Morlas.

N° 110. — 1610. — Requête des États de Béarn adressée au Gouverneur La Force, pour faire observer aux Cagots les anciens règlements, et leur défendre divers métiers autres que celui de charpentier.

Ms. Archives des Basses-Pyrénées. C 688, f° 102.
Publié par Fr. Michel (*loc. cit.*), t. I, p. 212-213-214 en note.

« Que, combien per los quoate et cincq artigles deu For, rub. De Qualitatz de persones, sie deffendut aus Caguotz de converçar familierement ab los habitans deu present pays, au contrary de habitar separatz et no portar autres armes que las deservientes per lors officijs de charpentiers, per losquoaus termis los sie prohibit et interdict toute sorte de traffique et commerce et de s'adonar à autres officis que de fustées neandmeings despuix petit de temps se licentien de traffiquar en vins granadges et autres marchandises et acqueros vendre au gros et au menut et exercen depuix noaguoayres l'officy de laes logan à lor servicy mestre experts de tal officy et autres habitans francqs, qu'y entretienen baylets et servidors en lors maisons, porten armes per lo pays comme los autres comme plus amplement appar per la requeste ausdits estats presentade per los mestres experts de laneficy de las villes d'Oloron, Sainte-Marie, Moneing, Luc, Momor, Gurmenson, Arros et Anhos, atachade ab un arrest baillat en la court de parlement de Bordoaux lo vingt de may mill cincq cents nonante et tres; quy no es autre cause que se mesclar et familiarisar contre la disposition deudit For, nonobstant plusors et diverses ryterades deffences tant de vostre seignorie que deus seignors deu conseil, et ce a creigner que lor continuen ab plus de libertat et hardiesse sy no y es prouvedit per quoauque remedy propri et convenable, per que supplican plus humblement vous playt inhivir et deffender ausdits Caguotz d'exercir lodit officy de laes ny autres que de fustées ni traffiquar de vins granadges et autres marchandises en gros ou au menut si no ou en gros sollement deus frutz excrescutz en lors terres, ny portar cessaris per lordit officy à pene d'emmende pecuniary per la prumere vegade et per la seconde de pene corporalle; no remeings por evitar ladite conversation et familiaritat ab los autres, vous playt ordonar que lor et lors family es seran distinguitz deus habitans deu pays per certane merque qu'y portaran en locq apparent talle que per vostre seignorie sera ordonat »[1].

N° 111. — Arrêt du Sieur de la Force en réponse à la requête ci-dessus.

Ms. Se lit en marge de la Requête ci-dessus.

« Lo contengut aux quoart et cinqual artigles deu For, rubricque *De Qualitatz de personnes*, seran exactement goardatz et observatz, à pene aux contrevenans d'estre punitz de las penes portades per losditz artigles. »

II. ROYAUME DE NAVARRE

N° 112. — Fors de Navarre (1155).

Fueros del Reyno de Navarra, desde su creacion hasta su feliz union con el de Castella.

1. L'arrêt de la cour de Bordeaux du 20 mai 1593 dont il est question dans cette pièce est celui fait sur la requête du notaire S. Damoise, contre les cagots de Labourd.

Les éléments constitutifs de ce For furent puisés dans ceux de Sobrarbe et Navarre.

P. de Marca fait remonter les Fors de Navarre à l'an 1074; Yanguas y Miranda dit qu'il fut rédigé entre 1104 et 1134; l'Académie d'histoire de Madrid fixe la date de 1155.

Mss. Archives de M. Barthety à Lescar et à Pau, XIVe siècle.
Bibliothèque de l'Escurial. Ms. dit de l'Escurial.
Ms. de la Biblioth. de Saint-Jean-de-la-Peña.
Bibliothèque royale de Madrid. Mss cotés D 35, 137, 172, 130, Q 240. S 63.
Biblioth. de l'Académie d'histoire de Madrid, F 347, XIVe siècle.

Éditions : 1re. Fueros del reyno de Navarra...... por el licenciado D. Antonio Chavier. In-f°, *Pamplona*, 1686.
2e avec un vocabulaire, par Don Felipe Baraibar de Haro. *Pamplona*, 1815, in-4°.
3e à *Pampelune*, in-f°, 1869.

Libro V, titulo XI, cap. V.

En que logar deve morar si alguno tornare gafo.

« Infanzon, o Villano si tornare Gafo en Eglesie, ò en abrigos de la Villa, non debe ser con los otros vezinos, mas que vaya à las otras Gaferias, et dixiere el gafo en mi heredat puede vivir, que hire à otras tierras, y sea de la Villa, et todos los vezinos de la Villa fagan li casa fuera de las heras dela Villa, en logar que los vezinos vean por bien. Est gafo mezquino que non puede ajudarse con lo suyo, vaya demandar almosna por la Villa, et demande fuera de las puertas de los corrales con sus tablas, et no aya solaz con las ninos nin con los homes jobenes quando anda por la Villa pidiendo almosna, et los vezinos de la Villa deviende à lures creaturas que nô vayan a su casa por aver solaz con eill. Et eill non dando solaz si dayno veniere, el gafo non tiene tuerto. »

Libro II, titulo VII, cap. III.

En qual manera deven jurar los Iudios (Extrait) [1].

Si mientes, o juras falso, sequense tus manos, et podrezcan tus brazos, dolor rabiosso se buelva en tus guessos, et

1. Formule du serment des Juifs.

podrezcan tus brazos, miembros, et cayante berveçones buillentes, et si algunos nazieren, ò han de ti nazer, sean ciegos, et sordos, et mancos, et coixos, et sean en escarnio de todo el Pueblo, et mueran gafos, di amen.

(D'après l'édition de 1680, p. 124 et 36.)

N° 113. — 1579. — Les États sous la présidence de Saint-Geniès demandent le prélèvement d'un impôt sur le travail des Cagots du pays de Cise; ils leur défendent en outre de porter des armes, sinon l'épée.

Ms. Archives des Basses-Pyrénées. — Cahier des États de Béarn. 1579.

Publié par Fr. Michel (*loc. cit.*), t. I, p. 207.

[Le Pays de Cise, vallée de la Basse-Navarre, avait pour chef-lieu Saint-Jean-Pied-de-Port. Il faisait partie du Royaume de Navarre.]

« Sus la requeste aus fins que aus Cagotz sie prohibit de portar armes et que lor sien taxatz lors jornaus et sallaris deus jorns que tribailheran per ung et per autres.

« Ordonam que losdits Cagots deudit pays de Cise se contriberan per la presente aneye de ung real de Castelle per jornau ab la depence, a comptar deu jorn present en avant; et passat l'an, los magistratz deu lueqs y probediran segund las occurences et la necessitat et fecillitat de... Cagotz mandan y obedir; et en oultre... deffendon tres expressement de portar armes, [si non que] espades sollement, a penne de privation de lasdites armes et autre arbitraige, sinon que aultrement per lo rey, o aultres qui auran puixance de Sa Magestat, en fosse ordonat. Feyt lodit jorn, presentz losditz seignors. Signat Saint-Genies et aultres, signat Sponde. »

N° 114. — [1581. — Règlement donné au Royaume de Navarre par de Saint-Geniès président aux États, interdisant aux Cagots la vie commune avec les personnes saines.]

Cité dans un recueil de règlements pour le royaume de Navarre, réuni au XVIIe siècle (Archives des Basses-Pyrénées. C 1529), et dans un arrêt du Parlement de Navarre de 1690 (Archives des Basses-Pyrénées. C 1533).

Il n'est pas loisible aux Cagots de se marier avec les personnes qui ne le sont pas, et il leur a été deffendu a peyne de la vie de se joindre charnellement par adultère n'y autrement à telles personnes, et enjoint de se tenir et habitter separément dans les Eglises et ailleurs par réglement octroyé à l'assemblée des Estats de l'an 1581 a St Palais par app[ent] du 24 juillet dud. an donné par le seigneur de St Geniés president ausd. Estats. — (C 1529.)

Par reglement des Etats de l'année 1581 accordé par le Seigneur de St Genies..., il est deffendu aux cagots de se marier avec les personnes qui ne le sont point, avec deffenses a eux, a peine de la vie, d'avoir aucun commerce charnel qu'avec des cagots et qu'ils auront leurs habitations dans les endroits de leurs residences et leurs places dans les eglises en lieux reculés et separés. — (C 1533, p. 212.)

N° 115. — [**1608.** — **Règlement donné par le Seigneur de La Force, présidant les États de Navarre, confirmant le règlement de 1581.**]

Cité dans le recueil des Règlements du Royaume de Navarre réuni au XVIIe siècle (C 1529).

« Ce reglement (de 1581) a esté confirmé par autre de l'an 1608 accordé par le seigneur de Laforce president ausd. Estats. »

N° 116. — **1609.** — **Règlements obtenus par les États, ordonnant l'application stricte des règlements antérieurs concernant les Cagots.**

Ms: [Archives des Basses-Pyrénées. Règlements et délibérations des États de Navarre, 1607-1622][1].

Publié par Fr. Michel (*loc. cit.*), t. I, p. 212, note 1.

1. Nous reproduisons cette pièce d'après Michel. L'indication du manuscrit que donne cet auteur, ne répond à aucun des registres des États de Navarre, actuellement conservés aux archives de Pau.

Extreyt deus establissementz obtengutz per ladite gens deus tres estatz de Navarre, en l'aneye mille sieys cens et nau, de monsieur lo marquis de La Force, loctenent general du rey en son reaume de Navarre et païs souverain de Bearn, et president aux estats (fol. 55 à 58).

Art. 13. — Sus la requeste presentade à so que los reglamentz feytz touccant los compayradges, misses nouvelles, Bohemis et autres bagamonds, et deus Cagots, sien obserbat, et los magistrats mandatz los far goardar et obserbar et entertenir sens aucune dissimullation.

Lodict seignor ordonne que los reglemenz feytz sus las causes supplicades, seran exactement et de poinct en poinct gouardatz; mandan à toutz magistratz deu present reaume, et a chascun en lor district et juridiction, tenir la man a l'observation desquetz (fol. 56).

N° 117. — [1611. — Requête présentée, pour leur libération par les Cagots au conseil de Navarre.]

Cette requête fut renvoyée aux États. Elle est signalée par Du Bois de Baillet en son mémoire, et est introuvable. Il nous paraît probable que c'est à la suite de cette requête, que le sieur de La Force, gouverneur du Béarn, fit une ordonnance (citée par Du Bois de Baillet), pour que les Cagots fussent visités par d'habiles médecins. Noguès et Perrey, chargés de cette expertise, trouvèrent que les Cagots soumis à leur examen étaient parfaitement sains de leur personne (V. p. 47-48). Ce résultat assez inattendu sans doute, fit cesser pendant quelques années les vexations auxquelles nos parias étaient en butte.

N° 118. — [21 oct. 1628. — Règlement octroyé par le Seigneur de Gramont président aux États de Navarre à La Bastide Clairence.]

Ce règlement enjoignait aux magistrats d'informer contre les contrevenants aux règlements de 1581 et 1608.

Cité dans le Recueil des Règlements du Royaume de Navarre réuni au XVIIe siècle (C 1529).

N° 119. — [2 juillet 1660. — Règlement octroyé par le Seigneur de Gramont, président aux États assemblés à St-Jean-Pied-de-Port.]

Ce règlement interdisait aux Cagots « de porter armes à feu, espées, poignards et bastons ferrés et de tenir cabaret ».
Cité dans le Recueil de Règlements pour le Royaume de Navarre. réuni au XVIIe siècle (C 1529).

N° 120. — XVIIe siècle.
Règlements pour le Royaume de Navarre.

Ms. Archives des Basses-Pyrénées. C 1529 (1669-1691), p. 70.
Inédit.

Contre les Cagots

Chapitre 64

Art. I.

Il n'est pas loisible aux cagotz de se marier avec les personnes qui ne le sont pas, et il leur a esté deffendu à peyne de la vie de se joindre charnellement par adultère ny autrement à telles personnes, et enjoint de se tenir et habitter separément dans les Eglises et ailleurs par reiglement octroyé a l'assemblée des Estatz de l'an 1581 à S^t palais, par app^cnt du 24e juillet dud. an donné par le seigneur de St Geniès President ausd. Estatz; ce Reiglement a esté confirmé par autre de l'an 1608 accordé par le seigneur de Laforce President ausd. Estatz.

Art. II.

Et il a esté enjoint par reiglement octroyé a l'assemblée des Estatz de l'an 1628 a Labastide Clairance, par app^cnt du 21e octobre dud. an donné par le seigneur de Grammont, President ausd. Estatz, au sieur procureur general et à ses substituts, d'informer contre les contrevenans.

Art. III.

D'avantage il a esté deffendu ausd. cagotz, par reiglement octroyé en l'an 1660 a St Jean par app[ent] du 2e juillet dud. an donné par le seigneur Mareschal de Grammont, President ausd. Estatz, de porter des armes a feu, espées, poignards et des bastons ferrés, et de tenir cabaret.

III. RESSORT DU PARLEMENT DE NAVARRE

Nous nous sommes heurté à de très grosses difficultés quand nous avons voulu réunir les pièces qui concernent le ressort du Parlement de Navarre. Plusieurs d'entre elles sont introuvables[1] *ou conservées dans des archives communales où nous n'avons pas su les découvrir. Nous espérons toutefois que le lecteur pourra se rendre un compte assez exact de l'ensemble des requêtes, règlements, ou arrêts du ressort grâce aux renseignements précis que nous avons pu recueillir à leur sujet.*

On remarquera que quoique la fusion du Béarn et de la Navarre ait été faite en 1620, les États des deux pays continuèrent à fonctionner indépendamment et à donner des règlements chacun pour sa province, en même temps que le Parlement édictait des arrêts pour la totalité de son ressort.

N° 121. — Délibération des États de Béarn faite sur une plainte adressée par les Jurats d'Oloron.

Ms. Archives des Basses-Pyrénées. C 714.
Inédit.

(*Fol° 307.*) *Plainte deus jurats d'Oloron contre los Cagots.* — Sur la plainte feyte par los Jurats d'Oloron que le Cagot d'Oloron nommat Joan de Nay a la vue du sergent a basti une mayson et borde ond a feit un pigonnier loquoal en retien au grand escandale de lad. ville et contre Juan de Cap-[devie]lle Cagot de Mont, qui au préjudicy de l'article deu for qui deffend la familiare conversation et qui rend losd. Cagotz vils et assubietitz, prener s'habilhar contrary à sa profession

1. Les registres du parlement de Navarre ont été détruits par un incendie en 1721.

portan mantou bottes et espade et qui se mescle au temple ab las autes personnes indistinctement.

Mons. de Lescar : que sie interdit per far ostar lod. pigonnier aud. cagot d'Oloron et inhibit aud. cagot de Mont de prener et de s'abilhar que acquas qui es convenable a sa condition et no portar mantou bottes ny espade ny armes ou armes acquetz qui son nécessaryes a sos mestiers de charpantier segon lo for.

Mons. d'Oloron, id.; Mons. de Gabaston, id.;

M. de Peyrosse : que sie Interedit per ostar lo pigonnier deu Cagot d'Oloron, et quand a d'acques de Mont que las fassen demorer en l'estat;

M. de Mirapon, id. à M. de Lescar;

M. de St-Dos id.; M. d'Incamps, id.; M. d'Eslayou, id.; M. de St-Martin de Cosledan, id.; M. d'Esqiule, id.; M. d'Arrouzes, id.; M. de Panfour, id.; M. de Cescau, id. à M. de Peyrosse; M. de Beucayre, id. à M. de Lescar. M. de St-Aubin, id.; M. de Goes. id.; M. de Pomolon, id.; M. l'abbat de Mourenx, id.; M. de Blachon, id.; M. d'Espalungue, id.; M. de Mondibar, id.; M. de Candau, id.; M. de Danguin, id.;

Omnes. id.;

Restat per pluralitat de vois segon l'advis de Mons. de Lescar.

(*Fol° 312, v°.*) *Jurats d'Oloron contre los cagotz.*

Sur la plainte feyte par los Jurats d'oloron contre le Cagot d'oloron qui a feyt coulommes sen sa mayson et contre lo cagot de Mont qui porte mantou, bottes et espade restat per los seig^{r} deu lor estar d'un commun consentement que l'on se conformen au reste per far lor saig^{r} deu premer et segond estat.

N° 122. — 13 décembre 1640. — Requête des États de Béarn contre les cagots.

Les Jurats d'Oloron s'étant plaints qu'un cagot a fait construire un pigeonnier sur sa maison et qu'un autre, à Mont, porte un manteau, des bottes, une épée et que dans le temple il se mêle aux autres habitants, les États adressent au gouverneur une requête à ce sujet.

Ms. Archives des Basses-Pyrénées.
Publié par Fr. Michel (*loc. cit.*), t. I, p. 216-217, en note.

Per los quoatte et cincq artigles deu For, rub. *De qualitatz de personne*, los Cagots son inhibitz de se mesclar ab los autres hommys per familiare conversacion, et de portar aultres armes que aqueres qui auran besoin per lours officys et charpantiere; et per monstrar que talles gens son excluditz de toutz los advantadges et priviledges qui competexin à las aultres personnes, los ditz artigles adjusten que losditz Cagotz deben habitar separatz deus aultres personnadges, comme en effieyt lours semiterys son à part, et lour bancqs et siedges son aussy à part et reculatz en las gleyses; et toutes betz losditz estatz an recebut plaincte que, au prejudicy de so dessus, auguns Cagotz en la ville d'Oloron an bastit coulomers fens lours maysons, et tienin et nourixin couloms qui se nourixin en las terres deus aultres habitans de la dite ville; et que un aultre Cagot, qui habitte en lo locq de Mont, porte l'espade au coustat, mantou, bottes et esperons, et de plus se mesle de cassar ab armes a houecq et ab caas. Et d'autan que so dessus es contrary à la subjection sus laquoalle son nascutz, et tend visiblement à s'establir en quoauque condition esgalle ab los autres personnadges et a violar per tal moyen lo for et statut municipal, supplient plus humblement vous plaisie ordonnar que lodit coulomer deudit cagot d'Oloron sera demolit et tollit, ab inhibitions à luy et en sa personnes a toutz les aultres d'en dressar aucun; et inhibir aussy audit Cagot de Mont de portar mantou, bottes, espade ny armes a fouecq, ni aultres ferraments ou armes que acquetz qui son necessarys a son mestier de charpantier, seguin lo For, ny autrement s'habillar que comme es convenable a sa condition.

On lit en marge :

Le dit Seigneur Gouverneur enjoinct ausdits Cagots de se comporter suivant le For.

N° 123. — Règlement du 30 décembre 1640.

Règlement du Pays de Béarn, par lequel le duc de Gramont ait aux cagots les défenses réclamées par la requête ci-dessus.

Se lit dans la « Compilation d'auguns Privilèges et Reglamens deu Pays de Béarn » (V. n° 129).

RUBRIQUE 24. — *Des peines, emmendes, etc.*

VIII. — Et pareillement inhibit et deffendut au Cagot d'Oloron, et en sa personne a toutz autres de dressar et bastir Couloumes en lours maisons, et ordonnat que aquets qui seran batits seran demolits, comme aussi est inhibit et deffendut au Cagot de Mon, et autres de portar Mantou, Bottes, Espade, ni armes a fauec ny autres que solament lours farements qui son necessaris à leur Mestier, seguien lou For, ni autrement s'habillar que com es convenable a lour condition. Per Reglament deu 30 déc. 1640 accordat par Monseigneur lou Duc de Gramont à l'intercession deus Etats, sus l'art. 7 deu cahier de la dite anneye.

N° 124. — [Vers 1641. — Lettres Patentes de Louis XIII en faveur des Cagots.]

Ces lettres sont signalées dans la délibération des États de Béarn (1642) en ces termes : « M. de Crouseilhes (dit), que lous Cagots an obtingu patente deu Rey que lour décharge de l'infamie de Cagots et la patente no reste d'estar eg lo non mais que feut danger. » On lit aussi à leur sujet dans le projet de déclaration de Louis XIV rédigé par Du Bois de Baillet en 1683 : « Ils ont toujours réclamé et même obtenu des lettres patentes de notre Très-honoré seigneur et père Louis XIII (contre la distinction ou on les tenait). »

N° 125. — 1642. — Requête des Cagots de Castetner, Sauvelade, Loubieng et Malacq.

Dans cette requête les cagots demandent d'être exemptés de la taille, et de service dans les armées en temps de guerre.

Ms. Archives des Basses-Pyrénées. C 689, f° 225, v°.

Publié par Fr. Michel (*loc. cit.*), t. I, p. 215, note.

A Monseignor lo comte de Gramont, gouverneur et loctenent général representan la personne deu rey, seignor souviran de Bearn (fol° 223, v°).

8e article.

Sus so qui es estat representat que lous Cagotz de Castagner Saubalade, Lobieng et Maslacq demanden estar deschargeatz tant de la taille per lou sedent de lor Cagotaries, que per lou man à la guerre comme soldatz Suppliquen plus humblement vous placie Ordonnar que los dits Cagotz conformement au 23 arle de la prumere rub. deu for nou pouderan estar taillatz per lou sedent de las Cagoteries antiques qui se trouberan establides fens lo pays en lour favour, més soulement per lours autres biens et maysons qu'i auran acquisit, et que, seguien lous 4 et 5 argles du for rub. *De Qualitatz de personnes*, nou pouderan portar armes ny far fonctions de soldatz, se mesclan en conversacion ab lous autres hommys, mès pouderan soulement estar mandatz per lou superiour per anar à la guerre quoand besoin sie, per servir de lours mestiers, outils et ferementz de charpentiers en siedges, ou autres actes et expeditions qui se rencontreran.

On lit en marge :

Ledit seigneur gouverneur et lieutenant general accorde aus suppliants ledit article.

N° 126. — Délibération des États de Bearn sur la requête ci-dessus.

Ms. Archives des Basses-Pyrénées. C 715.
Inédit.

(*Fol° 175*). *Cagots.* — Sur la requeste presentade per lous Cagots de Castagnède Saubelade Loubieng et Maslacq affin plaise aux estats intradir ber Monsieur lo gouverneur per declarar que lour no pouderan estar constrets d'anar à la guerre attendu lour est deffendut de portar armes, et que no pouderan estar tailhats per Rason de lor cagoterie seguien lo for qui lour en exampte.

Mons. de Lescar fera intradir ber monsieur lo gouverneur sie feyt inhibition et deffenses aux jurats deus locqs de lour tailhar per rason de lour ancienne cagoterie seguiens lo for et sien aussy exempts d'anar à la guerre ny sien destinats a servir lo publicq de lour mestier de charpantier et no pourquen portar autre armes que acquets qui son deservientes à lours officys seguien lo susdit for.

Monss. de Gabastou. Id. toutesbets si son necessaires a la guerre per servir de lour mestier de charpantier y poderan estar mandatz.

Mons. de Lons. Id. per exemption de la taille et per la guerre si son trobe de l'estar en propyce y pourquien estar mandats.

M. de Lac, id.; M. de Buros, id.; M. d'Espanlungue, id.; M. de Pimbon[1], id.; M. de Lasalle de Lobieng, id.; M. de Louer, id,; et que touts en aus guerres; M. d'Athos, id. a M. de Lons; M. de Cassou de Castetarbc, id. a M. lo président;

M. de Beucayre que losd. Caguots paguer [ran] taille de las teras qui y son subremit et sien exampt de pouder estar mandatz con soldat a la guerre con non pourquen portar armes qu'acqueres de lour profession.

M. de Gayros, id.; M. d'Esparalunque[2], id.; a M. le président; M. de Balyrac, id. à M. de Lons; M. l'abbat de St-Glade, id. a M. lo président; M. l'abbat St-Exeuts, id.; M. de Syros, id.; M. de Mourenx, id.; M. de Cherbejuzon de Charre, id.; M. de Bignes, id, a M. de Beaucaire; M. de Loubeng, id. a M. lo président; M. de Mauilhet[3], id. a M. de Beaucayre[4]; M. d'Eslayas[5] id. a M. de Lons.

M. de Boulhon que sien exempts de la taille per las cagotaries mes sien mandats per anar à la guerre à la charge qu'au retour lour repreignen lour prumere qualitat de Cagot.

M. de Montcla, id. a M. lo président; M. d'Appatie de Bedous, id.; M. d'Osenx, id.; M. de Laas, id.; M. l'abbat de Monein, id.; M. de Laa, id.; M. de Sus, id. a M. de Lons; M. de Cescau, id.; M. d'Al..., id. a M. lo président; M. de Treslay, id.;

M. de Crouseilhes, que lous Cagots an obtingu patente deu

1. Pimbo de Castetbon.
2. Espalungue.
3. Molièdc.
4. Beucayre.
5. Eslayou.

Rey que lour de[charge] de l'infamie de Cagots et la patente no reste d'estar eg lo non mais que feut danger,

M. L'abbat de Camblonon[1], id. a M. lo président; M. deu Castein d'Orthez, id.; M. de Lordas de Salies, id.; M. de Puyou, id.; M. d'Aussun de Sunarde[2], id. a M. de Lons; M. de Mont, id. a M. lo président; M. de Lacoste de Bugning, id; M. de Cardesse, id.; M. de Saupourenx, id. à M. de lons M. de Moutrou, id. a M. lo président; M. de Biros, id.; M. de Casso de Castetarbe, id.; M. de Maysonave, id.; M. de Betouze id. a M. de Beucayre; M. l'abbat de Campto[3], id.; a M. lo président; M. d'Araux, id.;

(*Fol° 177.*) *Sur la requête deus Cagots.*

Morlaas se conforme au rest per lour seig^re deu premier et segond estat.

Orthez, id.

Oloron, id. et que pourquen estar mandats à la guerre si son troba de capable.

Sauveterre, id. à Morlaas; Lasmontagnes, id. à Oloron; Lembeye, id. à Morlaas;

Nay, id.; Pau, id.; Navarrenx, id.; Monen, id. a Morlaas; Salies, id. a Oloron; Gan, id. a Morlaas; Pontacq, id. Bellocq, id.; Brudges, id.;

Lagor et Pardies no a opinion; Maslacq, id. a Morlaas; Theze, id.; Garlin, id.; Conches, id.; Labastide Villefranque, id.; Castagner, id.; Ribergabe, id. à Morlaas.

Omnes, id.

Restan per lour seig^re dixon estar segon l'advis de Morlaas conforme au reste pres[entate] par lour seig^re du premier et segond estat, et neanmein si son necessarys et mandats per anar à la guerre per servir de lour mestier de charpantier en siedges ou aquet y pouderan estar mandats.

(*Fol° 198.*) *Sur ce qui a este presenté touchant lous Cagots.*

Restat per los feit du premier segond estat que l'on se contient dire app^r conforme à la demande.

1. Camblong.
2. Aussun de Sunarthe.
3. Camptort.

(*Fol° 201 v°.*) *Sur la requête touccant lous cagots.*

Restat que lon se contente de s appet conforme au reste deu seig[r] du premier et second estat.

N° 127. — 8 juin 1642. — Règlement accordé par Monsr de Poyanne, sur la requête ci-dessus.

Se lit dans la « *Compilation d'auguns privilèges..., etc.* » (V. N° 129).

RUBRIQUE 8. — *Des gens de guerre.*

XIII. — Lous Cagous no poderan estar contrets a portar los armes ab lous hommis ny mandats a la guerre, que per servir de lours métiers en Siedges.

Per Reglament deu 8 de Juin 1642 fait par Monseignour de Poyanne Loctenant general.

N° 128. — Règlement de 1642.

Règlement accordé par le duc de Gramont, décidant que les cagots ne paieront la taille que pour les biens qu'ils auront acquis en dehors des anciennes cagoteries du pays. 1642 [juin].

Se lit dans la « Compilation d'auguns priviledges..., etc. » (V. N° 129).

RUBRIQUE 15. — *De las tailhas, Thesaurers et recebedours.*

XX. — Conformement a l'art. 23 prumere Rub. deu For, lous Cagots nou pouderan estar tailhats per lou cedent de las Cagotaries antiques qui se troberan establides sens lous Pays en lour favour mes solament per lous autres bées et maisons qui se auran acquisit.

Par reglament de l'anneye 1642 accordat par lodit Seigneur de Grammont.

N° 129. — Compilation d'auguns Priviledges et Reglamens deu pays de Béarn, feyts et octroyats a l'intercession deus Etats ab los serments de Fidelitas a sous subjets et per reciproque

deus sujets a lour Seignour. *(A Orthez, chez Jacques Rouger imprimeur du Roy et des Etats generaux de Païs de Bearn).* **M.DC.LXXVI.**

Il existe de ce livre une édition antérieure à 1676 (*a Lesca, par C. de la Place.* M. DC. XXXIII) qui n'a pas d'intérêt pour nous, parce qu'il n'y est fait aucune mention des cagots. Les règlements concernant ces malades, qui figurent dans l'édition de 1676 sont en effet postérieurs à 1632.

La « Compilation » commence par ces mots : « *Ami lecteur si tu désires connaître le motif qui a obligé les États généraux de ce pays à la présente compilation, sache que le Seigneur de Béarn est tenu de jurer à son avènement » devant la cour, Barons, etc..., qu'il gardera les Fors, Coutumes, Privilèges et libertés de ce pays.*

Les diverses éditions portent la formule des serments des princes qui ont régné sur le Béarn, à terminer par Henri IV, Louis XIII, et Louis XIV.

Il existe une édition de 1716 (*Isaac Des Barratz, Imprimeur, et Marchand libera deus Etats de la Province de Béarn).*

Les articles concernant les cagots sont reproduits plus haut sous les numéros 127, 126 et 122.

N° 130. — 8 juillet 1672. — Procès-verbal de Séance des États de Navarre.

On y décide que les règlements précédemment édictés contre les cagots doivent être rigoureusement observés pour remédier à quelques abus.

Ms. Archives des Basses-Pyrénées. C 1533, f° 63.

Publié par Fr. Michel (*loc. cit.*), t. I, p. 219, note 2. (Le texte publié par Michel diffère un peu au point de vue orthographique de celui que nous publions d'après le document original.)

Du huictiesme juillet 1672.

Sur la Requeste presantée par les Députés de Cise Disans que les cagots au prejudice des Deffences portées par plusieurs Reglemens, se veullent mesler avecq D'autres personnes quy ne le sont point, soit par Mariage que autrement, et qu'ils portent des armes à feu et autres armes tranchantes avec pointe supliant les Estats de pourvoir par leur justice à ce desordre, lesd. Estats ont arresté que les antiens reglemens contre lesd. cagots, sortiront leur plein et entier effect, et ont ordonné au sindic de tenir la main exactement à l'observation D'jceux.

N° 131. — 8 juillet 1672. — Autre Procès-verbal de la même Séance des États de Navarre.

Ms. Archives des Basses-Pyrénées. C 1533.
Publié par Fr. Michel (*loc. cit.*), t. I, p. 219.

« N'estant pas permis aux cagots par les anciens réglements de se mêler avecq d'autres personnes quy ne le sont pas, soit par mariage ou autrement, ny de porter des armes a feu, ny autres armes tranchantes ayant pointe, il a esté arresté aux éstats dans la sceance du 8e juillet 1672 que lesdits réglements anciens contre lesdits cagots sortiront leur plain et entier effait, et ordonné au scindicq de tenir la main exactement à l'observation d'iceux. »

N° 132. — 15 octobre 1678. — Règlement accordé aux États, à Saint-Jean-Pied-de-Port, par le duc de Gramont.

Ce règlement fixe les peines applicables aux cagots au cas de contravention aux règlements précédemment accordés.
Ms. Archives des Basses-Pyrénées. C 1533, f° 121.
Publié par Fr. Michel (*loc. cit.*), t. I, p. 220.

« Sur le septième article exposant que comme les cagots sont des gens distinguez de tous les autres à raison de leur condition, on a faict des reglemens particuliers contr'eux, où ils sont deffendus de porter de certaines armes, mais parce que ces deffenses ne sont pas accompagnées de peynes, c'est à quoy ils contreviennent tous les jours, concluant led. article à ce qu'il plaise à Son Excellance ordonner que lesdits réglemens seront executez par lesd. cagots à peyne de cent livres pour chaque contravention, aveq enionction au sindiq de tenir la main à l'exécution, et agissant de la maniere qu'il verra estre à faire à peine de privacion de ses gages, Ledit seigneur gouverneur et lieutenant general a dit qu'il accorde aux supplians le contenu audit article, à la charge neantmoins que l'amande cedera au profit du Roy. »

N° 133. — 23 août 1680. — Règlement accordé par le duc de Gramont.

Il interdit aux Cagots de tenir cabaret ou taverne.
Ms. Archives des Basses-Pyrénées. C 1533, f° 141.
Publié par Fr. Michel (*loc. cit.*), t. I, p. 220, note 2.

« Sur le sixièsme article contre les cagots, aux fins qu'il plust aud. seigneur gouverneur et lieutenant general leur reiterer les Inhibitions portées par les anciens réglemens, de tenir cabaret et taberne pour vendre du vin à pot et à pinte, soit à leurs maisons, soit ailleurs, à peyne de cent livres d'amande pour chaque fois qu'ils contreviendront, à laquelle peyne ils seront condamnés par le juge ordinaire, à qui la connoissance en appartiendra exclusivement à tout autre, ledit seigneur gouverneur et lieutenant général accorde aux suppliants le contenu au présent article, sauf aux communautés ou lesd. cagots habitent d'en user autrement si bon leur semble. »

N° 134. — [1681 ou 1682. — Arrêt du Parlement de Navarre.]

Cet arrêt permettait à un cagot d'épouser une fille non cagote.
Cité dans une délibération des États du 7 octobre 1682.

N° 135. — 7 octobre 1682. — Délibération des États pour l'exécution des règlements qui défendent aux cagots de se marier avec ceux qui ne le sont pas.

Ms. Archives des Basses-Pyrénées. C 1533, f° 154 r°.
Publié par Fr. Michel (*loc. cit.*), t. I, p. 221 [1].

Du septième octobre 1682.

« Sur ce qui a esté représenté par le scindic qu'au préiudice des reglemens des estats fait contre les cagots de ne se

1. Le texte que nous donnons est absolument conforme à l'original sur lequel il est copié. Il diffère par plusieurs mots de celui qu'a publié Fr. Michel.

marier point à ceux qui ne le sont point, le parlement a prins divers arrests par lesquels il permet à un cagot de se marier avec une fille non cagotte, ce qui tend a une infraction entière desd. reglemens, a quoy les Estats doivent pourvoir par leur prudence ordinaire pour éviter les abus et faire valoir lesd. réglemens; Sur quoy les Estats ont d'une commune voix deliberé que les reglemens faitz contre les cagots seront executes Regulièrement et que les parties interessées pourront requerir l'intervention du Sçindic à leurs propres frais et despens sans que, pour raison de lad. intervention, le royaume puisse estre d'aucun fraix.

N° 136. — 26 sept. 1683. — Lettre de Mr du Bois de Baillet, intendant en Béarn, au contrôleur général des finances.

Il a obtenu des cagots une offre du 45 000 livres pour payer leur affranchissement[1]. Seule la seconde partie de la lettre nous intéresse.

Ms. Archives nationales. G 7-112. Intendance de Béarn.

Inédit.

Pau ce 26 sept. 1683.

Monsieur,

... La seconde est l'afaire des Cagots ou Capots ausquels le Roy a eu la bonté d'acorder leur afranchissement moyennant quelque somme, Monsieur Colbert m'auoit mandé de receuoir leur proposition pourueu qu'elle allast a trente ou trente cinq mil liures, je les ay portez jusques a quarente cinq sur lesquels vous pouuez conter du moment que la declaration qu'ils demandent aura este veriffiée je me donneray l'honneur de vous enuoier un proget de cette declaration et du traitté que je feray auec une personne de la proiunce pour le recouurement de ces deniers du moment que vous me l'aurez donné...

... Je suis

Monsieur

Votre très humble et très obéissant serviteur.

Du Bois De Baillet.

1. Cette pièce est indiquée en un résumé succinct dans : *Correspondance des contrôleurs généraux des finances avec les intendants de province.....* par A. M. Boislisle, t. I (1683 à 1699), p. 2, n° 8. Paris, Imprimerie nationale, M.DCCC.LXXIV.

N° 137. — 7 octobre 1683.
Lettre de Du Bois de Baillet à Lepelletier.

Du Bois de Baillet est convenu de faire payer à chaque cagot 2 louis d'or. Il joint à sa lettre un projet de déclaration dressé pour l'affranchissement des cagots, et un mémoire sur la nature et l'histoire de ces malheureux.

Ms. Archives nationales. G 7-112, Intendance de Béarn.

Publié très incorrectement par De Rochas (*loc. cit.*), p. 49-50.

Le projet de déclaration et le mémoire, qui d'après les catalogues des Archives nationales étaient adjoints à la lettre du 8 oct., ne se trouvent plus dans le carton où est conservée cette pièce. Ils sont vraisemblablement égarés. De Rochas a publié partiellement ces deux documents, dont nous reproduirons d'après cet auteur les fragments principaux.

Pau ce 7 octobre 1683.

Monsieur,

Je me donne l'honneur de Vous envoier le projet de la déclaration que j'ay dressé pour l'afranchissement des Cagots auec lesquels j'ay reglé touttes choses soubs vostre bon plaisir et suis conuenu de leur faire payer pour jouir du benefice de cette declaration, chacun deux louis d'or, quoy que la somme soit peu considerable, neantmoins j'ay creu que c'estoit assez a cause de la pauvreté de ces gens-là, et le grand nombre qui s'en rencontre dans ces prouinces fera monter cette contribution a la somme de quarente-Cinq ou Cinquante mil liures comme je me suis donné l'honneur de vous mander, j'atendray les ordres qu'il vous plaira de me donner pour terminer cette afaire avec les gens qui se sont presentez pour en faire les deniers bons. Sy vous le jugez a propos, j'ay creu que comme cette nature de gens est fort incogneue en d'autres lieux que dans ceux icy vous ne seriez pas fasché que je vous enuoiasse ce que j'en ay peu recuillir et dans les liures et dans les Registres du parlement, j'en ay dressé un memoire que je me donne l'honneur de joindre à cette lettre...

(La fin de la lettre se rapporte à une contestation élevée entre les fermiers des sources de Salies et les habitants de cette ville.)

Extrait du mémoire sur les cagots.

D'après De Rochas (p. 50-54).

« Il y a dans les provinces qui composaient autrefois la Novempopulanie, dont la ville d'Auch est la capitale, des gens reconnus sous le nom de Christians, Agots, Cagots ou Capots. Ces gens sont séparés du commun des autres hommes, sans qu'il leur soit permis d'habiter dans les villes, bourgs ou villages, mais simplement dans des lieux séparés et éloignés, des habitations que l'on appelle quartier des Cagots. Ils ne sont point appelés aux assemblées ni aux charges des communautés. Il leur est défendu, à peine de mort, de faire alliance avec d'autres personnes que celles de leur secte. Ils ont une place particulière dans les églises et une porte séparée pour y entrer. Il leur est défendu de baiser la paix. On ne leur offre point le pain bénit et ils ont des cimetières particuliers pour enterrer leurs morts. . . . .

(Ici se place une dissertation sur leur origine.)

« Je dois seulement vous faire remarquer que ces gens ont toujours réclamé contre cette séparation des autres hommes dans laquelle ils étoient obligés de vivre; qu'en 1514 ils présentèrent leur requête à Léon X, et qu'ils obtinrent une ordonnance de l'official de Pampelune en 1519, qui n'a eu exécution que pour ceux qui sont sujets du Roy d'Espagne, ayant été reçus d'une ordonnance de l'empereur Charles V, de 1520, pour ce qui regarde les effets civils. . . . .

« En 1562, ils obtinrent du Roy, des lettres patentes qui leur accordèrent d'être traités comme les autres subjects ruraux, pourvu qu'ils fussent trouvés sains de leurs personnes. Mais ces lettres ne furent point enregistrées.

« En 1611 ils présentèrent une requête au conseil de Navarre qui fut envoyée aux États. . . . .

« ... Il ne paraît pas que depuis ce temps on ait rien statué sur cette requête. Tout ce que l'on voit est qu'en exécution d'une ordonnance du sieur de La Force qui était gouverneur du Béarn en ce temps-là, ces Cagots furent visités par les nommés Nogués et Perrey, habiles médecins, qui les firent saigner, examinèrent leur sang et dressèrent leur rapport, par lequel ils disent qu'ils sont comme les autres hommes et qu'ils ne sont touchés d'aucune maladie qui les puisse empêcher de fréquenter et se mêler avec le peuple qui ne doibt rien appréhender de leur part. . . . . »

Projet de Déclaration royale ou lettres patentes pour l'affranchissement des Cagots.

« Louis par la grâce de Dieu, roy de France et de Navarre, etc. »

« La liberté ayant toujours été l'apanage de ce royaume, et un des principaux avantages de nos sujets, l'esclavage et tout ce qui en pourrait donner des marques en ayant été banni, nous avons appris avec peine qu'il en reste encore quelque marque dans notre royaume de Navarre et dans les provinces qui étoient autrefois connues sous le nom de Novempapulanie, qui sont celles qui dépendent des diocèses d'Auch, Bayonne, Dax, Lescar, Oloron, Aire et Tarbes, dans lesquels il y a une certaine classe de gens qui y sont considérés en quelque manière comme des esclaves, estant assujettis à de certains services, attachés à suivre une même profession, séparés du commerce des autres hommes, lesquels gens sont connus dans ces provinces sous les noms de Christians, Agots, Cagots et Capots; sans que l'on puisse précisément savoir la raison de cette distinction, contre laquelle, comme contraire aux lois générales du royaume, ils ont toujours réclamé et même obtenu des lettres patentes de notre très-honoré seigneur et père Louis XIII. Désirant traiter lesdits Cagots avec bonté, effacer toutes les marques de l'esclavage qui peuvent encore rester sur les terres de notre obéissance, entretenir l'égalité entre nos sujets et lever toutes distinctions qui, n'estant establies que sur une erreur populaire, ne servent qu'à troubler la concorde entre nos sujets : à ces causes nous avons éteint et supprimé toutes les distinctions qui pourroient estre entre lesdits Chrestians, Cagots, et nos autres sujets, pour qu'ils jouissent à l'advenir des mêmes privilèges et advantages; et, à cet effet, abolissons lesdits noms de Christians, Cagots, Agots et Capots, faisons défense, à peine de 500 livres d'amende, d'appeler ainsi par injure nos dits sujets affranchis par les dites lettres. — Voulons qu'ils soient admis aux ordres sacrés et reçus dans les monastères, qu'ils soient placés dans les paroisses de leur demeure indifféremment avec les autres habitants, qu'ils puissent aller à l'offrande, prendre et rendre le pain bénit, chacun à leur tour, et que les séparations qui sont dans les églises des places qu'ils occupent, seront abattues, et les portes de leur entrée bouchées.

« Prions et ordonnons aux évêques des diocèses, ci-dessus marqués, de tenir la main à l'exécution des deux précédents articles.

« Permettons à nos sujets affranchis de choisir leurs habitions où bon leur semblera, même dans les villes.

« Voulons qu'ils puissent être choisis pour toutes les charges des communautés dans lesquelles ils feront leur demeure, tant honorables qu'onéreuses, qu'ils soient appelés aux assemblées des communautés dont ils font partie.

« Levons les défenses qui leur sont faites, tant par coutumes des lieux que par les arrêts de nos parlements, de contracter mariage avec nos autres sujets.

« Laissons liberté de choisir telle profession qu'il leur plaira, lesquels mestiers ils pourront exercer et y être reçus maîtres, suivant l'usage des lieux, sans aucune distinction d'avec nos autres sujets.

« Permettons porter pour la défense de leur vie les armes permises par nos ordonnances.

« De tous lesquels privilèges, franchises et immunités, voulons et nous plait que lesdits particuliers jouissent, en payant neanmoins les sommes auxquels ils seront modérément taxés en notre Conseil.

« A nos amés et féaux conseillers les gens tenant nos cours de parlement de Toulouse, Guienne et Pau.

N° 138. — [4 décembre 1688. — Arrêt du Parlement de Navarre.]

Cet arrêt défendait aux Jurats d'Aubertin de distinguer sous prétexte de cagoterie le nommé Pedezert, des autres habitants de ce lieu. Nous n'avons pas pu en retrouver l'original. Cet arrêt, calqué sur un arrêt du Parlement de Toulouse de l'an 1627, amena une vive opposition et fut combattu en 1690 par les États de Navarre qui décidèrent d'en appeler au roi.

On connait le contenu de l'arrêt du 4 déc. 1688 grâce à une ordonnance de l'intendant de Béarn et Navarre du 8 mars 1696 où on lit : « *Veu la presente requête, l'arrest du parlement de Navarre du 4 dec. 1688, rendu sur les conclusions du sieur procureur general en iceluy, entre Jean de Pedezert habitant du lieu d'Aubertin, et les jurats du dit lieu, portant defenses ausdits jurats de distinguer sous pretexte de cagotterie ledit Pedezert des autres habitants du même lieu, dans l'église, dans les assemblées de la communauté à telles peines que de droit...* ». (Voir n° 143).

Cet arrêt était applicable à toute la Province.

N° 139. — 29 juin 1690. — Délibération des États de Navarre.

Cette délibération avait pour but de s'opposer aux arrêts du Parlement qui avaient prétendu laver la tache des Cagots, et qui de ce fait leur ouvraient les charges publiques.

Ms. Archives des Basses-Pyrénées. C 1533, f° 212.

Publié par Fr. Michel (*loc. cit.*), t. I, p. 227-228.

Sur ce qui a esté representé par le sindic que par reglement des Etats de l'année 1581 accordé par le seigneur de St-Genies et confirmé par autre reglement de l'année 1608 accordé par le seigneur de la Force, il est deffendu aux cagots de se marier avec les personnes qui ne le sont point avec deffences à eux à peine de la vie d'avoir aucun comerce charnel qu'avec des cagots, et qu'ils auront leurs habitations dans les endroits de leur residence, et leurs places dans les eglises en lieux reculés et separés et que par autre reglement de l'année 1628, accordé par le fu seigneur Marechal duc de Gramont il fut enjoint aux substituts d'informer contre les contrevenants, et que par un quatriesme et dernier reglement accordé par meme seigneur marechal duc de Gramont en l'année 1660, il leur est deffandu de porter des armes à feu epées poignards et batons ferrés et de tenir cabaret; auxquels reglemens on a pris soin de faire garder et observer non seulement par la tache et le mepris qui suit encore les gens de cette sorte que rien n'est capable d'effacer et par la nécessité qu'il y a de les tenir dans les metiers qu'ils font qu'autres qu'eux ne voudraient faire mais encore par ce que les Navarrois sont capables de tous offices et benefices de toutte sorte de dignités en Espagne et passent tous pour nobles pourvu qu'ils aient des certificats comme ils ne sortent point de race ni de melange des cagots ce qui fait qu'il y en a qui obtiennent des evechés des charges de presidant et parviennent à des postes considerables dans lesquels conservent leur cœur a leur prince et à leur patrie ils font passer dans le royaume le plus de comodité qu'ils peuvent, et font des progrès dans les esprits des sujets de sa Majesté vivant sous la domination d'Espagne, en faveur de sa Majesté cependant il a esté rendu quelques arrests depuis peu au parlement de Navarre par lesquels led. parlement renversant lesd. reglemens, a pretendu lever la tache qui suit lesd. Cagots et les mettre dans la société generale des sujets de sa majesté sans distinction ni difference les rendant capables de toutte sorte d'offices et benefices et il y en a qui se sont sindiqués pour faire declarer comun a tous ces arrets rendus entre des particuliers à l'effet de quoy ils ont fait assigner le sindic aud. parlement. Sur quoi etant necessaire de deliberer, les etats connoissant l'importance de maintenir lesd. reglemens, non seulement par des raisons touchées cy dessus, mais encore par ce que si les arrests rendus au contraire avoient lieu, les cagots se melant avec les autres, les habitans du royaume en general se rendroient le mépris et l'aversion de l'espaigne et deviendroient tous suspects de sortir de leur race ou d'y estre melés ce quy fairoit une exclusion entiere pour eux de touttes ces charges et dignités et de tous les autres biens et facultés qu'ils y acquierent sur le certificat qu'ils sont de race pure et non mélée avec lesd. cagots, ils ont arresté que le sindic se pourvoira devant le roy ou ailleurs ou besoin sera par les voies les plus convenables pour faire maintenir lesd. reglemens nonostant lesd. arrests qui seront casses et annulés.

N° 140. — [9 juillet 1692. — Arrêt du Parlement de Navarre.]

Cet arrêt fut rendu sur les conclusions du procureur général « entre Bernard de Capdepont, faisant tant pour luy que tous les autres charpentiers, tisserans des parroisses Sainte-Croix et Saint Pierre dans la ville d'Oloron, demandeurs, afin d'être maintenus au droit de présenter à leur tour le pain bény ausdites églises, d'une part, et les nommez Miquëu et Dufaur, habitans de la dite ville d'Oloron, d'autre, et encore les jurats de la même ville, d'autre. » Il faisait défense de distinguer en quoi que ce soit les Cagots des autres habitants, sous peine de 500 livres d'amende.

Cité dans l'ordonnance de l'Intendant Pinon, du 8 mars 1696 (Voir n° 143).

N° 141. — [5 octobre 1695. — Ordre du roi Louis XIV à Pinon, intendant de Béarn].

Par cet ordre, signé Louis, et plus bas Colbert [1], il était enjoint à l'intendant de Béarn de veiller à ce que les arrêts du Parlement de Navarre, des 4 décembre 1688 et 9 juillet 1692, fussent exécutés selon leur forme et teneur dans l'étendue du département, et d'empêcher qu'il y fût contrevenu directement ou indirectement, sous quelque prétexte que ce fut.

Cet ordre montre que les arrêts du Parlement de Navarre étaient applicables autant à la Basse-Navarre qu'au Pays de Béarn. D'ailleurs Pinon, intendant de Béarn, repose toute son ordonnance du 8 mars 1696 sur les arrêts du Parlement de Navarre de 1688 et 1692.

Cité dans l'ordonnance du 8 mars 1696.

N° 142. — 1696. — Requête des Cagots de Nay, de Pau, de Mont, et de Brudges à l'intendant de Béarn.

Publié par Fr. Michel (*loc. cit.*), t. I, p. 229-231 [2].

A Monsieur Pinon, chevalier, seigneur, vicomte de Quincy,

1. Il est évident que cet ordre du Roi n'a pas pu être signé du grand Colbert, ce dernier étant mort en 1683. Y a-t-il une erreur de texte dans la transcription qu'a publiée Michel ? Il est vraisemblable que non. L'ordre en ce cas nous semble avoir été signé par Charles Colbert, marquis de Croissy, mort en 1696, et qui fut ministre et secrétaire d'État aux Affaires étrangères. La certitude ne peut d'ailleurs être donnée en cette question que par une comparaison de signatures, que nous n'avons pu faire, la pièce n° 141 n'ayant pu être retrouvée.

2. La copie de cette pièce fut fournie à F. Michel par M. Monlaur instituteur à Saint-Pé (Hautes-Pyrénées), sans indication d'origine.

conseiller du roy en ses conseils, maître des requêtes ordinaires de son hôtel, intendant de justice, police et finances en Bearn, Navarre, Bigorre et Soule.

Suplient humblement Loüis de Lalanne de Nay, Jean de Fonsdevielle de Pau, Guillaume Puyou, Isâc Lacoste, Bernard de Souler, tous de Nay, Pierre Lalanne de Mont, Jean de Souler de Bruges, et autres en nombre considérable; disans qu'encore que par plusieurs arrests du parlement de Pau, il soit fait défenses à toutes personnes de quelque qualité que ce soient, d'injurier les pretendûs de la race de Giesi, à peine de 500 livres d'amende et autres peines arbitraires, cependant, au préjudice desdits arrests, plusieurs habitans des lieux voisins ne laissoient pas de continuer leurs injures, et les appelloient Ladres Cagots et Capots, les empêchoient d'assister aux assemblées publiques, ou, s'ils y assistoient, faisoient refuser leurs suffrages, comme gens indignes de participer à aucun acte de société civile, et ne se contentant point de cela, ils les faisoient même separer des autres habitans dans les églises de leur parroisse, et leur faisoient refuser par les curez le pain à bénir qu'ils presentoient, ce qui les rendoient pour ainsi dire des esclaves, au préjudice des loix fondamentales du royaume : c'est pourquoy les supplians ont esté obligez d'avoir recoûrs au roy, qui a eû la bonté de leur faire délivrer la lettre de cachet qui a esté presentée à Vostre Grandeur, et ont apris que l'intention de Sa Majesté estoit que lesdits arrets fussent executez selon leur forme et teneur, que défenses fussent faites à toutes personnes de quelque qualité que ce fût d'injurier de Ladres, Capots et Cagots ou autrement, les supplians, ny même de leur refuser leurs suffrages dans toutes assemblées, dans lesquelles Sa Majesté entend qu'ils soient admis : comme aussi en toutes charges, et droits honorifiques, comme tous les autres habitans, sans aucune distinction, à peine contre les contrevenans de 500. livres d'amende, ou autres arbitraires, et punition, s'il y échoit. Pourquoy les supplians ont recours à l'autorité de Vostre Grandeur, pour leur estre sur ce pourvû.

Ce considéré, Monseigneur, attendu ce que dessus, il vous

plaise ordonner l'execution desdits arrests dans tout vostre departement; qu'à cet effet copies collationnées de ladite lettre de cachet, ensemble de vostre ordonnance, seront lûes, publiées et affichées par toutes les parroisses et tous endroits necessaires, avec deffenses à toutes personnes de plus à l'avenir y contrevenir, à peine de 500. livres d'amende, ou autre peine arbitraire, même de punition corporelle, s'il y échoit; et en cas de contravention, commettre et deputer les premiers juges ou magistrats royaux requis, sur les lieux où les contraventions se commettront, pour les informations rapportées à Vostre Grandeur, estre decerné contre les coupables tel decret que de raison; et au surplus enjoindre à tous juges, maires, consuls, jurats et officiers de justice de vostre département, de prester ayde et main-forte pour l'execution desdits arrests et ordre du roy, sous peine d'estre declarez complices, et autres arbitraires. Et les supplians, Monseigneur, continueront leurs vœux pour vostre santé, et la prospérité de Vostre Grandeur.

Signé : De Lalanne, suppliant. De Fonsdevielle, suppliant, et plusieurs autres.

N° 143. — 8 mars 1696. — Ordonnance de l'Intendant de Béarn, Navarre, Bigorre et Soule.

Cette ordonnance était applicable à tout de département de l'intendant.

Publié par Fr. Michel (*loc. cit.*), t. I, p. 231-233.

« Veu la presente requeste, l'arrest du parlement de Navarre du 4 décembre 1688 rendu sur les conclusions du sieur procureur general en iceluy, entre Jean de Pedezert, habitant du lieu d'Aubertin, et les jurats dudit lieu, portant défenses ausdits jurats de distinguer sous prétexte de cagotterie ledit Pedezert des autres habitans du même lieu, dans l'eglise, dans les assemblées de la communauté, à telles peines que de droit; autre arrêt dudit parlement du 9 juillet 1692 rendu sur les conclusions dudit procureur general, entre Bernard de Capdepont, faisant tant pour luy que pour les autres charpentiers, tisserans des parroisses Sainte-Croix et Saint-Pierre dans la ville d'Oloron, demandeurs, afin d'être maintenus au droit de présenter à leur tour le pain beny ausdites eglises, d'une part, et les nommez Miquëu et Dufaur, habitans de ladite ville d'Oloron, d'autre, et encore les jurats de la même ville, d'autre, par lequel il est fait défenses ausdit Miquëu, Dufaur et tous autres, de differencier les pretendus Cagots d'avec les autres habitans de ladite ville, dans les fonctions ou assemblées, soit publiques, soit particulieres, à peine de 500. livres d'amende et autre arbitraire, et ordonné que les arrests cy-devant rendus sur pareil fait en faveur des habitans d'Aubertin et autres parroisses demeureroient communs avec eux et avec les habitans des autres lieux de la province pretendus Cagots et Ladres, avec inhibitions et défenses à toutes personnes de les distinguer, méfaire ni médire; ordonné qu'ils entreroient comme les autres habitans, sans aucune difference, dans les charges honnereuses et honnorables, et enjoint aux jurats des lieux de tenir la main a l'execution dudit arrest. Vēu aussi l'ordre de Sa Majesté à nous adressé, datté à Fontainebleau le 5. octobre 1695. signé Louis, et plus bas Colbert[1], par lequel il nous est enjoint de tenir la main à ce que lesdits arrests soient executez selon leur forme et teneur dans l'etenduë de ce département, et empêcher, qu'il y soit contrevenu directement ni indirectement sur quelque pretexte que ce puisse. Et ce tout considéré.

« Nous, en consequence du pouvoir à nous donné par Sa Majesté, Ordonnons que les arrests dudit parlement de Navarre des quatriéme décembre mil six cens quatre-vingt-huit, et le neuviéme juillet mil six cens quatre-vingt-douze, seront executez selon leur forme et teneur dans l'étenduë de ce département; faisons défenses à toutes personnes d'y contrevenir, à peine cinq cens livres d'amende, et, en cas de contravention, permettons aux supplians d'en faire informer : sçavoir, dans le pays de Bearn, par devant le procureur du roi de chaque parsan, et, dans la Basse-Navarre, par devant les juges royaux des lieux, lesquels nous avons commis et

1. Voir la note p. 484.

subdelegué à cet effet pour les informations faites et à nous raportées estre decretées contre les coupables de tels decrets qu'il appartiendra. Enjoignons à tous juges royaux, maires et jurats de ce département, de tenir la main à l'execution de notre presente ordonnance, lorsqu'ils en seront requis, à peine d'en demeurer civilement responsables. Et sera nôtredite ordonnance lüe, publiée et affichée dans toutes les parroisses dudit département et partout où besoin sera, et executée nonobstant oppositions ou appellations quelconques et sans préjudice d'icelles. Fait à Pau ce huitième mars, mil six cens quatre-vingt-seize. »

Signé Pinon; *et plus bas*, par mondit seigneur Chastanier.

N° 144. — 19 février 1707. — Arrêt du Parlement de Navarre, rétablissant la taille pour les cagots.

Ms. Archives de la mairie de Monein (B.P.) Registre où sont transcrits des arrêts du parlement de Navarre [1].

Publié par Fr. Michel (*loc. cit.*), t. II, p. 266.

ARRÊT DE LA TAILLE DES CAGOTS

Audience du 19 février 1707.

Entre Pierre de Crestiaa de Cardesse, Cagot, suppliant pour être déchargé des tailles et cotizes, contre les lieutenans de maire et jurats de Monein, Guirautou, Morter, Mirassou, Casenave.

Les avocats et procureurs Mirassou, assisté de Guirautou, procureur pour ledit Crestiaa, Cagot; Casenave, assisté de Morter, procureur pour les lieutenans de maire et jurats de Monein; Navailles, sindic général de Bearn, et Faget, pour le procureur général du roi, et par eux la cause plaidée : sur quoi la cour, sans avoir égard à chose dite ni alléguée par la partie de Mirassou, faisant droit de celles prises par la partie de Casenave, et de la réquisition du syndic du pays, ordonne

1. Le registre de la série BB où se trouvait cette pièce, a disparu des archives de Monein. Sa disparition fût constatée en 1906 par M. Lanore, archiviste des Basses-Pyrénées, et par nous-même en 1907.

que, tant la maison et terres de la dite partie de Mirassou que autres possédant maisons et terres des anciennes cagoteries, seront imposées dans le regallement des tailles et autres charges de la communauté, dépens compensés, sauf ceux du présent arrêt qui seront payés par ladite partie de Mirassou.
Collationné, *Signé* : PALLETTE.

N° 145. — [20 septembre 1721. — Arrêt du Parlement de Navarre.]

Cet arrêt confirmait ceux de 1688 et 1692. Il fut rendu à la requête de Pierre Lostalot de Lembeye.

Cité dans l'arrêt du 21 avril 1723.

N° 146. — 21 avril 1722. — Arrêt du Parlement de Navarre.

Cet arrêt porte sur l'affranchissement des cagots.
Ms. Archives des Basses-Pyrénées. B 4812, f° 15, v° et suivants.
Cité en partie par Palassou (*loc. cit.*), p. 385-386, et par de Rochas (*loc. cit.*), p. 56..
Inédit.

Du 21 avril 1722.

Veu par la cour la requete de M. Isaac de Lacoste, Pierre Puyou; Jean Lapene de Nay, Naubout, Berdolet et Clary de Pau, Tarride frères d'Igon, l'Ostaunau de Bruges et autres en nombre considerable. Aus fins que pour les raisons y contenues et veu l'arret rendu par la chambre tornelle le 20 septembre à la requeste de pierre Lostalot marchand habitant a Lembeye contre Bernard de la Forcade iurat de lad. ville, faire inhibitions et deffences a tous les habitans du ressort de quelle qualité, sexe, ou condition qu'ils soient de mesfaire, ny medire, aux supplians et de faire aucune difference injurieuse entr'eux et les autres personnes par rapport au pretendu vice de naissance de ladrerie, cagoterie, ou capoterie, comme etant opinion superticieuse, dangereuse dans ses effeits, et sans aucun fondement, ordonner que pour raison à ce et par raport à ce defaut imaginaire, les suplians ne seront point exclus des confreries, ou autres assemblées pieuses, ny separes, dans les eglises par des places vides, ou afectées pour eux, les declarer capables de toutes charges, et employ, onereux, et honorable, dans le corps des communautés, corps des villes, et villages du ressort le tout à peine de cinq cens liures d'amande qui ne pourra estre reputée cominatoire contre ceux qui entreprendront de les tourner en mépris ou risée, par le reproche de ladrerie, cagoterie, ou capoterie, à estre prouvé contr'eux par reglement de justice non extraordinaire et ordonner que l'arret qui interviendra sera publié et afiché partout ou il sera besoin et necessaire à la requeste et diligence de monsieur le procureur general ou des supplians: lad. requeste repondue le 13 avril au soir montre au procureur general conclusions par lui baillées signées de Casaus, la presentation des actes au procureur des suplians, autre requete desd. suplians à memes fins que la precedante, la distribution faite au lieu de debats, conseils ouy son raport et le tout veu. Dit a été la Cour du consentement du procureur général du roi, a ordonné et ordonne que les arrets de la cour du quatre décembre mil six cens quatre vingt huit, neuf juillet mil six cens quatre viugt douse, et vingtieme septembre mil sept cens vingt un, seront executés selon leur forme et teneur. Ce faisant, fait inhibitions et deffenses à tous les habitans du ressort de quelle qualité, sexe, ou condition qu'ils soient de distinguer les suplians des autres habitans sous prétexte de ladrerie, cagoterie, capoterie, ou vice de naissance, dans les eglises et dans les assemblées de la communauté, soient publiques ou particulières, leur enjoint de les admettre à presenter à leur tour le pain bény ausdites eglises; les admettre aux confréries et autres assemblées pieuses, avec déffenses de les distinguer dans les eglises d'avec les autres habitans, ordonne qu'ils entreront comme les autres habitans, sans aucune diférance dans les charges onereuses et honorables du corps de la communauté des villes, bourgs, et vilages du ressort, à peine de cinq cens livres d'amande qui ne pourra estre reputée cominatoire, enjoint aux jurats et autres magistrats des lieux de tenir la main a l'execution à peine de repondre en leur propre et privé nom des evenemens qui pourront en suivre, et afin que personne ne prétende cause d'ignorance ordonne qu'à la diligence dud. procureur general frais et avances des suplians suivant leurs offres, le present arret sera leu, publié et afiché, partout ou besoin sera. CASAUS DEBAT.

N° 147. — 28 novembre 1730. — Arrêt du Parlement de Navarre.

Ms. Archives des Basses-Pyrénées. B 4824, f° 105-106 [1].

Cet arrêt fut imprimé à Pau, chez I. C. Desbarratz, imprimeur ordinaire du Roy, en 1730.

Publié par Fr. Michel (*loc. cit.*), t. II, p. 259, d'après l'imprimé.

L'exemplaire, vu par Michel portait au dos que cet arrêt avait été *publié et affiché le 24 février 1734.*

[ARREST DU PARLEMENT DE NAVARRE, *portant défenses aux habitans du Ressort de distinguer dans l'Eglise, dans les Processions, assemblées, et autres occasions publiques, les pretendus Cagots; conformément aux Déclarations du Roy, ce concernant.*]

Arrêt concernant des particuliers de Lurbe.

Du 28 novembre 1730.

Sur ce qui a esté représenté à la cour par le procureur general du Roy que depuis quelques années il arrive dans les lieux de Lurbe et Asasp des desordres continuels, qu'il a meme eté commis divers meurtres dont la punition est poursuivie à sa requette et qu'il n'est presque pas de jour où il n'y arrive quelque querelle, ce qui est occasionné par une erreur populaire, anciennement introduite contre divers habitans qui estoit appellés cagots et regardes par les autres comme des personnes proscrites et chargées de lepre, que cette alienation se renouvelle journellement par les distinctions qui se font principalement dans l'eglise, où les descendans de ces pretendus cagots sont forces de se tenir au bas de la nef confondus avec leurs femmes et enfans sans ozer se meler avec les autres habitans avec cette circon-

1. Le texte que nous donnons est conforme au manuscrit. Nous avons indiqué, entre crochets, les quelques phrases qui ne figurent que sur les exemplaires imprimés.

stance, que si quelqu'un d'eux se place hors du lieu marqué, il arrive d'abord des Desordres et des scandales publiqs dans l'eglise et quoy que sa majesté aye pris de justes precautions par ses declarations, et la cour par ses arrest de reglement, pour corriger de pareils abus il est important d'y pourvoir par des nouvelles peines pour arrêter les troubles, les proces, les dissentions et les funestes évenemens qui arrivent tous les jours dans led. lieu; Requeroit ordonner que les ordonnances royaux, arrests de reglement qui déffendent de pareilles distinctions seront executés suivant leur forme et teneur, en conséquence; Faire Inhibitions et déffenses aux habitans de Lurbe, Asasp et tous autres du ressort de distinguer dans l'eglise, dans les processions, assemblées et autres occasions publiques, les pretendus cagots ny de marquer à cet effet aucune place dans l'Eglise et ailleurs, chacune desquelles sera acquise au premier occupant sans aucune affectation à peine de cinq cens livres, contre chaque contrevenant pour la premiere fois et de punition corporelle, en cas de ressidive; Enjoindre aux jurats des lieux de tenir la main à l'execution de l'arret qui interviendra, dresser procedure des contraventions et icelle remettre en main du Procureur du parsan pour etre informé à la Requete du procureur general, à la diligence des Jurats, et led. procureur du parsan tenu de remetre l'information au greffe de la Cour trois jours apres la remise des procedures pour tout delay à peine contre lesd. Jurats et procureur du parsan en cas de negligence de leur part de trois cens livres d'amende, même d'interdiction; ordonner que led. arrest sera leu, publié et affiché dans les lieux de Lurbe Asasp, par tout où besoin sera, afin que personne n'en pretende cause d'ignorance, sur quoy la cour faisant droit à la requisition du procureur general du Roy, ordonne que les Ordonnances Royaux, arrets de reglement qui deffendent de pareilles distinctions seront executés suivant leur forme et teneur; en consequence fait inhibitions et deffences aux habitans de Lurbe Asasp, et tous autres du ressort de distinguer dans l'eglise, dans les processions, assemblées, et autres occasions Publiques les pretendus cagots, ny de marquer à cet effet aucune place dans l'eglise et ailleurs, chacune desquelles sera acquise au premier occupant sans aucune affectation, à peine de cinq cens livres contre chaque contrevenant pour la premiere fois, et de punition corporelle en cas de ressidive; Enjoint aux Jurats des lieux, de tenir la main à l'Execution du present Arrest, de dresser procedure des contraventions et icelle remettre en main du procureur du parsan pour etre informé à la requette du procureur general, à la diligence des Jurats et led. procureur du parsan tenu de remettre l'information au greffe de la Cour, trois jours après la remise des procedures, pour tous délay, a peine contre lesd. Jurats et qrocureur du parsan en cas de negligence de leur part de trois cens livres d'amende, même d'interdiction; ordonne que le present arret sera leu, publié et affiché dans les lieux de Lurbe Asasp, et par tout où besoin sera, afin que personne n'en prétende cause d'ignorence.

Signé : DE GAUBLOT.

[Prononcé à Pau en Parlement le vingt-huit novembre mil sept cens trente. Collationné.

Signé : TONON.

A PAU, chez I. C. Desbarratz, imprimeur ordinaire du Roy, 1730.

On lit écrit au dos de l'exemplaire imprimé;

Arrêt du parlem[t] consernant les prétendus cagots du 28 no[bre] 1730, publié et affiché le 24 fevrier 1734.]

N° 148. — 28 septembre 1763. — Arrêt du Parlement de Navarre.

Arrêt rendu contre des habitants de Gurs, et en faveur des cagots.
Ms. Archives des Basses-Pyrénées. B 4920, f° 93, v°.
Inédit.

Du 28 septembre 1763.

Messieurs de Gillet de Lacaze president, Carrere, Sales, Bordenave, Peborde, Domec, Mosqueros fils, Perpigna.

Veu le procès instruit, suivant les actes, à la requeste de Guilhaumes Nogué et Catherine Nogué père et fille, du lieu de Gurs, demandeurs, en reparation d'honneur et domages interets à raison de la diffamation et injures contr'eux comises, contre le nommé Lalucat dud. lieu, sa femme et leur fils, le decret decerné contre ces derniers au raport des informations, les interrogatoires par eux pretés, les requetes respectives des parties, l'ordonnance de soit montré au procureur general du Roy, les conclusions par lui baillées, la distribution faite au sieur de Peborde conseiller, les actes du procés et le tout vu, DIT A ÉTÉ QUE LA COUR faisant droit des preuves resultantes du procés, pour l'interet du procureur general, a condamné et condamne Lalucat père, sa femme et leur fils en une ley majour envers le fisq, en trois cens livres de domages interets envers Guilhaume Nogué et Catherine Nogué sa fille solidairement pour tout, ordonne que lesd. Lalucat mary et femme et leur fils seront menés et conduits par un Bayle dans l'Assemblée Generale de la communauté de Gurs qui à cet effet sera convoquée par les Jurats, huitaine apres la signification du present arret, où étant arrivés ils déclareront auxd. Nogues pere et fille à haute et intelligible voix, que faussement, calomnieusement et mal à propos, ils ont rependu que lesd. Nogues descendroient de la race des Cagots, qu'ils s'en repentent, leur en demandent pardon, et reconnoissent qu'ils dessendent tous d'origine ancienne, franche, pure et sans imputation du pretendu vice de cagoterie; de quoy et du tout il est enjoint aux jurats de dresse- proces verbal, au surplus leur fait tres expresses inhibitions et deffenses de recidiver a peine de punition exemplaire, les condamne pareillement solidairement aux depens du proçès, meme en ceux réservés par les arrêts precedens.

Signé : GILLET DE LACAZE — PEBORDE.

V. — TOULOUSE. RESSORT DU PARLEMENT DE TOULOUSE

Le Parlement de Toulouse fut créé le 23 mars 1302 par Philippe le Bel, mais fut dissous en 1312 par ce même pr ice. Il ne fut rétabli qu'en 1419 par le dauphin régent, devenu plus tard Louis XI. Transférée à Béziers en 1428, la cour du

Parlement se fusionna en 1428 avec celle de Paris qui siégeait alors à Poitiers. Elle fut définitivement reconstituée en 1443. Elle comptait dans son ressort le Languedoc, le Quercy, la Rouergue, le païs de Foix, l'île Jourdain, Auch, Lectoure, Tarbes et Pamiers. Elle s'étendait sur la Guyenne et la Gascogne avant la création du Parlement de Bordeaux.

Nous rappelons au lecteur que le 7 mars 1407, le roi Charles VI, et le 10 juillet 1439 le dauphin, s'occupèrent des cagots de Toulouse et des environs. Les pièces justificatives en sont publiées plus haut sous les numéros 26 et 28.

N° 149. — Mandement du Roy Philippe VI au Sénéchal de Toulouse, contre les lépreux.

Ms. Archives du Donjon à Toulouse.
Publié par Cuguillères (*Les Léproseries de Toulouse*), p. 36.

« Le syndic capitulaire a dénoncé que divers lepreux ont fréquentation journalière avec les habitants de Toulouse au péril de la santé publique.

Conformement à la coutume, le senechal fera examiner les personnes suspectes de cette maladie et veillera à l'isolement de celles qui seront reconnues atteintes. »

AFFAIRE DE SAINT-CLAR ET LECTOURE (1560-1627)

De 1560 à 1627 se déroula à Saint-Clar et Lectoure (Juridiction du Parlement de Toulouse) une affaire où les cagots eurent à jouer un très grand rôle. Les quatre pièces, dont trois arrêts du Parlement jusqu'ici inédits, sont les seuls documents qui nous permettent de rétablir la marche de l'affaire en question, encore que plusieurs points en demeurent obscurs.

Le 17 mai 1560, une transaction, dont nous ignorons la nature, fut passée entre les charpentiers (capots) de Saint-Clar et Lectoure et les procureurs ou fermiers du comté d'Armagnac. L'usage qui avait jusqu'alors prévalu de tenir à l'écart les lépreux, fit qu'un jour ces charpentiers, qu'à bon droit droit sans doute on considérait comme descendants des capots, ayant cherché à se mêler au commun peuple, en quelque circonstance, furent victimes d'injures, de violences de voies de fait auxquelles ils répondirent. Ils s'ensuivit un procès terminé par sentences du sénéchal d'Armagnac, aux quelles il fut fait appel (8 août et 10 décembre 1579). A la suite sans doute de violences nouvelles un autre procès fut plaidé les 12 juillet 1599 et 28 février 1600. C'est au cours de ces débats que le 29 janvier 1600 les charpentiers obtinrent des lettres royaux tendant à la cassation de leur transaction de 1560. L'affaire fut close par un arrêt du Parlement qui rejetait la demande en appel plaidée en 1599-1600 et réclamait un examen médical des charpentiers ayant pour but d'établir si ceux-ci étaient lépreux, ce afin d'apprécier si réellement il y avait eu injure en la bouche de ceux qui les avaient traités de capots et résisté à leur immixtion au commun peuple. Rapport médical négatif fut dressé le 15 juin 1600; aussi quand l'affaire revint devant le Parlement en 1602, cette cour demanda t-elle aux syndics des villes de faire la preuve de la descendance capote des charpentiers en cause. Quels furent les actes qui suivirent, nous l'ignorons; toujours est-il que les charpentiers obtinrent en 1614 et 1627 de nouvelles lettres royaux, et qu'en août 1627 l'affaire se terminait devant le Parlement, par un arrêt donnant entière satisfaction aux charpentiers, et les délivrant de toutes les coutumes et préjugés d'exception qui jusqu'alors avaient pesés sur eux.

N° 150. — 21 avril 1600. — Arrêt du Parlement de Toulouse.

Cet arret ordonne un examen médical des charpentiers de Saint-Clar et Lectoure, pour voir s'ils sont lépreux.

Ms. Archives du Parlement de Toulouse. B 179, f° 188.
Inédit[1].
Le texte se trouve *in extenso*, à la page 43 du présent ouvrage.

N° 151. — 15 juin 1600. — Rapports des médecins et chirurgiens qui ont examiné les charpentiers de Saint-Clar et Lectoure.

Nous n'avons pas pu retrouver le manuscrit de ce rapport.
Cité par Palassou (*loc. cit.*), p. 377-379.
On trouvera le texte d'après cet auteur, à la page 44.

N° 152. — 20 décembre 1602. — Arrêt du Parlement de Toulouse.

Ms. Archives de Parlement de Toulouse. B 206, f° 426.
Inédit.
Le texte de cet arrêt est transcrit *in extenso* page 45 du présent volume.

1. Les Documents N°s 150, 152 et 153 ont été publiés par nous en 1907 dans notre thèse. Nous les considérons donc comme inédits puisque notre thèse n'est pas en librairie.

N° 153. — 27 août 1627. — Arrêt du Parlement de Toulouse.

Cet arrêt défend de séparer les charpentiers de Lectoure et de Saint-Clar sous prétexte de capoterie, et interdit de les injurier des noms de capots et gésites.

Ms. Archives du Parlement de Toulouse. B 477, f° 628.
Inédit.
Voir le texte de cet arrêt pages 46-47 du présent volume.

AFFAIRE DE BAGNÈRES-DE-BIGORRE. 1664-1667.

N° 154. — 19 septembre 1664. — Délibération de l'assemblée municipale de Bagnères.

L'assemblée décide qu'elle ne peut autoriser l'enterrement d'une cagote chez les religieux Dominicains, car la coutume s'y oppose.
Ms. Archives municipales de Bagnères-de-Bigorre. E, p 129.
Publié par D. Anger, *Les Proscrits*. p. 12.

Le dix-neuf septambre mil six cent soixante-quatre, estant dans la maison de ville, Messieurs Dufourt, Arrodet, Amaré, Theas, consuls, Coma, Theas, Bourgella, Moulaux, Berut, P. P. Frexo, F. Arqué, Grasset, Salles, P. Cortade, Rousse, Abbadie, a esté délibéré par ladite assamblée et a esté représenté par les sieurs consuls, comme il y avoit quelque différant par entre Monsieur l'archiprestre prébandier avec les pères religieux du couvent de Saint-Dominique de cette ville pour raison de la sépulture d'une femme capotte morte, auquel différant la ville a eut intherest pour faire observer la bonne et loable coustume y devant observée que telles [nacions] de geans n'avoit privilège ny droict de se faire ensevelir ny dans ny dehors l'esglise Saint-Vincent, parroisse, ny dans le couvant, ny sumitière d'ycelle, mais que leur ancienne sépulture estoit en l'esglise de Saint-Blas, au cartier de leurs habitacions, que pour decider le différant, il faut délibérer sy ladite ville permet que le corps de la famme soit enseveli au couvent, comme a esté désiré, sur quoy a esté uniemement délibéré que, suivant les bonnes et anciennes coustumes sy devant observées, que le corps de cette famme morte et de tous autres de telle nacion seront enterés en la dicte chapelle Saint-Blas. (*Suivent les signatures.*)

N° 155. — 22 novembre 1665. — Délibération de l'assemblée municipale de Bagnères.

A la suite de la délibération ci-dessus, les cagots intervinrent par une instance portée devant l'official de Tarbes, pour réclamer le droit d'être enterrés ou bon leur semblera. L'assemblée municipale décida d'intervenir en cette instance pour faire respecter les anciennes coutumes.

Ms. Archives munipales de Bagnères-de-Bigorre. Reg. E, p. 335. *Publié par* D. Anger, *Les Proscrits*, p. 13.

Le vingt deuxième novembre mil six cent soixante cinq, estant assemblés dans la maison de ville de Baignières, messieurs : Berot, Berut, Arqué, Rousse, Capparoy et Pépouey, consuls; messieurs de Caubours, Desconetz, Bourgella, Abbadie, Coma, S. Courtade, Grasset, Chelle, Berot, Jaula, J. Lannes, P. Courtade, les tous du conseil, — par les dicts sieurs consuls a esté représenté, comme ils ont apprins qu'il y a instance en la cour de Monsieur l'official de la ville de Tarbes entre le scindic des pères prédicateurs de cette ville contre monsieur l'archiprestre, pour raison des sépulteures des cherpentiers, autrement capotz pour estre entérés où ils feront ellection de sépulteure, soit en l'esglise Saint-Vincent ou au couvent, en laquelle instance sont intervenus les dits charpentiers, et que parce que par une délibération du dix-neuvième septambre mil six cent soixante quatre, une question fust donnée d'une sépulteure de mesme d'une capotte, il fust délibéré que les dicts capotz auroient leur sepulteure en l'esglise St-Blaise quy est leur quartier d'abitacion conformément et suivant qu'il en a esté practiqué de tout temps au préjudice de laquelle ilz veullent attampter en cette instance. C'est pourquoy, il fauderet scavoir sy on doit intervenir en ycelle pour l'oubservacion des bonnes et anciennes coustumes et suivant qu'il ce practique aux lieux où il y a de telles nations de geans. Sur quoy, par la dite assemblée a esté délibéré que les dicts sieurs consulz interviendront en la dicte instance, pour conserver les bonnes et entiennes coustumes et empescher la dicte élection de sepulteure des dicts capotz aultre que en leur esglise de Saint-Blesse. ausquelz sieurs consulz est donné pouvoir de constituer advocat pour le fait de la dicte intervantion, et les frés quy en convienderet faire seront faictz des deniers communs de la dicte ville. Ainsi en a esté delibere.

Suivent les signatures des conseillers de la ville.

N° 156. — 20 août 1666. — Délibération de l'assemblée municipale de Bagnères.

Tandis que l'instance, dont il est parlé ci-dessous, était encore pendante, un cagot fit enterrer son enfant chez les Dominicains. Aussitôt le conseil de la ville délibéra à ce sujet.

Ms. Archives municipales de Bagnères-de-Bigorre. Reg. E, p 446.

Publié par D. Anger, *Les Proscrits*, p. 14-16.

Le vingtième d'aoust, mil six cent soixante six, estant assemblés dans la maison de ville de Baignières, messieurs Grasset, P. Frexo, Darrodet consuls, messieurs Theas, Chelle, Berot, Desconetz, Bourgella, Grasset, J. Lanne, Abbadie, Rousse, J. Arqué, Coma, Berut, a esté représenté par le sieur consul Coma que au préjudice de l'instance qu'il est intanté devant monsieur l'official par la ville contre les capotz de la ville pour raison du droit de sépulteure, et attendeu qu'il y a deux délibéracions s'y devant prinses pour raison de ce subject, et que au préjudice de la dicte instance, le jour d'hier, on ensevelit un enfant des dicts capotz dans le couvant de la presante ville, sy l'assemblée trouve à propos que les dictes délibéracions sy devant princes doebent sortir à leur plain et entier effaict et en prendre une de nouveau, avec pouvoir de bailher à un des messieurs de l'assemblée de poursuivre la dicte instance, pour fère régler les dicts capotz leur sépulteure et autres deboires qu'ils sont tenus rendre.

Sur quoy, par la dicte assemblée a esté délibéré que les délibérations sy devant prinses sortiront à leur plain et entier effaict pour le subject que les dicts sieurs consul ont représanté et encores est bailié pouvoir de nouveau au sieur Bourgella de poursuivre l'instance que la ville a intanté contre les capotz habitans en Baignières, pour leur fère régler leur droict de sepulteure et autres choses que les dicts capotz doebent observer, et ce par devant Monseigneur de Tarbe, ou l'official de Tarbe, fère la dicte poursuite jusques à sentance deffinitive, et que le sieur Bourgella est prié de fère les fournitures et advances, qu'il conviendra fère à la dicte poursuite, et que le tout sera fait à frés communs et que le sieur Bourgella sera rembourcé de ses fournitures et peynes et soins qu'il espoussera en cette afère. *Suivent les signatures.*

N° 157. — 7 septembre 1667. — Requête des consuls de Bagnères au Parlement de Toulouse.

Quoique le jugement de l'official paraisse avoir été en partie favorable aux cagots, en ce qu'il leur permettait d'être enterrés soit chez les dominicains, soit à la chapelle Saint-Blaise, l'affaire fut portée devant le Parlement de Toulouse. Le 7 septembre 1667 la ville adressa une requête à cette cour, mais cette requête resta lettre morte, probablement parce qu'elle fut retirée dès que les conseils de Bagnères se furent aperçus que le Parlement resterait fidèle à l'attitude déjà prise antérieurement à l'égard des cagots.

Ms. Archives municipales de Bagnères-de-Bigorre.

Publié par Dejeanne, *Bullet. Soc. Ramond.* 18 février 1882 et par Anger, *Les Proscrits*, pp. 16-17.[1]

Nos seigneurs du parlement;

Supplient humblement les consuls de la ville de Baignères, que de tous tamps dont n'est mémoire ou connoissance, il y a une chappelle audit Baignères où les habitans d'icelle, qui s'appellent capotz ont accoustumé d'estre encevelis. Et dans

1. La transcription de Anger, diffère par quelques mots de celle du Dr Dejeanne. Nous avons reproduit ici celle de Dejeanne dont la lecture nous a paru plus satisfaisante; nous avons ajouté à cette transcription la date et la signature qui n'est fournie que par la copie de Anger.

l'esglize paroisielle ils sont obligés de se mestre au fonds de l'esglize et équartés de tous les autres habitans. Mesmes il y a un eau bénitié pour eux en particulier et à part, et quoique cella soit et que cest ordre doibve estre observé, portant les habitants capotz prestendent ce faire ensepvelir en ladite esglize paroisielle, couvent et cimetières d'icelle, mesme de se metre pesle et mesle avec les autres habitans, et de tant que la cour a accoustumé de cognoistre du fait de telles matières, plairrera Nosseigneurs de voz gracez maintenir[1] les supplians en la pocession et jouissance de priver lesdits habitans dudit Baignières appelés capotz, d'estre ensevellis dans ladite Esglize paroissielle, couvent, cimetière d'icelle; ainsi ordonner qu'ils seront ensevellis dans ladite chappelle appelée St-Blaize, au cimetière; ordonner que quand ils seront dans ladicte esglize paroissielle ils se metront au fonds de la dicte Esglize et après tous les autres habitans; qu'ils ne pourront prendre de l'eau bénite qu'aud.[2] benitier particulier destiné pour eux, faisant deffance d'y contrevenir, à paine de 500 livr. Fairés bien.

VII septembre 1667 : *signé* PUIOT[3].

N° 158. — 7 août 1699 et 12 avril 1703. — Ordonnances rendues par le sieur vicaire général d'Auch.

Ces ordonnances furent rendues en faveur des capots, contre Jean Cassaigne et autres, marguilliers à Mombert.

Citées dans un arrêt du Parlement de Toulouse du 20 août 1703.

N° 159. — 30 juillet 1700. — Arrêt du Parlement de Toulouse.

Ms. Archives du Parlement de Toulouse. B 1232.
Publié par Fr. Michel (*loc. cit.*), t. II, p. 261.

Vendredi 30 juillet 1700, en la grand'chambre, présens MM. de Riquet président, de Puget président, Lemasuyer, de Juge, Mua, Gach, Cazaubon, Vedelly, Delong, Villegli, Brun,

1. Anger transcrit ici : *les consuls vous supplient* maintenir...
2. Dejeanne met : *quaud benitier...* il faut évidemment lire : *qu'audit benitier* et non : *quand* [*le*] *benitier*, comme le voudrait Anger.
3. La date et la signature ne sont indiqués que par Anger.

Lucas, Saint-Benoist, Agret, Senaux, Proges, d'Aldeguier, Dubourg, Boisset.

Veu la requête de soit montré au procureur général du roy du seitzième du présent mois, presentée par Pierre Broustens, Frix Broustens et autre Pierre Broustens, habitans d'Averon, Jean Devic, Pierre Geune, Jean Darrieu, Jean Sengey, et autre Jean Darrieu, habitans de Savazan, Antoine Darrieu habitant de Sainte-Christie, Joseph Lagarde habitant de Bascous, Pierre Vignes habitant de Lalane-Soubiran, et Antoine Marsan habitant de Betous, les tous charpentiers; contenant que par plusieurs arrêts de la cour de parlement de Bourdeaux et de Pau, et particulièrement par celui de la cour du dernier aoust 1627, il soit fait défense à toute sorte de personnes, de quelle qualité qu'ils soient, d'injurier les prétendus de la classe de Giezy, à peine de 500 liv. d'amende, demandent qu'il plaise à la cour ordonner de plus fort l'exécution des susdits arrêts, et notamment de celui rendu par la cour ledit jour dernier aoust 1627, ce faisant faire inhibitions et défenses à toute sorte de personnes, de quelle qualité que ce soit, de les injurier de *Ladres*, *Cadots*, *Capots*, et *Gahiz*, ou autrement, ni même de refuser leurs suffrages dans toutes les assemblées où ils se trouveront, dans lesquelles ils seront admis aussi en toute charge et droits honorifiques comme tous les autres habitans, sans aucune distinction, à peine, contre les contrevenans, à 500 liv. d'amende et autre arbitraire, ou punition, s'il y eschoit, et à cet effet ordonner que l'arrest qui interviendra sera leu, publié et affiché par toutes les parroisses et endroits nécessaires, avec défenses à toutes personnes de plus à l'avenir y contrevenir sur les susdites peines, et que des contreventions il en sera enquis par devant les premiers magistrats royaux requis sur les lieux où les contreventions se comettront, pour les informations raportées estre décerné contre les coupables tel décret que de raison; et au surplus enjoindre à tous juges, maires, consuls, jurats, et officiers de justice, de donner main-forte pour l'exécution dudit arrest, soubs peine d'être déclarés complices, et autre arbitraire. Et veu ladite requête avec les conclusions du procureur général du roy.

La cour, ayant esgard à ladite requête, a fait et fait inhibitions et defenses à toutes personnes, de quelle qualité que soient, d'injurier lesdits Broussens, Devic, Geune, Darrieux, Lagarde, Vignes, Marssan et Beltous, de *Ladres*, *Capots*, *Cagots*, *et Gahiz*, ni même de refuser leurs suffrages dans toutes les assemblées où ils se trouveront; ce faisant, qu'ils seront admis dans toutes les charges et droits honorifiques comme tous les autres habitans desdits lieux, sans aucune distinction, à peine contre les contrevenans de 500 liv. d'amende et autre arbitraire. Et à cet effet a ordonné et ordonne que le présent arrest sera leu, publié et affiché dans toutes les paroisses et lieux où besoin sera, avec deffances à toutes parties d'y contrevenir sur les susdites peines, et que des contraventions il en sera enquis par les premiers magistrats sur les lieux, pour, les informations rapportées, être décerné contre les coupables tel décret que de raison.

Signés : Riquet et De Boysset.

N° 160. — 20 août 1703. — Arrêt du Parlement de Toulouse.

Arrêt prononcé en réponse à une requête du 31 juillet 1703.

Ms. Archives du Parlement de Toulouse. B 1263.
Publié par Fr. Michel (*loc. cit.*), t. II, p. 263.

Lundy 20 aoust 1703, en grand'chambre, présens messieurs de Maniban président, Puget président; juges, Mua, Chalvet, Prohenques, Boujat, Dubourg, Reynier, Roussi, Madron, Boyer, et d'Aldéguier rapporteur.

Sur la requeste de soit montré présentée le 31 juillet dernier par Guillaume Jean, autre Jean, et autre Jean, Dominique et Marc Delons, pour demander que par provision et sans préjudice du droit des parties, déclarer commun avec eux un arrêt rendeu par la cour le 30 juillet 1700 entre les charpentiers des lieux de Sabazan et autres lieux voisins à celui de Mombert, et en outre ordonner que les ordonnances rendues par le sieur vicaire général enl 'archevesché d'Auch les 7 aoust 1699 et douze avril dernier, contre Jean Cassaigne et autres marguilliers dudit Mombert, seront aussi exécutées par provision, et en conscéquence ordonner que les supplians, leurs femmes et enfans, seront traités et receus dans l'esglise de Mombert et dans les lieux et assemblées publiques, sans aucune distinction ni différence des autres paroissiens, et à cet effet qu'il n'y aura dans ladite église qu'un mesme bénitier, que le pain bénit leur sera donné dans la même corbeille, qu'ils seront enterrés indistinctement avec les autres, soit dans les cimetières communs, et qu'ils seront généralement admis dans ladite église à tous les droits, honneurs et privilège des paroissiens, particulièrement à la confrérie du très-saint sacrement, avec défense au curé ou vicaire du lieu de s'y opposer; comme aussi veu ce que résulte du verbal de Me Labarrère, chanoine et curé de Baran, et qu'il est extraordinaire que la fille de Guillaume Delon, un des supplians, demure enterré dans un lieu aussy salle et aussi peu dessent que celui où on l'a mise, enjoindre à Me Daubas, curé de Mombert, de déterrer ou faire déterrer, par le jour de la signification de l'arrest qui interviendra, ladite fille dudit lieu, pour être enterrée dans le carré qui est dans l'église destiné pour les enfans qui viennent à décéder avant l'aage de communion, ou dans le cimetière comun dudit lieu : à quoi faire il sera constraint, à peine de 100 liv. et saisie de son temporel; et enfin faire inhibitions et défenses, tant aux habitans de Mombert, que autres qu'il appartiendra, d'insulter ny injurier les supplians, sur les peines de droit, et d'en être enquis par devant le premier magistrat requis; et pour que la force reste à la justice, enjoindre aussy aux curés, officiers, consuls et tous autres qu'il appartiendra, de tenir la main à l'execution de l'arrest, à peine de demurer responsable en leur propre et privé nom, de tous les dépens, domages et intérêts, qui pourront s'en ensuivre; et pour cet effet l'arrest sera affiché, leu et publié dans l'église dudit Mombert et partout ailleurs où besoin sera, d'une part, et les marguilliers de Mombert deffendeurs d'autre.

Veu ladite requeste, ordonnance du 4 aoust 1699, extrait d'arrest de la cour du 30 juillet 1700, et autres pièces et production desdits Guillaume, Jean, autre Jean, et autre Jean, Dominique Delom, signifiée à J. Delmade, procureur desdits marguilliers, le 4 du présent mois, ensemble le dire et conclusions du procureur général du roy.

La cour renvoye ladite requeste en jugement pour, les parties ouies, ensemble le procureur général du roy, estre ordonné ce qu'il appartiendra; et cependant par provision et sans préjudice du droit d'icelle, ordonne que lesdits Delom, leurs femmes et enfans, seront traités et reçus dans l'église de Mombert et dans les lieux et assemblées publiques, sans aucune différence ny distinction d'avec les autres paroissiens, qu'ils prendront l'eau bénite dans le mesme benitier, et le pain bénit dans la mesme corbeille, et seront enterrés dans le mesme cimitière, et admis à tous les droits, honneurs et privilèges, ainsi que dans la mesme confrérie, de mesme que les autres habitans et paroissiens, avec inhitions et deffenses au curé dudit lieu d'y donner aucun trouble ny empeschement, à peine de saisie de son temporel; faisant pareillement inhibitions et deffenses aux habitans dudit Mombert et tous autres de les insulter et injurier et de contrevention enquis par-devant le premier magistrat ou juge royal sur ce requis; et à cet effet sera le présent arrest affiché, lû et publié partout où besoin sera.

Maniban, D'Aldéguier, signés à l'original.

N° 161. — 11 août 1745. — Arrêt du Parlement de Toulouse.

Arrêt rendu sur une requête du 7 août 1745.

Ms. Archives du Parlement de Toulouse. B 1543.
Publié par Fr. Michel (*loc. cit.*), t. II, p. 265.

Mercredy onzième août 1745, en la grand'chambre, présens MM. de Puget, Requi, Chalvet, Boutarie, Bojat, Malaret, Castaing, Boyer, Palarin, Doujat rapporteur.

Sur la requeste de soit montré au procureur général du roy, présentée à la cour le 7 août, mois courant, par Martin Delhon, Blaise, Lacoste, Guiraud Mathéra, Antoine Delhon, Joseph Delhon, Joseph Delhon fils à Bernard, et autre Joseph Delhon fils à Guillaume, tous habitans du lieu de Mombert en Armagnac, à ce qu'en déclarant commun avec eux l'arrêt par elle rendue le 20 août 1703, et en en renouvelant en tant que de besoin les dispositions, il soit ordonné que, tant eux que leurs femmes et enfans et leurs descendans, seront traités, receus et regardés à l'avenir dans l'église et lieu de Montbert, et assemblées publiques et particulières d'icelle, sans aucune différence ni distinction des autres paroissiens et habitans; qu'ils prendront l'eau bénite dans le même bénitier, le pain bénit dans la même corbeille, qu'ils seront inhumés dans la même église et cimetière, qu'ils seront admis à tous les droits, honneurs, privilèges, prérogatives et prééminences, ainsy qu'a la mesme confrairie, éluz bailis, marguilliers et consuls, à donner le pain bénit à leur tour, tout comme les autres habitans et paroissiens; qu'il soit enjoint auxdits habitans et curé de les faire jouir desdits privilèges et prérogatives tout comme eux, leur faire en outre inhibitions et défenses de leur y porter aucun préjudice ny empeschement, et de les insulter et injurier, à peine de 1000 liv. et d'en être enquis d'autorité de la cour; et qu'il soit ordonné que l'arrêt qui interviendra sera leu, publié et affiché partout ou besoin sera, et exécuté par provision et sans préjudice du droit des parties, nonobstant toutes oppositions quelconques.

Veu ladite requête, ledit arrêt du 20 août 1703, et les dire et conclusions du procureur général du roi.

La cour a renvoyé et renvoye ladite requête en jugement pour le plaidant, et ledit procureur général ouy être dit droit ainsi qu'il appartiendra; et cependant par provision a ordonné et ordonne que lesdits Delhon, Lacoste, Mathera, que tant eux que leurs femmes et enfans et leurs descendans, seront traités, receus et regardés dans l'église et lieu de Montbert et assemblées publiques, sans aucune différence ni distinction des autres paroissiens et habitans, qu'ils prendront l'eau bénite dans le même bénitier, le pain bénit dans la même corbeille, qu'ils seront inhumés dans la même église et cimettière, qu'ils seront admis à tous les droits, honneurs, privilèges, prérogatives et prééminences, ainsy qu'a la même confrairie, eluz bailles, margulliers et consuls, à donner le pain bénit à leur tour, tout comme les autres habitans et paroissiens. Enjoint ladite cour aux habitans et curé dudit lieu de les faire jouir desdits privilèges et prérogatives tout comme eux, leur fesant inhibition et deffances de à ce leur donner aucun préjudice ny empeschement, et de les insulter et injurier, à peine de 500 liv. et d'en être enquis d'autorité de la cour; a ordonné et ordonne que le présent arrêt sera leu, publié et affiché partout où besoin sera, et executé nonobstant toutes opposition quelconques et sans y préjudicier.

Puget, Doujat, signés à l'original.

N° 162. — 11 juillet 1746. — Arrêt du Parlement de Toulouse.

Cet arrêt confirme ceux de 1703 et de 1745.

Ms. Archives du Parlement de Toulouse.

Nous n'avons pas pu retrouver cet arrêt.

VI. — NAVARRE ESPAGNOLE.

L'histoire des Cagots de Navarre doit être scindée en deux parties, l'une concernant les cagots de la Navarre Française, ou Basse Navarre, l'autre concernant la Navarre Espagnole qui fut conquise par le duc d'Albe. Les pièces que nous énumérons ici se rapportent, sauf les toutes premières (qui pourtant visent surtout le diocèse de Pampelune), uniquement à la région Espagnole. Les premières pièces constituent un ensemble, qui aboutit à la libération officielle des cagots; hâtons-nous d'ajouter qu'en pratique on n'en tint pas compte et qu'il a fallu attendre le debut du XIXe siècle pour voir définitivement les cagots obtenir l'égalité devant les lois, égalité qu'ils demandaient depuis 1514.

Comme ce paragraphe sort un peu du cadre de notre ouvrage nous nous contenterons d'y transcrire ou d'y signaler les documents les plus importants.

N° 163. — 1514. — Requête des cagots au Pape Léon X.

La date de cette requête nous est fournie par Venuti [1]. Les *Agots* ou *Chrétiens* (ce sont les noms mêmes qu'ils se donnent) se plaignent

1. Venuti, *Variétés Bordeloises*, p. 128, 129.

de ce qu'ils sont tenus à l'écart du peuple, que des prêtres refusent de leur administrer les sacrements, ou de laisser participer à la paix. Ils attribuent leur état de relégation à ce qu'ils descendent des partisans de Raymond de Toulouse qui avaient fait profession d'Albigeois. Ils supplient le Pape d'ordonner que dorénavent cette tache soit considérée comme effacée, et qu'ils soient admis au même titre que les autres hommes aux sacrements, cérémonies, et charges.

N° 164. — 13 mai 1515. — Bref du Pape Léon X.

Ce bref charge le prieur (chantre) et l'archidiacre de Santa-Gema en l'église de Pampelune de s'assurer du bien fondé de la requête des agots, et de donner satisfaction à ceux-ci, si l'enquête leur est favorable.

Le texte de ce bref est inséré dans la pièce qui est indiquée ici sous le N° 168.

« Dilectis filiis cantori et archidiacono Sanctæ Gemæ in ecclesia Pampilonensi, vel eorum alteri abintus vero, Leo papa decimus. Dilecti filii, salutem et apostolicam benedectionem. Mittens vobis supplicationem præsentibus introclusam, manu dilecti filii nostri Leonis cardinalis Aginnensis, in presentia nostra signatam, volumus, quod et vobis committimus et mandamus, ut vos vel alter vestrum, vocatis vocandis, ad executionem in ea contentorum, procedatis juxta ejus continentiam et signaturam. Datum Romæ apud Sanctum Petrum sub annulo Piscatoris, die decima tertia maii, millesimo quingentesimo decimo quinto, pontificatus nostri anno tertio. P. de Renibus. »

N° 165. — 1517. — Requête des Agots aux Cortès réunies en Navarre.

Cette requête fut adressée par les Agots parce que l'enquête ecclésiastique était inachevée et leur semblait traîner en longueur. Ils profitèrent, pour exposer leurs desiderata, de ce que les États de Navarre, assemblés en Cortès générales, se réunissaient sous la présidence de Don Antonio Manrique, vice-roi de Navarre.

N° 166. — 1517. — Pétition de Caxarnaut, huissier au conseil royal de Navarre, aux Etats de Navarre.

Ms. Archivo de la Camara de comptos, en Pamplona ; cajon 179, N° 46.

Publié par Fr. Michel (*loc. cit.*), t. II, p. 211-212.

Nous nous contenterons de résumer cette pièce et les suivantes, qui sont publiées par Michel. Elles sont écrites en langue espagnole, sauf l'une d'elles qui est en latin.

Cette pétition de Caxarnaut est un requisitoire, tendant à infirmer les raisons invoquées par les agots pour appuyer leur requête aux États. Il nie que ces malheureux soient descendants des albigeois, mais dit qu'il descendent de Giezi, serviteur du prophète Elisée, frappé de lèpre en punition de sa cupidité. Ils sont lépreux manifestement, ajoute-t-il, car « les herbes qu'ils touchent du pied se flétrissent et perdent leur vertu naturelle, et une pomme, ou tout autre fruit qu'ils tiennent en leur main ou sur leur sein, se pourrit aussitôt. Leurs personnes et leurs maisons sentent mauvais comme celles des gens frappés d'une maladie grave, et leur conversation avec les autres chrétiens est très dangereuse et transmet le contage » ; aussi supplie-t-il les Etats de repousser leur requête.

N° 167. — 16 octobre 1517. — Les Etats demandent au prieur de la cathédrale et à l'archidiacre de Sancta-Gema, de prendre en considération la requête des Agots.

Ms. Archivo de la Camara de comptos, en Pamplona; cajon 169, N° 50.

Publié par Fr. Michel (*loc. cit.*), t. II, p. 212-214.

Le document est intitulé :

Auto acordato por los treis estados del reyno, ä pedimento de los Agotes de Pampelona y otres partes, suplicando al prior de la cathedral y arcediano de Santa-Gema para que se unan con los christianos, y no haya distinzion alguna entre ellos. Año 1517[1].

Les trois Etats de Navarre réunis en Cortès générales sous la présidence de Don Anthonio Manrique, duc de Naiera, vice-roi et capitaine général du royaume de Navarre, ayant examiné la requête des Agots conçue en la forme que nous avons dite, retiennent l'ar-

1. Fr. Michel, dans ses Pièces justificatives, indique par erreur la date 1527.

gument que ceux-ci ont exposé, et considèrent que les erreurs de Raymond de Toulouse ne sauraient avoir effet sur une race qui ne les professe pas depuis cent ans, et que leur immixtion à toutes les cérémonies de l'église ne saurait constituer un scandale, ni un péril spirituel; respectueux de la décision du Saint-Père qui a nommé le prieur et official de la cathédrale, et l'archidiacre de Sancta-Gema pour ouvrir une information au sujet des Agots, ils prient les dits informateurs de prendre en considération la requête que ces malheureux ont formulée.

N° 168. — 30 avril 1519. — Jugement du prieur de la cathédrale de Pampelune en faveur des Agots.

Ms. Archives de la paroisse d'Arizcun.

Publié par Fr. Michel (*loc. cit.*), t. II, p. 215-229.

Ce long document est écrit en latin. Il présente un très grand intérêt malgré sa longueur interminable et les innombrables répétitions qui le remplissent.

Il est adressé aux fidèles par « Joannes de Sancta-Maria, in decretis bachalarius, canonicus et cantor ecclesiæ cathedralis Pampilonensis ordinis Santi Augustini, officialis principalis dictæ ecclesiæ et totius diocesis Pampilonensis... et episcopatus, in remotis agente ». L'auteur y expose toute l'affaire des Agots. Les pièces ou fragments de pièces qui figurent dans ce document sont :

1° La liste des agots signataires de la requête de 1514.

2° Le texte du Bref du Pape Léon X daté du 13 mai 1515;

3° La requête des Agots qui fut présentée au pape par l'entremise du cardinal d'Agen.

Enfin l'auteur porte son jugement en présence de Michel de Larrasoaña et de Jean d'Ustariz, voisins et habitants de Pampelune, des procurateurs et notaires de la curie, et quelques autres témoins. La disposition essentielle de ce jugement est ainsi conçue :

« .....Mandamus ut omnes dictos Agotos et Christianos utriusque sexus ac omnes et quascumque personas de eorum agnatione, cognatione, prosapia, parentela et familia, tanquam veros Christianos et nullam maculam spiritualem aut corporalem habentes aut patientes, sed ab eadem mundos et exemptos cum dictis parrochialibus ecclesiis; et alicui, absque aliqua differentia, dictinctione, separatione, segregatione, opprobrio, ignominia, injuria et infamia in omnibus et per omnia, tam in administratione sacramentorum ecclesiasticorum quam in offertorio seu oblationibus, ac pace danda et recipienda, ac sessionibus ecclesiarum et aliorum locorum, et omnino communicatione et participatione fidelium vicinorum, caritative recipiant et admittant, tractent, habeant, teneant et reputent, ac recipi, admitti, tractari, haberi, teneri et reputari faciant et permittant; ac omnibus illis ceremoniis et solemnitatibus quibus cum aliis Christianis utuntur et faciunt, utantur et uti faciant..... »

La non-exécution de ce jugement entrainait des peines applicables aux contrevenants.

Voici la liste des Agots de Navarre, qui figurent dans ce document. Nous avons disposé les noms des individus en regard des villes dont ils sont les *voisins*, c'est-à-dire citoyens. Cette disposition n'est pas celle du texte original; nous l'avons adoptée pour plus de clarté; c'est dans ce but aussi que nous avons francisé les noms propres qui sont tous latinisés sur l'original.

DIOCÈSE DE PAMPELUNE

Pampelune . . . . Michel de Larrasaña,
Jean d'Ustartiz et Jean son fils.

Estella . . . . Michel Cestero et son fils Martin et Jean ses frères,
Les frères Stephane et Œgide de Lanz,
Jean de Samper,
Jean de Larrocheta,
Adam et Jean de Lanz.

Arandigoyen . . . . . . Stephane.

Hechavarri . . . . Martin Saint et ses fils,
Antoine Eximene,
Michel de Estella,
Martin Saint, surnommé Gratien.

Allo . . . . Michel de Aibar.

Ciranqui . . . . Jean de Lanz,
Saint de Monreal, meunier,
Stephane.

Puente-la-Reina . . . . . Alphonse et Stephane.

Mendigorria . . . . Michel de Lanz junior,
Pierre de Lanz,
Bernard et Stephane de Lanz.

Artajona . . . . Jean de Mendigorria, meunier.

Larraga . . . . Jean de Larraga dit Derrones,
Iambotril.

Lerin	Pierre de Lanz.
Miranda	Michel de Lerin et son fils, Raymond.
	Raymond de Lerin et Antoine-Pierre et son fils.
Barasoain.	Jacques.
Monreal.	Dominique.
Tafalla.	Michel d'Elizondo,
	Jean d'Estella, et Jean son frère,
	Martin de Tafalla et Michel son fils,
	D. Dominique de Tafalla.
Ollete.	Antoine de Samper et son fils,
	Pierre de Lanz,
	Antoine de Lanz et Stephane.
Melida	Jean de Garris.
Gallipienzo	Stephane et Jean son fils.
Casedu	Pierre de Spes,
	Bernard de Barcox,
	Pierre senior et Pierre junior.
Aybar	Beltrand et son fils,
	Armand Saint,
	Jean San-Juan.
Cumberri	Charles de Cumberri.
Sangosse.	Jean de Larraga senior,
	Jean de Larraga junior et Martin de Larraga ses fils.
	François de Larraga.
Sos	Mathieu d'Olit,
	Charles et Stephane.
Unicastre.	Pierre Dominguez l'aîné,
	Michel et Jean Dominguez ses frères,
	Pierre fils cadet dudit Michel Dominguez et Alcance,
	Michel Dominguez,
	Martin Dominguez,
	Raymond Dominguez.
Salvatierra	Jean Arnauld,
	Antoine Arnaud,
	Michel et son fils,
	Bertrand, gendre dudit Jean Arnaud.
Isaba	Maître Jean de Isaba et Vincent son fils,
Burguette.	Pierre Salvator Calvo,
	Pierre dit Pechire.
Urroz	Charles de Urroz et Jean son fils,
	Vincent, son gendre.
Larrasaña	Michel ou Jean de Larrasaña.
Lanz.	Dominique de Larrasaña, et Jean, son familier,
	Gratien, Michel, et Bernard.

DIOCÈSE DE BAYONNE-ROYAUME DE NAVARRE

[*Bayonne?*]	Bernard et Jean.
Oyaregui	Jean de Mugaure.
Elizondo	Jean Galant,
	Marie Astoca,
	Bernard dit Glovert,
	Stephane Lucea et Jean, fils d'Antoine de Elizondo,
Elveta alias Javola. . . .	Jean dit Joanot de Elvetea,
	Pierre dit Petrico de Elveta, tous deux fils de Jean dit Joanicot,
	Et Arnauld Saint, son gendre.
Saint-Etienne de Lerme. .	Jean de Cunabide et Jean, son fils,
	Léon de Ammavide Cara et Pierre, son fils.
Lesaca	Jean dit Joanneto de Lesaca,
	Jean et Joannot, son fils,
	Dominique Jamborul, son gendre.
Urdax	Jean dit Joannot de Urdax
Maya.	Jean dit Joannot de Guisua, alias de Maya.
Irurita[1]	Martin de Ordoqui et Martin, son fils,
	Bernard, son gendre.
Orizcun[2].	Jean Bozat et Bertoldi, son frère,
	Sabat de Bosate.
Irumberi	Guillaume Berbede, habitant la maison de la Recluse.
Iholdi	Girard de Goyeneche et Bernard, son fils.
Mongelos	Martin de Larcangue,
	Bernard d'Antoine,
	Mogino de Arraba.
Apate	Beltrand de Piedras Conxas,
	Joannot de Cuyas,
	Martin de Ugas,
	Michel de Ugas.
Saint-Julien.	Jean dit Joannot et Pierre dit Petrot.
Arrieta.	Bernard Eurerail et Pierre Arnault dit Perenaut, frères,
	Augier de Eristay.
Irumberri.	Guillaume Arnauld Saint dit Arnaut Sanz,
	Jean de Garro,
	Jean de Berbede,
Saint-Jean de la Madeleine	Gratien, Bernard et Jean dit Joannicot de Saint-Elu.
Paduent[3].	Martin de Paduent,
	Jean de Paduent, son gendre.

1. Il vaudrait mieux mettre *Ordoqui*, paroisse d'Irurita.
2. Il s'agit de *Bozate* paroisse d'Arizcun.
3. Cette localité figure avec la mention « patrice de la Bastida de Clarensia ».

Anhaux.	Bernard de Anauz.
Ayerre	Jean dit Juanto de Buztungorry, Pierre de Buztingorry, Jean de Joannot de Buztingorry.
Iturrica.	Pierre de Arberoa, Jean de Salaverri, Jean dit Juanto, son fils, et Martin, son fils.
Echaux	Bernard de Amezcoi et son frère Jean, Dominique dit Domenyon de Echauz.

DIOCÈSE DE DAX

Landibar	Michel de Landiba.
Saint-Palais.	Vincent de San Pelai.
Maz parriote.	Guillaume Arnauld de Oregart, Pierre Arnauld et Jean dit Janicot, ses fils.
Cubiet	Jean de Cubiet, Bernard de Cubiet.
Ostabat.	Jean de Ostabat.
Larçabal	Berdelot de Larçabal.
Ieralarre	Ferdinand de Ieralarre.
Saint-Palais.	Raymond Darboat, Arnauton de Çamon, Jean de Ioallarut et Vincent, son frère, Guillaume Arramon de Çamon, Arnauld dit Arnaut, Pierre dit Peroton de Beasquin, Arramon de Jorapuru, Arnauld Guillaume et Stephane, son gendre, Bernard et Jean Cobac.
Garriz	Jean dit Joannot de Garriz et son frère Augier dit Agerot

DIOCESE DE JACCA

Anso.	Arnauld Saint et son fils.
Maxones	Bernard Maxones, charpentier, et son fils.
Villareal	Jean Ximon, Guillaume dit Guillermet.
Berdun.	Jean Fuster, Pierre Spes, son gendre, Michel, fils dudit Jean Fuster, Jean Blanc et Jean son fils, Jean de Margarita.
Jacca et Boran.	Garcias et ses fils.

N° 169. — 15 novembre 1520. — Les Cortès rendant une ordonnance en faveur des Agots.

Cette ordonnance fut rendue sur présentation aux Cortès d'une requête les priant de donner force de loi à la bulle papale et à la sentence du juge-commissaire apostolique, qui, comme on le sait, étaient favorables aux cagots. Cette ordonnance rendait exécutoire au civil la sentence.

N° 170. — 27 janvier 1524. — Provision royale de Charles Quint, au vice-roi de Navarre et autres autorités de ce royaume, enjoignant l'obéissance aux bulle et jugement en faveur des Agots.

Cotte provision, ou acte, fut écrite sur le vu d'une requête des Agots.

[*Ms.* Archives de Pampelune].

Publié par Fr. Michel (*loc. cit.*), t. II, p. 228-229.

Cet auteur n'indique pas où il a vu le manuscrit.

Voici la principale disposition de ce document :

Por ende yo vos mando que veais las dichas bulas, sentencias y declaraciones apostólicas, y mandamiento de los dichos tres estados que de suso se hace mencion, y las guardeis y cumplais en todo y por todo como en ellas se contiene, tanto quanto y como fuero y con derecho debais, y los unos ni los otros no fagades endeal por alguna manera, sopena de la nuestra merced y de 1 000 florines de oro à cada uno que lo contrario hiciere.

N° 171. — 29 juin 1524. — Ordonnance du vice-roi de Navarre en faveur des Agots.

Publié par Fr. Michel (*loc. cit.*), t. II, p. 229-231.

Cet auteur n'indique pas où il a vu le manuscrit de cette pièce.

Cette ordonnance fut rendue sur requête des Agots; elle stipule que du moment où sera promulguée la provision royale, tous seront tenus d'y obéir.

N° 172. — 20 août 1548. — Provision royale de Charles-Quint aux habitants de la vallée de Baztan et à Maya.

Publié par Fr. Michel (*loc. cit.*), t. II, p. 231-232.

Cet auteur n'indique pas où il a vu le manuscrit.

Par cette provision l'empereur interdit de faire quelleque différence que ce soit entre les Agots et les autres habitants, pour les baptêmes, la réception de la paix et les processions : leurs enfants seront baptisés sur les fonts baptismaux, et à la manière des autres chrétiens; leurs hommes se tiendront à l'église au milieu des autres hommes, et leurs femmes parmi les femmes, pour assister aux offices, de même aux processions. Les contraventions seront taxées de 10 000 maravédis. — La même amende sera perçue de ceux qui emploieront les mots *Agots*, ou *Chistrones*, considérés comme injurieux.

N° 173. — 12 septembre 1548. — Provision du roi Charles-Quint à l'alcade de la vallée de Baztan.

Publié par Fr. Michel (*loc. cit.*), t. II, p. 232-233.

Après requête des Agots, une nouvelle provision ordonne la publication immédiate de celle du 20 août 1548. — L'ordonnance fut communiquée à la vallée de Baztan et à la ville de Maya le 4 novembre 1548.

N°s 174 et 175. — 19 juin 1582. — Arrêt rendu en faveur des Agots par les membres de la cour supérieure de Navarre.

31 janvier 1587. — Sentence en faveur des Agots.

Ces deux documents figurent en un seul acte publié par Fr. Michel (*loc. cit.*), t. II, p. 234-236, sans indications concernant le manuscrit. Ils confirment les ordonnances précédentes.

En 1655, 1657, 1673-1675, 1696, 1697, 1723, 1742, 1776, et même jusqu'au XIXe siècle, il y eut des procès avec les agots de Baztan — Fr. Michel en parle assez longuement (t. II, p. 194-202) sur des pièces extraites des Archives du tribunal de Pampelune, de celles de la députation forale de Guipuzcoa, à Tolosa, et surtout d'après un factum et un volume introuvables qu'il avait découverts à Arizcun. Nous ne pourrions rien ajouter sur ce sujet à ce que rapporte l'auteur des *Races Maudites*, aussi y renvoyons-nous le lecteur.

N° 176. — Loi du 27 décembre 1817.

Cuaderno de las Leyes y Agravios reparados á suplicacion de los tres Estados de Navarra..... De órden de la Ilustrisima Diputacion del Reino de Navarra. *Pamplona, Imprenta de Longas, año 1819, in folio*; pages 140-141.

Ley LXIX

Que á nadie se llame Agote, bajo las penas que se expresan.

S. C. R. M.

Los tres Estados de este Reino de Navarra que estamos juntos y congregados Cortes generales por mandado de V. M. decimos : que en este vuestro fidelisimo reino se conoce, aunque en numero bastante corto, cierta clase de gente llamada Agotes, á la cual se atribuye diverso origen, segun la variedad de opiniones, y el Padre Josef Moret en Los Anales de este Reino, tomo 8, página 119, conjetura ser descendientes de las reliquas disipades del gran egercito de Albigenses, que fue derrotado en el año de 1214 por el Conde Simon de Monforte, junto al Castillo de Murello, sito á las margenes del Garona; y aunque positivamente no consta su origen, esas y otras congeturas y vulgares tradiciones han sido causa, de que hasta ahora se le haya tratado con notorio desprecio, reputándolos viles, y excluyéndolos de todos los oficios públicos, y aun puede decirse que del trato social y civil; pero considerando nosotros, no ser justo que se tolere por mas tiempo una costumbre nada conforme á los principios de nuestra Sacrosanta Religion contraria á las Reglas de la Sana politica, é injusta por si misma, pues que los llamados Agotes son Catolicos, y son Navarros, como todos los demas, hemos creido propio de nuestra obligacion elevarlo todo á la superior noticia de V. M., para que esta desgraciada porcion de vuestros fieles súbditos, sera restituida á la consideration pública, que le es debida, y se estreche en fraternales lazos con todas las demas, sin distincion ninguna; y á este fin.

Suplicamos rendidamente à V. M. se digne concedernos

por Ley, que á nadie se llame Agote, sopena de injuriador, el que tal dijere, y que los denominados hasta ahora tales, hallándose avecindados á los Pueblos ó sus Barrios, ó Arrabales, sean reputados como los demas vecinos, ó habitantes, para todos los efectos y oficios, segun la clase á que deben corresponder. Asi lo esperamos de la notoria justificacion de V. M., y en ello, etc.

Los tres Estados de este Reino de Navarra.

DECRETO

Pamplona 27 de diciembre de 1817. — Hagase como el Reino le pide. EL CONDE DE EZPELETA.

N° 177. — **11 août 1840. — 28 septembre 1842. — Procès des Agots de Bozate, suivi d'une sentence qui supprime définitivement toute distinction entre eux et le reste des habitants.**

Publié par Fr. Michel (*loc. cit.*), t. II, p. 267-275.
Il fut appelé à cette sentence, mais l'appel fut rejeté le 13 mars 1843; une nouvelle sentence confirma celle du 28 septembre.

APPENDICE[1]

N° 178. — **10 mars 1290. — Extrait du testament de Gaston VIII.**

Ms. Archives des Basses-Pyrénées, E 293.
Inédit.

Item lego C. solidos omnibus leprosis de Bearnis et non aliunde, quos dicti excequtores duxerunt eligendos...

N° 179. — **Décembre 1315. — Extrait du testament de Gaston IX.**

Ms. Archives des Basses-Pyrénées, E 295.
Inédit.

Item legavit omnibus hospitalibus leprosorum et reclusis

1. Nous transcrivons ici quelques documents importants, se rapportant aux lépreux reclus, ou aux cagots. Ces pièces ne pouvaient pas vu leur nature être classées dans les pages qui précèdent.

comitatus Fuxi, omnibus insimul centum libras turonensium que eis dividantur et distribuantur...

... Datum anno Domini millesimo trecentesimo quintodecimo, die Jovis ante festum hyemalem santi Nicolai.

N° 180. — 12 avril 1318. — Extrait du testament de Marguerite Bearn.

Ms. Archives des Basses-Pyrénées, E 296.
Inédit.

Item lego omnibus reclusis et in Bearnio et in Martiano videlicet V solidos morlanenses. Item lego omnibus infirmis sancti Lasari in Bearnio et in Martiano videlicet hospicio in quo mansiones faciunt X solidos morlanenses.

N° 181. — 8 décembre 1320. — Accord concernant la juridiction des lépreux du Diocèse de Dax.

Ms. Bibliothèque Nationale. Collection Doat, t. 182, f°s 22 à 29.
Inédit

Accord entre Arnaud Garsie Eueque Dax, et Amatric de Fredonio senechal de Guiene, et Amanieu d'Albret seigneur de Marempne, par lequel ils remetent aux arbitres y nommés a l'abe de Moissac trancheur leur different touchant la Justice sur les lepreux, laquelle l'Eueque pretendoit luy apartenir en la terre de Marempne, et en tout son Diocèse, et le senechal et le seigneur d'Albret pretendoient qu'elle apartenoit au Duc de Guienne et aux Barons.

du 8e Introitus decembris 1320.

In nomine Domini amen.

Noverint uniuersi hoc præsens publicum instrumentum Inspecturi, quod cum dudum quidam nomine Dominicus Leprosus parochiæ sancti Georgii de Sablo per Bajulum Maritimæ viri nobilis, et potentis Domini Amaneui Domini de Laberto, et dictæ terræ Maritimæ propter quœdam crimina condemnatus finaliter fuisset, et combustus; et Reuerendus pater in Christo Dominus Garcias Arnaldi Dei gratia Aquensis Episcopus asserens jurisdictionem omnimodam nedum in personas Leprosorum dictæ terræ Maritimæ, sed etiam totius suæ Aquensis Diocesis, et possessionem ipsius ad se, et suam prædictam Aquensem Ecclesiam pertinere, et per consequens dictas condemnationem et combustionem in suæ prædictæ jurisdictionis præjudicium fuisse factas, seu etiam attentatas, dictam terram Maritimæ supposuisset Ecclesiastico interdicto; unde interdictos Dominum Episcopum et dominum de Labretto dissentio erat orta; et non est diu dictus Dominus Episcopus, nedum leprosos dictæ terræ, sed etiam totius prædictæ suæ Aquensis arrestari mandasset ex quibus dam causis eis per nonnullos impositis, unde gentes Domini nostri Regis et Ducis asserentes iurisdictionem dictorum leprosorum omnimodam temporalem præsertim in criminalibus, et alto Justitiatu, et possessionem ipsius pertinere ad dictum Dominum nostrum Regem, et Ducem, et ad Barones ipsius, prout cuilibet immediate subsistunt, et per consequens mandatum dicti Domini Episcopi de facto in dicti Domini nostri Regis, et Ducis jurisdictionis præiudicium processisse, et ab hoc temporalitas dicti Domini Episcopi dictam iurisdictionem dicti Domini nostri Regis et Ducis ut præmittitur usurpantis ad manumdicti Domini nostri Regis fuisset posita, dictusque Dominus Episcopus contrarium asserens, et dicens iurisdictionem omnimodam dictorum Leprosorum in civilibus et criminalibus ad se, et Ecclesiam Aquensem pertinere, et pertinere debere, propter quod civitatem Aquensem, et quasdam alias parochias, et loca præposituræ, et Diocesis Aquensis supposuisset, et supponi fecisset Ecclesiastico Interdicto. Et nihilominus inter dictum Dominum Episcopum, et Magnificum virum Dominum Amatricum Dominum de Fredonio Ducatus Aquitaniæ senescallum, super his fuisset orta materia quœstionis, prout ipsæ partes prædicta asseruerunt ibidem : et est sciendum quod super præmissis inter prædictas partes amicabili interveniente tractatu, ipsæ partes ad finem qui sequitur devenerunt. Videlicet quod dictus Dominus senescallus dictam temporalitatem prædicti Domini Episcopi, et Ecclesiæ prædictæ aquensis sicut præmittitur occupatam, et ad manum Regiam positam, et nihilominus fructus, exitus, et proventus perceptos per gentes dicti domini nostri Regis, et Ducis de temporalitate prædicta, et ab hominibus temporalitatis dicti Domini Episcopi restituit, seu restitui fecit Domino Episcopo memorato libere, et integre, et manum suam amovit, et amoveri fecit a dicta temporalitate; dictus vero Dominus Episcopus omnes, et singulas sententias interdicti, seu interdictorum latas, seu positas occasionibus et rationibus antedictis in terra, et bailiuia Maritimæ dicti Domini de Labreto, nec non in civitatem, præposituram, et alias parochias, et loca dicti Domini nostri Regis, et Ducis dictæ Aquensis Diocesis relaxavit penitus, et amovit omnino et libere, et fecit etiam amoveri, et omnes excommunicatos nominatim occasionibus præmissis absolvi voluit, et mandavit, et dictus Dominus de Labreto, Guirardus Berardus eius filii, et dominus Reginaldus de Ponte miles, Dominus Riberiaci gener dicti Domini de Labreto remiserunt omnino dicto Domino Episcopo omnem rancorem, omneque odium, quem vel quod habuerant, conceperant, seu gesserant contra eum occasione dicti interdicti, seu alias quoquomodo, et eidem Domino Episcopo reddiderunt pacem benivolam, et amorem se ad invicem osculando; promisit etiam dictus Dominus de Labreto, quod per Berardum Eysii ejus filium remissionem odij, et rancoris, redditionem pacis et amoris consimilem fieri faciet Domino Episcopo sæpedicto. Et nihilominus voluit, et consensit idem Dominus Aquensis, quod nobilis vir Garcias Arnaldi vice comes Maritimæ Domicellus, qui propter diversas causas fuerat, et erat excomunicatus, et aggravatus diversis sententiis, tum authoritate dicti Domini Episcopi, tum etiam per venerabilem et discretum virum Dominum officialem Olorensem judicem authoritate apostolica delegatum, ad instantiam prædicti Domini Episcopi, ob honorem, et preces prædictorum Domini senescalli, et Domini de Labreto a prædictis sententiis absolvatur, et promisit absolvere ipsum vicecomitem, quatenus per ipsum Dominum Episcopum latæ sunt dictæ sententiæ sine difficultate quacumque; et quod tradet, et concedet sibi litteras suas dicto Domini officiali Olorensis dirigendas, quod ipse Dominus Aquensis Episcopus vult, et rogat dictum dominum officialem Olorensem, quod ipsum vicecomitem absolvat a prædictis sententiis per ipsum authoritate Apostolica ad instantiam ipsius Domini Episcopi in eundem vicecomitem ut præmittitur ladis; salvo tamen quod prædictus Dominus Episcopus Aquensis possit ab eodem vicecomite petere et exigere, in quibus idem Dominus vicecomes dicitur teneri eidem non obstante absolutione prædictarum sententiarum obtenta, seu etiam obtinenda; insuper idem Dominus Episcopus ad preces dicti domini de Labreto voluit, et concessit, quod dictus Dominus senecallus, et dominus de Labreto super et de omnibus, et singulis damnis, excessibus, et injuriis per Joannem Darrou et Joannem de Laborde factis, datis, et illatis dicto Domino Episcopo, bonis, et gentibus ipsius domini Episcopi possint ordinare, arbitrari, dicere, proferre, seu pronunciare, prout eis visum fuerit expedire, et quod dictus Joannes de Laborde, et Joannes Darrou servando, et comptendo pronunciationem per dictos dominos faciendam super præmissis omnibus et singulis damnis, excessibus, et injuriis sint quitti, absoluti penitus, et immunes. Tandem vero super dissentione, seu discordia, quæ erant, seu esse poterant inter dictas partes super iurisdictione in criminalibus, et alti institiatus leprosorum prædictarum civitatis et Diocesis aquensis, dictæ partes ibidem præsentes, videlicet prædictus Dominus Episcopus aquensis pro se, et successoribus aquensibus Episcopis; et sua Ecclesia aquensi ex una parte, et prædictus Dominus de Fredonio, tanquam senescallus Ducatus Aquitaniæ vice et nomine dicti Domini nostri Regis, et Ducis pro se, et successoribus suis secallis Ducatus aquitaniæ ex alia, et prædictus Dominus de Labreto pro se, et hœredibus, et successoribus suis ex altera sua mera, ac spontanea voluntate compromiserunt alte et basse pro bono pacis concorditer in venerabiles et discretos viros Dominos Guillelmum Gaucelini officialem Burdegalensem, et Arnaldum Martini legum doctores, vel alterum eorumdem per partem dictorum domini senescalli, et domini de Labreto nominatos, et Guillelmum Petri de Serralonga officialem aquensem, et Raimundum de Burossio vicarium perpetuum Ecclesiæ de Pobone Aquensis Diocesis, vel alterum eorundem per dictum Dominum Episcopum nominatos, tanquam in arbitros, arbitratores, seu amicabiles compositores per partes prædictas communiter electos, et in venerabilem patrem dominum abbatem Moysiacensem tanquam in tertium trencatorem, seu etiam decisorem; volentes dictæ partes, et etiam concedentes expresse, quod dicti arbitri, arbitratores, seu amicabiles compositores, seu duo ex ipsis videlicet unus denominatis per dictum dominum Episcopum Aquensem, et alius denominatis per dictos dominum senescallum, et dominum de Labreto super quœstione, et controversia iurisdictionis prædictorum leprosorum in diocesi Aquensis, et alibi, et cum personis, si et ubi eis visum fuerit faciendum possint invenire veritatem, et ea inquisita hinc ad festum Natalis Domini, quod erit anno ejusdem millesimo trecentesimo vigesimo primo possint arbitrari, dicere, seu pronunciare concorditer dicti arbitri, arbitratores, seu amicabiles compositores, vel duo ex ipsis ut præmittitur super prædictis omnibus, et singulis arbitrium, laudum, dictum, amicabilem compositionem, seu pronunciationem suam prout eis visum fuerit expedire partibus vocatis, vel non vocatis, præsentibus vel absentibus, vel una præsente et alia absente per contumaciam vel alias, auditis partium rationibus, vel non auditis, die feriata vel non feriata, stando vel sedendo, una vice vel pluribus, iuris ordine servato vel non servato seu penitus prætermisso, vel in parte servato et in parte prætermisso si vero dicti arbitri, arbitratores, seu amicabiles compositores, vel duo ex ipsis ut præmittitur nominati super inquisitione prædicta ut præmittitur facienda, vel ex facta concorditer super prononciatione facienda ex inquisitione prædicta concordare nollent, seu etiam non possent, vel si etiam ipsi inquisitioni faciendæ, seu pronunciationi nollent, seu non possent intendere, vel vacare, vel alias accideret; quod hinc ad dictum terminum non determinarent negotium supradictum, in ipsis casibus, seu quolibet eorumdem voluerunt, et concesserunt partes prædictæ quod dictus tertius trencator, seu decisor a dicto termino natalis Domini usque ad subsequens festum proximo venturum paschæ possit dictam inquestam, si facta, et completa fuerit decidere, et etiam deffinire, vel inceptam perficere, et si incepta non fuerit, eam incipere facere, et complere, et arbitrium, dictum, laudum, sententiam, decisionem seu prononciationem dicere, ac proferre, ac dictum negotium decidere, et terminare per modum superius expressatum, prout sibi videbitur faciendum, acto etiam et convento inter dictas partes concorditer et expressé, quod si contingeret, quod dicti arbitri, vel étiam tertius trencator, seu decisor non possent, seu nollent dicti compromissi negotium in se suscipere, vel non susciperent, vel ipsum negotium non determinarent infra terminos supradictos, dictæ partes loco dictorum arbitrorum, seu tertii trencatoris et decisoris possint loco ipsorum alias personas subrogare, quæ in omnibus et singulis præmissis consimilem habeant potestatem, et nihilominus dictæ partes prorogent terminos, seu terminum præsentis compromissi : promittentes dictæ partes, et earum quælibet firma et solemni stipulatione interpositâ, dictis partibus præsentibus, et me notario infrascripto una cum Magistro Guillelmo Ramundi Dalbirhono de Agenuo publica authoritate apostilica notario stipulantibus, et dictam stipulationem recipientibus pro omnibus et singulis, quorum interest, et interesse poterit in futurum se arbitrium, dictum, laudum, amicabilem compositionem, decisionem, seu pronunciationem dictorum arbitrorum, arbitratorum, vel amicabilium compositorum, seu duorum ex ipsis ut prœmittitur nominatorum, seu tertii trencatoris, vel etiam, aliorum subrogandorum ut superius est expressum, tenere firmiter, complere, integre et inviolabiliter observare et etiam laudare, approbare et emologare vice et nominibus quibus supra.

Acto etiam et convento expresse inter partes prædictas quod durante hujusmodi compromisso, seu terminis ipsius compromissi præfixis, seu etiam prœfigendis, aliqua partium in prædicti compromissi præjudicium nihil prorsus innouet vel attentet monitiones faciendo excommunicationis seu interdicti sententias promulgando, appellando, provocando, seu appellationes faciendo, promittentur nihilominus dictæ partes, et earum quælibet quod a pronunciatione prædicta, ut præmittitur facienda non appellabunt, supplicabunt nec habebunt recursum ad superiorem, seu arbitrium boni viri, renunciantes super hoc beneficio jurium, quibus cavetur ab arbitrio, seu pronunciatione arbitri, arbitratoris, seu decisoris posse appellari, vel haberi recursus ad arbitrium boni viri, et juridicenti quod arbitrio non statur in viti nisi metu pœnæ adjectæ, vel religione juramenti, renunciantes insuper omni exceptioni, et juris canonici et civilis auxilio, per quod vel quæ possent contra præmissa, vel aliqua præmissorum dictæ partes vel aliqua earundem facere vel venire, seu se defendere, vel tueri, et quod præmissa omnia et singula dictæ partes, et earum quælibet quatenus ipsas et earum quamlibet tangit, teneant, compleant inviolabiliter et observent, dictus dominus Episcopus positis sacrosanctis Dei Evangeliis coram ipso manu dextra posita super pectus prout moris est Episcopos jurare, dicti vero dominus senescallus, et Dominus de Labreto nominibus quibus supra tactis manibus propriis sacrosanctis Dei Evangeliis præstiterunt corporaliter juramenta sub omni renunciatione juris et facti cujuslibet et cauthela : super quibus omnibus et singulis supra dictis dicti dominus Episcopus et dominus de Labreto bona sua, et dictus senescallus bona dicti domini nostri Regis et ducis efficaciter obligarunt, de quibus omnibus dictæ partes requisiverunt me notarium infrascriptum, est de prædictis mei authoritate mei publici officii sibi et cuilibet ipsorum conficerem publica instrumenta, quibus instrumentis sigilla sua apponi voluerunt ad majorem roboris firmitatem omnium prædictorum. Datum et actum fuit hoc Aquis octava die introitus mensis decembris, anno domini millesimo trecentesimo vigesimo, indictione quarta, Pontificatus sanctissimi patris et Domini nostri Joannis divina providentia Papæ vicesimi secundi anno quinto. Præsentibus venerabilibus et discretis viris dominus Guillelmo Arnaldi de Podens, Bernardo de Binholes, militibus; Bernardo Heysii de Ladilis, Helia Tasculi consiliariis domini nostri Regis et Ducis, Raimundo de Benqueto, Petro Arnaldi de Campeto Canonicis Aquensibus, Arnaldo Domino de Poyaler, Augerio de Castellione domicelli, Arnaldo Dorinhe, et Magistro Guillelmo Ramundi d'Albinhone notario supradicto, testibus ad præmissa vocatis specialiter et rogatis; et Ego Petrus de Liussono clericus baionesis publicus authoritate apostolica notarius, qui præmissis omnibus et singulis una cum prædictis testibus præsens interfui, et manu propria scripsi et in hanc publicam formam redegi, meoque signo consueto signavi rogatus in testimonium omnium præmissorum.

Et Nos Amatricus Dominus de Fredonio, Ducatus Aquitaniæ, senescallus ad majorem firmitatem omnium prædictorum sigillum curiæ Vasconiæ huic præsenti publico instrumento duximus apponendum. Datum Burdigalæ digesima sexta die mensis decembris, anno domini millesimo trecentesimo vicesimo.

Et Nos Amanenus dominus de Labreto ad majorem firmitatem omnium prædictorum sigillum nostrum huic præsenti publico instrumento duximus apponendum. Datum Burdigalæ die vigesima sexta mensis decembris, anno Domini millesimo trecentesimo vigesimo.

Et Nos Garsias Arnaldi, miseratione divina Episcopus Aquensis ad majorem firmitatem omnium prædictorum, sigillum nostrum huic præsenti publico instrumento duximus apponendum, apud sanctum Pantaleonem nostræ Diocesis vicesima prima die indroitus mensis decembris, anno Domini millesimo trecentesimo vigesimo.

N° *182.* — 6 avril 1620. — Sentence prononcée à la suite d'un procès concernant la vente du Droit de Quête des lépreux de Lescar et d'Orthez.

Ms. Archives des Basses-Pyrénées, E 2029 (Notaires de Pau), f° 131 v° à 135.

Inédit

Le sieur Dabeilhon ayant porté plainte contre Burel, lépreux de Lescar, qui lui aurait vendu le droit de quête et ne lui aurait pas remis les pièces nécessaires, mais les aurait données à d'autres, réclame la restitution d'une somme versée et de diverses dépenses; d'autre part, Burel ayant réclamé le revenu des quêtes faites par Dabeilhon, une sentence arbitraire est prononcée d'après laquelle il sera fait équilibre des sommes réclamées par les parties, et cela grâce à certains versements qu' effectura Dabeilhon.

Lescar. Sentency Arbitrary.

En la cause arbitrary deu procès et diferent vertent per davant lo Conseil enter Bertrant Dabeilhon, habitant à Baliros, d'une part, et Guilhaumes Burel, malau, laprous en la ladrerie de Lescar, d'autre, remetude à nous, Ramon de Plantes, rectour de Pardies, et Joan de Larman, rector de Narcastet et Routignon, arbitres per lasdites partides nomatz et eslegitz; vist lo procès enter lasdites partides feyt et agitat perdavant lo Conseil; la requeste deudict Dabeilhon, disent que lo tres de dexembre mil VI^{c} detz et oeyt luy se seré accordat per pacte public al Guilhaumes Burel, malau de las malaudies de Lescar, fazen tant per luy que per los malaus de las malaudies d'Orthès; que lodit Burel lo aure bailhat en rendament per l'espacy de tres aneyes à comptar despux lodit jour lo dret et facultat de far las questes au diocese d'Ax, au parsan deu Reau, Larbaig, Monenh, Cardesse, Lucq, Artiquelobe et Sainct Faust, Larœuih, Aubertin, La Seube, Gand, La Saubetat et lo Boscq d'Arros, et so per la some de cent detz et oeyt franx feytz per chascune aneye, vingt et quoatte serviettes et dues tabalhes, paguadors cinquoante sept franx feytz et miey lo jour et feste de Nadau et lo restant lo jour et feste de Pasquœ et lasdites serviettes et tabailhe aussi lodit jour et feste de Pasquœ, chascun an; et auré prometut lodit de Burel de metre ez mas deudit de Belhon los mandamentz deu S^{r} evesque d'Ax et toutz autres papers nesseçarys per poder far ladite queste; mès au locq d'acomplir lodit de Burel son obligation susso passade, abusan de la simplisitat deu supplicant quy no sap escriure, lo auré metut en mas papers suranatz et resolutz et quy no poden de res servir, no cure lo delivrar la permission requeride deu S^{r} evesque d'Ax, bien que lo supplicant lo en aye somat, et combien se fousse aussi obliguat d'empechar que autre, sinon lo supplicant, no fesse queste ausditz locqs pendent lasdites tres aneyes, toutasbetz au contrary a tremetut divers personadges per en far; sopendent nó a feyt difficultat d'exigir et prener per abance lo pretz deudit rendament, sy bien que luy retien de l'argent deu supplicant cinquoante franx bordalès, oultre las non jouisences quy son de pareilhe vallor. So que considerat, et vist que lodit de Burel non solament no cure accomplir sadite promesse, quinhes requisitions que lou sien feytes, mès quy plus es y contrebien luy medix, supplican aber lo pacte deudit rendament per non advengut, descharyar et aquitar dequet lo supplicant et neanmeinhs condamnar lodit de Burel à lo render et restituir losdits cinquoante francqs bordalès et lo paguar pareilhe et semblable some per ladite non jouisence, ab despens; — domande à part per lodit d'Abeilhon per davant nous bailhade, contenente petition de cinquoante et ung francq bordales et interestz despux lo detz et nau de jener mil six cents vingt, en vertut d'un aquit retiengut per Lafont, jurat de Baliros, d'une part; plus de trente francqs feytz en vertut d'une obligation retiengude per lodit de Lafont, jurat, d'autre, dus fromadges o tres francqs feytz, per aquets bailhats au Sr evesque de Dax, et seize francqs feytz per sept jours bacatz au viadge de pourtar aquets, plus de detz francqs feytz per lodit d'Abeilhon come fermance deudit de Burel, paguatz à Sarraute, de Lons, soixante francqs per los domatges de no lo aber feyt jouir de l'afferme, quoarante livres per so que ung nomat Joan Blocq lo aure usurpat vingt et tres escutz et une obligation retiengude per ung jurat de Lons, quoarante francqs per no aber podut captar au pays deu Reau, no aben agut los mandamentz quy lodit de Burel lo abe prometut, et quoarante francqs per los batemens inseguitz contre sons mesadges audit pays deu Reau; autre domande en reconbention deudit de Burel, per laquoalle articule que lodit d'Abeilhon lo deu dar cent francqs quy a crubat en Aspe et aus quartiers d'Oloron, d'une part; cent francqs crubatz deus castaubetz, d'autre; ung francq per ung pareilh de gratuses, d'autre; mieye livre per ung estrin, d'autre; sieys francqs per los despens feytz sur sertane inquieste, feyte per maeste Joan de Camgran, procureur, d'autre; dus escutz d'or per las rasines d'erbes quy lo se a pris en son casau; oeyt francqs et miey quy lo a fornit en despence, d'autre; miey livre dues onces d'especy, d'autre; dus sols de œus, d'autre; miey françq per paa et vin quy lo a administrat, d'autre; autre miey francq per fee et sibade d'autre; oeyt francqs feytz per luy fornitz en lo viadge de Dax, d'autre; cent francqs per so que lodit d'Abeilhon auré crubat l'aneye passade en los diosesis de Tarbe et Ayre; et en oultre es tiengut de lo render compte deus papers quy lo a metut en mas, ainxi que son articulatz en ladite domande, que aussi lo paguar dus centz francqs per so que pot aber resebut en lo diosese de Bayone, d'autre; et finalement lo render compte de so que a recrubat en lo diosese de Basax, cum no agousse sus tal emdret augune charye, et autrement, cum per ladite domande; domandan se adyudicar lo contengut dequere; los aquitz per lodit de Beilhon produsitz, et autres productions per toutes partides respectivament feytes, auditions verbalament per toutes partides perdavant nous prestades, autres disers et declarations per lour en nostres mas dedusides, lo compromès per lour en nostre favor autreyat, retiengut lo vingt et tres de mars darrer passat per Soberbie, notari, quy es appart escriut et la puxanse per aquet à nous donade et atribuide; et lo tout vist; nos dits de Planques et de Larman, arbitres arbitradors et amigables composidors, per nostre present sentency arbitrary, en entertenir lo pacte entre partides passat lo tres de dexembre mil six centz detz et oeyt, et en compensan las somes per toutes partides l'un contre l'autre entro à present respectivament pretendudes, et tant de principal que despens inseguitz per quinhe cause et rason que se sie, seinhs toutasbetz y comprener detz francqs et miey feytz, dues doutzenes de serviettes et dues tabailhes, quy lodit d'Abeilhon es tiengut paguar audit de Burel, au contiengut deudit pacte, per reste deu pacq quy escudera lo jour de Pasquoe prochan venient, abens condemnat et condemnan lo medix d'Abeilhon baihar et paguar audit de Burel la some de quarante francqs feytz, pendent lo jour et feste de Nostre Dame d'Aoust prochan venient, et ordone que seguien lodit pacte lodit d'Abeilhon continuara, pendent lo termi dequet, de far la queste per aquet pourtade, et per tal moyen sera aussi tiengut de paguar pacq per pacq, despux lodit jour de Pasquoe en abant, las autres somes et causes pourtades per lodit pacte audit de Burel, relaxan toutes partides resiprocament, de las autres domandes, fins et conclusions l'un contre l'autre preses et de toutes lours pretentions quy an o poyren aber entro au jour present; et per tal moyen toutz procés tant sibilz que criminelz demoraran per arcort et amortitz seinhs preyudicy de l'interès deu Rey et seinhs despens deu present arbitradge feyte et arrestade per nosditz arbitres à Pau lo sieys de abriu mil six centz vingt. Signatz : Pauques, rector, arbitre; de Larman, rector, arbitre.

Publicade à lasdites partides, presentz losditz seignors arbitres, per my notari jus signat, à Pau lodit jour et an; laquoalle lasdites partides laudan et approban. Testimonis mæstes Joan de Suberbielle, d'Usos, Peyrot de Badiolle, jurat de Bisanos, et jo Joan de Soberbie, notari.

N° 183. — XVIIIe siècle. — Extraits des « Commentaires sur les Fors » par De Maria, avocat.

Mss. Bibliothèque municipale de Pau.
Inédit.

RUBRIQUE 1 (p. 9-10).

Les Prêtres, les maitres des hopitaux et les cagots ne sont pas obligés de payer la taille pour le sol des eglises ni des hopitaux, ny les cagots pour leurs maisons que le for appelle cagotarias; on voit que les deux premiers en sont dispensés par le privilège que l'on doit aux choses pies, mais pour les autres le for les décharge du payement des tailles pour le sol de leurs maisons par mépris, afin qu'ils n'aient rien de commun avec les autres gens de la province, d'où vient que le roy ayant aboly depuis peu la différence que l'on faisait entre les cagots et les autres, et voulant qu'ils jouissent des mêmes privilèges et qu'on ne les distingue plus en rien du restant des gens non pas même par leur nom de Cagots, il semble qu'on pourrait les obliger à payer la taille pour leurs maisons par un argument pris du sens contraire de la loy quod in favorem Cod. de mandatis Principium.

Rubrique 55 : Des qualités des personnes[1].

Les historiens varient beaucoup sur l'origine des cagots, dont l'Art IVe parle; la plus commune opinion et qui est celle de M. Marca dans son histoire de Bearn est qu'ils sont un reste des Sarrasins, dont l'armée de 300 000 hommes ayant été taillée en pièces devant Tours par les français se dissipa du côté des frontières d'Espagne, les uns furent massacrés, les autres pour conserver la vie renoncèrent à leur religion, qui était celle de Mahomet, et se firent chretiens, d'où vient aussi qu'ils sont appellés chrestias, et les maisons..... qu'on leur donne pour habiter des chrestianas.

. . . .

La compassion qu'on eut pour ceux d'entre eux, qui embrassèrent la religion chrétienne, et se mirent à la mercy de nos Bearnois, fit qu'on leur donna plusieurs exceptions. Ils ne payaient même pas la Taille comme nous l'avons vu dans la 1re Rubrique[2]. On conserva néanmoins une si grande aversion pour le cagot qu'on le regardait comme un infame[3], on se persuade même qu'ils étoient tous infectés[4] de Lèpre, et à cause de celà les États firent plusieurs règlements et entre autres ces art. 4e et 5e pour leur défendre[5] d'avoir aucune communication avec le reste des gens de la Province[6], de se mettre devant eux dans les Eglyses ou aux processions, de porter aucune sorte d'armes, à la réserve de celle qui leur étoit nécessaire pour faire leur métier, enfin ce ne fut plus

1. Nous indiquons en note les variantes du texte que l'on trouve dans un autre manuscrit de la Bibliothèque municipale de Pau.

2. Cette phrase manque dans le second manuscrit.

3. ... pour eux qu'on les regardait comme des malheureux.....

4. ... qu'ils étaient très infectés.....

5. ... firent plusieurs règlements pour leur défendre.....

6. Toute la fin du manuscrit est différente à partir de ce point. « ... de la Province, jusques là qu'on leur deffendit de marcher nœuds pieds par les rues, de peur que ceux qui y passeroient après eux ne contractassent cette l'adrerie (sic); et ils étaient excédés de toutes les charges et fonctions publiques. On a reconnu dans la suitte que l'opinion qu'on avait conçu contr'eux étoit mal fondée, et qu'elle ne venoit que de l'aversion qu'on avoit pris pour eux : leur sang a été visité et examiné avec soin, il s'est trouvé aussi pur et aussi net que celui des autres personnes, le Roy même ayant été depuis peu informé de leur état n'a pas voulu qu'on traitat avec tant d'inhumanité et si peu de charité telles personnes dans son Royaume ».

qu'une erreur populaire de les croire tous lépreux, toute la province en était imbuë, le corps même des États assemblés à Sauveterre présenta une requête à la Reyne Jeanne pour la prier de faire deffendre à tous les cagots de marcher nuds pieds dans les rues à cause que les bearnais qui y passeroient après eux par l'attouchement des pierres sur lesquelles les Cagots auroient marché, pourroient contracter leur ladrerie; le conseil de la reine neanmoins plus sain que le reste de la province n'eut point égard à cette demande des états qui conservèrent neanmoins leur bizarre sévérité contre les Cagots, et fut-ce que ainsi il y en avait un qui en voyage allait à cheval et portait des bottes, les Etats lui deffendirent l'un et l'autre par un Reglement qui paroit aujourd'huy dans les Registres, monuments honteux de la faiblesse et du peu de charité de nos pères qui traittaient ces malheureux comme s'ils n'eussent été ny hommes ni chrétiens, ils étaient exclus de toutes les charges publiques, logeaient dans des maisons écartées des villages sans liaison, sans commerce avec qui que ce fut à cause de la lèpre dont toute la province les croyait atteint, et ce fut avec peine que le seigneur de Noguez medecin habille guérit un peu les esprits la dessus, il examina avec soin comme il est porté dans l'histoire de Bearn, plusieurs de ces cagots, les seigna pour voir s'ils avoient cette maladie honteuse qu'on leur imputait, on trouva qu'on ne pouvoit avoir le sang ni plus sain ni plus beau que l'était le leur, il en rendit témoignage, dans la suitte presque tout le monde s'est désabusé de cette erreur; on a neanmoins conservé la même assertion pour eux, jusqu'à ce que de nos jours le Roy ayant été informé de leur état il ne voulut pas qu'on traittat dans son Royaume des gens avec tant d'inhumanité et si peu de charité, et a fait par forme de règlement pour ordonner qu'on ne fit plus aucune difference entre les cagots et le reste des gens, qu'ils seront admis aux charges dans le comté, qu'on ne les distingueroit même pas par leur nom de Cagot, ainsi cette infamie qui a été attachée par tant de ciècles a été heureusement effacée dans celui-cy [1].

1. Ce manuscrit est vraisemblablement postérieur à celui dont nous indi-

N° 184. — 17 juillet 1844. — Lettre de F. Michel relative aux Cagots.

La lettre qui suit est conservée dans les papiers de la mairie d'Arcangues, elle est identique à celles que nous avons vues dans diverses communes. Elle se rapporte à l'enquête sur les cagots faite par l'illustre savant auprès de la plupart des instituteurs des Basses-Pyrénées.

Inédit.

Bordeaux, 17 juillet 1844.

« Monsieur,

« Je prends la liberté de m'adresser à vous, comme à l'un des hommes les plus instruits d'Ahetze (C^on d'Ustaritz), pour vous prier de vouloir bien me faire part de ce que vous savez relativement aux Cagots, Capots ou *Agotac* qui ont dû exister dans cette commune.

« Quel y est le nombre des familles réputées cagotes?

« Y a-t-il dans les archives municipales, ou ailleurs, des pièces qui leur soient relatives? des registres de votre paroisse renferment-ils des actes de baptême, de mariage ou d'enterrement, où les noms des défunts, des époux, des baptisés, des parents ou des témoins, soient accompagnés de l'épithète de *cagot*, de *capot* ou d'*Agota*?

« Existe-t-il, à votre connaissance, des chansons populaires, des poèmes basques, relatifs aux Cagots en tout ou en partie? J'attache un prix tout particulier à cette sorte de monumens qui doivent s'être conservés chez les anciens.

« Comme les renseignemens que je réclame de votre obligeance sont destinés à prendre place dans une *Histoire des Races maudites de la France et de l'Espagne*, que je vais mettre sous presse, je vous prie de bien vouloir les transmettre le plus tôt possible à M. le Recteur de l'Académie de Pau, par la voie que vous employez d'ordinaire dans vos rapports avec ce haut fonctionnaire. Si je vous dois quelque pièce, quelque

quons la version en note, car, outre son ampleur plus considérable, il corrige les inexactitudes du précédent, y ajoute des faits nouveaux, et y complète des informations.

renseignement important, je ne manquerai pas de vous en laisser l'honneur en citant votre nom dans mon livre, à moins de recommandation contraire.

« Recevez, Monsieur, avec mes remerciemens anticipés, l'assurance de la parfaite considération avec laquelle j'ai l'honneur d'être votre très humble et très obéissant serviteur

« FRANCISQUE MICHEL,

« Professeur à la Faculté des Lettres, Chevalier de la Légion d'honneur et d'Isabelle la Catholique d'Espagne, Membre du Comité des monumens écrits de l'histoire de France près le Ministère de l'Instruction publique, etc. »

TOPOGRAPHIE

LIEUX HABITÉS PAR LES LÉPREUX
HISTOIRE LOCALE. LÉGENDES ET DOCUMENTS LOCAUX

Dans ce chapitre nous donnerons des indications concernant l'histoire locale des lépreux ou cagots, des départements des Landes, des Basses-Pyrénées, des Hautes-Pyrénées, de la Haute-Garonne, du Gers, et de la Gironde. Nous prendrons successivement chacun des villages, villes, et hameaux où la présence de lépreux-libres a été signalée. Cette partie de notre travail repose : 1° sur des documents pour la plupart inédits, que nous nous contenterons de résumer lorsqu'ils ne présentent qu'un intérêt secondaire; 2° sur des observations que nous avons faites, ou des renseignements que nous avons recueillis au cours de nos voyages; 3° sur des faits, présentant toutes les garanties d'authenticité possibles, pris dans les livres, les monographies, ou les articles publiés avant l'année 1907 [1].

Cette espèce de répertoire est divisé en chapitres concernant chacun un département; pour chaque département les noms de lieux sont classés par ordre alphabétique. Les recherches sont ainsi de beaucoup simplifiées. Nous avons préféré cette disposition à celle adoptée par Michel, qui repose sur les divisions départementales, d'arrondissement et cantonales, ou celle de Rochas qui est établie par voyages, ces divisions ayant l'incon-

1. Nous avons été forcé d'éliminer un certain nombre de faits cités par Michel, car, d'après divers renseignements pris dans les Pyrénées, il est certain que plusieurs des correspondants de l'illustre savant l'ont sciemment trompé au sujet de coutumes et de faits locaux.

vénient de rendre les recherches presque impossibles, vu l'absence d'une table des noms de lieux. Notre division est évidemment conventionnelle, mais pouvait-il en être autrement?

Abréviations.

Fr. Michel, *ou* M. pour :	Francisque Michel, *Histoire des Races maudites*, 1846.
De Rochas . . . . . —	De Rochas, *Les Parias de France et d'Espagne*, 1876.
Foix. . . . . —	Abbé V. Foix, *Particularités sur les cagots des Landes. Congrès archéologique Dax-Bayonne*, 1888.
A. B.-P. . . . . —	Archives des Basses-Pyrénées.
P. J. . . . . —	Pièces justificatives du présent volume.
*XIV*ᵉ s. (**15**). . . . . —	Censier de Béarn du *XIV*ᵉ siècle (P. J. N° 15).
1360 (**16**). . . . . . —	Rôle des fiefs de Béarn de 1360 (P. J. N° 16).
*XIV*ᵉ s. (**17**) . . . . —	Rôle des revenus, etc. du *XIV*ᵉ siècle (P. J. N° 17).
1365 (**18**); 1365 (**19**); 1379 (**20**). —	Rôles des feux de Béarn pour les années 1365 (P. J. N° 18); 1365 (P. J. N° 19); 1379 (P. J. N° 20).
1379 (**21**). . . . . . —	Traité passé entre les cagots et Gaston Phœbus en 1379 (P. J. N° 21).
1385. . . . . —	Dénombrement des maisons de Béarn fait en 1385 (P. J. N° 22).
1383 (**23**); 1383 (**24**). —	Hommages rendus à Gaston Phœbus en 1383. (P. J. 23 ou 24).
*XVI*ᵉ *s.* . . . . —	Rôle des impôts du parsan de Vic-Bilh. *XVI*ᵉ *s.* (P. J. N° 103).
1569. . . . . —	Censier de 1569 (P. J. N° 104).

I. — DÉPARTEMENT DES LANDES

Amou (*chef-lieu de canton, arrondissement de Saint-Sever*).

19 novembre 1635. — Mort « de Catherine de Labenne, gesitaine, née à Amou, enterrée au cymetière particulier des gesitains » de Coudures. (*Archives de Coudures.* GG 1.)

Arcet (*commune de Montaut, arr*ᵗ *de Saint-Sever*).

Ce petit hameau est situé à 1 kilomètre à l'est de Montaut. Il est possible qu'il y eut là des cagots, mais le texte du *Lieve de l'Abbaye de Saint-Sever de 1490* n'est pas assez explicite pour que nous puissions l'affirmer. (V. Montaut).

Arengosse (*canton de Morcenx, arr*ᵗ *de Mont-de-Marsan*).

C'était aux XVIIe et XVIIIe siècles un des principaux centres de cagots, qui habitaient dans le quartier appelé Bezaudun, jadis plus important qu'Arengosse même; c'était là que s'élevait l'église paroissiale où les Gahets venaient assister à l'office, dans un endroit réservé auquel ils accédaient par une porte spéciale munie de son bénitier. Ils avaient leur coin séparé dans le cimetière. On raconte qu'un peu avant la Révolution, un mur de la vieille église de Bezaudun, maintenant détruite, s'étant lézardé, l'entrée de l'édifice fut interdite aux Gahets, de peur que leur présence n'en amenât la ruine; les malheureux fréquentèrent dès lors l'église d'Arengosse. On voit encore à cette dernière les traces de la porte, maintenant murée, par laquelle passaient les Gahets, qui possédaient un bénitier auprès de cette porte [1].

« L'énorme bois de la commune de Bezaudun, écrivait M. Jean Galin, instituteur à Igos, à Fr. Michel, était autrefois le refuge d'un grand nombre de Cagots, ou Gahets; on voit encore sur le mamelon de ce bois, les ruines d'une église qui avait été bâtie par ces individus, et fut détruite du temps de la révolution de 1789 [2]. »

5 juillet 1620. — Le partage de la maison noble de Bezaudun mentionne parmi ses tenanciers « Jean Dulos, dit Mong, gezitain, habitant au Chrestian », paroisse d'Arengosse. (*Archives du château de Castillon, à Arengosse.*)

Audignon (*canton et arr^{t} de Saint-Sever*).

On y voit encore la maison *Chrestian*.

Aurendet (*h. c^{ne} du Vignau*).

C'est un hameau dépendant de la paroisse du Vignau.

Les capots de cette paroisse habitaient à Aurendet, au lieu appelé *Les Capots* ou *Hustaillon* (V. Le Vignau).

Baigts (*canton de Mugron, arr^{t} de Saint-Sever*).

Le 10 juillet 1695. — A Baigts, maison de l'Eyriau, charpentier : Acte de mariage est passé entre Nicolas de Larrieu, charpentier, habitant Laurède, fils de feu Bernard de Larrieu et de Jeanne de Peyrehourade, assisté de Nicolas de Larrieu et de Bernard de

1. Fr. Michel, t. I, p. 146-147.
2. Fr. Michel, t. II, p. 289.

Peyruchat, ses cousins, et Marie de Benquet, fille d'Estienne de Benquet et de feue Catherine de Lavie, habitante de Baigts, assistée de Marie Daraignés sa cousine. On lui donne 30 livres de dot « plus une robe de cadis double, et un cotillon de sinture aussy de cadis double garnis et fassonés; plus un littier d'aricque, deux coytes et un couchin de drap de lin garnis de plume honestement, un tour de lict à deux courtines de drap de lin, six linceuls les deux de lin et les autres de l'entermêlé, six serviettes de lin et six d'estoupe, un coffre et un coffret de coral avecq leurs serrures et clef ». Étienne de Benquet promet de payer aux futurs les habits neufs et 15 livres la veille des noces, et les autres 15 livres deux ans après et en deux paiements égaux. Les conjoints associés par moitiés. (*Étude de Mugron, Lamolie, notaire.*)

Banos (*canton et arr*[t] *de Saint-Sever*).

Petit village à l'est de Montaut. Un cagot de Montaut y acheta une terre en 1464 (V. MONTAUT).

Bastennes (*canton d'Amou, arr*[t] *de Saint-Sever*).

A Bastennes vivaient au XVIIe siècle, plusieurs familles cagotes, dont les noms nous sont connus par les registres paroissiaux, ce sont : Benquet, Ducassou, Larrieu, Tardits, etc. (*Foix*).

Bégaar (*canton de Tartas-ouest, arr*[t] *de Saint-Sever*).

Il s'y voit encore un lieu appelé *Le Crestian*.

Les registres paroissiaux du XVIIe siècle y signalent comme gésitaines les familles Ducassou, Salis, Lié et Benquet (*Foix*).

Bénesse-les-Dax (*canton et arr*[t] *de Dax*).

Le 11 juillet 1632. — Le sénéchal de Dax adjuge à Me Estienne de Postis, prêvot royal de Dax, la maison et biens « de Mothes et du Chrestian en Benesse, au prejudice de Michel de Larrieu et de Sarrançon de Peyruchat, charpentiers ». (*Archives du tribunal de Dax.*)

Benquet (*canton de Grenade, arr*[t] *de Mont-de-Marsan*).

On rencontrait dans le département des Landes un grand nombre de familles cagotes du nom de Benquet.

Dans les papiers du presbytère de Benquet, il est fait mention, en 1714, de deux maisons appelées « *des Chrestians* ».

Beylongue (*canton de Tartas-ouest, arr*[t] *de Saint-Sever*).

A l'ouest de la ville un quartier porte encore le nom de *Grand-Crestian*.

Bezaudun (*commune d'Arengosse*).

Ancienne commune aujourd'hui réunie à Arengosse, et jadis habitée par les cagots (V. Arengosse).

Boulin (*aujourd'hui Montsoué, à 7 kilomètres au sud-est de Saint-Sever*).

7 février 1587. — « Isabé christiane gesitaine » habitante de Boulin mariée avec « Jehan cristian son mary » vend à Mondine de Trabay, de Saint-Sever, un lopin de terre au Plassot, moyennant un escu sol. (*Archives des Landes.* H 65, f° 357.)

Brassempouy (*canton d'Amou, arr**t de Saint-Sever*).

Il y avait dans cette commune un quartier appelé *Dous Cagots*, où, jusqu'à la Révolution, se voyait le cimetière uniquement réservé à la race maudite. A l'église on voit encore une porte basse de 1 mètre 25 donnant sur un escalier obscur qui mène aux galeries, c'était la porte des cagots. Leur bénitier était reconnaissable par la présence d'un C bien sculpté et très apparent qui en ornait la pierre.

Candresse (*canton et arr*t *de Dax*).

A un kilomètre de la ville on voit encore un groupe de maisons appelées *Crestian*.

Capbreton (*canton de Saint-Vincent-de-Tyrosse, arr*t *de Dax*).

Dès 1506 il y avait des cagots à la Punte de Capbreton[1]; ils étaient alors paroissiens de Saint-Nicolas. La famille Saint-Johan (probablement originaire de Saint-Jean-Pied-de-Port) y possédait quelques terres.

En 1574 les agots de Capbreton, qui jusque-là avaient joui de quelque quiétude, eurent à soutenir un long procès qui semble avoir pivoté autour de deux points : 1° la récente construction d'un vaste édifice (le bastiment des Aguots), et 2° la prétention que nos parias émirent de porter des armes. Il est vraisemblable que les agots avaient à cette époque une situa-

1. Les Cagots de Capbreton s'appelaient indifféremment : *gézilains*, *capots*, *gahets*, et *agots*.

tion financière assez prospère. Les avantages, que les lois anciennes leur octroyaient, firent qu'ils désirèrent avoir l'éclat de la noblesse, que la magnificence d'un bâtiment neuf et le port des armes étaient propres à leur donner. Le *bâtiment des agots* aurait été démoli par les habitants de Capbreton, contre lesquels les agots adressèrent une requête au sénéchal. Il est vraisemblable que l'affaire ne se termina qu'en 1581 par un arrêt du Parlement de Bordeaux défavorable à la race maudite[1].

A la fin du XVIe siècle les agots de la Punte étaient dans la

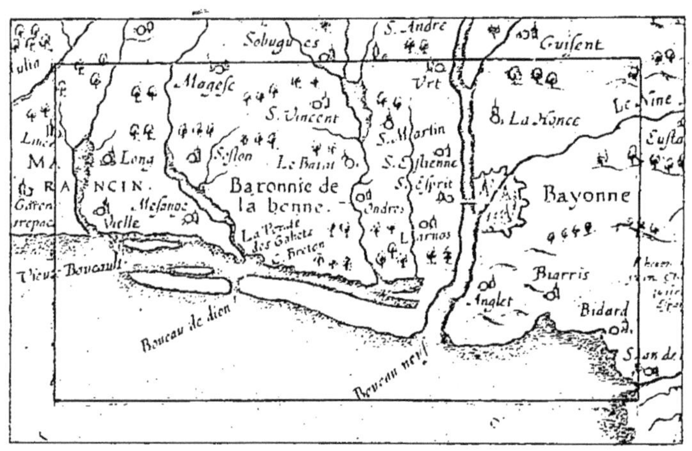

LA POINTE DES GAHETS
(D'après une des cartes du *Théâtre géographique du Royaume de France, contenant les cartes et descriptions particulières des Provinces d'iceluy.* Paris. Veufve Jean Leclerc. M.DC.XXII ; *carte 37*).

misère, ils s'occupaient pour gagner leur vie de métiers très humbles, tels que bûcherons, gardiens des sables, ou bergers. Il en fut de même aux XVIIe et XVIIIe siècles, époques auxquelles on les voit déblayer la rivière, et planter des joncs et des herbes pour fixer les sables[2].

Leurs actes d'état civil étaient reçus à l'église de Capbreton.

1. Voir *P. J.*, N° 50.
2. Bartro dit qu'il en fut ainsi jusqu'en 1726 : *Histoire ou Annales de Cap-Breton, et partie de celles de Bayonne*, par J.-M. Bartro, *Bayonne, Lamaiguère*, p. 96-97. On y lit : « vingt-cinq de leurs hommes avaient aidé à déblayer la rivière en 1619, 1640, etc. »

— *17 mai 1506.* — In nomine Dñi Conegude cause sie que cum davant la retention dagueste punte carte Menjolet et Stebenon de Sant Johan christians, frais germanx, parropantz de Sant Nicholau de Capbreton e damorantz a la Puncte, parropi deu loc de Capbreton, agossen crompat certane pesse de terre, juncquar et bernatar de Peyrot Ramon et Stebenote de Sant Johan frays et sors germanxs chrestians de la Puncte... Et sur aquy per aver satisfaction de fague lodit Menjon de Majenty vesin de Sant Martin de Finxs... agosse pres sur la mang de justicy les dites pesses de terre et juncquar... Acta fuerunt sec in loco Caput-Britonis die decima septima mensis Maiy anno 1506. (*Archives de Capbreton*. G-G 20.)

— *1518.* — La ville de Bayonne vend l'*île du Crestian* près Capbreton. (*Archives de Bayonne*. FF 461).

Extraits des registres de la commune de Capbreton (1574).

Ung sacq et piesses du proces qu'est contre les Gesitens sur la prohibicion des armes et padoensaiges comungs; complect, suibant l'inventaire.

(*Inventaire des piesses et privilieiges que maistre Saubat de Bayle et Estebenon de Lecabanne, juratz du lieu de Capberton, ont rendu entre les mains de Estienne de Bayle, Mingot de Solomba, Jehan de Ponteihs, Jehan du Vinhau, juratz dudict lieu, le XVe journ du moys de octobre, mill cinq cens septante-quatre.*)

Consultation contre les Aguotz.

Consultation pour les juratz contre les Aguotz, et autres poinctz.

Consultation pour les juratz contre les Aguotz de la Punte.

Acte des juratz portant charge de poursuivre le procès contre les Aguotz.

Advis sur le bastiment des Aguotz.

Coppie de la requeste presentée au seneschal par les Aguotz, aux fins d'enquerir sur le pretendu desmolissement.

Requeste contre les Aguotz.

(*Quatrième liasse.*)

Mémoire des Aguotz pour consulter s'ils doibvent porter armes.

Contract contre les Aguotz.

Double de requeste contre les Aguotz.

(*Cinquième liasse.*)

N. B. — *Les pièces ci-dessus sont mentionnées, sans autre indication, à la suite de l'inventaire précédent.*

Requeste et comission du seneschal pour enquérir contre les Agotz, d'autant qu'ilz porten armes.

(*Première liasse.*)

Consultation contre les Agotz.

Consultation pour les juratz de Capberton contre les Agotz de la Punte.

Acte des juratz pourtant charge de poursuivre les procès arrequeste des voisins contre les Agotz ou Gesitz de la Punte.

Couppie de la requeste presentée au seneschal pour les Agotz, aus fins d'enquerir pour le pretendu desmolisement.

(*Quatrième liasse.*)

Memoyres des Agotz de consulter s'ils doivent pourter armes.

(*Cinquième liasse.*)

Contract faict par monsieur de Bessabat aus Agotz de la Punte.

(*Onzième liasse.*)

(Inventoire faict des papiers communs quy sont dans le coffre comunxs, randus par nous Estienne de Bayle, primier jurat, et Vidalon Desby, Arnault Dubalenguer, Estienne de Ponteilhs, juratz du lieu de Capberton. Le [en blanc]. Même registre.)

— *Compte des recettes des jurats de Capbreton, pour le 29 sept. 1575.* — « Plus ay receu dix sols d'ung Agot de la Punte pour aboir esté condampné pour ce qu'il a trabaillé ung jour de feste. » (*Archives de Capbreton.* CC 2.)

A Capbreton le 7 novembre 1581 Baptême de « Mathieu de Saint Jehan, fils de Menjon de Saint Jehan et de Sarrancine de Belegarde, gezitains. » (*Archives de Capbreton.* GG 1.)

— *12 août 1581.* — *Arrêt du Parlement de Bordeaux*, ordonnant aux agots de Capbreton de porter sur leur poitrine un signal rouge et leur defendant de toucher aux vivres dans les marchés (P. J. N° 50).

— *1584.* — On paie Arnaud-Guilhem et Peyroton Dongieux tous deux aguots. (*Archives de Capbreton.* CC 7.)

— *1er janvier 1585.* — Aux Aguots pour 63 faix de gurbat qui sount estés plantez sur les sables du Guofz 4 livres 11 sols.

Arnault-Guilhem et 5 femmes plantèrent cette brande. (*Id.*)

— *11 juin 1585.* — Peyroton et Meyon Dongieux, agots, touchent 6 livres pour garder les sables jusqu'à la Saint Michel, et en chasser le bétail. (*Id.*)

— *1593.* — *Autres extraits des registres de la commune de Capbreton.*

Plus, le vingtiesme aoust mil six cens six, ay paigé, par permission des juratz, à Petit l'Agot quatre livres, pour raison de la guarde des sables, comme de ce appert signé des juratz. Coste 3. Par ce ne seront allouez. . . . . 4 l.

Plus, le vingt-deuziesme aoust et an susdict, ay paigé, par permission susdict, à Petit l'Agot et ses consors la somme de seize livres, quinze sous, pour avoir promis de guarnir une montaigne de sable de juin et d'aultre herbaige, comme appert par oblige retenu par Me Menjounin de Lannes, notaire royal. Par ce. 16 l. 15 s.

(*Compte de Saubat Dulieu, receveur des deniers communs des habitants de Capbreton.*)

— *1593.* — Et le 27 aoust ay paié à Paton l'Agot 1[l] 2 sols, pour raison de la garde qu'il a promis faire de la parroisse, et ce avecq l'avis des autres juratz et par ce. . . . . 1[l] 2 sols.

(*Compte d'Arnault Duballenguet, jurat et receveur des deniers de Labenne et de Capbreton en l'an 1593.*)

— *1600.* — Les Agots gardent le bétail sur les sables pour 9 livres. (*Archives de Capbreton.* CC 13.)

— *18 février 1654.* — Mort de Marie de Miquelon, gésitaine. (*Archives de Capbreton.* GG 2.)

— *11 janvier 1655.* — « François Dongieux, de la Punte espousa Marie de St Jean, de Biarritz, tous deux gézitains. » (*Idem.*)

— *15 mars 1655.* — à Labenne (près Capbreton) : Mort de « Joannis de Laserre dit Tartiette, enterré dans le cymetière de ses prédécesseurs gézitains » à la Punte. (*Idem.*)

— *5 novembre 1655.* — Mort de « Marie de Campoux, gézitaine de la Puncte ». (*Idem.*)

A partir de cette date le mot gésitain ne figure plus dans le registre des baptêmes et sépultures. On reconnaît cependant les cagots, à ce que le rédacteur ajoute toujours qu'ils habitent à la Punte, leur quartier général. C'est avec cette mention que figure par exemple le mariage de Jean de Campou et de Jeanne de Narbit, « les tous artisans ». (*Archives de Capbreton.* GG 9.)

Cassen (*canton de Montfort, arr[t] de Dax*).

Sur le mamelon de la Lande de Cassen, on aperçoit encore les fondements de l'hospice des Cagots; une petite tour, qui était jointe à cet hospice, s'y trouve encore dans un très bon état. Le cimetière destiné à l'inhumation des Cagots est placé à l'ouest de l'église, séparé de l'autre cimetière par un petit chemin. Jadis il y avait à l'église un bénitier des cagots, surmonté d'une inscription aujourd'hui disparue.

Castelnau-Chalosse (*canton d'Amou, arr[t] de Saint-Sever*).

Les Labenne, gésitains, y vivaient au XVIIe siècle (*Foix*).

Cauna (*canton et arr[t] de Saint-Sever*).

On voit encore au nord-est de Cauna un hameau appelé *Crestian* et jadis *Cagots*. C'est tout auprès que se trouve une pièce de terre autrefois dite l'*Hôpital*, du nom d'un établissement où peut-être les lépreux confirmés étaient envoyés[1]. La famille Peyre, gésitaine, y vivait au XVIIe siècle.

Cauneille (*canton de Peyrehorade, arr^t de Dax*).

En 1679 le ruisseau du *crestian* fut pris pour limite entre cette paroisse et celle de Peyrehorade. (*Archives du tribunal de Dax.*)

Le 23 août 1779, Marguerite-Thérèse Labarthe, demoiselle habitant Dax, vend une lande au lieu appelé le *Barat des Guhets*, en la paroisse de Cauneille. (*Archives de M. Du Boucher, à Dax.*)

Caupenne (*canton de Mugron, arr^t de Saint-Sever*).

On voit à l'église la porte des cagots.

Au XVIIe siècle, des familles cagotes du nom de Daraignès, Larrieu, Salis et Benquet, vivaient à Caupenne, si l'on en croit les registres paroissiaux de ce village (*Foix*).

Cazalis (*canton d'Hagetmau, arr^t de Saint-Sever*).

Il s'y trouve un lieu dit « *Le Crestian* » où habitaient jadis les Daraignès, gésitains.

10 février 1657. — « Pierre d'Araignès, giezitain de la parroisse de Cazalis, et Gracie de Gardère de Saint Aubin ont espousé à Saint-Aubin, en présence de Mr Jean Dutoya, pretre, Pierre de Lagrace et autres leurs parents, avec congé portant certificat des bans faicts par Mr Dubusquet, curé dud. Cazalis. »

— *17 avril 1668.* — « Bertrand de Gardère, de Saint-Aubin et Marie d'Araignès de Cazalis ont espousé à St-Aubin. » On a ajouté en marge « espoux chrestians ». (*Archives de la mairie de Mugron.*)

Cazères-sur-l'Adour (*canton de Grenade, arr^t de Mont-de-Marsan*).

Les cagots de Cazères portaient pour nom de famille Hustaillon ou Fustaillon. Ce nom manifeste de leur profession (*fuste, fustis*, bois coupé) : c'étaient des bûcherons.

Un lot de 11 journaux de terre composait jadis leur fortune foncière. A l'église ils avaient leur porte et leur bénitier; au cimetière, un coin leur était réservé. Ils habitaient les fonds boisés du quartier d'Aurandet (*le quartier des capots*) qui avait pour protecteurs les religieux de l'abbaye.

On connaît l'histoire suivante qui arriva à l'un d'eux en 1589; elle est rapportée en ces termes :

« C'était le soir de la Toussaint, en l'année 1589. Les

1. F. Michel, t. II, p. 292.

fidèles sortaient nombreux et pressés de l'église avec le désordre ordinaire qu'emmène l'encombrement.

« Tout à coup un cri d'effroi perce la foule, une poussée soudaine s'accentue dans la masse; un homme est tombé mort sur le seuil de la grande porte.

« A côté du cadavre est surpris, tremblant et confus, un malheureux cagot. C'est le jettatore homicide!

« Comme les règlements sanitaires ne veulent point que cette issue de l'église soit jamais souillée par le pied infect d'un paria, le malheureux Hustaillon est arrêté et conduit devant le corps de la jurade, condamné sans autre forme de procès à être pendu haut et court, au hard de la commune.

« Cependant le bruit de cette étrange sentence arrive aux oreilles de l'abbé, haut justicier de la bastide. Pierre de Lompajeu, qui tenait en ces temps la crosse dans le monastère, monte sur sa mule blanche, précédé et suivi de tout le personnel de la sainte Maison, il vient au nom de son autorité frapper à la porte *Est* de la ville. Les herses étaient baissées. La foule ameutée résiste aux injonctions du juge suprême. Hustaillon a jeté la mort sur le malheureux apoplectique, le cagot sera pendu! C'est le cri du peuple.

« Et tandis que du haut des remparts les pourparlers traînent en longueur une jeune cagote pénètre furtivement dans la jurade, trompe la surveillance des gardiens et, aidée par son dévouement et son amour, délivre le prisonnier.

« Hustaillon s'évada par la porte de Marsan, sauvé par sa fiancée. C'est ainsi que s'exprime le procès-verbal de ce fait[1]... »

On voit à Cazères un lieu appelé *le Crestian*.

Cère (*canton de Labrit, arr^t de Mont-de-Marsan*).

Le quartier des cagots devait être assez considérable, il en reste encore deux maisons situées à l'ouest de la ville et appelées l'une *Gahet*, l'autre *Gahéra*. On voit aussi le ruisseau du *Gahéra*.

Le 26 juin 1583, « Pees et Jehan Darrosées, gésitains, père et fils, habitans Cère, reconnurent devoir à Cyprien de Poyferé, s^r de Barennes, 561 francs bordelois. » (*Archives des Landes*. H 185.)

1. La Bastide de Cazères-sur-l'Adour, ch. XI, Les cagots à Cazères, *Bulletin de la Société de Borda*, 1892, p. 249-252.

Clermont (*canton de Montfort, arr[t] de Dax*).

Les registres paroissiaux de cette commune signalent les Larrieu, gésitains, au XVIIe siècle (*Foix*).

Coudures (*canton et arr[t] de Saint-Sever*).

Les cagots y furent nombreux au XVIIe siècle. Ils y possédaient un petit cimetière privé, qui, ainsi que l'indique une de nos pièces, était situé « entre celluy de la paroisse et le fossé du Castera, vers la glacière et la vigne rouge de la maison de Dubourdieu ».

19 novembre 1635. — Mort de « Catherine de Labenne, gésitaine, née à Amou, enterrée au cimetière particulier des gésitains ».

3 février 1638. — Baptême de « Louis Malessivase, fils de Jean et de Gironse de Sauboa, gesitains ».

18 septembre 1647. — Baptême de « Gerome de Casaubon, fils de Bernard, charpentier gésitain, et de Sarransine de Lavidan : parrain, Jean de Malessiuade; marraine Geronce de Sauboa ».

2 janvier 1651. — Mort de « Berthomieu de Fontenave, gésitain, enterré au cymetierre particullier et séparé desd. giesitains ».

13 mars 1675. — Mort de « Jean de Labenne, charpentier gezitain, enterré dans le cimetière appartenant aux giezitains du présent lieu de Coudures, quy est entre celluy de la parroisse et le fossé du Castera vers la glacière et la vigne rouge de la maison de Dubourdieu ».

29 avril 1681. — Mort de Bertrand Larrieu, M[e] charpentier, enterré « dans le petit cimetière où les charpentiers du présent bourg ont leur sépulture ».

1er mars 1685. — Mort de « Louys de Larrieu, garçon charpentier, enterré dans le cimetière qu'on appelle des Cagots ». (*Archives de Coudures.* GG 1.)

Dax.

Un nombre assez considérable de documents parle des lépreux et des cagots de Dax. — Le premier en date est un accord entre Arnaud Garcie, évêque de Dax, et Amanieu d'Albret, seigneur de Marempne, par lequel ils nomment des arbitres pour trancher la question de savoir si les lépreux doivent appartenir à la juridiction civile ou ecclésiastique, 8 décembre 1320. (*Ms.*, Bibliothèque nationale, *Collection Doat.* Tome 182, f°s 22-29. — P. J., N° 181.)

Les établissements de la ville de Dax au XIVe siècle, tout en admettant que les cagots (*crestians*) appartiennent à la juridiction ecclésiastique, leur reconnaissent le droit de saisir une personne laïque. Ces mêmes établissements admettent le mot messet comme injure, et défendent aux lépreux de vendre du vin (voir P. J., N° 13).

Les constitutions de Dax (1401) nous montrent que l'église ne percevait aucun droit des gezitains ou lépreux (voir P. J., N° 14).

Voici d'autres titres concernant les cagots de Dax.

Liève du chapitre de Dax de 1542.

« Menaldus de Monjay gesita super domo et hereditate sua. 1 liv. 2 ard. »

Liève du chapitre de Dax de 1486.

« Pontoux. Arnaud de Pomatan, gesita, in Ripperia, 12 den. morl.
Item, idem pro domo sua. . . . . 3 sol. morl.
Item, Stephanus Dardia, gesita, pro hereditate sua de Vria
. . . . 10 sols morl. »
(*Archives de Dax* non classées.)

4 juillet 1660. — Testament de Jean de Lacoutheure, Me charpentier, habitant Dax. Il veut être enseveli dans les cloîtres de l'église cathédrale, « et soit sonné par les petites cloches, et ne prétend qu lorsque son corps soit conduit à l'esglise il y aie aucune sorte de *maudits*, comme il est accoutumé ». Il laisse 30 sols à 4 veuves; à la confrérie de S. Eutrope 30 autres sols; 6 livres aux prisonniers de Dax, etc. (*Archives du tribunal de Dax. Cubier, notaire.*)

15 avril 1680. — Bertrand de Pomarein, Me charpentier de St-Vincent de Xaintes, adresse une réclamation à Me G. de Pomiers, prébendier de la prébende du Crestian, fondée dans la cathédrale de Dax. (*Étude de Montfort. Lavieille, notaire.*)

C'était une commune féconde en gésitains; un grand nombre d'entre eux étaient vanniers, comme le prouve l'existence des maisons *Coy* et *Coye*[1].

Doazit (*canton de Mugron, arr^t de Saint-Sever*).

A l'église se voit la porte des cagots. Au XVIIe siècle la famille Lauqué, gésitaine, y était fort connue (*Foix*).

Duhort (*canton d'Aire-sur-l'Adour, arr^t de Saint-Sever*).

On y voit encore à l'église le bénitier des cagots.

Gabarret (*chef-lieu de canton, arr^t de Mont-de-Marsan*).

Il y a un quartier de cagots dans cette paroisse, on le voit encore au nord de la ville; il porte le nom de *Capots*.

1. *Coy* signifie *panier de jonc*. Les cagots étaient souvent vanniers dans les Landes.

Parmi les feudataires de Françoise de Marsan, dame de Lacaze, figurent les héritiers de « feu Laurent Besaudun, gésitain » habitant Gabarret (1591). (*Archives des Basses-Pyrénées*. B 1229.)

Le 24 septembre 1445. — « Johanet Lasserre, borges de Gabarret, ben a Darremonet Lasserre, borges de Gabarret, une pece de terre aperade aux *Massetz bielhs* franques et quittes de ffiu » pour 3 florins. (*Archives des Landes*. E 23).

Gamarde (*canton de Montfort, arr*^t *de Dax*).

8 mars 1657. — Baptême de « Jeanne de Lagardère, gésitaine, fille de Jean de Lagardère et de Gratiane Dugert ». (*Archives de Gamarde*. GG 1.)

Gaujacq (*canton d'Amou, arr*^t *de Saint-Sever*).

Il s'y voit un quartier appelé *des Cagots*.

Gousse (*canton de Montfort, arr*^t *de Dax*).

Au XVIIe siècle, famille Benquet, gésitaine (*Foix*).

Gouts (*canton de Tartas, arr*^t *de Saint-Sever*).

Au XVIIe siècle, les Gardère, gésitains, figurent dans les registres paroissiaux (*Foix*).

Grenade (*chef-lieu de canton, arr*^t *de Mont-de-Marsan*).

Parmi les tenanciers de Grenade, en 1603, on voit « Jacmot Duro, gesitain ». (*Archives des Basses-Pyrénées*. B 1235.)

Habas (*canton de Pouillon, arr*^t *de Dax*).

Ce village appartenait jadis au Bearn. Son nom fut porté par quelques cagots; il est probable que *Habas*, nom du quartier des cagots de Messanges, doit son appellation de quelque famille originaire de Habas qui s'y serait fixée.

1545. — Contrat de mariage entre Arnaud de Mongay, frère de Peyrot, fils aîné et héritier de Menjon de Mongay, crestian de Habas (*Crestian de Havars*), et Peyronne de Culagut, crestiane de Castagnède. (*A. B.-P.* E 1195, f° 171, r°.)

Hagetmau (*chef-lieu de canton, arr*^t *de Saint-Sever*).

On y voit un quartier appelé *dous Cagots*, et une *fontaine des Cagots*. A l'église une toute petite porte donnant sur un escalier des tribunes, et réservée aux cagots, se voyait encore du temps de Fr. Michel (1847).

Heugas (*canton et arr*^t *de Dax*).

21 juin 1727. — Me Bertrand de Castellan, prêtre, curé d'Œyre-Luy, baille à colonie à Jean Duten, laboureur de Heugas, « la métairie du Crestian » sise à Heugas. (*Étude de Montfort. Durrigr.nd, notaire.*)

Hinx (*canton de Montfort, arrt de Dax*).

23 mai 1778. — Vente de la maison « du Chrestian [1] » en Hinx par M. de Laugad, seigneur de Mayraux, à Timothée Lasserre, tisserand. (*Étude de Montfort. Camy, notaire.*)

Horsarrieu (*canton d'Hagetmau, arrt de Saint-Sever*).

Des cagots, du nom de Lauqué, y vivaient au XVIIe siècle (*Foix*).

Labenne (*canton de Saint-Vincent-de-Tyrosse, arrt de Dax*).

Le 17 mars 1655, mort à Labenne de Joannis de Laserre dit Tartietté, qui fut enterré au cimetière des gésitains à la Punte. (*Archives de Capbreton.* GG 2.)

En 1676, il existait à Saint-Aubin une famille de Labenne.

Lacrabe (*canton d'Hagetmau, arrt de Saint-Sever*).

On y connaissait au XVIIe siècle, les Daraignès et les Degert, gésitains (*Foix*).

Lahosse (*canton de Mugron, arrt de Saint-Sever*).

On y voit encore la maison *Crestian*.

26 juin 1617. — « Jehan Deaule, gesitain, habitant Lahosse » est présent au mariage de Pierre Darbo de Vidau. (*Étude de Mugron. Lamolie, notaire.*)

24 décembre 1629. — Baptême à Mugron de Catherine Daraignès « fille naturelle et légitime de Renaut Daraignès, gesitain, et de Jeanne de Gardère »; parrain et marraine, Jean et Catherine Daraignès « habitans de Lahosse, et tous gesitains ». (*Archives de mairie de Mugron.*)

En 1643, les biens du *Crestian*, en Lahosse, appartiennent à Bernard Vincens, Me Chirurgien, habitant Dax. (*Archives du tribunal de Dax.*)

La Lobère (*canton et arrt de Saint-Sever*).

1464. « Los herets de Bertranet cristian per lor part de la cristianie près de La Lobere..... 2 den. morl.

1. C'est dans cette maison que vivaient au XVIIe siècle, les Heugars, qui figurent comme gésitains dans les registres paroissiaux.

« Meste Bertran crestian per la binhe a La Lobere que ago per biscamby de Mossen Vidau Despanbe..... XII den. morl. »

(Lieve de fief de l'Abbaye de Saint-Sever, f°s 104 v° et 198 v°. *Archives des Landes.* H 66.)

Laurède (*canton de Montfort, arr[t] de Dax*).

Il y a encore beaucoup de cagots à Laurède. Ils habitent presque tous un quartier à part, la *bourgade des charpentiers*. Dans la région on les appelle habituellement *lous Gahécs*. Autrefois ils semblent avoir eu divers quartiers, si nous en croyons cette tradition rapportée par une vieille femme : « *A Lourède y a pa qu'un cartié de gahècs, lou de Labenne : qu'abeñ un bénitié à part.* » Et en effet, de même qu'à Saint-Geours-d'Auribat et à Dax, un grand nombre habitent le quartier nommé *lous Coyes*, *ous Coyes*, et la maison principale de ce lieu portait le nom de *coye* ou *couye.* C'est ainsi que Guicharnaud de Larrieu, charpentier gésitain, habitait en 1650 la maison Coye, à Laurède. Ce nom vient de ce que les cagots comme les lépreux du reste étaient souvent vanniers. En landais, coye signifie panier, oū corbeille de jonc.

M. l'abbé Foix, curé de Laurède, auquel nous devons la plus grande part de nos documents landais, nous a communiqué quelques chansons populaires contre les cagots de Laurède.

Hou, Gabot de dela l'aygue
Qu'a yetat soun pay deñ l'aygue,
Sa may eñ un lagot;
A diü praübe Gabot.

Plus de huit familles sont de nos jours considérées comme cagotes, à Laurède. Dans les anciens registres paroissiaux on relève les noms suivants : Larrieu, Benquet, Daraignès, Heugars, Lafon, Lauqué, Lié, Peyruchat, Salis, Tardits, Gardère, etc.

Le 3 février 1660, dans le testament de noble Antoine de Larrivière, escuyer, seigneur de Mauranne, habitant Laurède, on lit : « Plus je deffens à mes heritiers de loger aucun gesitain en la maison du Christian, et où ils le feroient la lègue avec ma vigne à ma niéce. » (*Archives du M. du Boucher, à Dax.*)

Le 10 juillet 1695. — Nicolas de Larrieu, charpentier, habitant Laurède, fils de feu Bernard de Larrieu et de Jeanne de Peyrehourade, se marie avec une cagote de Baigts. (V. BAIGTS.)

Le 10 juin 1614. — « Je sergent royal... ai saisi... toutes icelles maisons couvertes à tuille, sol, lieux et places où sont basties, ayrials, jardins, vignes, vergiers, boyries, héritaiges, boys, afforetz à haulte fustaie, pacheras, landes, terres tant cultes que incultes, droictz d'église, capcasals et de paduoens, appelés communement au Chrestian, au Cap de la lanne et d'Andoilh, et à Pédegos, scis en lad. parroisse de Laurède. » (*Archives de M. du Boucher, à Dax.*)

Le 7 décembre 1730. — Bertrand de Bastiat, Me tisserand âgé de 22 ans, habitant Laurède, déclare à Pierre de Larrieu, Me charpentier et à Marie, sa fille, habitante de Laurède, qu'il apprend que Marie a déclaré devant le juge d'Auribat et son procureur qu'elle était enceinte des œuvres du dirigeant.

« Quoique cette avance soit téméraire et contraire à la vérité, parce qu'il ne seroit pas difficile de faire voir au dirigent la mauvaise conduite de lad. de Larrieu; néanmoins attendu une telle déclaration qui pouvoit induire le dirigeant d'avoir fait une telle œuvre, quoique innocent, ce qui oblige led. dirigeant si tant est que lad. Larrieu soit dans sa grossesse, et que la créature vienne à sa perfection, nonobstant son innocense pour éviter toute chiquanne, il entend offrir, la créature venant à sa perfection, de la faire nourrir jusques à tant que cette créature sera en état de gagner sa vie pour clore la bouche et éviter chiquanne.

« Cela n'est pas un fait proposable que le dirigent lui ait promis foy de mariage, et singulièrement à une *personne de sa qualité*, et même dans le fait attendu la minoritté du dirigent et le libertinage de cette fille, la justice ne pouvant jamais obliger ny condemner le dirigent que dans les offres qu'il fait de nourrir et entretenir. » (*Étude de Mugron. Lamolie, notaire.*)

Le Frèche (*canton de Villeneuve-de-Marsan, arrt de Mont-de-Marsan*).

Sans présumer du lieu qu'occupait *le Chrestian* en 1608 nous savons que de nos jours dans cette commune, à 5 kilomètres au sud de la ville, et à 2 kilomètres du hameau de Saint-Vidou, s'élève une vaste ferme appelée *cresthiana*. Peut-être était-ce là que s'élevait l'ancienne cagoterie.

1608. — « Andrieu de Monguilhem, gesitain, habitant le Chrestian, paroisse du Frèche ». (*Monographie du Frèche, Archives du grand séminaire d'Aire.*)

Le Vignau (*canton de Grenade, arr*[t] *de Mont-de-Marsan*). Les cagots de cette paroisse habitaient un quartier du hameau appelé *Aurandet*. Leur quartier s'appelait indifféremment *les Capots*, et *Hustaillon* du nom d'une des familles des cagots.

Depuis 1844 ce quartier dépend de la commune de Cazères. Ils avaient à l'église du Vigneau, leur porte, leur bénitier et leur cimetière. L'auteur de l'histoire de Cazère-sur-l'Adour dit qu'Aurandet était un quartier de Cazère. Nous ne pouvons partager son opinion en présence des extraits des registres paroissiaux que nous publions ici. Aurandet a disparu de nos jours. Le lieu appelé *Capots* se voit encore à 500 mètres à peine au sud du Vignau.

1679. Baptême. — « A Hustaillon, le 5e jour du mois de septembre 1679, est nay, et a esté baptisé dans l'eglise paroissiale du Vignau, Pierre Hustaillon, fils légitime de Jean Hustaillon et de Catherine Hustaillon, mariés, gens de labeur; parrain a esté Pierre de Hustaillon, et marraine Françoise de Labarrere; présents à ce Jean et autre Jean de Hustaillon, les susdits gens de labeur, habitants du dit Vignau, etc. »

Signé sur la minute : R. de Capdeville, curé du Vignau.

1682. Décès. — « Le 23e jour du mois de may 1682, a été enterrée dans le cimetière de l'église paroissialle du Vignau, et décéda la nuit précédente Jeanne de Salies, quand vivait femme de labeur, âgée de 30 ans ou environ, habitante dudit Vignau; présents à ce Pierre et Jean Hustaillon, charpentiers, habitants aussi dudit Vignau, etc. »

1685. Mariage. — « Le 25e jour de novembre 1685, ont consenti mariage Joseph Hustaillon, charpentier, capot, âgé de 30 ans ou environ, avec Catherine Hustaillon, capote, fille de labeur, âgée de 20 ans ou environ, tous deux habitants d'Aurendet et paroissiens du Vignau; ledit Hustaillon assisté de Jean Claverie et de Catherine Hustaillon, ses cousins, et ladite Hustaillon assistée aussi de Pierre Hustaillon et de Françoise Labarrere, ses père et mère, en présence des mêmes témoins que dessus, etc. »

1695. Décès. — « Le dernier janvier 1695, décéda Jean Hustaillon, capot, âgé de 40 ans environ, et fut inhumé au cimetière du présent lieu, le 1er février 1695, présents Pierre et Jean Hustaillon du présent lieu, etc. » *Signé* : Saint-Martin, curé.

1728. Naissance. — « Le 26 juillet 1728, naquit Joseph Hustaillon, fils légitime à Pierre Nanux et à Jeanne Hustaillon mariés; parrain et marrine Jean et Jeanne Hustaillon, etc. »

Signé : Saint-Martin, curé du Vignau.

1738. Décès. — « Aux Capots, le 4e jour du mois d'avril 1738, est décédée Jeanne Claverie, de condition de travail; et son corps a été enseveli le lendemain dans le cimetière, en présence de Jean-Pierre Hustaillon et de Bernard Claverie. » *Signé sur la minute* : Boulin, vicaire. (*Extrait des Registres paroissiaux du Vignau*[1].)

Louer (*canton de Montfort, arr*t *de Dax*).

Le 4 janvier 1629. — Baptême de « Jehan de Jardrès, gesitain, fils de Jehan de Jardres et de Marie Daragnès : parrain, Jehan de Tardis; marraine Isabeau du Sauboa. » (*Archives de Louer*. GG 1[2].)

Lourquen (*canton de Montfort, arr*t *de Dax*).

Les registres des XVIIe et XVIIIe siècles signalent, à Lourquen, les familles Labenne, Lauqué et Gardère, comme gésitaines (*Foix*).

Magescq (*canton de Soustons, arr*t *de Dax*).

Il existe une chanson contre les cagots de Rivière et de Saubusse, originaire de Magescq (V. RIVIÈRE).

1630. — Menjou de Servissolle, « gésittain », fait une vente de terrain. (*Archives du Dr Léon du Bourg-Caunègre.*)

Marpaps (*canton d'Amou, arr*t *de Saint-Sever*).

Il y existait une maison appelée *Chrestiaa* (*Fr. Michel*, t. I, p. 155).

Mas d'Aire (*canton d'Aire-sur-l'Adour, arr*t *de Saint-Sever*).

Un hameau tout proche du Mas d'Aire porte encore le nom de *Les Capots*.

1671. — Le quinzième du mois de février 1671, est mort un petit enfant aux Capots, nommé Jean Laranier, âgé de quatre ans, et est enseveli au cimetière des Capots.

1671. — L'an 1671 et le huitième mars, a été enseveli au Mas une petite fille, âgée de trois ans, ou environ, fille de Jan Mortera, Capot, et est ensevelie au cimetière desdits Capots.

1676. — Le 1er mars 1676, est mort un petit enfant des Capots, âgé de deux ou trois ans, et a été enseveli au cimetière des Capots.

1676. — Le dernier juillet 1676, est mort aux Capots du Mas, Bernardon Laranier, vigneron, âgé de trois vingts ans, ou d'avantage,

1. Publié par F. Michel, t. I, p. 148-149 en note.
2. Dans d'autres actes figurent les Salis, gésitains, de Louer.

administré des sacremens et exhorté jusques à la mort; et est enseveli au sépulcre des Capots, lui étant Capot.

1676. — Le 28 décembre est morte Jeanne Pataille en l'année 1676, mariée avec Jean Maubareil, après avoir reçu tous les sacrements de notre mère l'Église, et est enseveli au cimetière des Capots. (*Registres Paroissiaux* 1.)

Mauco (*canton de Grenade, arr[t] de Mont-de-Marsan*).

3 octobre 1574. — Guironde de Fabas gézitaine de Mauco, fille de Germain et d'Agnette de Mareing, épouse J. de La Peyres gesitain de Saint-Sever. (*Archives des Landes.* H 51, f° 374.)

Messanges (*canton de Soustons, arr[t] de Dax*).

1775. — Expertise des biens de Marie Van-Oosterom, séparée de biens d'avec son mari Me Raymond de Caunègre de Pinsolle, lequel possédait « le pignadar dit aux Crestians ou Lagues, sis dans le quartier de Habas à Messanges ». (*Archives du tribunal de Dax.*)

Mimizan (*chef-lieu de canton, arr[t] de Mont-de-Marsan*).

Voici une chanson originaire de Mimizan.

Agoutilhe, agoutalhe,	Agoutilhe, agotaille
Un limac sus le taùalhe,	Une limace sur le tablier,
Un crapaùt eñtre les déñs,	Un crapaud entre les dents,
Hale, hale eñt'où coumbéñ.	Va-t'en, va-t'en au couvent
	(ou porte, porte [le tout] au couvent).

Miramont (*canton de Geaune, arr[t] de Saint-Sever*).

Il y avait jadis à l'église une porte des cagots aujourd'hui murée. On voit encore dans la commune une maison *Coy* qui était le nom donné aux cagots vanniers.

Misson (*canton de Pouillon, arr[t] de Dax*).

16 octobre 1665. — Testament de Gratien de Laforcade, marchand, habitant Misson, « maison du crestian ». (*Étude de Montfort, Lavielle, notaire.*)

Montaut (*canton et arr[t] de Saint-Sever*).

1464. — « Lo cristian de Montaut per la terre a le barte de Banos que fo de Peyrot de Lagreulet de Banos... » (1464). (*Archives des Landes.* H 66. — *Liève de l'Abbaye de Saint-Sever*, f° 190.)

Liève de 1490 (Abbaye de Saint-Sever). *Arcet et Montaut* :

« Miguel et Menaud crestians, filhs de meste Johan crestian cascun an XIII ard. » (F° 166.)

1. Publié par F. Michel, t. I, p. 153 en note.

« Bertran crestian filh de Peyrot crestian cascun an IX den. morl. » (f° 166 v.) (*Archives des Landes.* H 68.)

Mont-de-Marsan.

Les nombreux cagots de Mont-de-Marsan vivaient dans le quartier appelé *des Gézits*. Ce quartier était sans doute au sud-ouest de la ville où se trouve le chemin dit *des Gézits*. Fr. Michel rapporte qu'on voyait à l'église de cette ville, écroulée en 1821, une petite porte latérale, murée, qui servait aux cagots. Pareille porte se voit encore à l'église du collège construite en 1656; on y voit aussi un bénitier.

En 1670 les cagots payaient impôt à la ville. A cette date, on voit en effet, dans un « Allivrement de la Ville et banlieue de Mont-de-Marsan », dont le montant s'élevait à 322-966 écus 7 sols, que les chrestians figurent pour 150 écus.

Les chrestians.

Lus permien de Cousson de Tamon pour la maison et jardrin quinze escus 15

Pour la maison et vigne de sailhes vingt cinq escus. 25

Monte l'alivrement quarante escus 40

Pierre Darrouzet pour sa maison et jardrin vingt escus. . . 20

Jean et Arnaud de Tamon père et fils pour leur maison et jardrin en entier quarante escus. 40

Liber de Pascoualan pour la maison et jardrin vingt escus. . 20

Navarrine de Casaubon et Jean Darrouzet dict Gillot pour son bien trente escus. 30

Montant des Crestians cent cinquante escus 150

(*Archives départementales des Landes.* E 51, f° 105.)

Montfort (*chef-lieu de canton, arr*[t] *de Dax*).

1er *mars 1596.* — A Montfort : « Vizenson de Peyruchat charpentier gésitain habitant en la parroice de Montfort et cabarerie de Cazaulx a exporté... à Noble Gabriel seigneur de Laur, Cazaulx et autres lieux... quatre liards pour l'héritage du Hitau, confrontant de Nord à terre du Crestian. » (*Archives de M. Du Boucher, à Dax.*)

Mouscardès (*canton de Pouillon, arr*[t] *de Dax*).

Mouscardès donna son nom à de nombreux cagots, mais dès la fin du XVIIIe siècle, cette race n'y comptait plus que trois familles qui avant le XIXe siècle étaient éteintes ou avaient quitté cette commune.

A l'église ils possédaient une petite porte et un bénitier à leur usage exclusif.

Moustey (*canton de Pissos, arr*[t] *de Mont-de-Marsan*).

Il semble que les cagots aient eu ici une porte à l'église. Depuis très longtemps leur souvenir est effacé. On dit cependant que les cagots y avaient le droit d'entrer dans les maisons et d'y prendre le pain entamé si, sur la table, il se trouvait ayant le côté coupé tourné vers la porte. Il y a cent ans on y craignait encore, à ce point de vue, le gahet de Pissos[1].

Mugron (*chef-lieu de canton, arr*[t] *de Saint-Sever*).

Les très nombreux cagots du Mugron habitaient les uns auprès de la fontaine, les autres au Couteyot. Au XVIIe siècle les registres paroissiaux signalent parmi les gésitains les familles Daraignès, Gardère, Puntenabe, Peyrehourade, Larrieu, Voisin, Peyruchat, Salis, Tardits, Benquet, Ciusse, Dussin, Dugert, Ducassou, Lafon, Labenne, Peyre, Lauqué, etc.

Le 24 décembre 1629. — Baptême à Mugron de Catherine Daraignès « fille naturelle et légitime de Renaut Daraignès, gésitain, et de Jeanne de Gardère » ; parrain et marraine Jean et Catherine Daraignès « habitans de Lahosse, et tous gésitains ».

Le 15 mars 1630. — Baptême de « Bernard de Puntenabe, fils naturel et légitime de Vincent de Puntenabe, et de Catherine de Gardère, gésitains ».

Le 9 juin 1642. — A Mugron, naissance de Catherine de Peyrehourade, fille de Jean de Peyrehourade et de Marie Larrieu, gésitains : parrain Vincent de Peyruchat, gésitain, habitant Tolosette; marraine Catherine de Larrieu, gesitaine habitant Mugron.

1647. — Baptème de Jean de Gardère, parrain Jean de Labenne, charpentier, habitant Serreslous; marraine Marie Daraignès de Lahosse, tous gésitains

Le 2 novembre 1666. — Baptème à Mugron, de Marie de Lagardère, fille légitime d'Arnaud de Lagardère et de Jeanne de Voisin, « giesitains : parrain, Jean de Voysin et marraine Marie de Larrieu aussy giésitains ».

Le 11 septembre 1675. — A Mugron, mort de Pierre Daragnès, « charpentier agé de 45 ans. *N. B.* Guillaume Daragnès son cousin a laissé un cant » (c'est-à-dire une messe chantée). (*Archives de la mairie de Mugron.*)

1. Voir Fr. Michel (*loc. cit.*), t. I, p. 149.

Chansons inédites sur les cagots (originaires de Mugron).

Gabot, gabot, gabère,	Gabot, gabot, gabère,
Couan a bis ta may sourcière	Quand il a vu ta mère sorcière
Et toun pay loup-garous	Et ton père loup-garou
Gros patapouf.	Gros patapouf.

II

Gabot, gabère, gabiù	Gabot, gabère, gabiù
Qu'as miùyat un asou biù	Tu as mangé un âne en vie
A pela é a escourya;	A peler et à écorcher;
Per le faùte d'un coutét	Faute d'un couteau
Qu'as miñyat cachaùs é pét:	Tu as mangé les grosses dents et la [peau.
Encouère n'éres pa prou sadout	Tu n'étais pas encore assez rassasié,
Qu'as miñyat lous péùs dou loup;	Tu as mangé les poils du loup;
Encouère n'éreñ pa prou salats	Encore n'étaient-ils pas assez salés,
Qu'as miñyat lous pèùs dou gat.	Tu as mangé les poils du chat.

Narrosse (*canton et arr*[t] *de Dax*).

Au xviie siècle il y avait à Narosse des cagots du nom de Ducassou, Dussin, Ciusse, Pomartin, etc. (*Foix*).

Le 21 octobre 1552. — Me Jehan de Baffoigne, notaire et marchand habitant Dax, « laisse à fief et rente annuelle de prim-fief à Estebenon de Casterar, gésitain, habitant Narrosse, la pièce de terre des Teulères de Larc, en Narrosse, confrontant du midy à terre de Me Audet Dartiguelongue appellée au Crestian. — Bielh. » (*Archives du presbytère de Dax. Registre du notaire Dumora.*)

Le 15 avril 1680. — Bertran de Pormarin, M[e] charpentier habitant Saint-Vincent de Xaintes, propriétaire de la maison du Chrestian à Narrosse, adresse une réclamation à Me Garcian de Pomiers, prebendier de la prebende du Crestian fondée dans la cathédrale de Dax. (*Étude de Montfort. Lavieille, notaire.*)

Nerbis (*canton de Mugron, arr*[t] *de Saint-Sever*).

Il y avait dans cette localité un cimetière pour les cagots.

La porte des cagots, aujourd'hui murée, se trouvait à l'extrémité de l'aile gauche de l'église. Le bénitier des cagots existe encore.

Le 16 octobre 1630. — Mort à Nerbis de Catherine Dargès, « gésitaine et feust enterrée au cemitière ordinaire des gésitains de la présente parroisse de Nerbis ».

Le 17 mai 1631. — Mort à Nerbis de Vincent de Peyrehorade, gesitain, âgé de 8 ans, « enterré au cemitière de ses ancètres ».

Le 17 avril 1642. — Mort à Nerbis de Gratiane de Peyruchat, gésitaine, « enterrée au cemitière des gésitains de céans ».

Le 29 octobre 1650. — Mort à Nerbis de « Jeanne de Tarditz, capote enterrée dans le cemitière des Capots lez le cemitière de l'esglise parrochiale de Nervis ».

Le 24 mai 1671. — Mort à Nerbis de Pierre de Lapeyre « gésitain, aagé de 45 ans, et feut enterré dans leur cemitière ». (*Archives de la mairie de Mugron.*)

Dans d'autres actes figurent en outre les familles Labenne, Ducassou, Gardère, Lié, Salis, etc. (*Foix*).

Œyregave (*canton de Peyrehorade, arr[t] de Dax*).

On y voit encore la maison du cagot appelée *Chrestian*.

Onart (*canton de Montfort, arr[t] de Dax*).

A l'église on voit le bénitier des cagots.

Orx (*canton de Saint-Vincent-de-Tyrosse, arr[t] de Dax*).

Le nombre des familles agotes d'Orx était encore de six sur soixante-treize maisons, en 1846. En 1735 et 1738, Pierre Dartiguenave et Laurans Dussez, agots, eurent des procès qui se terminèrent par la condamnation de leurs adversaires (P. J. N°s 95 et 96). Du temps de F. Michel, les agots d'Orx étaient toujours exclus des charges de l'église, telles que marguillier, fabricien, etc. »

Il y avait à Orx des familles qu'on appelait Macouaous; de fortes présomptions les font regarder comme cagotes. (V. Saugnac.)

Ossages (*canton de Pouillon, arr[t] de Dax*).

Il y avait à l'église de cette paroisse une porte pour les cagots.

Perquie (*canton de Villeneuve-de-Marsan, arr[t] de Mont-de-Marsan*).

Les cagots de Perquie présenteraient un peu le type arabe. Quoiqu'ils soient mêlés à la population, on craint qu'ils ne s'approchent des enfants, auxquels on croit qu'ils peuvent par leurs regards ou leurs caresses communiquer les plus graves maladies et des infirmités incurables. N'est-ce point là un souvenir de la lèpre dont ils étaient atteints?

Vers 1760, date du manuscrit, à Perquie, le Pouillé d'Aire cite : « le champ des Capots, sur lequel sont fondés deux obits, l'un de 60 livres, et l'autre de 18 livres 6 sols ». (*Pouillé d'Aire. Mss des Archives du grand séminaire d'Aire.*)

Peyrehorade (*chef-lieu de canton, arr[t] de Dax*).

Le 22 juin 1439 figure comme témoin dans une donation de

bœufs entre cagots, Étienne, « filh deu loc et crestientat de Peyrehorade ». (*Archives des Basses-Pyrénées*. E 1188, f° 10.)

En 1679. Le Ruisseau du Crestian est fixé comme limite entre les paroisses de Me Jean Durruty, curé de Cauneille, et Jean Cassoulet, archiprêtre d'Orthe et curé de Peyrehorade. (*Archives du Tribunal de Dax.*)

Le nom de *Peyrehorade* fut pris par un grand nombre de familles cagotes que l'on rencontre surtout à Baigts, à Mugron, à Nerbis, au XVIIe siècle.

Pissos (*chef-lieu de canton, arrt de Mont-de-Marsan*).

Fr. Michel, raconte qu'il y avait encore un gahet à Pissos, 40 ans avant que parût son livre (il y a donc 100 ans de cela).

« Le troisième Juillet 1691 en l'esglise parroissiale de St-Pierre, mariage de Sébastien Bilhan, fameux cocard, natif de Saucats, et de Marie Lapoussade, illustre cocarde, native de Barsac... fait en présence de leurs parents et amis cocards [1]. COMPAIGNE curé. » (*Extrait des registres de Pissos* [2].)

Il s'agit vraisemblablement d'une famille de cagots.

Pouillon (*chef-lieu de canton, arrt de Dax*).

Étienne de Bardine, cagot d'Escos, s'oblige à payer 14 francs guiennois à Bertine de Lehodie, fille de Meniolet, cagot de Pouillon, pour la nourriture de leur fille. (*Archives des Basses-Pyrénées*, E 1191, 1487-1490.)

Poyanne (*canton de Montfort, arrt de Dax*).

Au XVIIe siècle, les Gardère, Lafon, Benquet, Daraignès étaient cagots de Poyanne (*Foix*).

Dès 1396 il y avait à Poyanne un cagot du nom de Lalanne si l'on en croit l'accord passé le 10 avril 1396, entre Na Miremonde de Poyanne, dame de Bayleux, et la communauté de Saint-Geours d'Auribat, établissant des bornes où l'on pourra pacager : « du ruisseau en bas tout droit jusques à la fontaine de Serres, et de la fontaine de Serres tout droit à la forcade de Mayraux, et de forcade tout droit le chemin a Loustau [3] de Lalanne, et de Loustau du Crestian tout droit par la carrère au long de Lestage ». Traduction faite sur l'original gascon. (*Archives de Poyanne.*)

Poyartin (*canton de Montfort, arrt de Dax*).

On y voit un lieu appelé *le Chrestian*.

1. *Cocard*. Voir au sujet de cette expression ce que nous écrivons plus loin, au mot ORTHEZ (Basses-Pyrénées).
2. Publié in : *Annuaire des Landes*, 1871.
3. La maison.

En 1673, à Poyartin, en la maison dite *au Crestian*, baptême de Amanieu de Larrieu, fils de Simon, charpentier, et de Pascale de Toulouzette. (*Archives de Poyartin.*)

Rivière [*Rivière-Saàs*] (*canton et arr*[t] *de Dax*).

Rivière posséda de nombreux cagots; mais aucun document antérieur au XVIIIe siècle ne les fait connaître. Ils étaient presque tous de familles originaires du Gers et des Landes, et constituaient en 1718 une petite colonie connue sous le nom de *gézitains*, et que le peuple opposait aux *premiers fidèles*, ou hommes sains. Ce nom de premiers fidèles paraît n'avoir été usité qu'à Rivière; il marque clairement que les individus de race pure constituaient à l'église un parti qui avait coutume d'assister aux cérémonies et de participer aux sacrements les premiers, tandis que les gézitains étaient refoulés au fond de l'église et ne pouvaient prendre leur part aux cérémonies, communion, offrande, processions, que les derniers. Cette préséance des *premiers fidèles* fut condamnée on le sait par divers arrêts du Parlement bien avant 1718, mais bien des communes n'en conservèrent pas moins les anciens usages. Rivière fut du nombre. Lorsque les cagots tentèrent enfin de s'affranchir des habitudes jusqu'alors respectées, les troubles les plus graves éclatèrent à deux reprises. Ce sont ces faits que nous résumons ci-dessous.

1718. — Le jour de Pentecôte 1718, Hillot Degos dit Mouscardès et son valet Laurens de Lurque, tous deux gézitains s'avancèrent pour aller à l'offrande en même temps que les anciens fidèles. Ils furent aussitôt repoussés vers le fond de l'église. Une bagarre s'ensuivit à laquelle prirent part tous les gézitains. Des coups furent échangés, le sang coula, et la cérémonie fut interrompue pendant près d'une heure à cause du bruit. Ce scandale amena l'interdiction de l'église jusqu'à la Saint-Jean d'été. Mais à peine l'église fut-elle rendue au culte, que le dimanche 31 juillet, Pierre Tarditz, gézitain, se mêla encore au reste du peuple, et fut repoussé au fond de l'église; cette fois il n'y eut qu'échange d'injures, mais six jours plus tard le Lieutenant général criminel recevait une plainte des gézitains.

A peine l'information était-elle ouverte, que les anciens fidèles en la personne de trois des leurs, cherchaient à se justifier par une plainte au sujet de la prise de corps décrétée contre eux. Après une enquête attentive, et l'audition de nombreux témoins, le

Sénéchal criminel de Dax, le 8 octobre 1718 condamna les Srs Duboué, Marbat et Lamoliatte à aller le dimanche devant la porte de l'église de Rivière, après la messe, tenant chacun une torche de cire ardente d'une livre, et à genoux, déclarer à haute voix « que méchamment et malicieusement le jour de la Pentecôte ils ont battu lesd. demandeurs gésitains, en demandant hautement pardon à Dieu, au Roy, à la justice et auxd. demandeurs, plus qu'ils seront bannis pour six ans du royaume; plus à 200 livres de dommages, 50 livres d'amende au Roy, et 100 livres d'aumône pour la réparation de l'église de Rivière, et aux dépens. La sentence transcrite sur un tableau attaché par l'exécuteur de la haute justice à une potence qui sera placée sur la place publique de Dax ». (P. J. Nos 75, 76 et 77).

Ils furent condamnés par contumace. (*Archives du Tribunal de Dax.*)

Le second procès date de 1736. En voici un résumé.

20 mai 1736. — Depuis l'arrêt de la cour qui enlève tout différend entre les « Gots ou gésitains », il est survenu à cette occasion en l'église de *Rivière* des scandales et désordres affreux. Jeanne de Haureils en est la cause principale. Elle ôte avec violence en leur place Marie et Bernard de Bergay, et les chasse de l'église : « Allez dehors, ce n'est pas ici votre place. » Le jour de la Pentecôte, même scène. Elle s'attaque en plus à Jeanne de Mouscardès, femme de Pierre de Tambourin, laboureur, la secoue, la pousse, lui applique deux gifles dans l'église. M. le curé s'arrête quelque temps. Elle continue en disant : « Demain je chasserai de leurs places toutes les femmes des gesitains. » Pierre de Labenne, agot de Rivière, déclare dans sa déposition que leur place était « derrière, au fond de l'église, sous les cloches ». Jeanne de Haureils les appelait « *Ces Agotes* ». (*Archives du Tribunal de Dax.*)

Chanson originaire de Magescq, où l'on parle des cagots de Rivière et de Saubusse.

Bibboo! bibboo!	Bibboo! bibboo!
Lous Agots d'Arribère.	Les Agots de Rivière
Bibboo! bibboo!	Bibboo! bibboo!
Lous Agots de delà.	Les Agots de delà (l'Adour)
Bistenflute, bistenflute,	Bistenflute,
Tout aco qu'es de Saubusse.	Tout cela est de Saubusse (Landes).
Yo, la bistenflute,	oue la bistenflute,
Flute, flute, flute,	Flute, flute, flute,
Yo, la bistenflute,	Joue la bistenflute.
Bét cop de flaüte	Beau son de flageolet,
Flute, flute, flute,	Flute, flute, flute,
Bét cop de flaüte.	Beau son de flageolet
Truque, tambourin!	Frappe, tambourin.

Roquefort (*chef-lieu de canton, arr[t] de Mont-de-Marsan*).

On y voit encore le quartier *des Capots*, qui était habité par la race maudite il y a cent dix ans environ; ce quartier s'appelait aussi *des Gesits*. La porte spéciale, par laquelle nos lépreux pénétraient à l'église, subsiste encore, dit-on.

En 1514, dans le terrier de la maison noble de La Porte, à Roquefort, les Chrestians figurent parmi les tenanciers dans dix articles. (*Archives municipales de Roquefort*. CC 1.)

1617-1618. — Reconnaissance consentie au profit du roi, par Guillaume Latrille, gezitain du lieu de Roquefort. (*Archives des Landes*. A 22.)

Le *14 février 1669*. — A été baptisé Anthonine Despagnet née ce même jour, fille d'Antoine Despagnet gezitain et charpentier demeurant au cap du Pouy[1] et de Jeanne Dupouy ses père et mère. Parrain Jean Lacrouts, aussi gezitain, et marraine Anthonine Villebères, demeurant au même hameau.

Le 4 avril 1669. — A été enterrée dans le cimetière des gezitains, Jeanne Dupouy, femme d'Anthoine Despagnet. (*Archives municipales. Roquefort*. GG.)

Rion (*canton de Tartas-ouest, arr[t] de Saint-Sever*).

La maison dite *au Gahet*, quartier de Marques, était connue à Rion en 1716. (*Archives de Rion*.)

Saint-Aubin (*canton de Mugron, arr[t] de Saint-Sever*).

On y voit une maison appelé *Lou Crestian*.

Le 10 février 1657. — « Pierre d'Araignés, Giezitain de la parroisse de Cazalis, et Garcie de Gardère de Saint-Aubin ont espousé à Saint-Aubin en présence de Mr. Jean Dutoya, prètre, Pierre de Lagrace et autres leurs parents, avec congé portant certificat des bans faicts par Mr. Dusbosquet, curé dudit Cazalis. »

Le 17 avril 1668. — « Bertrand de Gardère, de Saint-Aubin et Marie d'Araignés de Cazalis ont espousé a Saint-Aubin. » On a ajouté en marge « espoux chrestians ».

Le 28 mai 1668. — « A Saint-Aubin, Baptême de Jean de Lapeyre fils de Pierre et d'Anne de Gardère. Parrain, Jean de Gardère; marraine Catherine de Peyre, gesitains de cette parroisse et de celle de Souprosse. »

Le 27 juillet 1670. — Mort à Saint-Aubin de Garcie de Gardère, « femme à Pierre Daragnès chrestian ».

1. Le Pouy est un petit hameau situé au sud-ouest de Roquefort.

Le 7 septembre 1671. — Baptême de Jean de Laugué, fils de Bernard de Laugué et de Catherine de Gardère, chrestiens de Saint-Aubin.

Le 22 juin 1676. — A Saint-Aubin, mariage de Jean de Lafourcade de la paroisse de Begaar, et de Marie de Labenne « giezitains ». (Registres de Saint-Aubin aux *Archives de la Mairie de Mugron.*)

Depuis cette date les cagots ne furent plus désignés dans les registres de la paroisse que par le mot *charpentier*. Encore ne figure-t-il pas toujours.

Saint-Cricq (*canton de Peyrehorade, arr*[t] *de Dax.*)

Il y a deux quartiers appelés *Carrère dous Cagots* dans cette localité.

« Depuis vingt-cinq ans, écrivait Michel en 1847, il n'y a plus de cagots à Saint-Cricq. Ceux de cette commune exerçaient les professions de charpentier et de tisserand, et formaient quatre familles, nommées Labarthe, Fustaillon et Descoubès; ils habitaient un quartier de la commune appelé *Lias* comme ailleurs, il y a dans l'église un petit bénitier encastré dans le mur, à gauche en entrant; il est connu sous le nom de *bénitier des Capots*; on ne s'en sert plus ». (T. II, p. 290.)

Le 22 juin 1439. — Arnaud, chef de la cagoterie de Sorde et de celle de Saint-Cricq, donne une paire de bœufs qu'il possédait à Came, à Peyrot, chef de la cagoterie de Saint-Cricq. (*Archives des Basses-Pyrénées.* E 1188, f° 10.)

26 août 1728. — Dénombrement de Sr Joseph Compaigne, habitant Villeneuve. Il possède noblement « la métairie de Bordenave, située en Saint-Cricq, jurisdiction de Villeneuve de Marsan, près de la métairie dous Crestians ». (*Archives des Basses-Pyrénées.* B 5912.)

Saint-Étienne-d'Orthe (*canton de Peyrehorade, arr*[t] *de Dax.*)

25 novembre 1552. — Ci devant Compaignet de Landrieu et Jehan de Bassin frères et fils de Jehanete de Menjuc, habitante de S. Vincent de Xaintes de divers mariages, partagent leurs biens « et droict d'aulmosnes qu'ilz ont acoustumé comme gésitains prandre et lever en la parroice de Sainct-Vincent de Sainctes ». Aujourd'hui, Jehan de Bassin, habitant Saint-Etienne d'Orthe, donne sa part a Jehanchinoy de Landrieu, son neveu et fils dud. Compaignet, pour l'aider à vivre. (*Archives du presbytère de Dax. Registre de Dumora, notaire.*)

Saint-Geours-d'Auribat (*canton de Montfort, arr*[t] *de Dax*).

Un des quartiers qu'y habitaient les cagots s'appelait *lous Coyes, ous Coyes.*

On trouve dans les registres paroissiaux du XVIIe siècle, Benquet et Lafon, gésitains, et en 1730, Jean Daraignés, charpentier au Couye en Saint-Geours.

Saint-Gor (*canton de Roquefort, arr[t] de Mont-de-Marsan*).

Au sud de la ville on voit encore la maison *Crestian.*

Saint-Jean-de-Marsacq (*canton de Saint-Vincent-de-Tyrosse, arr[t] de Dax*).

Il y avait jadis des cagots dans cette localité.

Saint-Laurent (*commune de Mont-de-Marsan*).

1608. — Saint-Marx gesitain de Saint-Laurent... 1 sou 7 arditz 1 braquette.

Andrieu Monguilhem, gesitain, pour 1 partie de la maison appelée aux Chrestians 3 braquettes... (*Livre des fiefs dus aux couvents de Sainte-Claire de Mont-de-Marsan. Archives des Landes.* H 210.)

Saint-Laurent-de-Gosse (*canton de Saint-Martin-de-Seignosse, arr[t] de Dax.*)

7 octobre 1527. — Lo Saudan [1] qui es de le juridiction de la ville cum sie aixi que le terre apperade de Soudan ab totz sons boscs et bartes sie et appertinqui a le ciutat de tant de temps en sa que no es memori deu contrari, et que a degun no sie licit ne permes de y far fuste ne autres expleytz chens permission de Monseinhor lo Maire, son loctenent, escleuins et conseilh, et sie estat trobat no a goaires jorns Estebenon de Carrere et Peironnin de Carrere, gesites et agotz de Senct Laurens de Gosse, y ayen picquat quoauques cassos et feyt fuste chens ledite permission et de lor auctoritat o temeritat en prejudici de ladite ciutat, per que au jorn d'œy, septeme d'octobre mil v[e] xxvij, losditz gesites son estatz condempnatz pagar le ley et amende de trente solz torne. (*Archives municipales de Bayonne. Délibérations du corps de la ville.* Registres gascons. *Bayonne Lamaignère*, 1898, t. II, p. 475.)

Saint-Loubouer (*canton d'Aire sur l'Adour, arr[t] de Saint-Sever*).

Le 27 janvier 1617. — A Saint-Loubouer, mention du « quartier des Capots » et baptême de Jehanne de Morse fille de Philippe de Morse

1. Le Saudan était une langue de terre située entre le Joyeux et l'Adour. Elle appartenait à la ville de Bayonne.

et de Jeannette de Morse; parrain, Stében de Morse; marraine Jehanne de Lafourcade, gesitains.

1667. — Baptême de Jeanne de Barsalone, fille de B^ny et de Jeanne Desmorès, née le 28 octobre, « aux capots ».

(*Archives de Saint-Loubouer.*)

1739. — Messire Bernard-Henry de Laborde, seigneur de Saint-Loubouer, vend à Jean Deyres, forgeron, « la pelouse ruinée du Crestian » pour 240 livres 11 sols.

(*Papiers de l'abbé Daugé, curé de Beylongue.*)

Sainte-Marie-de-Gosse (*canton de Saint-Vincent-de-Tyrosse, arr^t de Dax*).

Il y avait jadis des cagots dans cette localité.

Saint-Martin-d'Oney (*canton et arr^t de Mont-de-Marsan*).

La famille Larrieu, gésitaine, figure dans les registres du XVIIe siècle (*Foix*).

Saint-Paul-lès-Dax (*canton et arr^t de Dax*).

Le 1er septembre 1551. Jehan de Corn, marchand habitant Dax, obtient par transaction « le droit de reméné » sur la vigne appelée du Crestian, en Saint-Paul-lès-Dax.

(*Archives du Presbytère de Dax.*)

Saint-Pierre-de-Lier et **Jean-de-Lier** (*canton de Montfort, arr^t de Dax*).

Du temps de F. Michel, les cagots de Saint-Pierre et de Saint-Jean-de-Lier, avaient encore tous la peau écaillée, blanchâtre, et presque sans poils. Depuis longtemps cette lésion était considérée dans le pays comme lépreuse; pour adoucir leur peau les cagots y appliquaient une décoction de feuilles de lierre; cet usage persistait encore au milieu du XIXe siècle. Voici un couplet qui y fait allusion :

A Lié, qu'es ne grand parropi
D'ayères [1] ets que n'au manquat.
Tout dret aü bos de Laürède
Sen soun anats ha un rap;
Qu'en hen bouri à caütères
Encouère mey à caüterous;
Et toustem aquets miserables
Don soun lous mêmes *leprous.*

1. *Ayères*, lierre.
On trouvera la traduction de ces vers page 32, note 3.

Au XVIIe siècle, on comptait parmi les gésitains de Lier, les familles Peyruchat, Salis, Larrieu (*Foix*).

13 janvier 1722. — A Saint-Pierre de Lier (foyer de nombreuses familles cagotes), testament de Jean de Lier, Me Charpentier, dit Bizensot. Il veut être enterré dans *l'église* « où il a droit de sépulture ». Il laisse 45 livres en messes, à 10 sols la messe. Il est confrère du S. Esprit, confrérie établie à St-Jean de Lier; il lui lègue 15 livres. Il possède la métairie du Ménusé. Il a été marié avec : 1° Catherine de Gardère; 2° Marguerite Labaste; 3° Catherine Darbat. Du 1er lit il a eu Jean, Catherine, Catherine, Pierre et Jeanne; du 2e aucun enfant; du 3e Catherine. Feu Jean, son aîné, a épousé Marg. Lesgardères, d'où Marguerite et Jean. A cette Marguerite il lègue 300 livres.

Les autres filles ont été mariées avec 150 livres de dot. Jeanne a épousé Jean de Voysin; la 1re Catherine a épousé feu Jean Peyruchat; la dernière aura 300 livres, plus la maison de Guiraut en S. Pierre de Lier. Me Mathieu, de Labedade, prêtre, doct^r en théologie et curé de Lier, est présent. (*Étude de Poyanne, Dufau notaire.*)

Saint-Sever.

Les cagots de Saint-Sever habitaient la ville et étaient tenanciers des Bénédictins, mais n'en dépendaient pas directement comme fermiers ou métayers; d'après le contexte du « Liève de l'Abbaye », ils paraissent uniment emphytéotes, comme la plupart de leurs voisins.

On lit dans le « Liève de l'Abbaye de Saint Sever » diverses indications concernant les fiefs où figurent des cagots.

En 1430. « Meste Pes crestian, per la binhe au Taston que crompa de Berducon de Saut, maserer . . . VI den. morl. » (f° 103 v°).

1430. « Meste Bertran crestian per dues places au Boquin que crompa deus hordeners de meste Pes deu Muz. II sols VI den. morl. » (f° 91).

« Los hereters de Johan crestian per sa part de crestianye. Iden. morl.

« Item per la terre a Laugar . . . . VI den. morl.

« Item per l'autre terre aqui medix. . II den. morl. » (f° 96, v°).

1446. « Item los herets de Johan crestian per sa part de la cristianie. . . . . I morlan (f° 6, v°).

1475. « Arnauld Guilhem de Saut apperat Chinan de Berduc per la vinhe pres lo Chrestian, que son pay crompa de Mondete de Gorexz et de Colot son marit. . . . . XII den. morl. » (f° 132).

(*Archives des Landes.* H 66.)

Le 3 octobre 1574. — A Saint-Sever, mariage de Jehan de La Peyres « gésitain » habitant Saint-Sever, avec Guironde de Fabas, fille de Germain de Fabas et d'Agnette de Mareing « aussy gésitains » habitant Mauco. (*Archives des Landes.* H 51, f° 374.)

Sainte-Eulalie et Soustra (*hameaux de la commune de Saint-Sever*).

Au XVIIe siècle on trouve à Sainte-Eulalie, hameau situé au nord de Saint-Sever, ainsi qu'à Soustra, situé au sud, des cagots affièves à l'abbaye de Saint-Sever.

Dans un extrait de terriers concernant le quartier de Sœistras (Soustra) on voit que le cimetière des cagots était au tènement du Pouy des Crestians, non loin de l'église dédiée à saint Michel. (*Archives des Landes. XVIIe siècle.* H 87.)

En 1654 les crestians de Sainte-Eulalie devaient 3 livres 18 sous de fief et une paire de chapons à l'abbaye de Saint-Sever. (*Livre de recettes de l'abbaye de Saint-Sever. Archives des Landes.* H 95.)

Lieve de 1490. — « Les Crestians : meste Anthony crestian de geszii fe de fieu cascun an. . . . . [le chiffre n'y est pas].

Bernardon crestian son fray fe de fiu cascun an. . » (f° 66, v°). (*Archives des Landes.* H 68.)

Saint-Vincent-de-Tyrosse (*chef-lieu de canton, arr^t^ de Dax*).

1784. — Jean Cantin, régent de Saint-Vincent-de-Tyrosse, déclare que Suzanne de Bats, femme de Jean Dulau, « est née de la race des Agots, de la race des condamnés à être pendus aux galères ». Ce qui n'empêche pas Jean Dulau, dans sa plainte en justice, de s'intituler pour l'occasion « Jean Dulau, bourgeois, époux de Suzanne Bats, demoiselle ». (*Étude de Dax, B^my^ Ducos, notaire.*)

Saint-Vincent-de-Xaintes (*canton et arr^t^ de Dax*).

25 novembre 1552. — Jehanete de Meryue, cagote de Saint-Vincent-de-Xaintes, est citée dans une pièce des Arch. du Presbytère de Dax. (*V.* SAINT-ÉTIENNE-D'ORTHE.)

15 avril 1680. — Bertrand de Pomarein, Me Charpentier habitant Saint-Vincent-de-Xaintes, propriétaire de la maison du chrestian à Narrosse, adresse une réclamation à Me Gracian de Pomiers, prébendier de la prébende du Crestian fondée dans la cathédrale de Dax. (*Étude de Montfort, Lavieille, notaire.*)

21 août 1595. — Dans un échange de maisons entre Me Jehan de Laborde, chanoine d'Acqs, et Menjon de Lagreulet, laboureur habi-

tant Montfort, le chanoine donne « la maison appelée de Jehan Lan-
« drieu, dict *Gahet*, que lui a faict bastir en Saint-Vincent lès Acqs « au quartier de Lacarrau... confrontant de midy à terre appellée « dous Gahets ». (*Arch. de M. Du Boucher, de Dax.*)

4 septembre 1723. — Jacques de Salis [1], M[e] charpentier, habitant Saint-Vincent-de-Xaintes, déclare à François Darets, marguillier de l'église Saint-Vincent, « qu'il est sans aucun reproche dans ses mœurs et en sa vie, et est aussy propriétaire et possédant capcasal dans lad. parroice tout ainsy que les autres habitans; et voulant participer aux prières conjointement avecq les habitans confrères dans la confrérie établie aud. Saint-Vincent, il se serait plusieurs fois présenté pour être agrégé dans lad. confrérie, ce qu'on lui a tousiours refusé sous des prétextes spécieux quy blessent l'honneur et la réputation du suppliant; et comme l'union des habitans quy doit être dans une parroice quy la compose est le fruit du bon ordre quy seroit interverty et peut être avecq des suites fachèuses sy sagement prévenu par les cours supérieures pour étouffer les divisions quy arriveroient infiniment sy lesd. confrères avoient la liberté de reieter les personnes quy veulent entrer dans lad. confrérie, le dirigeant quy a tousiours conservé le fonds de la religion chrétienne dans laquelle il a été élevé par ses père et mère, voulant coopérer avecq les autres à retirer le fruit des prières et des indulgences, il somme... Darets de le recevoir et de convoquer pour cela l'assemblée des confrères, ou bien il se pourvoira par devers la police ». De plus « par mépris » il n'a pas été appelé aux charges de jurat et de sindic de Saint-Vincent. Il leur adresse la même protestation, « car il a des anciens capcasaux, et il est d'usage qu'on suit les capcasaux. » (*Étude de Dax, B[my] Ducos, notaire.*)

Saubrigues (*canton de Saint-Vincent-de-Tyrosse, arr[t] de Dax*).

En 1846, il y avait encore à Saubrigues sept familles réputées cagotes (M., I, 152). Plusieurs familles étaient traitées, dans cette commune, comme d'ailleurs à Saugnac, Saint-Martin-de-Hinx et ailleurs, de *macouaous*. Ce nom est synonyme de mulets, et paraît avoir été l'épithète injurieuse dont on traitait les familles issues de mariages mixtes entre les cagots et la race pure.

Saubuse (*canton et arr[t] de Dax*).

Les cagots de Saubuse sont cités dans une chanson originaire de Magesq (V. Rivière).

1. Salis était une famille de gésitains.

Saugnac-lès-Dax (*canton et arr^t de Dax*).

On y voit le *Chrestian*, nom de lieu.

Seignosse (*canton de Soustons, arr^t de Dax*).

A l'église les cagots avaient leur bénitier (M., I, 151).

Serreslous (*canton d'Hagetmau, arr^t de Saint-Sever*).

On voit encore à un kilomètre au sud de ce village, une maison du nom de *Chrestian*.

1647. — Baptême de Jean de Gardère, de Mugron; parrain Jean de Labenne, charpentier habitant Serreslous, et marraine Marie Daraignès de Lahosse, tous gésitains. (*Archives de la mairie de Mugron*).

Sorbets (*canton de Geaune, arr^t de Saint-Sever*).

Au nord du village on voit quelques maisons appelées *Malaou*, nom qui leur vient certainement d'anciennes habitations de lépreux.

Sordes (*canton de Peyrehorade, arr^t de Dax*).

Le 22 juin 1439. — Arnaud, « filh deu loc e crestiantat de Sent-Cric, proprietary deu loc et crestiantat de Sorde », donne une paire de bœufs qu'il possédait à Came, à Peyrot, son frère, chef de la cagoterie de Saint-Cricq. Témoin, Étienne, cagot de Peyrehorade. (*Archives des Basses-Pyrénées.* E 1188, f° 10.)

Souprosse (*canton de Tartas, arr^t de Saint-Sever*).

28 mai 1668. — Catherine de Peyre cagotte de Souprosse figure dans un acte de baptême (V. Saint-Aubin).

Soustons (*chef-lieu de canton, arr^t de Dax*).

Les cagots de Soustons habitaient au quartier d'Ardy; c'étaient, au XVIIe siècle, les familles La Peyre et Heugars (*Foix*).

2 septembre 1455. — « Conegude cause sie a totz que Steuen de la Binhe, parropiant de Soston en Maredme... a benut, alienat, guitat, gurpit e deu tot desemparat... a Mossegnor Menaud de Labarte cum el rettor de la glisi de Soston... 30 arditz correntz... s'arrefiu... Lod steuen na assignat, obligat et pothecat... lo loc aperat a Costemale... confronte lod hostau, campx et carriu, de bert lo sorelh lheuant ab un camin quy bien de l'hostau deu Crestian et ba a le mole de Peyre-roye. » (*Arch. du presbyt. de Soustons.*)

1632. — Mariage entre Vincens de Narbonne et Marie de Mouscardès, gésitains de Soustons. (*Archives particulières.*)

Tarnos (*canton de Saint-Martin-de-Seignosse, arr*[t] *de Dax*).

A 300 mètres au sud du village on voit encore la maison *Christian*.

Tartas (*chef-lieu de canton, arr*[t] *de Saint-Sever*).

15 juin 1552. — Parmi les témoins d'un contrat figure : « Bertrand de Castain, dit Coye, gésitain, habitant Tartas ». (*Archives de Monsieur Du Boucher, à Dax.*)

Tilh (*canton de Pouillon, arr*[t] *de Dax*).

Le bénitier des cagots se voyait sous le porche de l'église (M., I, 155).

Toulousette (*canton de Mugron, arr*[t] *de Saint-Sever*).

9 juin 1642. — Vincent de Peruchat, gésitain habitant Tolosette, est parrain dans un baptême fait à Mugron (*V.* MUGRON).

En 1673 il y avait une femme nommée Toulouzette, épouse de Simon de Larrieu, cagot de Poyartin (*V.* POYARTIN).

Urgons (*canton de Geaune, arr*[t] *de Saint-Sever*).

Les cagots y avaient leur cimetière (M., I, 155).

Villeneuve-de-Marsan (*chef-lieu de canton, arr*[t] *de Mont-de-Marsan*).

On y voit encore le quartier des *Capots*, qui a gardé son nom.

Jadis cette race avait à l'église sa petite porte située à gauche de la porte principale, et son bénitier, au-dessus duquel on lisait une inscription pour le désigner. (M., I, 150).

26 août 1728. — Dénombrement de Saint-Joseph Compaigne, habitant Villeneuve, il possède noblement « la métairie de Bordenave située en Saint-Cricq, jurisdiction de Villeneuve de Marsan, près de la métairie dous Crestians ». (*Archives des Basses-Pyrén.* B 5 912.)

XVIII[e] *siècle. Vers 1760 date du manuscrit.* — A Villeneuve, mention de « la pièce des Capots ».

A Villeneuve encore existait « la prébende dous Cagots, à la « nomination du sieur de Vergoignan : charge, une messe; six « livres de rente ». (*Pouillé d'Aire. Mss des Archives du G*[d] *Séminaire d'Aire.*)

Le Vieux-Boucau (*canton de Soustons, arr*[t] *de Dax*).

7 octobre 1642. — Mariage de « Jean de Labache, gésitain, et de Jeanne Dongieux ». (*Archives du Vieux-Boucau.* GG 1.)

II. — DÉPARTEMENT DES BASSES-PYRÉNÉES

Abos (*canton de Monein, arr*[t] *d'Oloron*).

Aujourd'hui le souvenir des cagots est absolument effacé à Abos. A l'église, entièrement restaurée, on croit que l'un des bénitiers de pierre scellés au mur était réservé aux cagots, mais rien ne nous permet d'avoir une certitude à ce sujet.

1379 (**21**). — Peyrot, crestiaa d'Abos.
1383 (**23**). — Lo crestiaa.
1385. — Lo crestiaa.
1389. — Peyrot, crestiaa d'Abos, est cité dans une quittance générale (*A. B.-P.* E 1 923, f° 38). (V. Monein.)
1546. — Jeannot de Berdot, cagot d'Abos, frère de Me Guilhem de Berdot, cagot du même lieu, passe un contrat d'apprentissage avec Peyrot de Lostalot, cagot de Monein. (*A. B.-P.* E 1478, f° 168.) (*Cet acte est reproduit p. 258.*)

Abos (*h. commune de Peyrelongue*).

XVIe *siècle*. — Lo crestia d'Abos. (*A. B.-P.* B 805.)

Accous (*chef-lieu de canton, arr*[t] *d'Oloron*).

Jusqu'à ces dernières années, il y a eu de nombreux cagots dans cette commune.

1379 (**21**). — Peyrot crestiaa d'Acos.
1383 (**23**). — Lo crestiaa.

Agnos (*canton d'Oloron-ouest*).

Il y a soixante ans, les préjugés contre les cagots de cette commune étaient encore très vivaces. (M., I, 131.)

Agoteta (*h. commune de Saint-Palais*).

Ce hameau tire son nom des agots qui seuls y habitaient.

Ainharp (*canton de Mauléon-Licharre*).

Cette commune comptait plus de six familles agotes en 1844 (M., I, 123).

Alciette (*vill. commune d'Ahaxe*).

17 janvier 1678. — Joannes de Lohitehuy, alias Cubiburu, cagot d'Alciette en Cize, épouse Marie Oyhamboure, d'Anhaux. (*Registres paroissiaux d'Anhaux.*)

Andenx (*canton de Sauveterre, arr^t d'Orthez*).

1429. — Bertranet, chrestiaa d'Andenx, reçoit de ses compatriotes la cession d'un lieu de sépulture, s'il plaît à monseigneur l'Evesque[1].

Andouins (*canton de Morlaas, arr^t de Pau*).

On sait qu'au XVIIe siècle les capots furent assez nombreux à Andouins, grâce à un livre terrier dont un extrait a été publié par Fr. Michel.

Le 25 mars 1659, par moi soubs-signé a esté baptisée Isabeau de Costet, Capot, d'Andouins, filhe de Pierre de Segau et de Marie de Costet, sa femme; parrain.... de Segau, et marraine Isabeau sa femme; par moy : *Signé* : Cassou Felix, curé d'Andouins. (*Archives d'Andouins.*)

Arnaudine Danty, Capot, tient et poussède un petit enclos là ont estoit bastie enseinement lad. maison, la plasse réduite en champ; confronte orient avec terre de Duran, midi avec terre et chemin public, couchant avec terre de Minbielle, septantrion avec terre de Bergez; contient un quart et demy. . . . . $\frac{1}{4}\frac{1}{2}$ q^t.

Pierre de Cassala, Capot, tient et poussède une maison et une petite grange, basse-cour, jardin; confronte orient, midi, couchant, septantrion avec terre, chemin public, midi avec terre, enclos de Lacoste, midi, couchant avec terre de Durant; contient un quart. . . $\frac{1}{4}$.

Plus tient une autre piesse de terre labourable, appelée à Lacoste dessus; confronte orient avec terre de Lacoste et terre de Morosan, midi avec terre de Carrerot poussédée par le sieur de Jouet, couchan et septantrion avec terre et chemin publiq; contient demy-jornal, dousse escats. . . . . $\frac{2}{4}$ 12 es.

Bernard de Lacoste, Capot, tient et poussède une maison, grange, basse-cour, jardin; confronte orient avec terre, chemin publicq; midy, couchant avec terre, prée de Duran; septantrion, avec terre, enclos de Cassala; contient demy-jornal. . . . . . . $\frac{2}{4}$.

Plus, tient autre piesse de terre labourable et chataignerée; con-

1. De Rochas qui donne cette indication (p. 44, note 3) néglige d'indiquer sa source.

fronte orient et midi avec terre de Mourousan, couchant terre de Cassala et chemin, et septantrion aussi chemin publicq; contient dus jornals. demy quart. . . . . 2 j. $\frac{1}{2}$ q.

Somme 2 j. $\frac{2}{4}\frac{1}{2}$.

Pierre de Coustet, Capot, tient et poussède une maison, grainge, basse-cour, jardin; confronte orient, midy, couchant, septantrion avec chemin publicqs; midy avec terre commune; contient un quart, dix escats. . . . . j. $\frac{1}{4}$ 10 es.

(*Extrait du livre Terrier d'Andouins dressé au XVIIe siècle* [1].)

Andrein (*canton de Sauveterre, arr^t d'Orthez*).

C'est à Andrein que vivait récemment encore, la cagote connue sous le nom de Catherine la Manchotte, dont les lésions lépreuses atténuées ont été longuement décrites successivement par Reclus, Lajard et Regnault, et par Zambaco Pacha. Nous renvoyons le lecteur aux travaux de ces auteurs.

Angaïs (*canton de Nay, arr^t de Pau*).

XIVe s. (15). — L'ostau deu crestiaa.
1360. — Au crestiaa : XII. d.
1379 (21) — Guilhaüme, crestiaa.
1383 (23). — Lo crestiaa.
1385. — L'ostau deu crestiaa.

Anglet (*canton et arr^t de Bayonne*).

On y voyait récemment encore, à l'église, la porte et le bénitier des cagots.

Anhaux (*canton de Saint-Étienne-de-Baigorry, arr^t de Mauléon*).

Le curé d'Anhaux écrivait, à F. Michel, que quoique les tombes des agots ne fussent séparées des autres par aucune haie, elles étaient disposées en hémicycle autour de celles du commun peuple, et que vraisemblablement elles ne portaient jamais de croix tumulaires (M., I, 120). Nous sommes assez partisan de cette hypothèse, d'autant que les anciennes tombes de cagots que nous avons vues, de-ci de-là, ne portaient pas de croix; mais nous faisons toutes réserves, car il convient de se mettre en garde contre une erreur possible : la

1. M., I, 102, note.

plupart des tombes anciennes du pays basque étaient en effet surmontées d'une plaque de pierre ronde portant des inscriptions, et non d'une croix de pierre; il est possible que ces tombes étaient moins coûteuses, et que les cagots, en général pauvres, s'en contentaient, quitte à y adjoindre des croix de bois, que les intempéries ont détruites depuis longtemps.

La plupart des cagots de cette paroisse habitaient Chubitoa, mais il est vraisemblable que quelques-uns d'entre eux vivaient à Anhaux même, ainsi qu'il est spécifié dans certains des actes qui suivent, actes qui ont été publiés par Michel (I, 119)[1].

6 octobre 1679. — Le sixième octobre mil six centx septante-neux, nasquit Marie d'Etchegaray, fille légitime d'Enaut de Carricaburu, natif du lieu d'Arbouet en Mixe, et de Jeanne de Landaburu, m^es^ de la maison d'Etchegaray, de Chubito; et a esté baptisée le quinziesme dud. mois. Son parrein a esté Domingo de Caricaburu, dud. lieu d'Arbouet, et sa marrine Marie de Gastigar, de Saint-Estienne-de-Baïgorri, tous Cagots; ce que j'ai oublié d'escrire en son lieu. *Signé* : d'Iriart, curé. (*Registre des Baptêmes d'Anhaux*, p. 39).

25 juin 1670. — Le vingt et cincq juin mil six centx septante, Tristand, fils cadet de la maison d'Urruty, et Marie, fille caddete de la maison d'Etchettippi (Cagots) ont espousé et contracté par parole des présentx, après la publication de trois bans sans empeschement quelconque, et ensuite receu la bénédiction nuptiale, estantx présentx avec moi Miguel de Narbais et Pedro d'Irigaray, les deux d'Anhaux. Signé : Dominicus de Iriart, vicarius. » (*Reg. des mar.*, f° 3.)

2 mars 1677. — « Le second mars mil six centx septante-sept, Joannes de Portaleburu[2], du lieu d'Uhart, et Marie de Vicencena, alias de Bidegain, d'Anhaux, Cagots, ont espousé et contracté mariage après la publication faicte de trois bans, soit en l'Église dud. Uhart qu'en celle d'Anhaux, sans empeschement; et ont ensuite receu la bénédiction nuptiale, estantx présentx Gratian m^e^ jeune de la maison d'Urruty, Gratiane de Minhondo m^esse^ ancienne d'Araudoquy, et autres. *Signé* : d'Iriart, curé. » (*Ibid.*, f° 12.)

17 janvier 1678. — « Le dix et sept janvier mil six centx septante-huict, Johannes de Lohitehuy, alias Çubiburu, du lieu d'Alciette en

1. Voir aussi au mot Chubitoa.
2. Portaleburu est le nom que porte aujourd'hui le quartier des cagots de Saint-Jean-Pied-de-Port.

Cize, et Marie Oyhamburu alias Etchettippi, d'Anhaux, Cagots, ont espousé et contracté mariage, après la publication de trois bans faicte soit dans l'église d'Alciette qu'en celle d'Anhaux, ainsi qu'appert de l'attestation du S[r] d'Aroztalde, curé, le jour et feste de l'Epiphanie sixiesme, et les dimanches neufiesme et seixiesme du présent mois de janvier; et ont ensuite receu la bénédiction nuptiale, présentx avec moi Miguel d'Etchettipi, frère de lad. espouse; et Joannes d'Aputeguy, dict Angeli, d'Anhaux. *Signé* : d'Iriart, curé. » (*Ibid.*, f° 13.)

Anoye (*canton de Lembeye, arr[t] de Pau*).

XVIe *s.* — Lo crestiaa d'Anoya : XII. d.

Aragnon-Sainte-Suzanne (*commune de Sainte-Suzanne*).

1385. — Lo crestiaa.

Aramitz (*chef-lieu de canton, arr[t] d'Oloron*).

1379 (**21**). — Guilhaume, crestiaa.
1383 (**23**). — Lo crestiaa.
1383 (**24**). — Guilhaume, crestiaa.

Arance (*canton de Lagor, arr[t] d'Orthez*).

XIV[e] *s.* (**15**). — L'ostau deu crestiaa.
1379 (**21**). — Berdolet, crestiaa.
1383 (**23**). — Lo crestiaa.
1385. — [Lo crestiaa].

Arancou (*canton de Bidache, arr[t] de Bayonne*).

1552. — « Guilhem deu crestian d'Arancoenh, et Mondine du crestian de Castahede sa molher, habitans Arencoenh » reconnaissent avoir reçu une somme d'argent de Me Bernard du Crestian de Castagnède. (*A. B.-P.* E 1197, f° 128, r°.)

Araujuzon (*canton de Navarrenx, arr[t] d'Oloron*).

1385. — Lo crestiaa.
26 avril 1391. — Bernat, crestiaa, d'Araus Jusoo, reconnaît devoir 10 florins 6 sous 3 deniers à Berdolet, crestiaa d'Oloron, pour des journées de travail fournies au château de Montaner (*A. B.-P.* E 1596, f° 8.) V. OLORON.

Arbonne (*canton d'Ustaritz, arr[t] de Bayonne*).

Jadis les cagots y furent très nombreux. On les a bien oubliés aujourd'hui. On ne voit plus guère à Arbonne que deux familles que l'on fréquente avec méfiance, et qui sont désignées par quelques-uns comme cagotes. Leur nom est de ceux que portent plusieurs cascarots de la région. Leurs ancêtres étaient meuniers, tisserands, tourneurs, cordonniers, toutes professions que les cagots embrassaient souvent.

On voit encore à la porte principale de l'église, située sur la façade sud, un bénitier scellé à l'extérieur; c'était celui des cagots. Dans l'église ils se tenaient à part.

22 janvier 1693. — Dénombrement de Mrs les prêtres de la paroisse d'Arbonne... fourni par le sieur d'Etcheverry, curé dudit lieu [1].

« Les gots à l'église de lad. parroisse d'Arbonne se mettent en un coin à part des autres pour antandre la sainte messe et les autres offices, et ont un bénitier à part avec de l'eau bénite ; on ne leur donne pas la paix que lorsqu'ils ont quelque honneur funèbre de leur nation gote, et alors ils viennent, au lieu que les autres gens ont accoutumé de venir à l'offrande après que tous les autres ont offert, et on leur donne la paix avec la croix qui est au bout de l'estole, au lieu qu'aux autres on donne avec une croix d'argant.

Fait à Arbonne le 22 janvier 1693 par moy d'Etcheverry curé. » (*A. B.-P.* G 152.)

Arbouet (*canton de Saint-Palais, arr[t] de Mauléon*).

1679. — « Le sixième octobre mil six centz septante neuf, nasquit Marie d'Etchegaray, fille légitime d'Enaut de Carricaburu natif du lieu d'Arbouet en Mixe, et de Jeanne de Landaburu, maîtres de la maison d'Etchegaray de Chubito, et a esté baptisée le quinziesme dudit mois. Son parrain a été Domingo de Carricaburu dud. lieu d'Arbouet, et sa marrine Marie de Gastigar, de Saint-Estienne de Baïgorri, tous Cagots : ce que j'ai oublié d'escrire en son lieu. D'Iriart curé [2]. » (*Registres des baptêmes de la paroisse d'Anhaux*, p. 39.)

Arbus (*canton de Lescar, arr[t] de Pau*).

1360 (**16**) : Lo crestiaa : XII. d.

1379 (**21**). — Ramonet, crestiaa.

1385. — Lo crestiaa.

12 mars 1530. — Vente d'une terre labourable sise « en la campahne de Bag d'Arbus » faite par Jeham d'Estrem de Tarsac à Amaric, cagot d'Arbus, au prix de 13 florins et demi. (*A. B.-P.* E 1474, f° 139, v°).

1. Ce document a été publié un certain nombre de fois. On le trouvera entre autres dans l'inventaire sommaire des archives des B.-P.

2. Publié par Michel, t. I, p. 119 en note et par De Rochas, p. 58.

ÉGLISE D'ARBONNE. BÉNITIER DES CAGOTS.
On voit à droite de la principale porte de l'église, l'ancien bénitier des cagots situé à l'extérieur de l'édifice.

ÉGLISE D'ARCANGUES. PORTE DES CAGOTS.
Cette porte condamnée depuis longtemps a été fortement endommagée lors des inventaires des églises en 1906.

28 janvier 1531. — Obligation de 50 écus par Fortaner, cagot d'Arbus en faveur de Marie de Testarouge, cagote de Caubios. (*A.-B. P.* E 1 474, f° 60.)

En 1789 il s'y trouvait encore de 5 à 6 familles de cagots (*F. Michel*, I, 98).

Arcangues (*canton et arr*[t] *de Bayonne, N.-O.*).

Arcangues fut un des centres les plus importants d'Agots.

Plusieurs documents des XVIIe et XVIIIe siècles parlent des agots d'Arcangues et de Biarritz[1]. Ce village, considérable jadis, est aujourd'hui bien déchu; quelques rares maisons autour d'une église du XVIe siècle, et c'est tout.

Le souvenir des agots y est encore vivace, on sait leurs noms, leurs familles; il en reste de nos jours une vingtaine. Ils s'allient difficilement au reste du peuple, mais n'en sont plus séparés comme jadis. On voit à l'église leur porte; elle est surmontée de la date 1679. Elle serait postérieure à la construction de l'église. Ce n'est point là une exception, car notre pensée est que presque toutes les portes des cagots sont du XVIIe siècle, bien rarement antérieures.

Les noms de ces malheureux sont de ceux que nous retrouvons dans tout le pays basque : Harosteguy, Etcheverry, Etchebéhere, Daguerre. Peu avant notre passage à Arcangues, on avait enterré un agot; tous ses congénères étaient venus assister à la cérémonie.

La porte des cagots s'ouvre dans le mur latéral exposé au couchant; c'est une petite porte bien délabrée, toute brisée. Elle a été récemment mise en cet état par ceux qui la crochetèrent lors des inventaires des églises (1906). C'est un fait curieux que de voir cette porte par laquelle les fidèles ne passeraient pas, servir en ces tristes circonstances. Maintenant porte deux fois haïssable. Un bénitier était inséré dans l'épaisseur du mur de cette porte.

Il y a quelque vingt ans, un libre penseur notoire avait haussé le ton au sujet du bénitier des cagots; il fin par en

1. Pour éviter des redites, nous renvoyons le lecteur au mot BIARRITZ, ainsi qu'aux *Pièces justificatives* qui se rapportent à cette ville.

obtenir l'enlèvement. Quand on le descella, cet homme, dit-on, le voulut mettre dans sa collection!

En 1844, M. Abeberry, alors secrétaire de la mairie, comptait à Arcangue de 8 à 10 familles agotac, mais toutes étaient déjà mélangées; 50 ans plus tôt ces sortes de mariages étaient rares. Mêlés aux autres habitants, les cagots faisaient toutes sortes de métiers; presque tous étaient vanniers, un petit nombre charpentiers. « D'après l'opinion de quelques vieillards, on reconnaissait un type de cagot à sa couleur basanée, à ses gros yeux et à ses oreilles courtes. On assure que, il y a environ 50 ans encore, pour se moquer d'un cagot et pour exciter sa colère, il suffisait de faire des cris semblables au bêlement des brebis, ce qui fait allusion aux courtes oreilles, attendu qu'on est dans l'usage de faire une coupure aux oreilles des brebis. — La tradition a conservé le proverbe suivant : « Si vous devez à un cagot, payez-le de suite; s'il vous doit, recouvrez sans retard. » Ce qui signifie que les cagots sont effrontés pour réclamer ce qui leur est dû, et peu soucieux d'acquitter leur obligation. » (*Extrait d'une lettre de M. Abéberry, du 22 février 1844. Papiers de la mairie d'Arcangues.*)

Les agots d'Arcangues avaient à l'église une place réservée, et étaient probablement enterrés à part.

François d'Oyhamboure, charpentier, maître de la maison d'Oyhamboure-Behère, à Arcangues figure dans l'affaire de Biarritz 1697-1700.

Aren (*canton d'Oloron-Ouest*).

Vers 1640, Monique et Cheguette, cagotes d'Aren, figurent dans une chanson (M., II, 125).

Aressy (*canton et arr^t de Pau*).

Il y avait jadis au cimetière d'Aressy une place à part pour les cagots.

Arette (*canton d'Aramitz, arr^t d'Oloron*).

A Arette, l'eau bénite était présentée aux cagots au bout d'un bâton (M., I, 130).

1383 (**23**) : lo crestiaa.
1383 (**24**) : Mariane crestiane de Rete.

Argélos (*canton de Thèze, arr*[t] *de Pau*).

Tout isolée, accessible par de mauvaises routes, plantée sur une éminence d'où elle domine des vallées admirables, s'élève la vieille église d'Argélos. On y pénètre par la façade latérale orientée au sud-ouest. L'entrée de cette église présente quelques particularités assez rares pour que nous croyions devoir nous y arrêter. On voit en effet contre l'église une sorte de salle, dont l'ensemble figurerait assez bien une nef latérale, si elle n'était point séparée de l'église par un mur épais; l'assimilation à un bas-côté est si sensible qu'à Navailles, une salle identique a été transformée assez récemment en nef latérale. On peut y pénétrer par deux portes : l'une, parallèle au mur de l'église, donne sur l'allée centrale du cimetière; l'autre, perpendiculaire à la précédente (la porte des cagots), conduit à un chemin, situé entre le mur de l'abside et celui du cimetière, qui mène après quelques mètres à une petite place triangulaire plantée jadis de trois chênes, *lous cassous deous Cagots*. Les maisons des cagots s'élevaient tout près de là.

Après avoir franchi l'une ou l'autre de ces portes, on pénètre dans la petite salle, aujourd'hui sorte de grange où s'abritent quelques planches : c'était, il y a 70 ans environ, nous disent des vieillards, la salle d'école. Pieuse disposition qui rappelle les temps anciens où tout l'enseignement se faisait à l'ombre des églises. Plus tard l'école devint mairie; c'est là que se faisaient tous les actes civils. Maintenant, Argélos est toujours le même petit village très vieux, très simple, très isolé, avec une mairie-école, trop neuve, en plus.

Dans l'ancienne salle d'école s'ouvre la porte de l'église. Dès qu'on pénètre dans celle-ci on voit à droite un bénitier de pierre scellé dans le mur, et toujours vide, c'est le *bénitier des cagots*; à gauche on voit des bancs en gradins divisés en trois groupes. Le premier groupe est accoté au mur; il sépare celui-ci de l'escalier qui monte aux tribunes. Jadis l'escalier était contre le mur, comme le prouve un petit bénitier scellé à la cloison et juché à trois mètres de haut. A la place de l'escalier actuel étaient les bancs des cagots. Tous ces souvenirs, encore vivaces chez les vieillards, prouvent que les cagots d'Argélos n'ont pas disparu depuis bien longtemps. (Voir les planches p. 608-609 et p. 580-581.)

Arget (*canton d'Arzacq, arr*[t] *d'Orthez*).

1383 (**23**). — Lo crestiaa.

Arricau (*canton de Lembeye, arr*[t] *de Pau*).

1379 (**21**). — Guilhem, crestiaa.
1379 (**20**). — Lo crestiaa.
1385. — L'ostau deu crestiaa.
XVIe *s.* — Lo crestiaa de Aricau : XII. d.

Arros (*canton de Nay, arr*[t] *de Pau*).

1360 (**16**). — Au crestiaa : XII. d.
1379 (**21**). — Peyrot, crestiaa.
1383 (**24**). — Ramonet, crestiaa.
1385. — L'ostau deu crestiaa.

Arroses (*canton de Lembeye, arr*[t] *de Pau*).

On voit encore à Arroses une maison et un écart du nom de *Crestiaa*.

1383 (**20**). — Lo crestiaa.
XVIe *s.* — Lo crestiaa de arosses : XII. d. L'auter crestia de arosses : XII. d.

Arthez (*canton et arr*[t] *d'Orthez*).

Les cagots d'Arthez occupaient un quartier situé à l'ouest du village, sur une côte assez boisée. Le seul souvenir tangible qu'il en reste, est la *fontaine des Cagots*. A peine a-t-on quitté la route d'Arthez à Orthez, pour prendre celle qui mène à Argagnon, on rencontre un petit sentier, à droite, qui bientôt s'enfonce dans un chemin creux, d'une beauté rare, qui descend sur 200 mètres environ; ce chemin s'arrête à un petit lavoir près duquel on voit deux très vieilles fontaines; c'est la fontaine de gauche, la plus petite, dont nous donnons la reproduction (p. 186-187) qui est encore appelée *des cagots*. Cette fontaine est la source de l'Arribau.

FAY. — P. 580-581.

ÉGLISE D'ARGÉLOS.

A gauche de la porte d'entrée, on voit scellé dans le mur, le bénitier des cagots. A droite de la porte, sous les tribunes, on distingue un escalier qui occupe la place jadis réservée aux cagots.

1383 (23). — Bertran d'Artes, crestiaa.
1385. — L'ostau de Bertran, crestiaa; l'ostau de Peyrot, crestiaa.
1777. — La Hon deus Cagots. (*Terrier d'Arthez. A. B.-P.* E 249.)

Artigueloutan (*canton de Pau-Est*).

XIVe s. (15) : l'ostau deu crestiaa.
1379 (20). — Lo crestiaa.
1379 (21). — Bertran crestiaa d'Artigueloptaa.
1385. — L'ostau deu crestiaa.

Artiguelouve (*canton de Lescar, arrt de Pau*).

1360 (16). — Au crestiaa : XII. d.
1379 (21). — Domenjon crestiaa.
1385. — L'ostau deu crestiaa.
25 juin 1382. — Domengoo de Momas, crestiaa d'Artigalobe, figure dans une convention entre cagots. (*A. B.-P.* E. 1 919, f° 9[1].)

Artix (*canton et arrt d'Orthez*).

1379 (21). — Johanot crestiaa d'Articz.
25 juin 1382. — Convention entre Bernat, crestiaa d'Artig, d'une part et Berdot de Sales, crestiaa de Monein d'autre part, « per rasson de la mort que dixon que fo feste en la persone d'Arnauto filh deudit Bernat per lodit Berdot ». (*A. B.-P.* E 1 919, f° 9[1].)

Arudy (*chef-lieu de canton, arrt d'Oloron*).

A la vieille église d'Arudy il y avait autrefois une porte pour les cagots; elle fut murée il y a déjà longtemps; aujourd'hui on n'en voit plus trace, l'église ayant été largement restaurée. Cette porte était située au sud-ouest. Les cagots recevaient l'eau bénite avec un goupillon à eux seuls destiné, et se tenaient à part dans un coin auprès de la porte. Un mémoire de M. Medevielle, instituteur à Arudy au commencement du XIXe siècle, contenait d'intéressants détails sur les cagots. Les recherches que nous avons fait faire dans le village n'ont pas abouti à retrouver ce manuscrit.

Arzacq (*canton et arrt d'Orthez*).

Une vieille femme, originaire d'Arzacq, nous a dit que l'ancienne église de cette commune, qui fut démolie il y a bientôt quarante ans, possédait une petite porte basse située à

1. Voir cette convention, p. 262.

gauche du portail, et que l'on appelait porte des cagots. Le bénitier des cagots était fait d'une pierre haute et étroite, creusée à sa partie supérieure. Ce bénitier, qui était très petit, est un des rares fragments de l'ancienne église qui fut conservé; il figure dans l'église actuelle d'Arzacq.

Réparation à la Tuilerie par Jean Tauzia et Jeanot de Lanabere, cagots. (*Archives municipales d'Arzacq*. CC, 5 1603-1709.)

Asasp (*canton Oloron-Ouest*).

Vers 1640, Laplace, cagot d'Asasp, est cité dans une chanson (M., I, 132).

1730. — Arrêt en faveur des Cagots de Lurbe-Asasp. (V. p. 491.)

Ascain (*canton de Saint-Jean-de-Luz, arr*[t] *de Bayonne*).

D'après Michel, il y avait en 1846 un quartier, à Ascain, appelé Agot-carrica, ancienne résidence des agots. Ce quartier n'existe plus. Le maire et le secrétaire actuel de la mairie nous ont tous deux affirmé, sur la foi des cadastres, que ce quartier n'existait pas depuis au moins 80 ans.

Dans les registres anciens de la paroisse on ne trouve aucune indication d'agots. Seuls quelques noms plus spécialement portés par les agots de la région, laissent penser à la présence de quelques-uns de ces malheureux à Ascain. On voit, sur la façade latérale gauche de l'église, une petite porte basse, que les vieillards disent avoir été celle des agots.

Ascarat (*canton de Saint-Étienne-de-Baigorry, arr*[t] *de Mauléon*).

Michel dit que de son temps il y avait encore de cinq à six familles agotes à Ascarat (I, 118).

Assat (*canton de Pau-Est*).

XIVe s. (15). — L'ostau deu crestiaa.
1379 (21). — Johanet crestiaa.
1385. — L'ostau deu crestiaa.

Aubertin (*canton de Lasseube, arr*[t] *d'Orthez*).

1360. — Lo crestiaa : XII. d.
1379 (21). — Ramonet crestiaa.
1385. — L'ostau deu crestiaa.

Le 4 décembre 1688, le parlement de Navarre rendit un arrêt en faveur de Jean de Pédezert, cagot d'Aubertin. (P. J. N° 138).

Aubin (*canton de Thèze, arr^t d'Orthez*).

1360. — Lo crestiaa : XII. d.
1379 (21) : R., crestiaa de Fayet-Aubi.
1385. — Lo crestiaa : XII. d.

Audaux (*canton de Navarrenx, arr^t d'Orthez*).

1379 (21). — Arnauldet, crestiaa.
1385. — Lo crestiaa.
13 juin 1452. — Bernadet, crestiaa d'Audaux, figure parmi les débiteurs de Peyroton de Gamachies, cagot de Sainte-Suzanne. (*A. B.-P. Reg. complément des notaires de Castetner et Larbaig*, f° 30.)
1569. — A Audaux : « La maison dou caguot ». (*A. B.-P.* B 767.)

Audéjos (*canton d'Arthez, arr^t d'Orthez*).

1360. — Lo crestiaa : XII. d.
1379 (21). — Johanot, crestiaa.
1383 (23). — Lo crestiaa.

Aurions-Idernes (*canton de Lembeye, arr^t de Pau*).

On y voit encore un écart qui porte le nom de *La côte du Cagot*.

Aussevielle (*canton de Lescar, arr^t de Pau*).

On comptait encore, avant la Révolution, 5 à 6 familles cagotes dans ce village.

Aydie (*canton de Garlin, arr^t de Pau*).

1379 (21). — Ramonet, crestiaa.
1379 (20). — Lo crestiaa.
1383 (23). — Lo crestiaa.
1385. — L'ostau qui fo diit que ere deu crestia. Aute ostau qui fo diit que ere deu crestiaa.
XVIe s. — Lo crestia de aydie; l'auter crestia de aydie.

Baccarau (*moulin, commune de Pardies, canton de Monein*).

Le moulin de Baccarau existait dès 1176, si nous en croyons P. de Marca (*Histoire de Béarn*, p. 443 et 490). En 1384, il fut loué à des cagots. Ce fait est assez important, car on admet généralement que la profession de meunier était interdite aux cagots en Béarn.

Janvier 1384. — Bail du moulin de Baccarau accordé pour quatre ans, par Arnaud de Cézerac « abat deu mostiei de Saubelade », à « Guilhemet deu Portau deu casteg de Pardies e Peyrolet deu dijt loc », tous deux cagots. (*A. B.-P.*, E 1 919, f° 45.)

1384. — Guilhemet de Portau et Peyrolet crestias de Pardies autorisent la vente du moulin Baccarau. (*A. B.-P.*, E 1 919, f° 45.)

Balansun (*canton et arr*[t] *d'Orthez*).

XIVe *s.* (**15**). — L'ostau deu crestiaa.
1385. — Lo crestiaa.

Baleix (*canton de Montaner, arr*[t] *de Pau*).

A Baleix, les cagots avaient une petite chapelle à côté du corps principal de l'église, ou une porte leur était réservée (M., I, 100).

Balère (*commune de Sévignac, canton de Thèze*).

Balère est maintenant confondu avec Sévignac. Il s'y élevait sur une place (celle où s'arrête le train-tramway de Pau à Garlin) une petite chapelle où fréquentaient seuls les cagots qui habitaient ce quartier; c'était la *gleysiote de Balère*. Les cagots y avaient leur cimetière. « *Qu'has l'ayoü à la gleysiote de Balere.* Tu as ton aïeul à la chapelle de Balère », est une locution injurieuse. qui s'emploie encore de nos jours, pour rappeler à quelqu'un son origine cagote[1]. »

1665. — Mort de Guilhem de Joangros, cagot, muni des sacrements, le 25 septembre de l'an 1665 et fut ensevely dans le cimetiere des cagots devant Balère, le 26 dudit mois, par Bernard Labeyrie curé. (*Registres de la paroisse de Sevignac*[2].)

Baliracq (*canton de Garlin, arr*[t] *de Pau*).

XVIe *s.* — Lo crestia de Balirac : XII. d.

Le cimetière des cagots de Baliracq fut détruit en 1843.

Barcus (*canton de Mauléon-Licharre, arr*[t] *de Mauléon*).

Vers 1640, Janticot, cagot de Barcus, figure dans une chanson. (M., II, 125.)

Barinques (*canton de Morlaas, arr*[t] *de Pau*).

1. Lespy, *Dictons du Pays de Béarn.*
2. De Rochas, p. 51.

1360. — Lo crestiaa : XII d. de francau.
1383 (**24**). — Guilharnaud, crestiaa.

Bastanès (*canton de Navarrenx, arr*[t] *d'Orthez*).

1385. — Lo crestiaa.

La Bastide-Cézéracq (*canton d'Arthez, arr*[t] *d'Orthez.*)

XIVe *s.* (**15**). — L'ostau deu crestiaa.
1360. — Au crestiaa de Sessac : XII. d.
1374. — Johan, crestia de Ceserac. (*A.-B.-P.* E 1 918, f° 38.)
1379 (**21**). — Johanet, crestiaa de la Bastide.
1383 (**24**). — Johanet, crestiaa de la Bastide.
1383. — Contrat de mariage entre Johanet, cagot de Cézérac et Guirautine, fille de Peyrolet, cagot de Monein (*A.B.-P.* E 1 920, f° 19.)
1385. — L'ostau deu crestiaa de Cesserac.

La Bastide-Montrejeau (*canton d'Arthez, arr*[t] *d'Orthez*).

XVIe *s.* (**17**). — Lo crestiaa : XII. d.

La Bastide-Villefranche (*canton de Salies-de-Béarn, arr*[t] *d'Orthez*).

1385. — Viele-franque : lo crestiaa.
27 octobre 1407. — Vente de terrain par Peyroton de Saboge, crestia de Labastide, et Agnette sa femme, à François de Bearn, de Saint-Dos, pour la somme de 28 florins, 7 ardits (*A. B.-P.*, E 1 409, f° 146, v°.)
12 février 1545. — Me Ramonet, crestian de la Bastide, vend en alleu et franc-alleu à Johan de Salies, crestian, demeurant à la Bastide, et à Mondessine sa femme, une pièce de terre (*A. B.-P.* E 1 195, f° 142.)
12 décembre 1552. — Quittance de Miqueu de Berraute « crestian habitant a Vielefranque » à Ramonet « maître de l'hôtel et cagoterie de La Bastide Villefranche », de 22 francs, monnaie de Bordeaux, sur les 30 francs promis par ledit Ramonet pour la dot de sa fille Jehanne, épouse dudit Miqueu (*A. B.-P.* E 1 197, f° 129.)
Contrat de mariage entre Catherine Gailhardet et Jeannet de Nabas, cagots de La Bastide Villefranche (1560-1576). (*A. B.-P.* E 1 199.)

Bayonne.

L'existence des lépreux à Bayonne est certaine dès 1266, époque à laquelle nous les voyons figurer parmi les censitaires de la cathédrale pour la somme de 6 deniers. (Voir : P. J., N° 3.) Ils habitaient un quartier extérieur de la ville appelé Saint-Léon, tout près de la fontaine dite de Saint-Léon. Ils possédaient une source, où eux seuls allaient puiser; cette source se déversait, par un petit ruisseau de 40 à 50 mètres, dans la Nive. Elle figure dans plusieurs des anciens plans de la ville de Bayonne sous le nom de fontaine ou source des Agots. Primitivement elle portait le nom de fontaine Saint-Lazare. (*Archives de Bayonne.* AA 1, p. 23[1]).

En 1187, Guillaume de Castelgelos avait fait don aux hospitaliers de Saint-Jean de Jérusalem, d'une terre qu'il possédait à Saint-Léon. Ces hospitaliers, qui tenaient déjà un hôpital au *Bout-du-Pont* (*in Capite Pontis*), au quartier Saint-Esprit, fondèrent sur cette terre un autre hôpital et une chapelle (*Livre d'Or*, p. 74). Il est vraisemblable que cet hôpital reçut à ses débuts les grands lépreux de la région, et que ce fut autour de lui que s'éleva la cagoterie. Autour de l'habitation des agots, dit Balasque[2], « régnaient des jardins qu'ils cultivaient; un chapelain desservait leur oratoire. On se rendait au quartier des crestiaas ou des agots par une poterne (*pustarle*) contiguë à la Tour de Sault, et qu'on nommait *Saint-Lazer* ou *Saint-Lazare*. Un ordre religieux de ce nom, les Hospitaliers de Saint-Lazare, créé par les croisés à Jérusalem, comme les Templiers et les Hospitaliers de Saint-Jean, avec la mission spéciale de servir les lépreux, avait été introduit en France sous Louis VII. Les crestiaas ou agots de Saint-Léon ne reçurent-ils pas, au moins à l'origine, les soins des frères de Saint-Lazare? »

Il existe, aux Archives de Bayonne, un plan détaillé de la fontaine des Agots. L'eau de cette fontaine fut canalisée au XVIIIe siècle pour l'alimentation de la ville. Depuis cette époque elle se déverse dans la fontaine Saint-Simon située dans la ville, contre les fortifications édifiées par Vauban (1685)[3].

1. Saint-Laze ou Sent Lasser, c'est le terme qu'emploie le livre des Établissements de Bayonne de 1336.

2. *Études historiques sur la Ville de Bayonne*, par Jules Balasque, avec la collaboration de Dulaurens, archiviste de la Ville. Trois volumes in-8°. *Bayonne, Lasserre*, 1862-1869-1875. — (Volume II, p. 219.)

3. On lit, aux Archives de Bayonne, dans une pièce de 1771 (HH 246) : « L'eau des Agots coule dans le bassin de Saint-Simon près de la tuerie et sur le quay de la rue des Basques. »

C'est en longeant les tuyaux de canalisation que nous avons pu retrouver la fontaine des agots, à trente mètres environ de la porte Saint-Léon dans le fossé même des fortifications. Un mamelon de terre en marque la place. En creusant un peu ce tertre on rencontre la voûte d'une petite construction en pierres et briques, dont la porte est faite de planches. C'est tout ce qui reste de cette fontaine[1].

Si nous en croyons un document (*FF 426*) il aurait existé un *pont des Agots* à Bayonne. Ce pont ne figure sur aucun des plans anciens que nous avons consulté.

Pour les agots, nous rappelons qu'ils sont signalés à Bayonne, en 1266; qu'en 1315 et 1319 des règlements de

1. On pourra consulter aux Archives de Bayonne les pièces suivantes ayant trait aux agots de Bayonne.

AA 2 (1707-1733). Exemption du guet et garde pour Barthélemy Deville, en indemnité d'un terrain pour la fontaine des Agots, cédé par lui à la Ville de Bayonne:

BB 12 (1586-1596). Délibération pour savoir s'il y aurait moyen de conduire la fontaine des Agots dans la ville pour la provision et service d'icelle. Étant privés d'eau, a été décidé que la fontaine dite des Agots, qui est la meilleure, sera conduite dans la ville.

BB 70 (1657-1663). Lettre à Estienet de Fosses, au sujet de la fontaine des Agots.

BB 71 (1663-1680). Lettre à M. Brun, procureur à Bordeaux. Instructions concernant le procès de la fille de Fosses pour la fontaine des Agots.

CC 203 (1757-1778). Défenses faites pour la fontaine de Chaseron et des Agots.

CC 162 (1514-1527). Soins donnés aux pestiférés des Agots, du Balanguer et autres maisons situées hors la porte Saint-Léon.

HH 80 (30 août 1613). Requête des charpentiers contre les agots, gezitains.

CC 799 (1661-1669). Transaction entre la ville et Estiennette de Fosses, au sujet de la fontaine des Agots.

CC 426 (1650). Salaire donné à un agot, charpentier, pour avoir débité en madriers des arbres abattus sur le rempart des fossés.

DD 95 (1730-1732). Délibération exemptant Barthélemy Deville du guet et du logement militaire, pour la cession qu'il a faite à la commune, de l'eau des Agots, prise dans son héritage de Tosse.

Marché passé entre Louis Dubroc, Dominique de Béhic père, François Casaubon de Maisonneuve et Leon Dulivier, agissant pour la commune, et Étienne Joyer de Larochette, fontainier à Bordeaux, pour la conduite de l'eau des Agots dans la ville près de la tuerie.

DD 108 (1774-1789). Projet de Bernard Rochet pour la restauration de la source des Agots.

DD 104 (1757-1764). Restauration de la conduite des eaux des Agots à la fontaine de la Boucherie, entreprise sans succès par Nicolas Fazal de Castres.

FF 523. Défense aux domestiques d'aller puiser de l'eau à la fontaine de Saint-Léon, des Agots, etc., avant qu'elles n'aient été nettoyées; défense aussi d'y laver la buée.

police les chassèrent de la ville[1]; qu'en 1514, Bernat et Jean signèrent la pétition des agots adressée au pape Léon X[2]; que le 30 août 1613, les charpentiers de Bayonne firent une requête contre les agots[3]; et qu'en 1650 il y en avait encore à exercer le métier de charpentier[4]. Il est en outre probable qu'Estienette de Fosses, propriétaire de la fontaine des Agots, était agote.

Bédeille (*canton de Montaner, arr^t de Pau*).

On y voyait encore, au milieu du XIXe siècle, deux ou trois familles réputées cagotes (M., I, 100).

Bedous (*canton d'Accous, arr^t d'Oloron*).

Les cagots de Bedous étaient généralement appelés *cagots de Carolle*, nom du quartier qu'ils habitaient.

Il existe deux dictons béarnais se rapportant aux cagots de Bedous. Ils sont tous deux rapportés par Lespy (*Dictons de Béarn*). Le premier se lit page 145 :

A Bedous lou bon biladge.
Cagotz soun toutz.

Lou cagot ey de Sarrance.
La cagote de Bedous.

Le second (p. 41) a trait à une rivalité entre Bedous et Accous. Le titre de chef-lieu de canton en était la cause. Navarrot fit à ce sujet une chanson où interviennent les deux patrons de ces villes, saint Martin et saint Michel :

Lou patrou d'Accous.
Dou Cagot lou trettabe.

Y Michel de Bedous
Garroute lou clamabe.

Bellocq (*canton de Salies-de-Béarn, arr^t d'Orthez*).

Le bout du cimetière de Bellocq jadis réservé aux cagots servit au XIXe siècle aux étrangers.

XIVe s. (15). — Lo crestiaa, une dalhe[5].

1. Voir. P. J. N°s 11 et 12.
2. P. J. N° 168.
3. Arch. de Bayonne, HH 80.
4. Arch. de Bayonne, CC 426.
5. Il est vraisemblable que, vu sa pauvreté, le cagot de Bellocq avait préféré donner une journée de faucheur, que le montant de sa franchise, qui était de douze deniers.

1379 (**21**). — Monicoo, crestiaa de Begloc.
1383 (**23**). — Lo crestiaa.
1383 (**24**). — Moniton, crestiaa.
1385. — Lo crestiaa.

Bénejacq (*canton de Nay-Est, arr^t de Pau*).
On y voit encore une maison appelé *Chrestia*.

XIVe s. (**15**). — L'ostau deu crestiaa.
1360. — Lo crestiaa : XII. d. [de francau].
1385. — Lo crestiaa.

Bentayou (*canton de Montaner, arr^t de Pau*).

1365 (**18** et **19**). — La crestiane : XII. d. de francau.
1379 (**20**). — Lo crestiaa.
1379 (**21**). — Guilhaume, crestiaa de Bentayoo.
1383 (**23**). — Lo crestiaa.
1385. — L'ostau deu cresthiaa; l'ostau apres lo deu crestiaa; lo crestia.

Le 4 mai 1659, a été baptisé Pierre de Labarrère, dit Crestiaa, de Seméac, fils de Jean de Labarrère et Marie de Labarthe, mariés; parrains Pierre de Labarthe, de Bentayou, et Catherine Duplaa, mariés.

Le 30 novembre 1666, baptême à Seméacq de la fille de « Jean de Labarrère, de Seméac, et de Marie de Labache, de la parroisse de Bentayou, mariés, Capots... » (*Registres de Seméacq.*)

Bérenx (*canton de Salies-de-Béarn, arr^t d'Orthez*).

1379 (**21**). — Peyrot crestiaa.
1385. — Lo crestiaa.

Bernard, chef de la cagoterie de Bérenx, et Arnaud, cagot de Castagnède, promettent à Étienne de Hou, seigneur d'Athos et de la Salle de Cassaber, de lui bâtir une maison à Athos (1462-1473) (*A. B.-P.* E 1 189).

13 juin 1452. — Bernadou, crestian de Bérenx, figure parmi les debiteurs de P. de Gamachies, cagot de Sainte-Suzanne. (*A. B.-P. Reg. Compl. des Not. de Casternet et Larbaig*, f° 30.)

Bescat (*canton d'Arudy, arr^t d'Oloron*).
Les cagots s'y tenaient, vraisemblablement, à l'église dans une sorte de petite chambre située sous les cloches, et à laquelle on accédait directement par la porte du fond de l'édifice.

Bétracq (*canton de Lembeye, arr^t de Pau*).

XVIe s. -- Lo crestia de Bescat (*Bétracq*) : XII. d.

Beuste (*canton de Thèze, arr*[t] *de Pau*).

Les familles cagotes y étaient enterrées dans une partie du cimetière, depuis affectée aux protestants.

Biarritz (*chef-lieu de canton, arr*[t] *de Bayonne*).

Il y a peu de localités des Basses-Pyrénées et d'ailleurs où les cagots aient fait plus parler d'eux qu'à Biarritz.

Les cagots, ou mieux les agots de Biarritz, habitaient, dit-on, un quartier appelé Gardague, il était composé d'une trentaine de maisons. Aujourd'hui tout souvenir en a disparu.

L'église Saint-Martin conserve encore la porte et le bénitier des agots.

Les premières mentions des agots de Biarritz remontent aux toutes premières années du XVIIe siècle. On les trouve dans la « Recepte des trésors et autres domaines de la paroisse de Biarritz » (*Archives de la mairie de Biarritz*, CC 6) dont nous donnons des extraits conformes à la transcription qu'en a publiée Fr. Michel (t. II, p. 190).

Plus, avoms payé à l'Agot le 20e de martz pour une clède qu'y avoit faicte devant Menault. Payé. . . . . 3 L 4 S

1618

Plus, receu du bailif de Martin l'Agot. . . . . 10 S
Plus, receu du gendre de Martin l'Agot. . . . . 10 S
Plus, receu de Coulau l'Agot. . . . . 10 S
Plus, receu de Augé l'Agot. . . . . 10 S

1619

Plus, receu de Chanin l'Agot. . . . . 10 S
Plus, avons payé à Guillem et Esteoum, Agotz, pour dix journées qu'ilz ont travaillé tant à la Talaye, devant la maison de Puianne, que pour coupper du bois au bosc, la somme de. . . . . . 10 L
Plus, avons paié aux Agotz pour deux journées qu'ilz ont travaillé . . . . 2 L

1620

Plus, receu de Augier de Pédauque et Bernard de Puianne, pour les testons de ceulx quy naviguent à l'esté de l'année 1619, la somme de trente-six livres tournoises. Parçu. . . . . 36 L

1621

Plus, receu de Coulau l'Agot pour un teston . . . . 12 S
Plus, paié aux Agotz pour dresser la pierre du grand port. . 10 S

1622

Plus, paié aux Agotz quand avons mis le bois devant lou depetyton . . . . 1 L

Plus, paié aux mesmes Agotz lorsque l'on a tiré. . . . . . . 3 S

1625

Plus, à Guillem l'Agot pour fere ung bancq devant Charpot. . . . . 3 L 10 S

1626

Plus, (receu) de Chiquoy l'Agot. . . . . 16 S

Plus, avons paié à Augier l'Agot pour une journée qu'il a travaillé à faire les ratelliers pour mettre les armes. . . . . 1 L

1630

Plus, paié pour une table pour mettre au pois de la parroisse, et journée de Guillem l'Agot, pour le tout . . . . 2 L

1634

Plus, receu de Guillem l'Agot, pour le bois qu'il a achapté, la somme de. . . . . 5 L

1635

Plus, payé à Guillem l'Agot de ce qu'il a travaillé à accomoder la cliéde Menault et pour faire des bancq et des journées . . 4 L

1637

Plus, receu de Coulau l'Agot pour du bois vendu au boscq de Biarritz . . . . 7 L

Plus, receu de Puthicq l'Agot, pour du bois à luy vendu le 25e juin . . . . 10 L

Plus, receu de Coulau l'Agot, pour deux chesnes que luy avons vendu pour paier M. le procureur du roy, le 27e juillet. . . 20 L

Plus, receu dudit Coulau l'Agot, pour trois chesnes que luy avons vendu le 2e septembre . . . . 13 L

1638

Plus, doibt prendre Joan Petit l'Agot, pour garder le bédat de Hubiague et lande de prés de hault et bas. . . . . 4 L

1639

Est deu à Joan Petit l'Agot, pour garder le bédat de Hubiague la somme de. . . . . 4 L

1640

Nous avons paié le premier jour de mars à l'Agot pour coupper le bois pour le fort. . . . . 4 L

Plus, le 23 dudit mois (apvril), pour avoir vendeu deux chaines à Esteoun l'Agot . . . . 12 L

Plus, le 24, pour avoir vandeu trois chaines à Coulau l'Agot. 28 L
Plus, le 8 (juin), avons payé aux Agotz pour avoir couppé du bois pour le fort en diverses fois. . . . . 9 L

1641

Plus, le 15 de may, avons receu de Chanin l'Agot, d'ung loppin de terre à luy vendue, la somme de . . . . 25 L
Plus receu de la Porte, Agot, pour deux chaines à lui vendus. 6 L
Plus, receu des Agots, pour quatre chesnes que leur avons vendu . . . . 13 L
Plus, receu du gendre de Joan Petit l'Agot, pour deux chesnes à luy vendus . . . . 6 L
Plus, receu de Chanin l'Agot, pour deux chesnes à luy vendus. 6 L
Plus, paié à Coulau l'Agot, tant pour des journées qu'il a expozées pour le service de la parroise, que pour le travail qu'il a commencé à faire au chemin du port, la somme de . . . . . . 30 L

Le 11 janvier 1655. — « François Dongieux de la Punte espousa Marie de Saint-Jean, de Biarritz, tous deux gésitains. » (*Arch. de Capbreton*. CC 2).

En 1697, il est fait mention d'un moulin à vent situé près d'une pièce de terre, appelée *lou capot de la grande terre de Castera* à peu près sur l'emplacement actuel de la Croix des champs[1].

Le Parlement de Bordeaux eut souvent à s'inquiéter des agots de Biarritz.

Quatre graves affaires eurent lieu en effet en 1680, 1697-1700, 1718, et 1721-1729.

Nous y apprenons les noms des cagots, Joannes Guilharet, Joannes et Saubat de Harosteguy, Martin Saubat, Pierre du Casse, Joannes d'Oyhamboure, charpentier maître de la maison de Coulau (1700), Etienne Arnaut, meunier (1718), époux de l'héritière de Erreteguy, enfin Legarès (1721).

On lira tous les documents concernant ces affaires aux Pièces Justificatives (Nos 60 à 70 et 75 à 91).

Un curieux document nous montre toute l'animosité qui régnait contre les agots au début du XVIIIe siècle, puisqu'il nous représente les enfants eux-mêmes embrassant les querelles de leurs pères. Il s'agit du procès-verbal de la visite pastorale de Monseigneur l'évêque de Bayonne, faite à Biarritz le 22 mars 1710; on y lit :

1. Dr Joseph Laborde, *Le Vieux Biarritz*. — *Biarritz-Bayonne, Lamargnère*, 1905, p. 72.

« Les gots s'étant plaints à nous, que leurs enfants étaient quelquefois insultés au catéchisme par les enfants des autres paroissiens, nous avons enjoint au vicaire ou prêtre qui fait le catéchisme d'empêcher ces sortes d'insultes, d'en avertir les parents et de traiter les enfants des gots, sans distinction, comme ceux des autres[1]. »

A partir de 1724 on peut dire que les Agots n'existaient plus. La preuve en est dans cette ordonnance curieuse qui interdit aux mariniers, parmi lesquels il y avait plusieurs agots, de traiter qui que ce soit des noms de gots et magots (1725)[2].

Bideren (*c^ne^ d'Autevielle, canton de Sauveterre*).

En 1490, Peyroton, cagot de Bideren, figure comme témoin dans un acte notarié (V. Escos). (*A. B.-P.* E 1 191.)

Les cagots de Bideren semblent avoir immigré un peu partout au XVIe siècle, nous trouvons en effet à Saint-Dos, en 1551, un cagot, dit de Bideren (*A. B.-P.* E 1 197), et le 16 juin 1653 Bernard de Bideren, cagot de Lalonque. (*A. B.-P.* E 1 384).

Billères (*canton de Pau-Ouest*).

Une anecdote rapportée par Michel (t. I, p. 100) raconte que Henry IV courtisait une jeune fille de Bilhères, celle-ci tout en larmes lui déclara qu'elle n'était pas digne de ses attentions et des sentiments qu'elle était flattée de lui inspirée. « Et pourquoi donc? » lui dit le vert-galant. « C'est que je suis cagote. » — « Et moi aussi, s'écria le roi, *et jou tabè qu'en soy, aü Diou biben!* » L'anecdote a quelque chance d'être authentique.

Bizanos (*canton de Pau-Est*).

1591. — On paye Menjou, de Bizanos, et Arnaud, de Pau, cagots, pour un ratelier à arquebuses. (*Archiv. munic. de Pau.* CC 80.)

12 avril 1597. — De dus solz pagatz a berthomin cagot de bisanoos, per mandament deudit jorn. . . . . II. s. (*Arch. munic. de Pau, Registre des dépenses de la municipalité.* CC 227, f° 28 v°.)

1. Archives de Biarritz, GG 6, N° 1. L'extrait que nous donnons a été publié avec la totalité du document, in : *Relevé des procès-verbaux des Visites Pastorales au Pays Basque, de N. N. S. S. de Beauvau et de Bellefont, Evêques de Bayonne*, par l'Abbé Haristoy, curé de Ciboure — *Pau. Vve L. Ribaut*, 1891, p. 42-43.

2. P. J. N° 89.

Boeil (*canton de Nay, arr^t de Pau*).

Dans la vieille église, démolie il y a quelque trente ans, on voyait, nous assure un vieux prêtre, originaire du village, la porte et le bénitier des cagots.

Une famille y porterait encore le nom de *Chrestiaa.*

1360. — Lo crestia : XII. d. [de francau].
1379 (**21**). — Menjolet crestiaa.

Bonloc (*canton de Hasparren, arr^t de Bayonne*).

Le bénitier des cagots de Bonloc était situé à l'extérieur de l'église.

Bonnut (*canton et arr^t d'Orthez*).

Avant 1875, date de la restauration de l'édifice, il y avait porte et bénitier des cagots, à l'église Saint-Martin.

Les registres paroissiaux (*CC 1 à 9*) contiennent un grand nombre d'actes concernant les familles d'Araignés (Larragné, Larrégnesse), Arrioudougert, ou Dugert, qui sont cagotes et figurent habituellement avec la mention gésitains. M. Gardère, dans un travail duquel nous puisons ces renseignements, a vu que ces familles étaient alliées avec les cagots de Baigts, Orthez, Sarpourenx, Saint-Boès (B.-P.), Saint-Paul-lès-Dax, Clermont et Bonnegarde (Landes).

26 février 1615. — Baptême de Charles de Leytou, « fils bastard d'Henry de Leytou et de Marie de Fourcade, gésitains. Parrain, Charles d'Araignats; marraine, Brune de Pomarting, mary et femme dits du Chrestian ».

1er mars 1617. — Baptême de Charles de Molia « fils bastard de mons. de Molia, seigneur de Sarporenx et de Jeanne du Bourg, P. et M. Charles d'Araignats et Brune de Pomarting, gésitains ».

16 octobre 1633. — Estienne d'Araignés et Brune de Labaig, *jésuitains*, sont parrain et marraine de Brune de Minville, fille de Pierre de Minville et Marie de Laborde, non gésitains.

3 juin 1634. — Jean de Guirault et Marie de Fons du camp de Bueix, gésitains, ont deux jumeaux dont les parrains sont Jean de Sousleys et Estienne d'Araignés et de Catherine de Sousley, tous *jésuitains.*

19 septembre 1635. — Charles d'Araignés et Brune de Pomarting, gésitains, sont parrain et marraine de Brune de Bernard dont les parents ne sont pas gésitains.

30 décembre 1635. — Baptême de Catherine d'Araignés, « fille bastard d'Estienne d'Araignés, jésuitain comme a esté déclairé en justice par Catherine de Sosleix dite Cabin, mère dudit enfant et qui n'est point jésuitaine, ses père et mère ont de nouveau confirmé devant la porte de l'église par plusieurs, parrain et marraine sont Arramond de Pedeboscq et Catherine d'Araignés sœur du susd. père et led. baptesme a été faict par moy Demolia curé susd. » (*Archives communales de Bonnut*[1].)

Borce (*canton d'Accous, arr*ᵗ *d'Oloron*).

C'est à Pézille qu'habitaient les cagots de Borce.

24 avril 1583. — Peyroton du Boxet, « crestian deu loc de Borssa », lègue par testament, à sa femme Catherine, ses maisons de Carriot, et du Planhy. (*A. B.-P.* E 1 099, fº 25, vº).

10 décembre 1589. — Peyroton deu Planhes, crestian de Borce, vend une terre a Peyrolet de Sansson du même lieu (*A. B.-P.* E 1 100, fº 18, rº).

Bordes (*canton de Lembeye, arr*ᵗ *de Pau*).

La porte des cagots à l'église était surmontée du monogramme du Christ (X. P. Σ accompagnés de l'A et Ω). Contrairement à l'opinion de Michel nous ne croyons pas qu'il faille voir là une allusion au nom de Chrestiaa que portaient les cagots, d'autant que nous avons vu un grand nombre de portes d'églises en Béarn et Bigorre, surmontées de ce monogramme, qui n'avaient rien à voir avec les cagots.

Bordes (*canton de Nay, arr*ᵗ *de Pau*).

1572. — Donation de terre par Guilhem de Lalane, cagot de Bordes, à Arnaud-Guilhem, son frère. (*A. B.-P.* E 1 128. *Notaires d'Assat.*)

Bougarber (*canton de Lescar, arr*ᵗ *de Pau*).

XIVᵉ s. — L'ostau deu crestiaa.

1360. — Au crestiaa : XII. d. de francau.

1379 (**21**). — Berdolo, crestiaa de Borgarber.

1383 (**24**). — Berdolo, crestiaa.

1385. — Lo crestiaa.

1388. — Collation a Peyrot de Faur et Guilhamine sa femme, de Bougarber, par l'archiprestre d'Aubin et le curé de Momas, de Lespiaub, et de Caubios, de « L. sous de bons morlaas que dixon que eren capitau de l'obit instituit en glisie d'Aubij per Clary crestiane de Bougarber, pag[adura] lo dilus apres pentecoste prusmar vient. » (*A. B.-P.* E 1 922, fº 37, vº.)

1. D'après Gardère, *Les Cagots dans la région d'Orthez au XVIIᵉ siècle.*

12 avril 1389. — Arbitrage prononcé par Berdolo, cagot de Bougarber et autres, entre le commandeur de Lespiau et les frères dudit hôpital, touchant des travaux exécutés sur les terres de la commanderie. (*A. B.-P.* E 1 922, f° 45, v°).

Bouillon (*canton d'Arzacq, arr*[t] *d'Orthez*).

1383 (**23**). — Lo crestiaa.
1385. — Lo crestiaa.

Bruges (*canton de Nay, arr*[t] *de Pau*).

1379 (**21**). — Berdolet crestiaa.
1383 (**23**). — Lo crestiaa.
1696. — Jean de Souler, cagot de Bruges, signe une requête (P. J. N° 142).

Bugnein (*canton de Navarrenx, arr*[t] *d'Orthez*).

Vers 1640, Tartarive, cagot de Bugnein, est cité dans une chanson. (M., II, 133.)

Buros (*canton de Morlaas, arr*[t] *de Pau*).

1360. — Lo crestiaa : XII. d. [de francau].
1379 (**21**). — Arnautoo; crestiaa.
1383 (**24**). — Arnautoo, crestiaa.
1385. — Lo crestiaa.

Buzy (*canton d'Arudy, arr*[t] *d'Oloron*).

Les cagots avaient leurs maisons groupées autour de l'ancienne église détruite il y a bientôt un siècle; d'autres habitaient quelques bicoques le long de la route qui mène à Oloron. Ils avaient à l'église porte et bénitier.

1379 (**21**). — Tolet, crestiaa.
1383 (**24**). — Tolet, crestiaa.
1385. — Lo crestiaa.
1538. — La maison de Taberne aperat lo Quagot. (*A. B.-P.* B 658, f° 349 [1].)
Vers 1640, Paloumet, cagot de Buzy, figure dans une chanson. (M , II, 132.)

Cadillon (*canton de Lembeye, arr*[t] *de Pau*).

1379 (**20**). — Lo crestiaa.
1379 (**21**). — Berdolet, crestiaa de Cadelhoo.

1. Cette maison a donné son nom au rocher appelé le *caillau de Téberne.*

1383 (**23**). — Lo crestiaa.
1385. — L'ostau deu crestiaa.
*XVI*ᵉ *s*. — Lo crestia de cadelho : XII. d.

Cambo (*canton d'Espelette, arr*ᵗ *de Bayonne*).

Le souvenir des cagots est absolument effacé à Cambo. Nous avons cependant appris, de source autorisée, que jadis ces malheureux y exerçaient le métier de tondeurs.

Came (*canton de Bidache, arr*ᵗ *de Bayonne*).

Les cagots y avaient, à l'église, porte, bénitier, et place spéciale. (M., I, 142).

En 1844, il y avait encore à Came un individu de cette race, qui portait le sobriquet de Chrestiaa.

22 juin 1439. — Arnaud, cagot de Saint-Cricq, donne à son frère Peyrot, une paire de bœufs qu'il possédait à Came. (*A. B.-P.* E 1 188, fº 10.)

2 février 1551. — « Peyroton de Savoyes, dit de Bideren, crestian parropian de Sen Dos » fait donation et cession à « Agnete crestiane de Came sa molher » de ses biens. (*A. B.-P.* E 1 197, fº 42, vº.)

(*1551-1554*). — Vente de terres par Agnette, cagote de Came, à Peyrot de Salies, cagot de Saint-Dos. (*A. B.-P.* E 1 197.)

Cardesse (*canton et arr*ᵗ *d'Oloron-Sainte-Marie-Est*).

1379 (**21**). — Berdoloo, crestiaa.
1383 (**23**). — Lo crestiaa.
1663. — Contrat de mariage entre Pierre, cagot de Cardesse, et Marie Duplaa, de Goès (*A. B.-P.* E 1567.)
19 février 1707. — Pierre de Crestiaa, cagot de Cardesse, est cité dans un arrêt du Parlement de Navarre. (P. J. Nº 144.)

Caresse (*canton de Salies-de-Béarn, arr*ᵗ *d'Orthez*).

Un peu avant d'arriver à Caresse, à l'endroit où se trouve la halte du chemin de fer, on voit un quartier, aujourd'hui assez considérable, qui jadis était réservé aux cagots. On y voit encore la maison *Chrestian*.

1379 (**21**). — Peyrucoo, crestiaa.
1385. — Lo crestiaa.
A la fin du xvᵉ siècle, Jean d'Estibaux, cagot de Caresse, est témoin dans un contrat. (*A. B.-P.* E 1191 [1487-1490]. *V.* Escos.)

31 août 1467. — Arnaud Guilhem de Taxoere, voisin et habitant de Villefranche vend ses biens à Maître Jean d'Estibaux, cagot « demorant et habitant en l'ostau deu crestian de Caresse ». (*A. B.-P.* E 1 191, f° 107.)

Carrère (*canton de Thèze, arr^t de Pau*).

1379 (20). — Lo crestiaa.

Cassaber (*canton de Salies-de-Béarn, arr^t d'Orthez*).

Bernard, cagot de Cassaber, est témoin dans un contrat. (*A. B.-P.* E 1 191 [1487-1490]. V. Escos.)

Castagnède (*canton de Salies-de-Béarn, arr^t d'Orthez*).

Jusqu'à ces dernières années il y a eu des cagots à Castagnède. Zambaco-Pacha y a vu des malades atteints de lèpre atténuée, et rapporte qu'il y est mort récemment un lépreux tuberculeux.

30 avril 1524. — Ramonet, cagot et voisin de Castagnède, vend en alleu et franc-alleu à Bertrand de Forcade, seigneur de Mur, un terrain (*A. B.-P.* E 1 193, f° 84, v° [1].)

7 février 1529. — Vente du droit de quête à Mur par Johanet, cagot du Leu, à Arnaud du Culagut, cagot de Castagnède, pour 10 florins. (*A. B.-P.* E 1 194, f° 22, v°).

Vers 1545. — Vente pour 24 florins du droit de quête à Mur par Gaillardet, maître de la cagoterie du Leu, à Arnaud de Mongay cagot et bourgeois de Castagnède. (*A. B.-P.* E 1 198.)

1545. — Contrat de mariage entre Arnaud de Mongay, frère de Peyrot fils aîné et héritier de Menjon de Mongay, crestian de Habas (Landes), et Peyrone de Culagut, crestiane de Castanhede, sœur de Gracien héritier et fils de Arnaud de Culagut crestians de Castanhede. (*A. B.-P.* E 1 195, f° 171.)

1552. — Guilhem, cagot d'Arancou, et sa femme Mondine du crestian de Castagnède, habitant à Arancou, reconnaissent devoir une somme d'argent à Me Bernard du Crestian de Castagnède. (*A. B.-P.* E 1 197, f° 128.)

1552. — Reconnaissance de Jehan, crestian de Castagnède, à Arnaud, propriétaire de la maison de Bidard à Mur. (*A. B.-P.* E 1 197, f° 110, v°.)

Castainh et Larté (*canton et arr^t d'Orthez*).

1385. — Lo crestiaa.

1. Cet acte est reproduit en entier p. 222.

Casteïde (*canton de Montaner, arr*[t] *de Pau*).

1379 (**20**). — Lo crestiaa.
1379 (**21**). — Ramolo, crestiaa.
1383 (**23**). — Lo crestiaa.
1385. — L'ostau deu cresthia [de Castanhede].

Castéïde-Cami (*canton d'Arthez, arr*[t] *d'Orthez*).

On y peut voir un écart du nom de *Les Crestianotes*.

19 septembre 1518. — Peyrot de Lacoma, cagot de Cescau, vend à Arnaud de Héaas et à sa femme, cagots de Danguin, une terre qu'il possédait sur le territoire de Casteide. (*A. B.-P.* E 1 940, f° 43.)

Castera (*canton de Montaner, arr*[t] *de Pau*).

1379 (**20**). — Lo crestiaa.
1379 (**21**). — Bidau, crestiaa.
1383 (**24**). — Bidau, crestiaa.

Castetbon (*canton de Sauveterre, arr*[t] *d'Orthez*) [1].

1379 (**21**). — Bertran, crestiaa.
1383 (**23**). — Lo crestiaa.
1385. — Lo crestiaa.
1569 (**104**). — Anthony, caguot : III. d. Bizontz, caguot : II. s. IIII. arditz.

Vers 1640, Hourmilougué, cagot de Castetbon, figure dans une chanson. (M., II, 133).

Castetnau-Camblong (*canton de Navarrenx, arr*[t] *d'Orthez*).

10 septembre 1485. — Labarrère, cagot de Castetnau, lègue sa maison et son jardin à sa femme. (*A. B.-P.* E 1 604, f° 90.)

1569 (**104**). — Peyrolo, cagot : V. s. VII. d. II. quo.
Lo crestia : II s. III. d. mo. II. quo.
Peyruquet, cagot : V. s. II. d. mo. I. quo.

Vers 1640, Canton, cagot de Castetnau, figure dans une chanson. (M., II, 125.)

Castetner (*canton de Lagor, arr*[t] *d'Orthez*).

Vers 1640, Lasbites, cagot de Castetner, figure dans une chanson. (M., II, 133 [2].)

1. Un ancien maire de Castetbon, vivant encore du temps de Michel, disait avoir vu sur un vieux cadastre les noms des familles Hourmilougué, Sensoulet et Colibet accompagnés de la syllabe *ca*, probablement abréviation du mot cagot.
2. Michel dit par erreur que Lasbites était de Castetner (Landes).

Castetpugon (*canton de Garlin, arr*[t] *de Pau*).

XVIe *s.* — Lo crestia de Castetpugo : XII. d.

Castillon (*canton d'Arthez, arr*[t] *d'Orthez*).

Aujourd'hui on y voit encore un écart appelé *Cagot* et *Chrestia*.

Castillon (*canton de Lembeye, arr*[t] *de Pau*).

La maison du dernier cagot de Castillon s'élevait au lieu anciennement dit *lou Cam dou Cagot*. (M., I, 97).

1379 (**20**). — Lo crestiaa.
1383 (**23**). — Lo crestiaa.
XVIe *s.* — Lo crestiaa de Castelho : XII. d.

Caubios (*canton de Lescar, arr*[t] *de Pau*).

Les registres paroissiaux de Caubios contiennent quelques indications concernant les cagots.

1360. — Lo crestiaa : XII. d. [de francau].
1379 (**21**). — Ramonet, crestiaa.
28 janvier 1531. — Obligation de 50 écus par Fortaner, cagot d'Arbus, en faveur de Marie de Testarouge, cagote de Caubios. (*A. B.-P.* E 1 474, f° 60.)

7 août 1532. — Contrat entre Goalhard, cagot de Saucède, et Jehan son fils, concernant la dot de Rangoline, fille de Goalhard en vue de son mariage avec Peyrot, cagot de Caubios. (*A. B.-P.* E 1474, f° 288.)

Cescau (*canton d'Arthez, arr*[t] *d'Orthez*).

1379 (**21**). — Monico, crestiaa.
1383 (**23**). — Lo crestiaa.
1385. — L'ostau deu crestiaa.

Les deux actes ci-dessous, où figurent Johanet et Peyrot de Lacoma, cagots de Cescau, sont intéressants en ce qu'ils donnent une preuve évidente de la synonymie des mots gésitain et crestiaa.

20 janvier 1489. — Notum sit que Arnaudthoo de Labadie, faur, habitant à Cescau, de sson bon grat etc. a venut etc. à Johanet de Lacoma, jesita, habitant au medix loc, aqui present, ung trens de terre camp que dixo ave, scituat en lo terrathorii deudit loc de Cescau, que confronte ab l'erm deu ssenhor, d'une part, d'aute ab lo cami Romyn, d'aute ab lo cami de servitut, d'aute ab terre de La Serra, d'aute ab terre de Johan de Guoalhart; et asso per la ssome et pretz de XVI flor. correntz, etc.; se despulha en ma de

Johan Dabadie, bayle de Cescau, ab fust et terre, lo quoau dit bayle ne meto en pocession audit Johanet ab lo medix fust et terre, per thier, possedir, dar, bener, aliénar etc., saubant et retenent los dretz et debers deu ssenhor d'Andonhs et per VI diners morlaas de fiu, que lo susdict Johanet s'en prosmeto pagar cascun an una betz, à la feste de Totz Santz prosmar benent, au ssenhor d'Audehos o à sson bayle, etc., obliga, etc , renuncia, etc., jura, coss[a], etc. Actum a Castede lo XX jorns de yener[1], testimonis Bertran de Lajuus, de Bielanaba; Peyrot de Lacoste, de Cescau; Andren de Lafargues, de Castede; Arnaud de Sancho, de Labastide; et jo, Francès Dabadie, coadjutor. F. De Abadie (*A. B.-P.* E 1 932, f° 56, v°.)

19 septembre 1518. — Notum sit que Peyrot de Lacoma, chrestia de Cescau, a venut, cedit, etc., à maeste Arnaud de Heaas, chrestia, habitant à Dengii, et à Johana sa molher et sor deud. Peyrot, so es ung trens de terre castagnet, situat en lo terrador de Castaede, ayxi que son estatz pausatz termis et senbaus inter lor, que confronte per lo cap de suus ab terre castanhet de Capdebiela de Cescau, per lo cap de suus ab l'erm dem senhor, et per lo costat de bag ab terre deud. Peyrot, et per lo pee de bag ab terre deud. benedor à riu en miey, ayxi que jatz, etc.; et per lo pretz et soma de XII flor. correntz, condan IX[au] sos jaqués per florii, quen reconego, etc., losquoaus XII flor. lod. Peyrot debe dar aud. maeste Arnaud per lo maridadge, part, dot et eydes de lad. Johana, molher deud. maeste Arnaud et sor deud. Peyrot, etc.; prometo thier, etc., per thier, etc., pagan lod. maeste Arnaud et Johana II arditz de fins aud. Peyrot en la feste de Nostre Dona de Agost etc., despulha en man deusditz crompadors per despulha etc., obliga etc., constitui, remuncia etc., jura etc., autreya etc. Actum a Cescau, lo XIX[au] deu mes de setemme mil V[c] et XVIII. Testimonis Arramonet de Sarrabere, jurat de Cescau, Guilhem Arramon deu Bendalh, de Cescau, et jo Guilhemoo de Lafauresse, notari regent deus rendedors, etc. (*A. B.-P.* E 1 940, f° 43, r° et v°.)

Chéraute (*canton de Mauléon-Licharre*).

Il s'y trouvait encore treize familles cagotes en 1844. (M., I, 123.)

Chubitoa (*c[ne] d'Anhaux, canton de Saint-Jean-Pied-de-Port, arr[t] de Bayonne*).

Mme Etcheverry-Barbaste, femme d'un esprit aussi distingué qu'aimable, nous a raconté qu'ayant pris pour nour-

1. La date manque, mais l'acte précédent et l'acte suivant sont de janvier 1488; l'acte ci-dessous est donc du 20 janvier 1489 (n. st.).

rice d'un de ses enfants une femme de Chubitoa, on le lui reprocha vivement, non pas tant parce que les Chubitains étaient cagots, que parce que les femmes de ce hameau avaient une voix spéciale, rude et éraillée, que l'on attribuait à une tare héréditaire, à une maladie qui eût pu contagionner le nourrisson. Ce caractère de la voix des cagots de Chubitoa est très connu à Saint-Jean-Pied-de-Port et à Anhaux.

Il est possible que la ferme Capon, mentionnée en 1480 (*Contrat d'Ohix*, f° 89), fut habitée par des Capots.

On nous a dit, dans le pays, que les habitants de Chubitoa étaient souvent lépreux.

21 juillet 1670. — Le vingt et un juillet mil six cents septante huict, Anton d'Etcheverribehere, alias Alhax, de Chubitua, et Jeanne-Marie d'Amorena, d'Hariscun au quartier de Bozate en Bastan de la Haute-Navarre, Cagots, ont espousé et contracté mariage après la publication des trois bans faicte sans empeschement quelconque, soit en l'église d'Hariscun, ainsi qu'appert de l'attestation du sieur Nicolas, curé d'Hariscun, qu'en l'église dud. Anhaux, les dimanches, troisiesme, dixiesme et dix et septiesme du présent mois de juillet; et ont ensuite receu la bénédiction nuptiale, estants présents avec moi Joannes d'Apeztegui, dict Angeli, dud. Anhaux, Gratian de Tristantena m^e^ de la maison d'Oguihandy, de Chubitua, et autres. Signé : d'Iriart, curé. »

24 septembre 1683. « Le vingt et quatre septembre mil six cents huictante trois, nasquit Marie d'Oguihandy, alias Ordoquy, fille légitime de Joannes m^e^ jeune de lad. maison d'Oguihandy au quartier de Chubito, et de Marie Tristantena, conjoincts; et a esté baptisée le vingt et six dud. mois. Son parrin a esté Enaut m^e^ de Tamborindeguy, d'Uhart en Cize, et sa marrine Marie de Carricaburu m^esse^ de Tristantena, de Harriette aud. pays de Cize, les uns et les autres Cagots. Signé : d. Iriart curé. »

(*Registres des Baptêmes d'Anhaux*, p. 35) [M., I, 120, note].

Ciboure (*canton de Saint-Jean-de-Luz, arr^t^ de Bayonne*).

A Ciboure, comme à Saint-Jean-de-Luz, il existe encore de nos jours une race appelée *cascarote*, qui provient d'unions entre cagots et bohémiens. Nous n'avons pas à en traiter ici, puisqu'un paragraphe de cet ouvrage est consacré à cette race. Les cascarots de Ciboure habitent un quartier du haut de la ville nommé Bordegain; la rue où ils sont presque tous logés s'appelait jadis rue Agoreta, aujourd'hui Evariste-

Baignol. Leur quartier commençaient à une petite place où s'élève une croix de fer peinte en rouge, c'est la Croix-Rouge. Quelques-unes de leurs demeures paraissent fort anciennes, mais ne diffèrent en rien des maisons basques pauvres que l'on voit ailleurs. On dit que jadis ils assistaient aux offices dans la chapelle de Bordegain, maintenant en ruine, et que nous avons entendu nommer *la chapelle des Cascarotes* [1]. Ils étaient enterrés dans les cimetières communs, situés au Nord, mais il est probable qu'ils y avaient des places distinctes, puisque les actes de sépulture définissent toujours en quel point du cimetière étaient mises leurs tombes. Au XIXe siècle leur place au cimetière commun était encore séparée. Aujourd'hui il reste toujours quelques distinctions entre les cascarotes et les autres habitants. Ils sont presque exclusivement mariniers, les mariages ne se font guère qu'entre eux, enfin leurs enfants ne sont pas admis aux fonctions d'enfant de chœur, pas plus d'ailleurs qu'à Saint-Jean-de-Luz; c'est la population qui l'exige. Ces quelques faits paraîtraient étranges, si l'on n'ajoutait que les cascarotes ont encore leur porte à l'église, située à l'extrémité de la façade principale. A qui connaît le pays basque, où les plus vieilles traditions sont encore vivantes, ces coutumes semblent assez naturelles [2].

Les seuls documents concernant les cascarotes, à part un règlement qui leur interdit de descendre dans la ville passé 8 heures du soir, datant du milieu du siècle dernier, et maintenant oublié, sont les extraits des registres paroissiaux. Nous y avons relevé plus de 150 mariages, baptêmes ou sépultures de bohêmes, ou cascarots. Nous en transcrivons ici quelques-uns plus spécialement intéressants. On remarquera que parfois les parrains ne sont pas cascarots, mais l'usage veut

1. Nous donnons cette information sous toutes réserves, d'autant que nous avons recueilli plusieurs témoignages contradictoires à ce sujet.

2. Nous ne pouvons résister au désir de raconter un autre usage cibourien qui a pris naissance au milieu du XIXe siècle. Vers 1842 le 4e Léger était en garnison de passage à Ciboure : peu de mois plus tard les naissances illégitimes devinrent très nombreuses, mais à chaque baptême (il faut tout dire), l'enfant trouva aussitôt un père qui le reconnut parmi les soldats ou les officiers du régiment. Pour tempérer l'ardeur de la population, le curé eut l'idée de ne vouloir célébrer les baptêmes des enfants naturels qu'à la nuit tombante, et de les faire entrer par la porte des cascarots. Plus d'un père en fut mortifié,... mais l'usage persiste encore.

qu'au pays basque, toute personne sollicitée d'être parrain ou marraine accepte cette fonction; un refus est chose inconnue.

L'acte de baptême daté de 1642, que M. l'abbé Haristoy a publié avant nous, ne permet aucune conclusion relative à l'origine des cascarots, car il peut fort bien se rapporter à des nomades, d'autant plus que les parrains et marraines ont été choisis parmi des familles fort distinguées et non parmi des cascarotes.

Anno ut supra (1642) die 13 octobr. ego Joannes de Haristeguy rector hujus ecclesiæ baptizavj infantem natum ex Joannem et Catarina Egiptianis conjugibus cuj impositum est nomen Joannis; patrini fuerunt Joannis de Haraneder et Maria de Sorhainder.

Bapt. cascarot. — Le dixième decembre 1707 a esté baptizé Arnaud de Hoste fils de Jean Pierre de Hoste bohémien marinier et de Garauna d'Harostéguy sa femme né hier à une heure du matin, le parrain Arnaud de Labatut la Marreine marie d'Iturbide interpellés de signer ont déclaré ne scavoir

J. d'Areche, curé.

Bapt. bohême. — Ce seizième avril 1708 a este baptizé Jean d'Etcheto fils legitime d'Estienne Etcheto et de Marie d'Iturbide conioins né le seizième du courant, le parrein Mons. Jean de Cazavielle qui l'a fait tenir à martin Demaçague et la marreine madame De Garro qui l'a fait aussi tenir à Marie Daguerre sa femme de chambre interpelés de signer ont déclaré ne scavoir.

J. Durruti, vicaire.

Sépulture bohémienne. — Le Dix-neufieme auril 1709 a esté enterrée Marie d'Itubie dans le cimitiere de l'eglise paroissiale de st Vincent de Siboure decede hier aprés avoir receu les sacrements, en foy de quoy j'ay cy signé.

J. Duriaty, vicaire.

Sépult. magdalene cascarot. — Le douzième may 1709 a esté enterrée Magdaléna Diturbide dans les semetieres de cette Eglise du costé de la place décédée hier apres avoir receu les sacrements en foy dequoy j'ay cy signé.

J. d'Arreche, curé.

Mariage bohême. — Le neuvième Janvier mil sept cent trente six, aprés la publication des trois bans savoir les deux premiers les deux fêtes qui suivent apres la Noel, et le troisième le jour de la circoncision cette année avec un dimanche a été célébré mariage dans cette Eglise entre Domingo de Cambo, et Joanna d'Urthubie nos parroissiens, et les ayant interrogés et receu leur consentement mutuel par paroles de présant je les ay solennellement conjoints ez presance Marsans Munduteguy neveu de l'époux et Miguelcho d'Urthubie père de l'épouse, qui n'ont pas signé. Ensuite Mr. François de Haranboure leur a dit la Ste Messe, et ay signé avec moy

E. HARANBOURE, ptre J. D'ARRECHE, vicaire.

Mariage bohême. — Le vingt deuxième novembre mil sept cent quarante deux a été célébré mariage dans cette Eglise, apres la publication de trois bans faits par trois dimanches consécutifs Scavoir le premier le quatre, le second le onze, et le troisième le dix-huit de ce mois, entre Jean de Bernardo fils de Bertrand de Bernardo et de Marie d'Etcheberry d'une part, et de l'autre Marie D'aiherre fille de Jean de Larralde et de Suzanne d'Etcheverry nos paroissiens et ayant reçu leur consentement mutuel par paroles du présent, je les ay conjoints solennellement en presence de Martin de Casenave et de Bernard de St Antonin qui n'ont pas signé.

Sépult. bohême. — Le vingt neuvième avril mil sept cent quarante sept a été enterré dans le cimetière du côté de Socalite Susanne d'Etcheberry Bohémienne décédée hier subitement.

B. DENOYE, vicaire.

Mariage bohémien. — Le quatorze janvier mil sept cent soixante dix sept a été célébré mariage dans cette église après publication de trois bans sçavoir le 26 et le 29 du mois de décembre dernier, et le 1er janvier jour de la circoncision, entre Domingo Elçaudy fils de fû pierre Elçaudy et de Catherine Carricat qui reste dans la petite maison d'irrematctinca, et de l'autre Marie Ditchelet fille de fû Bernard Ditchelet et de Marie Etcheverry qui reste actuellement dans la petite maison de labanterica, sans qu'il y ait paru aucun empêchement civil ny cannonique, les ayant interrogés et reçu leur consentement mutuel par paroles de présents je les ay conjoints solennellement en présence de Prédo Gratien, oncle de l'épouse, Marti Halti, Jean official, et Jean Capaindeguy qui a cy signé et non les autres ny les parties contractantes, et ensuite je leur ai célébré la Ste Messe.

J. CAPAINDEGUY. DUHALDE, vicaire.

Sépult. bohême. — Le sixième d'octobre mil sept cent soixante neuf a été au cimetière du côté de la place Marie Gracien bohemienne décédée hier âgée de quatre ans.

J. BILLOT, prêtre.

Sépult. bohême. — Le quinzième janvier mil sept cent soixante douze a été enterré dans la sépulture des cimetières de pocalete du côté du nord Christoal Quillem âgé de huit décédé après avoir reçu l'extrême onction.

S. Hiribaren, curé.

Bapt. bohême. — Le vint huitième octobre mil sept cent soixante neuf a été baptisé par moi Curé soussigné Joannis gratien fils de Predo gratien et de Catalina Carricaburu sa femme né cette nuit a une heure. Le parrein Joannis Daguerre et la marreine Marie Etcheberry lesquels interpellés de signer ont déclaré ne savoir

J. Dapesteguy, curé.

Service M. Catalin cascarotaren Sennarra. — Le quinzième novembre mil sept cent soixante dix neuf a été fait le service de pedro franciscon dit gratien mari de catalin carricabourou embarqué de bayonne sur le corsaire laudacieuse commandé par monsieur Sepé à St Jean en terre neuve décédé dans les prisons

S. Hiribaren, curé.

Sepult. paillo cascarota. — Le quatorzième décembre mil sept cens soixante dix neuf a été enterré dans les cimetieres du côté du Sud près la grande croix, paillo* hiragoyen mari de catherine... décédé hier après avoir reçu les sacrements.

S. Hiribaren, curé.

* Originaire de Soule.

Bapt. munjn cascarotaren alaba. — Le vingt trois décembre mil sept cent soixante dix neuf a été baptisé Jean hillun fils de dominique hillun et marie Saint Pée sa femme né à quatre heures après minuit, le parrain Jean Sempé oncle maternel et la marreine marie hirieder qui n'a pas signé, le parrain y a signé.

Jean St Pée. Hiribaren, curé.

Claracq (*canton de Thèze, arr[t] de Pau*).

Les cagots y vivaient récemment encore séparés moralement et physiquement des autres habitants. Presque tous leurs descendants sont tisserands. Leur cimetière était séparé, et Michel raconte que de son temps on avait coutume de planter sur leurs tombes une branche de houx à la place du buis qui était réservé aux autres habitants. Presque tous étaient tisserands, mais ne trouvaient à vendre leur drap qu'en dehors du village, ce drap étant, disait-on, *encagotté*. L'eau bénite leur était donnée au bout d'un bâton (I, 109).

1360. — Lo crestiaa XII d. [de francau].
1379 (21). — P. crestiaa.

1383 (23). — Lo crestiaa.

Coarraze (*canton de Nay, arr*[t] *de Pau*).

1360. — Au crestiaa : XII d. [de francau].
1383 (23). — Lo crestiaa.

A Coarraze, du temps de Michel, il y avait encore trois familles réputées cagotes, dont les membres étaient charpentiers. On y voyait jadis une maison dite *des Cagots*.

Conchez (*canton de Garlin, arr*[t] *de Pau*).

1379 (20). — Lo crestiaa.
1385. — L'ostau deu crestiaa.

Coslédaa (*canton de Lembeye, arr*[t] *de Pau*).
On y voit encore un écart nommé *Le Cagot*.

XVIe *s.* — Lo crestiaa de Cosledaa : XII. d.

Couron-Matté (*ferme, c*[ne] *de Lembeye*).
Jadis Coromaté, hameau du parsan de Vic-Bilh.

XVIe *s.* — Lo crestia deu Coromate : XII. d.

Crouzeilles (*canton de Lembeye, arr*[t] *de Pau*).

1379 (20). — Lo crestiaa [de Faget-Crozelle].
XVIe *s.* — Lo crestiaa de Faget : XII. d.

Denguin (*canton de Lescar, arr*[t] *de Pau*).
Les cagots de Denguin habitaient un quartier isolé. Nous n'avons pu déterminer avec certitude l'emplacement de ce quartier, qui était vraisemblablement au nord du village.

XIVe *s.* (15). — L'ostau deu crestiaa (Danguij et Binholes).
1385. — L'ostau deu crestiaa (Danguii e Vinholes).
29 septembre 1518. — Arnaud de Heaas, chrestia, habitant à Denguin, époux de Joana, sœur de Peyrot de Lacoma, chrestia de Cescau, achète à son beau-frère une terre. (*A.-B. P.* E 1 940, f° 43.) V. CESCAU.
Vers 1383, le moulin de Denguin fut réparé par un cagot de Lagos. (*A. B.-P.* E 1 920.)
1583. — A Aspe, vente de terre par Christine de Champiosan et Grassin son fils, de Denguin, « à Bernard de Casabona et à Jeanne sa molher crestiaas degusdit loc. » (*A. B.-P.* E 1 099, f° 42.)

Doason (*canton d'Orthez, arr*[t] *d'Orthez*).

1379 (**21**). — Berdoc, crestiaa.
1383 (**23**). — Lo crestiaa.
1385. — Lo crestiaa.

Le *12 octobre 1692*, j'ai baptisé un garçon né de Jean Testarrouge et de Marie du Chrestia, de Doazou, sa femme et on lui a imposé le nom de Pierre. Parrain a été Pascal de Testarrouge, et la marraine Suzanne de Testarrouge, habitante a Bournos.

Signé : CLAVERIE, curé.

(*Registres de baptême de Caubios.*)

Dognen (*canton de Navarrenx, arr*[t] *d'Orthez*).

On voit encore à l'église de Dognen le bénitier des cagots, situé à droite de la porte de l'église, au pied de l'escalier qui monte aux tribunes[1]. Il y avait jadis une *rue des Cagots* dans cette commune.

1385. — Lo crestiaa.

Domezain (*canton de Saint-Palais, arr*[t] *de Mauléon*).

L'ancienne église de Domezain avait sa porte et son bénitier pour les cagots.

Doumy (*canton de Thèze, arr*[t] *de Pau*).

1383 (**23**). — Lo crestiaa.

Escoubès (*canton dè Morlaas, arr*[t] *de Pau*).

1360. — Lo crestiaa : XII. d. [de francau].

Escos (*canton de Salies-de-Béarn, arr*[t] *d'Orthez*).

Le quartier des cagots d'Escos était situé à moins d'un kilomètre au sud du village. On le voit encore au point où la route croise une dernière fois la voie ferrée. C'est une petite agglomération de sept à huit maisons, dont l'une, la plus vieille, porte encore le nom de *Chrestiaa*.

Zambaco a décrit en 1893 une famille cagote d'Escos dont les différents membres présentaient encore des lésions caractéristiques de lèpre atténuée.

1. Nous reproduisons ce bénitier (p. 200-201). Comme on pourra s'en rendre compte il diffère sensiblement du dessin, trop imaginatif, publié dans *L'Avenir médical et thérapeutique*, du 25 juillet 1907, p. 100.

FAY. — P. 608-609.

ÉGLISE D'ARGÉLOS.
Porte et chemin des cagots. Vue prise de la petite place appelée *Lous Cassous deous Cagots.*

ÉGLISE D'ESPELETTE.
La porte des Cagots.

1490. — Obligation de 14 francs guiennois par Étienne de Bardine, cagot d'Escos, envers Bertine de Léhodie, fille de Meniolet, cagot de Pouillon, pour la nourriture de gratiane, leur fille, et autres agréables plaisirs et services. Témoins : Jean d'Estibaux, cagot de Caresse; Bernard, cagot de Cassaber; Arnaud, cagot de Masparaute; Peyroton, cagot de Bideren. (*A. B.-P.* E 1 191.)

On lit dans les registres Paroissiaux d'Escos, plusieurs actes où figurent des cagots.

Escout (*canton et arr*[t] *d'Oloron*).

1379. — Crestiaa d'Escot.
1383 (**23**). — Lo crestiaa d'Escot.
1385. — Lo crestiaa.

Escures (*canton de Lembeye, arr*[t] *de Pau*).

*XVI*e *s.* — Lo crestia d'Escures : XII. d.

Eslourenties-Darré (*canton de Morlaas, arr*[t] *de Pau*).

On y comptait, au début du XIXe siècle, cinq à six familles cagotes. (M., I, 107.)

Espelette (*chef-lieu de canton, arr*[t] *de Bayonne*).

Un arrêt du Parlement de Bordeaux, du 11 décembre 1592, vise les cagots d'Espelette. (P. J. N° 52.)

On voit encore, à l'église de cette commune, une porte étroite qui s'ouvre dans le mur de gauche de l'église, et donne sur le cimetière. Un petit bénitier est placé auprès d'elle. La tradition veut que ce soit la porte des cagots.

Espès (*canton de Mauléon-Licharre, arr*[t] *de Mauléon*).

1379 (**21**). — Johanet, crestiaa.

Espoey (*canton de Pontacq, arr*[t] *de Pau*).

*XIV*e *s.* (**15**). — L'ostau deu crestiaa.
1360. — Espoey francau. Lo crestiaa : XII. d.
Francau d'Espoey. Lo crestiaa : XII. d.
1385. — L'ostau deu crestiaa.

Esquiule (*canton d'Oloron-Ouest, arr*[t] *d'Oloron*).

Les cagots d'Esquiule étaient enterrés dans un coin à part du cimetière.

Estialescq (*canton de Lasseube, arr^t d'Oloron*).

1379 (**21**). — Peyrot, crestiaa.
1385. — Lo crestiaa.

Estiron (*c^{ne} de Siros, canton de Lescar, arr^t de Pau*).

1360. — Au crestiaa, XII. d. [de francau].
1383. — Échange de maisons entre Guilhemet, cagot d'Estiron, et Arnauld-Guilhem, cagot de Lagor. (*A. B.-P.*, E 1 920, f° 47.)

Etsaut (*canton d'Accous, arr^t d'Oloron*).

1379 (**21**). — Johanet, crestiaa.
1383 (**24**). — Johanet, crestiaa.

Eysus (*canton d'Oloron-Sainte-Marie-Est, arr^t d'Oloron*).

1383 (**23**). — Sancholet, filh de Berdolet, crestiaa d'Ezus.
Lo crestiaa d'Ezus.
1385. — Lo crestiaa.

Faget-Crouzeilles. V. Crouzeilles.
Fayet-Aubi. V. Aubin.
Féas (*canton d'Accous, arr^t d'Oloron*).

1379 (**21**). — Berdolet, crestiaa.
1383 (**23**). — Lo crestiaa.
1385. — Lo crestiaa.

Gan (*canton Pau-Ouest, arr^t de Pau*).

1379 (**21**). — Johanet, crestia.
1383 (**23**). — Lo crestiaa.
1385 — L'ostau deu crestia.
XIVe s. (**17**). — Peyrot, crestia de Gan est taxé pour la somme de II sols, IV deniers.
1327. — Obligation de 57 sous tournois, par Bernat, crestiaa de Gan, à Guiraute, fille de Arnaud de la Salle, de Cézérac. (*A. B.-P.* E 1 915, f° 3, v°.)
Convention entre Bertrand, cagot de Gan, et les Trésoriers de Gan. (*A. B.-P.* E 2 129, 1467-1496.)
14 octobre 1589. — Transaction entre Bertranet de Sopesens Darrée de Gan et « Ramonet de Capdepont crestian deu loc deu Gand » touchant une redevance due par ce dernier[1]. (*A. B.-P.* E 1 100, f° 12.)

Garos (*canton d'Arzacq, arr^t d'Orthez*).

1383 (**24**). — Peyrot, crestiaa.

1. L'inventaire sommaire des B.-P. dit par erreur que Ramonet de Capdepont était cagot d'Etsaut.

1385. — L'ostau deu crestiaa.

1603-1607. — Vente de terre par Jeannot de Lanebère, cagot de Garos, à Jean de Morlanne. (*A. B.-P.* E 1 295.)

Contrat de mariage entre Arnaud de Labène, cagot de Garos, assisté de Jean Labène, Jeannot de Labène dit de Lanebère, et Jean de Labataille tous cagots de Momas, d'une part, et Jeanne de Lichigary d'Urdès, d'autre. (*Id.*)

1613-1618. — Contrat de mariage entre Fortaner de Lanebère, et Marguerite Du Luy, cagots. (*A. B.-P.* E 1 298.)

1er octobre 1607. — Les jurats de Garos font une ordonnance contre les cagots qui refusent de fabriquer les cercueils (*Archives communales de Garos.* FF 1). V. P. J. N° 108.

1730. — Arrêt du Parlement de Navarre, concernant deux habitants de Garos, dont l'un avait traité l'autre de cagot. (*A. B.-P.* B 4 824.)

Garris (*canton de Saint-Palais, arrt de Mauléon*).

1514. — Jean dit Joannot de Garriz et son frère Augier dit Agerot, signent la requête adressée au pape par les agots de Navarre. (P. J. N° 168.)

Gelos (*canton de Pau-Ouest, arrt de Pau*).

Les cagots y avaient un coin à part au cimetière[1].

1674. — Bergeret, Cagot, possède sa maison, jardin et cazalàa, de contenance de trois quarts, sept escats; confronte à orient chemin du seigneur, à occident terre et jardin de Yurque-Débat, midi Torres de Cabetutit, septentrion terre d'Arnaud Sabï. — Paye 10 deniers (*Livre terrier de Gelos. Arpentage gal de janv. 1674*) *M. I. 105.*

Ger (*canton de Pontacq, arrt de Pau*).

1379 (**20**). — Lo crestiaa.

1383 (**23**). — Lo crestiaa.

1385. — L'ostau deu crestia [de Yeer].

Gerderest (*canton de Lembeye, arrt de Pau*).

1379 (**20**). — Lo crestiaa.

1379 (**21**). — P. crestiaa de Serserest.

1383 (**24**). — Peyrot, crestiaa.

1385. — L'ostau deu crestiaa.

1. Michel, se faisant l'écho d'un instituteur de Gelos, raconte que certains cagots de cette commune étaient atteints d'un mal étrange, la cagoutille, qui les prenait de préférence aux changements de lune, et se caractérisait par un début brusque, des fugues et des violences diverses. Cette description ressemble trop aux fugues comitiales, telles que les raconteraient des paysans ignorant la pathologie, pour que nous pensions ne point devoir leur donner l'importance que l'auteur des *Races maudites* semble leur attacher.

XVIe s. — Lo crestia de Gergerest : XII. d.
L'auter crestia de Gerderest : XII. d.
Menyolet, crestia de Gerderest : XII. d.

Geus (*canton d'Arzacq, arr^t d'Orthez*).

1379 (**21**). — Berdolan, crestiaa de Yeus.
Vers 1640, Gahouillet, cagot de Geus, est cité dans une chanson. (M., II, 125.)

Goès (*canton d'Oloron-Sainte-Marie-Est*).

1663. — Contrat de mariage entre Pierre, Cagot de Cardesse et Marie Duplaa de Goès. (*A. B.-P.* E 1 567.)

Gurs (*canton de Navarrenx, arr^t d'Orthez*).

Les cagots de Gurs habitaient un quartier qui, il y a peu d'années, avait encore sa *rue des Cagots*.

Vers 1640, Marté, cagot de Gurs, est cité dans une chanson. (M., II, 125.)
1763. — Arrêt contre un habitant de Gurs qui en avait traité un membre de la famille Lacaze de Cagot. (*A. B.-P.* B 4 920, f° 93.) V. P. J. N° 148.

Hariettalde (*h. commune de Saint-Jean-le-Vieux, canton de Saint-Jean-Pied-de-Port, arr^t de Mauléon*).

Ce hameau semble avoir été jadis uniquement réservé aux cagots ; il était sous la protection du château d'Haryette.

Hasparren (*chef-lieu de canton, arr^t de Bayonne*).

Les cagots avaient à l'église leur porte et leur bénitier.

29 avril 1665. — Marie de Buztingorry, cagote d'Hasparren est marraine de Marie d'Etcheberry d'Isturits. (*Registres de baptême d'Isturits.*)

Herrère (*canton d'Oloron-Sainte-Marie-Est*).

A un kilomètre du village, près de la route d'Arudy à Oloron on voit l'emplacement du quartier des cagots, tout à fait isolé, mais encore caractérisé par la maison *Chrestia*. Cette maison, récemment bâtie sur l'emplacement d'une autre plus ancienne, ne présente aucun caractère spécial.

Hôpital-Saint-Blaise (*canton de Mauléon-Licharre*).

Un petit bénitier situé sous le porche de l'église était destiné aux nombreux agots de cette commune, un autre était réservé aux agotes.

Ibar (*h. c^ne d'Ostabat, canton d'Iholdy, arr^t de Mauléon*).

12 septembre 1655. — Guilhem d'Ibarraguerregaray, cagot, habitant en Ibar est parrain de Marie d'Ibarraguerregaray d'Isturits. (*Registres d'Isturits.*)

Igon (*canton de Nay-Est, arr^t de Pau*).

Igon comptait encore quelques familles de cagots, cultivateurs, au XVIIIe siècle; les frères Tarride étaient du nombre. Ils obtinrent, le 21 avril 1722, un arrêt du Parlement en leur faveur. (P. J. N° 146.)

Iholdy (*chef-lieu de canton, arr^t de Mauléon*).

Les agots vivaient à part dans cette commune, avaient leur cimetière, et à l'église leur porte, leur bénitier et leur place. Ils allaient recevoir la paix après les autres fidèles. (M., I. 121.)

14 juillet 1663. — Marguerite d'Aguerre-Garay, agote, du lieu d'Iholdy, est marraine de Tristan de Salaberry. (*Registres d'Isturits.*)

1514. — Girard de Goyeneche et Bernard son fils, agots, signent la requête adressée au pape par les agots de Navarre. (P. J. N° 163.)

Irumberry (*h. c^ne de Saint-Jean-le-Vieux, canton de Saint-Jean-Pied-de-Port*).

1514. — Guillaume Arnaud Saint dit Arnaud Sanz, Jean de Garro, Guillaume et Jean de Berbède, agots d'Irumberry, signent la requête adressée par les agots de Navarre au pape Léon X. (P. J. N° 163.)

Iseste (*canton d'Arudy, arr^t d'Oloron*).

Les nombreux cagots d'Iseste possédaient à l'église une porte et un bénitier spécial.

Issor (*canton d'Aramitz, arr^t d'Oloron*).

Le quartier des cagots d'Issor s'appelle *Beziat*, comme à Lescun et à Navarrenx.

Isturits (*canton de La Bastide-Clairence, arr^t de Bayonne*).

De nombreux agots d'Isturits nous sont connus par les registres paroissiaux d'Isturits, conservés aux archives de la mairie d'Ayhère, et que Michel a publiés (I, p. 114-115-116, en note).

Marie d'Aguerregaray. — Le 9e d'aoust 1649, a esté baptizée Marie de Aguerregaray, fille legitime de Guillem d'Aguerregaray en Ibar, au païs d'Ostabat, et de Marie de Samacoiz, habitans en Salaberry; estans parrin Guillem d'Aguerregaray, et marrine Marie de Samacoiz, habitans en Macaye, les tous agots.

Marie de Gaztelou, Agot. — Le 4e d'avril 1651, a esté baptizée Marie de Gaztelou, fille légitime d'Augé de Gaztelou et de Marie de Gaztelou, Agotz, nonobstant qu'elle feust baptizée alors; néansmoins, les cérémonies feurent remisse jusques aujourd'hui, qui est le 18e de juin; lesquelles cérémonies ont esté appliquées, estans parrin noble Charles Dupuy, curé d'Orègue, et marrine Marie d'Hirrigoyen, du lieu de Beguioiz.

Catherine de Gaztelou, Agot. — Le 2 de mars 1652, a esté baptizée Catherine de Caztelou, fille légitime de Joannes de Gaztelou et de Gratiane de Samacoiz; estans parrin Arnault d'Urruty, dit Moço, et marrine Catherine de Harambouru, dame de Larralde.

Bernat d'Etcheverry, Agot. — Le 27e de may 1652, a esté baptizé, Bernat d'Etcheverry, fils légitime de Bertran d'Etcheverry et de Joanna de Samoicoiz, Agotz; estans parrin Bernat de Camongaray, du lieu de Bardos et marrine Marie de Salaberry du lieu d'Isturitz. Au jour que dessus, les cérémonies de baptesme feurent faites à cause de l'absence du compère. L'enfant nasquit le quinsiesme de may.

Marie de Salaberry. — Le 26 d'aoust 1652, a esté baptizée, Marie de Salaberry, fille légitime de Guillem d'Aguerregaray, gendre de Salaberry, et de Marie de Salaberry, habitans en ycelle; estans parrin Bertran d'Etcheverry, et marrine Marie de Salaberry, touts Agots.

Marie de Gaztelou, Agot. — Le 17 de septembre 1652, a esté baptizée Marie de Gaztelou, fille légitime d'Arnault d'Elhorribouru et de Marie de Gastelou, habitants en Pugicoteguia; estans parrin Joannes de Gaztelou, et marrine Marie de Gastelou, habitans en Saint-Palais.

Gratiana de Salaberry, Agots. — Le 16 de février 1655, a esté baptisée, Gratiana de Salaberry, fille légitime de Joanne d'Aguerre et de Joannes d'Ilbarreguy; estans parrin Guillem d'Ibarraguerregaray et marrine Gratiane d'Etcheverry.

Marie d'Ibarraguerregaray, Agot. — Le dousiesme de septembre mil six cens cinquante et cinq, a esté baptizée Marie d'Ibarraguerregaray, fille légitime de Tristant d'Ibarraguerregaray et de Gratiane de Salaberry; estants parrein Guillem d'Ibarraguerregaray, du lieu d'Ibar en Ostabarre, et marrine Marie de Salaberry.

« Jean d'Ibarraguerregaraye, Agot. — Le 17e mars 1658, en l'église d'Isturitz, par moy soubsigné, a esté baptizé Jean d'Ibarraguerregaraye, filz légitisme de Guillem d'Ibarraguerregaraye et de Marie Salaberry, conjointz; estans parrin noble Jean Sr de la Sale, de Gatariz, et marrine Catharine de Belsunce, dame d'Arrolandeguy Signé : P. d'Argain vicaire. »

« Maria d'Ibarraguerre, Agote. — Le 25e d'avril 1658, en l'église d'Isturitz, par moy soubsigné a esté baptizée Maria d'Ibaraguerre, fille légitime de Tristant d'Ibaraguerre et de Gratianne Salaberry; estans parrin Miguel de Salaberry, et marrine Maria d'Ibaraguerre, du lieu d'Oztibar, » etc.

« Le troisiesme de Mars 1661 en l'église d'Isturitz, par moy soubsigné a esté baptizé Pierre, filz illégitime d'Arnaud, duquel on ignore le cognom, et de Jeanne d'Aguerre, Agotz; estans parrin Pierre d'Uhart, et marrine Mada[le] Maria de Satharitz, » etc.

« Le 7e juin 1661, en l'église d'Isturitz, par moy soubsigné a esté baptizé Tristand d'Elhorriburu, filz légitime d'Arnaud d'Elhorriburu et Jeanne de Salaberry, Agotz; estans parrin Tristand d'Aguerre sieur de Salaberry, et marrine Marie d'Aguerregaray, tous habitans en la maison de Salaberry du susd. lieu d'Isturitz, » etc.

« Le 14e juillet 1663, en l'église d'Isturits, par moy soubsigné a esté baptizé Tristand de Salaberry, filz légitime de Miguel de Salaberry et de Marie d'Aguerre-garay, conjointz et demeurant à Salaberry; estans parrin Tristant Sr de Salaberry, et marrine Margueritte d'Aguerre-garay, du lieu d'Iholdy, Gotz. » etc.

« Le 29e avril 1665, en l'église d'Isturitz, par moy soubsigné a esté baptizé Marie d'Etchebery, fille légitime de Joannes d'Etcheberry et de Jeanne de Buztingorry, estans parrin Joannes d'Olhondo, tanborin du lieu d'Ustariz, et marrine Marie de Buztingorry, du lieu d'Ahasparren, tous estans Cagotz, » etc.

« Le 17e décembre 1666, en l'église d'Isturitz, par moy soubsigné a esté baptizée Marie de Salaberry, fille légitime de Miguel de Salaberry et Marie d'Ibar-aguerre, Agotz et habitans de la maison de Salaberry du présent lieu; estans parrin Pedro, filz de Luco, et marrine damoyselle Marie de Sataritz.

« Marie d'Etcheberry, Cagot. — Le 22e décembre 1667, en l'église d'Isturitz, par moy soubsigné a esté baptizée Marie de Etcheberry, fille légitime de Joannes d'Etcheberry et de Jeanne de Bustingorry, conjointz et maistres de la maison de Larregain; estans parrin Joannes de Gaztelu, et marrine Marie d'Etcheberry fille d'Oyer, tous habitans dud. lieu. »

« Le 22e juillet 1668, en l'église d'Isturitz, par moy soubsigné a esté baptizé Jean de Salaberry, filz légitime de Bernat de Salaberry et de Jeanne d'Aguerre, Cagotz et demeurans à la maison de Salaberry; estans parrin noble Jean héritier de la Sale de Sataritz, et marrine damoiselle Catherine de lad. maison de Satharitz. »

« Le 27e septembre 1668, par moy soubsigné et en l'église d'Isturitz a esté baptizée Marie de Gaztelu, fille de Joannes de Gaztelu et de Gratianne d'Eiztecu, conjointz et habitans en une maisonnette d'Arnaud de Mendibouru; estans parrin Maneiz de Gaztelu, et marrine Marie d'Ithurbourou, du lieu d'Areguer, tous Cagotz et charpentiers. Signé : P. d'Argain, vicaire. »

Le 7e février 1658, a esté enterrée Maria de Puttingoteguy Agot.

Le 27e d'avril 1645, a esté décédée Marie de Salaberry, Agotte.

Joannes de Gaztelou, dit Pugico. Agot. — Le dernier d'avril, an susd. (1652), a esté enterré Joannes de Gaztelu.

Jasses (*canton de Navarrenx, arr[t] d'Orthez*).

13 juin 1452. — Berdolet, crestiaa de Jasses, figure parmi les débiteurs de P. de Gamachies, cagot de Sainte-Suzanne. (*A. B.-P. Rég. compl. des Not. de Larbaig et Casletner*, f° 30.)

XVIIe s. — Bastia et Fabia, cagots de Jasses, sont cités dans une chanson. (M., II, 133.)

Juillac (*canton de Lembeye, arr[t] de Pau*).

1379 (20). — Lo crestiaa.

1385. — L'ostau deu crestiaa.

XVIe s. — Lo crestia de Julhac : XII. d.

Jurançon (*canton de Pau-Ouest*).

On astreignait les cagots de Jurançon à avoir, devant la principale porte de leur habitation, une figure d'homme sculptée en pierre. Ces figures ont toutes été enlevées depuis très longtemps. Nous ne savons pas au juste à quoi pouvait répondre cet usage, mais nous croyons devoir faire remarquer qu'en Bretagne, presque toutes les cacouseries ou corderies anciennes que nous avons visitées dans le Morbihan, se font remarquer par une tête d'homme sculptée dans la pierre sur la façade de la maison. Ces sculptures n'offrent aucun intérêt médical.

1379 (21). — P., crestiaa de Juranson.

Vers 1540. — *Capot*, ferme de la commune de Jurançon. (*A. B.-P.* B 785.)

1593-1594. — On paie Turon, cagot, maître charpentier de Jurançon, pour avoir dressé le gibet à Pau. (*Arch. munic. de Pau.* CC 82.)

1704. — *Chapitre deux cagots.*

Blezy de la Caüsaübe tien et poesedeix sa maisou et casaü quy se a croumpat de messire Cesar de Mesplés, baron et seignour d'Esquiule, communément apperade *deü Burguer*; countient mieyquoart, quate escats, estimat deues livres, quinze sos morlass, ainsy que appar au censuaü de l'aliverament, à 533 car', et au nabet censuaü, à 195 car'.

Goailhard de Galard tient et posseideix maisou et casaü apperade *d'Arnaüde*; contient tres quoarts et miey, tres escats, estimat sept livres, deux sos, sieys dinés morlass; appar au censuaü de l'alivrament, à 538 car', et au nabet censuaü, à 199 car'.

Matheü de Moulat tient et possedeix sa maisou et casaü, communement apperade *de Moulat*, et anciennement *de Peyrot deü Turon*; contient 19 escats, estimat une livre, dets et sept sos, sieys dinés mourlaas; appar au censuaü de l'alivrament, à 537 car', et au nabet censuaü, à 198 car'.

Marie de Moulat-Moulia, beübe deu deffunt Blasy de Gualard, tient et possedeix une partide de las appartenences deü casaü de Moulat autremen apperat *de Peyrot deu Turon*, ensemble un autre casaü de las appartenences de Guilhem et Joan de Coudure. Lou tout countient un quoart, très escats, estimat quoate livres, dets et sept sos, sieys dinés morlaas.

Pierre de Laplasse et sa molher tienin et possedexin de las appartenences de damoiselle de Normand, une pesse de terre oun an bastit maison; ensemble un petit tros de terre labouradisse, de las appartenences de Chambort; contient miey-quart de terre. Lou tout contient un quoart et miey, quoate escats et miey, estimat sieys livres, cinq sos morlaas; appart au censuaü de l'alivrement, et au censuau nabet, à 196, car'.

Lous hérétés de Hortance de Lanabère, autrement dit *Garos*, tienin et possedexin un tros de terre, vigne, de las appartenences de Hatoulet; countient une journade, un quoart, naü escats, estimade dues livres, dets et ouyt sos, naü dinés morlaas; apparau censuaü de l'alivramen, 541 car', et au nabet censuaü, 203 car'.

Marie de Pedesert et Jacques de Lalanne et sa molher tienin et possedexin la maisou, casau et cazalar communement apperats *dé Berrohet*. Lou tout countien un quoart et miey, sedze escats, estimat deues livres, quinze sos morlaas; appar au censuaü de l'alivrament, à 539 car', et au nabet censuaü, à 201 car'.

Judet de Berdoulet et Jeanne Pedassert, sa molher, tienin et possedexin la maisou et casaü anciennement apperade de *Ilitot* contient miey-quoart, estimat deues livres, det et sept sos. sieys dinés morlaas; appar au censuau de l'alivramen, à 255 car', et au nabet censuau à 62 car'.

Miey-Qoart.
2^{l}, 17^{s} morlaas, 6^{d}.

(*Extrait d'un censier de 1704, déposé aux archives de la commune de Jurançon, canton de Pau-Ouest* [M. II, 186].)

Laas (*canton de Sauveterre, arr^t d'Orthez*).

Il y avait des cagots à Laas avant 1385, ainsi qu'il ressort du texte du dénombrement fait en cette année.

1385. — *Laas : Seguien se los ostaus en que no s'es trobat foecs ans fo diit que eren laus* : Lo crestiaa...

Vers 1640, Merlou, Constantin et Lapouble, cagots de Laas sont cités dans une chanson. (M., II, 133.)

Labatut (*canton de Montaner, arr^t de Pau*).

Les cagots y étaient enterrés dans un petit cimetière situé derrière l'église.

Lacq (*canton de Lagor, arr^t d'Orthez*).

Parmi les cagots de Lacq, on ne connaît que ceux du XIVe siècle ; l'un d'eux, maître Pierre, était médecin.

XIVe s. (**15**). — L'ostau deu crestiaa.

1360. — Au crestiaa : XII. d. [de francau].

15 octobre 1374. — Maître Pierre chrestia de Lacq et médecin est appelé pour expertise médicale de plaies [1].

P. de Latapi, bayle de Lagor, requeri et mana los juratz de Lagor qui egs judgin, coneguerssen et declarrassen quantes plagues legaus ave Arnaud deu Barber que P. de Lanes l'agues feytes, ni lo dict P. quantes nave que Arnaud deu Barber l'agues feytes los quaus juratz au man deu dit Bayle ab Cosselh de maeste P. crestiaa de Lac, medge, loquau jura diser vertat, judjan et déclaran que lo dit Arnaud a une plague leyau en bras, et une plague leyau en ventre, bag lo pieys car lo dit medge digt en son segrament que la dite plague entre dens lo ventre et que tote plague qui passe dens lo too deu ventre et deu cors es plague leyau. Item lo diit P. de Lanes que a une plague leyau en la maa esquerre. Actum ut supra (à Lagor, 15 Oct. 1374) testimonis Arnaud de Sosen, Arnaud Wilhem de Comes, Arnaud, borc de Claverie. (*A. B.-P.* E 1 918, f° 47 [2].)

1383 (**24**). — Johanet, crestiaa.

Vers 1640, Loustalet, cagot de Lacq, est cité dans une chanson. (M., II, 133.)

Lagor (*chef-lieu de canton, arr^t d'Orthez*).

1379 (**21**). — Arnauld, crestia.

1383 (**23**). — Lo crestiaa.

1385. — *Lagor* : *Seguen se los ostaus en que no son trobatz foecs* : Lo crestiaa (foq.).

1. Maistre P..., chrestiaa de Lac et medge, est appelé par le bayle et les jurats de Lagor pour examiner les plaies qu'Anaud de Barber a reçues, et après avoir juré et promis de dire la vérité, il déclare qu'Arnaud a trois plaies « leyaus », c'est-à-dire majeures, surtout celle qui pénètre dans le ventre, attendu que toute plaie pénétrante est une plaie leyau.

2. Publié par P. Raymond, *Congrès scientifique de France*, 39e session. Pau, 1873, vol. I, p. 285-287.

1383. — Échange de maisons entre Guilhemet, cagot d'Estiron, et Arnaud Guilhem, cagot de Lagor. (*A. B.-P.* E 1 920, f° 47.)

Vers 1640, Mirassou, cagot de Lagor, figure dans une chanson. (M., II, 133.)

Lagos (*canton de Nay-Est, arr^t de Pau*).

1360. — A Laguos : Lo crestiaa : XII d. [de francau].

Convention entre Raymond, seigneur de Denguin, et Guillemet, cagot de Lagos, sur les travaux à faire au moulin de Denguin. (*A. B.-P.* E 1 920.)

Lahourcade (*canton de Monein, arr^t d'Oloron*).

Dans cette commune, la place des cagots à l'église était délimitée par une balustrade. L'endroit de leurs sépultures était séparé dans le cimetière. (M., I, 132.)

1385. — Lo Casteg de Pardies (*Lahourcade*) : Lo crestiaa.

XVIIe s. — Larroudé, cagot de Lahourcade, est cité dans une chanson. (M., II, 132.)

Lalongue (*canton de Lembeye, arr^t de Pau*).

1379 (20). — Lo crestiaa.

1379 (21). — Arnautoo, crestiaa.

XIVe s. — Lo crestia de Lalongua : XII. d.
L'aute crestia de Lalongua : XII d.

16 juin 1653. — Vente de terre par Bernard de Bidaren, cagot de Lalongue, en faveur de Jean de Laborde. (*A. B.-P.* E 1 384, f° 160.)

27 décembre 1653. — Au baptême de Bernard de Labarrère, capot de Seméac, fils de Jean de Labarrère et Goualhardine de Mocau, les parrains étaient Bernard et Pierre de Mocau, frères, capots de Lalongue. (*Reg. de Seméacq.*) V. SEMÉACQ.

Lalonquere (*canton de Lembeye, arr^t de Pau*).

1379 (20). — Lo crestiaa.

1379 (21). — Domenjon, crestiaa.

XIVe s. — Lo crestiaa de Lalonqueria : XII. d.

Lalonquette (*canton de Thèze, arr^t de Pau*).

1360. — A Lalonquette de Ganestee : Lo crestiaa : XII. d. [de francau].

Lamayou (*canton de Montaner, arr^t de Pau*).

M. Jacob de Vignàau, seignou de Bizanoz, abbax de Lamayou, tien et poussède lanne au parsa deux Olaàs, et confronte dap terres de Caussade et de Laboup, et deu Cagot deux présents, à la lanne; countien eu journau, douse escats, estimats eue livre, eu sol, tres ardits . . . . 1 liv., 1 sol, 3 liards.

(*Extrait du livre censier de la commune de Lamayou, dressé au* XVIIe *siècle*). (M., I., p. 100, note 1.)

Lannecaube (*canton de Lembeye, arr*[t] *de Pau*).

1379 (**20**). — Lo crestiaa.
1379 (**21**). — Berdot, crestiaa.
XVIe *s.* — Lo crestia de Lana-cauba : XII. d.

Larçabal (*anc. h., c*[ne] *et canton d'Isturits*).

1514. — Berdolet de Larçabal, est l'un des signataires de la requête adressée par les agots au pape Léon X. (P. J. N° 163.)

Larreule (*canton d'Arzacq, arr*[t] *de Pau*).

1379 (**21**). — Arnaud, chrestiaa.

Lasclaveries (*canton de Thèze, arr*[t] *de Pau*).

Il y avait dans cette paroisse un bout de cimetière réservé aux cagots.

Zambaco-Pacha eut l'occasion de voir dans cette commune des descendants de nos parias. Il consacre à leur description plusieurs pages; car leur lèpre atténuée a revêtu la forme assez rare de l'hyperkératose. Nous renvoyons le lecteur aux pages consacrées ici à ce sujet (p. 73-74).

Ledeuix (*canton d'Oloron-Sainte-Marie-Est*).

1379 (**21**). — Johan, crestiaa.
1383 (**23**). — Lo crestiaa de Leducs.
1385. — Lo crestiaa.
1443. — Affièvement d'une terre à l'abbaye de Lucq, fait à Arnaud, chrestiaa de Ledeuix. (*R.*, p. 44, note 2.)

Le Leu (*aujourd'hui confondu avec Oraas*)[1].

1379 (**21**). — Johanot, crestiaa deu Leu.
1385. — Lo crestiaa.
7 février 1529. — Vente du droit de quêter à Mur par Johanet, cagot du Leu, à Arnaud Du Cugalut, cagot de Castagnède, moyennant 10 florins. (*A. B.-P.* E 1 194, f° 22, v°.)
1552. — Vente pour 24 florins, du droit de quête à Mur par Gaillardet, maître de la cagoterie du Leu, à Arnaud de Mongay, cagot et *bourgeois* de Castagnède. (*A. B.-P.* E 1 198.)
(1377-1419). Monguilat, cagot du Leu, fait quittance à Peyrolet, cagot de Lucq, pour travaux faits à Morlaas et à Montaner pour le seigneur de Bearn. (*A. B.-P.* E 1 402.)

Lembeye (*chef-lieu de canton, arr*[t] *de Pau*).

1. *V.* Oraas.

On voit encore à l'église des bancs de pierre, maçonnés au mur, tout autour de l'édifice; on dit que c'était là que se tenaient les cagots pendant les offices.

1365 (**18** et **19**). — Fortic crestia paie IX. d. de fouage.
1379 (**20**). — Lo crestiaa.
1379 (**21**). — Peyrot, crestiaa.
1383 (**23**). — Lo crestiaa.
1385. — L'ostau deu crestiaa.
XVIe s. — Lo crestia de Lenbeye : XII. d.
20 septembre 1721. — Sur la requête de Pierre Lostalot de Lembeye, le Parlement de Navarre rend un arrêt en faveur des cagots.

Lème (*canton de Thèze, arr^t de Pau*).

1360. — Lo crestiaa. XII. d. de francau.
1379 (**21**). — Ayonet, crestiaa.
1383 (**23**). — Lo crestiaa.
1385. — L'ostau deu crestiaa.

Lescar (*chef-lieu de canton, arr^t de Pau*).

Lescar donna son nom (*Beneharnum*) au Béarn; c'était jadis la capitale ecclésiastique de ce pays; c'est pour cette raison sans doute qu'elle fut très riche en lépreux. Cependant fort peu de documents viennent confirmer ce fait, car les archives de Lescar ont disparu dans un incendie. On sait pourtant qu'il y eut deux groupements de lépreux dans cette ville. La léproserie fut fondée avant le XIVe siècle; elle figure ainsi que la maison du cagot dans un censier du XIVe et dans le dénombrement des maisons de Béarn.

XIVe s. (**15**). — L'ostau deu crestiaa.
L'espitau de Sent-Laze.
1385. — L'ostau deus malaus de Sent-Laze.
L'ostau deu crestia.
1383 (**23**). — Lo crestiaa.

Cette léproserie ne fut pas primitivement consacrée aux lépreux, car cette destination eût été contradictoire avec la clause d'acquisition de l'aleu d'Ardous, d'après laquelle le vendeur, Raymond Guillaume, devait y avoir le logement lorsqu'il voudrait s'y retirer. Cette maladrerie est citée dans diverses pièces de 1582[1], 1620 et 1628. Elle était vraisemblablement située dans le bas de la ville, à quelque 200 mètres au sud, à peu près au croisement de la voie ferrée et du chemin qui réunit le quartier Saint-Julien à la route nationale. On distingue encore auprès d'un petit pont une vieille maison, ayant une croix de pierre insérée dans le mur, et qui paraît avoir appartenu à l'ancienne léproserie.

La chapelle dite de la cagoterie de Sainte-Catherine est située tout près de l'église Saint-Julien. La cagoterie était auprès de cette chapelle. On voit encore, au bout de la rue Maubec, une maison renaissance appelée, dans le pays, la chapelle Sainte-Catherine. Elle fut fondée par un chanoine devenu lépreux, et figure dans un arrêt du 7 août 1561, émané du conseil souverain de Béarn. On lit aussi dans un arrêt du 15 décembre 1600 : « la cagoterie de Sainte Catherine ».

Veu.... lou procès, la requete par lous supplians baillade es articles de guede extreits, contenens que en lad. ciutat de Lascar a un camp qui se prenen au débat deu temple de la cagoterie de S. Catherine.... (*A. B.-P. Lescar*, FF 1, f° 12, r°).

La tradition rapporte, qu'à la cathédrale de Lescar. la porte latérale, du côté de l'Évangile, était destinée aux cagots. Rappelons enfin que Michel dit qu'à l'église Saint-Julien on voit la porte et le bénitier des cagots ; à cette église qui paraît n'avoir pas été restaurée depuis longtemps et n'avons relevé aucune trace ni de cette porte ni de ce bénitier[2].

Nous ne connaissons parmi les cagots de Lescar, que Pouquet, dont le nom figure dans une chanson du XVIIe siècle. (M., II, 132.)

Lescun (*canton d'Accous, arr^t^ d'Oloron*).

« Sur deux cent quatre-vingt-six familles dont se compose actuellement la population de la commune, il y en a quatre-vingt-six réputées cagotes, ou *ladres*, nom qu'on leur donne

1. A. B.-P., B 2 600.

2. On doit à M. Barthéty une belle étude sur les léproseries de Lescar. Nos recherches, en particulier en ce qui concerne Sainte-Catherine, ne nous permettent pas d'arriver aux mêmes conclusions que cet auteur (*Société des Sciences de Pau.* Série II, t. IX, p. 8 et 43).

également dans le pays. » (M., I, 127[1].) Leur quartier appelé Beziat est construit en amphithéâtre au-dessus de l'église ; on y voit une fontaine, *la Houn deu Chrestiaa*. Les cagots avaient à l'église porte et bénitier. Le métier de fossoyeur leur était réservé.

Lespielle (*canton de Lembeye, arr de Pau*).

Le quartier des cagots de Lespielle semble avoir été longtemps habité par ces malheureux, si l'on en juge par l'existence de la fontaine dite « *Houn deus cagots* » que l'on voit encore de nos jours.

1379 (**20**). — Lo crestiaa.
1379 (**21**). — Peyrot, crestiaa.
1383 (**24**). — Peyrot, crestiaa.

Lestelle (*canton de Nay, arr' de Pau*).

On voyait il y a encore peu d'années à Lestelle un champ qui s'appelait *Darreus Cagots*. C'était là que s'élevaient jadis les maisons des cagots.

1365 (**18**). — Domenjoo, crestiaa (d'Estelhoo) paie II. s. I. d. morlaas de fouage.
1383 (**23**). — Lo crestiaa.
1385. — L'ostau deu crestia.
1508. — Contrat de mariage entre Domenjou, cagot de Lestelle, et Condou, fille de Me Ramon, cagot de Mazères. (*A. B.-P.* E 1 981.)

Lezons (*cne de Gelos, canton de Pau-Ouest*).

1er novembre 1584. — Jacques de Puxeu, cagot de Lezons, s'engage envers les jurats de Pau, à ramoner les cheminées de la ville.

Notum sit que jacmes de Poxeu, cagot de Lezoos, de son bon grat et volontat a prometut, et vers los jurats guardes de Pau se obligat, de netteyar toutes les chimineyes de la présent ville et fausborcgs de quere, dus cops l'an, en chacune mayson, moyenant la somme de trente-sieys francxs, qui losdits jurats et gardes lo an promettus pagadours per ladite guoarde en très pacxs : so es à la Candellor dotze francxs, à la Pentacoste autre dotze francxs, et à Sent-Micqueü autres dotze francxs, per compliment de ladite somme. Aussy losdits jurats et goardes lo an promettut balhar cordes per netteyar lasdits chimineyes, à la charge que lo medix de Puxeü rendera las bielhes qu'i aura en sa charge; et à faute que

1. Michel a visité lui-même cette commune, il lui consacre trois pages que le lecteur pourra parcourir avec plaisir (127-129), mais les petits faits qui y sont rapportés ne cadrent pas assez avec la nature de notre travail pour que nous ayons cru devoir les rappeler ici.

lodit de Puxeü no auré bien netteyat lasdites chimineyes et no las tienque nettes, losdits jurats seran en libertat de en y poder mette ung autre à son locq et place et aux despens deudit de Puxeu, en obligation de sons bien et causes, aixi que ac jura. Feyt à Pau lo prumer de nobembre, mil v c. oeytante-quoatte; testimonis : Johan deu Casso, Abraham Perbosc, Jones de Crabos, habitants à Pau, eta yo de Ferran, jurat. (*Archives municipales de Pau. Registre des délibérations des Jurats*, f° 361. — *Publié par Michel, t. II, p. 189.*)

29 août 1621. — Marie de Puxeu, caguotte, a declairé que sa maison est bastie en la terre de l'abbé de Lezons, et luy paye dix et huict liards de fief annuel, et qu'elle est de la jurisdiction des jurats de Pau, et qu'elle paye annuellement au roy douze liards de francau.

Jean de Pasquine, caguot, a fait la mesme declaration que la dicte de Puxeu Prat, caguot, paye dus souls de francau au roy, et est de sa jurisdiction; mais il n'y a personne qui habitte en la maison, ny qui se monstre heritier. (*Extrait d'une procédure faite, concernant les fiefs dus au roy, par certains particuliers de Lezons, Mazeres et Rontignon, du 29 août 1621. — A. B.-P. — Publié par Michel, II, 323.*)

Lichos (*canton de Navarrenx, arr^t d'Orthez*).

XVIIe s. — Cournet de Lichos, cagot, est cité dans des chansons. (M., II, 125 et 132.)

Livron (*canton de Pontacq, arr^t de Pau*).

La Fontaine des Cagots se voit encore dans cette commune.

1767. — La hont deus Crestias. (*Terrier de Livron. A. B.-P.* E 312.)

Lons (*canton de Lescar, arr^t de Pau*).

Le quartier des cagots de Lons existe encore. Il est actuellement composé de quatre maisons vieilles et délabrées. Il est certain qu'au XVIIe siècle, il y avait là un véritable hameau, puisque Cassini le fait figurer sur sa carte. *Les Cagots* sont situés sur le haut d'une petite côte, très boisée; on y accède de Lons par la *coste deous Cagots*, sorte de chemin creux, assez large, et presque impraticable à cause de la boue et des galets. La petite source des Cagots naît sur le bord du chemin et y déverse son eau. Si quittant le hameau des Cagots, nous descendons par la côte des Cagots, nous atteignons au bout de 500 mètres environ le mur du cimetière qui entoure l'église. L'angle correspondant au chemin est en pan coupé. Jadis il y avait là une porte par où passaient les cagots;

ave ... leur cimetière, et accédaient à l'église par une porte située près du fond de l'église, assez près du maître autel. L'ancienne église a été démolie il y a quelque soixante ans; son plan et son orientation ne concordaient pas avec ceux de l'édifice actuel, quoique ce dernier ait été construit sur le même terrain. Les vieillards dont nous tenons ces derniers détails, n'ont jamais entendu traiter personne de cagot à Lons.

Loubée (*c*[ne] *de Sévignac, canton de Thèze, arr*[t] *de Pau*).

Loubée n'existe plus de nos jours; c'était une section de Sévignac. Les cagots de Loubée étaient enterrés, comme ceux de Sévignac, à Balère.

Guirautine de Luzo, cagote, de Loubée, mourut le 26 avril 1657, et fut ensevelie le mesme jour devant Balère.

Daniel de Lanabère, cagot de Loubée, mourut le 13 septembre 1661, ayant reçeu tous les sacrements, et fut ensevely le 14e dud. mois.

Guilhem de Joangros, cagot, mourut muny des sacrements, le 25 septembre 1665, et fut ensevely dans le cimetière des Cagots devant Balère, le 26 dud. mois.

Jean de Joangros, capot, mourut le 15 février 1669, muny de tous les sacrements, et fut ensevely le mesme jour.

Mathieu de Joangros, Capot mourut le 16 avril 1672, muny des sacrements de pénitence et extrême onction; fut ensevely le mesme jour.

Pierre de Lanabère, capot, de Loubée, aagé d'environ huit ans, mourut et fut ensevely le 25 avril 1672.

Joanette de Joangros, capote, mourut le 7 janvier 1674, ayant reçu tous les sacrements; fut ensevelie le 8e dud. mois.

Jean de Lalassère, antiguior, mourut le 13e juillet 1680, muny des sacrements de pénitence et extrême onction; fut ensevely le 14e dud. mois. — (*Archives de Sevignac*) (M., I, 110.)

Loubieng (*canton de Lagor, arr*[t] *d'Orthez*).

On voit encore à Loubieng la maison *Chrestiàa*.

1385. — Lo crestiaa.

22 oct. 1452. — Bernard de Baylonque, crestia de Lobienh. (A. B.-P. *Complement des notaires de Larbaig*, f° 66, v°.)

1467. — Johan de Beylonque, crestia de Lobienh. (*Id.*, *f*° 85, *v*°.)

1576. — Convention entre Bernard de Lembeye, trésorier communal de Loubieng, et Menauton du Lées, cagot, touchant la réparation du toit du temple de Loubieng, et la façon de dix bancs. (*A. B.-P.*, E 1 237.)

1642. — Les cagots de Loubieng et des communes voisines (Sauvelade, Castetner, Maslacq) demandent d'être exonérés de la taille pour toutes les cagoteries, et de ne point servir à la guerre. Le comte de Gramont se contenta de maintenir l'exonération telle que le for de Henri II la prescrivait, et ordonna que les cagots serviraient en temps de guerre, de leur métier en cas de siège. (P. J. N° 125.)

Lucarré (*canton de Lembeye, arr*[t] *de Pau*).

Les cagots au début du XIXe siècle y exerçaient les métiers de cordonnier, charpentier et laboureur. Jadis le pain bénit leur était tendu au bout d'une longue fourchette en bois [1]. Cet usage prouve bien qu'il s'agissait de lépreux; en effet à la Madeleine de Remiremont (Vosges) on agissait ainsi avec les lépreux, la tradition en conserve le souvenir de la façon la plus précise [2].

Lucq-de-Béarn (*canton de Monein, arr*[t] *d'Orthez*).

Lucq mérite à plus d'un égard d'attirer notre attention. Au IXe siècle ce village s'appelait Seuve-bonne, et comptait une importante abbaye, dont le cartulaire nous est parvenu sous forme d'une copie authentique (*Collection Baluze*, 74, à la Bibl. nat.). On y voit figurer l'acte de donation d'Auriol Donat, christian d'Ogenne; cet acte a fait couler beaucoup d'encre, puisque c'est en l'interprétant à tort que beaucoup d'auteurs ont dit que les cagots étaient assimilables aux serfs. (P. J. N° 1).

A la fin du XIVe siècle, Peyrolet, cagot de Lucq, procurateur des cagots, semble avoir été sinon architecte, du moins remarquable entrepreneur de travaux, puisqu'il fut chargé de l'exécution de la charpente du château de Montaner, œuvre qui fut payée par une exonération de la taille à ses congénères. A la même époque, il entreprit des travaux importants à Morlaas, et s'occupa aussi de Montaner et de l'église d'Ogenne.

1. M., I, 95.

2. Chaque année les enfants de Remiremont vont encore à la Madeleine, où ils achètent des brioches qu'ils rapportent processionnellement au bout d'un bâton. Jadis ces brioches étaient passées aux lépreux au travers des grilles en bois que l'on voit encore à la chapelle de la Madeleine.

La situation des cagots de Lucq paraît avoir été considérable à cette époque, puisqu'en 1368, deux bourgeois ne rougirent point d'être témoins d'un legs fait par Arnaud-Guilhem, *seigneur* de la chrestiantat de Luc, dont Peyrolet était le fils.

1367. — Cheptel entre Peyrolet, fils d'Arnaud Guilhem, chef de la cagoterie (crestianetat) de Lucq, et Fortic de Laborde. (*A. B.-P.* E 1 401.)

1368. — Arnaud Guilhem, maître de la chrestiantad de Lucq, lègue la moitié de ladite chrétienté, meubles et immeubles à sa femme, sous réserve qu'elle ne pourra pas les aliéner, et que leurs enfants hériteront après elle. Les témoins sont deux bourgeois. (*A. B.-P.* E 1 401, f° 44.)

Quittance de trois florins par Peyrot, cagot de Sauveterre et Monguilat, cagot du Leu, en faveur de Peyrolet, cagot de Lucq, pour travaux faits à Morlaas et à Montaner pour le seigneur de Bearn. (*A. B.-P.* E 1 402, 1377-1419.)

10 mai 1391. — Peyrolet, chrestiaa de Lucq, procurateur des cagots, s'engage à payer 17 florins et demi à Berdolet chrestiaa de Lucq, pour sa part de travaux au château de Montaner, sous peine d'être mis en la tour de ce château et d'une amende (10 mai 1391). (*Publié par* P. *Raymond. Artistes en Béarn*, p. 140.)

« Notum que Peyrolet, crestiaa de Luc, prometo, autreya es' obliga a Berdolet, crestiaa de Luc, cum procurador deus crestiaas de las obres deu casteg de Montaner, que dequi a de dimartz prosmar vient en VIII jorns l'aura pagat XVII floriis e miey per cause de reste de sa parcelle de lasdites obres e l'en aura agut e mustrat l'en descarc de Johan, crestiaa de Ssus, e s'en sera entrat tenir saub arrest en la tor deudit casteg, et asso en pene de IIII^te leys mayors a Moos. lo comte, applicadores a las quaus pagar si encorren, e a complir so dessus obliga si medix son cors e persone e totz soos bees, etc., en glisie et fore glisie, en totz locs, etc., e que ac jura aus santz evangelis de Diu, aixi tenir et complir ac. — Testimonis : Wilhemet de Forpelat, Johan Cooterer, de Navarrenx. Actum ut supra » (Navarrenx 10 mai 1391) (*A. B.-P.* E 1 596, f° 13.)

13 mars 1396. — Berdot de Candau et Arnaud de Salafranque, d'Oyenne, s'étant engagés à exécuter les travaux de réparation de l'église de ce lieu, Peyrolet, seigneur de la chrestientat de Lucq, déclare que c'est en son nom qu'ils ont traité et promet d'exécuter les travaux à faire. (*Publié par P. Raymond, Artistes en Béarn*, p. 151.)

« Notum sit que cum Berdot de Candau e Arnaud-Guilhemet de Salafranque, d'Oyene (Ogenne), aguosen pres es fosen obliguatz entro a la beziau d'Oyene de far e reparar la glisie d'Oyene segont que en carte de la obliguation retengude par Arnaud de Baylac, coadjutor de Maeste Arnaud d'Abadie, notari de Navarrencx, es contengut, si cum dixon, de que es assaber que Peyrolet senher de la crestientat de Luc, reconeguo e autreya que losditz Berdot de Candau e Arnaud-Guilhemet de Salafranque, d'Oyene, a en pres ladite obre per nom de luy, e que egx e lors fidanses per nom de luy, si eren obliguatz, e prometo e autreya lodit Peyrolet que dequi au die de Marteror prosmar vient aura feyt lasdites obres, seguont que en ladite carte es contengut, e n'aura treytz sootz e quitis auditz Berdot et Arnaud Guilhemet et a lors fidanses, e si per faute que no aguos feyt lasdites obres losditz Berdot e Arnaud-Guilhemet ne prenen destortz, dapnatges, costes ni meton deu die de Marteror en avant, deus quaus volo fosen credutz en lors simples palaures que los ac prometo e jura paguar, a lasdites obres leiaumenz far; fidances e paguadors cascuns per lo tot Peyrot de Lausun Ramonet de Laborde, Menautuc deus Lucatz, de Luc, losquaus e las principaus obliguan, etc. — Actum lo XIII die de martz l'an MCCC XCV Testimonis : Bernat de Badeg, Berdon de Sen Juhan, Ramon de Larriu, de Luc.

Notum sit que Berdot de Candot prometo e antreya audiit Peyrolet de la crestientat que bey e leiaumenz lo fara far los paguaments e careys e autres causes, segont que en la carte de las soberdites combiences es contengut e aus medixs ternis, e ac jura, etc. Actum et testibus ut supra. (*A. B.-P.* E 1 405, f° 13.)

19 janvier 1575. — Accensement de terre par Bernard de Guirautou, à Bernardo, cagot de Lucq. (*A. B.-P.* E 1 427, f° 10, v° [1].)

1575. — Testament de Bernardou, cagot de Lucq. (*A. B.-P.* 1 427, f° 32.)

*XVII*e *s.* — Sarruilles, cagot de Lucq, charron, est cité dans une chanson. (M., II, 132.)

Lurbe (*canton d'Oloron-Sainte-Marie-Est, arr*t *d'Oloron*).

Le 28 novembre 1730 fut prononcé au Parlement de Navarre un arrêt défendant de distinguer, en quelque façon que ce soit, les cagots de Lurbe, d'Asasp, et autres lieux. Cet arrêt fut motivé parce que depuis quelques années il arrivait qu'à Lurbe et Asasp se produisaient des désordres continuels, et même des meurtres, « occasionnés par une erreur populaire, anciennement introduite, contre divers habitants, qui estoient appelés cagots et regardez par les autres, comme des personnes proscrites et *chargées de lepre* ». (V. P. J. N° 147.)

Jusqu'en 1788, les cagots furent séparés du reste des fidèles, à l'église.

Lussagnet (*canton de Lembeye, arr*t *de Pau*).

*XVI*e *s.* — Lo crestia de Lusanher : XII d.

1. On trouvera ce document reproduit en entier, p. 253.

Macaye (*canton de Hasparren, arr*[t] *de Bayonne*).

9 août 1649. — Guillem d'Aguerregaray, et Marie de Samacoiz, agots de Macaye, sont parrain et marraine de Marie d'Aguerregaray d'Isturits. (*V.* Isturits.)

Madeleine (La) (*commune de Saint-Jean-le-Vieux, canton de Saint-Jean-Pied-de-Port, arr*[t] *de Mauléon*).

La majorité des habitants de la vallée de la Nive disent que la Madeleine est habitée par des Bohémiens. Quelques renseignements que nous avait fournis un érudit distingué, habitant la région, le seul nom de *La Madeleine*, la situation isolée de ce hameau nous ont cependant fait soupçonner qu'il était un ancien refuge de lépreux ou agots.

La chapelle, desservie par un vicaire de Saint-Jean-le-Vieux, est assez petite, fort vieille, et située au milieu du hameau, sur le bord de la rivière. Presque toutes les maisons sont modernes; les habitants un peu farouches.

Nous eussions manqué de tous renseignements, sans le cimetière qui entoure l'église, et dont les tombes, vieilles ou récentes, nous livraient, comme un registre des sépultures, le nom des habitants [1]. La plupart étaient notoirement agotac; nous avions maintes fois rencontré chez les agots du pays basque des noms tels qu'Arosteguy, Uhalde, Hirigoien, Errecalde, Erguy, Irribaren, Aguerre. Ce dernier nom surtout est typique; il appartient à un village de l'ancien pays de Cize, dépendant de la noble maison des vicomtes d'Etchaux, coïncidence importante quand on se souvient que Michelenia, ce hameau d'agots, était sous la protection de la même maison. Le village d'Aguerre a donné son nom à un très grand nombre d'agots et de cascarots. Le fait que la Madeleine est réputée habitée par des bohémiens, amène naturellement à penser, qu'ici comme à Ciboure et Saint-Jean-de-Luz, à Orthez, et ailleurs, il y a eu mélange d'agots et de bohémiens, et que le type de cette seconde race a prévalu.

Magret (*Voir* Orthez).

1. Les registres de baptême, mariage et sépulture de *La Madeleine* sont aux archives de Saint-Jean-Pied-de-Port, registres GG 10 à 12 et concernent les années 1712 à 1790. Nous n'avons malheureusement pas pu consulter ces registres.

Mascaras (*canton de Garlin, arrt de Pau*).

XVIe s. — Lo crestia de Mascaras : XII. d.

Maslacq (*canton de Lagor, arrt d'Orthez*).

1385. — Lo crestiaa.

1389. — Ramon Guilhem crestia de Maslacq figure dans une quittance à Johannet, cagot de Monein. (*A. B.-P.* E 1 923, fo 38.)

1642. — Les cagots de Maslacq, Castetner, Sauvelade et Loubieng adressent une requête au comte de Gramont. (*V.* Loubieng.)

Masparraute (*canton de Saint-Palais, arrt de Mauléon*).

1490. — Arnaud, cagot de Masparraute, figure comme témoin dans un acte fait par un cagot d'Escos. (*A. B.-P.* E 1 191.) V. Escos.

1514. — Guillaume Arnaud de Oregart, Pierre Arnauld et Jean dit Janicot, ses fils, agots de Masparraute, figurent parmi les signataires de la requête adressée au pape Léon X. (P. J. No 163.)

Maubecq (*canton de Montaner, arrt de Pau* [1]).

1360. — Lo crestiaa : XII. d. [de francau].

1379 (21). — Antonio, crestiaa.

Mauléon.

XVIIe s. — Jean de Laquille, cagot de Mauléon, est cité dans une chanson. (M., II, 125.)

Mazères (*canton de Pau-Ouest*).

1508. — Contrat de mariage entre Domenjou, cagot de Lestelle, et Condou fille de Me Ramon, cagot de Mazères. (*A. B.-P.* E 1 981.)

1581. — Fens despence de la some de tredze franx a pagar a maeste Johan de Pucheu cagot de Maseres et aquets por lo prumer pacq estadut lo Jorn de nadau aneye susd. que per sous gadges ordinatz de netajar las seminges de la presente ville que appar per mandement de messieurs de Cendresse de Goo et Bedora Juratz deu vingt et tres de decembre aneye susd. et quitance qui condin cy . . . . XIII fr.

(*Arch. munic. de Pau.* CC 77, fo 5, vo.)

29 août 1621. — Boeil, caguot, est au seigneur de Maseres, et paye au roy dus souls de francau.

Courraze, caguot, idem.

La maison de Maisonnabe, caguot, est de la jurisdiction de Lasalle de Rontignon et paye au roy de francau dus souls. (*Extrait d'une procédure faicte, concernant les fiefs dus au roi. — A. B.-P. — Publié par Michel,* II, 323.)

1. Maubecq appartient aujourd'hui à la commune de Sedze-Maubecq.

Meillon (*canton de Pau-Ouest*).

XIVe s. (15). — L'ostau deu crestiaa.
1360. — Lo crestiaa : XII d. de francau.
1379 (21). — Peyrot, crestiaa.
1385. — L'ostau deu crestiaa.

Meritein (*canton de Navarrenx, arr^t d'Orthez*).

1379 (21). — Ramonet, crestiaa.
1385. — Lo crestiaa.
19 décembre 1384. — Promesse faite par Berduc de Cazenave, d'Aas, à Jean cagot de Méritein, de lui payer 23 florins d'or pour la guérison d'une blessure à la tête. (*Publié par P. Raymond, Congrès scientifique de Pau, 1873.* Vol. I, p. 286.)

Notum que Berduc de Casenave, d'Ahas en Ossau, prometo et autreya a maeste Johan, Crestiaa de Meritenh o a son man portador, etc., que au jour de dimenge caner prosmer vient lo pagarat XXIII floriis d'aur, etc., que dar lo deu per razon de la meharie d'une plague que ave au cap que lo diit maeste Johan l'ave garide sicum dixon, etc. Testimonis P. de Cazaubielh, de Navarrenx, Guilhem de Salas de Gurmenso, actum a Navarrenx, lo XIX de dezenne (*1384*). (*A. B.-P.* E 1 594, f° 14.)

Mifaget (*canton d'Arudy, arr^t d'Oloron*).

Les cagots de cette commune avaient jadis porte et bénitier à l'église. Un coin de cimetière leur était réservé

Miossens (*canton de Thèze, arr^t de Pau*).

1379 (21). — Ramonet, crestiaa.

Mirepeix (*canton de Nay-Est, arr^t de Pau*).

1360. — Lo crestiaa XII d. [de francau].

Momas (*canton de Lescar, arr^t de Pau*).

Les cagots y avaient leur cimetière. Vers le milieu du XIXe siècle, les familles cagotes conservaient encore à l'église la place qu'occupaient leurs ancêtres près la porte (M., I, 98). Les préjugés contre ces malheureux étaient si forts autrefois, qu'un chef de famille cagote ayant été nommé jurat de Momas grâce à la protection du seigneur, et ayant pris place le dimanche au banc municipal de l'église, quelqu'un grava

1. Le nom de Mazères évoque l'idée de lépreux (mézet); cependant rien dans l'histoire de ce village ne justifie cette idée. Mazères viendrait plutôt de mazera, boucher.

derrière le banc ces mots : « Darré, Cagot ! » (Arrière, Cagot !). A la même époque, et jusqu'à 1780 environ, une imposition nommée *rancale* était prélevée sur tous les cagots de la commune, et le collecteur accompagné d'un chien avait le droit d'exiger pour ce dernier un morceau de pain ou de méture. (M., I, 97.)

1360. — Lo crestiaa XII d. [de francau].

Momy (*canton de Lambeye, arr[t] de Pau*).

1379 (**20**). — Lo crestiaa.
1379 (**21**). — Berdolet, crestiaa.
1383 (**23**). — Lo crestiaa.
1385. — [L'ostau deu crestiaa] (rayé sur le dénombrement).

Moncayolle (*canton et arr[t] de Mauléon*).

Vers 1640. — Pigat, cagot de Moncayolle, figure dans une chanson. (M., II, 125.)

Moncaup (*canton de Lembeye, arr[t]. de Pau*).

Les cagots de Moncaup avaient leur cimetière à part.

1365 (**18 et 19**). — Bernat, crestia : XII. d. de fouage.
XVIe s. — Lo crestia de Moncaup : XII. d.

Monclar (*canton de Garlin, arr[t] de Pau*).

XVIe s. — Lo crestia de Moncla. XII d.

Monein (*chef-lieu de canton, arr[t] d'Orthez*).

Quoique les cagots aient été jadis nombreux à Monein, les habitants de cet important village en ont perdu complètement le souvenir. Dans l'église, on voit encore à gauche de la porte latérale, orientée au midi, un grand bénitier maçonné à l'un des piliers, qui est indiqué comme ayant été celui des cagots. Au-dessus de lui, se voit une tête en pierre sculptée, qui représente un cagot ; le travail est d'un beau caractère, et porte les stigmates les mieux définis du cagot ; on trouvera une étude concernant les caractères pathologiques de cette tête dans le corps du volume[1].

1379 (**21**). — Peyrolet, crestiaa.
1383 (**24**). — Johanet, crestiaa.

1. On lit dans l'inventaire sommaire des archives des B.-P. *Monein* DD 1-8 1459-1767), convention entre la communauté et Bernard de Cobrio, cagot,

25 juin 1382. — Convention entre Bernat, crestiaa d'Artix, et Berdot de Sales, habitant et crestiaa de Monein, au sujet de la mort d'Arnautoo, fils de Bernat, causée par Berdot. (*A. B.-P.* E 1 919, f° 9 [1].)

1383. — Contrat de mariage entre Johanet, cagot de La Bastide Cézeracq, et Guirautine, fille de Peyrolet, cagot de Monein. (*A. B.-P.* E 1 923, f° 38.)

1385. — *Au Casteg*, quartier de Monein : L'ostau deu crestiaa Monenh; L'ostau deu crestiaa Cardesse.

1389. — Quittance générale donnée à Johannet, cagot de Monein, par « Peyrot crestia d'Abos, Peyrolet crestia de Pardies, Guillemet crestia de Billesegur, Ramon Guilhem crestia de Maslac per nom de lor e de totz los crestias de l'arsiprestac de Larbaig et de Pardies ». (*A. B.-P.* E 1 920, f° 19.)

13 octobre 1532. — Contrat d'apprentissage par lequel Peyrot, cagot de Monein, s'engage à apprendre à Jehan, cagot de Pardies, le métier de charpentier, pendant cinq ans. (*A. B.-P.* E 1 474, f° 249, r°.)

25 janvier 1545. — Vente d'une terre sise au hameau de Loupien [2] (c^ne de Monein) faite par Jeanne de Campealhau et Tirolet de Balanera, son fils, à maître Peyrot, cagot de Monein, pour le prix de 13 florins et demi. (*A. B.-P.* E 1 478, f° 25, v°.)

30 mai 1546. — Contrat d'apprentissage entre Jeannot de Berdot, cagot d'Abos, et Peyrot de Lostalot, cagot de Monein, charpentier. (*A. B.-P.* E 1 478, f° 63 [3].)

Mongelos (*vill., c^ne d'Ainhice, canton de Saint-Jean-Pied-de-Port, arr^t de Mauléon*).

1514. — Martin de Larcangue, Bernard d'Antoine et Mogino de Arraba figurent parmi les signataires de la requête adressée au pape par les agots de Navarre. (P. J. N° 163.)

Monségur (*canton de Montaner, arr^t de Pau*).

1379 (20). — Lo crestiaa.

Mont (*canton de Garlin, arr^t de Pau*).

1379 (21). — Johan, crestiaa.

XVIe s. — Lo crestia deu Mont..XII. d.

Mont (*canton de Lagor, arr^t d'Orthez*).

En 1640, Juan de Capdeviele, cagot de Mont, s'étant permis de porter bottes, manteau et épée, pour se donner sans doute des airs de noblesse, une plainte fut portée devant les États qui, après déli-

sur la construction du temple. — Nous n'avons pas pu retrouver cette pièce aux archives de Monein.

1. On trouvera cet acte reproduit in extenso, p. 262.

2. Les quartiers de Monein étaient : Le Casteg, Loupien, Bourgneuf, Marque Male, Veha, Locos, Candelop, Liza et Tres Serres.

3. On lira cet acte, p. 258.

bération, adressèrent le 13 décembre une requête au duc de Gramont. Ce dernier édicta un règlement contre le cagot de Mont le 30 du même mois 1640. (P. J. Nos 121, 122 et 123.)

C'est de ce même cagot qu'il s'agit dans une chanson du XVIIe s. où l'on dit : « Le cousin de Mont, le plus riche de tous. » (M., II, 133.)

En 1696. — Pierre Lalanne, cagot de Mont, figure parmi les signataires d'une requête adressée au parlement de Navarre. (P. J. N° 142.)

Montagut (*canton d'Arzacq, arrt d'Orthez*).

1603. — Vente de terre par Peyrot d'Aranjean, cagot de Montagut, en faveur de Mathieu de Bayle. (*A. B.-P.* E 1 294.)

Montaner (*chef-lieu de canton, arrt de Pau*).

Au château de Montaner, qui fut construit au XIVe siècle, se rattache un des plus curieux chapitres de l'histoire des cagots. Berdolet, cagot de Lucq, procurateur des cagots, s'occupa avec l'aide de la plupart des cagots de Béarn de construire la charpente, ou mieux d'exécuter les travaux de bois du château. Gaston Phœbus en paiement s'engagea, en 1379, à exonérer les cagots de la plus grande part de leurs impôts. Cet acte eut un retentissement profond sur toutes les lois économiques concernant ces malheureux, et cela jusqu'en 1707. Ce curieux fait a été étudié plus haut dans tous ses détails; nous renvoyons donc le lecteur au passage en question[1].

Il existe encore à Montaner le bénitier des cagots, ainsi qu'une fontaine dite : *Houn deü Chrestiaa*.

1365 (**18**). — Lo crestiaa : XII. d. de fouage.
1379 (**21**). — Monicolo, crestiaa.
1383 (**24**). — Berdolet, crestiaa.

1661. — Lou crestiaa Cagot possède sa maison, jardin et casalar, de contenance de un quart, trente escats, tenant orient Boualette, occident au ruisseau du Lis, septentrion Boualette... 1 qt 30 escats.

Paye 3 d.

Plus possède autre piesse de terre labourable au parsaan de Bellegarde de contenance de trois quarts, douze escats; tenant orient Marfant, et occident aussy, septentrion Pecastaing. 3 qts 12 escats.

Paye 4 d.

Monte sept deniers. . . . . 7 d.

Extrait du livre terrier de la cne de Montaner, commencé le 24 août 1661. (M., I, p. 100-101, note.)

Montardon (*canton de Morlaas, arrt de Pau*).

1. Les pièces concernant la construction du château de Montaner sont : *A. B.-P.*, E 304, f° 9. (P. J. N° 21); E 1 596, f° 13 (Voir *Lucq*), et E 1 402 (*Id.*).

1385. — Locx de tot laus : L'ostau deu crestiaa.

Montaut (*canton de Nay-Est, arr[t] de Pau*).

Dans la charte de fondation du village de Montaut en 1308, par Marguerite de Foix, les chrestiaas sont placés sous la juridiction exclusive de l'abbé de Saint-Pé, tandis que les autres habitants sont mis sous la juridiction mixte de cet abbé et du seigneur de Béarn[1].

Autrefois, à Montaut, les cagots habitaient deux quartiers, l'un à l'est, l'autre à l'ouest de la ville. Un acte de sépulture de 1630 parle de la porte qu'ils avaient à l'église. De cette porte et du bénitier qui y était adjoint, on ne sait plus rien à Montaut, l'église actuelle ayant été édifiée au siècle dernier. Nous avons visité les ruines de l'ancienne église Saint-Hilaire, les pans de murs qui persistent ne portent aucune trace de porte autre que la porte principale.

Morlaas (*chef-lieu de canton, arr[t] de Pau*).

Ancienne capitale civile du Béarn[2], Morlaas devait être aussi un important centre de cagots. Dès 1385, il y avait dans cette ville une agglomération de cagots et un hôpital à eux réservé[3]; c'était la léproserie bien connue de Morlaas. Celle-ci avait été fondée probablement au XIIe siècle, puisque du temps du vicomte Pierre, Arnaud d'Izeste et les moines de Cluny avaient bâti, sur la demande du prince et de Guiscarde, une chapelle attenant à la maison des ladres[4] (vers 1180). En 1676, il y avait encore sept capoteries à Morlaas, signalées dans la déclaration générale de cette commune, que nous reproduisons plus bas. Les cagots étaient ici, comme un peu partout, enterrés dans un cimetière spécial; il s'appelait le *cimetière des ladres*, soit du fait des cagots qui y reposaient, soit plus vraisemblablement parce qu'il était contigu à l'*hôpital des Ladres*. Celui-ci était situé tout au fond de la vallée qui court au nord de la ville. Les terres sur lesquelles il s'éle-

1. C'est à De Rochas (p. 41) que nous devons de connaître cette charte. Toutes les recherches que nous avons faites pour la retrouver sont restées vaines.

2. Lescar était la capitale religieuse.

3. Dans le dénombrement de 1385, on lit : *Borc Nau* (Morlaas) ; l'ostau deu crestiaa; L'espitau deus malaus.

4. Menjoulet, *Chronique du diocèse et du pays d'Oloron*, ch. v, § III, p. 262.

vait sont actuellement labourables et appartiennent presque en totalité au maire de la commune ; à côté l'on voit encore le *pont des Ladres*, tout petit, et sans caractère spécial [1].

Quant à la porte des cagots à l'église Sainte-Foy, on a quelque difficulté à l'identifier. Elle était certainement située sur la façade latérale nord de l'édifice. Sur cette façade on distingue à peine une porte murée, située à gauche de la porte latérale actuellement praticable; plus à gauche encore, une seconde porte murée dont le cintre est en briques, et très visible; c'était là, pensons-nous, la porte des cagots. Enfin plus à gauche encore, au bout d'une des absidioles, et correspondant à une des chapelles latérales, on voit une ogive à moitié enfouie sous le sol de la place, qui vu sa situation n'a probablement jamais appartenu à une porte praticable conduisant à l'église, tout au plus pouvait-il y avoir là une porte de crypte. C'est cette porte qu'à tort, semble-t-il, on considère habituellement comme ayant été celle des cagots.

1383 (**24**). — Johan, crestiaa de Morlaas.

1385. — L'ostau deu crestiaa.

22 *mai 1676*. — *Extrait de la Déclaration générale de la commune de Morlaas.*

L'An mil six cens soixante-seize et le vingt et deux may, regnant haut et puissant prince très-crestien Louis quatorzième du nom, roy de France et de Navarre, seigneur souverain de Béarn, dans la ville de Morlaas, siège de la sénéchaussée, et dans la maison commune, par devant nous Jean de Camgran, avocat en la cour, commissaire subdélégué par nosseigneurs les commissaires généraux députés par Sa Majesté pour la réformation de ses domaines, et la confection du nouveau papier terrier dans le ressort du parlement et chambre de comptes de Pau, par arrest de son conseil du 6e septembre 1672, pour la confection dudit papier terrier et réception des déclarations tant en fief qu'en roture généralles ou particulières des communautés scises dans ladite sénéchaussée de Morlaas constitués en leurs personnes Mes Ramon de Marque, Jacob de Salinis, juratz, et Mes Jean de Pebergé, Pierre de Comeres et Bernard de Nagassie, députés, commis par le corps de ville en vertu de la délibération du vingt et neufième descembre mil six cens soixante quatorze, lesquels ont déclaré et reconnu comme s'ensuit, ce stipu-

1. Ce pont fut réparé par les cagots au XVIIe siècle, si l'on en croit une indication de l'*inventaire des Archives* (BB 1 à 26).

lant et acceptant Me Pierre de Belça, substitut du procureur du roy en la commission générale en nostre commission.

Art. 37. — Item, ont déclaré lesdits sindicqs qu'il y a dans la paroisse sept Capoteries, pour raison desquelles ils ont accoustumé de retirer desdits Capots dix et huit sols tournois de chacun par année.

Promettant lesdits sindicqs et députés, en vertu du pouvoir à eux donné, et acte de délibération et procuration à eux octroyé par ledit corps de ville, payer à Sadite Majesté ou à ses successeurs rois de France, seigneurs souverains de Béarn, ou à ses fermiers, touts les droits et devoirs seigneuriaux déclarés et reconneus sy-dessus; comme aussy ont promis et juré sur les quattre saints Evangiles de Dieu, tant pour eux que pour leurs constituants, d'estre bons et fidèles vasseaus, sujets et emphiteotes de Sadite Majesté, la suppliant de vouloir les maintenir dans leurs coustumes, privilèges et biens cy-dessus; ce que lesdits sindics et députés ont promis observer et garder soubs obligation de touts les biens et droits de ladite communauté, ce qui auroit esté accepté par ledit sieur de Belça, substitut du procureur du roy en nostre commission, sans préjudice de plus ample vérification du contenu en la déclaration sy-dessus.... etc. (*A. B.-P. Sénéchaussée de Morlaas.* T. III, f° 148, recto.)

Morlanne (*canton d'Orthez, arr*t *d'Orthez*).

1379 (**21**). — Johanot, crestiaa de Morlane.

Mouhous (*canton de Garlin, arr*t *de Pau*).

XVIe s. — Lo crestia de Mouhous : XII. d.

Moumour (*canton d'Oloron-Ouest*).

On voit à l'église de Moumour une porte latérale qui donne dans une petite chapelle, près de cette porte est un bénitier scellé au mur.

C'était la porte, le bénitier et la chapelle des cagots.

En 1471, un notaire d'Oloron fit contre Me Ramon, cagot de Moumour, sa femme, sa fille et son gendre, un règlement calqué sur ceux qu'ailleurs on édictait contre les lépreux. On le lira aux Pièces justificatives. (N° 30.)

1379 (**21**). — Peyrolet, crestiaa.
1383 (**23**). — Lo crestiaa.
1385. — Lo crestiaa.
Vers 1640, Pirot, cagot de Moumour, figure dans une chanson. (M., II, 125.)

Mourenx (*canton de Lagos, arr*[t] *d'Orthez*).

Il existe encore à Mourenx, une famille du nom de Chrestia.

On dit que le proverbe : « Au cagot la gouttère », est sinon originaire, au moins très souvent répété dans ce village.

1379 (21). — Johan, crestiaa.
1383 (23). — Lo crestiaa.

Mur (*aujourd'hui confondu avec Castagnède*[1]).

Mur ne se rattache à l'histoire des cagots que par ce fait que le droit de quête s'y vendait à ces malheureux, ainsi que plusieurs actes en font foi. Nous signalons ces pièces au mot Castagnède.

Nabas (*canton de Navarrenx, arr*[t] *d'Orthey*).

Vers 1640, Tamboury, Argenton et Arboult, cagots de Nabas, figurent dans une chanson. (M., II, 125.)

Narcastet (*canton de Pau-Ouest*).

1360. — Lo crestia : XII. d. [de francau].
1383 (24). — Berdolet crestia e Peyrot, crestiaa.

Navailles (*canton de Thèse, arr*[t] *de Pau*).

En quittant Argélos, après avoir rejoint la grande route de Garlin à Pau, on atteint au bout de trois cents mètres la vallée du Taing. Sur ce ruisseau s'élève un groupe de maisons ; l'une d'elles porte encore le nom de *Crestia*. C'était l'ancienne résidence des cagots de Navailles.

L'église de Navailles présentait jadis de grandes analogies de plan avec celle d'Argélos, mais la salle d'école de la première a été transformée assez récemment en nef latérale. La porte des cagots, qui s'ouvrait dans le mur du fond, était perpendiculaire à la porte principale qui est sur la façade latérale. Au-dessus de cette porte, dont on ne voit plus même la trace, figurait en relief la tête de saint Loup. Cette pierre sculptée est aujourd'hui reléguée dans un coin de l'église ; les ornements sculptés qui l'entouraient sont perdus. On dit que les cagots venaient mettre sur la figure du saint des linges qu'ils portaient ensuite sur leur face dans l'espoir de se voir guérir (v. p. 22).

1. *V. Castagnède.*

1360. — Lo crestiaa XII. d. [de francau].
1379 (21). — Berdoloo, crestiaa.
1383 (24). — Bernadoo, crestiaa.

Navarrenx (*chef-lieu de canton, arr^t d'Orthez*).

A l'église de Navarrenx, il y avait jadis, dit-on, porte et bénitier des cagots, mais il n'en reste aucune trace. Il est vrai de dire que des restaurations assez récentes ont profondément modifié l'aspect de certaines parties de l'édifice.

Les cagots furent nombreux à Navarrenx, depuis le xive siècle jusqu'à nos jours. Il est tout à fait improbable qu'ils aient habité dans la ville fort étroite et enclose de murs; nous n'avons pu recueillir aucune tradition certaine sur leur lieu d'habitation, qui paraît avoir été le Béziat, situé à l'est de la ville, ou encore le faubourg des Cabanes.

Les Campagnet et les Dufresne furent parmi les derniers cagots de Navarrenx. Les premiers étaient violoneux. « Navarrenx, écrit Hourcastremé[1], a vu les Campagnet se transmettre depuis trois ou quatre générations, un violon très recherché. J'ai vu le tems, ou il n'y auait point de bonne fête, si le violon ou la flute des Campagnet n'en était pas. » Quant aux Dufresne, l'un d'eux, Bertrand, né à Navarrenx en 1736, devait mourir en 1801 conseiller d'État, après avoir été député de Paris au Conseil des Cinq-Cents en 1797, et plus tard directeur du Trésor public[2].

1383 (23). — La Marie molher deu crestiaa de Navarrenx.
1385. — Lo crestiaa.
5 mai 1391. — Vente de la crestiantat de Navarrenx par Monico à Jeannette, fille de Berdolet, cagot d'Oloron, moyennant 36 florins. (*A. B.-P.* E 1 596, f° 12.)
14 mars 1404. — Vérification des travaux exécutés par les cagots au moulin de Navarrenx, par Berduquet de Caresuran, chef des travaux du comte de Foix, et les jurats de Navarrenx. (*A. B.-P.* E 1 598, f° 66.)
22 février 1414. — Berduquet de Caresuran vérifie les travaux du moulin de Navarrenx et en ordonnance le payement en faveur des cagots qui y avaient été employés (*A. B.-P.* E 1 601, f° 4 et 5.)
13 juin 1452. — Peyrot, crestiaa de Navarrenx, figure parmi les

1. *Loc. cit.*, p. 78.
2. De Rochas, p. 58, note 1.

débiteurs de Peyroton de Gamachies, cagot de Sainte-Suzanne. (*A. B.-P. Reg. compl. des Notaires de Castelner et Larbaig*, f° 30.)

Nay (*chef-lieu de canton, arr*t *de Pau*).

Nay fut autrefois un centre important de cagots. Outre les vieux titres qui les signalent, il faut remarquer plusieurs pièces du XVIIe siècle où figurent les familles de Lalanne, Puyou, Lacoste, et de Souler. F. Michel nous dit que de son temps il y avait encore deux familles réputées cagotes, à Nay. Aujourd'hui, les notables les mieux renseignés sont unanimes à déclarer qu'il n'en existe plus. Bien plus, la « fontaine des cagots » dont parle Michel a disparu de toutes les mémoires, même de celles des vieillards; il nous semble cependant probable que cette fontaine n'est autre que celle dite de Saint-Roch, car sa situation suburbaine, le nom du saint guérisseur auquel elle est dédiée, son emplacement qui correspond à celui de la porte du vieil hôpital détruit en 1783, constituent des arguments de quelque valeur en faveur de notre hypothèse. On voit encore, à l'église, une porte murée à laquelle la tradition a laissé le nom de porte des Cagots. Tandis que la porte principale de l'édifice est latérale, celle des cagots était située au fond; elle était ménagée dans l'un des deux gros contreforts (celui de droite) qui s'avancent un peu dans la rue. Murée depuis extrêmement longtemps, elle donnait dans un petit réduit aujourd'hui encombré de débris et de planches; des travaux de réparation, déjà anciens, ont séparé ce réduit de la nef par un mur épais. On voit encore dans ce réduit les pierres des montants et du cintre de la porte, mais pas trace de bénitier. Les cagots assistaient aux offices tout au fond de l'église.

Le 13 février 1687, Jean Lalanne, cagot, fut nommé trésorier de l'hôpital de Nay; cette nomination qui eût pu causer quelque scandale fut aussitôt cassée.

En 1696, Louis de Lalanne, Guillaume Puyou, Isaac Lacoste, et Bernard de Souler, cagots de Nay, adressèrent, en même temps que leurs congénères de Pau, Bruges et Mont, et autres lieux, à M. Pinon, intendant de Béarn et conseiller du Roy, une requête pour demander l'application des plus récents arrêts du Parlement de Navarre, qui interdisaient de distinguer les cagots de quelle que façon que ce fût. Une ordonnance fut rendue, le 8 mars 1696, donnant pleine satisfaction aux signataires de la requête. Enfin en 1722, Isaac de Lacoste, Jean Lapene et Pierre Puyou, descendants des cagots de Nay, figurent parmi les signataires d'une requête adressée au Parlement (V. P. J. N° 146).

Qu'on nous permette, pour terminer, de dire quelques mots d'un usage, surtout observé à Nay, où le nom des cagots se trouve mêlé. Il s'agit du *Piquehou*[1].

« En certains lieux, à Nay notamment, le piquehoü sévit à l'état endémique. Aussitôt que l'enfant a reçu l'eau sainte du baptême, les gamins poursuivent le parrain et telle une volée de pierrots bavards, insolents, le harcèlent de lazzis et de quolibets ironiques au refrain de

Payri cagot
Esquilhot boubarot.

« Et le parrain n'arrêtera cette mélopée incessante et gouailleuse qu'en répandant libéralement et menue monnaie et dragées. Aussi malheur à lui si le trajet est long, car les avides quémandeurs ne se lasseront jamais.

« A raison de cet usage onéreux les familles de modeste condition ont dû retarder les baptêmes jusqu'à la tombée de la nuit[2].

« L'abbé Batcave, curé-doyen de la paroisse de Nay, désira supprimer certain jour ce qu'il considérait comme une inégalité sociale, un souvenir de la race maudite des cagots et, à l'époque où l'école devint obligatoire, il décida de célébrer la cérémonie du baptème pendant les heures de classe. Hélas! le remède fut inopérant[3]... »

1383 (**24**). — Peyrot, crestia.

13 février 1687. — Par délibération des Jurats et députés de Nay, Pierre de Lousteau et Jean Lalanne fils aîné, sont nommés Trésoriers de l'hôpital de Nay. (*Registre des délibérations de Nay.*)

1. Le piquehou est une coutume béarnaise très semblable à celle de la distribution des dragées et des sous faite par le parrain au sortir de l'église où vient d'être baptisé son filleul. Cet usage tire son nom du premier vers d'une chanson que les enfants chantent à cette occasion.

2. Les cagots n'étaient habituellement baptisés qu'à la nuit tombante.

3. *Le Piquehou*, par Louis Batcave, in : Reclams de Biarn et Gascougne. (5e anade — N° 1 — 1e de Yéné, 1901). Pau, Vignancour, 1901, p. 12-13.

15 février 1687. — Lou quinse de fevrer, mil six cens quoatte-vingt-sept, loudit Loustau c'es presentat, qui a dit que lis fée offre d'acceptar la dite charge de tresaurée et de prestar lo serment au cas requerit.

Et a l'esgard deudit de Lalane attendu que per lo For, rubrique *De Qualitat de personne*, es deffendut aux Cagots de semesclar ab los autres hommis; vist acquet, lou dit de Lalane es estat dechargat de ladite charge, per nou poder en far la founction à cause de sa qualitat de Cagot : ser perque d'une commune bout es estat noumat par thresaurer Me Bernard Dalemane de Nay, per, conjointement ab lodit Loustau, exersar la dite charge de thesauré, et sera appcrat per acceptar acquere; et lodit de Loustau a acceptat la dite charge, a prestat lo serment au cas requerit, de que en estat retiengut acte, et a signat. LOUSTAU, Trésorier DALEMANE, tresaurier. PARAIGES, 1er jurat. (*Id.* — M. I, 221, note 1.)

Nousty (*canton de Pau-Est*).

1379 (**20**). — Lo crestiaa.

1379 (**21**). — Guilhaume, crestiaa.

Ogenne (*canton de Navarrenx, arrt d'Orthez*).

Nous rappelons qu'Auriol Donat, le premier cagot dont il soit parlé (an 1000), était d'Ogenne (P. J. N° 1).

1566. — Vente de lande par Arnaud, cagot d'Ogenne, à Tristan fils de Jacques de Sainte Colomme, seigneur d'Esgoarrabaque. (*A. B.-P.* E 1 631).

Ogeu (*canton d'Oloron-Sainte-Marie-Est*).

1379 (**21**). — Lo crestiaa d'Oyeu.

Oloron.

On sait qu'Oloron est divisé en trois quartiers : Oloron, Sainte-Croix, et Sainte-Marie. Seuls ces deux derniers quartiers nous ont conservé des souvenirs des cagots.

A Sainte-Croix l'église très ancienne et curieuse présente trois nefs. A la nef centrale correspond la porte principale située au fond; à la nef de gauche, en regardant l'autel, correspond au fond un retrait auquel on peut accéder par une porte, et qui dans l'église s'ouvre largement sur la nef latérale. C'était là que se tenaient les cagots. Un tout petit bénitier, enchâssé dans le mur, leur était réservé.

Au quartier Sainte-Marie, il y avait la *rue des Cagots* aujourd'hui débaptisée, et dont bien peu d'habitants se souviennent.

La léproserie d'Oloron, qui est citée, comme étant de fondation seigneuriale, dans l'État des Léproseries des Archives nationales, n'est mentionnée nulle part ailleurs à notre connaissance que dans le For d'Oloron (1080) où il est parlé de la Mayson deus Mezegs. Il faut vraisemblablement confondre cette léproserie avec la cagoterie.

Les cagots furent toujours très nombreux à Oloron ainsi qu'en témoignent les pièces suivantes :

1379 (**21**). — Berdolet, crestiaa.

1383 (**23**). — Lo crestiaa.

1385. — Lo crestiaa.

5 mai 1391. — Vente de la crestiantat de Navarrenx par Monico à Jeannette, fille de Berdolet, cagot d'Oloron, moyennant 36 florins d'or. (*A. B.-P.* E 1 596, f° 12.)

26 avril 1391. — *Bernat, cagot d'Araujuzon reconnaît devoir 10 florins 6 sous 3 deniers à Berdolet, cagot d'Oloron, procurateur des cagots pour les journées de travail qu'il a fournies au château de Montaner. (Publié par P. Raymond. Les artistes en Bearn avant le* XVIIIe *siècle*, p. 139.)

« Notum que Bernat, crestiaa, d'Araus Jusoo, ha reconegut, etc., que ha prees de Berdolet, creetiaa d'Oloron, cum procurador deus crestiaas de l'abescat d'Oloron. X floriis VI sols III diners de Jacques per los jornaus de las obres deu casteg de Montaner que have servit en l'an present, e de tant cum es aquero se tengo per pagat.

« Testimonis : Guixarnaut de Capdepont, de Lay, Guixarnau de Copau, de Bunhenh. Actum est supra (Navarrenx le 26 avril 1391). (*A B.-P.* E 1 596, f° 8.)

29 mai 1434. — *Menau de Camoo et Bernard de Casamaior, voisins d'Aramitz, reconnaissent devoir à maitre Berdot, médecin et chrestia d'Oloron, une somme d'argent pour traitements divers. (Publié par P. Raymond. Congrès de 1873. Pau.* Vol. I, p. 286).

Notum que Menaud de Camoo et Bernard de Casamaior, vesiis d'Aramitz l'un per l'autre autreyan que deben dar a meste Berdot, mege et chrestia d'Oloron, III s[to] scutz et miey feytz de Tholoze pes de tres diners, XII de Morlaas, per lo celari, pagar a Nostre Done de Setener prosmar vient, interesses II sols de Morlaas, etc., feyt a Loron lo jour et an que dessus, testimonis son mon. Arnaud de Pardice, Guilhem Baron d'Oloron. (*A. B.-P.* E 1 767, f° 22.)

13 décembre 1640. — Les États de Béarn, après discussion, adressent au duc de Gramont une plainte contre Jean de Nay, cagot d'Oloron qui a fait bâtir un colombier sur sa maison. Le duc répondit par un règlement contre ce cagot, le 30 du même mois. (P. J. N°s 121, 122 et 123.)

9 juillet 1692. — Arrêt du Parlement de Navarre en faveur de Bernard de Capdepont et des autres charpentiers des paroisses de Sainte-Croix et Saint-Pierre-d'Oloron. (P. J. N° 140.)

Oraas (*canton de Salies-de-Béarn, arr^t d'Orthez*).

On voit encore à l'église d'Oraas, la porte des cagots, qui quoique murée est restée très visible grâce aux ornements sculptés qui l'entourent. Dans l'église les cagots se tenaient sur le côté, auprès de leur porte (V. Le Leu).

XVIe s. (15). — L'ostau deu crestiaa.

Orin (*canton d'Oloron-Ouest*).

On voit sous le vestibule qui précède la porte d'entrée de l'église, là où commence l'escalier des tribunes, un petit bénitier de pierre, qui occupe l'angle de gauche en entrant. Une tradition peu certaine y veut voir le bénitier des cagots.

1385. — L'ostau deu crestiaa.

Orthez.

C'est à Départ, au hameau nommé Magret, que les cagots ont pullulé depuis longtemps. L'histoire des cagots de Magret est fort peu connue. On sait que jusqu'en ces dernières années, les alliances étaient rares avec les habitants de Magret; ils recherchaient autrefois leurs conjoints, ainsi que l'a établi M. Gardère, dans les cagoteries du voisinage, à Bonnut, Saint-Boës, Baigts, Saint-Paul-les-Dax, etc. Ils étaient connus sous les noms de Tignous, Tecques, Couards, Coarrous, et même Couquarts de Magrets, termes qui se peuvent traduire : teigneux, teigne, couards ou chiens. « Ils exerçaient, nous écrit M. Batcave, les professions de langueyeurs, charpentiers et cordonniers. Les Foix, tueurs de porcs, en sont les descendants. » Il est vraisemblable qu'ils s'allièrent avec les bohémiens. Si nous en croyons un article paru dans l'*Écho de Départ* [1], la colonie de Magret y serait installée depuis le XVe siècle, « sous le nom de Bouhemis de Magret, nom du premier chef de famille qui s'était établi, vers 1450, dans les bois immenses qui couronnaient, à cette époque, le quartier

1. *Détails habituels sur les Bohémiens. Écho de Départ*, 8 octobre 1905, p. 3.

de Départ ». Le comte Roque de Sus avait déjà dit cela vers 1825, époque où il composa une histoire de Béarn, restée lithographiée ; il écrivait aussi qu'il était passé en proverbe que des gens qui se battaient et se raccommodaient sans difficulté on disait *que soun couquarts de Magret*, c'est-à-dire sont de la chiennerie de Magret.

Il n'existe rien que nous sachions, dans les archives d'Orthez, concernant cagots, bouhemis, et coucards ; la cause en est sans doute dans la perte de la plus grande partie des registres d'ordonnances de police antérieurs à la seconde moitié du XVIIIe siècle [1].

Os (*canton de Lagor, arr*[t] *d'Orthez*).

1385. — Lo crestiaa.

Ossenx (*canton de Sauveterre, arr*[t] *d'Orthez*).

13 juin 1452. — Johan, crestiaa d'Ozencz, figure parmi les débiteurs de P. de Gamachies, cagot de Sainte-Suzanne. (*A. B.-P. Reg. compl. des Notaires de Castetner et Larbaig*, f° 30.)

Osserain (*canton de Saint-Palais, arr*[t] *de Mauléon*).

Le 20 novembre 1696. — Arnaud de Bergeras, d'Osserain, capot faisant le métier de tisserand et Marie de Heuguere, aussy capote, ont été espousés dans l'église dudit lieu par moi d'Etchessary, curé. — (*Registres de la Paroisse d'Escos*, t. I, 1660-1696).

Ostabat (*canton d'Ihaldy, arr*[t] *de Mauléon*).

1514. — Jean de Ostabat signe la requête adressée à Léon X par les cagots de Navarre.

Ouillon (*canton de Morlaas, arr*[t] *de Pau*).

1379 (20). — Lo crestiaa.

12 août 1659. — Baptême de Pierre de Sarthou d'Ouillon, fils de Jean du Sarthou, et de Marguoy de Rabbas, capots (*Registres d'Andoins*). (V. SEDZERE.)

Ousse (*canton de Pau-Est*).

On y sonnait l'angélus pour les cagots, après celui des autres fidèles (M., I, 104).

1. M. Batcave, qui mieux que quiconque est au fait de l'histoire d'Orthez nous dit n'avoir rien mentionné sur les cagots d'Orthez en dehors de ce que nous relatons.

Pardies (*canton de Monein, arr*[t] *d'Oloron*).

Dans un manuscrit, resté inédit, de l'abbé Bonnecaze (*Histoire de Béarn*), que cite Michel, on lit qu'en 1725 un cagot de Pardies paya trente livres et une *buvette* à la commune pour avoir l'entrée du sanctuaire et la permission de chanter avec les autres à l'église; il s'obligea en outre, à subir toutes les charges onéreuses [1].

De nos jours on voit encore à Pardies la *rue des Cagots*, qui se trouve à gauche, dès l'entrée du village, qu'on y vienne d'Abos ou de Monein. Cette rue est généralement appelée aujourd'hui *rue du Bosc*, car elle conduit au bois où les anciens cagots exerçaient jadis leur métier de bûcheron.

1379 (**21**). — Peyrolet, crestiaa.

1385. — [Lo crestiaa].

1389. — Peyrolet, crestiaa de Pardies (V. MONEIN). (*A. B.-P.* E 1 923, f° 38.)

1389. — Accord entre Guilhem-Arnaud, abbé de Noguères, Peyrolet, chrestiaa de Pardies, et Peyrolet son fils, au sujet de blessures faites par eux à Guilhem-Arnaud. (*A. B.-P.* E 1 923, f° 35, v°).

13 octobre 1532. — Contrat d'apprentissage par lequel Peyrot, cagot de Monein, s'engage à apprendre pendant cinq ans, à Jehan, cagot de Pardies, le métier de charpentier. (*A. B.-P.* E 1 474, f° 249.)

Pau.

Quoi qu'en ait dit F. Michel, les documents concernant les cagots de Pau ne manquent pas; ils sont même particulièrement nombreux, ainsi qu'on pourra en juger par les pièces ci-dessous, qui pourtant ne représentent qu'une petite partie de ce qu'on peut trouver sur ce sujet aux archives tant municipales que départementales.

Au XIVe siècle, Fortic de Crestiaa, cagot de Pau, est taxé pour III. deniers. (P. J. N° 17.)

1383 (**23**). — Lo crestia de Pau.

Plus tard, il est certain que les cagots de Pau furent du nombre de ceux qui, sous la direction de vingt-cinq maîtres-

1. *Histoire de Béarn*. Ms. inédit de l'abbé Bonnecaze de Pardies, ch. IX, p. 94, cité par F. Michel.

maçons et de Sicard de Lordas, contribuèrent à la construction du château de Pau[1].

Il est possible qu'au XVIe siècle le nombre des cagots ait diminué dans la ville, car on fit appel aux cagots de Lezons, puis à ceux de Mazères, en 1581 et en 1584, pour le ramonage des cheminées de Pau.

Cependant on sait qu'en juillet 1524 les cagots de Pau refirent les boisages des halles (CC 65, f° 1, v°), et qu'en 1581, Guilhem de Pomata, cagot, répara des croisées pour le compte de la Ville (GG 219).

1589. — Auger de Lacoudure, Cassou et autres cagots touchent 10 francs pour les réparations du Temple (GG 224).

1596. — Auger de Lacoudure, cagot, reçoit deux sous pour travaux de charpente (GG 227).

16 mars 1597. — (Paiement) de tres sols dus arditz pagats a Johan de Firt, cagot, per mandament [deudit jorn sedze de mars].... III. s. II. ard. (GG 227, f° 30, r°).

Dès les premières années du XVIIe, on trouve de nombreux cagots exerçant en particulier le métier de charpentier. C'est ainsi qu'en 1626, Joan de Joan, cagot, s'occupe de la charpente de la halle, d'autres travaillent au pont de Lussan, à la couverture du portail de l'Horloge, etc.

25 mars 1626. — Feit despence de quoate francx et seys sous quoate arditz paguats a Joan de Joan cagot per sept journaux qui a travaillat a coupar los aubres de la halle per mandament du 25 de mars 1626 qui remetin cy a . . . . IIII fr. VI. s. IIII ard. (*Arch. municip. de Pau.* CC 94, f° 18, v°.)

20 avril 1626. — De quoate franx feyts pagats a Joan de Casaber per pan et bin qui a pren per los cagots qui travaillen au pont de lussan et aus carrates qui au portat pessin au pont et à la halle per mandement du 20 avril 1626 qui remetin cy . . . . IIII fr. II. s. IIII ard. (*Arch. municip. de Pau.* CC 94, f° 20.)

1626. — A Boutilhe cagot pour la couverture du portail de l'horloge 22 (*Id.*).

En 1627, on voit figurer des dépenses de vin pour Lalane, Douratz, Sanson, cagots qui ont travaillé à la charpente de la halle (CC 95). C'est encore aux cagots qu'on s'adressait pour des travaux à faire à l'abattoir (CC 65), au temple protestant, etc.

1. Madaune, *Henri IV*, p. 71.

Voici au hasard quelques pièces concernant l'année 1640, extraites des « Dépenses ordinaires » faites par le contable de Pau, sur mandement des Jurats.

28 janvier 1640. — De un francq sept sols paguatz a Arnaud Pomata cagot per mendement deu 28 janv. 1640. (GG 236, f° 25, v°.)

1640. — Secours à Jean Poumata incendié (GG 236.)

15 janvier 1640. — Depense de M. de Souviran contable pour l'année 1640 : [Feyt la depense de la some] de quarante sols paguatz a Lalane cagot, per aber reparat lou leict de l'espitau per mandement deu quinse de janvier, pro so . . . . II fr. VI. s. IIII ard. (GG 239, f° 18.)

25 janvier 1640. — De vingt et quoatte sols paguatz a Pomataa cagot per aber feyt une boudge per l'espitau per mandement deu 25 de janvier . . . . I fr. VI. s. (GG 239, f° 18, v°.)

Dans une chanson du XVIIe siècle figurent : Blaise, Guicharnaud, Lalanne de Fourcuton, Viven, Marbout, Tran, Gauyat, et Pomata, cagots de Pau. (M., II, 130.)

A côté de ces documents d'importance secondaire, et dont à dessein nous ne citons qu'un petit nombre, viennent se placer, à la fin du XVIIe et au XVIIIe siècle, des pièces beaucoup plus importantes. Et, d'abord, voici une délibération du Corps de la Ville excluant les cagots de la milice bourgeoise ; cette pièce, comme toutes celles qui concernent les cagots de Pau, est encore inédite.

Du 19 juin 1663.

Estans assemblés es corps de ville les Srs Asdron, de Sageths, de Garos jurats, Les Srs de Jean, de Senac, de Larriu, de Carere, du bosc Arribibe, de Salenaue députés. . . . .

A esté Recue la Requête presante Mr Pierre de Costea premier Sergent de la ville exposant par icelle que les cagots de lad. ville se devoient fournir dans la compagnie lorsque la bourgeoisie prenoit les armes par l'ordre de M^rs les Jurats au grand regret des habitants qui trouven injurie[u]x que estant separés d'eux par toutes rencontres néanmoins en celles cy ils estoient leurs compaignons ce qu'ils ne pouvoient souffrir et de la arrivoit que les chefs de famille ne vouloit pas si trouver mais envoyoit (*sic*) leurs valets et souvant de la canaille, demandant qu'il leur feut faict deffenses de venir prendre les armes es aucune occasion et qu'il lui feut permis en qualité de sergent de les renvoyer au cas ils s'y presentassent. (*La fin de cette pièce concerne un autre sujet.*)

On lit en marge :

Cagoths ne sont point tenus à venir prendre les armes.

(*Archives municipales de Pau.* BB 3, f° 210, v°.)

La pièce qui suit est intéressante en ce qu'elle montre que les cagots étaient parfois appelés à remplir l'office du bourreau.

A nos Seigneurs de Parlement, en la Tornelle.

Supplie humblement Pierre de Pomataa, maître charpentier de Pau, disant que luy et un autre charpentier feurent commandez, peut avoir troys sepmaines ou environ, d'aller appliquer la question à un homme, déteneu dans les prisons de la consiergerie, du costé de la conté de Foys, de quoy est deub la somme de six livres; plus il auroit esté aussy commandé pour appliquer la question au nomé Vinhalet d'Arudy, de quoy luy est aussi deub la somme de six livres; plus a fait la potence, forny le boysadge tant pour faire la poutance que pour faire le pont pour dessendre au grabier du Guabe pour l'exécution de l'arrest donné contre ledict Vinhalet, compdampné à estre pendu et bruslé; savoir est pour la poutance luy est deub la somme de douze livres, et pour le pont y a forny treize tables de sapin, quy balin nuf livres; plus cent cinquante clous de passe barre, quy balin une livre; plus a payé au charretier quatorze sols pour avoir porté le boysadge de laditte potence et pont; plus pour faire ledit pont luy est deub dus livres; quy est en tout la somme de trente et six livres quatorze sols.

C'est pourquoy plairra de vos grâces luy ordonner mandement de la ditte somme de treute et six livres quatorze sols sur maître Pierre de Labaig, comys à la recepte des amandes, ou autre quy par la cour sera advizé, et fairez bien.

[Signé] DE POUMATA, suplian.

La Cour ordonne à Labaigt, notaire, payer au suppliant la somme de vintgt livres pour les choses par lui fournies mentionnées en la requette, à quoy le prix en a esté réglé, dont raison lui sera faite en raportant quittance du suppliant avec la présente ordonnance, en Parlement le 10e octobre 1663.

J'ai receu dudict de Labaig la dicte somme de vingt livres contenue au present mandement ledict jour.

[*Signé*] DE POMMATA; ensi es.

(*A. B.-P.* B 3 963.)

En 1696, Jean de Fonsdevielle, cagot de Pau, figure parmi les signataires de la requête qui engagea l'intendant de Béarn, Pinon, à rendre l'ordonnance du 8 mars 1696. (P. J. N° 142.).

En 1733, les cagots (on disait alors charpentiers) sont

appelés à servir comme exécuteurs des hautes œuvres. On lit en effet :

Du 19 juin 1733.

Assemblés Messieurs de Livron, de Ducos Lafite, et de Debat, Jurats.
Estat des charpentiers, et bouviers qui ont esté nommés en execution de l'arrest de la Cour, chambre de la Tournelle, du 8e mars 1719, pour servir aux executions patibulaires pendant une année qui commence le 19 juin 1733 et finira le 19 juin 1734, pour estre remis au greffe de la Tournelle par expedition et en retirer receu du greffier de la Tournelle.

Charpentiers :

Piarrine Lacoste autrement Paillet chez Poublan Montarraban vis-à-vis l'hopital.

Le Caddet de Pometa, chez Pometa de la porte neuve ou chez Tarenne de Casenave a la cote de la fontaine.

Jean Menet autrement Jeanton chez Monsieur de Forgues, concr.
(*Arch. munic. de Pau.* BB 11, f° 436, v°.)

C'est encore à Pau qu'en 1756 un riche bourgeois ayant voulu entrer dans la confrérie des pénitents blancs, n'y fut admis, après mûre délibération, que moyennant cent écus, au lieu de six livres. (*Hist. de Béarn*, par l'abbé Bonnecaze, chap. IX, p. 94. Inédit.)

Enfin voici l'acte de mariage de Bernard Crestia, charpentier à Pau, fait le 27 janvier 1778.

L'an mil sept cens soixante dix huit et le vingt sept janvier, après la publication de trois bans du futur mariage, faite par trois dimanches ou fètes consécutives aux prones des messes paroissialles de l'Eglise Saint Martin de la ville de Pau, entre Bernard Crestia, charpentier de la parroisse d'Arance, habitant à Pau, fils légitime mineur de Blaise Crestia et de Marie Secresta d'une part, et Jeanne Joanlanne de la parroisse de Gan fille mineure de Pierre Joanlane et de Marie Lanusse d'autre part sans qui (*sic*) nous ait paru aucun empechement ny opposition de personne; les parties s'étant disposées par la reception des sacrements de penitence et d'ucharistie, nous leur avons imparty la benediction nuptialle dans l'Eglise du seminaire dans l'Eglise du seminaire[1] vice parroissialle en presence de Blaise Crestia pere de l'epoux, Jean Labarthe, Guilhaume Vignau et de Jean Philippe, qui ont signés avec nous et l'epoux Crestiaa.

(Signé) VIGNAU; CRESTIAA; PHILIPPE; LABARTHE; PORTEVIC.
(*Arch. munic. de Pau.* GG 152, f° 5.)

1. Cette répétition figure sur l'original.

Peyrelongue (*canton de Lembeye, arr*[t] *de Pau*).

1365 (18 et 19). — Lo crestiaa de Peyrelongue : XXII. d. morlaas. Peyrelongue fius : Lo crestiaa, III s.
1379 (21). — Johanet crestiaa.
1379 (20). — Lo crestiaa.
1385. — L'ostau de Monico crestiaa.
XVIe *s.* — Lo crestia, XII. d.

Pontacq.

1379 (20). — Lo crestiaa.

Portet (*canton de Garlin, arr*[t] *de Pau*).

1379 (20). — Lo crestiaa.
XVIe *s.* — Lo crestia, XII. d.

Poursuigues (*canton d'Arzacq, arr*[t] *d'Orthez*).

Au nord de la ville, on voit encore la maison Crestia.

Prechacq-Josbaing (*canton de Navarrenx, arr*[t] *d'Orthez*).

La vieille église de ce village où se trouvait encore, il y a peu d'années, les traces des anciens cagots, est aujourd'hui détruite.

1379 (21). — Arnaudet, crestiaa.
1385. — L'ostau deu crestiaa.

Precillon (*canton d'Oloron-Sainte-Marie-Est*).

1379 (21). — N... crestiaa.
1383 (23). — Lo crestiaa.
1385. — Lo crestiaa.

Ramous (*canton et arr*[t] *d'Orthez*).

1385. — Lo crestiaa.

Rebénacq (*canton d'Arudy, arr*[t] *d'Oloron*).

A l'église récemment restaurée, on voit encore, à gauche du clocher, une porte assez vaste qui était réservée aux cagots. Cette porte donne sur une partie du cimetière; on y accédait jadis par une petite route qui aujourd'hui n'est plus accessible. A côté de cette porte se voit un beau bénitier en marbre noir. Nous ignorons si ce fut celui des cagots. Ces malheureux se tenaient au fond et à gauche de l'église, les autres habitants se tenaient à distance de peur, dit-on, de toucher du pied leurs crachats.

1379 (21). — Perarnaud, crestiaa.
1383 (23). — Lo crestiaa.

Riupeyrous (*canton de Morlaas, arr*[t] *de Pau*).

1360. — Au crestiaa : XII. d. [de francau].
1379 (21). — Guilhaume, crestiaa.

Rive-Haute (*canton de Navarrenx, arr*[t] *d'Orthez*).
On voit, sur une des faces de clocher, la porte des cagots.

Sadirac (*vill.*, *c*[ne] *de Taron, canton de Garlin, arr*[t] *de Pau*).

XVI[e] *s*. — Lo crestia, XII. d.

Saint-Abit (*canton de Nay-Ouest, arr*[t] *de Pau*).

28 mars 1686. — Jean-Baptiste Desmarestz, chevalier, seigneur de Vaugourg, baron de Cramaille, conseiller du roi en ses conseils, m[e] des requestes ordinaire de son hostel, intendant de justice, police et finances, commissaire député par Sa Majesté pour la réformation de ses domaines en Navarre et Béarn.

Vu le jugement du 3 juin 1684, rendu par mons[r] de Foucault, conseiller du roy en ses conseils, m[e] des requestes ordinaire de son hostel, cy-devant commissaire député pour ladite réformation, sur la vérification du dénombrement fourny par noble Antoyne de Peyré, tant en son nom que comme procureur de dame Anne de Saint-Abit, son épouse, pour la terre et seigneurie de Saint-Abit, maison de noble de Domec, et autres biens y exprimez, signifie audit sieur Peyré à la requeste de Pierre Bourgeois, fermier des domaines, le cinquième mars 1686, etc.

Nous, ayant aucunement égard à l'opposition dudit sieur de Peyré, avons rétably les articles sept, vingt-six, vingt-huit et trente du dénombrement par luy fourny; ce faisant, l'avons maintenu au droit d'entrée aux états de Béarn pour la maison noble du Domec de Saint-Abit, au droit de prendre six sols morlaâs pour chacun enfant masle, et cinq sols morlaâs pour chaque femelle qui naistra en la maison de Cazaus assise audit lieu, comme aussy aux journées qui luy sont deues pour les Cagots qui habitent dans la maison de Sempseus, pour ouvrage de charpenterie, en leur payant douze liards pour chaque journée, ou leur fournissant la nourriture, à son choix; finallement au droit de battère à l'égard des successeurs et ayans cause des dénommés auxdits contrats d'affievements des années 1312, 1435 et 1565, etc. Et au surplus sera ledit jugement du 3 juin 1684 exécuté selon sa forme et teneurs. Fait à Pau, le vingt-huitième mars mil six cent quatre-vingt-six.

Signé : DESMARETZ DE VAUBOURG.

(*A. B.-P. Extrait du jugement de vérification du dénombrement de noble*

Anthoyne de Peyré, seigneur de Saint-Abit, du 26 mars 1686; tome II, sénéchaussée de Pau, f° 474, r° et v°). (*Publié par Michel.*)

Art. 28. Item, la maison de Sempseus me paye annuellement à la feste de la Toussaintz, douze sols bons et deux poules, l'une à la Toussaintz, et l'autre à Pasques; et outre le susdit fief, les maistres de ladite maison sont obligés de me servir de leur mestier de charpentier et de masson touttes les foix que j'en auray besoin, en leur faisant la despence et leur baillant deux sols bons par jour, comme estant les maistres de ladite maison Cagots.

Art. 62. Lequel aveu et dénombrement je certifie véritable, sauf le plus ou le moins, promettant que s'il vient autre chose à ma cognoissance, d'en faire déclaration au roy ou à ses officiers. En foy de ce ay signé ce présent aveu et dénombrement de mon sein ordinaire, et icelluy scellé de mes armes.

Signé : PEYRÉ.

(*A. B.-P. Extrait du dénombrement de noble Anthoyne de Peyré, seigneur de Saint-Abit, du 28 avril 1675; tome IIe, sénéchaussée de Pau, f° 62, verso.*)

Saint-Boès (*canton et arr^{t} d'Orthez*).

3 juin 1634. — Jean de Guirault et Marie de camp de Bueix (auj. Houns-de-Cam, en Saint-Boès), gésitains, ont deux enfants jumeaux, dont l'un filleul de Jean de Sousleys, l'autre d'Estienne d'Araignés et Catherine de Sousley, tous *jésuitains.* (*Archives de Bonnut.*)

Saint-Dos (*canton de Salies, arr^{t} d'Orthez*).

2 février 1551. — « Peyroton de Savoyes, dit de Bideren, crestian parropian de Sen Dos » fait donation et cession à Agnette, cagotte de Came, sa femme, de tous ses biens. (*A. B.-P.* E 1 197, f° 42, v°.)

Saint-Étienne-de-Baïgorry (*chef-lieu de canton, arr^{t} de Mauléon*).

De tout temps, et même aujourd'hui on a cru à Saint-Étienne que les agots étaient lépreux. Ils habitaient Michelenia, hameau séparé de Saint-Étienne par la rivière. On n'eût pas toléré aux agots de passer le pont, sinon pour assister à l'office. A l'église on voit encore leur porte orientée vers le midi; elle est petite et basse, située à droite de la grande porte qui mène aux tribunes; on n'y pourrait guère passer aujourd'hui, car le sol du cimetière a été exhaussé en ce point de près de cinquante centimètres, et de grandes tombes empêchent qu'on en approche. Quand nous la vîmes, elle était ouverte pour donner de l'air et de la lumière dans l'église, et les trois marches qui en descendent dans l'édifice, servaient aux ménagères qui y avaient déposé leurs paniers pendant l'office. Auprès de la porte, et à l'intérieur se voit un bénitier scellé dans le mur, et inutilisé aujourd'hui. Au fond de l'église se voit un banc de pierre, où, il y a 30 ans à peine, venaient encore s'asseoir les femmes cagotes.

Michelenia est un hameau fort pauvre, aux maisons vieilles, sales et insalubres, auquel on accède par de mauvais sentiers grimpants. On y voit encore une maison *Agot-etchea*. Toutes les masures ont le même aspect sordide, avec un rez-de-chaussée à moitié enfoui sous le sol, et où la terre battue sert de plancher. C'est là que vit toute la famille, pendant le jour, et que s'abritent aussi les animaux. On accède à l'étage par une échelle ou un petit escalier qui débouche comme dans un grenier, par un trou du plancher. C'est là où couche la famille. L'insalubrité de ces demeures est propre à faire comprendre la misère physiologique de ses habitants.

Ici tous ou presque tous les agots sont tisserands. Les unions ne se font guère qu'avec les habitants de Chubitoa.

Comme plusieurs autres cagoteries, Michelenia était jadis sous la protection du château d'Echaux et du vicomte qui y avait résidence.

M. Etcheverry Aintchard a vu autrefois, dans les papiers de la mairie de Saint-Étienne, une liste des maisons de Michelenia, dressée au XVIIIe siècle. Nous n'avons pas pu retrouver cette pièce ; nous tenons aussi de lui que les habitants de Michelenia sont souvent porteurs de dartres, et de maladies de peau ; on donnait pour ce motif, par opposition aux agotac, le nom de pelloutac aux personnes saines, ce qui signifie que ces dernières avaient une peau intacte.

Les agots de ce hameau sont particulièrement hâbleurs, criards, ne tarissant pas de paroles ; on les reconnaîtrait, dit-on, à ce seul caractère, car on ne peut pas dire qu'ils présentent le moindre type anthropologique propre.

Magitot, Lajard et Regnauld, Zambaco-Pacha ont insisté sur les signes de lèpre atténuée fréquemment observés à

Michelenia. Nous-même y avons observé un malade, Jean L., qui répond à un type atténué de la maladie. Enfin les noms des familles agotes, vivant de nos jours, sont pour la plupart répandus parmi les agots et cascarots de la région.

Détail intéressant : on dit encore en parlant des Micheleniens qu'ils sont atteints d'*izuritia*. Ce mot équivaut à *peste*, *fléau*, quelques-uns le traduisent par *lèpre*.

1679. — Marie de Gastigar, cagote, est mareine de Marie d'Etchegaray, à Chubitoa. (V. CHUBITOA).

Il y aurait eu, il y a peu longtemps, un procès retentissant à propos de l'enterrement d'un enfant agot dans le cimetière commun. Un vieillard nous a révélé ce fait, mais sans pouvoir en préciser l'époque. Nous admettons la chose comme vraisemblable, d'autant que ce n'est pas un fait isolé.

On raconte que peu avant 1787, un jeune cagot de Baïgorry s'étant présenté au lutrin pour chanter, il en fut honteusement chassé uniquement à cause de son origine; celui qui le chassa lui recommanda de ne plus faire pareille tentative s'il voulait conserver ses oreilles intactes. Ce jeune homme, nommé Çamoka, exerça néanmoins comme chantre dans cette paroisse, quelques années plus tard (M., I, 121).

Sainte-Gladie (*canton de Sauveterre, arr[t] d'Orthez*).

On voit encore, à l'église de Sainte-Gladie, un petit bénitier de pierre inutilisé aujourd'hui et qui fut autrefois réservé aux cagots.

Saint-Goin (*canton d'Oloron-Ouest*).

On voit, à Saint-Goin, la porte des cagots située à droite de la porte principale et s'ouvrant sur le fond de l'église. Elle donne sur un coin isolé de l'église, et très caractéristique. A l'intérieur, près de la porte, il y a un grand bénitier vide aujourd'hui, celui des cagots.

Captisteig, ou Tisteig, Tistès et Claus, cagots de Saint-Goin figurent dans des chansons du XVIe siècle. (M., II, 132 et 125.)

Saint-Jean-de-Luz (*chef-lieu de canton, arr[t] de Bayonne*).

Presque tout ce qui a été dit à propos des cascarots de Ciboure pourrait se répéter ici.

A Saint-Jean-de-Luz, les cascarots ont longtemps habité un quartier misérable, construit de cabanes, situé sur l'emplacement actuel de l'Hôtel d'Angleterre et du Nouveau Casino. Il fut détruit lors de la construction de ces édifices, et ses habitants allèrent vivre dans l'ancien hôtel Mazarin, plus connu sous le nom de la *maison aux volets verts*. C'est là qu'ils vivent encore aujourd'hui. Jadis ils accédaient à l'église par la petite porte située au fond sous les tribunes. Quoique presque toute distinction ait disparu, on répugne généralement encore à s'allier avec eux, et les Basques ne veulent pas que les enfants cascarots soient du nombre des enfants de chœur.

Le type anthropologique de cette race est franchement bohémien comme à Ciboure. On les appelait habituellement *les Bohémiens* au XVIIIe siècle. (Pour plus de détails, nous renvoyons le lecteur au § II (C), ch. II, de la 1re partie de cet ouvrage.)

3 juillet 1699. — Sepulture d'yturbide Bohéme. — Le troixième jour du mois de juillet mil six cent quatre vint dix-neuf a esté enterrée dans les cimétiéres de l'Eglise de ceans.... ont assisté au convoy miguel de Sara et Jean Prerec de Saint-Jean Lesquels temoins interpelez de signer ont déclaré ne scavoir.

D'ITURBIDE, vicaire.

2 août 1699. — Le deuxiéme jour du mois d'août mil six cent quatre vingt dix neuf a esté enterrée dans les cimétières de l'Eglise de ceans Marie d'yturbide decedée hier ayant receu les sacremens et ont assisté au convoy Arnauld de Lissalde masson et Joannis de Gelos maitre charpentier Lesquels temoins appelés ont déclaré ne scavoir.

DYTURBIDE, vicaire.

7 novembre 1699. — Bapteme d'un enfant bouhem. — Le septieme jour du mois de novembre mil six cent quatre vingt dix neuf a este baptisé par moy vicaire martin.... dont nous ignorons le pere la mere marie d'etcheberry né le premier iour du mois le parrein a esté martin d'arristoy munier d'ustabourou et la marreine joanne de Maçonde demeurant dans la maison de chomborranea, lesquels interpellé par moy susdit vicaire de signer ont déclaré ne scavoir.

D'YTURBIDE, vicaire.

8 avril 1715. — Baptéme nom incognu. — Le huitiéme jour du mois d'avril de l'année mil sept cens quinze a été baptisé par moy vicaire Bertrand d'un enfant male a qui on a donné le nom de Bertrand fils de marie duhart Bohémiéne demeurante a la meterie de moleressenea né la veille. Le parrain a été Bertrand de Laborda maistre cordonnier sieur de farihitunea et la maraine marie de musturio.

Lequel parain a cy signé avec moy et non la maraine pour ne savoir de ce faire interpellée par moy.

BERTRAND DE LA BORDA.

HIRRIAQUE, vicaire.

10 février 1698. — Le dixième jour de fevrier mil six cent quatre vint dix huit après la publication d'un ban fait dans nostre Eglise de même dans l'Eglise d'Aiscain selon le certificat que nous avons eu en main et le consentement de leur impartir Bénédiction signé de Berroet vicaire d'Aiscain et la dispense de deux bans signé de Chourio vicaire général a esté célébré le mariage avec bénédiction nuptiale par moy vicaire entre Martin de Luco charpentier de navire agé de vint huit ans et Anne-Marie de Miguellenea agée de vint sept ans. Temoins ont été Joannis du Luco charpentier et Munjinos de Samurateguy lesquels interpellés de signer ont déclaré ne scavoir.

CIZARROA, vicaire.

(*Archives de Saint-Jean de Luz.*)

On relève les noms suivants en *1715*, qui tous paraissent appartenir à des cagots : Martin d'Aguerre, marinier; Gelos, corroyeur; Hirigoyen, marinier; d'Aguerre, charpentier; d'Ollondo, charpentier; en 1716, Harosteguy, cordier, et Catherine d'Aguerre sa femme; ces deux mêmes familles sont alliées dès 1646; etc.

28 septembre 1751. — Mariage de Bohémes. — Le vingt huitième septembre mil sept cent cinquante un a été célébré mariage dans cette Eglise après la publication de trois bans faits le cinq de ce mois jour de dimanche, le huit fête de la nativité de notre Dame, et le douze aussy dimanche, et pareille publication ayant été faite à l'Eglise de Saint-Jean-de-Luz ainsi qu'il conste du certificat signé par le S[r] curé du Dit Lieu entre Bernard Bergave fils de Jean dit Guichon Bergave et de Marie d'Etcheverry sa femme Bohéme de Saint-Jean-de-Luz d'une part, et de l'autre Suzanne Montero fille de Pierre Montero et de Marie Larralde sa femme bohème de Ciboure, et les ayant interrogés, et reçu leur consentement mutuel par paroles de présent, je les ay conjoints solennellement en présence de Jean Okhinbettch et de Jean Daguerre cousin et amy de l'Epoux et de Michel de Saint-Pé cousin de l'épouse, lesquels de méme que l'Epoux et l'Epouse n'ont pas signé pour ne scavoir de ce interpellés, ensuite je leurs ay célébré la sainte messe.

B. DENOYE, vicaire.

(*Archives de Ciboure.*)

1769. Dénombrement des cascarots de Saint-Jean-de-Luz. — Nombre de Bohémiens qui sont à Saint-Jean-de-Luz de l'aveu de Marie Meharra. Le 18 septembre 1769.

Cher.

Maria Meharra. .	1 homme		2 femmes		3 enfants.		6.
Martin Doleto. .	2	—	3	—	6	—	11.
Behaity.	2	—	2	—	2	—	6.
Joan Detcheverry.	2	—	2	—			4.
Michel saint Pé. .	2	—	3	—	1	—	6.
Dominica.	1	—	1	—	2	—	4.
Chemé.	1	—	2	—	5	—	8.
	11	—	15	—	19		
Bernat.	1	—	1	—	4		
	12	—	16	—	23		

(*Archives de Saint-Jean-de-Luz. FF 12.*)

Saint-Faust (*canton de Pau-Ouest*).

1360. — Lo crestia.

Saint-Jean-Pied-de-Port (*chef-lieu de canton, arr*[t] *de Mauléon*).

Il y a eu, comme dans tous les environs, beaucoup de cagots à Saint-Jean-Pied-de-Port. Presque tous étaient relégués dans un quartier appelé *Agot-Etcheac*. Auzouy écrit à ce sujet : « On nous a montré, à Saint-Jean-Pied-de-Port, un quartier spécial qui porte le nom d'Agotetchiac (quartier des cagots). C'est un faubourg de sept ou huit maisons, hors des remparts de Saint-Jean, entièrement habité par eux. Un hameau de cinq à six maisons nommé Tailhapé, dans la même commune, leur est aussi exclusivement réservé. »

Le quartier *Agot-Etcheac*, contrairement à ce qui se voit d'ordinaire, est situé plus haut que la ville. On y accède en sortant par la porte qui est au bout de la rue d'Espagne. Ce quartier a perdu son ancien nom, il s'appelle aujourd'hui *Portaleburu*[1], du fait de sa situation. A 200 mètres de la porte, on accède à ce hameau par un mauvais sentier; il est encore habité par les descendants des cagots. Nous avons relevé sur la porte d'une des plus anciennes demeures l'inscription suivante : « ANTON TAMBOURIN. — MARIA LARAMENDI » avec, entre ces deux noms, une croix, accotée de deux cœurs, te

1. Ce nom paraît être assez ancien; il était porté en effet par une famille d'agots habitant Uhart en 1677.

FAY. — P. 658-659.

PORTALEBURU
Hameau des cagots de Saint-Jean-Pied-de-Port.

souscrite de la date 1781. Ces deux noms de famille sont notoirement agotac.

Si nous en croyons F. Michel, dans tout le canton, on n'aurait jamais nommé un cagot, marguillier. Ils entraient à l'église paroissiale par une porte située à gauche du portail, murée depuis longtemps, et dont le cintre en briques est encore visible.

Le 15 oct. 1678, le duc de Gramont accorda à Saint-Jean-Pied-de-Port, un règlement contre les cagots, confirmatif de l'arrêt du 8 juillet 1672. (P. J., N° 132.)

Saint-Jean-Poudge (*canton de Garlin, arr*[t] *de Pau*).

XVIe *s.* (**103**). — Lo crestia de Sent Johan Podge, XII. d.; l'auter crestia de Sent Johan Podge, XII. d.

1669. — L'an de notre Seigneur 1669, et le 30e jour du mois de mars, je Arnaud de Lacaze, prêtre, recteur de cette église Saint-Vincent du présent lieu de Sémeac, ay baptisé une fille née le jour susdit et de Pierre Baradet, de la paroisse de Saint-Jean-de-Poudge, et de Catherine de Marlet, mariés, Capots du présent lieu de Séméac, à qui on a imposé le nom d'Anne; le parrain a été Pierre de Lafourcade, de Blachou, et la marraine Anne d'Arricau, mariés, du présent lieu de Séméac. *Signé* : Lacaze. (*Archives de Séméac.*)

Saint-Jean-le-Vieux (*canton de Saint-Jean-Pied-de-Port, arr*[t] *de Mauléon*).

Les cagots ont vécu jadis en certain nombre dans des hameaux dépendant de cette commune. La Madeleine, dont nous avons déjà parlé, est du nombre; il faut encore citer Aïnchicharburu, dont Auzouy a dit quelques mots, et Haritzaldia-Saint-Laurent.

Saint-Julien (*commune d'Osses*).

1514. — Jean dit Joannot et Pierre dit Petrot, signent la requête adressée au pape Léon X. (P. J. N° 168).

Saint-Just (*canton d'Iholdy, arr*[t] *de Mauléon*).

Un agot de Saint-Just interrogé sur sa caste, déclara en hésitant à l'un des correspondants de F. Michel, que la tradition défendait à ses semblables de divulguer ce qui se passait chez les Agotac dans certaines conditions[1]. Ces conci-

1. M., I, 121.

liabules secrets avaient aussi lieu à Villefranque, et rappellent les airs de mystère qui entouraient les réunions de sorcellerie.

Saint-Laurent (*canton de Morlàas, arr*t *de Pau*).

1360. — Lo crestiaa, XII. d. [de francau].

Sainte-Marie-d'Oloron (V. Oloron).

1383 (23). — Lo crestiaa de Santa Marie.

1385. — L'espitau deus malaus; Lo crestiaa. *Senta Maria deu Loro* : *Vers 1640*, Monseigne cagot de Sainte-Marie figure dans une chanson. (*M. II, 125*).

Saint-Palais (*chef-lieu de canton, arr*t *de Mauléon*).

Le hameau des cagots de Saint-Palais, fut l'un des plus considérables; et cela dès le xvie siècle. On sait qu'en 1514, on y comptait déjà treize chefs de famille.

Le hameau s'appelait autrefois *Les Cagots*; c'est sous ce nom qu'il figure sur la carte de Cassini. Aujourd'hui il s'appelle *Agoteta*; il est situé au nord de la ville. On voit encore *le chemin des Cagots* qui conduit de Saint-Palais à Aïcirits.

1514. — Dans la requête adressée au pape Léon X figurent un certain nombre de cagots de Saint-Palais, ce sont : Vincent de San-Pelaï, Raymond Darboat, Arnauton de Çamon, Jean de Joallarut et Vincent son frère, Arnault dit Arnaut, Guillaume Arramon de Çamon; Pierre dit Peroton de Beasquin, Arramon de Jorapuru, Arnauld Guillaume et Stephane son gendre, Bernard et Jean de Cobaç. (P. J. No 168.)

17 septembre 1652. — Marie de Gaztelou et Joannes Gaztelou, cagots de Saint-Palais, sont parrain et marraine de Marie de Gatzelou d'Isturits. (*V.* Isturits.)

Saint-Pée-sur-Nivelle (*canton d'Ustaritz, arr*t *de Mauléon*).

On nous a montré à Saint-Pée, à l'intérieur de l'église, sur le mur de gauche (nord), un bénitier placé à quelque trois mètres à droite de la porte d'entrée des tribunes, et qui aujourd'hui est inutilisé. Le curé de cette paroisse pense que c'était le bénitier des agots. Nous ne le croyons pas, car le texte de l'arrêt du 5 septembre 1596 contredit cette hypothèse (P. J. No 57) en disant qu'il sera défendu à Jeanne de Laguarette et à Jehan Mascardes son mari, et leurs enfants, d'aller à l'offrande à l'église paroissiale de Saint-Pée, avec les autres habitants, ni de *mettre la main à l'eau bénite*, ni de prendre autres places que celles de leurs prédécesseurs, à savoir, *les hommes sur les degrés de l'échelle par laquelle on monte à la galerie* de l'église, et les femmes au bas de ces degrés, et tout contre eux. Cet arrêt visait en outre les autres cagots de Saint-Pée : Coulau de Lamarque, les deux Esteben de Harosteguy, Laurens Darguins, Sanson Martin, autre Martin et Menjon de Lassere.

Sainte-Suzanne (*canton et arr^t d'Orthez*).

C'est à Sainte-Suzanne qu'habitait Peyroton de Gamachies ou Gabachie. Ce personnage fort étrange a vu passer son nom en proverbe, et sa réputation nous est parvenue après cinq siècles par la seule voie de la tradition. On a longtemps pensé, et plusieurs croient encore, que Peyroton était un personnage imaginaire. Il a donné naissance dans ces dernières années à deux travaux de valeur inégale, l'un presque entièrement d'imagination est signé par L. Flourac, l'autre est une sérieuse revue de tout ce que l'on savait sur ce sujet en 1903, elle est due à M. J. Gardère (de Loubieng).

Souvent on nous a parlé du cagot de Gamachies, soit à Sauveterre, soit à Oloron, soit à Orthez, mais jamais nos interlocuteurs ne pouvaient préciser l'origine de la légende; les proverbes même ou les expressions populaires qu'on nous a dits ne s'accordaient pas entre eux; ici le mot s'applique à un fat, là à un imbécile, là à un personnage hideux ou grotesque, ailleurs c'est le prototype du parvenu.

Quoi qu'il en soit, nous sommes en mesure d'affirmer que Peyroton a existé au XVe siècle, et qu'il était cagot de Sainte-Suzanne, ainsi qu'on le voit dans le document ci-dessous[1].

1. Voici la curieuse histoire du registre où se lit la seule pièce que nous ayons vue où figure Peyroton de Gamachies. Vers 1886, Flourac, alors archiviste des Basses-Pyrénées, avait à Pau tous les registres de notaires du département; P. Raymond les avait réunis à la préfecture pour les sauver de la destruction qui les menaçait dans les archives communales. C'est à cette époque que M. de Dufau de Mailluquer eut l'occasion de retrouver, perdu dans quelque archive locale un registre notarial du XVe siècle; il en prévint Flourac, qui le jour même allait le chercher, le ramenait à Pau, et en faisait un sommaire qui, devait figurer comme supplément à la série E. (Ce sommaire manuscrit a disparu.) C'est dans ce sommaire que M. de Dufau vit qu'il y avait une pièce concernant Peyroton de Gamachies. Il fit part à Flourac de l'intérêt de la question, mais ce dernier, par suite d'une aberration d'esprit regrettable, ne fit que puiser quelques renseignements dans le document en question (date et lieu), et écrivit qu'il avait lu dans un chroni-

13 juin 1452. — Notum sit que Peyroton de Gamachies[1], crestiaa de Sainte-Susane, reconego, au [treya] et en bone bertat coffesa que deu dar et pagar a Pe de Prat, besii, jurat deu loc d'Ortes, etc. La some de cent et sinc floris correntz; condan nau sos jaques per cascun flori, monede cossable en Bearn, et asso per sens fibateris qui lo presta per ladite some per pagar et satisfar a fray Johan de Dabant deu coubent deus predicadors d'Ortes, deusquals lodit Pe de Prat prene et lo fasen de fius per cascune feste de tos sans sed floris et miet, laqual some lodit Peyroton lo prometo et autreya de pagar de la feste de Notre [Done] de seteme prosmar vient en dus ans; et entertant pagar lodit fius, so es assaber sed floris et miey a la feste de tos sans prosmar vient et, per apres a l'abiment, per cascune feste de seteme durant lodit termi. Et per so thier et complir qu'en son entratz fermanses et principaus pagadors Bernadou, crestiaa de Berencx, Berdolet, crestiaa de Jasses, Peyrot, crestiaa de Nabarencx, Bertranet, crestiaa des Sus, Bernadet, crestiaa d'Audaus, Johan, crestiaa d'Ozencx qui per atals fen, autreyan ensemps am lodit principau. Empero fo dit et arcordat enter losdits Pe de Prat, principau et fermances que cascun sie quitis am sa parcele pagan. Et per tot so [dessus] their, servar et complir, qu'en obligan segont que los toque, tots lors beys et causes, etc., a bendition de cinquant los mobles reals et lo cedent per IX jorns, etc., Thienen a Depart, etc., et Thie[nen] lodit [thient] que cascun jorn, cascun de lor fosse [los despens] deu descret deu castelas portats, etc., am coffes, etc. R[enunciat] et j[urat], etc. Actum a Depart lo XIII jorn de jun l'an M IIIIee III; testimonis son desso Antoni de Naymet d'Orthes, Arnaud Guilhem de Capdeviele (?) de Laneplaa, Bernadet de Falharet, habitant a Maslac et jo Arnaud Guilhem, etc.

(*A. B.-P. Reg. Complément des Notaires de Castener et Larbaig*, f° 30, r°).

Le nom de Gamachies est-il celui d'un hameau? Peut-être. Il s'agirait sans doute alors, soit de *Gamachie*, située entre Nogaro et Sagosse dans le Gers; ou de *les Gamachis*, près de Mauvezin. Il n'en reste pas moins certain que le nom de Gamachie s'applique à la race des cagots, ainsi que nous l'avons montré dans la cinquième partie de cet ouvrage.

Salies-de-Béarn (*chef-lieu de canton, arr*[t] *d'Orthez*).

queur ancien l'histoire invraisemblable que l'on sait, et qu'il inventa de toutes pièces. Nous avons eu l'excellente fortune de voir M. de Dufau, qui nous a indiqué ce registre inconnu, puisque non classé, et nous a aidé à retrouver le document que nous publions ici en entier. Le même savant nous a dit qu'il croyait avoir vu d'autres pièces où le même cagot était nommé. Nous n'avons pas pu les retrouver.

1. Le manuscrit porte : Gamaχies.

Les cagots ont presque totalement disparu de Salies. Il y a peu d'années De Rochas en a vu et décrit. Aujourd'hui, nous dit M. le Docteur Pierre Lafont, il en existe encore deux échantillons assez typiques (le frère et la sœur) dans la famille L... de Salies[1].

Autrefois les cagots, fort nombreux, habitaient deux christianeries, l'une dans la paroisse Saint-Martin, l'autre à Saint-Vincent, où l'on voit encore un champ et un ruisseau du nom de *Chrestiaas*. Leurs cimetières étaient distincts, suivant la coutume. L'un était au coin de la place Saint-Vincent, l'autre près du cimetière des protestants, place du Temple. Les plus nombreux étaient à Saint-Martin : ils figuraient sur les registres de cette paroisse sous le nom de capots et cagots. On les occupait à divers travaux, surtout à la coupe des bois. Les mémoires qu'ils fournissaient devaient être accompagnés d'une attestation du curé ou d'un vicaire.

1379 (21). — Peyrot, crestiaa.

1385. — Lo crestiaa.

1485. — Procédure faite à la requête de Pès, chef de la cagoterie de Salies, par Gaillard de Mur, baile de Caresse, sur le meurtre d'Etienne, cagot. (*A. B.-P.* E 1 190.)

27 février 1640. — Pierre et Jean, cagots, de Saint-Martin, reçoivent 18 fr. pour monture des cloches, fourniture en fustage et autres travaux. (*Archives de Salies.*)

1692. — Jean de Saint-Martin, du village, fils légitime de Jean Saint-Martin et de Marie Dupla, sa femme, est né le 14e février 1692, et a été baptisé le 15e dudit mois. Cazaubon, prêtre. (*Registres de Saint-Martin de Salies* [*1667-1692*], fo 169.)

Sallespisse (*canton et arrt d'Orthez*).

1385. — L'ostau deu crestiaa.

Sames (*canton de Bidache, arrt de Bayonne*).

La tradition du lieu rapporte que les cagots durent quitter la commune à cause de l'aversion qu'on manifestait pour eux. (M., I, 113.)

Samsons (*canton de Lembeye, arrt de Pau*).

XVIe s. — Lo crestia de Sansons : XII. d.

1. Nous renvoyons le lecteur au chapitre II de la Ire partie de ce travail où sont étudiées les lésions des cagots de Salies.

1666. — L'an de notre Seigneur 1666, et le 30e jour du mois de novembre, je, Arnaud de Lacaze, prêtre, recteur de cette église Saint-Vincent du présent lieu de Seméac, ay baptisé une fille née le 30 novembre et de Jean de Labarrère, de Seméac, et de Marie de Labache, de la paroisse de Bentayou, mariés, capots, à laquelle on a imposé le nom de Marie; le parrain a été Mathieu Duplaa, de la paroisse de Sansons, la marraine Anne de Lafon, de la paroisse de Simacourbe, mariés. *Signé* : LACAZE.

(*Registres de Seméacq*).

Sarrance (*canton d'Accous, arrt d'Oloron*).

A Sarrance depuis une époque très lointaine, les cagots avaient assemblé leurs maisons autour du couvent des Prémontrés, sous la protection desquels ils s'étaient mis. A l'église, ils se tenaient dans la chapelle dite *des Cagots*, où se voit une madone fort ancienne. On cite un cagot de Sarrance dans une chanson fort connue dans toute la vallée (V. BEDOUS).

Saucède (*canton et arrt d'Oloron, Sainte-Marie-Est*).

7 août 1532. — Contrat, fait à Aubertin, par lequel Goalhart, cagot de Saucède, s'engage concurremment avec son fils Jehan, à donner en dot à sa fille Rangoline, une somme de 19 florins 22 liards, et la fourniture de divers vêtements, pour le mariage de sa dite fille, avec Peyrot, cagot de Caubios (*A. B.-P.*, E 1 474, fo 288, ro).

Sauvagnon (*canton de Lescar, arrt de Pau*).

1360. — Lo crestiaa XII. d. [de francau].
1379 (21). — P. crestiaa.
1385. — L'ostau deu crestiaa.

Sauvelade (*canton de Lagor, arrt d'Orthez*).

Vers 1640, Moncaut, cagot de Sauvelade, figure dans une chanson. (M., II, 132.)

1642. — Les cagots de Sauvelade, ainsi que ceux de Loubieng, Castetner et Maslacq, demandent d'être exonérés de la taille pour toutes les cagoteries, et de ne point servir à la guerre. (Voir P. J. No 125.)

Sauveterre (*chef-lieu de canton, arrt d'Orthez*).

Quoique les documents concernant les cagots de Sauveterre soient rares, on sait que cette ville abrita de ces malheureux depuis le XIVe siècle jusqu'au XVIIIe. On voit encore, à l'église de cette ville, une toute petite porte située sur la façade ouest,

ÉGLISE DE SAUVETERRE DE BÉARN.

La porte des Cagots. Cette porte, d'une exiguïté extrême, s'ouvrait jadis de plain-pied sur la promenade, aujourd'hui un peu en contre-bas. Cette porte toujours fermée est inutilisée de nos jours.

FAY. — P. 664-665

et donnant près du fond de l'édifice; c'était la porte des cagots, qui depuis bien longtemps ne s'est plus ouverte. Ses petites dimensions sont particulièrement remarquables.

1379 (**21**). — Peyrot, crestiaa.
1383 (**23**). — Lo crestiaa.
1383 (**24**). — Ramonet, crestiaa.
1385. — Lo crestiaa.
1377-1419. — Quittance de trois florins par Peyrot, cagot de Sauveterre, et Monguilat, cagot du Leu, en faveur de Peyrolet, cagot de Lucq, pour travaux faits à Morlaas et Montaner pour le Seigneur de Béarn. (*A. B.-P.* E 1 402.)
*XVI*e *s.* — Travaux à la porte du moulin, payés à Jean Chicoy, Petit et Goaillard, cagots. (*Archives Sauveterre*. CC 1.)

Sedze (*canton de Montaner, arr*t *de Pau*).

1379 (**20**). — Lo crestiaa.
1379 (**21**). — Peyrot, crestiaa.
1383 (**23**). — Peyrot, crestiaa.

Sedzere (*canton de Morlaas, arr*t *de Pau*).

Le 12 aoust 1659, par moy soubs-signé a esté baptisé Pierre de Sarthou, d'Oilhon, fils légitime de Jean du Sarthou et de Marguoy de Rabbas, sa femme; parrain Gassiot.... du lieu de Sedzère, et marraine sa femme, capots; avons imposé audit enfant le nom de Pierre et moy. *Signé* : Cassou Félix curé d'Andouins.
(*Extrait des anciens registres de la paroisse d'Andouins*. M. I, p. 101, note.)

Seméacq (*canton de Lembeye, arr*t *de Pau*).

Michel raconte qu'une cagote de Seméac ayant épousé un certain Majoureau de Moncaup, de race sainte, perdit aux yeux de tous sa qualité de cagote, en vertu de cette maxime béarnaise *qué lou marit qu'és descagoutibe sa henne*. Elle mourut à Moncaup le 18 novembre 1835, et fut inhumée au cimetière commun. (M., I, 94.)

1383 (**23**). — Lo crestiaa.
1379 (**21**). — Guilharnaud, crestiaa de Semuhagieg.
1385. — L'ostau d'un crestiaa.
*XVI*e *s.* — Lo crestia de Sebinhaque : XII. d.
Le 12 juin 1649, a été baptisé Guilhaume de Labarrère, capot de Seméac, fils de Jean de Labarrère et à Gailhardine de Mocau,

mariés ; parrain Guilhaume et Anne de Labarrère. Le Saint-Sacrement a été conféré par moi. Signé : J. Furé, prêtre.

(*Registres de la paroisse de Seméac.*)

Le 27 décembre 1653, a été baptisé Bernard de Labarrère, capot, de Seméac, fils de Jean de Labarrère et de Goualhardine de Mocau, mariés : parrains Bernard et Pierre de Mocau, frères, du lieu de Lalongue. Le dit Pierre a fait tenir l'enfant au fond du baptême, et substitué à sa place Catherine de Labarrère, sœur de l'enfant baptisé. Le sacrement a été conféré par moi. (*Id.*)

Le 4 mai 1659, a été baptisé Pierre de Labarrère, dit Crestiaa, de Seméac, fils de Jean de Labarrère et Marie de Labarthe, mariés ; parrains Pierre de Labarthe, de Bentayou et Catherine Duplaa, mariés, etc. (*Id.*)

Le vingt-huitième décembre mil six cent soixante, a été baptisée Marie de Labarrère, fille de Jean de Labarrère et Marie de Labaille, capots, iceux de Seméac ; parrains Jean Duplaa et Marie Duplaa, capots, du lieu de.... (*Id.*)

1666. — Baptême de la fille de Jean de Labarrère, capot de Seméacq. (V. Samsons.)

Le treisième mars mil six cent soixante neuf, a été baptisée Anne de Labarrère, fille de Jouandoudet de Labarrère, capot, et Marie Deubayle, sa femme ; parrains Pierre de Lafourcade et Darricau, sa femme, tous de Seméac. (*Id.*)

1684. — *État des terres des capots.* Chrestiaa dessus possède sa maison, grange, jardin et vigne, de contenance de deux journaux, trois quarts, cinq escacts ; confronte orient terre de Fouix, midi au chemin public, couchant et septentrion terre de Fouix ; contient 2 journaux 3/4.

Plus possède autre piesse de terre, lande et baradat, terre labourable, vigne et pré, tout en un tenant, de contenance de vingt journaux, deux escats.

La fille du second lit du Chrestiaa dessus possède un journal de terre labourable, que feu son père lui laissa par testament ; confronte terre de Cascarret, qu'il a acquis de Chrestiaa, et au chemin de service.

(*A. B.-P. Extrait du Livre Terrier de Seméac établi le 13 avril 1684.* M., t. I, p. 95 et 96.)

1734. — Geláa Pucheu possède sa maison, bassacour, jardin et terre labourable, qui confronte d'orient à chemin public, midi terre de Cabanné, couchant de Houix, septentrion de cagot ; contient 2 arpents, 24 escats.

Le même possède autre terre, vigne et labourable appelé *au Planté*, qui confronte d'orient à terre de Gassiot, midi chemin public, de Constan, de Capot et de Quintaa, septentrion de Cabanné ; contient 2 arpents.

Cabanné possède une pièce de terre labourable, qu'il a acquis de la fille du Chrestiaa, qui confronte à la terre de Cascaret qu'il a aussi acquis du Chrestiaa, et à chemin de service; contient un arpent.

Tisné possède une pièce de terre, pré, appelée Larribère du Chrestiaa, qu'il a acquis de Labarrère, qui confronte d'orient à terre du Barbé, midi chemin de servitude, couchant terre restante du dit Labarrère, septentrion du Cabanné, contient un arpent.

(*Extrait du Livre Terrier de Seméacq de l'année 1734* ; M., t. I, p. 96.)

Serres-Castet (*canton de Morlaas, arr[t] de Pau*).

Dans l'ancienne église, détruite il y a près d'un siècle, les cagots se tenaient dans un coin de l'église; ils avaient aussi un bénitier reconnaissable à sa sculpture[1].

1360. — Au crestia : XII d. [de francau].
1385. — Lo crestiaa.

Sevignacq (*canton de Thèze, arr[t] de Pau*).

1360. — Lo crestiaa : XII. d.
1379 (**20**). — Lo crestia.
1379 (**21**). — Johan, crestiaa.
1383 (**24**). — Guilhamoet, crestiaa.
1385. — L'ostau de crestiaa.

Simacourbe (*canton de Lembeye, arr[t] de Pau*).

1379 (**20**). — Lo crestiaa.
1379 (**21**). — Arnaud, crestiaa.
1383 (**23**). — Lo crestiaa.
1385. — L'ostau deu crestiaa.
XVIe s. — Lo crestia de Simacourba : XII. d.
1666. — Anne de Lafon, cagote de Simacourbe, est marreine de Marie de Labarrère de Seméacq. (V. SAMSONS).

Siros (*canton de Lescar, arr[t] de Pau*).

1379 (**21**). — Guilhaume, crestiaa.

Sus (*canton de Navarrenx, arr[t] d'Orthez*).

A Sus les cagots avaient un quartier à part. Au cimetière ils avaient comme les étrangers un coin qui leur était réservé.

1379 (**21**). — Johan, crestiaa.
1385. — Lo crestiaa.
2 juillet 1485. — Gratian de Lalanne vend à Bertranet, crestiaa de Sus, une pièce de terre située près du champ Batailler, pour

1. Michel, qui rapporte ces détails d'après les dires d'une vieille femme de ce village, ne donne aucun détail au sujet de cette sculpture du bénitier (I, 101).

7 florins. Cette vente est rectifiée par le seigneur de Sus. (*A. B.-P.* E 1 604, f° 61.)

13 juin 1452. — Bertranet, crestiaa de Sus, figure parmi les débiteurs de P. de Gamachies, cagot de Sainte-Suzanne.

*XVII*e *s.* — Noulau, cagot de Sus, est cité dans une chanson. (M, II, 125 et 132.)

10 mai 1391. — « Johan, crestiaa de Ssus » est cité dans un document concernant la construction du château de Montaner. Ce document est reproduit plus haut (*V.* Lucq). (*A. B.-P.* E 1 596, f° 13.)

Susmion (*canton de Navarrenx, arr*t *d'Orthez*).

1484. — Testament de Bertrand de Labarère, cagot, reçu par Antoine de Costurer, curé de Susmion.

Tadousse-Ussau (*canton de Garlin, arr*t *de Pau*).

1365 (**18** et **19**). — Johanot deu crestiaa : III. s. VIII. d.
1379 (**20**). — Lo crestiaa.
1379 (**21**). — Arnautoo, crestiaa.
1385. — L'ostau deu crestiaa.
*XVI*e *s.* — Lo crestiaa : XII. d.

Taron (*canton de Garlin, arr*t *de Pau*).

On lit dans Michel (t. I, p. 93) qu'à Taron sur une petite place appelée Peyras, s'élève une colonne de maçonnerie surmontée d'une petite croix en pierre, et portant d'un côté la date 1663 et de l'autre ces mots : *Absit gloriari nisi in cruce Domini*. C'était, dit-on, la *croix des cagots*, autour de laquelle se trouvait sans doute leur cimetière. Une pierre bleue placée au milieu de l'entrée de l'église, servait de borne entre les cagots et les autres habitants.

1379 (**20**). — Lo crestiaa.
1383 (**24**). — Johanet, crestiaa.

Thèze (*chef-lieu de canton, arr*t *de Pau*).

Les cagots de Thèze étaient relégués dans une tribune ou située au fond de l'église; à laquelle une porte qui leur était particulière donnait entrée. Ils prenaient encore l'eau bénite au début du siècle dernier, dans un chaudron suspendu derrière la porte. (M., I, 108.)

1379 (**20**). — Lo crestiaa.
1379 (**21**). — Arnautoo, crestiaa.

Undurein (*c*[ne] *d'Espes, canton et arr*[t] *de Mauléon*).

Dans une chanson du XVIIe siècle figurent Andurein et Oyhamburu, cagots d'Undurein. (M., II, 125.)

Urdes (*canton d'Arthez, arr*[t] *d'Orthez*).

XIVe *s.* (15). — L'ostau deu crestiaa.
1385. — Lo crestiaa.

Urrugne (*canton de Saint-Jean-de-Luz, arr*[t] *de Bayonne*).

On y voit encore le bénitier des cagots.

Urt (*canton de la Bastide-Clairence, arr*[t] *de Bayonne*).

Du temps de F. Michel on y comptait encore vingt et un cagots de deux sexes, constituant six familles.

Ustaritz (*chef-lieu de canton, arr*[t] *de Bayonne*).

Le souvenir des agots est bien effacé à Ustaritz; cependant nous avons appris des vieillards de l'endroit que dans l'ancienne église aujourd'hui presque entièrement détruite, on accédait ordinairement par un porche situé au fond; le mur de gauche était muni d'une porte pour les fidèles, tandis que le mur de droite était percé par la porte des Cagots. Leur bénitier était extérieur et scellé dans le mur.

Il y a environ soixante ans divers procès auraient été intentés contre des habitants qui en avaient traité d'autres d'agots. « Quant à la question de savoir s'ils étaient jadis enterrés dans un cimetière à eux, il est assez difficile d'être fixé à cet égard; cependant, quelques personnes tiennent de leurs ancêtres qu'il en était ainsi, mais que, dans la suite, les Cagots eurent l'adresse de faire l'acquisition des sépultures de certaines familles qui venaient de s'éteindre, et que depuis lors, leurs tombes se trouvent mêlées avec les autres » (M., I, 117). De nos jours on signale encore quelques familles comme agotes.

29 avril 1665. — Joannes d'Olhondo, tambourin, cagot d'Ustaritz, est parrain de Marie d'Etchebery. (*Registres de baptême d'Isturits.*)

Vauzé (*h., c*[ne] *de Lembeye, arr*[t] *de Pau*).

XVIe *s.* — Lo crestia de Bause : XII. d.

Vignes (*canton d'Arzacq, arr*[t] *d'Orthez*).

1379 (20). — P. crestiaa.

Villefranque (*canton d'Ustaritz, arr[t] de Bayonne*).

Les agots de Villefranche constituaient jadis une confrérie secrète, dont les réunions se tenaient dans le quartier qui était réservé à la race maudite. Au XVIIIe siècle, l'évêque de Bayonne nota dans le procès-verbal de ses visites pastorales, qu'à Villefranque « les Agots sont méprisés par plusieurs qui, contrairement aux arrêts rendus, refusent de les admettre aux confréries [1] ».

Villenave (*canton d'Arthez, arr[t] d'Orthez*).

XIVe s. (**15**). — L'ostau deu crestiaa.

1569 (**104**). — Lo crestia de Bielanaba : I. s. I. d. mo. III. qua.

Villesegure (*canton de Lagor, arr[t] d'Orthez*).

1379 (**21**). — Domenjon, crestiaa.

1385. — Lo crestiaa.

1389. — Guillemet, crestia de Villesegure, figure parmi les signataires d'une quittance générale donnée à Johannet, cagot de Monein (*A. B.-P.* E 1 923, f° 38.)

Menjou, cagot de Villesegure, figure dans une chanson du XVIIe siècle. (M., II, 132.)

*
* *

On aurait tort de croire, que seuls les lieux que nous avons cité ici ont abrité des cagots. Un grand nombre d'autres lieux ont connu ces parias, mais nous n'avons pas pu réunir des faits suffisamment probants à leur sujet pour pouvoir nous y arrêter ; nous citerons parmi ces localités : Aincille, Ahetze, Areguer, Ayherre, Auga, Barzun, Besingrand, Burosse, Blachou, Bardos, Çaro, Camptort, Castelpugon, Coublucq, Castera, Geronce, Halsou, Harriette, Hariscun, Idron, Itsatsou, Jaxu, Jatxou, La Bastide-Clairence, Limendous, Louhossoa, Lecumberry, Larceveau, Mendive, Montory, Osserain, Saint-Armou, Saint-Martin d'Arrosa, Sare, etc.

1. Haristoy : *Relevé des Procès-verbaux des visites pastorales au pays Basque.* Pau, 1891, p. 30.

III. — DÉPARTEMENT DES HAUTES-PYRÉNÉES

Les cagots sont sensiblement moins nombreux dans ce département que dans les Landes ou les Basses-Pyrénées. Les renseignements qui figurent ici sont en grande partie le fruit de nos recherches personnelles; nous avons aussi beaucoup emprunté à l'excellent ouvrage de F. Michel. Nous regrettons vivement n'avoir pu utiliser les documents que le regretté M. Lanore avait réunis sur les cagots des Hautes-Pyrénées; nous ne doutons pas que si quelque jour son travail était publié, le lecteur y trouve de précieux renseignements que son séjour à Tarbes lui avait permis de recueillir.

Arbéost (*canton d'Aucun, arr[t] d'Argelès*).

Du temps de Michel on y voyait encore cinq ou six familles cagotes.

Argelès.

Les cagots d'Argelès habitaient jadis le quartier de Canarie. Depuis la fin du XVIIIe siècle, ils paraissent avoir quitté ce quartier, d'autant que dans un cadastre de 1787 nous n'avons relevé, parmi les habitants de Canarie, aucun nom qui, à notre connaissance, ait été porté par des cagots[1]. Il existait récemment encore dans la ville un tourneur qui portait le nom de l'ancien quartier des cagots, et que pour ce motif on peut soupçonner être un descendant de cette race. Ce nom fut aussi porté par des cagots de Cauterets.

L'église de Gerbets, qui était anciennement l'église paroissiale d'Argelès n'a ni porte, ni bénitier de cagots.

4 octobre 1624. — Ce quatrième octobre 1624 a esté baptisé Bernat de Sabat Capot filz legitime de Sansolet et Bernadine le mesme, masson, son parrain est Bernat Tamburane et Jeanne Tamburane sa marraine et par ce qu'est vray ay ofert et signé le présent certificat. CACASTRÈMES. (*Registres paroissiaux d'Argelès.*)

28 décembre 1665. — La cabane de Cauterets est vendue par des cagots en faveur de Bertomide et Jean de Canarie, d'Argelès. (V. CAUTERETS.)

1. Ce sont Aubert, Candellé, Bordenave, Py, Cazeaux, Poupat, Deleas, Kouzete, Mounet, Bourdot, Laborde, Tatade.

Une chanson du pays indique Canarie comme grande cagoterie :

En Terranere et Mailhoc,
Que son los grans Cagots ;
En Andurans et Canarie,
Qu'ey la gran Cagotherie.

Asmeo (*h., canton et arr*[t] *d'Argelès*).

C'était le hameau des cagots de la commune de Bôo-Silhens.

Aucun (*chef-lieu de canton, arr*[t] *d'Argelès*).

Le souvenir des cagots est encore assez vivace à Aucun, où quelques vieilles, nous dit-on, chantent parfois des refrains à leur sujet. On voit à l'église de ce village le bénitier des cagots, où depuis longtemps on n'a plus mis d'eau bénite. On dit que la petite chapelle Saint-Blaise, située du côté de l'épître du maître-autel, était le lieu réservé à la race maudite. Les cagots n'habitaient pas Aucun, mais Terranère, hameau situé à deux kilomètres de là. Le cimetière des cagots était situé entre Aucun et Terranère, au lieu appelé jadis *Houssa des Cagots;* il fut abandonné en 1760.

Averan (*canton d'Ossun, arr*[t] *de Tarbes*).

Au début du XVIIIe siècle il s'y trouvait encore des cagots.

Ayzac-Ost (*canton et arr*[t] *d'Argelès*).

Un vieillard, qui depuis son enfance a habité la région, nous a affirmé avoir connu les derniers cagots d'Ayzac-Ost.

Bagnères-de-Bigorre (*chef-lieu d'arrondissement*).

« La petite chapelle de la Magdeleine ou St Blaise se trouvait au quartier des Vergès, près de la fontaine de ce nom. On croit qu'elle était consacrée à la caste des cagots. Elle existait encore en 1727 ; il n'en reste plus de trace aujourd'hui[1]. »

Bayès (*c*[ne] *de Saint-Pastous, canton et arr*[t] *d'Argelès*).

C'était un hameau de cagots.

1. A. Pambrun, *Bagnères-de-Bigorre et ses environs*. Bagnères, Dassun, 1834, p. 59.

Cagots (*c**ne* *de Vier-Bordes, canton et arr*[t] *d'Argelès*).

Hameau des cagots de Vier.

Campan (*chef-lieu de canton, arr*[t] *de Bagnères*).

Michel rapporte que de son temps il y avait encore cinq à six familles cagotes reléguées dans le *quartier des Cagots* séparé du gros de la commune. Le docteur Abadie lui écrivait à leur sujet : « J'ai connu les chefs de ces familles : ils exerçaient tous le métier de charpentier. Il y a cinquante ans, ces familles ne s'alliaient qu'entre elles; aujourd'hui elles sont mêlées aux autres habitants. Leur physionomie ne présente aucun caractère particulier. On remarque seulement que les individus provenant des familles Pescadère, Latoure, Lacôme et Daléas, ont la peau très blanche et les yeux gris... » (M., I, 86.)

Les cagots de Campan étaient enterrés dans la partie occidentale du cimetière; c'est du même côté qu'était leur porte à l'église; dans cet édifice une place, le *rang des Cagots*, leur était affectée. Comme souvent ailleurs, la porte, le bénitier et la place des cagots étaient situés sous le clocher; ce bénitier portait sculpté en relief une patte d'oie; cet ornement a été brisé déjà depuis fort longtemps.

Capvern (*canton de Lannemezan, arr*[t] *de Bagnères-de-Bigorre*).

A l'église on voit la petite porte des cagots; ceux-ci habitaient un quartier séparé.

Castelnau-Rivière-Basse (*chef-lieu de canton, arr*[t] *de Tarbes*).

Le hameau de *Mazères* situé près de cette ville, paraît avoir été réservé aux cagots.

Cauterets (*canton et arr*[t] *d'Argelès*).

Ce que l'on sait des cagots de Cauterets a été dit par le Dr Duhourcau. Ces malheureux possédaient une cabane située sous les bains de Cauterets, cabane qui en 1472 avait été donnée à Jean de Mailhoc, medge et chirurgien. Ce médecin était cagot, ainsi que le prouve son nom pris à un hameau uniquement habité par ses congénères, même de nos jours. Un de ses descendants, Bernard Mailloc-Debat, était gésitain de Saint-Savin et propriétaire en partie de la cabane de Cauterets, au XVIIe siècle. Il la vendit en 1665 à Bertomide et Jean de Canarie, gézitains d'Argelès. Peu d'années auparavant (1647) les cagots qui fréquentaient Cauterets et ses bains, en raison de leur lèpre, tendaient à accaparer le petit-bain de cette ville, si bien que Dom Hugues Calmel, religieux réformé de Saint-Savin, fit une ordonnance contre les cagots qui n'eurent plus l'usage des eaux thermales que sous certaines conditions. Les documents qui justifient ces faits ont été publiés par Duhourcau[1].

10 mai 1472. — Donation à Joan Mailhoc, « metge de sirujana », de la cabane située sous les bains de Cauterets. (*Fonds provenant de Saint-Savin. Acte passé à Saint-Savin par Sereso, notaire.*)

28 décembre 1665. — Contrat d'achat de la cabane de Cauterets, acte passé par-devant Me Perus, notaire d'Argelès, par lequel Guillaume de Bouix, *jessisten* de la ville de Lourdes et Bernard Mailloc-Debat, *jessiten* de la paroisse de St Savin vendent solidairement en faveur de Bertomide et Jean de Canarie d'Argelès, la cabane qu'eux et leurs predecesseurs possédaient au terrain de Cauterets, en vertu d'un acte du 10 mai 1472. (*Idem.*)

9 mai 1647. — Ordonnance de Dom Hugues Calmel, religieux, vicaire général de Saint-Savin, contre les cagots qui tendaient à accaparer le petit-bain de Cauterets. (*Publié in extenso dans le présent ouvrage*, p. 58.)

Cieutat (*canton et arr[t] de Bagnères-de-Bigorre*).

Voici une pièce extraite des registres des notaires de Nébouzan, concernant un cagot de Cieutat.

Sentence et procès verbal d'exécution de mort contre Jehan Bauliès, cagot de Ciutat, donnés par mons[r] le provost, visséneschal en Guyenne, le XXVIIe de jung 1596.

Entre le procureur du Roy institué en la seneschaucée et viconté de Nebozan, demandeur en cas d'excès, meurtre, assazinat et bruslement faict en la personne, maison et biens de noble Arnauld de Mauléon, lieutenant de cappitaine de Maubezin, larsins, volleries, sorcelleries, empoisonementz faictz sur Marie Claverie, du lieu de Unhoas en Viguorre, d'une part; et Johan Bauliès, gésite du lieu de Ciutat, prisonnier, accusé, ataînct et convenqeu, deffendeur, d'autre;

Nous Bernard de Mauléon, lieutenant de visséneschal en Guyenne; veu le procès criminel faict audict Bauliès; jugement du quatriesme jullet mil cinq cens nonante ung; audition de Jammet

1. *Les cagots aux eaux de Cauterets.*

Bauliès, son frère, du quatorziesme d'apvril mil cinq cens nonante deux; inquisitions du doutziesme, quatorziesme, quinziesme, setziesme, dix septiesme, dix huictiesme et dix neufviesme jung, faictes de nostre authorité en l'année courante; procès verbal et recollement du neufiesme d'aoust mil cinq cens nonante deux, faict sur l'exécution à mort de feu Jacques Capbern, du lieu d'Ouzon; audition et réaudition dudict Bauliès; ordonnance portant qu'il seroict procédé extraordinairement contre ledict gésite par accaration et confrontementz de tesmoings; résomption et confrontementz desdits tesmoings, du vingtieme, vingt uniesme et vingt deuxiesme dudict moys; conclusions prinses par escript dudict procureur, joinct notre appoinctement en droict, avec tout ce que faisoict avoir; eue sur ce deliberation de conseilh, par nostre présent sentence, jugement et droict, à toy, Jehan Bauliès, gésite, du lieu de Ciutat, t'avons condempné et condampnons à estre mis et délivré entre les mains de l'exécuteur de la hautte justice, pour te mectre sur ung tamboreau ou charette, portant la hart au col, et te conduira en la place publicque dudict Ciutat, où sera dressée une potence, en laquelle seras pendu et estranglé, tes biens acquis au roy, seigneur viconte de Nébozan, distrainctz au prealable les frais de justice envers ceulx qui les ont expozés, ensemble la tierce partie pour ta femme et enfans, sy poinct en as; et avant venir à ton exécution que tu seras mis à la question et geyne pour, de ta boche, scavoir qui sont tes complices, assistans au meurtre, bruslement et larsins; la taxe desdictz frais et despens à nous reservée; et ainsi l'avons dict, chose dicte ny aléguée au contrère nonobstant.

Prononcé le vingt septiesme jour de jung mil cinq cens nonante six, présens maistre Jehan de Caubere, docteur et juge de Nébozan; nobles Gaston de Baretge, sieur de Bullan, et lieutenant de cappitaine de Mauvezin; Pierre de Cardeilhac, dudict Manvezin; Gratian d'Allemand, cappitaine de Sainct Plancat; Jammet du Lac; Gratian Nafranque; Jehan Cistac et Jehan Gailbac dict Tramat, consulz; maistre Dominique Dandren, notaire dudict Ciutat, et plusieurs autres; et moy greffier soulz signé.

Et envoyron deux heures après midy dudict jour, après avoir faict fère le cours par les rues dudict lieu de Ciutat audict Bauliès, gésite, estant monté sur ung tamboreau, la hard au col, auroict esté menné et conduyt en la place publique dudict lieu, et là, en une potence à ses fins dressée, auroict esté pendu et estranglé par Peyrot de Luye, maistre des hauttes euvres de la ville de Pau; et le mesme jour, après sa mort, porté sur ledict tamboreau aux potences cy devant dressés sur le grand chemyn tirant dudict lieu en la ville de Baignères, lieu éminant, pour y servir d'example.

Présant à ladice exécution le seigneur de Bazillac, séneschalt dudict Nebozan; maistre Jehan de Caubère, juge; noble Gaston de

Baretge, sieur de Bulan; Gratian d'Allemand, cappitaine de Sainct Plancat; maistre Jehan Végué, procureur du Roy en la ville de Tournay; Pierre Bertree, de la ville de Baignières, et plusieurs aultres. En foy de quoy nous sommes soubzsigné avec nostre greffier.

Signé : DE MAULÉON;

MURELLE, greffier.

(*Archives des Basses-Pyrénées*, E, 594.)

Couture-Bagne (*cne d'Ayros, canton et arrt d'Argelès*).

Hameau des cagots d'Ayros.

Ferrières (*canton d'Aucun, arrt d'Argelès*).

On y comptait, en 1846, soixante-huit cagots. Jusqu'en 1789 ces malheureux avaient leur bénitier et leur cimetière (M., I, 80).

Gazost (*canton de Lourdes, arrt d'Argelès*).

On y compte une famille de cagots d'origine mixte.

Guizerix (*canton de Castelnau-Magnoac, arrt de Bagnères*).

Les cagots y possédaient un quartier.

A l'église ils avaient leur porte. On lit à ce sujet dans la *Chronique ecclésiastique du diocèse d'Auch* (p. 397-398), que lors de la visite de Louis d'Aignan du Sendat, archidiacre de Magnoac, celui-ci, pour abolir toute distinction, passa au sortir de l'église par la *porte des Cagots*, accompagné du curé et du clergé de la paroisse; le peuple les suivit alors, et depuis continua à agir de même.

Hachan (*canton de Castelnau-Magnoac, arrt de Bagnères*).

Tous les habitants de Hachan passaient pour appartenir à la *capotaille*.

Héches (*canton de Labarthe-de-Neste, arrt de Bagnères*).

On y voit encore la porte et le bénitier des capots.

Jullian (*canton d'Ossun, arrt de Tarbes*).

Les cagots y avaient à l'église leur porte et leur bénitier.

Juncalas (*canton de Lourdes, arrt d'Argelès*).

Au commencement du XIXe siècle il y avait encore des cagots à Juncalas. Ils possédaient à l'église une porte, murée vers 1825, et un bénitier situé à l'extérieur de l'édifice.

Lamarque (*canton d'Ossun, arrt de Tarbes*).

Les cagots de Lamarque ne se mariaient que le mercredi.

Ils avaient un cimetière à part, et à l'église porte et bénitier.

Lannemezan (*chef-lieu de canton, arr*[t] *de Bagnères*).

Les cagots de Lannemezan étaient relégués à *Cap-de-la-Bielle*. Ils pénétraient à l'église par une petite porte basse.

Larroque (*canton de Castelnau-Magnoac, arr*[t] *de Bagnères*).

Au début du XIXe siècle il y avait encore deux familles réputées cagotes, à Larroque.

Lourdes (*chef-lieu de canton, arr*[t] *d'Argelès*).

Des cagots existaient encore à Lourdes pendant la première moitié du XIXe siècle. Depuis que Lourdes devint le lieu des pèlerinage que l'on sait, l'immense affluence de monde qui depuis plus de cinquante ans n'a jamais cessé de s'y produire, a amené une transformation complète de cette ville; il n'est point étonnant dès lors qu'on n'y retrouve rien de cagots; le petit hameau nommé *Cagot*, situé sur la rive droite du Lapaca, a lui-même disparu. Ce hameau existait dès le début du XVIe siècle, et probablement même au XVe.

1546. — Vente par Domenge de Béliard, aux recteur et prébendiers de Lourdes, de 1 écu de fief valant 18 sous hypothéqué sur un moulin sis à Lourdes, lieu dit « l'arriu de Lapaquaa, prop los crestiaas ». (*A. H.-P.*, G 475.)

L'église paroissiale, qui longtemps conserva le bénitier et la porte des anciens lépreux, a récemment été démolie puis reconstruite.

M. Arrou, jadis instituteur à Lourdes, écrivait à Michel que tous les cagots qu'il avait observés dans cette ville, avaient, à peu d'exceptions près, la partie inférieure du corps, depuis l'aine, beaucoup plus courte que la partie supérieure, les jambes et les cuisses un peu arquées, le cou court, les yeux bleus ou olivâtres, enfoncés dans de petites orbites, le regard vif, les oreilles très petites et sans lobules. (M., I, 82.)

D'après le même instituteur, un arrêt du Parlement de Toulouse aurait interdit aux cagots d'entrer dans la ville de Lourdes, sinon par la petite rue *Capdetpourtet*, de marcher ailleurs que sous les gouttières, de s'asseoir dans la ville, d'y entrer avant le lever du soleil et d'en sortir après son coucher, le tout sous peine à chaque contravention de se voir couper deux onces de chair le long du dos.[1] (M., I, 85.)

28 décembre 1665. — Guillaume de Bouix, gézitain de la ville de Lourdes, vend solidairement avec Bernard Mailloc-Debat, gézitain de Saint Savin, la cabane de Cauterets.

Luz (*canton de Luz-Saint-Sauveur, arr*[t] *d'Argelès*).

Il y avait à l'église de Luz une porte et un bénitier des cagots. Voici ce qu'écrit Michel de ce bénitier :

« Ce bénitier, si souvent cité, se trouve incrusté à l'angle intérieur du mur de la façade qui est au midi de la chapelle contiguë à l'église, et presque en face de la petite porte du mur d'enceinte par où entraient les cagots. Suivant toute apparence, il fut enlevé du mur primitif de l'église-mère en 1589, et placé où il se trouve aujourd'hui; mais on l'a tellement incrusté dans le mur, qu'il n'y a qu'un des angles qui paraisse. L'artiste y avait sculpté la tête de quelque animal; mais cette tête, formant saillie, a été dégradée et même coupée. » (I, 83, note 1.)

Mailhoc (*c*[ne] *de Saint-Savin, arr*[t] *d'Argelès*).

Ce hameau n'a jamais été habité que par les cagots. Il en subsiste encore quelques maisons.

En 1472 et 1665, on voit des cagots de Mailhoc propriétaires d'une cabane à Cauterets. « J'ai vu encore une toute petite chapelle, où vingt personnes pouvaient à peine tenir, au hameau de Mailhoc, peuplé encore de ces malheureux : ce qui indiquerait qu'on y célébrait, pour eux seuls, les offices divins, à une époque que je ne puis préciser, mais certainement rapprochée de notre première révolution. Je me suis souvent arrêté à ce point, pour interroger les ruines de cette chapelle, vendue à l'époque de la vente des biens nationaux, à un cagot qui l'a démolie pour agrandir une petite propriété. » (Lettre de M. Bualé, d'Argelès, à F. Michel; M., I, 79.)

Cette chapelle dont parle M. Bualé, devait être fort

1. Nous ne donnons cette information que sous les plus grandes réserves. Cet arrêt du Parlement de Toulouse ne pourrait, vu sa teneur, être que du xve ou xvie siècle. Aucun document ne nous permet de soupçonner qu'il ait été réellement rendu.

VESTIBULE DE L'ÉGLISE DE SAINT-PÉ DE BIGORRE.

Les Cagots assistaient aux offices dans le vestibule de l'église. On ne sait pas avec certitude s'ils se tenaient derrière la grille que l'on voit ici, et qui forme une vaste salle située sous les cloches, ou si au contraire (c'est l'opinion la plus courante) ils restaient dans le passage situé en deçà de cette grille, et par lequel tous les fidèles passent pour pénétrer dans l'église. (*Photographie prise de l'intérieur de l'église*.)

FAY. — P. 678-679

ancienne, nous en avons retrouvé la mention au début du XVIIe siècle. Elle était consacrée à sainte Madeleine[1]. En 1624 Augé de Labourdette, *alias* Mailloc-Debat, probablement père de Bernard Mailloc-Debat gésitain de Mailhoc (qui figure dans un acte du 28 déc. 1665. V. CAUTERETS) faisait un testament par lequel il demandait à être enseveli dans l'église de Mailloc en Saint-Savin. (*A. H.-P.*, G 481.)

Montgaillard (*canton et arr^t de Bagnères-de-Bigorre*).

Les cagots y habitaient un quartier appelé *des Charpentiers* ou *des Cagots*, qui n'existe plus aujourd'hui. A l'église, ils avaient leur porte et leur bénitier du côté du sud; cette porte est depuis longtemps murée. Jusqu'au milieu du XIXe siècle ils étaient enterrés dans une partie distincte du cimetière.

Orleix (*canton et arr^t de Tarbes-Nord*).

Une des rues de ce village était autrefois (il y a quatre-vingts ans) uniquement habitée par des cagots.

Ossun (*chef-lieu de canton, arr^t de Tarbes*).

A Ossun les mots *cagot* et *charpentier* furent longtemps synonymes, nos parias n'y exerçant que ce seul métier de charpentier.

Les cagots y avaient constitué une confrérie à part, celle de Saint-Joseph, se rendaient à l'église par une petite porte spéciale qui a été modifiée depuis, se tenaient en un coin à part et prenaient l'eau bénite dans leur bénitier.

Michel rapporte qu'avant 1789 un cagot, s'étant permis de prendre l'eau bénite au grand bénitier, faillit être la victime de quelques individus qui se jetèrent sur lui en le frappant avec violence (M., I, 78).

Peilas.

1390. — Seguen se los focx de Ableges e Lautragues derrerementz condatz per maeste Arnaut ....e P. Ramon de Colombiac en lo mes de octobre MCCCXC.

A Peilas. — Bernat, chrestiaa; Amiel chrestiaa; de l'abat de Foix.

(*Arch. B.-P.* E 414, f° 66.)

1. La prébende de Mailhoc était sous l'invocation de sainte Madeleine. (*A. H.-P.*, G 481.)

Peyrousse (*canton de Saint-Pé, arr*[t] *d'Argelès*).

On voit encore des bancs en pierre au fond de l'église de Peyrousse; la tradition rapporte qu'ils étaient réservés aux cagots.

Rieulhes (*h. c*[ne] *de Saint-Pé, arr*[t] *d'Argelès*).

Ce hameau aurait été bâti et habité par les cagots. On raconte qu'une rixe s'étant élevée entre les habitants de Lourdes et les cagots de Rieulhes, ces derniers furent massacrés et leurs têtes servirent de boules pour jouer aux quilles sur la place de Saint-Pé.

Saint-Pé (*chef-lieu de canton, arr*[t] *d'Argelès*).

On a perdu complètement le souvenir des cagots à Saint-Pé. Jadis cependant ils y vivaient en grand nombre. Ils assistaient aux offices dans le vestibule de l'église. Ce vestibule par lequel tout le monde passe, s'ouvre à l'extérieur par la porte principale de l'édifice; le bénitier des cagots était, dit-on, situé à droite de la porte. Il est probable que ces malheureux ne se tenaient pas dans le vestibule même où tous les auraient coudoyés, mais dans une grande salle qui y est attenante et en est séparée par une grille; cette salle se trouve immédiatement sous les cloches, à gauche de la porte d'entrée. La photographie du vestibule, que nous publions, est prise de l'intérieur de l'église; à gauche on devine la porte extérieure, tandis qu'au fond on voit la grille qui ferme la salle située sous les cloches.

A une époque fort reculée, nos parias avaient leur église, appelée la *Gleïsiate*, située à l'extrémité occidentale de la ville; ils enterraient leurs morts à l'endroit dit le *Paienquet*, situé au centre de la ville; ce cimetière fut plus tard affecté aux protestants; aujourd'hui on ne voit plus trace de la nécropole.

C'est de Saint-Pé que serait originaire le dicton : « *A la maïson deü cagot la gouttère.* »

Saint-Savin (*canton et arr*[t] *d'Argelès*).

Il y avait jadis des cagots à Saint-Savin, toute trace écrite en a disparu depuis la Révolution, époque à laquelle on fit un feu de joie sur la place avec tous les papiers des archives. Le peu qu'on en sait est relaté dans une monographie de

Saint-Savin restée manuscrite et rédigée par l'instituteur du lieu en 1900.

On sait toutefois qu'ils habitaient le hameau de Mailhoc, où l'on voit quelques maisons assez vieilles, et sans autre caractère que celui qu'imprime la pauvreté. Une des maisons de Mailhoc est encore dite : la maison des Cagots. Il y a quarante ans à peine, exerçait à Saint-Sever un médecin d'origine cagote. La tradition rapporte qu'ici les gens de cette race ne furent jamais admis aux charges publiques.

On voit à l'église un bénitier de pierre, haut de 50 centimètres à peine et orné de deux petits personnages. Quoique quelques doutes puissent être émis sur la légitimité du titre de bénitier des cagots dont on le décore, nous pouvons dire qu'un habitant de Saint-Savin âgé d'une cinquantaine d'années nous a affirmé que son grand-père disait que ce bénitier était des cagots. La tradition remonterait ainsi à près de cent années.

A propos du bénitier des cagots, on lit dans la *Monographie de Saint-Savin de Lavedan*[1] », par G. Bascle de Lagrèze : « Sous le portail se trouve relégué un bénitier mobile. Il paraît avoir été transporté de l'ancienne église démolie du faubourg de Saint-Savin[2]. La piscine, de forme ronde et sans ornement est portée sur les épaules de deux personnages en pied, imberbes, nu-tête, ayant une chaussure sans caractère et vêtus de longue tunique (*vestes talaris*) serrée à mi-corps, sur le devant, d'une ceinture plate que retient une seule boucle sans empêcher les pans de la robe de tomber de toutes parts. » Ulysse Robert donne ces petits personnages comme représentant des cagots, et l'abbé Foix en donne une interprétation analogue. D'après les renseignements que nous avons recueillis sur les lieux, rien n'est moins certain que ce bénitier ait été primitivement ailleurs que dans la chapelle du monastère devenue église paroissiale depuis la destruction de l'église du lieu lors de la Révolution. Il est possible, vraisemblable même, qu'il s'agisse du bénitier des cagots et l'on peut admettre que les cagots assistaient aux

1. Paris, V. Didron, 1850, in-8°, p. 31.
2. Cette église était située sur ce qui est aujourd'hui la place publique.

offices au monastère et non dans la paroisse. Les usages permettaient cette anomalie. Quant à la petite porte qu'on indique parfois comme porte des Cagots, elle a été construite il y a cinquante ans, c'est dire la fausseté de l'allégation.

Tarbes.

On ne sait rien des cagots de Tarbes.

L'évêque de Tarbes s'occupa des cagots du département en 1768, si l'on en croit les lignes suivantes :

« Aucun capot ne fut consul, ni jurat, ni admis aux ordres sacrés jusqu'à M. de Romagne, évêque de Tarbes, prélat vertueux, mort en 1768, qui le premier éleva au sacerdoce quelques membres de la race proscrite » (*L. M. C.*, p. 91).

Terrenère (*cne d'Aucun, arrt d'Argelès*).

Si, quittant Aucun pour descendre la vallée, on abandonne la grand'route et l'on traverse l'Azun, on arrive bientôt à une agglomération de maisons, jadis entièrement habitée de cagots, c'est Terrenère. Aujourd'hui ce hameau n'abrite que les descendants des parias, plusieurs habitants y sont encore charpentiers. Nous y avons vu des types de dégénérés très accentués et quelques crétins, mais parmi les habitants nous n'avons relevé aucun cas de lèpre atténuée. Presque tous n'ont pas de lobule à l'oreille.

Terrenère fut un des principaux berceaux des cagots qui se répandirent par tout le département. Ceux-ci dépendaient de la paroisse d'Aucun, dont l'église possède encore leur bénitier (V. AUCUN).

Vic-en-Bigorre (*chef-lieu de canton, arrt de Tarbes*).

Voici un très important document concernant les cagots de Vic. Il s'agit d'une délibération du conseil communal de cette ville.

3 novembre 1619. — Le sieur Durdez, juge, a remontré comme il y a peu de maîtres charpentiers en cette ville, que de sorte il serait utile d'en y loger. Pour quoy faire, il serait de premier de sçavoir si les loges des cagots étant vacantes, sont aux propriétaires ou à la ville qui en fait fief annuellement au Roy, et s'ils se peuvent y retirer dès maintenant et y loger, y ayant une famille à Bordes qui désirerait en y loger aucuns. Sur quoy, délibération prinse, a été arrêté que deux messieurs des consuls se transporteront au plus tôt aux maisons des Gézites, place des Crestiaas, pour sçavoir à qui lesd. maisons appartiennent, s'y sont à Jouaniquet ou aultres marchands de la ville, de mesurer la place et de faire un logis dans lequel pourront aller ceux qui voudront s'y loger et s'y rendre. (D'après la transcription publiée par Sansot : *Les Lépreux et les Chrestiaas*, in *Revue des Hautes-Pyrénées*, t. IV, pp. 79-90 [1].)

IV. — DÉPARTEMENT DU GERS

Auch.

P. Lafforgue a résumé tout ce que l'on sait sur les cagots d'Auch (*Histoire de la ville d'Auch*..., 1851, T. II, p. 166 et 168), quand il rappelle qu' « au nord de Garros et presque attenant, est le hameau de Nourric, où étaient relégués les cagots ou capots, car Auch, comme toutes les localités de Gascogne, avait son contingent de ces malheureux ».

On voyait aussi dans cette ville une léproserie située dans la paroisse de Saint-Pierre. « Il y avait dans cette paroisse, dit Dom Brugèles, un quartier pour les capots, et un autre pour ladres; mais il n'y en a plus à présent. » (Éd. 1746, p. 375.) Cette léproserie, dit M. Daignan en ses mémoires, était située « hors d'un des faubourgs d'Auch, sur le chemin qui mène à Lectoure qu'on appelait la maison des ladres où sans doute on recevait les lépreux; elle est à présent détruite et le fonds apparemment uni à l'Hôtel-Dieu d'Auch ». Le docte abbé dit avoir vu cette maison debout [2].

La cagoterie et la léproserie d'Auch semblent remonter au XIIIe siècle.

2 octobre 1291. — Donation en faveur d'Arnaud, Christian d'Auch, et de sa femme, par le frère Raymond de Tremblade, prieur de l'hôpital de Serregrand, de tous ses droits sur la léproserie ou cagoterie de la Bastide d'Estèle de Barran. Parmi les témoins figure Bernard d'En Dorro, *leprosus de Auxio*. (P. J., N° 3.)

Averon-Bergelle (*canton d'Aignan, arr^t de Mirande*).

Ce fut un centre assez important de cagots. M. Tierny a

1. Voir aussi Larcher, in *Annales de Vic*, p. 380.
2. V. P. Lafforgue, *loc. cit.*, p. 168.

écrit au sujet de cette ville : « A Averon-Bergelle, dans le plus ancien livre terrier qui remonte à 1595, j'ai relevé (f° 166) la mention suivante : « Mestre Arnaud, gezite du « lieu d'Averon, tient maison, ayrial, jardin, verger et terre « appelé au Capot, confrontant avec maison, ayrial deu « goujon et avec, terre du sieur de Maubic par tous aultres « costés, contenant ung arpent et demy, et demy-tiers de « quart d'arpent. » Dans les cadastres postérieurs, la même propriété se trouve désignée comme appartenant aux gézitains, descendants de Me Arnaud, jusqu'au jour où ceux-ci procédèrent à la division de leurs biens (XVIIe siècle)[1]. »

Le 16 juillet 1700, Pierre Broustens, Frix Broustens et autre. Pierre Broustens charpentiers à Averon présentèrent une requête au procureur général du roy pour qu'il fut interdit de les traiter de ladres, et capots. La cour du Parlement de Toulouse leur donna satisfaction ainsi qu'à d'autres de leurs congénères, par son arrêt du 30 juillet 1700. (P. J., N° 159.)

On voit encore au nord-ouest d'Averon une maison du nom de Broustens, qui abritait sans doute les descendants des derniers capots.

Ayzieu (*canton de Cazaubon, arrt de Condom*).

On voit encore, au nord d'Ayzieu, quelques maisons connues sous le nom de *Les Capots*.

Bajonette (*canton de Mauzevin, arrt de Lectoure*).

Il y avait au XVIIe siècle, si l'on en croit l'État des léproseries conservé à la Bibliothèque nationale, une léproserie dans cette ville.

Barran (*canton d'Auch-Sud*).

En 1291, le prieur de l'hôpital de Serregrand, donna à un lépreux d'Auch tous droits sur la cagoterie ou léproserie de la Bastide de l'Estelle de Barran. (*V.* P. J. N° 3.)

En 1703, Me Labarrère curé de Barran, fit un verbal en faveur des cagots de Montbert, où il s'étonnait de l'incurie du lieu où était ensevelie une cagote de cette dernière ville. (*V.* P. J. N° 160.)

Bazian (*canton de Vie-Fezensac, arrt d'Auch*).

On voit au nord-ouest de Bazian un hameau du nom de *Cagos*.

1. Tierny, *Les Cagots au XVIIe siècle* (*Société archéologique du Gers*, 8 juin 1896).

Betous (*canton de Nogaro, arr^t de Condom*).

Le 16 juillet 1700, Antoine Marsan, charpentier et descendant des cagots de Betous figure sur une requête adressée au procureur général du roy. (P. J. N° 159.)

Bascous (*canton d'Eauze, arr^t de Condom*).

Joseph Lagarde, cagot de Bascous, est l'un des signataires de la requête adressée au procureur général du roy le 16 juillet 1700, et qui provoqua l'arrêt du parlement de Toulouse du 30 du même mois. (P. J. N° 159.)

Biran (*canton de Jegun, arr^t d'Auch*).

Le hameau des Cloutets n'était, dit-on, habité que par les Capots. Delom, révolutionnaire fameux dans le pays, qui tua d'un coup de fusil le neveu de Mgr de la Tour du Pin, archevêque d'Auch, était capot de Biran (M. I, 142.)

Cazaubon (*chef-lieu de canton, arr^t de Condom*).

Ducruc écrit au sujet de l'église de Cazaubon :

L'église était très petite : « La petite porte sur la dernière travée au couchant, du côté du midi, qui ne paraît avoir eu aucune utilité pour un si petit édifice, n'aurait-elle pas été autrefois réservée aux cagots, qui, dans beaucoup de paroisses, avaient une ouverture pour eux seuls, et étaient comme parqués dans un coin sans contact avec les autres fidèles? Une sorte de hameau qui porte encore aujourd'hui le nom de Chrestian semble indiquer qu'il y a eu ici dans le temps quelques-uns de ces parias. » (Ducruc. *Notice sur la paroisse de Cazaubon. Revue de Gascogne.* T. XXIV, 1883, p. 199.)

Condom.

On sait qu'au XVIe siècle il y avait à Condom trois établissements de Capots, celui du Pradau, celui de la Bouquerie, et celui de Sainte-Eulalie. Le cardinal de Teste les signale en son testament qui est le seul document où ils figurent et les appelle *leprosis* (aux lépreux). Il est probable que les capots de Sainte-Eulalie disparurent de bonne heure. Une des deux capoteries restantes fut, croyons-nous, regardée comme léproserie au XVIIe siècle, et figure comme telle dans un État des Léproseries de France.

Les églises de La Bouquerie et du Pradau avaient toutes deux une petite porte latérale pour les cagots. Dans la première cette porte fut murée il y a fort longtemps, dans la seconde elle existait encore du temps de Michel. Dans l'une et l'autre des bancs en maçonnerie se voient le long des murs latéraux, ils servaient semble-t-il jadis aux seuls cagots.

Le bénitier des Cagots se trouvait vraisemblablement à l'église Saint-Barthélemy du Pradau. M. Joseph Gardère, archiviste de Condom, qui possède ce bénitier, nous en a obligeam-

LE BÉNITIER DES CAGOTS
provenant de l'église Saint-Barthélemy du Pradau, à Condom (*Collection de M. Gardère*).

ment communiqué la photographie. Il fut, croit-on, fait avec un chapiteau provenant d'une des églises démolies par les protestants en 1569. Après la Révolution il fut converti en évier, car on y pratiqua un trou d'écoulement.

Jusqu'à la fin du XVIIIe siècle, les cagots de Condom ne se mariaient absolument qu'entre eux [1].

De nos jours on désigne encore sous le nom de *Capots* les deux anciennes capoteries de Condom, situées l'une au sud-est, l'autre au sud-ouest de la ville.

Demu (*canton d'Eauze, arr^t de Condom*).

M. A. Lavergne nous écrit : « Dernièrement en parcourant

1. Voir : Gardère, *Les Capots de Condom* (*Revue de Gascogne*, t. XIX, 1878, p. 433).

les actes de l'état civil de la commune de Demu, j'ai remarqué que des familles de charpentiers habitaient le hameau des *Capots* dans cette paroisse, et enterraient leurs défunts dans un cimetière spécial appelé de Sainte-Quitterie. Ces actes sont de la deuxième moitié du XVIIIe siècle. En 1725 la femme d'un charpentier des Capots est enterrée comme tout le monde au cimetière de Demu. »

Eauze (*chef-lieu de canton, arr^{t} de Condom*).

On voit auprès d'Eauze un groupe de maisons appelé *Les Capots*, c'est là que les anciens parias vivaient jadis. Un lieu voisin nommé *Cagouille* pourrait bien avoir tiré son nom des cagots.

Escorneboeuf (*canton de Gimant, arr^{t} d'Auch*).

Le Christian, hameau situé à 300 mètres de Saint-Germain et à 2 kilomètres au nord d'Escorneboeuf.

Fleurance (*chef-lieu de canton, arr^{t} de Lectoure*).

On voit dans cette commune, à 2 kilomètres de Sainte Radegonde, dont il dépendait jadis, un important hameau appelé *Les Capots*.

Gondrin (*canton de Montréal, arr^{t} de Condom*).

On voit encore au sud de Gondrin quelques maisons appelées *Crestias*.

Jegun (*chef-lieu de canton, arr^{t} d'Auch*).

Un quartier de cette ville porte encore le nom de *Capots*.

Ladevèze (*canton de Marciac, arr^{t} de Mirande*).

En 1661, au président d'Armagnac, dans une poursuite en déclaration de peines de Jean Domerc, bourgeois de Ladevèze, contre Jouanilhon Larroque et Pierre du Feaugua, charpentiers, ceux-ci se plaignent que par malveillance le demandeur les « auroist faict commectre sequestres sur certains fruits de vigne le mesme jour qu'on commençoit à vendanger. Or ils sont dispensés, estant cagots, et à cause de leur infirmité ils sont sequestrés de converser avec le restant du peuple, qu'ils ont un endroit à part dans l'église, « tant pour faire les prières que aussi pour estre baptisés et ensevelis et entrent par une autre porte; cella se justiffie d'une attestatoire faicte devant le juge de rivière-basse, communicquée à M. l'advocad du Roy ».

La partie adverse au contraire met en fait qu'ils conversent, mangent et vivent avec le reste du peuple, et qu'on ne fait aucune difficulté de les recevoir en toute compagnie. Cependant la cour présidiale fait droit à la réclamation desd. Larroque et du Feaugua, charpentiers, suivant les conclusions de l'advocat du Roi, et les décharge de la séquestration à eux commise. (*Archives du Gers.* B 140, f° 12, v° [1].)

Lannepax (*canton d'Eauze, arr^t de Condom*).

Il est vraisemblable que les cagots de cette commune habitaient le petit hameau connu de nos jours sous le nom de *Las Cristis*.

(*1584*) *Recepte de Lanepatz.*

De Pierre Bessaiguet et Oddet la Rotis, la somme de quarante-ung escus, à quoy monte pour l'année de ce compte l'afferme à eulx faicte par lesditz sieurs commissaires du domaine et revenu de Lanepatz, concistant en bailie, fiefs en ventes, ponts, emparance, des Capots, peage, four à ban, emparances des lieulx de Bascous, Labillette, Nolenx et Ramozenx, et autres esmolumens, en y comprenant les greffes civil et criminel de la court du juge ordinaire et criminel des bayle et consuls dudict Lanepatz, à raison de VI^xx. III, escus pour ledit trienne, ainsi qu'apert par ledit procès verbal, f° IIII^xx. III. verso, et le contract sur ce faict et retenu pas ledit Macary, le IX desdits moys et an. Cy rapporté pour cecy. . . . . X L I escus.

(*Extrait d'un compte de la recette générale d'Armagnac, de l'année 1583-1584. Archives des B.-P. Publié par Michel*, II, 322.)

Lanne-Soubiran (*canton de Nogaro, arr^t de Condom*).

Pierre Vignes, Charpentier, cagot de Lanne Soubiran est signataire d'une requête datée du 16 juillet 1700 (Voir P. J. N° 159).

La Sauvetat (*canton de Fleurance, arr^t de Lectoure.*

Les capots de cette ville s'appelaient tous Mortera nom qui leur est commun avec des familles capotes du Mas d'Aire.

Lavardenx (*canton de Jegun, arr^t d'Auch*).

Année 1584 — Recepte de Lavardenx.

De Jehan Dupuy escuier, Jehan Carrrère dit Jehan Costau, Pierre Gay, et Pierre Fisse, la somme de deux cens dix escus pour l'afferme à eulx faicte pour l'année de ce compte, par lesditz sieurs commissaires du domaine et revenu du dit Lavardenx, consistant en bailée, peages, greffes du juge de Fezensac tant civil que criminel, fiefs en ventes, questes de XX. sols sur chacun laboreur, VI. sols pour chacun artizan ou brassier, l'emparance des Capots, les

1. Signalé par Tierny, *Les Cagots au XVIIe siècle* (*Société archéologique du Gers*, 8 juin 1896).

condalazes, droicts de queste, de septain, et rente du moulin de Lafontan, fiefs du boys de la Sere, avec l'herbage et glandage du boys de Garnabasse et Lalane, à raison de VI^c XXX. escus pour ledit trienne, ainsi qu'apert par ledit procès-verbal, f° IIII^xx. XXII, et contract sur ce fait et retenu par ledit Macary, le XI desdits moys et an. Cy rapporté pour cecy... II^c. X. escus. *(Extrait d'un compte de la recette générale d'Armagnac, de l'année 1583-1584. — A. B.-P. Publié par Michel*, II, 322.)

Lectoure.

On sait d'une façon certaine qu'en 1560 il y avait des cagots à Lectoure et à Saint-Clar. Il est vraisemblable que ceux de Lectoure habitaient au hameau de *La Boëre*. Au XVIIe siècle les capots des deux villes susdites étaient unis au point de constituer un groupement très homogène, une seule corporation, dont le syndic était Barthélemy Barens. C'est ce dernier qui entama, au nom des charpentiers ses frères, un procès au sujet de violences et d'injures dont ils avaient été victimes vers 1579. Un procès du même genre entrepris en 1599, aboutit à un arrêt du Parlement de Toulouse (21 avril 1600) demandant un examen médical des charpentiers afin que fût donnée la preuve qu'ils étaient exempts de toute lèpre. Cet examen fut favorable aux plaignants; mais on ne leur accorda pas pour cela de jouir de la condition des autres hommes libres, car un arrêt du Parlement du 20 décembre 1602 demanda qu'il fût d'abord prouvé qu'ils n'étaient pas descendants des capots. L'affaire ne se termina qu'en 1627 à la satisfaction des charpentiers. (P. J. N°s 148 à 151.)

Lialores (*c^ne de Condom, arr^t de Lectoure*).

On voit auprès le Lialores une ferme du nom de *Capots*. C'est là qu'habitaient jadis les parias. Parmi ceux-ci nous ne connaissons que la famille Arboucan, famille de charpentiers vivant au début du XVIIIe siècle.

1706. — Laurent Arboucan et sa femme demandent des poursuites contre seize habitants de Condom qui avaient provoqué des troubles lors de l'enterrement de leur fille qu'ils voulaient faire au cimetière commun.

31 janvier 1710. — Arrêt du Parlement de Bordeaux en faveur des cagots de Lialores. La même année le procureur général décréta contre les habitants de Condom au sujet de troubles survenus lors de l'enterrement de Laurent Arboucan.

28 mai 1710. — Arrêt du Parlement en faveur des cagots de Lialores, Grazimis et Mezin, signifié le 1er juillet de la même année. (P. J. Nos 71, 72, 73 et 74.)

Mombert (*canton et arr[t] d'Auch*).

Le 7 août 1699 et le 12 avril 1703 les cagots de Mombert obtinrent du vicaire général d'Auch des sentences contre les marguilliers de leur paroisse qui sans doute s'opposaient à leur immixtion avec les autres fidèles. Mais ces ordonnances étant demeurées sans effet, Guillaume, Jean, autre et autre Jean, Dominique et Marc Delons ou Delom demandèrent par requête du 31 juillet 1703 de n'être plus distingués des autres fidèles en particulier en ce qui concerne les inhumations. Le Parlement renvoya l'affaire en jugement, le 20 août 1703, mais ordonna par provision la suppression de toutes les distinctions dont se plaignaient les cagots, disant que dorénavant ils prendraient l'eau dans le bénitier commun, le pain bénit dans la même corbeille, et seraient admis aux même honneurs, charges et confréries que les autres habitants. (P. J. Nos 158 et 160.)

Une requête présentée le 7 août 1745 au procureur général nous fait connaître les familles réputées capotes à cette date ; les signataires sont : Martin Delhon, Blaise Lacoste, Guiraud Mathéra, Antoine Delhon, Joseph Delhon, autre Joseph fils de Bernard Delhon, et autre Joseph fils de Guillaume Dehon. Cette requête provoqua l'arrêt du Parlement de Toulouse du 11 août 1745, favorable aux cagots. (P. J. N° 161.)

On lit dans Michel : « On signale comme leurs descendants (des capots) les habitants d'un hameau, communément appelé le *Pouchot*, et qu'autrefois on nommait aussi le *hameau des Capots*[1]. Il existe encore à l'église de Mombert, sous le clocher, un monument qui témoigne de la condition de ces malheureux dans cette commune : c'est une balustrade où le prêtre leur donnait la communion, après les autres fidèles, dont il était obligé de traverser la foule pour arriver aux Capots. » (T. I, p. 144).

Pessan (*canton d'Auch-Sud*).

Il y avait dans cette paroisse des *Capots* qui ont eu souvent des contestations avec les autres paroissiens, au sujet du pain

1. Cette information est partiellement erronée. Le Pouchot n'est de nos jours qu'une partie du hameau nommé *Cabos*, nom qui lui vient par corruption du mot *Capots*.

bénit et de l'eau bénite, et de quelques cérémonies et fonctions ecclésiastiques pour lesquelles ils étaient séparés des autres fidèles; « mais à présent il n'y a de différence que pour le cimetière qu'ils ont à part » (*Dom Brugèles : Chroniques...* p. 319).

Plaisance (*chef-lieu de canton, arr*[t] *de Mirande*).

Le quartier des capots de Plaisance, était réuni à la ville par un pont appelé *Pont des Capots*. Vers 1843 on découvrit au cours du nivellement d'une prairie voisine des voûtes en briques appuyées sur un mur et contenant un grand nombre d'ossements qui furent considérés comme étant ceux des cagots de Plaisance. (*Vincent : feuilleton de l'Opinion, journal constitutionnel du Gers, du mardi 11 avril 1843*.)

Préneron (*canton de Vic-Fezensac, arr*[t] *d'Auch*).

A environ 1 kilomètre et demi du nord-ouest du village, s'élève un hameau appelé *Aus Capots* ou simplement *Capots*.

Sabazan (*canton d'Aignan, arr*[t] *de Mirande*).

En 1700 les capots de Sabazan étaient tous charpentiers. Parmi ceux-ci Jean Devic, Pierre Geune, Jean Darrieu, Jean Sengey, et autre Jean Darrieu, figurent parmi les signataires de la requête faite le 16 juillet 1700. (P. J. N° 159.)

Saint-Antonin (*canton de Mauvezin, arr*[t] *de Lectoure*).

On lit dans la Charte des coutumes de Saint-Antoine-de-Pont-d'Arratz[1], conservée aux Archives de la Haute-Garonne, et datée du 30 novembre 1493, au chapitre des Communaux, que les habitants jouiront en commun des lieux limités par ... « et per la font ab la terra de Marc deu Sorbe aperat lo càmp deu Crestian... »

Saint-Christau (*canton et arr*[t] *d'Auch*).

Il est probable que Saint-Christau n'a pas eu ses cagots, mais la chapelle de Saint-Christophe qui s'y élevait semble avoir été fréquentée par les cagots et les lépreux. Nous renvoyons à ce sujet le lecteur aux pages que nous avons écrites sur les *christailles* (p. 37-38).

Sainte-Christie (*canton de Nogaro, arr*[t] *de Condom*).

A 500 mètres au nord du village se voient quelques mai-

1. Publiée par Ch. Cordouin dans la *Revue de Gascogne*, 1895, t. XXXVI, p. 339-354. Le passage cité se lit p. 346.

sons du nom de *Chrestias*. C'est là qu'habitaient les cagots. Parmi ceux-ci on ne connaît guère qu'Antoine Darrieu, qui le 16 juillet 1700 signait la requête que l'on sait, de concert avec les capots des communes voisines.

Saint-Clar (*chef-lieu de canton, arr*[t] *de Lectoure*).

Les capots de Saint-Clar formaient avec ceux de Lectoure une seule corporation ayant son syndic dès 1560. Ils prirent part à divers procès qui aboutirent à leur libération en 1627. (Voir pour les détails au mot LECTOURE.)

Saint-Puy (*canton de Valence, arr*[t] *de Condom*).

On y voit au sud de la ville, la maison *Chrestian*.

Valence (*chef-lieu de canton, arr*[t] *de Condom*).

Les capots habitaient un faubourg situé au nord de Valence, faubourg qui porte encore leur nom. *La Magdeleine*, contiguë à ce quartier était peut-être aussi habitée par les capots, à moins qu'une chapelle à leur usage ne s'y élevât.

Vic-Fezensac (*chef-lieu de canton, arr*[t] *d'Auch*).

Une chapelle « détruite plus tard (que la première révolution) et dédiée à sainte Quitterie, s'élevait dans le quartier des Capots. La croix, dite des Capucins marque aujourd'hui son emplacement » (*J.-J. Monlézun*)[1].

Le quartier des capots est à 400 mètres au couchant de la ville. Il y a aussi une fontaine *deus Capots*.

(1583-1584) Recepte de Vic.

De Me Dominique de Lais, et Oddet Lebe, la somme de vingt écus sol, à quoy monte pour l'année de ce compte l'afferme à eulx faicte du droit de guisoatge, concistant en vente ou eschange de chevaulx, droictz de mazet, emparance des Capots les fiefs d'argent, avec les loz et vente, le peage que ledit sieur roy de Navarre a accostumé prendre en ladite ville de Vic et sa jurisdiction, et droictz, de portage, suyvant l'instrument d'afferme rapporté sur le compte précédent. Pour cecy. . . . . XX, escus.

(Extrait d'un compte de la recette générale d'Armagnac pour les années 1583-1584. — A. B.-P. — Publié par Michel, I, 322.)

*
* *

On lira ci-dessous les noms d'un certain nombre de termes,

1. *Annuaire du Département du Gers pour l'année 1857, p. V.* Histoire de la Ville de Vic-Fezensac par J.-J. Monlezun.

hameaux, écarts, qui ont vraisemblablement un rapport avec les capots.

Cascarrot, moulin, c^ne^ de Peyrusse-Grande.
Caoué, h. situé à 1 km. à l'est de Lannepax.
Caoué, f. isolée; à 7 km. à l'est de Manciet.
Caoueh, m. à 1 km. à l'ouest de Bouzon.
Caouet, f. à 3 km. au sud-est de Saint-Mont.
Caouoit, f. à 4 km. à l'est de Panjas.
Caouot, éc. à 1 km. au nord de Saint-Martin.
Capet, maisons, à 3 km. au sud de Riscle.
Charpentier, fg au nord du Mas-d'Auvignon.
Charpentier, m. 1 km. au sud-est de Morines.
Charpentier, h., c^ne^ de Panjas.
Au Claoué, h., c^ne^ de Cezan.
Claoué, h., c^ne^ de Gazaupouy.
Claoué, f. à 1 km. au nord-est de Lamontjoie.
La Gabache, 2 km. au sud de Laymont.
Gabet, maison, c^ne^ de Belloc-Saint-Claviens.
Gamache, maisons à 1 km. au nord d'Urgosse.
Gaouach, h., c^ne^ de Puylebon.
Gaouach, h., c^ne^ de Sainte-Marie.
Gaouachs, 1 km. 1/2 au sud-est de Roquepine.
Gaouère, f. à 6 km. au sud-ouest d'Auch.
Gavach, h. à 1 km. au nord de l'Espagno, c^ne^ de Fleurance.
Gavach, f. à 1 km. 1/2 au sud d'Aubiet.
Le Gavach, h., c^ne^ de Mirepoix.
Gavach, f., 3 km. à l'est de Barcelonne-du-Gers.
Aux Gavachs, h., c^ne^ de Lectoure.
La Gavache, h., c^ne^ de Gavarret.
Les Gavachis, h., c^ne^ de Saint-Antonin.
Gavachon, h., c^ne^ de Castelnau-d'Arbieu.
Gavachon, h., c^ne^ de Lectoure.
Gavachon, maison, c^ne^ de Leboulin.
Gavachous, h., c^ne^ de Sarrant.
Gavatch, f. à 2 km. 1/2 de Pergain-Taillac.

V. — DÉPARTEMENT DE LA GIRONDE

Auros (*chef-lieu de canton, arr^t^ de Bazas*).

Michel écrit qu'à Auros, « il y avait sept ou huit familles de Gahets, qui exerçaient tous le métier de charpentier; elles vivaient séparées des autres habitants, dans trois hameaux contigus, dont deux portent encore aujourd'hui les noms de

Labaste et *Montalieu*, qui sont ceux de deux de ces familles, tandis que le troisième est connu sous la désignation de *Gahets* ». Plusieurs branches de ces familles sont éteintes à Auros, d'autres se sont répandues en particulier à Savignac[1] et Saint-Pardon[2].

« Ceux d'Auros n'ont jamais eu de petite porte particulière à l'église de leur paroisse, dont un coin leur était réservé, avec un bénitier qui a été détruit. Certains vieillards prétendent que les Gahets y prenaient de l'eau bénite avec un bâton » (T. I, p. 159).

Bazas (*chef-lieu d'arrondissement*).

Du temps de Michel, une femme habitant Bazas était encore connue sous le nom de *la Gahère*.

Jadis la plupart des gahets de cette commune habitaient au hameau de Saint-Michel; les familles de Clavet et de Mussos étaient du nombre.

30 mars 1641. — Dans une requête de Jean de Clavet, de Saint-Michel, au juge de Langon, on lit : « qu'il lui est besoin et nécessaire d'attester comme quoi Jean de Mussos, qui se tient près la ville de Bazas, est fils de Jehan de Mussos, du présent lieu, et qu'on tient ledit Jean de Mussos et toute sa famille en la présente ville, comme gahets et séparés des autres personnes, soit en leur habitation, soit à l'église, et qu'ils ne se mêlent point parmi le peuple, et qu'ils ont leur place, tant eux que les autres de leur nature, au devant de la porte de ladite église, sans qu'ils ne puissent avancer plus avant; ni ne vont jamais à l'offrande que séparément, ni ne prennent jamais le pain bénit que comme on leur baille, ni ne vont à la communion qu'avec les gens de leur condition... Ce qui fut attesté.

« Et même lesdits ss. Joué Lafon et Castelnau ont déclaré avoir vu Mussos fils aller au collège de la présente ville, et que ledit Mussos avait sa place séparée à sept ou huit pas des autres écoliers. » (*Pièce du cabinet de M. Lafargue, ancien notaire à Langon.*) (M., I, 160.)

Bordeaux.

Nous avons à plusieurs reprises, au cours de cet ouvrage, parlé des Gahets de Bordeaux; aussi nous contenterons-nous

1. Canton d'Auros.
2. Canton de Langon.

ici de donner à leur sujet quelques renseignements complémentaires.

C'est au XIIIe siècle qu'aurait été fondé l'enclos des Gahets. Il était situé autour de l'église Saint-Nicolas de Graves ou des Gahets. Cet enclos devint bientôt un petit hameau. Il était situé au sud de la ville. Il figure sous le nom de *fauxbourg des Gahets* dans un plan de Bordeaux, dressé vers 1675, et conservé aux archives municipales de cette ville. Dans un autre plan intitulé « Bordeaux vers 1450 »[1], dressé en 1874 par Léo Drouyn, plan fortement inspiré du précédent, on voit figurer un vaste bâtiment à côté duquel l'auteur a écrit : *Hospitau·deus Gahets*; *Gleysa Saint-Nicolas*. Cette représentation figure au point même où sur la carte de 1675 on voit : *la paroisse des Gahets*. Cette paroisse était exactement située au point actuel de jonction de la route de Bayonne (jadis chemin Saint-Julien) et de la rue Millère (jadis chemin Saint-Nicolas).

Au XIVe siècle il existait, à Saint-Nicolas de Graves, une confrérie dite de Saint-Vincent, dont les statuts furent rédigés en 1397[2]. On ignore si les cagots y pouvaient entrer.

On sait aussi que les évêques de Bordeaux ne négligeaient pas, au cours de leurs visites pastorales, de visiter cette paroisse[3]. Rappelons enfin que Venuti écrit que de son temps (1754) il y avait encore des Gahets à Bordeaux, tandis qu'en 1784, au dire de Baurein, il n'y en avait plus. Le quartier des Gahets appartint à l'hôpital Saint-Léonard jusqu'en 1830.

Cadillac-sur-Garonne (*chef-lieu de canton, arr[t] de Bordeaux*).

Delcros a trop bien établi l'histoire des cagots de cette ville pour que nous osions la reprendre après lui. Voici ce qu'il écrit à ce sujet.

1. *Bordeaux vers 1450*, plan dressé par Leo Drouyn, pour l'intelligence des documents imprimés par la commission de Publication des Archives municipales de Bordeaux. 1874.
2. Archives diocésaines de la Gironde. G 670.
3. Voir en particulier : Arch. de Gironde, G 640[7].

« Cadillac, pour la ville et sa juridiction, peut-être pour tout le comté de Bénauge, eut la léproserie des capots, située au lieu qui porte toujours leur nom[1]. Au nord de la ville, à quelques mètres des murs d'enceinte du parc du château, coule le ruisseau de l'Heuille, dans un quartier bas, humide et d'un aspect tout à fait triste; on y arrive de Cadillac par un chemin nouvellement réparé, mais auparavant profond, raviné, rocailleux, praticable seulement aux piétons ingambes, et que dans notre enfance nous avons entendu appeler *Chemin du Diable* ou *de l'Enfer*. A l'extrémité de ce chemin, sur le ruisseau de l'Heuille, était établi un pont en pierre, à deux arches à plein cintre, reposant sur des massifs de maçonnerie, en pierre de taille, qui forment en amont et en aval un endiguement pour résister au courant du ruisseau... [Ce pont aujourd'hui en ruine]... communique à la commune de Béguey, qui faisait partie de l'ancienne juridiction de Cadillac, au point où se trouve un petit village situé au bord de l'Heuille. Ce village, composé de douze à quinze pauvres maisons, est celui des *Capots*... Plusieurs restes de fondations trouvés à Cadillac, dans le domaine de Basse-Combe, font présumer que la résidence des Capots s'étendait sur le territoire des deux paroisses, et que le double pont leur servait de communication. »

Dans la juridiction de Cadillac s'élevaient au début du XIVe siècle un certain nombre de cagoteries. On sait qu'Asahilde de Bordeaux, dans un testament du 3 avril 1328 laissait dix livres à toutes les maisons des gaffets de l'honneur de Castillon. Delcros rappelle ce fait et parle aussi de la disparition de la léproserie des capots à laquelle les capots survécurent. « Les biens affectés à l'entretien de cette léproserie durent être réunis à l'hôpital de Saint Léonard, comme le constatent plusieurs actes et donations de propriétés qui lui payaient des rentes; et ces propriétés, pour la plupart, sont situées dans le primitif quartier des Capots. » C'est à ce même hôpital Saint-Léonard qu'appartint jusqu'en 1830 le domaine des Gahets à Bordeaux.

« A droite du portail de l'église Saint-Blaise de Cadillac, dans l'angle formé par le premier contrefort, paraît encore la place d'un bénitier en pierre, démoli ou brisé... Ce bénitier, placé à l'extérieur de l'église, était celui des Capots. »

« Au mur du midi de la même église, entre le deuxième et le troisième contrefort, paraît, toujours à l'extérieur, une petite porte à ogive, haute de deux mètres, par où l'on entrait dans la nef, dans un emplacement réservé, situé derrière le mur du jubé, maintenant démoli, au point actuellement occupé par l'autel de Saint-Jean. Cette porte, qui est aujourd'hui murée, était celle des Capots. »

1. Le hameau *Les Capots* existe encore de nos jours.

Camparrian (*c*^ne *de Canéjan, canton de Pessac, arr*^t *de Bordeaux*).

Près de Camparrian, paroisse de Saint-Vincent de Canejan, Baurein dit, sur la foi d'un titre du 14 mars 1488, qu'il existait un lieu appelé *les Gahets* ou *les Gaffets* [1].

Carbon-Blanc (*chef-lieu de canton, arr*^t *de Bordeaux*).

On voit à peu de distance de cette ville, sur la route de Bordeaux, un ruisseau appelé *le ruisseau des Ladres*, où les Gahets allaient puiser leur eau. Ce ruisseau délimitait une région que ces malheureux ne pouvaient franchir. De l'autre côté de la ville, la limite était fixée au lieu appelé *Pas des Gahets*. Rappelons qu'à Carbon-Blanc il y avait une léproserie; il est vraisemblable que Gahets et Lépreux ne constituaient ici qu'une seule colonie, ayant son hôpital (la léproserie), sa chapelle, et son cimetière, dont quelques pierres tumulaires sont encore conservées.

Castelnau-de-Médoc (*chef-lieu de canton, arr*^t *de Bordeaux*).

2 avril 1328. — Asahilde de Bordeaux lègue à chaque maison des gahets de la juridiction de Castillon de Médoc (*id est* Castelnau), 10 livres. (*V.* P. J. N° 35.)

Cazats (*canton et arr*^t *de Bazas*).

On voit encore dans cette commune une ferme du nom de *Chrestian*.

Langon (*chef-lieu de canton, arr*^t *de Bazas*).

A Langon il y avait un lieu appelé indifféremment *des Gahets*, *Christians* ou *Chrétiens*; on y voit aussi un petit hameau du nom de *La Gahère*. « En 1711, Étienne de Jaas, écuyer, habitant de Savignac, se qualifiait seigneur de la maison noble de Chrestians ou Crestians [2] », ce qui s'explique vraisemblablement par l'acquision faite par ce seigneur ou ses ancêtres de biens ayant appartenu à des cagots.

1604. — Dans l'État des maisons de Langon on lit : « Hoir de Barre dit Chrestian ». (*Archives de Langon*, f° 3, v°.)

1. *Baurein*, éd. 1876, t. II, p. 364.
2. *Michel*, t. I, p. 162.

La Réole (*chef-lieu d'arrondissement*).

Il existait à La Réole une très importante léproserie.

Jean de Plas, évêque de Bazas, accorde des indulgences aux personnes qui portent secours aux lépreux de La Réole (*Arch. histor. de la Gironde*, I 316).

Lavazan (*canton de Grignols, arr*[t] *de Bazas*).

On voit encore dans cette commune une maison isolée dite du *Gahet*.

Le Nizan (*canton et arr*[t] *de Bazas*).

Les habitants de cette commune étaient encore appelés *gahets*, dans la première moitié du XIXe siècle, par ceux des communes voisines (M., I, 158).

Lignan (*canton et arr*[t] *de Bazas*).

Les gahets de cette commune avaient à l'église une place à part, un bénitier et une porte distincts. Un hameau y porta longtemps le nom de *Lou Gaheraou*; aujourd'hui il s'appelle *Gahère*. Les Labaste étaient gahets de Lignan.

Mérignac (*canton de Pessac, arr*[t] *de Bordeaux*).

D'après un titre du 11 novembre 1562, Baurein dit qu'il y avait dans cette paroisse un lieu appelé au Gahet (*Baurein*, éd. 1876, t. I, p. 411).

Monségur (*chef-lieu de canton, arr*[t] *de La Réole*).

Michel rapporte un acte daté de 1296, concernant les lépreux de Monségur. Ces lépreux paraissent devoir être confondus avec les cagots, car ils sont astreints à servir en cas de guerre, et à faire office de journaliers et messagers; ces fonctions n'étaient pas compatibles avec l'état des grands lépreux (*V.* P. J. N° 5).

Pauillac (*chef-lieu de canton, arr*[t] *de Lesparre*).

Cette commune était sans doute très riche en gahets. Ils ont laissé leur nom à plusieurs lieux de la ville : le *Pont du Gaët*, le *Chenal du Gahet*, le *Feu du Gahet*, *Estey du Gaët*.

Préchacq (*canton de Villandrault, arr*[t] *de Bazas*).

Il y avait encore dans cette commune, du temps de Michel, une famille Courrèges, réputée gahère.

Rions (*canton de Cadillac, arr*[t] *de Bordeaux*).

6 juillet 1656. — Ordonanse deu juge de Rions, quy defant au Capots de se meler dans l'église aveqe les autre fideles. — F. 63.

Ordonnons, conformemant audict arrect, que tant ledict Matamate que autres Capot, porteront la cuire rouge comme les Giesestes ont acoustumé de fere, se retireront et logeront ez lieux destinés à ceux de leur quallité, pour estre recogneux. Leur fesons inhibision et deffance de se meller dans l'eglise parmi le plupe; demureront sous le ballet, s'il en y a, sinon à la porte de l'eglise, à pene de trois ceans livres; et aux secretains d'avoir, après le ordinaire du trepasement de sonner la chanteplure pour lesdict Capot. Comme aussi fesons inhibissions et deffance aux hostes et cabaretiers, tant de la presante ville que parroisse de la presante juridicions, de donner aucune sorte de vivres auxdit Capot dans leur maison; ains leur serviront au dehors et au devant leurdictes maisons à penne de ceans livres. Et en cas de consecusions, permis aux sieur procureur d'offise d'ens informer. — Ainsi signé MASQUERE, juge.

Prononcé a esté la presente sentance à Rions en jugemant extraordinairement au parquet et auditoire de la ville et jurisdicions dudict Rions, par nous Pierre Masquere, advocat en la cour du parlement de Bordeaux, et juge de ladicte ville et jurisdicions, en presance dudit sieur procureur d'office et absance dudit defandeur et de Duluc, leur procureur, le sixièsme jour de yeuillect mil six cens cinquante six. Ainsi signé BERTRANT, greffier. DARRIET, procureur d'office de monseigneur le duc d'Espernon, qui a la cede et l'original entre ses mains.

Saint-Loubès (*canton de Carbon-Blanc, arr^t de Bordeaux*).

« Sçavoir est une pièce de vigne située dans la paroisse de Saint-Loubès, lieu appelé cy-devant et encore à présent aux Graves du Gahet dans ladite paroisse Saint-Loubès, confrontant du cotté du levant à la vigne du Sr Jean Chevalier où yl y avait cy-devant fossé et haye entre deux, appelé aussy les Graves du Gahet du fief dudit seigneur. » (*Contrat entre Vincent Roux, tisserand, et François de Pontac. Pièce du cabinet de Fr. Michel, publiée par cet auteur*, loc. cit. *T. I, p. 166, en note.*)

Saint-Macaire (*chef-lieu de canton, arr[t] de La Réole*).

A la porte de la ville, près de l'église du Pian, s'élève une croix dite *La Croutz dous Gahetz.* La commune était jadis très riche en gahets.

Saint-Michel-de-la-Prade (*commune, canton et arr*^t *de Bazas*).

Hameau jadis très riche en cagots. Les cagots de Bazas et de Saint-Michel ne faisaient en réalité qu'un seul groupe (*V.* BAZAS).

Sauveterre (*chef-lieu de canton, arr*^t *de La Réole*).

On sait qu'au XIVe siècle, une léproserie ou cagoterie s'élevait à Sauveterre. Un acte du 13 juillet 1320 nous apprend que cet établissement avait été incendié à cette époque par les Pastoureaux. On remarquera que cet incendie coïncide avec la persécution exercée contre les lépreux et les juifs soupçonnés d'avoir en 1320 empoisonné les sources du royaume (*V.* P. J. N° 10).

Vensac (*canton de Saint-Vivien, arr*^t *de Lesparre*).

Un des principaux villages dépendant de la paroisse de Saint-Pierre, de Vensac, s'appelait autrefois *Les Gahets* (*Baurein*, éd. 1876, t. I, p. 246).

Villandrault (*chef-lieu de canton, arr*^t *de Bazas*).

On voit dans cette commune une maison appelée *La Madeleine*; elle s'élève, croit-on, sur l'emplacement de l'ancienne léproserie.

VI. — DÉPARTEMENT DE LA HAUTE-GARONNE

Aurignac (*chef-lieu de canton, arr*^t *de Saint-Gaudens*).

Jadis les cagots d'Aurignac étaient appelés *Capins*. Il en était de même dans plusieurs communes voisines.

Bellegarde (*canton de Cadours, arr*^t *de Toulouse*).

A 3 kilomètres à l'ouest de cette ville, on voit encore la maison *Chrestian*.

Gourdan (*canton de Barbazan, arr*^t *de Saint-Gaudens*).

On appelait les cagots de Gourdan du nom de *cagots* et de *trangots* (étrangers). Michel rapporte que les anciens de son temps ajoutaient encore à la fin de leur prière : « Deu te préserve de la man de Trangot, et del diné (argent) det Cagot ».

1704. — Le 17 septembre 1704 est né Bertrand Luent, fils de Pierre Luent et de Jeanne Verdier, de la race des trangots de la paroisse de Gourdan, etc. (*Registres de la commune de Gourdan.*) (M., I, 77.)

Montrejeau (*chef-lieu de canton, arr*[t] *de Saint-Gaudens*).

Michel dit que de son temps il y avait encore à Montrejeau une famille de cagots charpentiers. On les appelait parfois du sobriquet de courte-oreille (I, 77). Ils habitaient un quartier situé à 200 mètres de la ville, et à l'église se tenaient derrière un bénitier réservé à leur usage exclusif.

Saint-Béat (*chef-lieu de canton, arr*[t] *de Saint-Gaudens*).

La ruelle *ech gouté des cagots*, surtout habitée par des charpentiers, aurait été le quartier des cagots de Saint-Béat. Une porte fermait cette rue du côté de la ville. Il paraît que ce quartier pullulait de crétins, de goitreux et d'idiots.

Saint-Bertrand (*canton de Barbazan, arr*[t] *de Saint-Gaudens*).

A l'église les cagots pénétraient par une porte spéciale aujourd'hui murée. Au cimetière ils avaient un coin séparé. A l'extérieur de l'église, auprès de leur porte, il y avait un bénitier, qui semble n'avoir été qu'un fragment de sculpture utilisé à cet effet. La porte des cagots donnait dans une petite chapelle pouvant contenir quarante personnes, depuis transformée en sacristie.

Saint-Gaudens (*chef-lieu d'arrondissement*).

Pendant longtemps il y eut à Saint-Gaudens, une *rue des Capins*. On croyait ceux-ci venus de Tarbes; ils entraient à l'église par une petite porte, et dans l'édifice étaient séparés des autres fidèles par une barricade; on leur donnait l'eau bénite au bout d'un bâton que l'on plongeait dans un bénitier spécial qui existait encore au XIXe siècle. Lors de la réhabilitation des capins, Michel dit qu'il y eut une pompeuse cérémonie, et qu'ils furent reçus processionnellement par le grand vicaire à la principale porte de l'église (M., I, 74).

Toulouse.

Il semble qu'il n'y ait jamais eu de cagots à Toulouse; cependant en dehors des léproseries de cette ville dont nous avons longuement traité plus haut, il convient de signaler le quartier des lépreux, qui s'appelle encore de nos jours *la maladie, la malautio*, dont malheureusement on ne sait presque rien et qui peut être plus ou moins assimilé à un quartier de lépreux libres. (Cf. au chapitre des *Léproseries du Sud-Ouest.*)

BIBLIOGRAPHIE

Nous croyons avoir signalé dans cette bibliographie la plupart des auteurs qui ont parlé des cagots du Sud-Ouest. Plusieurs ne consacrent à ce sujet que quelques lignes ; d'autres ont écrit de véritables monographies, ou des chapitres dont l'importance est considérable ; aussi pour que le lecteur désireux d'être renseigné puisse aisément démêler ceux des auteurs dont l'œuvre mérite d'être lue, avons-nous marqué ceux-ci d'un astérique. Nous faisons suivre la liste des imprimés, d'une courte liste d'ouvrages manuscrits ; pour l'un de ces derniers, vu la difficulté qu'on peut avoir à le consulter, nous avons extrait les lignes concernant les cagots ; on les lira dans l'ouvrage dans l'appendice aux pièces justificatives.

Parmi les ouvrages qui figurent ici, nous avons parcouru tous ceux qui se trouvent à la Bibliothèque nationale ; nous ne faisons de réserve que pour les rares volumes que nous n'y avons pas découverts.

ABADIE (FR.). Le Livre Noir, et les Établissements de Dax. *Bordeaux. Fiérel*, 1902, p. 89 et 509-516. — ADER (GUILLELMI), Medici, enarrationes de ægrotis et morbis in Evangelio-opus in miraculorum Christi Domini amplitudinem. Ecclesiæ Christianæ elimatum. *Tolosæ. Apud Dominicum et Petrum Bosc.* M.DC.XXI, in-8°, p. 290. — *ANGER (D.). Les Proscrits. *Rennes*, 1904. — ASFELD (L.-T. D'). Chronique du Béarn... *Paris, Comptoir des impr. réunis* (1847-1849), 2 vol. in-8°. — AUZOUY. Les crétins et les Cagots des Pyrénées. *Paris. Martinet*, 1867, in-8° (Extrait des *Annales médico-psychologiques, 4e série, t. IX, janvier 1867, p. 1-31*). — AVEZAC (D'-MACAYA). Essais historiques sur le Bigorre, accompagnés de remarques critiques, de pièces justificatives, de notices chronologiques, etc. *Bagnères. Dossun.* 1823, in-8°. — AZKUE (DE). Diccionario Vasco-español-francès, por el presbitero Resurreccion Maria de Azkue. *Bilbao. Chez l'auteur.* 1905 (au mot Agot p. 13).

BADÉ. Note sur les bohémiens des B.-P. *L'Observateur des Pyrénées*, 1841. Nos 228-229. — DU MÊME. Le Cagot. Nouvelle Béarnaise : *L'Observateur des Pyrénées*, 1840. Nos 92 et sq. — BAIOLE (R. P. JEAN — S. J.). Histoire Sacrée de l'Aquitaine, contenant l'estat du christianisme depuis la publication de l'Évangile jusqu'à nous. *A Caors, par Jean d'Alvy.* M.DC.XLIV. In-4°. C.IV. § VI, p. 26. — BALASQUE (J. — et DULAURENS). Études historiques sur la ville de Bayonne. *Bayonne. E. Lasserre*, 1862-1875, 3 vol. in-8°, t. II, p. 219. — BARCKHAUSEN. Livre des Coutumes de Bordeaux. Établissements de la ville de Bordeaux. *Bordeaux. Gounouilhou*, 1890, in-4°, p. 687. — BARTHETY. L'Hopital et la Maladrerie de Lescar. *Bull. de la Soc. des lettres, sciences et arts de Pau*; 2e série, t. IX, 1879-1880, p. 7. — BARTRO (J.-M.). Histoire ou Annales de Capbreton, et partie de celles de Bayonne. *Bayonne. Lameignères* (1842), in-8°, p. 96-97. — BAS (PH. LE). Voir *Le Bas*. — BASCLE DE LAGRÈZE (Voir Lagrèze). — BATCAVE (LOUIS). Le Piquehou. *Reclams de Biarn e Gascougne*. 1er janvier 1901, p. 13. — BAUREIN (L'ABBÉ). Variétés Bordeloises, ou Essai historique et critique sur la topographie ancienne et moderne du Diocèse de Bordeaux. *Bordeaux. Labottière*. M.DCC.LXXXIV. 2 vol. in-8°, t. I, p. 257-267, etc. — DU MÊME. *Idem*. Édition GEORGES MERAN et MARQUIS CASTELNAU D'ESSENAULT. *Bordeaux. Fiéret et fils*, 1876, 4 vol. in-8°, t. II, p. 64, 168, 240, 246, 411 ; t. I, p. 276, 364. — [BAYLAC]. Nouvelle chronique de la ville de Bayonne, par un Bayonnais. *Bayonne. Duhart-Fauvet*, 1828, in-8°, p. 242. — BEAUGRAND. Art. : Leucé. *Dict. Dechambre*, 2e série, t. II, p. 221. — BELLEFOREST (FRANÇOIS DE). La Cosmographie universelle de tout le monde... auteur en partie Munster. mais beaucoup plus augmentée, ornée, et enrichie par François de Belle-Forest... *A Paris chez Nicolas Chesnau*. M.D.LXXV, in-f°, p. 337. — BERNARDAU. *L'Indicateur*, 11 sept. 1841, *Bordeaux* (feuilleton signé : Le Viographe). — BERNARDAU. Tableau de Bordeaux ou description historique et pittoresque des choses remarquables en tout genre que renferme cette ville. *Bordeaux. Brossier*, 1810, in-12, p. 64-66. — BERNARDON (CH.). Note sur les Agots de Biarritz. *Archives historiques de la Gironde*, t. XIX, p. 282-283. — BERTRAND. Voyage aux eaux des Pyrénées. *Clermont-Ferrand, Thibaud Landriot*, 1838, in-8°, ch. XII, p. 317-335. — BOSQUET (FRANÇOIS). Innocentii tertii pontificis maximi Epistolarum Libri quatuor regestorum XIII-XIV-XV-XVI. Ex M. S. Bibliothecæ Collegij Fuxensis Tolosæ. Nunc primum edunt Sodales, eiusdem Collegij, et Notis illustrat Franciscus Bosquetus Narbonensis dictus, cum duplice indice..., etc. *Tolosæ Tectosagum, Apud societatem Tolosanam*. M.DC.XXXV. Francisci Bosqueti, Narbonensis, J.V.D. in epistolas Innocentii tertii Pontificis. Max. Notæ. Ad Epistolam L, p. 35-36. — BOTERO BENESE (GIOVANNI). Le relationi universali di Giovanni Botero Benese.... *In Venetia. Apresso Giorgio Angelieri*. M.D.XCIX, in-4°. Pars I, lib. I, p. 21. — BOUCHARD (Dr). *Comptes rendus de la 21e session de l'Association pour l'avancement des sciences à Pau*, 1892. *Paris. Masson*. 1re partie, p. 243. — BOUCHET (GUILLAUME). Troisième Livre de Serées de Guillaume Bouchet Sieur de Brocourt, *à Paris, chez Adrian Perier*. M.D.XCVIII, in-12, 36e Serée : Des Ladres et Meseaux. — DU MÊME. Les Serées de Guillaume Bouchet en trois livres, *Lyon. Rigaud*. M.DC. XV, 36e Serée. Des Ladres et Meseaux. — BOUILLET (M. N.). Dictionnaire universel d'histoire et de géographie. *Paris. Hachette*, 1841, in-8°, p. 288. — BOUREAU-DESLANDES. De quelques particularités peu connues du païs de Labourd (*Recueil de différents traités de physique et d'histoire naturelle. 2e édition*). *Paris. Quillaud*, 1748-1753, 3 vol. in-12, t. II, p. 113. — BRASSAC. Art. Éléphantiasis. *Dict. Dechambre*. 1re série. t. XXXIII, p. 417. — BROUSSONET (J.-L. VICTOR). Tableau élémentaire de la semiotique, ou de connaissance des signes de la maladie. *Montpellier. Tournel père et fils*. An VI. In-12. — BRUGELES. (DOM LOUIS CLÉMENT DE). Chroniques ecclésiastiques du Diocèse d'Auch.... *Toulouse. J. P. Robert*. M.DCC.XLVI. 1 vol. in-4°. Troisième partie, p. 375 et 379-8. — BULLET. Mémoires sur la langue celtique. *Besançon. Daclin*. MDCC.LIV-LIX, 3 vol. in-f°. (Aux mots Cacodd, Cacosi, Cacous.) — DU MÊME. Dissertation sur la mythologie Françoise. *Paris. Moutard*. M.DCC.LXX. (Dissertation sur la Reine Pédauque, p. 62-63.)

CADIER (A.). Osse. Histoire de l'Église Réformée de la Vallée d'Aspe, in-8°, 1892. *Paris. Grossart*, p. 73. — CADIER (L.). Gde Encyclopédie : Art. Cagot. — CALLEN (L'ABBÉ) (Voir Lopes [Hierosme]). — CARBONNIÈRES (Voir Ramond de —). — CASTELNAU D'ESSENAULT (Voir Baurein). — CAZAURAN (L'ABBÉ). Saint-Christophe, son culte dans le diocèse d'Auch et particulièrement au château de Saint-Christau. *La semaine religieuse du Diocèse d'Auch*, XXIIIe année, 1894-1895, p. 234-238. *Auch. Imp. Le Cocharaux.* — * CAZENAVE DE LA ROCHE. Coup d'œil sur l'ethnologie et l'anthropologie des Cagots des Pyrénées. *Bull. de la Soc. des sciences de Pau*, 2e série, t. III, 1873-74, p. 209-223. — * [CHAUDON] C. (L.-M.). De la lèpre et des Cagots. *Annales cliniques de Montpellier*, 1815, t. XXXVII., p. 87-91. — CHAUDON (L'ABBÉ). (Extrait de l'Essai historique sur le Mezin, par M. l'abbé C..., auteur du Nouveau dictionnaire historique.) De la lèpre et des Cagots ou Capots. *Bulletin polymatique du Museum d'instruction publique de Bordeaux*, t. XIII. Année 1815. *Bordeaux. Brossier*, 1815, in-8°, p. 131-136. — CHAULIAC (GUY DE). La Grande Chirurgie. *Édit. E. Nicaise. Paris. Alcan*, 1890, p. 406. — CHAUSENQUE. Les Pyrénées, ou voyages pédestres dans toutes les régions de ces montagnes depuis l'Océan jusqu'à la Méditerranée. *Paris. Lecointe et Pougin*, 1834, 2 vol. in-8°, t. I, p. 145-146. — CHESNE (ANDRÉ DU). Les Antiquitez et Recherches des villes, chasteaux, et places plus remarquables de la France..., etc. *Paris. Louis Boulenger.* M.DC.XXIX, in-8°, liv. II, ch. XXII, p. 732-733. — COBARRUVIAS (DOM SEBASTIAN). Tesoro de la Lengua castellana, o española. Compuesto por el licenciado Don Sebastian de Cobarruvias..., etc. *En Madrid, por Luis Sanchez.* M.DC.XI, in-f°, p. 421, col. 1. — CONSTANTIN (AIMÉ). Étymologie des mots Huguenot et Gavot. In-8°. *Annecy. Imp. F. Abry*, 1887. — * CORDIER. [Sur les Cagots.] Bulletins de la Société Ramond ; 1866, p. 51-58 et 107-120 ; 1867, p. 113-117 ; 1868, p. 18-24 ; 1869, p. 24-29. — COURSON (AURÉLIEN DE). Cartulaire de Redon. Prolégomènes, p. CCLXXVI. *Documents inédits sur l'Histoire de France*, 1863. — DU MÊME. Essai sur l'histoire, la langue et les institutions de la Bretagne Armoricaine. *Paris. Le Normant*, 1840, in-8°, p. 337-338. — COURT DE GEBELIN. Le Monde Primitif, analysé et comparé avec le monde moderne, considéré dans les origines françoises. *Paris.* M.DCC.XXXVIII. In-4°, t. V, col. 244, 246, 247. — * COUTURE (LÉONCE). Étude sur les Cagots ou Capots. *Revue de Gascogne*, t. XIX, p. 326 (1878). — CUGUILLÈRE (LE Dr E.). Sur les lépreux et léproseries de Toulouse. *Thèse de doctorat en médecine de Toulouse*, 1898. *Imp. Saint-Cyprien.* — CUZACQ (P.). La naissance, le mariage et le décès, mœurs et coutumes. Usages anciens et superstitions dans le sud-ouest de la France. *Paris. Champion*, 1902, in-12, p. 77-78.

DALLY. Sur les Cagots des Pyrénées. *Bulletins de la Soc. d'Anthropologie de Paris*, 1867. 2e série, t. II, p. 111-114. — DARNAL (JEAN). Supplément des chroniques de la noble ville et cité de Bourdeaus. *Bourdeaus. J. Millanges.* M.DC.XX, in-4°, fol. 40. — DEGERT (L'ABBÉ A.). Constitutions synodales de l'ancien diocèse de Dax. *Dax. Imp. H. Labèque*, 1898, p. 77. — * DEJEANNE (D[r]). [Sur les cagots de Bagnères-de-Bigorre]. *Bulletin de la Société Ramond*, 18 février 1882. — DELAVILLE LE ROUX. Cartulaire général des hospitaliers de Saint-Jean de Jérusalem. 4 vol. in-f°. *Paris. Leroux*, 1894 et sq. —* DEVILLE (J.-M.-J.). Origine des Cagoths, qui, quoi qu'en aient dit plusieurs auteurs entre autres M. Ramond, n'ont aucun rapport avec les goitreux. *Annales de la Bigorre. Tarbes. Lavigne*, 1818, in-8°, p. 35-37. — DEZEIMERIS. *Dictionnaire de médecine en 30 volumes* (art. : Elephantiasis). — DIDEROT. *Encyclopédie ou Dictionnaire des sciences...* par Diderot. M.DCC.LI (art. : Cagot). — DIEFFENBACH. Celtica. *Stuttgart. Ilme et Leisching*, 1839, in-8°, 1re partie et 1840, in-8°, 2e partie, vol. I, p. 86. — DRALET. Description des Pyrénées. *Paris. Bertrand*, 1813, 2 vol. in-8°, t. I, p. 165 et suiv. et p. 181-192. — * DROUAULT (ROGER). Comment finirent les lépreux. *Bulletin historique et philologique.* 1902. *Paris. Imp. nationale.* M.DCCCC.III, p. 318-328. — DUCAT. Dictionnaire étymologique (Ducatiana). *Paris*, p. 124-125 (art. : Cafar). — DUCERÉ (E.). Histoire topographique et anecdotique des rues de Bayonne. *Bayonne. Lamaignères*, in-8°, 3 vol. (1889-1891). — DUCRUC (L'ABBÉ). Notice sur la paroisse de Cazaubon. *Revue de Gascogne*, 1883, t. XXIV, p. 199. — DUFOURCET. Les Landes et les Landais, p. 114. — * DUHOURCAU. Les Cagots aux eaux de Cauterets. *Toulouse. Privat*, 1892. — DULAURENS (Voir Balasque et —). — DUPINET DE VORREPIERRE. Encyclopédie universelle, 1860, t. I, p. 413. — DURODIE. Étude sur la lèpre tuberculeuse et les léproseries fondées à Bordeaux. — DURRIEU (X.). *L'Echo Français*, n° du 5 mars 1841. — DU MÊME. *Le Temps*, n° du 2 mars 1841. — DUSAULX. Voyage à Barèges et dans les Hautes-Pyrénées fait en 1788. *Paris. Didot jeune*. M.DCC.XCVI. 2 vol. in-8°, t. II, p. 11-12.

EGAÑA (DON DOMINGO IGNATIO DE). Dos Pareceres de Abogados, sobre Agotes, y Hidalguias... año 1780. *En San Sebastian. En la Imprenta de D. Lorenzo Riesgo Montero de Espinoso*, etc., in-f°, p. 16. — EIFER (Dr). La médecine dans l'art gothique. *L'avenir médical et thérapeutique illustré*, 25 juillet 1907 (4e année), p. 99-100-101. — ESQUIROL. Des maladies mentales, considérées sous les rapports médical, hygiénique et médico-légal. *Paris. Baillière*, 1838. 2 vol. in-8°, t. II, p. 370-375. — ESQUIROS. Études contemporaines sur l'histoire des races. *Revue des Deux Mondes*. Nouvelle série, t. XXI, p. 991, mars 1848.

FAGET DE BAURE. Essais sur le Béarn. *Paris. Denugon*, 1818, in-4°, p. 123. — * FAY (Dr H.-M.). Les Cagots, Gahets et Gaffots. *France médicale*, 1905, N° 15, p. 277-281; N° 16, p. 301-303; N° 17, p. 326-332 et *Bulletins de la Société Fr. d'Hist. de la médecine*, 1905, p. 69-109. — DU MÊME. Les Chrestiaas. *France médicale*, 1905, N° 21, p. 407-409 et N° 22, p. 422-424, et *Bulletin de la Soc. Fr. d'Histoire de la médecine*, 1905, p. 208-229. — DU MÊME. La lèpre dans le sud-ouest de la France. Les Cagots. Thèse inaugurale de médecine. *Coulommiers. P. Brodard, imp.*, 1907. — DU MÊME. Quelques saints guérisseurs de la lèpre. *Bull. Soc. Fr. d'Histoire de la médecine*, 1907, p. 32-38. — DU MÊME. Les gavaches. *Revue de Philologie Française*. 1908, t. XXII, p. 189-201. — FILHOL (E.), Étude sur les sources de Saint-Christau. *Toulouse. Douladoure*, 1863. — FODERÉ (F.-E.). Traité du Goître et du Cretinisme, précédé d'un discours sur l'influence de l'air humide sur l'entendement humain. *Paris. Bernard*. Germinal an VIII, in-8°, p. 195-196. — * FOIX (L'ABBÉ V.). Particularités sur les Cagots du département des Landes. *Congrès archéologique de France, Dax-Bayonne*, 1889, p. 282-291. — FOURCADE. Album pittoresque et historique des Pyrénées. 1re éd. *Paris. Albanel*, 1835, in-8°; 2e éd. *Paris. Albanel*, 1836, in-8°, ch. XXXV, p. 361, 369. — FROSSARD (ÉMILIEN). Tableau pittoresque des Pyrénées Françaises, *Paris, Risler*, 1839, in-4°, p. 7-9.

GARAT. L'Hermite de province... par M. de Jouy. *Paris. Pillet*, 1818, in-8°, t. I, p. 104-105. — * GARDÈRE (JEAN). Les cagots dans la région d'Orthez au XVIIe siècle. *Reclams de Biarn e Gascougne*. 1er janvier 1903, p. 6-11. — DU MÊME. Le cagot de Gamachies. *Reclams de Biarn e Gascougne*, 1er juin 1903, p. 105. — * GARDÈRE (JOSEPH). Les Capots à Condom, *Revue de Gascogne*, t. XIX, 1873, p. 433. — * GINGUENÉ. Extrait des travaux de la classe d'histoire et de littérature ancienne de l'Institut. *Magasin encyclopédique*, t. IV, août 1810, p. 251-257. — GODEFROY. Dictionnaire de l'ancienne langue française (au mot Cagot). — GRÉGOIRE (HENRI). Recherches sur les Oiseliers, les Coliberts, les Cagous, les Gahets, les Cagots, etc. Mémoire lu à l'Institut en 1810, *inédit*. En la possession de la famille Carnot. Traduit en allemand par Lindenau, et résumé par Ginguené dans le Magasin Encyclopédique. — * GUILBEAU (Le Dr). Les agots du Pays Basque. *Bayonne. Imp. Lousteau* (1878), in-8°, 22 p. — Id. *Bulletins de la Société Ramond*, 1877, p. 99-114. — * GUYON. Les Cagots des Pyrénées... α. *Bulletins de l'Académie des Sciences de Paris*, séance du 5 sept. 1842. 2e série, t. V, 1842, p. 415; β. *Écho du monde savant*, 19 fév. 1843; γ. *Le Messager*, 29 sept. 1842; δ. *Gazette des hôpitaux*, 1852; ε. *Memorial*, 11 oct. 1842. — GUYOT DE FÈRE. Les Bohémiens du Pays Basque. *Archives curieuses de l'histoire, de la Littérature, et des Sciences*, 1830, p. 195-200.

HASSELT. Allgemeine Encyklopädie der Wissenschaften und Künste. *Leipzig. Brokhaus*, 1825, in-4°, p. 76. — HARISTOY (L'ABBÉ). Les Paroisses du Pays Basque, pendant la Révolution. *Études historiques et religieuses du dio-*

cèse de *Bayonne*, 1894, p. 181. — Du même. Relevé des procès-verbaux des visites pastorales au pays basque de NN.SS. de Beauvan et de Bellefont, évêques de Bayonne. *Pau*. *Vve L. Ribaut*, 1891. — Hatan (l'abbé). Explication des principaux noms propres des villages du Pays Basque Français et des provinces Basques. *Pau. Imp. S. Dufau*, 1895, in-8°. — Honorat. Dictionnaire provençal. — Hoffmann (Karl. Fr. Vollr.). Europa und seine Bewohner. Ein Hand-und Lesebuch für alle Stande... *Stuttgart und Leipzig. Scheible*, 1837, in-8°. — Hery-René. Les léproseries de l'ancienne France. Thèse pour le doctorat en droit. *Paris*, 1896. — Hourcastremé. Les aventures de messire Anselme, chevalier des Loix. *Paris. Bossange et Cie*, 1767, in-8°, t. I.

Innocents (Guillaume des). Examen des Eléphantiques ou Lépreux. Recueilli par plusieurs bons et renomméz auteurs, Grecs, Latins, Arabes, et François, par G. des Innocens, chirurgien, natif et habitant de Tolose; *à Lyon, par Th. Soubron*. M.D.XCV. in-8°, ch. ii, p. 17 et ch. xi, p. 85-86.

Jeanselme. *Traité de médecine Debove et Achard*, t. IX, 1897, p. 305 (Art. : Lèpre). — Joanne. Guide pour les Pyrénées, 1879. — Joinville. Histoire de Saint-Louis, p. 7. — Joubert (Laurent). Laurenti Jouberti Val. Delph. in galeni libros de Facultatibus naturalibus annotationes, discipulis suis dictatæ. Anno Dñi. M.D.LXIII, ch. xi, p. 174. *Inséré dans* : Laurenti Jouberti... Operum Latinorum Tomus primus. *Francofurti apud heredes Andreæ Wecheli*, M.D.XCIX, in-f°. Il existe de cet ouvrage une édition antérieure. *Lugduni apud Stephanum Michælem* M.D.LXXXII.

Kant (Docteur). Cité par Esquiros (Voir ce nom). — Kurth (Godefroy). *Compte rendu du Congrès scientifique des Catholiques. Paris*. 1er mai au 6 avril 1891.

* Labadie. Les Cagots et les Bohêmiens. *Memorial*, 26 mars 1842. — Laborde (Dr J.). Biarritz. La Paroisse Saint-Martin. *Lameignères. Biarritz et Bayonne*, 1902, p. 25. — Du même. Le Vieux Biarritz. *Pau. Lameignères*, 1900. — Du même. Le Vieux Biarritz. *Biarritz et Bayonne. Lameignères*, 1905, p. 72. — Laboulinière. Annuaire statistique du département des Hautes-Pyrénées. *Tarbes*, 1807. — Du même. Itinéraire descriptif et pittoresque des Hautes-Pyrénées françoises, jadis territoires du Béarn, du Bigorre, des Quatre Vallées, du Comminges, et de la Haute-Garonne. *Paris. Gide fils*, 1825, 3 vol. in-8°, t. I, ch. vii, p. 72-93 et t. II, ch. xii. — Lafforgue (Prosper). Histoire de la ville d'Auch depuis les Romains jusqu'en 1789. *Auch. Brun*, 1851, 2 vol. in-8°, t. II, p. 166-169. — Lagarde (L.-F.). Notice historique sur la Ville et l'Église du Mas d'Agenais. *L'Écho de Marmande et du Lot-et-Garonne*. N° 81, jeudi 14 mai 1840, p. 1, col. 3. — Lagneau. Article Cagot du Dictionnaire encyclopédique des Sciences médicales (Dechambre). *Paris. Masson*. M.D.CCC.LXX, t. XI, p. 534-558. — Lagrèze (Bascle de). Histoire du droit dans les Pyrénées. Comté de Bigorre. *Paris. Imp. Impériale*, 1867, in-8°, p. 47 et 268. — Du même. Histoire religieuse de la Bigorre. *Paris. Hachette*, 1863, in-16. — Du même. La Navarre Française. *Paris. Imp. Nationale*, 1881, 2 vol. in-8°, t. I, p. 9-10 et 49-60. — Laguerenne. Cagots. *Médecine de l'encyclopédie méthodique par ordre de matières*. Paris, 1792, t. IV, p. 266. — * Lajard. Sur les Cagots des Pyrénées. *Congrès de Pau*, 17 sept. 1892. — *Id. Société de Biologie*, 15 oct. 1892 et 22 oct. 1892. — Du même. Nouvelle forme de lèpre chez les Cagots des Pyrénées. *Société Anatomique de Paris*, 21 oct. 1892, t. LXVII, p. 649-652. — Du même. *Bulletins de la Société d'Anthropologie de Paris*, 1893. — * Lajard et F. Regnault. De l'existence de la lèpre atténuée chez les Cagots des Pyrénées; α. *Progrès médical*, 1892. 2e série, t. XIV, p. 403-466 et 484-497; β. *Publications du Progrès Médical. Paris. Lecrosnier et Babé*, 1893, 52 p. — Lande (Louis). Les Cagots et leurs congénères. *Revue des Deux Mondes*, 1878, 3e s., t. XXV, p. 426-450. — Laramendi (P. Manuel de). Diccionario trilingue del Castellano, Bascuense, y Latin, 1re éd. *Saint-Sébastien*, 1745, prol., t. I, p. xxi; 2e éd. *Saint-Sebastien*, 1853, prol., t. I, p. xx. — * Lardizabal (D. Miguel de). Apologia por los Agotes de Navarra, y los Chuetas de Mallorca, con una breve

digression á los Vaqueros de Aesturia. *Madrid*, 1786, petit in-8° de 183 p. — LARENAUDIÈRE. Complément de l'encyclopédie moderne de Firmin-Didot, 1856, t. I, au mot Bigot. — * LAVERGNE (ADRIEN). Origine des Cagots, Capots, ou Christians. *Congrès scientifique de Dax*, mai 1882, 1re session. *Dax. Medan*, 1883, p. 227-229. — LE BAS (PH.). Dictionnaire encyclopédique de la France. *Paris. Firmin-Didot*, in-8°, 1841, t. III, p. 545. — LEBRET. Mémoire sur le Béarn (vers 1703), *Bull. de la société de Pau*, 1905, p. 57. — *Id.* Mémoires des intendants Pinon, Lebret et de Bezons sur le Béarn, la Basse-Navarre, le Labourd et la Soule, par L. Soulice. *Pau. Vve. L. Ribaut*, 1906, p. 25-26. — LECOUVET. Essai sur la condition sociale des lépreux au moyen âge. *Messager des sciences historiques, Gand*, 1861-1865. — LE DUCHAT. Œuvres de maistre François Rabelais, avec des remarques historiques par M. Le Duchat. *Amsterdam. Jean-Fr. Bernard*. M.DCC.XLI, 3 vol. in-4°, t. I, p. 235, note 82 et p. 266. — LE GONIDEC. Dictionnaire Celto-Breton, p. 63. — * LÉON (HENRY). Cagots et Cascarotes. *Extrait du Bulletin de Biarritz Association. Société des Sciences, Lettres et Arts. Biarritz. Lameignères*, 1900, in-8°, 7 pages. — LENOIR. Traité de la lèpre. *Paris*, 1886. — LE PELLETIER (D. LOUIS). Dictionnaire de la Langue Bretonne. *Paris, Delagette*. M.DCC.LII, in-f°, col. 105. — LE ROUX DE LINCY. Proverbes Français, t. I, p. 376. — LESPINASSE. Discours de rentrée de la cour impériale de Pau, 1863. (Les Bohémiens du Pays Basque.) *Pau. Imp. Vignancourt*, 1863, in-8°. (Ce discours est reproduit dans Madaune : *Gaston Phœbus*.) — LESPY (V.). Dictons et Proverbes du Béarn. 2e édit. *Pau. Garet*, 1892, p. 145. — LESPY et RAYMOND. Dictionnaire Béarnais ancien et moderne, 1887 (aux mots : Cagot, Crestia, Braga, Gabachie). — LOPES (Me HIÉROSME). L'Église métropolitaine et primatiale de Sainct André de Bourdeaux... *Bordeaux. Lacourt*, 1668, réédité par l'abbé Callen. *Bordeaux. Féret et fils*, 2 vol. in-8°, 1882, p. 260 et 264. — LOUBENS. Histoire de l'ancienne province de Gascogne, Bigorre et Béarn. *Paris. Aimé André*, 1839, in-8°, t. I, liv. II, p. 133-136. — LURBE (DE). Les anciens Statuts de la ville et cité de Bourdeaux. Enrichis d'anciens, nouveaux statuts, de plusieurs réglements et annotations. *A Bordeaux. Par S. Millanges*, 1593, in-8°, p. 83.

MADAUNE. Gaston Phœbus comte de Foix et souverain de Béarn. *Pau. Vignancourt*, 1864, p. 68 et 71 et 306-309. — MAGITOT. Sur une variété des Cagots des Pyrénées. *Congrès de Pau*, 1892, t. II, p. 639-649. — DU MÊME. Sur une variété de Cagots des Pyrénées. *Bulletins de l'Académie de Médecine de Paris*, 25 et 31 oct. 1892. 3e s., t. XXVIII, p. 596-600. — DU MÊME. Modelages de doigts recueillis sur des Cagots de Salies de Béarn. *Bulletin de la Soc. d'Anthropologie de Paris*, 4e s. F. 3-4-5, p. 553-572. — MANET (F. G. P. B.). Histoire de la petite Bretagne, ou Bretagne armorique... *Saint-Malo. Caruel*, 1834, 2 vol. in-8°, vol. 2, p. 296 et sq. — * MARCA (PIERRE DE). Histoire de Béarn. *Paris. Veuve Jean Camusat*. M.DC.XL, in f°, liv. I, ch. XVI, p. 71-75. — MARCHANGY (DE). Tristan le voyageur ou la France au XIVe siècle, 2e éd. *Paris. Urbain Canel*, 1825-1826, in-8°, 6 vol., t. VI, p. 322-347 et 515-518. — MARCHAND (GÉRARD). Observations faites dans les Pyrénées pour servir à l'étude des causes du crétinisme. Thèse de doctorat en médecine de Paris, 1842. *Paris-Rignoux*, 1842. — MARCHAND (LÉON). Recherches sur l'action thérapeutique des eaux minérales... *Paris, Baillière*, 1832. — MARTIN (DON — DE BISCAYE). Derecho de Naturaleza que los Naturales de la Mérendad de San Juan del Pie del Puerto Tienen en los Reynos de la Corona de Castilla. Sacado de dos sentencias ganades en juicio contencioso, y de otras escrituras autenticas. Por Don Martin de Vizcay Presbytero. *En Zaragoza. Por Juan de Lanaja y Quartenet*. Año de 1621, in-4°, fos 123-146. — MAZURE. Histoire de Béarn et du Pays Basque. *Pau. Vignancourt*, 1839, in-8°, p. 401-414. — MAZURE et HATOULET. Les Fors de Béarn. Législation inédite du XIe au XIIIe siècle, avec traduction en regard, notes et introduction, 1845. — MEGE (DU). Statistique générale des départements Pyrénéens... *Paris. Facuttel et Würtz*, 1828-

1829, in-8°, t. II, p. 131-139. — Ménage. Dictionnaire étymologique de la langue française. Ed. 1750, t. I, p. 280-284. — Menjoulet (l'abbé). Chronique du diocèse et du pays d'Oloron. *Oloron. Marque*, 1864-1869, 2 vol. in-8°, t. I, ch. i, § XV, p. 93-96; ch. ii, § X, p. 133; ch. iv, § XVI, p. 255-257; ch. v, § III, p. 262. — Du même. *Congrès scientifique de France.* 39e session. *Pau*, 1873, vol. I, p. 286. — Meran (G.). Voir Beaurein. — Merula (Paul). Paulii G. F. P. N. Merulæ, Cosmographiæ generalis Libritres... *Ex officina Plantiniana Raphelingis*, M.D.LV, in-4°, Pars II, liber III, p. 579. — Mialhe et Dandiran (Fr et F.). Excursion dans les Pyrénées. *Paris. Mialhe frères*, 1837. Grand f°. N° 65. — * Michel (Francisque). Histoire des Races Maudites de la France et de l'Espagne. *Paris. Franck*, 1847, 2 vol. in-8°. — Michelet. Histoire de France. *Paris. Hachette*, 1833, in-8°, t. I, p. 495-499. — Millin. Voyage dans les départements du Midi de la France, ch. 127. — Minvieille. Préjugé vaincu, ou dissertation sur la ladrerie, par Minvieille d'Accous. *Pau. Daumon*, 1801, 16 p. in-8°. — Miranda (J. Yanguas). Historia compediada del Reyno de Navarra. *San Sebastian*, 1828, in-4°, p. 161-164. — Du même. Diccionario de los Fueros de Navarra. *San Sebastian*, 1828, in-4°, p. 81. — Du même. Diccionario de Antiguidades del Reyno de Navarra. *Pampelune*, 1840, in-12, 3 vol. — Du même. Addiciones al Diccionario del Antiguidades... *Pampelune*, 1843, in-12. — Monlezun (JJ. Y. chanoine). Histoire de la ville de Vic-Fezensac, *Annuaire du département du Gers pour l'année 1857*, 39e année. *Auch. Portes*, 1857, in-8°. — Montesquieu. Esprit des Lois, t. I, liv. 14, ch. ii. — Moret (P. Joseph de). Annales del Reyno de Novarra... *Pampelune*. M.DCC.LXVI, 3 vol. in-f°, t. III, liv. XX, ch. vi, n° 22, p. 119-120. — Moreri. Le Grand Dictionnaire historique, etc. *Paris*. M.D.CC.LIX, in-f°, p. 25, art. Cagots et Capots.

Néret (E.). La prophylaxie de la lèpre au moyen âge. Thèse pour le doctorat en médecine : *Paris. Steinheil*, 1896, p. 65-66.

Ochoa (D. Teodoro). Diccionario geografico historico de Navarra... *Pampelune*, 1842, p. 4 et 5. — Oihenard (A.). Notitia utriusque Vasconiæ, tum ibericæ, tum aquitaniæ, quæ, præter situm regionis... etc. Authore Arnaldo Oihenartus Mauleosolensis. *Parisii. Sumptibus Sebastiani Cramoisy Typography Regis*. M.DC.XXXVIII, p. 414-415. — * O. Reilly (abbé Patrick J.). Essai sur l'histoire de la ville et de l'arrondissement de Bazas. *Bazas. Labarrère*. 1840, in-8°, p. 461-470.

Palassau. Essai sur la minéralogie des Monts Pyrénées, par l'A. P. *Paris. Stoupe Imp.* M.DCC.LXXXI. — * Palassou. Mémoire pour servir à l'histoire naturelle des Pyrénées, et des pays adjacents... *Pau. Vignancourt*, 1815, in-8°, p. 317-387. — Pambrun (A.). Bagnères-de-Bigorre et ses environs. *Bagnères. Imp. J. M. Dossun*, 1834, p. 59. — Paré (Ambroise). Œuvres, liv. XX, ch. xi. Du prognostic de Lèpre. Nous avons consulté en particulier les éditions de Gab. Baon. Paris, 1575; et B. Macé. Paris, 1607. — Pasquier. Recherches sur la France, liv. VII, ch. ii, p. 759. — Paro (de). Recherches philosophiques sur les Égyptiens et les Chinois. *Berlin. Decker*. M.DCC.LXXIII, in-8°, t. I, p. 188-189. — Pasquier. Recherches sur la France, liv. VII, ch. ii, p. 759. — Perocheguy (D. Juan de). Réflexiones curiosas y notables sobre la ciencia y valor para la guerra... etc. *Pampelune*, 1752, in-8°, p. 68-69. — [Picqué.] Voyage dans les Pyrénées françaises, dirigé principalement vers le Bigorre et les Vallées, suivi de quelques vérités nouvelles et importantes sur les eaux de Barèges et de Bagnères (sans nom d'auteur). *Paris*, 1789, in-8°, 1re éd. — Du même. Voyage aux Pyrénées françaises et espagnoles, dirigé principalement vers les vallées du Bigorre et d'Aragon suivi de quelques vérités sur les eaux minérales qu'elles renferment, et les moyens de perfectionner l'économie pastorale. Par J. P. P. (c'est la 2e éd. de l'ouvrage précédent), *Paris. Babeuf*, 1828, in-8°. — Pierquin de Gembloux. Histoire littéraire philologique et bibliographique des patois. *Paris. Techener*, 1841, in-8°, p. 124.

* Racine (Henri). Sur les Cagots et les lépreux. *Luchon. Sarthe*, 1892, 17 p.

in-12, et *Luchon thermal*, 1892. — Ragueau. Glossaire du droit Français. *Ed. Eusèbe Laurière.* 2 vol. in-8°. M.D.CC.IV. au mot Cagot. — Rœmond (Florimond de). L'Anti-Christ, et l'anti-papesse par le conseiller du Roy en sa cour de Parlement de Bordeaux Edition troisième, reueüe, corrigée et beaucoup augmentée par l'Auteur *A Paris. Abel L'Angelier*, M.DC.VII, in-12, p. 855-858; β. *A Cambray*. M.DC XIII, in-8°, ch. xli, p. 567-568. — * Ramond de Carbonnières. Observations faites dans les Pyrénées, pour servir de suite à des observations sur les Alpes insérées dans une traduction des lettres de W. Cock, sur la Suisse. α. *Paris-Berlin*, M.DCC.LXXXIX, in-8°, ch. x. Goitreux de la vallée de Luchon. Histoire des Cagots, p. 204-225 et 424; β. *Liège. Dumoulin*. M.DCC.XCII, in-8°, p. 175-192. — Du même. Extraits des observations faites dans les Pyrénées. α. *Journal de Paris*, 7 janvier 1790; β. *Annales Universelles*. 9 janvier 1790. — * Raymond (Paul). Sur l'origine des Cagots, *Congrès scientifique de France*, 39e session. *Pau*, 1873, t. I, p. 285-287. — Du même. Dénombrement général des maisons du vicomte de Béarn en 1385. Publié pour la première fois en 1873, se trouve à la fin du t. VI de l'Inventaire sommaire des archives du département des Basses-Pyrénées. — Du même. Mœurs béarnaises. α. *Bordeaux. Gounouilhou*, 1873, in-8°, p. 174; β. *Pau. Ribaut*, 1873, in-8°, p. 44. — Du même. Dictionnaire topographique des Basses-Pyrénées. *Paris*, 1863. — Du même. Artistes en Béarn avant le xviiie siècle. *Pau. Ribaut*, 1874, p. 151. — Regnaud. *Journal des Débats*, 23 septembre 1892. — Regnault et Lajard (V. Lajard). — Reinaud. Invasion des Sarrasins en France. *Paris. Dondey-Dupré*, 1836, in-8°, p. 302-305. — * Robert (Ulysse). Signes d'infamie au moyen âge, Juifs, Sarrazins, lépreux, cagots et filles publiques. 1re édition. *Nogent-le-Rotrou*, 1889, in-8°, 2e édition. *Paris. Champion*, 1891, in-8°. — * Rochas (de). Les Parias de France et d'Espagne. *Paris. Hachette*, 1876, in-8° et *Bulletin de la société des Sciences, Lettres et Arts de Paris*, série II, t. IV, p. 351-545. — Roger. Maladies infectieuses. *Paris. Alcan*, 1902. — Rondelet (Dr). Hygiène d'autrefois. Les mesures de défense contre la Lèpre. *La médecine internationale*, déc. 1906 (XIVe année), p. 370. — Roque de Sus. Histoire de Béarn (Est restée lithographiée) écrite en 1825. — * Roussel (T.). Les Cagots, leur origine, leur postérité et la lèpre, in : *Bulletin de l'académie de médecine de Paris*, 1892, 3e série, t. XXXVIII, p. 753-764. — Du même. Cagots et Lépreux. *Bulletin de la société d'Anthropologie de Paris*, 1893, 4e série, t. IV, p. 149-161. — Du même. Lettres sur les départements Pyrénéens et sur l'Espagne, xiie et xiiie lettres, 10 et 12 nov. 1847. *Union médicale*. — Roux-Ferrand (H). Histoire du progrès de la civilisation en Europe, depuis l'ère chrétienne jusqu'au xixe siècle. *Paris. Hachette*, 1836, in-8°, t. III, p. 182-184; 2e éd., 1847.

Samazeuilh. Souvenir des Pyrénées... *Agen. Noubel*, 1827, 2 parties, in-8°, 1re partie, p. 10. — Du même. Histoire des comtes d'Armagnac, t. I, 2e partie, p. 54-72. — Sanadon. Essai sur la noblesse des Basques, pour servir d'introduction à l'histoire générale de ces peuples, etc. *Pau. Vignancourt*. M.DCC.LXXXV, in-8°, p. 163. Traduit en espagnol par Diego de Lajcano, 1786, in-8°. — * Sansot. De l'origine des Cagots. *Bull. de la Société Ramond*, IIIe trim. 1908, in-8°. — Sauton (Dom). La Léprose. *Paris. Ch. Naud*, 1897. — Savagner (Auguste). Encyclopédie des gens du monde..., t. IV. *Paris*, 1834, in-8°, p. 451-453.

Taylor. Les Pyrénées. *Paris. Gide*, 1843, in-8°, p. 503-506. — * Teulet (Alexandre). Les cagots de Béarn. *Revue de Paris*, t. LVII (1833). — Teulet. Cagot, *in* Dictionnaire de la Conversation. — * Tierny. Les Cagots au xviie siècle. *Revue de Gascogne*, t. XXXVII, p. 576-577 (1896) et *Société archéologique du Gers* le 8 juin 1896. — Tillot (Dr Em). De l'action des eaux ferrocuivreuses de Saint-Christau (B.-P.) dans quelques affections cutanées. *Extrait des Annales d'hydrologie. Paris. Coccoz*, 1864, in-8°. — Topinard. Manuel d'anthropologie. — Traggia. Diccionario geografico historico de España por la real Academia de la Historia, Seccion I, *Madrid*, M.DCCC.II.

3 vol. in-4°, au mot Agotes. — * TUKE (D. H.). The Cagots, *J. Antrop. Int. London*, 1879-80, t. IX, p. 376-385 et p. 5, London, 1884, in-8°.

VAISSETTE (D.D.A. DE VIC ET). Histoire générale du Languedoc, in-f°, t. IV, p. 493. — VAUQUE-BELLECOUR. Factum contre les Gahets de Monbert cité par Venuti. 2e partie, p. 136. — * VENUTI (L'ABBÉ). Dissertations sur les anciens monuments de la ville de Bordeaux, sur les Gahets... *Bordeaux. Jean Chappuis*. M.DCC.LIV, in-4° p. 115, 143. — VINCENT (D.). *L'opinion, Journal constitutionnel du Gers*, n° 78, feuilleton du 11 avril 1848. — VINSON (J.). Les Cagots des Pyrénées, in *La République Française*, n° du vendredi 24 août 1877. — VINSON ET HOVELACQUE (A.). Etude de linguistique et d'ethnographie. *Paris. Rennoald et Cie*, 1878, in-8°, p. 210, 224-226. — VIOGRAPHE (LE) (V. Bernardou). — VIREY. Cagot, in Dictionnaire des sciences médicales, *Paris*, 1811, t. IV, p. 426-437.

WALKENAER. Lettre I sur les Vaudois, les Cagots et les Chrestiens primitifs par M.C.A.W. *Nouvelles annales des Voyages*, 15e année, 1833, t. LVIII de la collection et t. XXVIII de la 2e série, p. 320-336. — WEBSTER. *Bulletin de la société Ramond*, 1867, p. 59-61.

ZAMACOLA (D. J. A.). Historia de las naciones Bascas de una y otra parte del Pireneo septentrional y costas del mas cantabrico. Escrita en Español, par —. *Auch. Duprat*, 1818, in-8°, 3 vol., t. I. — * ZAMBACO PACHA. Les Cagots des Pyrénées. *Bulletin de l'Acad. de méd. de Paris*, 31 oct. 1892, t. XXVIII, p. 626. — DU MÊME. La lèpre dans le midi de la France. *Bulletin de l'Acad. de méd. de Paris*, 9 mai 1893. — DU MÊME. La survivance de la lèpre en France. — ZINZERLING (JUST). Jodoci sinceri itinerarium Galliæ... cum appendice de Burdigala. *Lugduni, apud J. du Creux, alias Molliard*, anno CIↃ.IↃC.XVI (1616), in-16, in appendicis, cap. IX, p. 112-114.

ANONYMES

ARCHIVES HISTORIQUES DE LA GIRONDE, t. V, p. 214 et 239. Coutumes de Marmande, t. VI, p. 366. Constatation de l'Incendie de la chrétienneté de Sauveterre, t. X, p. 290. Ordonnance du Sénéchal de Périgord contre les ladres, t. XIX, p. 271-287. Décrets du Parlement de Bordeaux contre les Cagots.

MAGASIN PITTORESQUE. Sur les Cagots, 1838, 6e année, p. 35, col. 1; sur les Agotes, 1841, 9e année, p. 295, col. 2.

LITTERÆ SOCIETATIS JESU ANNORUM DUORUM, CIↃ IↃC XIII, ET CIↃ IↃC XIV, etc. *Lugduni apud Claudium Caynes*, CIↃ IↃC XIX; in-8°; p. 518-519.

MÉMOIRE SUR LES ACCROISSEMENTS PROGRESSIFS DE BORDEAUX, etc. *Bulletin Polymatique du Muséum d'Instruction publique de Bordeaux*, 1814, p. 228.

LES CAGOTS DU SUD. — *Intermédiaire des Chercheurs et des Curieux*, t. III, p. 292.

FORS ET COSTUMAS DE BEARN (LOS). — 1re édition : *A Lesca, par Louis Rabier, Imprimeur du Roy, Ab priviledge dudit Lenhor*, 1602 (avec un second titre). Los fors et Costumas de Bearn, *Imprimadas à Pau per Johan de Vingles, Ab privilegi deu Rey*. M.DLII. — 2e édition : *A Pau, par Jerome Dupoux. Imprimeur et Libraire*. M.DCC.XXIII. — FORS ET COSTUMAS (LOS) deu royaume de Navarre de ca — ports — avec l'estil et l'aranzel — deudit royaume — *à Pau — Per Jerome Dupoux. Imprimeur et Libraire*. MDCCXXII.

MÉMOIRES ET TRAITÉS MANUSCRITS

CHAULIAC (GUY DE). La grande chirurgie. (Il en existe 34 manuscrits cités par Nicaise.) Nous avons consulté : α. Ms. Latin. Papier XVe siècle. Bibliothèque nationale. N° 14 733 latin. β. Ms. Anglais. Velin, XVe siècle. Bibl. nat. Anglais. N° 25. γ. Ms. Français. Papier XVe siècle. Bibl. nat. Fr. N° 396.

Delcros. Essai sur l'histoire de Cadillac-sur-Garonne. Le manuscrit a été vu par Michel qui en cite quelques fragments, copiés depuis par Durodie.

Labourd. Commentaires sur les Fors et coutumes de Béarn. Manuscrit de la Bibliothèque de Pau.

Lebret. Mémoire sur le Béarn. α. Ms. de la Bibliothèque de Pau. β. Ms. de la Bibl. nat. Fr. N°s 14 312 et 22 215.

Maria (de). Mémoire et éclaircissements sur les Fors de Béarn par M. de Maria'a avocat [1767]. α. Manuscrits de la Bibliothèque de Pau cotés X a 9 et X a 8. β. Ms. du grand séminaire d'Auch.

Mongaillard (Le P.). Hommes illustres. Ms. des archives du grand séminaire d'Auch, f° 1059.

Nadaud. Mémoires manuscrits. T. I, p. 41.

Pour la partie philologique de cet ouvrage nous avons consulté, outre les dictionnaires et quelques travaux de philologie cités dans la précédente bibliographie, les dictionnaires suivants où l'on trouvera de précieux renseignements.

Armstrong. Dictionnaire Gaelique. — Babas. Dictionnaire Hongrois-Français. — Bullet. Dictionnaire Celtique. — Du Cange. Dictionnaire du Bas-Latin. — Edwards. La Langue Celtique (Glossaire). — Don Wemesio Fernandez Cuesta. Diccionario de las lenguas Espanola y Francesa, 1885. — Court de Gebelin. Dictionnaire Étymologique de la langue latine. — La Curne de Saint-Palais. Dictionnaire du Vieux Français. — Jaubert. Glossaire du centre de la France, 1864. — Mistral. Dictionnaire Provençal. — Raynouard. Lexique Roman. — Van Eys. Dictionnaire Basque, 1873. — Dictionnaire universel Français et Latin, vulgairement appelé Dictionnaire de Trévoux,... Nouvelle édition. a Paris. Par la Compagnie des Libraires associés. M.DCC.LXXI, art. Cagot. — Diccionario de la lengua Castellana... compuesto por la Real Academia Española. Madrid. 1734.

LÈPRE ET SYRINGOMYÉLIE

Nous avons tenu à grouper à part une bibliographie des principaux travaux récents sur la lèpre dans ses rapports avec la syringomyélie. Ce sujet est trop intimement lié aux questions développées dans la première partie de cet ouvrage pour que nous ayons cru pouvoir nous dispenser de fournir les indications qui suivent.

Acchioté (de Péra). Lèpre, maladie de Morvan, gangrène sénile, *Congrès général de médecine de Madrid*, 1903. — Achard. Maladie de Morvan ou lèpre, *Gazette des Hôpitaux*, juillet 1891. — Arning. *Archiv für pathol. Anat. und Phys.*, Band XCVII, § 170. — Audry (Ch.) et Dalous. Hyperkératose circonscrite des doigts chez un syringomyélique, *Soc. Française de Derm. et de Syphil.*, 6 mars 1902.

Babinsky. Névrite lépreuse, *Traité de médecine Achard et Debove*, 1905, t. X, p. 126-132. — Baude (V. Leloir et —). — Bérillon. Lèpre mutilante autochtone, *Association Fr. pour l'avancement des sciences. Session de Besançon*, séance du 9 août 1893; *Congrès de Nancy*, 1890. — Bernheim. Deux cas de lèpre autochtone, lèpre tuberculeuse, *Soc. Fr. de Derm. et de Syph.*, 10 mai 1894; *Revue médicale de l'Est*, 1er juin 1894. — Bodin, *Revue de médecine*, 1894, p. 808. — Boinet. La lèpre à Hanoï, *Revue de médecine*, 1890, p. 609. — Bruhl. Contribution à l'étude de la syringomyélie, *Thèse de Paris*, 1889-1890, p. 154. — Brun (H. de). Lèpre et syringomyélie, *Presse médicale*, n° 29, 9 avril 1902, p. 339.

Cardamatis. Un type intermédiaire entre la lèpre, la syringomyélie et la maladie de Morvan, *Progrès médical*, 13 et 20 août 1898. — Chauffard. Lèpre systématisée nerveuse simulant la syringomyélie, *Soc. méd. des hôp.*, 4 nov. 1892. — Colella (R.) et Stanziale (R.). Ricerche istologiche e batterioschopiche sul sistema nervoso centrale e periferico nella lepra, *Giornale di neuropathologia*, 7e année, 1890, fasc. 4, 5, 6. — CONFÉRENCE INTERNATIONALE DE LA LÈPRE, Berlin, 11-16 oct. 1897 (Zambaco, Kalindero, Von Düring, Jeanselme). — CRAMER, *Deutsche mediz. Woch.*, 18 août 1892, p. 754.

DALOUS (V. Audry et —). — DEBOVE. Maladie de Morvan ou Lèpre, *Soc. méd. des hôp. de Paris*, 28 juillet 1893. — DOUGLASS CRAWFORD. Maladie de Morvan ou Lèpre, *Lancet*, 6 oct. 1901. — DU CASTEL. Lèpre nostras, *Annales de Dermat.*, 1895, p. 1137. — DÜRING (von). Difficulté du diagnostic de la lèpre nerveuse en particulier avec la syringomyélie, *Archiv für Derm. et Syphil.*, 1898, Band XLIII, s. 137-170.

ETIENNE. Deux cas de lèpre autochtone; lèpre analgésique mutilante, *Soc. de Derm. et de Syphil.*, 10 mai 1894; *Revue médicale de l'Est*, 1er juin 1894.

FLUGGE, *Les micro-organismes*, p. 182. — FERRÉ, *Journal de médecine de Bordeaux*, 31 juillet 1887.

GAUSSEL ET LÉVY. Syringomyélie ou lèpre, *Nouvelle iconographie de la Salpêtrière*, t. XIX, 1906, p. 454.

HALLOPEAU. *Annales de Dermatologie*, 1894, p. 450. — HANOT, *Archives générales de méd.*, 1889. — HANSEN. A propos de la lèpre et de la syringomyélie, *Semaine médicale*, 1893, n° 56, p. 447.

JEANSELME. Syndrome de Morvan. Syringomyélie ou lèpre, *Soc. méd. des hôp. de Paris*, 30 juillet 1897. Des troubles sensitifs de la Lèpre, *Soc. Méd. des hôp. de Paris*, 18 juin 1897. De l'anesthésie dans la Lèpre, *Bull. de la Soc. méd. des hôp de Paris*, 9 juillet 1897, p. 963. 5 cas de lésions médullaires sans bacille, *Conférence intern. de la lèpre*, Berlin, 1897. Les altérations médullaires de la lèpre anesthésique, *Xe Congrès intern. de Dermatologie*, Berlin, 1904 sept. — ET P. MARIE. Sur les lésions des cordons post. de la moelle des Lépreux, *Revue de Neurologie*, 1898, p. 751; — ET MILIAN. De l'adénopathie sus-épitrochléenne dans la maladie de Morvan, *Bull. de la Soc. Méd. des hôp. de Paris*, 27 mai 1898, p. 467.

KALINDERO. Deuxième Congrès de derm. et syphil., Vienne, 5-10 sept. 1892. *Semaine méd.*, 1892, p. 361; — ET MARINESCO. Des rapports de la lèpre avec la syringomyélie et le mal de Morvan, *Congrès Intern. de médecine*, Moscou, 19-26 août 1897. — KONDRIAVSKY. Les rapports de la Lèpre avec la maladie de Morvan et la syringomyélie, *Thèse de Saint-Pétersbourg*, 1896.

LACERDA (de). Névrite lépreuse, *Revue de Neurologie*, 15 janv. 1893. — LANNELONGUE ET ROYALSKI. Origine phénicienne de la lèpre en Bretagne, *Acad. de méd.*, 3 juin 1902. — LAURENS (V. Jeanselme et —). - LELOIR, *Traité théorique et pratique de la lèpre*, Paris, 1886. Existe-t-il dans les pays non lépreux en France et en particulier dans la région du Nord des vestiges de l'ancienne lèpre? *Bulletin de l'Acad. de méd.*, 21 fév. 1893; — ET BAUDE, *Annales de dermatol.*, 1889, p. 947. — LESAGE ET THIERCELIN Note sur un cas de lèpre anesthésique, *Revue Neurologique*, 1900. — LÉVY (V. Gaussel et —). — LONG ET VALENCY. Un cas de lèpre chez un Breton, *Annales de Dermatologie*, juin 1897, p. 601.

MARESTANG. Lèpre et maladie de Morvan, *Arch. gén. de méd. navale*, 1893, p. 3. — Contribution à l'étude du diagnostic différentiel de la lèpre anesthésique et de la syringomyélie, *Revue de méd.*, 1891. — MARIE (P.) (V. Jeanselme et —). — MARINESCO. Un cas de lèpre simulant la maladie de Morvan, *Bull. de la Soc. des Sc. méd. de Bucarest*, n° 1, 1904. — (V. Kalindero et —). — MILIAN (V. Jeanselme et —). — MOROSO. The diagnosis of leprosy, especialy the differenciation of the anesthetic form from syringomyelia, *Journ. of cutan. and genito-urinary deseases*, janvier 1890, p. 1. — MULLER (P.), *Archiv für klinische Medizin*, XXXIV.

PLATEAU. Recherches histor. et topograph. sur la lèpre en Bretagne et sur ses rapports avec le syndrome de Morvan, *Thèse de Paris*, mai 1904. — PITRES. Lèpre en Gironde à notre époque. *Soc. de Méd. et de Chir. de Bordeaux*, 19 déc. 1902. — *Gazette hebd. des Sc. méd. de Bord.*, 28 déc. 1902. — *Journal de méd. de Bord.*, 4 et 11 janv. 1903, p. 5 et 21. — De la valeur de l'examen bactériologique dans le diagnostic des formes frustes et anomales de la lèpre, *Bull. de l'Acad. de méd.*, 1892, 29 nov., p. 735, t. XXVIII; — ET SABRAZÈS. Lèpre systématisée nerveuse à forme syringomyélique, *Nouvelle iconographie de la Salpêtrière*, 1893, p. 121.

QUINQUAUD. Les troubles de la sensibilité chez les lépreux, *Bull. de la Soc. fr. de Dermatologie*, 1890, p. 118.

RAÏCHLINE. Contribution à l'étude de la syringomyélie, *Thèse de Paris*, 1892. — REGNAULT. Lèpre ou syringomyélie, *Soc. méd. des hôp. de Paris*, 10 févr. 1899. — RENDU. Lèpre anesthésique systématisée, *Union médic.*, n° 25, p. 289, 1893. — ROSENBACH. Ueber die neuropathischen Symptome der Lepra, *Neurologischer Centralblatt*, 15 août 1884. — ROYALSKI (V. Lannelongue et —).

SABRAZÈS (V. Pitres et —). — SEVESTRE. Lèpre probable sans anesthésie, *Soc. méd. des hôp. de Paris*, 5 févr. 1893. — SOUZAS-MARTINS. Un cas de syringomyélie relevant de la lèpre, *Lausanne méd.*, 4 avril 1894. — Un cas de syringomyélie causé par la lèpre, *Congrès médic. intern. de Rome*, 1894. — SPRONK. La culture du bacille de Hansen et le séro-diagnostic de la lèpre, *Semaine méd.*, 1893, p. 393. — STANZIALE (V. Colella et —).

THIBIERGE. — Un cas de lèpre systématisée nerveuse avec troubles sensitifs se rapprochant de ceux de la syringomyélie, *Soc. méd. des hôp. de Paris*, 13 mars 1891. — Lèpre, *Traité de médecine (Bouchard et Brissaud)*, 2e éd., t. III, 1899, p. 168 et suiv. — THIERCELIN (V. Lesage et —).

VALENCY (V. Long et —).

ZAMBACO-PACHA. Les lépreux de Bretagne, *Bull. Acad. de méd. de Paris*, 1892, t. XXVII, p. 309. — Cagots des Pyrénées et Lèpre, *Bull. Acad. de méd. de Paris*, 1892, t. XXVIII, p. 626. — La lèpre dans le Midi de la France en 1894, *Bull. Acad. de méd. de Paris*, 1893, t. XXIX, p. 504. — État de nos connaissances actuelles sur la lèpre, *Semaine médicale*, 1893, p. 289, n° 37. — Aïnhum et Lèpre, *Bull. Acad. de méd. de Paris*, 1896, 28 juillet.

TABLE ANALYTIQUE DES MATIÈRES

Cette table ne concerne que le premier livre de l'ouvrage (pages 1 à 334). Nous y avons fait figurer toutes les indications que nous avons jugées utiles. On y trouvera entre autres les noms d'auteurs anciens cités dans l'ouvrage. En ce qui concerne les auteurs modernes, nous avons cru qu'il y avait moins d'intérêt à les citer tous; aussi nous sommes-nous borné à n'indiquer que ceux d'entre eux qui ont le plus d'importance pour notre sujet; pour ces derniers les pages signalées ne correspondent qu'aux passages principaux les concernant.

A

B

C

D

M

V

Z

TABLE DES DOCUMENTS[1]

1. Nous avons fait cette table en respectant l'ordre rationnel adopté pour la classification des pièces justificatives. Les documents y figurent précédés de leur numéro d'ordre. Les indications qu'on lit dans les colonnes de droite se rapportent, pour la première, à la page où se trouve soit le document lui-même, soit sa justification au cas où il n'a pu être retrouvé. La seconde colonne indique les pages où les mêmes pièces sont signalées ou commentées dans le texte de l'ouvrage; nous avons jugé inutile d'indiquer les pages de la partie topographique où nous mentionnons ces pièces.

Documents publiés en entier, ou par extraits, et figurant dans le texte ou dans la partie topographique.

Nous avons classé ces documents en deux groupes. Dans le premier nous indiquons les pages où se trouvent les textes conciliaires concernant les lépreux; dans le second figurent des pièces de toutes natures, classées par ordre de date.

Conciles.

Documents divers.

TABLE

DES NOMS DE CAGOTS ET LÉPREUX CITÉS

Note sur les noms patronymiques et familiaux des cagots.

Nous avons pensé qu'il serait à la fois intéressant et utile de trouver en une table raisonnée les noms des cagots et des lépreux qui figurent dans cet ouvrage. La liste déjà longue qui nous est ainsi fournie est évidemment fort incomplète; nous ajoutons même que, pour atteindre la perfection, il serait utile que chaque nom fût suivi de quelques indications de parenté. Les documents que nous avons recueillis sont malheureusement encore insuffisants pour nous permettre d'établir une table aussi complète. Les séjours que nous avons faits dans les Pyrénées auraient dû être de plusieurs années si nous avions voulu prendre dans les registres paroissiaux la totalité des indications qui s'y trouvent. Si quelque lecteur désirait faire dans telle ou telle commune des recherches complètes, nous osons croire que la table que nous présentons lui sera utile. Dans les registres, en effet, les dénominations *cagot*, *capot* ou *gézitain*, ne figurent pas toujours à côté des noms des parias. Possédant une table où se trouvent la plupart des noms de famille des cagots, il sera facile de retenir les actes où ces noms se lisent associés; ainsi pourra-t-on réunir des actes grâce à une présomption, établir une généalogie, et considérer cette généalogie comme valable si une seule indication positive de cagot s'y rencontrait.

L'établissement de ces arbres familiaux est rendu difficile parfois par suite des modifications apportées dans les noms des familles, l'absence presque constante de l'âge ou de l'habitation des individus, qui permet des confusions entre parents portant mêmes noms et prénoms. Les modifications de noms de famille sont tantôt purement orthographiques, ce qui est de peu d'importance, tantôt au contraire elles sont absolues.

Les modifications complètes se rencontrent surtout au pays Basque; on peut quelquefois les reconnaître. Nous en citerons un exemple typique qui aura l'avantage de faire comprendre la raison d'être de ces changements.

Guillem Aguerregaray, habitant en la maison d'Ibar, à Ostabat, cumule à la fois deux noms, celui d'Aguerre et celui de Garay; il épousa Marie Samacoïz, habitant en la maison de Salaberry, à Isturits, qui était, croyons-nous, fille de Tristan d'Aguerre, maître de Salaberry; elle portait vraisemblablement le nom de sa mère; sa parenté nous paraît établie par ce fait que son mari est appelé dans un acte gendre de la maison de Salaberry, et cela du vivant de Tristan qui était maître de cette maison. Les deux époux eurent en 1649 une fille qui s'appela Marie d'Aguerregaray; en 1652 une fille qui s'appela Marie de Salaberry, du nom de la maison où vivaient ses parents; enfin, en 1658, Guillem le père, habitant touours à Salaberry, s'appelait Ibaraguerregaray, ayant ajouté à son nom celui de sa maison d'origine; quant à sa femme, elle s'appelait Marie de Salaberry du nom de sa maison, et l'enfant qui leur naquit en cette année 1658 s'appela Jean d'Ibaraguerregaray. Un frère de Marie, appelé Miguel de Salaberry, époux de Marie d'Aguerregaray, probablement sœur de Guillem, voit sa femme changer de nom en 1666, et s'appeler d'Ibaraguerre, combinaison du nom de sa maison et de celui de son père.

On juge par ces exemples de la difficulté des généalogies au pays Basque. Cette difficulté est parfois accrue par la similitude des noms de plusieurs personnes dans le même lieu et à la même époque, sans qu'aucun élément, si minime fût-il, soit propre à permettre de fixer le nombre réel des individus de même nom.

Plus rarement il nous a été donné de rencontrer des cagots désignés ici sous un prénom, là sous un nom de famille. Ces fait exceptionnels sont souvent d'une interprétation difficile. En ce qui concerne les noms des cagots tels que nous les rapportons, on remarquera que jusqu'à la fin du XVe siècle, ces malheureux n'étaient habituellement désignés que par un prénom que l'on faisait suivre du mot chrestiaa. Souvent, nos pièces justificatives en font foi, le nom de chrestiaa, suivi de celui de la localité où il vivait, suffisait à la désignation de l'individu. Plus tard les familles portèrent des noms, qui pour la plupart n'avaient tout d'abord pour but que de désigner l'origine de la famille, puisque ces noms étaient ceux de la province, de la commune, du hameau, de la paroisse, ou du lieu où vivait et d'où venait cette famille. D'autres noms de famille sont pris parmi les mots Chrestiaa, Capot, ou Cagot, d'autres sont le prénom du premier chef de la famille, d'autres enfin sont des sobriquets, des noms de profession, des termes aussi parfois d'origine obscure.

Dans la table qui suit, nous avons établi deux parties : l'une où figurent les cagots connus seulement par leur prénom; l'autre où nous les avons groupés par nom de famille; nous avons indiqué toutes les fois où cela nous a été possible l'origine des noms. Enfin, après chaque nom, nous avons indiqué la localité où vivait le cagot, la date du document qui le signale, et les pages où nous avons cité son nom.

Noms.	Lieux.	Dates.	Pages.
CLAIRE.			
Clary.	Bougarber.	Avant 1388.	595.
CONDOU.			
Condou.	Mazères.	1508.	623, 630.
DOMINIQUE.			
Domenjoo.	Lestelle.	1365.	349, 623.
Domenjou.	—	1508.	623, 630.
Domenjon.	Artiguelouve [1].	1379.	354, 581.
Domenjon.	Lalonquère.	1379.	354, 619.
—	Villeségure.	1379.	354, 670.
Dominique (lépreux).	St-Georges-des-Sables.	1320.	213, 519.
ÉTIENNE.			
Etienne.	Peyrehorade.	1439.	559, 569.
—	Salies.	1485.	663.
FORTANER.			
Fortaner.	Arbus.	1531.	577, 600.
FORTIC.			
Fortic.	Lembeye.	1365.	349, 621.
GAILLARD.			
Goalhard.	Saucède.	1532.	256, 600, 664.
Gaillardet.	Le Leu.	1552.	598, 620.
GUILLAUME.			
Guilhaume.	Angaïs.	1379.	354, 573.
—	Aramits.	1379, 1383.	354, 364, 575.
—	Bentayou.	1379.	354, 589.
—	Nousty.	1379.	354, 642.
—	Riupeyrous.	1379.	354, 652.
—	Siros.	1379.	354, 667.
Guilhem.	Arricau.	1379.	180, 354, 580.
—	Arancou.	1552.	575, 598.
Guilhamoet.	Sevignacq.	1383.	363, 667.
Guilhemet.	Lagos.	1360.	619.
Guillemet.	Estiron.	1383.	254, 610, 619.
—	Villesegure.	1389.	633, 670.
Guillem.	Biarritz.	1619, 1625, 1630, 1634, 1635.	590, 591.
GUILLAUME-ARNAUD.			
Guilharnaud.	Seméacq.	1379.	354, 665.
—	Barinques.	1383.	364, 585.
GIRAUDINE.			
Guirautine.	Monein.	1383.	585, 633.
GUILLEMINE.			
Guilhelme.	Auch.	1291.	339, 250.
JEAN.			
Jean.	Salies.	1640.	663.
— dit Jeannot.	St-Julien.	1514.	513, 659.
—	Bayonne.	1514.	513, 588.
Jehan.	Pardies.	1532.	633, 646.

1. Il s'appelait probablement Domenjon de Momas.

Noms.	Lieux.	Dates.	Pages.
MONIQUE (nom d'homme).			
Monico.	Cescau.	1379.	354, 600.
—	Peyrelongue.	1385.	361, 651.
—	Navarrenx.	1391.	642, 639.
Monicoo.	Bellocq.	1379.	354, 589.
Monicolo.	Montaner.	1379.	354, 634.
Moniton.	Bellocq.	1383.	364, 589.
MONIQUE (nom de femme).			
Monique.	Aren.	1640.	578.
PIERRE.			
Pierre.	Cardesse.	1663.	597, 612.
—	Isturits.	1661.	615.
—	Salies.	1640.	663.
— dit *Petrot.*	St-Julien	1514.	513, 659.
P[eyrot].	Claracq.	1379.	354, 607.
—	Gerderest.	1379.	354, 611.
—	Jurançon.	1379.	354, 616.
—	Lacq.	1374.	62, 618.
—	Sauvagnon.	1379.	354, 664.
—	Vignes.	1379.	351, 669.
Pès.	Salies.	1485.	663.
—	St-Sever.	1430.	114, 566.
Peyrot.	Accous.	1379.	353, 571.
—	Abos.	1379, 1389.	354, 633, 571.
—	Arros.	1379.	354, 580.
—	Arthez.	1385.	581, 358.
—	Berenx.	1379.	354, 589.
—	Caubios.	1532.	256, 600, 664.
—	Estialescq.	1379.	354, 609.
—	Gan.	XIVe siècle.	610.
—	Gerderest.	1383.	363, 611.
—	Garos.	1383.	364, 610.
—	Lembeye.	1379.	354, 621.
—	Lespielle.	1379, 1383.	354, 363, 623.
—	Meillon.	1379.	354, 631.
Peyrot [1].	Monein.	1532, 1545.	646, 633.
—	Montaut (L.).	1490.	555.
—	Narcastet.	1383.	364, 638.
—	Navarrenx.	1452.	639, 662.
—	Nay.	1383.	364, 641.
—	Sauveterre (B.-P.).	(1377-1419), 1379.	627. 354, 665.
—	Salies.	1379.	354, 663.
—	Saint-Cricq.	1439.	563, 569, 597.
—	Sedze.	1379, 1383.	354, 364, 665.
Peyrolet.	Lucq.	(1377-1419). 1367, 1391, 1396.	228, 232, 235, 254, 620, 627, 665.
—	Monein.	1383, 1385, 1379.	633, 585, 354.
—	Pardies.	1389, 1379, 1384.	633, 646, 354, 584.

1. Il s'appelait probablement Peyrot de Lostalot.

Cagots et Lépreux dont les noms de famille nous sont connus.

Noms et origine.	Prénoms.	Lieux.	Dates.	Pages.
—	—	—	—	—
AGUERRE (nom de lieu).				
Aguerre.		La Madeleine.	XIXe siècle.	99, 629.
d'Aguerre.		Arbonne.	—	99.
—		Ciboure.	—	99.
—	Tristan (Sr de Salaberry), père de	Isturits.	1661, 1663.	614, 615.
—	Jeanne, femme de B. de Salaberry.	—	1668.	615.
—	Jeanne, fille-mère.		1661.	615.
—	Jeanne, femme de J. d'Ilbarreguy.	—	1655.	614.
—	Jeanne, femme de T. d'Elhorriburu.	—	1661.	615.
Daguerre.		Arcangues.	XIXe siècle.	577.
—	Joannis (Bohème).	Ciboure.	1742.	605.
—	Jean (B.).	—	1751.	657.
AGUERRE-GARAY [1].				
d'Aguerregaray.	Marie, fille de	Isturits.	1649.	613, 619.
— dit d'Ibaraguerregaray.	Guillem (de la maison d'Ibar), époux de Marie de Salaberry [2].	Ibar en Ostabat, puis Isturits.	1646, 1649, 1652, 1655, 1658.	613, 614, 629.
—	Guillem.	Macaye.	1649.	614, 629.
—	Marie, femme de T. de Salaberry.	Isturits.	1661, 1663.	615.
—	Margueritte.	Iholdy.	1663.	613, 615.
AMEZCOÏ.				
de Amezcoi.	Jean, frère de Bernadet.	Echaux.	1514.	514.
—		—	1514.	514.
AMORERA.				
d'Amorera.	Jeanne-Marie.	Hariscun.	1670.	602.
ANAUZ (Anhaux, village).				
de Anauz.	Bernard.	Anhaux.	1514.	514.
ANTOINE (prénom).				
d'Antoine.	Bernard.	Mongelos.	1514.	513, 633.
APUTEGUY.				
de Aputeguy.	Joannes dit Angeli.	Anhaux.	1670, 1678.	575, 602.
ARGENTON.				
Argenton.	N.	Nabas.	1640.	638.

1. Voir aussi au mot IBARAGUERREGARAY.
2. Voir au sujet de cet individu ce que nous en disons dans l'avant-propos de cette table.

Noms et origine.	Prénoms.	Lieux.	Dates.	Pages.
—	—	—	—	—
BERDOT (prénom).				
de Berdot.	Johanot, frère de	Abos.	1546.	258, 571, 633.
—	Guilhem.	Abos.	1546.	258.
de Berdoulet.	Judet.	Jurançon.	1704.	617.
Berdolet.	N.	Pau.	1722.	489.
BERAUTE (probablement de Béraut, village du Gers).				
de Berraute.	Miqueu.	La Bastide-Villefranche.	1552.	256, 585.
BERGAY.				
de Bergay.	Marie.	Rivière.	1736.	362, 561.
—	Bernard.	—	1736.	362, 561.
de Begave.	Bernard, fils de	St-Jean-de-Luz.	1751.	657.
—	Jean dit Guichon (Bohêmes).	—	1751.	657.
BERGERAC (village).				
Bergeret.	N.	Gélos.	1674.	611.
de Bergeras.	Arnaud.	Osserain.	1696.	645.
BEGONS.				
de Begons.	Peyroton.	Moncaup.	XVIe siècle.	451.
BESAUDUN (village des Landes).				
Besaudun.	Feu Laurent.	Gabarret.	1591.	548, 247.
BEYLONGUE.				
de Beylongue.	Bernard.	Loubieng.	1452.	625.
BIDEREN (village de Béarn).				
de Bidaren.	Bernard.	Lalonque.	1653.	593, 619.
dit de Bideren.	Peyroton de Savoyes.	St-Dos.	1551	593, 597, 653.
BIROUCQ.				
Biroucq de St Jehan.	Saubat.	Capbreton.	1582.	119, 380.
BLAISE (prénom).				
Blaise.	N.	Pau.	1640.	648.
BOEIL (nom de village du Béarn).				
Boeil.	N.	Mazères.	1621.	630.
BOËS (de St-Boës, village des Basses-Pyrénées).				
Boës.	Jean (lépreux).	Lescar.	1600.	267.
BERBEDE.				
de Berbede.	Jean.	Irumberry.	1514.	513, 613.
—	Guillaume.	—	1514.	513.
BOUIX.				
de Bouix.	Guillaume.	Lourdes.	1665.	57, 674, 678.
BOUTILLE.				
Boutille.	N.	Pau.	1626.	647.
BOXET (hameau près de Borce).				

1. Ce nom disparut bientôt pour faire place à celui de Planhy ou Planhes, nom de la maison dont les cagots de Borce étaient maîtres.

1. Donna son nom à la maison qu'habitèrent les d'Oyambourc.

Noms et origine.	Prénoms.	Lieux.	Dates.	Pages.
DONGIEUX.				
Dongieux.	Peyroton.	Capbreton.	1584. 1585.	512.
—	Meyon.	—	1585.	542.
—	François.	—	1653.	513, 592.
—	Jeanne.	Vieux-Boucau.	1642.	571.
Dongius.	Pierre.	Capbreton.	1582.	119, 380.
—	Jhanon.	—	1582.	119, 380.
Dongius.	Peyroton.	Capbreton.	1582.	380.
—	Meujon.	—	1582.	380.
DU BOURG.				
du Bourg.	Jeanne.	Bonnut.	1617.	194.
DUCASSOU (Du cassou = du chêne).				
Ducassou.		Bastennes.	XVIIe s.	538.
—		Bégaar.	XVIIe s.	538.
—		Mugron.	XVIIe s.	556.
—		Narosse.	XVIIe s.	557.
—		Nerbis.	XVIIe s.	558.
Ducasso.	Arnaulton.	Capbreton.	1582.	119, 380.
Du Casse.	Pierre.	Arcangues ou Biarritz.	1697-1699.	392, 397, 592.
Du Casse et *Ducassou.*	Pierre.	Rivière.	1718.	408, 412.
DUFRESNE (Du fresne).				
Dufresne.	Bertrand.	né à Navailles.	1736-1801.	639.
DUGERS (Du Gers ou De Gers).				
Dugert.	Gratiane.	Gamarde.	1657.	548.
		Mugron.	XVIIe s.	556.
Degert.		Lacrabe.	XVIIe s.	549.
Degert.	Jean dit Béamois.	Rivière.	1718.	408, 412.
DULOS.				
Dulos.	Jean, dit Mong.	Arengosse.	1620.	537.
Dulau.	Jean (bourgeois).	St-Vinc^t-de-Tyrosse.	1784.	567.
DUPLAA (Le Plaa de Pardies, aujourd'hui Pardies).				
Duplaa.	Catherine.	Bentayou.	1659.	589, 666.
—	Jean.	(?)	1660.	666.
—	Marie.	(?)	1660.	666.
—	Marie.	Goès.	1663.	597, 612.
—	Marie.	Salies.	1692.	663.
—	Mathieu.	Samsons.	1666.	612, 664.
DU POUY (Le cap du Pouy, hameau près de Roquefort).				
Dupouy.	Jeanne.	Roquefort.	1669	562.
DURO (Douro, fleuve).				
Duro.	Jacmot.	Grenade.	1603.	548.
DUSSEZ.				
Dussez.	Laurans.	Orx.	1735, 1738.	438, 440, 558.
DUSSIN.				
Dussin.		Mugron.	XVIIe s.	556.

*, ** Les deux Pierre marqués d'un astérisque sont probablement la même personne, il en est de même des deux Jean marqués de deux astériques.

Noms et origine.	Prénoms.	Lieux.	Dates.	Pages.
—	—	—	—	—
Hustaillon.	Jean **.	Le Vignau.	1695.	552.
—	autre Jean.	—	[né vers 1655, † 1695].	552.
—	Pierre *.	—	1695.	552.
—	Pierre, père de	—	1685.	552.
—	Catherine, épouse de	—	1685.	552.
—	Joseph, cousin de Catherine.	—	1685.	552.
—	Joseph, fils de	—	1685.	552.
—	Jeanne.	—	1728.	552.
—	autre Jeanne.	—	1728.	552.
—	Jean.	—	1728.	552.
—	Jean-Pierre.	—	1728.	552.
—	N.	—	1738.	553.
—		Cazères-s/l'Adour.	1589.	544, 545.
Fustaillon.		—	XVIIe et XVIIIe s.	544.
IBARAGUERRE et IBARAGUERREGARAY.		St-Cricq.	XVIIIe s.	563.
Ibaraguerre et *Ibaraguerregaray.*	Tristan, père de Marie	Isturits.	1655, 1658.	613, 614, 615.
—	et de Marie.	—	née en 1655.	613, 614.
Ibaraguerre.	Marie.	—	née en 1658.	615.
—	Marie, femme de	Ostibar.	1658.	615.
	M. de Salaberry.	Isturits.	1666.	615.
—	Guilhem [1], père de	d'Ibar en Ostabar.	1649, 1652, 1655, 1658.	613, 614.
Ibaraguerregaray.	Jean.			
	Marie d'Aguerregay et Marie de Salaberry.	—	1655.	613.
ITHURBOUROU.				
d'Ithurbourou.	Marie.	Areguer.	1668.	616.
ILITOT.				
Ilitot.	N.	Jurançon.	avant 1704.	617.
JEAN (prénom).				
de Joan.	Joan.	Pau.	1626.	647.
Joannes.	N.	Ciboure.	1642.	604.
JOANGROS.				
de Joangros.	Guilhem.	Balère ou Loubée.	† 1665.	584, 625.
—	Joan.	Loubée.	† 1669.	625.
—	Mathieu.	—	† 1672.	625.
de Joangros.	Joanette.	Loubée.	† 1674.	625.
JOANLANNE (par fusion de Joan Lanne).				
Joanlanne.	Jeanne, fille de	Gan.	1778.	650.
—	Pierre.	—	1778.	650.

1. Voir Aguerregaray (Guillem).

Noms et origine.	Prénoms.	Lieux.	Dates.	Pages.
—	—	—	—	—
JANTICOT (surnom).				
Janticot.	N.	Barcus.	1640.	584.
JAQUENAU.				
Jacquenau.	(lépreux).	Bordeaux.	1520.	118, 372.
JARDRÈS (peut-être par corruption de Gerderest).				
de Jardrès.	Jehan, fils de Jehan.	Louer.	1629.	553.
—		—		
JOALLARUT.				
de Joallarut.	Jean, frère de	St-Palais.	1514.	514, 660.
—	Vincent.	—	1514.	514, 660.
JORAPURU.				
de Jorapuru.	Arramon.	St-Palais.	1514.	514, 660.
LABACHE (de Labaig ou Larbaig, nom de ville).				
de Labache.	Marie.	Bentayou.	1666.	589, 664.
—	Jean.	Vieux-Boucau.	1642.	571.
de Labaig [1].	Brune.	Bonnut.	1633.	594.
LABAILLE.				
de Labaille.	Marie.	Seméacq.	1660.	666.
LABARRÈRE (village du Gers).				
Labarrère.	N.	Castetnau.	1485.	599.
de Labarrère.	Jean (époux de G. de Mocau).	Seméacq.	1649, 1653.	619, 665, 666.
—	Guillaume } ses enfants.	—	né en 1649.	665.
—	Catherine } ses enfants.	—	1653.	666.
—	Bernard } ses enfants.	—	né en 1653.	619, 665.
—	Anne.	—	1649.	666.
—	Guillaume.	—	1649.	666.
—	Jean [2] (époux de M. de Labarthe).	—	1659.	589, 666.
—	Pierre, dit Crestiaa, son fils.	—	né en 1659.	589, 666.
—	Jean (époux de M. de Labaille).	—	1660.	666.
—	Marie, sa fille.	—	née en 1660.	666.
—	Jouandoudet.	—	1669.	666.
—	Anne, sa fille.	—	née en 1669.	666.
—	Jean [2] (époux de M. de Labache).	—	1666.	589, 664, 666.
—	Marie, sa fille.	—	née en 1666.	589, 664, 666.
—	N.	—	1734.	667.
de Labarrère.	Bertrand.	Susmion.	1484.	668.
—	Françoise.	Le Vignau.	1679, 1685.	552.
Barrère.	Pierre.	Rivière.	1718.	412.

1. Labaig se prononce, en Béarn, Labach.
2. Jean, époux de Marie de Labarthe, est probablement le même que Jean, époux de Marie de Labache, car il est vraisemblable que ces deux Marie sont la même femme.

Noms et origine.	Prénoms.	Lieux.	Dates.	Pages.
—	—	—	—	—
LABARTHE. (De nombreux villages du Sud-Ouest portent ce nom, en particulier dans le Gers.)				
de Labarthe.	Pierre.	Bentayou.	1659.	589, 666.
—		St-Cricq.	XVIIIe s.	563.
Labarthe.	Jean.	Pau (?)	1778.	650.
de —	Marie.	Seméacq (ou Bentayou ?)	1659.	589, 666.
LABASTE.				
Labaste.	Marguerite.	St-Pierre-de-Lier.	avant 1722.	566.
—		Lignan.	XVIIIe s.	697.
LABATAILLE.				
de Labataille.	Jean.	Momas.	vers 1603.	611.
LABATUT (village des Landes).				
de Labatut.	Arnaut (Bohémien).	Ciboure.	1742.	610.
LABENNE (village des Landes).				
de Labenne.	Catherine.	née à Amou, enterrée à Coudures.	1635.	536, 546.
Labenne.		Castelnau-Chalosse.	XVIIe s.	543.
de Labenne.	Jean.	Coudures.	1675.	546.
de Labène.	Arnaud.	Garos.	vers 1603.	611.
—	Jean.	Momas.	vers 1603.	611.
—	Jeannot, dit Lanebère.	Momas.	vers 1603.	611.
Labenne.		Lourquen.	XVIIe s.	553.
—	Catherine.	Mugron.	1699.	237.
		—	XVIIe s.	556.
		Nerbis.	XVIIe s.	558.
—	Pierre.	Rivière.	1718.	408, 412.
— et *de* —	Grastian.	—	1718.	408, 412.
de Labenne.	Pierre.	—	1736.	561.
—	Marie.	St-Aubin.	1676.	563.
—	Jean.	Serreslous.	1647.	556, 569.
Lapene.	Jean.	Nay.	1722.	489, 641
LACAUSAUBE (Lacaussade, village du Lot-et-Garonne).				
de La Caüsaübe.	Blezy.	Jurançon.	1704.	617.
LACAZE (village du Tarn).				
Lacaze.	N.	Gurs.	1763.	151, 612.
LACOMA.				
de Lacoma.	Johanet.	Cescau.	1489.	232, 600.
—	Peyrot.	—	1518.	253, 599, 601, 607.

1. Il est probable que Lalane et Lalanne de Fourcuton, de Pau, sont le même individu.

Noms et origine.	Prénoms.	Lieux.	Dates.	Pages.
LÉES (Le Léès, rivière).				
Du Lées.	Menauton.	Loubieng.	1576.	625.
LE GARRET.				
Legarret ou *Legarès.*	Miguel, père de	Biarritz.	1721, 1722.	128, 200, 417, 419, 421, 427, 592.
—	Miguel.	—	1722.	421, 427.
de Lagarrette.	Jehannette.	St-Pée s/Nivelle.	1596, 1595.	122, 385, 387, 660.
LÉHODIE.				
de Léhodie.	Bertine, fille de	Pouillon.	1490.	559, 608.
—	Meniolet.	—	1490.	559, 608.
LEYTOU.				
de Leytou.	Charles, fils de	Bonnut.	1615.	194, 594.
—	Henry.	—	1615.	194, 594.
LICHIGARAY.				
de Lichigaray (peut-être cagote).	Jeanne.	Urdes.	vers 1603.	611.
LIER (nom de deux villages : St-Jean et St-Pierre-de-Lier).				
Lié.		Bégaar.	XVIIe s.	538.
—		Laurède.	XVIIe s.	550.
—		Nerbis.	XVIIe s.	558.
de Lier.	Jean, dit Bizensot, père de	St-Pierre-de-Lier.	1722.	257, 259, 566.
de Lier.	Jean.	St-Pierre-de-Lier.	1722.	257, 566.
—	Catherine.	—	1722.	566.
—	autre Catherine.	—	1722.	566.
—	Pierre.	—	1722.	566.
—	Jeanne.	—	1722.	566.
—	Catherine.	—	1722.	566.
—	Jean, père de	—	avant 1722.	566.
—	Marguerite.	—	1722.	267, 566.
—	Jean.	—	1722.	566.
LOHITHUY.				
de Lohiteuy.	Joannes alias Cubiburu.	Alciette.	1678.	572, 574.
LOUSTALOT.				
Lostalot.	Pierre.	Lembeye.	1721.	151.
de Lostalot.	Peyrot.	Monein.	1546.	258, 571, 633.
Loustalet.	N.	Lacq.	1640.	618.
LURQUE.				
de Lurque.	Laurans.	Rivière.	1718.	408, 411-415, 560.
LUY (Le Luy de France, rivière du Béarn).				
Du Luy.	Marguerite.	Garos.	vers 1615.	611.
LUZO (peut-être de Luz).				
de Luzo.	Guirautine.	Loubée.	† 1657.	625.

Noms et origine.	Prénoms.	Lieux.	Dates.	Pages.
—	—	—	—	—
MIRASSOU.				
Mirassou.	N.	Lagor.	1640.	619.
MOCAU.				
de Mocau.	Gailhardine ou Goualhardine.	Seméacq.	1649, 1653.	619, 665.
—	Bernard. } frères.	Lalonque.	1653.	619, 666.
—	Pierre. } frères.	—	1653.	619, 666.
MOLIA (de Molia, nom de famille noble, dont Charles était bâtard).				
de Molia.	Charles.	Bonnut.	1617.	194, 594.
de Moulat-Moulia.	Marie.	Jurançon.	1704.	617.
MOMAS (nom de village).				
de Momas[1].	Domengoo.	Artiguelouve.	1382.	262, 581.
MONCAUT (Moncaup, nom de village).				
Moncaut.	N.	Sauvelade.	1640.	664.
MONGAY.				
de Mongay.	Arnaud (bourgeois).	Castagnède.	1545, 1552.	242, 548, 598,620.
—	Peyrot, frère aîné du précédent et fils de	Habas.	1545.	599, 548.
—	Menjon.	Habas.	1545.	599, 548.
de Monjay.	Menaldus.	Dax.	1542.	547.
MONGUILHEM (village du Gers).				
de Monguilhem.	Andrieu.	St-Laurent.	1608.	514.
—	Andrieu.	Le Frêche.	1608.	551.
MONSEIGNE.				
Monseigne.	N.	Ste-Marie-d'Oloron.	1640.	660.
MORSE.				
de Morse.	Jehanne, fille de	St-Loubouer.	1617.	564.
—	Philippe et de	—	1617.	564.
—	Jeannette.	—	1617.	565.
—	Stében.	—	1617.	565.
MORTERA.				
Mortera.	Jan, père de	Mas d'Aire.	1671.	553.
—	N. (fille).	—	née en 1668, † 1671.	553.
—		La Sauvetat.	XVIIe et XVIIIe s.	688.
MOULAT.				
de Moulat.	Matheü.	Jurançon.	1704.	617.
de Moulat-Moulia.	Marie.	—	1704.	617.
MUSSOS (nom de lieu).				
de Mussos.	Jean, fils de	Bazas.	1641.	694.
—	Jehan.	—	1641.	694.
MOUSCARDÈS (village des Landes).				

1. Domengoo de Momas est probablement celui qui en 1379 est appelé seulement Domenjon.

Noms et origine.	Prénoms.	Lieux.	Dates.	Pages.
Mouscardes.	Arnaud dit Hillot Degos.	Rivière.	1718.	127, 407, 408, 411-415, 560.
de Mouscardès.	Marie.	Soustons.	1632.	569.
Mascardès.	Jehan.	St-Pée s/Nivelle.	1596.	387, 661.
de Moscardez.	Estienne.	Rivière.	1718.	408, 412.
de Mouscardes.	Jeanne.	—	1736.	561.
NABAS (village des B.-P.).				
de Nabas.	Jeannet.	La Bastisde-Villefranche.	vers 1565.	585.
NANON.				
Nanon.	N.	Rivière.	1718.	408, 412.
NANUX.				
Nanux.	Pierre.	Le Vignau.	1728.	552.
NARBIT.				
de Narbit.	Jeanne.	Capbreton.	fin du XVIIe s.	543.
NARBONNE (ville).				
de Narbonne.	Vincens.	Soustons.	1632.	569.
NAY (ville de Béarn).				
de Nay.	Jean.	Oloron.	1640.	142, 245, 466, 643.
NOGUÉ.				
Nogué.	Guilhaumes, père	Gurs.	1763.	493.
—	de Catherine.	—	1763.	493.
NOULAU.				
Noulau.	N.	Sus.	1640.	668.
OGUIHANDY.				
Oguihandy.	Gratian de Tristantena, Me aîné d'—.	Chubitoa.	1670.	
d'Oguihandy.	Joannes Me jeune	—	1683.	602.
—	père de Marie —, dite Ordoguy.	—	1683.	602.
OLHONDO.				
d'Olhondo.	Joannes.	Ustarits.	1565.	615, 669.
OREGART.				
Oregart.	Guillaume-Arnaut, père de :	Masparraute.	1514.	514, 630.
—	Pierre-Arnauld.	—	1514.	514, 630.
—	Jean dit Janicot.	—	1514.	514, 630.
OSTABAT (ville de Navarre).				
de Ostabat.	Jean.	Ostabat.	1514.	514, 645.
OSTAUNAU.				
l'Ostaunau.	N.	Bruges.	1772.	489.
OYHAMBOURE.				
d'Oyhamboure (et *d'Hoyamboure*).	Joannès (Me de la mon de Goulau).	Biarritz.	1697-1699, 1700.	125, 392, 397, 398, 592.
d'Oyamboure (*d'Hoyamboure* et *d'Oihamboure*).	François (Me de la maison d'Oyamboure-Behère).	Arcangues.	1697-1699, 1700, 1701.	125, 126, 392, 379, 398, 399, 578.

Noms et origine.	Prénoms.	Lieux.	Dates.	Pages.
—	—	—	—	—
Oyhamburu.	Marie dite Etchetippi, sœur de	Anhaux.	1678.	572, 575.
—	Miguel d'Etchetippi.	—	1678.	575.
—	N.	Undurein.	XVIIe s.	669.
PADUENT (h. c^{ne} de La B^{de}-Clairence).				
de Paduent.	Jean, gendre de	Paduent.	1514.	513.
	Martin.	—	1514.	513.
PALOUMET.				
Paloumet.	N.	Buzy.	1640.	596.
PASCOUALAN.				
de Pascoualan.	Liber.	Mont-de-Marsan.	1670.	555.
PASQUINE.				
de Pasquine.	Jean.	Lezons.	1621.	624.
PATAILLE.				
Pataille.	Jeanne.	Mas-d'Aire.	† 1676.	554.
PATON.				
Paton.	N.	Capbreton.	15?3.	543.
PÉDEBOSQ.				
de Pédeboscq.	Arramond.	Bonnut.	1635.	593.
PÉDEZERT.				
de Pédezert.	Jean.	Aubertin.	1688.	149, 481, 583.
de Pédescrt.	Marie.	Jurançon.	1704.	617.
Pedassert.	Jeanne.	—	1704.	617.
PESCADÈRE.				
Pescadère.	(famille).	Campan.	XIXe s.	673.
PETIT.				
Petit.	Jean, père de	Biarritz.	1638, 1641.	591, 592.
—	N. (fille).	—	1641.	592.
—	N.	Capbreton.	1593.	542.
—	N	Sauveterre.	XVIe s.	665.
PEYRATON (prénom).				
Peyraton.	Menjou.	Capbreton.	1582.	119.
PEYREHORADE (village de Béarn).				
de Peyrehourade.	Catherine fille de	Mugron.	1642.	556.
—	Jean.	—	1642.	556.
—		Baigts.	XVIIe s.	559.
de Peyrehorade.	Vincent.	Nerbis.	† 1631.	557.
Peyrehourade.	Jeanne.	Laurède.	1695.	537, 551.
PEYRES (village).				
Peyre.		Mugron.	XVIIe s.	556.
—		Cauna.	XVIIe s.	544.
de Lapeyre.	Pierre.	Nerbis.	1671.	558.
—	Jean, fils de	St-Aubin.	1668.	562.
—	Pierre.	—	1668.	562.
de Peyre.	Catherine.	Souprosse.	1668.	562, 569.
de La Peyres.	Jehan.	St-Sever.	1574.	554, 567.
—	J.	Mauco.	1574.	554.

Noms et origine.	Prénoms.	Lieux.	Dates.	Pages.
PEYROLO (de Peyrot, prénom).				
Peyrolo.	N.	Castetnau.	1569.	599.
PEYRUCHAT.				
de Peyruchat.	Sarrançon.	Bénesse-lès-Dax.	1632.	261, 538.
—	Bernard.	Laurède.	1695.	538.
—	Vizenson.	Montfort.	1596.	261, 555.
de Peyruchat.	Vincent.	Toulousette.	1642.	556, 570.
—		Mugron.	XVIIe s.	556.
—	Gratiane.	Nerbis.	† 1642.	557.
Peyruchat.	feu Jean.	S^t - Pierre-de-Lier.	1722.	566.
Peyruquet.	N.	Castetnau.	1569.	599.
PIGAT.				
Pigat.	N.	Moncayolle.	1640.	632.
PIROT (de Peyrot, prénom)				
Pirot.	N.	Moumour.	6140.	637.
PLANHES (de Planhy maison cagote sise au Boxet).				
deu Planhes.	Peyroton.	Borce.	1589.	595.
POMAREIN.				
Pomarting.	Brune.	Bonnut.	1615, 1617, 1635.	594.
Pomartin.		Narrosse.	XVIIe s.	557.
de Pormarein.	Bertran.	St-Vincent-de-X^tes.	1680.	547, 557, 567.
POMATA.				
de Pomatan.	Arnaud.	Dax.	1486.	547.
Pomata.	Arnaud.	Pau.	1640.	648.
de Pomata.	Guilhem.	—	1581.	647.
Pomataa.	N.	—	1640.	648.
— et Poumata.	Pierre.	—	1663.	649.
Poumata.	Jean.	—	1640.	648.
Pometa.	le cadet de.	—	1733.	650.
PORTALEBURU (h. c^ne de St-Jean-Pied-de-Port).				
de Portaleburu.	Joannes.	Uhart.	1677.	574.
PORTAU.				
deu Portau.	Guilhemet.	Pardies.	1384.	584.
PORTE [LA —].				
La Porte.	N.	Biarritz.	1641.	592.
POUQUET (*V. Pucheu*).				
PUCHEU.				
Pouquet.	N.	Lescar.	1640.	622.
de Poxeu ou Puxeu.	Jacmes.	Lezons.	1584.	233, 623.
de Puxeu-Prat.	Marie.	—	1621.	624.
de Pucheu.	Johan.	Mazères.	1581.	630, 233.
Pucheu.	Gelàa.	Seméacq.	1734.	666.
PUNTENABE (Pointe-Neuve).				
de Puntenabe.	Bernard fils de Vincent.	Mugron.	1630.	556.
—		—	1630.	556.

1. Jeanne semble s'être mariée deux fois : 1° avec Joannes d'Ilbarreguy, dont elle eut Gratiane de Salaberry ; 2° avec Arnaud d'Elhorriburu, dont elle eut Tristan d'Elhorriburu en 1661.

Noms et origine.	Prénoms.	Lieux.	Dates.	Pages.
—	—	—	—	—
TOULOUZETTE (village).				
de Toulouzette.	Pascale.	Poyartin.	1673.	560, 570.
UHALDE.				
Uhalde.		La Madeleine.	XIXe s.	99, 629.
UNDUREIN (hameau).				
Undurein.	N.	Undurein.	XVIIe s.	669.
URRUTY (village).				
maison d'Urruty.	Tristan, Me ainé.	Anhaux.	1670.	574.
—	Gratian, Me jeune.	—	1677.	574.
VICENCENA.				
de Vicencena.	Marie dite de Bidégain.	Anhaux.	1677.	574.
VIGNAU (village des Landes).				
Vignau.	Guilhaume.	Pau?	1778.	650.
VIGNES (village).				
Vignes,	Pierre.	Lanne-Soubiran.	1700.	502, 688.
VIVEN.				
Viven.	N.	Pau.	1640.	648.
VILLEBÈRES.				
Villebères.	Anthonine.	Cap du Pouy.	1669.	562.
VOISIN.				
de Voisin.	Jeanne.	Mugron.	1666.	556.
—	Jean.	—	1666.	556.
de Voysin.	Jean.	St-Pierre-de-Lier.	1722.	566.

TABLE DES NOMS DE LIEUX

TABLE DES GRAVURES

Toutes les figures qui illustrent ce livre sont inédites. Nous avons apporté un soin particulier à les choisir. Presque toutes sont des reproductions de photographies prises par nous-même (sauf le bénitier de Condom); dans certains cas, ou l'éclairage insuffisant ou d'autres circonstances ne nous permettaient pas d'avoir des clichés suffisamment nets, nous avons exécuté nous-même au dessin, pastel ou aquarelle les sujets qui nous paraissaient dignes d'attention. Nous avons enfin nous-mêmes établi les deux cartes qui illustrent ces pages.

HORS TEXTE.

FIGURES DANS LE TEXTE.

TABLE GÉNÉRALE DES MATIÈRES

LIVRE PREMIER

Première Partie. — ÉTUDE MÉDICALE DES CAGOTS

CHAPITRE I

CHAPITRE II

Deuxième Partie : HISTOIRE DES CAGOTS

CHAPITRE I

CHAPITRE II

CHAPITRE III

Troisième Partie : HISTOIRE JURIDIQUE DES CAGOTS

CHAPITRE PRÉLIMINAIRE

CHAPITRE I

CHAPITRE II

CHAPITRE III

APPENDICE

QUATRIÈME PARTIE : LES LÉPROSERIES DU SUD-OUEST

CINQUIÈME PARTIE : PHILOLOGIE

CHAPITRE I

CHAPITRE II

CHAPITRE III

LIVRE SECOND

TABLES

426-07. — Coulommiers. Imp. PAUL BRODARD. — 11-09.

EN VENTE A LA MÊME LIBRAIRIE

H. CHAMPION, ÉDITEUR

ALBE (Abbé Edmond). **Les miracles de Notre-Dame de Roc-Amadour au XII siècle**, texte et traduction d'après les manuscrits de la Bibliothèque nationale, avec une vue de Roc-Amadour et plusieurs miniatures d'après les mss, dessinées par M. E. Rupin. 1907. In-8 . . . . 6 fr.

— **Les lépreux en Quercy.** 1908. In-8. . 2 fr.

Archives historiques de la Gascogne. Nombreux volumes publiés. Demander le catalogue.

BATAILLARD (P.). **Les derniers travaux relatifs aux Bohémiens** dans l'Europe orientale. 1872. Gr. in-8. . . . . 3 fr.

BORDIER et BRIÈLE (Léon). **Les archives hospitalières de Paris.** 1877. In-8 . . . 20 fr.

CHEVALIER (A.). **Un charlatan du XVIII siècle**: Le grand Thomas. 1880. In-8. 1 fr.

CORLIEU (Dr A.). **La mort des rois de France depuis François Ier.** Etudes médicales et historiques. 1892, in-16 . . . . 5 fr.

COYECQUE (E.). *archiviste*. **L'Hôtel-Dieu de Paris au moyen âge**; histoire et documents, 1888-1891. 2 volumes in-8 . . . . 20 fr.

CUZACQ. **La Naissance, le Mariage et le Décès.** Mœurs et coutumes. — Usages anciens. — Croyances et superstitions dans le Sud-Ouest de la France. 1902. In-12 . . . . 3 fr. 50

DARDY (L.). **Anthologie populaire de l'Albret** (sud-ouest de l'Agenais ou Gascogne landaise). 1891, 2 vol. In-8. . . . . 14 fr.

Recueil très riche de chants et chansons populaires, proverbes, devinettes, petites prières, Noëls, Passions, etc. Ces pièces en patois sont accompagnées d'une traduction et souvent d'airs notés. Notes sur le dialecte gascon.

DELAUNAY (Paul). **Vieux médecins mayennais.** Première et deuxième séries. 1903-1904. 2 vol. in-8. . . . . 12 fr.

— **Vieux médecins sarthois.** 1906. In-8. 6 fr.

FOURNIÉ (Dr H.). **Les jetons des doyens de l'ancienne faculté de médecine de Paris.** 1907. In-4, 16 pl. hors texte . . . . 20 fr.

JAURGAIN (Jean de). **La Vasconie.** Étude historique et critique sur les origines du royaume de Navarre, du duché de Gascogne, des comtés de Comminges, d'Aragon, de Foix, de Bigorre, d'Alava et de Biscaye, de la vicomté de Béarn et des grands fiefs du duché de Gascogne. 1902. 2 part. en 2 vol. in-8 . . . . 30 fr.

LA GRÈZE (G.-B. de). **La Navarre française.** 1881-1882. 2 vol. in-8 . . . . 10 fr.

Cette histoire de Navarre contient des renseignements nombreux et précis sur les habitants primitifs, les Basques, les races maudites (Cagots), les bohémiens et leurs migrations.

LE PILEUR (Dr L.). **La Prostitution du XIII au XVIII siècle.** Documents tirés des archives d'Avignon, du Comtat Venaissin, de la principauté d'Orange et de la ville libre impériale de Besançon. 1908. In-8. . . . . . . 6 fr.

— **Madame de Miramion** (1629-1696). Notice sur sa santé et sa vie intime. 1906. In-8. 2 fr.

MICHEL (Francisque). **Histoire des races maudites de la France et de l'Espagne.** 1847. 2 vol. in-8 . . . . 15 fr.

Moyen Age (Le). Recueil paraissant tous les deux mois, dirigé par MM. MARIGNAN, PROU et WILMOTTE. Abt. 15 f. U. P. 17. Collection complète, 22 vol. . . . . 280 fr.

PATIN (Gui). **Lettres** (1630-1672). Nouvelle édition collationnée sur les documents autographes avec l'addition des lettres inédites, la restauration des textes retranchés ou altérés, des notes par le Dr Paul TRIAIRE, etc. Tiré à 325 exemplaires. L'ouvrage formera 4 vol. Le vol. . . . . 15 fr.

PETIT-DUTAILLIS (Ch.). **Documents nouveaux sur les mœurs populaires et le droit de vengeance** dans les Pays-Bas au XV siècle. Lettres de rémission de Philippe le Bon. 1908. In-8 . . . . 6 fr.

PONCET (le professeur A.) et LERICHE (Dr R.). **La maladie de Jean-Jacques Rousseau.** 1907. In-8 . . . . 1 fr.

PROST (A.). Les sciences et les arts occultes au XVI siècle. **Corneille Agrippa**, sa vie et ses œuvres. 1881-82. 2 vol. in-8. . . 12 fr.

PHILIPON (E.). **Les Ibères.** Étude d'histoire, d'archéologie et de linguistique. Préface de M. d'Arbois de Jubainville. 1909. In-12. 5 fr.

Revue des Études Rabelaisiennes consacrée à Rabelais et à l'étude de son temps. 7e année. Abt. 10 f. Collection complète. . . 150 fr,

Revue internationale des Études Basques. 3e année. Abt. . . . . 12 fr.

ROBERT (U.). **Les signes d'infamie au moyen âge**, juifs, sarrasins, hérétiques, lépreux, cagots et filles publiques. 1891. In-12 (Planches). . . . . 5 fr.

L'auteur s'est attaché à traiter, d'après les ordonnances des rois, des conciles, des statuts municipaux, la curieuse question des marques distinctives imposées aux races maudites du moyen âge. Il décrit tour à tour la roue du juif, la croix des albigeois, le capuchon du lépreux, les aiguillettes des filles. Cet ouvrage est intéressant au double point de vue historique et archéologique, puisque l'illustration en est empruntée aux manuscrits contemporains.

SAINÉAN (Lazare). **L'argot ancien** (1455-1850). Ses rapports avec les langues secrètes de l'Europe méridionale et l'argot moderne, avec un appendice sur l'argot, jugé par Victor Hugo et Balzac. 1907. In-8. . 5 fr.

SCHAPIRO (D.). **Obstétrique des anciens Hébreux**, d'après la Bible, les Talmuds et les autres sources rabbiniques, comparée avec la tocologie gréco-romaine. 1904. In-8. 6 fr.

Société française d'histoire de la médecine (Bulletin). Abonnement annuel : France, 14 fr.; Etranger. . . . . 17 fr.

VIEILLARD (C.). Études sur la société médicale et religieuse au XII siècle. **Gilles de Corbeil**, médecin de Ph. Auguste et chanoine de Notre-Dame. Préface de Ch.-V. Langlois. 1908. In-8 (1140-1224). . . . . . . 7 fr. 50

426-09. — Coulommiers. Imp. PAUL BRODARD. — 11-09.

www.ingramcontent.com/pod-product-compliance
Ingram Content Group UK Ltd.
Pitfield, Milton Keynes, MK11 3LW, UK
UKHW021104220726
13924UKWH00005B/2231